学ぶ人は、
変えてゆく人だ。

目の前にある問題はもちろん、
人生の問いや、
社会の課題を自ら見つけ、
挑み続けるために、人は学ぶ。
「学び」で、
少しずつ世界は変えてゆける。
いつでも、どこでも、誰でも、
学ぶことができる世の中へ。

旺文社

全国高校 2022年 受験用
入試問題正解

旺文社

本書の刊行にあたって

全国の入学試験問題を掲載した「全国高校入試問題正解」が誕生して，すでに71年が経ちます。ここでは，改めてこの本を刊行する３つの意義を確認しようと思います。

①事実をありのままに伝える「報道性」

その年に出た入学試験問題がどんなもので，解答が何であるのかという事実を正確に伝える。この本は，無駄な加工を施さずにありのままを皆さんにお伝えする「ドキュメンタリー」の性質を持っています。また，客観資料に基づいた傾向分析と次年度への対策が付加価値として付されています。

②いちはやく報道する「速報性」

報道には事実を伝えるという側面のほかに，スピードも重要な要素になります。その意味でこの「入試正解」も，可能な限り迅速に皆さんにお届けできるよう最大限の努力をしています。入学試験が行われてすぐ問題を目にできるということは，来年の準備をいち早く行えるという利点があります。

③毎年の報道の積み重ねによる「資料性」

冒頭でも触れたように，この本には長い歴史があります。この時間の積み重ねと範囲の広さは，この本の資料としての価値を高めています。過去の問題との比較，また多様な問題同士の比較により，目指す高校の入学試験の特徴が明確に浮かび上がってきます。

以上の意義を鑑み，これからも私たちがこの「全国高校入試問題正解」を刊行し続けることが，微力ながら皆さんのお役にたてると信じています。どうぞこの本を有効に活用し，最大の効果を得られることを期待しています。

最後に，刊行にあたり入学試験問題や貴重な資料をご提供くださった各都道府県教育委員会・教育庁ならびに国立・私立高校，高等専門学校の関係諸先生方，また解答・校閲にあたられた諸先生方に，心より御礼申し上げます。

2021年6月　　旺 文 社

CONTENTS

2021／数学

公立高校

国立高校

私立高校

高等専門学校

この本の特長と効果的な使い方

しくみと特長

◆公立・国立・私立高校の問題を掲載

都道府県の公立高校（一部の独自入試問題を含む），国立大学附属高校，国立高専・都立高専，私立高校の数学の入試問題を，上記の順で配列してあります。

◆「解答」には「解き方」「別解」も収録

問題は各都道府県・各校ごとに掲げ，巻末に各都道府県・各校ごとに「解答」と「解き方」を収めました。難しい問題には，特にくわしい「解き方」をそえ，さらに別解がある場合は 別 解 として示しました。

◆「時間」・「満点」・「実施日」を問題の最初に明示

2021年入試を知るうえで，参考になる大切なデータです。満点を公表しない高校の場合は「非公表」としてありますが，全体の何％ぐらいが解けるか，と考えて活用してください。

また，各都道府県・各校の最近の「出題傾向と対策」を問題のはじめに入れました。志望校の出題傾向の分析に便利です。

◆各問題に，問題内容や出題傾向を表示

それぞれの問題に対する解答のはじめに，学習のめやすとなるように問題内容を明示し，さらに次のような表記もしました。

よく出る ………よく出題される重要な問題
新傾向 ………新しいタイプの問題
思考力 ………思考力を問う問題
基 本 ………基本的な問題
難 ………特に難しい問題

◆出題傾向を分析し，効率のよい受験対策を指導

巻頭の解説記事に「2021年入試の出題傾向と2022年の予想・対策」および公立・国立・私立高校別の「2021年の出題内容一覧」など，関係資料を豊富に収めました。これを参考に，志望校の出題傾向にターゲットをしぼった効果的な学習計画を立てることができます。

◇なお，編集上の都合により，写真や図版を差し替えた問題や一部掲載していない問題があります。あらかじめご了承ください。

効果的な使い方

■志望校選択のために

一口に高校といっても，公立のほかに国立，私立があり，さらに普通科・理数科・英語科など，いろいろな課程があります。

志望校の選択には，自分の実力や適性，将来の希望などもからんできます。入試問題の手ごたえや最近の出題傾向なども参考に，先生や保護者ともよく相談して，なるべく早めに志望校を決めるようにしてください。

■出題の傾向を活用して

志望校が決定したら，「2021年の出題内容一覧」を参考にしながら，どこに照準を定めたらよいか判断します。高校によっては入試問題にもクセがあるものです。そのクセを知って受験対策を組み立てるのも効果的です。

やたらに勉強時間ばかり長くとっても，効果はありません。年間を通じて，ムリ・ムダ・ムラのない学習を心がけたいものです。

■解答は入試本番のつもりで

まず，志望校の問題にあたってみます。問題を解くときは示された時間内で，本番のつもりで解答しましょう。必ず自分の力で解き，「解答」「解き方」で自己採点し，まちがえたところは速やかに解決するようにしてください。

■よく出る問題を重点的に

本文中に よく出る および 基 本 と表示された問題は，自分の納得のいくまで徹底的に学習しておくことが必要です。

■さらに効果的な使い方

志望校の問題が済んだら，他校の問題も解いてみましょう。苦手分野を集中的に学習したり，「模擬テスト」として実戦演習のつもりで活用するのも効果的です。

［編集協力］有限会社 四月社　［表紙デザイン］土屋真郁（丸屋）

2021年入試の出題傾向と2022年の予想・対策

数学

入学試験の出題には各校ともそれぞれ一定の傾向があります。受験しようとする高等学校の出題傾向を的確につかみ，その傾向に沿って学習の重点の置き方を工夫し，最大の効果をあげてください。

2021年入試の出題傾向

公立校の問題は，中学校の数学の各分野から基本的で平易な問題がバランス良く出題されています。また，国立大附属校，東京都立進学重点校，私立校の問題は，基本的で標準的な問題のほか，総合的な思考力や応用力を必要とするやや難しい問題や発展的問題も出題されています。

2021 年入試は，新型コロナウイルス感染症対策により学校の臨時休校が長期化したことなどを受けて，出題範囲を限定する都道府県や高校も少なくありませんでした。ただ，出題傾向に特に大きな変化はなく，問題の質・量・形式とも極めて安定していて，例年どおりの傾向に沿った出題が続いています。また，答えの数値のみではなく，答えに至るまでの途中過程や考え方などの記述も要求される設問も，多くの高校で出題されています。さらに，いろいろな新しい工夫を取り入れた出題もありました。

国立大附属校や東京都立進学重点校などでは，やや難しい問題も見受けられました。また，私立校の一部では，やや発展的な出題もありました。

東京都の進学指導重点校，北海道，埼玉県などでは，学校裁量の問題が出題されています。いずれもよく工夫されたやや難しい問題です。

2022年入試の予想・対策

◆各都道府県，各高校とも，出題については質，量とも大きな変化はないと予想されます。したがって，高校入試の数学の試験の対策としては，まず教科書をもとに基本的な知識や計算力を養うことが重要です。さらに参考書や問題集などを利用して思考力や応用力を磨くとともに，志望校の出題傾向に合わせて，頻出分野を重点的に練習するとよいでしょう。

◆都道府県によっては，出題の分野，内容，形式とも，例年のものを驚くほど忠実に踏襲し，数値を若干変える程度で出題することも少なくありません。したがって，過去数年分の入試問題を繰り返し練習することが，得点力向上のために極めて重要で効果的な方法です。

◆ 2022 年入試は，新しい指導要領，新しい教科書に基づく初めての試験になります。数と式，関数とグラフ，図形の各分野では，大きな変化はありませんが，データの活用の分野では若干の変化があります。しかし，教科書の内容を中心にしっかりと準備すれば心配はいりません。また，思考力，判断力，表現力を問う工夫された設問が次第に増加することでしょう。

〈K. Y.〉

2021年の出題内容一覧

数学		数と式							方程式	
		数の性質	正負の数の計算	式の計算（1・2年の範囲）	数・式の利用（1・2年の範囲）	平方根	多項式の乗法・除法	因数分解	1次方程式	1次方程式の応用
001	北海道		▲		▲	▲				▲
002	青森県		▲	▲	▲	▲				
003	岩手県		▲	▲	▲	▲		▲		
004	宮城県		▲	▲	▲	▲		▲		▲
005	秋田県		▲	▲	▲	▲	▲		▲	▲
006	山形県		▲	▲		▲				▲
007	福島県		▲	▲		▲				▲
008	茨城県	▲	▲	▲	▲	▲				▲
009	栃木県	▲	▲	▲	▲	▲		▲		
010	群馬県		▲	▲	▲	▲				▲
011	埼玉県	▲	▲	▲	▲	▲	▲	▲	▲	
012	千葉県	▲	▲	▲	▲	▲				
013	東京都		▲	▲	▲	▲			▲	
	東京都立日比谷高					▲				
	東京都立青山高					▲				
	東京都立西高	▲				▲		▲		
	東京都立立川高					▲				
	東京都立国立高	▲				▲				
	東京都立八王子東高					▲				
	東京都立新宿高	▲				▲				
014	神奈川県		▲	▲	▲	▲		▲		
015	新潟県		▲	▲		▲				
016	富山県	▲	▲	▲	▲	▲				
017	石川県		▲	▲		▲				
018	福井県	▲	▲	▲	▲	▲		▲		
019	山梨県		▲	▲		▲				
020	長野県		▲	▲	▲	▲				▲
021	岐阜県	▲	▲	▲		▲				
022	静岡県		▲	▲	▲	▲		▲		
023	愛知県（A）		▲	▲		▲	▲			
	〃（B）	▲	▲	▲	▲	▲		▲		▲
024	三重県		▲	▲		▲		▲		
025	滋賀県		▲	▲		▲				
026	京都府		▲	▲	▲	▲				
027	大阪府	▲	▲	▲	▲	▲	▲	▲	▲	▲
028	兵庫県		▲	▲		▲		▲		▲
029	奈良県	▲	▲	▲	▲	▲	▲			
030	和歌山県	▲	▲	▲		▲	▲		▲	
031	鳥取県		▲	▲		▲	▲	▲	▲	
032	島根県	▲	▲	▲	▲	▲				
033	岡山県	▲	▲	▲		▲				▲
034	広島県		▲	▲		▲	▲			
035	山口県	▲	▲	▲		▲				
036	徳島県	▲	▲			▲	▲			
037	香川県	▲	▲		▲	▲		▲		
038	愛媛県	▲	▲	▲	▲	▲	▲	▲		
039	高知県		▲	▲	▲	▲				
040	福岡県	▲	▲	▲		▲	▲	▲	▲	
041	佐賀県	▲	▲	▲	▲	▲		▲		
042	長崎県	▲	▲		▲	▲				
043	熊本県		▲	▲	▲	▲	▲		▲	▲
044	大分県	▲	▲	▲		▲			▲	▲
045	宮崎県		▲	▲		▲				▲
046	鹿児島県		▲			▲	▲	▲		▲
047	沖縄県		▲	▲	▲	▲	▲	▲	▲	
048	東京学芸大附高					▲				
049	お茶の水女子大附高	▲	▲			▲				
050	筑波大附高	▲							▲	

※新型コロナウイルス感染症対策により学校の臨時休校が長期化したことなどを受けて，高校入試における学力検査の出題範囲から，内容の一部またはすべてが除外された項目：
（出題範囲から内容の一部が除外され，除外されなかった部分から出題された場合は▲と表記します）

数学		方程式				比例と関数			図形	
		連立方程式	連立方程式の応用	2次方程式	2次方程式の応用	比例・反比例	1次関数	関数 $y=ax^2$	平面図形の基本・作図	空間図形の基本
001	北海道	▲		▲		▲	▲	▲	▲	▲
002	青森県			▲		▲	▲	▲		▲
003	岩手県		▲	▲		▲	▲	▲	▲	▲
004	宮城県						▲	▲		
005	秋田県	▲	▲	▲		▲	▲	▲	▲	
006	山形県		▲	▲		▲	▲	▲	▲	▲
007	福島県			▲			▲	▲		▲
008	茨城県				▲		▲	▲	▲	▲
009	栃木県		▲	▲	▲	▲	▲	▲	▲	
010	群馬県	▲	▲			▲	▲	▲	▲	▲
011	埼玉県	▲	▲	▲			▲	▲	▲	▲
012	千葉県	▲		▲	▲		▲	▲	▲	
013	東京都	▲		▲			▲	▲	▲	▲
	東京都立日比谷高			▲			▲	▲	▲	▲
	東京都立青山高			▲			▲	▲	▲	▲
	東京都立西高			▲			▲	▲	▲	
	東京都立立川高	▲		▲			▲	▲	▲	
	東京都立国立高	▲		▲			▲	▲	▲	
	東京都立八王子東高			▲			▲	▲	▲	
	東京都立新宿高	▲		▲			▲	▲	▲	▲
014	神奈川県		▲	▲	▲		▲	▲	▲	
015	新潟県			▲	▲		▲	▲	▲	
016	富山県	▲		▲		▲	▲	▲	▲	▲
017	石川県		▲			▲			▲	▲
018	福井県		▲	▲			▲	▲	▲	
019	山梨県		▲	▲		▲	▲	▲	▲	▲
020	長野県			▲		▲	▲	▲	▲	
021	岐阜県			▲		▲	▲			
022	静岡県		▲	▲			▲	▲	▲	▲
023	愛知県（A）	▲			▲	▲	▲	▲		
	〃（B）			▲		▲	▲	▲		
024	三重県		▲	▲			▲		▲	▲
025	滋賀県	▲		▲				▲	▲	▲
026	京都府			▲	▲		▲	▲	▲	▲
027	大阪府	▲		▲		▲	▲	▲	▲	▲
028	兵庫県		▲	▲		▲	▲	▲	▲	▲
029	奈良県	▲		▲				▲	▲	▲
030	和歌山県		▲	▲		▲	▲	▲	▲	▲
031	鳥取県		▲	▲		▲	▲	▲	▲	▲
032	島根県	▲		▲		▲	▲	▲	▲	
033	岡山県		▲	▲		▲	▲	▲	▲	
034	広島県			▲		▲	▲	▲		▲
035	山口県			▲	▲	▲	▲	▲	▲	
036	徳島県		▲	▲			▲		▲	
037	香川県		▲	▲	▲			▲		▲
038	愛媛県		▲						▲	▲
039	高知県		▲	▲		▲		▲	▲	
040	福岡県	▲		▲		▲	▲	▲		▲
041	佐賀県		▲	▲	▲		▲	▲	▲	
042	長崎県	▲		▲		▲		▲	▲	
043	熊本県			▲	▲		▲	▲	▲	
044	大分県			▲			▲	▲	▲	
045	宮崎県			▲		▲	▲	▲	▲	
046	鹿児島県		▲		▲			▲	▲	▲
047	沖縄県	▲		▲	▲		▲	▲	▲	
048	東京学芸大附高	▲								
049	お茶の水女子大附高	▲		▲	▲	▲	▲	▲	▲	
050	筑波大附高			▲						▲

2021年の出題内容一覧

数学		図形								
		立体の表面積と体積	平行と合同	図形と証明	三角形	平行四辺形	円周角と中心角	相似	平行線と線分の比	中点連結定理
001	北海道	▲		▲	▲					
002	青森県	▲	▲	▲	▲		▲			
003	岩手県			▲			▲	▲		
004	宮城県	▲		▲				▲	▲	
005	秋田県	▲	▲	▲		▲	▲	▲		▲
006	山形県						▲			
007	福島県	▲	▲	▲				▲	▲	
008	茨城県	▲		▲	▲			▲		
009	栃木県	▲	▲	▲		▲	▲	▲		▲
010	群馬県			▲	▲	▲		▲		
011	埼玉県	▲	▲	▲				▲		
012	千葉県	▲		▲	▲	▲	▲	▲		
013	東京都	▲	▲	▲	▲	▲	▲	▲	▲	
	東京都立日比谷高	▲	▲	▲			▲	▲	▲	
	東京都立青山高	▲					▲	▲	▲	
	東京都立西高			▲		▲	▲	▲	▲	▲
	東京都立立川高		▲	▲			▲			
	東京都立国立高	▲					▲	▲	▲	
	東京都立八王子東高	▲	▲	▲			▲	▲		
	東京都立新宿高	▲	▲	▲	▲			▲	▲	
014	神奈川県	▲	▲	▲			▲		▲	
015	新潟県	▲	▲				▲	▲		▲
016	富山県		▲	▲			▲	▲	▲	
017	石川県	▲						▲		
018	福井県	▲		▲	▲			▲	▲	
019	山梨県	▲					▲	▲	▲	▲
020	長野県	▲	▲	▲		▲	▲	▲	▲	▲
021	岐阜県	▲	▲	▲	▲		▲	▲		
022	静岡県		▲	▲	▲	▲	▲	▲		▲
023	愛知県（A）	▲	▲		▲		▲	▲		
	〃（B）	▲					▲	▲	▲	
024	三重県	▲								
025	滋賀県			▲			▲			
026	京都府	▲						▲		
027	大阪府	▲	▲	▲		▲		▲	▲	
028	兵庫県	▲	▲	▲			▲	▲		
029	奈良県			▲			▲	▲		
030	和歌山県		▲	▲	▲	▲	▲	▲		
031	鳥取県	▲		▲			▲	▲		
032	島根県			▲		▲	▲	▲	▲	
033	岡山県	▲					▲	▲		
034	広島県		▲			▲				
035	山口県	▲		▲			▲	▲	▲	
036	徳島県		▲							
037	香川県	▲			▲		▲	▲		
038	愛媛県		▲					▲		
039	高知県	▲			▲		▲	▲		
040	福岡県	▲	▲	▲	▲	▲	▲		▲	
041	佐賀県						▲	▲		
042	長崎県	▲	▲	▲		▲		▲	▲	
043	熊本県	▲	▲		▲			▲		
044	大分県	▲		▲			▲	▲	▲	
045	宮崎県	▲		▲		▲	▲	▲	▲	
046	鹿児島県	▲		▲			▲	▲		
047	沖縄県	▲	▲	▲	▲		▲	▲		▲
048	東京学芸大附高			▲			▲	▲	▲	
049	お茶の水女子大附高		▲			▲	▲		▲	
050	筑波大附高				▲		▲	▲		

※新型コロナウイルス感染症対策により学校の臨時休校が長期化したことなどを受けて，高校入試における学力検査の出題範囲から，内容の一部またはすべてが除外された項目：（網掛け）
（出題範囲から内容の一部が除外され，除外されなかった部分から出題された場合は（網掛け）▲と表記します）

数学		図形	データの活用				総合問題			
		三平方の定理	データの散らばりと代表値	場合の数	確率	標本調査	数・式を中心とした総合問題	関数を中心とした総合問題	図形を中心とした総合問題	データの活用を中心とした総合問題
001	北海道		▲		▲					
002	青森県	▲	▲		▲			▲		
003	岩手県	▲	▲		▲					
004	宮城県	▲	▲		▲					
005	秋田県	▲	▲		▲					
006	山形県	▲	▲		▲			▲	▲	
007	福島県	▲	▲	▲	▲					
008	茨城県	▲	▲	▲	▲					
009	栃木県	▲	▲		▲					
010	群馬県	▲	▲							
011	埼玉県		▲		▲			▲		
012	千葉県	▲	▲	▲	▲					
013	東京都				▲					
	東京都立日比谷高				▲					
	東京都立青山高		▲	▲	▲					
	東京都立西高			▲	▲					
	東京都立立川高				▲				▲	
	東京都立国立高				▲					
	東京都立八王子東高				▲		▲			
	東京都立新宿高				▲					
014	神奈川県	▲	▲		▲					
015	新潟県	▲	▲		▲					
016	富山県	▲	▲		▲					
017	石川県	▲	▲	▲	▲			▲	▲	
018	福井県		▲	▲	▲			▲		
019	山梨県	▲	▲							
020	長野県		▲		▲					
021	岐阜県	▲	▲		▲					
022	静岡県	▲	▲		▲					
023	愛知県（A）	▲	▲		▲			▲		
	〃（B）	▲	▲		▲					
024	三重県	▲	▲		▲			▲	▲	
025	滋賀県	▲	▲		▲				▲	
026	京都府		▲		▲					
027	大阪府		▲		▲					
028	兵庫県	▲	▲	▲	▲				▲	
029	奈良県	▲	▲		▲					
030	和歌山県	▲	▲		▲					
031	鳥取県	▲	▲		▲					
032	島根県	▲	▲		▲					
033	岡山県	▲	▲		▲					
034	広島県	▲	▲		▲				▲	
035	山口県		▲		▲				▲	
036	徳島県	▲	▲	▲	▲			▲	▲	
037	香川県	▲	▲		▲					
038	愛媛県	▲	▲		▲			▲		
039	高知県	▲	▲		▲					
040	福岡県	▲	▲		▲					
041	佐賀県	▲	▲	▲	▲					
042	長崎県	▲	▲				▲		▲	
043	熊本県		▲		▲					
044	大分県	▲	▲		▲					
045	宮崎県	▲	▲		▲					
046	鹿児島県	▲	▲		▲					
047	沖縄県		▲	▲	▲		▲			
048	東京学芸大附高		▲		▲			▲		
049	お茶の水女子大附高			▲	▲					
050	筑波大附高			▲	▲					

2021年の出題内容一覧

数学		数と式							方程式	
		数の性質	正負の数の計算	式の計算(1・2年の範囲)	数・式の利用(1・2年の範囲)	平方根	多項式の乗法・除法	因数分解	1次方程式	1次方程式の応用
051	筑波大附駒場高	▲			▲					
052	東京工業大附科技高			▲		▲		▲		▲
053	大阪教育大附高(池田)	▲	▲		▲	▲		▲		▲
054	大阪教育大附高(平野)					▲		▲		
055	広島大附高	▲	▲			▲				▲
056	愛光高	▲		▲		▲		▲		
057	青山学院高等部	▲				▲				
058	市川高									
059	江戸川学園取手高			▲		▲		▲		
060	大阪星光学院高				▲	▲				
061	開成高	▲								
062	関西学院高等部			▲		▲		▲		
063	近畿大附高	▲		▲	▲	▲		▲		▲
064	久留米大学附設高									
065	慶應義塾高	▲				▲		▲	▲	
066	慶應義塾志木高				▲		▲			
067	慶應義塾女子高				▲		▲			
068	國學院大學久我山高	▲	▲	▲	▲	▲		▲		
069	渋谷教育学園幕張高	▲	▲			▲		▲		
070	城北高					▲		▲		
071	巣鴨高	▲			▲	▲		▲		
072	駿台甲府高	▲	▲			▲		▲		
073	青雲高			▲		▲	▲	▲		
074	成蹊高					▲		▲		
075	専修大附高		▲		▲	▲		▲		▲
076	中央大学杉並高					▲	▲	▲		
077	中央大附高	▲		▲		▲	▲	▲		▲
078	土浦日本大学高	▲	▲			▲		▲		▲
079	桐蔭学園高			▲		▲		▲		
080	東海高	▲				▲		▲		
081	東海大付浦安高	▲	▲	▲		▲	▲			▲
082	東京電機大学高					▲	▲	▲		
083	同志社高	▲		▲		▲		▲		▲
084	東大寺学園高	▲				▲		▲		
085	桐朋高			▲		▲		▲		
086	豊島岡女子学園高	▲		▲	▲	▲		▲		
087	灘高					▲				
088	西大和学園高				▲	▲	▲			
089	日本大学第二高			▲		▲				▲
090	日本大学第三高		▲	▲		▲	▲	▲		
091	日本大学習志野高	▲				▲		▲		▲
092	函館ラ・サール高	▲	▲	▲		▲		▲		▲
093	福岡大附大濠高	▲		▲		▲		▲		
094	法政大学高		▲	▲	▲	▲		▲	▲	
095	法政大学国際高			▲		▲		▲		
096	法政大学第二高	▲				▲		▲		
097	明治学院高		▲			▲				
098	明治大付中野高	▲			▲	▲	▲	▲		
099	明治大付明治高					▲		▲		▲
100	洛南高		▲			▲		▲		
101	ラ・サール高			▲		▲		▲		
102	立教新座高									
103	立命館高	▲	▲		▲	▲	▲	▲		
104	早実高等部			▲		▲				
105	和洋国府台女子高		▲	▲		▲		▲		
106	国立工業高専・商船高専・高専		▲						▲	
107	都立産業技術高専	▲		▲	▲	▲	▲	▲		▲

※新型コロナウイルス感染症対策により学校の臨時休校が長期化したことなどを受けて，高校入試における学力検査の出題範囲から，内容の一部またはすべてが除外された項目：（網掛け）
（出題範囲から内容の一部が除外され，除外されなかった部分から出題された場合は（網掛け）▲と表記します）

数学	方程式				比例と関数			図形	
	連立方程式	連立方程式の応用	2次方程式	2次方程式の応用	比例・反比例	1次関数	関数 $y=ax^2$	平面図形の基本・作図	空間図形の基本
051 筑波大附駒場高			（網掛け）	（網掛け）		▲	▲		
052 東京工業大附科技高		▲	▲	▲	▲	▲	▲		
053 大阪教育大附高(池田)			▲			▲	▲		▲
054 大阪教育大附高(平野)						▲	▲	▲	
055 広島大附高			▲	▲	▲		▲	▲	
056 愛光高		▲		▲		▲	▲		▲
057 青山学院高等部		▲				▲	▲		
058 市川高									
059 江戸川学園取手高		▲	▲			▲	▲	▲	▲
060 大阪星光学院高						▲	▲	▲	▲
061 開成高						▲	▲		▲
062 関西学院高等部	▲	▲	▲			▲	▲		
063 近畿大附高	▲		▲		▲	▲	▲	▲	
064 久留米大学附設高	▲			▲					
065 慶應義塾高	▲		▲		▲	▲	▲		
066 慶應義塾志木高						▲	▲		
067 慶應義塾女子高		▲	▲			▲	▲		
068 國學院大學久我山高				▲		▲			▲
069 渋谷教育学園幕張高			▲				▲	▲	▲
070 城北高	▲		▲				▲		▲
071 巣鴨高	▲		▲			▲	▲	▲	
072 駿台甲府高	▲		▲		▲	▲	（網掛け）	▲	
073 青雲高	▲					▲	▲	▲	
074 成蹊高		▲	▲				▲		
075 専修大附高			▲		▲	▲	▲		
076 中央大学杉並高			▲	▲		▲		▲	
077 中央大附高	▲		▲	▲		▲	▲		
078 土浦日本大学高	▲		▲			▲	▲		
079 桐蔭学園高							▲		▲
080 東海高			▲				▲		
081 東海大付浦安高	▲	▲	▲			▲	▲		
082 東京電機大学高		▲	▲			▲	▲		
083 同志社高	▲	▲		▲		▲	▲	▲	
084 東大寺学園高			▲			▲	▲	▲	
085 桐朋高		▲	▲						
086 豊島岡女子学園高				▲		▲	▲		▲
087 灘高			▲						
088 西大和学園高	▲		▲	▲		▲	▲	▲	▲
089 日本大学第二高			▲				▲		
090 日本大学第三高		▲	▲				▲		
091 日本大学習志野高	▲	▲			▲	▲	▲		▲
092 函館ラ・サール高	▲					▲	▲	▲	▲
093 福岡大附大濠高	▲			▲	▲	▲		▲	▲
094 法政大学高		▲	▲			▲	▲	▲	
095 法政大学国際高				▲					▲
096 法政大学第二高	▲		▲			▲	▲	▲	
097 明治学院高	▲	▲	▲				▲		
098 明治大付中野高		▲					▲		
099 明治大付明治高	▲		▲			▲	▲	▲	
100 洛南高			▲			▲	▲		
101 ラ・サール高	▲	▲		▲			▲	▲	▲
102 立教新座高				▲		▲	▲		
103 立命館高			▲				▲		
104 早実高等部			▲				▲		▲
105 和洋国府台女子高	▲		▲			▲	▲		
106 国立工業高専・商船高専・高専			▲		▲	▲			
107 都立産業技術高専	▲		▲			▲	▲	▲	▲

2021年の出題内容一覧

数学	図形								
	立体の表面積と体積	平行と合同	図形と証明	三角形	平行四辺形	円周角と中心角	相似	平行線と線分の比	中点連結定理
051 筑波大附駒場高	▲				▲	▲	▲		
052 東京工業大附科技高		▲		▲		▲			
053 大阪教育大附高(池田)						▲	▲		
054 大阪教育大附高(平野)		▲					▲	▲	▲
055 広島大附高	▲						▲		
056 愛光高									
057 青山学院高等部		▲		▲	▲	▲	▲	▲	▲
058 市川高									
059 江戸川学園取手高	▲			▲				▲	
060 大阪星光学院高	▲		▲				▲	▲	
061 開成高							▲		▲
062 関西学院高等部		▲	▲		▲				
063 近畿大附高		▲					▲	▲	
064 久留米大学附設高						▲	▲		▲
065 慶應義塾高	▲	▲	▲	▲			▲		
066 慶應義塾志木高	▲		▲					▲	
067 慶應義塾女子高	▲			▲		▲	▲		
068 國學院大學久我山高						▲	▲	▲	▲
069 渋谷教育学園幕張高						▲	▲	▲	
070 城北高	▲					▲	▲		
071 巣鴨高	▲	▲				▲	▲	▲	
072 駿台甲府高	▲	▲					▲		
073 青雲高	▲					▲	▲	▲	
074 成蹊高	▲					▲	▲		
075 専修大附高	▲					▲			
076 中央大学杉並高		▲			▲			▲	▲
077 中央大附高	▲	▲					▲		
078 土浦日本大学高	▲	▲		▲	▲	▲	▲		
079 桐蔭学園高	▲					▲	▲		
080 東海高	▲					▲	▲		▲
081 東海大付浦安高	▲					▲	▲		
082 東京電機大学高	▲				▲	▲	▲	▲	
083 同志社高			▲				▲		
084 東大寺学園高	▲						▲		
085 桐朋高	▲	▲	▲	▲		▲	▲		
086 豊島岡女子学園高	▲					▲	▲	▲	
087 灘高	▲		▲			▲	▲		▲
088 西大和学園高			▲				▲	▲	
089 日本大学第二高	▲					▲	▲	▲	
090 日本大学第三高	▲	▲		▲			▲		
091 日本大学習志野高	▲						▲	▲	
092 函館ラ・サール高	▲								
093 福岡大附大濠高				▲			▲		
094 法政大学高				▲		▲	▲		
095 法政大学国際高								▲	
096 法政大学第二高	▲	▲					▲		
097 明治学院高	▲			▲			▲	▲	
098 明治大付中野高						▲			
099 明治大付明治高	▲						▲	▲	
100 洛南高	▲	▲	▲	▲			▲		
101 ラ・サール高									
102 立教新座高	▲				▲		▲		
103 立命館高		▲		▲	▲	▲			
104 早実高等部						▲	▲		
105 和洋国府台女子高	▲		▲			▲	▲	▲	
106 国立工業高専・商船高専・高専	▲	▲					▲		
107 都立産業技術高専	▲	▲				▲	▲	▲	▲

※新型コロナウイルス感染症対策により学校の臨時休校が長期化したことなどを受けて，高校入試における学力検査の出題範囲から，内容の一部またはすべてが除外された項目：■
（出題範囲から内容の一部が除外され，除外されなかった部分から出題された場合は■▲と表記します）

数学	図形	データの活用				総合問題			
	三平方の定理	データの散らばりと代表値	場合の数	確率	標本調査	数・式を中心とした総合問題	関数を中心とした総合問題	図形を中心とした総合問題	データの活用を中心とした総合問題
051 筑波大附駒場高	▲				■				
052 東京工業大附科技高	▲			▲	■		▲	▲	
053 大阪教育大附高(池田)	▲				■				
054 大阪教育大附高(平野)	■			▲	■				
055 広島大附高	▲	▲		▲					
056 愛光高	▲			▲					
057 青山学院高等部	▲		▲						
058 市川高						▲	▲	▲	▲
059 江戸川学園取手高			▲	▲					▲
060 大阪星光学院高				▲					
061 開成高	▲		▲						
062 関西学院高等部	■		▲		■				
063 近畿大附高				▲					
064 久留米大学附設高	▲		▲	▲		▲	▲		
065 慶應義塾高	▲	▲	▲			▲	▲	▲	
066 慶應義塾志木高			▲	▲				▲	
067 慶應義塾女子高	▲			▲					
068 國學院大學久我山高				▲			▲		
069 渋谷教育学園幕張高	▲			▲					
070 城北高	■▲			▲	■				
071 巣鴨高	■▲			▲	■				
072 駿台甲府高	■			▲	■				
073 青雲高	▲			▲					
074 成蹊高	■			▲	■				
075 専修大附高		▲	▲	▲					
076 中央大学杉並高	■			▲	■				
077 中央大附高				▲					
078 土浦日本大学高		▲		▲					
079 桐蔭学園高	■▲		▲	▲	■				
080 東海高	▲	▲							
081 東海大付浦安高			▲	▲					
082 東京電機大学高		▲		▲					
083 同志社高	■			▲	■				
084 東大寺学園高	■▲			▲	■				
085 桐朋高	■			▲	■		▲		
086 豊島岡女子学園高	▲	▲							
087 灘高	▲		▲	▲		▲	▲		
088 西大和学園高	■▲			▲	■				
089 日本大学第二高				▲					
090 日本大学第三高	■	▲		▲	■				
091 日本大学習志野高	▲			▲					
092 函館ラ・サール高	■			▲					
093 福岡大附大濠高	▲						▲	▲	
094 法政大学高	■		▲	▲	■				
095 法政大学国際高	▲		▲	▲			▲		
096 法政大学第二高	▲		▲						
097 明治学院高	▲			▲					
098 明治大付中野高	▲	▲		▲					
099 明治大付明治高			▲						
100 洛南高	■▲			▲	■				
101 ラ・サール高	▲			▲					
102 立教新座高	▲	▲		▲					
103 立命館高		▲		▲					
104 早実高等部	▲	▲		▲			▲		
105 和洋国府台女子高	▲			▲					
106 国立工業高専・商船高専・高専	■	▲	▲		■	▲	▲	▲	
107 都立産業技術高専									

分野別・最近３か年の入試の出題内容分析

数学

数学の入試では，基本的な問題や平易な問題で確実に得点を獲得することが大切です。出題の形式，傾向は各校とも安定しているので，過去の問題を繰り返し練習して，計算力を高めておきましょう。

表の見方

最近３か年（2019・2020・2021 年）について出題内容を設問内容別に分類し集計したものです。

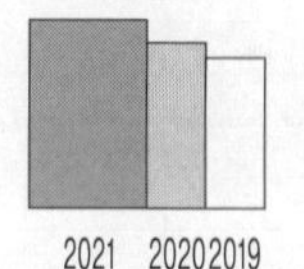

●数と式

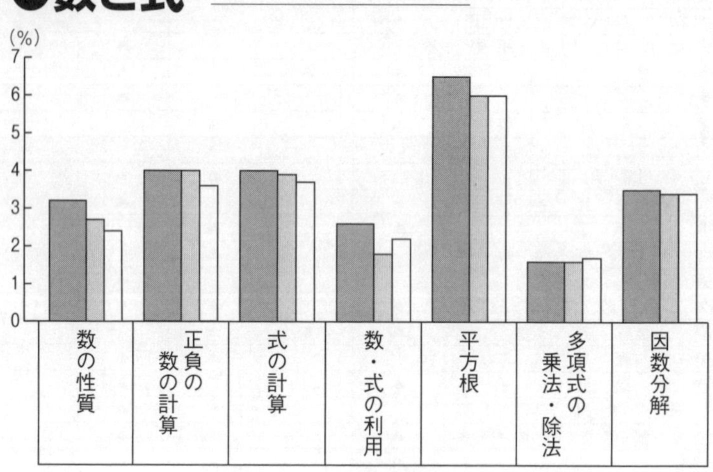

公立校では，冒頭に必ず易しい計算問題が出題されます。まずここで，確実に得点しましょう。正確で能率的な計算を心掛け，特に符号ミスに十分注意しましょう。時間に余裕があれば，検算を実行しましょう。

●方程式

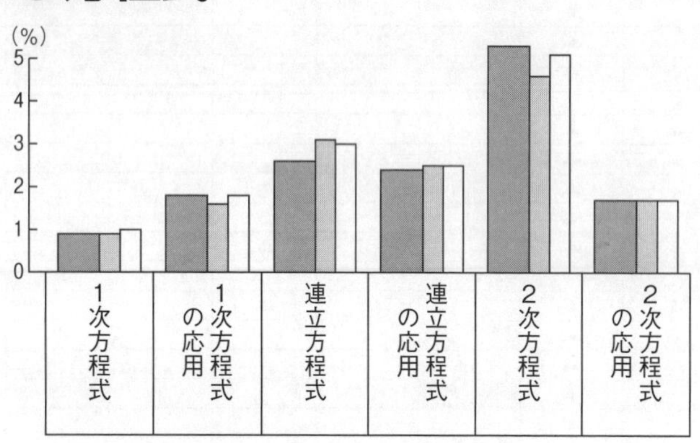

基本的な問題が多く出題されます。解を求めたら，代入して検算するよう心掛けるとよいでしょう。文章題では，答のみでなく解答途中の式や説明まで要求する都道府県が増加しました。また，答に単位が必要かどうかについても，問題文をしっかりと確認しましょう。

●比例と関数

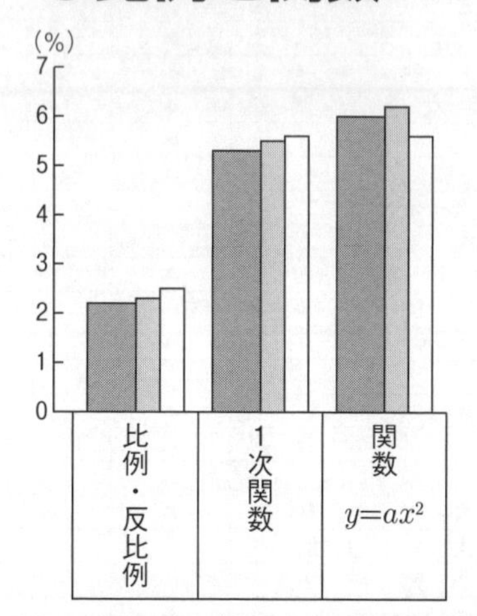

１次関数と関数 $y=ax^2$ との融合問題が圧倒的に多く，とくに，変化の割合やグラフとグラフの交点についての問題がたくさん出題されます。また，三角形や円などの図形と関連させた問題も数多く出題されています。

●図形

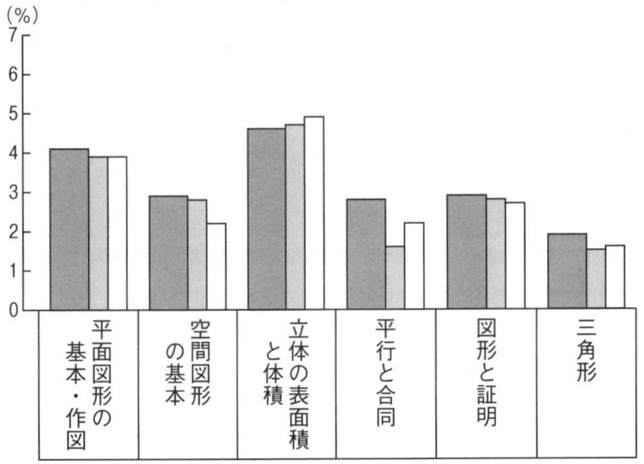

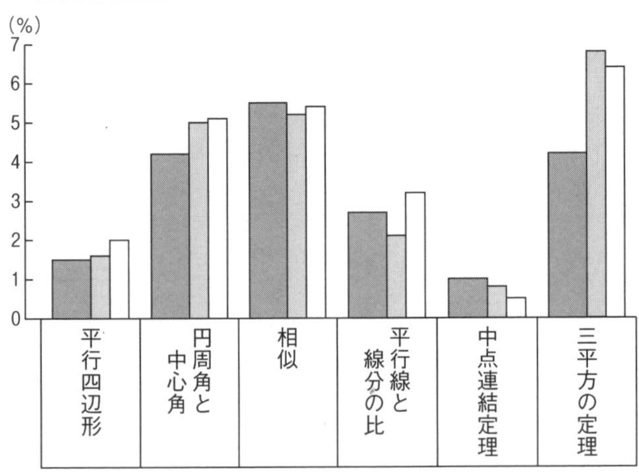

図形の問題は多種多様ですが，やはり，三角形の合同，相似，円周角の定理，三平方の定理などの問題が中心です。とくに，三角形の相似や三平方の定理を利用する問題が数多く出題されています。また，毎年必ず作図や証明問題を出題する公立校がかなり多いので，出題傾向を確認し，十分練習しておくことが必要です。

●データの活用

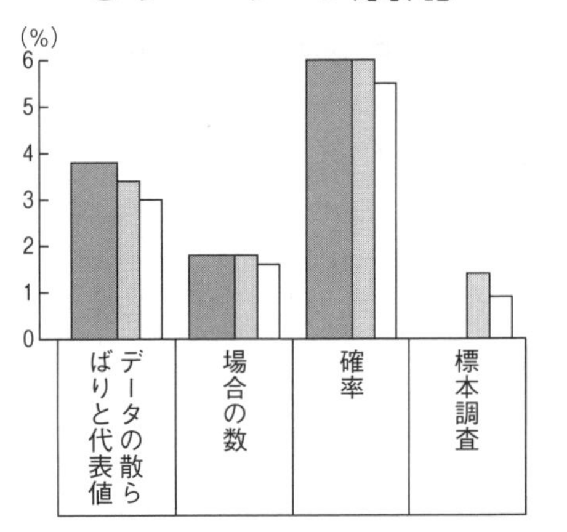

場合の数は，正確に数え上げることが基本です。具体的に書き出してみたり，場合分けをしたりすることも必要です。データの活用についての問題は基本的な問題が多いので，教科書の内容をしっかり練習しておくとよいでしょう。

〈全般としての出題傾向〉

分野別の出題率は，およそ次のようになります。

数と式 ―――――― 約 25%
方程式 ―――――― 約 15%
比例と関数 ――――― 約 14%
図形 ――――――― 約 38%
データの活用 ―――― 約 8%

出題比率に大きな変化はありませんが，やはり，図形問題の比重が大きく，関数のグラフと図形との融合問題も多く出題され，図形問題重視の傾向は，今後も続くと考えてよいでしょう。
各都道府県，各高校とも，出題の傾向は安定していて，今後も質，量とも大きな変化はないと考えられます。2021 年入試は，新型コロナウイルス感染症対策により学校の臨時休校が長期化したことなどを受けて，三平方の定理や標本調査などを出題範囲から除外した都道府県や高校がありましたが，出題形式がほぼ忠実に踏襲されています。
高校入試を確実に突破するには，

教科書の復習→基本的な知識や計算力の確認
参考書や問題集の利用→思考力，応用力の育成
過去の問題の検討→志望校の出題傾向の把握

が大きな柱となります。とくに，過去数年分の問題を早い段階で複数回練習することが極めて効果的です。ぜひ，早めに実行しましょう。

数学・入試問題研究

教科書で「発展」として取り上げられた内容や，高校で学習するような計算方法や考え方を要求する出題や思考力を要する問題，対話形式で考え方や解法を誘導するタイプの問題が近年多く見られるようになりました。

ここでは今年の入試問題の動向をとらえ，このような視点でいくつかの問題を取り上げ，皆さんの実力アップにつながるように解説しました。

(1) 数と式，方程式に関する問題

数の計算は，文字式の計算規則や因数分解などと関連させて解かせる出題が目立ちます。

因数分解にはある程度の定石があり，「次数の同じ項ごとに式を整理する」，「次数が一番低い文字に関して式を整理する」の2つがよく使われます。数多くの問題練習を通して，糸口に気付けるようになりましょう。

例題1.

(1)　$x^2y-2xy^2-x^2+3xy-2y^2$ を因数分解せよ。（愛光高）

(2)　$ab+bc^2-ca-b^2c$ を因数分解せよ。（関西学院高）

(1) 次数に関して各項を見ると，初めの2項は3次，次の3項は2次 となっています。それぞれ次数が同じ部分で因数分解をしてみましょう。

$$(与式)=xy(x-2y)-(x^2-3xy+2y^2)$$
$$=xy(x-2y)-(x-y)(x-2y)$$

$x-2y$ を共通因数として考えて，

$$(与式)=(x-2y)(xy-x+y)$$

(2) (1)と同じような考えで因数分解できますが，文字の種類が多くなった場合のもう一つの定石「次数が一番低い文字に関して式を整理する」方法を紹介しましょう。

a に関しては1次，b に関しては2次，c に関しては2次となっていますので，今回の定石に従えば，a が最低次数の文字となります。

$$(与式)=ab-ca+bc^2-b^2c$$
$$=a(b-c)-bc(b-c)$$
$$=(b-c)(a-bc)$$

答　(1) $(x-2y)(xy-x+y)$
(2) $(b-c)(a-bc)$

式の値を求める問題も頻出です。式変形が必要であったり，置き換えが必要だったりと考え方は様々で，問題を通して学習を深めていくほかありません。

例題2.

(1)　x の2次方程式 $x^2-3x-5=0$ の2つの解を a，b とする。 このとき，$a^2+b^2-3a-3b+1$ の値を求めよ。（西大和学園高）

(2)　2次方程式 $x^2+x-1=0$ の大きい方の解を a，小さい方の解を b とする。

このとき，$\dfrac{1}{(a+1)^2}+\dfrac{1}{(b+1)^2}$ の値を求めよ。（久留米大学附設高）

(1) 2次方程式の解と式の値の問題は頻出問題です。2次方程式を解いてから，次の処理を行うのが本来の流れですが，解の公式を用いて2次方程式を解き，根号が残ってしまった場合などは計算が大変になります。そこでよく使うのが2次方程式の解の和と積を考える方法です。

$x^2-3x-5=0$ を解の公式を用いて解くと，

$$x=\frac{3\pm\sqrt{29}}{2}$$

となるので，

$$a+b=3,\ ab=-5$$

とわかります。したがって，

$$(与式)=(a+b)^2-2ab-3(a+b)+1$$
$$=3^2-2\times(-5)-3\times3+1=11$$

(2) (1)と同じような考え方もできますが，一旦問題の式を変形してから取り組みます。

$x=a$ が解なので，

$a^2+a-1=0$ すなわち，$a(a+1)=1$ が成り立ちます。$a\neq-1$ なので，この両辺を $a+1$ で割ると，

$a=\dfrac{1}{a+1}$ となります。

同じように考えて，$\dfrac{1}{b+1}=b$ となるので，

$$(与式)=a^2+b^2=(a+b)^2-2ab$$

(1)と同様に考えると，$a+b=-1$，$ab=-1$ とわかるため，

$$(与式)=3$$

答　(1) 11　(2) 3

2次方程式の解を扱う問題の中には，たとえ誘導があったとしても，考え方そのものを知らないと手のつけようのないものがあります。高校で学習する内容になるので深入りはしませんが，一般的に次の事柄が成り立ちます。

x の2次方程式 $x^2+ax+b=0$ に，2つの解 $x=p$，$x=q$ があるとき，

$$p+q=-a,\ pq=b$$

が成り立つ。

このことが成り立つことは，前の例題と同じように解の公式を用いて，

$$x=\frac{-a\pm\sqrt{a^2-4b}}{2}$$

と2次方程式の解が求まるので，

$$p+q=\frac{-a+\sqrt{a^2-4b}}{2}+\frac{-a-\sqrt{a^2-4b}}{2}=-a$$

$$pq=\frac{-a+\sqrt{a^2-4b}}{2}\times\frac{-a-\sqrt{a^2-4b}}{2}=\frac{a^2-(a^2-4b)}{4}=b$$

とわかります。

例題3． 次の各問いに答えよ。

(1) $(\sqrt{2}+\sqrt{3}+\sqrt{6})(2\sqrt{2}-\sqrt{3}-\sqrt{6})$ を計算せよ。

(2) 2次方程式 $x^2+(\sqrt{2}-2\sqrt{3}-2\sqrt{6})x+(5+6\sqrt{2}-2\sqrt{3}-\sqrt{6})=0$ を解け。

（明治大学付属明治高）

(1) 計算するだけです。結果は，

$$-5-6\sqrt{2}+2\sqrt{3}+\sqrt{6}$$

(2) (1)の計算結果の符号を変えたものが，上の説明における $b=pq$ の部分に相当します。そのことに気付かないと次がありません。

$pq=5+6\sqrt{2}-2\sqrt{3}-\sqrt{6}$ を満たす p，q で，

$$p+q=-(\sqrt{2}-2\sqrt{3}-2\sqrt{6})$$

を満たすものを見つけると，(1)より，

$$p=\sqrt{2}+\sqrt{3}+\sqrt{6},\ q=-(2\sqrt{2}-\sqrt{3}-\sqrt{6})$$

とすればよいことがわかる。

このとき，問題の2次方程式は

$$x^2-(p+q)x+pq=0$$
$$(x-p)(x-q)=0$$

となるから，$x=p$，$x=q$ が問題の2次方程式の解である。

答 (1) $-5-6\sqrt{2}+2\sqrt{3}+\sqrt{6}$

(2) $x=\sqrt{2}+\sqrt{3}+\sqrt{6},\ -2\sqrt{2}+\sqrt{3}+\sqrt{6}$

(2) 新傾向・思考力を要する問題

思考力を要する出題，目新しいタイプの出題の増加傾向は続いています。小問による誘導タイプは以前からありますが，今日増えているのは，「誘導が丁寧に書かれているタイプ」，「生徒同士あるいは先生と生徒の会話を用いて誘導するタイプ」の問題に大きく分類できます。いずれの問題も，問題の意図するところをくみ取って，解答するほかありませんので，本編の問題を通して，それぞれのパターンに慣れておくと良いでしょう。

ここでは，会話型の問題は紙面を使いすぎてしまうので，他の2パターンの思考力を要する問題を見てみます。

例題4． 正の数 a に対して，ある操作を行って得られる値を記号≪　≫を使って，≪ a ≫ と表します。

この操作において，≪ a ≫ $=0$ となるのは $a=1$ のときのみ，≪ a ≫ $=1$ となるのは，$a=10$ のときのみと約束します。

また，この操作は2つの正の数 a，b に対して

$$≪ a\times b ≫ = ≪ a ≫ + ≪ b ≫,\quad ≪ \frac{1}{a} ≫ = -≪ a ≫$$

という性質があります。

このとき，次の問いに答えなさい。

(1) ≪ $\frac{y}{x}$ ≫ を ≪ x ≫ と ≪ y ≫ を用いて表しなさい。ただし，x，y は正の数であるとします。

(2) ≪ 1000 ≫ の値を整数で答えなさい。

(3) ≪ 72 ≫ を ≪ 2 ≫ と ≪ 3 ≫ を用いて表しなさい。

(4) 方程式

$$\left\{≪ \frac{x}{7-2\sqrt{10}} ≫ -2 ≪ \frac{1}{\sqrt{5}-\sqrt{2}} ≫\right\} ≪ \frac{x}{10} ≫ =0$$

を満たす正の数 x の値を求めなさい。

（立命館高）

この問題の記号の意味は「(常用) 対数」と呼ばれるものですが，受験会場で初めて解く受験生にとっては，その性質だけからすべてを理解するのは大変だったことでしょう。(1)，(2)，(3)は記号の意味・ルールを理解させるための問題で，本題は(4)になります。

(1) $\ll \dfrac{y}{x} \gg = \ll y \times \dfrac{1}{x} \gg$ と変形できるので，問題の3番目の規則により，

$$\ll \frac{y}{x} \gg = \ll y \gg + \ll \frac{1}{x} \gg$$

となります。4番目のルールにより，

$$\ll \frac{y}{x} \gg = \ll y \gg - \ll x \gg$$

(2) $\ll 1000 \gg = \ll 10 \times 100 \gg = \ll 10 \gg + \ll 100 \gg$
$= \ll 10 \gg + \ll 10 \times 10 \gg$
$= \ll 10 \gg + \ll 10 \gg + \ll 10 \gg$

となります。これをまとめると，

$$\ll 10^3 \gg = 3 \ll 10 \gg$$

となりますが，2番目のルールにより，

$$\ll 10 \gg = 1$$

なので，答は3となります。ただし，ここで大切なことは結果よりも，自然数 n に対して，

$$\ll a^n \gg = n \ll a \gg$$

が成り立つという性質に気付いたかどうかです。

(3) (2)の誘導の主旨に気付けば

$$72 = 2^3 \times 3^2$$

と素因数分解することに気付くはずです。

$$\ll 72 \gg = \ll 2^3 \times 3^2 \gg$$
$$= \ll 2^3 \gg + \ll 3^2 \gg$$
$$= 3 \ll 2 \gg + 2 \ll 3 \gg$$

(4) (1)より，

$$\ll \frac{x}{7 - 2\sqrt{10}} \gg = \ll x \gg - \ll 7 - 2\sqrt{10} \gg$$

4番目のルールと(2)より，

$$-2 \ll \frac{1}{\sqrt{5} - \sqrt{2}} \gg = \ll (\sqrt{5} - \sqrt{2})^2 \gg$$
$$= \ll 7 - 2\sqrt{10} \gg$$

(1)と2番目のルールより，

$$\ll \frac{x}{10} \gg = \ll x \gg - \ll 10 \gg = \ll x \gg - 1$$

となるので，問題の方程式は

$$\ll x \gg (\ll x \gg - 1) = 0$$

となります。したがって，

$$\ll x \gg = 0 \text{ または } \ll x \gg = 1$$

となりますが，1番目と2番目のルールより，これを満たすのは

$$x = 1 \text{ または } x = 10$$

答 (1) $\ll y \gg - \ll x \gg$ (2) 3 (3) $3 \ll 2 \gg + 2 \ll 3 \gg$ (4) $x = 1, 10$

例題5．右の図のように，1辺の長さが10の正四面体ABCDがあり，辺ABの中点をMとする。

(1) 辺AC上に $AP = 7$ となる点Pをとり，辺AD上に $AQ = 3$ となる点Qをとる。

次の(ア)には適する三角形を，(イ)〜(エ)には適する辺を，(オ)には適する数を入れよ。

> 辺CDの中点をNとする。△MPQと ［(ア)］ において，
> MP = ［(イ)］，PQ = ［(ウ)］，QM = ［(エ)］ より，3組の辺がそれぞれ等しいから，
> △MPQ ≡ ［(ア)］ である。
> このことを利用すると，四面体AMPQの表面積は四面体ABCDの表面積の ［(オ)］ 倍である。

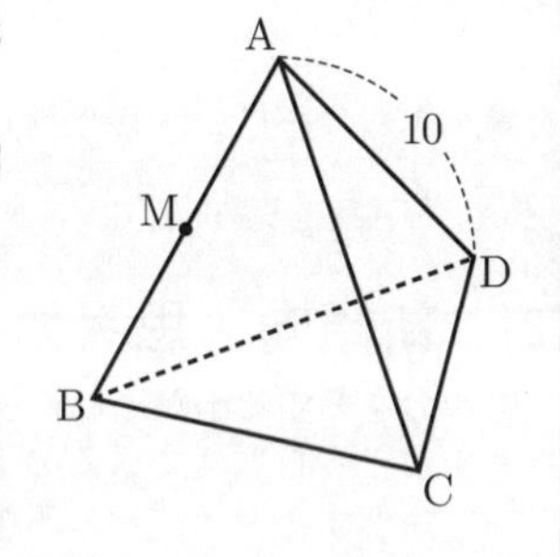

(2) 辺AB上に，$AR = 2$ となる点Rをとり，辺AC上に $AS = 1$，$AT = 4$ となる点S，Tをとり，辺AD上に $AU = 3$，$AV = 6$ となる点U，Vをとる。四面体ARTVの表面積は四面体AMSUの表面積の何倍か。

(桐朋高)

この問題も(1)が(2)のヒントになっており，問題の意図するところを読み取れるかどうかで，(2)を解くことができるかどうかの分かれ道になります。様々な問題を通して，誘導の意図するところを考え読み解く練習を積みましょう。

(1) △AMP と △DNQにおいて，仮定より，

$$AM = DN,\ AP = DQ = 7$$
$$\angle MAP = \angle NDQ = 60^\circ$$

であるから，2組の辺とその間の角がそれぞれ等しいので，

$\triangle AMP \equiv \triangle DNQ$
合同な三角形の対応する辺の長さは等しいので,
$MP = NQ$…(イ)
同様にして, $\triangle AMQ \equiv \triangle CNP$ となるので,
$QM = PN$…(エ)
$PQ = QP$…(ウ)であるから, (ア)には $\triangle NQP$ が入ることがわかる。
また, ここで示した3つの三角形の合同から,
$\triangle AMP = \triangle DNQ$, $\triangle AMQ = \triangle CNP$,
$\triangle MPQ = \triangle NQP$
とわかるので, 四面体 AMPQ の表面積は, △ACDに等しいことがわかる。

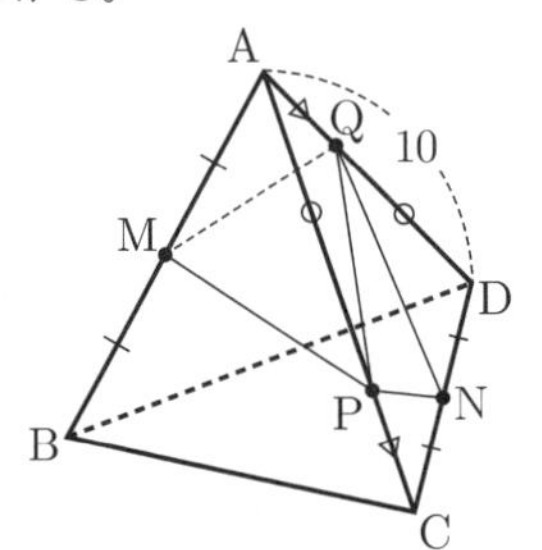

(2)(1)をどのように(2)で用いるのかを考えましょう。(1)を使うための条件は,
$AP + AQ = 10 = 2AM$
を満たしていることと気付いたでしょうか。
四面体 ARTV では, $AT = 4$, $AR = 2$, $AV = 6$
であることから, $AR + AV = 2AT$
四面体 AMSU では, $AM = 5$, $AS = 1$, $AU = 3$
であることから, $AM + AS = 2AU$
が, それぞれ成り立つので, 四面体 ARTV の表面積は1辺の長さ $2AT = 8$ の正三角形の面積に等しく, 四面体 AMSU の表面積は1辺の長さ $2AU = 6$ の正三角形の面積に等しいことが(1)と同じように考えることによってわかります。
したがって, 求める表面積の比は, $8^2 : 6^2 = 16 : 9$ とわかります。

答 (1)(ア) △NQP　(イ) NQ　(ウ) QP　(エ) PN　(オ) $\frac{1}{4}$
(2) $\frac{16}{9}$ 倍

(3) 関数を中心とする総合問題

2乗に比例する関数 $y = ax^2$ に関する問題は頻出問題ですが, 多くの問題が図形問題とからめて出題されます。本格的な図形の問題に入る前段階で, 2乗に比例する関数のグラフと1次関数のグラフの交点を求めたりする場面は非常に多く, そこでよく使われる手法が以下です。

2乗に比例する関数 $y = ax^2$ のグラフ上の2点 $P(p,\ ap^2)$, $Q(q,\ aq^2)$ に対し, 直線 PQ の傾きは,

$$\frac{ap^2 - aq^2}{p - q} = \frac{a(p+q)(p-q)}{p-q} = a(p+q)$$

で与えられる。

この事実を既知として問題に取り組むのは如何なものかとは思いますが, 問題によっては, この考えを使わせる誘導のある出題もありますので, 慣れておいて損はないでしょう。

例題6. 次の問いに答えなさい。なお, 座標の1目盛りを1cm とします。

(1) 関数 $y = x^2$ のグラフと, 傾き $\frac{1}{2}$ の直線が異なる2点 $(a,\ a^2)$, $(b,\ b^2)$ で交わっているとき, a を b の式で表しなさい。

(2) 原点をOとし, 関数 $y = x^2$ のグラフを①とします。
図のようにOから始まる折れ線 OABCDE と, 折れ線 OPQRST があります。折れ線 OABCDE をつくる各線分の傾きは, 順に $\frac{1}{2}$, $-\frac{1}{4}$, $\frac{1}{2}$, $-\frac{1}{4}$, $\frac{1}{2}$ です。
折れ線 OPQRST をつくる各線分の傾きは, 順に $-\frac{1}{4}$, $\frac{1}{2}$, $-\frac{1}{4}$, $\frac{1}{2}$, $-\frac{1}{4}$ です。A, B, C, D, E および P, Q, R, S, T はそれぞれの折れ線と①との交点です。また, K, L, M, N は2つの折れ線の交点です。

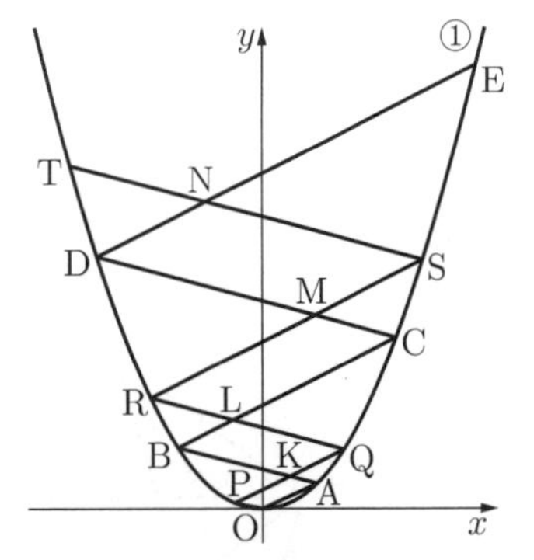

(ア) 四角形 KQLB の面積は, 四角形 OAKP の面積の何倍ですか。
(イ) 四角形 KQLB, 四角形 LCMR, 四角形 MSND の面積の和は, 四角形 OAKP の面積の何倍ですか。

(筑波大学附属駒場高)

(1) $\frac{1}{2}=\frac{a^2-b^2}{a-b}=a+b$ を変形します。

(2) (1)を用いることで直線の式を出さずに折れ線の x 座標を計算できます。 なお，傾きが $-\frac{1}{4}$ の直線に対しては(1)での式の $\frac{1}{2}$ の部分を $-\frac{1}{4}$ に置き換えてください。

①上の点の x 座標をそれぞれの小文字で表すと，折れ線 OABCD に関して，

$$0+a=\frac{1}{2},\ b+a=-\frac{1}{4},$$
$$c+b=\frac{1}{2},\ d+c=-\frac{1}{4}$$

折れ線 OPQRS に関して，

$$p+0=-\frac{1}{4},\ p+q=\frac{1}{2},$$
$$r+q=-\frac{1}{4},\ s+r=\frac{1}{2}$$

となるので，これを順次解くと，D，R，B，P，A，Q，C，S の順にそれぞれの x 座標は，

$$-\frac{3}{2},\ -1,\ -\frac{3}{4},\ -\frac{1}{4},\ \frac{1}{2},\ \frac{3}{4},\ \frac{5}{4},\ \frac{3}{2}$$

となります。

(ア) 四角形 OAKP は平行四辺形であるから，

∠POA＝∠QKBなので，

$$\triangle\mathrm{POA}:\triangle\mathrm{QKB}=\mathrm{OP}\times\mathrm{OA}:\mathrm{KQ}\times\mathrm{KB}$$

ここで，OA // KQであるから，

$$\mathrm{OA}:\mathrm{KQ}=\mathrm{OA}:(\mathrm{PQ}-\mathrm{PK})=\mathrm{OA}:(\mathrm{PQ}-\mathrm{OA})$$

この式の右辺は x 座標の差で計算ができるので，

$$\mathrm{OA}:\mathrm{KQ}=\left(\frac{1}{2}-0\right):\left[\left\{\frac{3}{4}-\left(-\frac{1}{4}\right)\right\}-\left(\frac{1}{2}-0\right)\right]$$
$$=1:1$$

同様に，$\mathrm{OP}:\mathrm{KB}=\frac{1}{4}:\left(\frac{5}{4}-\frac{1}{4}\right)=1:4$

であるから，

$$\triangle\mathrm{POA}:\triangle\mathrm{QKB}=1\times1:1\times4=1:4$$

となり，問題の四角形が平行四辺形であることから，これがそのまま四角形の面積比を与えます。

(イ) (ア)と同じように考えます。

各点の x 座標の差は，

$$\mathrm{L}とC:\frac{5}{4}+\frac{3}{4}-\frac{1}{2}=\frac{3}{2}$$
$$\mathrm{L}とR:\frac{3}{4}+1-1=\frac{3}{4}$$
$$\mathrm{M}とS:\frac{3}{2}+1-\frac{3}{2}=1$$
$$\mathrm{M}とD:\frac{5}{4}+\frac{3}{2}-\frac{3}{4}=2$$

となるので，

$$\mathrm{LC}:\mathrm{OA}=3:1,\ \mathrm{LR}:\mathrm{OP}=3:1$$
$$\mathrm{MS}:\mathrm{OA}=2:1,\ \mathrm{MD}:\mathrm{OP}=8:1$$

であるから，求める面積比は，

$$(1\times4+3\times3+2\times8):1=29:1$$

答　(1) $a=\frac{1}{2}-b$　(2)(ア) 4 倍　(イ) 29 倍

(4)　平面図形の問題

平面図形の問題は依然出題頻度の高い分野です。 題材も豊富にありますが，今年度は正五角形の辺と対角線の長さの問題が目立ちましたので，頻出問題として 1 問紹介しましょう。なお，結果を既知としている問題も多く見られました。

次の問題では，問題が正五角形と関係していることと，正五角形の対角線を求める解法を知らないと手も足も出ないのではないでしょうか。大阪教育大附属池田高では別の解法が誘導付きで出題されています。

例題 7．三角形 ABC において，

$$\mathrm{AB}=\mathrm{AC},\ \mathrm{BC}=2,\ \angle\mathrm{BAC}=36^\circ$$

であるとき，AB の長さを求めよ。

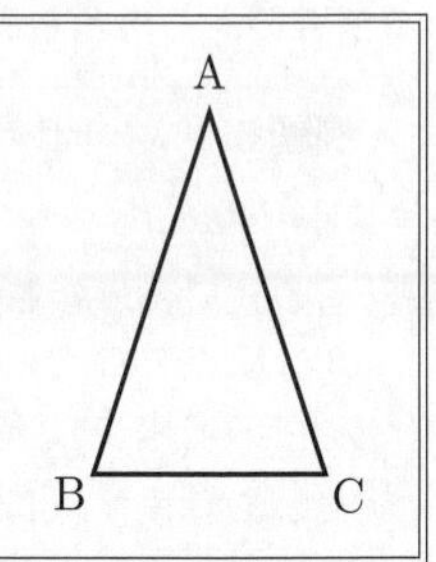

（慶應義塾高）

△ABC は問題の条件から，下図のような正五角形 ADBCE の中に埋め込むことができる。

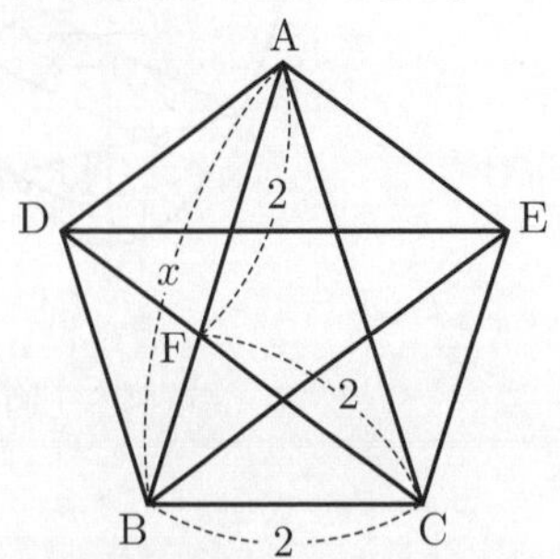

正五角形の対角線 AB，CD の交点を F とし，AB＝x とおくと，AF＝CF＝BC＝2 なので，FB＝$x-2$ となる。

△ABC ∽ △CFB であるから，

$$\mathrm{AB}:\mathrm{BC}=\mathrm{CF}:\mathrm{FB}$$

よって，$x:2=2:(x-2)$

これを変形して，

$$x(x-2)=2^2\qquad x^2-2x-4=0$$

2 次方程式の解の公式を用いて，$x=1\pm\sqrt{5}$

$x>0$ より，$x=1+\sqrt{5}$

答　$1+\sqrt{5}$

(IK.Y.)

公立高等学校

北海道

時間	45分	満点	60点	解答	P2	3月4日実施

出題傾向と対策

●大問は5題で，**1**，**2** は基本的な小問集合，**3** 規則性，**4** 関数とグラフ，**5** 平面図形という出題が続いている。数値を答える設問のほか，考え方や説明も要求する設問が複数ある。作図や図形の証明が必ず出題され，確率やデータの整理などの問題も出題されやすい。

●**1**，**2** を確実に解き，**3**，**4**，**5** に進む。設問数がやや多く，記述を要求される設問もあるので，時間配分にも十分に注意して答案を仕上げよう。

●**1** のかわりに，学校裁量問題 **5** を解かせる学校もある。

1　次の問いに答えなさい。

問1　よく出る　基本　(1)〜(3)の計算をしなさい。

(1)　$3-(-6)$　(2点)

(2)　$9\div\left(-\frac{1}{5}\right)+4$　(2点)

(3)　$\sqrt{28}-\sqrt{7}$　(2点)

問2　基本　y が x に反比例しているものを，次のア〜エから1つ選びなさい。　(3点)

ア　1本50円の鉛筆を x 本買ったときの代金 y 円

イ　面積が $300\ \mathrm{cm}^2$ の長方形で，縦の長さが $x\ \mathrm{cm}$ のときの横の長さ $y\ \mathrm{cm}$

ウ　重さ100gの容器に x g の砂糖を入れたときの全体の重さ y g

エ　底面の半径が $x\ \mathrm{cm}$，高さが5cmの円柱の体積 $y\ \mathrm{cm}^3$

問3　よく出る　思考力　右の図は，立方体の展開図を示したものです。この展開図を組み立てたとき，線分ABと平行で，長さが等しくなる線分を展開図にかき入れなさい。　(3点)

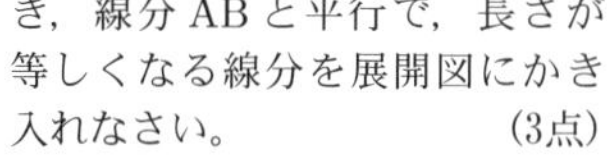

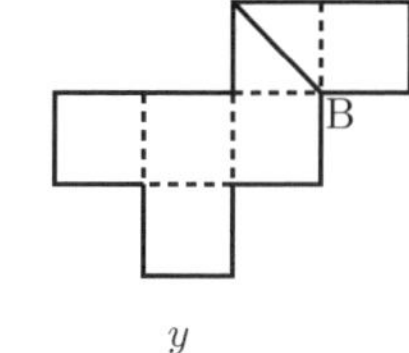

問4　基本　右の図のような関数 $y=3x$ のグラフに平行で，点 $(0,\ 2)$ を通る直線の式を求めなさい。　(3点)

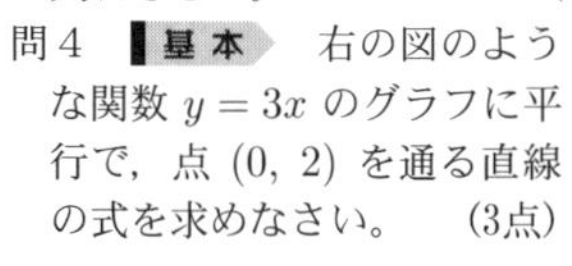

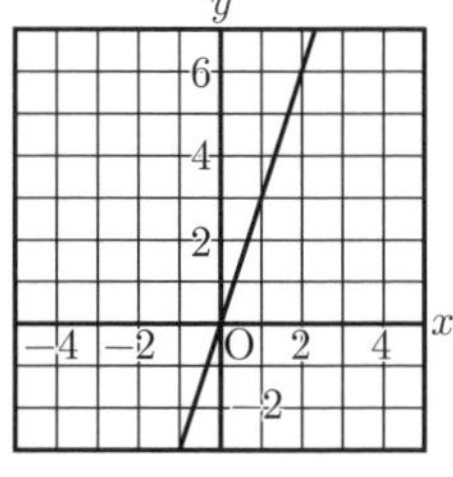

問5　基本　連立方程式 $\begin{cases}2x+y=11\\ y=3x+1\end{cases}$ を解きなさい。　(3点)

問6　基本　右の図のように，半径が9cm，中心角が60°のおうぎ形OABがあります。このおうぎ形の弧ABの長さを求めなさい。

ただし，円周率は π を用いなさい。　(3点)

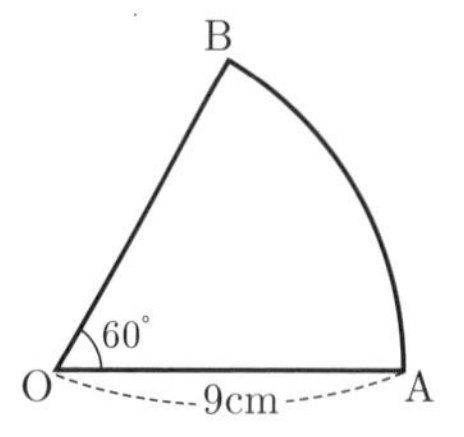

2　基本　次の問いに答えなさい。

問1　二次方程式 $x^2+3x-1=0$ を解きなさい。　(3点)

問2　100円，50円，10円の3枚の硬貨を同時に投げるとき，表が出た硬貨の金額の合計が60円以上になる確率を次のように求めます。

［ア］〜［ウ］に当てはまる値を，それぞれ書きなさい。　(4点)

(解答)

3枚の硬貨の表裏の出かたは全部で［ア］通りあり，表が出た硬貨の金額の合計が60円以上になる出かたは［イ］通りである。

したがって，求める確率は［ウ］となる。

問3　右の表は，A中学校の3年生男子80人の立ち幅とびの記録を度数分布表にまとめたものです。度数が最も多い階級の相対度数を求めなさい。　(3点)

階級(cm) 以上〜未満	度数(人)
150 〜 170	9
170 〜 190	14
190 〜 210	18
210 〜 230	20
230 〜 250	13
250 〜 270	6
計	80

問4　よく出る　右の図の四角形ABCDにおいて，点Bと点Dが重なるように折ったときにできる折り目の線と辺AB，BCとの交点をそれぞれP，Qとします。2点P，Qを定規とコンパスを使って作図しなさい。

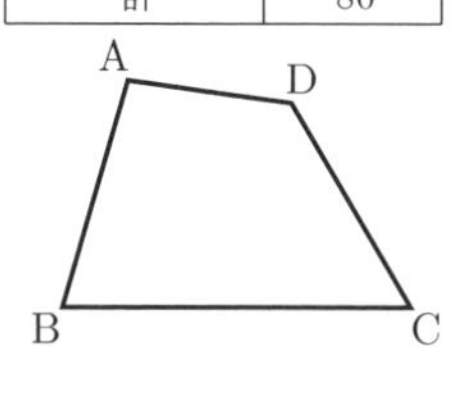

ただし，点を示す記号P，Qをかき入れ，作図に用いた線は消さないこと。　(3点)

3　よく出る　次の問いに答えなさい。

問1　基本　太郎さんたちは，次の問題について考えています。

(問題)

図1のように，同じ長さのストローを並べて，五角形を n 個つくるのに必要なストローの本数を，n を用いた式で表しなさい。

図1

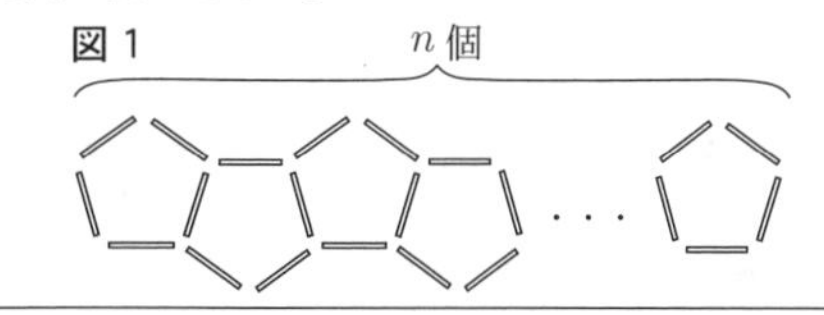

太郎さんはこの問題の考え方について，先生に確認しています。［ア］〜［ウ］に当てはまる数を，［エ］に当てはまる式を，それぞれ書きなさい。　(4点)

太郎さん	「図1を使って，ストローの本数を数えると，五角形を1個つくるのに必要なストローの本数は5本です。また，五角形を2個つくるのに必要なストローの本数は［ア］本，五角形を3個つくるのに必要なストローの本数は［イ］本です。」
先生	「そうですね。五角形が1個増えると，ストローの本数はどのように増えるのでしょうか。」
太郎さん	「図2のように，ストローを囲むと1つの囲みにストローが［ウ］本ずつあるので，五角形が1個増えると，ストローの本数は［ウ］本増えます。」
先生	「そうですね。では，五角形を n 個つくるのに必要なストローの本数を，n を使って表してみましょう。」
太郎さん	「図2と同じように考えて，ストローを囲むと，図3のようになります。

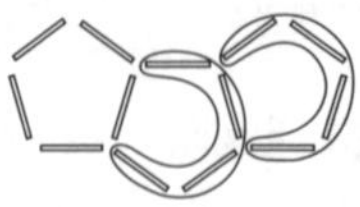

図2

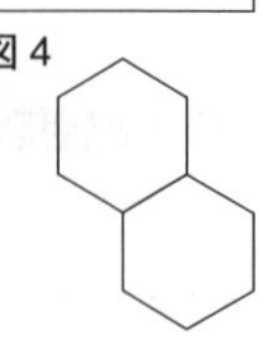

図3

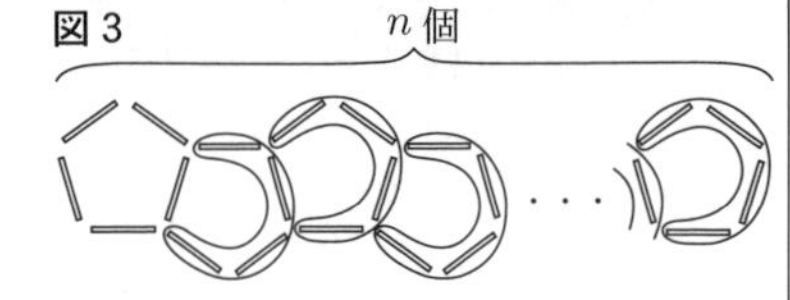

囲みの個数は，n を使って［エ］個と表すことができるので，五角形を n 個つくるのに必要なストローの本数を表す式は，$5+$［ウ］$\times$(［エ］) となります。」

先生　「そうですね。」

問2　図4は，2つの合同な正六角形を，1辺が重なるように並べて1つの図形にしたものです。図5のように，同じ長さのストローを並べて，図4の図形を n 個つくるのに必要なストローの本数を，n を用いた式で表しなさい。また，その考え方を説明しなさい。説明においては，図や表，式などを用いてもよい。（3点）

図4

図5

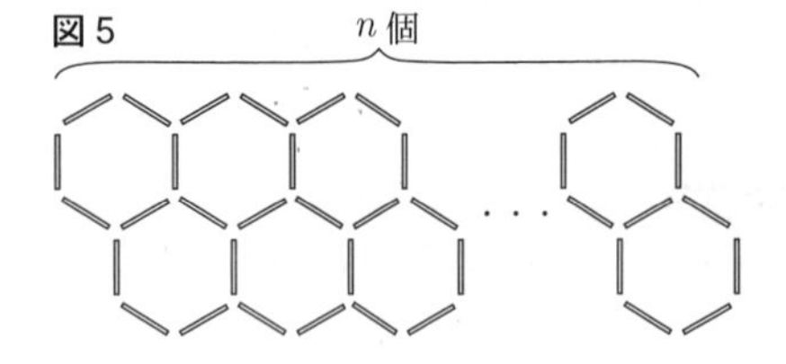

4 よく出る　右の図のように，関数 $y=ax^2$（a は正の定数）…①のグラフがあります。点Oは原点とします。

次の問いに答えなさい。

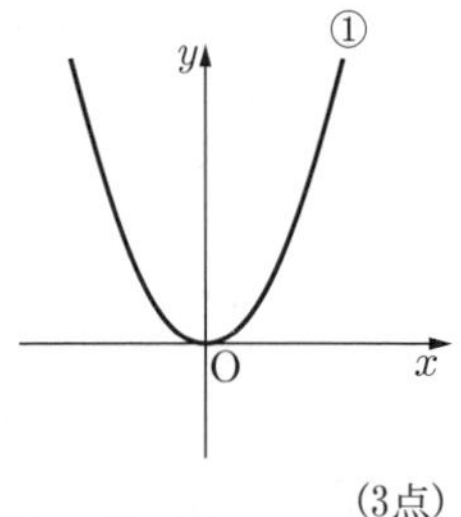

問1　基本　$a=4$ とします。①のグラフと x 軸について対称なグラフを表す関数の式を求めなさい。（3点）

問2　基本　①について，x の変域が $-2 \leqq x \leqq 3$ のとき，y の変域が $0 \leqq y \leqq 18$ となります。このとき，a の値を求めなさい。（3点）

問3　$a=1$ とします。①のグラフ上に2点A，Bを，点Aの x 座標を2，点Bの x 座標を3となるようにとります。y 軸上に点Cをとります。線分ACと線分BCの長さの和が最も小さくなるとき，点Cの座標を求めなさい。（5点）

5 よく出る　右の図のように，$AD \parallel BC$ の台形ABCDがあり，対角線AC，BDの交点をEとします。

次の問いに答えなさい。

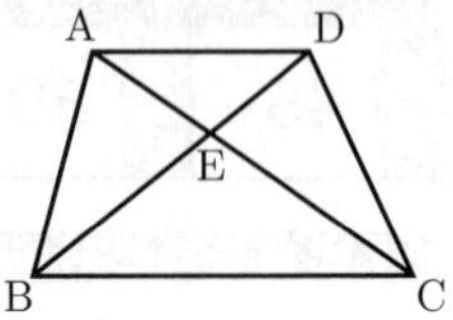

問1　基本　$CD=CE$，$\angle ACD=30°$ のとき，$\angle BEC$ の大きさを求めなさい。（3点）

問2　線分BE上に点Fを，$BF=DE$ となるようにとります。点Fを通り，対角線ACに平行な直線と辺AB，BCとの交点をそれぞれG，Hとします。このとき，$AD=HB$ を証明しなさい。（5点）

裁量問題

5 次の問いに答えなさい。

問1　新傾向　次の(1)，(2)に答えなさい。

(1)　図1のⓐのように，直線 l 上に，半径2cm，中心角120°のおうぎ形PQRがあります。おうぎ形PQRに，次の［1］～［3］の操作を順に行うことによって，点Pがえがく線の長さを求めなさい。

ただし，円周率は π を用いなさい。（5点）

> ［1］　ⓐからⓘまで，点Qを中心として時計回りに90°回転移動させる。
> ［2］　ⓘからⓤまで，弧QRと直線 l が接するように，すべることなく転がす。
> ［3］　ⓤからⓔまで，点Rを中心として時計回りに90°回転移動させる。

図1

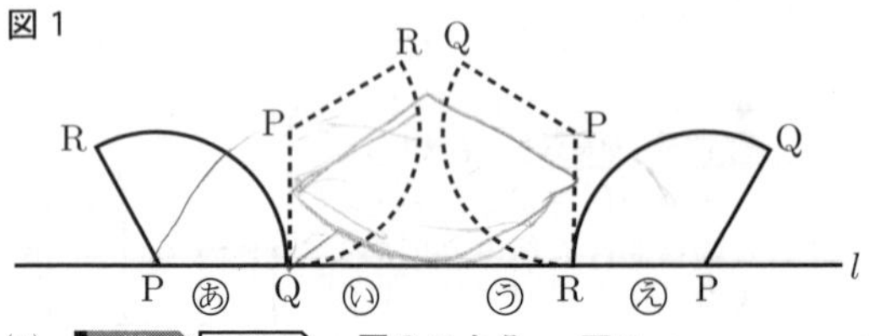

(2)　難　思考力　図2のように，正三角形ABCの頂点A，B，Cをそれぞれ中心とし，1辺の長さを半径とする円の弧BC，弧CA，弧ABで囲まれた図形をFとします。

図2

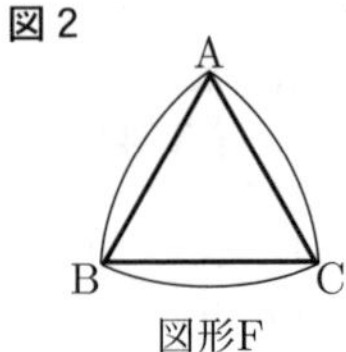

図形F

図3のⓐのように，直線 l 上に図形Fがあり，線分BCと直線 l は垂直とします。図形Fに，次の［1］～［6］の操作を順に行うことによって，図形Fがⓐからⓘまで動いてできる図形に色をつけて表した図として，最も適当なものを，ア～オから1つ選びなさい。（4点）

> ［1］　点Bを中心として時計回りに60°回転移動させる。
> ［2］　線分CAと直線 l が垂直になるまで，弧BCと直線 l が接するように，すべることなく転がす。

③ 点Cを中心として時計回りに 60° 回転移動させる。
④ 線分 AB と直線 l が垂直になるまで，弧 CA と直線 l が接するように，すべることなく転がす。
⑤ 点Aを中心として時計回りに 60° 回転移動させる。
⑥ 線分 BC と直線 l が垂直になるまで，弧 AB と直線 l が接するように，すべることなく転がす。

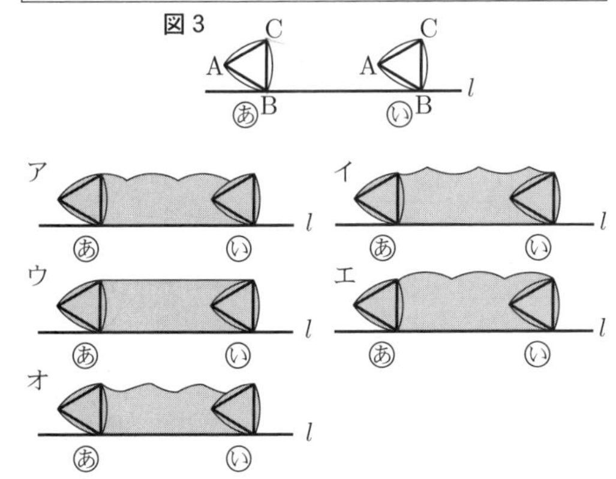

問2　図1のように，1辺が a cm の立方体 ABCD − EFGH があります。
次の(1)〜(3)に答えなさい。

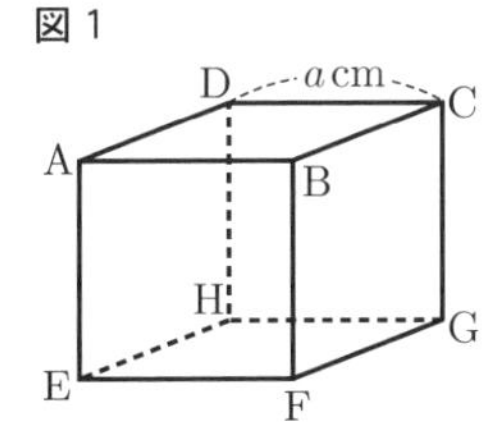

(1)　図2は，図1の立方体で，$a = 4$ としたものです。立方体を3点 A，C，G を通る平面で切ります。頂点Fをふくむ立体の体積を求めなさい。　(3点)

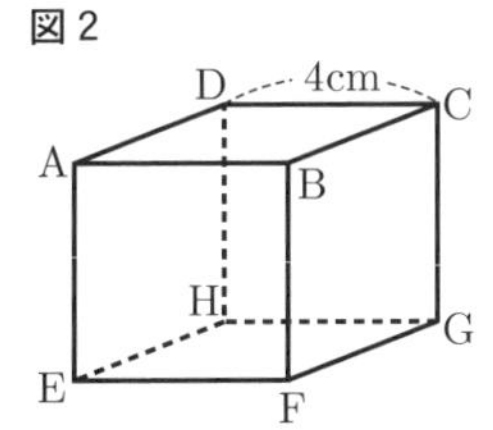

(2)　図1の立方体を3点 B, E, G を通る平面で切ります。頂点Fをふくむ立体の体積は，図1の立方体の体積の何倍ですか，求めなさい。　(4点)

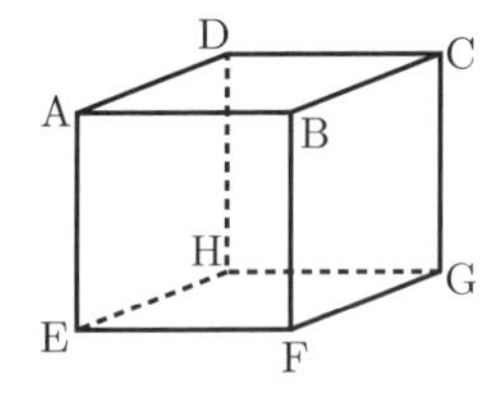

(3)　図3は，図1の立方体で，$a = 10$ としたものです。
点 P, Q はそれぞれ頂点 A, B を同時に出発し，四角形 ABCD の辺上を，P は毎秒 1 cm の速さで B を通って C まで，Q は毎秒 2 cm の速さで C，D，A を通って B まで移動します。2直線 PQ，EG が同じ平面上にある直線となるのは，点 P，Q がそれぞれ頂点 A，B を同時に出発してから，何秒後と何秒後ですか，求めなさい。　(5点)

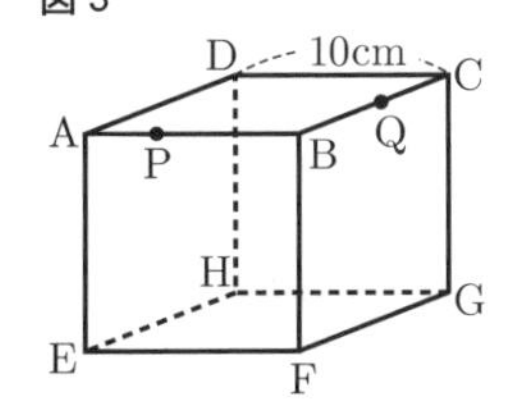

青森県

時間	45分	満点	100点	解答	P2	3月5日実施

出題傾向と対策

●**1** 小問集合，**2** 数・式の利用と確率の独立問題，**3** 空間図形と平面図形の独立問題，**4** 2乗に比例する関数を中心とする問題，**5** 関数に関する総合問題であった。内容，分量とも例年通りである。

●準備は教科書を中心に，標準的な問題集で勉強するに限る。例年に比べると若干取り組みやすい問題が多かった。しかし，今回に限ったことと思われるので他の年の過去問にも目を通しておくとよい。また，**5** のようなグラフを活用した問題はグラフを読む力の有無で差がつくので，準備をしておくとよい。

1 よく出る 基本　次の(1)〜(8)に答えなさい。　(43点)

(1)　次のア〜オを計算しなさい。

ア　$-1-5$

イ　$(-3)^2 + 4 \times (-2)$

ウ　$10xy^2 \div (-5y) \times 3x$

エ　$2x - y - \dfrac{5x+y}{3}$

オ　$(\sqrt{5}+3)(\sqrt{5}-2)$

(2)　次の等式を r について解きなさい。
$l = 2\pi r$

(3)　次の方程式を解きなさい。
$x^2 = 9x$

(4)　y は x に比例し，$x = -3$ のとき，$y = 18$ である。$x = \dfrac{1}{2}$ のときの y の値を求めなさい。

(5)　正 n 角形の1つの内角が 140° であるとき，n の値を求めなさい。

(6)　空間内の平面について述べた文として適切でないものを，次のア〜エの中から1つ選び，その記号を書きなさい。

ア　一直線上にある3点をふくむ平面は1つに決まる。
イ　交わる2直線をふくむ平面は1つに決まる。
ウ　平行な2直線をふくむ平面は1つに決まる。
エ　1つの直線とその直線上にない1点をふくむ平面は1つに決まる。

(7)　あるクラスの生徒14人の反復横とびの回数を測定したところ，全員が異なる回数であった。その測定した回数の少ない順に並べたとき，7番目の生徒と8番目の生徒の回数の差は6回で，中央値は 48.0 回であった。このとき，7番目の生徒の回数は何回か，求めなさい。

(8)　右の図のように，座標平面上の原点Oを通る円がある。この円は，原点Oのほかに，y 軸と点 A (0, 4) で，x 軸と点Bで交わる。この円の原点Oをふくまない方の $\overset{\frown}{AB}$ 上に点Pをとると，∠OPA = 30° であった。このとき，この円の中心の座標を求めなさい。

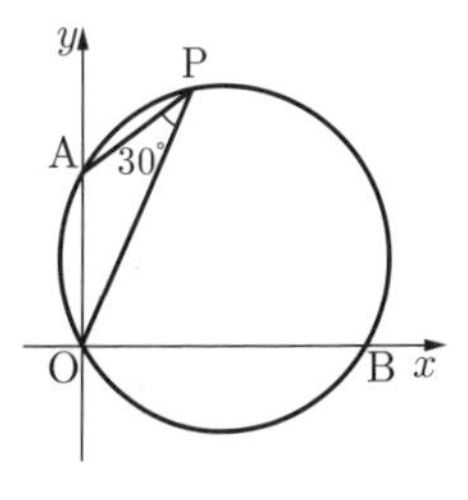

2 よく出る 次の(1)，(2)に答えなさい。 (13点)

(1) 基本 次の文章は，異なる2つの自然数が，ともに偶数であるときの和と積について考えているレンさんとメイさんの会話である。［ア］には式，［イ］には語，［ウ］～［オ］には自然数をそれぞれ入れなさい。

レン：たとえば，和は
$2+4=6$，$4+10=14$，$12+18=30$
となるので，必ず偶数になると予想できるよ。

メイ：その予想は正しいといえるのかな。

レン：では，そのことを証明してみるよ。
m，n を異なる自然数とすると，異なる2つの偶数は $2m$，$2n$ と表すことができるから，
$2m+2n=2$（［ア］）となる。
［ア］は自然数だから，2（［ア］）は必ず［イ］になる。
したがって，異なる2つの偶数の和は，［イ］であるといえるよ。

メイ：予想が正しいことを証明できたね。今度は，積はどうなるか，同じように考えてみるよ。
たとえば，積は
$2\times4=8$，$4\times10=40$，$12\times18=216$
となるので，必ず8の倍数になると予想できそうだね。

レン：その予想も正しいといえるのかな。
たとえば，［ウ］と［エ］の積は［オ］となり，8の倍数ではないから，必ずいえることにはならないよ。

メイ：なるほど。成り立たない場合があるから，予想は正しくないんだね。

(2) 右の図のように，2つの袋の中に，赤玉が1個，白玉が2個，黒玉が3個ずつ入っている。袋の中をよくまぜてから，それぞれから1個の玉を同時に取り出すとき，次のア，イに答えなさい。

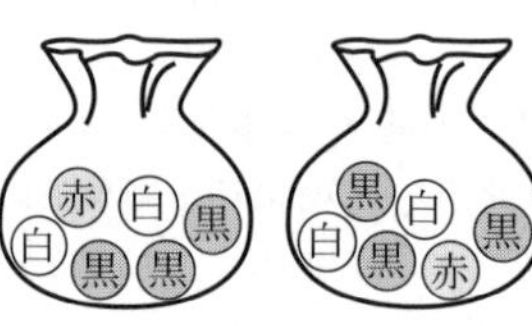

ア 基本 それぞれから取り出す玉が，どちらも白玉である確率を求めなさい。

イ それぞれから取り出す玉の組み合わせとして，最も起こりやすいのはどれか，次のあ～かの中から1つ選び，その記号を書きなさい。

あ どちらも赤玉　い どちらも白玉
う どちらも黒玉　え 赤玉1個と白玉1個
お 白玉1個と黒玉1個　か 赤玉1個と黒玉1個

3 よく出る 次の(1)，(2)に答えなさい。 (16点)

(1) 右の図は，1辺の長さが6cmの立方体である。辺FGの中点をPとするとき，次のア，イに答えなさい。

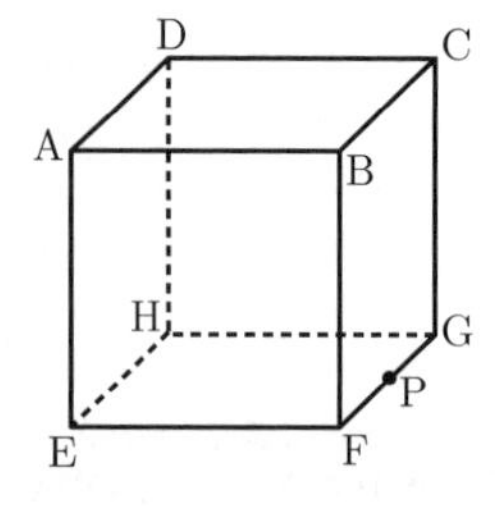

ア 辺EF上に QF＝4cm となる点Qをとるとき，三角すいBQFPの体積を求めなさい。

イ 辺AEの中点をRとするとき，点Rから辺EFを通って点Pまで糸をかける。この糸の長さが最も短くなるときの，糸の長さを求めなさい。

(2) 右の図のように，正三角形ABCがあり，辺AC上に点Dをとる。また，正三角形ABCの外側に正三角形DCEをつくる。このとき，次のア，イに答えなさい。

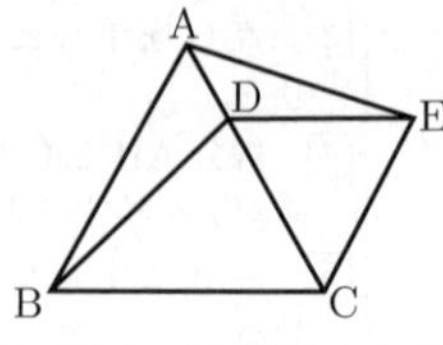

ア 基本 △BCD≡△ACEであることを次のように証明した。［あ］，［い］には式，［う］には適切な内容をそれぞれ入れなさい。

［証明］
△BCDと△ACEについて
△ABCと△DCEは正三角形だから，
［あ］ …①
CD＝CE …②
［い］＝60° …③
①，②，③から，
［う］がそれぞれ等しいので，
△BCD≡△ACE

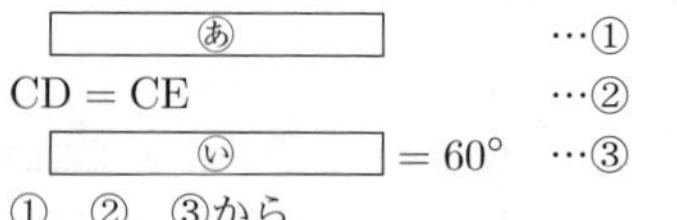

イ 四角形ABCEの周の長さが21cmのとき，次の(ア)，(イ)に答えなさい。

(ア) AB＝$a$cm，CD＝$b$cm としたとき，辺AEの長さを a，b を用いて表しなさい。

(イ) △ABDの周の長さが13cmのとき，正三角形DCEの1辺の長さを求めなさい。

4 よく出る 図1で，①は関数 $y=-\frac{4}{9}x^2$ のグラフであり，点Aの座標は(2，−4)，点Bは①上の点で x 座標が負の値をとり，y 座標は −4 である。次の(1)～(4)に答えなさい。ただし，座標軸の単位の長さを1cmとする。 (11点)

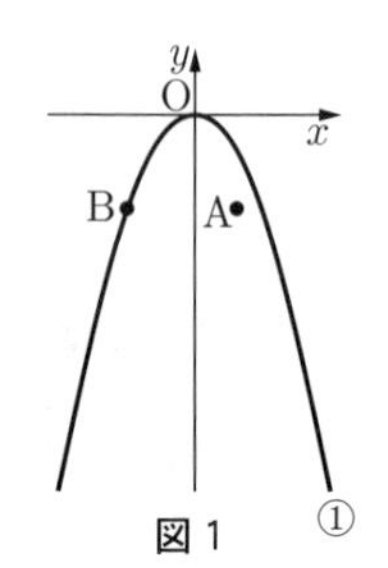

図1

(1) 基本 点Bの x 座標を求めなさい。

(2) 基本 ①の関数について，x の値が3から6まで増加するときの変化の割合を求めなさい。

(3) 点Pを x 軸上にとり，AB＝AP となる二等辺三角形ABPをつくる。点Pの x 座標が正の値をとるとき，点Pの座標を求めなさい。

(4) 思考力 図2は，図1の①上に x 座標が6である点Cをとり，四角形OBCAをかき加えたものである。点Aを通り，四角形OBCAの面積を2等分する直線の式を求めなさい。

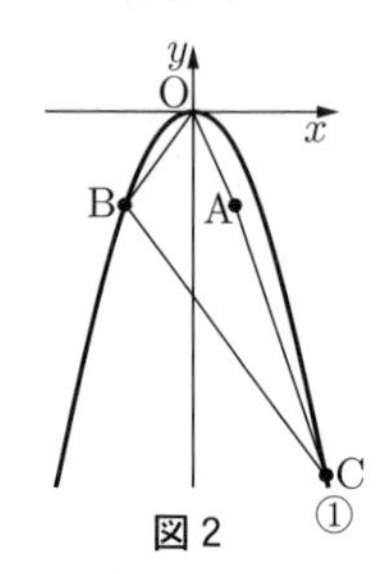

図2

5 よく出る 基本 ある日の午前10時に，マユさんは自宅から12000m離れた博物館へ向かった。途中，マユさんは自宅から分速75mで20分間歩いてバス停に着き，博物館行きのバスが来るまで待った。その後，博物館行きのバスに14分間乗車し，午前10時43分に博物館に到着した。次のグラフは，マユさんが自宅を出発してから博物館に到着するまでの時間（分）と自宅からの距離（m）との関係を表したものである。あとの(1)～(3)に答えなさい。ただし，自宅から博物館までの道は，まっすぐであるもの

とする。（17点）

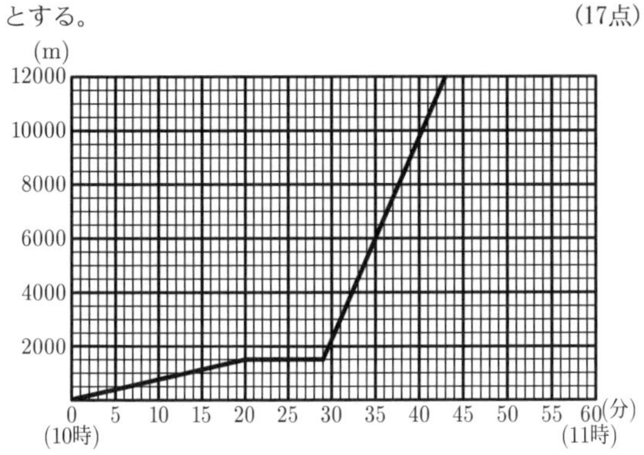

(1) 次の [あ] ～ [う] にあてはまる数を求めなさい。
・マユさんの自宅からバス停までの距離は [あ] m である。
・マユさんはバス停で博物館行きのバスが来るまで [い] 分間待った。
・博物館行きのバスは分速 [う] m で移動した。

(2) マユさんの兄はマユさんが自宅を出発してから7分後に，自転車で自宅からマユさんと同じ道を通って休むことなく分速 250 m の一定の速さで移動し，博物館に到着した。次のア，イに答えなさい。
ア　マユさんの兄が自宅を出発してから博物館に到着するまでの時間（分）と自宅からの距離（m）との関係を表すグラフをかきなさい。
イ　マユさんが自宅を出発してから博物館に到着するまでの間で，マユさんとマユさんの兄の距離が最も離れたのは午前何時何分か，求めなさい。また，そのときの2人は何 m 離れていたか，求めなさい。

(3) マユさんの兄は午前何時何分に自宅を出発していれば，マユさんと同時に博物館へ到着することができたのか，求めなさい。ただし，マユさんの兄は自宅からマユさんと同じ道を通り，(2)と同じ一定の速さで博物館へ自転車で移動するものとする。

岩手県

時間	50分	満点	100点	解答	P3	3月9日実施

出題傾向と対策

●大問の数，出題形式，難易度ともに例年と同様である。**1**～**4**は，それぞれ独立した小問・小問集合である。**5**は作図をふくむ平面図形，**6**は連立方程式の応用，**7**は平面図形，**8**はデータの整理，**9**は確率，**10**は一次関数，**11**は $y=ax^2$，**12**は空間図形である。
●問題数は多いが基本的な問題が多い。まずは基礎・基本をおさえ，短時間で正確に解けるように練習していこう。記述など特徴的な出題も例年みられるので，過去問にあたって対策をとっておこう。

1 よく出る 基本　次の(1)～(5)の問いに答えなさい。
(1) $-2\times3+8$ を計算しなさい。（4点）
(2) $2(2a-b)+3(a+2b)$ を計算しなさい。（4点）
(3) $(\sqrt{5}-1)(\sqrt{5}+4)$ を計算しなさい。（4点）
(4) x^2-36 を因数分解しなさい。（4点）
(5) 2次方程式 $x^2+3x+1=0$ を解きなさい。（4点）

2 基本　半径が r の円の周の長さ L は，円周率を π とすると，次のように表されます。

$L=2\pi r$

この式を r について解きなさい。（4点）

3 よく出る 基本　次の表は，y が x に反比例するときの，x と y の値の対応を表しています。この反比例の関係について，y を x の式で表しなさい。（4点）

x	…	-3	-2	-1	0	1	2	3	…
y	…	-4	-6	-12	×	12	6	4	…

4 よく出る 基本　次の(1)，(2)の問いに答えなさい。
(1) 右の図で，点Cは，点Oを中心とし，線分ABを直径とする円の周上にあります。
このとき，$\angle x$ の大きさを求めなさい。（4点）

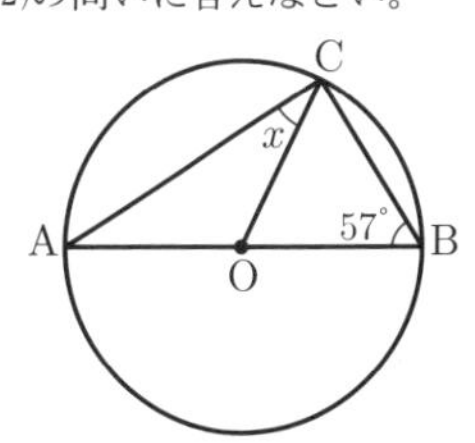

(2) 右の図の四角形ABCDは，1辺の長さが 6 cm のひし形です。辺ABの中点をEとし，辺AD上に DF = 2 cm となるように点Fをとります。
直線CD，EFの交点をGとするとき，線分DGの長さを求めなさい。（4点）

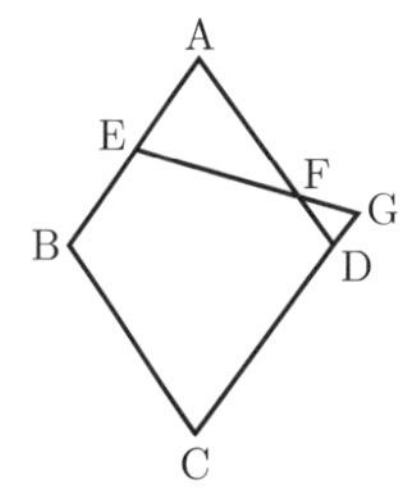

5 基本　自動車には，右の図のように雨や雪の日に運転手の視界を確保するためにワイパーが取り付けられています。

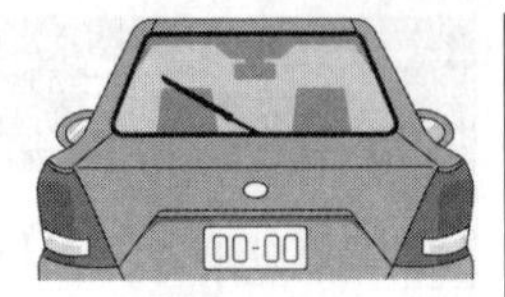

次の図は，自動車の後方の窓ガラスを長方形，取り付けられているワイパーのゴムの部分を線分 AB とみなしたものです。

この線分 AB は，点 O を中心として時計回りに 90° だけ回転移動するものとします。

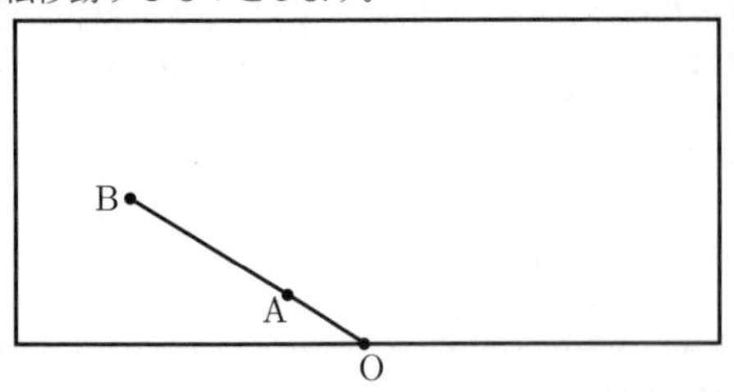

このとき，次の(1)，(2)の問いに答えなさい。

(1) よく出る　線分 AB を，点 O を中心として時計回りに 90° だけ回転移動させたものを線分 A′B′ とするとき，点 A′ と点 B′ を作図によって求め，それぞれ・印で示しなさい。

ただし，作図には定規とコンパスを用い，作図に使った線は消さないでおくこと。　(4点)

(2) 線分 OA，AB の長さをそれぞれ 10 cm，40 cm とします。線分 AB を，点 O を中心として時計回りに 90° だけ回転移動させたとき，線分 AB が動いたあとにできる図形の面積を求めなさい。

ただし，円周率は π とします。　(4点)

6 よく出る　A 市では，家庭からのごみの排出量を，可燃ごみ，不燃ごみ，粗大ごみなどの家庭ごみと，ペットボトル，古新聞などの資源ごみに分けて集計しています。

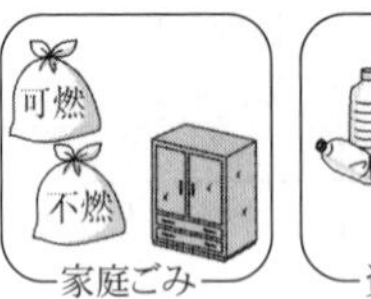

ある年の，1 人あたりの 1 日のごみの排出量を調べると，7 月の家庭ごみと資源ごみの合計は 680 g でした。また，11 月の家庭ごみと資源ごみの排出量は，それぞれ 7 月の 70％と 80％で，それらの合計は 7 月より 195 g 少なくなりました。

このとき，7 月の 1 人あたりの 1 日の家庭ごみと資源ごみの排出量はそれぞれ何 g か求めなさい。

ただし，用いる文字が何を表すかを示して方程式をつくり，それを解く過程も書くこと。　(6点)

7 よく出る　右の図のように，△ABC の辺 AC 上に 2 点 D，E があり，AD＝DE＝EC となっています。点 D を通り，直線 BE に平行な直線をひき，辺 AB との交点を F とします。また，点 C を通り，辺 AB に平行な直線をひき，直線 BE との交点を G とします。

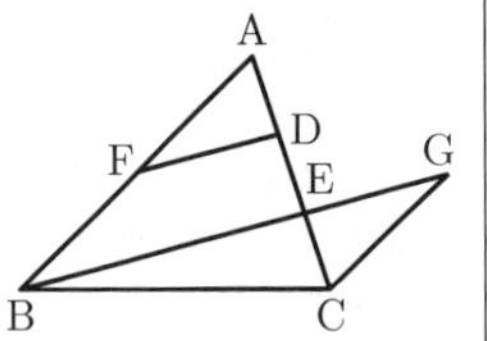

このとき，△AFD ≡ △CGE であることを証明しなさい。　(6点)

8 基本　右の表は，ある運動部に所属する 2，3 年生 14 人の 200 m 走の記録を，度数分布表に整理したものです。14 人の記録の平均値は，ちょうど 27.5 秒でした。

記録(秒) 以上 ～ 未満	度数(人)
25.0 ～ 26.0	3
26.0 ～ 27.0	3
27.0 ～ 28.0	2
28.0 ～ 29.0	4
29.0 ～ 30.0	1
30.0 ～ 31.0	1
合計	14

このとき，下の(1)，(2)の問いに答えなさい。

(1) 2，3 年生 14 人の記録の最頻値を求めなさい。　(4点)

(2) この運動部に，1 年生 6 人が入部しました。この 6 人の 200 m 走の記録は，次のようになりました。

1 年生の記録（秒）

25.5	27.5	28.1	28.9	30.2	30.8

この運動部の 1 年生から 3 年生 20 人の 200 m 走の記録の平均値を求めなさい。　(4点)

9 思考力　新傾向　放送委員会では，昼の放送で音楽を流します。流したい曲を 5 人の委員が 1 曲ずつ持ち寄り，A，B，C，D，E の 5 曲が候補となりました。A，B，C の 3 曲はポップスで，D，E の 2 曲はクラシックです。明日とあさっての放送で 1 曲ずつ流します。放送委員長のしのさん，副委員長のれんさんとるいさんは，曲の選び方について話し合いました。次の文は，そのときの 3 人の会話です。

> れんさん「平等にくじびきで選ぶのがいいと思うよ。まず，5 曲の中から明日流す 1 曲を選び，残りの 4 曲の中からあさって流す曲を選ぶ方法はどうだろう。」
>
> るいさん「くじびきには賛成だけれど，曲のジャンルが異なっている方がうれしい人が多くなると思う。だから，明日はポップスの 3 曲から選んで，あさってはクラシックの 2 曲から選ぶ方法はどうだろう。」
>
> しのさん「A は，最近人気のアニメのテーマソングだから，A が流れたら喜ぶ人が多いと思うけれど，れんさんの方法とるいさんの方法では，A が選ばれやすいのはどちらかな。」

放送する 2 曲をくじびきで選ぶとき，れんさんの方法とるいさんの方法のうち，A が選ばれやすいのは，どちらの方法ですか。れんさん，るいさんのどちらかの名前を書き，その理由を確率を用いて説明しなさい。

ただし，どのくじがひかれることも同様に確からしいものとします。　(6点)

10 よく出る　たくみさんの家には，電気で調理ができる IH 調理器(電磁調理器)があります。その IH 調理器は，「強火」，「中火」，「弱火」の 3 段階で火力を調節できます。たくみさんは，お湯を沸かすときの電気料金を調べたいと考え，3 段階の火力で 15℃の水 1.5 L を沸かす実験をしました。

右の**表 I** は「中火」のときの熱した時間と水の温度の変化をまとめたもので，**図**は，熱し始めてからの時間を x 分，水の温度を y℃として，その結果をかき入れたものです。

表 I 「中火」の実験結果

時間(分)	0	2	4	6	8	10
温度(℃)	15	31	47	63	79	95

たくみさんは，図にかき入れた点が1つの直線上に並ぶので，95℃になるまでは，y は x の1次関数であるとみなしました。

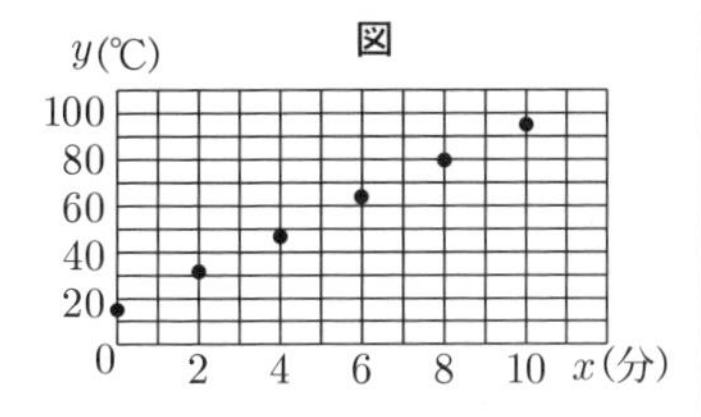

このとき，たくみさんの考えにもとづいて，次の(1)，(2)の問いに答えなさい。

(1) **基本** この1次関数の変化の割合を求めなさい。（4点）

(2) たくみさんは「強火」と「弱火」でも，15℃の水 1.5 L を沸かす実験を行い，右の表II，表IIIにまとめました。この結果から，「強火」と「弱火」でも「中火」と同様に，熱した時間と水の温度の関係は，1次関数であるとみなしました。

また，このIH調理器の1分あたりの電気料金を調べ，表IVにまとめました。

15℃の水 1.5 L を95℃まで沸かすときの電気料金はいくらですか。「強火」と「弱火」のときの料金をそれぞれ求め，「強火」の方が安い，「弱火」の方が安い，同じのうち，あてはまるものを一つ選びなさい。（6点）

表II 「強火」の実験結果

時間(分)	0	2	4	6
温度(℃)	15	39	63	87

表III 「弱火」の実験結果

時間(分)	0	2	4	6
温度(℃)	15	23	31	39

表IV 1分あたりの電気料金

火力	電気料金(円)
強火	0.6
中火	0.4
弱火	0.2

11 よく出る 右の図のように，関数 $y=\frac{1}{2}x^2$ のグラフ上に2点A，Bがあり，Aの x 座標は4で，Bの y 座標はAの y 座標より大きくなっています。A，Bから x 軸に垂線をひいて，x 軸との交点をそれぞれC，Dとします。また，A，Bから y 軸に垂線をひいて，y 軸との交点をそれぞれE，Fとします。

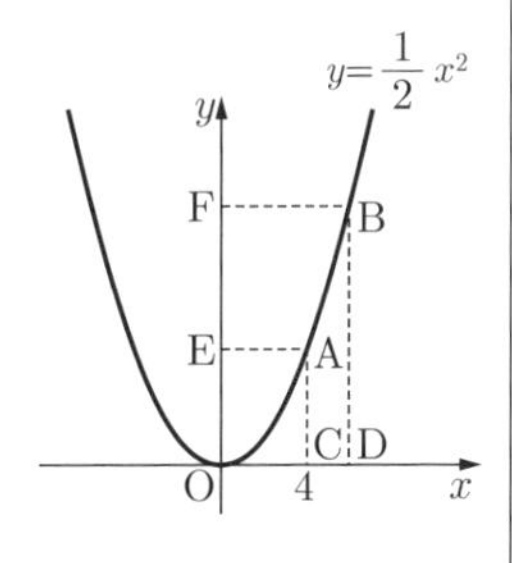

このとき，次の(1)，(2)の問いに答えなさい。

ただし，右の図は，Bの x 座標がAの x 座標より大きい場合について示しています。

(1) **基本** 点Aの y 座標を求めなさい。（4点）

(2) 点A，C，D，B，F，E，Aの順に，これらの点を結んだ線分でできる図形の周の長さが35となるとき，Bの x 座標が，Aの x 座標より大きい場合と小さい場合について，Bの x 座標をそれぞれ求めなさい。（6点）

12 よく出る 右の図Iのような直方体ABCD − EFGHがあります。図IIは，この直方体の展開図です。図IIにおいて，線分AGとEFとの交点をPとします。

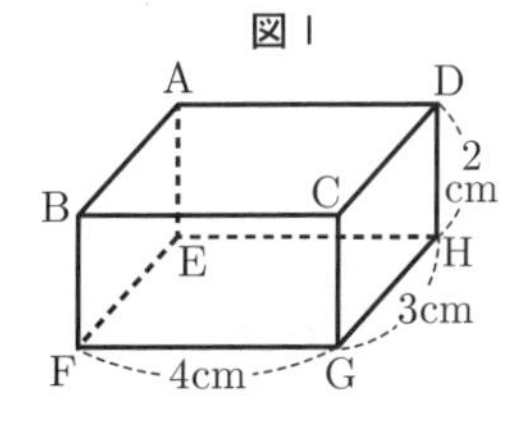

このとき，次の(1)，(2)の問いに答えなさい。

(1) **基本** 図IIの線分AGの長さを求めなさい。（4点）

(2) 図IIの展開図を直方体ABCD − EFGHに組み立てたときにできる三角錐（さんかくすい）AEPGの体積を求めなさい。（6点）

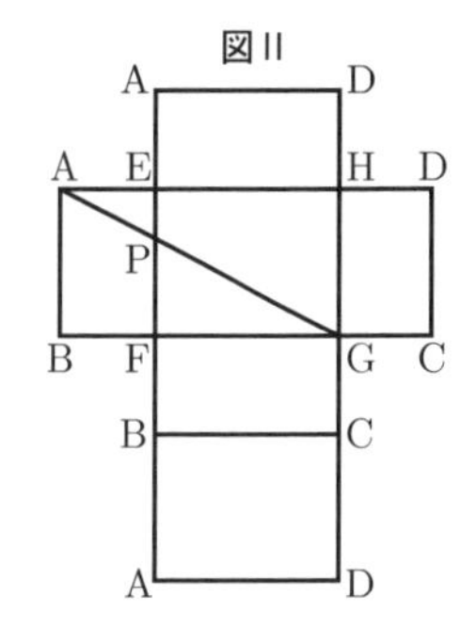

宮城県

時間	50分	満点	100点	解答	P5	3月4日実施

出題傾向と対策

●**1**は独立した基本問題の集合，**2**は数の性質，確率，$y=ax^2$ のグラフと直線，1次方程式の応用，**3**は1次関数のグラフと図形，**4**は平面図形からの出題であった。分野，分量，難易度とも例年通りである。問題文が長文となったが，昨年よりやや易しいと思われる。

●基本から標準程度のものが全範囲から出題される。図形の問題は手ごわいものが出題される年もあるので，しっかり練習しておくこと。

1 よく出る **基本** 次の1～8の問いに答えなさい。

1 $-14-(-5)$ を計算しなさい。（3点）

2 $\frac{3}{2}\div\left(-\frac{1}{4}\right)$ を計算しなさい。（3点）

3 $a=3,\ b=-2$ のとき，$2a^2b^3\div ab$ の値を求めなさい。（3点）

4 等式 $4a-5b=3c$ を a について解きなさい。（3点）

5 $\sqrt{27}+\frac{3}{\sqrt{3}}$ を計算しなさい。（3点）

6 x^2-25y^2 を因数分解しなさい。（3点）

7 ある中学校の1年生40人を対象に，休日1日の学習時間を調べました。右の表は，その結果を度数分布表に整理したものです。この度数分布表から必ずいえることを，次のア～オからすべて選び，記号で答えなさい。（4点）

学習時間(分) 以上　未満	度数(人)
0 ～ 60	8
60 ～ 120	13
120 ～ 180	11
180 ～ 240	6
240 ～ 300	2
合計	40

ア 学習時間が0分の生徒はいない。
イ 最頻値は90分である。
ウ 平均値は90分である。
エ 中央値は120分以上180分未満の階級に入っている。
オ 240分以上300分未満の階級の相対度数は0.05である。

8　右の図のような，$AC = BC = 6\text{ cm}$，$\angle ACB = 90°$ の直角三角形 ABC があります。辺 AB，BC の中点をそれぞれ D，E とし，点 D と点 E を結びます。四角形 ADEC を，辺 AC を軸として回転させてできる立体の体積を求めなさい。ただし，円周率を π とします。　(4点)

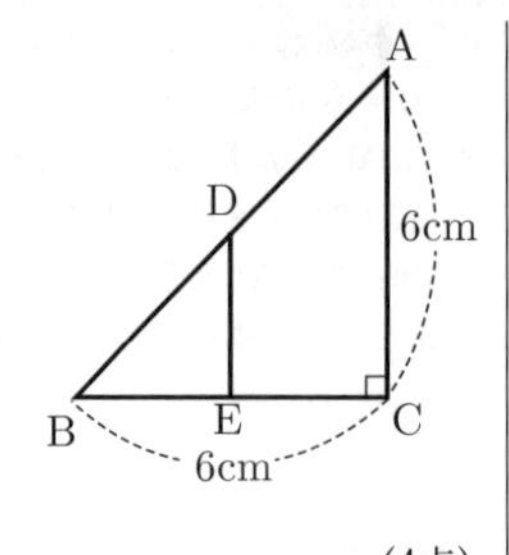

2 よく出る　次の１～４の問いに答えなさい。

1　一の位の数字が０でない２けたの自然数 P があります。自然数 P の十の位の数字と一の位の数字を入れかえた２けたの自然数を Q とします。

次の(1)，(2)の問いに答えなさい。

(1)　自然数 P の十の位の数字を a，一の位の数字を b とするとき，自然数 P を a，b を使った式で表しなさい。　(3点)

(2)　$P - Q = 63$ になる自然数 P を求めなさい。ただし，P は奇数とします。　(4点)

2　右の図のような，１から４の数字が書いてある円盤と，３つの容器 A，B，C があります。円盤はまわすことができ，円盤とは別に針が固定されています。まわした円盤が静止すると，針が指す場所に書いてある数字が，必ず１つ決まります。容器 A，B には，それぞれ２個の球が入っており，容器 C には何も入っていません。円盤を１回まわすごとに，次のルールで球を操作します。

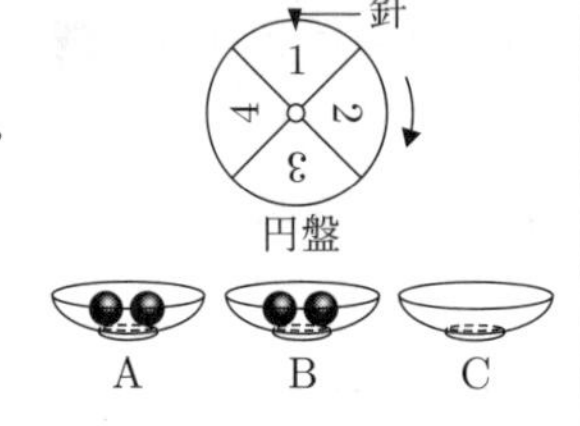

【ルール】
・１か２の数字に決まったときは，容器 A から容器 B に球を１個移す。
・３の数字に決まったときは，容器 B から容器 C に球を１個移す。
・４の数字に決まったときは，球を移さない。

次の(1)，(2)の問いに答えなさい。ただし，一度移した球はもとにもどさないものとします。また，針が指す場所に書いてある数字は，１から４のどの数字に決まることも同様に確からしいものとします。

(1)　円盤を１回まわします。このとき，容器 A に２個，容器 B に１個，容器 C に１個の球が入っている確率を求めなさい。　(3点)

(2)　円盤を２回まわします。このとき，容器 C に少なくとも１個は球が入っている確率を求めなさい。(4点)

3　右の図のように，関数 $y = x^2$ のグラフ上に，x 座標がそれぞれ -2，1 である２点 A，B をとります。

次の(1)，(2)の問いに答えなさい。

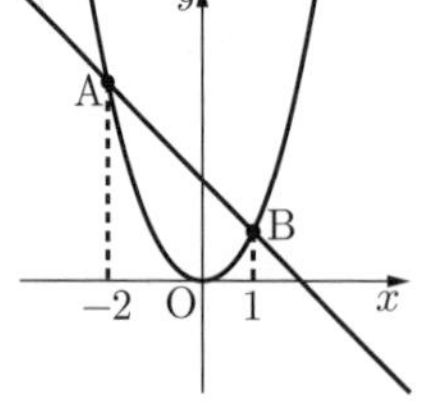

(1)　直線 AB の傾きを求めなさい。　(3点)

(2)　直線 AB 上に y 座標が -2 となる点 C をとります。関数 $y = ax^2$ のグラフが点 C を通るとき，a の値を求めなさい。　(5点)

4　ある菓子店では，ドーナツとカップケーキを詰め合わせた３種類の商品 A，B，C をそれぞれ何箱か作ります。商品 A はドーナツを２個とカップケーキを１個，商品 B はドーナツを４個とカップケーキを２個，商品 C はドーナツを１個とカップケーキを２個，箱に詰めて作ります。また，商品 B は商品 A の半分の箱数，商品 C は商品 B の３倍の箱数となるように作ります。

次の(1)，(2)の問いに答えなさい。

(1)　商品 A を x 箱作るとき，商品 C の箱数を x を使った式で表しなさい。　(3点)

(2)　ドーナツが 176 個あるとき，ドーナツとカップケーキを過不足なく箱に詰めて商品 A，B，C を作るために必要なカップケーキは何個ですか。　(5点)

3 よく出る　数学の授業で，先生が，スクリーンにコンピュータの画面を投影しながら説明しています。□は先生の説明です。

次の１，２の問いに答えなさい。

1　基本　先生が，スクリーンに画面を投影し，説明しています。

> １次関数 $y = ax + b$ のグラフのようすを考えてみましょう。
> はじめに，a の値を 1，b の値を 0 としたグラフと，グラフ上の点 (5, 5) を表示します。
> このあと，<u>b の値は変えず，a の値を 1 より大きくしたグラフ</u>を表示し，グラフの形を比べてみましょう。

図Ⅰは，先生が，はじめに表示した画面です。この説明のあとに表示される下線部のグラフとして，最も適切なものを，次のア～エから１つ選び，記号で答えなさい。　(3点)

図Ⅰ

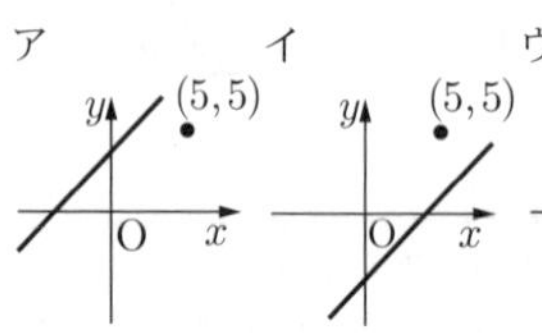

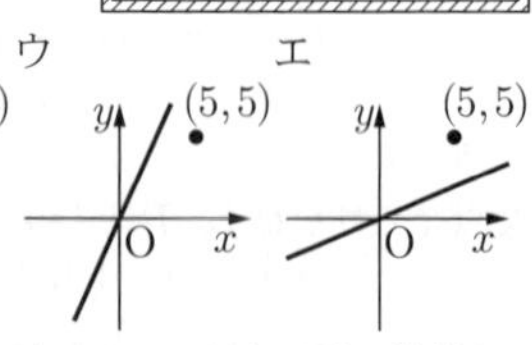

2　先生が，スクリーンにいくつかの画面を順に投影し，説明します。

あとの(1)～(4)の問いに答えなさい。

> こんどは，直線や点をいくつか表示します。
> 点 (3, 4)，点 (5, 0) をそれぞれ A，B とし，点 A，B，直線 OA を表示します。さらに，点 B を通り，直線 OA に平行な直線 l を表示します。

図Ⅱは，点 A，B，直線 OA，l を表示した画面です。

図Ⅱ

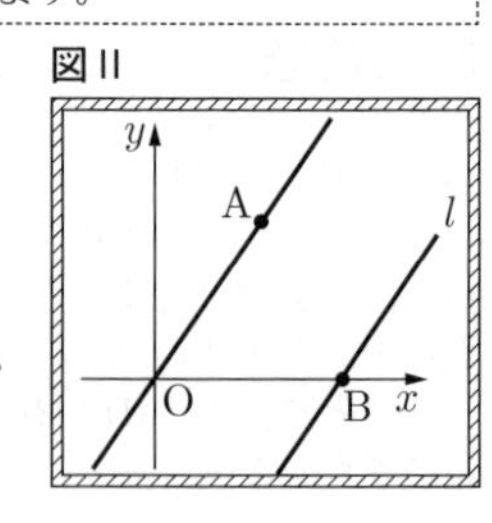

(1)　基本　２点 O，A の間の距離を求めなさい。　(4点)

(2)　直線 l の式を答えなさい。　(4点)

(3)　先生が，画面を変えて，続けて説明しています。

次は，グラフや座標を利用して，図形について考えてみましょう。
　まず，先ほどの画面に，線分 AB を表示します。次に，直線 l 上に，△ABC : △ABO ＝ 1 : 2 となるように点 C をとってみましょう。ただし，点 C の y 座標は正とします。

図Ⅲは，**図Ⅱ**の画面に，線分 AB を表示した画面です。
　このとき，点 C の座標を求めなさい。　(6点)

図Ⅲ

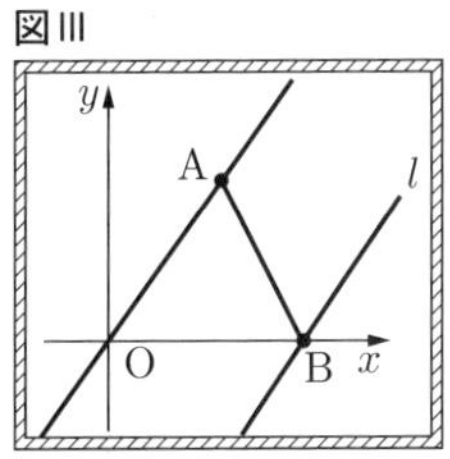

(4) 先生が，画面を変えて，続けて説明しています。

こんどは，線分の長さの和について考えてみましょう。
　まず，点 A (3, 4)，点 B (5, 0) を表示します。次に，y 軸上に，AP ＋ PB が最小となるような点 P をとってみましょう。

図Ⅳは，点 P を適当に定め，点 A，B，P，線分 AP，PB を表示した画面です。
　AP ＋ PB が最小となるときの点 P の y 座標を求めなさい。
　なお，**図Ⅴ**を利用してもかまいません。　(6点)

図Ⅳ　　図Ⅴ

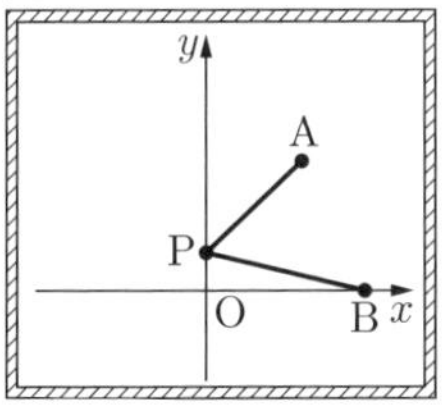

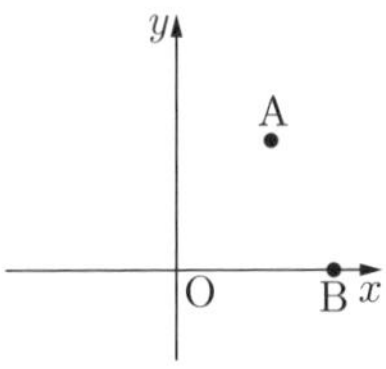

4 よく出る　**図Ⅰ**のような，AD // BC，BC ＝ 2AD，AD ＜ CD，∠ADC ＝ 90° の台形 ABCD があります。線分 CD を D の方に延長した直線上に，∠CAE ＝ 90° となる点 E をとります。
　次の 1，2 の問いに答えなさい。

図Ⅰ

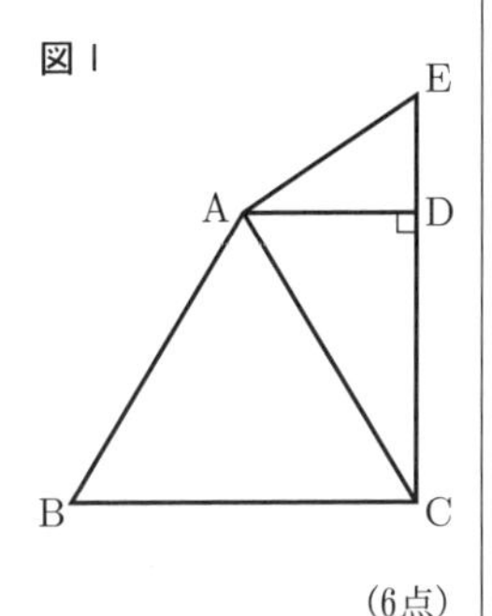

1　△ACD∽△ECA であることを証明しなさい。　(6点)

2　**図Ⅱ**は，**図Ⅰ**において，点 B と点 E を結んだものです。また，点 A から線分 BC に垂線をひき，線分 BE との交点を F とします。さらに，線分 BE と線分 AC，AD との交点をそれぞれ G，H とします。
　AD ＝ 2 cm，CD ＝ 3 cm のとき，次の(1)～(3)の問いに答えなさい。

図Ⅱ

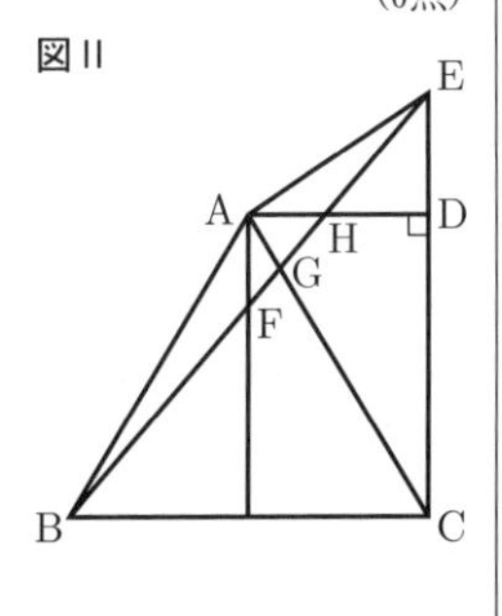

(1) 線分 DE の長さを求めなさい。　(4点)
(2) △EHD の面積を求めなさい。　(5点)
(3) 思考力　線分 FH と線分 GH の長さの比を求めなさい。　(6点)

秋田県

時間	60分	満点	100点	解答	P6	3月9日実施

出題傾向と対策

●昨年同様，大問は 5 題で，**1** と **5** は学校単位の選択問題である。**1**，**2** は小問集合，**3** は平面図形と証明，**4** は確率と数の性質の小問 2 題，**5** は 1 次関数からの出題であった。基礎事項を中心に様々な分野から幅広く出題されていて，難易度は例年通りである。証明や作図，求める過程を記述させる出題もある。
●基礎から標準レベルの問題が多い。基礎事項をしっかりと固めて，素早く正確に解けるよう練習をしたい。また，長文の問題，記述や証明，作図などの問題にも数多く取り組もう。

1 よく出る　基本　次の(1)～(15)の中から，指示された 8 問について答えなさい。

(1) $4-(-6)\times 2$ を計算しなさい。　(4点)
(2) $\dfrac{x-2y}{2}-\dfrac{3x-y}{6}$ を計算しなさい。　(4点)
(3) $(x-3y)(x+4y)-xy$ を計算しなさい。　(4点)
(4) $a=\sqrt{3}-1$ のとき，a^2+2a の値を求めなさい。(4点)
(5) 方程式 $\dfrac{3}{2}x+1=10$ を解きなさい。　(4点)
(6) 紅茶が 450 mL，牛乳が 180 mL ある。紅茶と牛乳を 5 : 3 の割合で混ぜて，ミルクティーをつくる。紅茶を全部使ってミルクティーをつくるには，牛乳はあと何 mL 必要か，求めなさい。　(4点)
(7) 連立方程式 $\begin{cases} x+4y=-1 \\ -2x+y=11 \end{cases}$ を解きなさい。　(4点)
(8) 方程式 $2x^2-5x+1=0$ を解きなさい。　(4点)
(9) 右のグラフは，あるクラスの 20 人が，読書週間に読んだ本の冊数と人数の関係を表したものである。この 20 人が読んだ本の冊数について代表値を求めたとき，その値が最も大きいものを，次のア～ウから 1 つ選んで記号を書きなさい。　(4点)

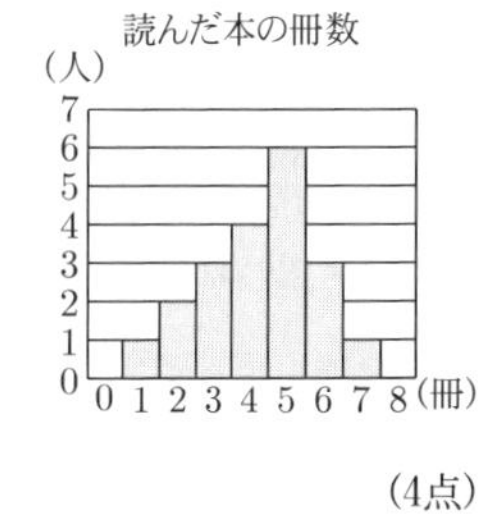

ア　平均値　　イ　中央値　　ウ　最頻値

(10) n は自然数である。$10<\sqrt{n}<11$ を満たし，$\sqrt{7n}$ が整数となる n の値を求めなさい。　(4点)
(11) 右の図で，$\angle x$ の大きさを求めなさい。　(4点)

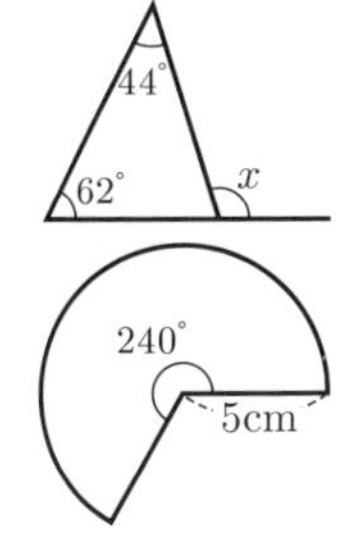

(12) 右の図で，おうぎ形の半径は 5 cm，中心角は 240° である。このおうぎ形の面積を求めなさい。ただし，円周率を π とする。　(4点)

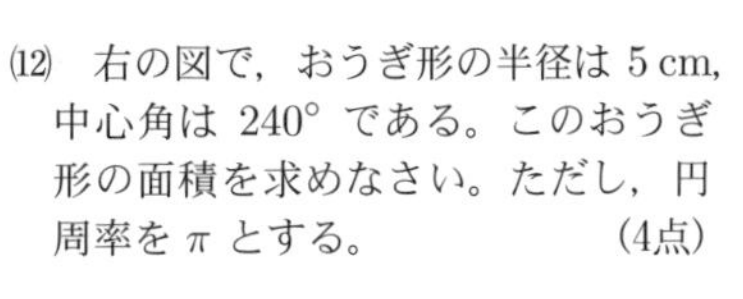

⒀　右の図のように，円 O の周上に 3 点 A，B，C がある。線分 AB の長さが半径 OA の長さに等しいとき，∠BAC の大きさを求めなさい。　(4点)

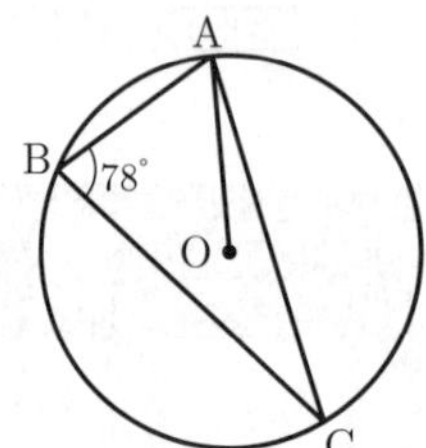

⒁　右の図のように，AB = 2 cm，BC = 3 cm，∠B = 90° の直角三角形 ABC がある。この直角三角形 ABC を，辺 AB を軸として 1 回転させてできる円錐の体積は，辺 BC を軸として 1 回転させてできる円錐の体積の何倍か，求めなさい。(4点)

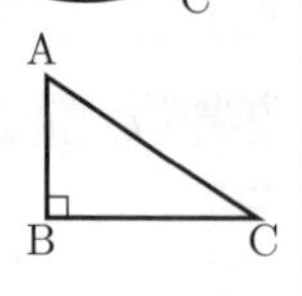

⒂　右の図で，立方体 ABCD − EFGH の体積は 1000 cm^3 である。三角錐 H − DEG において，△DEG を底面としたときの高さを求めなさい。　(4点)

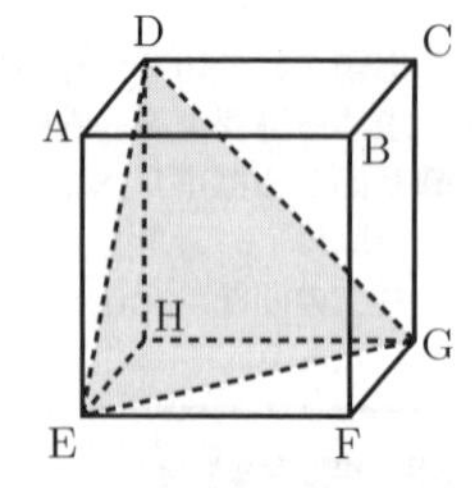

2　よく出る　基本　次の(1)〜(4)の問いに答えなさい。

(1)　次の①，②の問いに答えなさい。

①　関数 $y=\dfrac{6}{x}$ で，x の値が 1 から 3 まで増加するときの変化の割合を求めなさい。求める過程も書きなさい。　(4点)

②　右の図において，Ⓐは関数 $y=ax^2$，Ⓑは関数 $y=bx^2$，Ⓒは関数 $y=cx^2$，Ⓓは関数 $y=dx^2$ のグラフである。a，b，c，d の値を小さい順に左から並べたとき正しいものを，次のア〜エから 1 つ選んで記号を書きなさい。　(4点)

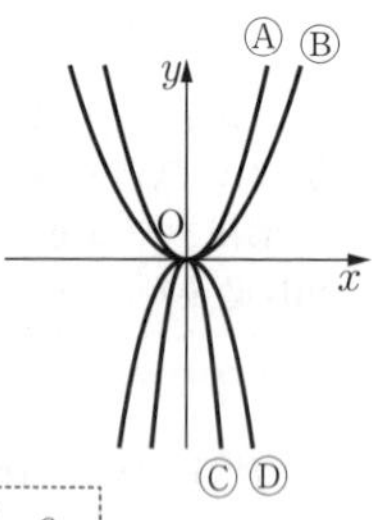

ア　c，d，a，b　　イ　b，a，d，c
ウ　d，c，b，a　　エ　c，d，b，a

(2)　1 から順に自然数が 1 つずつ書かれているカードがある。次の**表**のように，これらのカードを，書かれている数の小さい順に 1 行目の 1 列目から矢印に沿って並べていく。

表

	1列目	2列目	3列目	4列目	5列目
1行目	1 →	2 →	3 →	4 →	5
2行目	10	← 9	← 8	← 7	← 6
3行目	□ →	□ →	□ →	□ →	□
4行目	□	← □	← □	← □	← □
⋮	⋮	⋮	⋮	⋮	⋮

①　6 行目の 1 列目のカードに書かれている数を求めなさい。　(2点)

②　n 行目の 3 列目のカードに書かれている数を，n を用いた式で表しなさい。　(4点)

(3)　図のように，三角形 ABC がある。点 D は辺 AB 上にあり，AB ⊥ CD である。辺 CA 上に，∠BCD = ∠BPD となる点 P を，定規とコンパスを用いて作図しなさい。ただし，作図に用いた線は消さないこと。　(5点)

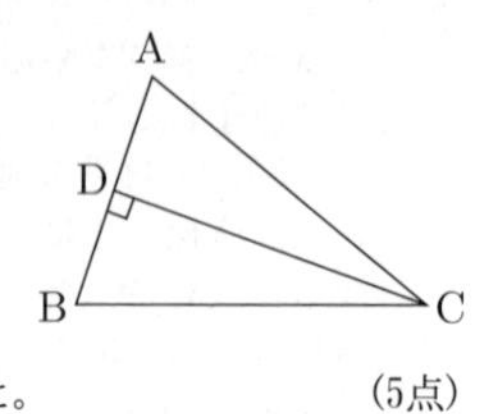

(4)　サイクリングコースの地点 S から地点 G まで自転車で走った。地点 S から地点 G までの道のりは 30 km である。午前 10 時に地点 S を出発し途中の地点 R まで時速 12 km で走り，地点 R から地点 G まで時速 9 km で走ったところ，午後 1 時に地点 G に到着した。地点 S から地点 R までと，地点 R から地点 G までのそれぞれの道のりとかかった時間を知るために，麻衣さんは道のりに着目し，飛鳥さんはかかった時間に着目して，連立方程式をつくった。2 人のメモが正しくなるように，ア，ウにはあてはまる数を，イ，エにはあてはまる式を書きなさい。　(6点)

［麻衣さんのメモ］

> 地点 S から地点 R までの道のりを x km，地点 R から地点 G までの道のりを y km とすると，
> $\begin{cases} x+y= \boxed{\text{ア}} \\ \boxed{\text{イ}} =3 \end{cases}$

［飛鳥さんのメモ］

> 地点 S から地点 R まで走るのにかかった時間を x 時間，地点 R から地点 G まで走るのにかかった時間を y 時間とすると，
> $\begin{cases} x+y= \boxed{\text{ウ}} \\ \boxed{\text{エ}} =30 \end{cases}$

3　思考力　次の(1)〜(3)の問いに答えなさい。

(1)　図 1 のように，三角形 ABC がある。点 D，E は，それぞれ辺 AB，AC 上の点であり，DE // BC である。このとき，△ABC∽△ADE となることを証明しなさい。　(4点)

図 1

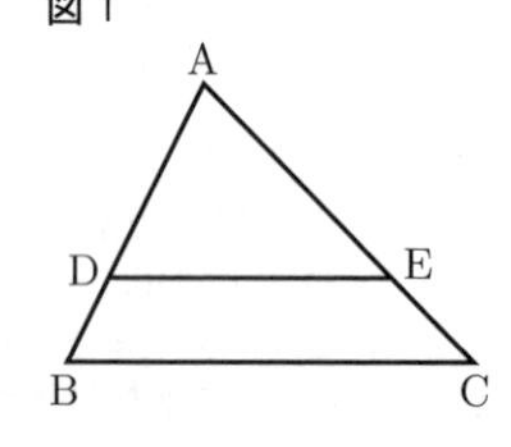

(2)　四角形 ABCD があり，点 A と C，点 B と D をそれぞれ結ぶ。次の《条件》にしたがって，点 E，F，G，H を，それぞれ辺 AB，BC，CD，DA 上にとり，四角形 EFGH をつくる。

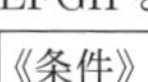

《条件》
・AE = EB，BF = FC
・EH // BD，FG // BD

図 2

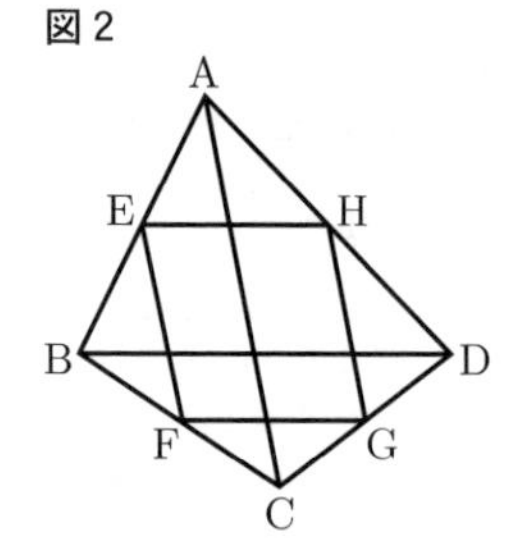

①　［詩織さんの説明］が正しくなるように，ⓐにあてはまる言葉を書きなさい。　(4点)

［詩織さんの説明］

図2において，四角形EFGHは平行四辺形になります。

［証明］
仮定より，AE = EB，BF = FC だから，
EH : BD = FG : BD = 1 : 2
したがって，EH = FG…①
EH // BD，FG // BD だから，
EH // FG…②
①，②より［ ⓐ ］から，
四角形EFGHは平行四辺形である。

② ［詩織さんの説明］を聞いた健太さんは，四角形EFGHがひし形になる場合について考えた。［健太さんの説明］が正しくなるように，ⓑにあてはまるものをあとのア〜オから1つ選んで記号を書きなさい。 (4点)

［健太さんの説明］

詩織さんが説明しているように，四角形EFGHは平行四辺形になります。さらに，四角形ABCDの条件として，［ ⓑ ］を加えます。このとき，《条件》にしたがって四角形EFGHをつくると，四角形EFGHはいつでもひし形になります。

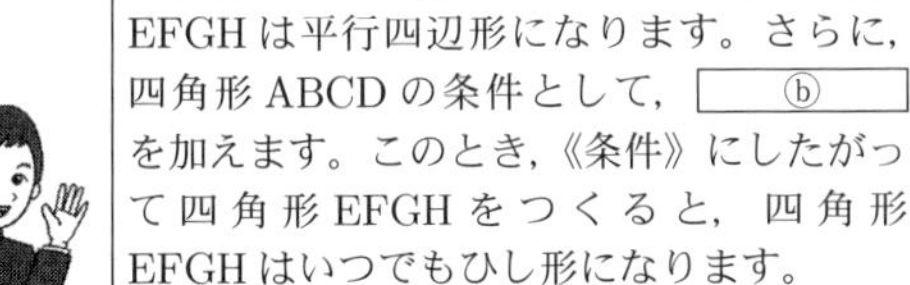

ア ∠BAC = ∠BDC
イ ∠BAC = ∠DCA
ウ ∠ACB = ∠ADB
エ AC = BD
オ AC = AD

(3) 図3のように，四角形ABCDがあり，AC ⊥ BD である。点E，F，G，Hは，それぞれ辺AB，BC，CD，DA上の点であり，AE : EB = CF : FB = 2 : 1，EH // BD，FG // BD である。四角形ABCDの面積が $18\,\text{cm}^2$ のとき，四角形EFGHの面積を求めなさい。 (4点)

図3

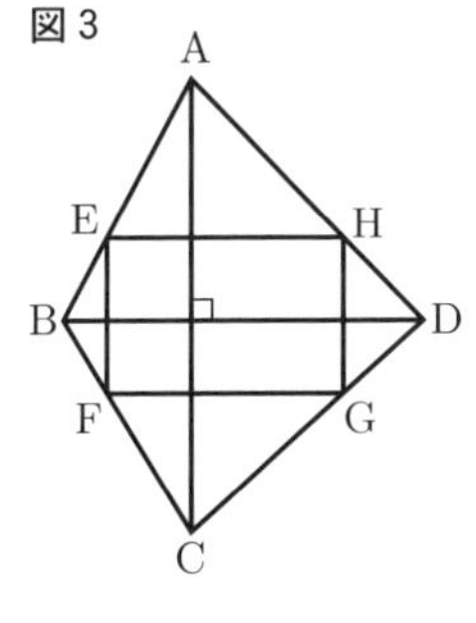

4 よく出る 次の(1)，(2)の問いに答えなさい。

(1) 右の図のように，袋の中に整数1，2，3，4，5が1つずつ書かれている玉が5個入っている。このとき，あとの①，②の問いに答えなさい。ただし，どの玉が取り出されることも同様に確からしいものとする。

① この袋の中から玉を1個取り出し，書かれている数を確かめた後，玉を袋に戻す。再びこの袋の中から玉を1個取り出し，書かれている数を確かめる。はじめに取り出したときの玉に書かれている数を x とし，再び取り出したときの玉に書かれている数を y とする。$x > y$ になる確率を求めなさい。 (4点)

② この袋の中から同時に2個の玉を取り出すとき，少なくとも1個の玉に書かれている数が偶数になる確率を求めなさい。 (4点)

(2) 「3けたの自然数から，その数の各位の数の和をひくと，9の倍数になる」ことを，次のように説明した。［説明］が正しくなるように，アに説明の続きを書き，完成させなさい。 (4点)

［説明］

3けたの自然数の百の位の数を a，十の位の数を b，一の位の数を c とすると，3けたの自然数は，$100a + 10b + c$ と表すことができる。各位の数の和をひくと，

［ ア ］

したがって，3けたの自然数から，その数の各位の数の和をひくと，9の倍数になる。

5 よく出る 次のⅠ，Ⅱから，指示された問題について答えなさい。

Ⅰ 右の図のように，2点A (8, 0)，B (2, 3) がある。直線㋐は2点A，Bを通り，直線㋑は2点O，Bを通る。点Cは，直線㋐と y 軸の交点である。次の(1)〜(3)の問いに答えなさい。

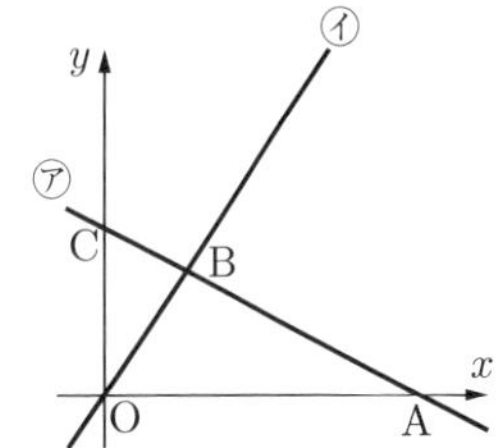

(1) 線分ABの長さを求めなさい。ただし，原点Oから (0, 1)，(1, 0) までの距離を，それぞれ1 cmとする。 (5点)

(2) 直線㋐の式を求めなさい。求める過程も書きなさい。 (5点)

(3) 直線㋑上に，x 座標が2より大きい点Pをとる。△COPの面積と△BAPの面積が等しくなるとき，点Pの x 座標を求めなさい。 (5点)

Ⅱ 右の図のように，2点A (3, 4)，B (0, 3) がある。直線㋐は2点A，Bを通り，直線㋑は関数 $y = 3x - 5$ のグラフである。点Cは直線㋑と x 軸の交点，点Dは直線㋑と y 軸の交点である。次の(1)，(2)の問いに答えなさい。

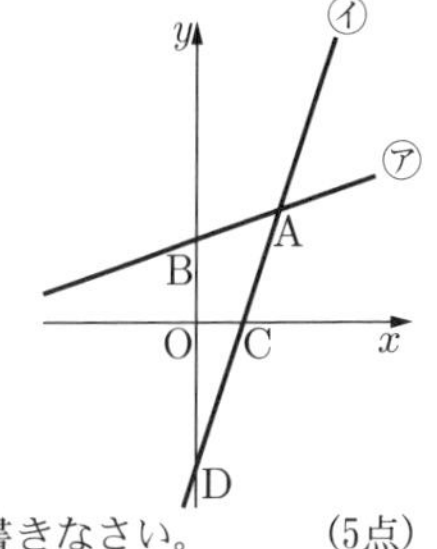

(1) 2点B，Cを通る直線の式を求めなさい。求める過程も書きなさい。 (5点)

(2) 直線㋑上に，x 座標が正である点Pをとる。

① 線分BDの長さと線分PDの長さが等しくなるとき，点Pの x 座標を求めなさい。 (5点)

② 点Pの x 座標が3より大きいとき，直線OPと直線㋐の交点をQとする。△OBQの面積と△APQの面積が等しくなるとき，点Pの x 座標を求めなさい。 (5点)

山形県

時間	50分	満点	100点	解答	P8	3月10日実施

出題傾向と対策

●大問4題で，分量，内容ともに例年通りの出題であったといえる。**1** は計算問題と確率・図形の基本問題の小問集合，**2** は関数のグラフ，作図，文章題，データの活用，**3** は関数を中心とした総合問題，**4** は平面図形の総合問題であった。

●基本問題が多いが，途中式，作図，理由の説明，立式，証明といった様々な記述問題が毎年出題される。解答時間に対して分量が多いので，過去問等で準備をしておきたい。中学の全分野から出題されているので，教科書や問題集の問題を繰り返し勉強するとよい。

1 よく出る 基本　次の問いに答えなさい。

1　次の式を計算しなさい。

(1)　$2-(3-8)$　(3点)

(2)　$\left(\frac{1}{3}-\frac{3}{4}\right)\div\frac{5}{6}$　(4点)

(3)　$(-4x)^2\div12xy\times9xy^2$　(4点)

(4)　$\sqrt{18}-\frac{10}{\sqrt{2}}$　(4点)

2　2次方程式 $(x-4)(3x+2)=-8x-5$ を解きなさい。解き方も書くこと。　(5点)

3　右の図のように，底面が直角三角形で，側面がすべて長方形の三角柱があり，$\text{AB}=6\,\text{cm}$，$\text{BE}=4\,\text{cm}$，$\angle\text{ABC}=30°$，$\angle\text{ACB}=90°$ である。この三角柱の体積を求めなさい。　(4点)

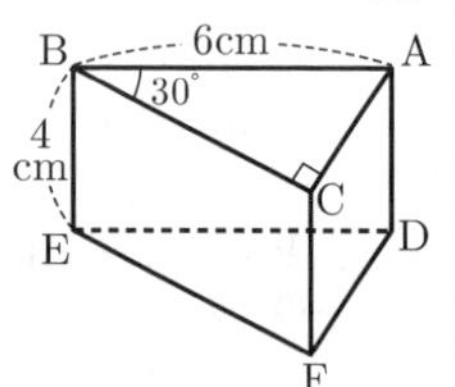

4　下の図のように，Aの箱の中には，1から3までの数字を1つずつ書いた3個の玉，Bの箱の中には，4から6までの数字を1つずつ書いた3個の玉，Cの箱の中には，7から10までの数字を1つずつ書いた4個の玉が，それぞれ入っている。

A，B，Cそれぞれの箱において，箱から同時に2個の玉を取り出すとき，取り出した2個の玉に書かれた数の和が偶数になることの起こりやすさについて述べた文として適切なものを，あとのア～エから1つ選び，記号で答えなさい。

ただし，それぞれの箱において，どの玉が取り出されることも同様に確からしいものとする。　(4点)

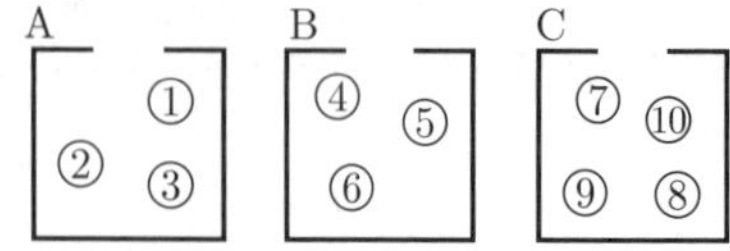

ア　Aの箱のほうが，B，Cの箱より起こりやすい。
イ　Bの箱のほうが，C，Aの箱より起こりやすい。
ウ　Cの箱のほうが，A，Bの箱より起こりやすい。
エ　起こりやすさはどの箱も同じである。

5　空間内にある平面Pと，異なる2直線 l，m の位置関係について，つねに正しいものを，次のア～エから1つ選び，記号で答えなさい。　(4点)

ア　直線 l と直線 m が，それぞれ平面Pと交わるならば，直線 l と直線 m は交わる。
イ　直線 l と直線 m が，それぞれ平面Pと平行であるならば，直線 l と直線 m は平行である。
ウ　平面Pと交わる直線 l が，平面P上にある直線 m と垂直であるならば，平面Pと直線 l は垂直である。
エ　平面Pと交わる直線 l が，平面P上にある直線 m と交わらないならば，直線 l と直線 m はねじれの位置にある。

2 よく出る　次の問いに答えなさい。

1　右の図において，①は関数 $y=-\frac{1}{2}x^2$ のグラフ，②は反比例のグラフである。

①と②は点Aで交わっていて，点Aの x 座標は -2 である。また，②のグラフ上に x 座標が1である点Bをとる。このとき，次の問いに答えなさい。

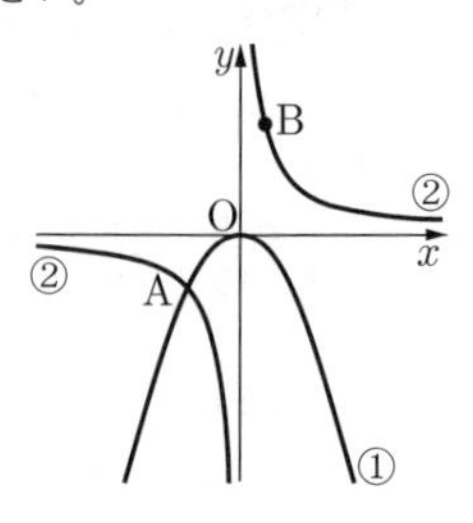

(1)　関数 $y=-\frac{1}{2}x^2$ について，x の変域が $-2\leqq x\leqq4$ のときの y の変域を求めなさい。　(4点)

(2)　x 軸上に点Pをとる。線分APと線分BPの長さの和が最も小さくなるとき，点Pの x 座標を求めなさい。　(4点)

2　右の図のように，△ABCがある。下の【条件】の①，②をともにみたす点Pを，定規とコンパスを使って作図しなさい。

ただし，作図に使った線は残しておくこと。　(5点)

A

B　C

【条件】

①　点Pは，直線ACと直線BCから等しい距離にある。 ②　点Pは，△ABCの外部にあり，$\angle\text{APB}=90°$ である。

3　次の問題について，あとの問いに答えなさい。

〔問題〕 かごの中にあった里芋を，大きい袋と小さい袋，合わせて50枚の袋に入れることにしました。大きい袋に8個ずつ，小さい袋に5個ずつ入れたところ，すべての袋を使いましたが，袋に入らなかった里芋が67個残りました。そこで，大きい袋には10個ずつ，小さい袋には6個ずつとなるように，残っていた里芋を袋に追加したところ，里芋はすべて袋に入りました。このとき，大きい袋はすべて10個ずつになりましたが，小さい袋は2袋だけ5個のままでした。かごの中にあった里芋は何個ですか。

(1)　この問題を解くのに，方程式を利用することが考えられる。どの数量を文字で表すかを示し，問題にふくまれる数量の関係から，1次方程式または連立方程式のいずれかをつくりなさい。　(6点)

(2)　かごの中にあった里芋の個数を求めなさい。　(4点)

4　美咲さんの住む地域では，さくらんぼの種飛ばし大会が行われている。この大会では，台の上に立ち，さくらんぼの実の部分を食べ，口から種を吹き飛ばして，台から最初に種が着地した地点までの飛距離を競う。下の図は，知也さんと公太さんが種飛ばしの練習を20回したときの記録を，それぞれヒストグラムに表したものである。これらのヒストグラムから，たとえば，2人とも，1 m 以上 2 m 未満の階級に入る記録は1回であることがわかる。また，ヒストグラムから2人の記録の平均値を求めると，ともに5 m で同じであることがわかる。

美咲さんは，2人の記録のヒストグラムから，本番では知也さんのほうが公太さんよりも種を遠くに飛ばすと予想した。美咲さんがそのように予想した理由を，平均値，中央値，最頻値のいずれか1つを用い，数値を示しながら説明しなさい。　(5点)

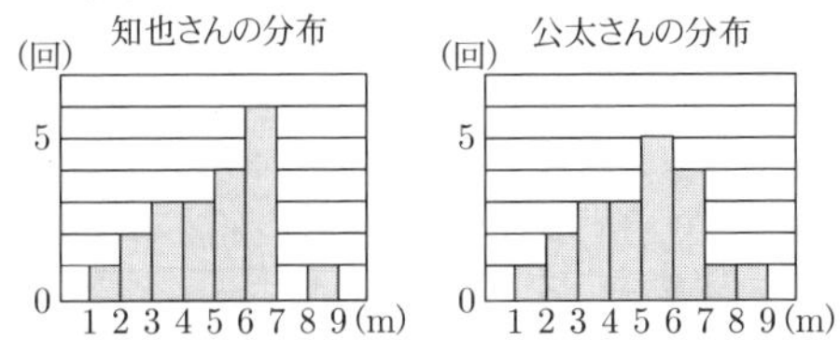

3 よく出る　明美さんは，父の運転する自動車に乗って駅を午前10時に出発し，午前10時12分に公園に到着したあと，自動車をとめて，待ちあわせていた姉を乗せてから，午前10時18分に公園を出発して空港に向かった。駅から公園を通って空港まで行く道のりは 18 km であり，駅から公園までの自動車の速さと，公園から空港までの自動車の速さは，それぞれ時速 30 km，40 km で一定であるとする。このとき，あとの問いに答えなさい。

駅　　公園　　空港

18km

1　午前10時から x 分後の，駅から自動車までの道のりを y km とする。自動車が駅を出発してから公園に到着するまでの x と y の関係をグラフに表したところ，**図**のようになった。あとの問いに答えなさい。

図

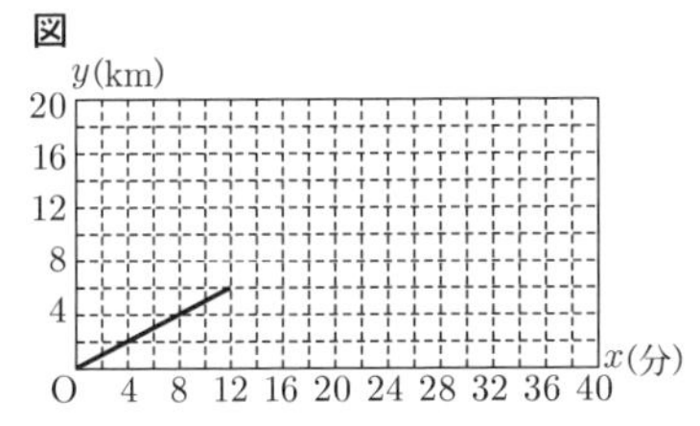

(1)　自動車が駅から 4 km の地点を通過する時刻は午前何時何分か，答えなさい。　(3点)

(2)　**表**は，自動車が駅を出発してから空港に到着するまでの x と y の関係を式に表したものである。［ア］～［ウ］にあてはまる数または式を，それぞれ書きなさい。

表

x の変域	式
$0 \leqq x \leqq 12$	$y=$［ア］
$12 \leqq x \leqq 18$	$y=6$
$18 \leqq x \leqq$［イ］	$y=$［ウ］

また，このときの x と y の関係を表すグラフを，**図**にかき加えなさい。　(12点)

2　思考力　明美さんを乗せた自動車が通った道と同じ道を走るバスは，午前10時6分に駅を出発し，公園でとまらずに空港に向かった。バスは，自動車が公園でとまっている間に自動車を追いこしたが，空港に到着する前に追いこされた。次は，このバスの，駅から空港までの速さのとりうる値について表したものである。［エ］，［オ］にあてはまる数を，それぞれ書きなさい。

ただし，バスの速さは，駅から空港まで一定であるとする。　(6点)

> バスの速さは，時速［エ］km よりは速く，時速［オ］km よりは遅い。

4 よく出る　右の図のように，点 O を中心とし，線分 AB を直径とする半円 O がある。点 A とは異なる点 C を，弧 AB 上に，∠AOC の大きさが 90° より小さくなるようにとる。また，点 D を，弧 AC 上に，OD // BC となるようにとる。点 D を通り線分 AB に平行な直線と半円 O との交点のうち点 D とは異なる点を E とする。線分 DE と線分 OC，BC との交点をそれぞれ F，G とし，線分 OE と線分 BC との交点を H とする。このとき，それぞれの問いに答えなさい。

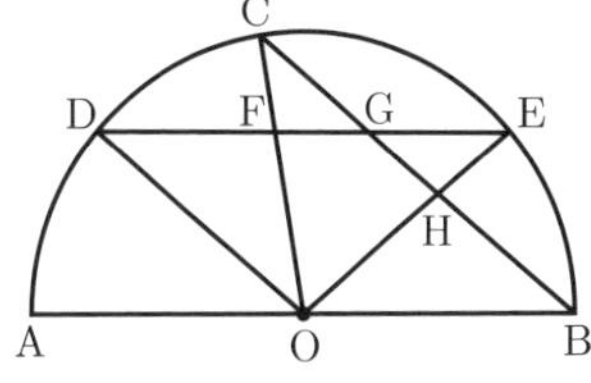

1　$\angle BGE = 40^\circ$ であるとき，∠AOC の大きさを求めなさい。　(4点)

2　$\triangle OCH \equiv \triangle OEF$ であることを証明しなさい。(10点)

3　$AB = 8$ cm，$DE = 6$ cm であるとき，△CFG の面積を求めなさい。　(5点)

福島県

時間	50分	満点	50点	解答	P9	3月3日実施

＊　注意　1　答えに $\sqrt{\ }$ が含まれるときは，$\sqrt{\ }$ をつけたままで答えなさい。ただし，$\sqrt{\ }$ の中はできるだけ小さい自然数にしなさい。
2　円周率は π を用いなさい。

出題傾向と対策

●大問数は昨年と同じく7題である。**1**，**2**，**3** は基本事項からの小問集合，**4** 以降は各単元から出題される大問からなる。問題の難易度は高くないが，記述式で思考の過程を求める問題や証明問題も多い。

●全体的には基礎力を問う問題がほとんどであるが，証明問題や図形問題で応用的な問題も含まれている。証明問題の記述だけでなく，思考の過程を記述させる問題も多いので，普段の練習から丁寧に解答の過程を書く練習もしておこう。

1 基本　次の(1)，(2)の問いに答えなさい。

(1)　次の計算をしなさい。

①　$3 \times (-8)$　(2点)

②　$\frac{1}{2} - \frac{5}{6}$　(2点)

③　$-8x^3 \div 4x^2 \times (-x)$　(2点)

④　$\sqrt{50} + \sqrt{2}$　(2点)

(2)　六角形の内角の和を求めなさい。　(2点)

2 基本　次の(1)～(5)の問いに答えなさい。

(1)　-3 と $-2\sqrt{2}$ の大小を，不等号を使って表しなさい。　(2点)

(2) ある中学校の生徒の人数は126人で，126人全員が徒歩通学か自転車通学のいずれか一方で通学しており，徒歩通学をしている生徒と自転車通学をしている生徒の人数の比は5：2である。

このとき，自転車通学をしている生徒の人数を求めなさい。(2点)

(3) えりかさんの家から花屋を通って駅に向かう道があり，その道のりは1200 m である。また，家から花屋までの道のりは600 m である。えりかさんは家から花屋までは毎分150 m の速さで走り，花屋に立ち寄った後，花屋から駅までは毎分60 m の速さで歩いたところ，家を出発してから駅に着くまで20分かかった。

右の図は，えりかさんが家を出発してから駅に着くまでの時間と道のりの関係のグラフを途中まで表したものである。

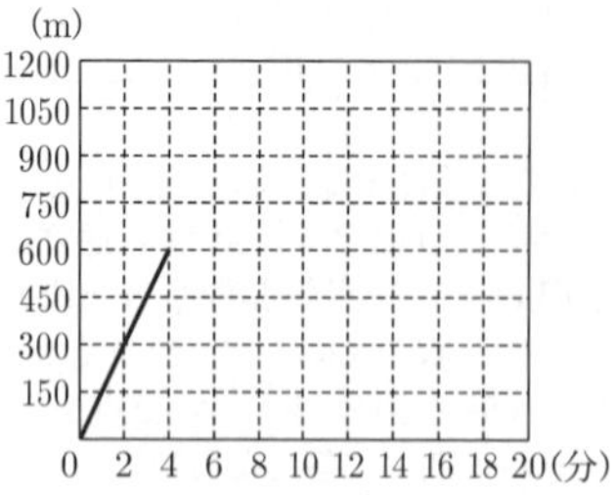

えりかさんが家を出発してから駅に着くまでのグラフを完成させなさい。ただし，花屋の中での移動は考えないものとする。(2点)

(4) 関数 $y=ax^2$ について，x の値が2から6まで増加するときの変化の割合が -4 である。

このとき，a の値を求めなさい。(2点)

(5) 右の**図1**のような立方体があり，この立方体の展開図を**図2**のようにかいた。この立方体において，面Aと平行になる面を，ア～オの中から1つ選び，記号で答えなさい。(2点)

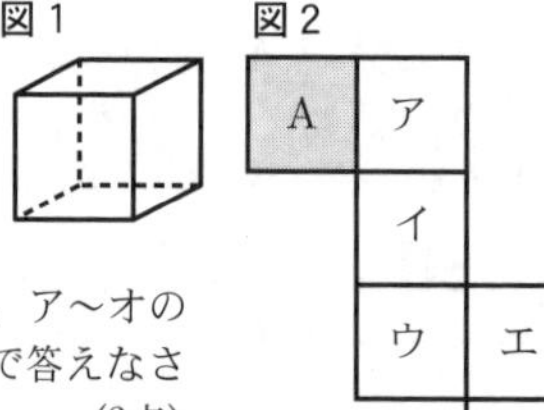

3 次の(1)，(2)の問いに答えなさい。

(1) 思考力 新傾向 箱Pには，1，2，3，4の数字が1つずつ書かれた4個の玉が入っており，箱Qには，2，3，4，5の数字が1つずつ書かれた4個の玉が入っている。

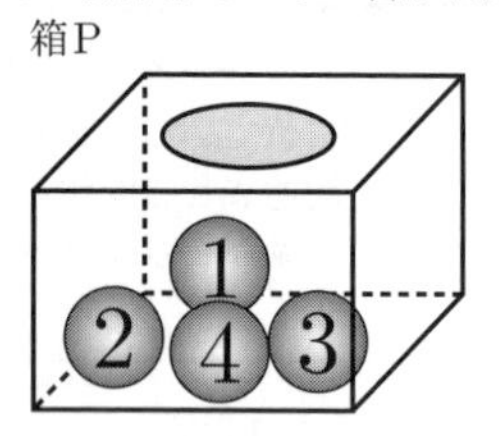

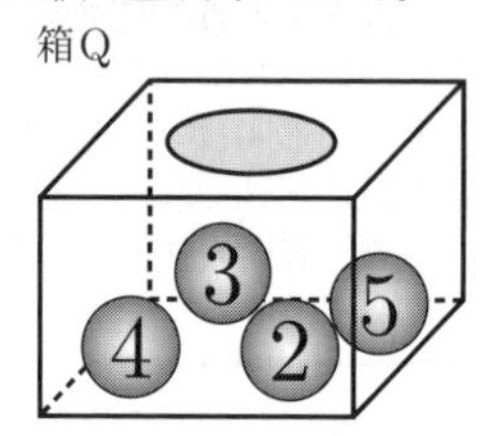

箱Pの中から玉を1個取り出し，その玉に書かれた数を a とする。箱Qの中から玉を1個取り出し，その玉に書かれた数を b とする。ただし，どの玉を取り出すことも同様に確からしいものとする。

次に，**図**のように円周上に5点A，B，C，D，Eをとり，Aにコインを置いた後，以下の＜操作＞を行う。

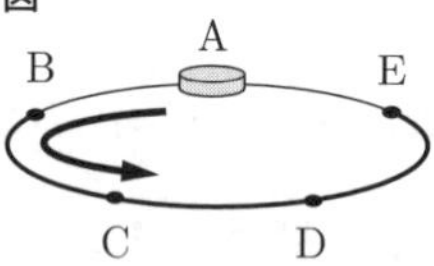

＜操作＞
Aに置いたコインを $2a+b$ の値だけ円周上を反時計回りに動かす。例えば，$2a+b$ の値が7のときは，A→B→C→D→E→A→B→Cと順に動かし，Cでとめる。

① コインが，点Dにとまる場合は何通りあるか求めなさい。(2点)

② コインが，点A，B，C，D，Eの各点にとまる確率の中で，もっとも大きいものを求めなさい。(2点)

(2) 基本 ある学級のA班とB班がそれぞれのペットボトルロケットを飛ばす実験を25回ずつ行った。実験は，校庭に白線を1 m 間隔に引いて行い，例えば，17 m 以上18 m 未満の間に着地した場合，17 m と記録した。

右の**表1**は，A班とB班の記録について，25回の平均値，最大値，最小値，範囲をそれぞれまとめたものである。また，右の**表2**は，A班とB班の記録を度数分布表に整理したものである。ただし，**表1**の一部は汚れて読み取れなくなっている。

表1

	A班	B班
平均値	28.6m	30.8m
最大値	46m	42m
最小値	[illegible]	16m
範囲	31m	[illegible]

表2

記録(m)	A班 度数(回)	B班 度数(回)
以上　未満		
15 ～ 20	2	3
20 ～ 25	5	3
25 ～ 30	7	5
30 ～ 35	4	8
35 ～ 40	5	5
40 ～ 45	1	1
45 ～ 50	1	0
合計	25	25

① A班の記録の最小値を求めなさい。(1点)

② 次の文は，太郎さんが**表1**と**表2**をもとにして，A班とB班のどちらのペットボトルロケットが遠くまで飛んだかを判断するために考えた内容である。

下線部について，(　　)に入る適切なものを，A，Bから1つ選び，記号で答えなさい。

また，選んだ理由を，**中央値が入る階級を示して**説明しなさい。(3点)

・平均値を比べると，B班のほうが大きい。
・最大値を比べると，A班のほうが大きい。
・中央値を比べると，(　　)班のほうが大きい。

4 よく出る 百の位の数が，十の位の数より2大きい3けたの自然数がある。

この自然数の各位の数の和は18であり，百の位の数字と一の位の数字を入れかえてできる自然数は，はじめの自然数より99小さい数である。

このとき，はじめの自然数を求めなさい。

求める過程も書きなさい。(5点)

5 よく出る 右の図において，△ABC≡△DBE であり，辺ACと辺BEとの交点をF，辺BCと辺DEとの交点をG，辺ACと辺DEとの交点をHとする。

このとき，AF＝DG となることを証明しなさい。(5点)

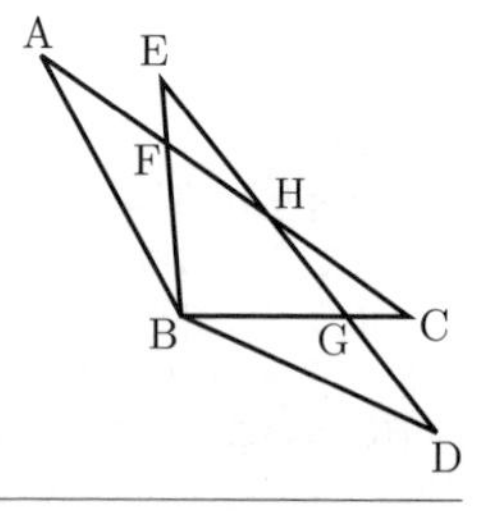

6 よく出る 右の図のように，2直線 l，m があり，l，m の式はそれぞれ $y=\frac{1}{2}x+4$，$y=-\frac{1}{2}x+2$ である。l と y 軸との交点，m と y 軸との交点をそれぞれA，Bとする。また，l と m との交点をPとする。

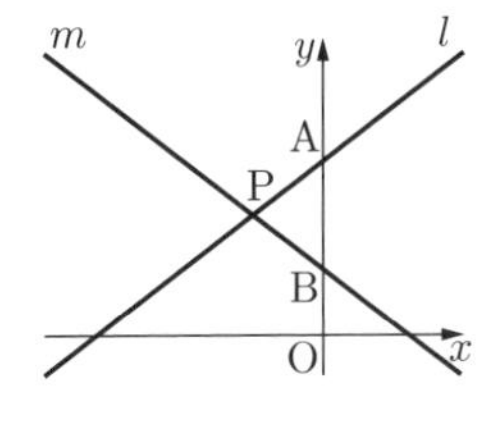

このとき，次の(1)，(2)の問いに答えなさい。

(1) 点Pの座標を求めなさい。(1点)

(2) y 軸上に点Qをとり，Qの y 座標を t とする。ただし，$t>4$ とする。Qを通り x 軸に平行な直線と l，m との交点をそれぞれR，Sとする。

① $t=6$ のとき，△PRSの面積を求めなさい。(2点)

② △PRSの面積が△ABPの面積の5倍になるときの t の値を求めなさい。(3点)

7 右の図のような，底面が1辺2cmの正方形で，他の辺が3cmの正四角錐(すい)がある。

辺OC上に AC = AE となるように点Eをとる。

このとき，次の(1)～(3)の問いに答えなさい。

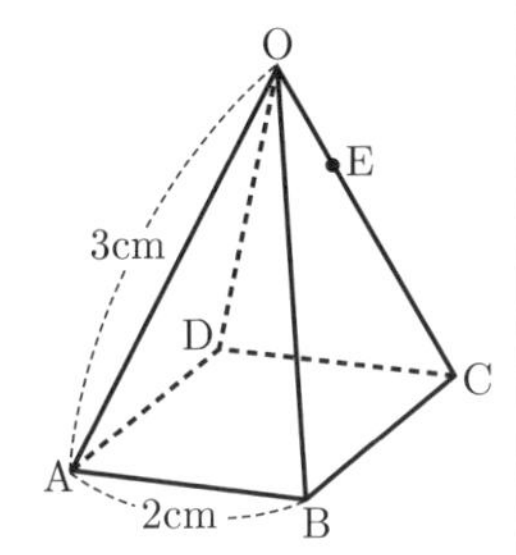

(1) 線分AEの長さを求めなさい。(1点)

(2) △OACの面積を求めなさい。(2点)

(3) Eを頂点とし，四角形ABCDを底面とする四角錐の体積を求めなさい。(3点)

茨城県

時間	50分	満点	100点	解答	P10	3月3日実施

出題傾向と対策

●大問6題の出題で，**1**，**2**は小問集合，**3**は平面図形，**4**は一次関数，**5**は確率，**6**は空間図形である。出題分野，問題の難易度は，ほぼ例年通りである。

●各出題分野について，基礎・基本から標準レベルの問題が出題されている。特に，**3**以降の大問については，比較的長めの問題文が多く，問題文を読む力も重要になってくる。先ずは，教科書レベルの問題で基礎・基本をしっかりと身に付けた上で，標準的な問題で実力をつけるとともに，過去問にもしっかりとあたっておくとよい。

1 よく出る 基本 次の各問に答えなさい。

(1) A，B，C，Dの4つのチームが自分のチーム以外のすべてのチームと試合を行った。下の**表**は，その結果をまとめたものである。得失点差とは，得点合計から失点合計をひいた値である。

このとき，下の [ア] に当てはまる数を求めなさい。(4点)

表

チーム	試合数	勝った試合数	引き分けた試合数	負けた試合数	得点合計	失点合計	得失点差
A	3	2	1	0	8	1	+7
B	3	1	1	1	3	7	[ア]
C	3	1	1	1	4	4	0
D	3	0	1	2	1	4	−3

(2) 右の**図**のように，長方形ABCDの中に1辺の長さが $\sqrt{5}$ m と $\sqrt{10}$ m の正方形がある。

このとき，斜線部分の長方形の周の長さを求めなさい。(4点)

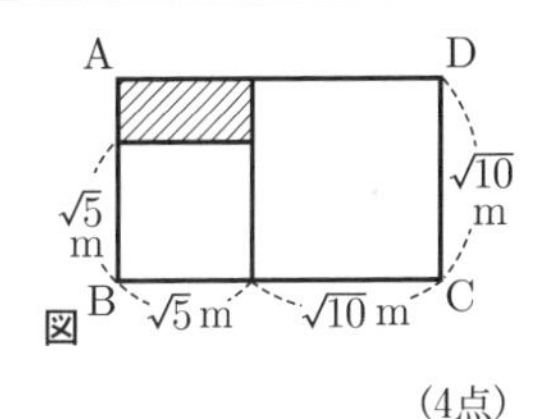

図

(3) 1000円で，1個 a 円のクリームパン5個と1個 b 円のジャムパン3個を買うことができる。ただし，消費税は考えないものとする。

この数量の関係を表した不等式としてもっとも適切なものを，次のア～エの中から一つ選んで，その記号を書きなさい。(4点)

ア $1000-(5a+3b)<0$

イ $5a+3b<1000$

ウ $1000-(5a+3b)\geqq 0$

エ $5a+3b\geqq 1000$

(4) 花子さんは，右の**図**の平行四辺形ABCDの面積を求めるために，辺BCを底辺とみて，高さを測ろうと考えた。

点Pを右の**図**のようにとるとき，線分PHが高さとなるような点Hを作図によって求めなさい。

ただし，作図に用いた線は消さずに残しておくこと。(4点)

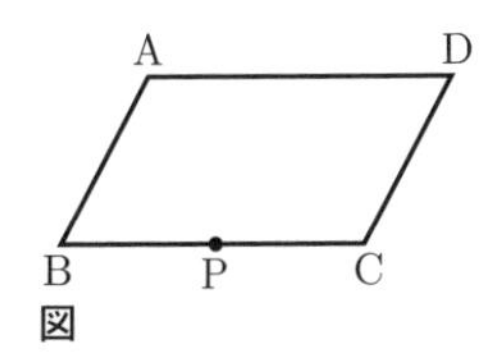

図

2 よく出る 基本　次の各問に答えなさい。

(1)「連続する 3 つの整数の和は，3 の倍数である」
このことを次のように説明した。

> (説明)
> 連続する 3 つの整数のうち，もっとも小さい整数を n とすると，連続する 3 つの整数は小さい順に
> n，[ア]，[イ] と表すことができる。
> ここで，
> $$n+([ア])+([イ])=3([ウ])$$
> [ウ] は整数だから，3([ウ]) は 3 の倍数である。
> したがって，連続する 3 つの整数の和は，3 の倍数である。

このとき，上の [ア] ～ [ウ] に当てはまる式を，それぞれ書きなさい。 (6点)

(2) 太郎さんは庭に，次の 2 つの条件 [1]，[2] を満たすような長方形の花だんを作ることにした。

> (条件)
> [1]　横の長さは，縦の長さより 5 m 長い。
> [2]　花だんの面積は，$24\ \mathrm{m}^2$ である。

縦の長さを x m として方程式をつくると，次のようになる。

[ア] $=24$

したがって，この方程式を解くと，$x=$ [イ]，[ウ] となる。

$x=$ [イ] は，縦の長さとしては適していないから，縦の長さは [ウ] m である。

このとき，上の [ア] には当てはまる式を，[イ]，[ウ] には当てはまる数を，それぞれ書きなさい。(6点)

(3) 右の図で，点 A は関数 $y=\dfrac{2}{x}$ と関数 $y=ax^2$ のグラフの交点である。点 B は点 A を y 軸を対称の軸として対称移動させたものであり，x 座標は -1 である。

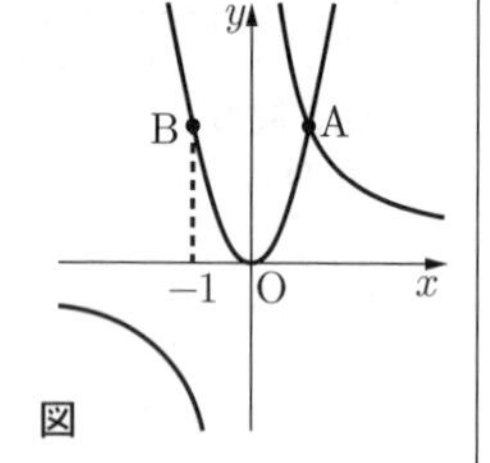

図

このことから，a の値は [ア] であり，関数 $y=ax^2$ について，x の値が 1 から 3 まで増加するときの変化の割合は [イ] であることがわかる。

このとき，上の [ア]，[イ] に当てはまる数を，それぞれ書きなさい。 (6点)

(4) 陸上競技部の A さんと B さんは 100 m 競走の選手である。次の**図 1**，**図 2** は，2 人が最近 1 週間の練習でそれぞれ 100 m を 18 回走った記録をヒストグラムに表したものである。これらのヒストグラムをもとに，次の 1 回でより速く走れそうな選手を 1 人選ぶとする。

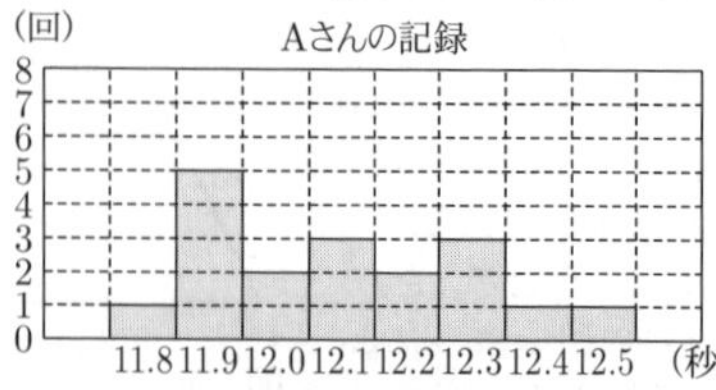

図 1

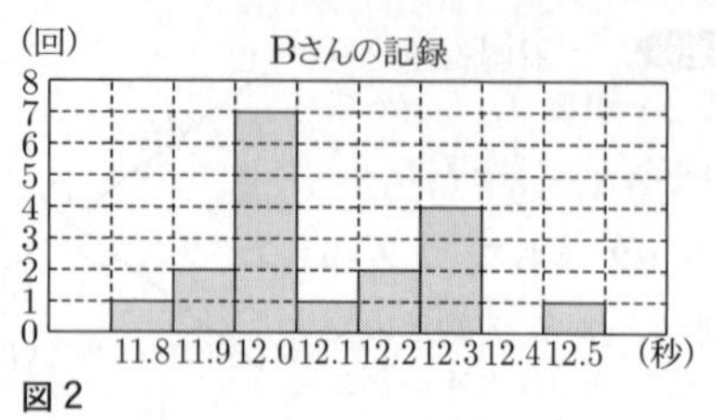

図 2

このとき，あなたならどちらの選手を選びますか。A さん，B さんのどちらか一方を選び，その理由を，2 人の中央値（メジアン）または最頻値（モード）を比較して説明しなさい。 (6点)

3　先生と太郎さんと花子さんの次の会話を読んで，あとの(1)～(3)の問いに答えなさい。

> (先生と太郎さんと花子さんの会話)
> 先生：下の**図 1** の △ABC は，∠ABC = 66°，∠BAC = 90° の直角三角形です。
> △ABC を直線 l にそってすべらないように転がしていくことを考えましょう。下の**図 2** のように，点 A を中心に回転させたとき，もとの位置の三角形を △AB′C′ とすると，△ABC の頂点 B が，△AB′C′ の辺 B′C′ 上にくるときがあります。
> 太郎：先生，このときの ∠BAB′ の大きさは [ア] なので，**図 2** の △ABC は点 A を中心に時計回りに [ア] だけ回転移動させたことになります。
>
> 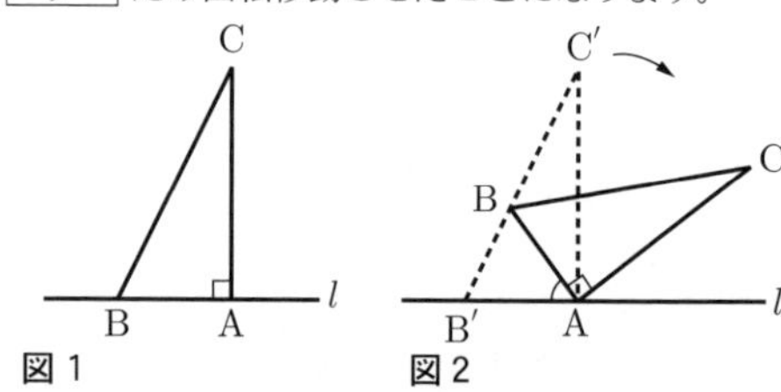
>
> **図 1**　　**図 2**
>
> 先生：よく気がつきましたね。では次に，下の**図 3** のように △ABC を AB = AC の直角二等辺三角形にして，同じように転がしていくことを考えましょう。
>
> 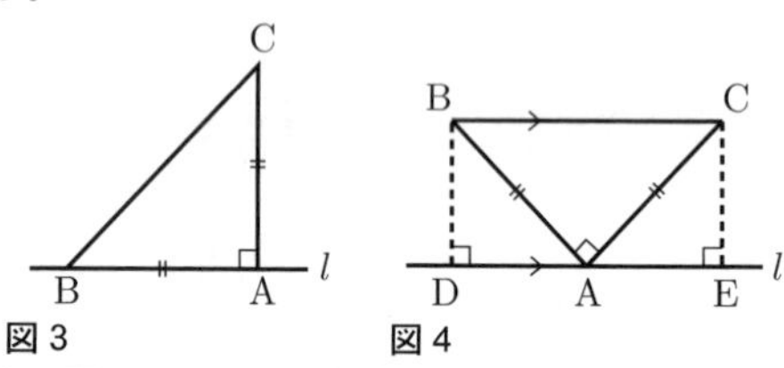
>
> **図 3**　　**図 4**
>
> 太郎：上の**図 4** のように，直線 l と辺 BC が平行になるときがあります。
> 花子：このとき，点 B，C から直線 l に垂線をひき，直線 l との交点をそれぞれ D，E とすると，△ADB ≡ △AEC が成り立ちそうね。
> 先生：では，花子さん，黒板に証明を書いてください。
> 花子：はい。次のように証明できます。
>
> 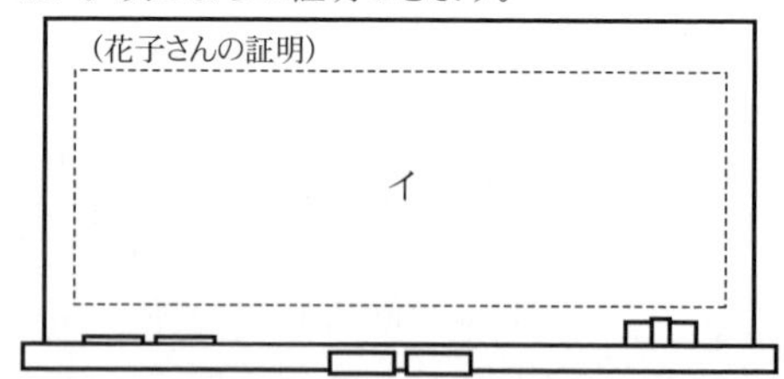
>

先生：そのとおりです。よくできましたね。
さらに，**図3**の直角二等辺三角形ABCを，下の**図5**のように，直線 l にそってすべらないように，点Bが再び直線 l 上にくる斜線の図形の位置まで転がしていくことを考えましょう。

太郎：点Bが動いた跡にできる線と直線 l とで囲まれた部分の面積はどうなるかな。

先生：では，$AB = AC = 3\,\text{cm}$ として，面積を求めてみましょう。

太郎：はい。面積を求めると［ウ］cm^2 になりました。

先生：そのとおりです。よくできましたね。

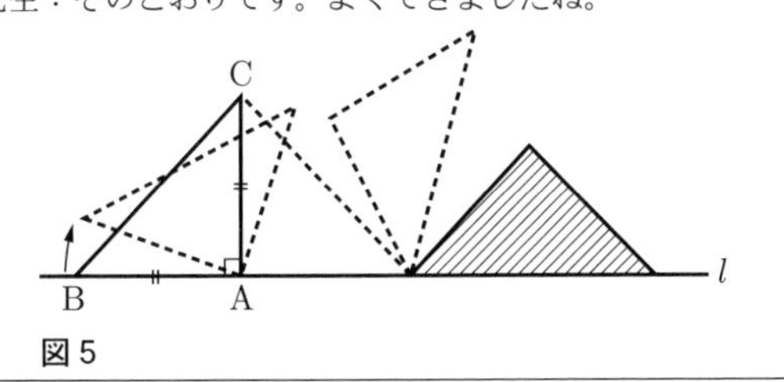

図5

(1) **基本** 会話中の［ア］に当てはまる角の大きさを求めなさい。(4点)

(2) **よく出る** 会話中の［イ］に当てはまる証明を書きなさい。(5点)

(3) 会話中の［ウ］に当てはまる数を求めなさい。ただし，円周率は π とする。(6点)

4 H市の工場では，2種類の燃料A，Bを同時に使って，ある製品を作っている。燃料A，Bはそれぞれ一定の割合で消費され，燃料Aについては，1時間あたり 30 L 消費される。また，この工場では，燃料自動補給装置を導入して，無人で長時間の自動運転を可能にしている。この装置は，燃料A，Bの残量がそれぞれ 200 L になると，ただちに，15時間一定の割合で燃料を補給するように設定されている。

右の**図**は，燃料A，Bについて，「ある時刻」から x 時間後の燃料の残量を y L として，「ある時刻」から 80 時間後までの x と y の関係をグラフに表したものである。

このとき，次の(1)～(3)の問いに答えなさい。

図

(1) **基本** 「ある時刻」の燃料Aの残量は何 L であったか求めなさい。(4点)

(2) 「ある時刻」の 20 時間後から 35 時間後までの間に，燃料Aは1時間あたり何 L 補給されていたか求めなさい。(5点)

(3) 「ある時刻」から 80 時間後に燃料A，Bの残量を確認したところ，燃料Aの残量は燃料Bの残量より 700 L 少なかった。
このとき，燃料Bが「ある時刻」から初めて補給されるのは「ある時刻」から何時間後か求めなさい。(6点)

5 右の**図**のようなA～Eのマスがあり，次の手順［1］～［3］にしたがってコマを動かす。

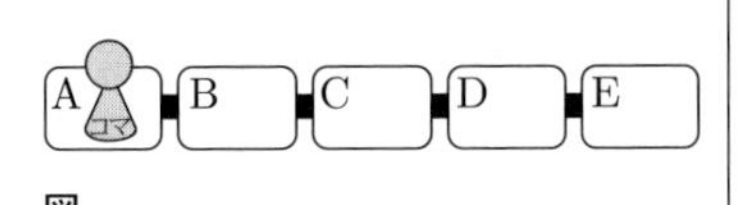

図

(手順)
［1］ はじめにコマをAのマスに置く。
［2］ 1つのさいころを2回投げる。
［3］ 1回目に出た目の数を a，2回目に出た目の数を b とし，「条件X」だけAから1マスずつコマを動かす。

ただし，コマの動かし方は，A→B→C→D→E→D→C→B→A→B→C→…の順にAとEの間をくり返し往復させることとする。

例えば，5だけAから1マスずつコマを動かすとDのマスに止まる。

また，さいころは1から6までの目が1つずつかかれており，どの目が出ることも同様に確からしいとする。

このとき，次の(1)，(2)の問いに答えなさい。

(1) 手順［3］の「条件X」を，「a と b の和」とする。
① Eのマスに止まる確率を求めなさい。(4点)
② コマが止まる確率がもっとも大きくなるマスを，A～Eの中から一つ選んで，その記号を書きなさい。また，その確率を求めなさい。(5点)

(2) **思考力** 手順［3］の「条件X」を，「a の b 乗」とする。
1回目に4の目が出て，2回目に5の目が出たとき，コマが止まるマスを，A～Eの中から一つ選んで，その記号を書きなさい。(6点)

6 右の**図1**は，三角すいの展開図であり，$AB = 12\,\text{cm}$，$AC = 9\,\text{cm}$，$ED = 5\,\text{cm}$ である。

太郎さんと花子さんの次の会話を読んで，あとの(1)～(3)の問いに答えなさい。

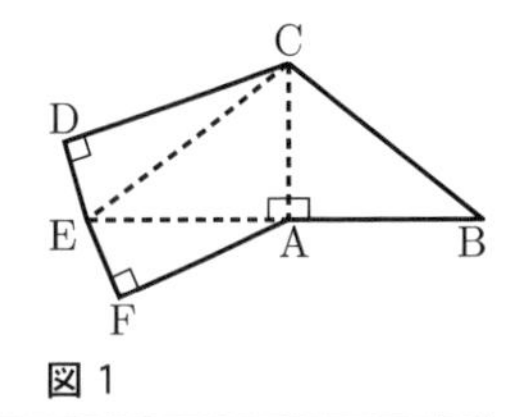

図1

(太郎さんと花子さんの会話)

太郎：辺ABと辺ACの長さがわかっているから，三角形ABCの面積は簡単に求めることができるよ。他の三角形の面積も求めることができるかな。

花子：辺EDの長さが 5 cm だから，三角形CDEの面積もわかりそうね。

太郎：確かにそうだね。三角形CDEの面積は［ア］cm^2 になるよ。

花子：次は，この展開図を組み立てて体積について考えてみましょう。

太郎：どの面を底面としてみると体積が求めやすいかな。

花子：組み立てたときに頂点が重なるところがあるので，**図2**のように展開図に面あ，面い，面う，面えと名前をつけて考えてみると，面えを三角すいの底面とするといいかもしれないね。

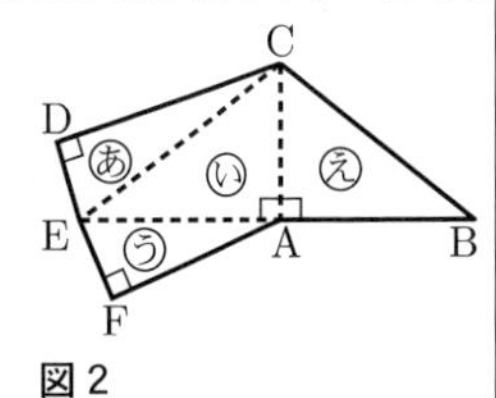

図2

太郎：なるほど。そうすると，面えと垂直になるのは［イ］だよ。

花子：これで体積を求めることができそうね。

太郎：計算してみたら，三角すいの体積は［ウ］cm^3 になるよ。

花子：ところで，底面とする面を変えてみると，三角すいの高さが変わるわね。

太郎：なるほど。そうすると，三角すいの高さが，一番

高くなるのは エ を底面にしたときで，一番低くなるのは オ を底面にしたときだよ。

(1) 会話中の ア に当てはまる数を求めなさい。(4点)

(2) 思考力 会話中の イ に当てはまる面を，面㋐～面㋒の中からすべて選んで，その記号を書きなさい。また， ウ に当てはまる数を求めなさい。(5点)

(3) 会話中の エ ， オ に当てはまる面を，面㋐～面㋓の中から一つ選んで，その記号をそれぞれ書きなさい。(6点)

栃木県

時間	50分	満点	100点	解答	P11	3月8日実施

出題傾向と対策

●例年と同様，大問6題であった。**1** は14題からなる小問集合，**2** は作図・確率・関数に関する小問集合，**3** は連立方程式の文章題・データの分析，**4** は図形に関する小問集合，**5** は図形の面積に関するグラフの問題，**6** は数の性質と数・式の利用に関する問題であった。

●基本的な問題を中心に，幅広い分野から出題されている。分量が多く，途中の計算を書く問題もあるため，スピーディーかつ正確な処理が要求される。作図・証明の問題も例年出題されているため，準備をする必要がある。

1 よく出る 基本 次の1から14までの問いに答えなさい。

1 $-3-(-7)$ を計算しなさい。(2点)

2 $8a^3b^5 \div 4a^2b^3$ を計算しなさい。(2点)

3 $a=2$，$b=-3$ のとき，$a+b^2$ の値を求めなさい。(2点)

4 $x^2-8x+16$ を因数分解しなさい。(2点)

5 $a=\dfrac{2b-c}{5}$ を c について解きなさい。(2点)

6 次のア，イ，ウ，エのうちから，内容が正しいものを1つ選んで，記号で答えなさい。(2点)

ア 9の平方根は3と -3 である。

イ $\sqrt{16}$ を根号を使わずに表すと ±4 である。

ウ $\sqrt{5}+\sqrt{7}$ と $\sqrt{5+7}$ は同じ値である。

エ $(\sqrt{2}+\sqrt{6})^2$ と $(\sqrt{2})^2+(\sqrt{6})^2$ は同じ値である。

7 右の図で，$l \parallel m$ のとき，$\angle x$ の大きさを求めなさい。(2点)

8 右の図は，y が x に反比例する関数のグラフである。y を x の式で表しなさい。(2点)

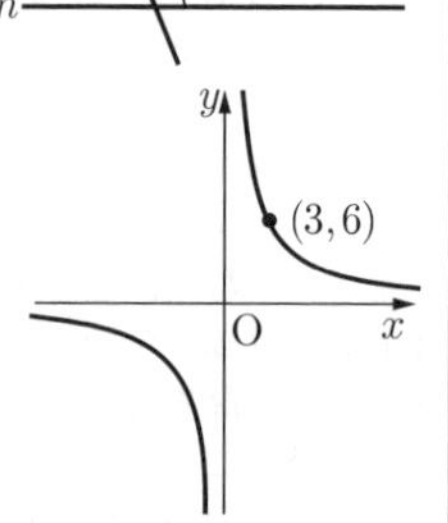

9 1辺が6cmの立方体と，底面が合同で高さが等しい正四角錐(すい)がある。この正四角錐の体積を求めなさい。(2点)

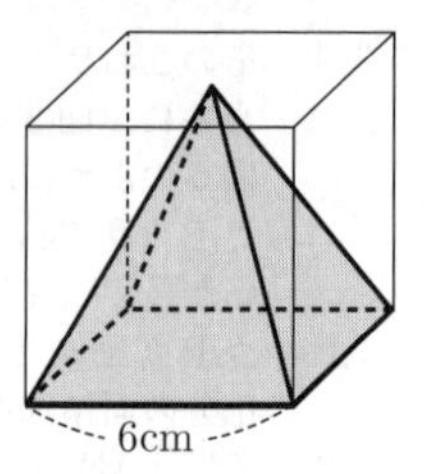

10 2次方程式 $x^2+5x+2=0$ を解きなさい。(2点)

11 関数 $y=-2x+1$ について，x の変域が $-1 \leqq x \leqq 3$ のときの y の変域を求めなさい。(2点)

12 A地点からB地点まで，初めは毎分60mで a m歩き，途中から毎分100mで b m走ったところ，20分以内でB地点に到着した。この数量の関係を不等式で表しなさい。(2点)

13 右の図で，△ABC∽△DEF であるとき，x の値を求めなさい。(2点)

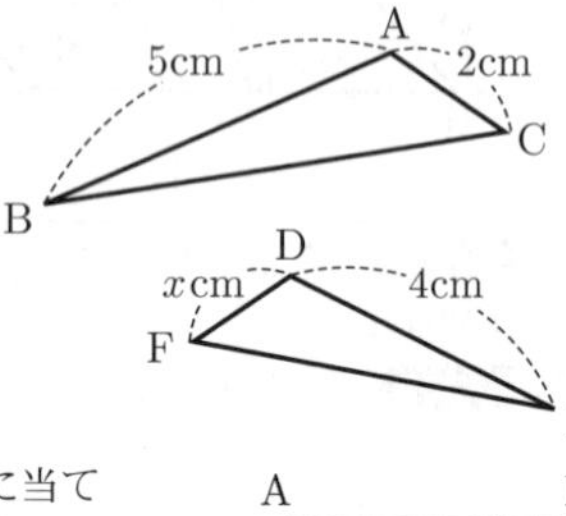

14 次の文の（　　）に当てはまる条件として最も適切なものを，ア，イ，ウ，エのうちから1つ選んで，記号で答えなさい。(2点)

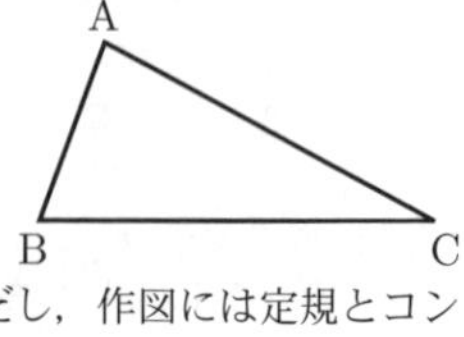

平行四辺形ABCDに，（　　）の条件が加わると，平行四辺形ABCDは長方形になる。

ア AB＝BC　　イ AC⊥BD

ウ AC＝BD　　エ ∠ABD＝∠CBD

2 次の1，2，3の問いに答えなさい。

1 よく出る 右の図の△ABCにおいて，頂点Bを通り△ABCの面積を2等分する直線と辺ACとの交点をPとする。このとき，点Pを作図によって求めなさい。ただし，作図には定規とコンパスを使い，また，作図に用いた線は消さないこと。(4点)

2 大小2つのさいころを同時に投げるとき，大きいさいころの出る目の数を a，小さいさいころの出る目の数を b とする。$a-b$ の値が正の数になる確率を求めなさい。(4点)

3 右の図のように，2つの関数 $y=x^2$，$y=ax^2$ $(0<a<1)$ のグラフがあり，それぞれのグラフ上で，x 座標が -2 である点をA，B，x 座標が3である点をC，Dとする。

次の文は，四角形ABDCについて述べたものである。文中の①，②に当てはまる式や数をそれぞれ求めなさい。(4点)

線分ABの長さは a を用いて表すと（ ① ）である。また，四角形ABDCの面積が26のとき，a の値は（ ② ）となる。

3 よく出る 次の１，２の問いに答えなさい。

1 ある道の駅では，大きい袋と小さい袋を合わせて40枚用意し，すべての袋を使って，仕入れたりんごをすべて販売することにした。まず，大きい袋に５個ずつ，小さい袋に３個ずつ入れたところ，りんごが57個余った。そこで，大きい袋は７個ずつ，小さい袋は４個ずつにしたところ，すべてのりんごをちょうど入れることができた。大きい袋を x 枚，小さい袋を y 枚として連立方程式をつくり，大きい袋と小さい袋の枚数をそれぞれ求めなさい。ただし，途中の計算も書くこと。 (7点)

2 次の資料は，太郎さんを含めた生徒15人の通学時間を４月に調べたものである。

3，5，7，7，8，9，9，11，12，12，12，14，16，18，20 (分)

このとき，次の(1)，(2)，(3)の問いに答えなさい。

(1) 基本 この資料から読み取れる通学時間の最頻値を答えなさい。 (2点)

(2) 基本 この資料を右の度数分布表に整理したとき，5分以上10分未満の階級の相対度数を求めなさい。 (2点)

階級(分)	度数(人)
以上　未満	
0 ～ 5	
5 ～ 10	
10 ～ 15	
15 ～ 20	
20 ～ 25	
計	15

(3) 太郎さんは８月に引越しをしたため，通学時間が５分長くなった。そこで，太郎さんが引越しをした後の15人の通学時間の資料を，４月に調べた資料と比較したところ，中央値と範囲はどちらも変わらなかった。引越しをした後の太郎さんの通学時間は何分になったか，考えられる通学時間をすべて求めなさい。ただし，太郎さんを除く14人の通学時間は変わらないものとする。 (3点)

4 次の１，２の問いに答えなさい。

1 よく出る 右の図のように，△ABC の辺AB，ACの中点をそれぞれD，Eとする。また，辺BCの延長に BC : CF = 2 : 1 となるように点Fをとり，ACとDFの交点をGとする。

このとき，△DGE ≡ △FGC であることを証明しなさい。 (8点)

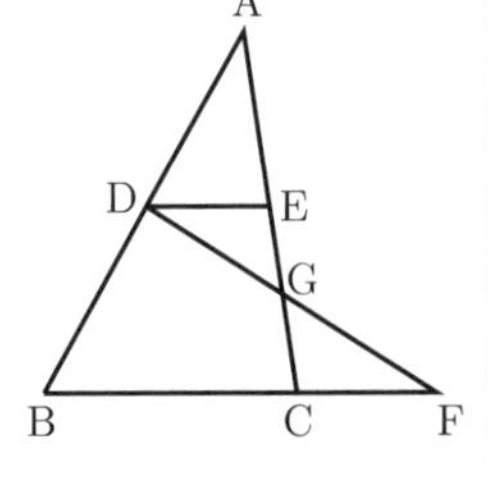

2 右の図のように，半径2cmの円Oがあり，その外部の点Aから円Oに接線をひき，その接点をBとする。また，線分AOと円Oとの交点をCとし，AOの延長と円Oとの交点をDとする。

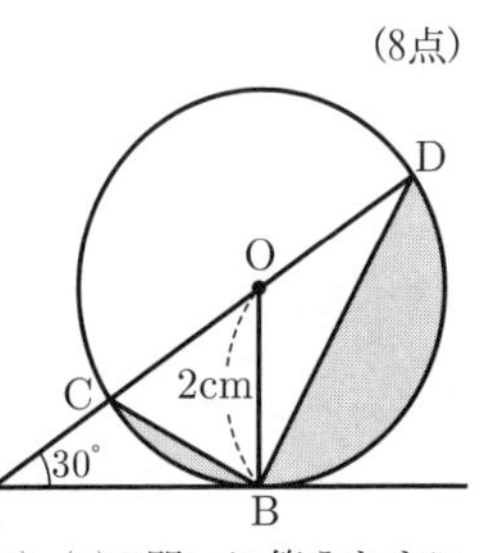

∠OAB = 30° のとき，次の(1)，(2)の問いに答えなさい。

(1) ADの長さを求めなさい。 (3点)

(2) Bを含む弧CDと線分BC，BDで囲まれた色のついた部分（▒の部分）の面積を求めなさい。ただし，円周率は π とする。 (4点)

5 図１のような，AB = 10 cm，AD = 3 cm の長方形ABCDがある。点PはAから，点QはDから同時に動き出し，ともに毎秒1cmの速さで点Pは辺AB上を，点Qは辺DC上を繰り返し往復する。ここで「辺AB上を繰り返し往復する」とは，辺AB上をA→B→A→B→…と一定の速さで動くことであり，「辺DC上を繰り返し往復する」とは，辺DC上をD→C→D→C→…と一定の速さで動くことである。

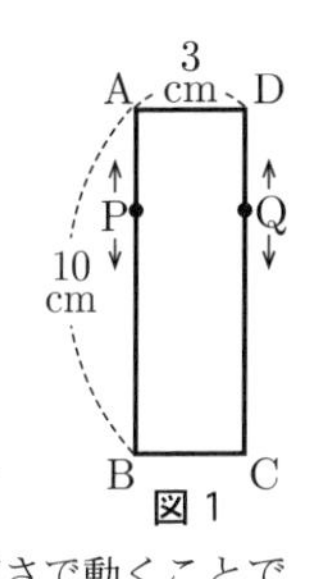

図１

2点P，Qが動き出してから，x 秒後の△APQの面積を $y\,\text{cm}^2$ とする。ただし，点PがAにあるとき，$y = 0$ とする。

このとき，次の１，２，３の問いに答えなさい。

1 基本 2点P，Qが動き出してから6秒後の△APQの面積を求めなさい。 (3点)

2 図２は，x と y の関係を表したグラフの一部である。2点P，Qが動き出して10秒後から20秒後までの，x と y の関係を式で表しなさい。ただし，途中の計算も書くこと。 (7点)

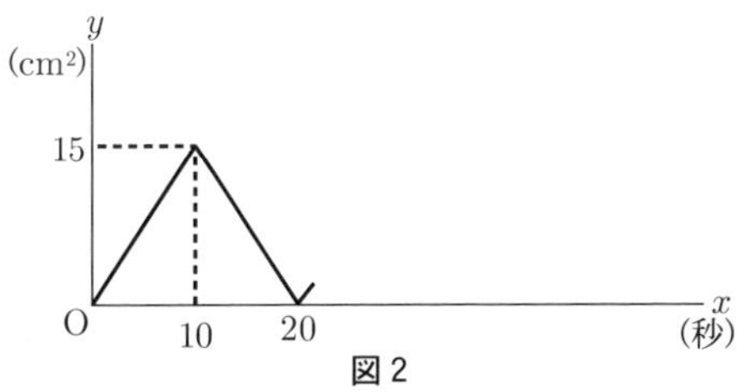

図２

3 点RはAに，点SはDにあり，それぞれ静止している。2点P，Qが動き出してから10秒後に，2点R，Sは動き出し，ともに毎秒0.5cmの速さで点Rは辺AB上を，点Sは辺DC上を，2点P，Qと同様に繰り返し往復する。

このとき，2点P，Qが動き出してから t 秒後に，△APQの面積と四角形BCSRの面積が等しくなった。このような t の値のうち，小さい方から3番目の値を求めなさい。 (5点)

6 思考力 図１のような，4分割できる正方形のシートを25枚用いて，1から100までの数字が書かれたカードを作ることにした。そこで，【作り方Ⅰ】，【作り方Ⅱ】の2つの方法を考えた。

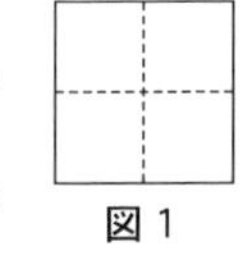
図１

【作り方Ⅰ】

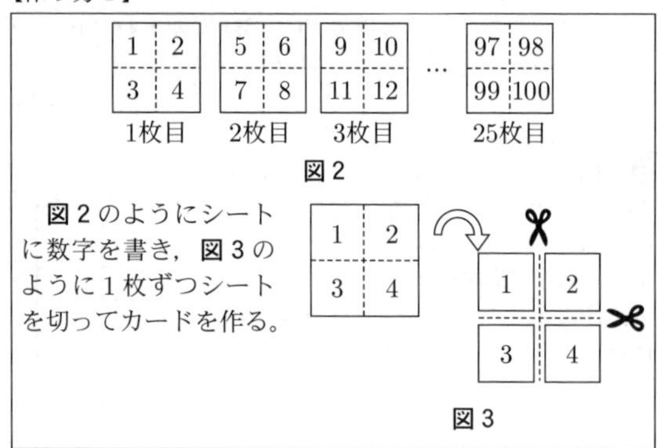

図2

図2のようにシートに数字を書き，図3のように1枚ずつシートを切ってカードを作る。

図3

【作り方Ⅱ】

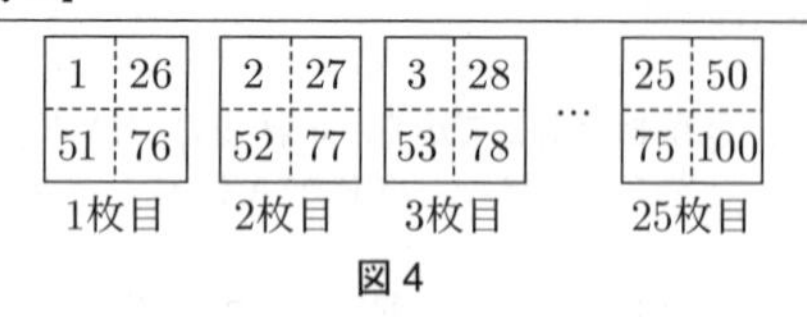

図4

図4のようにシートに数字を書き，図5のように1枚目から25枚目までを順に重ねて縦に切り，切った2つの束を重ね，横に切ってカードを作る。

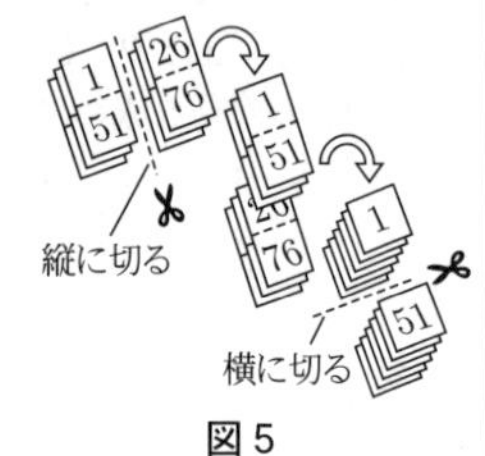

図5

このとき，次の1，2，3の問いに答えなさい。

1　【作り方Ⅰ】の7枚目のシートと【作り方Ⅱ】の7枚目のシートに書かれた数のうち，最も大きい数をそれぞれ答えなさい。(4点)

2　【作り方Ⅱ】の x 枚目のシートに書かれた数を，図6のように a，b，c，d とする。$a+2b+3c+4d=ac$ が成り立つときの x の値を求めなさい。ただし，途中の計算も書くこと。(7点)

a	b
c	d

図6

3　次の文の①，②に当てはまる式や数をそれぞれ求めなさい。(5点)

【作り方Ⅰ】の m 枚目のシートの4つの数の和と，【作り方Ⅱ】の n 枚目のシートの4つの数の和が等しくなるとき，n を m の式で表すと（　①　）となる。①を満たす m，n のうち，$m<n$ となる n の値をすべて求めると（　②　）である。ただし，m，n はそれぞれ25以下の正の整数とする。

群　馬　県

時間 45〜60分の間で各校が定める　満点 100点　解答 P13　3月9日実施

出題傾向と対策

●大問は6題で，**1** が基本的な小問集合であり，毎年いろいろな工夫がなされている。**2**〜**6** は関数とグラフ，平面図形，空間図形などの分野から出題される。作図や証明が必ず出題されるほか，答えの数値のみでなく解答の途中過程の記述も要求する設問が複数個あり，記述量は少なくない。

●**1** を確実に解き，**2**〜**6** に進む。作図や証明は基本的で平易なものが多い。空間図形の大問は2020年に復活し，2021年は出題されなかったが，2022年は復活するものとして，確率と合わせて準備しておこう。

1 基本　次の(1)〜(9)の問いに答えなさい。(36点)

(1) よく出る　次の①〜③の計算をしなさい。

① $2-(-5)$

② $4x-2x\times\dfrac{1}{2}$

③ $-6a^3b^2\div(-4ab)$

(2) $x=-2$，$y=3$ のとき，$(2x-y-6)+3(x+y+2)$ の値を求めなさい。

(3) 右の図の三角柱ABC − DEFにおいて，辺ABとねじれの位置にある辺を，すべて答えなさい。

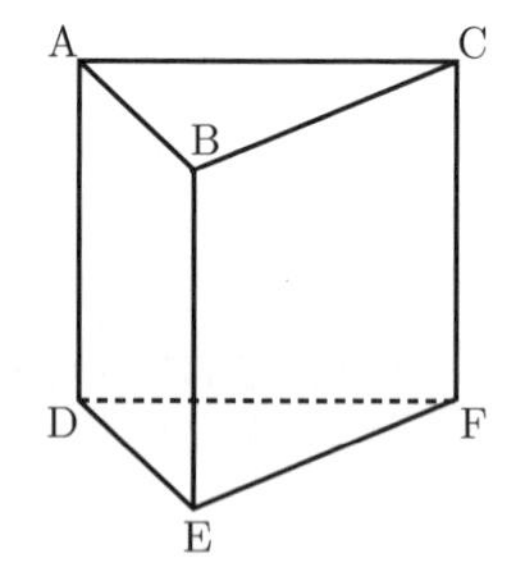

(4) n を自然数とする。$\sqrt{24n}$ が自然数となるような n のうち，最も小さい数を求めなさい。

(5) 右の図の双曲線は，ある反比例のグラフである。この反比例について，y を x の式で表しなさい。

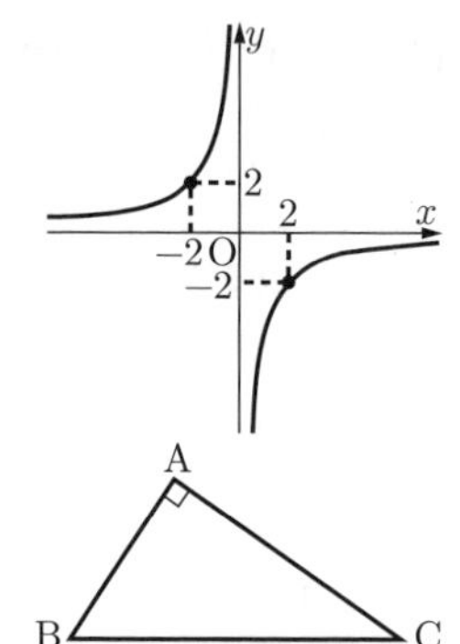

(6) 右の図のような∠A = 90°の直角三角形ABCにおいて，AB = 2 cm，CA = 3 cmである。辺BCの長さを求めなさい。

A
B
C

(7) あるクラスの女子生徒20人が体力テストで反復横とびを行い，その記録を整理したところ，20人の記録の中央値は50回であった。この20人の記録について，次のア〜エのうち，必ず正しいといえるものを1つ選び，記号で答えなさい。

ア　20人の記録の合計は，1000回である。

イ　20人のうち，記録が50回であった生徒が最も多い。

ウ　20人のうち，記録が60回以上であった生徒は1人もいない。

エ　20人のうち，記録が50回以上であった生徒が少なくとも10人いる。

(8)　2つの容器A，Bに牛乳が入っており，容器Bに入っている牛乳の量は，容器Aに入っている牛乳の量の2倍である。容器Aに140 mLの牛乳を加えたところ，容器Aの牛乳の量と容器Bの牛乳の量の比が$5:3$となった。はじめに容器Aに入っていた牛乳の量は何mLであったか，求めなさい。

ただし，答えを求める過程を書くこと。

(9)　次の図のように，長い斜面にボールをそっと置いたところ，ボールは斜面に沿って転がり始めた。ボールが斜面上にあるとき，転がり始めてからx秒後までにボールが進んだ距離をy mとすると，xとyの間には，$y=\frac{1}{2}x^2$という関係が成り立っていることが分かった。

この関数について，xの値が1から3まで増加するときの変化の割合を調べて分かることとして，次のア～エのうち正しいものを1つ選び，記号で答えなさい。

ア　変化の割合は$\frac{1}{2}$なので，1秒後から3秒後までの間にボールが進んだ距離は$\frac{1}{2}$ mである。

イ　変化の割合は$\frac{1}{2}$なので，1秒後から3秒後までの間のボールの平均の速さは秒速$\frac{1}{2}$ mである。

ウ　変化の割合は2なので，1秒後から3秒後までの間にボールが進んだ距離は2 mである。

エ　変化の割合は2なので，1秒後から3秒後までの間のボールの平均の速さは秒速2 mである。

2　基本　次の図は，四角形，平行四辺形，長方形，ひし形，正方形の関係を表したものである。例えば，四角形に「1組の対辺が平行でその長さが等しい」という条件が加わると，平行四辺形になるといえる。後の(1)，(2)の問いに答えなさい。　(10点)

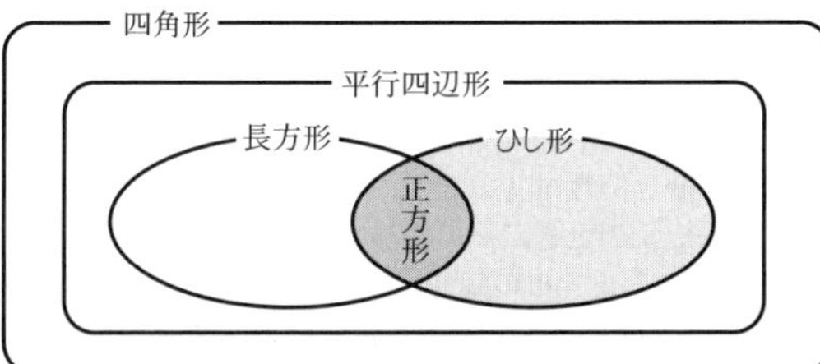

(1)　平行四辺形に，ある条件が加わると，長方形やひし形になる。次の［①］，［②］に当てはまる条件として正しいものを，後のア～オからそれぞれ1つずつ選び，記号で答えなさい。

> 平行四辺形に「［①］」という条件が加わると，長方形になる。
> 平行四辺形に「［②］」という条件が加わると，ひし形になる。

ア　対角線がそれぞれの中点で交わる
イ　1組の隣り合う辺の長さが等しい
ウ　1組の隣り合う角の大きさが等しい
エ　2組の対辺の長さがそれぞれ等しい
オ　2組の対角の大きさがそれぞれ等しい

(2)　長方形に，対角線に関するある条件が加わると，正方形になる。その「対角線に関する条件」を，簡潔に書きなさい。

3　よく出る　一の位が0でない2けたの整数Aがある。次の(1)，(2)の問いに答えなさい。　(9点)

(1)　基本　整数Aの十の位の数をa，一の位の数をbとして，Aをa，bを用いた式で表しなさい。

(2)　整数Aが，次の㋐，㋑をともに満たしている。このとき，㋐，㋑をもとに整数Aを求めなさい。

ただし，答えを求める過程を書くこと。

> ㋐　Aの十の位の数と一の位の数を入れ替えてできた2けたの整数を2で割ると，Aより1だけ大きくなる。
> ㋑　Aの十の位の数と一の位の数を加えて3倍すると，Aより4だけ小さくなる。

4　図Ⅰのように，線分ACと，点Cを通る直線lがあり，点Bは線分ACの中点である。図Ⅰにおいて，2点A，Bと直線l上の点Pによってできる三角形ABPが二等辺三角形となるような点Pについて考える。亜衣さんのクラスでは，このような点Pを作図し，なぜ三角形ABPが二等辺三角形であるといえるのかについて説明し合う活動を行った。次の(1)，(2)の問いに答えなさい。　(11点)

図Ⅰ

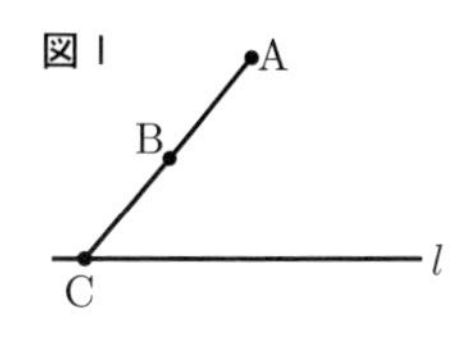

(1)　基本　亜衣さんは，図Ⅱのように，点Bを中心とし点Aを通る円を用いて点Pを作図して，なぜ三角形ABPが二等辺三角形であるといえるのかを，次のように説明した。

図Ⅱ

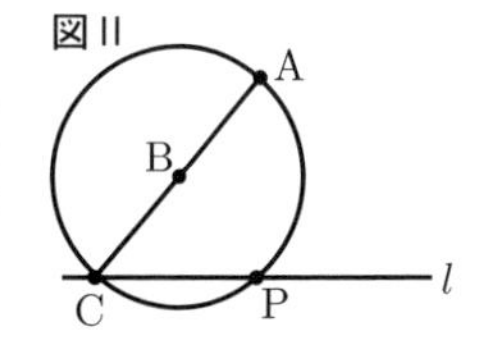

［ア］～［ウ］に適する記号をそれぞれ入れなさい。

> 亜衣さんの説明
> 作図した円の周上の点は，点［ア］からの距離がすべて等しいので，［イ］＝［ウ］となります。したがって，△ABPは二等辺三角形であるといえます。

(2)　次の①，②の問いに答えなさい。

①　よく出る　図Ⅰにおいて，(1)で亜衣さんが作図した点P以外で，三角形ABPが二等辺三角形となるような直線l上の点Pを，コンパスと定規を用いて作図しなさい。

ただし，作図に用いた線は消さないこと。

②　①のような作図によって点Pをとったことで，なぜ三角形ABPが二等辺三角形であるといえるのか，作図に用いた図形の性質を根拠にして，その理由を説明しなさい。

5　よく出る　図のように，円の中心Oと点Pが直線l上にあり，円Oの半径は10 cm，OP間の距離は20 cmである。

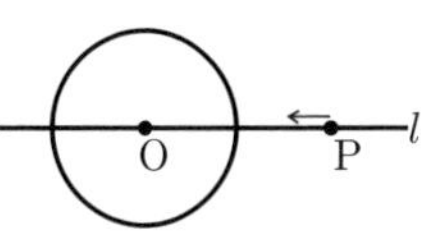

点Oが固定されたまま，点Pは毎秒3 cmの速さで直線l上を図の矢印の向きに進み，出発してから10秒後に停止する。点Pが出発してからx秒後のOP間の距離をy cmとして，後の(1)，(2)の問いに答えなさい。　(16点)

(1)　次の①～③の問いに答えなさい。

①　基本　点Pが出発してから点Oと重なるまでの

間について，y を x の式で表しなさい。

② 点Pが点Oと重なってから停止するまでの間について，y を x の式で表しなさい。

③ 点Pが出発してから停止するまでの間において，点Pが円Oの周上または内部にある時間は何秒間か，求めなさい。

(2) 思考力 新傾向 点Pが出発するのと同時に，毎秒1 cm の一定の割合で円Oの半径が小さくなり始め，点Pが停止するまでの間，円Oは中心が固定されたまま徐々に小さくなっていくものとする。点Pが出発してから停止するまでの間において，点Pが円Oの周上または内部にある時間は何秒間か，求めなさい。

6 図Ⅰのように，点Oを中心とする円と，点Oを1つの頂点とし，1辺の長さが円Oの半径と等しい正方形OABCが重なっている。

この図において，図Ⅱのように円Oの弧AC上に点Dをとり，Dにおける接線 l と辺AB，BCとの交点をそれぞれE，Fとする。また，Cを通り l に垂直な直線と l との交点をGとし，Dを通り辺OCに垂直な直線とOCとの交点をHとする。次の(1)～(3)の問いに答えなさい。(18点)

図Ⅰ

図Ⅱ

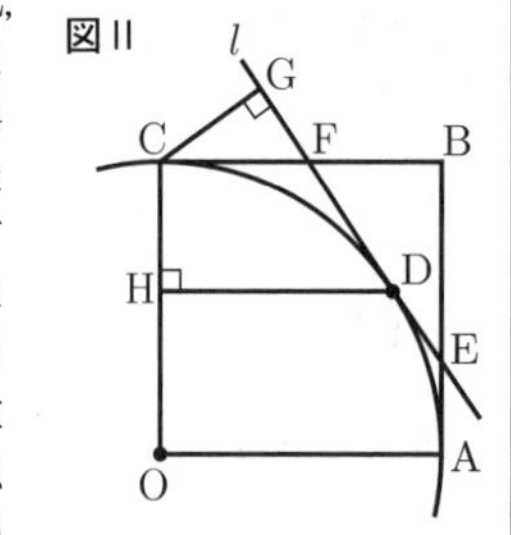

(1) 基本 図Ⅱにおける次のア～オの直線のうち，l 以外に円Oの接線となっているものを2つ選び，記号で答えなさい。

ア 直線OA　イ 直線OC　ウ 直線AB
エ 直線BC　オ 直線CG

(2) 三角形CDGと三角形CDHが合同であることを証明しなさい。

(3) 難 BE = 8 cm，BF = 6 cm とする。次の①，②の問いに答えなさい。

① 正方形OABCの1辺の長さを求めなさい。

② 三角形ODHの面積を求めなさい。

埼 玉 県

時間	50分	満点	100点	解答	P14	2月26日実施

＊ 注意　答えに根号を含む場合は，根号をつけたままで答えなさい。

出題傾向と対策

●大問は4題で，**1** 基本的な小問集合，**2**～**4** は関数とグラフ，平面図形などから出題される。作図や図形についての証明が必ず出題されるほか，**3** のような新傾向の問題が特徴的である。途中の説明を要求する設問もあり，記述量はやや多い。

●**1** を確実に仕上げ，**2**～**4** の解き易い問題に進む。関数とグラフの問題および合同や相似の証明などを十分練習しておこう。また，**3** のような新傾向の問題についても，過去の出題を参考にして準備しておこう。

●2017年から，学校選択問題を解かせる学校もある。

学力検査問題

1 基本 次の各問に答えなさい。

(1) よく出る $4x - 9x$ を計算しなさい。(4点)

(2) よく出る $-3 + (-4) \times 5$ を計算しなさい。(4点)

(3) よく出る $4xy \div 8x \times 6y$ を計算しなさい。(4点)

(4) よく出る 方程式 $3x + 2 = 5x - 6$ を解きなさい。(4点)

(5) よく出る $2\sqrt{3} - \dfrac{15}{\sqrt{3}}$ を計算しなさい。(4点)

(6) よく出る $x^2 + 7x - 18$ を因数分解しなさい。(4点)

(7) よく出る 連立方程式 $\begin{cases} 5x - 4y = 9 \\ 2x - 3y = 5 \end{cases}$ を解きなさい。(4点)

(8) よく出る 2次方程式 $2x^2 - 5x + 1 = 0$ を解きなさい。(4点)

(9) よく出る 右の図で，$\angle x$ の大きさを求めなさい。(4点)

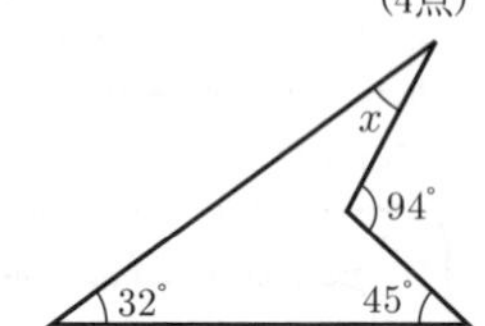

(10) よく出る 関数 $y = ax^2$ について，x の変域が $-2 \leqq x \leqq 3$ のとき，y の変域は $-36 \leqq y \leqq 0$ となりました。このとき，a の値を求めなさい。(4点)

(11) 半径が2 cm の球の体積と表面積を求めなさい。ただし，円周率は π とします。(4点)

(12) よく出る 次のア～エは立方体の展開図です。これらをそれぞれ組み立てて立方体をつくったとき，面Aと面Bが平行になるものを，ア～エの中から1つ選び，その記号を書きなさい。(4点)

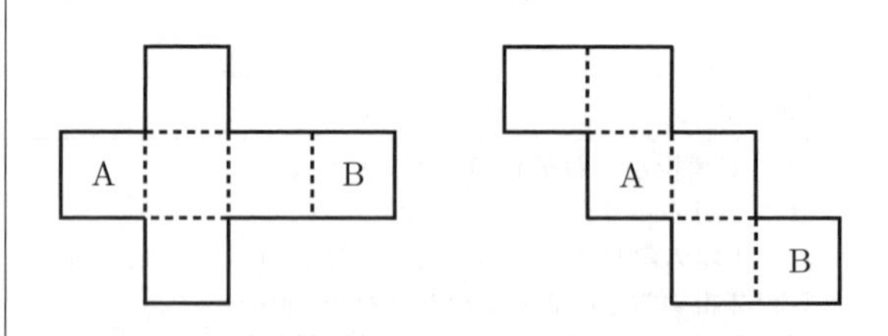

ウ　　　エ

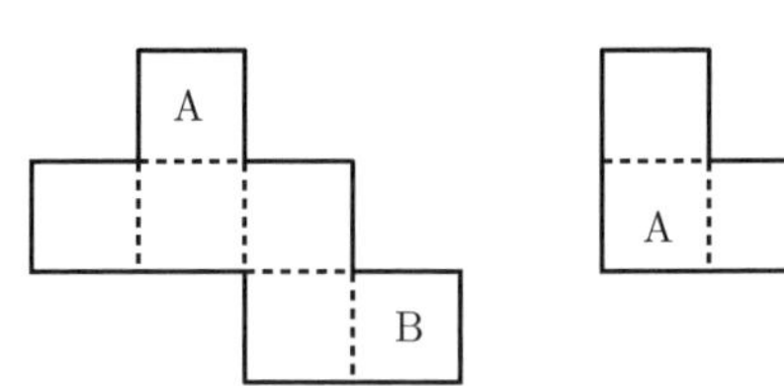

(13) 地球の直径は約 12700 km です。有効数字が 1，2，7 であるとして，この距離を整数部分が 1 けたの数と，10 の何乗かの積の形で表すと次のようになります。［ア］と［イ］にあてはまる数を書きなさい。(4点)

$$[\text{ア}] \times 10^{[\text{イ}]}\ \text{km}$$

(14) 1 から 6 までの目が出る 1 つのさいころを投げます。このときの目の出方について述べた文として正しいものを，次のア～エの中から 1 つ選び，その記号を書きなさい。

ただし，さいころはどの目が出ることも同様に確からしいものとします。(4点)

ア　さいころを 6 回投げるとき，そのうち 1 回はかならず 6 の目が出る。

イ　さいころを 3 回投げて 3 回とも 1 の目が出たあとに，このさいころをもう一度投げるとき，1 の目が出る確率は $\frac{1}{6}$ より小さくなる。

ウ　さいころを 2 回投げるとき，偶数の目と奇数の目は 1 回ずつ出る。

エ　さいころを 1 回投げるとき，3 以下の目が出る確率と 4 以上の目が出る確率は同じである。

(15) よく出る　右の表は，あるクラスの生徒 40 人の休日の学習時間を度数分布表に表したものです。このクラスの休日の学習時間の中央値（メジアン）が含まれる階級の相対度数を求めなさい。(4点)

学習時間(時間)	度数(人)
以上　未満	
0 ～ 2	2
2 ～ 4	4
4 ～ 6	12
6 ～ 8	14
8 ～ 10	8
合計	40

(16) A さんは，同じ大きさの 3 本の筒を**図 1** のように並べてひもで束ねようとしましたが，ひもの長さが足りませんでした。そこで，**図 2** のように並べかえたところ，ひもで束ねることができました。必要なひもの長さの違いに興味をもった A さんは，筒を並べてその周りにひもを巻いたものを上からみた様子を，あとのア，イのように模式的に表しました。

図 1

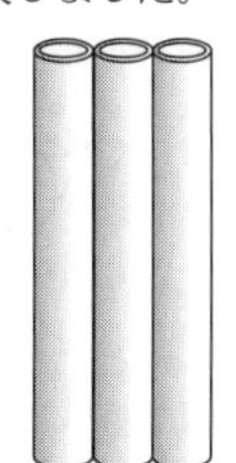

図 2

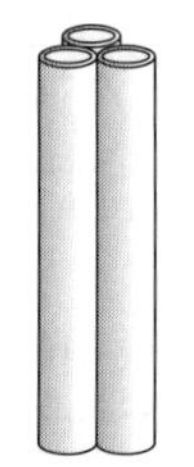

ア　　　イ

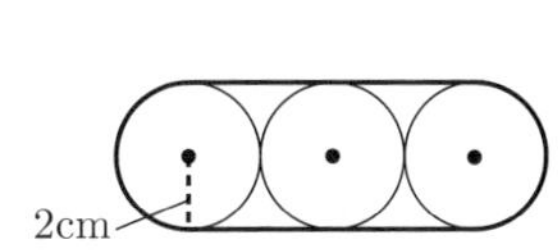

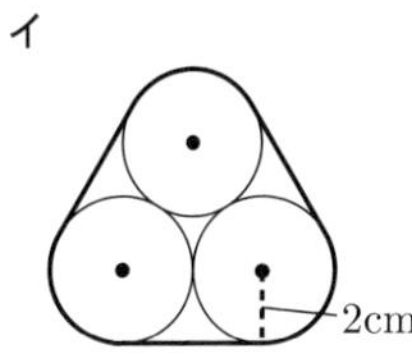

円の半径を 2 cm，円周率を π とするとき，アとイのひもの長さの差を，途中の説明も書いて求めなさい。その際，次の図を用いて説明してもよいものとします。

ただし，必要なひもの長さは 1 周だけ巻いたときの最も短い長さとし，ひもの太さや結び目については考えないものとします。(5点)

ア　　　イ

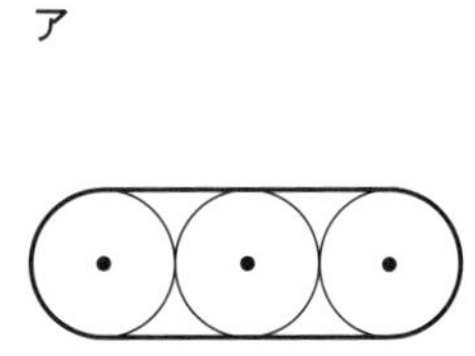

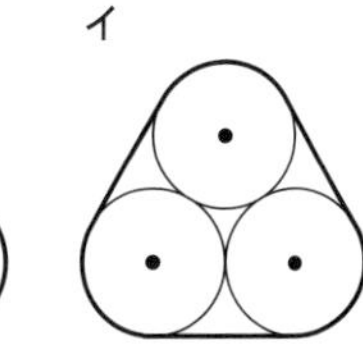

2 基本　次の各問に答えなさい。

(1) よく出る　右の図のように，直線 l と直線 l 上にない 2 点 A，B があります。直線 l 上にあり，2 点 A，B から等しい距離にある点 P を，コンパスと定規を使って作図しなさい。

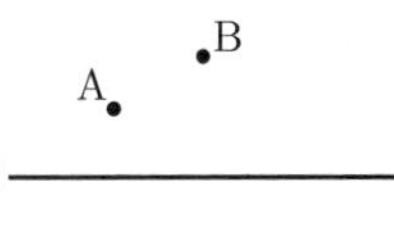

ただし，作図するためにかいた線は，消さないでおきなさい。(5点)

(2) よく出る　右の図で，曲線は関数 $y = 2x^2$ のグラフです。曲線上に x 座標が -3，2 である 2 点 A，B をとり，この 2 点を通る直線 l をひきます。直線 l と x 軸との交点を C とするとき，△AOC の面積を求めなさい。

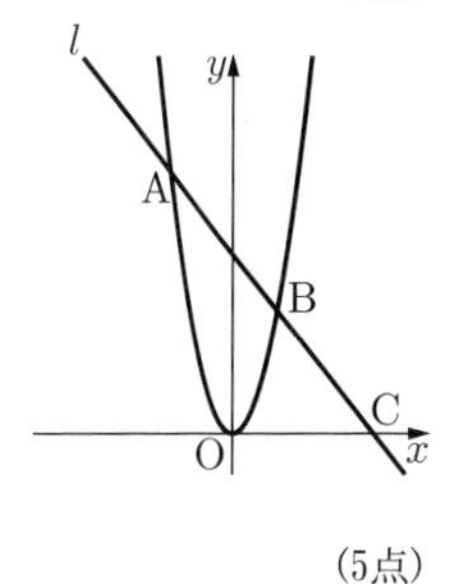

ただし，座標軸の単位の長さを 1 cm とします。(5点)

3 新傾向　次は，先生と A さんの会話です。これを読んで，あとの各問に答えなさい。

先　生「次の表は，式 $3x+5$ について，x に 1 から順に自然数を代入したときの $3x+5$ の値を表したものです。表をみて気づいたことはありますか。」

x	1	2	3	4	5	6	7	8	9	10	11	…
$3x+5$	8	11	14	17	20	23	26	29	32	35	38	…

A さん「表をみると，x に 1，5，9 を代入したときの $3x+5$ の値が，すべて 4 の倍数になっています。」

先　生「1，5，9 の共通点はありますか。」

A さん「1 も 5 も 9 も，4 で割ると 1 余る数です。」

先　生「4 で割ると 1 余る自然数は他にありますか。」

A さん「あります。1，5，9 の次の数は［ア］です。」

先　生「x に［ア］を代入したときの $3x+5$ の値は 4 の倍数になるでしょうか。」

A さん「［ア］を代入したときの $3x+5$ の値は［イ］

なので，これも4の倍数になっています。」
先　生「そうですね。これらのことから，どのような予想ができますか。」
Aさん「$3x+5$ の x に，4で割ると1余る自然数を代入すると，$3x+5$ の値は4の倍数になると予想できます。」

(1) 基本 [ア] と [イ] にあてはまる自然数を書きなさい。(4点)

(2) よく出る 下線部の予想が正しいことを，次のように証明しました。[①] にあてはまる式を書きなさい。また，[②] に証明の続きを書いて，証明を完成させなさい。(6点)

(証明)
n を0以上の整数とすると，4で割ると1余る自然数は [①] と表される。

[②]

したがって，$3x+5$ の x に，4で割ると1余る自然数を代入すると，$3x+5$ の値は4の倍数になる。

4 右の図1のように，$\triangle ABC$ の辺AB上に，$\angle ABC=\angle ACD$ となる点Dをとります。また，$\angle BCD$ の二等分線と辺ABとの交点をEとします。
$AD=4$ cm，$AC=6$ cm であるとき，次の各問に答えなさい。

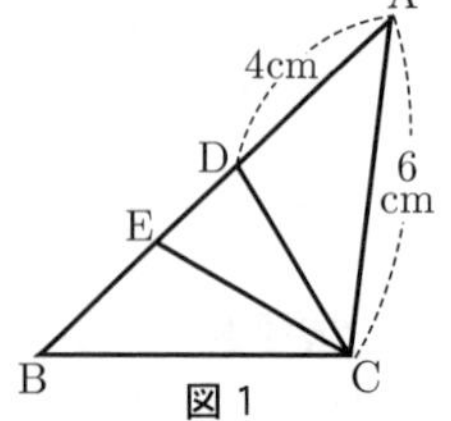

図1

(1) よく出る 基本 $\triangle ABC$ と $\triangle ACD$ が相似であることを証明しなさい。(5点)

(2) 思考力 線分BEの長さを求めなさい。(5点)

(3) 難 右の図2のように，$\angle BAC$ の二等分線と辺BCとの交点をF，線分AFと線分ECとの交点をGとします。
　$\triangle ABC$ の面積が 18 cm^2 であるとき，$\triangle GFC$ の面積を求めなさい。(5点)

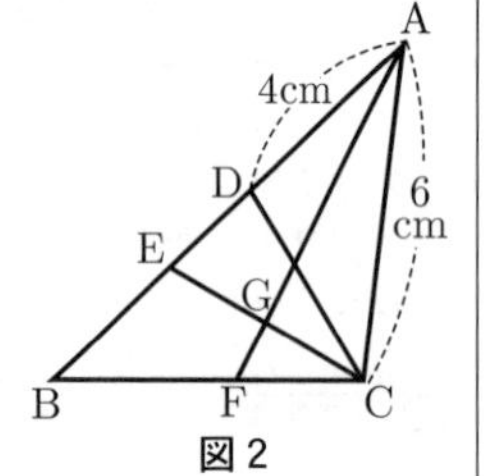

図2

学校選択問題

1 基本 次の各問に答えなさい。

(1) よく出る $\dfrac{4x-y}{2}-(2x-3y)$ を計算しなさい。(4点)

(2) よく出る $x=3+\sqrt{5}$，$y=3-\sqrt{5}$ のとき，x^2-6x+y^2-6y の値を求めなさい。(4点)

(3) よく出る 2次方程式 $(2x+1)^2-7(2x+1)=0$ を解きなさい。(4点)

(4) 関数 $y=ax^2$ について，x の変域が $-2\leqq x\leqq 3$ のとき，y の変域は $-36\leqq y\leqq 0$ となりました。このとき，a の値を求めなさい。(4点)

(5) 地球の直径は約12700 km です。有効数字が1，2，7であるとして，この距離を整数部分が1けたの数と，10の何乗かの積の形で表すと次のようになります。[ア] と [イ] にあてはまる数を書きなさい。(4点)

[ア] $\times 10^{[イ]}$ km

(6) よく出る 右の表は，あるクラスの生徒40人の休日の学習時間を度数分布表に表したものです。このクラスの休日の学習時間の中央値（メジアン）が含まれる階級の相対度数を求めなさい。(4点)

学習時間(時間)	度数(人)
以上　未満	
0 ～ 2	2
2 ～ 4	4
4 ～ 6	12
6 ～ 8	14
8 ～ 10	8
合計	40

(7) 右の図は立方体の展開図です。これを組み立てて立方体をつくったとき，辺ABとねじれの位置になる辺を，次のア～エの中から1つ選び，その記号を書きなさい。(4点)
ア　辺CG　　イ　辺JM
ウ　辺LM　　エ　辺KN

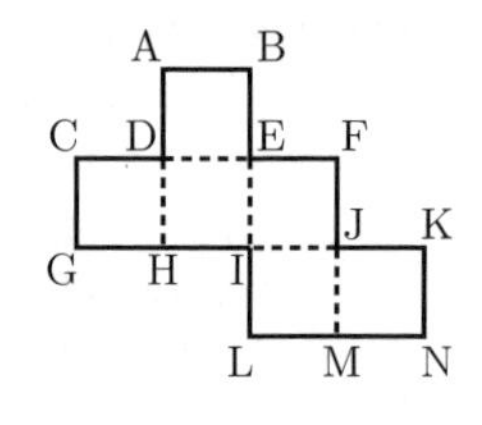

(8) ある高校の昨年度の全校生徒数は500人でした。今年度は昨年度と比べて，市内在住の生徒数が20％減り，市外在住の生徒数が30％増えましたが，全校生徒数は昨年度と同じ人数でした。今年度の市内在住の生徒数を求めなさい。(5点)

(9) 赤玉3個と白玉2個が入っている袋があります。この袋から玉を1個取り出して色を確認して，それを袋に戻してから，もう一度玉を1個取り出して色を確認します。このとき，2回とも同じ色の玉が出る確率を求めなさい。
　ただし，袋の中は見えないものとし，どの玉が出ることも同様に確からしいものとします。(5点)

(10) Aさんは，同じ大きさの7本の筒を図1のように並べてひもで束ねようとしましたが，ひもの長さが足りませんでした。そこで，図2のように並べかえたところ，ひもで束ねることができました。必要なひもの長さの違いに興味をもったAさんは，筒を並べてその周りにひもを巻いたものを上からみた様子を，下のア，イのように模式的に表しました。

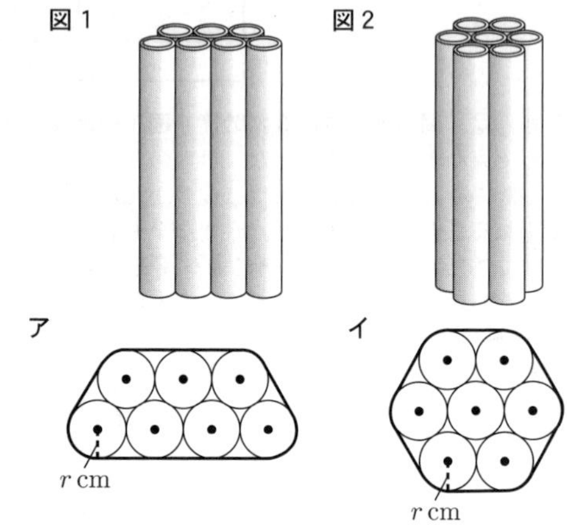

　円の半径を r cm，円周率を π とするとき，アとイのひもの長さの差を，途中の説明も書いて求めなさい。その際，次の図を用いて説明してもよいものとします。
　ただし，必要なひもの長さは1周だけ巻いたときの最も短い長さとし，ひもの太さや結び目については考えないものとします。(6点)

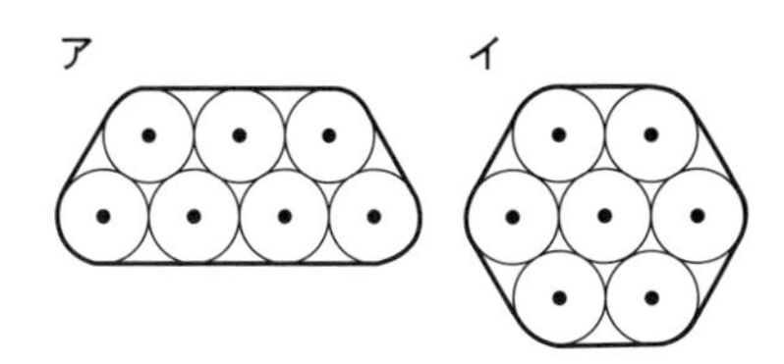

2 次の各問に答えなさい。

(1) よく出る 基本
右の図のように，直線 l と直線 l 上にない 2 点 A，B があり，この 2 点を通る直線を m とします。直線 l と直線 m からの距離が等しくなる点のうち，2 点 A，B から等しい距離にある点を P とするとき，点 P をコンパスと定規を使って作図しなさい。

ただし，作図するためにかいた線は，消さないでおきなさい。(5点)

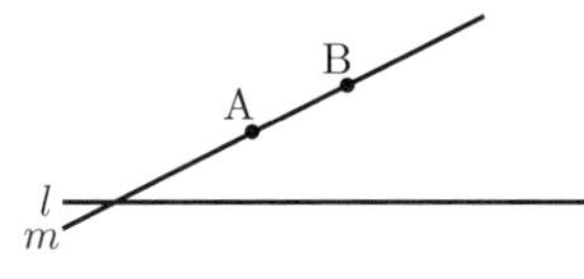

(2) よく出る 右の図で，曲線は関数 $y=\frac{1}{2}x^2$ のグラフです。曲線上に x 座標が -3，2 である 2 点 A，B をとり，この 2 点を通る直線 l をひきます。直線 l と x 軸との交点を C とするとき，△AOC を x 軸を軸として 1 回転させてできる立体の体積を求めなさい。

ただし，円周率は π とし，座標軸の単位の長さを 1 cm とします。(6点)

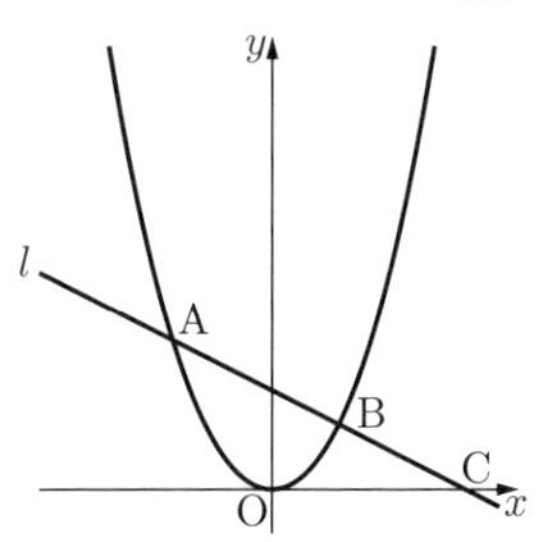

3 新傾向 次は，A さんが授業中に発表している場面の一部です。これを読んで，下の各問に答えなさい。

次の表は，式 $3x+5$ について，x に 1 から順に自然数を代入したときの $3x+5$ の値を表したものです。

x	1	2	3	4	5	6	7	8	9	10	11	…
$3x+5$	8	11	14	17	20	23	26	29	32	35	38	…

この表をみて私が気づいたことは，
x に 1，5，9 を代入したときの値が，4 の倍数になっていることです。
1 も 5 も 9 も，4 で割ると 1 余る自然数であることから，
<u>$3x+5$ の x に，4 で割ると 1 余る自然数を代入すると，$3x+5$ の値は 4 の倍数になる。</u>
と予想しました。

(1) 下線部の予想が正しいことを説明しなさい。その際，「n を 0 以上の整数とすると，」に続けて書きなさい。(6点)

(2) この発表を聞いて，B さんと C さんはそれぞれ次のような予想をしました。

【B さんの予想】，【C さんの予想】の内容が正しいとき，［ア］～［ウ］にあてはまる 1 けたの自然数をそれぞれ書きなさい。(6点)

【B さんの予想】
$3x+5$ の x に，［ア］で割ると［イ］余る自然数を代入すると，$3x+5$ の値は 7 の倍数になる。

【C さんの予想】
$3x+5$ の x に自然数を代入したときの値を，3 で割ると余りは 2 になり，$(3x+5)^2$ の x に自然数を代入したときの値を，3 で割ると余りは［ウ］になる。

4 右の図 1 のように，△ABC の辺 AB 上に，∠ABC = ∠ACD となる点 D をとります。また，∠BCD の二等分線と辺 AB との交点を E とします。

AD = 4 cm，AC = 6 cm であるとき，次の各問に答えなさい。

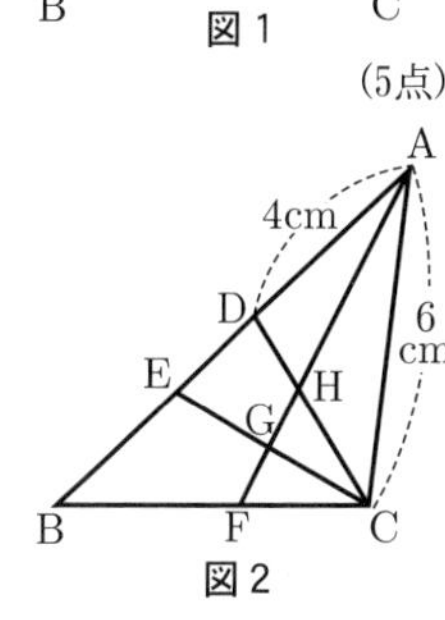

図 1

(1) 線分 BE の長さを求めなさい。(5点)

(2) よく出る 思考力 右の図 2 のように，∠BAC の二等分線と辺 BC との交点を F，線分 AF と線分 EC，DC との交点をそれぞれ G，H とします。

このとき，△ADH と △ACF が相似であることを証明しなさい。(6点)

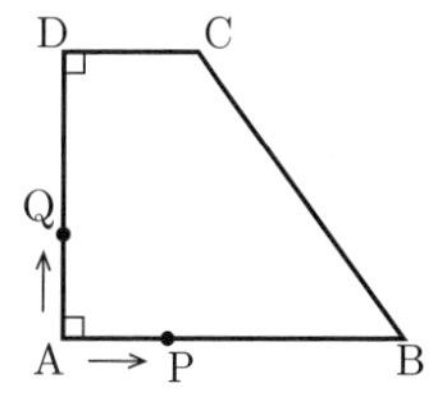

図 2

(3) 図 2 において，△ABC の面積が 18 cm^2 であるとき，△GFC の面積を求めなさい。(5点)

5 右の図のような，AB = BC = 5 cm，CD = 2 cm，DA = 4 cm，∠A = ∠D = 90° の台形 ABCD があります。

D　C
Q
A → P　B

点 P は点 A を出発して，辺 AB 上を毎秒 1 cm の速さで動き，点 B に到着すると止まります。
また，点 Q は点 A を出発して，辺 AD，DC，CB 上を順に毎秒 1 cm の速さで動き，点 B に到着すると止まります。

2 点 P，Q が点 A を同時に出発してから x 秒後の △APQ の面積を y cm^2 とするとき，次の各問に答えなさい。

(1) 基本 点 Q が点 D に到着するまでの x と y の関係を式で表しなさい。また，そのときの x の変域を求めなさい。(5点)

(2) 難 △APQ と △AQC の面積比が 3 : 1 になるときの x の値をすべて求めなさい。(6点)

(3) △APQ の面積が台形 ABCD の面積の半分になるときの x の値を，途中の説明も書いてすべて求めなさい。(6点)

千葉県

時間	50分	満点	100点	解答	P15	2月24日実施

出題傾向と対策

●大問5題の出題で，出題数，出題傾向ともに例年通りである。1，2は小問集合，3は関数の融合問題，4は証明を中心とした平面図形，5は数の性質をベースにした場合の数である。

●1，2の小問集合で配点の半分以上を占めている。先ずは基本レベルの問題をうっかりミスをすることなく短時間で解答できるようにしよう。また，2(5)の作図，3の関数，4の証明はよく出題されているので，過去問をあたった上で，類似の問題を解いて練習を積んでおこう。

1 よく出る 基本　次の(1)～(6)の問いに答えなさい。

(1)　$-5\times(-8)$ を計算しなさい。 (5点)

(2)　$-9+(-2)^3\times\frac{1}{4}$ を計算しなさい。 (5点)

(3)　$(8a-5b)-\frac{1}{3}(6a-9b)$ を計算しなさい。 (5点)

(4)　連立方程式 $\begin{cases} 2x+3y=7 \\ 3x-y=-17 \end{cases}$ を解きなさい。 (5点)

(5)　$\frac{12}{\sqrt{6}}+\sqrt{42}\div\sqrt{7}$ を計算しなさい。 (5点)

(6)　二次方程式 $x^2+9x+7=0$ を解きなさい。 (5点)

2 よく出る　次の(1)～(5)の問いに答えなさい。

(1)　基本　下の表は，あるクラスの生徒20人が11月に図書室から借りた本の冊数をまとめたものである。この表からわかることとして正しいものを，次のア～エのうちから1つ選び，符号で答えなさい。 (5点)

借りた本の冊数(冊)	0	1	2	3	4	5	計
人数(人)	3	5	6	3	2	1	20

ア　生徒20人が借りた本の冊数の合計は40冊である。
イ　生徒20人が借りた本の冊数の最頻値（さいひんち）（モード）は1冊である。
ウ　生徒20人が借りた本の冊数の中央値（メジアン）は2冊である。
エ　生徒20人が借りた本の冊数の平均値より多く本を借りた生徒は6人である。

(2)　基本　長さ a m のリボンから長さ b m のリボンを3本切り取ると，残りの長さは5m以下であった。この数量の関係を不等式で表しなさい。 (5点)

(3)　基本　右の図のように，底面の直径が8cm，高さが8cmの円柱がある。この円柱の表面積を求めなさい。
　ただし，円周率は π を用いることとする。 (5点)

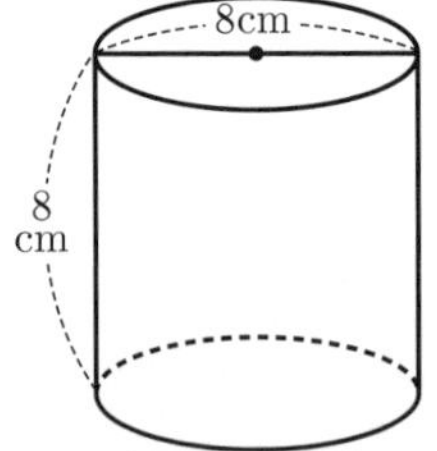

(4)　大小2つのさいころを同時に1回投げ，大きいさいころの出た目の数を a，小さいさいころの出た目の数を b とする。
　このとき，$\frac{a+1}{2b}$ の値が整数となる確率を求めなさい。
　ただし，さいころを投げるとき，1から6までのどの目が出ることも同様に確からしいものとする。 (5点)

(5)　基本　右の図のように，△ABCと点Dがある。このとき，次の条件を満たす円の中心Oを作図によって求めなさい。また，点Oの位置を示す文字Oも書きなさい。

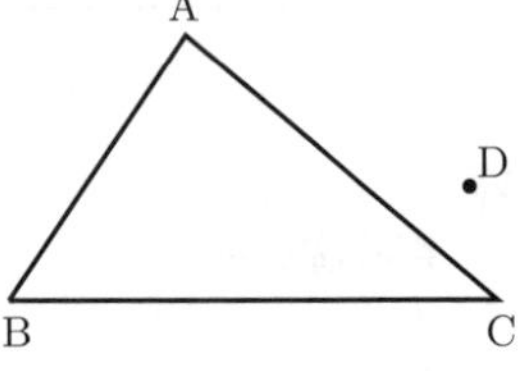

　ただし，三角定規の角を利用して直線をひくことはしないものとし，作図に用いた線は消さずに残しておくこと。 (5点)

条件

> ・円の中心Oは，2点A，Dから等しい距離にある。
> ・辺AC，BCは，ともに円Oに接する。

3 よく出る　右の図1のように，関数 $y=\frac{1}{2}x^2$ のグラフと直線 l が2点A，Bで交わっている。2点A，Bの x 座標が，それぞれ -2，4であるとき，次の(1)，(2)の問いに答えなさい。
　ただし，原点Oから点(1, 0)までの距離及び原点Oから点(0, 1)までの距離をそれぞれ1cmとする。

図1

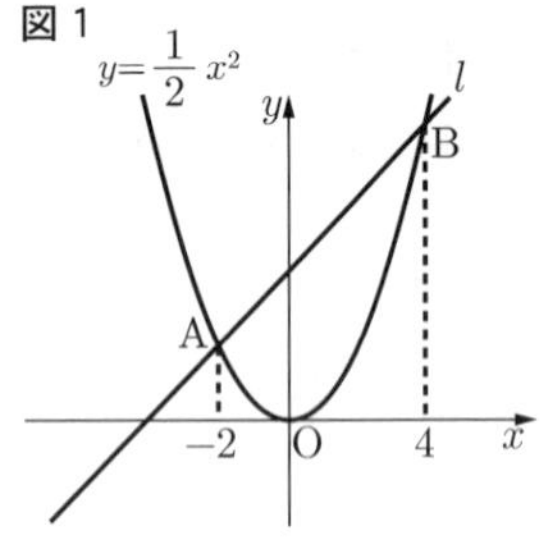

(1)　基本　直線 l の式を求めなさい。 (5点)

(2)　右の図2のように，図1において，関数 $y=\frac{1}{2}x^2$ のグラフ上に x 座標が -2 より大きく4より小さい点Cをとり，線分AB，BCをとなり合う2辺とする平行四辺形ABCDをつくる。
　このとき，次の①，②の問いに答えなさい。

図2

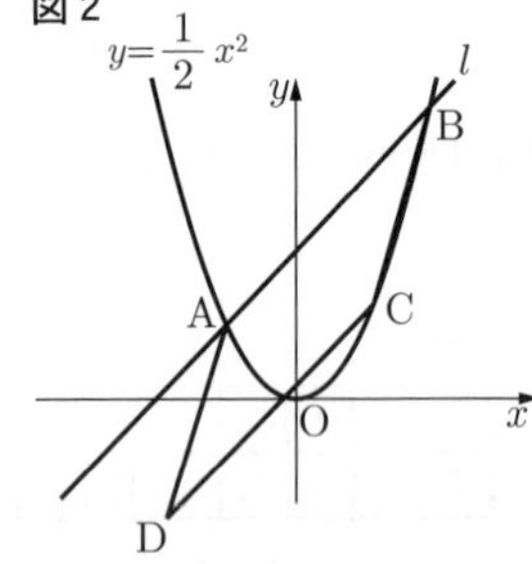

①　点Cが原点にあるとき，平行四辺形ABCDの面積を求めなさい。 (5点)

②　平行四辺形ABCDの面積が15cm^{2}となるとき，点Dの y 座標をすべて求めなさい。 (5点)

4　右の図のように，線分ABを直径とする円Oがある。$\overset{\frown}{AB}$ 上に，2点A，Bとは異なる点Cをとり，点Cと2点A，Bをそれぞれ結ぶ。また，点Cを含まない $\overset{\frown}{AB}$ 上に，点DをCB // ODとなるようにとり，点Dと3点A，B，Cをそれぞれ結ぶ。線分OBと線分CDの交点をEとする。

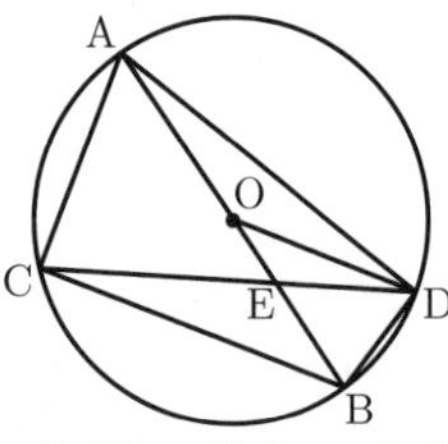

　このとき，次の(1)，(2)の問いに答えなさい。

(1)　よく出る　△ACD∽△DBOとなることの証明を，次の［　　］の中に途中まで示してある。
　［(a)］，［(b)］に入る最も適当なものを，次の選択

肢のア～カのうちからそれぞれ1つずつ選び，符号で答えなさい。また，［(c)］には証明の続きを書き，**証明**を完成させなさい。

ただし，［　］の中の①，②に示されている関係を使う場合，番号の①，②を用いてもかまわないものとする。（10点）

証明

△ACD と △DBO において，

$\overset{\frown}{AD}$ に対する円周角は等しいから，

∠ACD =［(a)］…①

平行線の［(b)］は等しいから，

CB // OD より，

∠ABC = ∠DOB…②

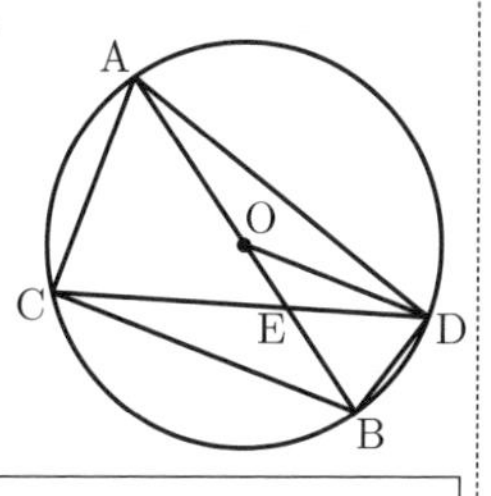

［(c)］

選択肢

ア　∠ABC	イ　∠AED	ウ　∠DBO
エ　錯角	オ　同位角	カ　対頂角

(2) 思考力 AO = 2 cm, CB = 3 cm のとき，線分 BD の長さを求めなさい。（5点）

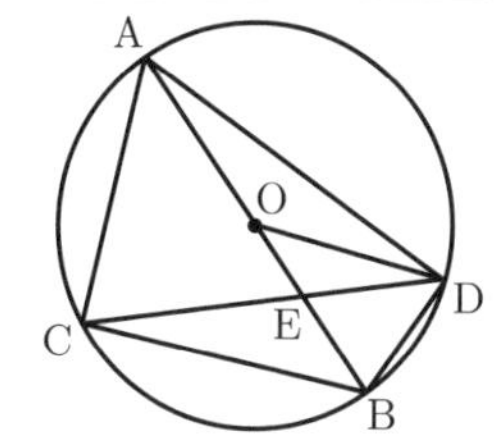

5 右の**表**のように，連続する自然数を1から順に，次の**規則**にしたがって並べていく。

表

	A列	B列	C列	D列
1段目	1	2	3	4
2段目	6	7	8	5
3段目	11	12	9	10
4段目	16	13	14	15
5段目	17	18	…	…
⋮				

規則

① 1段目には，自然数1，2，3，4をA列→B列→C列→D列の順に並べる。

② 2段目以降は，1つ前の段に並べた自然数に続く，連続する4つの自然数を次の順に並べる。

1つ前の段で最後に並べた自然数が

・D列にあるときは，D列→A列→B列→C列の順

・C列にあるときは，C列→D列→A列→B列の順

・B列にあるときは，B列→C列→D列→A列の順

・A列にあるときは，A列→B列→C列→D列の順

このとき，次の(1)～(3)の問いに答えなさい。

(1) 基本 下の**説明**は，各段に並べた数について述べたものである。［(ア)］，［(イ)］にあてはまる式を書きなさい。（6点）

説明

各段の最大の数は4の倍数となっていることから，n 段目の最大の数は n を用いて［(ア)］と表される。

したがって，n 段目の最小の数は n を用いて［(イ)］と表される。

(2) m 段目の最小の数と，n 段目の2番目に大きい数の和が4の倍数となることを，m，n を用いて説明しなさい。（4点）

(3) m, n を20未満の自然数とする。m 段目の最小の数と，n 段目の2番目に大きい数がともにB列にあるとき，この2数の和が12の倍数となる m，n の値の組み合わせは何組あるか求めなさい。（5点）

東京都

時間 50分	満点 100点	解答 P17	2月21日実施

＊ 注意 1．答えに分数が含まれるときは，それ以上約分できない形で表しなさい。
2．答えに根号が含まれるときは，根号の中を最も小さい自然数にしなさい。

出題傾向と対策

●大問は全部で5問。**1**は小問集合，**2**は平面図形と文字式に関する証明問題，**3**は一次関数，**4**は平面図形，**5**は空間図形の内容であった。今年度は特別に三平方の定理と標本調査を出題範囲に含んでいないので，例年とは様子が異なっているものの，問題構成，分量，難易度は例年のものとそれほど変わらない。

●基礎・基本を身につけたうえで，過去問を活用して出題の傾向をつかむことが重要である。過去問を繰り返し解く中で，自身の苦手を克服するのがよいだろう。

1 基本 次の各問に答えよ。

〔問1〕 $-3^2 \times \frac{1}{9} + 8$ を計算せよ。（5点）

〔問2〕 $\frac{5a-b}{2} - \frac{a-7b}{4}$ を計算せよ。（5点）

〔問3〕 $3 \div \sqrt{6} \times \sqrt{8}$ を計算せよ。（5点）

〔問4〕 一次方程式 $-4x + 2 = 9(x-7)$ を解け。（5点）

〔問5〕 連立方程式 $\begin{cases} 5x + y = 1 \\ -x + 6y = 37 \end{cases}$ を解け。（5点）

〔問6〕 二次方程式 $(x+8)^2 = 2$ を解け。（5点）

〔問7〕 次の［①］と［②］に当てはまる数を，下のア～クのうちからそれぞれ選び，記号で答えよ。

関数 $y = -3x^2$ について，x の変域が $-4 \leqq x \leqq 1$ のときの y の変域は，

［①］$\leqq y \leqq$［②］

である。（5点）

ア −48　イ −16　ウ −3　エ −1
オ 0　カ 3　キ 16　ク 48

〔問8〕 次の［　］の中の「あ」「い」「う」に当てはまる数字をそれぞれ答えよ。

1から6までの目の出る大小1つずつのさいころを同時に1回投げる。

大きいさいころの出た目の数を a，小さいさいころの出た目の数を b とするとき，$a \geqq b$ となる確率は，

$\frac{\text{あ}}{\text{いう}}$ である。

ただし，大小2つのさいころはともに，1から6までのどの目が出ることも同様に確からしいものとする。（5点）

〔問9〕 右の図のように，直線 l と直線 m，直線 m と直線 n がそれぞれ異なる点で交わっている。

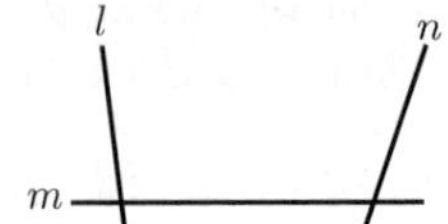

右の図をもとにして，直線 m よりも上側にあり，直線 l，直線 m，直線 n のそれぞれから等しい距離（きょり）にある点Pを，定規とコンパスを用いて作図によって求め，点Pの位置を示す文字Pも書け。

ただし，作図に用いた線は消さないでおくこと。(6点)

2 よく出る　Sさんのクラスでは，先生が示した問題をみんなで考えた。

次の各問に答えよ。

［先生が示した問題］

a を正の数，n を自然数とする。

図1のように，1辺の長さが $2a$ cmの正方形に，各辺の中点を結んでできた四角形を描いたタイルがある。正方形と描いた四角形で囲まれてできる，▒で示された部分の面積について考える。

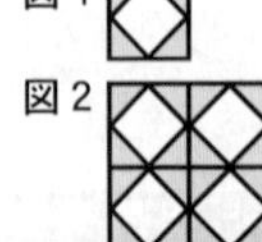

図1のタイルが縦と横に n 枚ずつ正方形になるように，このタイルを並べて敷（し）き詰（つ）める。図2は，$n=2$ の場合を表している。

図1のタイルを縦と横に n 枚ずつ並べ敷き詰めてできる正方形で，▒で示される部分の面積を P cm^2 とする。

また，図1のタイルと同じ大きさのタイルを縦と横に n 枚ずつ並べ敷き詰めてできる正方形と同じ大きさの正方形で，各辺の中点を結んでできる四角形を描いた別のタイルを考える。図3は，$n=2$ の場合を表している。

図1と同様に，正方形と描いた四角形で囲まれてできる部分を▒で示し，その面積を Q cm^2 とする。

$n=5$ のとき，PとQをそれぞれ a を用いて表しなさい。

〔問1〕 次の［①］と［②］に当てはまる式を，下のア～エのうちからそれぞれ選び，記号で答えよ。

［先生が示した問題］で，$n=5$ のとき，PとQをそれぞれ a を用いて表すと，

P＝［①］，Q＝［②］となる。　(5点)

［①］ ア $\dfrac{25}{2}a^2$　イ $50a^2$　ウ $75a^2$　エ $100a^2$

［②］ ア $\dfrac{25}{2}a^2$　イ $25a^2$　ウ $50a^2$　エ $75a^2$

Sさんのグループは，［先生が示した問題］をもとにして，正方形のタイルの内部に描いた四角形を円に変え，正方形と描いた円で囲まれてできる部分の面積を求める問題を考えた。

［Sさんのグループが作った問題］

a を正の数，n を自然数とする。

図4のように，1辺の長さが $2a$ cmの正方形に，各辺に接する円を描いたタイルがある。正方形と描いた円で囲まれてできる，▒で示された部分の面積について考える。

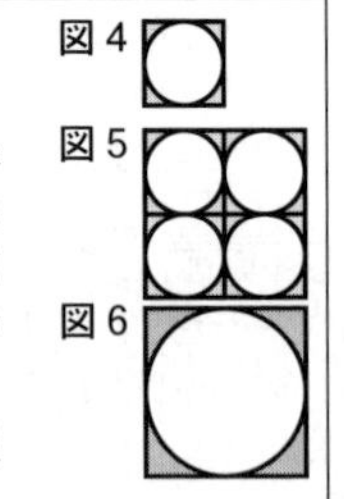

図4のタイルが縦と横に n 枚ずつ正方形になるように，このタイルを並べて敷き詰める。図5は，$n=2$ の場合を表している。

図4のタイルを縦と横に n 枚ずつ並べ敷き詰めてできる正方形で，▒で示される部分の面積を X cm^2 とする。

また，図4のタイルと同じ大きさのタイルを縦と横に n 枚ずつ並べ敷き詰めてできる正方形と同じ大きさの正方形で，各辺に接する円を描いた別のタイルを考える。図6は，$n=2$ の場合を表している。

図4と同様に，正方形と描いた円で囲まれてできる部分を▒で示し，その面積を Y cm^2 とする。

図4のタイルが縦と横に n 枚ずつ並ぶ正方形になるように，このタイルを敷き詰めて，正方形と円で囲まれてできる部分の面積X，Yをそれぞれ考えるとき，X＝Yとなることを確かめてみよう。

〔問2〕 ［Sさんのグループが作った問題］で，X，Yをそれぞれ a，n を用いた式で表し，X＝Yとなることを証明せよ。

ただし，円周率は π とする。　(7点)

3 よく出る　右の図1で，点Oは原点，点Aの座標は $(-12,\ -2)$ であり，直線 l は一次関数 $y=-2x+14$ のグラフを表している。

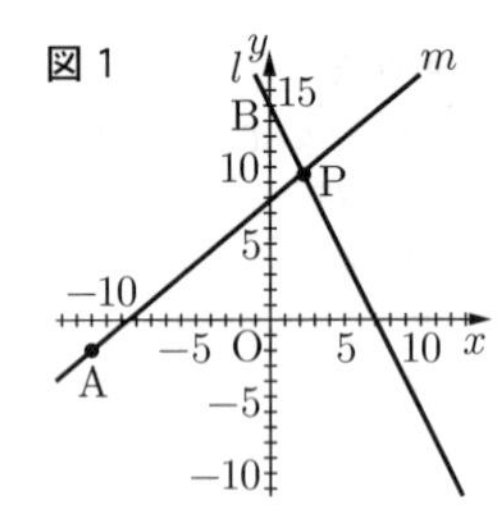

直線 l と y 軸との交点をBとする。

直線 l 上にある点をPとし，2点A，Pを通る直線を m とする。

次の各問に答えよ。

〔問1〕 次の［　］の中の「え」に当てはまる数字を答えよ。

点Pの y 座標が10のとき，点Pの x 座標は［え］である。　(5点)

〔問2〕 次の［①］と［②］に当てはまる数を，下のア～エのうちからそれぞれ選び，記号で答えよ。

点Pの x 座標が4のとき，直線 m の式は，

$y=$［①］$x+$［②］

である。　(5点)

［①］ ア $-\dfrac{1}{2}$　イ $\dfrac{1}{2}$　ウ 1　エ 2

［②］ ア 4　イ 5　ウ 8　エ 10

〔問3〕 右の図2は，図1において，点Pの x 座標が7より大きい数であるとき，x 軸を対称（たいしょう）の軸として点Pと線対称な点をQとし，点Aと点B，点Aと点Q，点Pと点Qをそれぞれ結んだ場合を表している。

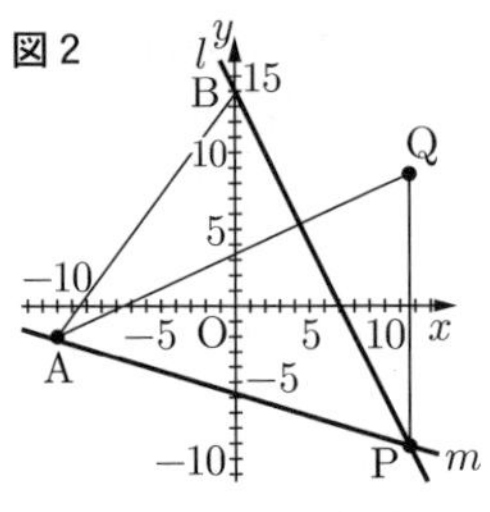

△APBの面積と△APQの面積が等しくなるとき，点Pの x 座標を求めよ。　(5点)

4 右の図1で，四角形 ABCD は，$AB > AD$ の長方形であり，点 O は線分 AC を直径とする円の中心である。

点 P は，頂点 A を含(ふく)まない $\overset{\frown}{CD}$ 上にある点で，頂点 C，頂点 D のいずれにも一致(いっち)しない。

頂点 A と点 P，頂点 B と点 P をそれぞれ結ぶ。

次の各問に答えよ。

図 1

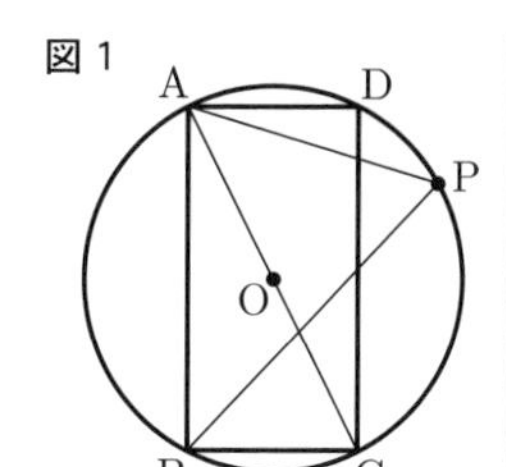

〔問 1〕 **基本** 図 1 において，$\angle ABP = a^\circ$ とするとき，$\angle PAC$ の大きさを表す式を，次のア～エのうちから選び，記号で答えよ。 (5点)

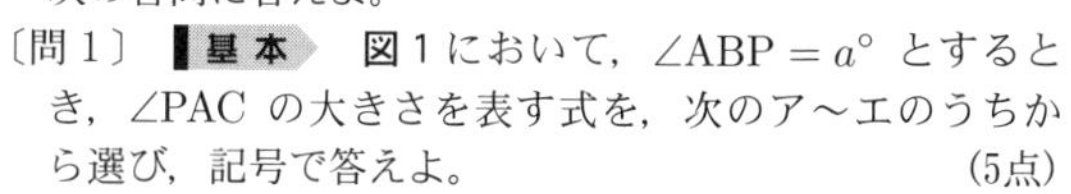

ア $\left(45 - \frac{1}{2}a\right)$ 度　　イ $(90 - a)$ 度

ウ $\left(90 - \frac{1}{2}a\right)$ 度　　エ $(135 - 2a)$ 度

〔問 2〕 右の図 2 は，図 1 において，辺 CD と線分 AP との交点を Q，辺 CD と線分 BP との交点を R とし，$AB = AP$ の場合を表している。

次の①，②に答えよ。

図 2

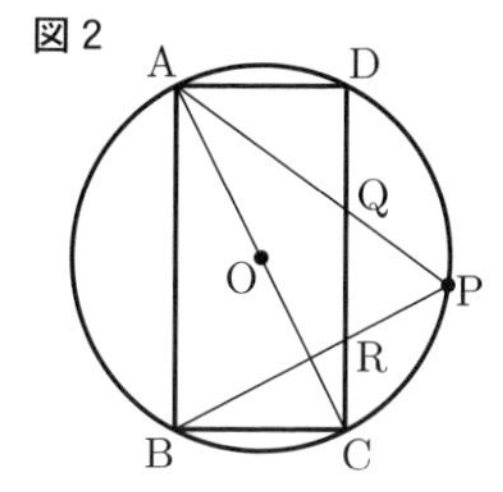

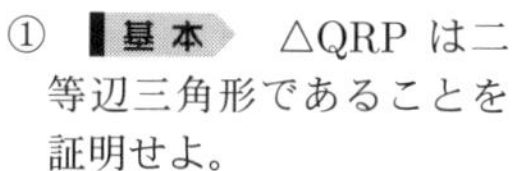

① **基本** △QRP は二等辺三角形であることを証明せよ。 (7点)

② **思考力** 次の ☐ の中の「お」「か」「き」に当てはまる数字をそれぞれ答えよ。

図 2 において，頂点 C と点 P を結んだ場合を考える。

$AB = 16$ cm，$AD = 8$ cm のとき，△PRC の面積は，$\dfrac{\boxed{おか}}{\boxed{き}}$ cm^2 である。 (5点)

5 **よく出る** 右の図 1 に示した立体 ABC − DEF は，$AB = 4$ cm，$AC = 3$ cm，$BC = 5$ cm，$AD = 6$ cm，$\angle BAC = \angle BAD = \angle CAD = 90^\circ$ の三角柱である。

辺 BC 上にあり，頂点 B に一致(いっち)しない点を P とする。

点 Q は，辺 EF 上にある点で，$BP = FQ$ である。

次の各問に答えよ。

図 1

C
A
P
B
F
Q
D
E

〔問 1〕 次の ☐ の中の「く」に当てはまる数字を答えよ。

$BP = 2$ cm のとき，

点 P と点 Q を結んでできる直線 PQ とねじれの位置にある辺は全部で ☐く 本である。 (5点)

〔問 2〕 次の ☐ の中の「け」「こ」「さ」に当てはまる数字をそれぞれ答えよ。

右の図 2 は，図 1 において，頂点 B と頂点 D，頂点 B と点 Q，頂点 D と点 P，頂点 D と点 Q，頂点 F と点 P をそれぞれ結んだ場合を表している。

$BP = 4$ cm のとき，

立体 D − BPFQ の体積は，$\dfrac{\boxed{けこ}}{\boxed{さ}}$ cm^3 である。 (5点)

図 2

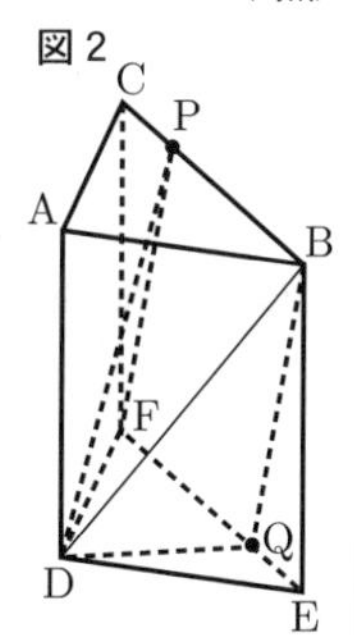

東京都立　日比谷高等学校

時間	50分	満点	100点	解答	P18	2月21日実施

＊ 注意　答えに根号が含まれるときは，根号を付けたまま，分母に根号を含まない形で表しなさい。また，根号の中を最も小さい自然数にしなさい。

出題傾向と対策

●大問は 4 題で，**1** 基本的な小問 5 題，**2** 関数とグラフ，**3** 平面図形，**4** 空間図形という出題分野が固定化している。作図，確率，図形の比の問題が必ず出題される。図形の証明や解答の途中過程の記述が **2**，**3**，**4** に 1 つずつあり，計算量，記述量ともかなり多い。

●出題傾向に変化はないので，過去の出題を参考にして良問を数多く練習しておこう。また，他の進学指導重点校の問題も解いてみよう。2021 年は難化が予測されたが，かえって易化した。2022 年こそ難化に注意しよう。

1 **基本** 次の各問に答えよ。

〔問 1〕 **よく出る**

$\left(\dfrac{1}{\sqrt{3}} + \dfrac{1}{\sqrt{6}}\right)(\sqrt{54} - 5\sqrt{3}) + 2 + \dfrac{\sqrt{2}}{6}$ を計算せよ。 (5点)

〔問 2〕 二次方程式 $7x(x-3) = (x+2)(x-5)$ を解け。 (5点)

〔問 3〕 一次関数 $y = -3x + p$ について，x の変域が $-2 \leqq x \leqq 5$ のとき y の変域が $q \leqq y \leqq 8$ である。定数 p，q の値(あたい)を求めよ。 (5点)

〔問 4〕 **よく出る** 1，2，3，4，5 の数字が 1 つずつ書かれた同じ大きさの 5 枚のカード ☐1，☐2，☐3，☐4，☐5 が入っている袋 A と，1，2，3，4，5，6 の数字が 1 つずつ書かれた同じ大きさの 6 枚のカード ☐1，☐2，☐3，☐4，☐5，☐6 が入っている袋 B がある。

2 つの袋 A，B から同時にそれぞれ 1 枚のカードを取り出し，袋 A から取り出したカードに書かれた数を a，袋 B から取り出したカードに書かれた数を b とするとき，a と $3b$ の最大公約数が 1 となる確率を求めよ。

ただし，2 つの袋 A，B それぞれにおいて，どのカードが取り出されることも同様に確からしいものとする。 (5点)

〔問 5〕 **よく出る** **新傾向**

右の図 1 で，△ABC は鋭角三角形である。

点 P は辺 BC 上，点 Q は辺 AC 上にそれぞれあり，$\angle APB = \angle CPQ$ となる点である。

図 1

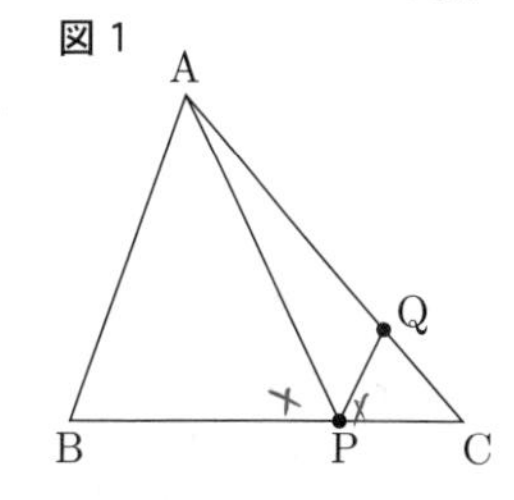

図2をもとにして，辺AC上にあり，$\angle APB = \angle CPQ$ となる点Qを，定規とコンパスを用いて作図によって求め，点Qの位置を示す文字Qも書け。

ただし，作図に用いた線は消さないでおくこと。（5点）

図2

2 よく出る　右の図で，点Oは原点，曲線 f は関数 $y = x^2$ のグラフを表している。

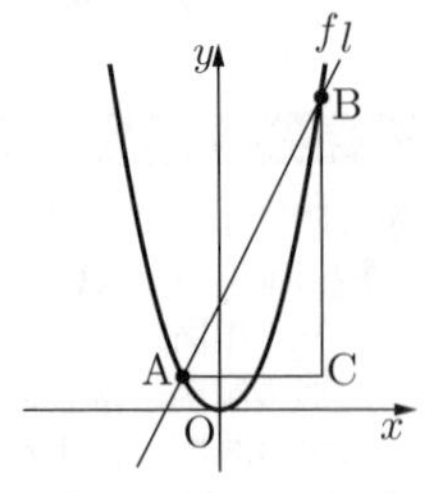

2点A，Bは，ともに曲線 f 上にあり，点Aの x 座標は負の数，点Bの x 座標は正の数である。

2点A，Bを通る直線を l とし，直線 l の傾きは正の数である。

点Aを通り x 軸に平行に引いた直線と，点Bを通り y 軸に平行に引いた直線との交点をCとする。

点Oから点(1, 0)までの距離，および点Oから点(0, 1)までの距離をそれぞれ1cmとして，次の各問に答えよ。

〔問1〕 基本　直線 l と y 軸との交点をD，線分ACと y 軸との交点をEとした場合を考える。

点Aの x 座標が -2，$BC : DE = 5 : 1$ のとき，点Bの座標を求めよ。（7点）

〔問2〕 直線 l の傾きが2であり，△ABCの面積が $25\,\mathrm{cm}^2$ のとき，直線 l の式を求めよ。

ただし，答えだけでなく，答えを求める過程がわかるように，途中の式や計算なども書け。（10点）

〔問3〕 線分ACの中点を曲線 f が通り，$AC = BC$ となるとき，点Aの座標を求めよ。（8点）

3 右の図1で，点Oは線分ABを直径とする円の中心である。

図1

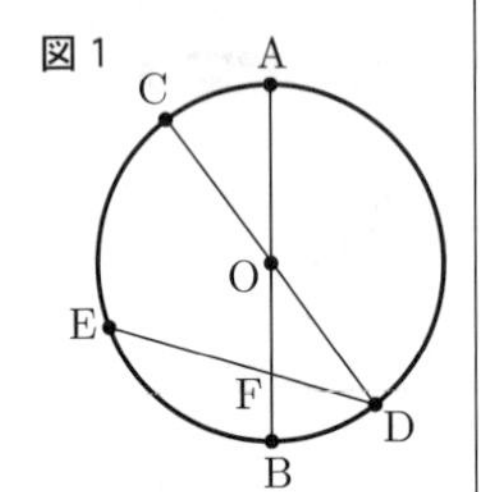

円Oの周上にあり，点A，Bのいずれにも一致しない点をCとする。

点Cと点Oを結んだ直線OCと円Oとの交点のうち，点Cと異なるものをDとする。

点Aを含まない $\overset{\frown}{BC}$ 上にある点をEとする。

点Dと点Eを結んだ線分DEと，線分ABとの交点をFとする。

次の各問に答えよ。

〔問1〕 基本　点Aと点C，点Cと点Eをそれぞれ結んだ場合を考える。

$\angle OAC = 72°$，$\angle BFE = 113°$ のとき，$\angle DCE$ の大きさは何度か。（7点）

〔問2〕 よく出る　右の図2は，図1において，$\overset{\frown}{CE} = 2\overset{\frown}{AC}$ とし，点G，点Hはそれぞれ線分OA，線分OD上にあり，$AG = OH$ となるような点で，点Bと点Hを結んだ線分BHをHの方向に延ばした直線上にあり，円Oの外部にあり，$\angle HIG = \angle AOC$ となるような点をI，点Gと点Iを結んだ直線GIと線分OCとの交点をJとし，線分BIと線分DEとの交点をKとした場合を表している。

図2

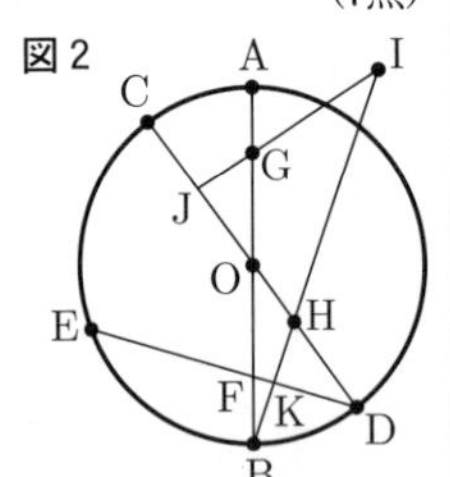

次の(1)，(2)に答えよ。

(1) $\triangle OGJ \equiv \triangle DHK$ であることを証明せよ。（10点）

(2) $OH : DH = 2 : 5$，$DH : DK = 3 : 2$ のとき，線分CJの長さと線分OHの長さの比 $CJ : OH$ を最も簡単な整数の比で表せ。（8点）

4 右の図1において，立体ABCD − EFGHは $AE = 10\,\mathrm{cm}$ の直方体である。

図1

辺FGをGの方向に延ばした直線上にある点をI，辺EHをHの方向に延ばした直線上にある点をJとし，点Iと点Jを結んだ線分IJは辺GHに平行である。

次の各問に答えよ。

〔問1〕 基本　右の図2は，図1において，頂点Aと点Jを結んだ線分AJと辺DHとの交点をK，辺CG上にある点をLとし，頂点Aと点L，点Jと点L，頂点Eと点Iをそれぞれ結んだ場合を表している。

図2

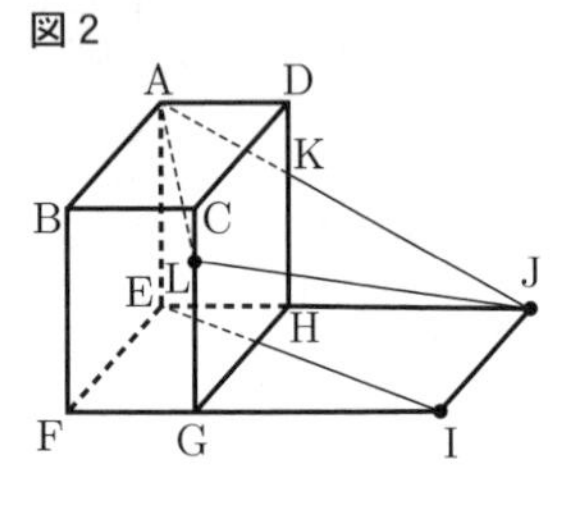

$AB = 10\,\mathrm{cm}$，$EI = 16\,\mathrm{cm}$，$CL = DK$ のとき，△AJLの面積は何 cm^2 か。（7点）

〔問2〕 思考力　右の図3は，図1において，辺FBをBの方向に延ばした直線上にある点をMとし，点Jと点Mを結んだ直線JMが辺CDと交わる場合を表している。

図3

$AB = 10\,\mathrm{cm}$，

$EH = 5\,\mathrm{cm}$，

$GI = 15\,\mathrm{cm}$ のとき，線分FMの長さは何cmか。

ただし，答えだけでなく，答えを求める過程がわかるように，途中の式や計算なども書け。（10点）

〔問3〕 右の図4は，図1において，辺IJ上にある点をPとし，頂点Aと頂点C，頂点Aと点P，頂点Cと点P，頂点Eと頂点G，頂点Eと点P，頂点Gと点Pをそれぞれ結んだ場合を表している。

図4

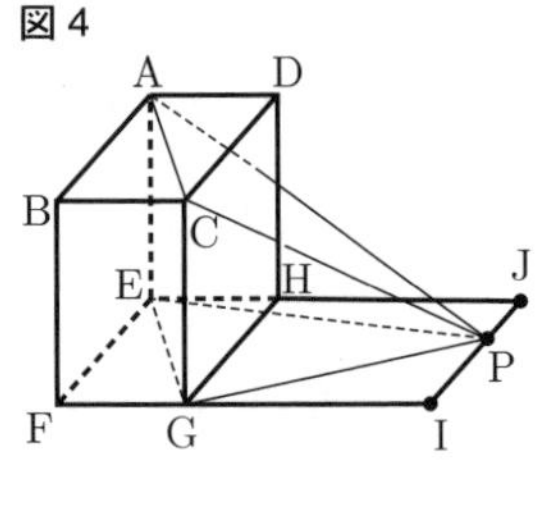

$\angle EGF = \angle GPI = 60°$，$BC = IP = 5\,\mathrm{cm}$ のとき，立体P − ACGEの体積は何 cm^3 か。（8点）

東京都立　青山高等学校

時間	50分	満点	100点	解答	P20	2月21日実施

＊ 注意　答えに根号が含まれるときは，根号を付けたまま，分母に根号を含まない形で表しなさい。また，根号の中を最も小さい自然数にしなさい。

出題傾向と対策

●大問は4題で，**1** 小問5題，**2** 関数とグラフ，**3** 平面図形，**4** 空間図形という出題が続いている。確率や作図が必ず出題されるほか，解答の途中過程も要求される設問が **2**，**3**，**4** に1つずつあり，全体の記述量は多い。また，図形問題の一部には難問がある。

●出題形式，分量とも変化がないので，過去の出題を参考にして準備しておこう。また，記述問題が複数あるので，時間配分にも注意していねいに答案を仕上げるよう心がけるとよい。

1 次の各問に答えよ。

〔問1〕 よく出る

$\dfrac{5\{(\sqrt{8}+\sqrt{3})^2-(\sqrt{8}-\sqrt{3})^2\}}{3\sqrt{3}} \div 7\sqrt{8}$ を計算せよ。

(5点)

〔問2〕 基本　二次方程式

$(x+3)(2x-1)+3(1-2x)=0$ を解け。　(5点)

〔問3〕 よく出る　2，4，6の数字が1つずつ書かれた3枚のカード [2]，[4]，[6] が入っている箱Aと，1，3，5の数字が1つずつ書かれた3枚のカード [1]，[3]，[5] が入っている箱Bがある。

箱A，箱Bから同時にそれぞれ1枚のカードを取り出す。

箱Aから取り出したカードの数字を十の位の数，箱Bから取り出したカードの数字を一の位の数とする2桁(けた)の正の整数を N とするとき，N の正の約数の個数が3個になる確率を求めよ。

ただし，箱A，箱Bそれぞれにおいて，どのカードが取り出されることも同様に確からしいものとする。

(5点)

〔問4〕 よく出る　下の表は，A，B，C，D，E，Fの6人の生徒が，それぞれ10個の球をかごに投げ入れる球入れをしたときの，かごに入った球の個数と，その平均値及び中央値をまとめたものである。

生徒Aが投げてかごに入った球の個数を a 個，生徒Eが投げてかごに入った球の個数を b 個とするとき，a，b の値(あたい)の組 (a, b) は何通りあるか。

ただし，a，b は正の整数とし，$a<b$ とする。　(5点)

	A	B	C	D	E	F	平均値(個)	中央値(個)
個数(個)	a	5	9	10	b	3	7.0	7.5

〔問5〕 よく出る 基本　右の図1で，3点A，B，Cは円Oの周上にあり，△ABCは正三角形である。

図2をもとにして，頂点の1つを点Aとし，3つの頂点が全て円Oの周上にある正三角形を定規とコンパスを用いて作図せよ。

ただし，作図に用いた線は消さないでおくこと。(5点)

図1

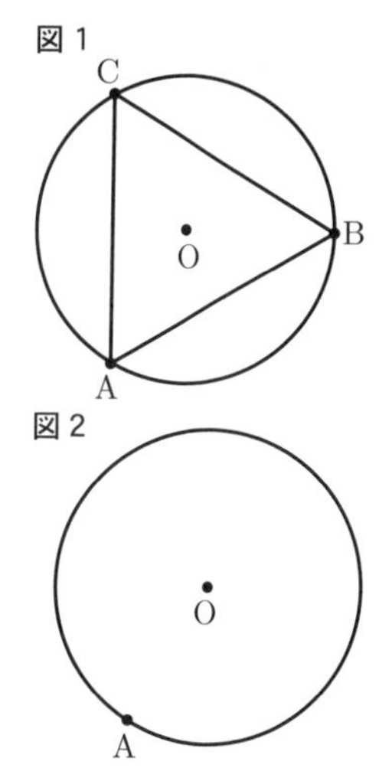

図2

2 よく出る　右の図1で，点Oは原点，曲線 f は関数 $y=x^2$ のグラフを表している。

2点A，Bはともに曲線 f 上にあり，点Aの x 座標は a $(a>0)$，点Bの x 座標は負の数であり，点Aと点Bの y 座標は等しい。

点Oから点 $(1, 0)$ までの距離(きょり)，および点 $(0, 1)$ までの距離をそれぞれ1cmとして，次の各問に答えよ。

〔問1〕 基本　右の図2は，図1において，点Bを通り傾きが1の直線を l とし，直線 l と曲線 f との交点のうち，点Bと異なる点をPとした場合を表している。

点Pの x 座標が3のとき，点Aの x 座標 a の値(あたい)を求めよ。　(7点)

〔問2〕 右の図3は，図1において，y 軸上にあり，y 座標が0以上の数である点をCとし，点Aと点Bを結んだ場合を表している。

次の(1)，(2)に答えよ。

(1) 基本　点Aと点C，点Bと点Cをそれぞれ結んだ場合を考える。

$\angle ACB=90°$，△ABCの面積が 1cm^2 となるときの点Cの座標を全て求めよ。(8点)

(2) 右の図4は，図3において，x 軸上にある点をDとし，点Aと点D，点Bと点C，点Cと点Dをそれぞれ結び，線分ABと線分CDとの交点をQとした場合を表している。

$a=3$，点Cの y 座標が12で，△ADQの面積と

図1

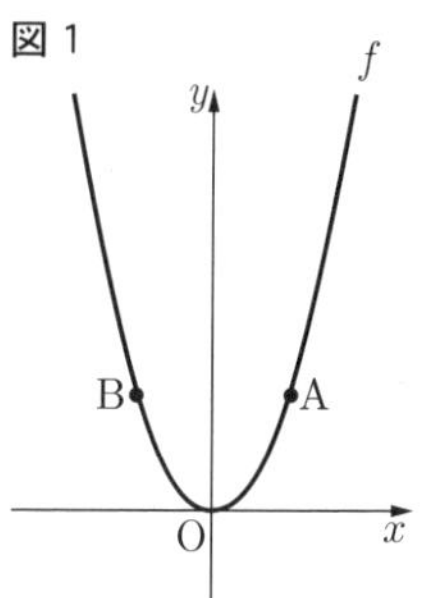

図2

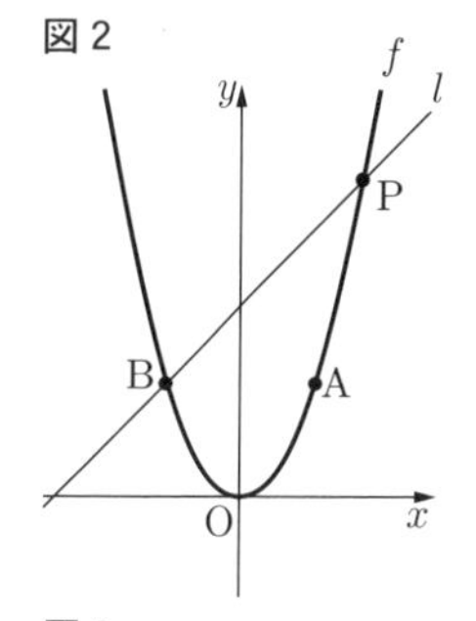

図3

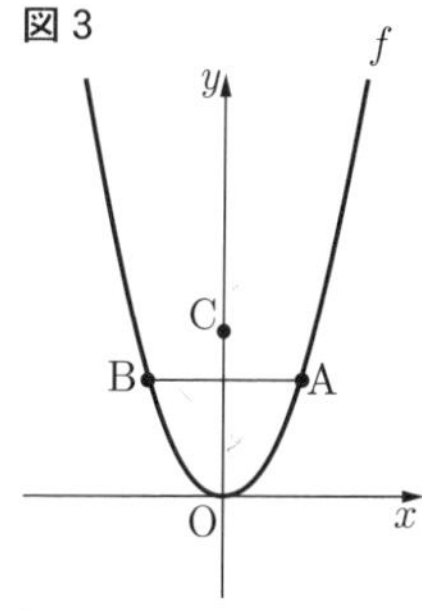

図4

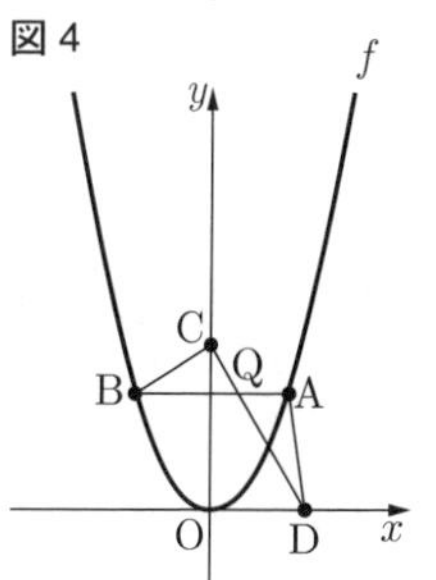

△BCQ の面積が等しいとき，点 D の座標を求めよ。
　ただし，答えだけでなく，答えを求める過程が分かるように，途中の式や計算なども書け。　(10点)

3 右の図 1 において，△ABC は鋭角三角形であり，点 O は △ABC の 3 つの頂点 A，B，C を通る円の中心である。
　∠A の二等分線と円 O との交点のうち，頂点 A と異なる点を P とする。
　次の各問に答えよ。

図 1
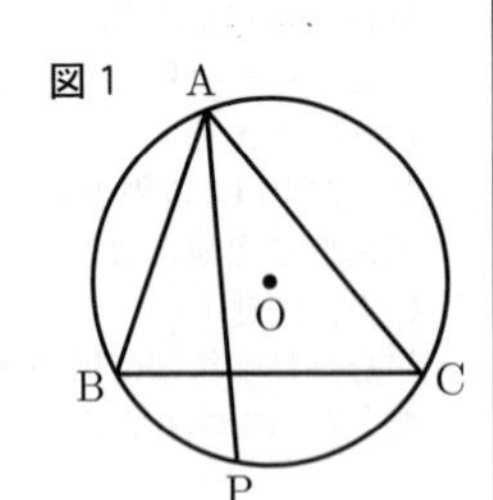

〔問 1〕 基本　右の図 2 は，図 1 において，線分 AP と線分 BC との交点を D とし，頂点 B と点 P を結んだ場合を表している。
　AB = 6 cm，AC = 8 cm，BD = 3 cm，BP = 4 cm であるとき，線分 DP の長さは何 cm か。　(8点)

図 2
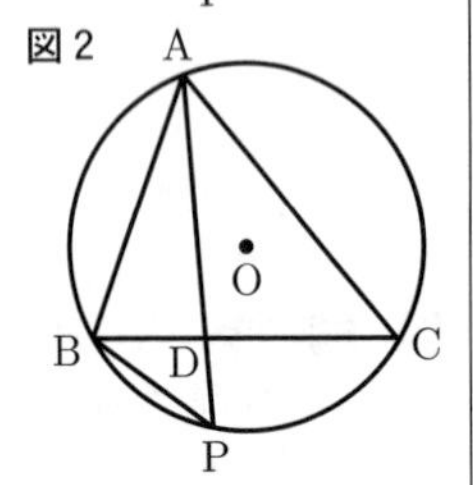

〔問 2〕 右の図 3 は，図 1 において，∠B の二等分線と円 O との交点のうち，頂点 B と異なる点を Q とした場合を表している。
　ただし，∠A の二等分線と ∠B の二等分線は，円の中心 O では交わらないものとする。
　次の(1)，(2)に答えよ。

図 3
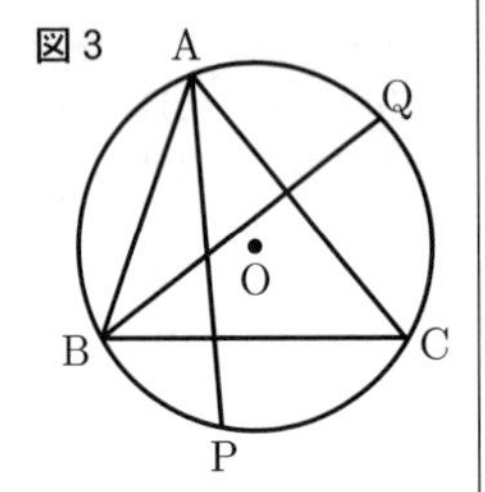

(1) 図 3 において，頂点 A を含む $\overset{\frown}{BQ}$ に対する円周角の大きさと，頂点 B を含む $\overset{\frown}{AP}$ に対する円周角の大きさが等しくなるとき，△ABC はどのような三角形になるか答えよ。
　ただし，答えだけでなく，答えを求める過程が分かるように，途中の式や計算なども書け。　(10点)

(2) 図 3 において，頂点 A を含む $\overset{\frown}{BQ}$ に対する円周角の大きさと，頂点 C を含む $\overset{\frown}{AP}$ に対する円周角の大きさが等しくなるとき，∠ACB の大きさは何度か。　(7点)

4 難　右の図で，立体 ABCD − EFGH は，
AB = 4 cm，AD = 8 cm，
AE = 6 cm の直方体である。
　辺 DH，辺 AD 上にある点をそれぞれ P，Q とし，
DP = 3 cm とする。

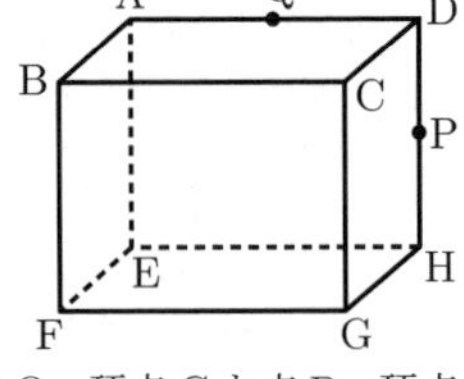

　頂点 B と頂点 G，頂点 B と点 Q，頂点 C と点 P，頂点 C と点 Q，頂点 G と点 P，点 P と点 Q をそれぞれ結び，GB // PQ の場合を考える。
　次の各問に答えよ。

〔問 1〕 思考力 新傾向　次のア〜オは，いずれも四角すい C − BGPQ の展開図である。点 P と点 Q の位置がともに正しく表されているものをア〜オの中から全て選べ。
　ただし，四角すい C − BGPQ の側面の 4 つの三角形には，合同な三角形はない。　(8点)

ア
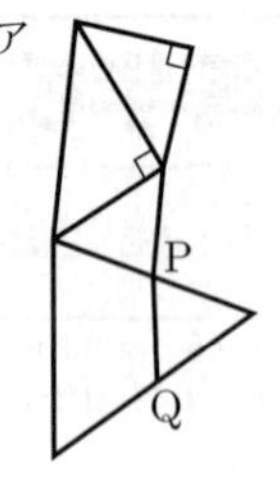

イ
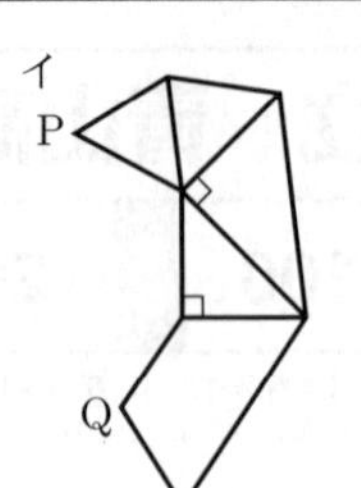

ウ
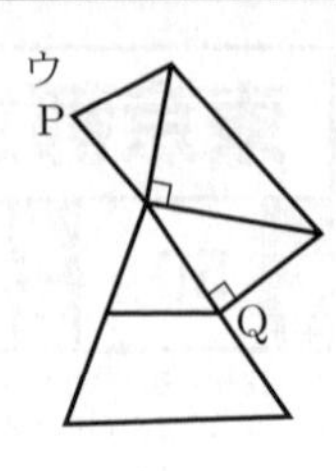

エ
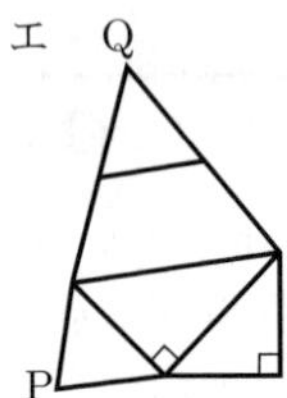

オ
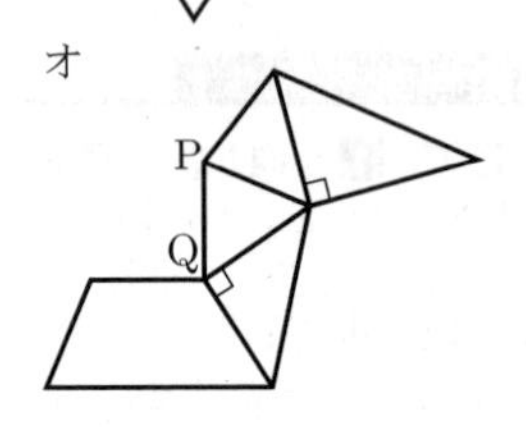

〔問 2〕 アオさん，ヤマさん，ジンさん，ミヤさんの 4 人は，四角すい C − BGPQ の体積の求め方について話している。四角すい C − BGPQ の体積を V cm^3 とするとき，4 人の会話を参考にして V の値を求めよ。
　ただし，答えだけでなく，答えを求める過程が分かるように，途中の式や計算なども書け。　(10点)

アオさん「四角すい C − BGPQ の体積ってどのように求めるのかな。」
ヤマさん「すい体の体積は $\frac{1}{3}$ × (底面積) × (高さ) で求めると学習したよね。」
ジンさん「それでは，どこを底面として考えればいいかな。」
ミヤさん「四角すい C − BGPQ の体積と言っているのだから，四角形 BGPQ を底面として考えるのはどうだろう。」
アオさん「△BGC を底面として考えて，余分なところを引くことでも求められるのではないかな。」
ヤマさん「他の面を底面としても，その考え方で求められそうだね。
四角すい C − BGPQ を分割して考えてみるのはどうかな。」
ジンさん「そうか。△CQG を底面として，四角すい C − BGPQ を 2 つの三角すいに分割して考えることができそうだね。」
ミヤさん「△BCP を底面として，四角すい C − BGPQ を分割して考えることもできるのではないかな。」
アオさん「いろいろな求め方があるんだね。他にもどんなものがあるのか，もっと考えてみようよ。」

〔問 3〕 赤，緑，青，白の 4 色を全て使って，四角すい C − BGPQ の 5 つの面を全て塗る場合を考える。色の塗り方は何通りあるか。　(7点)

東京都立　西高等学校

時間	50分	満点	100点	解答	P21	2月21日実施

＊ 注意　答えに根号が含まれるときは，根号を付けたまま，分母に根号を含まない形で表しなさい。また，根号の中を最も小さい自然数にしなさい。

出題傾向と対策

●大問は4題で，**1** 基本的な小問5題，**2** 関数とグラフ，**3** 図形問題，**4** 新傾向の総合問題という出題が続いている。**1** は無理数の計算，2次方程式，確率，作図が必ず出題される。**3** に図形の証明が出題されるほか，**2**，**4** にも途中経過を記述させる設問が1つずつある。

●**1** を確実に仕上げて **2**，**3** に進む。記述量が多いので，時間配分にも注意する。**4** の総合問題がこの学校の出題の特長であり，過去の出題を参考にして練習しておこう。また，他の進学指導重点校の問題にも挑戦しよう。

1 基本　次の各問に答えよ。

〔問1〕 よく出る　$\left(-\dfrac{2}{\sqrt{6}}\right)^3-\dfrac{4}{\sqrt{24}}\div\dfrac{18}{\sqrt{6}-12}$ を計算せよ。 (5点)

〔問2〕 よく出る　2次方程式

$\dfrac{(x+1)(x-1)}{4}-\dfrac{(x-2)(2x+3)}{2}=1$ を解け。 (5点)

〔問3〕 よく出る　右の図1のように，1，2，3，4，6の数が1つずつ書かれた5枚のカードが入っている袋Aと，−1，−2，3，4の数が1つずつ書かれた4枚のカードが入っている袋Bがある。

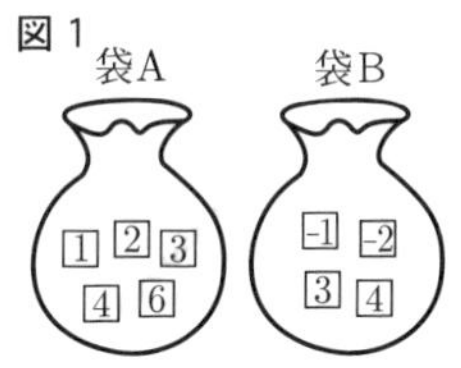

2つの袋A，Bから同時にそれぞれ1枚のカードを取り出す。このとき，袋Aから取り出したカードに書かれた数を a，袋Bから取り出したカードに書かれた数を b とする。

$\sqrt{2a+b}$ が自然数になる確率を求めよ。

ただし，2つの袋A，Bそれぞれにおいて，どのカードが取り出されることも同様に確からしいものとする。 (5点)

〔問4〕 右の図2で，点Oは線分ABを直径とする円の中心であり，3点C，D，Eは円Oの円周上にある点である。

5点A，B，C，D，Eは，図2のように，A，C，D，B，Eの順に並んでおり，互いに一致せず，3点C，O，Eは一直線上にある。

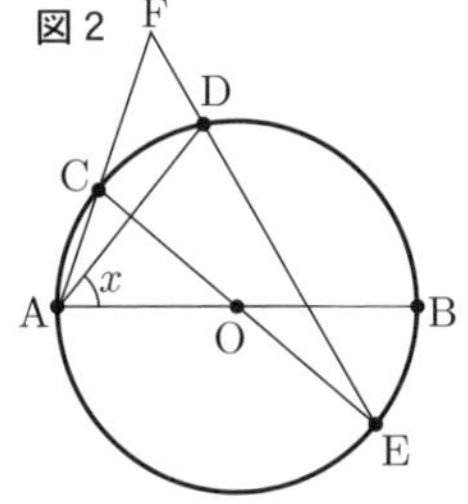

線分ACをCの方向に延ばした直線と線分EDをDの方向に延ばした直線との交点をFとする。

点Aと点D，点Cと点Eをそれぞれ結ぶ。

$\angle AFE=52^\circ$，$\angle CEF=18^\circ$ のとき，x で示した $\angle BAD$ の大きさは何度か。 (5点)

〔問5〕 よく出る　右の図3で，点Pは線分ABを直径とする円の周上にあり，点Aを含まない $\overset{\frown}{BP}$ の長さを a cm，点Aを含む $\overset{\frown}{BP}$ の長さを b cmとしたとき，$a:b=1:23$ を満たす点である。

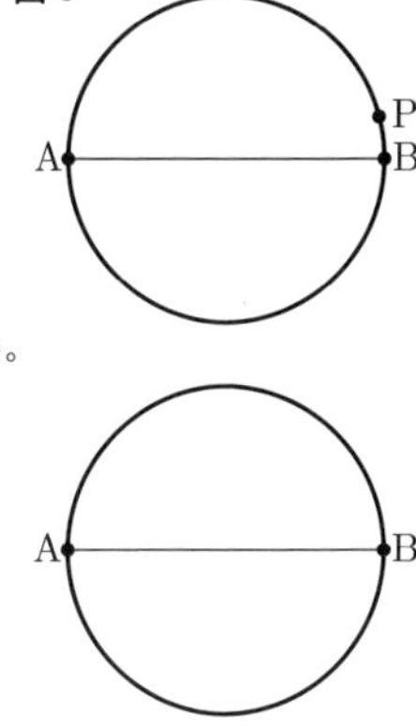

右に示した図をもとにして，$a:b=1:23$ となる点Pを直径ABより上側に定規とコンパスを用いて作図し，点Pの位置を示す文字Pも書け。

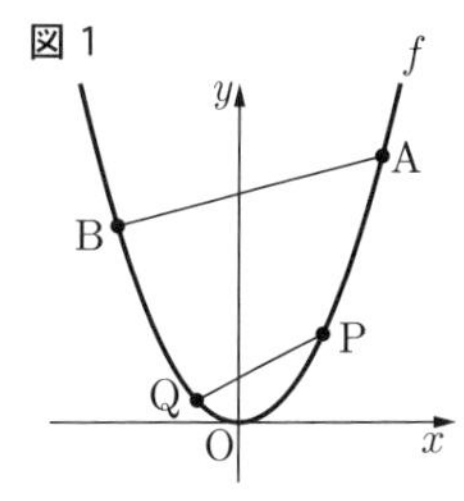

ただし，作図に用いた線は消さないでおくこと。 (5点)

2 よく出る　右の図1で，点Oは原点，曲線 f は関数 $y=\dfrac{1}{2}x^2$ のグラフを表している。

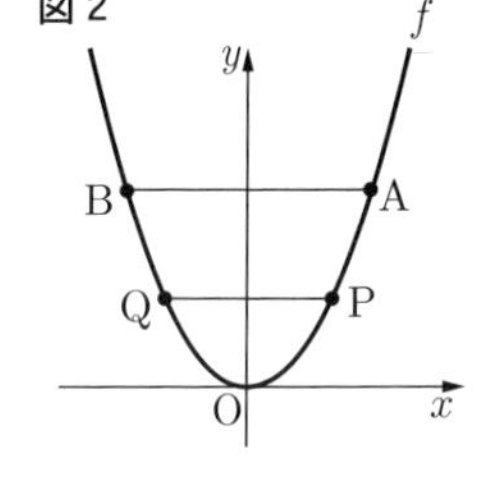

4点A，B，P，Qはすべて曲線 f 上にあり，点Pの x 座標は t $(t>0)$，点Qの x 座標は負の数である。

点Aの x 座標は点Pの x 座標より大きく，点Bの x 座標は点Qの x 座標より小さい。

点Aと点B，点Pと点Qをそれぞれ結ぶ。

点Oから点 $(1,\ 0)$ までの距離，および点Oから点 $(0,\ 1)$ までの距離をそれぞれ1cmとして，次の各問に答えよ。

〔問1〕 基本　右の図2は，図1において，線分ABと線分PQがともに x 軸に平行になる場合を表している。

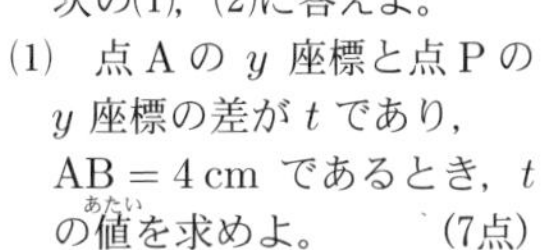

次の(1)，(2)に答えよ。

(1) 点Aの y 座標と点Pの y 座標の差が t であり，$AB=4$ cm であるとき，t の値を求めよ。 (7点)

(2) 右の図3は，図2において，点Aの x 座標を3とし，点Oと点A，点Bと点Pをそれぞれ結び，線分OAと線分PQ，線分OAと線分PBとの交点をそれぞれC，Dとした場合を表している。

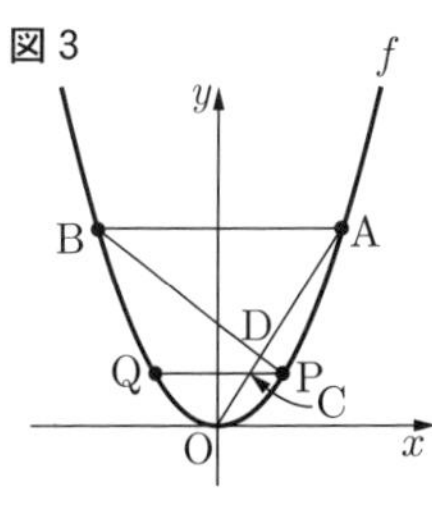

△ABDと△CPDの相似比が $8:1$ となるとき，点Dの座標を求めよ。

ただし，答えだけでなく，答えを求める過程が分かるように，途中の式や計算なども書け。 (10点)

〔問2〕 右の図4は，図1において，点Qの x 座標を $-\frac{t}{2}$，線分AB上にある点をRとし，点Oと点P，点Oと点Q，点Pと点R，点Qと点Rをそれぞれ結んだ場合を表している。

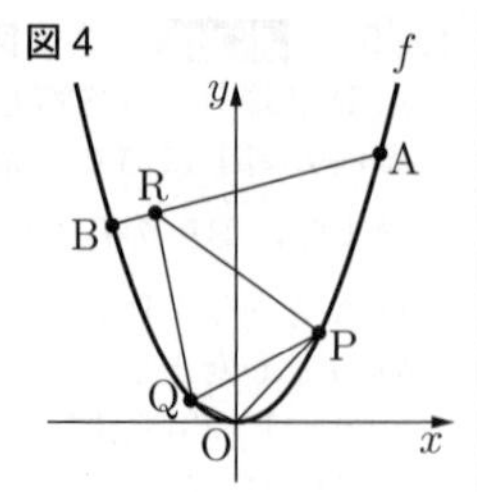

2点P，Qを通る直線の傾きが $\frac{1}{4}$ で，点Rが線分AB上のどこにあっても，常に△RQPの面積が△OPQの面積の3倍となるとき，2点A，Bを通る直線の式を求めよ。 (8点)

3 右の図1で，四角形ABCDは平行四辺形である。

点E，F，G，Hは，それぞれ辺AB，辺BC，辺CD，辺DA上にある点である。

点Eと点G，点Fと点Hをそれぞれ結び，線分EGと線分FHとの交点をIとする。

次の各問に答えよ。

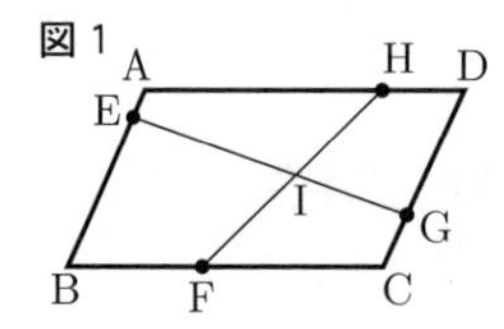

〔問1〕 基本 右の図2は，図1において，点Gが頂点Cに一致（いっち）し，$\angle BEC = 90^\circ$，$BE = BF$，$EI = IC$ となる場合を表している。

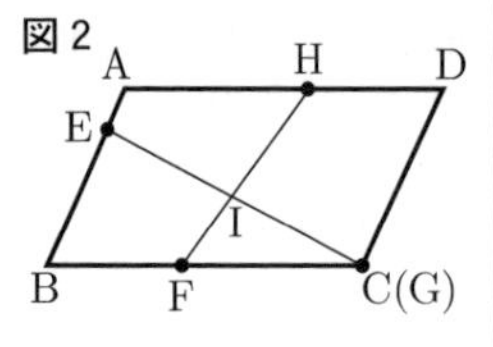

$\angle ABC = 60^\circ$ のとき，$\angle EIF$ の大きさは何度か。(7点)

〔問2〕 よく出る 右の図3は，図1において，点Iが四角形ABCDの対角線の交点に一致し，点Eと点F，点Eと点H，点Fと点G，点Gと点Hをそれぞれ結んだ場合を表している。

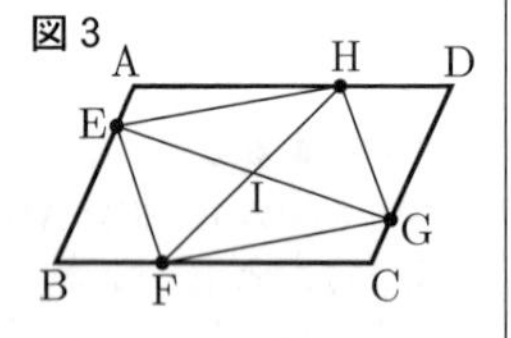

四角形EFGHは平行四辺形であることを証明せよ。 (10点)

〔問3〕 右の図4は，図1において，

$AE : EB = CG : GD = 1 : 2$，

$BF : FC = AH : HD = m : (2-m)$ $(0<m<2)$

となる場合を表している。

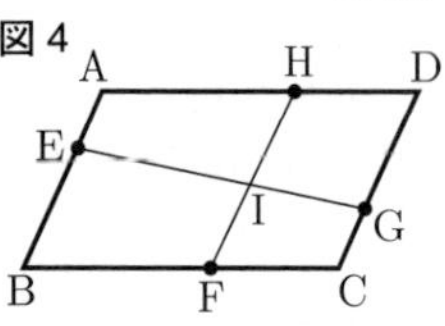

線分HIの長さと線分IFの長さの比を m を用いて表せ。 (8点)

4 思考力 新傾向 先生が数学の授業で次の【課題】を出した。この【課題】について考えている【太郎さんと花子さんの会話】を読んで，あとの各問に答えよ。

【課題】

3以上の自然数Nを，2つの自然数 x，y の和で，$N = x + y$ と表す。ただし，$x > y$ とする。さらに，x と y の積 xy を考える。

このとき，積 xy が2つの自然数 m，n の平方の差で，$xy = m^2 - n^2$ と表すことができるのはNがどのような場合か考えよ。

【太郎さんと花子さんの会話】

太郎：まずはNに具体的な数を当てはめて考えてみよう。$N = 8$ としたらどうかな。

花子：8は $7+1$ か $6+2$ か $5+3$ だから，$N = 8$ のとき x と y の積 xy は3組あるね。

太郎：$7 \times 1 = 4^2 - 3^2$，$6 \times 2 = 4^2 - 2^2$，$5 \times 3 = 4^2 - 1^2$ だから，$N = 8$ とすると積 xy は，必ず自然数の平方の差で表すことができるね。$N = 7$ とするとどうかな。

花子：(1)積 xy は，必ずしも自然数の平方の差で表せるとは限らないね。

太郎：Nとしてもっと大きな数でいくつか考えてみようか。$N = 2020$ や $N = 2021$ の場合はどうかな。

花子：大きな数だからすぐには分からないけど，積 xy を自然数の平方の差で必ず表すためにはNに何か条件が必要だと思う。

太郎：そうか，分かった。(2)Nが偶数（ぐうすう）のときには，積 xy は必ず自然数の平方の差で表すことができるよ。

花子：$N = x + y$ だから，2つの数 x，y がともに偶数ならNは偶数だね。

太郎：そうだね。ちなみに，2つの数 x，y について【表】で示される関係があるよ。ア〜オには偶数か奇数のどちらかが必ず入るよ。

【表】

	x, y ともに偶数	x, y ともに奇数	x, y どちらかが偶数でもう一方が奇数
$x+y$	偶数	ア	イ
$x-y$	ウ	エ	オ

花子：なるほどね。じゃあ，$N = 2021$ の場合は，積 xy は自然数の平方の差で必ずしも表せるとは限らないということかな。

太郎：そうだね。例えば，$2021 = x + y$ として，$x = 2019$，$y = 2$ のときは，積 xy は自然数の平方の差で表せないけど，(3)$x = 1984$，$y = 37$ のときは，積 xy は自然数の平方の差で表すことができるよ。

〔問1〕 (1)積 xy は，必ずしも自然数の平方の差で表せるとは限らないね。とあるが，$N = 7$ の場合，自然数の平方の差で表すことができる (x, y) の組は1組である。このとき x と y の積 xy を求めよ。 (7点)

〔問2〕 Nが偶数（ぐうすう）のときには，積 xy は必ず自然数の平方の差で表すことができるよ。が正しい理由を文字N，x，y，m，n を用いて説明せよ。

ただし，【表】のア〜オに偶数か奇数を当てはめた結果については証明せずに用いてよい。 (10点)

〔問3〕 難 (3)$x = 1984$，$y = 37$ のときは，積 xy は自然数の平方の差で表すことができるよ。とあるが，$1984 \times 37 = m^2 - n^2$ を満たす自然数 (m, n) の組は何組あるか。 (8点)

東京都立　立川高等学校

時間	50分	満点	100点	解答	P22	2月21日実施

＊ 注意　1．答えに根号が含まれるときは，根号を付けたまま，分母に根号を含まない形で表しなさい。また，根号の中は最も小さい自然数にしなさい。
2．円周率は π を用いなさい。

出題傾向と対策

●大問は4題で，**1** 小問集合，**2** 関数とグラフ，**3** 平面図形，**4** 空間図形という構成が続いているが，2021年は **4** の傾向が変わった。作図や図形の証明が必ず出題される。解答の途中経過を要求する設問が複数あり，記述量はかなり多い。

●**1** の基本的な設問を確実に解答し，**2**～**4** に進む。**2**，**3**，**4** に記述量の多い設問が1つずつあるので，時間配分に注意しよう。作図や図形の証明は，過去の出題を参考にして十分な練習を積んでおこう。また，他の進学指導重点校の問題も練習しておこう。

1 次の各問に答えよ。

〔問1〕 よく出る 基本
$\dfrac{5(\sqrt{5}+\sqrt{2})(\sqrt{15}-\sqrt{6})}{\sqrt{3}}+\dfrac{(\sqrt{3}+\sqrt{7})^2}{2}$ を計算せよ。 (5点)

〔問2〕 よく出る 基本
連立方程式 $\begin{cases}\dfrac{7}{8}x+1.5y=1\\ \dfrac{2x-5y}{3}=12\end{cases}$ を解け。 (5点)

〔問3〕 新傾向　x についての2次方程式
$x^2+24x+p=0$ を解くと，1つの解はもう1つの解の3倍となった。p の値を求めよ。 (5点)

〔問4〕 よく出る 基本　1から6までの目が出るさいころをAとBの2人が同時に投げて，それぞれの出た目の数を得点とし，10回の合計点が大きい方を勝者とするゲームがある。
ただし，2人が同じ目を出した場合は，それまでの合計点が2人とも0点になるとする。
下の表はAとBの2人がさいころを9回ずつ投げた結果である。

	1回	2回	3回	4回	5回	6回	7回	8回	9回	10回
A	1	3	2	4	5	6	3	5	2	
B	5	5	3	3	4	6	2	4	3	

AとBの2人がそれぞれ10回目にさいころを投げたとき，Aが勝者となる確率を求めよ。
ただし，さいころは，1から6までのどの目が出ることも同様に確からしいとする。 (5点)

〔問5〕 よく出る 基本
右の図のように，線分ABを直径とする半円がある。

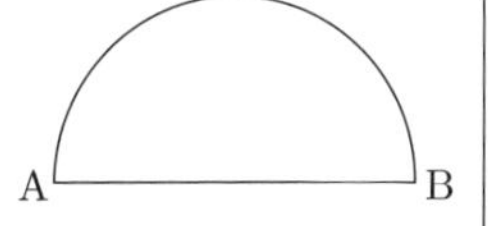

右の図をもとにして，$\overset{\frown}{AB}$ 上に $\overset{\frown}{AC}:\overset{\frown}{CB}=5:1$ となる点Cを，定規とコンパスを用いて作図によって求め，点Cの位置を示す文字Cも書け。
ただし，作図に用いた線は消さないでおくこと。(5点)

2 よく出る　右の図1で，点Oは原点，曲線 l は $y=ax^2\ (a<0)$，曲線 m は $y=\dfrac{36}{x}\ (x<0)$ のグラフを表している。
曲線 l と曲線 m との交点をAとする。
次の各問に答えよ。

図1
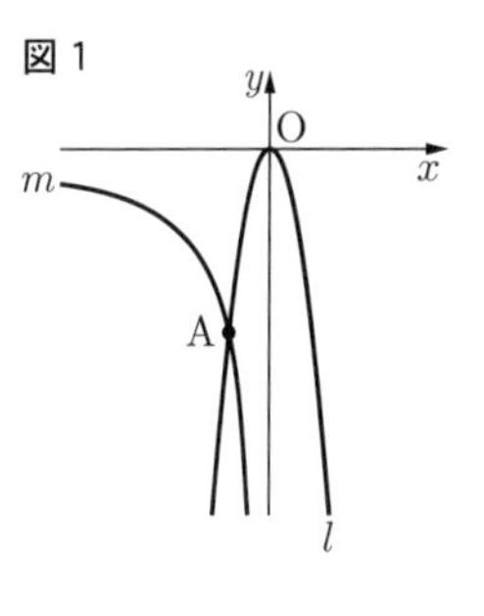

〔問1〕 基本　点Aの x 座標が -3 のとき，a の値を求めよ。 (7点)

〔問2〕 右の図2は，図1において，点Aの x 座標を -4，y 軸を対称(たいしょう)の軸として点Aと線対称な点をB，y 軸上にある点をCとし，点Oと点A，点Oと点B，点Aと点C，点Bと点Cをそれぞれ結んだ四角形OACBがひし形となる場合を表している。

図2
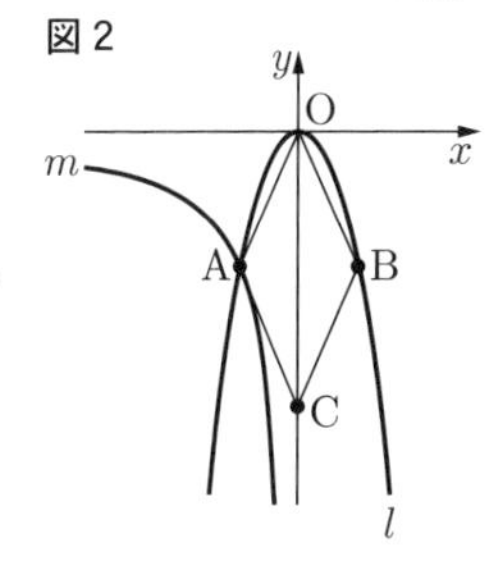

2点B，Cを通る直線と曲線 l との交点のうち，点Bと異なる点をDとした場合を考える。
点Dの座標を求めよ。
ただし，答えだけでなく，答えを求める過程が分かるように，途中の式や計算なども書け。 (11点)

〔問3〕 右の図3は，図1において点Aの x 座標と y 座標が等しいとき，曲線 m 上にあり，x 座標が -12 である点をE，曲線 l 上にあり，2点A，Eを通る直線AE上にはなく，点Oにも一致(いっち)しない点をPとし，点Oと点A，点Oと点E，点Aと点E，点Aと点P，点Eと点Pをそれぞれ結んだ場合を表している。

図3
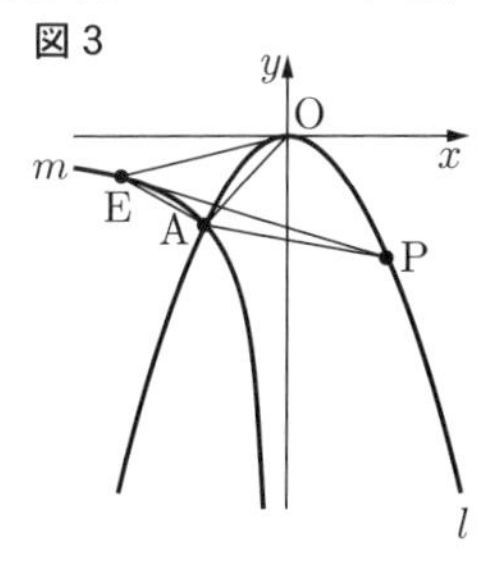

△OAEの面積と△AEPの面積が等しくなるときの点Pの x 座標を全て求めよ。 (7点)

3 よく出る　右の図1で，△ABCは AB＝2cm で，3つの頂点が全て同じ円周上にある正三角形である。
次の各問に答えよ。

図1
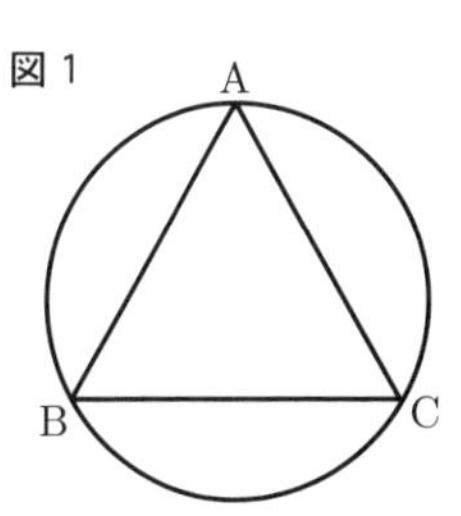

〔問1〕 右の図2は，図1において，頂点Aから辺BCに引いた垂線と辺BCとの交点をDとし，頂点B，頂点Cからそれぞれ線分ADに平行に引いた直線と円との交点のうち，頂点B，頂点Cと異なる点をそれぞれE，Fとし，点Eと点Fを結んだ線分EFと線分ADとの交点をGとした場合を表している。

図2
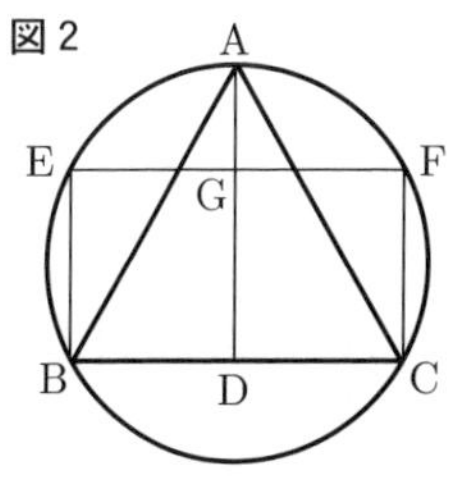

AD＝$\sqrt{3}$ cm のとき，線分AGの長さは何cmか。 (7点)

〔問２〕　右の図３は，図１において，頂点Ｂを含まない $\overset{\frown}{AC}$ 上にあり，頂点Ａ，頂点Ｃのいずれにも一致しない点をＨとし，頂点Ｃと点Ｈを結んだ線分CHをＨの方向に延ばした直線上にある点をＩとし，円の外部にあり，CI＝CJ＝IJとなるような点をＪとし，頂点Ａと点Ｊを結んだ線分AJと，頂点Ｂと点Ｉを結んだ線分BIとの交点をＫとし，頂点Ｂと点Ｈ，頂点Ｃと点Ｊ，点Ｉと点Ｊをそれぞれ結んだ場合を表している。

図３

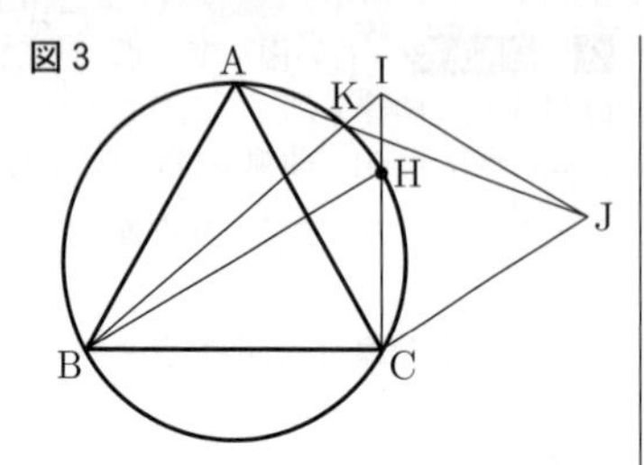

ただし，線分CIの長さは辺CAの長さより短いものとする。

次の(1)，(2)に答えよ。

(1)　△ACJ ≡ △BCI であることを示し，４点Ａ，Ｂ，Ｃ，Ｋは１つの円周上にあることを証明せよ。　(11点)

(2)　∠ABK＝18°，∠HBC＝28° であるとき，∠AJI の大きさは何度か。　(7点)

4 新傾向　右の図１で，四角形ABCDは AB＝104 cm，AD＝156 cm の長方形である。

四角形ABCDの内部に，辺ADに平行で辺ADと長さが等しい線分を，となり合う辺と線分，となり合う線分と線分のそれぞれの間隔が 8 cm になるように12本引き，辺ABに平行で辺ABと長さが等しい線分を，となり合う辺と線分，となり合う線分と線分のそれぞれの間隔が 6 cm になるように25本引く。

図１

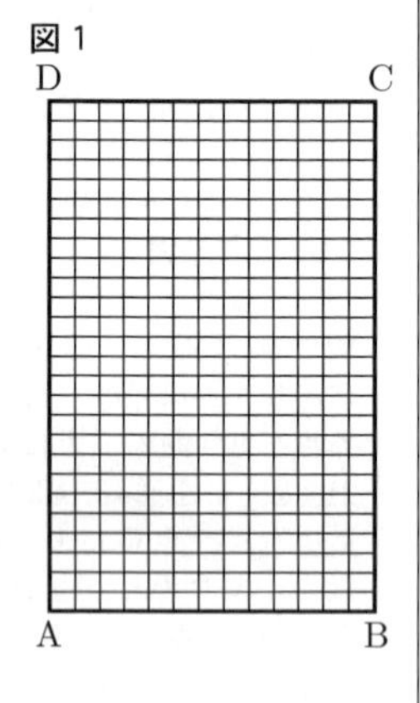

次の各問に答えよ。

〔問１〕　思考力　図１において，頂点Ａと頂点Ｃを結んだ場合を考える。

線分ACが，辺ADに平行な線分または辺ABに平行な線分と交わるときにできる交点は何個あるか。

ただし，辺ADに平行な線分と辺ABに平行な線分の交点および頂点Ａ，頂点Ｃは除くものとする。　(7点)

〔問２〕　右の図２は，図１において，辺ADに平行な線分と辺ABに平行な線分との交点のうちの１つをＰとし，点Ｐを通り辺ADに平行に引いた線分と辺ABとの交点をＱ，点Ｐを通り辺ABに平行に引いた線分と辺ADとの交点をＲとした場合を表している。

ただし，点Ｐは辺AB上にも辺AD上にもないものとする。

図２

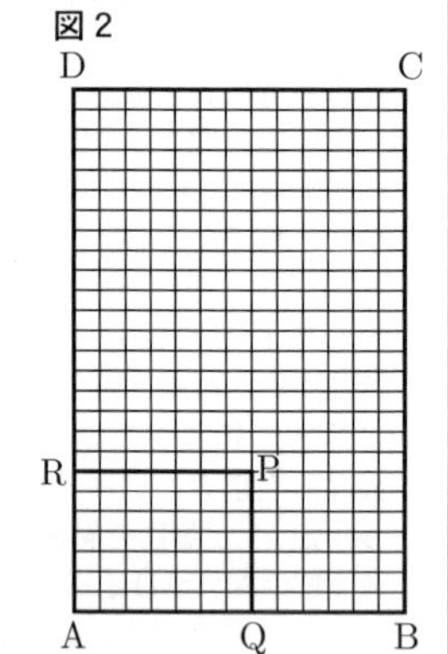

四角形AQPRにおいて，PR＝2PQ となるもののうち，面積が最大になる場合の面積は何 cm^2 か。　(7点)

〔問３〕　底面が縦 6 cm，横 8 cm の長方形で，高さが 9 cm の直方体のブロックを十分な数だけ用意し，(1)，(2)の手順に従って直方体Ｓ，直方体Ｔを作る場合を考える。

(1)　ブロックの底面を図１の直線でできたマスに合わせて置き，ブロック同士の側面がぴったり重なるように隙間なく並べて，底面が四角形ABCDの内部に収まるような高さが 9 cm の直方体Ｓを作る。

(2)　(1)で作った直方体Ｓを何個も作り，直方体Ｓの高さを変えずに隙間なく２段，３段，４段，……と何段か縦に積み上げて直方体Ｔを作る。

この直方体Ｔが立方体になるとき，使われるブロックは全部で何個か。

ただし，答えだけでなく，答えを求める過程が分かるように，途中の式や計算なども書け。　(11点)

東京都立　国立高等学校

時間	50分	満点	100点	解答	P23	2月21日実施

＊　注意　答えに根号が含まれるときは，根号を付けたまま，分母に根号を含まない形で表しなさい。また，根号の中を最も小さい自然数にしなさい。

出題傾向と対策

●大問は４題で，**1** 小問集合，**2** 関数とグラフ，**3** 平面図形，**4** 空間図形という出題分野は，他の進学指導重点校と共通で固定されている。**1** では数の計算，方程式の解法のほか，確率や作図が必ず出題される。記述量はかなり多い。

●**1** を確実に解き，**2**～**4** の解きやすい設問に進む。**2**，**3**，**4** とも証明や途中過程の記述を要求される設問がある。解答欄にはいりきる程度に詳しく書くとよい。設問の難易に大きなバラつきがあるので，時間配分にも注意しよう。また，他の進学指導重点校の問題にも挑戦してみよう。

1 よく出る　基本　次の各問に答えよ。

〔問１〕　$-\left(\dfrac{\sqrt{6}-\sqrt{3}}{3}\right)^2-\dfrac{2}{9}\sqrt{3}\div\left(-\sqrt{\dfrac{2}{3}}\right)$ を計算せよ。　(5点)

〔問２〕　連立方程式 $\begin{cases} 2x+4y=3 \\ \dfrac{3}{10}x-\dfrac{1}{2}y=1 \end{cases}$ を解け。　(5点)

〔問３〕　二次方程式 $2\left(x-\dfrac{1}{4}\right)^2-3=x^2+\dfrac{1}{8}$ を解け。　(5点)

〔問４〕　箱の中に1，2，3の数字を１つずつ書いた３枚のカード [1]，[2]，[3] が入っている。

箱の中から１枚カードを取り出し，取り出したカードを箱に戻すという作業を３回繰り返す。

１回目に取り出したカードに書かれた数字を a，２回目に取り出したカードに書かれた数字を b，３回目に取り出したカードに書かれた数字を c とするとき，$a^2+b^2+c^2 \leqq 14$ となる確率を求めよ。

ただし，どのカードが取り出されることも同様に確からしいものとする。　(5点)

〔問５〕 ３つの連続した奇数を小さい方から順に a, b, c とする。

$b^2 = 2025$ のとき，a と c の積 ac の値を求めよ。(5点)

〔問６〕 右の図１は，点Aを頂点，線分BCを直径とする円Oを底面とする円すいで，点Aと点Oを結んだ線分AOは円すいの高さである。

図１

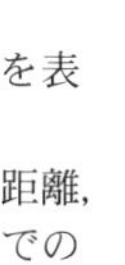

点Dは $\overset{\frown}{\mathrm{BC}}$ 上にあり，$\overset{\frown}{\mathrm{BD}} = \overset{\frown}{\mathrm{CD}}$ である。

線分AB上にあり，点A，点Bのいずれにも一致（いっち）しない点をEとし，線分AC上にあり，点A，点Cのいずれにも一致しない点をF，円すいの側面上の３点D，F，Eを通るように結んだ曲線を l とする。

図２が図１の側面の展開図であるとき，図２をもとにして，曲線 l の長さが最小になるような点Fを，定規とコンパスを用いて作図によって求め，点Fの位置を示す文字Fもかけ。

図２

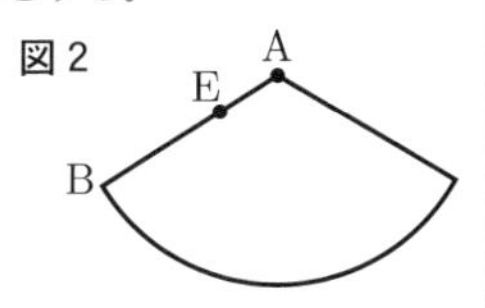

ただし，作図に用いた線は消さないでおくこと。(6点)

2 よく出る 右の図１で，点Oは原点，曲線 l は関数 $y = ax^2$ $(a > 0)$ のグラフを表している。

原点から点 (1, 0) までの距離，および原点から点 (0, 1) までの距離をそれぞれ 1 cm とする。

次の各問に答えよ。

図１

〔問１〕 基本 関数 $y = ax^2$ について，x の変域が $-3 \leqq x \leqq 4$ であるとき，y の変域を不等号と a を用いて □ $\leqq y \leqq$ □ で表せ。(6点)

〔問２〕 右の図２は，図１において，y 軸上にあり，y 座標が p $(p > 0)$ である点をPとし，点Pを通り，傾き $-\frac{1}{2}$ の直線を m，曲線 l と直線 m との交点のうち，x 座標が正の数である点をA，x 座標が負の数である点をBとし，点Oと点A，点Oと点Bをそれぞれ結んだ場合を表している。

図２

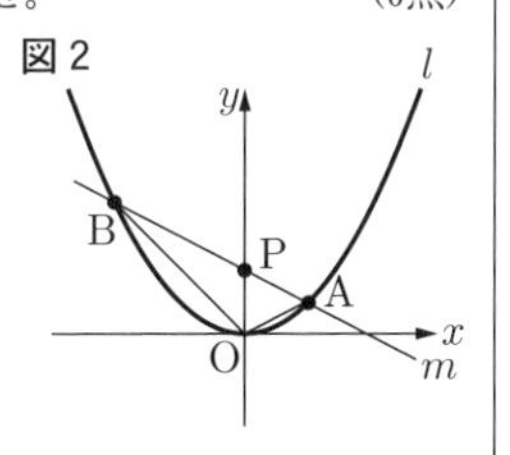

次の(1)，(2)に答えよ。

(1) $p = \frac{3}{2}$，点Bの x 座標が -4 であるとき，△OABの面積は何 cm^2 か。

ただし，答えだけでなく，答えを求める過程がわかるように，途中の式や計算なども書け。(10点)

(2) $a = \frac{1}{4}$ とする。

右の図３は図２において，曲線 l 上にあり，x 座標が５である点をCとし，点Aと点C，点Bと点Cをそれぞれ結んだ場合を表している。

図３

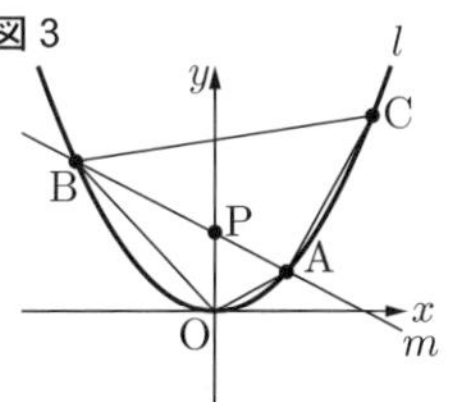

△OABの面積を $\mathrm{S\,cm^2}$，△CBAの面積を $\mathrm{T\,cm^2}$ とする。

S : T = 4 : 7 であるとき，p の値を求めよ。(7点)

3 右の図１において，△ABCは１辺の長さが 10 cm の正三角形で，点Oは辺ACを直径とする円の中心である。

辺BCと円Oとの交点をDとし，線分BDを直径とする円の中心をO′とする。

円O′と辺ABとの交点のうち，点Bと異なる点をEとする。

次の各問に答えよ。

図１

〔問１〕 基本 円O′の弧のうち，点Dを含まない $\overset{\frown}{\mathrm{BE}}$ の長さは何 cm か。

ただし，円周率は π とする。(6点)

〔問２〕 よく出る 右の図２は，図１において，円Oと円O′の交点のうち，点Dと異なる点をPとし，点Aと点D，点Aと点P，点Bと点P，点Cと点P，点Dと点Pをそれぞれ結んだ場合を表している。

図２

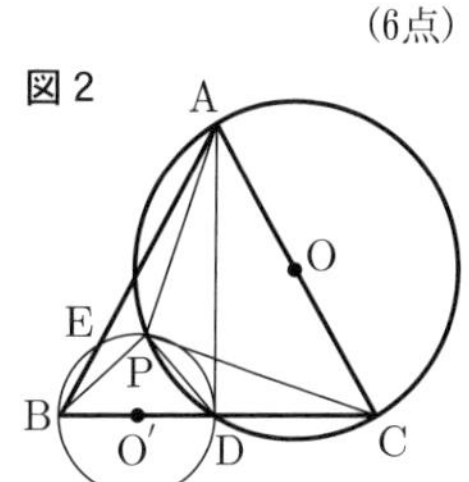

△PDA∽△PBCであることを証明せよ。(10点)

〔問３〕 思考力 図２において，点Oと点D，点Oと点P，点O′と点Pをそれぞれ結んだ場合を考える。

四角形OPO′Dの面積は，△ABCの面積の何倍か。(7点)

4 右の図１に示した立体ABCD − EFGHは，CD = 3 cm，BC = BFの直方体であり，頂点Cと頂点Fを結んだ線分CFの長さは 4 cm である。

頂点Dと頂点Eを結んだ線分DEを，Eの方向に延ばした直線上にあり，DP > DEとなるような点をPとする。

線分CF上にある点をQとする。

次の各問に答えよ。

図１

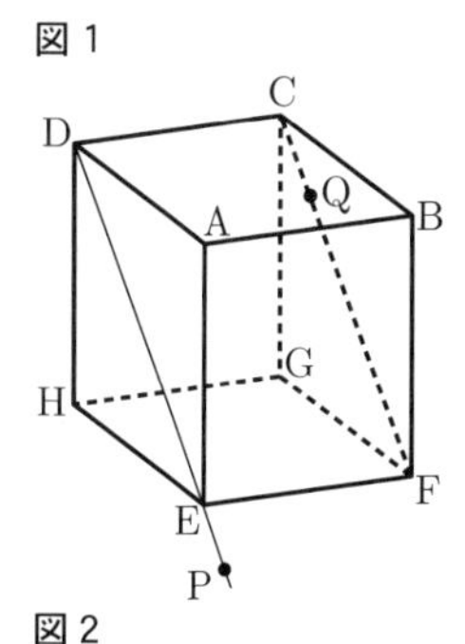

〔問１〕 基本 右の図２は，図１において，点Pと点Qを結んだ場合を表している。

∠FQP = 30° のとき，PQの長さは何 cm か。(6点)

図２

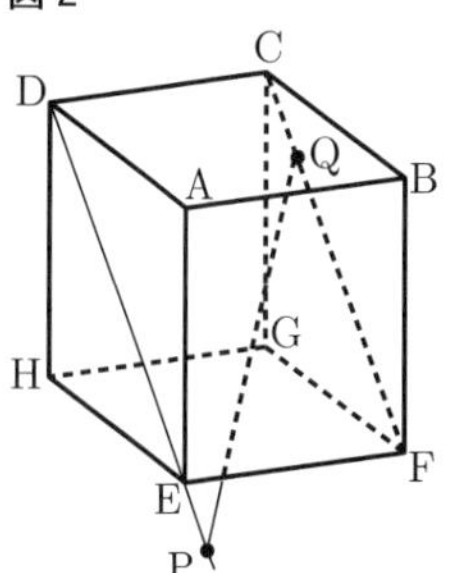

〔問 2〕 よく出る　右の図 3 は，図 1 において，頂点 C と点 P，頂点 E と点 Q をそれぞれ結び，線分 CP と線分 EQ との交点を I，線分 CP と辺 EF との交点を J とした場合を表している。

DP $= 6$ cm，FQ $= 3$ cm のとき，▭で塗られた四角形 IJFQ の面積は何 cm^2 か。

ただし，答えだけでなく，答えを求める過程がわかるように，図や途中の式などもかけ。(10点)

図 3

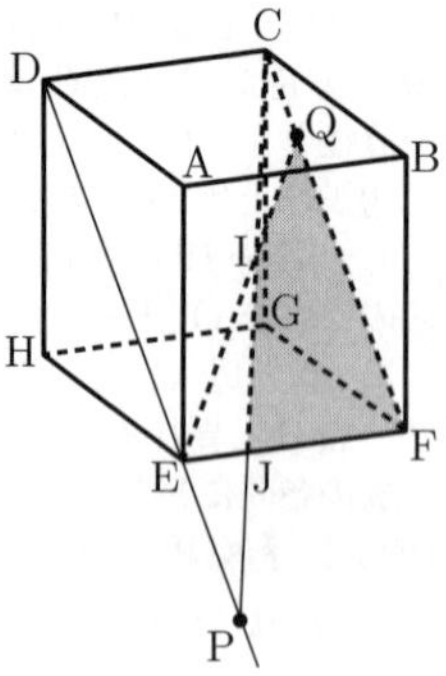

〔問 3〕 よく出る　右の図 4 は，図 2 において，線分 PQ と辺 EF との交点を K，線分 PQ を Q の方向に延ばした直線と辺 DC を C の方向へ延ばした直線との交点を L とし，頂点 H と頂点 C，頂点 H と点 P，頂点 H と点 Q，頂点 H と点 K，頂点 H と点 L をそれぞれ結んだ場合を表している。

$\angle \mathrm{DPQ} = 45°$，

立体 H − CDEKQ の体積が立体 H − DPL の体積の $\frac{4}{5}$ 倍のとき，DP の長さは何 cm か。(7点)

図 4

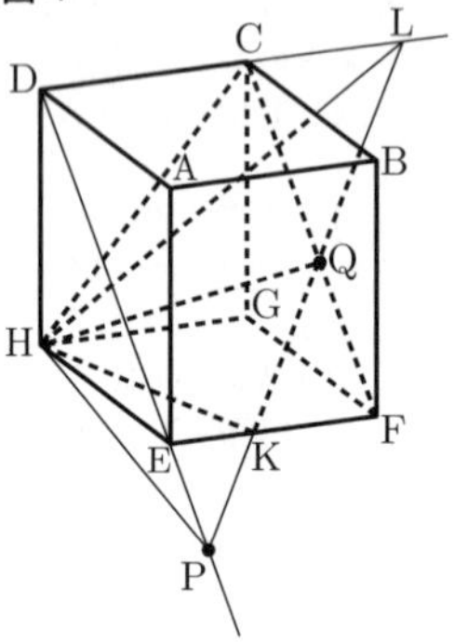

東京都立　八王子東高等学校

時間	50分	満点	100点	解答	P24	2月21日実施

＊　注意　答えに根号が含まれるときは，根号を付けたまま，分母に根号を含まない形で表しなさい。また，根号の中は最も小さい自然数にしなさい。

出題傾向と対策

●大問は 4 題で，**1** 小問 5 題，**2** 関数とグラフ，**3** 平面図形は例年どおりであるが，**4** は空間図形のかわりに数式を中心とした総合問題が出題された。**1** で確率，作図が必ず出題され，**3** で図形の証明が出題される。**2**，**4** でも途中過程の記述が要求される設問がある。

●出題分野および出題傾向に大きな変化はないので，過去の出題を参考にして関数とグラフや図形問題の良問を練習しておこう。図形の証明も含めて記述量が多いので，時間配分にも十分注意しよう。

1 基本　次の各問に答えよ。

〔問 1〕 よく出る　$\left(\frac{\sqrt{6}+2}{\sqrt{2}}\right)\left(\frac{\sqrt{2}-\sqrt{3}}{3}\right)$ を計算せよ。(5点)

〔問 2〕 よく出る　2 次方程式

$4(x-1)^2+5(x-1)-1=0$ を解け。(5点)

〔問 3〕 右の図 1 のように，頂点が A，底面が一辺の長さ 5 cm の正方形 BCDE で，高さが 6 cm の正四角すいがある。

辺 AB を 3 等分する点を，頂点 A に近い方から順に F，G とする。

同様に，辺 AC，AD，AE をそれぞれ 3 等分する点を，頂点 A に近い方から順に H，I，J，K，L，M とし，4 点 F，H，J，L，F をこの順に結び，4 点 G，I，K，M，G をこの順に結ぶ。

立体 FHJL − GIKM の体積は何 cm^3 か。(5点)

図 1

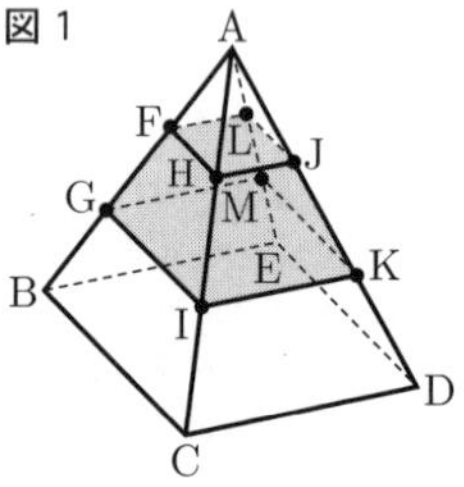

〔問 4〕 よく出る　1，2，4，8 の数字を 1 つずつ書いた 4 枚のカード [1]，[2]，[4]，[8] がそれぞれ入った 2 つの袋 A，B がある。

袋 A，B から同時に 1 枚ずつカードを取り出す。

取り出した 2 枚のカードに書いてある数の和が 4 の倍数になる確率を求めよ。

ただし，2 つの袋 A，B のそれぞれにおいて，どのカードが取り出されることも同様に確からしいものとする。(5点)

〔問 5〕 よく出る　右の図 2 のように，直線 l と直線 l 上にない 3 点 A，B，C がある。

直線 l 上にある 2 点 P, Q に対して，$m = \mathrm{AP}+\mathrm{PB}+\mathrm{BQ}+\mathrm{QC}$ とするとき，m の値が最も小さくなる 2 点 P，Q を，定規とコンパスを用いて作図によって求め，2 点 P，Q の位置を示す文字 P，Q も書け。

ただし，作図に用いた線は消さな

図 2

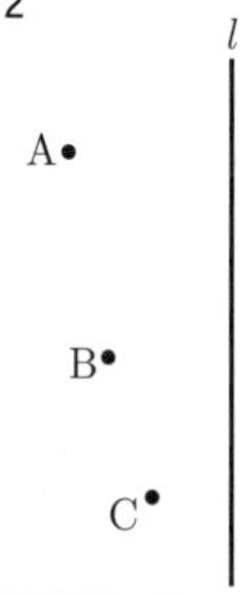

いでおくこと。  (5点)

2 よく出る 右の図1で，点Oは原点，曲線 m は関数 $y=ax^2$ $(a>0)$ のグラフ，直線 l は1次関数 $y=bx+c$ $(b<0)$ のグラフを表している。

点Aは直線 l 上にあり，座標は $(1,\ 1)$ である。

次の各問に答えよ。

図1

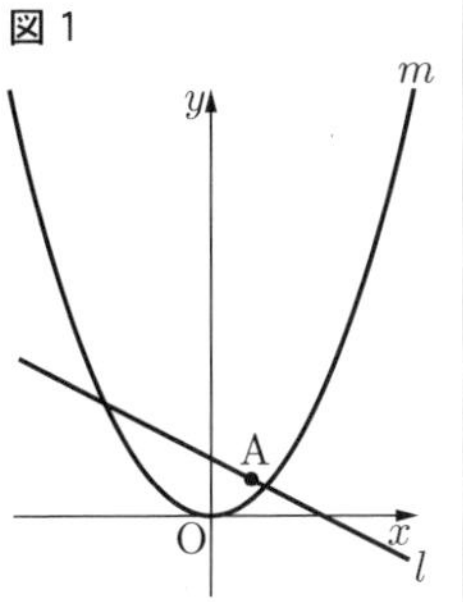

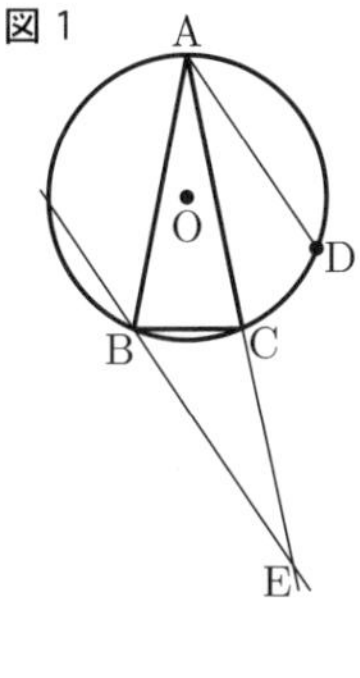

〔問1〕 基本 x の変域 $-5 \leqq x \leqq 3$ に対する，関数 $y=ax^2$ の y の変域と1次関数 $y=bx+c$ の y の変域が一致(いっち)するとき，a，b の値をそれぞれ求めよ。 (7点)

〔問2〕 右の図2は，図1において，$a=1$ とし，直線 l が曲線 m 上にある点 $B(-2,\ 4)$ を通り，曲線 m 上にある点を $C(3,\ 9)$ とし，点Aと点C，点Bと点Cをそれぞれ結んだ場合を表している。

図2

次の(1)，(2)に答えよ。

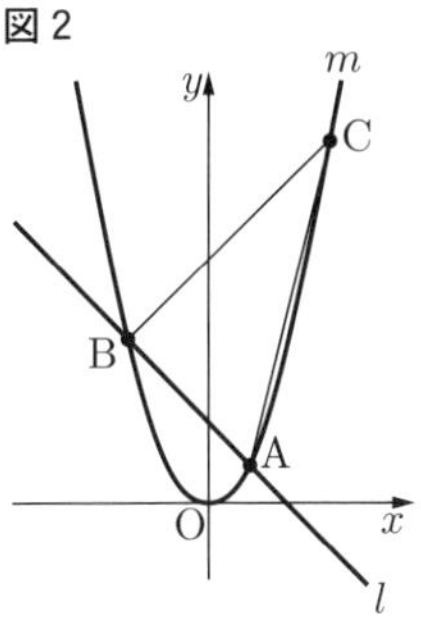

(1) 2点O，Cを通る直線OCと直線 l との交点をPとした場合を考える。

点Pを通り，△ABC の面積を二等分する直線の式を求めよ。

ただし，答えだけでなく，答えを求める過程が分かるように，途中の式や計算なども書け。 (10点)

(2) 右の図3は，図2において，線分BCと y 軸との交点をQとし，点Qを通り，2点O，Cを通る直線OCに平行な直線を引き，直線 l との交点をRとした場合を表している。

△ABC の面積は △BQR の面積の何倍か。 (8点)

図3

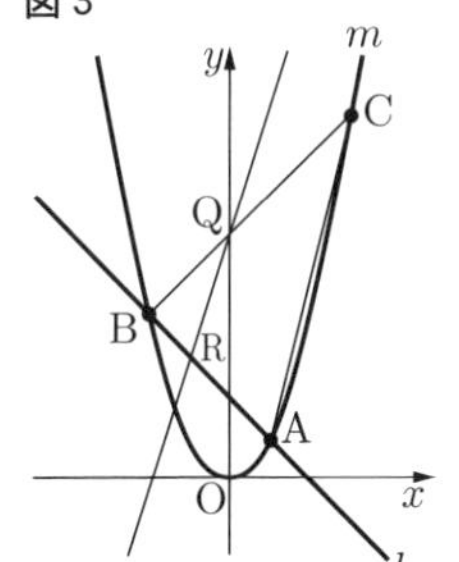

3 右の図1で，△ABC は，$AB=AC$，$\angle BAC<60°$ の二等辺三角形であり，点Oは3つの頂点A，B，Cを通る円の中心である。

図1

点Dは，頂点Bを含まない $\overset{\frown}{AC}$ 上にあり，$\angle BAC=\angle DAC$ となる点である。

頂点Aと点Dを結ぶ。

頂点Bを通り，線分ADに平行に引いた直線と，辺ACをCの方向に延ばした直線との交点をEとする。

次の各問に答えよ。

〔問1〕 基本 $\angle BAC=a°$ とするとき，$\angle CBE$ の大きさを a を用いた式で表せ。 (7点)

〔問2〕 右の図2は，図1において，頂点Bと点Dを結び，線分BDと辺ACとの交点をFとした場合を表している。

図2

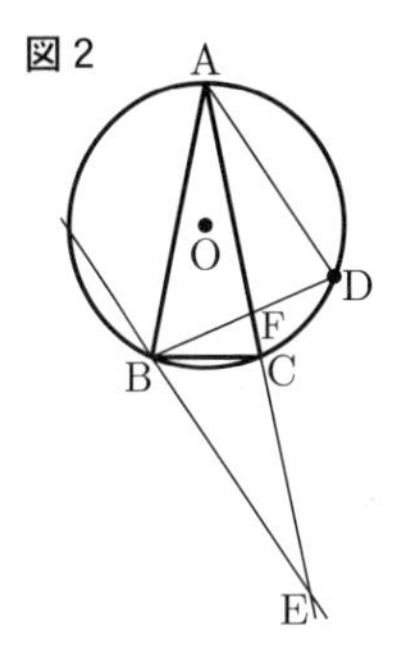

次の(1)，(2)に答えよ。

(1) よく出る △ABF ≡ △EBC であることを証明せよ。(10点)

(2) $AD=21\text{ cm}$，$BC=10\text{ cm}$ のとき，辺ABの長さは何 cm か。 (8点)

4 思考力 新傾向 右の図1は，1個の白い球を置き，置いた球の個数に等しい1番目の奇数1を白い球に書いた場合を表している。

図1

右の図2は，図1において，1と書かれた球の上側と右側，右斜め上側に，縦の球の個数と横の球の個数が等しくなるように白い球を並べ，並べた個数に等しい2番目の奇数3を白い球に書いた場合を表している。

図2

右の図3は，図2において，3と書かれた球の上側と右側，右斜め上側に，縦の球の個数と横の球の個数が等しくなるように白い球を並べ，並べた個数に等しい3番目の奇数5を白い球に書いた場合を表している。

図3

右の図4は，図3において，5と書かれた球の上側と右側，右斜め上側に，縦の球の個数と横の球の個数が等しくなるように白い球を並べ，並べた個数に等しい4番目の奇数7を白い球に書き，この操作を，同様の規則によって，1から数えて n 番目の奇数が書かれた球が現れるまで繰り返し，n 番目の奇数を x とした場合を表している。

図4

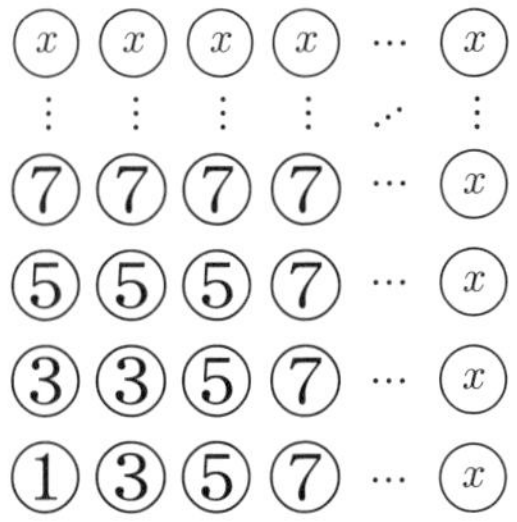

次の各問に答えよ。

〔問1〕 並べた球の総数が784個となるとき，x の値を求めよ。 (7点)

〔問2〕 右の図5は，図4において，x と書かれた球以外の球を，何も書かれていない白い球に交換し，何も書かれていない白い球全体を点線で囲んだ場合を表している。

図5

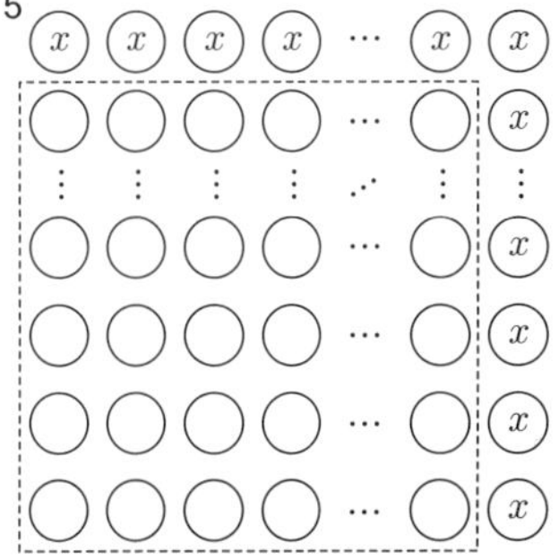

ここで，

$x=3^2=9$

とした場合を考える。$9=4+5$ であり，何も書かれていない白い球の個数は 4^2 個，球の総数は 5^2 個である

から，

$$3^2+4^2=5^2$$

が成り立つことがわかる。

また，

$$x=5^2=25$$

とした場合を考える。$25=12+13$ であり，何も書かれていない白い球の個数は 12^2 個，球の総数は 13^2 個であるから，

$$5^2+12^2=13^2$$

が成り立つことがわかる。

さらに，

$$x=7^2=49$$

とした場合を考える。$49=24+25$ であり，何も書かれていない白い球の個数は 24^2 個，球の総数は 25^2 個であるから，

$$7^2+24^2=25^2$$

が成り立つことがわかる。

そこで，次の性質 P について考える。

性質 P

$$a^2+b^2=c^2$$

ただし，a は3以上の奇数，b と c は3より大きい連続する2つの整数

次の(1)，(2)に答えよ。

(1) $a=123$ のとき，性質 P を満たす b，c の値をそれぞれ求めよ。(8点)

(2) $a=2n+1$（ただし，n は正の整数）のとき，性質 P を満たす b，c を n を用いた式で表し，等式 $a^2+b^2=c^2$ が成り立つことを示せ。

ただし，答えだけでなく，答えを求める過程が分かるように，途中の式や計算なども書け。(10点)

東京都立　新宿高等学校

時間	50分	満点	100点	解答	P25	2月21日実施

＊ 注意　答えに根号が含まれるときは，根号を付けたまま，分母に根号を含まない形で表しなさい。また，根号の中は最も小さい自然数にしなさい。

出題傾向と対策

● **1** は独立した小問の集合，**2** は $y=ax^2$ のグラフと図形，**3** は平面図形，**4** は確率からの出題であった。**4** の分野が変化したが，**1** の小問を含めて，全体としての分野，分量，難易度とも例年通りと思われる。

●基本から標準程度の出題であるが，求め方の記述や，証明での選択など，独特の出題形式については，過去問で慣れておくとよい。

1 よく出る 基本　次の各問に答えよ。

〔問1〕

$$(\sqrt{12}+0.5)\left(\frac{8}{\sqrt{2}}-3\right)+4\sqrt{3}(1.5-\sqrt{8})+\frac{3}{2}$$

を計算せよ。(6点)

〔問2〕 二次方程式 $(x+2)(x-3)=(2x+4)(3x-5)$ を解け。(6点)

〔問3〕 連立方程式 $\begin{cases} 1-x=\dfrac{2}{3}y \\ \dfrac{1}{2}x=1-y \end{cases}$ を解け。(6点)

〔問4〕 Aは4桁(けた)の自然数とする。

Aの千の位の数と一の位の数を入れ替えた数をBとすると，Bは5の倍数である。

Aの十の位の数と一の位の数を入れ替えた数をCとすると，Cは10の倍数である。

Aの千の位の数と百の位の数を入れ替えた数をDとすると，D－A＝3600である。

Aが3の倍数で，一の位の数が素数であるとき，Aを求めよ。(6点)

〔問5〕 右の**図1**で，四角形ABCDは，AD // BC，AD＝3cm，BC＝6cm の台形である。

頂点Aと頂点Cを結ぶ。

AC＝4cm，

∠ACB＝∠CAD＝90° となるとき，この四角形ABCDを線分ACを軸として1回転したときにできる立体の体積は何 cm^3 か。

ただし，円周率は π とする。(6点)

図1

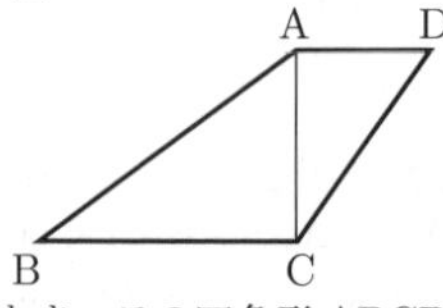

〔問6〕 右の図2に示した立体A－BCDEは，底面BCDEが正方形で，
AB＝AC＝AD＝AE,
AB＞BC の正四角すいである。

辺AE上にある点をP，辺AD上にある点をQ，辺AC上にある点をR，辺BC上にある点をSとし，頂点Bと点P，頂点Eと点S，点Pと点Q，点Qと点R，点Rと点Sをそれぞれ結ぶ。

∠ABP＝∠PBE，AE⊥PQ，QR＋RS＋SE＝l とし，l の値(あたい)が最も小さいとき，右の図3に示した立体A－BCDEの展開図をもとにして，4点P，Q，R，Sと，線分BP，線分ES，線分PQ，線分QR，線分RSを定規とコンパスを用いて作図によって求め，4点P，Q，R，Sの位置を表す文字P，Q，R，Sも書け。 (7点)

図2

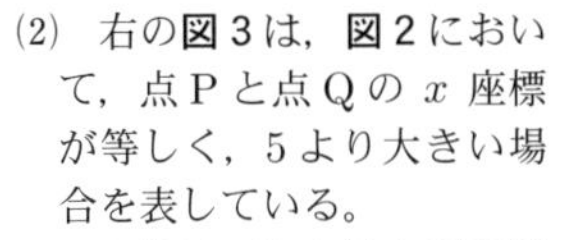

図3

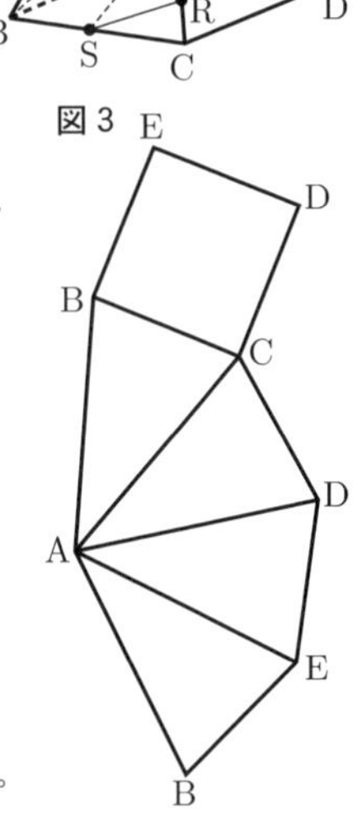

2 よく出る 右の図1で，点Oは原点，曲線 f は関数 $y=\frac{1}{4}x^2$ のグラフ，直線 l は関数 $y=\frac{1}{2}x+\frac{15}{4}$ のグラフを表している。

曲線 f と直線 l との2つの交点の x 座標は，それぞれ -3 と5であり，x 座標が -3 の点をAとする。

直線 l 上にある点をP，曲線 f 上にある点をQとし，2点P，Qの x 座標はともに -3 より大きい数とする。

原点から点(1, 0)までの距離(きょり)，および原点から点(0, 1)までの距離をそれぞれ1cmとして，次の各問に答えよ。

図1

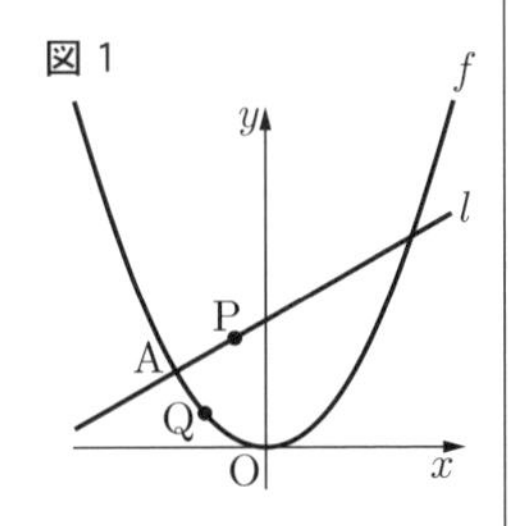

〔問1〕 基本 点Aと点Q，点Pと点Qをそれぞれ結び，2点P，Qの x 座標をともに -1 とした場合を考える。 (6点)

△APQの面積は何 cm^2 か。

〔問2〕 右の図2は，図1において，曲線 f 上にあり，x 座標が -2 である点をBとした場合を表している。

次の(1)，(2)に答えよ。

(1) 点Qの x 座標を3，2点P，Qを通る直線と y 軸との交点をRとし，点Aと点B，点Aと点R，点Bと点Qをそれぞれ結んだ場合を考える。

AB // PQ のとき，四角形ABQPの面積と△APRの面積の比を最も簡単な整数の比で表せ。 (6点)

図2

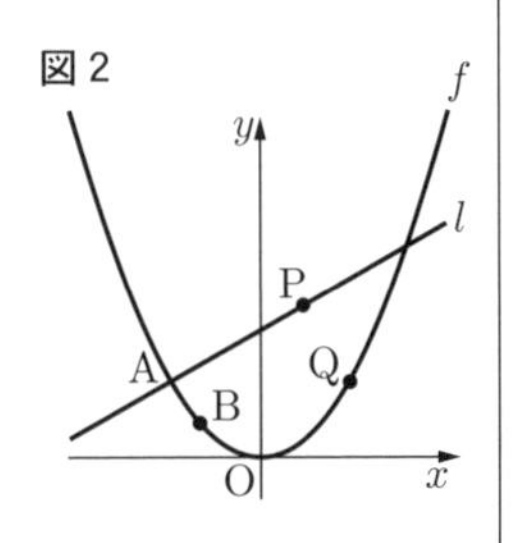

(2) 右の図3は，図2において，点Pと点Qの x 座標が等しく，5より大きい場合を表している。

2点B，Qを結んだ直線と直線 l との交点をSとした場合を考える。

BS：SQ＝7：9 であるとき，点Pの x 座標を下の ⬚ の中のように求めた。

(あ)，(え) に当てはまる数，(い)，(う)，(お) に当てはまる式をそれぞれ求め，(か) には答えを求める過程が分かるように，途中の式や計算などの続きを書き，答えを完成させよ。 (10点)

図3

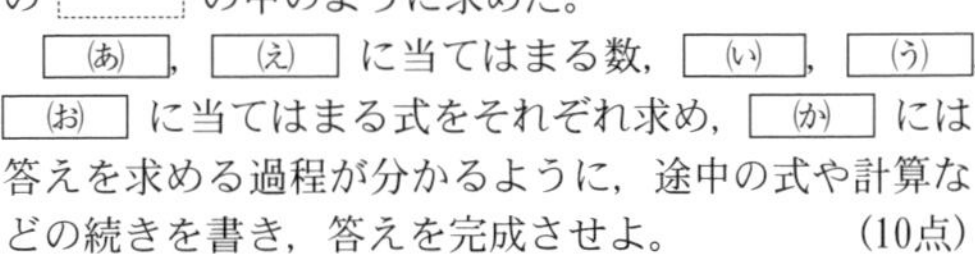

【答え】
直線 l 上にあり，x 座標が -2 である点をCとすると，点Cの座標は $(-2,$ (あ) $)$ である。
点Bと点C，点Pと点Qをそれぞれ結ぶと，
△SCB∽△SPQ であるから，
CB：PQ＝7：9 となればよい。
点Pの x 座標を t とおくと，点Pの座標は
$(t,$ (い) $)$，点Qの座標は $(t,$ (う) $)$ である。
これより，CB＝ (え) (cm)，
PQ＝ (お) (cm) であるから，

(か)

3 よく出る 右の図1で，△ABCは AB＝2cm，∠ABC＝45°，面積が $\sqrt{2}\ \mathrm{cm}^2$，AB＝BC の二等辺三角形である。

点Pは，辺BC上にある点で，頂点B，頂点Cのいずれにも一致(いっち)しない。

頂点Aと点Pを結ぶ。

次の各問に答えよ。

図1

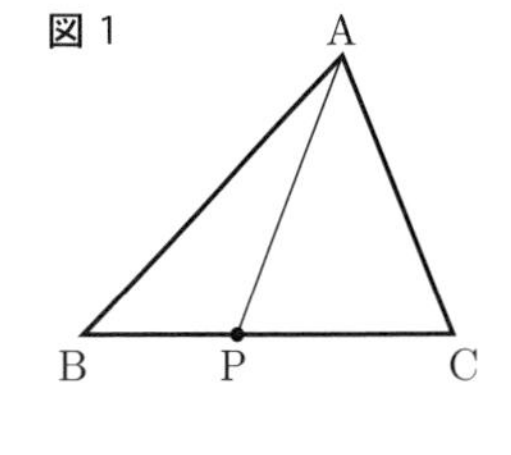

〔問1〕 AC＝AP，AC＝$2a$ cm のとき，△ACPの面積は，△ABCの面積の何倍か。
a を用いた式で表せ。 (5点)

〔問2〕 基本 右の図2は，図1において，辺AB上にあり，頂点A，頂点Bのいずれにも一致しない点をQ，線分AP上にあり，頂点A，点Pのいずれにも一致しない点をRとした場合を表している。

図2

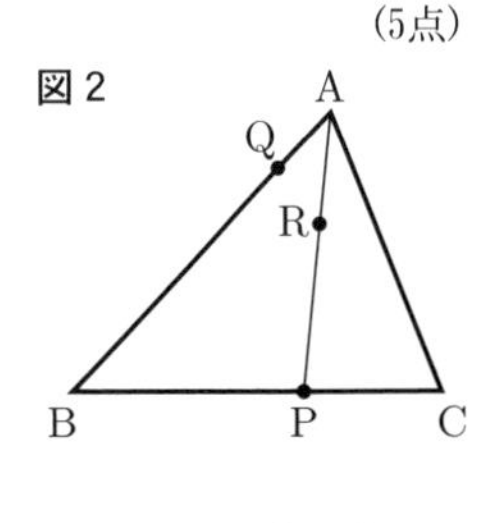

2点Q，Rを結んだ直線が頂点Cを通る場合を考える。

△CBQ∽△CRP，∠BCQ＝52° のとき，∠BAPの大きさは何度か。 (5点)

〔問3〕 右の**図3**は，**図2**において，点Qと点Rを結んだ直線と辺BCとの交点をSとした場合を表している。

線分BSの中点がP,
AQ = BP，QS // AC となるとき，次の(1)，(2)に答えよ。

図3

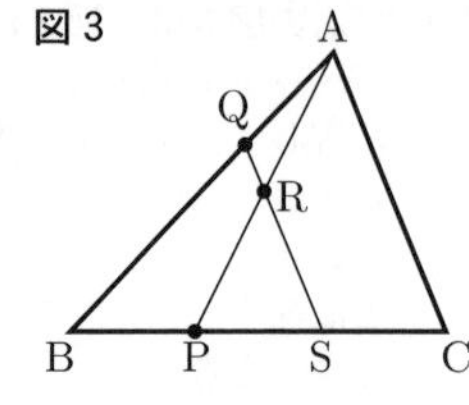

(1) 点Rが線分APの中点であることを，下の［　　］の中のように証明した。

［(a)］～［(h)］に当てはまる最も適切なものを，下のア～トの中からそれぞれ1つずつ選び，記号で答えよ。

ただし，同じものを2度以上用いて答えてはならない。 (8点)

【証明】

点Pを通り，辺ABに平行な直線と，線分QSとの交点をDとする。

DP // ABより，平行線の［(a)］は等しいから，
∠BQS = ∠［(b)］…①
QS // ACより，BQ : BS = BA : BCで，
BQ = BSだから，
△BQSは二等辺三角形である。
よって，∠BQS = ∠［(c)］…②
①と②より，△PDSはPD = PSの二等辺三角形である。…③
また，線分BSの中点がPで，AQ = BPだから，
AQ = PS…④
△RAQと△RPDで，③と④より，
AQ = PD…⑤
AQ // DPより，平行線の［(d)］は等しいから，
∠RAQ = ∠［(e)］，∠RQA = ∠［(f)］である。
…⑥
⑤と⑥より，［(g)］から，△RAQ ≡ △RPD
よって，AR = ［(h)］
したがって，点Rは線分APの中点である。

ア　PD	イ　PR	ウ　RD
エ　BPD	オ　BPR	カ　BSQ
キ　PDS	ク　PRQ	ケ　PRS
コ　RDP	サ　RPD	シ　RSC
ス　対頂角	セ　錯角(さっかく)	ソ　頂角
タ　同位角	チ　底角	
ツ　3組の辺がそれぞれ等しい		
テ　2組の辺とその間の角がそれぞれ等しい		
ト　1組の辺とその両端の角がそれぞれ等しい		

(2) △RPSの面積は何cm^2か。 (5点)

4 思考力 1から6までの目が出る大小1つずつのさいころを同時に1回投げる。

大きいさいころの出た目の数をa，小さいさいころの出た目の数をbとする。

右の**図1**で，点Oは原点，点Aの座標を$(a,\ a+b)$，点Bの座標を$(a,\ 2b)$とし，$a = 3$，$b = 6$の場合を例として表している。

図1

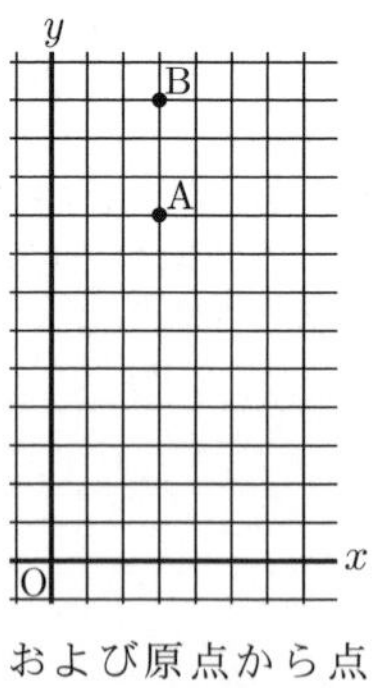

原点から点(1, 0)までの距離(きょり)，および原点から点(0, 1)までの距離をそれぞれ1cmとして，次の各問に答えよ。

ただし，大小2つのさいころはともに，1から6までのどの目が出ることも同様に確からしいものとする。

〔問1〕 点Bのy座標が，点Aのy座標より大きくなる確率を求めよ。 (6点)

〔問2〕 右の**図2**は，**図1**において，直線lを一次関数$y = x$のグラフとした場合を表している。

点Aと点Bを結んだ場合を考える。

直線lと線分ABが交わる確率を求めよ。

ただし，点Aと点Bのどちらか一方が直線l上にある場合も，直線lと線分ABが交わっているものとする。 (6点)

図2

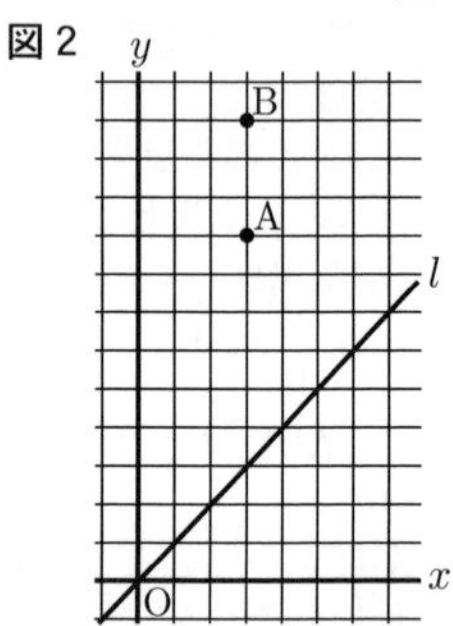

〔問3〕 右の**図3**は，**図1**において，点Oと点A，点Oと点B，点Aと点Bをそれぞれ結んだ場合を表している。

△OABの面積が$3\,\mathrm{cm}^2$となる確率を求めよ。(6点)

図3

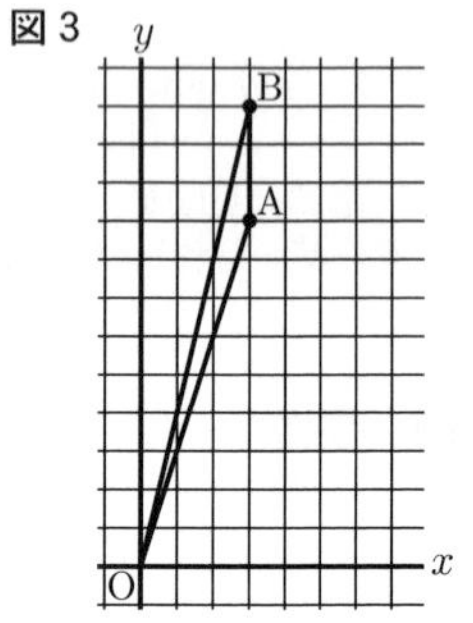

神 奈 川 県

時間	50分	満点	100点	解答	P27	2月15日実施

＊ 注意　1　答えに無理数が含まれるときは，無理数のままにしておきなさい。根号が含まれるときは，根号の中は最も小さい自然数にしなさい。また，分母に根号が含まれるときは，分母に根号を含まない形にしなさい。
2　答えが分数になるとき，約分できる場合は約分しなさい。

出題傾向と対策

●大問は6題に減ったままで，**1**，**2**，**3** が基本的な小問集合，**4** 関数とグラフ，**5** 確率，**6** 図形という出題が続いている。数，式，語句などを選択して記号で答える問題が大半で，作図や記述問題は出題されない。2020年はやや難化したが，2021年はさらに難化した。

●**1**，**2**，**3** を確実に仕上げて，**4** 以降の手のつけやすい問題に進む。**5**，**6** の最後の設問が難化しているので注意しよう。過去の出題を参考にして，関数とグラフや図形についての良問を十分に練習しておこう。

1 よく出る 基本　次の計算をした結果として正しいものを，それぞれあとの1～4の中から1つ選び，その番号を答えなさい。

(ア)　$-9-(-5)$　(3点)
1．-14　2．-4　3．4　4．14

(イ)　$-\frac{5}{6}-\frac{3}{4}$　(3点)
1．$-\frac{19}{12}$　2．$-\frac{1}{12}$　3．$\frac{1}{12}$　4．$\frac{19}{12}$

(ウ)　$8ab^2 \times 3a \div 6a^2b$　(3点)
1．$4a$　2．$4ab$　3．$4b$　4．$6b$

(エ)　$\frac{3x+2y}{5}-\frac{x-3y}{3}$　(3点)
1．$\frac{2x+5y}{15}$　2．$\frac{4x-9y}{15}$　3．$\frac{4x+21y}{15}$　4．$\frac{14x-9y}{15}$

(オ)　$(2+\sqrt{7})(2-\sqrt{7})+6(\sqrt{7}+2)$　(3点)
1．$-3+2\sqrt{7}$　2．$-1+2\sqrt{7}$　3．$-1+6\sqrt{7}$　4．$9+6\sqrt{7}$

2 よく出る 基本　次の問いに対する答えとして正しいものを，それぞれあとの1～4の中から1つ選び，その番号を答えなさい。

(ア)　$(x+6)^2-5(x+6)-24$ を因数分解しなさい。(4点)
1．$(x-9)(x+2)$　2．$(x-8)(x+3)$
3．$(x-3)(x+8)$　4．$(x-2)(x+9)$

(イ)　2次方程式 $x^2-3x+1=0$ を解きなさい。　(4点)
1．$x=\frac{-3\pm\sqrt{5}}{2}$　2．$x=\frac{3\pm\sqrt{5}}{2}$
3．$x=\frac{-3\pm\sqrt{13}}{2}$　4．$x=\frac{3\pm\sqrt{13}}{2}$

(ウ)　関数 $y=ax^2$ について，x の値が1から4まで増加するときの変化の割合が -3 であった。このときの a の値を求めなさい。　(4点)
1．$a=-5$　2．$a=-\frac{3}{5}$　3．$a=\frac{3}{5}$　4．$a=5$

(エ)　1個 15 kg の荷物が x 個と，1個 9 kg の荷物が y 個あり，これらの荷物全体の重さを確かめたところ 200 kg 以上であった。このときの数量の関係を不等式で表しなさい。　(4点)
1．$15x+9y \geqq 200$　2．$15x+9y>200$
3．$15x+9y \leqq 200$　4．$15x+9y<200$

(オ)　$\sqrt{\frac{540}{n}}$ が自然数となるような，最も小さい自然数 n の値を求めなさい。　(4点)
1．$n=3$　2．$n=6$　3．$n=15$　4．$n=30$

(カ)　右の図において，4点A，B，C，Dは円Oの周上の点で，AD // BC である。
また，点Eは点Aを含まない $\overset{\frown}{BC}$ 上の点であり，点Fは線分AEと線分BDとの交点である。
このとき，∠AFD の大きさを求めなさい。　(4点)

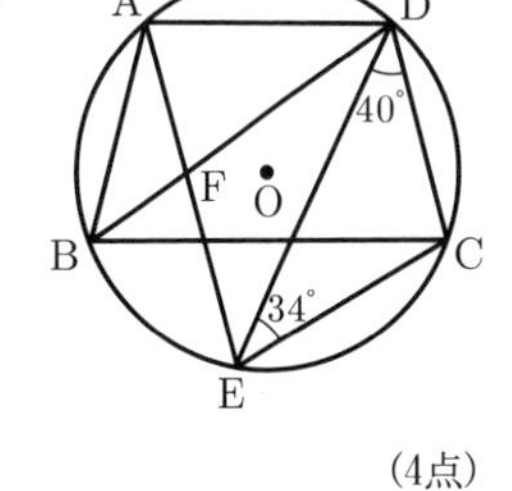

1．72°　2．74°　3．76°　4．80°

3　次の問いに答えなさい。

(ア)　右の図1のように，正三角形ABCの辺AB上に点Dを，辺BC上に点Eを，辺CA上に点FをAD＝BE＝CF となるようにとる。
このとき，次の(i)，(ii)に答えなさい。

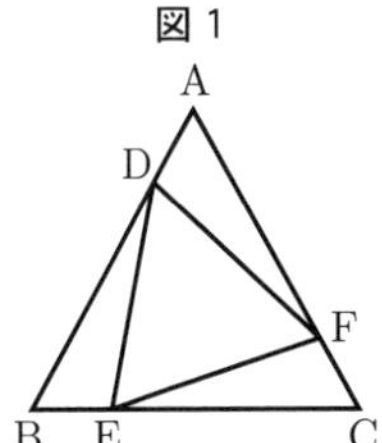

図1

(i)　よく出る 基本　三角形ADFと三角形CFEが合同であることを次のように証明した。(a) ～ (c) に最も適するものを，それぞれ選択肢の1～4の中から1つ選び，その番号を答えなさい。　(4点)

［証明］
△ADF と △CFE において，
まず，仮定より，
AD＝BE＝CF　……①
よって，AD＝CF　……②
次に，△ABC は正三角形であるから，
∠BAC＝∠ACB
よって，∠DAF＝∠FCE　……③
さらに，△ABC は正三角形であるから，
AB＝BC＝CA　……④
①，④より，
AF＝CA－ (a) ＝AB－AD　……⑤
CE＝ (b) －BE＝AB－AD　……⑥
⑤，⑥より，AF＝CE　……⑦
②，③，⑦より，(c) から，
△ADF≡△CFE

(a)，(b)の選択肢
1．BC　2．BD　3．CE　4．CF

(c)の選択肢
1．3組の辺がそれぞれ等しい
2．2組の辺とその間の角がそれぞれ等しい
3．1組の辺とその両端の角がそれぞれ等しい
4．斜辺と1つの鋭角がそれぞれ等しい

(ii)　AB＝18 cm で，AD < BD とする。三角形ABC

の面積と三角形DEFの面積の比が 12 : 7 であるとき，線分ADの長さを求めなさい。　(4点)

(イ) よく出る 基本　次の図2は，A中学校の生徒100人とB中学校の生徒150人がハンドボール投げを行ったときの記録をそれぞれまとめ，その相対度数の分布を折れ線グラフに表したものである。なお，階級は，5m以上10m未満，10m以上15m未満などのように，階級の幅を5mにとって分けている。

図2のグラフから読み取れることがらを，あとのあ～えの中から2つ選んだときの組み合わせとして最も適するものを1～6の中から1つ選び，その番号を答えなさい。　(5点)

図2

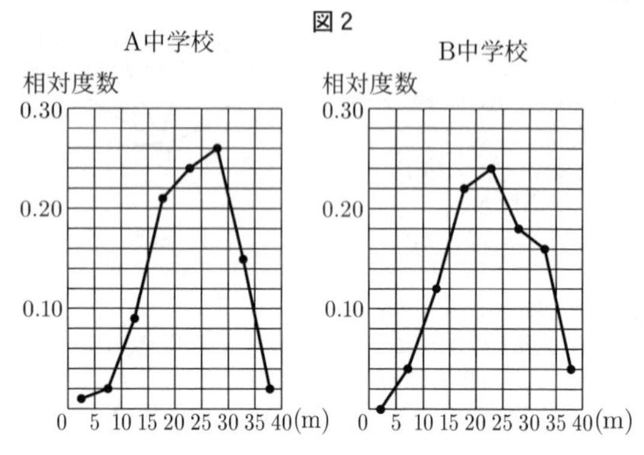

あ．中央値を含む階級の階級値は，A中学校とB中学校で同じである。
い．記録が20m未満の生徒の割合は，A中学校よりB中学校の方が小さい。
う．記録が20m以上25m未満の生徒の人数は，A中学校よりB中学校の方が多い。
え．A中学校，B中学校ともに，記録が30m以上の生徒の人数より記録が25m以上30m未満の生徒の人数の方が多い。

1．あ，い　2．あ，う　3．あ，え
4．い，う　5．い，え　6．う，え

(ウ) 基本　右の図3は，底面が縦30cm，横60cmで高さが36cmの直方体の形をした水そうであり，水そうの底面は，高さが18cmで底面に垂直な板によって，縦30cm，横40cmの長方形の底面Pと，縦30cm，横20cmの長方形の底面Qの2つの部分に分けられている。

図3

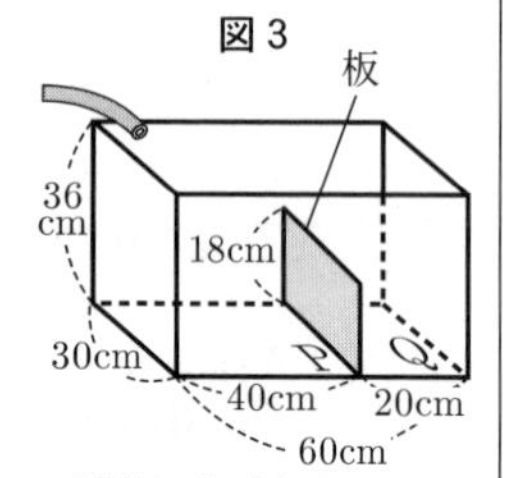

いま，この水そうが空の状態から，底面Pの方へ毎秒200 cm^3 ずつ水を入れていき，水そうが完全に水で満たされたところで水を止める。

このとき，次の［　］中の説明を読んで，あとの(i)，(ii)に答えなさい。ただし，水そうや板の厚さは考えないものとする。

> 底面Pから水面までの高さに着目すると，水を入れ始めてから a 秒後に水面までの高さが板の高さと同じになり，a 秒後からしばらくは板を超えて底面Qの方へ水が流れるため水面までの高さは変わらないが，その後，再び水面までの高さは上がり始める。

(i)［　］中の a の値を求めなさい。　(3点)

(ii) 水を入れ始めてから x 秒後の，底面Pから水面までの高さを y cmとするとき，水を入れ始めてから水を止めるまでの x と y の関係を表すグラフとして最も適するものを次の1～4の中から1つ選び，その番号を答えなさい。　(2点)

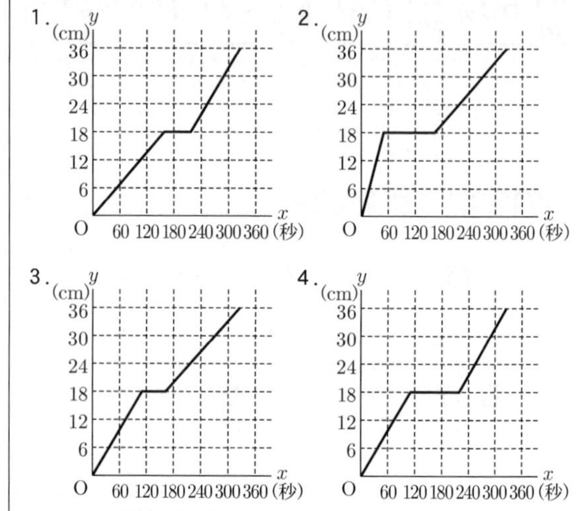

(エ) 基本　あるバス停の利用者数を大人と子どもに分けて調べたところ，先週の利用者数は大人と子どもを合わせて580人であった。このバス停における今週の利用者数は，先週に比べ大人が1割増加して子どもが3割増加したため，合わせて92人増加した。

Aさんは，このときの，今週の大人の利用者数を次のように求めた。［(i)］にあてはまる式を，［(ii)］，［(iii)］にあてはまる数を，それぞれ書きなさい。(5点)

> 求め方
> 先週の大人の利用者数をもとに，今週の大人の利用者数を計算で求めることにする。
> そこで，先週の大人の利用者数を x 人，先週の子どもの利用者数を y 人として方程式をつくる。
> まず，先週の利用者数は大人と子どもを合わせて580人であったことから，
> $x + y = 580$　……①
> 次に，今週の利用者数は，合わせて92人増加したことから，
> ［　(i)　］$= 92$　……②
> ①，②を連立方程式として解くと，解は問題に適しているので，先週の大人の利用者数は［(ii)］人とわかる。
> よって，今週の大人の利用者数は［(iii)］人である。

4 よく出る　右の図において，直線①は関数 $y = -x$ のグラフであり，曲線②は関数 $y = ax^2$ のグラフである。

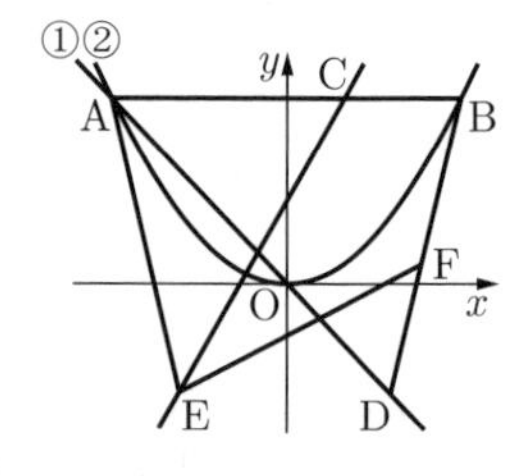

点Aは直線①と曲線②との交点で，その x 座標は -5 である。点Bは曲線②上の点で，線分ABは x 軸に平行である。点Cは線分AB上の点で，AC : CB = 2 : 1 である。

また，原点をOとするとき，点Dは直線①上の点でAO : OD = 5 : 3 であり，その x 座標は正である。

さらに，点Eは点Dと y 軸について対称な点である。このとき，次の問いに答えなさい。

(ア) 基本　曲線②の式 $y=ax^2$ の a の値として正しいものを次の1～6の中から1つ選び，その番号を答えなさい。(4点)

1．$a=-\frac{1}{2}$　2．$a=-\frac{2}{5}$　3．$a=-\frac{1}{5}$
4．$a=\frac{1}{5}$　5．$a=\frac{2}{5}$　6．$a=\frac{1}{2}$

(イ) 直線CEの式を $y=mx+n$ とするときの(i) m の値と，(ii) n の値として正しいものを，それぞれ次の1～6の中から1つ選び，その番号を答えなさい。(5点)

(i) m の値
1．$m=\frac{7}{5}$　2．$m=\frac{3}{2}$　3．$m=\frac{8}{5}$
4．$m=\frac{12}{7}$　5．$m=\frac{24}{13}$　6．$m=\frac{27}{14}$

(ii) n の値
1．$n=\frac{6}{5}$　2．$n=\frac{9}{7}$　3．$n=\frac{3}{2}$
4．$n=\frac{23}{14}$　5．$n=\frac{9}{5}$　6．$n=\frac{15}{7}$

(ウ) 点Fは線分BD上の点である。三角形AECと四角形BCEFの面積が等しくなるとき，点Fの座標を求めなさい。(5点)

5 思考力 新傾向　右の図1のように，3つの箱P，Q，Rがあり，箱Pには1，2，4の数が1つずつ書かれた3枚のカードが，箱Qには3，5，6の数が1つずつ書かれた3枚のカードがそれぞれ入っており，箱Rには何も入っていない。

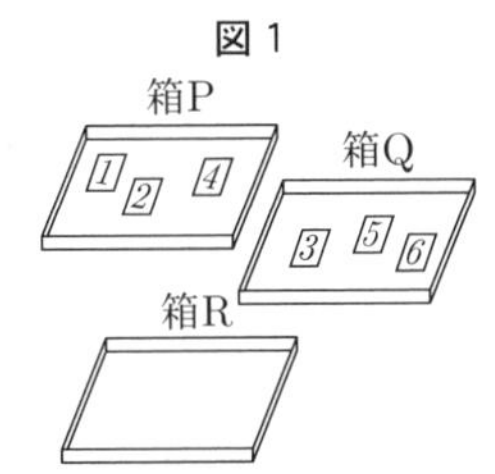

大，小2つのさいころを同時に1回投げ，大きいさいころの出た目の数を a，小さいさいころの出た目の数を b とする。出た目の数によって，次の【操作1】，【操作2】を順に行い，箱Rに入っているカードの枚数を考える。

【操作1】カードに書かれた数の合計が a となるように箱Pから1枚または2枚のカードを取り出し，箱Qに入れる。

【操作2】箱Qに入っているカードのうち b の約数が書かれたものをすべて取り出し，箱Rに入れる。ただし，b の約数が書かれたカードが1枚もない場合は，箱Qからカードを取り出さず，箱Rにはカードを入れない。

例

大きいさいころの出た目の数が5，小さいさいころの出た目の数が3のとき，$a=5$，$b=3$ である。

このとき，【操作1】により，カードに書かれた数の合計が5となるように箱Pから 1 と 4 のカードを取り出し，箱Qに入れる。

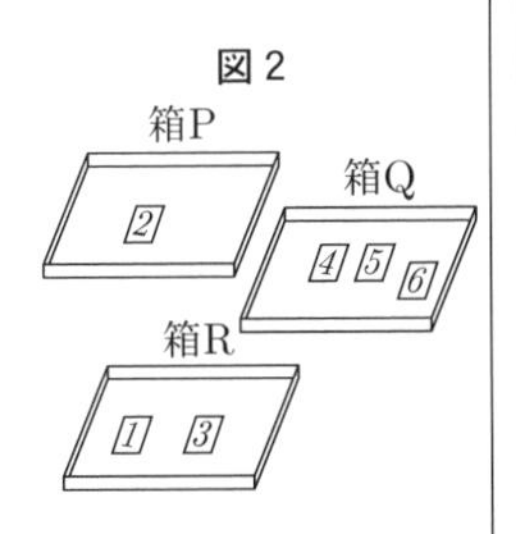

次に，【操作2】により，箱Qに入っているカードのうち3の約数が書かれたものである 1 と 3 のカードを取り出し，箱Rに入れる。

この結果，図2のように，箱Rに入っているカードは2枚である。

いま，図1の状態で，大，小2つのさいころを同時に1回投げるとき，次の問いに答えなさい。ただし，大，小2つのさいころはともに，1から6までのどの目が出ることも同様に確からしいものとする。

(ア) 箱Rに入っているカードが4枚となる確率として正しいものを次の1～6の中から1つ選び，その番号を答えなさい。(5点)

1．$\frac{1}{36}$　2．$\frac{1}{18}$　3．$\frac{1}{12}$
4．$\frac{1}{9}$　5．$\frac{5}{36}$　6．$\frac{1}{6}$

(イ) 難　箱Rに入っているカードが1枚となる確率を求めなさい。(5点)

6　右の図1は，線分ABを直径とする円Oを底面とし，線分ACを母線とする円すいである。

また，点Dはこの円すいの側面上に，点Aから点Bまで長さが最も短くなるように線を引き，この線を2等分した点である。

AB＝6 cm，AC＝9 cm のとき，次の問いに答えなさい。ただし，円周率は π とする。

図1

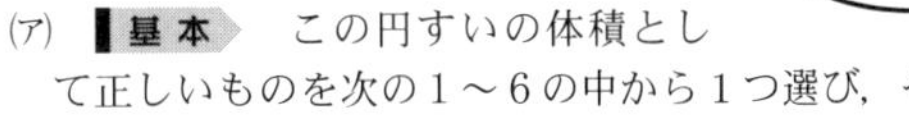

(ア) 基本　この円すいの体積として正しいものを次の1～6の中から1つ選び，その番号を答えなさい。(4点)

1．$9\sqrt{5}\pi$ cm^3　2．$18\sqrt{2}\pi$ cm^3
3．$27\sqrt{5}\pi$ cm^3　4．$54\sqrt{2}\pi$ cm^3
5．$36\sqrt{5}\pi$ cm^3　6．$72\sqrt{2}\pi$ cm^3

(イ) 基本　この円すいの表面積として正しいものを次の1～6の中から1つ選び，その番号を答えなさい。(5点)

1．$\frac{33}{4}\pi$ cm^2　2．9π cm^2　3．15π cm^2
4．$\frac{117}{4}\pi$ cm^2　5．36π cm^2　6．63π cm^2

(ウ) 難　この円すいの側面上に，図2のように点Dから線分AC，線分BCと交わるように点Dまで円すいの側面上に引いた線のうち，長さが最も短くなるように引いた線の長さを求めなさい。(5点)

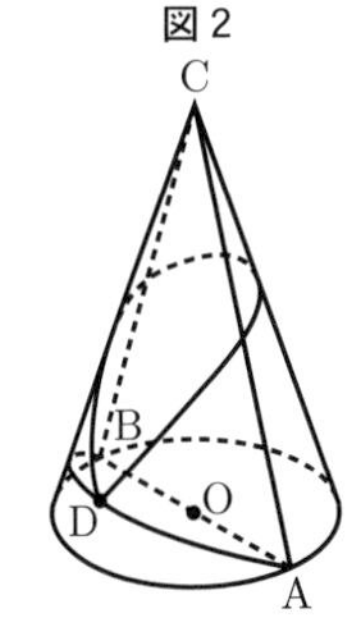

新潟県

時間	50分	満点	100点	解答	P27	3月4日実施

出題傾向と対策

●大問が5題で，**1**，**2** は基本問題を中心とする小問集合，**3** は1次関数とグラフの問題，**4** は平面図形と動点の問題，**5** は立体図形と体積の問題であった。大問が1題減り，5題となったが，出題構成，難易度は例年と全く同じで，ほとんどの問題で求め方の記述が要求されている。

●基礎・基本を問う問題が多いが，文章題や説明文の題意を的確に把握して，問題に取り組む姿勢が大切である。更に，問題を解く過程を迅速に記述する練習をしておくことが一層重要である。

1 よく出る 基本　次の(1)～(8)の問いに答えなさい。

(1)　$6-13$ を計算しなさい。(4点)

(2)　$2(3a+b)-(a+4b)$ を計算しなさい。(4点)

(3)　$a^3b^5 \div ab^2$ を計算しなさい。(4点)

(4)　$\sqrt{14}\times\sqrt{2}+\sqrt{7}$ を計算しなさい。(4点)

(5)　2次方程式 $x^2+7x+5=0$ を解きなさい。(4点)

(6)　y は x の2乗に比例し，$x=-2$ のとき $y=12$ である。このとき，y を x の式で表しなさい。(4点)

(7)　右の図のように，円Oの円周上に3つの点A，B，Cがあり，線分OAの延長と点Bを接点とする円Oの接線との交点をPとする。$\angle\mathrm{APB}=28^\circ$ であるとき，$\angle x$ の大きさを答えなさい。(4点)

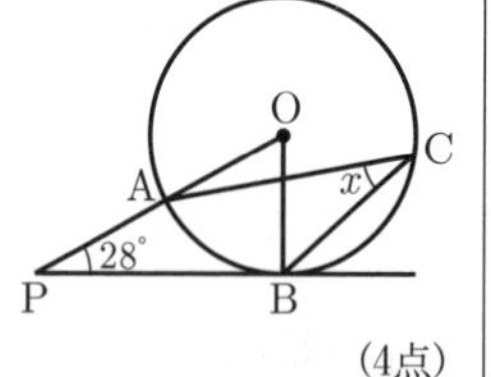

(8)　右の表は，ある中学校の生徒80人の通学距離を調べ，度数分布表にまとめたものである。このとき，次の①，②の問いに答えなさい。

階級(m) 以上　未満	度数(人)
0 ～ 200	3
200 ～ 400	20
400 ～ 600	16
600 ～ 800	12
800 ～ 1000	23
1000 ～ 1200	6
計	80

①　200 m以上400 m未満の階級の相対度数を，小数第2位まで答えなさい。(2点)

②　通学距離の中央値がふくまれる階級を答えなさい。(2点)

2 よく出る 基本　次の(1)～(3)の問いに答えなさい。

(1)　連続する2つの自然数がある。この2つの自然数の積は，この2つの自然数の和より55大きい。このとき，連続する2つの自然数を求めなさい。(6点)

(2)　赤玉1個，白玉2個，青玉2個が入っている袋Aと，赤玉2個，白玉1個が入っている袋Bがある。袋A，袋Bから，それぞれ1個ずつ玉を取り出すとき，取り出した2個の玉の色が異なる確率を求めなさい。(6点)

(3)　右の図のような，正三角形ABCがあり，辺BCの中点をMとする。辺BC上にあり，$\angle\mathrm{BDA}=105^\circ$ となる点Dを，定規とコンパスを用いて作図しなさい。ただし，作図に使った線は消さないで残しておくこと。(5点)

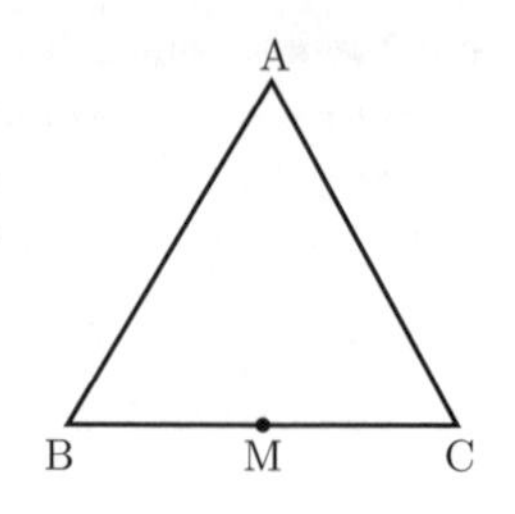

3 よく出る 基本　右の図1のように空(から)の水そうがあり，P，Qからそれぞれ出す水をこの中に入れる。最初に，P，Qから同時に水を入れ始めて，その6分後に，Qから出す水を止め，Pからは出し続けた。さらに，その4分後に，Pから出す水も止めたところ，水そうの中には230 Lの水が入った。

P，Qから同時に水を入れ始めてから，x 分後の水そうの中の水の量を y Lとする。右の**図2**は，P，Qから同時に水を入れ始めてから，水そうの中の水の量が230 Lになるまでの，x と y の関係をグラフに表したものである。このとき，次の(1)～(3)の問いに答えなさい。ただし，P，Qからは，それぞれ一定の割合で水を出すものとする。

図1

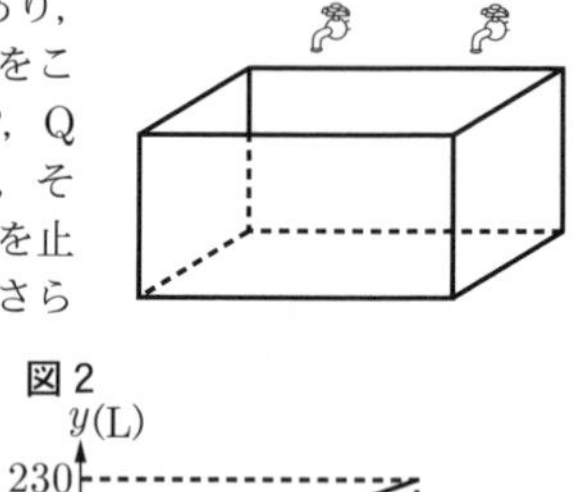

図2

y(L)　230　180　O　6　10　x(分)

(1)　**図2**について，$0\leqq x\leqq 6$ のとき，直線の傾きを答えなさい。(4点)

(2)　**図2**について，$6\leqq x\leqq 10$ のとき，x と y の関係を $y=ax+b$ の形で表す。このとき，次の①，②の問いに答えなさい。

①　b の値を答えなさい。(4点)

②　次の文は，b の値について述べたものである。このとき，文中の □ に当てはまる最も適当なものを，下のア～エから1つ選び，その符号を書きなさい。(4点)

> b の値は，P，Qから同時に水を入れ始めてから，水そうの中の水の量が230 Lになるまでの間の，□ と同じ値である。

ア　「Pから出た水の量」と「Qから出た水の量」の和

イ　「Pから出た水の量」から「Qから出た水の量」を引いた差

ウ　Pから出た水の量

エ　Qから出た水の量

(3)　Pから出た水の量と，Qから出た水の量が等しくなるのは，P，Qから同時に水を入れ始めてから何分何秒後か，求めなさい。(6点)

4 思考力　右の図1のように，$AB=4\,cm$，$BC=2\,cm$ の長方形ABCDがあり，$\triangle ACD \equiv \triangle FBE$ となるように，対角線BD上に点Eを，辺BAの延長上に点Fをそれぞれとる。このとき，次の(1)，(2)の問いに答えなさい。

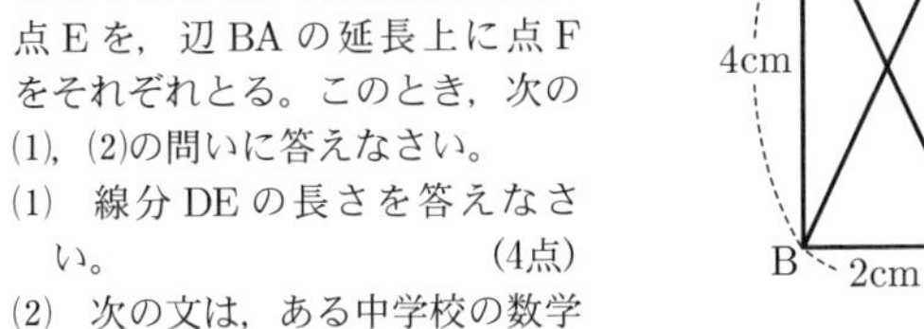

(1) 線分DEの長さを答えなさい。(4点)

(2) 次の文は，ある中学校の数学の授業での，先生と生徒の会話の一部である。この文を読んで，あとの①～④の問いに答えなさい。

> 先生：厚紙に，上の図1の △FBE と合同な △PQR を作図し，これを切り取ります。また，図2のように，半直線OXと，OXに垂直な半直線OYを紙にかきます。この紙の上に，切り取った △PQR を，図3のように，頂点Qを点Oと，辺PQを半直線OYと，それぞれ重ねて置き，次の手順Ⅰ，Ⅱに従って動かします。このとき，頂点Rの動きについて，何か気づくことはありますか。
>
> 手順
> Ⅰ　図3の △PQR の位置から，頂点Pを半直線OY上で，頂点Qを半直線OX上で，それぞれ矢印の向きに動かす。図4は，頂点Pが半直線OY上のある点を，また，頂点Qが半直線OX上のある点を，それぞれ通るときのようすを表したものである。
> Ⅱ　図5のように，頂点Pが点Oと重なったとき，△PQR を動かすことを終了する。
>
> ケン：頂点Rは，ある1つの直線上を動いているような気がします。不思議ですね。
> ナミ：ある1つの直線上を動くのなら，その直線は点Oを通りそうです。
> 先生：それが正しいかどうかを確かめるために，∠ROX に注目してみましょう。
> ナミ：図3では，∠QRP の大きさが［ア］度だから，∠ROX の大きさは ∠RPQ の大きさと等しくなります。
> 先生：そうですね。では，図4で，点Oと頂点Rを結ぶと同じことが言えるでしょうか。
> リエ：図4で，3点P，Q，Rを通る円をかくと，∠QRP の大きさは［ア］度だから，△PQR の辺［イ］はその円の直径になります。
> 先生：<u>今のリエさんの考え方を使って，∠ROX の大きさは∠RPQ の大きさと等しくなることが証明できます。</u>この証明をノートに書いてみましょう。
> ナミ：できました。
> ケン：私もできました。図5でも，∠ROX の大きさは ∠RPQ の大きさと等しくなるので，頂点Rは，点Oを通る1つの直線上を動くと言えます。
> 先生：そのとおりです。よくできました。次に，手順Ⅰ，Ⅱに従って △PQR を動かしたときの頂点Rの道のりを，頂点Rの動きをふまえて求めてみましょう。
> リエ：はい。頂点Rが動いた道のりは［ウ］cmです。

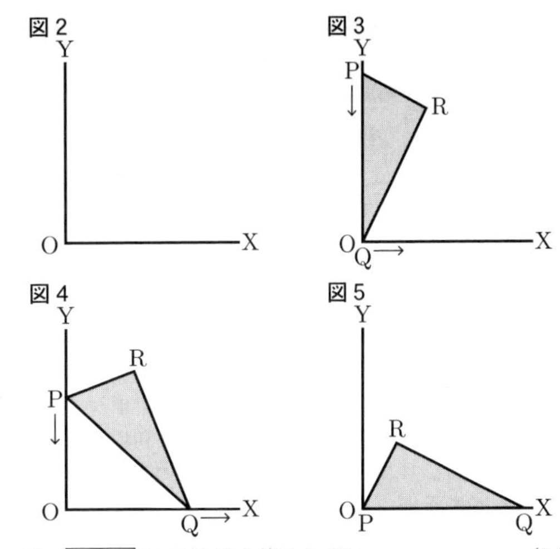

① ［ア］に入る値を答えなさい。(2点)

② ［イ］に入る，△PQR の辺はどれか，答えなさい。(2点)

③ 下線部分について，リエさんの考え方を使って，図4で ∠ROX の大きさが ∠RPQ の大きさと等しくなることを証明しなさい。(5点)

④ ［ウ］に入る値を求めなさい。(5点)

5 右の図のような1辺の長さが8cmの正四面体ABCDがあり，辺AC，ADの中点をそれぞれM，Nとする。また，辺AB上に $AE=2\,cm$ となるような点Eをとり，辺BC上に $BF=3\,cm$ となるような点Fをとる。このとき，次の(1)～(3)の問いに答えなさい。

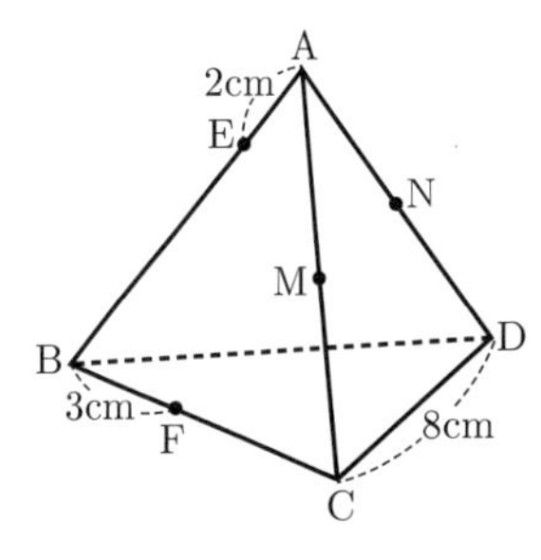

(1) よく出る 基本　線分MNの長さを答えなさい。(5点)

(2) よく出る 基本　$\triangle AEM \backsim \triangle BFE$ であることを証明しなさい。(5点)

(3) 思考力　5点F，C，D，N，Mを結んでできる四角すいの体積は，三角すいEAMNの体積の何倍か，求めなさい。(5点)

富山県

時間	50分	満点	40点	解答	P28	3月10日実施

＊ 注意　1　答えに $\sqrt{\ }$ がふくまれるときは，$\sqrt{\ }$ の中の数を最も小さい自然数にしなさい。
　　　　2　答えの分母に $\sqrt{\ }$ がふくまれるときは，分母を有理化しなさい。

出題傾向と対策

●昨年と同様に大問は7題で，**1** は小問集合（10題），**2** は関数，**3** は規則性，**4** はデータの活用（連立方程式），**5** は立体図形の計量，**6** は関数の利用（ダイヤグラム），**7** は円に関わる証明や長さ・面積比であった。

●基礎・基本を問う問題が多いが，**3** の規則性の問題，**7** の証明の記述など，思考力を問う問題も例年出題されている。教科書レベルの基本問題を繰り返し学習するだけでなく，様々な数学を使って総合的に解く必要のある問題に取り組もう。

---

1 よく出る 基本　次の問いに答えなさい。

(1)　$7-2\times8$ を計算しなさい。

(2)　$2y^2 \div xy \times 5x^2y$ を計算しなさい。

(3)　$\sqrt{6}\times\sqrt{2}-\sqrt{3}$ を計算しなさい。

(4)　$3(2a-3)-4(a-2)$ を計算しなさい。

(5)　y は x に反比例し，$x=6$ のとき $y=4$ である。
$x=-3$ のときの y の値を求めなさい。

(6)　2次方程式 $x^2-11x+28=0$ を解きなさい。

(7)　ある数 x を3倍した数は，ある数 y から4をひいて5倍した数より小さい。これらの数量の関係を不等式で表しなさい。

(8)　大小2つのさいころを同時に投げるとき，出る目の数の和が3の倍数となる確率を求めなさい。
　ただし，それぞれのさいころの1から6までのどの目が出ることも同様に確からしいものとする。

(9)　右の図の $\angle x$ の大きさを求めなさい。

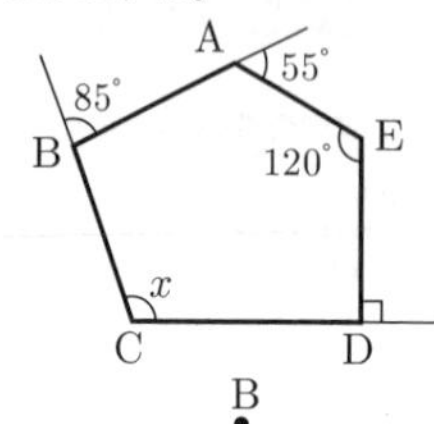

(10)　右の図のように，直線 l 上の点Aと l 上にない点Bがある。直線 l 上にあり，2点A，Bからの距離が等しい点Pを作図によって求め，Pの記号をつけなさい。
　ただし，作図に用いた線は残しておくこと。

B
l　A

2　右の図のように，関数 $y=\frac{1}{2}x^2$ のグラフ上に3点A，B，Cがあり，それぞれの x 座標は -2，4，6である。
　このとき，次の問いに答えなさい。

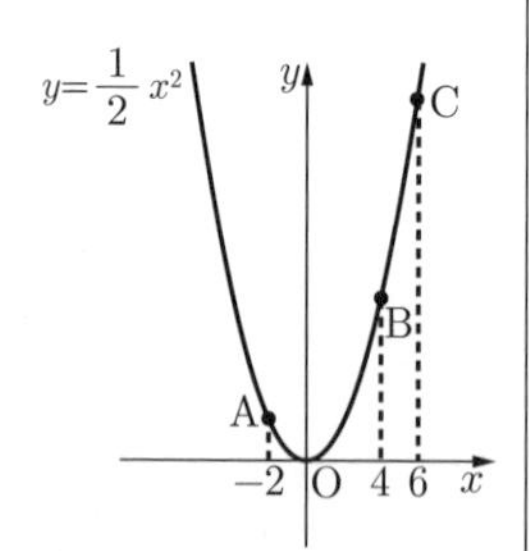

(1)　よく出る 基本　関数 $y=\frac{1}{2}x^2$ について，x の変域が $-4\leqq x\leqq 2$ のときの y の変域を求めなさい。

(2)　点Aを通る傾き a の直線を l とする。
　直線 l と関数 $y=\frac{1}{2}x^2$ のグラフの点BからCの部分（$4\leqq x\leqq 6$）とが交わるとき，a の値の範囲を求めなさい。

(3)　よく出る　y 軸上に点Pをとる。BP＋CP が最小となるときの点Pの座標を求めなさい。

3 よく出る　右の図のように，1から10の数が書かれたカードを，次の手順にしたがって並べていく。

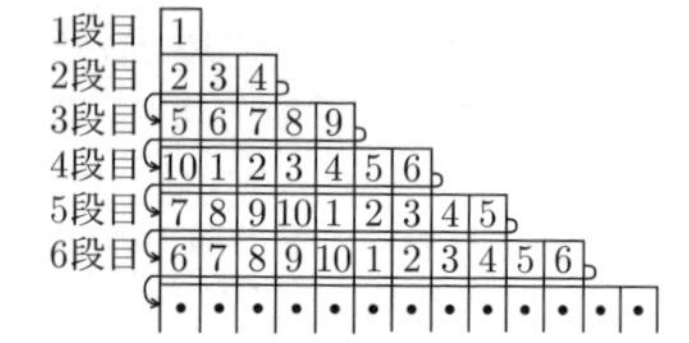

手順
・1段目は1枚，2段目は3枚，3段目は5枚，…とする。
・カードに書かれた数が1，2，…，10，1，2，…，10，…となるように繰り返し並べる。
・1段目は1の数が書かれたカードとし，2段目以降は左端から右端へ並べ，右端に並べたら，矢印のように次の段の左端から並べるものとする。

　このとき，次の問いに答えなさい。

(1)　基本　1段目から7段目の右端までのカードは全部で何枚あるか求めなさい。
　また，7段目の右端のカードに書かれた数を求めなさい。

(2)　段の右端に並ぶ6の数が書かれたカードだけ考えると，1回目に6の数が書かれたカードが並ぶのは4段目であり，2回目に並ぶのは6段目である。
　3回目に並ぶのは何段目か求めなさい。

(3)　思考力　カードに書かれた1から10の数のうち，段の右端に並ばない数をすべて答えなさい。

4　次の問いに答えなさい。

(1)　よく出る　右の表は，あるクラスのソフトボール投げの記録を度数分布表にまとめ，(階級値)×(度数) を計算する列を加えたものである。この表から求めた平均値が 30 m であるとき，次の問いに答えなさい。
　ただし，表は，あてはまる数を一部省略している。

階級(m)	度数(人)	(階級値)×(度数)
以上　未満		
0 ～ 10	0	0
10 ～ 20	8	120
20 ～ 30	x	
30 ～ 40	y	
40 ～ 50	2	90
50 ～ 60	4	220
計	32	

①　x と y についての連立方程式をつくりなさい。

②　x と y の値をそれぞれ求めなさい。

(2)　下の図は，2年1組40人の通学時間を調べて，学級委員のAさんとBさんが，それぞれつくったヒストグラムである。例えば，Aさんがつくったヒストグラムでは，通学時間が4分以上8分未満の生徒が5人いることを示している。

Aさんがつくったヒストグラム

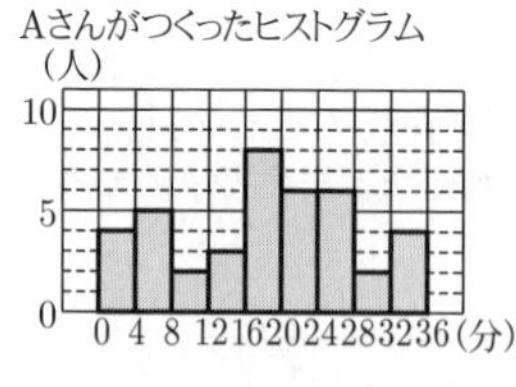

Bさんがつくったヒストグラム

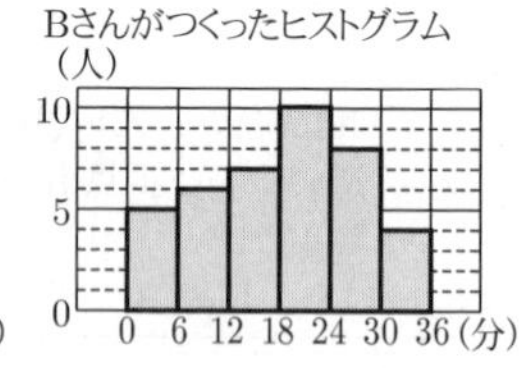

　上の2つのヒストグラムを見てわかることについて，

正しく述べたものを次のア～エからすべて選び，記号で答えなさい。

ア　A さんがつくったヒストグラムの最頻値は，B さんがつくったヒストグラムの最頻値より大きい。

イ　通学時間が 4 分以上 6 分未満の生徒は 1 人である。

ウ　階級の幅を 9 分にして，新たにヒストグラムをつくると，通学時間が 9 分以上 18 分未満の生徒は最大 9 人である。

エ　通学時間が 12 分以上 24 分未満の階級の相対度数の合計は，A さんがつくったヒストグラムと B さんがつくったヒストグラムでは異なる。

5　右の図 1 のように，頂点が A，高さが 12 cm の円すいの形をした容器がある。この容器の中に半径 r cm の小さい球を入れると，容器の側面に接し，A から小さい球の最下部までの長さが 3 cm のところで止まった。

次に，半径 $2r$ cm の大きい球を容器に入れると，小さい球と容器の側面に接して止まり，大きい球の最上部は底面の中心 B にも接した。

また，図 2 は，図 1 を正面から見た図である。

このとき，次の問いに答えなさい。

ただし，円周率は π とし，容器の厚さは考えないものとする。

図 1

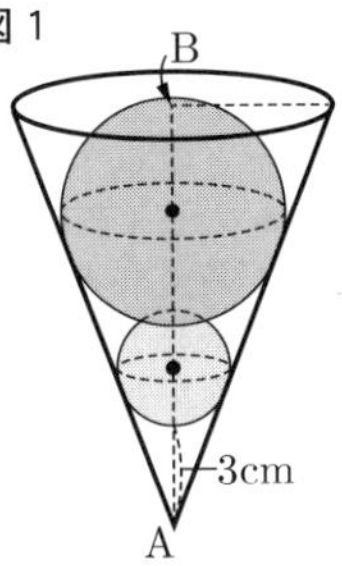

B

3cm

A

図 2

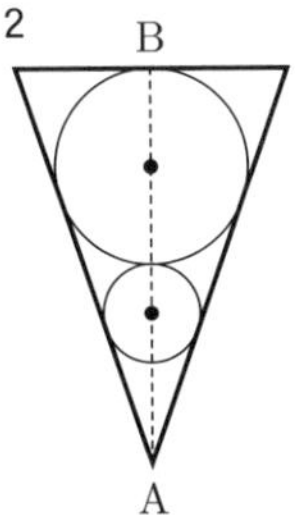

B

A

(1) 基本　r の値を求めなさい。

(2) 容器の底面の半径を求めなさい。

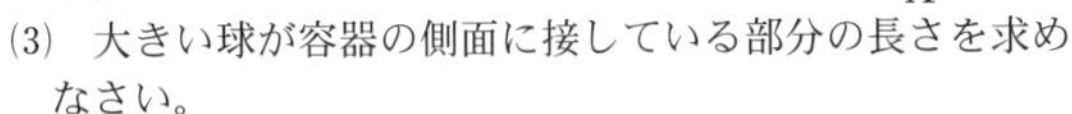

(3) 大きい球が容器の側面に接している部分の長さを求めなさい。

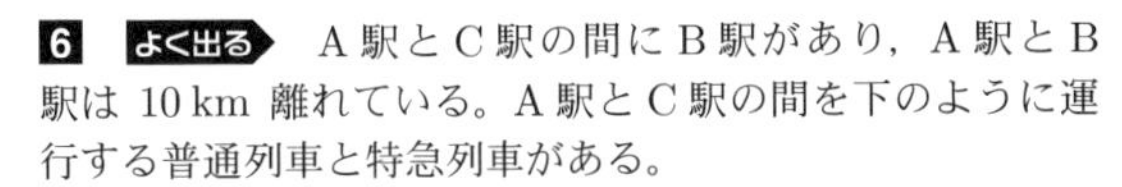

6　よく出る　A 駅と C 駅の間に B 駅があり，A 駅と B 駅は 10 km 離れている。A 駅と C 駅の間を下のように運行する普通列車と特急列車がある。

> 普通列車
> ・A 駅を午前 9 時に出発して B 駅に午前 9 時 10 分に到着し，2 分間停車して C 駅に向かう。
> ・C 駅を午前 9 時 40 分に出発し，B 駅で 2 分間停車して A 駅に向かう。
> ・各駅を出発する普通列車の速さは同じである。
> 特急列車
> ・速さは時速 80 km である。
> ・C 駅を午前 9 時 12 分に出発し，B 駅を通過して A 駅に午前 9 時 30 分に到着する。

次のグラフは，それぞれの列車が午前 9 時から x 分後に A 駅から y km 離れているとして，x と y の関係を表したものである。

このとき，あとの問いに答えなさい。

ただし，A 駅，B 駅，C 駅は一直線上にあり，各列車は各区間を一定の速さで走っているものとする。なお，列車の長さは考えないものとする。

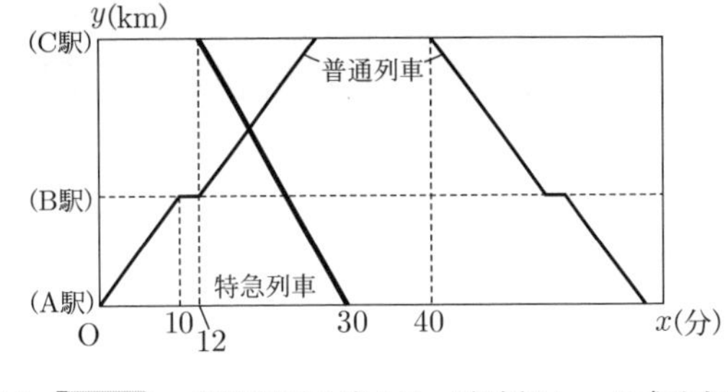

(1) 基本　普通列車の速さは，時速何 km か求めなさい。

(2) 基本　A 駅と C 駅は何 km 離れているか求めなさい。

(3) 午前 9 時に A 駅を出発する普通列車と午前 9 時 12 分に C 駅を出発する特急列車がすれ違うのは，A 駅から何 km 離れた地点か求めなさい。

(4) 午前 9 時 40 分に C 駅を出発した普通列車が B 駅を出発する時刻に，A 駅を出発して C 駅に向かう時速 80 km の臨時の特急列車が B 駅を通過した。

臨時の特急列車は一定の速さで進むものとして，C 駅に午前何時何分何秒に到着するか求めなさい。

7　右の図のように，円周上に異なる点 A，B，C，D，E があり，$AC = AE$，$\overset{\frown}{BC} = \overset{\frown}{DE}$ である。線分 BE と線分 AC，AD との交点をそれぞれ点 F，G とする。

このとき，次の問いに答えなさい。

ただし，$\overset{\frown}{BC}$，$\overset{\frown}{DE}$ は，それぞれ短い方の弧を指すものとする。

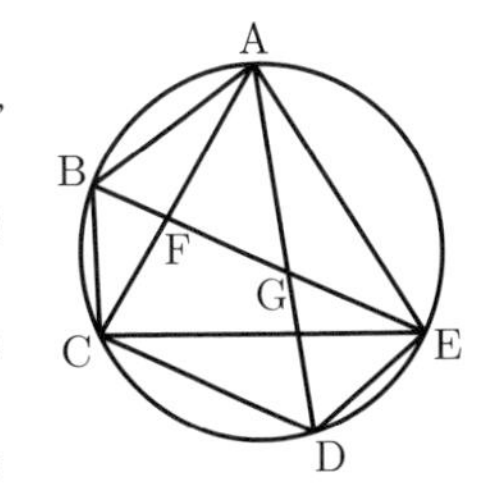

(1) よく出る　$\triangle ABC \equiv \triangle AGE$ を証明しなさい。

(2) $AB = 4$ cm，$AE = 6$ cm，$DG = 3$ cm とするとき，次の問いに答えなさい。

① 線分 AF の長さを求めなさい。

② 思考力　$\triangle ABG$ と $\triangle CEF$ の面積比を求めなさい。

石川県

時間	50分	満点	100点	解答	P30	3月10日実施

出題傾向と対策

●**1** 小問集合，**2** 場合の数と確率，**3** 関数を中心とした問題，**4** 文章題，**5** 作図，**6** 立体の問題，**7** 平面図形の問題と例年通りの出題であった。**1** 以外はほぼ記述式で，説明や式，証明，作図と記述重視の出題はここ数年変化はない。

●中学の全分野から出題されているので，教科書や問題集の問題を繰り返し勉強するとよい。基本問題が多いが，立式・計算，理由説明，証明，作図といった記述問題が中心で，ふだんから文字や式，グラフや図などを用いて簡素で正確な記述の練習をしていないと解答時間が足りなくなる。

1 よく出る 基本 　下の(1)～(5)に答えなさい。

(1) 次のア～オの計算をしなさい。

ア　$6-(-1)$　(3点)

イ　$(-2)^2-5\times3$　(3点)

ウ　$\dfrac{9}{4}xy^3\div\dfrac{3}{2}xy$　(3点)

エ　$\dfrac{4a+b}{9}-\dfrac{a-2b}{3}$　(3点)

オ　$\sqrt{32}+2\sqrt{3}\div\sqrt{6}$　(3点)

(2) y は x に反比例し，$x=3$ のとき $y=2$ である。このとき，y を x の式で表しなさい。　(3点)

(3) $4<\sqrt{n}<5$ をみたす自然数 n の個数を求めなさい。　(4点)

(4) 右の図のように，半径3 cm の球を，中心Oを通る平面で切ってできた立体の表面積を求めなさい。ただし，円周率は π とする。　(4点)

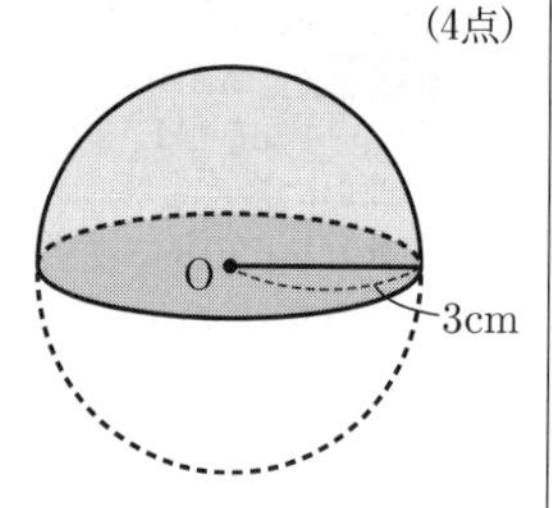

(5) ある川で魚釣りをした12人について，釣った魚の数を調べた。右の図は，調べた結果をヒストグラムに表したものである。

このとき，次のア～エから正しいものを1つ選び，その符号を書きなさい。　(4点)

ア　釣った魚の数の最頻値は，4匹である。

イ　釣った魚の数の平均値は，2.4匹である。

ウ　釣った魚の数の中央値は，1.5匹である。

エ　釣った魚の数の範囲は，6匹である。

2 よく出る 図1のように，袋の中に1，2，3の数字が1つずつ書かれた3個の白玉が入っている。

このとき，次の(1)，(2)に答えなさい。

図1

(1) 基本 　袋から玉を1個ずつ2回続けて取り出し，取り出した順に左から並べる。

このとき，玉の並べ方は全部で何通りあるか，求めなさい。　(3点)

(2) 図2のように，袋に赤玉を1個加え，次のような2つの確率を求めることにした。

> ・玉を2個同時に取り出すとき，赤玉が出る確率を p とする。
> ・玉を1個取り出し，それを袋にもどしてから，また，玉を1個取り出すとき，少なくとも1回赤玉が出る確率を q とする。

図2

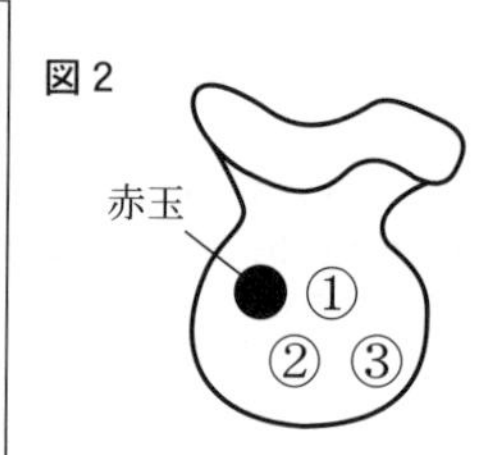

このとき，p と q ではどちらが大きいか，次のア～ウから正しいものを1つ選び，その符号を書きなさい。また，選んだ理由も説明しなさい。説明においては，図や表，式などを用いてよい。ただし，どの玉が取り出されることも同様に確からしいとする。　(7点)

ア　p が大きい。

イ　q が大きい。

ウ　p と q は等しい。

3 よく出る 図1～図3のように，ある斜面においてAさんがP地点からボールを転がした。ボールが転がり始めてから x 秒間にP地点から進んだ距離を y m とすると，x と y の関係は，$y=\dfrac{1}{4}x^2$ になった。

図1

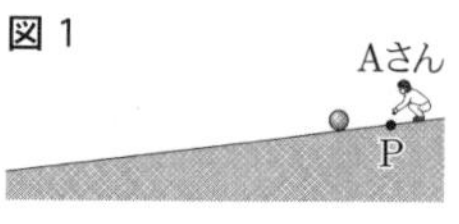

このとき，次の(1)～(3)に答えなさい。

(1) 基本 　x の値が3倍になると，y の値は何倍になるか求めなさい。　(3点)

(2) 図2のように，P地点から65 m 離れたところにQ地点がある。AさんがP地点からボールを転がすと同時に，BさんはQ地点を出発し，毎秒 $\dfrac{7}{4}$ m の速さで斜面を上り続けた。

図2

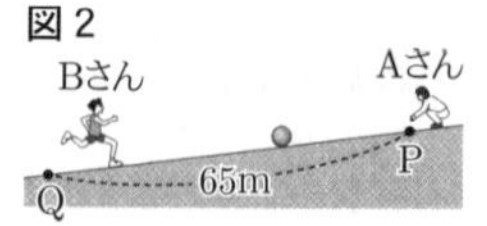

このとき，ボールとBさんが出会うのは，ボールが転がり始めてから何秒後か求めなさい。　(4点)

(3) 図3のように，AさんがP地点からボールを転がしたあと，遅れてCさんがP地点を出発し，毎秒 $\dfrac{15}{4}$ m の速さで斜面を下り続けた。Cさんはボールを追いこしたが，その後，ボールに追いこされた。Cさんがボールに追いこされたのは，ボールが転がり始めてから10秒後であった。

図3

図4は，ボールが進んだようすをグラフに表したものである。ボールが転がり始めてから x 秒間に，Cさんが P 地点から進んだ距離を y m として，C さんが動き始めてから進んだようすを表すグラフをかき入れなさい。また，C さんが P 地点を出発したのは，ボールが転がり始めてから何秒後か求めなさい。なお，途中の計算も書くこと。　(7点)

図4
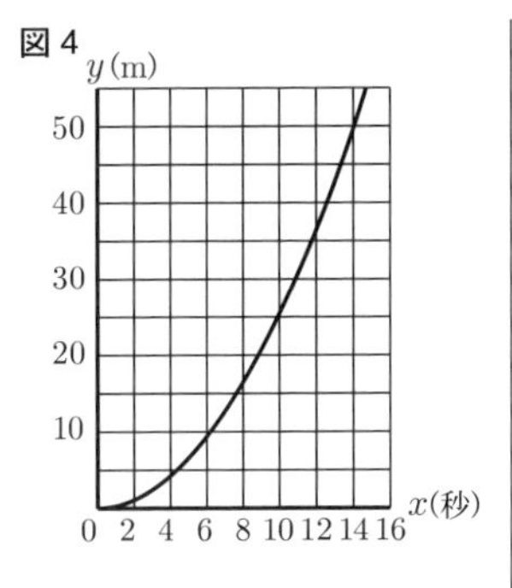

4 よく出る　ある中学校の美化委員会が，大小2種類のプランターを，合わせて45個使い，スイセンとチューリップの球根を植えた。大きいプランターには，スイセンの球根を6個ずつ植え，小さいプランターには，スイセンの球根とチューリップの球根をそれぞれ2個ずつ植えたところ，植えた球根は全部で216個であった。

このとき，植えたスイセンとチューリップの球根は，それぞれ何個か，方程式をつくって求めなさい。なお，途中の計算も書くこと。　(10点)

5 右の図に，2点 A，B を通る直線 l と，l 上にない点 C がある。これを用いて，次の［　］の中の条件①〜③をすべて満たす点 P を作図しなさい。ただし，作図に用いた線は消さないこと。　(8点)

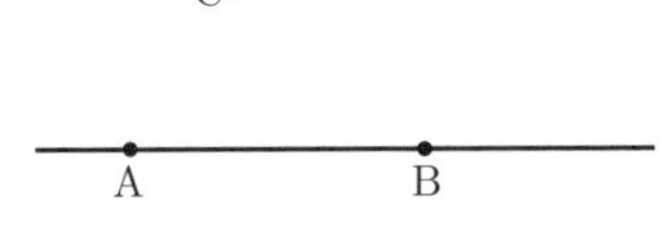

① 点 P は，直線 l に対して点 C と同じ側にある。
② $\angle PAB = \frac{1}{2}\angle CAB$
③ $AP = \sqrt{2}AB$

6 よく出る　図1，図3，図4の立体 OABCD は正四角錐(すい)であり，図2は図1の展開図である。

このとき，次の(1)〜(3)に答えなさい。

図1
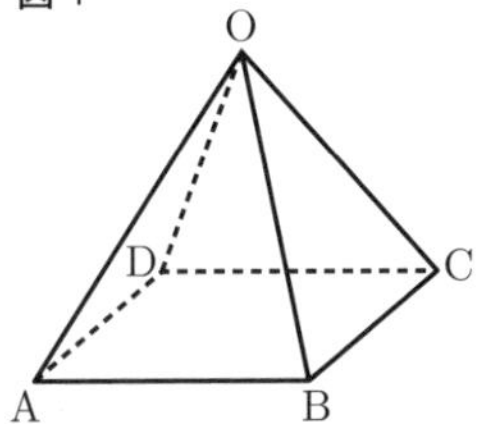

(1) 基本　図2の展開図を組み立てたとき，点Bと重なる点をア〜エからすべて選び，その符号を書きなさい。　(3点)

図2
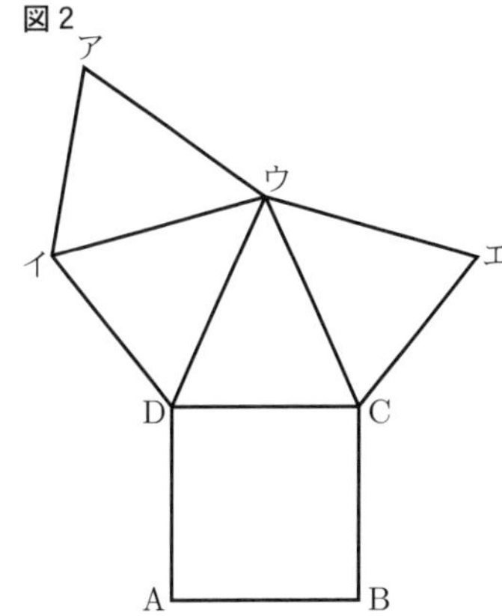

(2) 思考力　図3のように，正四角錐 OABCD の中に直方体 EFGH − IJKL が入っている。この直方体の頂点のうち，4点 E，F，G，H はそれぞれ辺 OA，OB，OC，OD 上にあり，4点 I，J，K，L は，いずれも底面 ABCD 上にある。

図3
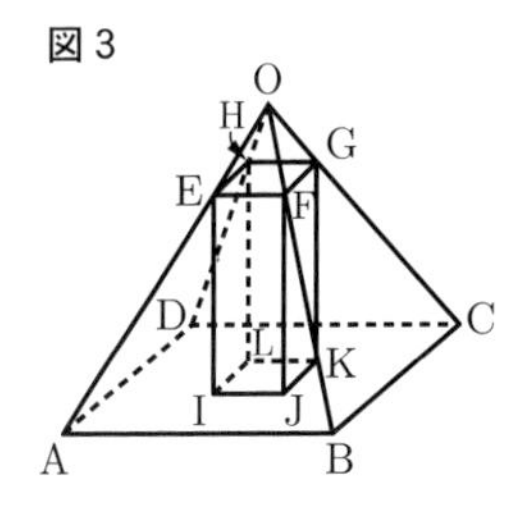

OE : EA = 1 : 3 のとき，正四角錐 OABCD と直方体 EFGH − IJKL の体積比を，最も簡単な整数の比で表しなさい。　(4点)

(3) 図4において，正四角錐 OABCD のすべての辺の長さを 4 cm とする。また，辺 AB，BC の中点をそれぞれ P，Q とし，辺 OB 上に点 R をとる。

図4
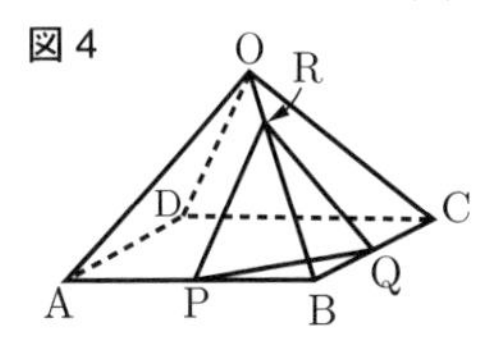

△RPQ が正三角形になるとき，線分 RB の長さを求めなさい。なお，途中の計算も書くこと。　(7点)

7 よく出る　図1〜図3のように，AD // BC の台形 ABCD があり，3点 A，B，D を通る円 O と辺 CD との交点を E とする。

このとき，次の(1)〜(3)に答えなさい。

(1) 図1のように，∠OAB = 35° のとき，∠ADB の大きさを求めなさい。　(3点)

図1
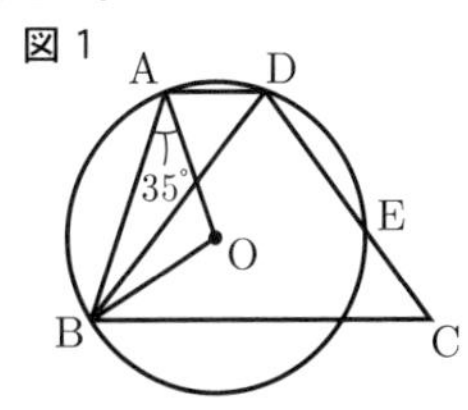

(2) 図2において，△ABE∽△DCB であることを証明しなさい。　(5点)

図2
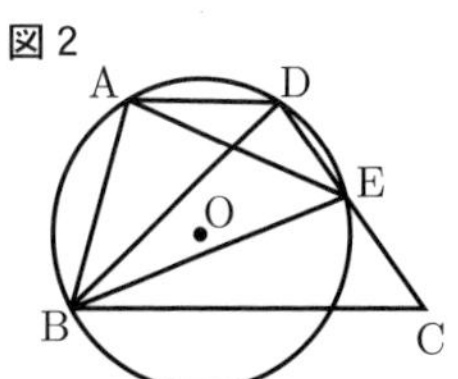

(3) 図3において，BC = 2AD，DE : EC = 2 : 1 とする。AE と BD との交点を F とし，△AFD の面積を 4 cm² とする。
　このとき，台形 ABCD の面積を求めなさい。なお，途中の計算も書くこと。　(6点)

図3
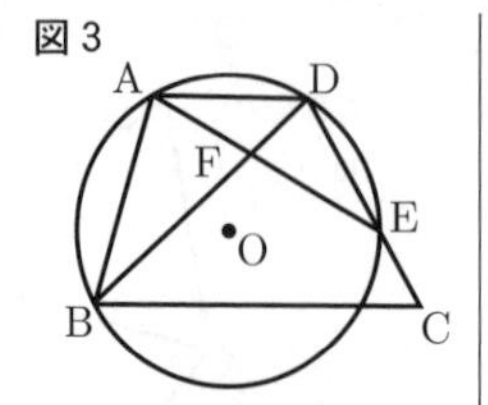

福井県

時間	満点	解答	
60分	100点	P31	3月4日実施

＊ 注意　1．(解)・(作図)・(説明)・(証明) の場所には，求め方や導き方などを丁寧に書きなさい。
　　　　2．指示されていない限り，円周率は π を用いなさい。

出題傾向と対策

● A 問題は **1** 小問集合，**2** 図形とデータの活用に関する小問，**3** 確率，**4** 連立方程式の応用，**5** 関数の総合問題であった。分量はこれまで通りだが，難易度は昨今の状況を考慮してかやさしめであった。B 問題は **1** 小問集合，**2** 確率，**3** 連立方程式の応用，**4** 関数の総合問題，**5** 平面図形の総合問題であり，分量，難易度はこれまで通りであった。昨年と同様に，**1** の一部と，A 問題 **2** と B 問題 **5** 以外の 3 問は共通の問題であった。

● A 問題は「基礎力を問う設問の割合が多い問題」，B 問題は「記述・論述型の設問の割合が多い問題」で構成されており，各高校・学科の特色に合わせてどちらかの問題で受験することになる。例年通り，ほぼ全問題に途中式や説明を記述する問題なので，志望校に合わせて準備しておくこと。

選択問題A

1 よく出る 基本　次の問いに答えよ。

(1) 次の計算をせよ。

ア　$(-3)^2 - 4 \times 3$　(4点)

イ　$\frac{5}{4}a^2 \div \frac{15}{2}a$　(4点)

(2) 6 の平方根を求めよ。　(4点)

(3) $a^2 - 4$ を因数分解せよ。　(5点)

(4) 二次方程式 $(x-2)^2 + (x-2)(x-4) = 0$ を解け。　(5点)

(5) 15 以下の素数をすべて書け。　(6点)

(6) 右の図は，関数 $y = -x^2$ のグラフである。このとき，a，b の値を求めよ。　(6点)

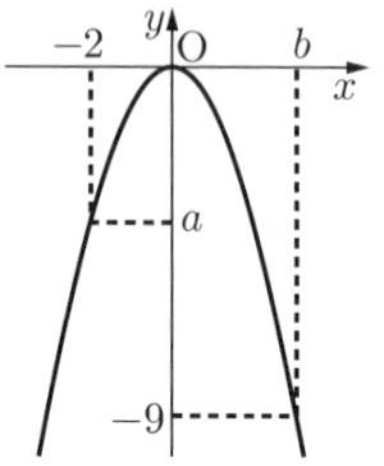

(7) 右の図の △ABC で，∠ABC の二等分線と辺 AC の垂直二等分線の交点 P を作図せよ。
(作図に用いた線は消さないこと。)　(6点)

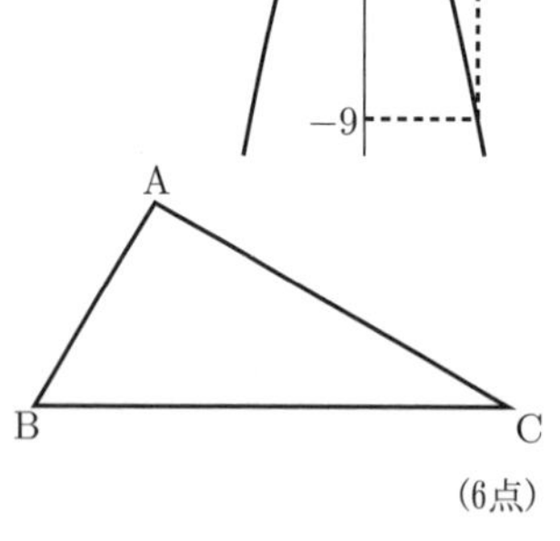

2 よく出る 基本　次の問いに答えよ。

(1) 右の図のような AB = AC である二等辺三角形 ABC があり，∠A の二等分線と辺 BC との交点を D とする。
　次の【証明】は，△ABD と △ACD が合同であることを証明したものである。このとき，［ア］にあてはまる角を書け。また，［イ］にあてはまる言葉を書き入れて三角形の合同条件を完成させよ。　(4点)

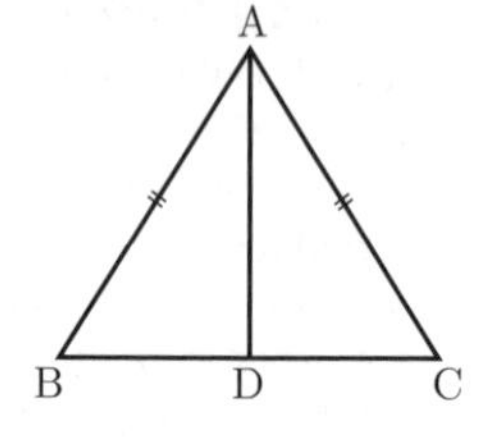

【証明】
△ABD と △ACD で，
仮定より，
　AB = AC　……①
また，AD は共通だから，
　AD = AD　……②
AD は ∠A の二等分線だから，
　∠BAD = ［ア］　……③
①，②，③から，［イ］が，それぞれ等しいので，
　△ABD ≡ △ACD

(2) 右の図で AD = BD = CD のとき，∠x，∠y，∠z の大きさを求めよ。　(6点)

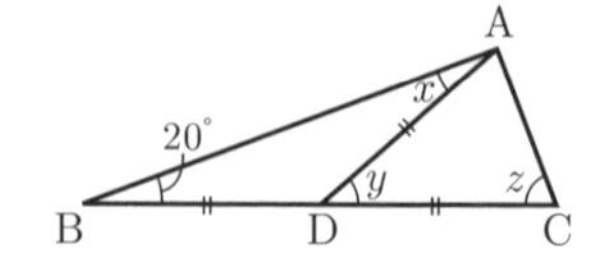

(3) 下の表は，あるクラスの生徒 25 人について握力を計測し，その結果を度数分布表に表したものである。

階級(kg) 以上　未満	度数(人)	相対度数
15 ～ 20	1	0.04
20 ～ 25	3	y
25 ～ 30	4	0.16
30 ～ 35	4	0.16
35 ～ 40	10	0.40
40 ～ 45	x	0.08
45 ～ 50	1	0.04
計	25	1.00

　このとき，次の問いに答えよ。

ア　表の中の x，y の値を求めよ。　(6点)

イ　握力の記録の中央値が含まれる階級を求めよ。(4点)

3 A さんは，1 周 4 km の池の周りを 1 km ごとの 4 つの区間に分けて，次の【きまり】に従って 1 周することにした。

【きまり】
○1 枚の硬貨を 4 回投げ，投げた順に表か裏かを記録する。
○記録した表裏に従って 1 km ごとに順に進む方法を決める。進む方法は，表の場合は「歩く」，裏の場合は「走る」とする。ただし，裏であっても，その直前の区間で「走る」場合は「歩く」ことにする。
○後もどりせずに 1 周する。

例：硬貨を4回投げたとき，表裏裏表の順に出た場合の硬貨の記録と進む方法

	1回目	2回目	3回目	4回目
硬貨	表	裏	裏	表

⇩　⇩　⇩　⇩

	1kmまで	2kmまで	3kmまで	4kmまで
方法	歩く	走る	歩く	歩く

Aさんは1km歩く場合12分かかり，走る場合6分かかる。

このとき，次の問いに答えよ。ただし，硬貨の表と裏の出かたは同様に確からしいとする。

(1) Aさんが池の周りを1周するのにかかる時間について，最も短い場合の時間を求めよ。(4点)

(2) Aさんが池の周りを1周するのに42分かかる確率を求めよ。(6点)

4 ある店では，鮭(さけ)，昆布(こんぶ)，明太子(めんたいこ)，梅の4種類のおにぎりを仕入れている。

昨日仕入れた個数は，鮭が600個で，昆布と明太子と梅の合計は150個であった。

今日仕入れる個数は，鮭は昨日の個数の30%を減らすことにした。また，昆布，明太子，梅は，それぞれ昨日の鮭の個数の5%，10%，15%増やすことにした。その結果，今日仕入れる個数は，昆布と明太子の合計が220個となり，また，鮭と梅の合計は明太子の5倍となった。

このとき，次の問いに答えよ。

(1) 今日仕入れる鮭の個数を求めよ。(2点)

(2) ア　昨日仕入れた昆布の個数を x 個，明太子の個数を y 個とするとき，x，y についての連立方程式をつくれ。(4点)

イ　アの連立方程式を解いて，x と y の値を求めよ。(4点)

5 図1のように，直線 l 上に点P，Q，R，S，Tがこの順にあり，PQ = QR = RS = ST = 2cm である。このとき，次の問いに答えよ。

(1) 点Aは点Pを出発し，直線 l 上を点Pから点Tの方向に移動する。点Aが出発してから x 秒後 ($0 \leqq x \leqq 18$) の点Pから点Aまでの距離を y cm とすると，x と y の関係は，a を定数として $y = ax$ と表される。

図1
l ―P―Q―R―S―T

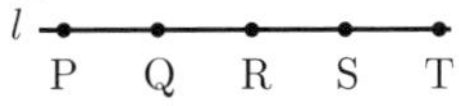

点Bは最初，点Qにあり，点Aが点Pを出発してから x 秒後の点Pから点Bまでの距離を y cm とすると，点Bの位置と y の値は次のようになる。

$0 \leqq x < 3$ のとき，点Q上にあり $y = 2$
$3 \leqq x < 9$ のとき，点R上にあり $y = 4$
$9 \leqq x < 12$ のとき，点S上にあり $y = 6$
$12 \leqq x \leqq 18$ のとき，点T上にあり $y = 8$

ア　$a = 2$ のとき，点Aが点Pを出発してから2秒後の点A，点Bの y の値をそれぞれ求めよ。(4点)

イ　点Bに関して，x と y の関係を表すグラフを図2にかけ。ただし，グラフで端の点を含む場合は●，グラフで端の点を含まない場合は○で表すこと。(8点)

図2
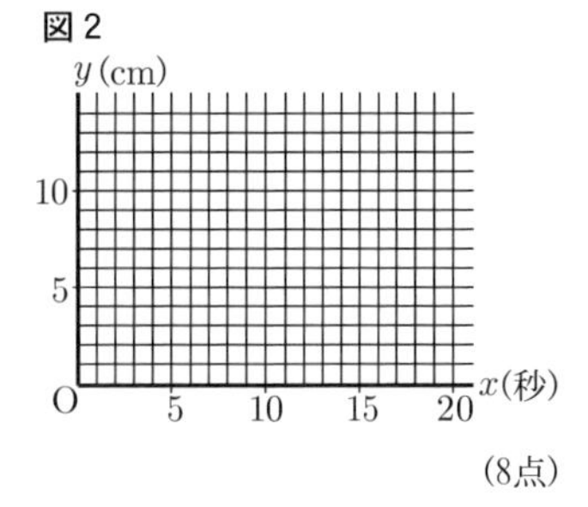

ウ　$a = \frac{2}{3}$ のとき，点Aと点Bが重なる x の値をすべて求めよ。(4点)

(2) 思考力　点Cは点Pを出発し，直線 l 上を点Pから点Tの方向に移動する。点Cが出発してから x 秒後 ($0 \leqq x \leqq 18$) の点Pから点Cまでの距離を y cm とすると，x と y の関係は，$y = \frac{1}{16}x^2$ と表される。

点Dは最初，点Qにあり，点Cが点Pを出発してから x 秒後の点Pから点Dまでの距離を y cm とすると，点Dの位置と y の値は次のようになる。

$0 \leqq x < 3$ のとき，点Q上にあり $y = 2$
$3 \leqq x <$ □ のとき，点R上にあり $y = 4$
□ $\leqq x < 12$ のとき，点S上にあり $y = 6$
$12 \leqq x \leqq 18$ のとき，点T上にあり $y = 8$
（ただし，□ には同じ値が入る。）

このとき，点Cと点Dがちょうど2回重なるような □ にあてはまる数のうち最も大きな値を求めよ。必要ならば，図3を利用してもよい。(4点)

図3
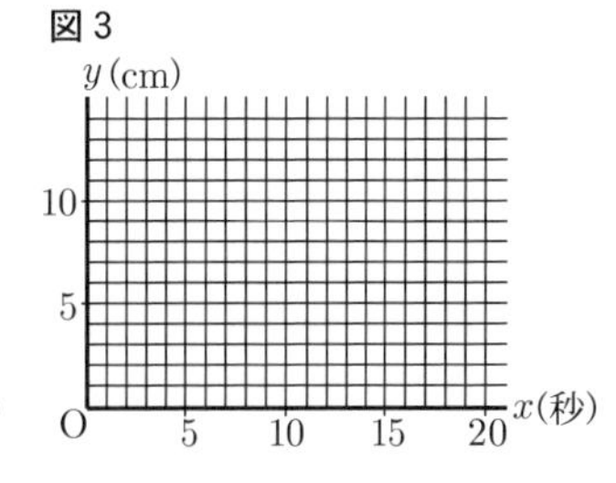

選択問題B

1 よく出る 基本　次の問いに答えよ。

(1) 選択問題A **1** (1)イと同じ

(2) 選択問題A **1** (2)と同じ

(3) 選択問題A **1** (4)と同じ

(4) ある中学校で生徒400人の通学時間を調査した。このとき，通学時間の中央値の求め方を説明せよ。(5点)

(5) 次のア～エの中から，y が x の関数であるものをすべて選び，その記号を書け。(4点)

ア　底辺の長さが x cm である三角形の面積は y cm^2 である。

イ　周の長さが x cm である正方形の面積は y cm^2 である。

ウ　x 個のさいころを同時に投げると，1の目は y 個出る。

エ　容積が300Lである，からの水そうに毎分20Lの割合で x 分間水を注いだとき，水そうからあふれた水の量は y L である。

(6) 選択問題A **1** (5)と同じ

(7) 6で割ると5余る数と3で割ると2余る数の和を3で割ったときの余りを（　）に書き入れ，その求め方を文字式を使って説明せよ。(6点)

3で割ったときの余りは（　　　）である。 （説明）

(8) 選択問題A **1** (7)と同じ

2 選択問題A **3** と同じ
3 選択問題A **4** と同じ
4 選択問題A **5** と同じ

5 右の図のように，∠A を直角とする直角二等辺三角形 ABC の辺 AB 上に点 A，B と異なる点 D をとり，点 C と点 D を結ぶ。

さらに，点 A から線分 CD に垂線をひき，線分 CD との交点を E とする。線分 AE を E の方に延長した半直線上に，AF ＝ CD となる点 F をとる。線分 AF と線分 BC の交点を G とする。また，点 B と点 F を結ぶ。

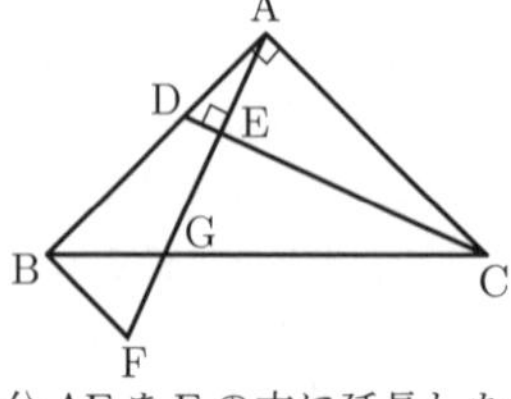

このとき，次の問いに答えよ。

(1) AD ＝ BF となることを証明せよ。 (8点)

(2) 思考力 $AD=\frac{1}{3}AB$ のとき，次の問いに答えよ。

ア △BFG と △AEC の面積の比を最も簡単な整数の比で表せ。 (6点)

イ $AB=\sqrt{2}$ cm とし，右の図のように直線 AC と平行で，点 G を通る直線を直線 l とする。直線 l を回転の軸として △BFG を1回転させてできる立体の体積を求めよ。 (6点)

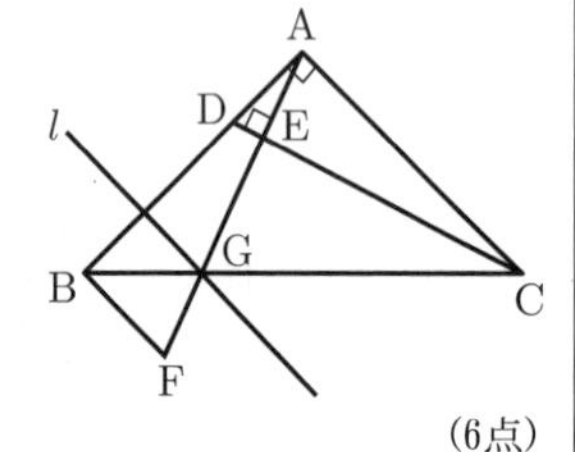

山梨県

時間	45分	満点	100点	解答	P33	3月3日実施

出題傾向と対策

●昨年と同様，大問6題の出題で，**1** が計算の小問集合，**2** が方程式，作図，平面図形，反比例，データの活用からなる小問集合，**3** が1次関数の応用，**4** が連立方程式の応用，**5** が関数と図形，**6** が空間図形であった。難易度にほぼ変化はないが，思考力を要する問題が少し増えている感じである。図形に関しては応用力を要するものも含まれている。

●試験時間が45分と短いわりには，問題量が多く，素早く解いていく処理能力と思考力が問われるため，差がつきやすい構成となっている。普段の勉強から型を覚えるだけでなく，解答の理由をしっかり考えて練習しておこう。

1 基本 次の計算をしなさい。

1 $(-13)+(-8)$ (3点)

2 $\left(\frac{1}{6}-\frac{4}{9}\right)\times 18$ (3点)

3 -4^2+7^2 (3点)

4 $\sqrt{10}\times\sqrt{2}+\sqrt{5}$ (3点)

5 $56x^2y\div(-8xy)$ (3点)

6 $6x+7y-2(x+3y-9)$ (3点)

2 基本 次の問題に答えなさい。

1 2次方程式 $x^2-7x-18=0$ を解きなさい。 (3点)

2 右の図において，円 A を，ある直線を対称の軸として対称移動させると，円 B に重ね合わせることができる。対称の軸となる直線を作図しなさい。

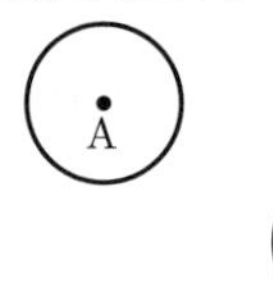

ただし，作図には定規とコンパスを用い，作図に用いた線は消さずに残しておくこと。 (3点)

3 右の図において，点 A, B, C, D は円 O の周上の点であり，点 E は線分 AB，CD の交点である。∠ACD ＝ 43°，∠CDB ＝ 52° のとき，∠CEB の大きさを求めなさい。(3点)

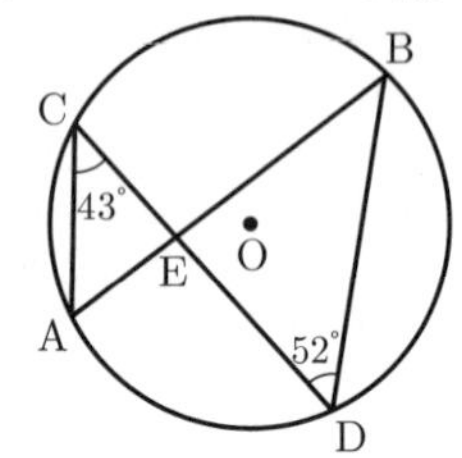

4 y は x に反比例し，$x=-3$ のとき $y=5$ である。$x=12$ のときの y の値を求めなさい。 (3点)

5 右の表は，中学生32人を対象に平日1日当たりの読書時間を調査し，その結果を度数分布表にまとめたものである。

このとき，次の(1)，(2)に答えなさい。

(1) 右の表から，読書時間の最頻値（モード）を求めなさい。 (3点)

平日1日当たりの読書時間

読書時間（分）	度数（人）
以上　未満	
0 ～ 10	7
10 ～ 20	9
20 ～ 30	6
30 ～ 40	5
40 ～ 50	2
50 ～ 60	2
60 ～ 70	0
70 ～ 80	1
合計	32

(2)　階級の幅を20分に変えて度数分布表を作り直したとき，読書時間が0分以上20分未満の階級の相対度数を求めなさい。　(3点)

3 思考力　A駅とB駅の間（道のり 64 km）を途中で停車することなく走行する列車がある。次の表は，それらの列車の時刻表の一部である。

	A駅発	B駅着
列車P	9：00	9：48

	B駅発	A駅着
列車Q	9：24	10：12

9時から x 分経過したときの，それぞれの列車のA駅からの道のりを y km として，列車がすれ違う時刻と位置を求める方法について考える。

x と y の関係を1次関数とみなして考えるものとして，それぞれの列車について y を x の式で表すと，次の①，②のようになる。

【列車P】
$y=\frac{4}{3}x$…①
x の変域は，$0 \leqq x \leqq 48$

【列車Q】
$y=-\frac{4}{3}x+96$…②
x の変域は，$24 \leqq x \leqq 72$

このとき，次の1～4に答えなさい。ただし，列車の長さは考えないものとする。

1　x と y の関係を1次関数とみなすことについて述べた次の文で，(　　) に当てはまる言葉として正しいものを，下のア～エから1つ選び，その記号を書きなさい。(3点)

x と y の関係を1次関数とみなすということは，(　　) ということである。

ア　列車が互いにすれ違うと考える
イ　列車の走行時間を48分間と考える
ウ　列車の速さを一定と考える
エ　列車の走行距離を64 km と考える

2　A駅からB駅方向への道のりが 20 km の位置に踏切がある。列車Pは，この踏切を何時何分に通過することになるか，①の式を用いて求めなさい。　(3点)

3　2つの列車の x と y の関係は，次のようなグラフに表すことができる。列車Pと列車Qがすれ違う時刻と位置は，下のグラフから求めたり，①，②の式から求めたりすることができる。列車Pと列車Qがすれ違う時刻と位置について，グラフから求める方法と式から求める方法をそれぞれ説明しなさい。

ただし，実際に時刻と位置を求める必要はない。(6点)

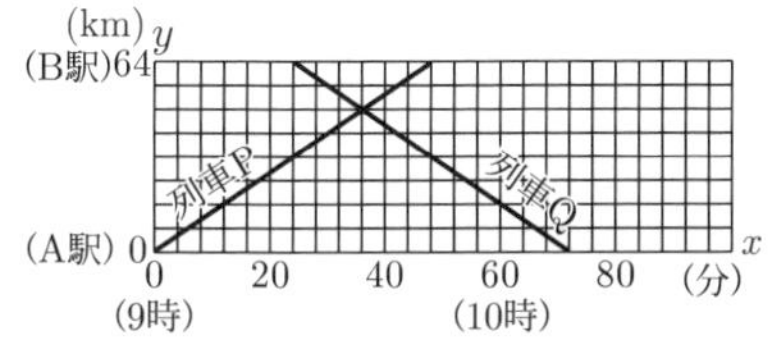

4　列車Qは，10時3分にもA駅からB駅まで走行する別の列車Rとすれ違う。列車Rは，A駅を何時何分に出発していることになるか求めなさい。

ただし，列車Rも x と y の関係を1次関数とみなし，列車Pと同じ速さで走行するものとする。　(3点)

4 新傾向　太郎さんは，家庭科の授業で学習した「中学生に必要な栄養を満たす食事」に興味をもち，食事とエネルギーの関係について調べた。このことに関する次の問題に答えなさい。

1　チーズ1個のエネルギー量を 59 kcal，ビスケット1枚のエネルギー量を 33 kcal とする。m 個のチーズと2枚のビスケットのエネルギー量の合計は何 kcal か，m を使った式で表しなさい。　(3点)

2　太郎さんは，レストランで次のようなメニューを見つけた。このメニューのカレーライスとサラダの重さはそれぞれ何 g か求めなさい。　(4点)

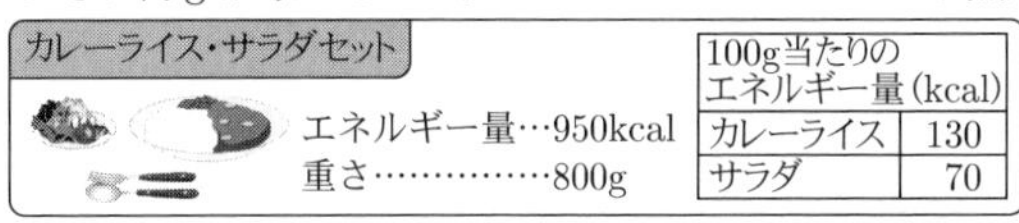

100g当たりのエネルギー量(kcal)	
カレーライス	130
サラダ	70

3　太郎さんは，三大栄養素（たんぱく質，脂質，炭水化物）とエネルギーの関係について調べ，次のようにまとめた。

太郎さんが調べたこと

①食事でとった各栄養素の重さ (g) から総エネルギー量 (kcal) を求める式

たんぱく質を a g，脂質を b g，炭水化物を c g とるとき
(総エネルギー量) $=4a+9b+4c$

②一日の食事における各栄養素のエネルギー比率の望ましい範囲
(エネルギー比率…総エネルギー量に対する各栄養素のエネルギー量の割合)

たんぱく質	脂質	炭水化物
13%以上20%未満	20%以上30%未満	50%以上65%未満

このとき，次の(1)，(2)に答えなさい。

(1)　たんぱく質だけを 20 g とったときの総エネルギー量は何 kcal か求めなさい。　(3点)

(2)　太郎さんは，一日の食事でとった各栄養素の重さを調べ，右の表のようにまとめた。

栄養素	たんぱく質	脂質	炭水化物
重さ(g)	120	60	370

太郎さんは，各栄養素の重さの値を見て，脂質の値が他の栄養素の値より小さいことが気になった。この日の食事における脂質のエネルギー比率は，望ましい範囲にあるか，次のア，イから正しいものを1つ選び，その記号を書きなさい。また，それが正しいことの理由を，太郎さんが調べたことの①と②をもとに，根拠を示して説明しなさい。　(6点)

ア　望ましい範囲にある。
イ　望ましい範囲にない。

5 よく出る　右の図の①，②は，それぞれ関数 $y=\frac{1}{8}x^2$，関数 $y=\frac{1}{4}x^2$ のグラフである。点A，Bは①上の点であり，点Cは②上の点である。点Aの x 座標は -4，点B，Cの x 座標はどちらも8である。

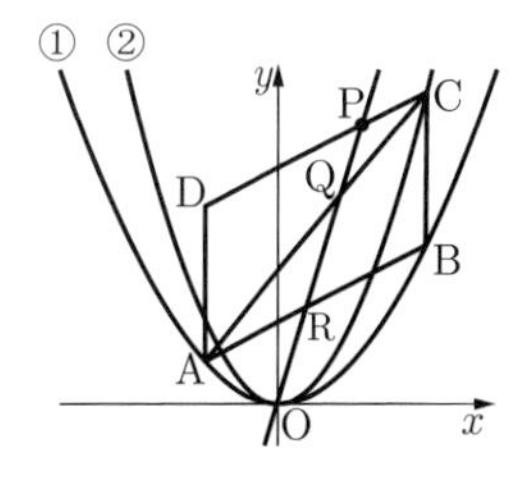

また，図のように，点Dを四角形ABCDが平行四辺形になるようにとる。さらに，辺DC上（点Cを除く）に点Pをとり，直線OPと対角線AC，辺ABとの交点をそれぞれQ，Rとする。

このとき，次の1～4に答えなさい。

1　点Aの y 座標を求めなさい。　(3点)

2　$\triangle ARQ \backsim \triangle CPQ$ となることを証明しなさい。　(6点)

3　直線DCの式を求めなさい。　(3点)

4　直線 OP が平行四辺形 ABCD の面積を 2 等分するとき, DP : PC を最も簡単な整数の比で表しなさい。(4点)

6　図 1 のような底面の円の半径が 6 cm, 母線の長さが 8 cm の円錐(えんすい)がある。

このとき, 次の 1, 2 に答えなさい。

図 1

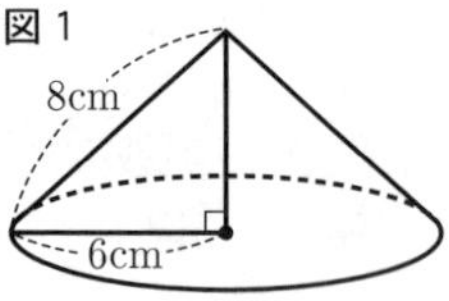

8cm

6cm

1　**基本**　この円錐の高さを求めなさい。(4点)

2　図 2 のように, 図 1 の円錐の頂点を A, 底面の円の中心を O とする。また, 底面の円周上に 3 点 B, C, D を等間隔にとり, 4 点 A, B, C, D を頂点とする三角錐 ABCD を考える。さらに, 辺 AB, CD の中点をそれぞれ P, Q とする。

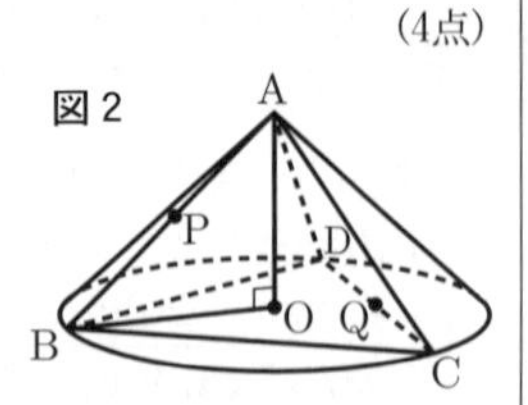

このとき, 次の(1)〜(4)に答えなさい。

(1)　次のア〜オから, 辺 AC とねじれの位置にある辺や線分をすべて選び, その記号を書きなさい。(3点)

ア　辺 AB　　イ　辺 BC　　ウ　辺 BD
エ　線分 AO　　オ　線分 OB

(2)　三角錐 ABCD の体積を求めなさい。(3点)

(3)　線分 PQ の長さを求めなさい。(3点)

(4)　**難**　図 3 のように, 辺 AC, BD, BC の中点をそれぞれ R, S, T とするとき, 6 点 P, B, S, R, T, Q を頂点とする立体の体積を求めなさい。(4点)

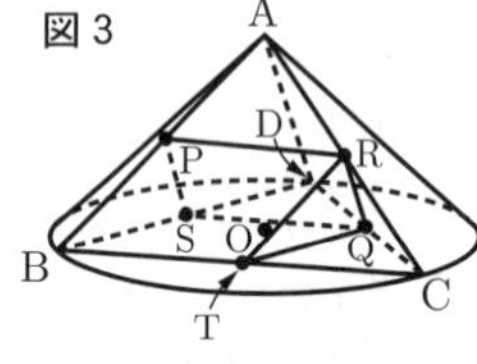

長野県

時間	50分	満点	100点	解答	P34	3月9日実施

＊　注意　分数で答えるときは, それ以上約分できない分数で答えなさい。また, 解答に $\sqrt{\ }$ を含む場合は, $\sqrt{\ }$ の中を最も小さい自然数にして答えなさい。

出題傾向と対策

●大問は 4 題で, **1** は基本問題を中心とする小問集合, **2** はデータの散らばりと代表値, 数式の利用, **3** は 1 次関数と $y = ax^2$, **4** は平面図形の総合問題であった。今年度も例年と同様に, 表やグラフ, 図形から判断して, 説明や式を求める問題が多く出題されている。

●基礎・基本的な問題を中心に全分野から出題されているが, 文章題や記述の問題が多いので, 短時間で題意を的確に把握し, 確実に処理する力を身につけておくことが大切である。記述の練習をしておくとよいだろう。

1　**よく出る**　**基本**　各問いに答えなさい。

(1)　$(-3)+(-1)$ を計算しなさい。(3点)

(2)　$(15x+5) \div 5$ の計算結果はどれか, 正しいものを次のア〜エから 1 つ選び, 記号を書きなさい。(3点)

ア　$3x$　　イ　$4x$　　ウ　$3x+1$　　エ　$3x+5$

(3)　$\sqrt{50}-\sqrt{8}$ を計算しなさい。(3点)

(4)　二次方程式 $x^2+4x=2$ を解きなさい。(3点)

(5)　無理数であるものを, 次のア〜オからすべて選び, 記号を書きなさい。(3点)

ア　0.7　　イ　$-\dfrac{1}{3}$　　ウ　π　　エ　$\sqrt{10}$

オ　$-\sqrt{49}$

(6)　図 1 の線分 AB を 1 辺とする正三角形 ABC をかき, 辺 BC 上に, $\angle DAB = 30°$ となる点 D をとる。このとき, 正三角形 ABC と点 D を, 定規とコンパスを使って作図しなさい。ただし, 点 C, D を表す文字 C, D も書き, 作図に用いた線は消さないこと。(3点)

図 1

A ―――――――― B

(7)　等式 $\dfrac{3a-5}{2}=b$ は, ノートのように, a について解くことができる。ノートには, 等式の性質「等式の両辺に同じ数をたしても, 等式が成り立つ」にもとづいて行われている式の変形がある。その式の変形を, 次のア〜ウから 1 つ選び, 記号を書きなさい。(3点)

〔ノート〕

$\dfrac{3a-5}{2}=b$　……①

$3a-5=2b$　……②

$3a=2b+5$　……③

$a=\dfrac{2b+5}{3}$　……④

ア　式①から式②への変形
イ　式②から式③への変形
ウ　式③から式④への変形

(8)　あめを何人かの子どもに配る。1 人に 3 個ずつ配ると 22 個余り, 1 人に 4 個ずつ配ると 6 個たりない。はじめにあったあめの個数を求めるとき, あめの個数を x 個として, 次のような方程式をつくった。この方程式の左辺と右辺は, どのような数量を表しているか, その数量を言葉で書きなさい。(3点)

$$\frac{x-22}{3}=\frac{x+6}{4}$$

(9) 運動会のある競技で，春さん，桜さん，学さんの３人が走る。この３人の走る順番をくじ引きで決めるとき，２番目が春さんで３番目が桜さんになる確率を求めなさい。ただし，引いたくじはもとに戻さないこととし，どのくじを引くことも同様に確からしいものとする。(3点)

(10) **図２**は，支点Ｏから５cm のところに 200 g の物体をつるしておき，おもりの重さと支点からの距離をいろいろ変えてつり合うようにした天びんである。そのときのおもりの重さを x g，支点からの距離を y cm とすると，次の関係が成り立つ。ただし，棒とひもの重さは考えないものとする。

図２

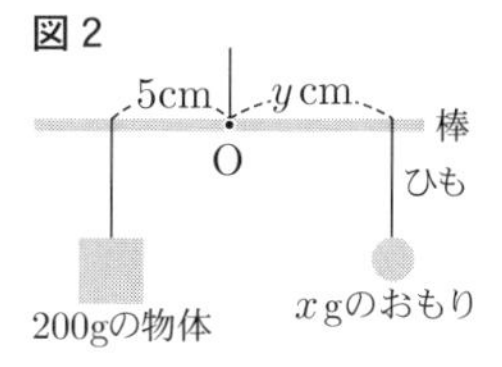

$200\times5=xy$

このｘとｙの関係について正しいものを，次のア～エから１つ選び，記号を書きなさい。(3点)

ア　y は x に比例する。
イ　y は x に反比例する。
ウ　y は x に比例しないが，y は x の一次関数である。
エ　y は x の２乗に比例する。

(11) **図３**において，点Ａ，Ｂ，Ｃは円Ｏの円周上の点である。このとき，$\angle x$ の大きさを求めなさい。(3点)

図３

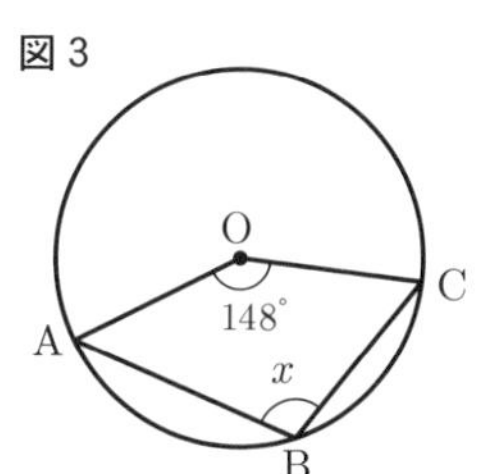

(12) **図４**は，AD // BC で，AD = 4 cm，BC = 8 cm，BD = 12 cm の台形ABCD である。対角線の交点をＥとしたとき，BE の長さを求めなさい。(3点)

図４

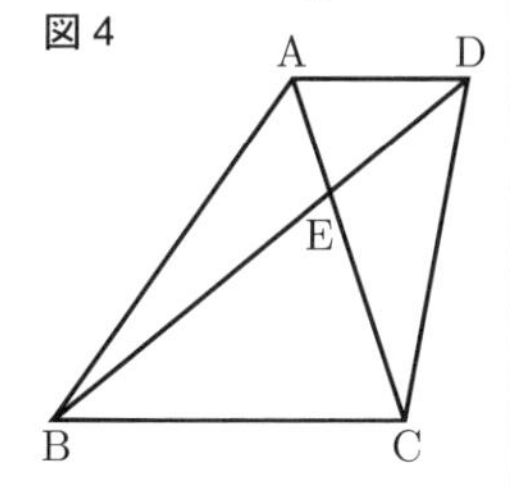

2 よく出る 基本　各問いに答えなさい。

Ⅰ　春さんは，自宅に近いバス停Ａから，習い事をする施設に近いバス停Ｂまでバスを利用しようと考えている。春さんは，**図１**の西回りと東回りの２つのうち，どちらの経路を利用するか決めるために，２週間分の17時台のＡからＢまでの所要時間を調べた。**表**は，ＡからＢまでの２つの経路で，それぞれ84台の所要時間について，調べたことをまとめたものである。ただし，調べた所要時間はすべて整数値である。

図１

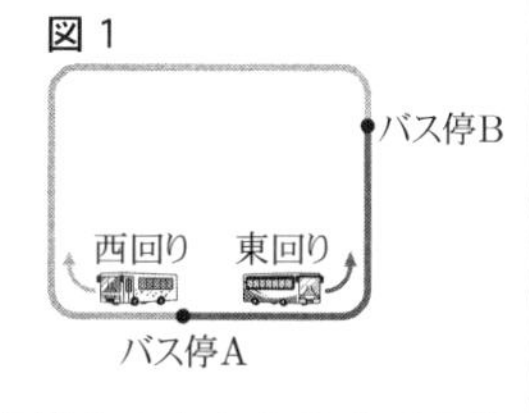

表

	平均値	中央値	最頻値	最大値	最小値
西回りの所要時間(分)	28.3	28.0	29	35	25
東回りの所要時間(分)	28.1	24.0	24	51	20

(1) **表**からわかることについて，正しいものを次のア～ウから１つ選び，記号を書きなさい。(2点)

ア　西回りより東回りの所要時間の方が，散らばっている。
イ　西回り，東回りともに，所要時間で最も多く現れる値は，28分である。
ウ　西回り，東回りともに，半数以上のバスの所要時間が28分を上まわる。

(2) **図２**は，東回りの所要時間とバスの台数を整理したヒストグラムである。春さんは，**図２**で，山が２つあることに気づき，「平日と休日では，所要時間に違いがあるのではないか」と考えた。**図３**は，平日と休日に分けて相対度数を求め，それぞれ度数分布多角形に表したものである。**図３**から東回りは，「平日の所要時間の方が，休日より短い傾向にある」と考えられる。そのように考えられる理由を，**図３**の平日と休日の２つの度数分布多角形の特徴を比較して説明しなさい。(3点)

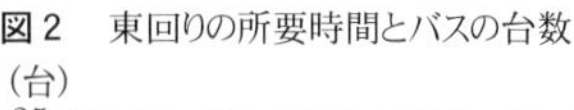

図２　東回りの所要時間とバスの台数

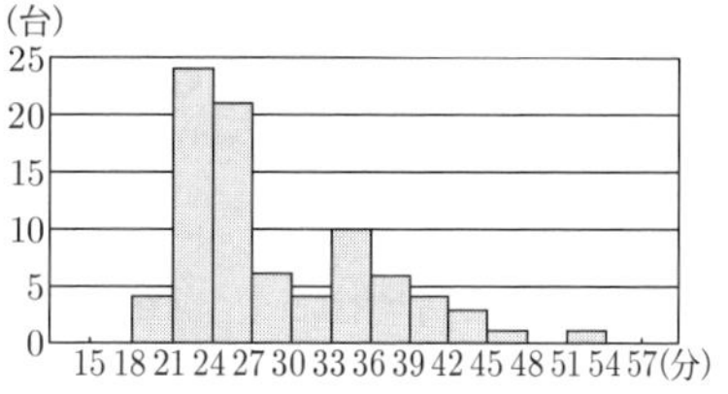

図３　東回りの平日と休日の所要時間と相対度数

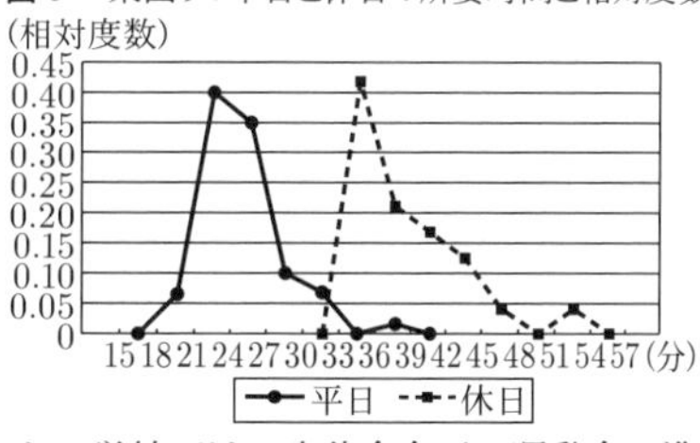

Ⅱ　春さんの学校では，生徒会企画の運動会の準備を進めている。

(1) 水を運ぶ競技で使うために，**図４**のような，水を入れる容器ＰとＱを準備した。Ｐは半径 4 cm の半球，Ｑは底面の半径が 4 cm，高さが 8 cm の円錐である。ただし，容器の厚さは考えないものとする。

図４

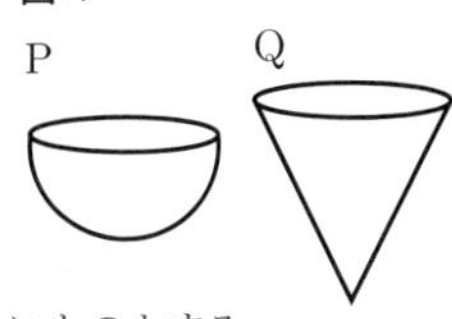

① Ｑに水をいっぱいに入れたときの水の体積 V を求める次の式について，[あ] に当てはまる数を書きなさい。(2点)

$V=\pi\times4^2\times8\times$ [あ]

② ＰとＱそれぞれに水をいっぱいに入れたときの水の体積を比較したとき，どのようなことがいえるか，最も適切なものを次のア～ウから１つ選び，記号を書きなさい。また，そのようにいえる理由を説明しなさい。(3点)

ア　ＰとＱの水の体積は等しい。
イ　Ｐの水の体積の方が大きい。
ウ　Ｐの水の体積の方が小さい。

(2) 長方形と２つの合同な半円を組み合わせた形で陸上競技用のトラックをつくる。

① **図5**は，半円の半径を r m，長方形の横の長さを a m とするときのトラックを表したものである。トラックの周の長さを表す式を書きなさい。(3点)

図5

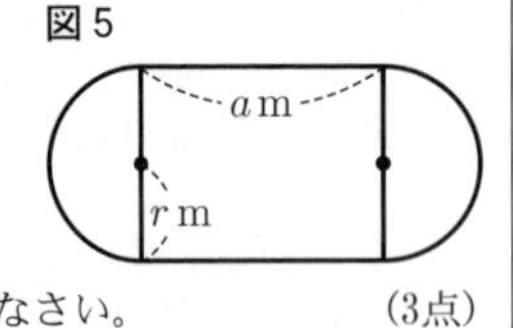

② **図6**は，**図5**のトラックの外側に，2つのレーンをつくり，各レーンの幅を 1 m としたものである。ゴール位置を同じにして1周するとき，各レーンを走る距離が同じになるようにする。このとき，第2レーンのスタート位置は，第1レーンのスタート位置より何 m 前方にずらせばよいか，求めなさい。ただし，各レーンを走る距離は，それぞれのレーンの内側の線の長さで考えるものとする。(3点)

図6

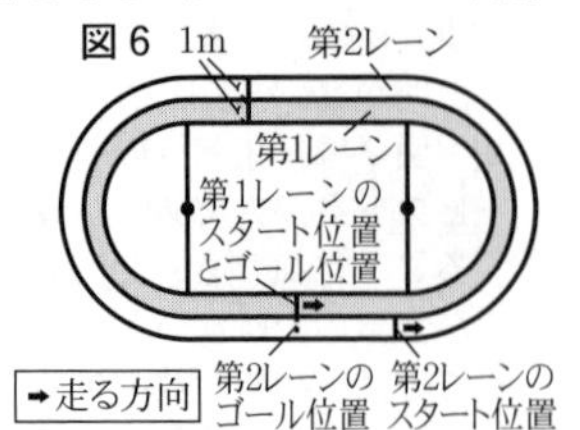

③ ②で求めた長さについて，さらにわかることとして最も適切なものを，次のア～ウから1つ選び，記号を書きなさい。(3点)

第2レーンのスタート位置は，

ア　**図5**の半円の半径によって決まる。

イ　**図5**の長方形の横の長さによって決まる。

ウ　**図5**の半円の半径や長方形の横の長さに関係なく決まる。

3 各問いに答えなさい。

Ⅰ　守さんが学校から 600 m 離れたバス停に向かって，16時ちょうどに学校を徒歩で出発した。その後，桜さんが学校で守さんの落とし物を拾い，16時5分に学校を自転車で出発し，同じ道を追いかけた。守さんは分速 80 m，桜さんは分速 200 m で進むものとして，守さんがバス停に着くまでに，桜さんは守さんに追いつけるかを考える。

図1は，16時 x 分における学校からの道のりを y m として，x と y の関係を守さんと桜さんについて，それぞれグラフに表したものである。ただし，$0 \leqq x < 60$ とする。

図1

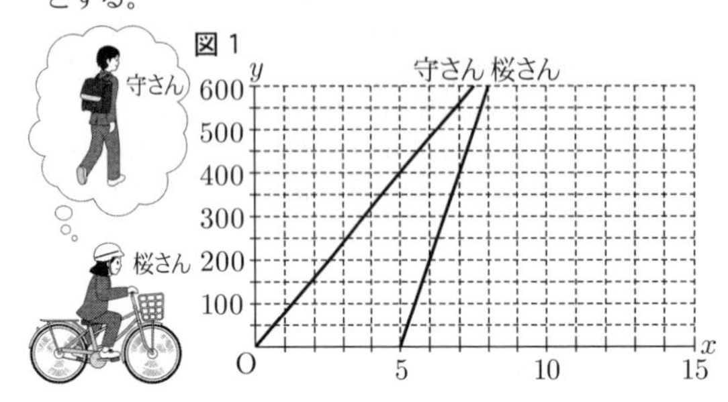

(1) よく出る 基本　桜さんが学校を出発したとき，守さんは学校から何 m の地点にいるか，求めなさい。(2点)

(2) よく出る 基本　守さんがバス停に着くまでに，桜さんは守さんに追いつけないことが**図1**からわかる。その理由を，**2直線の交点**の語句を使って，説明しなさい。(3点)

(3) 守さんが学校で落とし物をしたことに気づき，16時5分に，同じ道を分速 100 m で引き返したとき，桜さんは守さんに出会うことができる。このとき，桜さんが守さんに出会う時刻は16時何分何秒か，求めなさい。(3点)

Ⅱ　まっすぐな線路と，その横に，線路に平行な道路がある。電車が駅に止まっていると，自動車が電車の後方から，電車の進行方向と同じ方向に走ってきた。**図2**のように，止まっている電車の先端を地点Aとすると，電車がAを出発したのと同時に，自動車もAを通過し，**図3**のように，電車は自動車に追いこされた。しばらくして，**図4**のように，電車は地点Bで自動車に追いついた。ただし，自動車は一定の速さで走っているものとする。

図2

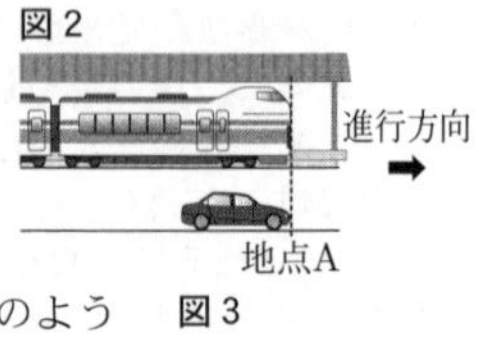

図3

図4

地点B

電車が自動車に追いつくのは，出発してから何秒後かを考える。電車がAを出発してから x 秒間に進む距離を y m とすると，$0 \leqq x \leqq 60$ では，y は x の2乗に比例すると考えることができる。**図5**は，電車について，x と y の関係をグラフに表したものである。グラフは点 (20, 100) を通っている。

図5

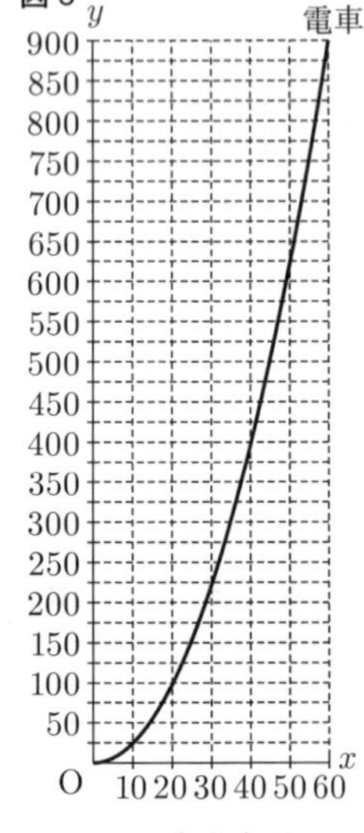

(1) よく出る 基本　y を x の式で表しなさい。ただし，変域は書かなくてよい。(3点)

(2) よく出る 基本　出発して10秒後から20秒後までの電車の平均の速さを求めなさい。(3点)

(3) 自動車は時速 45 km で走っている。自動車がAを通過してから x 秒間に進む距離を y m とする。

① よく出る 基本　自動車について，x と y の関係を表すグラフを**図5**にかきなさい。(3点)

② 電車が自動車に追いつくのは，Aを出発してから何秒後か，求めなさい。(3点)

③ Aから 750 m の地点を電車が通過してから，自動車が通過するまでにおよそ何秒かかるか，グラフから求めることができる。その方法を説明しなさい。ただし，実際に何秒かを求める必要はない。(3点)

4 各問いに答えなさい。

Ⅰ　**図1**は，平行四辺形ABCDにおいて，辺AD，BCの中点をそれぞれE，Fとし，点AとF，点CとEを結んだものである。

図1

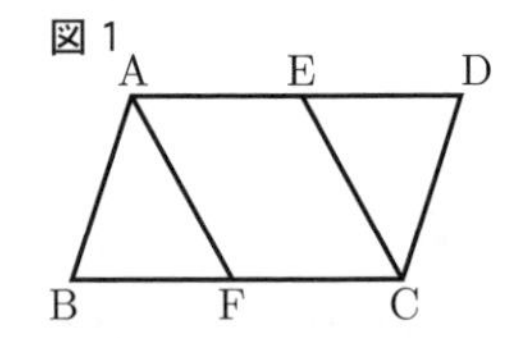

(1) よく出る 基本

図1において，四角形AFCEが平行四辺形であることを次のように証明することができる。証明1の［あ］，［い］に当てはまるものとして最も適切なものを，次のア～エから1つずつ選び，記号を書きな

さい。また,「平行四辺形になるための条件」になるように, [う] に当てはまる適切な言葉を書きなさい。 (6点)

〔証明 1〕
[あ], AD = BC であり, 点 E, F は, それぞれ, 辺 AD, BC の中点なので,
AE = FC…①
また, [い], AD // BC
よって, AE // FC…②
①, ②から, [う] が等しくて平行なので,
四角形 AFCE は平行四辺形である。

ア　平行四辺形の 2 組の向かい合う辺は, それぞれ平行なので
イ　平行四辺形の 2 組の向かい合う辺は, それぞれ等しいので
ウ　平行四辺形の 2 組の向かい合う角は, それぞれ等しいので
エ　平行四辺形の対角線は, それぞれの中点で交わるので

(2) よく出る 基本 四角形 AFCE が平行四辺形であることは, 証明 1 において, AE // FC の代わりに AF = CE を示すことでも証明することができた。その証明の中で, AF = CE を △ABF ≡ △CDE であることから示した。このとき, 三角形の合同条件のどれを使ったか, 適切な合同条件を書きなさい。 (3点)

Ⅱ **図 2** は, **図 1** において, 辺 CD を 4 等分した点のうち, 点 D に近い方の点を P とし, 線分 AP と線分 EC の交点を Q, 線分 BP と線分 AF, EC の交点をそれぞれ R, S としたものである。

図 2

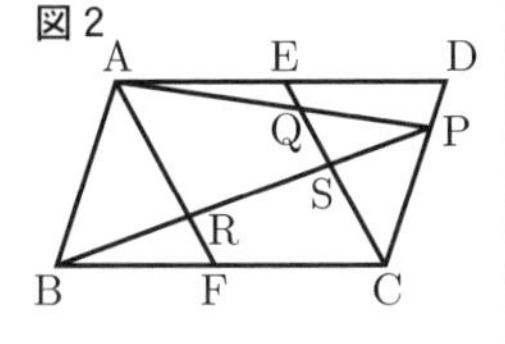

(1) **図 2** において, △ABR∽△CPS は, 次のように証明することができる。[え] に証明 2 の続きを書き, 証明 2 を完成させなさい。 (4点)

〔証明 2〕
△ABR と △CPS について,
四角形 ABCD は平行四辺形なので,
AB // DC より, 平行線の錯角は等しいから,
∠ABR = ∠CPS…①
[え]

(2) PS は SB の何倍になるか, 求めなさい。 (3点)

(3) 思考力 **図 3** は, **図 2** において, △RBF の面積を $9\,\text{cm}^2$ としたものである。このとき, 四角形 ARSQ の面積を求めなさい。 (3点)

図 3

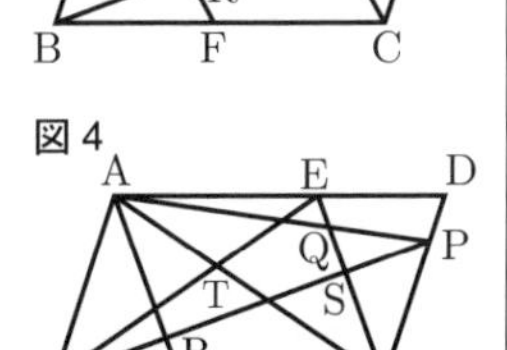

Ⅲ 思考力 **図 4** は, **図 2** において, 点 E, F をそれぞれ, 辺 AD, BC 上の AE = CF となる点に変え, 線分 AC と線分 BE の交点を T としたものである。∠TCF = 34°, ∠RFB = 70°, ∠ETC = 68° のとき, ∠ABT の大きさを求めなさい。 (3点)

図 4

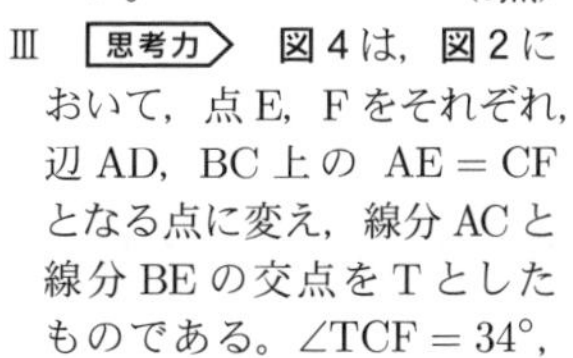

岐 阜 県

時間	50分	満点	100点	解答	P35	3月3日実施

出題傾向と対策

●大問は 6 問で, **1** は小問集合, **2** は反比例, **3** は確率, **4** は一次関数, **5** は平面図形, **6** は平方根の問題であった。今年度は特別に標本調査を出題範囲から除外しているが, 出題構成, 分量, 難易度は例年とそれほど変化はない。

●基礎・基本を理解しているかを問う問題が多い。教科書をよく理解した上で過去問に取り組むとよいだろう。

1 基本 次の(1)〜(6)の問いに答えなさい。

(1) $5-3^2$ を計算しなさい。 (4点)

(2) $6xy \div \dfrac{2}{3}x$ を計算しなさい。 (4点)

(3) 2 次方程式 $(x-3)^2=9$ を解きなさい。 (4点)

(4) 右の図は, あるサッカーチームが, 最近の 11 試合であげた得点を, ヒストグラムに表したものである。

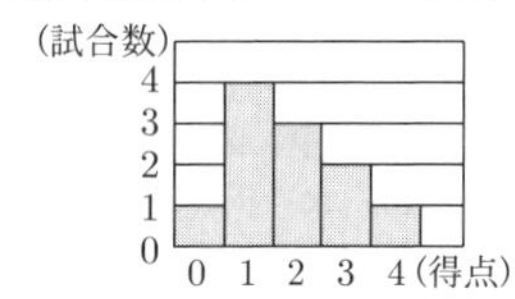

このヒストグラムについて述べた文として正しいものを, ア〜エから 1 つ選び, 符号で書きなさい。 (4点)

ア　中央値と最頻値は等しい。
イ　中央値は最頻値より小さい。
ウ　中央値と平均値は等しい。
エ　中央値は平均値より大きい。

(5) 右の図で, 五角形 ABCDE は正五角形であり, 点 F は対角線 BD と CE の交点である。x の値を求めなさい。 (4点)

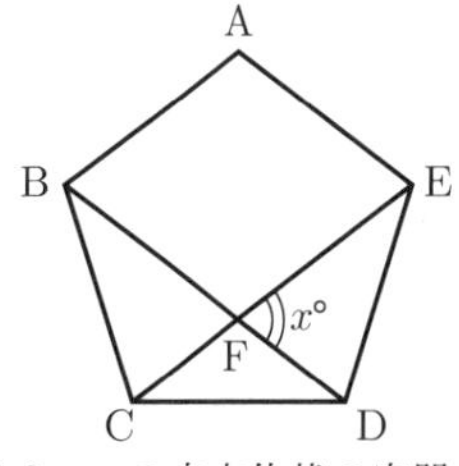

(6) **図 1** のように, 1 辺の長さが 9 cm の立方体状の容器に, 水面が頂点 A, B, C を通る平面となるように水を入れた。次に, この容器を水平な台の上に置いたところ, **図 2** のように, 容器の底面から水面までの高さが x cm になった。x の値を求めなさい。 (4点)

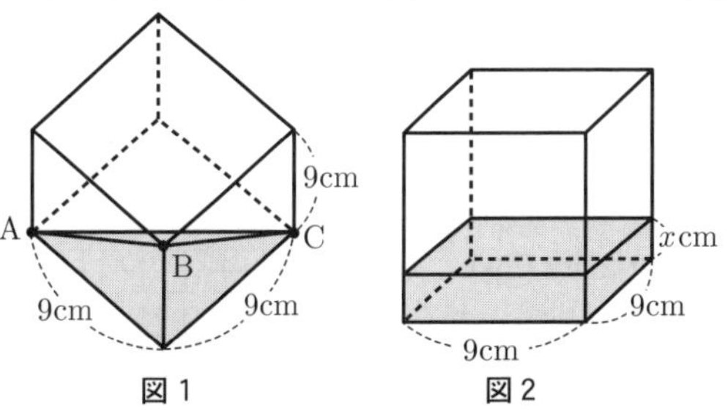

2 基本　電子レンジで食品Aを調理するとき，電子レンジの出力を x W，食品Aの調理にかかる時間を y 分とすると，y は x に反比例する。電子レンジの出力が 500 W のとき，食品Aの調理にかかる時間は8分である。

次の(1)，(2)の問いに答えなさい。

(1)　y を x の式で表しなさい。　(4点)

(2)　電子レンジの出力が 600 W のとき，食品Aの調理にかかる時間は，何分何秒であるかを求めなさい。　(4点)

3 よく出る　赤と白の2個のさいころを同時に投げる。このとき，赤いさいころの出た目の数を a，白いさいころの出た目の数を b として，座標平面上に，直線 $y = ax + b$ をつくる。

例えば，$a = 2$，$b = 3$ のときは，座標平面上に，直線 $y = 2x + 3$ ができる。

次の(1)〜(3)の問いに答えなさい。

(1)　つくることができる直線は全部で何通りあるかを求めなさい。　(4点)

(2)　傾きが1の直線ができる確率を求めなさい。　(4点)

(3)　3直線 $y = x + 2$，$y = -x + 2$，$y = ax + b$ で三角形ができない確率を求めなさい。　(5点)

4 よく出る　図1のような，縦 5 cm，横 12 cm の長方形ABCDのセロハンがある。

辺AD上に点Pをとり，点Aが直線AD上の点A′にくるようにセロハンを点Pで折り返すと，図2や図3のように，セロハンが重なった部分の色が濃くなった。

APの長さを x cm，セロハンが重なって色が濃くなった部分の面積を y cm² とする。

次の(1)〜(4)の問いに答えなさい。

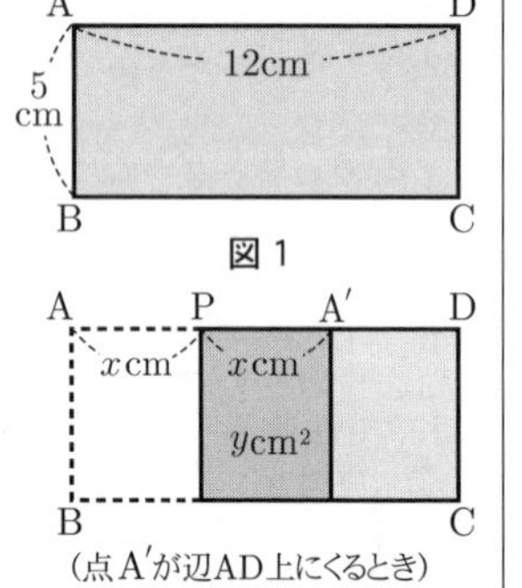

図1

(点A′が辺AD上にくるとき)
図2

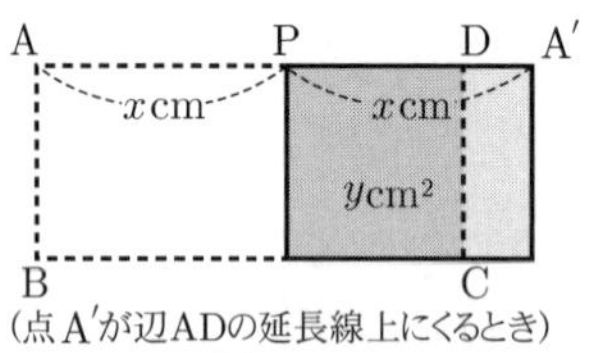

(点A′が辺ADの延長線上にくるとき)
図3

(1)　表中のア，イに当てはまる数を求めなさい。　(4点)

x(cm)	0 … 2 … 6 … 8 … 12
y(cm²)	0 … 10 … ア … イ … 0

(2)　x の変域を次の(ア)，(イ)とするとき，y を x の式で表しなさい。

(ア)　$0 \leqq x \leqq 6$ のとき　(2点)

(イ)　$6 \leqq x \leqq 12$ のとき　(3点)

(3)　x と y の関係を表すグラフをかきなさい。
$(0 \leqq x \leqq 12)$　(4点)

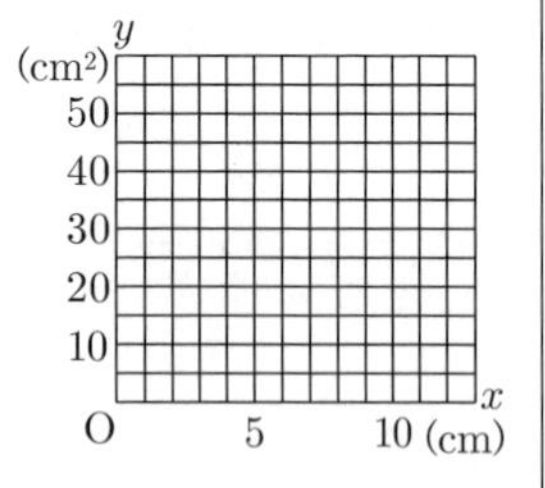

(4)　セロハンが重なって色が濃くなった部分の面積が，重なっていないセロハンの部分の面積の2倍になるときがある。このときのAPの長さのうち，最も長いものは何 cm であるかを求めなさい。　(5点)

5 よく出る　右の図で，4点A，B，C，Dは円Oの周上の点であり，△ABCは正三角形である。また，点Eは線分BD上の点で，BE = CD である。

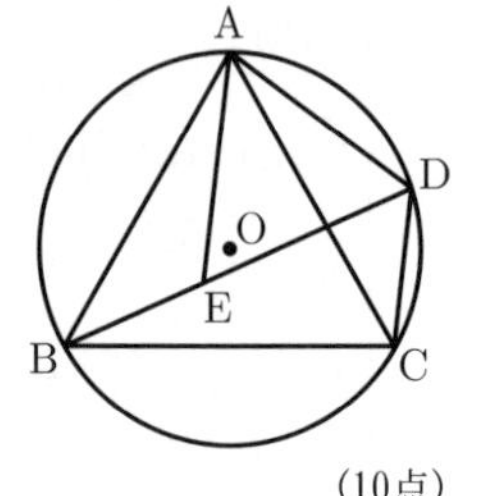

次の(1)，(2)の問いに答えなさい。

(1)　AE = AD であることを証明しなさい。　(10点)

(2)　点Aから線分BDにひいた垂線とBDとの交点をHとする。

AB = 6 cm，∠ABD = 45° のとき，

(ア)　AHの長さを求めなさい。　(3点)

(イ)　△ABEの面積を求めなさい。　(5点)

6 思考力　150枚のカードがある。これらのカードは下の図のように，表には，1から150までの自然数が1つずつ書いてあり，裏には，表の数の，正の平方根の整数部分が書いてある。

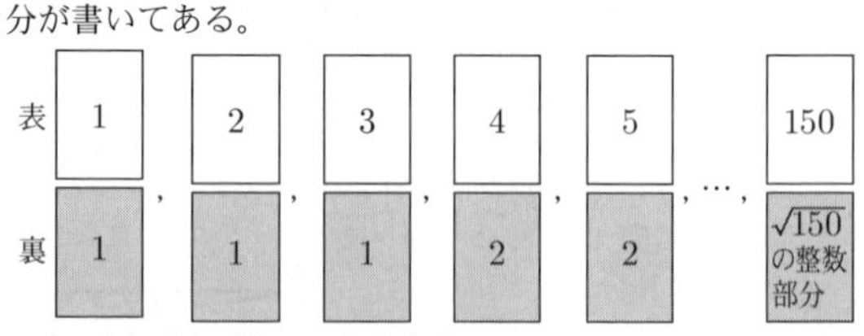

次の(1)〜(4)の問いに答えなさい。

(1)　表の数が10であるカードの裏の数を求めなさい。　(2点)

(2)　次の文章は，裏の数が n であるカードの枚数について，花子さんが考えたことをまとめたものである。

ア，イには数を，ウ〜オには n を使った式を，それぞれ当てはまるように書きなさい。　(10点)

> 表の数が150であるカードの裏の数は［ア］であるので，裏の数 n は［ア］以下の自然数になる。
>
> (I)　n が［ア］のとき
> 裏の数が［ア］であるカードは，全部で［イ］枚ある。
>
> (II)　n が［ア］未満の自然数のとき
> 裏の数が n であるカードの表の数のうち，最も小さい数は［ウ］であり，最も大きい数は［エ］である。
> よって，裏の数が n であるカードは，全部で（［オ］）枚ある。
>
> (II)　nが［ア］未満の自然数のとき
> **【裏の数が n であるカード】**
> 表　［ウ］，…，［エ］
> 裏　n　　n
> 全部で（［オ］）枚

(3)　裏の数が9であるカードは全部で何枚あるかを求めなさい。　(2点)

(4)　150枚のカードの裏の数を全てかけ合わせた数を P とする。P を 3^m で割った数が整数になるとき，m に当てはまる自然数のうちで最も大きい数を求めなさい。　(5点)

静岡県

時間 50分　満点 50点　解答 P37　3月3日実施

出題傾向と対策

●大問は7題で，**1**は小問集合，**2**は作図，確率，**3**はデータの活用，**4**は連立方程式，**5**は空間図形，**6**は$y=ax^2$，**7**は平面図形の出題である。大問数も内容も昨年と同じであり，問題の量，難易度ともに例年同様である。

●50分で解く分量が比較的多いため，時間内に正確に解く練習が必要である。計算過程や考え方などを記述させる問題があり，図形や関数の問題も多いので，基本事項を確認してから時間を意識して，多くの過去問を解き，その後に類題演習をするとよい。

---

1 よく出る 基本　次の(1)～(3)の問いに答えなさい。

(1) 次の計算をしなさい。

ア $18\div(-6)-9$　(2点)

イ $(-2a)^2\div 8a\times 6b$　(2点)

ウ $\dfrac{4x-y}{7}-\dfrac{x+2y}{3}$　(2点)

エ $(\sqrt{5}+\sqrt{3})^2-9\sqrt{15}$　(2点)

(2) $a=11$，$b=43$ のとき，$16a^2-b^2$ の式の値を求めなさい。　(2点)

(3) 次の2次方程式を解きなさい。

$(x-2)(x-3)=38-x$　(2点)

2 よく出る 基本　次の(1)，(2)の問いに答えなさい。

(1) 図1において，2点A，Bは円Oの円周上の点である。∠AOP＝∠BOPであり，直線APが円Oの接線となる点Pを作図しなさい。

ただし，作図には定規とコンパスを使用し，作図に用いた線は残しておくこと。(2点)

図1

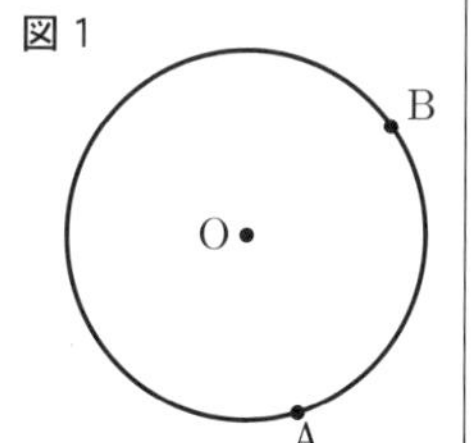

(2) 1から3までの数字を1つずつ書いた円形のカードが3枚，4から9までの数字を1つずつ書いた六角形のカードが6枚，10から14までの数字を1つずつ書いた長方形のカードが5枚の，合計14枚のカードがある。図2は，その14枚のカードを示したものである。

1から6までの目がある1つのさいころを2回投げ，1回目に出る目の数をa，2回目に出る目の数をbとする。

このとき，次のア，イの問いに答えなさい。

図2

①②③④⑤⑥⑦⑧⑨ 10 11 12 13 14

ア 14枚のカードに書かれている数のうち，小さい方からa番目の数と大きい方からb番目の数の和を，a，bを用いて表しなさい。　(1点)

イ 14枚のカードから，カードに書かれている数の小さい方から順にa枚取り除き，さらに，カードに書かれている数の大きい方から順にb枚取り除くとき，残ったカードの形が2種類になる確率を求めなさい。ただし，さいころを投げるとき，1から6までのどの目が出ることも同様に確からしいものとする。　(2点)

3 よく出る 基本　ある中学校の，3年1組の生徒30人と3年2組の生徒30人は，体力測定で長座体前屈を行った。このとき，次の(1)，(2)の問いに答えなさい。

(1) 3年1組と3年2組の記録から，それぞれの組の記録の，最大値と中央値を求めて比較したところ，最大値は3年2組の方が大きく，中央値は3年1組の方が大きかった。次のア～エの4つのヒストグラムのうち，2つは3年1組と3年2組の記録を表したものである。3年1組と3年2組の記録を表したヒストグラムを，ア～エの中から1つずつ選び，記号で答えなさい。　(2点)

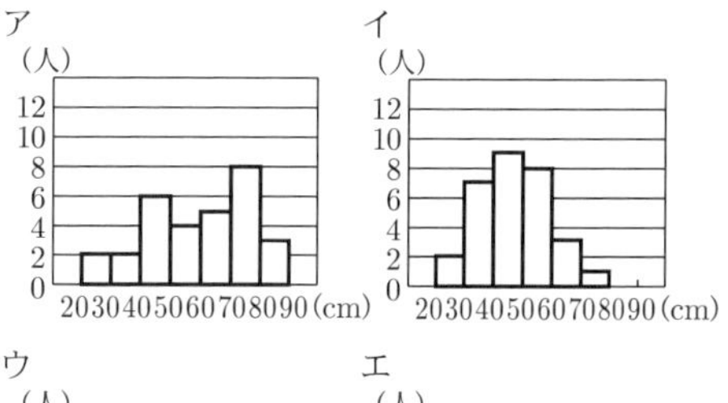

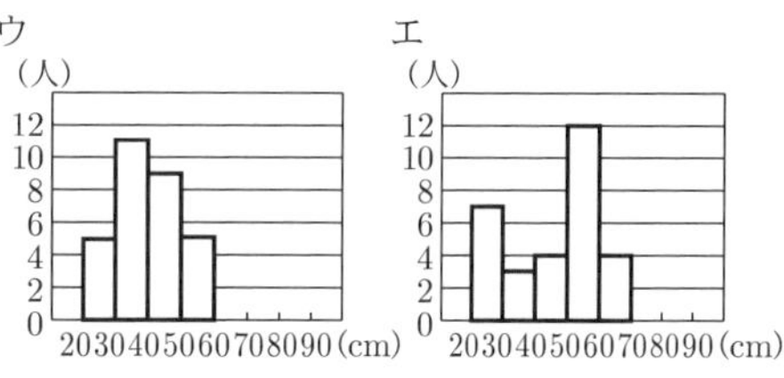

(2) 2つの組の生徒60人の記録の平均値は45.4 cmであった。また，この生徒60人の記録のうち，上位10人の記録の平均値は62.9 cmであった。2つの組の生徒60人の記録から上位10人の記録を除いた50人の記録の平均値を求めなさい。　(2点)

4 よく出る 基本　ある中学校では，学校から排出されるごみを，可燃ごみとプラスチックごみに分別している。この中学校の美化委員会が，5月と6月における，可燃ごみとプラスチックごみの排出量をそれぞれ調査した。可燃ごみの排出量については，6月は5月より33 kg減少しており，プラスチックごみの排出量については，6月は5月より18 kg増加していた。可燃ごみとプラスチックごみを合わせた排出量については，6月は5月より5％減少していた。また，6月の可燃ごみの排出量は，6月のプラスチックごみの排出量の4倍であった。

このとき，6月の可燃ごみの排出量と，6月のプラスチックごみの排出量は，それぞれ何kgであったか。方程式をつくり，計算の過程を書き，答えを求めなさい。　(5点)

5 思考力　図3の立体は，点Aを頂点とし，正三角形BCDを底面とする三角すいである。この三角すいにおいて，底面BCDと辺ADは垂直であり，AD＝8 cm，BD＝12 cmである。

このとき，次の(1)～(3)の問いに答えなさい。

図3

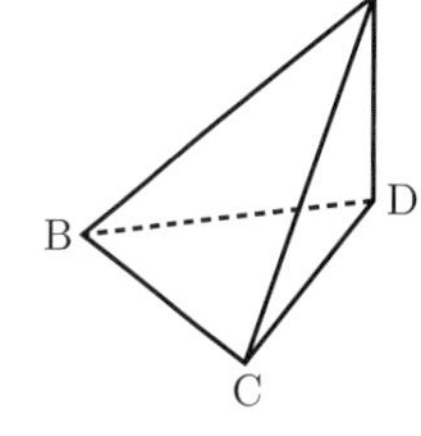

(1) よく出る 基本　この三角すいにおいて，直角である角はどれか。すべて答えなさい。　(2点)

(2) よく出る 基本　この三角すいにおいて，図4のように，辺BD，CD上に$DP = DQ = 9\,\text{cm}$となる点P，Qをそれぞれとる。四角形BCQPの面積は，△BCDの面積の何倍か，答えなさい。　(2点)

図4

(3) この三角すいにおいて，図5のように，辺AB，AC，BD，CDの中点をそれぞれK，L，M，Nとし，KNとLMの交点をEとする。線分BEの長さを求めなさい。　(3点)

図5

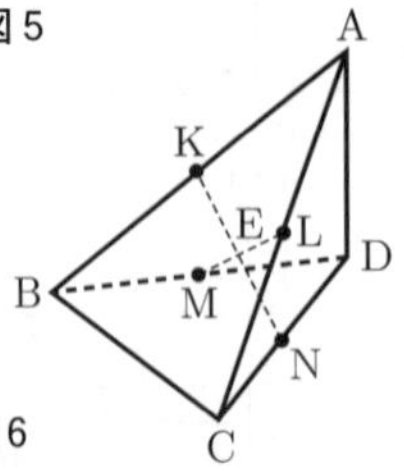

6 図6において，①は関数$y = ax^2$ $(a > 0)$のグラフであり，②は関数$y = -\frac{1}{2}x^2$のグラフである。2点A，Bは，放物線①上の点であり，そのx座標は，それぞれ-3, 4である。点Bを通りy軸に平行な直線と，x軸，放物線②との交点をそれぞれC，Dとする。

このとき，次の(1)～(3)の問いに答えなさい。

図6

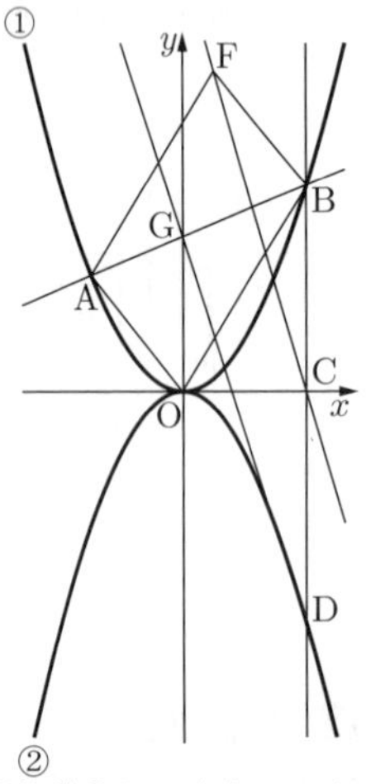

(1) よく出る 基本　xの変域が$-1 \leqq x \leqq 2$であるとき，関数$y = -\frac{1}{2}x^2$のyの変域を求めなさい。　(2点)

(2) よく出る 基本　点Dからy軸に引いた垂線の延長と放物線②との交点をEとする。点Eの座標を求めなさい。　(2点)

(3) 点Fは四角形AOBFが平行四辺形となるようにとった点である。直線ABとy軸との交点をGとする。直線CFと直線DGが平行となるときの，aの値を求めなさい。求める過程も書きなさい。　(4点)

7 思考力　図7において，3点A，B，Cは円Oの円周上の点であり，BCは円Oの直径である。$\overset{\frown}{AC}$上に$\angle OAC = \angle CAD$となる点Dをとり，BDとOAとの交点をEとする。点Cを通りODに平行な直線と円Oとの交点をFとし，DFとBCとの交点をGとする。

図7

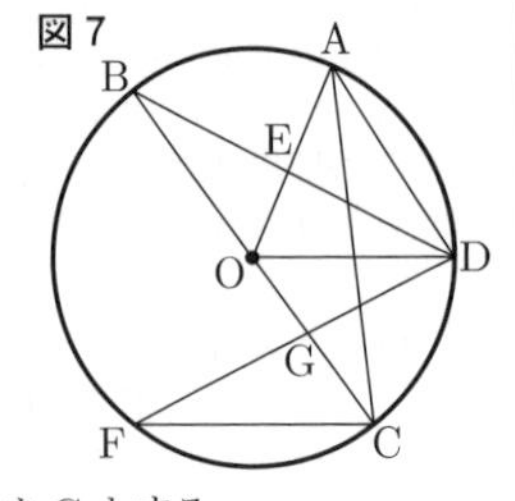

このとき，次の(1)，(2)の問いに答えなさい。

(1) よく出る　△BOE ≡ △DOGであることを証明しなさい。　(6点)

(2) $\angle BGF = 72°$，円Oの半径が$6\,\text{cm}$のとき，小さい方の$\overset{\frown}{AD}$の長さを求めなさい。ただし，円周率はπとする。　(3点)

愛知県

Aグループ	時間	45分	満点	22点	解答	P38	3月5日実施
Bグループ		45分		22点		P39	3月10日実施

《Aグループ》

出題傾向と対策

● **1** は基本的な小問集合，**2** は関数とグラフなどの小問，**3** は図形の小問であり，出題傾向，問題量とも大きな変化はない。作図は出題されないが，グラフをかかせる設問がある。また，面積や角度を求める問題のほか，面積や体積の比率を求めさせる設問が特徴的である。

●中学の数学のほぼすべての分野から出題されるので，過去の出題を参考にして基本的な問題を練習しておこう。

1 よく出る 基本　次の(1)から(10)までの問いに答えなさい。

(1) $5 - (-6) \div 2$を計算しなさい。

(2) $\frac{3x-2}{4} - \frac{x-3}{6}$を計算しなさい。

(3) $\frac{3}{\sqrt{2}} - \frac{2}{\sqrt{8}}$を計算しなさい。

(4) $(2x+1)^2 - (2x-1)(2x+3)$を計算しなさい。

(5) 連続する3つの自然数を，それぞれ2乗して足すと365であった。

もとの3つの自然数のうち，もっとも小さい数を求めなさい。

(6) 次のアからエまでの中から，yがxの一次関数であるものをすべて選んで，そのかな符号を書きなさい。

ア　1辺の長さが$x\,\text{cm}$である立方体の体積$y\,\text{cm}^3$

イ　面積が$50\,\text{cm}^2$である長方形のたての長さ$x\,\text{cm}$と横の長さ$y\,\text{cm}$

ウ　半径が$x\,\text{cm}$である円の周の長さ$y\,\text{cm}$

エ　5%の食塩水$x\,\text{g}$に含まれる食塩の量$y\,\text{g}$

(7) 5本のうち，あたりが2本はいっているくじがある。このくじをAさんが1本ひき，くじをもどさずにBさんが1本くじをひくとき，少なくとも1人はあたりをひく確率を求めなさい。

(8) yがxに反比例し，$x = \frac{4}{5}$のとき$y = 15$である関数のグラフ上の点で，x座標とy座標がともに正の整数となる点は何個あるか，求めなさい。

(9) 2直線$y = 3x - 5$，$y = -2x + 5$の交点の座標を求めなさい。

(10) 図で，A，B，Cは円Oの周上の点である。

円Oの半径が$6\,\text{cm}$，$\angle BAC = 30°$のとき，線分BCの長さは何cmか，求めなさい。

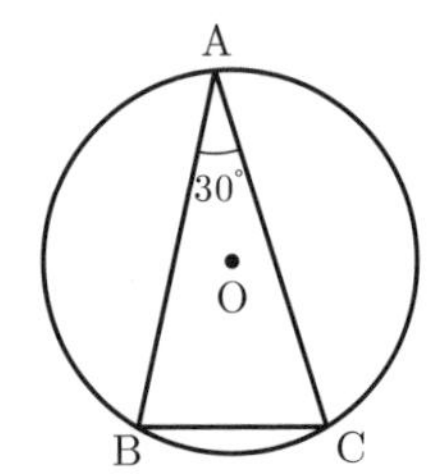

2 よく出る　次の(1)から(3)までの問いに答えなさい。

(1) 図で，O は原点，A，B は関数 $y=\frac{1}{4}x^2$ のグラフ上の点で，点 A の x 座標は正，y 座標は 9，点 B の x 座標は -4 である。また，C は y 軸上の点で，直線 CA は x 軸と平行である。

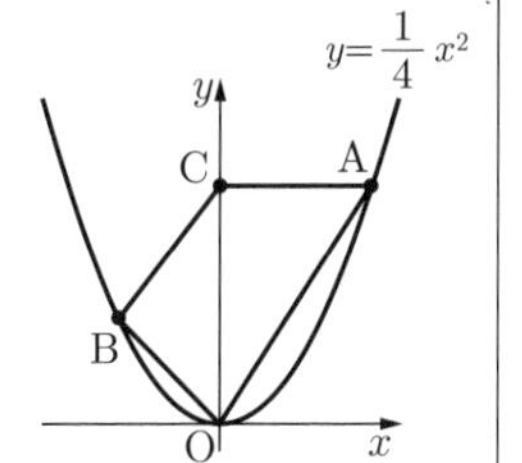

点 C を通り，四角形 CBOA の面積を二等分する直線の式を求めなさい。

(2) 次の文章は，体育の授業でサッカーのペナルティキックの練習を行ったときの，1 人の生徒がシュートを入れた本数とそれぞれの人数について述べたものである。

文章中の［A］にあてはまる式を書きなさい。また，［a］，［b］，［c］にあてはまる自然数をそれぞれ書きなさい。

なお，3 か所の［A］には，同じ式があてはまる。

> 表は，1 人の生徒がシュートを入れた本数とそれぞれの人数をまとめたものである。ただし，すべての生徒がシュートを入れた本数の合計は 120 本であり，シュートを入れた本数の最頻値は 6 本である。また，表の中の x，y は自然数である。
>
> | シュートを入れた本数(本) | 0 | 1 | 2 | 3 | 4 | 5 | 6 | 7 | 8 | 9 | 10 |
> |---|---|---|---|---|---|---|---|---|---|---|---|
> | 人数(人) | 0 | 1 | 2 | x | 3 | 2 | y | 2 | 3 | 1 | 1 |
>
> すべての生徒がシュートを入れた本数の合計が 120 本であることから，x を y を用いて表すと，
> $x=$［A］である。x と y が自然数であることから，$x=$［A］にあてはまる x と y の値の組は，全部で［a］組である。
> $x=$［A］にあてはまる x と y の値の組と，シュートを入れた本数の最頻値が 6 本であることをあわせて考えることで，$x=$［b］，$y=$［c］であることがわかる。

(3) 図のような池の周りに 1 周 300 m の道がある。

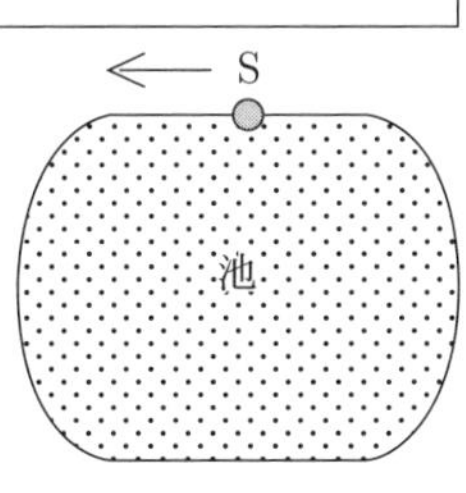

A さんは，S 地点からスタートし，矢印の向きに道を 5 周走った。1 周目，2 周目は続けて毎分 150 m で走り，S 地点で止まって 3 分間休んだ。休んだ後すぐに，3 周目，4 周目，5 周目は続けて毎分 100 m で走り，S 地点で走り終わった。

B さんは，A さんが S 地点からスタートした 9 分後に，S 地点からスタートし，矢印の向きに道を自転車で 1 周目から 5 周目まで続けて一定の速さで走り，A さんが走り終わる 1 分前に道を 5 周走り終わった。

このとき，次の①，②の問いに答えなさい。

① A さんがスタートしてから x 分間に走った道のりを y m とする。A さんがスタートしてから S 地点で走り終わるまでの x と y の関係を，グラフに表しなさい。

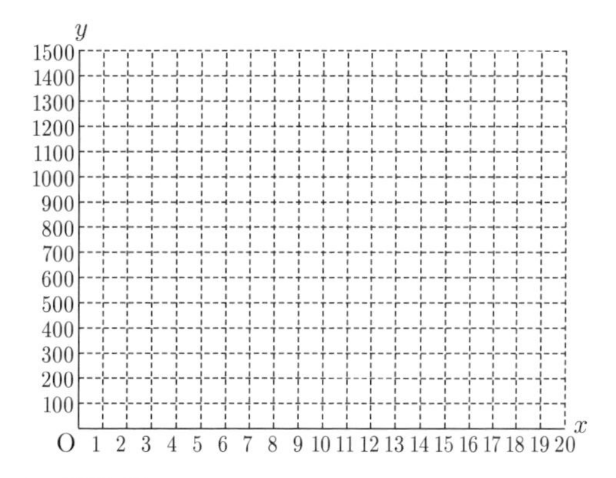

② 思考力　B さんが A さんを追い抜いたのは何回か，答えなさい。

3 次の(1)から(3)までの問いに答えなさい。
ただし，答えは根号をつけたままでよい。

(1) よく出る 基本　図で，D は △ABC の辺 AB 上の点で，DB = DC であり，E は辺 BC 上の点，F は線分 AE と DC との交点である。

∠DBE = 47°，
∠DAF = 31° のとき，
∠EFC の大きさは何度か，求めなさい。

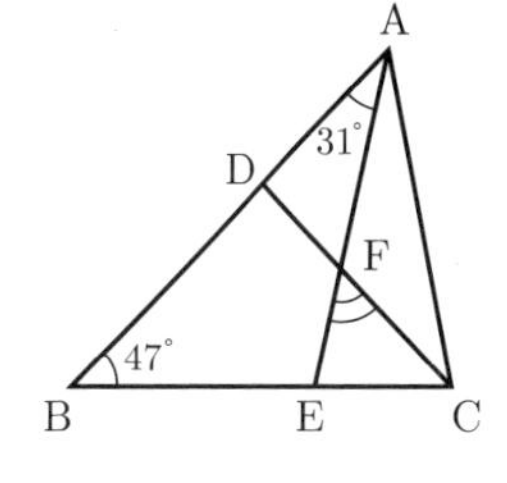

(2) よく出る　図で，四角形 ABCD は，AD // BC，∠ADC = 90° の台形である。
E は辺 DC 上の点で，DE : EC = 2 : 1 であり，F は線分 AC と EB との交点である。

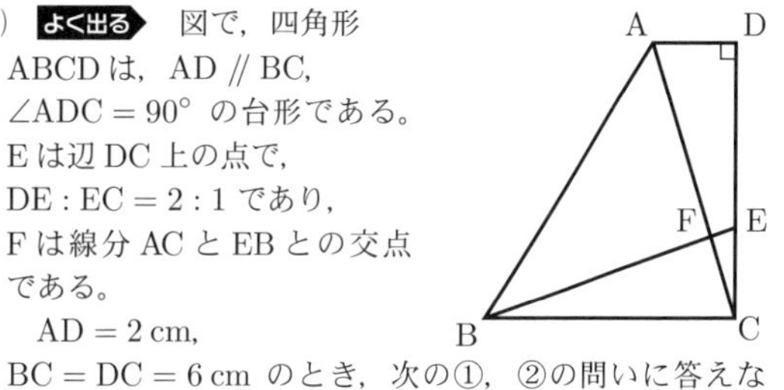

AD = 2 cm，
BC = DC = 6 cm のとき，次の①，②の問いに答えなさい。

① 線分 EB の長さは何 cm か，求めなさい。

② △ABF の面積は何 cm^2 か，求めなさい。

(3) 図で，D は △ABC の辺 BC 上の点で，BD : DC = 3 : 2，AD ⊥ BC であり，E は線分 AD 上の点である。

△ABE の面積が △ABC の面積の $\frac{9}{35}$ 倍であるとき，次の①，②の問いに答えなさい。

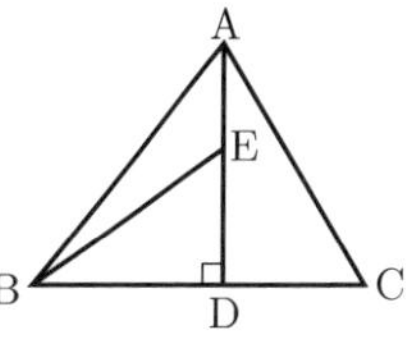

① 線分 AE の長さは線分 AD の長さの何倍か，求めなさい。

② △ABE を，線分 AD を回転の軸として 1 回転させてできる立体の体積は，△ADC を，線分 AD を回転の軸として 1 回転させてできる立体の体積の何倍か，求めなさい。

《Bグループ》

出題傾向と対策

●**1** は基本的な小問 10 題，**2** は関数とグラフなどの小問 3 題，**3** は図形の小問 3 題で，出題の傾向，問題量とも大きな変化はない。グラフをかかせる問題以外は，数値や式を答えさせる設問ばかりであり，作図や証明は出ない。2021 年は体積の比率を問う設問が復活した。

●中学の数学のほぼすべての分野から，基本的な問題が出題される。2021 年は難問がなく，全体にやや易化した。過去の出題を参考にして，良問をしっかりと練習しておこう。また，証明問題にも対処できるようにしておこう。

---

1 基本　次の(1)から(10)までの問いに答えなさい。

(1) よく出る　$3-7\times(5-8)$ を計算しなさい。

(2) よく出る　$27x^2y\div(-9xy)\times(-3x)$ を計算しなさい。

(3) よく出る　$\sqrt{48}-3\sqrt{6}\div\sqrt{2}$ を計算しなさい。

(4) $(x+1)(x-8)+5x$ を因数分解しなさい。

(5) よく出る　方程式 $(x+2)^2=7$ を解きなさい。

(6) よく出る　a 個のあめを 10 人に b 個ずつ配ったところ，c 個余った。
この数量の関係を等式に表しなさい。

(7) よく出る　男子生徒 8 人の反復横跳びの記録は，右のようであった。

(単位：回)

53 45 51 57 49 42 50 45

この記録の代表値について正しく述べたものを，次のアからエまでの中からすべて選んで，そのかな符号を書きなさい。

ア　平均値は，49 回である。
イ　中央値は，50 回である。
ウ　最頻値は，57 回である。
エ　範囲は，15 回である。

(8) 大小 2 つのさいころを同時に投げるとき，大きいさいころの目の数が小さいさいころの目の数の 2 倍以上となる確率を求めなさい。

(9) 関数 $y=ax^2$ (a は定数) と $y=6x+5$ について，x の値が 1 から 4 まで増加するときの変化の割合が同じであるとき，a の値を求めなさい。

(10) よく出る　図で，D は △ABC の辺 AB 上の点で，∠DBC＝∠ACD である。
AB＝6 cm，AC＝5 cm のとき，線分 AD の長さは何 cm か，求めなさい。

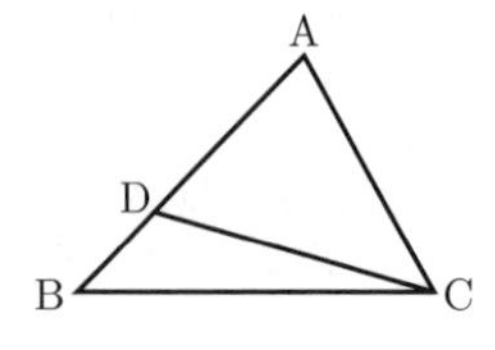

2 次の(1)から(3)までの問いに答えなさい。

(1) 図で，O は原点，A，B は関数 $y=\frac{5}{x}$ のグラフ上の点で，点 A，B の x 座標はそれぞれ 1，3 であり，C，D は x 軸上の点で，直線 AC，BD はいずれも y 軸と平行である。また，E は線分 AC と BO との交点である。
四角形 ECDB の面積は △AOB の面積の何倍か，求めなさい。

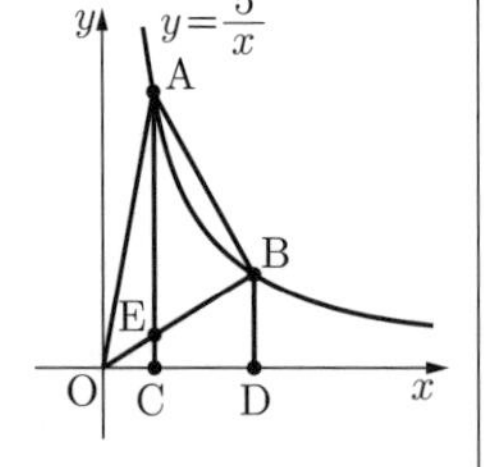

(2) 新傾向　次の文章は，連続する 2 つの自然数の間にある，分母が 5 で分子が自然数である分数の和について述べたものである。
文章中の [Ⅰ]，[Ⅱ]，[Ⅲ] にあてはまる数をそれぞれ書きなさい。また，[Ⅳ] にあてはまる式を書きなさい。

> 1 から 2 までの間にある分数の和は
> $\frac{6}{5}+\frac{7}{5}+\frac{8}{5}+\frac{9}{5}=6$
> 2 から 3 までの間にある分数の和は [Ⅰ]
> 3 から 4 までの間にある分数の和は [Ⅱ]
> 4 から 5 までの間にある分数の和は [Ⅲ]
> また，n が自然数のとき，n から $n+1$ までの間にある分数の和は [Ⅳ] である。

(3) A さんが使っているスマートフォンは，電池残量が百分率で表示され，0%になると使用できない。このスマートフォンは，充電をしながら動画を視聴するとき，電池残量は 4 分あたり 1%増加し，充電をせずに動画を視聴するとき，電池残量は一定の割合で減少する。
A さんは，スマートフォンで 1 本 50 分の数学講座の動画を 2 本視聴することとした。
A さんは，スマートフォンの充電をしながら 1 本目の動画の視聴をはじめ，動画の視聴をはじめてから 20 分後に充電をやめ，続けて充電せずに動画を視聴したところ，1 本目の動画の最後まで視聴できた。
スマートフォンの電池残量が，A さんが 1 本目の動画の視聴をはじめたときは 25%，1 本目の動画の最後まで視聴したときはちょうど 0%であったとき，次の①，②の問いに答えなさい。

① よく出る　A さんが 1 本目の動画の視聴をはじめてから x 分後の電池残量を y % とする。A さんが 1 本目の動画の視聴をはじめてから 1 本目の動画の最後まで視聴するまでの，x と y の関係をグラフに表しなさい。

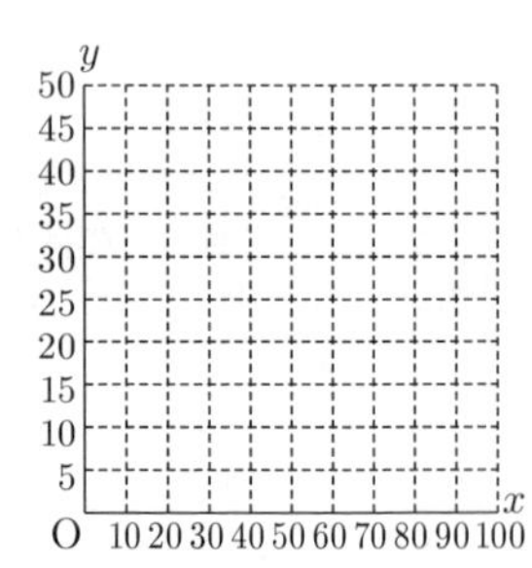

② 思考力　A さんが 1 本目の動画の最後まで視聴したのち，2 本目の動画の最後まで視聴するためには，2 本目の動画はスマートフォンの充電をしながら何分以上視聴すればよいか，求めなさい。

3 次の(1)から(3)までの問いに答えなさい。
ただし，答えは根号をつけたままでよい。

(1) 図で，C，D は AB を直径とする円 O の周上の点，E は直線 AB と点 C における円 O の接線との交点である。
∠CEB＝42° のとき，∠CDA の大きさは何度か，求めなさい。

(2) よく出る 図で，四角形ABCDは正方形であり，Eは辺DCの中点，Fは線分AEの中点，Gは線分FBの中点である。

AB = 8 cm のとき，次の①，②の問いに答えなさい。

① 線分GCの長さは何cmか，求めなさい。

② 四角形FGCEの面積は何cm^2か，求めなさい。

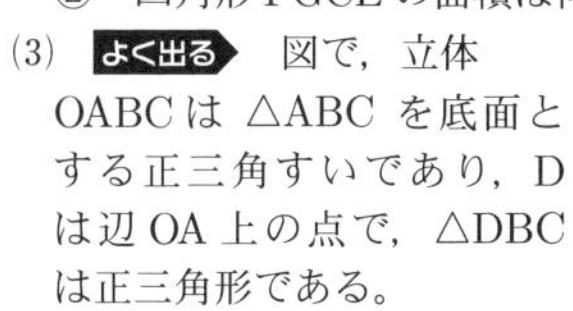

(3) よく出る 図で，立体OABCは△ABCを底面とする正三角すいであり，Dは辺OA上の点で，△DBCは正三角形である。

OA = OB = OC = 6 cm，AB = 4 cm のとき，次の①，②の問いに答えなさい。

① 線分DAの長さは何cmか，求めなさい。

② 立体ODBCの体積は正三角すいOABCの体積の何倍か，求めなさい。

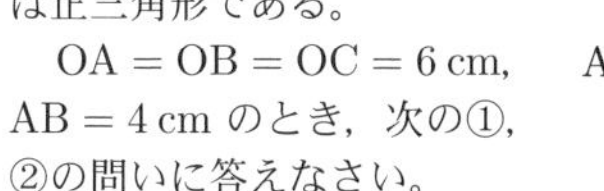

三重県

時間	45分	満点	50点	解答	P40	3月10日実施

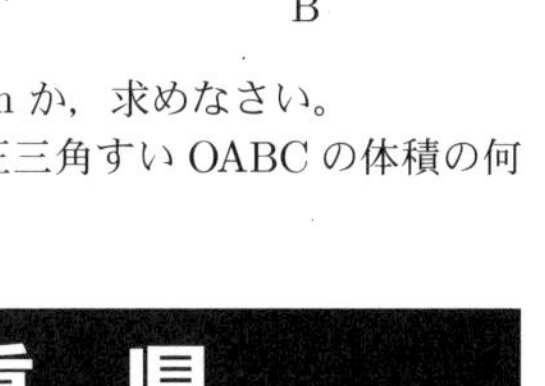

出題傾向と対策

● **1** 計算とデータの活用の小問，**2** (1) 1次関数の利用，(2)連立方程式の文章題，(3)確率，**3** 1次関数と2乗に比例した関数を中心とした総合問題，**4** (1)空間図形，(2)作図，**5** 平面図形の総合問題であり，分量・難易度とも例年通りであった。

●中学の全分野から出題されているので，教科書や問題集の問題を繰り返し勉強するとよい。易しい問題が多いが，試験時間に対して分量がやや多い。余裕を持って図形問題を解くためには，ある程度の計算力が必要である。図形分野の方が難易度が高いので，図形分野の準備はしっかりしておくこと。

1 よく出る 基本 あとの各問いに答えなさい。

(1) $8+(-13)$ を計算しなさい。 (1点)

(2) $-\frac{6}{7}a \div \frac{3}{5}$ を計算しなさい。 (1点)

(3) $2(x+3y)-3(2x-3y)$ を計算しなさい。 (2点)

(4) $(3\sqrt{2}-\sqrt{5})(\sqrt{2}+\sqrt{5})$ を計算しなさい。 (2点)

(5) x^2-x-12 を因数分解しなさい。 (2点)

(6) 二次方程式 $3x^2-7x+1=0$ を解きなさい。 (2点)

(7) Aの畑で収穫したジャガイモ50個とBの畑で収穫したジャガイモ80個について，1個ずつの重さを調べ，その結果を右の度数分布表に整理した。

階級(g)	度数(個) Aの畑で収穫したジャガイモ	Bの畑で収穫したジャガイモ
以上　未満		
50 ～ 150	14	24
150 ～ 250	18	28
250 ～ 350	11	17
350 ～	7	11
計	50	80

次の［　　］は，「150 g以上250 g未満」の階級の相対度数について，述べたものである。［①］，［②］に，それぞれあてはまる適切なことがらを書き入れなさい。 (2点)

> AとBを比較して「150 g以上250 g未満」の階級について，相対度数が大きいのは［①］の畑で収穫したジャガイモであり，その相対度数は［②］である。

2 よく出る あとの各問いに答えなさい。

(1) 思考力 Aさんは，10時ちょうどにP地点を出発し，分速a mでP地点から1800 m離れている図書館に向かった。10時20分にP地点から800 m離れているQ地点に到着し，止まって休んだ。10時30分にQ地点を出発し，分速a mで図書館に向かい，10時55分に図書館に到着した。

右のグラフは，10時x分におけるP地点とAさんの距離をy mとして，xとyの関係を表したものである。

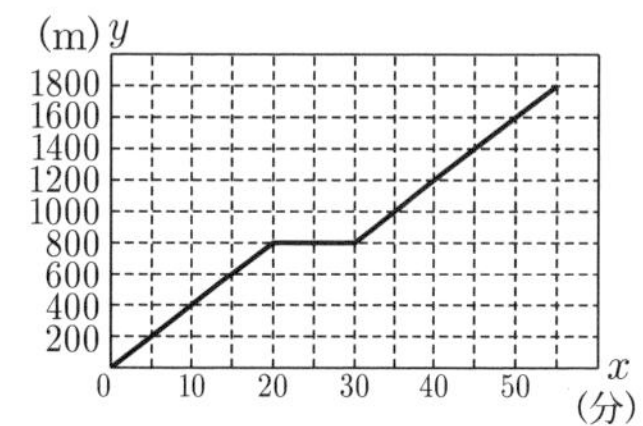

このとき，次の各問いに答えなさい。

ただし，P地点と図書館は一直線上にあり，Q地点はP地点と図書館の間にあるものとする。

① 基本 aの値を求めなさい。 (1点)

② Bさんは，AさんがP地点を出発してから10分後に図書館を出発し，止まらずに一定の速さでP地点に向かい，10時55分にP地点に到着した。AさんとBさんが出会ったあと，AさんとBさんの距離が1000 mであるときの時刻を求めなさい。 (2点)

③ Cさんは，AさんがP地点を出発してから20分後にP地点を出発し，止まらずに分速100 mで図書館に向かった。CさんがAさんに追いついた時刻を求めなさい。 (2点)

(2) ある動物園の入園料は，大人1人500円，子ども1人300円である。昨日の入園者数は，大人と子どもを合わせて140人であった。今日の大人と子どもの入園者数は，昨日のそれぞれの入園者数と比べて，大人の入園者数が10%減り，子どもの入園者数が5%増えた。また，今日の大人と子どもの入園料の合計は52200円となった。

次の［　　］は，今日の大人の入園者数と，今日の子どもの入園者数を連立方程式を使って求めたものである。［①］～［⑥］に，それぞれあてはまる適切なことがらを書き入れなさい。 (4点)

> 昨日の大人の入園者数をx人，昨日の子どもの入園者数をy人とすると，
>
> $\begin{cases} [\quad①\quad] = 140 \\ [\quad②\quad] = 52200 \end{cases}$
>
> これを解くと，$x=$［③］，$y=$［④］
>
> このことから，今日の大人の入園者数は［⑤］人，
>
> 今日の子どもの入園者数は［⑥］人となる。

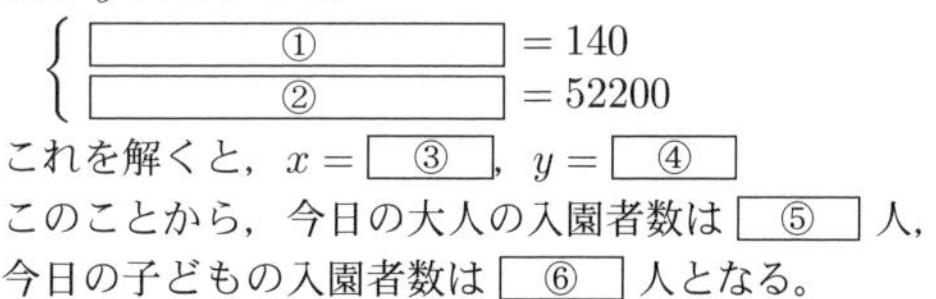

(3) 右の図のように，袋の中に1，2，3，4，5の数字がそれぞれ書かれた同じ大きさの玉が1個ずつ入っている。この袋から玉を1個取り出すとき，取り出した玉に書かれた数を a とし，その玉を袋にもどしてかき混ぜ，また1個取り出すとき，取り出した玉に書かれた数を b とする。

このとき，次の各問いに答えなさい。

① a と b の積が12以上になる確率を求めなさい。（2点）

② a と b のうち，少なくとも一方は奇数である確率を求めなさい。（2点）

3 よく出る　右の図のように，関数 $y=\frac{1}{2}x^2$…㋐のグラフ上に2点A，Bがあり，x 軸上に2点C，Dがある。2点A，Cの x 座標はともに -2 であり，2点B，Dの x 座標はともに4である。

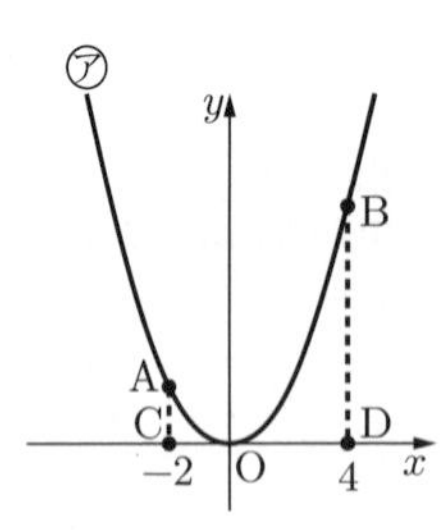

このとき，あとの各問いに答えなさい。

(1) 基本　点Aの座標を求めなさい。（2点）

(2) 基本　㋐について，x の変域が $-3 \leqq x \leqq 2$ のときの y の変域を求めなさい。（2点）

(3) 思考力　線分AB上に点Eをとり，四角形ACDEと△BDEをつくる。四角形ACDEの面積と△BDEの面積の比が $2:1$ となるとき，点Eの座標を求めなさい。（2点）

(4) 直線ABと y 軸の交点をFとし，四角形ACDFをつくる。四角形ACDFを，x 軸を軸として1回転させてできる立体の体積を求めなさい。
ただし，円周率は π とする。（2点）

4 あとの各問いに答えなさい。

(1) よく出る　右の図のように，点A，B，C，D，E，Fを頂点とし，
$AD=DE=EF=4$ cm，
$\angle DEF=90°$ の三角柱がある。
辺AB，ACの中点をそれぞれM，Nとする。

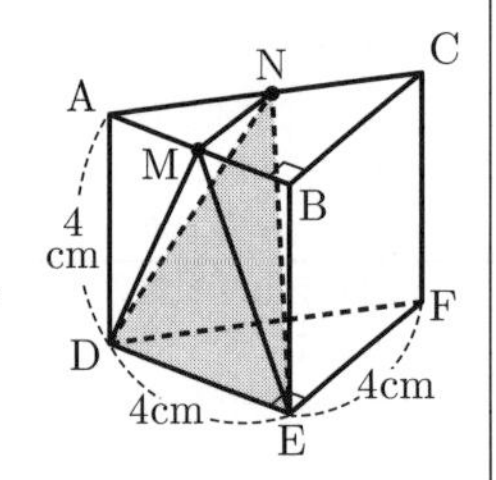

このとき，次の各問いに答えなさい。

なお，各問いにおいて，答えの分母に $\sqrt{\ }$ がふくまれるときは，分母を有理化しなさい。また，$\sqrt{\ }$ の中をできるだけ小さい自然数にしなさい。

① 基本　線分DMの長さを求めなさい。（1点）

② 点Mから△NDEをふくむ平面にひいた垂線と△NDEとの交点をHとする。このとき，線分MHの長さを求めなさい。（2点）

(2) 右の図で，点Aを通り，直線 l に接する円のうち，半径が最も短い円を，定規とコンパスを用いて作図しなさい。
なお，作図に用いた線は消さずに残しておきなさい。（3点）

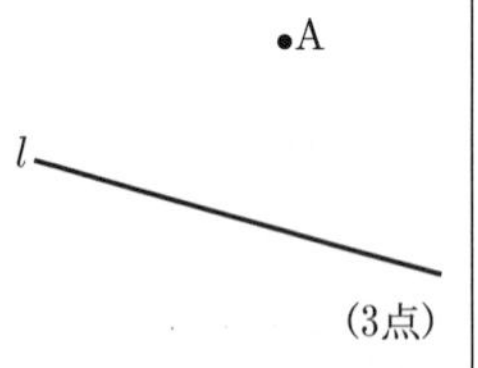

5 よく出る　右の図のように，線分ABを直径とする円Oの円周上に点Cをとり，△ABCをつくる。線分AC上に $BC=AD$ となる点Dをとり，点Dを通り線分BCに平行な直線と線分ABとの交点をEとする。直線DEと円Oの交点のうち，点Cをふくまない側の弧AB上にある点をF，点Cをふくむ側の弧AB上にある点をGとする。また，線分BGと線分ACの交点をHとする。

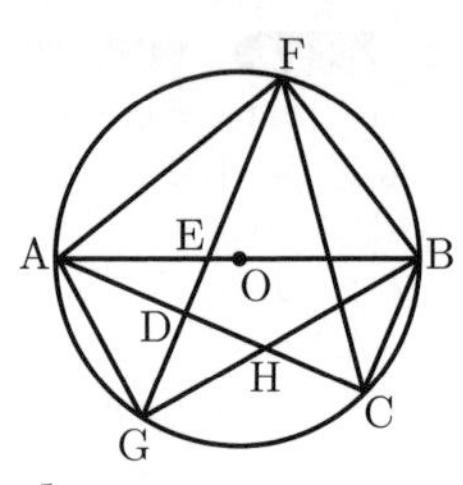

このとき，あとの各問いに答えなさい。
ただし，$AC>BC$ とする。

(1) 基本　次の［　　］は，△AGE∽△ACFであることを証明したものである。
［(ア)］～［(ウ)］に，それぞれあてはまる適切なことがらを書き入れなさい。（3点）

〈証　明〉　△AGEと△ACFにおいて，
弧AFに対する円周角は等しいから，
［(ア)］$=\angle ACF$…①
BC // FGより，平行線の同位角は等しいから，
$\angle AEG=$［(イ)］…②
弧ACに対する円周角は等しいから，
［(イ)］$=\angle AFC$…③
②，③より，　$\angle AEG=\angle AFC$…④
①，④より，［(ウ)］がそれぞれ等しいので，
△AGE∽△ACF

(2) △ADG≡△BCHであることを証明しなさい。（4点）

(3) $AB=13$ cm，$BC=5$ cmのとき，次の各問いに答えなさい。

① 線分DEの長さを求めなさい。（2点）

② △BFGの面積と△OFGの面積の比を，最も簡単な整数の比で表しなさい。（2点）

滋賀県

時間	50分	満点	100点	解答	P41	3月9日実施

＊ 注意　1. 答えに根号が含まれる場合は，根号を用いた形で表しなさい。
　　　　2. 円周率は π とします。

出題傾向と対策

●大問4問の構成で，**1** は9題から成る小問集合，**2** は円錐台の側面の最短距離，**3** は交わる2円を題材とした平面図形，**4** は折り返しと動点を絡めた融合問題であった。図形問題が増え，難度の高い問題（**2** の(3)，**4** の(4)など）も見られた。分量は例年通りだが，難易度は上がった。

●過去問や問題集を使って，応用問題に太刀打ちできる思考力を養っていこう。**3** のように学習してきた内容の基本の理解を試す出題もあるので，根拠と向き合って証明や作図に取り組むことも疎かにしないこと。

1 よく出る　基本　次の(1)から(9)までの各問いに答えなさい。

(1) $2\times(-3)+1$ を計算しなさい。(4点)

(2) $\frac{5}{3}a-\frac{3}{4}a$ を計算しなさい。(4点)

(3) 次の連立方程式を解きなさい。(4点)

$$\begin{cases} x-3y=6 \\ 2x+y=5 \end{cases}$$

(4) $\frac{6}{\sqrt{2}}+\sqrt{8}$ を計算しなさい。(4点)

(5) 次の2次方程式を解きなさい。(4点)

$x^2+x=6$

(6) $15a^3b^2\div\frac{5}{2}ab^2$ を計算しなさい。(4点)

(7) 右の**表**は，関数 $y=ax^2$ について，x と y の関係を表したものです。このとき a の値および表の b の値を求めなさい。(4点)

表

x	…	-6	…	4	…
y	…	b	…	6	…

(8) 大小2個のさいころを同時に投げたとき，大きいさいころの出た目を十の位の数，小さいさいころの出た目を一の位の数として2けたの整数をつくる。このとき，2けたの整数が素数となる確率を求めなさい。ただし，さいころは，1から6までのどの目が出ることも同様に確からしいとします。(5点)

(9) 右の**度数分布表**は，ある学級の生徒の自宅から学校までの通学時間を整理したものです。この表から通学時間の平均値を求めると20分であった。**(ア)**，**(イ)** にあてはまる数と最頻値を求めなさい。(5点)

度数分布表

通学時間(分)	度数(人)
以上　未満 0 ～ 10	5
10 ～ 20	10
20 ～ 30	(ア)
30 ～ 40	4
合計	(イ)

2 思考力　太郎さんは，花子さんと体育大会で使う応援用のメガホンを学級の人数分作ることにしました。後の(1)から(4)までの各問いに答えなさい。

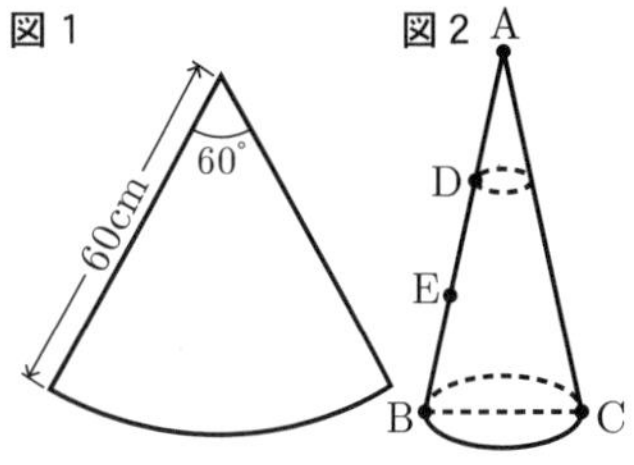

まず，ボール紙に**図1**の展開図をかき，母線の長さが60 cmの円すいの形を作ると**図2**のようになりました。

点Aは頂点，線分BCは底面の直径を表しています。また点D，Eは，母線ABを3等分する点です。

(1) **図2**の直径BCの長さを求めなさい。(4点)

次に，点Dを通り，底面に平行な平面でこの円すいを切って**図3**のメガホンを作りました。線分DFはメガホンの上面の円の直径を表しています。

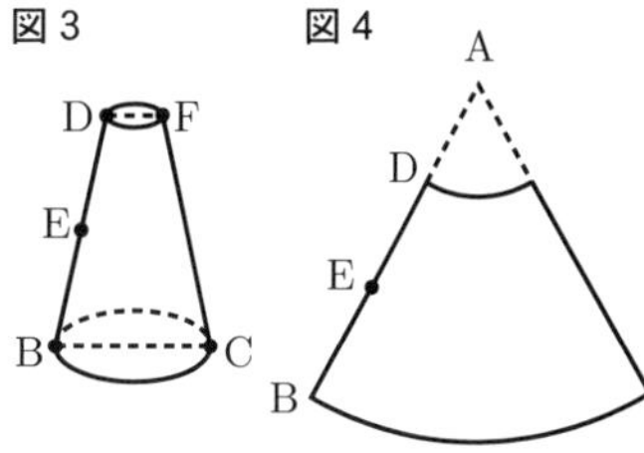

図4の実線は，**図3**のメガホンの展開図です。このメガホンに**図5**のような飾りのついたひもを側面に巻きながら貼りつけて完成となります。

2人は飾りのついたひもをどのように巻きつけるか，またどれぐらいの長さのひもが必要かを考えました。ただし，ボール紙の厚さとひもの太さは考えないものとします。

考えたこと

○ **図3**のメガホンに，**図6**のように飾りのついたひもを点Eから側面に沿って点Eまで1周巻きつけたとき，どのように巻きつけるとひもの長さが最も短くなるのかを考えました。

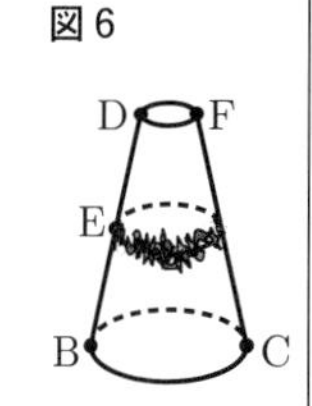

太郎さん：①<u>ひもを底面の円周と平行になるように1周巻きつけたときに</u>，ひもの長さが最も短いのではないかな。

花子さん：メガホンのままではわからないね。メガホンに飾りのついていないひもを巻きつけて展開図で確かめてみましょう。

○ 2人は，**図7**の展開図で考えてみました。

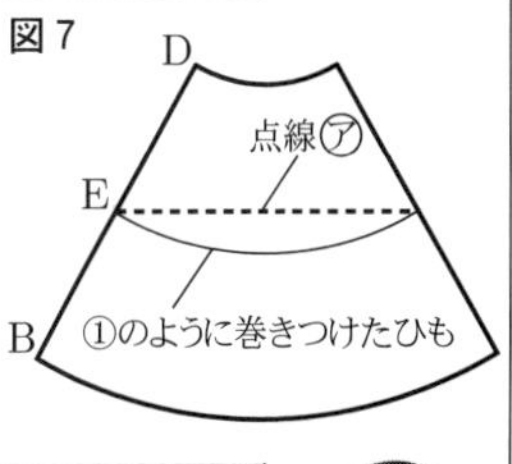

太郎さん：点線㋐のようにひもを巻きつければ短くなるね。

花子さん：**図7**のように，展開図でひもの巻きつけ始める点と巻きつけ終わる点を直線で結べばよさそうね。

(2) 下線部①のように太郎さんがひもを巻きつけたとき，ひもと線分 FC との交点 P をコンパスと定規を使って作図しなさい。ただし，作図に使った線は消さないこと。(5点)

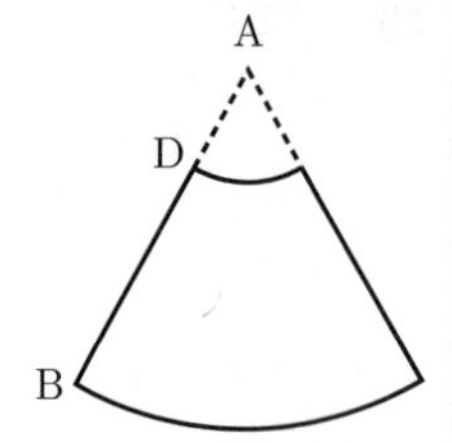

(3) 次に太郎さんは，**図 8** のようにひもを点 E から側面に沿って線分 FC を横切って点 D まで巻きつけようと考えました。巻きつけるひもの長さが最も短いときのひもの長さを求めなさい。(6点)

図 8

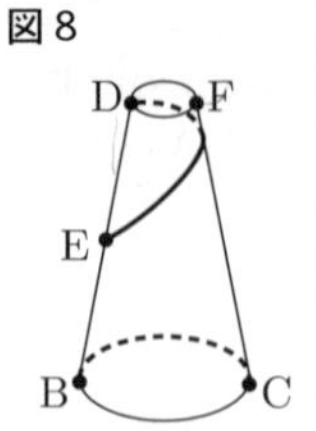

(4) さらに太郎さんは，ひもを点 B から側面に沿って線分 FC を 2 回横切って点 E まで巻きつけようと考えました。**図 9** は，花子さんと考えたことを応用して，ひもの長さが最も短くなるように巻きつける様子を表したものです。巻きつけるひもの長さを求めなさい。(6点)

図 9

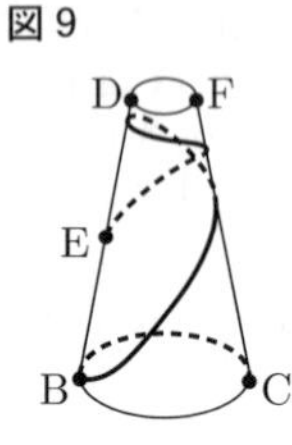

3 思考力 太郎さんと花子さんは，数学の授業で円について学習した後，2 点で交わる 2 つの円について調べることにしました。

太郎さんは，次の手順でノートに右の**図**をかきました。後の(1)から(3)までの各問いに答えなさい。

図

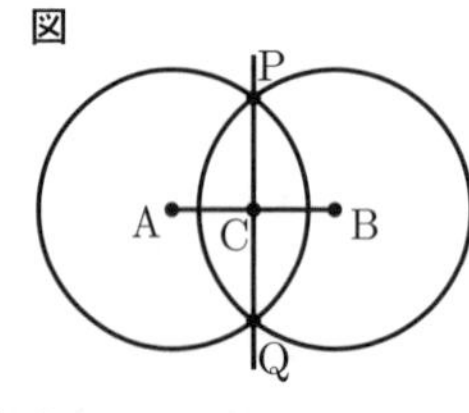

手順

① 線分をひき，線分の両端を A，B とする。
② 線分 AB において，点 A と点 B をそれぞれ中心として，等しい半径の円をかき，この 2 つの円の交点を P，Q とする。
③ 線分 AB と直線 PQ との交点を C とする。

①から③の手順で，線分 AB の長さや円の半径をいろいろ変えて調べます。

(1) 太郎さんは，まず線分 AB の長さを 8 cm にして，円の半径をいろいろ変えて調べました。すると，4 点 A，B，P，Q が，点 C を中心とする円周上にある場合がありました。このとき，線分 AP の長さと ∠APB の大きさを求めなさい。(6点)

太郎さんと花子さんは，**図**を見て気づいたことを話しています。

2 人の会話

太郎さん：2 つの円の半径は等しいので，△ABP は PA = PB の二等辺三角形だね。二等辺三角形の頂角の二等分線は底辺と垂直に交わることは教科書に書いていたね。

花子さん：四角形 AQBP はひし形だから，太郎さんの言ったことは，<u>ひし形 AQBP の対角線 PQ が ∠APB を二等分し，直線 PQ と線分 AB は垂直に交わる</u>ことと同じだね。

太郎さん：花子さんの言ったことは，三角形の合同条件を利用したら証明できそうだね。

(2) 2 人の会話の中にある太郎さんの言った波線部の考え方を使って，下線部を証明しなさい。(8点)

(3) AP = PQ = 5 cm のとき，線分 AP の延長線が点 B を中心とする円と，点 P 以外にもう 1 点で交わりました。その交点を D としたとき，線分 PD の長さを求めなさい。(6点)

4 思考力 太郎さんは，寒かったので衣類に貼るカイロを貼ろうとしました。裏紙（剥離紙）をはがすとき，カイロの粘着部分の形や面積が変化していくことに気がつき，次のような考え方をもとに，その変化について考えました。後の(1)から(4)までの各問いに答えなさい。

考え方

○ 縦 6 cm，横 10 cm の長方形のカイロを，左下側から一定方向に向かって裏紙をはがします。
○ **図 1** のように，カイロの各頂点を A，B，C，D とし，AE = 4 cm，AF = 3 cm となる点 E，F をそれぞれ辺 AB，AD 上にとります。
○ **図 1** のように，カイロの粘着部分ア，裏紙のはがした部分イの境界線の両端を P，Q とします。
○ 線分 EF と線分 PQ が，平行を保つようにしながら裏紙をはがします。
○ 点 P が頂点 A から移動した距離を x cm とします。

図 1
D　10cm　C
6 cm　F　A′
Q　イ　ア
A　x cm　P　E　B

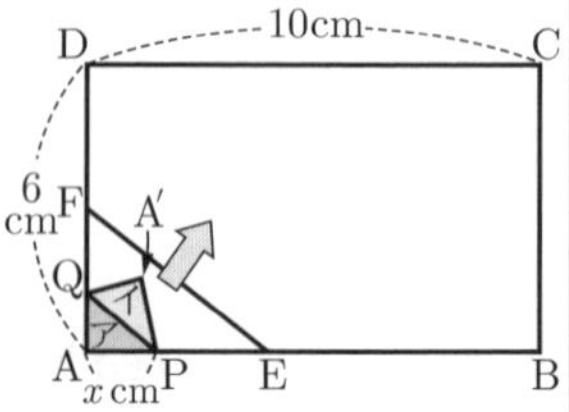

(1) 裏紙をはがし始めてから，はがし終えるまでの x の変域を表しなさい。(4点)

(2) $0 \leqq x \leqq 10$ のとき，カイロの粘着部分アの面積を y cm^2 とする。x と y の関係をグラフに表しなさい。(5点)

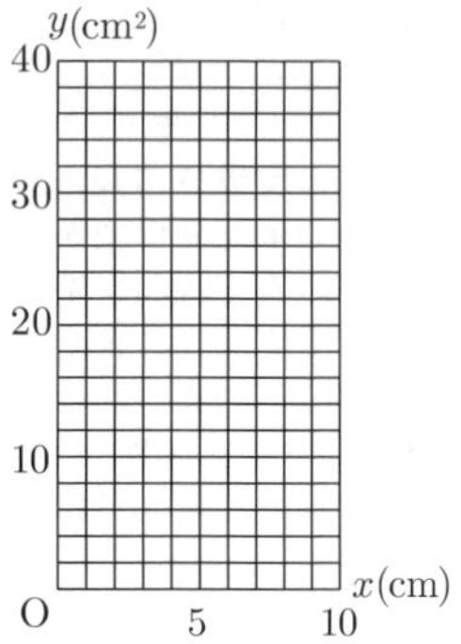

y(cm^2)
40
30
20
10
O　5　10　x(cm)

(3) 裏紙をはがしていくと，カイロの粘着部分アの面積が，長方形 ABCD の面積の $\frac{5}{8}$ になりました。このときの x の値を求めなさい。(6点)

(4) 難 図2のように，辺 $A'B'$ 上に頂点Cが重なるまで裏紙をはがしました。このときの x の値を求めなさい。(6点)

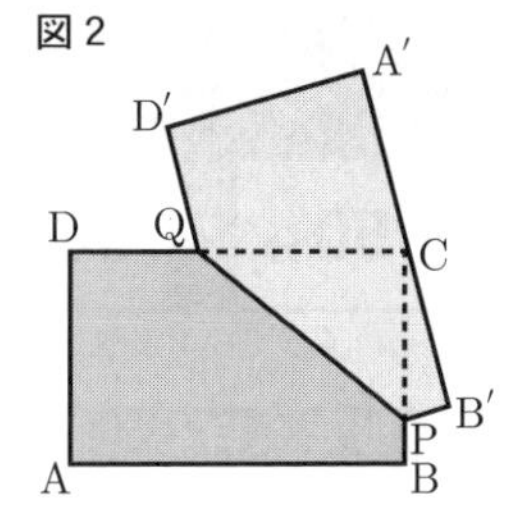

京都府

時間 40分　満点 40点　解答 P43　3月8日実施

＊ 注意　1．円周率は π としなさい。
2．答えの分数が約分できるときは，約分しなさい。
3．答えが $\sqrt{\ }$ を含む数になるときは，$\sqrt{\ }$ の中を最も小さい正の整数にしなさい。
4．答えの分母が $\sqrt{\ }$ を含む数になるときは，分母を有理化しなさい。

出題傾向と対策

●例年通りの大問6題の形式である。**1** は小問集合，**2** はデータの活用，**3** は空間図形，**4** は座標平面と関数，**5** は平面図形，**6** は思考力の必要な規則性を見つける問題であった。出題順は昨年と少し異なり，データの活用が大問として確率のかわりに出題された。

●出題されている問題の大半は基本～標準的な問題で解きやすいものであるが，それゆえミスをしないようにしなければならない。難問はなくほとんどが入試定番問題からの出題であるが，図形や規則性などの思考力の必要な問題もあるので，普段から解法パターンを覚えるのではなく，なぜそうなるのか？を考えて勉強しておこう。

1 基本 次の問い(1)～(8)に答えよ。

(1) $(-4)^2-9\div(-3)$ を計算せよ。(2点)

(2) $6x^2y\times\dfrac{2}{9}y\div 8xy^2$ を計算せよ。(2点)

(3) $\dfrac{1}{\sqrt{8}}\times 4\sqrt{6}-\sqrt{27}$ を計算せよ。(2点)

(4) $x=\dfrac{1}{5}$，$y=-\dfrac{3}{4}$ のとき，$(7x-3y)-(2x+5y)$ の値を求めよ。(2点)

(5) 二次方程式 $(x+1)^2=72$ を解け。(2点)

(6) 関数 $y=-\dfrac{1}{2}x^2$ について，x の値が2から6まで増加するときの変化の割合を求めよ。(2点)

(7) 右の図のように，方眼紙上に △ABC と2直線 l，m がある。3点 A，B，C は方眼紙の縦線と横線の交点上にあり，直線 l は方眼紙の縦線と，直線 m は方眼紙の横線とそれぞれ重なっている。2直線 l，m の交点をOとするとき，△ABC を，点Oを中心として点対称移動させた図形をかけ。(2点)

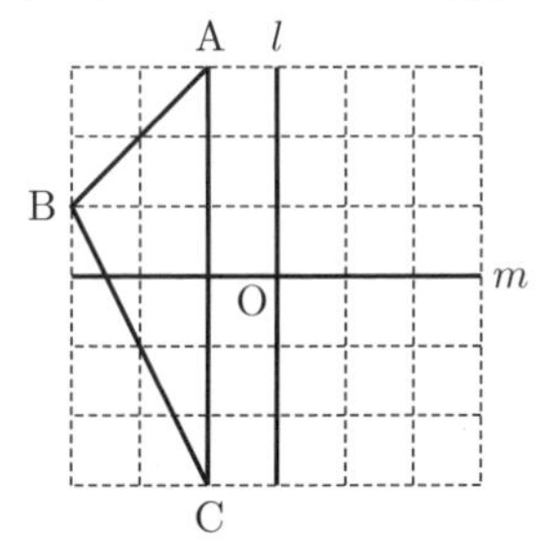

(8) 4枚の硬貨を同時に投げるとき，表が3枚以上出る確率を求めよ。ただし，それぞれの硬貨の表裏の出方は，同様に確からしいものとする。(2点)

2 右のⅠ図は，2019年3月1日から15日間の一日ごとの京都市の最高気温について調べ，その結果をヒストグラムに表したものである。たとえば，Ⅰ図から，2019年3月1日からの15日間のうち，京都市の最高気温が8℃以上12℃未満の日は4日あったことがわかる。

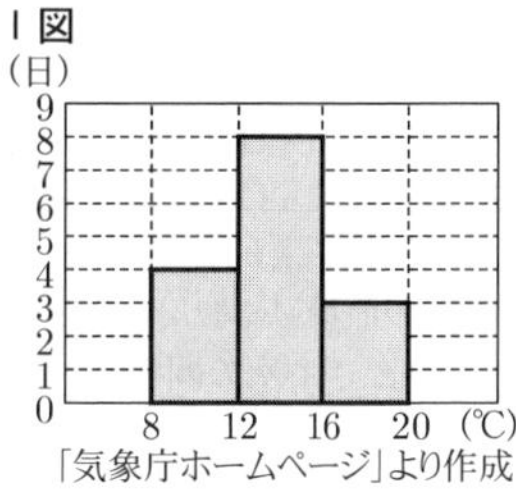

このとき，次の問い(1)・(2)に答えよ。

(1) Ⅰ図において，それぞれの階級にはいっている資料の個々の値が，どの値もすべてその階級の階級値であると考えて，一日ごとの京都市の最高気温の，2019年3月1日から15日間の平均値を，小数第2位を四捨五入して求めよ。(2点)

(2) 右のⅡ図は，2019年3月1日から15日間の一日ごとの京都市の最高気温について，Ⅰ図とは階級の幅を変えて表したヒストグラムである。Ⅰ図とⅡ図から考えて，2019年3月1日からの15日間のうち，京都市の最高気温が14℃以上16℃未満の日は何日あったか求めよ。(2点)

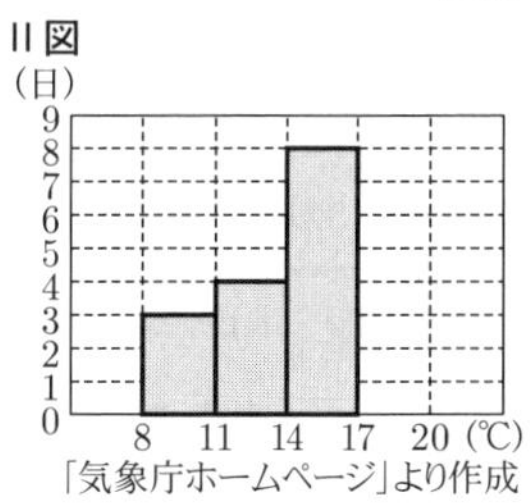

3 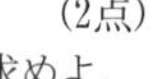 右の図のような，正四角錐の投影図がある。この投影図において，立面図は1辺が6cm，高さが $3\sqrt{3}$ cm の正三角形である。

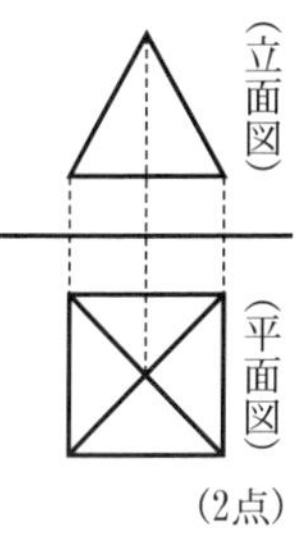

このとき，次の問い(1)・(2)に答えよ。

(1) この正四角錐の体積を求めよ。(2点)

(2) この正四角錐の表面積を求めよ。(2点)

4 右の図のように，直線 $y=\dfrac{1}{2}x+2$ と直線 $y=-x+5$ が点Aで交わっている。直線 $y=\dfrac{1}{2}x+2$ 上に x 座標が10である点Bをとり，点Bを通り y 軸と平行な直線と直線 $y=-x+5$ との交点をCとする。また，直線 $y=-x+5$ と x 軸との交点をDとする。

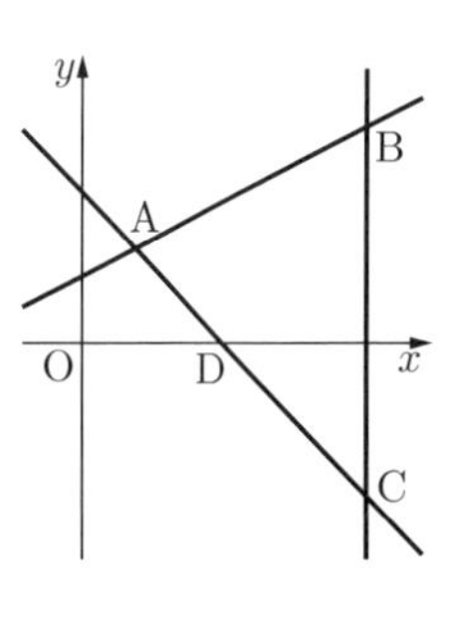

このとき，次の問い(1)・(2)に答えよ。

(1) 基本 2点B，Cの間の距離を求めよ。また，点Aと直線BCとの距離を求めよ。(3点)

(2) よく出る 点Dを通り △ACB の面積を2等分する直線の式を求めよ。(2点)

5 右の図のように，円Oの周を3等分する点A，B，Cがある。線分OB上に点Dを，OD : DB = 5 : 8 となるようにとる。また，円Oの周上に点Eを，線分CEが円Oの直径となるようにとる。点Eを含むおうぎ形OABの面積は $54\pi\ \mathrm{cm}^2$ である。

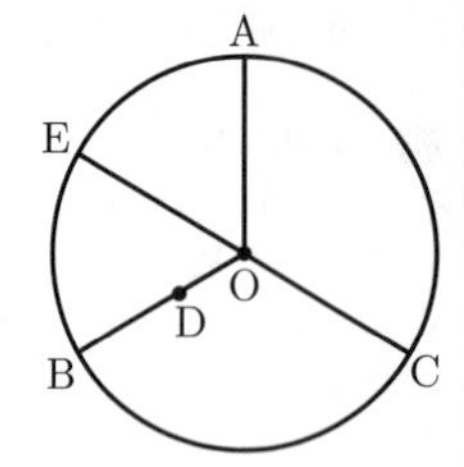

このとき，次の問い(1)〜(3)に答えよ。

(1) 点Eを含むおうぎ形OABの中心角の大きさを求めよ。（1点）

(2) 円Oの半径を求めよ。（2点）

(3) 線分ADと線分CEとの交点をFとするとき，線分CFの長さを求めよ。（3点）

6 思考力 右のI図のような，タイルAとタイルBが，それぞれたくさんある。タイルAとタイルBを，次のII図のように，すき間なく規則的に並べたものを，1番目の図形，2番目の図形，3番目の図形，…とする。

たとえば，2番目の図形において，タイルAは8枚，タイルBは5枚である。

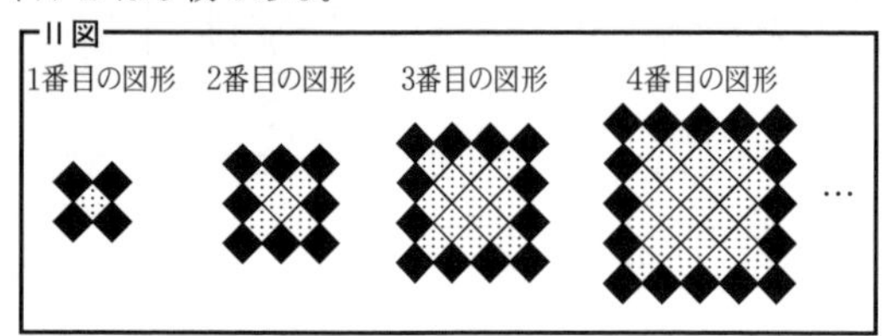

このとき，次の問い(1)〜(3)に答えよ。

(1) 5番目の図形について，タイルAの枚数を求めよ。（1点）

(2) 9番目の図形について，タイルBの枚数を求めよ。（2点）

(3) タイルAの枚数がタイルBの枚数よりちょうど1009枚少なくなるのは，何番目の図形か求めよ。（2点）

大阪府

時間	50分	満点	90点	解答	P44	3月10日実施

＊ 注意　発展的問題（C問題）を実施する高校は60分

出題傾向と対策

●例年通り，A問題は大問4題，B問題は大問4題，C問題は大問3題の構成で，大問数は少ないが，小問で幅広い分野から出題されており，証明や求め方を記述させる問題もあるので，時間配分に気をつけて取り組もう。

●今年度は，円周角と中心角，三平方の定理など，出題範囲から除かれた分野があり，全体的に易しかったが，例年，特にC問題では，平面図形や空間図形で計算力と思考力を必要とする難易度の高い問題が出題されるので，過去問でしっかり練習しておこう。

A問題

1 よく出る 基本 次の計算をしなさい。

(1) $10 - 2 \times 8$（3点）

(2) $-12 \div \left(-\dfrac{6}{7}\right)$（3点）

(3) $5^2 + (-21)$（3点）

(4) $6x - 3 - 4(x + 1)$（3点）

(5) $5x \times (-x^2)$（3点）

(6) $\sqrt{7} + \sqrt{28}$（3点）

2 よく出る 基本 次の問いに答えなさい。

(1) $a = -3$ のとき，$-a + 8$ の値を求めなさい。（3点）

(2) 次のア〜エの式のうち，「a m の道のりを毎分 70 m の速さで歩くときにかかる時間（分）」を正しく表しているものはどれですか。一つ選び，記号を○で囲みなさい。（3点）

ア $a + 70$　イ $70a$　ウ $\dfrac{a}{70}$　エ $\dfrac{70}{a}$

(3) 次のア〜エの数のうち，無理数であるものはどれですか。一つ選び，記号を○で囲みなさい。（3点）

ア $\dfrac{1}{3}$　イ $\sqrt{2}$　ウ 0.2　エ $\sqrt{9}$

(4) 比例式 $x : 12 = 3 : 2$ を満たす x の値を求めなさい。（3点）

(5) 連立方程式 $\begin{cases} 5x + 2y = -5 \\ 3x - 2y = 13 \end{cases}$ を解きなさい。（3点）

(6) 二次方程式 $x^2 - 4x - 21 = 0$ を解きなさい。（3点）

(7) 右の表は，水泳部員20人の反復横とびの記録を度数分布表にまとめたものである。記録が55回以上の部員の人数が，水泳部員20人の30%であるとき，表中の x，y の値をそれぞれ求めなさい。（3点）

反復横とびの記録(回) 以上〜未満	度数(人)
40 〜 45	2
45 〜 50	4
50 〜 55	x
55 〜 60	y
60 〜 65	1
合計	20

(8) 二つの箱A，Bがある。箱Aには自然数の書いてある5枚のカード [1], [2], [3], [4], [5] が入っており，箱Bには奇数の書いてある3枚のカード [1], [3], [5] が入っている。A，Bそれぞれの箱から同時にカードを1枚ずつ取り出すとき，取り出した2枚のカードに書いてある

数の和が4の倍数である確率はいくらですか。A，Bそれぞれの箱において，どのカードが取り出されることも同様に確からしいものとして答えなさい。（3点）

(9) 右図において，m は関数 $y=ax^2$（a は定数）のグラフを表す。Aは m 上の点であり，その座標は $(-4,\ 3)$ である。a の値を求めなさい。（3点）

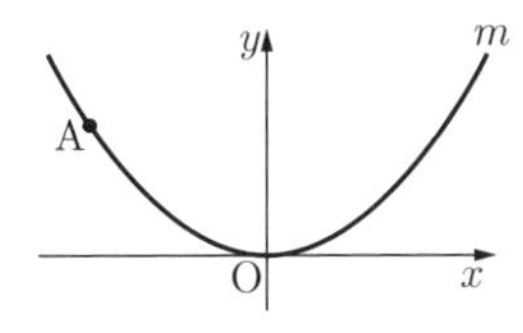

(10) 右図において，△ABC は正三角形である。△DBE は，△ABC を，点Bを回転の中心として，時計の針の回転と反対の向きに 100° 回転移動したものである。180° より小さい角 ∠ABE の大きさを求めなさい。（3点）

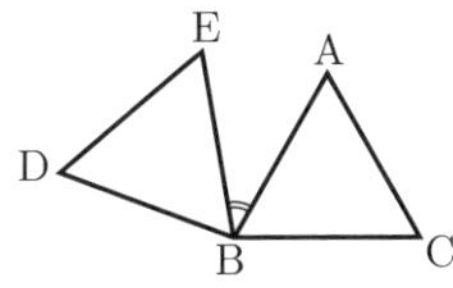

(11) 右図において，四角形ABCDは長方形であり，AB = 6 cm，AD = 3 cm である。四角形ABCDを直線DCを軸として1回転させてできる立体をPとする。

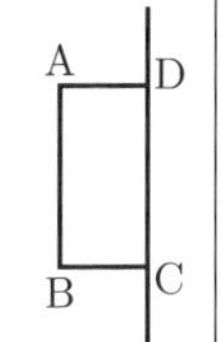

① 次のア〜エのうち，立体Pの見取図として最も適しているものはどれですか。一つ選び，記号を○で囲みなさい。（3点）

ア 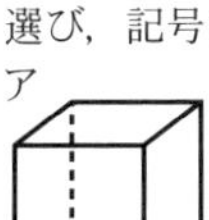　イ 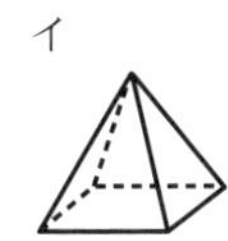　ウ 　エ 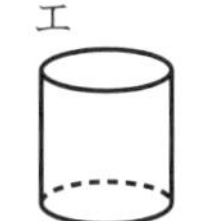

② 円周率を π として，立体Pの体積を求めなさい。（3点）

3 よく出る　学校の花壇に花を植えることになったEさんは，花壇の端のレンガから 10 cm 離して最初の花を植え，あとは 25 cm 間隔で一列に花を植えていくことにした。下図は，花壇に花を植えたときのようすを表す模式図である。

下図において，O，Pは直線 l 上の点である。「花の本数」が x のときの「線分OPの長さ」を y cm とする。x の値が1増えるごとに y の値は25ずつ増えるものとし，$x=1$ のとき $y=10$ であるとする。

次の問いに答えなさい。

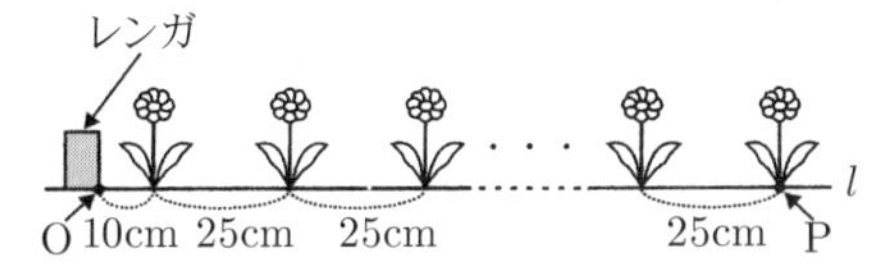

(1) 基本　次の表は，x と y との関係を示した表の一部である。表中の(ア)，(イ)に当てはまる数をそれぞれ書きなさい。（6点）

x	1	2	…	4	…	9	…
y	10	35	…	(ア)	…	(イ)	…

(2) x を自然数として，y を x の式で表しなさい。（5点）

(3) $y=560$ となるときの x の値を求めなさい。（5点）

4 右図において，△ABC は ∠ABC = 90° の直角三角形であり，AB = 7 cm，BC = 5 cm である。四角形DBCEは平行四辺形であり，Dは辺AC上にあってA，Cと異なる。Fは，Cから辺DEにひいた垂線と辺DEとの交点である。

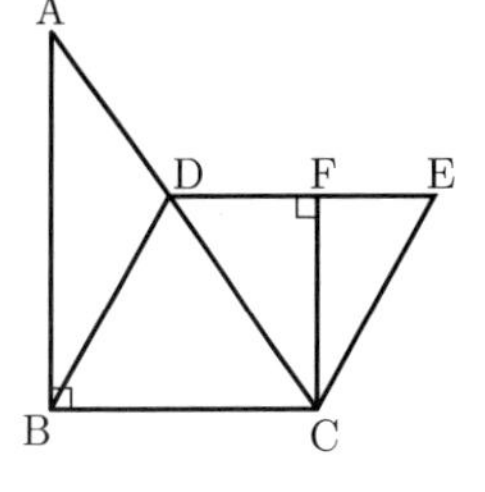

次の問いに答えなさい。

(1) 基本　四角形DBCEの内角 ∠DBC の大きさを a° とするとき，四角形DBCEの内角 ∠BCE の大きさを a を用いて表しなさい。（3点）

(2) 基本　次は，△ABC∽△CFD であることの証明である。［ⓐ］，［ⓑ］に入れるのに適している「角を表す文字」をそれぞれ書きなさい。また，ⓒ〔　　〕から適しているものを一つ選び，記号を○で囲みなさい。（9点）

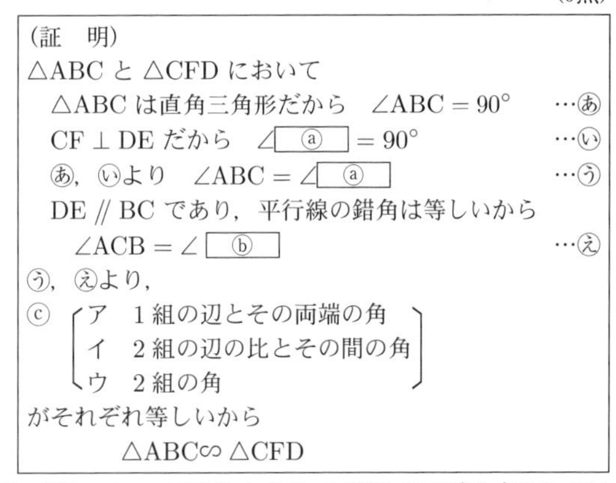

（証　明）
△ABC と △CFD において
△ABC は直角三角形だから　∠ABC = 90°　…あ
CF ⊥ DE だから　∠［ⓐ］= 90°　…い
あ，いより　∠ABC = ∠［ⓐ］　…う
DE // BC であり，平行線の錯角は等しいから
∠ACB = ∠［ⓑ］　…え
う，えより，
ⓒ〔ア　1組の辺とその両端の角
イ　2組の辺の比とその間の角
ウ　2組の角〕
がそれぞれ等しいから
△ABC∽△CFD

(3) FC = 4 cm であるときの △FCE の面積を求めなさい。途中の式を含めた求め方も書くこと。（8点）

B問題

1 よく出る　基本　次の問いに答えなさい。

(1) $2\times(-3)^2-22$ を計算しなさい。（3点）

(2) $4(x-y)+5(2x+y)$ を計算しなさい。（3点）

(3) $18b\times(-a^2)\div 3ab$ を計算しなさい。（3点）

(4) $x(x+7)-(x+4)(x-4)$ を計算しなさい。（3点）

(5) $(2-\sqrt{5})^2$ を計算しなさい。（3点）

(6) 正七角形の内角の和を求めなさい。（4点）

(7) a を正の数とし，b を負の数とする。次のア〜エの式のうち，その値が最も大きいものはどれですか。一つ選び，記号を○で囲みなさい。（4点）

ア a　イ b　ウ $a+b$　エ $a-b$

(8) 右図は，柔道部員12人の上体起こしの記録をヒストグラムに表したものである。度数が最も多い階級の相対度数を小数で答えなさい。ただし，答えは小数第3位を四捨五入して小数第2位まで書くこと。（4点）

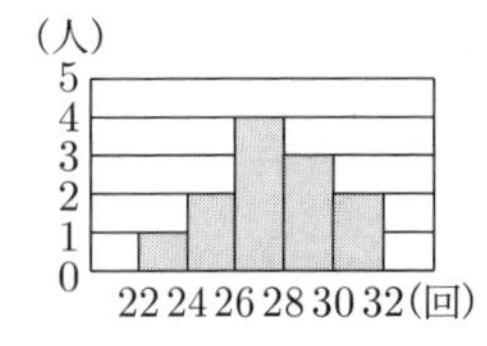

(9) 3から7までの自然数が書いてある5枚のカード［3］，［4］，［5］，［6］，［7］が箱に入っている。この箱から2枚のカードを同時に取り出し，取り出した2枚のカードに書いてある数の積を a とするとき，$\frac{a}{2}$ の値が奇数である確率はいくらですか。どのカードが取り出されることも同様

に確からしいものとして答えなさい。(4点)

(10) 右図において，四角形 ABCD は AD // BC の台形であり，$\angle ADC = \angle DCB = 90°$，AD = 2 cm，BC = DC = 3 cm である。四角形 ABCD を直線 DC を軸として 1 回転させてできる立体の体積は何 cm^3 ですか。円周率を π として答えなさい。(4点)

2 学校の花壇に花を植えることになったEさんは，花壇の端のレンガから 10 cm 離して最初の花を植え，あとは等間隔で一列に花を植えていくことにした。Eさんは，図Ⅰのような模式図をかいて 25 cm 間隔で花を植える計画を立てた。

図Ⅰにおいて，O，P は直線 l 上の点である。「花の本数」が 1 増えるごとに「線分 OP の長さ」は 25 cm ずつ長くなるものとし，「花の本数」が 1 のとき「線分 OP の長さ」は 10 cm であるとする。

次の問いに答えなさい。

図Ⅰ

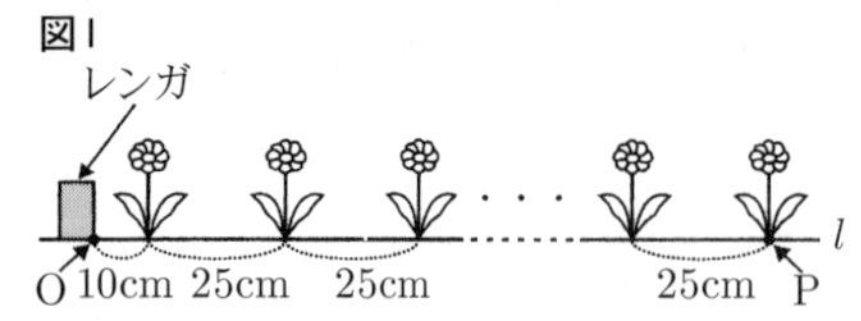

(1) よく出る 基本 図Ⅰにおいて，「花の本数」が x のときの「線分 OP の長さ」を y cm とする。

① 次の表は，x と y との関係を示した表の一部である。表中の(ア)，(イ)に当てはまる数をそれぞれ書きなさい。(6点)

x	1	2	…	4	…	9	…
y	10	35	…	(ア)	…	(イ)	…

② x を自然数として，y を x の式で表しなさい。(3点)

③ $y = 560$ となるときの x の値を求めなさい。(3点)

(2) Eさんは，図Ⅰのように 25 cm 間隔で 28 本の花を植える計画を立てていたが，植える花の本数が 31 本に変更になった。そこでEさんは，花壇の端のレンガから最後に植える花までの距離を変えないようにするために，図Ⅱのような模式図をかいて花を植える間隔を考え直すことにした。

図Ⅱにおいて，O，Q は直線 l 上の点である。「花の本数」が 1 増えるごとに「線分 OQ の長さ」は a cm ずつ長くなるものとし，「花の本数」が 1 のとき「線分 OQ の長さ」は 10 cm であるとする。

図Ⅰにおける「花の本数」が 28 であるときの「線分 OP の長さ」と，図Ⅱにおける「花の本数」が 31 であるときの「線分 OQ の長さ」とが同じであるとき，a の値を求めなさい。(4点)

図Ⅱ

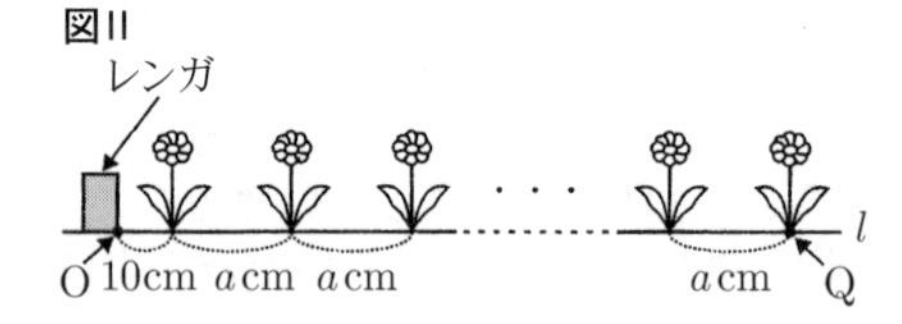

3 図Ⅰ，図Ⅱにおいて，m は関数 $y = \frac{1}{8}x^2$ のグラフを表す。

次の問いに答えなさい。

図Ⅰ

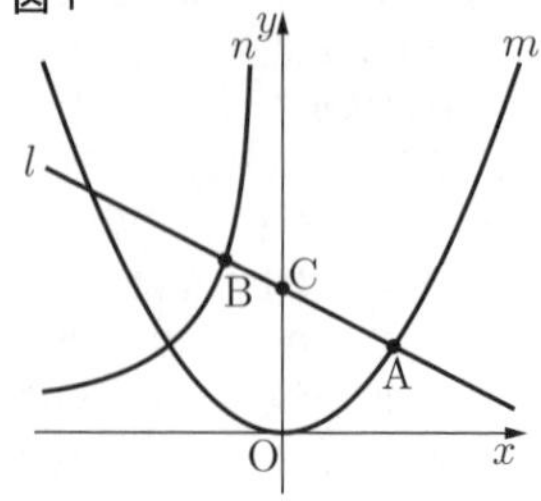

(1) よく出る 基本 図Ⅰにおいて，n は関数 $y = -\frac{27}{x}$ $(x < 0)$ のグラフを表す。A は m 上の点であり，その x 座標は 6 である。B は n 上の点であり，その x 座標は -3 である。l は，2 点 A，B を通る直線である。C は，l と y 軸との交点である。

① 次の文中の ㋐ ，㋑ に入れるのに適している数をそれぞれ書きなさい。(3点)

> 関数 $y = \frac{1}{8}x^2$ について，x の変域が $-7 \leqq x \leqq 5$ のときの y の変域は ㋐ $\leqq y \leqq$ ㋑ である。

② B の y 座標を求めなさい。(3点)

③ C の y 座標を求めなさい。(4点)

(2) 図Ⅱにおいて，D，E は m 上の点である。D の x 座標は 4 であり，E の x 座標は D の x 座標より大きい。E の x 座標を t とし，$t > 4$ とする。F は，D を通り y 軸に平行な直線と，E を通り x 軸に平行な直線との交点である。

図Ⅱ

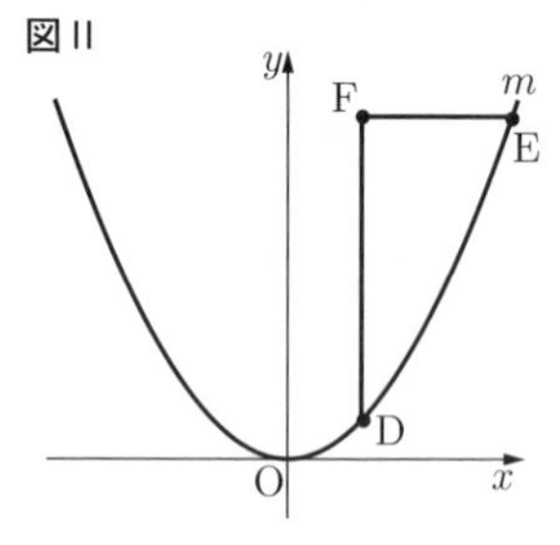

線分 FD の長さが線分 FE の長さより 8 cm 長いときの t の値を求めなさい。途中の式を含めた求め方も書くこと。ただし，原点 O から点 (1, 0) まで，原点 O から点 (0, 1) までの距離はそれぞれ 1 cm であるとする。(6点)

4 次の［Ⅰ］，［Ⅱ］に答えなさい。

［Ⅰ］ 図Ⅰにおいて，四角形 ABCD は内角 $\angle ABC$ が鋭角の平行四辺形である。$\triangle EDC$ は ED = EC の二等辺三角形であり，E は直線 BC 上にある。F は，A から辺 BC にひいた垂線と辺 BC との交点である。G は，C から辺 ED にひいた垂線と辺 ED との交点である。

図Ⅰ

次の問いに答えなさい。

(1) 基本 $\triangle ABF \equiv \triangle CDG$ であることを証明しなさい。(7点)

(2) 思考力 四角形 ABCD の面積を $a\ cm^2$，四角形 AFED の面積を $b\ cm^2$ とするとき，$\triangle CEG$ の面積を a，b を用いて表しなさい。(4点)

［Ⅱ］ 図Ⅱ，図Ⅲにおいて，立体 ABC − DEF は三角柱である。$\triangle ABC$ は $\angle ABC = 90°$ の直角三角形であり，AB = 4 cm，CB = 6 cm である。$\triangle DEF \equiv \triangle ABC$ である。四角形 EFCB は 1 辺の長さが 6 cm の正方形であり，四角形 DFCA，DEBA は長方形である。G は辺 DF 上の点であり，DG : GF = 4 : 3 である。

次の問いに答えなさい。

(3) 基本 図IIにおいて，AとEとを結ぶ。Hは，Gを通り辺FEに平行な直線と辺DEとの交点である。Iは，Hを通り線分AEに平行な直線と辺ADとの交点である。

図II

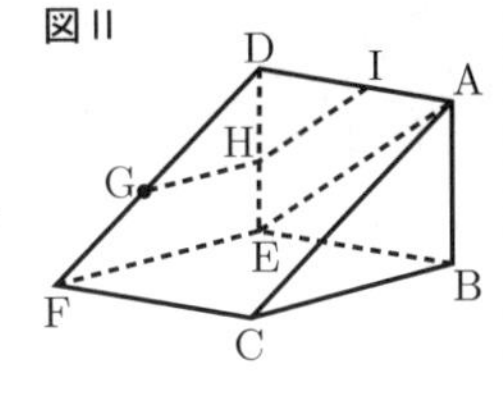

① 次のア～オのうち，辺ABとねじれの位置にある辺はどれですか。すべて選び，記号を○で囲みなさい。(4点)

ア 辺AD　イ 辺CF　ウ 辺DE
エ 辺DF　オ 辺FE

② 線分DIの長さを求めなさい。(4点)

(4) 図IIIにおいて，GとA，GとCとをそれぞれ結ぶ。Jは辺CB上の点であり，3点A，J，Bを結んでできる△AJBの内角∠AJBの大きさは，△ABCの内角∠BACの大きさと等しい。JとGとを結ぶ。立体AGCJの体積を求めなさい。(4点)

図III

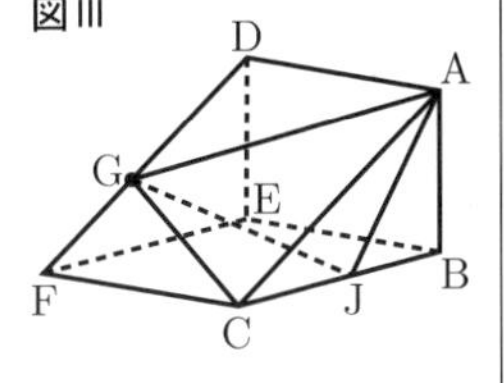

C問題

1 よく出る 次の問いに答えなさい。

(1) 基本 $\dfrac{7a+b}{3}-\dfrac{3a-5b}{2}$ を計算しなさい。(3点)

(2) 基本 $\left(\dfrac{3}{4}ab\right)^2\div\dfrac{9}{8}a^2b\times(-2b)$ を計算しなさい。(3点)

(3) 基本 $\sqrt{3}\,(\sqrt{15}+\sqrt{3})-\dfrac{10}{\sqrt{5}}$ を計算しなさい。(3点)

(4) $2\,(a+b)^2-8$ を因数分解しなさい。(4点)

(5) n を自然数とする。次の条件を満たす整数の個数を n を用いて表しなさい。(4点)

「絶対値が n より小さい。」

(6) 基本 一つの内角の大きさが $140°$ である正多角形の内角の和を求めなさい。(4点)

(7) 基本 a を負の数とするとき，次のア～オの式のうち，その値がつねに a の値以下になるものはどれですか。すべて選び，記号を○で囲みなさい。(4点)

ア $a+2$　イ $a-2$　ウ $2a$　エ $\dfrac{a}{2}$

オ $-a^2$

(8) 5人の生徒が反復横とびを行い，その回数をそれぞれ記録した。次の表は，それぞれの生徒の回数とBさんの回数との差を，Bさんの回数を基準として示したものであり，それぞれの生徒の回数がBさんの回数より多い場合は正の数，少ない場合は負の数で表している。この5人の反復横とびの回数の平均値は47.6回である。Bさんの反復横とびの回数を求めなさい。(6点)

	Aさん	Bさん	Cさん	Dさん	Eさん
Bさんの回数との差(回)	+5	0	−3	−6	+2

(9) 思考力 表が白色で裏が黒色の円盤が6枚ある。それらが図のように，左端から4枚目の円盤は黒色の面が上を向き，他の5枚の円盤は白色の面が上を向いた状態で横一列に並んでいる。

○○○●○○

1から6までの自然数が書いてある6枚のカード [1]，[2]，[3]，[4]，[5]，[6] が入った箱から2枚のカードを同時に取り出し，その2枚のカードに書いてある数のうち小さい方の数を a，大きい方の数を b とする。図の状態で並んだ6枚の円盤について，左端から a 枚目の円盤と左端から b 枚目の円盤の表裏をそれぞれひっくり返すとき，上を向いている面の色が同じである円盤が3枚以上連続して並ぶ確率はいくらですか。どのカードが取り出されることも同様に確からしいものとして答えなさい。(6点)

(10) n を2けたの自然数とするとき，$\sqrt{300-3n}$ の値が偶数となる n の値をすべて求めなさい。(6点)

(11) 右図において，四角形ABCDは $AD\,/\!/\,BC$ の台形であり，$\angle ADC=\angle DCB=90°$，$AD=2\,\mathrm{cm}$，$AB=4\,\mathrm{cm}$，$BC=3\,\mathrm{cm}$ である。四角形ABCDを直線DCを軸として1回転させてできる立体の表面積は何 cm^2 ですか。円周率を π として答えなさい。(6点)

A D
B C

2 図I，図IIにおいて，m は関数 $y=\dfrac{3}{8}x^2$ のグラフを表し，l は関数 $y=2x+1$ のグラフを表す。

次の問いに答えなさい。

(1) よく出る 基本 図Iにおいて，Aは m 上の点であり，その x 座標は -2 である。Bは，Aを通り x 軸に平行な直線と m との交点のうちAと異なる点である。Cは，Bを通り y 軸に平行な直線と l との交点である。n は，2点A，Cを通る直線である。

図I

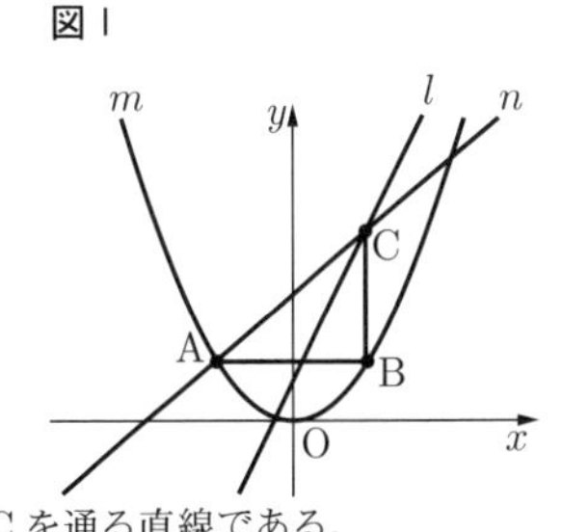

① 次の文中の ㋐，㋑ に入れるのに適している数をそれぞれ書きなさい。(4点)

> 関数 $y=\dfrac{3}{8}x^2$ について，x の変域が $-3\leqq x\leqq 1$ のときの y の変域は ㋐ $\leqq y\leqq$ ㋑ である。

② n の式を求めなさい。(6点)

(2) 図IIにおいて，p は関数 $y=ax^2$（a は負の定数）のグラフを表す。Dは m 上の点であり，その x 座標は正であって，その y 座標は6である。Eは x 軸上の点であり，Eの x 座標はDの x 座標と等しい。Fは，Eを通り y 軸に平行な直線と p との交点である。Gは，Fを通り x 軸に平行な直線と l との交点である。線分GFの長さは，線分EFの長さより2cm長い。a の値を求めなさい。途中の式を含めた求め方も書くこと。ただし，原点Oから点(1, 0)まで，原点Oから点(0, 1)までの距離はそれぞれ1cmであるとする。(7点)

図II

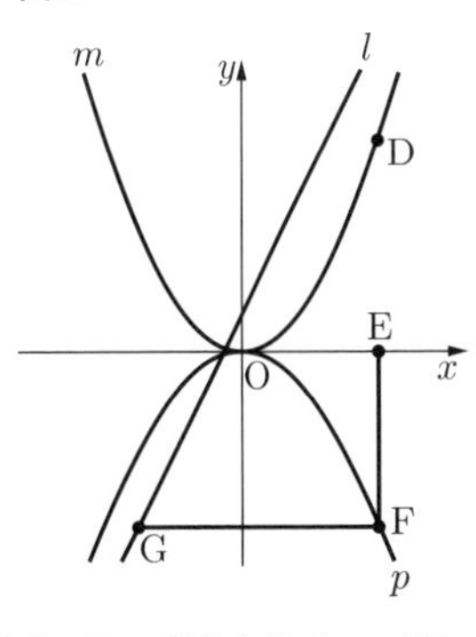

3 次の［Ⅰ］，［Ⅱ］に答えなさい。

［Ⅰ］ **図Ⅰ**において，△ABC は AB = AC = 8 cm, BC = 7 cm の二等辺三角形である。Dは，辺BC上にあってB，Cと異なる点である。AとDとを結ぶ。Eは直線ACについてBと反対側にある点であり，3点A，C，Eを結んでできる△ACEは△ACE≡△BADである。Fは，直線BC上にあってCについてBと反対側にある点である。AとFとを結ぶ。Gは，線分AFと線分ECとの交点である。

図Ⅰ

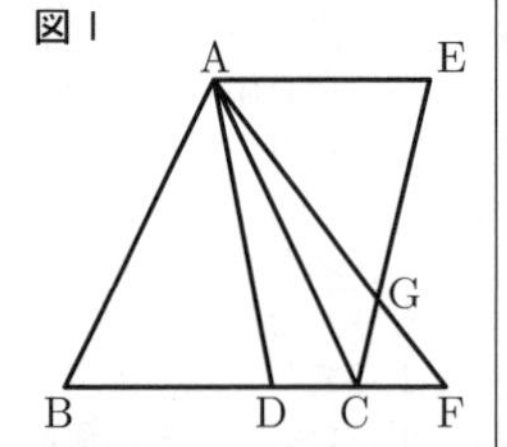

次の問いに答えなさい。

(1) よく出る △AEG∽△FCG であることを証明しなさい。 (8点)

(2) 思考力 FA = FB であり，BD = 5 cm であるときの線分 GF の長さを求めなさい。 (6点)

［Ⅱ］ **図Ⅱ**において，立体 A − BCD は三角すいであり，直線 AB は平面 BCD と垂直である。△BCD は ∠DBC = 90° の直角三角形であり，BC = 8 cm, BD = 6 cm である。E，F，G は，それぞれ辺 AB，AC，AD の中点である。EとF，EとG，FとGとをそれぞれ結ぶ。Hは，線分EB上にあってE，Bと異なる点である。HとC，HとF，HとGとをそれぞれ結ぶ。Iは，Hを通り辺ADに平行な直線と辺BDとの交点である。IとCとを結ぶ。

図Ⅱ

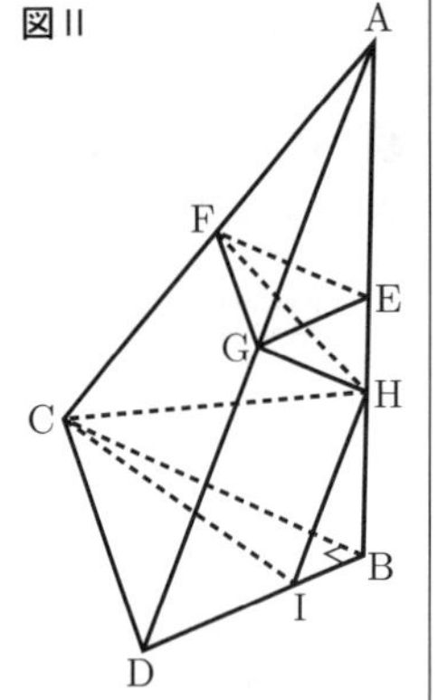

次の問いに答えなさい。

(3) △AFE の面積を $S\text{ cm}^2$ とするとき，四角形 GDBE の面積を S を用いて表しなさい。 (4点)

(4) AB = 12 cm であり，立体 A−BCD から立体 AHFG と立体 HBCI を取り除いてできる立体の体積が 70 cm^3 であるときの，線分 HB の長さを求めなさい。 (6点)

兵 庫 県

時間	50分	満点	100点	解答	P47	3月12日実施

＊ 注意　全ての問いについて，答えに $\sqrt{\ }$ が含まれる場合は，$\sqrt{\ }$ を用いたままで答えなさい。

出題傾向と対策

●大問は6題で，**1** は基本問題の小問集合，**2** は方程式の応用，**3** は図形（平面，空間），**4** は関数，**5** は場合の数と確率，**6** は新傾向の思考力を必要とする問題である。

●基本問題から応用問題まで幅広く出題されるので，まずは易しい問題を解いてしまうと良いだろう。新傾向の思考力を必要とする問題の出題が続いているので，過去問をしっかりと解いておこう。関数，確率，証明などもよく出題されているので，練習を積んでおきたい。

1 基本 次の問いに答えなさい。

(1) $-7-(-2)$ を計算しなさい。 (3点)

(2) $-6x^2y \div 2xy$ を計算しなさい。 (3点)

(3) $4\sqrt{5}-\sqrt{20}$ を計算しなさい。 (3点)

(4) x^2-4y^2 を因数分解しなさい。 (3点)

(5) 2次方程式 $x^2-3x-5=0$ を解きなさい。 (3点)

(6) 半径 2 cm の球の表面積は何 cm^2 か，求めなさい。ただし，円周率は π とする。 (3点)

(7) **図**で，$l \parallel m$ のとき，$\angle x$ の大きさは何度か，求めなさい。 (3点)

図

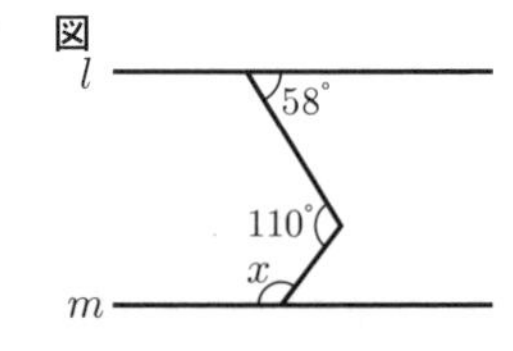

(8) **表**は，ある中学校の生徒25人がそれぞれの家庭から出るごみの量について調べ，その結果を度数分布表にまとめたものである。中央値（メジアン）が含まれる階級の相対度数を求めなさい。ただし，小数第2位までの小数で表すこと。 (3点)

表

1人1日あたりの家庭ごみ排出量(g) 以上 〜 未満	度数(人)
100 〜 200	1
200 〜 300	2
300 〜 400	7
400 〜 500	3
500 〜 600	1
600 〜 700	5
700 〜 800	4
800 〜 900	2
計	25

2 AさんとBさんが同時に駅を出発し，同じ道を通って，2700 m 離れた博物館に向かった。Aさんは自転車に乗り，はじめは分速 160 m で走っていたが，途中のP地点で自転車が故障し，P地点から自転車を押して，分速 60 m で歩き，駅を出発してから35分後に博物館に到着した。Bさんは駅から走り，Aさんより5分早く博物館に到着した。図は，Aさんが駅を出発してからの時間と駅からの距離の関係を表したもの

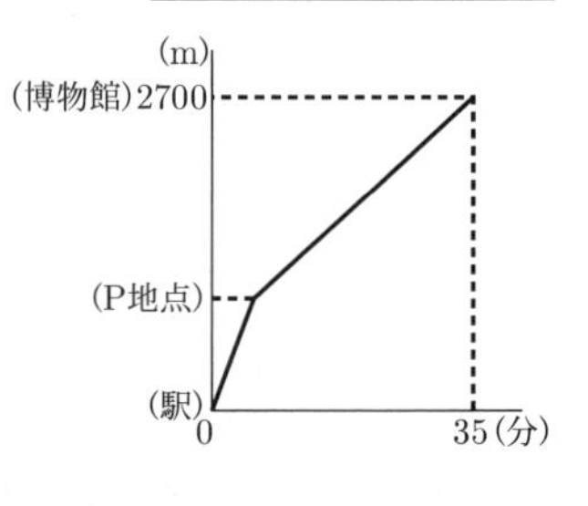

である。ただし，A さんが自転車で走る速さ，A さんが歩く速さ，B さんが走る速さは，それぞれ一定とする。

次の問いに答えなさい。

(1) B さんが走る速さは分速何 m か，求めなさい。(3点)

(2) A さんが自転車で走った時間と歩いた時間を，連立方程式を使って，次のように求めた。[ア] にあてはまる数式を書き，[イ]，[ウ] にあてはまる数をそれぞれ求めなさい。(9点)

> A さんが自転車で走った時間を a 分，歩いた時間を b 分とすると，
> $$\begin{cases} a+b=35 \\ \boxed{\quad ア \quad}=2700 \end{cases}$$
> これを解くと，$a=$ [イ]，$b=$ [ウ]
> この解は問題にあっている。
> A さんが自転車で走った時間は [イ] 分，歩いた時間は [ウ] 分である。

(3) B さんが A さんに追いつくのは，駅から何 m の地点か，求めなさい。(3点)

3 図1のように，ある球をその中心 O を通る平面で切ると半球が2つでき，その一方を半球 X とする。このとき，切り口は中心が O の円となる。この円 O の周上に，図2のように，3点 A，B，C を $\angle BAC=120^\circ$ となるようにとり，$\angle BAC$ の二等分線と線分 BC，円周との交点をそれぞれ D，E とすると，$AE=8\,\text{cm}$，$BE=7\,\text{cm}$ となった。

図1　図2

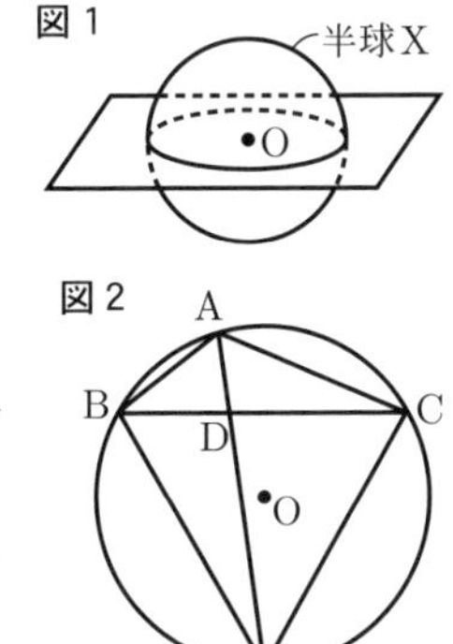

次の問いに答えなさい。

(1) △ABE∽△BDE を次のように証明した。

[i] と [ii] にあてはまるものを，あとのア～カからそれぞれ1つ選んでその符号を書き，この証明を完成させなさい。(4点)

> <証明>
> △ABE と △BDE において，
> 共通な角だから，
> $\angle AEB=\angle BED$…①
> 直線 AE は $\angle BAC$ の二等分線だから，
> $\angle BAE=\angle$[i]…②
> 弧 CE に対する円周角は等しいから，
> $\angle DBE=\angle$[i]…③
> ②，③より，$\angle BAE=\angle DBE$…④
> ①，④より，[ii] から，
> △ABE∽△BDE

ア ABC　イ CDE　ウ CAE
エ 3組の辺の比がすべて等しい
オ 2組の辺の比とその間の角がそれぞれ等しい
カ 2組の角がそれぞれ等しい

(2) 線分 DE の長さは何 cm か，求めなさい。(3点)

(3) △BCE の面積は何 cm^2 か，求めなさい。(4点)

(4) 図3のように，半球 X の球面上に，点 P を直線 PO が平面 ABEC に垂直となるようにとる。このとき，頂点が P，底面が四角形 ABEC である四角すいの体積は何 cm^3 か，求めなさい。(4点)

図3

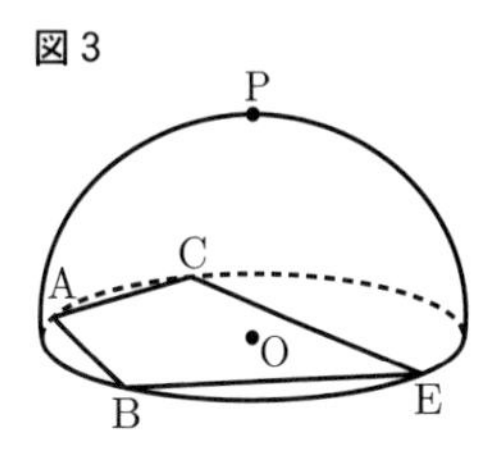

4 図のように，関数 $y=\dfrac{8}{x}$ のグラフ上に2点 A，B があり，点 A の x 座標は4，線分 AB の中点は原点 O である。また，点 A を通る関数 $y=ax^2$ のグラフ上に点 C があり，直線 CA の傾きは負の数である。

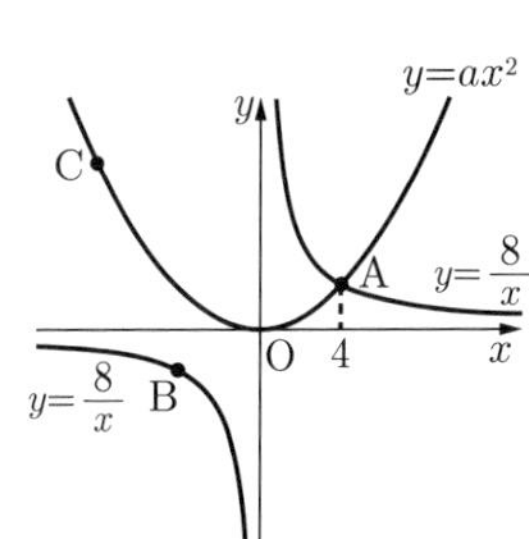

次の問いに答えなさい。

(1) 点 B の座標を求めなさい。(3点)

(2) a の値を求めなさい。(3点)

(3) 点 B を通り，直線 CA に平行な直線と，y 軸との交点を D とすると，△OAC と △OBD の面積比は 3 : 1 である。

① 次の [ア] ～ [ウ] にあてはまる数をそれぞれ求めなさい。(6点)

> 点 C の x 座標は，[ア] である。また，関数 $y=ax^2$ について，x の変域が [ア] $\leqq x \leqq 4$ のときの y の変域は [イ] $\leqq y \leqq$ [ウ] である。

② x 軸上に点 E をとり，△ACE をつくる。△ACE の3辺の長さの和が最小となるとき，点 E の x 座標を求めなさい。(3点)

5 6枚のメダルがあり，片方の面にだけ 1，2，4，6，8，9 の数がそれぞれ1つずつ書かれている。ただし，6 と 9 を区別するため，6 は <u>6</u>，9 は <u>9</u> と書かれている。数が書かれた面を表，書かれていない面を裏とし，メダルを投げたときは必ずどちらかの面が上になり，どちらの面が上になることも同様に確からしいものとする。

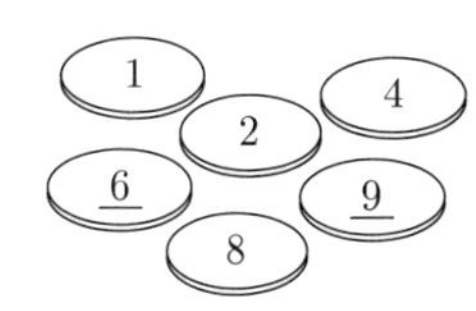

この6枚のメダルを同時に1回投げるとき，次の問いに答えなさい。

(1) 2枚が表で4枚が裏になる出方は何通りあるか，求めなさい。(3点)

(2) 6枚のメダルの表裏の出方は，全部で何通りあるか，求めなさい。(4点)

(3) 表が出たメダルに書かれた数をすべてかけ合わせ，その値を a とする。ただし，表が1枚も出なかったときは，$a=0$ とし，表が1枚出たときは，そのメダルに書かれた数を a とする。

① 表が出たメダルが1枚または2枚で，$\sqrt{a}$ が整数になる表裏の出方は何通りあるか，求めなさい。(4点)

② $\sqrt{a}$ が整数になる確率を求めなさい。(4点)

6 〈思考力〉〈新傾向〉 つばささんとあおいさんは，**写真**のような折り紙を折ったときにできた星形の模様を見て，**図1**の図形に興味をもった。

写真

図1

次の［　　］は，2人が**図1**の図形について調べ，話し合いをしている場面である。

つばさ：**図1**の図形は星形正八角形というみたいだね。調べていたら，星形正 n 角形のかき方を見つけたよ。

<星形正 n 角形（$n \geqq 5$）のかき方>
円周を n 等分する点をとり，1つの点から出発して，すべての点を通ってもとの点に戻るように，同じ長さの線分で点と点を順に結ぶ。このかき方でかいた図形が正 n 角形になる場合があるが，正 n 角形は星形正 n 角形ではない。

あおい：最初に，星形正五角形をかいてみよう。**図2**のように，円周を5等分する点をとり，1つの点から出発して隣り合う点を順に結ぶと，正五角形になるから，星形正五角形ではないね。また，**図3**のように，1つの点から点を2つ目ごとに結んでみよう。すべての点を通ってもとの点に戻るから，この図形は星形正五角形だね。

図2

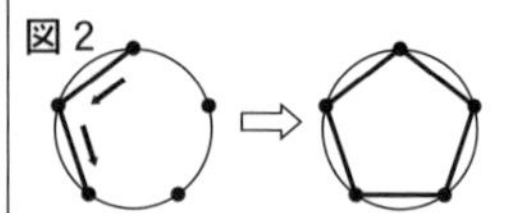

図3

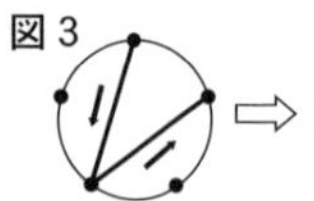

つばさ：1つの点から点を3つ目ごとに結んでも，星形正五角形がかけるね。4つ目ごとに結ぶと，正五角形になるから，星形正五角形ではないね。

あおい：次は，星形正六角形をかいてみよう。円周を6等分する点を，1つの点から2つ目ごとに結ぶと，もとの点に戻ったときに**図4**のようになって，すべての点を通っていないからかけないね。3つ目ごとに結ぶと**図5**のようになって，4つ目ごとに結ぶと**図4**のようになるから，星形正六角形はかけないね。

図4

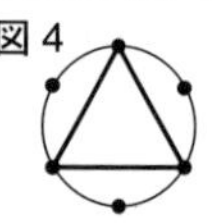

図5

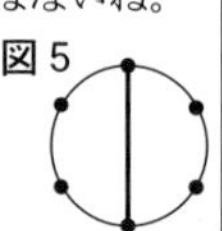

つばさ：星形正七角形は円周を7等分する点を，1つの点から2つ目ごとに結んでも，3つ目ごとに結んでもかけるね。この2つは形が異なる図形だね。

あおい：点を4つ目ごとに結ぶと，3つ目ごとに結んだときと同じ形の図形がかけるね。5つ目ごとに結ぶと…

つばさ：点を2つ目ごとに結んだときと同じ形の図形がかけるはずだよ。

あおい：そうだね。同じ形の図形は1種類として数えると，円周を7等分する点をとった場合，星形正七角形は2種類かけるね。

2人はその他にも星形正 n 角形をかき，その一部を**表**にまとめた。

表　星形正 n 角形

点の結び方	円周を5等分	円周を6等分	円周を7等分	円周を8等分	円周を9等分
2つ目ごと	*1 	×		×	
3つ目ごと	*1と同じ	×	*2 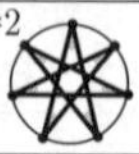		×
4つ目ごと	×	×	*2と同じ	×	

※円周を n 等分する点を結んで星形正 n 角形がかけないとき，×としている。

次の問いに答えなさい。

(1) 次のア～ウのうち，円周を n 等分する点をとり，その点を2つ目ごとに結んで星形正 n 角形をかくことができる場合はどれか，1つ選んでその符号を書きなさい。(3点)

ア 円周を10等分する点をとる	イ 円周を11等分する点をとる	ウ 円周を12等分する点をとる

(2) 円周を7等分する点を，2つ目ごとに結んでできる星形正七角形の先端部分の7個の角の和の求め方を，つばささんは次のように説明した。［①］と［②］にあてはまる数をそれぞれ求めなさい。(6点)

図6のように，先端部分の1個の角の大きさを x 度として，先端部分の7個の角の和 $7x$ 度を求めます。円周角の大きさが x 度の弧に対する中心角の大きさは $2x$ 度で，おうぎ形の弧の長さは中心角の大きさに比例するので，**図7**から，

図6

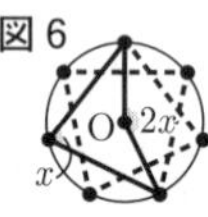

図7

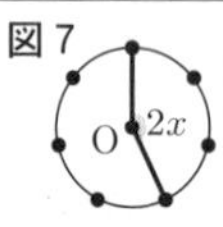

図6，7の点Oは円の中心

$$[\ ①\ ] : 7 = 2x : 360$$

比例式の性質を用いて $7x$ を求めると，

$$7 \times 2x = [\ ①\ ] \times 360$$
$$7x = [\ ②\ ]$$

したがって，先端部分の7個の角の和は［②］度です。

(3) 円周を n 等分する点を，2つ目ごとに結んでできる星形正 n 角形の先端部分の n 個の角の和は何度か，n を用いて表しなさい。ただし，n は5以上の整数で，星形正 n 角形がかけない n は除くものとする。(3点)

(4) 円周を24等分する点をとった場合，星形正二十四角形は何種類かくことができるか，求めなさい。また，それらの先端部分の1個の角について，その大きさが最も小さいものは何度か，求めなさい。ただし，同じ形の図形は1種類として数えることとする。(4点)

奈 良 県

時間	50分	満点	50点	解答	P48	3月11日実施

出題傾向と対策

●例年と同様，大問が4題であった。**1** は小問集合，**2** は数・式の利用と確率，**3** は関数 $y=ax^2$，**4** は平面図形に関する問題であった。**2** のような会話形式の問題が例年出題されている。

●基本的な問題から標準的な問題まで，幅広い分野から出題されている。作図や証明の問題は例年出題されているため，しっかりと準備をしておくとよいだろう。また，関数や平面図形に関する問題もよく出題されており，練習しておくとよいだろう。

1 よく出る 基本 次の各問いに答えよ。

(1) 次の①〜④を計算せよ。

① $-2-5$ (1点)

② $-3^2\times 9$ (1点)

③ $8a^2b\div(-2ab)^2\times 6ab$ (1点)

④ $(x+7)(x-4)-(x-4)^2$ (1点)

(2) 連立方程式 $\begin{cases} 3x+4y=1 \\ 2x-y=-3 \end{cases}$ を解け。 (2点)

(3) 2次方程式 $x^2-3x+1=0$ を解け。 (2点)

(4) $\sqrt{15}$ の小数部分を a とするとき，a^2+6a の値を求めよ。 (2点)

(5) 右の表は，A中学校とB中学校の3年生全生徒を対象に，1日当たりの睡眠時間を調査し，その結果を度数分布表にまとめたものである。この表から読み取ることができることがらとして適切なものを，次のア〜エからすべて選び，その記号を書け。(2点)

階級(時間)	度数(人)	
	A中学校	B中学校
以上 未満		
4〜5	1	7
5〜6	5	5
6〜7	7	25
7〜8	12	31
8〜9	4	3
9〜10	1	2
計	30	73

ア　5時間以上6時間未満の階級の相対度数は，A中学校の方が大きい。

イ　睡眠時間が8時間以上の生徒の人数は，A中学校の方が多い。

ウ　睡眠時間の最頻値（モード）は，B中学校の方が大きい。

エ　B中学校の半数以上の生徒が，7時間未満の睡眠時間である。

(6) 図1は，立方体の展開図である。この展開図を組み立ててできる立体において，頂点Pと頂点A，B，C，Dをそれぞれ結ぶ線分のうち，最も長いものはどれか。次のア〜エから1つ選び，その記号を書け。 (2点)

図1

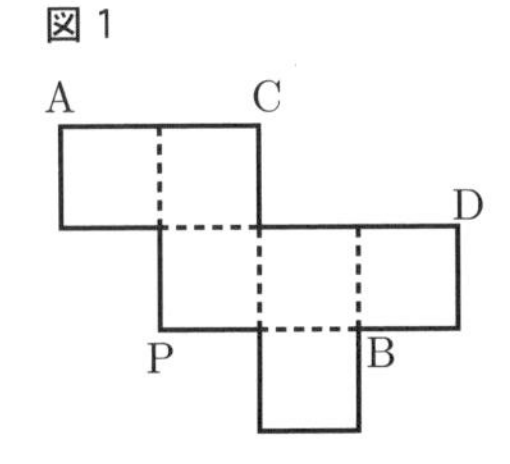

ア　線分PA

イ　線分PB

ウ　線分PC

エ　線分PD

(7) 図2のように，3点A，B，Cがある。次の条件①，②を満たす点Pを，定規とコンパスを使って作図せよ。なお，作図に使った線は消さずに残しておくこと。 (3点)

［条件］
① 点Pは，線分BC上にある。
② $\angle BAP=30^\circ$ である。

図2

C

A　B

(8) 連続する4つの整数のうち，1つの数を除いた3つの整数の和は2021である。①，②の問いに答えよ。

① 連続する4つの整数のうち，最も小さい数を a とするとき，最も大きい数を a を用いて表せ。 (1点)

② 除いた数を求めよ。 (2点)

2 思考力 花子さんと太郎さんは，ある博物館で入館料の割引キャンペーンが行われることを知り，それぞれ何人かのグループで訪れる計画を立てている。次の □ 内は，博物館の入館料と，花子さんと太郎さんのそれぞれの計画をまとめたものである。各問いに答えよ。

【博物館の入館料】
◆通常料金　大人500円　子ども（中学生以下）200円
◆特別割引（開館10周年記念）
・期日　7月17日（土）〜7月18日（日）
・内容　大人1人につき，同伴している子ども1人の入館料が無料。
※入館する子どもには，記念品が必ずプレゼントされる。
◆月末割引　・期日　7月30日（金）〜7月31日（土）
・内容　入館者全員，入館料50円引き。

【訪れる計画】

	訪れる日	グループの人数構成
花子	7月17日(土)	大人2人,子ども3人
太郎	7月31日(土)	大人3人,子ども5人

(1) 次の □ 内は，グループの入館料の合計金額に関する花子さんと太郎さんの会話である。この会話を読んで，①〜③の問いに答えよ。

花子：私のグループの場合，入館料の合計金額は [あ] 円だね。
太郎：私のグループの場合，月末割引の日に訪れる予定だから，特別割引の日に訪れるよりも入館料の合計金額は [い] 円高くなるよ。
花子：私のグループが月末割引の日に訪れるとしても，入館料の合計金額は，特別割引の日に訪れるより高くなるよ。
太郎：特別割引の日より，月末割引の日に訪れる方が，グループの入館料の合計金額が安くなることはあるのかな。
花子：大人 x 人，子ども y 人のグループで訪れるとして，入館料の合計金額を式に表して考えてみようよ。

① 基本 [あ]，[い] に当てはまる数を書け。 (各1点)

② 基本 2人は，特別割引について考えている中で，x と y の大小関係により，グループの入館料の合計金額を表す式が異なることに気づいた。$x<y$ であ

るとき，特別割引の日に訪れる場合のグループの入館料の合計金額を x，y を用いて表せ。 (2点)

③ 2人は，グループの入館料の合計金額について，次の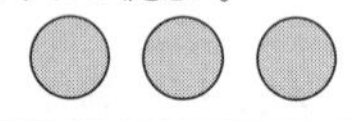内のようにまとめた。［ ㋒ ］に当てはまる数を書け。また，（ X ），（ Y ）に当てはまる語句の組み合わせを，後のア～エから1つ選び，その記号を書け。 (各2点)

> 大人の人数より子どもの人数の方が多い場合，2種類の割引でグループの入館料の合計金額が等しくなるのは，子どもの人数が大人の人数の［ ㋒ ］倍のときである。このときより，大人の人数が1人（ X ）か，子どもの人数が1人（ Y ）と，特別割引の日より，月末割引の日に訪れる方が，グループの入館料の合計金額が安くなる。

ア　X　増える　　Y　増える
イ　X　増える　　Y　減る
ウ　X　減る　　Y　増える
エ　X　減る　　Y　減る

(2) 特別割引の日に入館する子どもには，スクラッチカードが配られ，記念品として「クリアファイル」か「ポストカード」のいずれかが必ずプレゼントされる。次の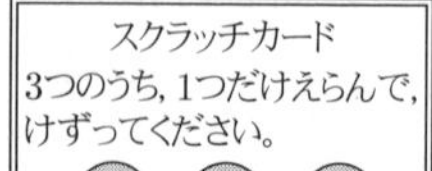内は，スクラッチカードとその説明である。花子さんのグループの子ども3人のうち，少なくとも1人は「クリアファイル」がプレゼントされる確率を求めよ。 (2点)

> 3つの●には，Aの記号が1つ，Bの記号が2つ隠されています。●を1つだけ削り，Aが出れば「クリアファイル」，Bが出れば「ポストカード」がプレゼントされます。ただし，記号の並び方はカードごとにばらばらです。

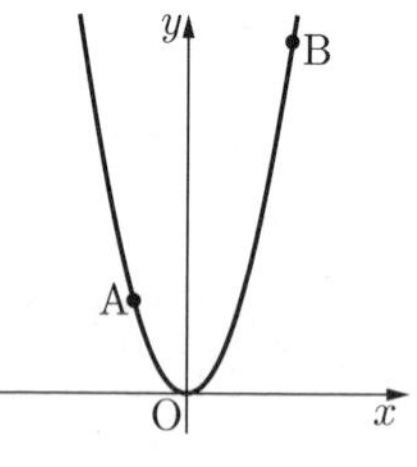

3 よく出る　右の図のように，関数 $y=ax^2$ $(a>0)$ のグラフ上に，2点A，Bがあり，その x 座標はそれぞれ -1，2である。原点をOとして，各問いに答えよ。

(1) 基本　a の値が大きくなると，次の①，②はどのように変化するか。正しいものを，それぞれア～ウから1つずつ選び，その記号を書け。

① グラフの開き方 (1点)
ア　大きくなる　　イ　小さくなる
ウ　変わらない

② 線分ABの長さ (1点)
ア　長くなる　　イ　短くなる
ウ　変わらない

(2) x の変域が $-1 \leqq x \leqq 2$ のとき，y の変域が $0 \leqq y \leqq 2$ となる。このときの a の値を求めよ。 (2点)

(3) $a=2$ のとき，①，②の問いに答えよ。

① 直線ABの式を求めよ。 (2点)

② 線分OA上に点Cをとり，直線BCと y 軸との交点をDとする。また，直線ABと y 軸との交点をEとする。△BEDの面積と△ODCの面積が等しくなるとき，点Cの x 座標を求めよ。 (3点)

4 右の図のように，線分ABを直径とする円Oの周上に点Cがあり，AB = 5 cm，AC = 3 cm である。線分AB上に点Dをとり，直線CDと円Oとの交点のうち点C以外の点をEとする。ただし，点Dは，点A，Bと一致しないものとする。各問いに答えよ。

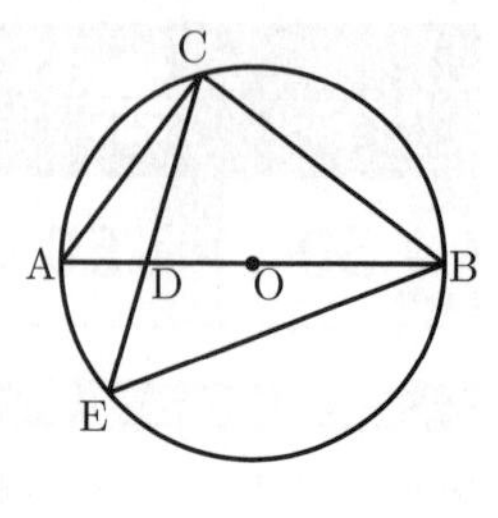

(1) △ACD∽△EBDを証明せよ。 (3点)

(2) ∠BAC $= a°$ とする。BC = CE のとき，∠OCDの大きさを a を用いて表せ。 (2点)

(3) ∠AOE = 60° のとき，線分DEの長さは線分ADの長さの何倍か。 (3点)

(4) AC = CD のとき，△OEBの面積を求めよ。 (3点)

和歌山県

出題傾向と対策

●大問は5題で例年通りである。**1** と **2** は小問集合，**3** はタイルの配置に関わる数の規則性の問題，**4** は関数と図形の融合問題，**5** は平面図形に関わる角の大きさ・面積や証明等に関する総合問題であった。

●基礎から標準的な問題が，幅広い分野から出題されている。規則性に関わる問題，図形の証明問題，答えを求める過程を記述する問題も毎年出題されている。教科書レベルの基本問題を繰り返し学習するだけでなく，考えたことを順序立ててかく練習をしておこう。

1 よく出る 基本　次の〔問1〕～〔問5〕に答えなさい。

〔問1〕 次の(1)～(5)を計算しなさい。

(1) $3-7$ (3点)

(2) $-1+4\div\frac{2}{3}$ (3点)

(3) $3(2a+5b)-(a+2b)$ (3点)

(4) $\frac{10}{\sqrt{2}}-\sqrt{8}$ (3点)

(5) $(x-2)(x+2)+(x-1)(x+4)$ (3点)

〔問2〕 次の二次方程式を解きなさい。 (3点)

$x^2+5x+3=0$

〔問3〕 等式 $4x+3y-8=0$ を y について解きなさい。 (3点)

〔問4〕 ある数 a の小数第1位を四捨五入すると，14になった。このとき，a の範囲を不等号を使って表しなさい。 (4点)

〔問5〕 次の資料は，10人のハンドボール投げの記録を小さい順に整理したものである。

このとき，資料の中央値（メジアン），最頻値（モード）をそれぞれ求めなさい。 (4点)

資料

16	17	17	17	20	22	23	25	25	28

（単位 m）

2 よく出る 基本　次の〔問1〕～〔問4〕に答えなさい。

〔問1〕 右の図は，1辺が5cmの立方体である。

次の(1)～(3)に答えなさい。

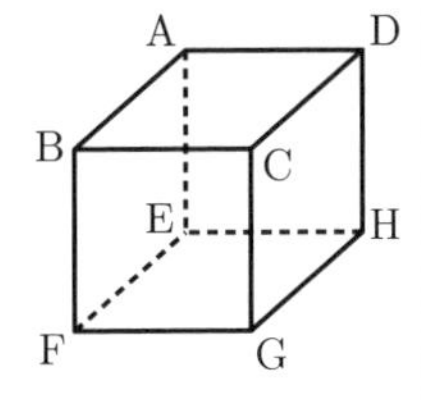

(1) 辺ABと垂直な面を1つ答えなさい。（2点）

(2) 辺ADとねじれの位置にある辺はいくつあるか，答えなさい。（2点）

(3) 2点G，Hを結んでできる直線GHと，点Aとの距離を求めなさい。（3点）

〔問2〕 次の条件にあてはまる関数を，あとのア～エの中からすべて選び，その記号をかきなさい。（3点）

条件	$x>0$ の範囲で，x の値が増加するにつれて，y の値が減少する。

ア　$y=2x$　　イ　$y=-\dfrac{8}{x}$　　ウ　$y=-x-2$

エ　$y=-x^2$

〔問3〕 **図1**のように，1，2，3，4の数字が1つずつ書かれた4枚のカードがある。また，**図2**のように正三角形ABCがあり，点Pは，頂点Aの位置にある。この4枚のカードをよくきって1枚取り出し，書かれた数字を調べてもとにもどす。このことを，2回繰り返し，次の規則に従ってPを正三角形の頂点上を反時計回りに移動させる。

図1

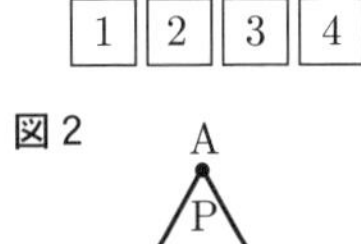

図2

ただし，どのカードの取り出し方も，同様に確からしいものとする。

規則

> 1回目は，Aの位置から，1回目に取り出したカードの数字だけ移動させる。
> 2回目は，1回目に止まった頂点から，2回目に取り出したカードの数字だけ移動させる。
> ただし，1回目にちょうどAに止まった場合は，2回目に取り出したカードの数字より1大きい数だけAから移動させる。

例えば，1回目に1のカード，2回目に2のカードを取り出したとすると，Pは**図3**のように動き，頂点Aまで移動する。

図3

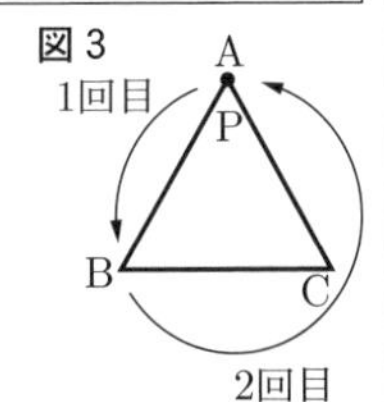

この規則に従ってPを移動させるとき，次の(1)，(2)に答えなさい。

(1) 1回目の移動後に，PがBの位置にある確率を求めなさい。（3点）

(2) 2回目の移動後に，PがCの位置にある確率を求めなさい。（4点）

〔問4〕 太郎さんは，放課後，家に置いていた本を図書館に返却しようと考えた。午後4時に学校を出発し，学校から家までは徒歩で帰り，家に到着してから5分後に図書館へ自転車で向かい，午後4時18分に図書館に到着した。

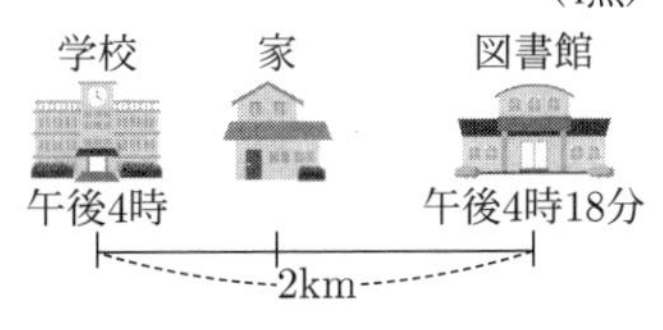

徒歩は毎分80m，自転車は毎分240mの速さであった。学校から家を経て図書館までの道のりの合計は2kmである。

太郎さんは，午後4時何分に家を出発したか，求めなさい。ただし，答えを求める過程がわかるようにかきなさい。（6点）

3 よく出る 思考力　正夫さんと和歌子さんは，1辺の長さが1cmの正方形の白と黒のタイルを規則的に並べていった。

タイルの並べ方は，**図1**のように，まず1番目として白タイルを1枚置き，1段目とする。

2番目は，1番目のタイルの下に2段目として，左側から白と黒のタイルが交互になるように，白タイルを2枚，黒タイルを1枚置く。3番目は，2段目のタイルの下に3段目として，左側から白と黒のタイルが交互になるように，白タイルを3枚，黒タイルを2枚置く。

このように，1つ前に並べたタイルの下に，左側から白と黒のタイルが交互になるように，段と同じ数の枚数の白タイルと，その白タイルの枚数より1枚少ない枚数の黒タイルを置いていく。

下の〔問1〕，〔問2〕に答えなさい。

図1

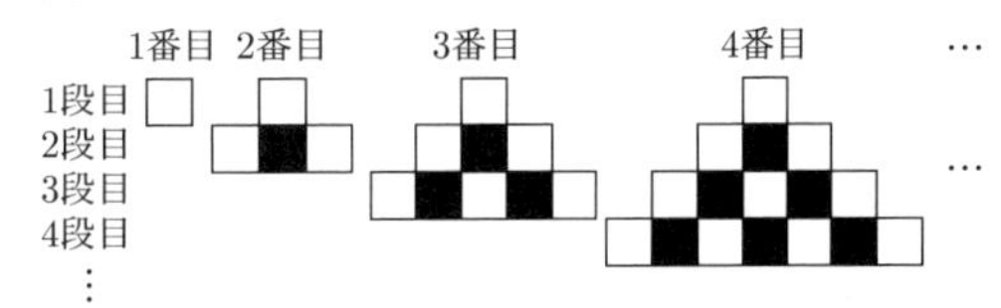

〔問1〕 次の**表1**は，上の規則に従って並べたときの順番と，タイルの枚数についてまとめたものである。

下の(1)，(2)に答えなさい。

表1

順番(番目)	1	2	3	4	5	6	7	8	…	n	…
白タイルの枚数(枚)	1	3	6	10	15	ア	*	*	…	x	…
黒タイルの枚数(枚)	0	1	3	6	10	*	*	イ	…	*	…
タイルの合計枚数(枚)	1	4	9	16	25	*	*	*	…	*	…

*は，あてはまる数や式を省略したことを表している。

(1) 基本　**表1**中のア，イにあてはまる数をかきなさい。（4点）

(2) 正夫さんは，n番目の白タイルの枚数をnの式で表すことを考えた。次の文は，正夫さんの考え方をまとめたものである。正夫さんは，どのような考え方でn番目の白タイルの枚数をnの式で表したのか，その考え方の続きを［　　］にかき，完成させなさい。（4点）

> **表1**において，各順番の白タイルの枚数から黒タイルの枚数をひくと，各順番の黒タイルの枚数は白タイルの枚数より，順番の数だけ少ないことから，n番目の白タイルの枚数をx枚とおくと，黒タイルの枚数は$(x-n)$枚と表すことができる。
> また，各順番のタイルの合計枚数は，1，4，9，16，25となり，それぞれ1^2，2^2，3^2，4^2，5^2と表すことができる。このことから，n番目のタイルの合計枚数を，nの式で表すと，

n 番目の白タイルの枚数　　枚

〔問2〕 和歌子さんは，図1で並べた各順番のタイルを1つの図形と見て，それらの図形の周の長さを調べた。

次の表2は，各順番における図形の周の長さについてまとめたものである。

下の(1)，(2)に答えなさい。

表2

順番(番目)	1	2	3	4	…	☆	★	…
周の長さ(cm)	4	10	16	22	…	a	b	…

表2中の☆，★は，連続する2つの順番を表している。

(1) 表2中の a，b の関係を等式で表しなさい。 (3点)

(2) 和歌子さんは，順番が大きくなったときの，図形の周の長さを求めるために，5番目の図形を例に，次のような方法を考えた。

和歌子さんの考え方を参考にして，50番目の図形の周の長さは何 cm になるか，求めなさい。 (5点)

<和歌子さんが考えた方法>

図2のように，5番目の図形で，┃で示したそれぞれのタイルの縦の辺を，左矢印 ◀--- と右矢印 ---▶ に従って，5段目の┃の延長線上にそれぞれ移動させる。

また，図3のように，各段の ━ で示したそれぞれのタイルの横の辺を，上矢印 ↑ に従って，1段目の ━ の延長線上に移動させる。

このように考えると，図4のように，もとの図形の周の長さとその図形を囲む長方形の周の長さは等しいことがわかる。

この考え方を使うと，どの順番の図形の周の長さも，その図形を囲む長方形の周の長さと同じであることがわかる。

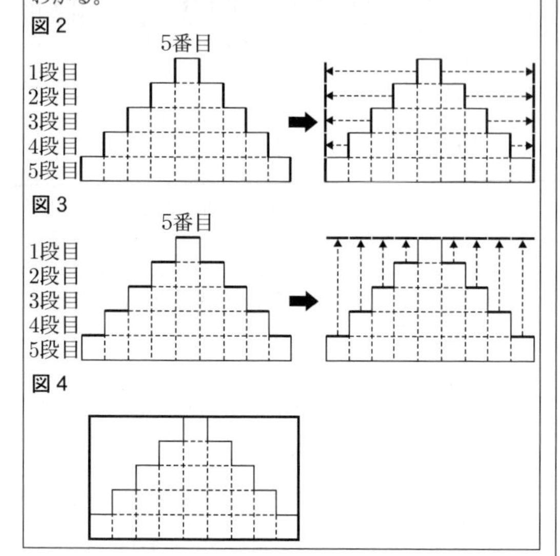

4 図1のように，4点 O (0, 0)，A (6, 0)，B (6, 6)，C (0, 6) を頂点とする正方形 OABC がある。

2点 P，Q は，それぞれ O を同時に出発し，P は毎秒 3 cm の速さで，辺 OC，CB，BA 上を A まで動き，Q は毎秒 1 cm の速さで，辺 OA 上を A まで動く。

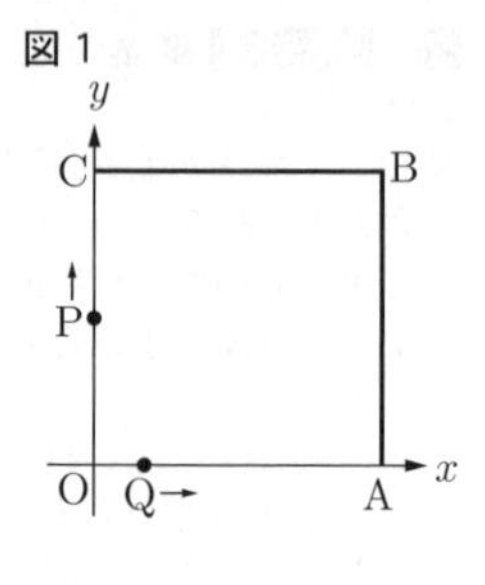

ただし，原点 O から点 (1, 0) までの距離，および原点 O から点 (0, 1) までの距離は 1 cm とする。

次の〔問1〕～〔問4〕に答えなさい。

〔問1〕 よく出る 基本 P，Q が出発してから A に到着するのはそれぞれ何秒後か，求めなさい。 (2点)

〔問2〕 よく出る 基本 P，Q が出発してから 1 秒後の直線 PQ の式を求めなさい。 (3点)

〔問3〕 △OPQ が PO = PQ の二等辺三角形となるのは，P，Q が出発してから何秒後か，求めなさい。 (5点)

〔問4〕 図2のように，P，Q が出発してから 5 秒後のとき，△OPQ と △OPD の面積が等しくなるように点 D を線分 AP 上にとる。

このとき，点 D の座標を求めなさい。 (6点)

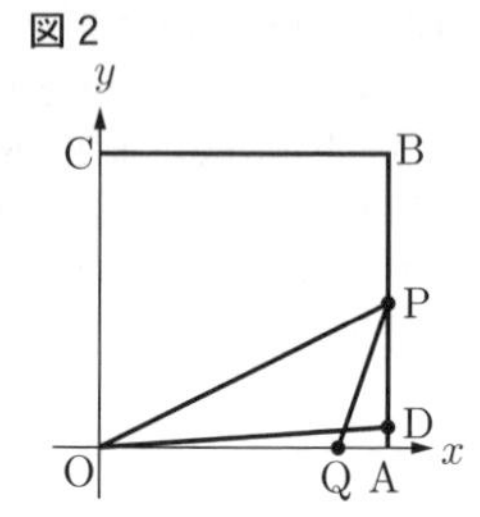

5 図1のように，円 O の周上に 4 点 A，B，C，D がある。円 O の直径 AC と，線分 BD との交点を E とする。

ただし，$\overset{\frown}{CD}$ の長さは，$\overset{\frown}{AD}$ の長さより長いものとする。

次の〔問1〕～〔問4〕に答えなさい。

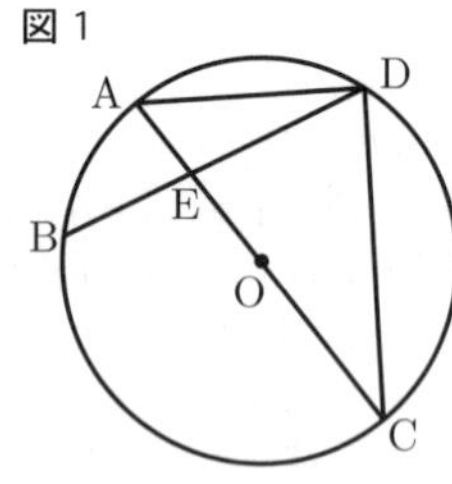

〔問1〕 よく出る 基本 DB = DC，∠BDC = 70° のとき，∠CAD の大きさを求めなさい。 (2点)

〔問2〕 図2のように，AC = 4 cm，∠ACD = 30° のとき，▨ の部分の面積を求めなさい。

ただし，円周率は π とする。 (4点)

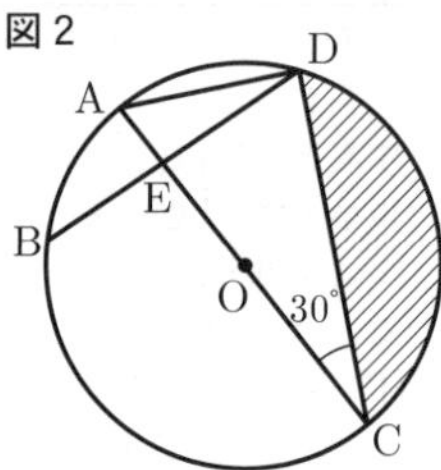

〔問3〕 図3のように，AC // DF となるように円 O の周上に点 F をとる。

このとき，AF = CD を証明しなさい。 (6点)

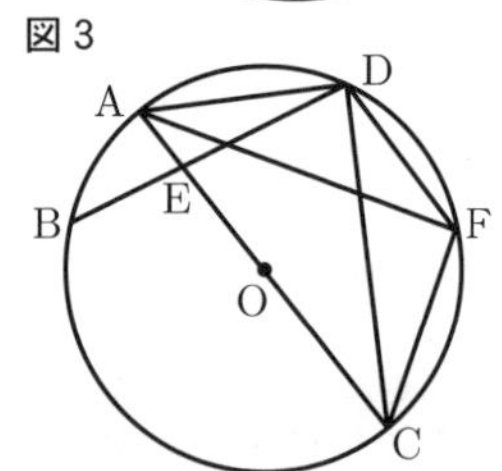

〔問 4〕 図 4 のように，$AC \perp BD$，$AD = 3$ cm，$DE = \sqrt{5}$ cm とする。また，$BA \parallel CF$ となるように円 O の周上に点 F をとり，直線 BD と直線 CF の交点を G とする。

このとき，△ABE と △CGE の面積の比を求め，最も簡単な整数の比で表しなさい。 (4点)

図 4

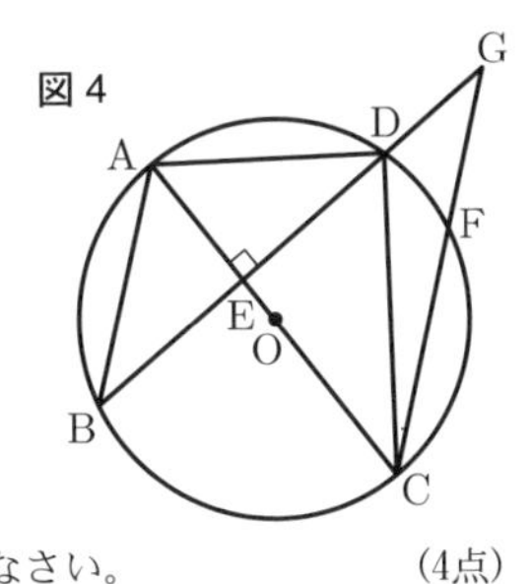

鳥取県

時間	50分	満点	50点	解答	P51	3月9日実施

＊ 注意 1 答えが分数になるときは，それ以上約分できない分数で答えなさい。
2 答えに $\sqrt{\ }$ が含まれるときは，$\sqrt{\ }$ をつけたままで答えなさい。なお，$\sqrt{\ }$ の中の数は，できるだけ小さい自然数にしなさい。また，分数の分母に $\sqrt{\ }$ が含まれるときは，分母を有理化しなさい。
3 円周率は，π を用いなさい。

出題傾向と対策

●大問は 6 題である。**1** は小問集合，**2** はデータの活用，**3** は空間図形，**4** は連立方程式の応用，**5** は平面図形，**6** は関数問題である。大問は 5 題から 6 題に増えて 2 年前と同じに戻り，問題量，難易度ともに例年同様である。

●小問は頻出問題が多く，特に，計算，方程式，作図，証明問題がよくでる。全ての範囲の知識が必要であるから，教科書で基本事項を確認してから数年分の過去問を解き，標準問題集で類題を正確に速く解く練習をすること。

1 よく出る 基本 次の各問いに答えなさい。

問 1 次の計算をしなさい。

(1) $3 + (-5)$ (1点)

(2) $-\dfrac{2}{3} \times \left(-\dfrac{3}{4}\right)$ (1点)

(3) $5\sqrt{6} - \sqrt{24} + \dfrac{18}{\sqrt{6}}$ (1点)

(4) $3(x + y) - 2(-x + 2y)$ (1点)

(5) $-4ab^2 \div (-8a^2b) \times 3a^2$ (1点)

問 2 $(3x - y)^2$ を展開しなさい。 (1点)

問 3 $a = -3$ のとき，$a^2 + 4a$ の値を求めなさい。 (1点)

問 4 $x^2 + 5x - 6$ を因数分解しなさい。 (1点)

問 5 一次方程式 $\dfrac{5 - 3x}{2} - \dfrac{x - 1}{6} = 1$ を解きなさい。 (1点)

問 6 二次方程式 $x^2 - x - 1 = 0$ を解きなさい。 (1点)

問 7 右の図 I は 2 つの立体の投影図である。立体アと立体イは，立方体，円柱，三角柱，円錐，三角錐，球のいずれかであり，2 つの立体の体積は等しい。

平面図の円の半径が，立体アが 4 cm，立体イが 3 cm のとき，立体アの高さ h の値を求めなさい。 (2点)

図 I

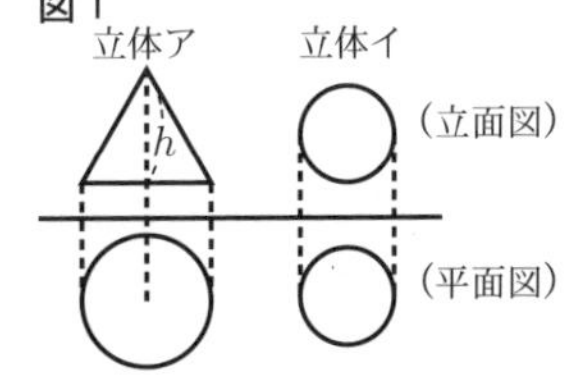

問 8 関数 $y = ax^2$ のグラフが点 $(6, 12)$ を通っている。このとき，次の(1)，(2)に答えなさい。

(1) a の値を求めなさい。 (1点)

(2) x の変域が $-4 \leqq x \leqq 2$ のとき，y の変域を求めなさい。 (1点)

問 9 右の図 II のような 1 〜 6 までの目がある 1 個のさいころを 2 回投げて，1 回目に出た目を a，2 回目に出た目を b とする。このとき，積 ab の値が 12 未満となる場合と 12 以上となる場合とでは，どちらの方が起こりやすいか，次のア〜ウからひとつ選び，記号で答えなさい。また，そのように判断した理由を，確率を計算し，その値を用いて説明しなさい。

ただし，さいころの目はどの目が出ることも同様に確からしいものとする。 (2点)

図 II

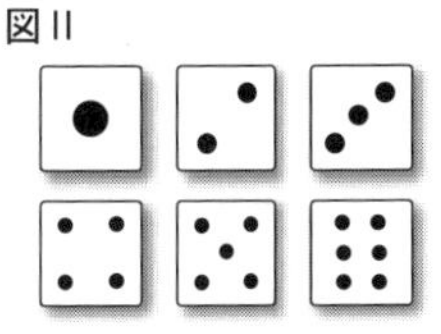

ア 12 未満になることの方が起こりやすい。
イ 12 以上になることの方が起こりやすい。
ウ どちらも起こりやすさは同じ。

問10 次の図 III の円 O で，点 A が接点となるように，円 O の接線を作図しなさい。ただし，作図に用いた線は明確にして，消さずに残しておくこと。 (2点)

図 III

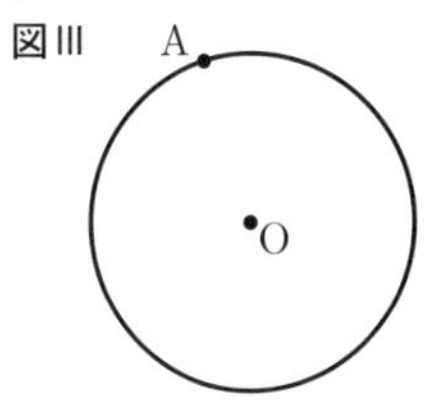

2 よく出る 次の表 I は，A 市と B 市における，ある年の 7 月の各日の最高気温の記録である。あとの各問いに答えなさい。

表 I

A市における最高気温(℃)

1日	2日	3日	4日	5日	6日	7日	8日	9日	10日
28.1	27.3	27.6	30.2	30.6	29.3	30.2	28.8	31.4	31.9

11日	12日	13日	14日	15日	16日	17日	18日	19日	20日
31.6	32.5	32.4	36.1	34.1	33.7	33.5	34.1	33.0	31.1

21日	22日	23日	24日	25日	26日	27日	28日	29日	30日	31日
33.2	31.9	35.1	30.6	34.7	32.8	36.5	36.3	36.0	37.1	38.0

B市における最高気温(℃)

1日	2日	3日	4日	5日	6日	7日	8日	9日	10日
26.2	24.5	26.1	26.6	28.2	28.3	27.4	28.7	27.8	29.0

11日	12日	13日	14日	15日	16日	17日	18日	19日	20日
29.5	29.9	30.0	30.4	31.1	30.6	31.3	31.5	30.8	31.7

21日	22日	23日	24日	25日	26日	27日	28日	29日	30日	31日
32.1	32.2	33.0	32.9	33.4	33.3	34.6	35.8	33.7	35.9	37.8

問 1 基本 右の表 II は，表 I の A 市における最高気温の記録を度数分布表にまとめたものである。表 II の $\boxed{a}$，$\boxed{b}$ にあてはまる数を求め，図 I のヒストグラムを完成させなさい。(2点)

表 II A市における最高気温

最高気温(℃)	日数(日)
22以上 24未満	0
24 〜 26	0
26 〜 28	2
28 〜 30	3
30 〜 32	9
32 〜 34	7
34 〜 36	4
36 〜 38	$\boxed{a}$
38 〜 40	$\boxed{b}$
計	31

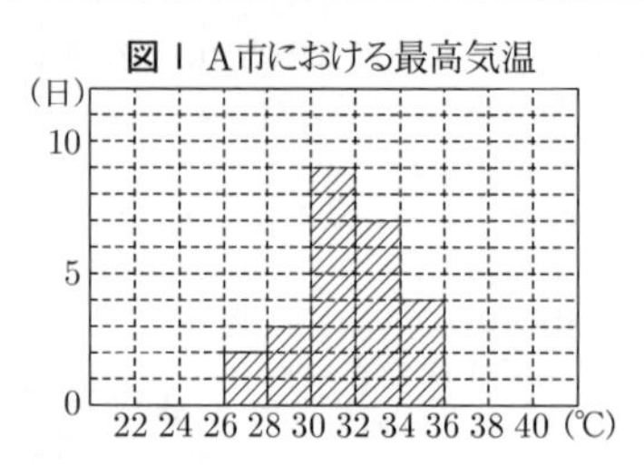

問２ 基本 次の表Ⅲ，図Ⅱは，表ⅠのＢ市における最高気温の記録を度数分布表とヒストグラムにまとめたものである。この表Ⅲまたは図Ⅱから最頻値を求めなさい。（1点）

表Ⅲ Ｂ市における最高気温

最高気温(℃)	日数(日)
22以上 24未満	0
24 ～ 26	1
26 ～ 28	5
28 ～ 30	6
30 ～ 32	8
32 ～ 34	7
34 ～ 36	3
36 ～ 38	1
38 ～ 40	0
計	31

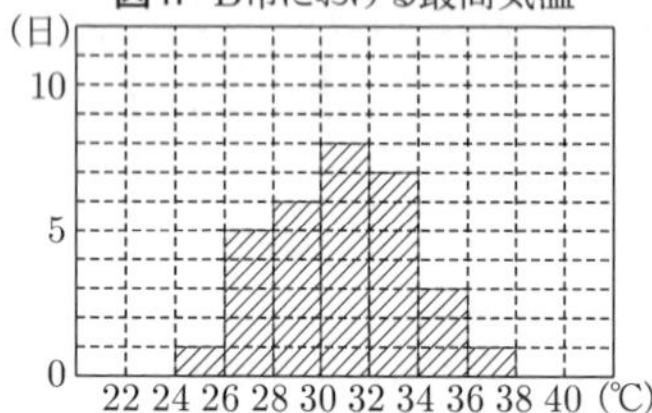

問３ Ａ市とＢ市の度数分布表やヒストグラムからわかることとして，正しいものを，次のア～オからすべて選び，記号で答えなさい。（2点）

ア Ａ市は，26℃以上27℃未満の日が少なくとも１日ある。

イ Ａ市の度数が４である階級の階級値は，34℃である。

ウ Ａ市の中央値とＢ市の中央値を比べると，Ｂ市の方が低い。

エ Ｂ市の分布の範囲は14℃である。

オ Ｂ市の30℃以上32℃未満の階級の相対度数は 0.25 より大きい。

3 よく出る 右の図のような１辺の長さが 3 cm の立方体がある。辺AB上に点Pを，辺AD上に点Qを，辺AE上に点Rをそれぞれ AP＝AQ＝AR＝1 cm となるようにとる。

その３点P，Q，Rを通る平面で立方体を切断し，頂点Aを含んだ立体を切り取る。

図

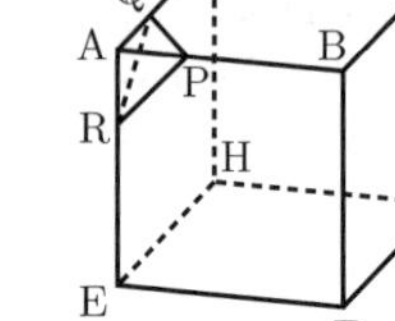

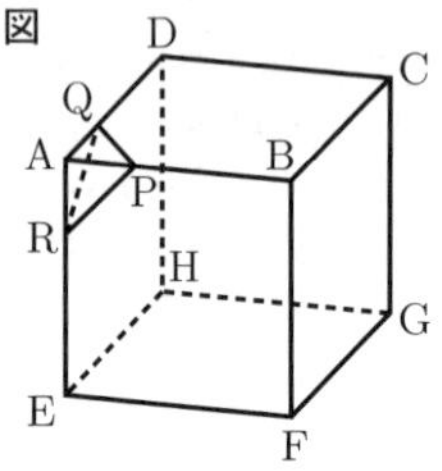

立方体の頂点Ｂ～Ｈに対しても，同様の操作を行う。

次の会話は，花子さんと太郎さんが，各頂点を切り取ったあと，残った立体の辺の数，頂点の数，面の数が，それぞれどうなるかについて話し合ったものである。

会話の［ア］～［ケ］にあてはまる数を答えなさい。（5点）

会話

花子さん：「頂点Ａを含んだ立体を切り取る」という操作によって，残った立体の辺，頂点，面のそれぞれの数はどうなるかな。

太郎さん：切り取る前の立方体の辺の数は［ア］本，頂点の数は［イ］個，面の数は［ウ］個だね。

花子さん：３点Ｐ，Ｑ，Ｒを通る平面で立方体を切断した場合，立体APQRは三角錐になったね。残った立体の辺の数，頂点の数，面の数はどうなったかな。

太郎さん：残った立体の辺の数は［エ］本，頂点の数は［オ］個，面の数は［カ］個だよ。辺について考えてみると，切り取ることによって，新しくできた切り口に新たに辺ができているよ。

花子さん：確かにそうだね。では，これを参考にして「頂点を含んだ立体を切り取る」という操作を頂点Ｂ～Ｈに行い，同じように立体を切り取るとき，残った立体の辺の数，頂点の数，面の数が，それぞれどうなるか考えてみようよ。

太郎さん：わかったよ。立方体のすべての頂点Ａ～Ｈを同じように切り取るとき，残った立体の辺の数は［キ］本，頂点の数は［ク］個，面の数は［ケ］個だね。

4 基本 ある中学校で，球技大会の日程を考えている。次の各問いに答えなさい。ただし，時間の単位は分とする。

問１ 次の図のように，試合時間を a 分，チームの入れかわり時間を b 分，昼休憩を40分とる。

10試合を行うとき，最初の試合開始から最後の試合が終了するまでにかかる時間（分）を表す式を，a と b を用いて表しなさい。（1点）

図

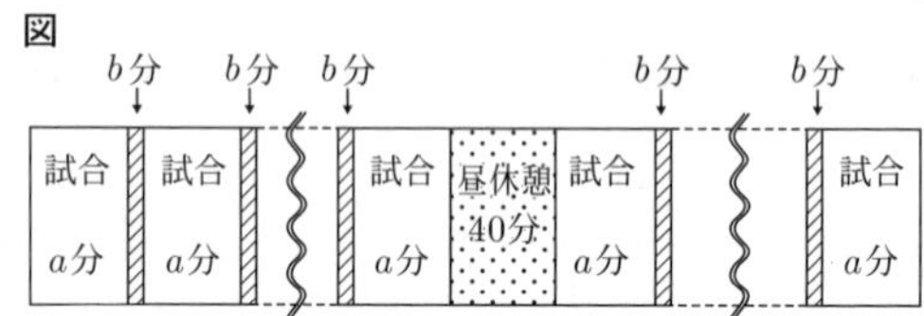

問２ 問１のとき，最初の試合を午前９時に開始して午後３時に最後の試合が終了するよう計画した。$b=5$ のとき，試合時間（分）を求めなさい。（1点）

問３ 球技大会の種目をサッカーとソフトボールの２種目に決定し，次のように大会の計画をたてた。あとの(1)，(2)に答えなさい。

<大会の計画>
- サッカーの試合が，すべて終わった後に昼休憩を40分とり，その後ソフトボールの試合を行う。
- 試合は午前９時に最初の試合を開始して，午後２時20分に最後の試合を終了する。
- サッカーは，４チームの総当たり戦で６試合行う。サッカー１試合の時間は，すべて同じ時間とする。
- ソフトボールは，５チームのトーナメント戦で４試合行う。ソフトボール１試合の時間は，すべて同じ時間とする。
・サッカーもソフトボールも1試合ずつ行い，試合と試合のあいだのチームの入れかわり時間は，4分とする。
・ソフトボール1試合の試合時間は，サッカー1試合の試合時間の1.6倍とする。

(1) この大会の計画にしたがって，サッカーとソフトボールの1試合の時間を決めることとした。サッカー1試合の時間を x 分，ソフトボール1試合の時間を y 分として連立方程式をつくりなさい。ただし，この問いの答えは，必ずしもつくった方程式を整理する必要はありません。(2点)

(2) サッカー1試合の時間（分）を求めなさい。(2点)

5 右の図のように3点A，B，Cを通る円があり，△ABCは1辺の長さが9cmの正三角形である。$\overset{\frown}{BC}$ は円周上の2点B，Cを両端とする弧のうち短い方を表すものとし，点Pは $\overset{\frown}{BC}$ 上の点である。また，点Dを線分AP上にPC＝PDとなるようにとる。このとき，次の各問いに答えなさい。

図

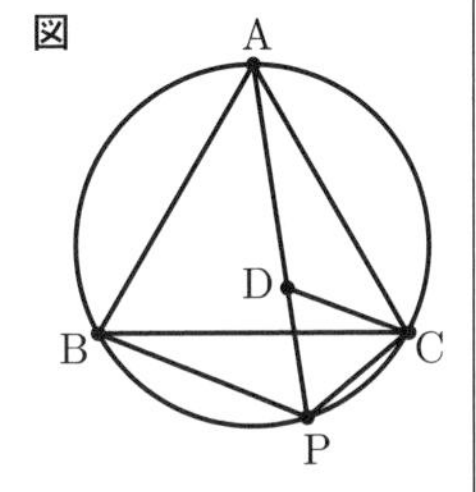

問1 よく出る 基本 △ABCの面積を求めなさい。(1点)

問2 よく出る 基本 △ADC≡△BPCであることを，次のように証明した。

証明の［1］，［2］にあてはまるものとして，最も適切なものを，あとの［1］，［2］の選択肢のア～エからそれぞれひとつずつ選び，記号で答えなさい。また，［3］にあてはまる三角形の合同条件を答え，この証明を完成させなさい。

ただし，証明の中にある［1］，［2］には，それぞれ同じ記号が入るものとする。(3点)

（証明）
△ADCと△BPCで，
△ABCは正三角形だから　AC＝BC…①
$\overset{\frown}{PC}$ に対する円周角だから　∠PAC＝［1］
よって，∠DAC＝［1］…②
また，△ABCが正三角形だから　∠ABC＝60°
$\overset{\frown}{AC}$ に対する円周角だから　∠ABC＝∠APC
よって　∠APC＝60°
これと，PC＝PDであることにより，△PCDは正三角形である。よって，∠DCP＝60°
ここで，∠ACD＝60°－［2］
　　　　∠BCP＝60°－［2］
であるので，∠ACD＝∠BCP…③
①，②，③より［　　3　　］ので，
△ADC≡△BPCである。
（証明終）

【［1］の選択肢】
ア ∠BAP　イ ∠PBC
ウ ∠CDP　エ ∠BCP

【［2］の選択肢】
ア ∠CDP　イ ∠APB
ウ ∠BAP　エ ∠BCD

問3 AP＝10cmのとき，四角形ABPCの周の長さを求めなさい。(2点)

問4 思考力 線分BCと線分APの交点をQとする。BP：PC＝2：1のとき，△CDQの面積を求めなさい。(2点)

6 右の図Ⅰは，図Ⅱの仕切り板で9つに仕切られた容器である。次の図Ⅲのように，この容器のAの部屋に一定の割合で蛇口から水を入れ，Aの部屋の底面から水面までの高さが10cmになった後，Aの部屋と隣り合っている部屋にそれぞれ同じ割合で水があふれていき，最終的にすべての部屋の水面が底面から10cmの高さになったところで水を止める。Aの部屋は，1分間で水面の高さが10cmに到達した。ただし，この9つの部屋にはそれぞれ同じ体積の水が入り，各部屋の体積は1000cm³である。また，容器の壁や仕切り板の厚さは考えないものとする。

このとき，あとの各問いに答えなさい。

図Ⅰ

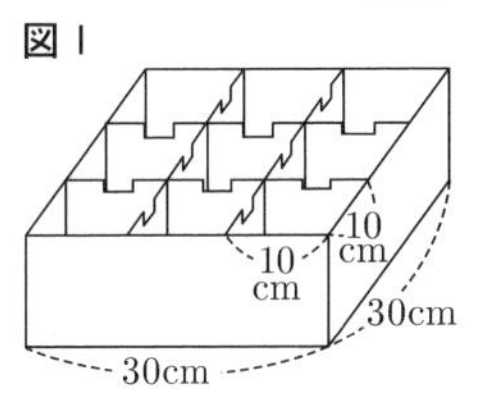

図Ⅱ 仕切り板

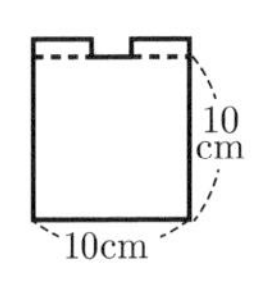

図Ⅲ 部屋の位置

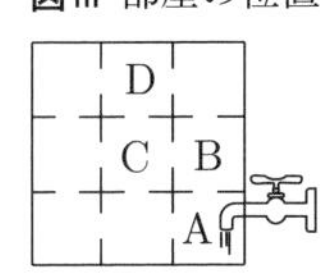

問1 基本 図ⅢのAの部屋の水面の高さが10cmになった後，Aの部屋からBの部屋には毎分何 cm^3 の水が流れ込むか，求めなさい。(1点)

問2 基本 図ⅢのCの部屋の水面の高さが10cmになるのは，Aの部屋に水を入れ始めてから何分後か，求めなさい。(2点)

問3 思考力 図ⅢのDの部屋について，次の(1)，(2)に答えなさい。

(1) Aの部屋に水を入れ始めてから x 分後のDの部屋の水面の高さを y cmとする。このとき，x と y の関係をグラフにかきなさい。ただし，x の変域は $0 \leqq x \leqq 9$ とする。(3点)

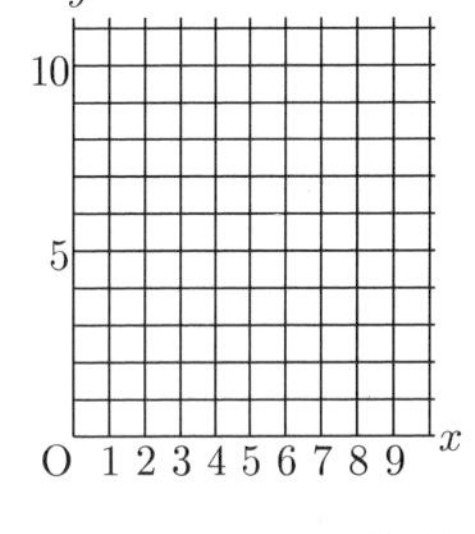

(2) Dの部屋の水面の高さが8cmとなるのは，Aの部屋に水を入れ始めて何分後か，求めなさい。(2点)

島根県

時間	50分	満点	50点	解答	P53	3月4日実施

＊ 注意 $\sqrt{\ }$ や円周率 π が必要なときは，およその値を用いないで $\sqrt{\ }$ や π のままで答えること

出題傾向と対策

●例年と同様，大問5題であった。**1** は小問集合，**2** はデータの散らばりと代表値に関する問題と，数・式の利用の問題，**3** は1次関数に関する問題，**4** は関数 $y=ax^2$ に関する問題，**5** は平面図形に関する問題であった。

●基本的な問題を中心に，幅広い分野から出題されている。また，作図，証明，説明する問題，グラフをかく問題は例年出題されているため，しっかりと準備しておくとよいだろう。問題数が多いため，基本的な問題を中心に，標準的な問題まで練習しておくとよいだろう。

1 よく出る 基本 次の問1～問10に答えなさい。

問1　$4-12\div2$ を計算しなさい。（1点）

問2　方程式 $x^2+8x+12=0$ を解きなさい。（1点）

問3　連立方程式 $\begin{cases} 3x-2y=0 \\ 2x+y=7 \end{cases}$ を解きなさい。（1点）

問4　100 g あたり a 円の牛肉を 300 g と，100 g あたり b 円の豚肉を 500 g 買ったときの代金の合計が 1685 円だった。この数量の関係を等式で表しなさい。ただし，すべての金額は消費税を含んでいるものとする。（1点）

問5　$\sqrt{8}-\dfrac{2}{\sqrt{2}}$ を計算しなさい。（1点）

問6　次のア～エの数の中で絶対値が最も大きいものを1つ選び，記号で答えなさい。（1点）

ア　2　イ　$\sqrt{3}$　ウ　$-\dfrac{7}{3}$　エ　0

問7　y は x に反比例し，$x=-4$ のとき $y=2$ である。x と y の関係を式に表しなさい。（1点）

問8　図1のような平行四辺形ABCDにおいて，辺BC上に点E，辺AD上に点Fを，AE＝EF，∠AEF＝30°となるようにとる。∠x の大きさを求めなさい。（1点）

図1

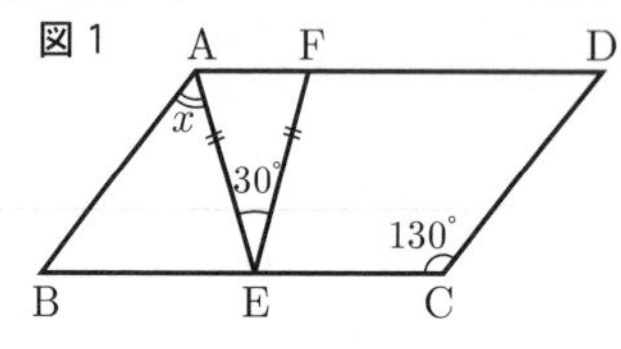

問9　次のア～ウの四角形ABCDのうち，4点A，B，C，Dが1つの円周上にあるものを1つ選び，記号で答えなさい。（1点）

ア

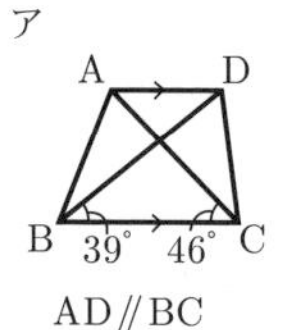

AD//BC

イ

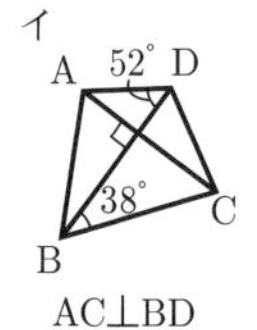

AC⊥BD

ウ

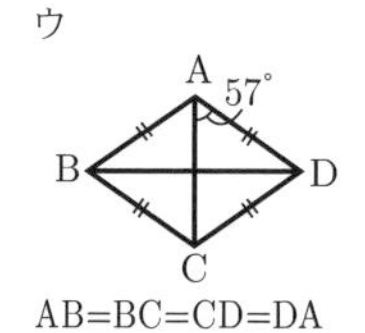

AB=BC=CD=DA

問10　図2のように100点，50点，0点と書いてある3個の玉が入った袋がある。袋の中から1個の玉を取り出して点数を調べて袋の中に戻し，もう一度1個の玉を取り出して点数を調べる。取り出した玉に書いてある点数の合計が50点以下になる確率を求めなさい。ただし，どの玉が取り出されることも同様に確からしいものとする。（2点）

図2

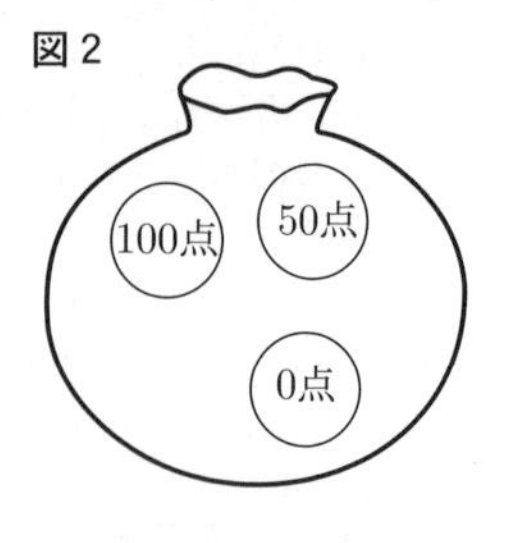

2 思考力 次の問1，問2に答えなさい。

問1　1班と2班のそれぞれ10人に対してテストを実施したところ，点数が**表**のようになった。ただし，点数は条件1を満たす。あとの1～3に答えなさい。

表　テストの点数（点）

1班	2	4	1	3	1	1	10	8	6	4
2班	1	3	10	2	6	5	a	2	a	3

条件1

・点数は0点以上，10点以下の整数である。
・**表**中の a は同じ点数である。
・2班10人の点数の平均値は5.0点である。

1　基本　1班10人の点数について，次の(1)，(2)に答えなさい。

(1)　中央値を求めなさい。（1点）

(2)　平均値を求めなさい。（1点）

2　**表**中の点数 a の値を求めなさい。（2点）

3　次の条件2を満たすように，1班の x 点の生徒1人と2班の y 点の生徒1人を入れかえた。このとき，x，y の値を求めなさい。（2点）

条件2

・1班10人の点数の平均値と2班10人の点数の平均値を等しくする。
・1班10人の点数の中央値を，生徒を入れかえる前より大きくする。

問2　1，4，7，10，13，16，…のように1から3ずつ増える整数を**図**のように並べていく。下の1，2に答えなさい。

図

	1列目	2列目	3列目	4列目	5列目
1行目	1	4	7	10	13
2行目	16	19	22	25	28
3行目	31	34	37	40	43
⋮	…	…	…	…	…

1　太郎さんは，**図**の2行目の5つの数の和を計算し，

$16+19+22+25+28=110=5\times22$

となった結果から，次のことが成り立つと予想した。

予想「各行の5つの数の和は，その行の3列目の数の5倍である。」

このことを，花子さんが，次のように説明した。

［ア］，［イ］に適する式を書きなさい。また，［ウ］にその説明の続きを書き，説明を完成させなさい。（3点）

説明

> ある行の1列目の整数を n とすると，5つの数は小さい順に
>
> n，［ア］，$n+6$，$n+9$，［イ］
>
> と表せるわね。だから，
>
> ［ウ］
>
> したがって，
>
> 「各行の5つの数の和は，その行の3列目の数の5倍である。」
>
> という予想は正しそうね。

2　20行目の5つの数の和を求めなさい。 (2点)

3　A中学校とB中学校には吹奏楽部があり，それぞれの中学校では毎月，活動費を支給する。ただし，中学校によって活動費の決め方は異なり，その決め方をまとめたものが，次の**表**である。

表

	基本支給額	部員数によって決まる支給額（部員1人あたり）
A中学校	［ア］円	［イ］円
B中学校	1000円	20人までは200円，20人を超えてからは50円

活動費は，基本支給額と部員数によって決まる支給額の合計であり，基本支給額は，部員数が0人であっても必ず支給される。

例えば，B中学校については，ある月の部員数が100人のとき，基本支給額が1000円であり，部員数によって決まる支給額は20人までは1人あたり200円で，残りの80人は1人あたり50円である。したがって，その月の活動費を求める式は，

$$1000+200\times20+50\times80$$

であり，これを計算すると，活動費は9000円になる。

活動費と部員数の関係を一次関数を用いて考える。

図1は，A中学校の吹奏楽部の部員数を x 人，活動費を y 円としたときの x と y の関係をグラフで表したものである。下の問1～問4に答えなさい。

図1

問1　**基本**　**図1**のグラフを利用して，**表**中の［ア］，［イ］にあてはまる値を求めなさい。 (2点)

問2　A中学校の吹奏楽部の部員数が50人であったとき，その月の活動費を求めなさい。 (1点)

問3　**図2**は，B中学校の吹奏楽部の部員数を x 人，活動費を y 円としたとき，$0\leqq x\leqq20$ のときの x と y の関係をグラフで表したものである。次の1，2に答えなさい。

図2

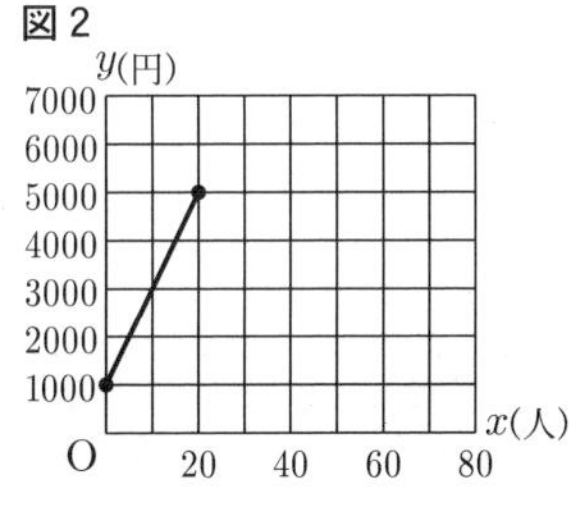

1　$x\geqq20$ のときの x と y の関係を表す式を求めなさい。 (2点)

2　$x\geqq20$ のときの x と y の関係を表すグラフを，**図2**にかき加えなさい。 (1点)

問4　A中学校とB中学校の吹奏楽部について，次の1，2に答えなさい。

1　活動費が等しく，部員数も等しくなる場合が2通りある。その2通りの部員数を求めなさい。 (2点)

2　活動費が等しく，部員数の差が20人となるときの活動費を求めなさい。 (2点)

4　関数 $y=\frac{1}{2}x^2\cdots$①のグラフ上に2点A，Bがあり，その x 座標はそれぞれ -2，4である。次の問1，問2に答えなさい。

問1　**図1**のように，2点A，Bを通る直線を l とし，l と y 軸との交点をCとする。下の1～3に答えなさい。

図1

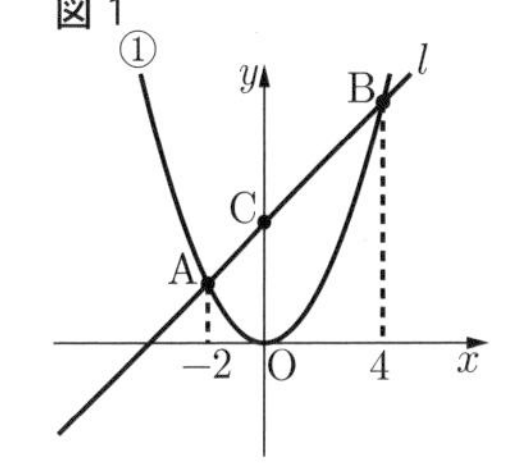

1　**基本**　関数①について，x の変域が $-2\leqq x\leqq4$ のとき，y の変域を求めなさい。 (1点)

2　点Cの y 座標を求めなさい。 (1点)

3　△OABの面積を求めなさい。 (2点)

問2　**図2**のように，点Aを通り x 軸に平行な直線を m とする。下の1，2に答えなさい。

図2

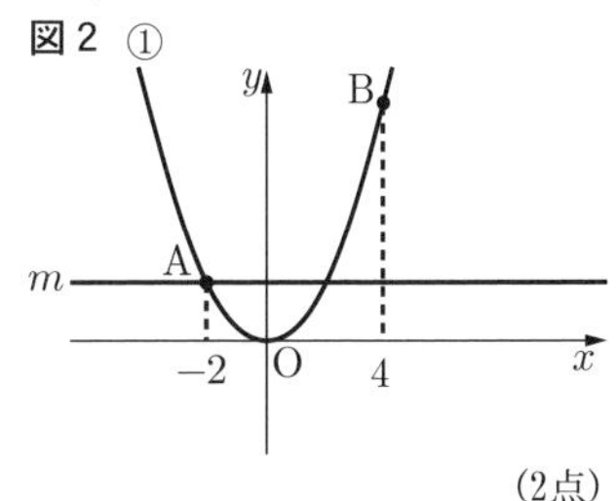

1　m 上に△OABの面積と△OAPの面積が等しくなるような点Pをとるとき，点Pの座標を求めなさい。ただし，点Pの x 座標は正であるとする。 (2点)

2　問2の1の点Pに対して，四角形OABPを考える。辺BP上に点Qをとり，△ABQの面積が四角形OABPの面積の $\frac{1}{2}$ となるようにしたい。点Qの座標を求めなさい。 (2点)

5　**図1**のように，∠C = 90°の直角三角形ABCがあり，$BC=a$，$CA=b$，$AB=c$ とするとき，次の関係が成り立つ。

図1

> $a^2+b^2=c^2\cdots$［1］
>
> （三平方の定理）

下の問1～問4に答えなさい。

問1　**基本**　$a=3$，$b=1$ のとき，［1］が成り立つような正の数 c の値を求めなさい。 (1点)

問2　次の長さを3辺とする三角形のうち，直角三角形はどれか。ア～ウから1つ選び，記号で答えなさい。 (1点)

> ア　2 cm，3 cm，4 cm　　イ　3 cm，4 cm，5 cm
>
> ウ　4 cm，5 cm，6 cm

問３　**図２**の $\angle F=90^\circ$ の直角三角形DEFにおいて，辺DE上に $\angle DGF=90^\circ$ となる点Gをとるとき，点Gの位置を定規とコンパスを用いた作図で求め，文字Gを書きなさい。ただし，作図に用いた線は消さないでおくこと。　(2点)

図２

問４　**図３**のように，**図１**の直角三角形ABCの辺AB上に $\angle AHC=90^\circ$ となる点Hをとる。次の１，２に答えなさい。

図３

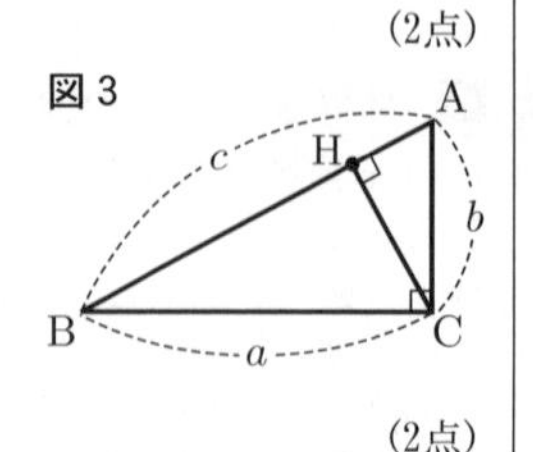

１　$\triangle ACH \backsim \triangle CBH$ であることを証明しなさい。　(2点)

２　ヒカルさんは，△ABC，△ACH，△CBHがすべて相似であることに気がつき，３つの三角形の面積の関係を用いて，[1]（三平方の定理）が成り立つことを次のように説明した。

[ア]～[カ]にあてはまる文字や式を入れて，説明を完成させなさい。　(4点)

説明

> △ABC，△ACH，△CBHの面積をそれぞれ P，Q，R とすると，
> $Q+R=P\cdots$ Ⅰ
> が成り立ちます。
> ここで，△ABCと△ACHの相似比は，$c:b$ であるから，△ABCと△ACHの面積の比は，
> $P:Q=$ [ア] : [イ]
> この比例式を変形して，Q について解くと，
> $Q=$ [ウ] $\times P\cdots$ Ⅱ
> また，△ABCと△CBHの相似比は，
> [エ] : [オ] であるから，同様に考えると，
> $R=$ [カ] $\times P\cdots$ Ⅲ
> そして，Ⅱ，Ⅲを Ⅰ に代入してできた式を変形すると，[1]が成り立ちます。

＊　注意　１．答えに $\sqrt{\ }$ が含まれるときは，$\sqrt{\ }$ をつけたままで答えなさい。また，$\sqrt{\ }$ の中の数は，できるだけ小さい自然数にしなさい。
２．円周率は π を用いなさい。

出題傾向と対策

●大問は５題で，**1**は基本的な小問10題，**2**～**5**は方程式の応用，関数とグラフ，平面図形などの分野から出題される。基本的な作図が出題されるほか，問題文の途中の空欄を埋める設問が特徴的である。数や図形についての証明，特に三角形の相似の証明が出やすい。

●**1**を確実に仕上げてから，**2**～**5**に進む。空欄にあてはまる数式や文を答える設問が出題されるので，問題の流れを正しくつかむようにする。2021年は空間図形の大問が出題されなかったが，2022年は出題されると思って準備しておこう。

1　よく出る　基本　次の①～⑤の計算をしなさい。⑥～⑩は指示に従って答えなさい。

①　$-3-(-7)$

②　$(-5)\times 4$

③　$3(a-2b)-2(a+b)$

④　$10ab^2\div(-2b)$

⑤　$(\sqrt{7}+\sqrt{5})(\sqrt{7}-\sqrt{5})$

⑥　方程式 $x^2-5x+1=0$ を解きなさい。

⑦　右の図の(1)～(3)は，関数 $y=-2x^2$，$y=x^2$，および $y=\dfrac{1}{2}x^2$ のグラフを，同じ座標軸を使ってかいたものです。図の(1)～(3)を表した関数の組み合わせとして最も適当なのは，ア～カのうちのどれですか。一つ答えなさい。ただし，点Oは原点とします。

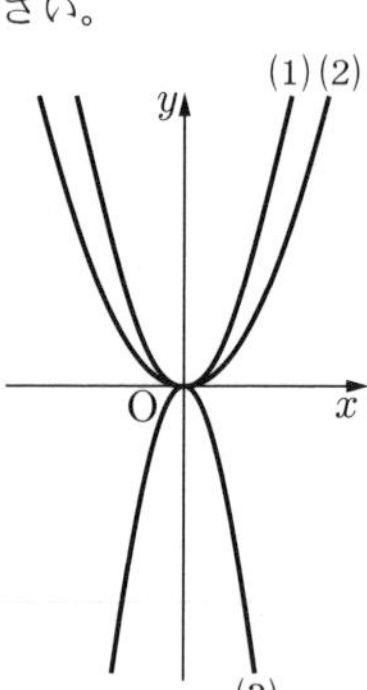

	(1)	(2)	(3)
ア	$y=-2x^2$	$y=x^2$	$y=\dfrac{1}{2}x^2$
イ	$y=-2x^2$	$y=\dfrac{1}{2}x^2$	$y=x^2$
ウ	$y=x^2$	$y=-2x^2$	$y=\dfrac{1}{2}x^2$
エ	$y=x^2$	$y=\dfrac{1}{2}x^2$	$y=-2x^2$
オ	$y=\dfrac{1}{2}x^2$	$y=-2x^2$	$y=x^2$
カ	$y=\dfrac{1}{2}x^2$	$y=x^2$	$y=-2x^2$

⑧　大小２つのさいころを同時に投げるとき，出る目の数の和が５以下となる確率を求めなさい。ただし，さいころの１から６までの目の出方は，同様に確からしいものとします。

⑨　右の図のような，底面が点Oを中心とする円で，点Aを頂点とする円錐(すい)があります。底面の円の円周上に点Bがあり，AB = 7 cm, OB = 3 cm のとき，この円錐の体積を求めなさい。ただし，答えを求めるまでの過程も書きなさい。

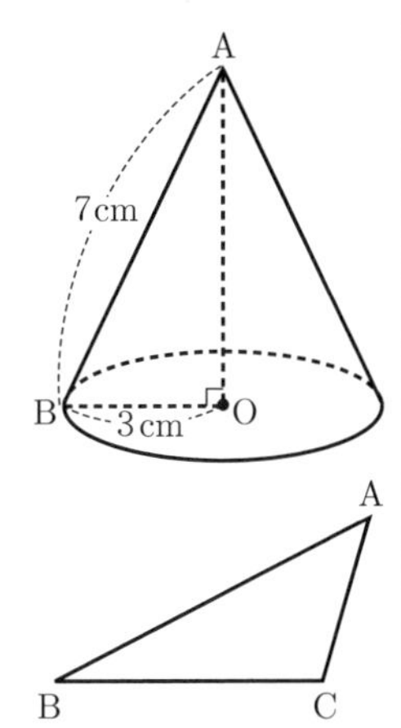

⑩　右の図のような △ABC について，【条件】を満たす点Dを，定規とコンパスを使って作図しなさい。作図に使った線は残しておきなさい。

A

B　　C

【条件】
点Dは線分BC上にあり，直線ADは △ABC の面積を二等分する。

2 よく出る　数学の授業で，太郎さんと花子さんは次の【問題】について考えています。①〜③に答えなさい。

【問題】
ある果物店で，果物を入れる箱を50箱用意しました。この箱を使って，桃を1箱に3個入れて750円で，メロンを1箱に2個入れて1600円で販売したところ，用意した50箱がすべて売れ，その売り上げの合計は56200円でした。

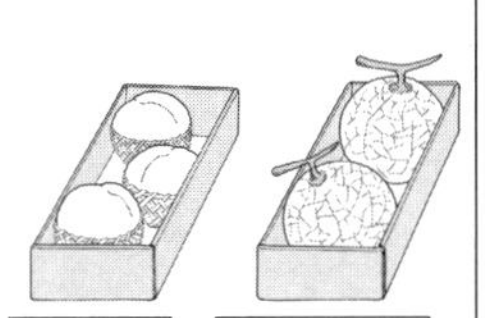

このとき，売れた桃とメロンの個数をそれぞれ求めなさい。ただし，消費税と箱の値段は考えないものとします。

①　太郎さんは，【問題】について，次のように解き方を考えました。<太郎さんの考え>の (1) ，(2) に適当な式を書きなさい。

<太郎さんの考え>
果物を入れる箱の数に着目して考えます。桃を入れた箱の数を a 箱とすると，メロンを入れた箱の数は，a を使って (1) 箱と表すことができます。売り上げの合計で方程式をつくると，(2) = 56200 となります。これを解くと，桃を入れた箱の数を求めることができます。
桃を1箱に3個，メロンを1箱に2個入れることから，売れた桃とメロンの個数をそれぞれ求めることができます。

②　花子さんは，【問題】について，太郎さんとは別の解き方を考えました。<花子さんの考え>の (3) ，(4) に適当な式を書きなさい。

<花子さんの考え>
売れた桃とメロンの個数に着目して考えます。桃が x 個，メロンが y 個売れたとすると，桃は1個あたり250円，メロンは1個あたり800円だから，次の連立方程式をつくることができます。

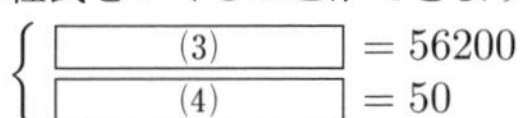
$$\begin{cases} \boxed{(3)} = 56200 \\ \boxed{(4)} = 50 \end{cases}$$

これを解くと，売れた桃とメロンの個数をそれぞれ求めることができます。

③　売れた桃とメロンの個数をそれぞれ求めなさい。

3　右の図は，反比例の関係 $y=\frac{a}{x}$ のグラフです。ただし，a は正の定数とし，点Oは原点とします。①〜③に答えなさい。

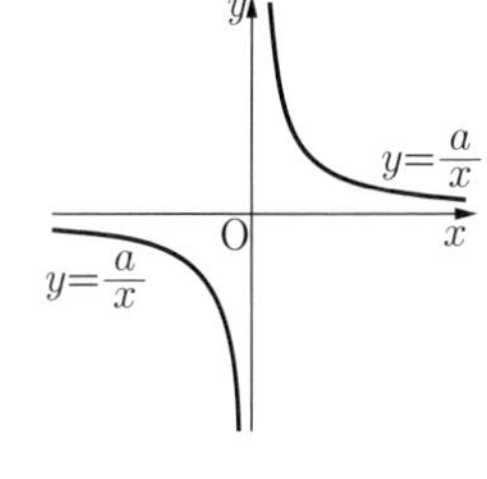

①　基本　y が x に反比例するものは，ア〜エのうちではどれですか。当てはまるものをすべて答えなさい。
ア　面積が 20 cm^2 の平行四辺形の底辺 x cm と高さ y cm
イ　1辺が x cm の正六角形の周の長さ y cm
ウ　1000 m の道のりを毎分 x m の速さで進むときにかかる時間 y 分
エ　半径 x cm，中心角 120° のおうぎ形の面積 $y\text{ cm}^2$

②　基本　グラフが点 (4, 3) を通るとき，(1)，(2)に答えなさい。
(1)　a の値を求めなさい。
(2)　x の変域が $3 \leqq x \leqq 8$ のとき，y の変域を求めなさい。

③　思考力　a は6以下の正の整数とします。グラフ上の点のうち，x 座標と y 座標がともに整数である点が4個となるような a の値を，すべて求めなさい。

4　太郎さんと花子さんは，今年のスギ花粉の飛散量を予想しているニュースを見て，自分たちの住んでいるK市のスギ花粉の飛散量に興味をもちました。次の資料は，K市の30年間における，スギ花粉の飛散量と前年の7，8月の日照時間のデータの一部です。また，**図1**は，資料をもとに作成した，K市の30年間における，スギ花粉の飛散量のヒストグラムです。なお，K市の30年間における，スギ花粉の飛散量の平均値は2567個でした。①，②に答えなさい。

資料

	スギ花粉の飛散量(個)	前年の7, 8月の日照時間(時間)
1991年	1455	322
1992年	4143	445
1993年	794	279
≈	≈	≈
2018年	920	288
2019年	4419	471
2020年	1415	330

※例えば，1991年では，スギ花粉の飛散量が1455個であり，その前年，すなわち1990年の7，8月の日照時間が322時間であったことを表す。
※スギ花粉の飛散量は，観測地点における 1 cm^2 あたりのスギ花粉の個数である。なお，その年の年間総飛散量を表す。

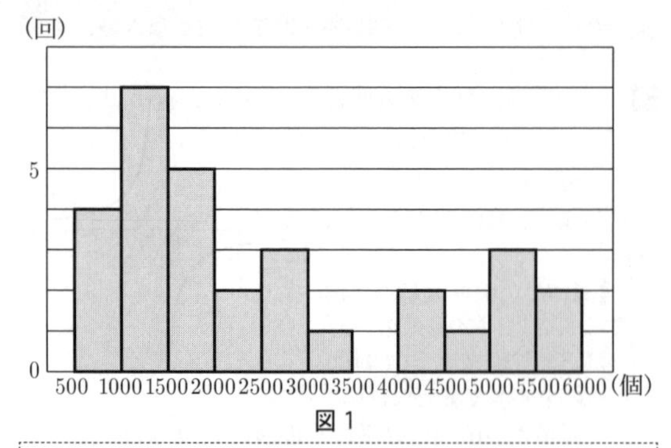

図 1

※例えば，5500 ～ 6000 の区間は，5500 個以上 6000 個未満の階級を表す。また，その階級における度数 2 回は，スギ花粉の飛散量が 5500 個以上 6000 個未満の年が，30 年間のうちに 2 回あったことを表す。

① 基本　太郎さんと花子さんは，図 1 について話しています。<会話 I>の [(1)] ～ [(3)] に適当な数や階級を書きなさい。

<会話 I>

太郎：平均値が入っている階級の度数は [(1)] 回だね。

花子：ヒストグラムからわかる最頻値が入っている階級は [(2)] だから，最頻値は [(3)] 個だね。

太郎：2021 年のスギ花粉の飛散量は最頻値のあたりになるのかなぁ。

② 太郎さんと花子さんは，資料をもとに，スギ花粉の飛散量と前年の 7，8 月の日照時間との関係を調べました。<会話 II>を読んで，(1)～(3)に答えなさい。

<会話 II>

花子：前年の 7，8 月の日照時間を x 時間，スギ花粉の飛散量を y 個として点をとると，図 2 のようになったよ。点がほぼ一直線上に並んでいるので，y は x の一次関数であるとみなして考えることができそうだね。

太郎：点のなるべく近くを通る直線を l とすると，(あ)直線 l は，2 点 (300, 1000)，(500, 5000) を通るよ。

花子：2021 年のスギ花粉の飛散量を，直線 l の式から予想してみよう。K 市における 2020 年の 7，8 月の日照時間を調べると，372 時間だったから，2021 年のスギ花粉の飛散量は，[(い)] 個と予想できそうだね。

太郎：[(い)] 個は，平均値 2567 個より小さい値だから，この 30 年間の中では少ない方といえるね。

花子：でも，(う)図 1 の中央値が入っている階級を考えると，予想した 2021 年のスギ花粉の飛散量 [(い)] 個は，この 30 年間の中では多い方といえると思うよ。

太郎：代表値によって，いろいろな見方ができるんだね。

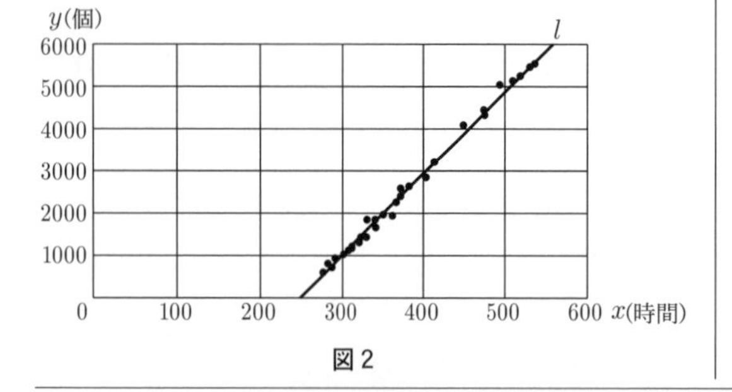

図 2

(1) 下線部(あ)について，直線 l の式を求めなさい。

(2) [(い)] に適当な数を書きなさい。

(3) 新傾向　花子さんが，下線部(う)のように考えた理由について，中央値が入っている階級を示して説明しなさい。

5 右の図のように，円周上の点 A，B，C を頂点とする △ABC があり，∠ABC の二等分線と線分 AC との交点を D，円との交点のうち点 B と異なる点を E とします。また，線分 AB 上に点 F を，EF // CB となるようにとり，線分 EF と線分 AC との交点を G とします。さらに，点 A と点 E，点 C と点 E をそれぞれ結びます。

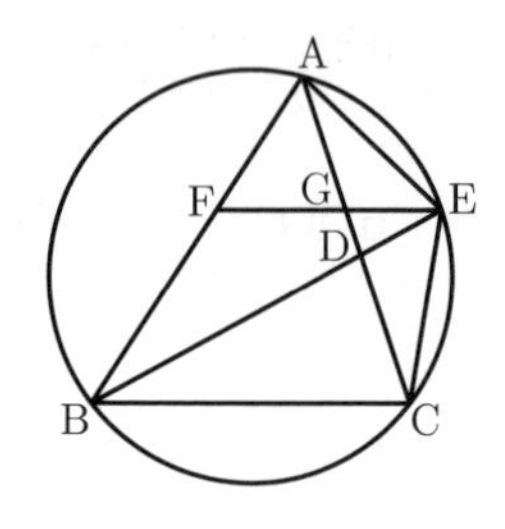

①，②に答えなさい。

① △ABD∽△ECD を証明しなさい。

② AB = 6 cm，BC = 5 cm，AE = 3 cm であるとき，(1)～(3)に答えなさい。

(1) 線分 CE の長さを求めなさい。

(2) ED : DG を最も簡単な整数比で答えなさい。

(3) 難　線分 AF の長さを求めなさい。

広島県

時間	50分	満点	50点	解答	P55	3月8日実施

出題傾向と対策

- **1** 基本問題が中心の小問，**2** 標準問題が中心の小問，**3** 面積比の問題，**4** 関数を利用した問題，**5** データの散らばりと代表値の問題，**6** 平面図形の総合問題であった。全体の分量，出題内容，難易度いずれも例年通りであった。
- 中学の全分野から出題されているので，教科書や問題集の問題を繰り返し勉強するとよい。設問はやさしいが，時間に対して分量がやや多めで，記述問題が証明問題を含めて3問あり，作図問題がない分だけ他の公立高校と比べて多めである。また，グラフをかく問題，作図問題なども含め記述問題への対策をしっかりしておきたい。

1 よく出る 基本　次の(1)～(8)に答えなさい。

(1)　$6-5-(-2)$ を計算しなさい。　(2点)

(2)　$a=4$ のとき，$6a^2 \div 3a$ の値を求めなさい。　(2点)

(3)　$\sqrt{2}\times\sqrt{6}+\dfrac{9}{\sqrt{3}}$ を計算しなさい。　(2点)

(4)　方程式 $x^2+5x-6=0$ を解きなさい。　(2点)

(5)　右の図のように，BC $=3$ cm，AC $=5$ cm，$\angle$BCA $=90°$ の直角三角形 ABC があります。直角三角形 ABC を，辺 AC を軸として1回転させてできる立体の体積は何 cm^3 ですか。ただし，円周率は π とします。　(2点)

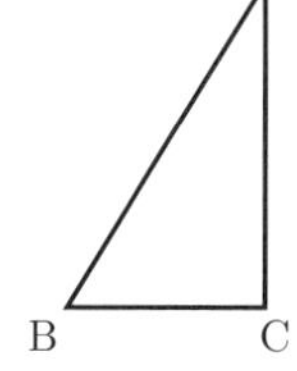

(6)　2点 A $(1,\ 7)$，B $(3,\ 2)$ の間の距離を求めなさい。　(2点)

(7)　右の図の①～③の放物線は，下のア～ウの関数のグラフです。①～③は，それぞれどの関数のグラフですか。ア～ウの中から選び，その記号をそれぞれ書きなさい。　(2点)

ア　$y=2x^2$

イ　$y=\dfrac{1}{3}x^2$

ウ　$y=-x^2$

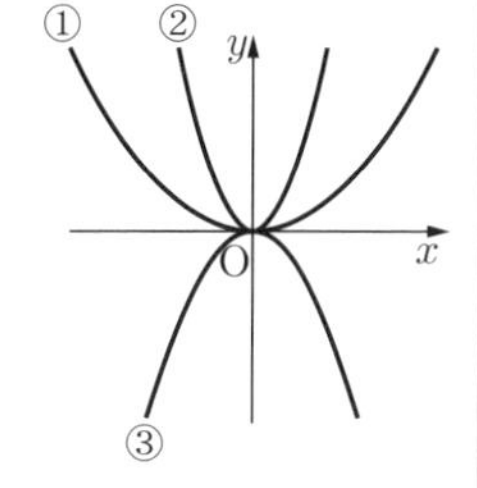

(8)　数字を書いた4枚のカード，[1]，[2]，[3]，[4] が袋 A の中に，数字を書いた3枚のカード，[1]，[2]，[3] が袋 B の中に入っています。それぞれの袋からカードを1枚ずつ取り出すとき，その2枚のカードに書いてある数の和が6以上になる確率を求めなさい。　(2点)

2 よく出る　次の(1)～(3)に答えなさい。

(1)　$4<\sqrt{a}<\dfrac{13}{3}$ に当てはまる整数 a の値を全て求めなさい。　(3点)

(2)　右の図のように，線分 AB 上に点 C があり，AC $=$ CB $=3$ cm です。線分 AC 上に点 P をとります。このとき，AP を1辺とする正方形の面積と PB を1辺とする正方形の面積の和は，PC を1辺とする正方形の面積と CB を1辺とする正方形の面積の和の2倍に等しくなります。このことを，線分 AP の長さを x cm として，x を使った式を用いて説明しなさい。ただし，点 P は点 A，C と重ならないものとします。　(4点)

(3)　A さんは駅を出発し，初めの10分間は平らな道を，そのあとの9分間は坂道を歩いて図書館に行きました。右の図は，A さんが駅を出発してから x 分後の駅からの距離を y m とし，x と y の関係をグラフに表したもので，$10 \leqq x \leqq 19$ のときの y を x の式で表すと $y=40x+280$ です。B さんは，A さんが駅を出発した8分後に自転車で駅を出発し，A さんと同じ道を通って，平らな道，坂道ともに分速160 m で図書館に行きました。B さんはその途中で A さんに追いつきました。B さんが A さんに追いついたのは，駅から何 m のところですか。　(3点)

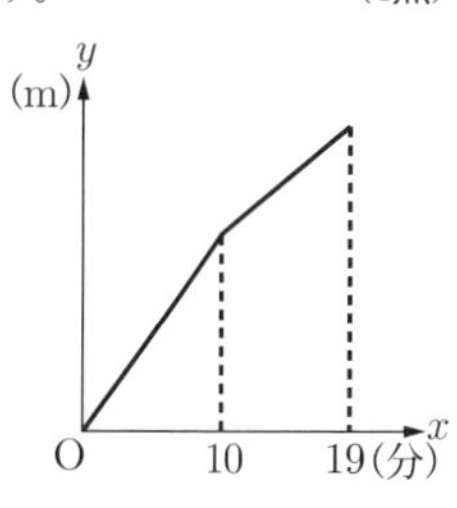

3 よく出る　右の図のように，AD // BC の台形 ABCD があります。辺 BC 上に点 E，辺 CD 上に点 F を，BD // EF となるようにとります。また，線分 BF と線分 ED との交点を G とします。BG : GF $=5:2$ となるとき，$\triangle$ABE の面積 S と $\triangle$GEF の面積 T の比を，最も簡単な整数の比で表しなさい。　(4点)

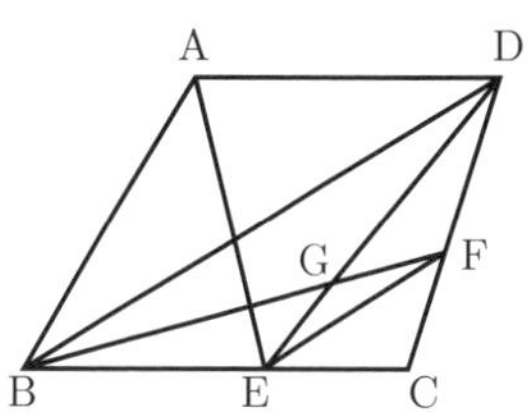

4　右の図のように，y 軸上に点 A $(0,\ 5)$ があり，関数 $y=\dfrac{a}{x}$ のグラフ上に，y 座標が5より大きい範囲で動く点 B と y 座標が2である点 C があります。直線 AB と x 軸との交点を D とします。また，点 C から x 軸に垂線を引き，x 軸との交点を E とします。ただし，$a>0$ とします。

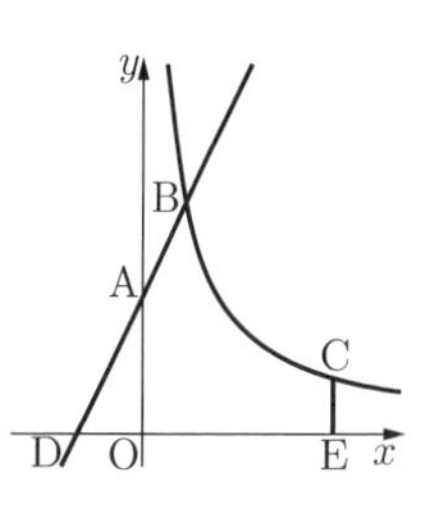

次の(1)・(2)に答えなさい。

(1)　基本　$a=8$ のとき，点 C の x 座標を求めなさい。　(2点)

(2)　DA $=$ AB，DE $=9$ となるとき，a の値を求めなさい。　(3点)

5　A 市役所で働いている山本さんと藤井さんは，動画を活用した広報活動を担当しています。山本さんたちは，A 市の動画の再生回数を増やすことで，A 市の魅力をより多くの人に知ってもらいたいと考えています。そこで，インターネット上に投稿した動画が人気となっている A 市出身の X さんと Y さんと Z さんのうちの1人に，A 市の新しい動画の作成を依頼しようとしています。

A市が先月投稿した動画の画面

山本「A 市が先月投稿した動画の再生回数は，今はどれくらいになっているかな？」
藤井「先ほど確認したところ，今は1200回くらいになっていました。新しい動画では再生回数をもっと増やしたいですね。」
山本「そうだよね。X さん，Y さん，Z さんの誰に動画の作成を依頼したらいいかな。」
藤井「まずは，3 人が投稿した動画の再生回数がどれくらいなのかを調べましょう。」

次の(1)・(2)に答えなさい。

(1) **基本** 藤井さんは，X さん，Y さん，Z さんが投稿した動画のうち，それぞれの直近 50 本の動画について再生回数を調べ，下の【資料Ⅰ】にまとめ，山本さんと話をしています。

【資料Ⅰ】再生回数の平均値, 最大値, 最小値

	平均値（万回）	最大値（万回）	最小値（万回）
Xさん	16.0	22.6	10.2
Yさん	19.2	27.8	10.7
Zさん	19.4	29.3	10.3

藤井「【資料Ⅰ】から，X さんの再生回数の平均値は，Y さん，Z さんよりも 3 万回以上少ないことが分かりますね。」
山本「そうだね。それと，①X さんについては，再生回数の範囲も，Y さん，Z さんよりも小さいね。」

下線部①について，X さんの再生回数の範囲として適切なものを，下のア～エの中から選び，その記号を書きなさい。(2点)

ア　5.8 万回　　イ　6.6 万回　　ウ　12.4 万回
エ　32.8 万回

(2) **思考力** 山本さんたちは，(1)の【資料Ⅰ】の分析から，A 市の新しい動画の作成を Y さんか Z さんに依頼することにしました。さらに分析をするために，Y さん，Z さんが投稿した動画のうち，直近 50 本の動画の再生回数のヒストグラムを作成し，下の【資料Ⅱ】にまとめました。【資料Ⅱ】のヒストグラムでは，例えば，直近 50 本の動画の再生回数が 10 万回以上 12 万回未満であった本数が，Y さん，Z さんとも 5 本ずつあったことを表しています。

【資料Ⅱ】再生回数のヒストグラム

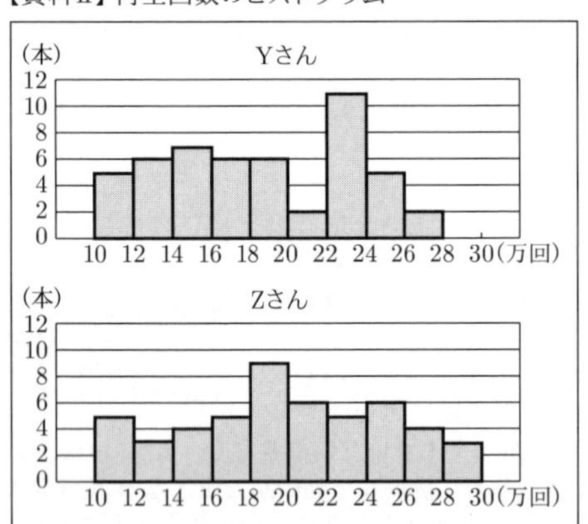

A 市の動画の再生回数を増やすために，A 市の新しい動画の作成を，あなたなら，Y さんと Z さんのどちらに依頼しますか。また，その人に依頼する理由を，【資料Ⅱ】の Y さんと Z さんのヒストグラムを比較して，そこから分かる特徴を基に，数値を用いて説明しなさい。(4点)

6 **基本** 中学生の航平さんは，「三角形の 3 つの辺に接する円の作図」について，高校生のお兄さんの啓太さんと話をしています。

航平「数学の授業で，先生から，これまで学習したことを用いると，三角形の 3 つの辺に接する円を作図できると聞いたんだけど，どうやったら作図できるんだろう。」
啓太「①角の二等分線の作図と②垂線の作図の方法を知っていれば，その円を作図できるよ。」
航平「その 2 つの方法は習ったし，角の二等分線の作図の方法が正しいことも証明したよ。」
啓太「そうなんだね。実は，三角形の 2 つの角の二等分線の交点が，その円の中心になるんだよ。三角形の 3 つの辺に接する円の作図には，いろいろな図形の性質が用いられているから，作図をする際には振り返るといいよ。」

次の(1)～(3)に答えなさい。

(1) 下線部①について，航平さんは，下の【角の二等分線の作図の方法】を振り返りました。

【角の二等分線の作図の方法】

〔1〕 点 O を中心とする円をかき，半直線 OX，OY との交点を，それぞれ P，Q とする。
〔2〕 2 点 P，Q を，それぞれ中心として，同じ半径の円をかき，その交点の 1 つを R とする。
〔3〕 半直線 OR を引く。

【角の二等分線の作図の方法】において，作図した半直線 OR が ∠XOY の二等分線であることを，三角形の合同条件を利用して証明しなさい。(4点)

(2) 下線部②について，航平さんは，右の図の △ABC において，∠ABC，∠ACB の二等分線をそれぞれ引き，その交点を I としました。そして，下の【手順】によって点 I から辺 BC に垂線を引きました。

【手順】

〔1〕 [ア] を中心として，[イ] を半径とする円をかく。
〔2〕 [ウ] を中心として，[エ] を半径とする円をかく。
〔3〕 〔1〕，〔2〕でかいた円の交点のうち，I ではない方を J とする。
〔4〕 2 点 I，J を通る直線を引く。

【手順】の [ア]・[ウ] に当てはまる点をそれぞれ答えなさい。また，[イ]・[エ] に当てはまる線分をそれぞれ答えなさい。(2点)

航平さんは，点 I から辺 BC に引いた垂線と辺 BC との交点を D としました。同じようにして，点 I から辺 CA，AB にも垂線を引き，辺 CA，AB との交点をそれぞれ E，F としました。そして，角の二等分線の性質から

ID＝IE＝IF であり，点 I を中心とし，ID を半径とする円が，円の接線の性質から △ABC の 3 つの辺に接する円であることが分かりました。

(3) さらに，航平さんは，コンピュータを使って △ABC の 3 つの辺に接する円をかき，下の図のように，辺 BC をそのままにして点 A を動かし，△ABC をいろいろな形の三角形に変え，いつでも成り立ちそうなことがらについて調べました。

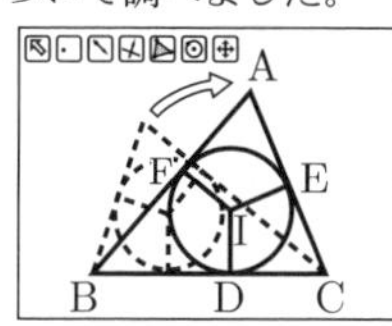

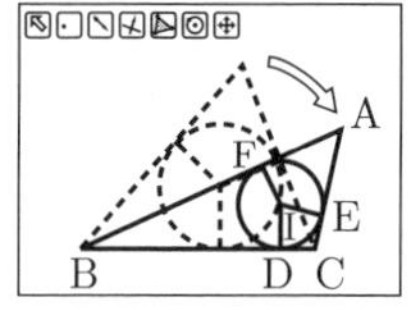

航平さんは，下の図のように，∠BAC の大きさを，鋭角，直角，鈍角と変化させたときの △DEF に着目しました。

∠BACが鋭角のとき

∠BACが直角のとき

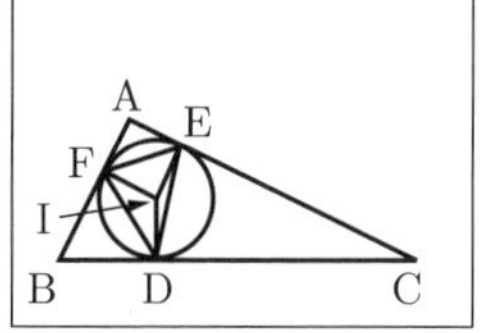

航平さんは，△ABC がどのような三角形でも，△DEF が鋭角三角形になるのではないだろうかと考え，それがいつでも成り立つことを，下のように説明しました。

∠BACが鈍角のとき

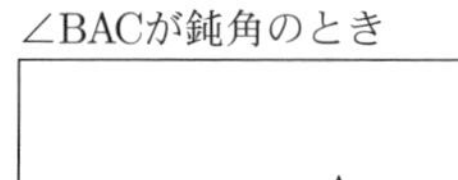
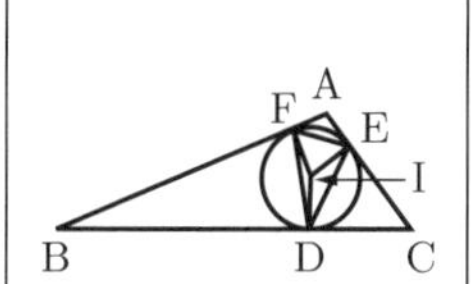

【航平さんの説明】

> ∠BAC＝∠x とするとき，∠FDE を，∠x を用いて表すと，∠FDE＝［オ］と表せる。これより，∠FDE は，［カ］°より大きく［キ］°より小さいことがいえるから，鋭角である。同じようにして，∠DEF，∠EFD も鋭角である。よって，△ABC がどのような三角形でも，△DEF は鋭角三角形になる。

【航平さんの説明】の［オ］に当てはまる式を，∠x を用いて表しなさい。また，［カ］・［キ］に当てはまる数をそれぞれ求めなさい。　(3点)

山口県

時間	50分	満点	50点	解答	P56	3月9日実施

出題傾向と対策

●大問数は 10 題用意されており，**1**～**3** と **8**～**10** は必答で，**4**～**7** の 4 題から 3 題選択する。昨年と同じく 50 分で 9 題解答と問題数は多いが難易度は高くなく，ほぼ基本問題で構成されている。**1**，**2** は小問集合，**3** 以降は各単元での出題。解答の過程や証明の記述も含まれており，その対策も必要となる。

●全体的には基礎力を問う問題が多いが，問題数が多いので，処理能力で大きな差が出るといえる。そのため，基本事項を徹底的に理解し，使いこなす練習が必要である。思考力を問う問題や図形問題では標準～応用レベルの問題も出題されることからその対策はしておくこと。

1～**3** は，共通問題です。すべての問題に解答しなさい。

1 基本　次の(1)～(5)に答えなさい。

(1) $-7+9$ を計算しなさい。　(1点)

(2) $\frac{15}{2}\times\left(-\frac{4}{5}\right)$ を計算しなさい。　(1点)

(3) $10a-(6a+8)$ を計算しなさい。　(1点)

(4) $27ab^2\div 9ab$ を計算しなさい。　(1点)

(5) $3(2x-y)+4(x+3y)$ を計算しなさい。　(1点)

2 基本　次の(1)～(4)に答えなさい。

(1) 次の［　］にあてはまる不等号を答えなさい。(2点)

> 小数第 1 位を四捨五入すると 40 になる数を x とする。このとき，x のとりうる値の範囲は，
> $39.5\leqq x$［　］40.5 である。

(2) 2 つの整数 m，n について，計算の結果がいつも整数になるとは限らないものを，次のア～エから 1 つ選び，記号で答えなさい。　(2点)

ア　$m+n$　　イ　$m-n$　　ウ　$m\times n$
エ　$m\div n$

(3) y は x に反比例し，$x=3$ のとき $y=2$ である。y を x の式で表しなさい。　(2点)

(4) 底面が 1 辺 6 cm の正方形で，体積が 96 cm^3 である四角すいの高さを求めなさい。　(2点)

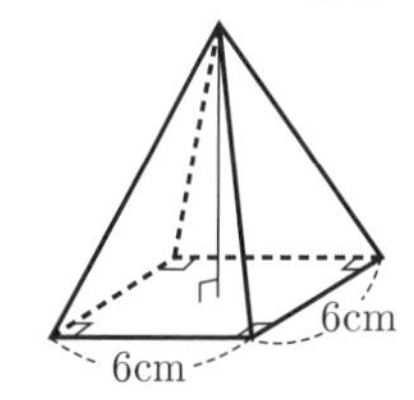

3 基本　表1，表2は，それぞれA中学校の3年生全員25人とB中学校の3年生全員75人が行った長座体前屈の記録を度数分布表にまとめたものである。

表1 A中学校

階級(cm)	度数(人)
以上　未満	
20 ～ 30	1
30 ～ 40	5
40 ～ 50	9
50 ～ 60	6
60 ～ 70	4
計	25

表2 B中学校

階級(cm)	度数(人)
以上　未満	
20 ～ 25	2
25 ～ 30	3
30 ～ 35	6
35 ～ 40	8
40 ～ 45	10
45 ～ 50	15
50 ～ 55	12
55 ～ 60	10
60 ～ 65	7
65 ～ 70	2
計	75

次の(1)，(2)に答えなさい。

(1) 表1をもとに，A中学校の3年生全員の記録の最頻値を，階級値で答えなさい。(2点)

(2) A中学校とB中学校の3年生全員の記録を比較するために，階級の幅をA中学校の10 cmにそろえ，表3のように度数分布表を整理した。

記録が60 cm以上70 cm未満の生徒の割合は，どちらの中学校の方が大きいか。60 cm以上70 cm未満の階級の相対度数の値を明らかにして説明しなさい。(2点)

表3

階級(cm)	度数(人)	
	A中学校	B中学校
以上　未満		
20 ～ 30	1	5
30 ～ 40	5	14
40 ～ 50	9	25
50 ～ 60	6	□
60 ～ 70	4	□
計	25	75

4～**7**は，選択問題です。

4 確率について，次の(1)～(3)に答えなさい。

(1) あたる確率が $\frac{2}{7}$ であるくじを1回引くとき，あたらない確率を求めなさい。(1点)

(2) 思考力 新傾向　1枚の硬貨があり，その硬貨を投げたとき，表が出る確率と裏が出る確率はいずれも $\frac{1}{2}$ である。

この硬貨を多数回くり返し投げて，表が出る回数を a 回，裏が出る回数を b 回とするとき，次のア～エの説明のうち，正しいものを2つ選び，記号で答えなさい。(2点)

ア　投げる回数を増やしていくと，$\frac{a}{b}$ の値は $\frac{1}{2}$ に近づいていく。

イ　投げる回数を増やしていくと，$\frac{a}{a+b}$ の値は $\frac{1}{2}$ に近づいていく。

ウ　投げる回数が何回でも，a の値が投げる回数と等しくなる確率は0ではない。

エ　投げる回数が偶数回のとき，b の値は必ず投げる回数の半分になる。

(3) 右の図のような，数字1，2，3，4，5が1つずつ書かれた5枚のカードが入った袋がある。

袋の中のカードをよく混ぜ，同時に3枚取り出すとき，取り出した3枚のカードに書かれた数の和が3の倍数となる確率を求めなさい。(2点)

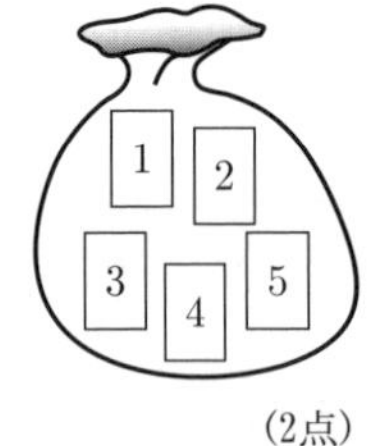

5 基本　平方根や二次方程式について，次の(1)～(3)に答えなさい。

(1) 14の平方根のうち，正の数であるものを答えなさい。(1点)

(2) 次の □ にあてはまる数を求めなさい。(2点)

二次方程式 $x^2-2x+a=0$ の解の1つが $1+\sqrt{5}$ であるとき，$a=$ □ である。

(3) 差が1である大小2つの正の数がある。これらの積が3であるとき，2つの数のうち，大きい方を求めなさい。(2点)

6 基本　関数 $y=ax^2$ について，次の(1)～(3)に答えなさい。

(1) 次の □ にあてはまる数を答えなさい。(1点)

関数 $y=5x^2$ のグラフと，x 軸について対称なグラフとなる関数は $y=$ □ x^2 である。

(2) 関数 $y=-\frac{3}{4}x^2$ について，次のア～エの説明のうち，正しいものを2つ選び，記号で答えなさい。(2点)

ア　変化の割合は一定ではない。

イ　x の値がどのように変化しても，y の値が増加することはない。

ウ　x がどのような値でも，y の値は負の数である。

エ　グラフの開き方は，関数 $y=-x^2$ のグラフより大きい。

(3) 右の図のように，2つの放物線①，②があり，放物線①は関数 $y=-\frac{1}{2}x^2$ のグラフである。また，放物線①上にある点Aの x 座標は4であり，直線AOと放物線②の交点Bの x 座標は -3 である。

このとき，放物線②をグラフとする関数の式を求めなさい。(2点)

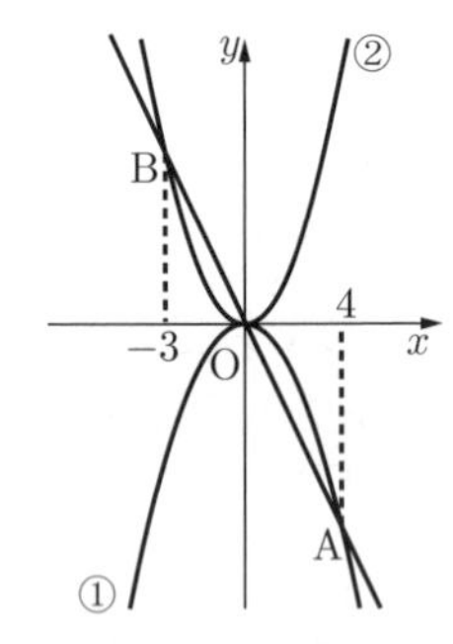

7 図1のような，点Oを中心とする半径4の円Oと，図2のような，点O′を中心とする半径2の円O′がある。

次の(1)～(3)に答えなさい。

図1　図2

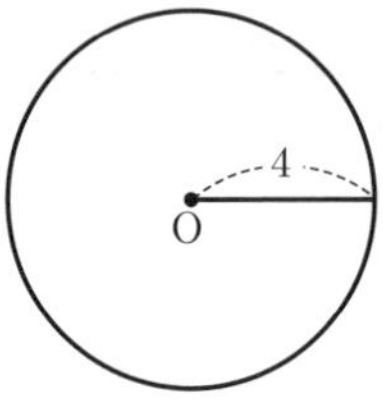

(1) 基本　次の □ にあてはまる数を求めなさい。(1点)

円Oと円O′の面積比は，□ : 1 である。

(2) よく出る　図3において，2点O′，Aは円Oの周上にあり，2点B，Cは直線OO′と円O′の交点である。

線分OA上に，AC // DBとなるような点Dをとったとき，線分ADの長さを求めなさい。(2点)

図3

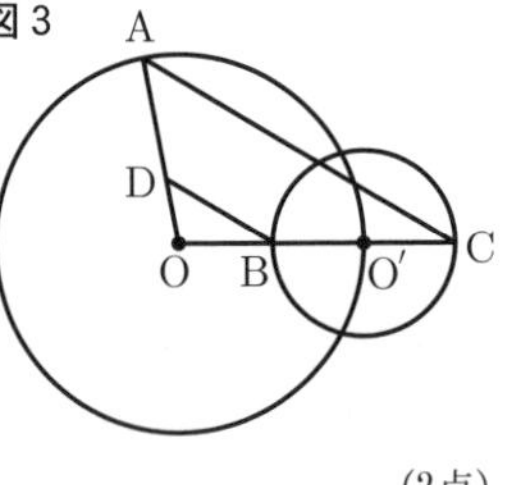

(3) 図4において，点Oと点O′は同じ位置にあり，3点E，F，Gは円Oの周上にある。また，2点H，Iは，それぞれ線分OF，OGと円O′の交点であり，点Jは弧HI上にある。

∠GEF = 55° であるとき，∠HJIの大きさを求めなさい。 (2点)

図4

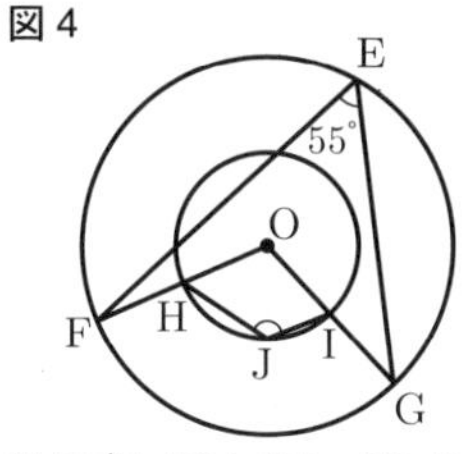

※点O′は点Oと重なっている。

8～**10**は，共通問題です。すべての問題に解答しなさい。

8 基本 一次関数について，次の(1)，(2)に答えなさい。

(1) 右の表は，y が x の一次関数であり，変化の割合が -3 であるときの x と y の値の関係を表したものである。表中の □ にあてはまる数を求めなさい。 (1点)

x	…	2	…	5	…
y	…	8	…	□	…

(2) 右の図のように，2つの一次関数 $y=-x+a$，$y=2x+b$ のグラフがあり，x 軸との交点をそれぞれP，Qとし，y 軸との交点をそれぞれR，Sとする。

次の**説明**は，$PQ=12$，$RS=9$ のときの，a と b の値を求める方法の1つを示したものである。

説明中の □ にあてはまる，a と b の関係を表す等式を求めなさい。また，a，b の値をそれぞれ求めなさい。 (3点)

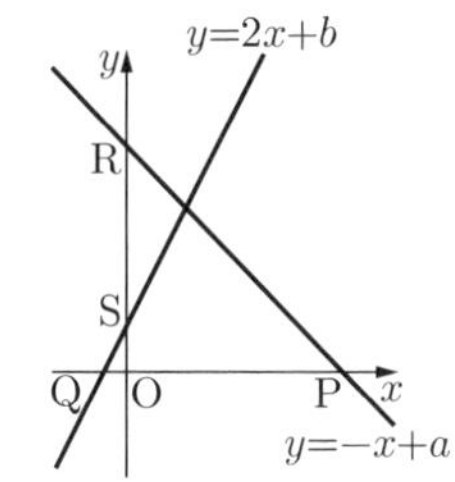

説明

PQ = 12 より，
□ …①
RS = 9 より，
$a-b=9$…②
①，②を連立方程式として解くと，a，b の値を求めることができる。

9 図形の回転移動について，次の(1)，(2)に答えなさい。

(1) 基本 図1において，点Pを頂点にもつ四角形を，点Oを回転の中心として，点Pが点Qの位置に移るように回転移動させる。

点Oが直線 l 上にあるとき，点Oを定規とコンパスを使って作図しなさい。ただし，作図に用いた線は消さないこと。 (3点)

図1

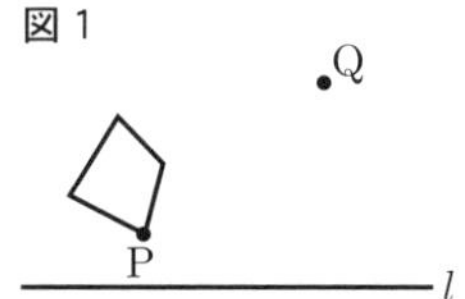

(2) 図2において，△DBEは△ABCを，点Bを回転の中心として，DE // ABとなるように回転移動したものである。

線分ACと線分BDの交点をF，線分ACの延長と線分DEの交点をGとするとき，△FDA ≡ △FGBであることを証明しなさい。 (4点)

図2

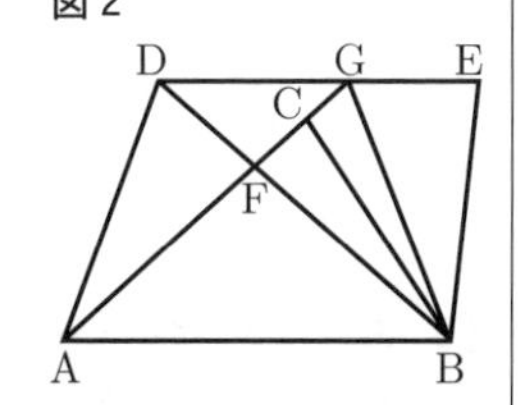

10 思考力 Yさんのクラスでは文化祭で，集めた空き缶を並べて大きな長方形の絵にする空き缶アートをつくることになった。

Yさんは，空き缶アートの大きさや，並べる空き缶の個数を確認するため，**図1**のように，空き缶を底面が直径6.6 cmの円で高さが12.2 cmの円柱として考えることにした。また，2個の空き缶を縦に並べると，**図2**のように0.3 cm重なった部分ができた。

この空き缶を**図3**のように並べて空き缶アートにし，正面から見たものを長方形ABCDと表す。

図1 図2 図3

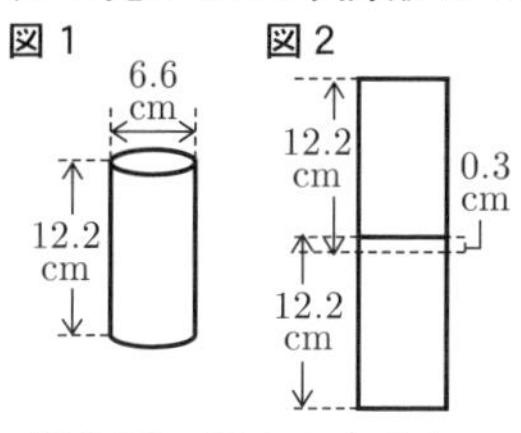

例えば，**図4**のように，縦に3個，横に8個の空き缶を並べると，並べる空き缶の個数の合計は24個であり，長方形ABCDの縦の長さABは36.0 cm，横の長さADは52.8 cmとなる。

図4

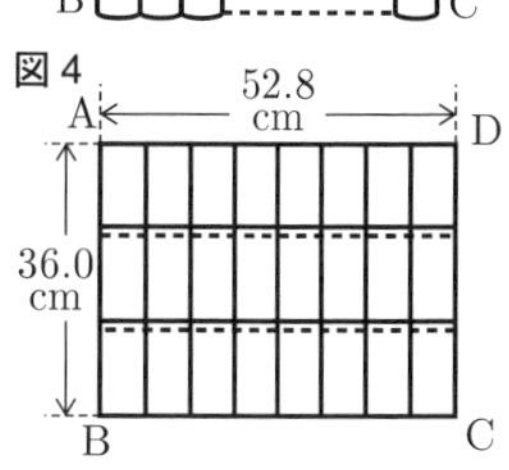

次の(1)～(3)に答えなさい。

(1) 縦に20個の空き缶を並べるとき，横に並べる空き缶の個数に比例しないものを，次のア～エから1つ選び，記号で答えなさい。 (2点)

ア 並べる空き缶の個数の合計
イ 長方形ABCDの横の長さ
ウ 長方形ABCDの4辺の長さの合計
エ 長方形ABCDの面積

(2) 横に105個の空き缶を並べ，横の長さADが縦の長さABより300 cm長い空き缶アートをつくる。

このとき，縦に並べる空き缶の個数を x 個として一次方程式をつくり，縦に並べる空き缶の個数を求めなさい。ただし，答えを求めるまでの過程も書きなさい。 (3点)

(3) Yさんは，余った空き缶と，文字を書いた長方形の用紙を使い，案内板をつくることにした。

図5のように，長方形の用紙PQRSを，3個の空き缶が互いに接するように並べて縦に重ねたものに巻きつける。線分PQが空き缶の底面に垂直になるように巻きつけると，用紙の左右の端が2.0 cm重なった。**図6**は，巻きつける様子を真上から見たものである。

このとき，**図5**の長方形の用紙PQRSの横の長さPSを求めなさい。ただし，円周率は π とする。 (2点)

図5

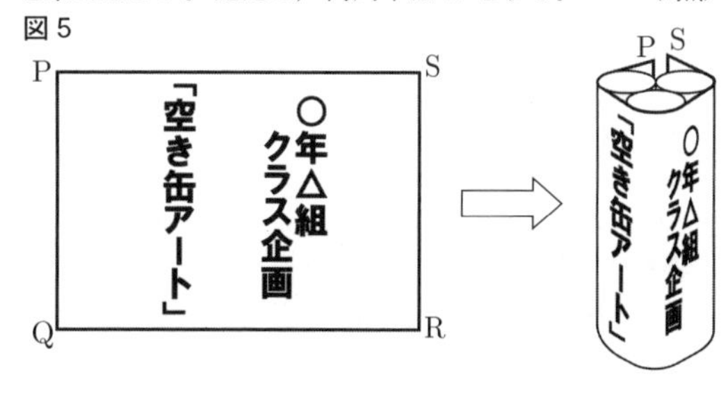

図6

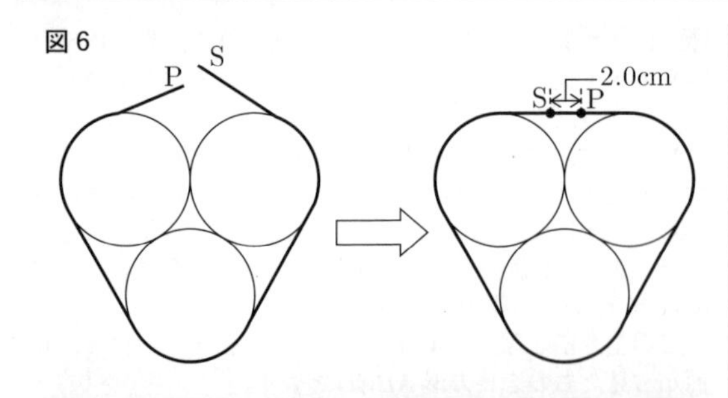

徳島県

時間	45分	満点	100点	解答	P57	3月9日実施

＊ 注意　答えに無理数が含まれるときは，無理数のままで示しなさい。

出題傾向と対策

●**1** 小問集合，**2** 連立方程式の応用，**3** 場合の数と三平方の定理の応用，**4** 2乗に比例した関数を中心とした総合問題，**5** 平面図形の総合問題であった。分量は例年通りであった。

●例年，中学の全分野から基本問題が出題されているので，教科書や問題集の問題を繰り返し勉強するとよい。記述問題が出るので途中式や証明をかく練習も忘れずにしておこう。今年は作図は出題されなかったが，来年はどうなるかわからないので準備はしておこう。

1 よく出る 基本　次の(1)～(10)に答えなさい。

(1)　$12 \div (-4)$ を計算しなさい。　(3点)

(2)　$\sqrt{3} \times \sqrt{8}$ を計算しなさい。　(3点)

(3)　$(x-4)(x-5)$ を展開しなさい。　(4点)

(4)　二次方程式 $x^2-5x+3=0$ を解きなさい。　(4点)

(5)　ジョーカーを除く1組52枚のトランプをよくきって，そこから1枚をひくとき，1けたの偶数の札をひく確率を求めなさい。ただし，トランプのどの札をひくことも，同様に確からしいものとする。　(4点)

(6)　右の表は，ある中学校の生徒30人が1か月に読んだ本の冊数を調べて，度数分布表に整理したものである。ただし，一部が汚れて度数が見えなくなっている。この度数分布表について，3冊以上6冊未満の階級の相対度数を求めなさい。　(4点)

読んだ本の冊数

階級(冊)	度数(人)
0以上 ～ 3未満	7
3 ～ 6	
6 ～ 9	5
9 ～ 12	3
12 ～ 15	2
15 ～ 18	1
計	30

(7)　右の図のように，五角形ABCDEがあり，$\angle BCD=105°$，$\angle CDE=110°$ である。また，頂点A，Eにおける外角の大きさがそれぞれ $70°$，$80°$ であるとき，$\angle ABC$ の大きさを求めなさい。(4点)

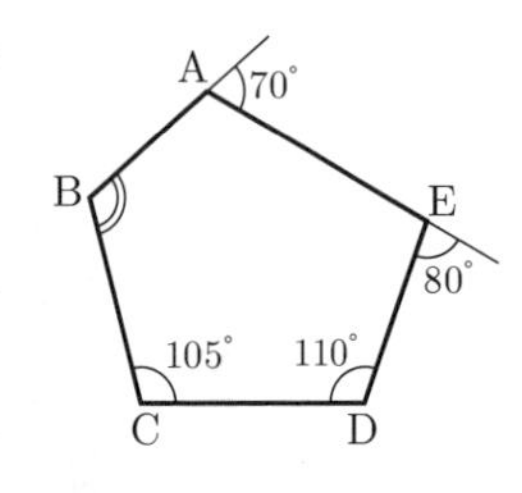

(8)　一次関数 $y=\frac{5}{2}x+a$ のグラフは，点 $(4, 3)$ を通る。このグラフと y 軸との交点の座標を求めなさい。　(4点)

(9)　右の図は，正四角錐の投影図である。この正四角錐の体積を求めなさい。　(5点)

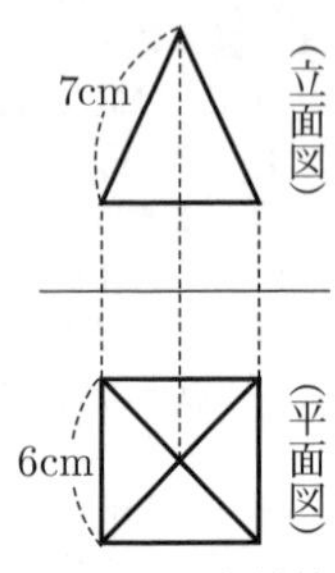

(10)　$\frac{336}{n}$ の値が，ある自然数の2乗となるような自然数 n のうち，最も小さいものを求めなさい。　(5点)

2 よく出る　中学生のみきさんたちは，職場体験活動を行った。みきさんは，ゆうさんと一緒にスーパーマーケットで活動することになり，野菜売り場の特設コーナーで袋詰め作業や販売の手伝いをした。その日，特設コーナーでは，玉ねぎ3個を1袋に入れて190円，じゃがいも6個を1袋に入れて245円で販売した。次は，活動後の2人の会話の一部である。(1)・(2)に答えなさい。ただし，消費税は考えないものとする。

みきさん	今日，特設コーナーでは，玉ねぎとじゃがいもが合わせて91袋売れ，その売上金額の合計は19380円だった，と店長さんが言っていましたね。
ゆうさん	はい。91袋売れたということですが，玉ねぎとじゃがいもは，それぞれ何個売れたのでしょうか。
みきさん	数量の関係から連立方程式をつくって求めてみましょう。

(1)　基本　玉ねぎとじゃがいもが，それぞれ何個売れたかを求めるために，みきさんとゆうさんは，それぞれ次のように考えた。【みきさんの考え方】の［ア］・［イ］，【ゆうさんの考え方】の［ウ］・［エ］にあてはまる式を，それぞれ書きなさい。　(8点)

【みきさんの考え方】

玉ねぎ3個を入れた袋が x 袋，じゃがいも6個を入れた袋が y 袋売れたとして，連立方程式をつくると，

$$\begin{cases} \boxed{ア} = 91 \\ \boxed{イ} = 19380 \end{cases}$$

これを解いて，問題にあっているかどうかを考え，その解から，玉ねぎとじゃがいもが，それぞれ何個売れたかを求める。

【ゆうさんの考え方】

玉ねぎが x 個，じゃがいもが y 個売れたとして，連立方程式をつくると，

$$\begin{cases} \boxed{ウ} = 91 \\ \boxed{エ} = 19380 \end{cases}$$

これを解いて，問題にあっているかどうかを考え，玉ねぎとじゃがいもが，それぞれ何個売れたかを求める。

(2)　玉ねぎとじゃがいもは，それぞれ何個売れたか，求めなさい。　(5点)

3　あゆみさんの中学校では，体育祭で学年ごとにクラス対抗の応援合戦が行われる。(1)・(2)に答えなさい。

(1)　基本　3年生の応援合戦は，A組，B組，C組，D組の4クラスが1クラスずつ順に行う。応援合戦を行う

順序のうち，A 組が B 組より先になるような場合は何通りあるか，求めなさい。　(4点)

(2)　あゆみさんのクラスでは，図 1 のように，おうぎ形に切った厚紙を応援合戦で使うことにした。これは，図 2 のように，半径 24 cm，中心角 120° のおうぎ形 OAB の厚紙に，おうぎ形 OAB から半径 12 cm，中心角 120° のおうぎ形 OCD を取り除いた図形 ABDC を色画用紙で作って貼ったものである。(a)・(b)に答えなさい。

図 1

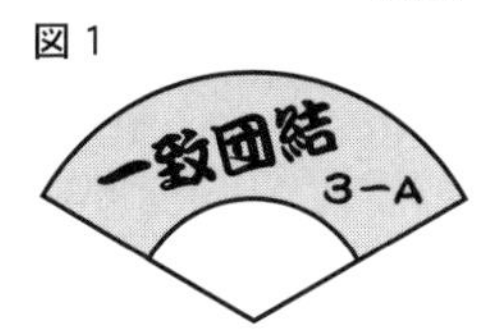

(a)　あゆみさんたちは，図 2 の $\overset{\frown}{AB}$ に沿って飾りをつけることにした。$\overset{\frown}{AB}$ の長さは何 cm か，求めなさい。ただし，円周率は π とする。　(3点)

図 2

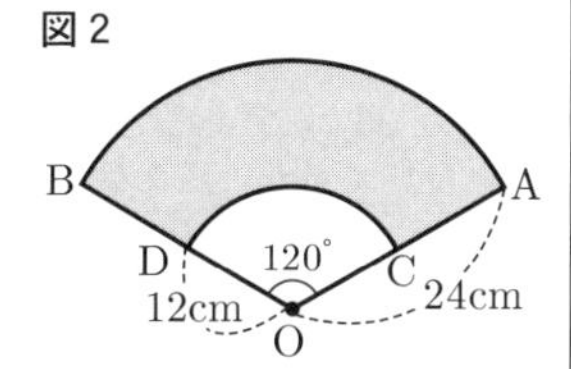

(b)　あゆみさんたちは，図形 ABDC をぴったり切り抜くことができる長方形の大きさを調べてみることにした。図 3 のように，図形 ABDC の $\overset{\frown}{AB}$ が辺 EH に接し，点 A が辺 HG 上，点 B が辺 EF 上，2 点 C，D が辺 FG 上にそれぞれくるように，長方形 EFGH をかくとする。長方形 EFGH の EF，FG の長さは，それぞれ何 cm か，求めなさい。　(6点)

図 3

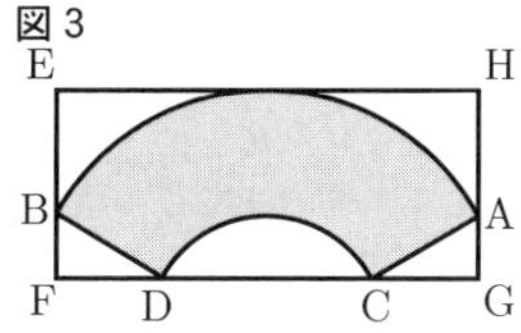

4　よく出る　図 1，図 2 のように，2 つの関数 $y=\frac{1}{2}x^2$ と $y=x+12$ のグラフが 2 点 A，B で交わっている。点 A の x 座標は −4，点 B の x 座標は 6 である。(1)・(2)に答えなさい。

(1)　基本　図 1 について，(a)・(b)に答えなさい。

図 1（$y=\frac{1}{2}x^2$，$y=x+12$，A，B，−4，O，6）

(a)　点 A の y 座標を求めなさい。　(3点)

(b)　関数 $y=x+12$ のグラフと x 軸について線対称となるグラフの式を求めなさい。　(4点)

(2)　図 2 のように，関数 $y=\frac{1}{2}x^2$ のグラフ上を点 A から点 B まで動く点 P をとり，点 P から x 軸に平行な直線をひき，関数 $y=x+12$ のグラフとの交点を Q とする。また，点 P，Q から x 軸へ垂線をひき，x 軸との交点をそれぞれ R，S とする。(a)・(b)に答えなさい。

図 2

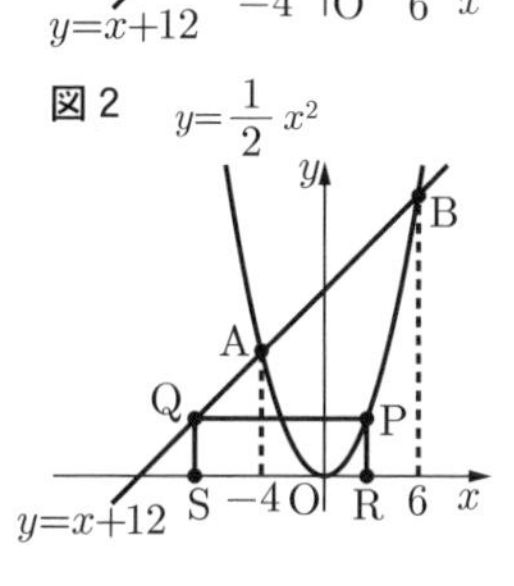

(a)　点 P の x 座標が 2 のとき，原点を通り，長方形 PQSR の面積を 2 等分する直線の式を求めなさい。　(5点)

(b)　長方形 PQSR が正方形になるときの PR の長さをすべて求めなさい。　(5点)

5　よく出る　右の図のように，AB = 2 cm，AD = 4 cm の長方形 ABCD がある。線分 BC を延長した直線上に，∠BDE = 90° となるように点 E をとり，2 点 D，E を結ぶ。線分 AE と線分 BD との交点を F，線分 AE と線分 CD との交点を G とするとき，(1)〜(4)に答えなさい。

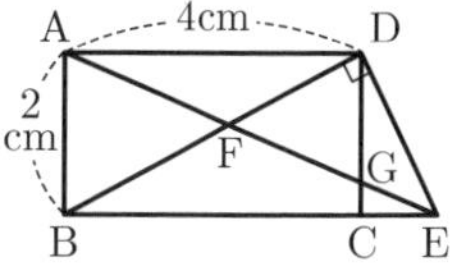

(1)　基本　∠AFD = a° とする。∠DEG の大きさを a を用いて表しなさい。　(3点)

(2)　基本　△ABD ∽ △DEB を証明しなさい。　(4点)

(3)　思考力　頂点 D から線分 AE にひいた垂線と線分 AE との交点を H とする。線分 DH の長さを求めなさい。　(5点)

(4)　四角形 BCGF の面積を求めなさい。　(5点)

香川県

時間	50分	満点	50点	解答	P58	3月9日実施

出題傾向と対策

●大問 5 問からなる構成は例年通りである。**1** は計算中心の小問集合，**2** は図形の小問集合，**3** は確率・資料・関数など数量分野の小問集合，**4** (1)は図形と規則性，(2)は連立方程式の応用，**5** は平面図形の証明であった。分量・難易度ともに例年通りである。

●基本から標準レベルの問題を中心として，全ての単元から満遍なく出題されている。**2** (3)や **5** では思考力を要する図形問題が，**3** や **4** では記述形式の文章題が出題されているので，過去問演習などで対策をしておこう。

1　よく出る　基本　次の(1)〜(7)の問いに答えなさい。

(1)　$2-(-5)-4$ を計算せよ。　(1点)

(2)　$3\div\frac{1}{4}\times(-2^2)$ を計算せよ。　(2点)

(3)　等式 $3(4x-y)=6$ を y について解け。　(2点)

(4)　$\sqrt{12}-\frac{9}{\sqrt{3}}$ を計算せよ。　(2点)

(5)　$xy-6x+y-6$ を因数分解せよ。　(2点)

(6)　2 次方程式 $x^2+5x+2=0$ を解け。　(2点)

(7)　次の㋐〜㋒の数の絶対値が，小さい順に左から右に並ぶように，記号㋐〜㋒を用いて書け。　(2点)

㋐ −3　　㋑ 0　　㋒ 2

2　次の(1)〜(3)の問いに答えなさい。

(1)　右の図のような，線分 AB を直径とする半円 O がある。$\overset{\frown}{AB}$ 上に 2 点 A，B と異なる点 C をとる。また，点 O を通り，線分 AC に垂直な直線をひき，半円 O との交点を D とする。

∠OAC = 20° であるとき，∠ACD の大きさは何度か。　(2点)

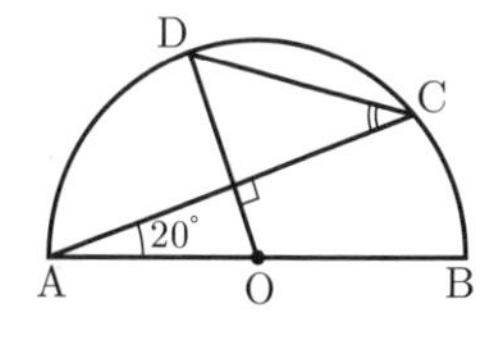

(2)　右の図のような，$\angle OAB = \angle OAC = \angle BAC = 90^\circ$ の三角すい OABC がある。辺 OB の中点を D とし，辺 AB 上に 2 点 A，B と異なる点 P をとる。点 C と点 D，点 D と点 P，点 P と点 C をそれぞれ結ぶ。

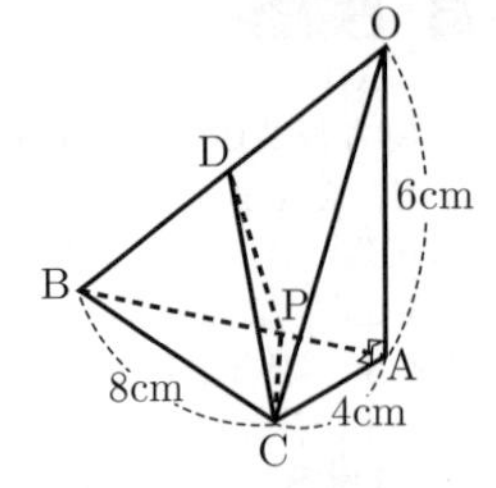

$OA = 6$ cm，$AC = 4$ cm，$BC = 8$ cm であるとき，次のア，イの問いに答えよ。

ア　次の㋐～㋓のうち，この三角すいに関して正しく述べたものはどれか。1つ選んで，その記号を書け。(2点)

㋐　$\angle OCA = 60^\circ$ である

㋑　面 OAB と面 OAC は垂直である

㋒　辺 OC と面 ABC は垂直である

㋓　辺 OA と線分 CD は平行である

イ　三角すい DBCP の体積が，三角すい OABC の体積の $\frac{1}{3}$ 倍であるとき，線分 BP の長さは何 cm か。(2点)

(3)　思考力　右の図のような，$\angle ACB = 90^\circ$ の直角三角形 ABC がある。$\angle ABC$ の二等分線をひき，辺 AC との交点を D とする。また，点 C を通り，辺 AB に平行な直線をひき，直線 BD との交点を E とする。

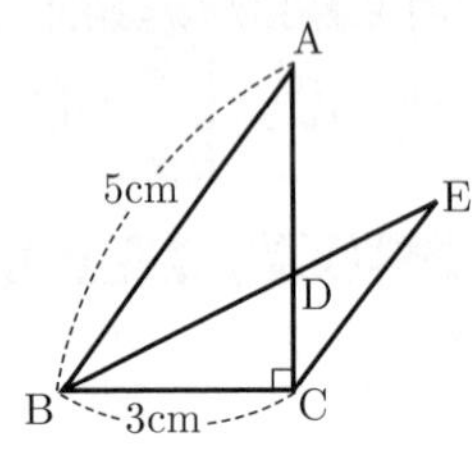

$AB = 5$ cm，$BC = 3$ cm であるとき，線分 BE の長さは何 cm か。(2点)

3　よく出る　次の(1)～(4)の問いに答えなさい。

(1)　右の表は，ある学級の生徒 10 人について，通学距離を調べて，度数分布表に整理したものである。この表から，この 10 人の通学距離の平均値を求めると何 km になるか。(2点)

通学距離

階級(km) 以上　未満	度数(人)
0 ～ 1	3
1 ～ 2	4
2 ～ 3	2
3 ～ 4	1
計	10

(2)　数字を書いた 5 枚のカード [1]，[1]，[2]，[3]，[4] がある。この 5 枚のカードをよくきって，その中から，もとにもどさずに続けて 2 枚を取り出し，はじめに取り出したカードに書いてある数を a，次に取り出したカードに書いてある数を b とする。このとき，$a \geqq b$ になる確率を求めよ。(2点)

(3)　右の図で，点 O は原点であり，放物線①は関数 $y = -\frac{1}{3}x^2$ のグラフである。放物線②は関数 $y = ax^2$ のグラフで，$a > 0$ である。

2 点 A，B は，放物線②上の点で，点 A の x 座標は -3 であり，線分 AB は x 軸に平行である。また，点 A を通り，y 軸に平行な直線をひき，放物線①との交点を C とし，直線 BC をひく。

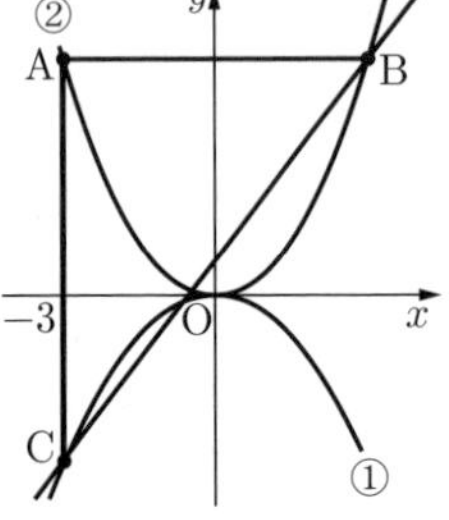

これについて，次のア，イの問いに答えよ。

ア　関数 $y = -\frac{1}{3}x^2$ で，x の変域が $-1 \leqq x \leqq 2$ のとき，y の変域を求めよ。(2点)

イ　直線 BC の傾きが $\frac{5}{4}$ であるとき，a の値を求めよ。(2点)

(4)　右の図のように，$AB = 20$ cm，$AD = 10$ cm の長方形 ABCD の紙に，幅が x cm のテープを，辺 AB に平行に 2 本，辺 AD に平行に 4 本はりつけた。図中の ▭ は，テープがはられている部分を示している。テープがはられていない部分すべての面積の和が，長方形 ABCD の面積の 36 % であるとき，x の値はいくらか。x の値を求める過程も，式と計算を含めて書け。(3点)

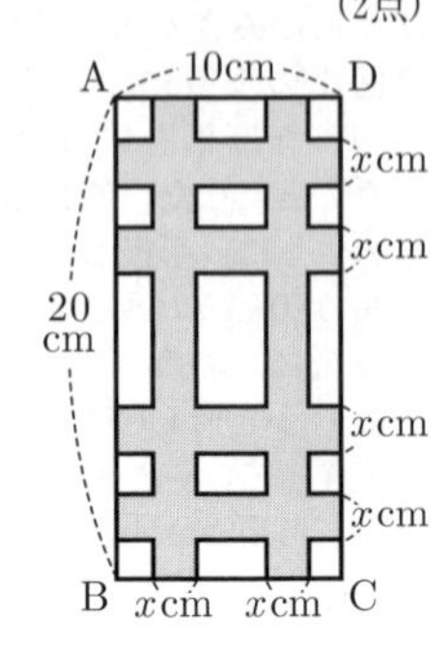

4　思考力　次の(1)，(2)の問いに答えなさい。

(1)　右の図 1 のような，1 面だけ黒く塗られた，1 辺の長さが 1 cm の立方体がたくさんある。この立方体を，黒く塗られた面をすべて上にして，すきまなく組み合わせ，いろいろな形の四角柱をつくる。たとえば，右の図 2 の四角柱は，図 1 の立方体をそれぞれ 3 個，4 個，6 個，27 個組み合わせたものである。

図 1

1cm　1cm　1cm

図 2

このとき，高さが等しく，上の面の黒い長方形が合同な四角柱は，同じ形の四角柱だとみなす。たとえば，右の図 3 の 2 つの四角柱は，高さが 2 cm で等しく，上の面の黒い長方形が合同であるから，同じ形の四角柱だとみなす。

図 3

図 4

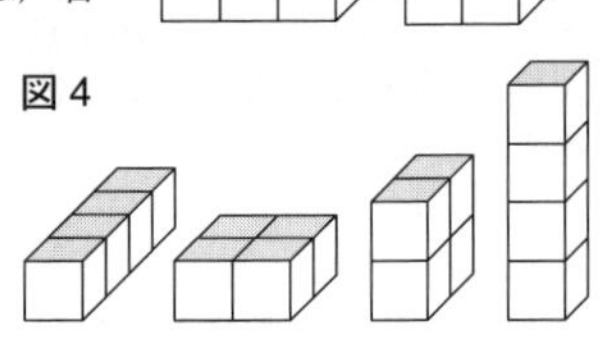

したがって，図 1 の立方体を 4 個組み合わせた四角柱をつくるとき，上の図 4 のように，異なる形の四角柱は，全部で 4 通りできる。

下の表は，図 1 の立方体を n 個組み合わせた四角柱をつくるとき，異なる形の四角柱が全部で m 通りできるとして，n と m の値をまとめようとしたものである。

四角柱をつくるために組み合わせた図1の立方体の数n(個)	2	3	4	5	6	7	8	9	…
異なる形の四角柱の数m(通り)	2	2	4	2	p	2	6	4	…

これについて，次のア，イの問いに答えよ。

ア　表中の p の値を求めよ。(2点)

イ　$m = 4$ となる n のうち，2 けたの数を 1 つ求めよ。(2点)

(2)　太郎さんと次郎さんは，次のルールにしたがって，ゲームをおこなった。

これについて，あとのア～ウの問いに答えよ。

【ルール】

太郎さんと次郎さんのどちらか1人が，表と裏の出方が同様に確からしい硬貨を3枚同時に投げる。この1回のゲームで，表と裏の出方に応じて，次のように得る点数を決める。
3枚とも表が出れば，
太郎さんの得る点数は4点，次郎さんの得る点数は0点
2枚は表で1枚は裏が出れば，
太郎さんの得る点数は2点，次郎さんの得る点数は1点
1枚は表で2枚は裏が出れば，
次郎さんの得る点数は2点，太郎さんの得る点数は1点
3枚とも裏が出れば，
次郎さんの得る点数は4点，太郎さんの得る点数は0点

ア　太郎さんが3回，次郎さんが3回硬貨を投げて6回のゲームをおこなったとき，1枚は表で2枚は裏が出た回数は3回であり，3枚とも表が出た回数，2枚は表で1枚は裏が出た回数，3枚とも裏が出た回数はともに1回ずつであった。このとき，太郎さんが得た点数の合計は何点か。(2点)

イ　太郎さんが5回，次郎さんが5回硬貨を投げて10回のゲームをおこなったとき，2枚は表で1枚は裏が出た回数は1回であった。このとき，次郎さんが得た点数の合計は何点か。10回のゲームのうち，3枚とも表が出た回数を a 回，3枚とも裏が出た回数を b 回として，次郎さんが得た点数の合計を a と b を使った式で表せ。(2点)

ウ　太郎さんが5回，次郎さんが5回硬貨を投げて10回のゲームをおこなったとき，2枚は表で1枚は裏が出た回数は1回であった。また，この10回のゲームで，表が出た枚数の合計は12枚であって，次郎さんが得た点数の合計は太郎さんが得た点数の合計より7点大きかった。このとき，10回のゲームのうち，3枚とも表が出た回数と3枚とも裏が出た回数はそれぞれ何回か。3枚とも表が出た回数を a 回，3枚とも裏が出た回数を b 回として，a，b の値を求めよ。a，b の値を求める過程も，式と計算を含めて書け。(3点)

5　右の図のような，正方形ABCDがあり，辺AD上に，2点A，Dと異なる点Eをとる。∠BCEの二等分線をひき，辺ABとの交点をFとする。辺ABをBの方に延長した直線上に DE = BG となる点Gをとり，線分GEと線分CFとの交点をHとする。点Eを通り，辺ABに平行な直線をひき，線分CFとの交点をIとする。

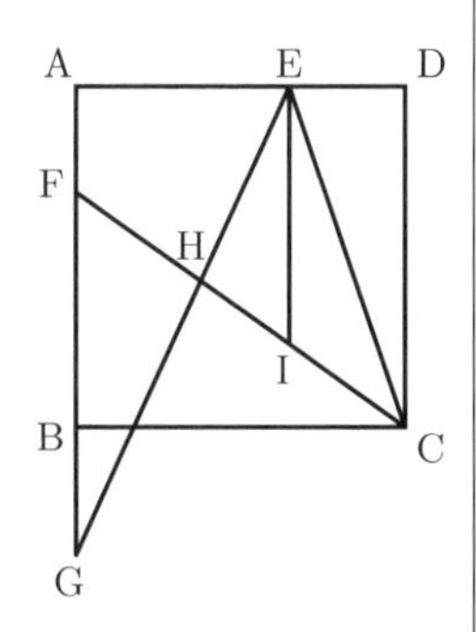

このとき，次の(1)，(2)の問いに答えなさい。

(1)　△FGH∽△IEHであることを証明せよ。(3点)

(2)　CE = FG であることを証明せよ。(4点)

愛媛県

時間 50分　満点 50点　解答 P60　3月12日実施

＊　注意　答えに $\sqrt{\ }$ が含まれるときは，$\sqrt{\ }$ を用いたままにしておくこと。また，$\sqrt{\ }$ の中は最も小さい整数にすること。

出題傾向と対策

●大問5題で，分量，内容ともに例年通りの出題であったといえる。**1** 計算問題，**2** 小問集合，**3** 数の性質と図形の性質の融合問題，**4** 関数の総合問題，**5** 平面図形の問題であった。

●中学の全分野から基本的な問題を中心に出題されているので，教科書や問題集の問題を繰り返し勉強するとよい。文章題の途中式，作図，証明といった記述問題が毎年出題されるので，普段からノートにしっかり解答を書く練習をするとよい。

1　よく出る　基本　次の計算をして，答えを書きなさい。

1　$(-3)\times 5$

2　$\dfrac{x}{2}-2+\left(\dfrac{x}{5}-1\right)$

3　$24xy^2\div(-8xy)\times 2x$

4　$(\sqrt{3}+\sqrt{2})(2\sqrt{3}+\sqrt{2})+\dfrac{6}{\sqrt{6}}$

5　$(x-3)^2-(x+4)(x-4)$

2　よく出る　基本　次の問いに答えなさい。

1　$x^2-8x+12$ を因数分解せよ。

2　気温は，高度が 100 m 増すごとに 0.6 ℃ ずつ低くなる。地上の気温が 7.6 ℃ のとき，地上から 2000 m 上空の気温は何℃か求めよ。

3　右の図のように，底面が正方形BCDEである正四角すいABCDEがある。次のア～キのうち，直線BCとねじれの位置にある直線はどれか。適当なものを全て選び，その記号を書け。

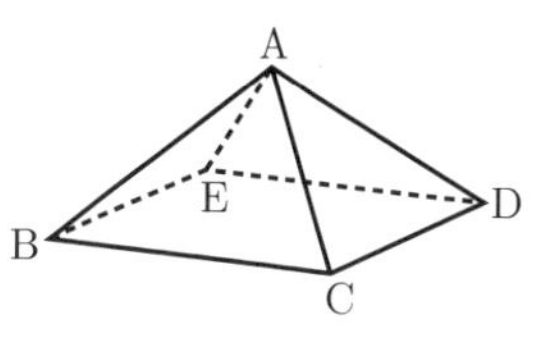

ア　直線AB　イ　直線AC　ウ　直線AD
エ　直線AE　オ　直線BE　カ　直線CD
キ　直線DE

4　あとの表は，あるクラスの13人のハンドボール投げの記録を，大きさの順に並べたものである。この13人と太郎さんを合わせた14人の記録の中央値は，太郎さんを合わせる前の13人の記録の中央値と比べて，1 m 大きい。
このとき，太郎さんの記録は何 m か求めよ。

(単位：m)

15	18	19	20	23	25	26	29	29	30	32	33	34

5　右の図のように，2つの袋A，Bがあり，袋Aの中には，グー のカードが2枚と チョキ のカードが1枚，袋Bの

袋A

袋B

中には，チョキのカードが2枚とパーのカードが1枚入っている。太郎さんが袋Aの中から，花子さんが袋Bの中から，それぞれカードを1枚取り出し，取り出したカードでじゃんけんを1回行う。

このとき，あいこになる確率を求めよ。ただし，それぞれの袋について，どのカードが取り出されることも同様に確からしいものとする。

6　右の図のような△ABCで，辺BCを底辺とみたときの高さをAPとするとき，点Pを作図せよ。ただし，作図に用いた線は消さずに残しておくこと。

C　B　A

7　A地点からC地点までの道のりは，B地点をはさんで13 kmある。まことさんは，A地点からB地点までを時速3 kmで歩き，B地点で20分休憩した後，B地点からC地点までを時速5 kmで歩いたところ，ちょうど4時間かかった。A地点からB地点までの道のりとB地点からC地点までの道のりを，それぞれ求めよ。ただし，用いる文字が何を表すかを最初に書いてから連立方程式をつくり，答えを求める過程も書くこと。

3 思考力 新傾向　次の会話文は，太郎さんが，夏休みの自由研究で作ったロボットについて，花子さんと話をしたときのものである。

太郎さん：このロボットは，リモコンのボタンを1回押すと，まっすぐ10 cm進み，その位置で，進んだ方向に対して，右回りにx°だけ回転し，次に進む方向を向いて止まるよ。止まるたびにボタンを押すと，ロボットは同じ動きを繰り返して，やがてスタート位置に戻ってくるよ。また，このロボットにはペンが付いていて，進んだ跡が残るよ。スタート位置に戻ってきたら，その後はボタンを押さず，進んだ跡を見てみるよ。最初に，xの値を0より大きく180より小さい範囲の整数から1つ決め，ロボットをスタートさせるよ。

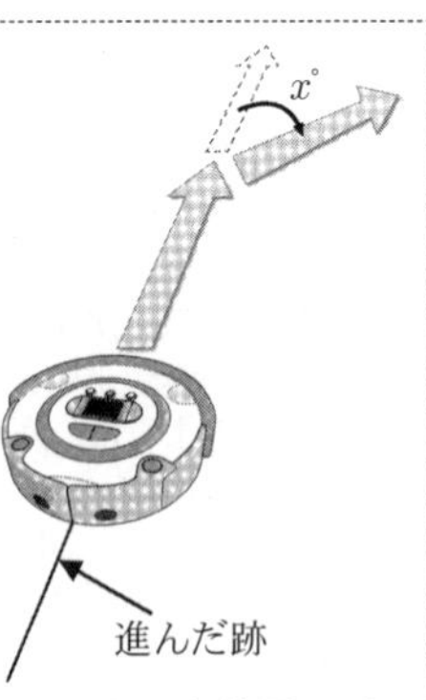

花子さん：面白そうね。xの値を60にしてボタンを押してみるよ。

（ボタンを合計6回押すと，ロボットはスタート位置に戻り，図1のような跡を残した。）

図1（x=60のとき）

60°　60°　10 cm　進行方向　スタート位置　進んだ跡

花子さん：すごいね。進んだ跡は正六角形になったよ。xの値を変えると，いろいろな跡が残りそうね。

太郎さん：そうなんだよ。正四角形，つまり正方形になるには，xの値を90にして，ボタンを合計［ア］回押せばいいし，正三角形になるには，xの値を［イ］にして，ボタンを合計3回押せばいいよ。

花子さん：本当だ。それなら，正五角形になるには…。分かった。xの値を［ウ］にして，ボタンを合計5回押せばいいのよ。

太郎さん：確かに正五角形になるね。よし，今度はxの値を［エ］にして，ボタンを合計5回押してみるよ。

（ロボットは図2のような跡を残した。）

図2

スタート位置

花子さん：不思議だね。正多角形でない図形になることもあるのね。

このとき，次の問いに答えなさい。

1　基本　会話文中のア～エに当てはまる数を書け。

2　ロボットの進んだ跡が正多角形となるようなxの値は，全部で何個か求めよ。ただし，xは0より大きく180より小さい整数とする。なお，360の正の約数は24個ある。

4 よく出る　右の図において，放物線①は関数$y=ax^2$のグラフであり，双曲線②は関数$y=\dfrac{16}{x}$のグラフである。放物線①と双曲線②は，点Aで交わっており，点Aのx座標は4である。また，放物線①上のx座標が-2である点をBとする。

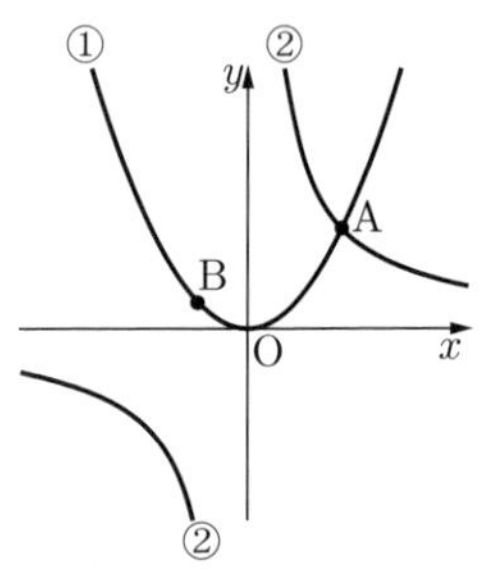

このとき，次の問いに答えなさい。

1　基本　次のア～エのうち，関数$y=\dfrac{16}{x}$について述べた文として正しいものはどれか。適当なものを1つ選び，その記号を書け。

ア　対応するxとyの値の和は一定である。

イ　$x<0$の範囲で，xの値が増加すると，yの値は減少する。

ウ　yはxに比例する。

エ　グラフはy軸を対称の軸として線対称である。

2　aの値を求めよ。

3　直線ABの式を求めよ。

4　原点Oを通り直線ABに平行な直線と双曲線②との交点のうち，x座標が正である点をCとする。このとき，△ABCの面積を求めよ。

5　点Pは，y軸上の$y>0$の範囲を動く点とする。△ABPの面積と△AOPの面積が等しくなるとき，点Pのy座標を全て求めよ。

5 よく出る　AB = 10 cm，AB < ADの長方形ABCDを，右の図1のように，折り目が点Cを通り，点Bが辺AD上にくるように折り返す。点Bが移った点をEとし，折り目を線分CFとすると，AF = 4 cmであった。

図1

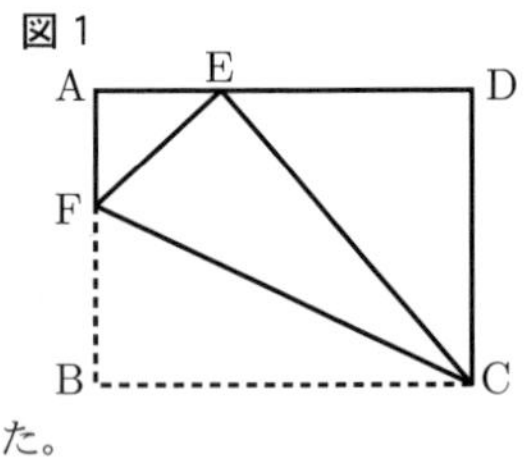

このとき，次の問いに答えなさい。

1　△AEF∽△DCE であることを証明せよ。

2　線分 AE の長さを求めよ。

3　右の**図2**のように，折り返した部分をもとにもどし，線分 CE と線分 BD との交点を G とする。このとき，四角形 BGEF の面積を求めよ。

図2

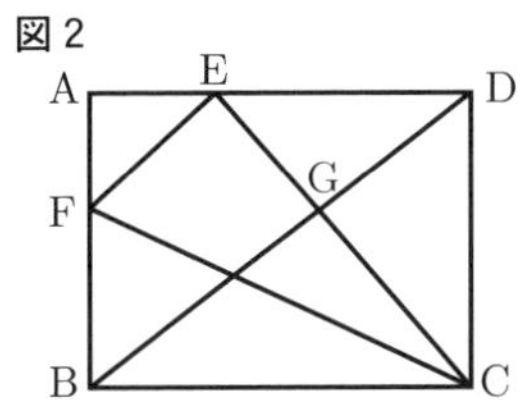

高知県

時間	50分	満点	50点	解答	P61	3月4日実施

出題傾向と対策

●大問 6 問の構成で，**1** は計算問題を含む小問集合，**2** は連立方程式の応用，**3** は関数 $y=ax^2$，**4** は確率，**5** は比例・反比例，**6** は平面図形であった。**2** では方程式の立て方を 2 通りの方法で考えさせたり，**5** では座標平面上の図形の面積が一定値をとることを数式を用いて説明させたりといった具合に，数式の扱い方がポイントになる出題が複数見られた。

●全体的には基本から標準レベルの問題が中心の構成である。説明や証明など記述対策も日頃から取り組んでおこう。

1 よく出る 基本　次の(1)〜(8)の問いに答えなさい。

(1)　次の①〜④を計算せよ。

①　$2-(-5)-9$　(2点)

②　$\dfrac{3x-y}{4}-\dfrac{x+2y}{3}$　(2点)

③　$a^2b\times(-3b)\div 6ab^2$　(2点)

④　$\dfrac{12}{\sqrt{2}}-\sqrt{32}$　(2点)

(2)　50 本の鉛筆を，7 人の生徒に 1 人 a 本ずつ配ると，b 本余った。このとき，b を a の式で表せ。　(2点)

(3)　a は正の数とする。次の文字式のうち，式の値が a の値よりも小さくなる文字式はどれか。次のア〜エからすべて選び，その記号を書け。　(2点)

ア　$a+\left(-\dfrac{1}{2}\right)$　　イ　$a-\left(-\dfrac{1}{2}\right)$

ウ　$a\times\left(-\dfrac{1}{2}\right)$　　エ　$a\div\left(-\dfrac{1}{2}\right)$

(4)　2 次方程式 $(x-4)(x+2)=3x-2$ を解け。　(2点)

(5)　関数 $y=ax^2$ について，x の変域が $-2\leqq x\leqq -1$ のとき，y の変域は $3\leqq y\leqq 12$ である。このときの a の値を求めよ。　(2点)

(6)　次の図は，高さがすべて等しい立体の投影図である。次の投影図で表されたア〜ウの立体を，体積の小さいものから順に並べ，その記号を書け。　(2点)

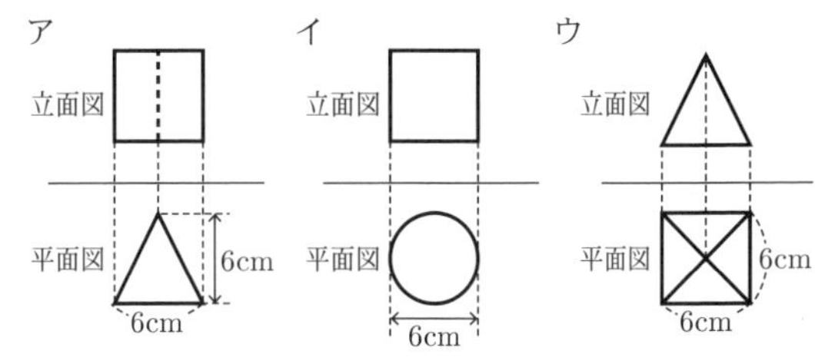

(7)　右のグラフは，ある中学校の 3 年生女子 40 人について，50 m 走の記録をヒストグラムで表したものである。このヒストグラムでは，例えば，50 m 走の記録が 8.0 秒以上 8.5 秒未満の女子が 6 人いることがわかる。

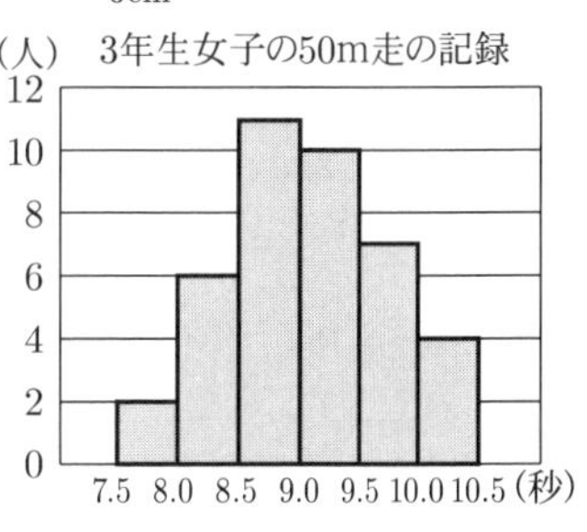

このヒストグラムにおいて，中央値を含む階級の相対度数を求めよ。　(2点)

(8)　右の図のように，2 つの半直線 AB，AC があり，半直線 AB 上に点 D をとる。2 つの半直線 AB，AC の両方に接する円のうち，点 D で半直線 AB と接する円の中心 P を，定規とコンパスを使い，作図によって求めよ。ただし，定規は直線をひくときに使い，長さを測ったり角度を利用したりしないこととする。なお，作図に使った線は消さずに残しておくこと。　(2点)

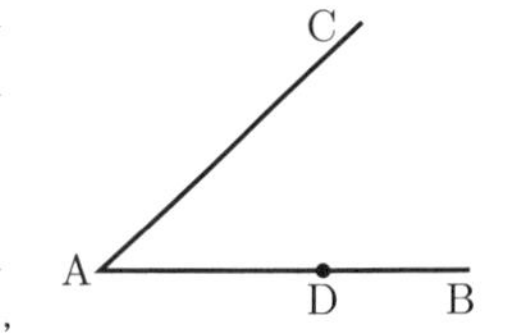

2 基本　ひかるさんたちの学級では，数学の授業で次の〔問題〕に取り組んだ。下の【ひかるさんのつくった方程式】と【まことさんのつくった方程式】は，ひかるさんとまことさんがこの問題を正しく解くためにつくった方程式である。【ひかるさんのつくった方程式】の中の［あ］と【まことさんのつくった方程式】の中の［う］には，x と y を使った文字式がそれぞれ入る。また，【ひかるさんのつくった方程式】の中の［い］と【まことさんのつくった方程式】の中の［い］には，同じ数字が入る。このことについて，下の(1)〜(3)の問いに答えなさい。

〔問題〕

> 地点 A から 4200 m 離れた地点 B まで行くのに，地点 A から途中の地点 P までは自転車を使って，分速 240 m の速さで進んだ。地点 P で自転車をおりて，分速 75 m の速さで歩いて地点 B に到着した。地点 A から地点 B まで移動するのにかかった時間は 23 分であった。このとき，地点 A から地点 P までの道のりとかかった時間，地点 P から地点 B までの道のりとかかった時間を，それぞれ求めよ。

【ひかるさんのつくった方程式】

$$\begin{cases} \boxed{\text{あ}}=23 \\ 240x+75y=\boxed{\text{い}} \end{cases}$$

【まことさんのつくった方程式】

$$\begin{cases} x+y=\boxed{\text{い}} \\ \boxed{\text{う}}=23 \end{cases}$$

(1) 【ひかるさんのつくった方程式】の中の x が表しているものとして適切なものを，次のア～エから1つ選び，その記号を書け。 (1点)

ア　地点Aから地点Pまでの道のり
イ　地点Pから地点Bまでの道のり
ウ　地点Aから地点Pまで移動するのにかかった時間
エ　地点Pから地点Bまで移動するのにかかった時間

(2) 【ひかるさんのつくった方程式】の中の［　あ　］に当てはまる文字式と，［　い　］に当てはまる数字を，それぞれ書け。 (2点)

(3) 【まことさんのつくった方程式】の中の［　う　］に当てはまる文字式として適切なものを，次のア～エから1つ選び，その記号を書け。 (2点)

ア　$240x+75y$　　イ　$\frac{x}{240}+\frac{y}{75}$

ウ　$\frac{240}{x}+\frac{75}{y}$　　エ　$\frac{240}{x}+\frac{y}{75}$

3 思考力　右の図1のように，1辺が5 cmの正方形ABCDと，EG = 15 cm，∠EGF = 90° の直角二等辺三角形EFGがある。辺BCと辺FGは直線 l 上にあり，頂点Cと頂点Fは重なっている。いま，この状態から，直角二等辺三角形EFGを固定し，正方形ABCDを直線 l に沿って，矢印➡の向きに毎秒1 cmの速さで，頂点Bが頂点Gに重なるまで動かす。正方形ABCDを動かし始めてから x 秒後に，正方形ABCDと直角二等辺三角形EFGが重なる部分の面積を y cm^2 とする。図2は，動かし始めてから2秒後の正方形ABCDと直角二等辺三角形EFGの位置を表しており，図中の斜線部分は，正方形ABCDと直角二等辺三角形EFGが重なった部分を表している。このとき，次の(1)～(3)の問いに答えなさい。ただし，正方形ABCDと直角二等辺三角形EFGと直線 l は同じ平面上にあるものとし，$x=0$ のとき，$y=0$ とする。

図1

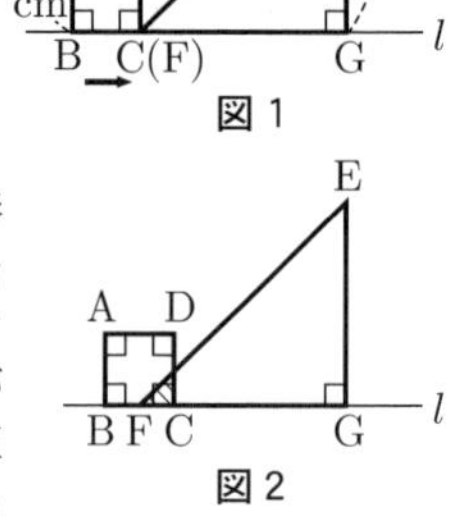

図2

(1) $x=3$ のときの y の値を求めよ。 (2点)

(2) y の値が最大となるのは，正方形ABCDを動かし始めて何秒後から何秒後までの間か。このときの x の値の範囲を，不等号を使って表せ。 (2点)

(3) $y=8$ となる x の値をすべて求めよ。 (2点)

4 右の図のように，1，2，3，4，5，6の数字が1つずつ書かれた6個の玉が入っている袋がある。この袋の中から玉を1個ずつ2回取り出す。このとき，次の(1)・(2)の問いに答えなさい。ただし，この袋からどの玉が取り出されることも同様に確からしいものとする。

(1) 袋の中から1個目の玉を取り出し，その玉に書かれている数字を a とする。1個目の玉を袋の中に戻さずに，2個目の玉を取り出し，その玉に書かれている数字を b とする。このとき，a，b ともに奇数となる確率を求めよ。 (2点)

(2) 袋の中から1個目の玉を取り出し，その玉に書かれている数字を m とする。1個目の玉を袋の中に戻してよく混ぜてから，2個目の玉を取り出し，その玉に書かれている数字を n とする。このとき，m^2 が $4n$ より大きくなる確率を求めよ。 (2点)

5 右の図において，①は原点Oを通る直線，②は関数 $y=\frac{6}{x}$ のグラフである。①と②は2つの交点をもつものとし，そのうちの x 座標が正である点をAとする。AO = ABとなる点Bを x 軸上にとり，三角形AOBをつくる。このとき，次の(1)～(3)の問いに答えなさい。

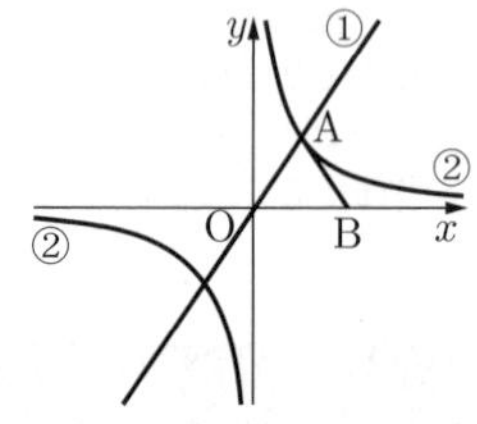

(1) 点Aの x 座標が2のとき，点Aの y 座標を求めよ。 (1点)

(2) 三角形AOBが直角二等辺三角形となるときの直線①の式を求めよ。 (2点)

(3) 三角形AOBの面積は，点Aが②のグラフ上のどの位置にあっても，常に同じ値であることが言える。
　点Aの x 座標を m とすると，m がどんな値であっても，三角形AOBの面積は一定であることを，言葉と式を使って説明せよ。 (3点)

6 右の図のように，線分ABを直径とする円Oがある。円Oの周上に∠CAB = 45° となるような点Cをとり，点Aと点Cを結ぶ。線分OB上に点Dをとり，線分CDを点Dの方向へ延長したときの円Oとの交点をEとする。点Aと点E，点Bと点Eをそれぞれ結ぶ。このとき，次の(1)・(2)の問いに答えなさい。

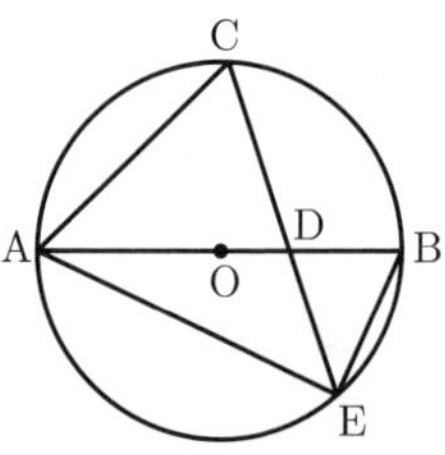

(1) △AEC∽△DEBを証明せよ。 (3点)

(2) 円Oの半径を6 cm，OD = 2 cmとするとき，次の①・②の問いに答えよ。

① 線分ACの長さを求めよ。 (2点)

② 点Bと点Cを結ぶ。このとき，四角形AEBCの面積は，三角形DEBの面積の何倍か。 (2点)

＊ 注意 ・答えが数または式の場合は，最も簡単な数または式にすること。
・答えに根号を使う場合は，$\sqrt{\ }$ の中を最も小さい整数にすること。

出題傾向と対策

●大問が6題で，**1** は小問集合，**2** はデータの活用，**3** は数の性質，**4** は関数とグラフ，**5** は平面図形，**6** は空間図形である。出題形式，分量，分野は例年同様である。

●難問は無いが，問題文に沿って考える問題や，指定された内容を含む答案を書く問題がある。基本事項を確認し，問題文を正確に速く読み取り，問われた内容に答えなければならない。時間を意識した過去問演習と類題演習を行い，長い問題文を読み解く練習をするとよい。

1 よく出る 基本　次の(1)〜(9)に答えよ。

(1) $7+2\times(-6)$ を計算せよ。(2点)

(2) $3(2a+b)-2(4a-5b)$ を計算せよ。(2点)

(3) $\dfrac{14}{\sqrt{2}}-\sqrt{32}$ を計算せよ。(2点)

(4) 2次方程式 $(x+6)(x-5)=9x-10$ を解け。(2点)

(5) 4枚の硬貨A，B，C，Dを同時に投げるとき，少なくとも1枚は表が出る確率を求めよ。
　ただし，硬貨A，B，C，Dのそれぞれについて，表と裏が出ることは同様に確からしいとする。(2点)

(6) 関数 $y=\dfrac{1}{2}x^2$ について，x の変域が $-4\leqq x\leqq 2$ のとき，y の変域を求めよ。(2点)

(7) 関数 $y=-\dfrac{6}{x}$ のグラフをかけ。(2点)

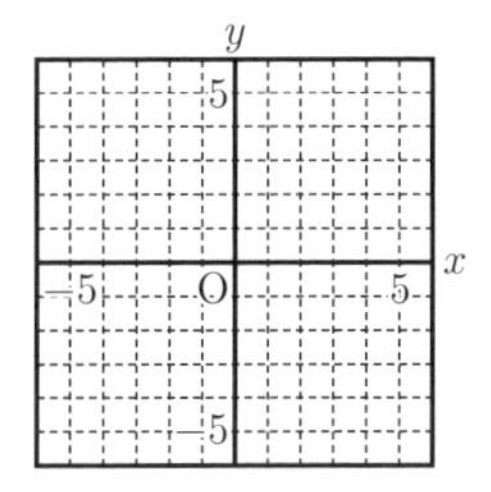

(8) △ABCにおいて，$\angle A=90^\circ$，$AB=6\,cm$，$BC=10\,cm$ のとき，辺ACの長さを求めよ。(2点)

(9) 図のように，円Oの円周上に3点A，B，Cを，$AB=AC$ となるようにとり，△ABCをつくる。線分BOを延長した直線と線分ACとの交点をDとする。
　$\angle BAC=48^\circ$ のとき，$\angle ADB$ の大きさを求めよ。(2点)

図

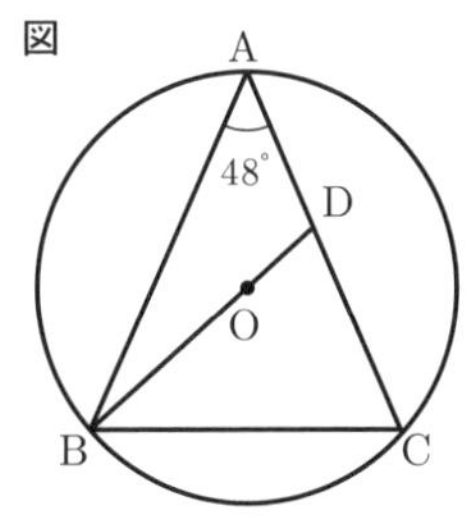

2 よく出る　紙飛行機の飛行距離を競う大会が行われる。この大会に向けて，折り方が異なる2つの紙飛行機A，Bをつくり，飛行距離を調べる実験をそれぞれ30回行った。

　図1，図2は，実験の結果をヒストグラムにまとめたものである。例えば，図1において，Aの飛行距離が6m以上7m未満の回数は3回であることを表している。

図1

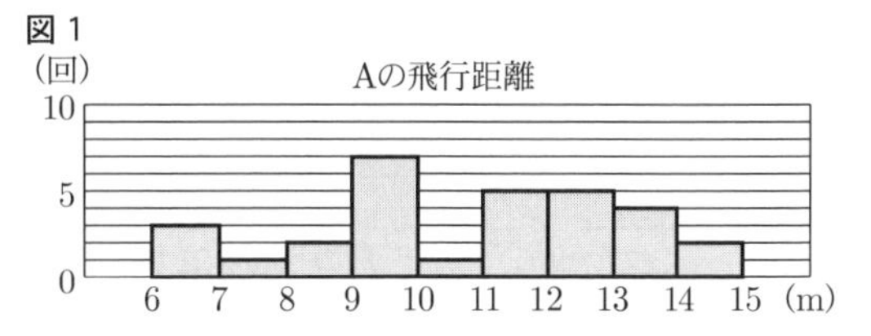

図2

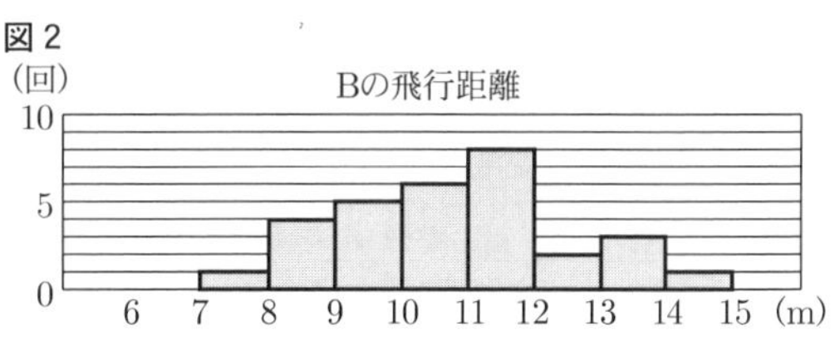

次の(1)，(2)に答えよ。

(1) 基本　図1において，13m以上14m未満の階級の相対度数を四捨五入して小数第2位まで求めよ。(2点)

(2) 図1，図2において，AとBの飛行距離の平均値が等しかったので，飛行距離の中央値と飛行距離の最頻値のどちらかを用いて（どちらを用いてもかまわない。），この大会でより長い飛行距離が出そうな紙飛行機を選ぶ。
　このとき，AとBのどちらを選ぶか説明せよ。
　説明する際は，中央値を用いる場合は中央値がふくまれる階級を示し，最頻値を用いる場合はその数値を示すこと。(3点)

3 よく出る　孝さんと桜さんは，連続する2つの偶数の積に1を加えた数がどのような数になるか次のように調べた。

調べたこと

$2\times4+1=9=3^2$
$4\times6+1=25=5^2$
$6\times8+1=49=7^2$
} 全て奇数の2乗になっている。

調べたことから，次のように予想した。

予想

　連続する2つの偶数の積に1を加えた数は，奇数の2乗になる。

次の(1)〜(3)に答えよ。

(1) 予想がいつでも成り立つことの証明を完成させよ。(4点)

証明

　連続する2つの偶数は，整数 m を用いると，

　したがって，連続する2つの偶数の積に1を加えた数は，奇数の2乗になる。

(2) 孝さんと桜さんは，予想の「連続する2つの偶数」を「2つの整数」に変えても，それらの積に1を加えた数は，奇数の2乗になるか話し合った。次の会話文は，そのときの内容の一部である。

孝さん

　例えば2つの整数が2と6だと，それらの積に1を加えると13だから，奇数の2乗にならないよ。

1と3だと，それらの積に1を加えると4だから，奇数の2乗にならないけど，整数の2乗にはなるよ。

桜さん

本当だね。（　A　）の積に1を加えると，整数の2乗になるのかな。

文字を用いて考えてみようよ。

①（　A　）は，整数 n を用いると，n，$n+2$ と表されるから，これを用いて計算すると，整数の2乗になることがわかるよ。

確かにそうだね。計算した式をみると，②（　A　）の積に1を加えると，（　B　）の2乗になるということもわかるね。

下線部②は，下線部①の n がどのような整数でも成り立つ。（　A　），（　B　）にあてはまるものを，次のア～クからそれぞれ1つ選び，記号をかけ。　(2点)

ア　連続する2つの奇数
イ　異なる2つの奇数
ウ　和が4である2つの整数
エ　差が2である2つの整数
オ　もとの2つの数の間の整数
カ　もとの2つの数の間の偶数
キ　もとの2つの数の和
ク　もとの2つの数の差

(3)　次に，孝さんと桜さんは，連続する5つの整数のうち，異なる2つの数の積に1以外の自然数を加えた数が，整数の2乗になる場合を調べてまとめた。

まとめ

> 連続する5つの整数のうち，
> （　X　）と（　Y　）の積に（　Ⓟ　）を加えた数は，
> （　Z　）の2乗になる。

上のまとめはいつでも成り立つ。（　X　），（　Y　），（　Z　）にあてはまるものを，次のア～オからそれぞれ1つ選び，記号をかけ。また，（　Ⓟ　）にあてはまる1以外の自然数を答えよ。　(3点)

ア　最も小さい数
イ　2番目に小さい数
ウ　真ん中の数
エ　2番目に大きい数
オ　最も大きい数

4　希さんの家，駅，図書館が，この順に一直線の道路沿いにあり，家から駅までは900 m，家から図書館までは2400 m 離れている。

希さんは，9時に家を出発し，この道路を図書館に向かって一定の速さで30分間歩き図書館に着いた。図書館で本を借りた後，この道路を図書館から駅まで分速 75 m で歩き，駅から家まで一定の速さで15分間歩いたところ，10時15分に家に着いた。

図

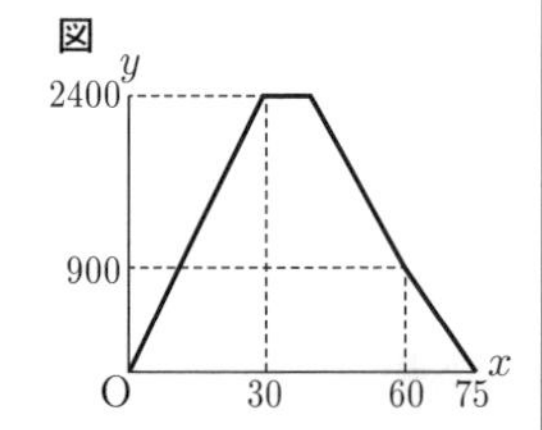

図は，9時から x 分後に希さんが家から y m 離れているとするとき，9時から10時15分までの x と y の関係をグラフに表したものである。

次の(1)～(3)に答えよ。

(1)　よく出る　基本　9時11分に希さんのいる地点は，家から駅までの間と，駅から図書館までの間のどちらであるかを説明せよ。

説明する際は，$0 \leqq x \leqq 30$ における x と y の関係を表す式を示し，次の［　　］にあてはまるものを，あとのア，イから選び，記号をかくこと。　(2点)

> （説明）
>
> したがって，9時11分に希さんのいる地点は，［　　］である。

ア　家から駅までの間
イ　駅から図書館までの間

(2)　よく出る　基本　希さんの姉は，借りていた本を返すために，9時より後に自転車で家を出発し，この道路を図書館に向かって分速 200 m で進んだところ，希さんが図書館を出発すると同時に図書館に着いた。

9時から x 分後に希さんの姉が家から y m 離れているとするとき，希さんの姉が家を出発してから図書館に着くまでの x と y の関係を表したグラフは，次の方法でかくことができる。

方法

> 希さんの姉が，家を出発したときの x と y の値の組を座標とする点をA，図書館に着いたときの x と y の値の組を座標とする点をBとし，それらを直線で結ぶ。

このとき，2点A，Bの座標をそれぞれ求めよ。(3点)

(3)　希さんの兄は，10時5分に家を出発し，この道路を駅に向かって一定の速さで走り，その途中で希さんとすれちがい，駅に着いた。希さんの兄は，駅で友達と話し，駅に着いてから15分後に駅を出発し，この道路を家に向かって，家から駅まで走った速さと同じ一定の速さで走ったところ，10時38分に家に着いた。

希さんの兄と希さんがすれちがったのは，10時何分何秒か求めよ。　(4点)

5　平行四辺形ABCDがある。

図1のように，線分AD，BC上に，点E，Fを，DE = BFとなるようにそれぞれとり，点Aと点F，点Cと点Eをそれぞれ結ぶ。

図1

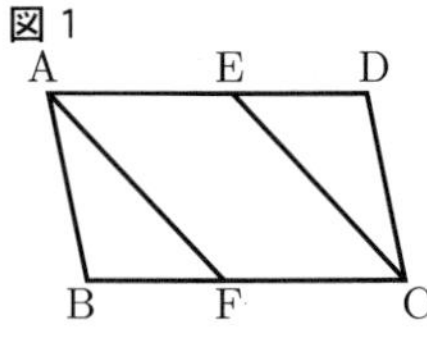

このとき，四角形AFCEは平行四辺形である。

次の(1)～(3)に答えよ。

(1)　よく出る　基本　次は，**図1**における「四角形AFCEは平行四辺形である」ことの証明である。

証明

四角形 ABCD は平行四辺形だから		
	ア$AE \parallel CF$	…①
	イ$AD = CB$	…②
仮定から,	ウ$DE = BF$	…③
②, ③より,	エ$AD - DE = CB - BF$	
よって,	オ$AE = CF$	…④
①, ④より,	カ1組の向かいあう辺が平行でその長さが等しいので四角形 AFCE は平行四辺形である。	

図2は, **図1**における点E, F を, 線分 AD, CB を延長した直線上に $DE = BF$ となるようにそれぞれとったものである。

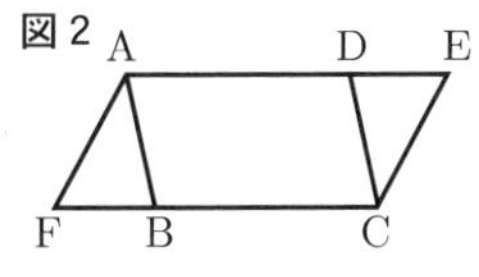

図2においても, 四角形 AFCE は平行四辺形である。このことは, 上の証明の下線部ア～カのうち, いずれか1つをかき直すことで証明することができる。

上の証明を, **図2**における「四角形 AFCE は平行四辺形である」ことの証明とするには, どの下線部をかき直せばよいか。ア～カから1つ選び, 記号をかき, その下線部を正しくかき直せ。 (2点)

(2) よく出る 基本 **図3**は, **図2**において, 対角線 EF と線分 CD, 線分 AB との交点をそれぞれ G, H としたものである。

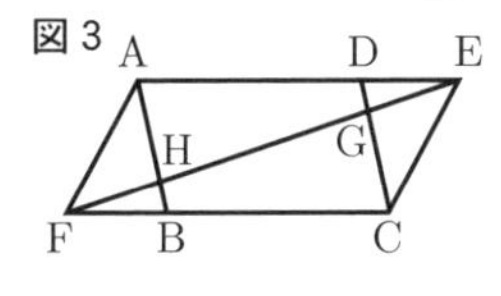

図3において, $\triangle DGE \equiv \triangle BHF$ であることを証明せよ。 (5点)

(3) **図4**は, **図3**において, $AD : DE = 3 : 1$ となる場合を表しており, 対角線 EF と対角線 AC との交点を O としたものである。

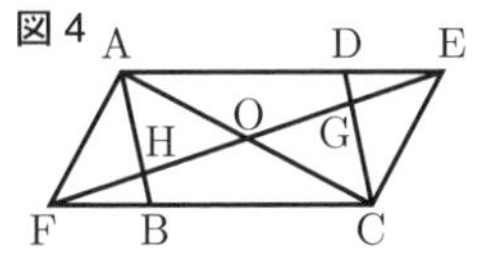

平行四辺形 AFCE の面積が $12\,\text{cm}^2$ のとき, 四角形 HBCO の面積を求めよ。 (4点)

6 **図1**は, 正四角すいと直方体をあわせた形で, 点 A, B, C, D, E, F, G, H, I を頂点とする立体を表している。$BC = 6\,\text{cm}$, $BF = 5\,\text{cm}$ である。

図2は, **図1**に示す立体において, 辺 BF 上に点 P を, $BP = 2\,\text{cm}$ となるようにとり, 点 P, H, E, C を頂点とする四面体 PHEC をつくったものである。

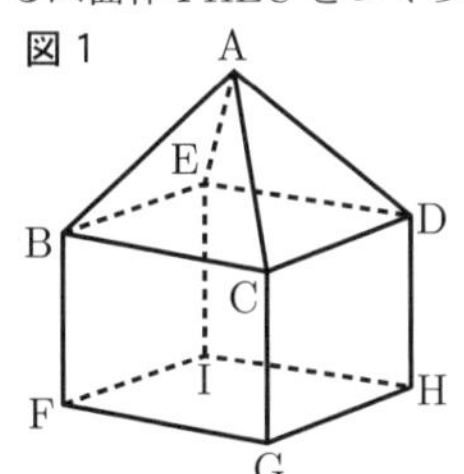

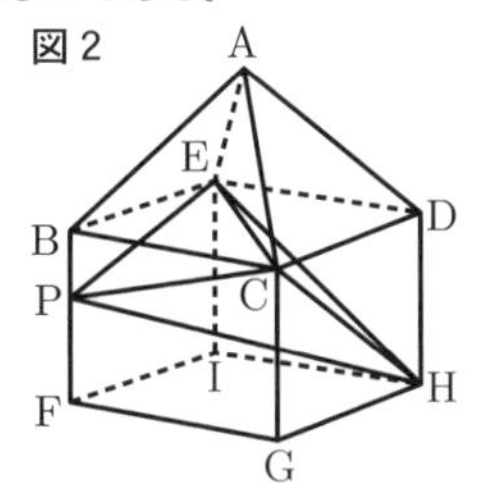

次の(1)～(3)に答えよ。

(1) よく出る 基本 **図1**に示す立体において, 次の [　　] の中の①～③の全てにあてはまる辺を答えよ。 (2点)

① 辺 AB とねじれの位置にある辺
② 面 BFIE と垂直である辺
③ 面 FGHI と平行である辺

(2) **図1**に示す立体において, 辺 AD, AE 上にそれぞれ点 J, K を, $AJ : JD = 1 : 2$, $AK : KE = 1 : 2$ となるようにとる。点 J から辺 FG に垂線をひき, 辺 FG との交点を L とする。

四角形 KFGJ の面積が $16\sqrt{5}\,\text{cm}^2$ のとき, 線分 JL の長さを求めよ。 (2点)

(3) 思考力 **図2**に示す立体において, 四面体 PHEC の体積を求めよ。 (4点)

佐賀県

＊ 注意　1　答えに $\sqrt{\ }$ が含まれるときは, $\sqrt{\ }$ を用いたままにしておきなさい。また, $\sqrt{\ }$ の中は最も小さい整数にしなさい。
2　円周率は π を用いなさい。

出題傾向と対策

●大問5題は例年通りで, 前年度に続き, 大問2題あった追加問題は出題されていない。**1** は小問集合, **2** は方程式の2題, **3** は場合の数・確率と数の性質の2題, **4** は関数, **5** は平面図形であったが, 文章の長い問題がなく, 例年に比べて全体的にやや易しかった。

●基本問題を中心に, 幅広い分野にわたって出題されている。図形の証明や方程式をたてて解く過程を記述する問題がほぼ毎年出題されるなど, 傾向に変わりがないので, 過去問でしっかり対策をたてておこう。

1 よく出る 基本　次の(1)～(7)の各問いに答えなさい。

(1) (ア)～(エ)の計算をしなさい。

(ア) $5-(-7)$

(イ) $-8 \div \dfrac{4}{3}$

(ウ) $x+3y-2(x-y)$

(エ) $(\sqrt{2}-1)^2$

(2) $x^2+2x-35$ を因数分解しなさい。

(3) 二次方程式 $x^2+5x+1=0$ を解きなさい。

(4) 相似な2つの立体 F, G がある。F と G の相似比が $3:5$ であり, F の体積が $81\pi\,\text{cm}^3$ のとき, G の体積を求めなさい。

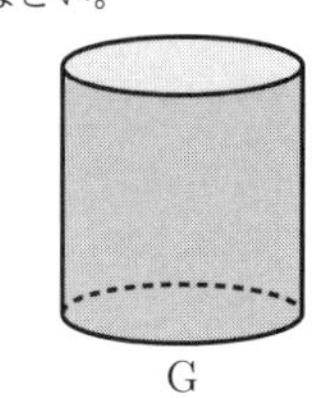

(5) 右の図のような線分 OA がある。$\angle AOB = 30°$, $OA = OB$ となる二等辺三角形 OAB を作図しなさい。また, 点 B の位置を示す文字 B も図の中にかき入れなさい。

O ——————— A

ただし, 作図には定規とコンパスを用い, 作図に用いた線は消さずに残しておくこと。

(6) 右の図のように, 4点 A, B, C, D が線分 BC を直径とする同じ円周上にあるとき, $\angle ADB$ の大きさを求めなさい。

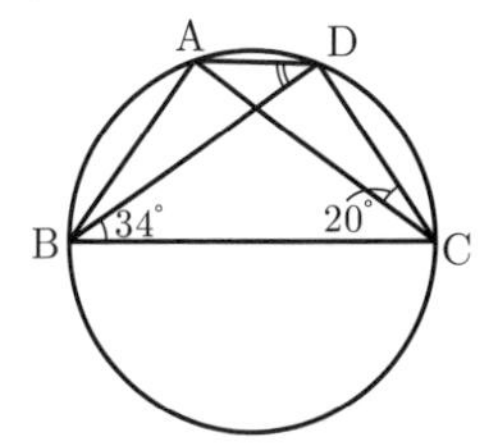

(7) 5人の生徒A, B, C, D, Eが，ある1日の家庭での学習時間をそれぞれ下の［表］のように記入したが，5人のうち1人が学習時間を誤って記入していることが分かった。誤って記入していた学習時間を実際の学習時間に訂正したところ，中央値は74分，平均値はちょうど73分であった。

あとの文は，この誤りについて説明したものであるが，①にはA～Eのいずれかを，また，②には実際の学習時間を入れ，文を完成させなさい。

［表］

生　徒	A	B	C	D	E
学習時間(分)	74	70	68	78	72

> 学習時間を誤って記入していた生徒は［①］で，その生徒の実際の学習時間は［②］分である。

2 基本　次の(1), (2)の問いに答えなさい。

(1) よく出る　A中学校とB中学校の合計45人のバレーボール部員が，3日間の合同練習をすることになった。練習場所の近くには山と海があり，最終日のレクリエーションの時間にどちらに行きたいか希望調査をしたところ，下の［表1］，［表2］のような結果になった。

ただし，山または海の希望は，45人の部員全員がどちらか一方だけを希望したものとする。

［表1］山または海の希望者数

	希望者数
山	14人
海	31人

［表2］中学校ごとの山または海の希望者の割合

	A中学校	B中学校
山	20%	40%
海	80%	60%

このとき，(ア), (イ)の問いに答えなさい。

(ア) 2校のバレーボール部員の人数をそれぞれ求めるために，A中学校バレーボール部員の人数を x 人，B中学校バレーボール部員の人数を y 人として，次のような連立方程式をつくった。

このとき，［①］にあてはまる式と［②］にあてはまる方程式を，x, y を用いてそれぞれ表しなさい。

$$\begin{cases} \boxed{\quad ① \quad} = 45 \\ \boxed{\quad ② \quad} \end{cases}$$

(イ) A中学校バレーボール部員の人数と，B中学校バレーボール部員の人数をそれぞれ求めなさい。

(2) 三角形と長方形がある。三角形は高さが底辺の長さの3倍であり，長方形は横の長さが縦の長さよりも2cm長い。

このとき，(ア)～(ウ)の各問いに答えなさい。

(ア) 長方形の縦の長さが3cmのとき，長方形の面積を求めなさい。

(イ) 三角形の面積が $6\,\mathrm{cm}^2$ のとき，三角形の底辺の長さを求めなさい。

(ウ) 三角形の底辺の長さと，長方形の縦の長さが等しいとき，三角形の面積が長方形の面積より $6\,\mathrm{cm}^2$ 大きくなった。

このとき，三角形の底辺の長さを求めなさい。

ただし，三角形の底辺の長さを x cmとして x についての方程式をつくり，答えを求めるまでの過程も書きなさい。

3 基本　次の(1), (2)の問いに答えなさい。

(1) よく出る　あとの［ルール］に従って2けたの整数をつくることにした。

> ［ルール］
> 大小2つのさいころを同時に1回投げ，大きいさいころの出た目の数を十の位の数，小さいさいころの出た目の数を一の位の数とする。

このとき，(ア)～(エ)の各問いに答えなさい。

ただし，［ルール］にある大小2つのさいころはともに，1から6までのどの目が出ることも同様に確からしいものとする。

(ア) ［ルール］に従ってつくられる2けたの整数は，全部で何通りあるか求めなさい。

(イ) ［ルール］に従ってつくられる2けたの整数が，偶数となる確率を求めなさい。

(ウ) ［ルール］に従ってつくられる2けたの整数が，3の倍数となる確率を求めなさい。

(エ) まず［ルール］に従って2けたの整数をつくり，次にその整数の十の位の数と一の位の数を入れかえた整数をつくる。はじめにつくられる整数が，あとでつくられる整数より大きい数である確率を求めなさい。

(2) 下の［会話］は，ある中学校の先生と生徒が数学の問題について話し合っている場面である。

［会話］を踏まえて，(ア)～(ウ)の各問いに答えなさい。

> ［会話］
> 先生：正の数 x に対して，$\langle x \rangle$ は，x の整数の部分を表すことにします。
> x の整数の部分とは
> $a \leqq x < a+1$
> という条件にあてはまる整数 a のことです。
> 例えば，4.8については
> $4 \leqq 4.8 < 5$
> なので，4.8の整数の部分は4となります。
> だから，$\langle 4.8 \rangle = 4$ です。
> また，$\langle 12 \rangle = 12$ となり，$\left\langle \dfrac{9}{4} \right\rangle = 2$ となります。
> では，問題です。$\langle 7.3 \rangle$ が表す整数を求めてください。
> 生徒：$\langle 7.3 \rangle =$［①］です。
> 先生：正解です。それでは，次の問題です。
> $\left\langle \dfrac{n}{4} \right\rangle = 5$ が成り立つ自然数 n を求めてください。
> 生徒：$n = 20$ です。
> 先生：そのとおりです。しかし，$n = 20$ だけでしょうか。他にはありませんか。
> 生徒：$n = 20$ 以外に，$n =$［②］があります。

(ア) ［①］にあてはまる数を書きなさい。

(イ) ［②］にあてはまる数を1つ書きなさい。

(ウ) $\left\langle \dfrac{n}{4} \right\rangle$ が6以上10以下となるような自然数 n は全部でいくつあるか，求めなさい。

4 よく出る　右の図のように，関数 $y = ax^2$ のグラフ上に3点A, B, Cがある。点Aの座標はA(2, 2)，点Bの x 座標は -6，点Cの x 座標は4である。

このとき，次の(1)～(5)の各問いに答えなさい。

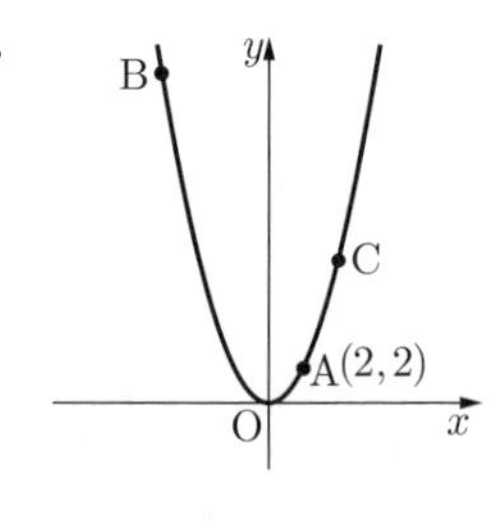

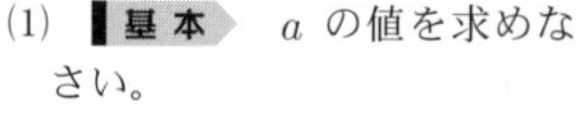

(1) 基本　a の値を求めなさい。

(2) 基本　点 C の y 座標を求めなさい。

(3) 基本　2 点 B，C を通る直線の切片を求めなさい。

(4) 基本　点 A を通り △ABC の面積を 2 等分する直線と，2 点 B，C を通る直線との交点の座標を求めなさい。

(5) 点 A を通り y 軸に平行な直線と，2 点 B，C を通る直線との交点を P とする。また，点 P を通り △ABC の面積を 2 等分する直線と，2 点 A，B を通る直線との交点を Q とする。

このとき，(ア)，(イ)の問いに答えなさい。

(ア) 基本　△PAC の面積を求めなさい。

(イ) 点 Q の座標を求めなさい。

5 右の図のように，AB を斜辺とする 2 つの直角三角形 ABC と ABD があり，辺 BC と AD の交点を E とする。また，AC = 2 cm，BC = 3 cm，CE = 1 cm とする。

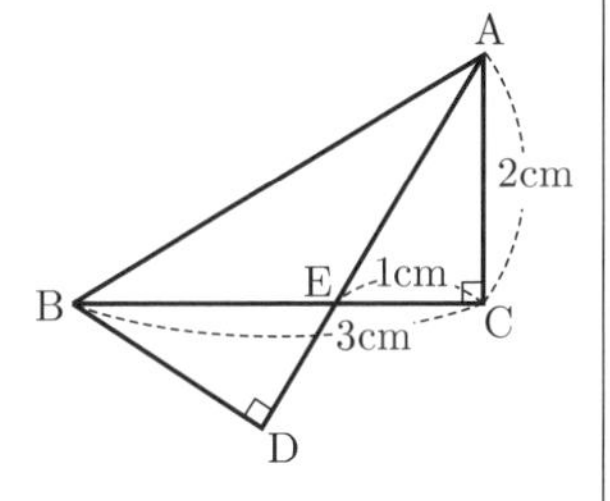

このとき，次の(1)～(4)の各問いに答えなさい。

(1) 基本　線分 AE の長さを求めなさい。

(2) 基本　△AEC∽△BED であることを証明しなさい。

(3) 基本　△ABE の面積を求めなさい。

(4) 点 E から辺 AB に垂線をひき，その交点を F とする。このとき，(ア)，(イ)の問いに答えなさい。

(ア) 線分 EF の長さを求めなさい。

(イ) 思考力　△ECF の面積を S_1，△BED の面積を S_2 とするとき，$S_1 : S_2$ を最も簡単な整数の比で表しなさい。

長崎県

時間	50分	満点	100点	解答	P65	3月10日実施

＊ 注意　答えは，特別に指示がない場合は最も簡単な形にしなさい。なお，計算の結果に $\sqrt{\ }$ または π をふくむときは，近似値に直さないでそのまま答えなさい。

出題傾向と対策

● 2020 年度まで行われていた難易度の異なる A 問題・B 問題の出題は今年度より廃止され，今年度に限り「確率」「標本調査」「円」からの出題が除外された。大問は 6 題あり，**1** は小問 10 題，**2** はデータと代表値，数と式の利用の小問 2 題，**3** は関数 $y = ax^2$，**4** は立体図形の計量，**5** は平面図形，**6** は新傾向の思考力問題からの出題であった。難易度は以前の A 問題と B 問題の間に設定され，分量も多い。

● 基礎事項から応用までまんべんなく出題されている。基礎問題をミスなく素早く解かないと，応用を解く時間がたりなくなる。文章量が多く思考力を問う問題はこれからも出題されるため，日頃から問題文の長い過去問題を解いておきたい。

1 よく出る 基本　次の(1)～(10)に答えなさい。

(1) $(3^2 - 1) \div (-2)$ を計算せよ。(3点)

(2) $\sqrt{45} - \dfrac{10}{\sqrt{5}}$ を計算せよ。(3点)

(3) y は x に反比例し，$x = 4$ のとき，$y = 8$ である。$x = 2$ のとき，y の値を求めよ。(3点)

(4) 30 個のおにぎりを x 人に 4 個ずつ配ると，y 個足りない。この数量の間の関係を等式で表せ。(3点)

(5) 連立方程式 $\begin{cases} x + 2y = -1 \\ 3x - 4y = 17 \end{cases}$ を解け。(3点)

(6) 2 次方程式 $(x - 2)^2 - 5 = 0$ を解け。(3点)

(7) 図 1 において，$l \parallel m$ のとき，$\angle x$ の大きさを求めよ。(3点)

図 1

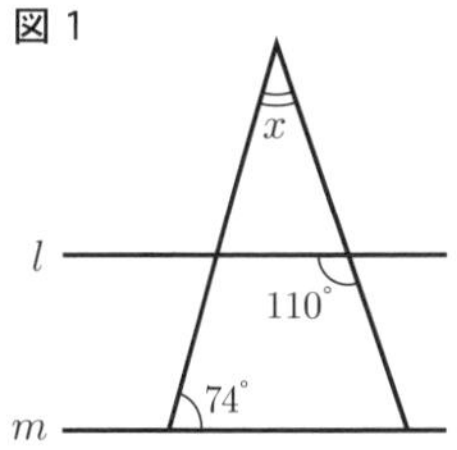

(8) 2021 の各位の数 2，0，2，1 の和を求めると 5 になる。このように，各位の数の和が 5 である 4 けたの自然数のうち，大きいほうから数えて 5 番目の自然数を求めよ。(3点)

(9) 図 2 のように，直線 l 上に 2 点 A，B がある。△ABC が ∠ABC = 90° の直角二等辺三角形となるような頂点 C の 1 つを，定規とコンパスを用いて図 2 に作図して求め，その位置を点・で示せ。ただし，作図に用いた線は消さずに残しておくこと。(3点)

図 2

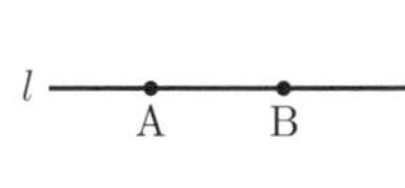

(10) 図3のように，正方形ABCDの周上と内部に，点●が縦，横1cmの間隔で並んでいる。4つの点●を頂点とする正方形を作るとき，面積が10 cm^2 となる正方形の1つを，図3に作図せよ。(3点)

図3

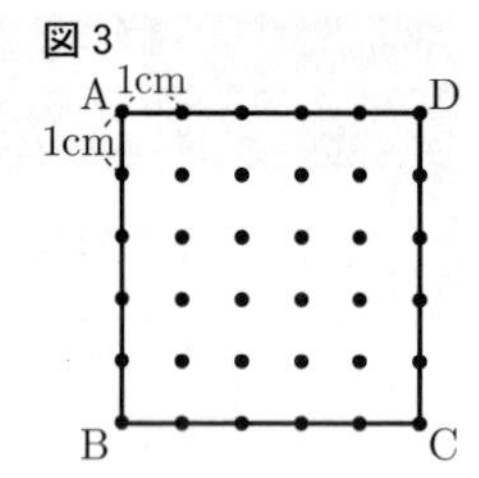

2 よく出る 次の問いに答えなさい。

問1 表は，ある中学校の1年生20人と2年生25人について，夏休みに読んだ本の冊数を調べ，その結果を冊数別にまとめたものである。なお，1年生の相対度数と2年生の度数は空欄にしてある。また，相対度数は正確な値であり，四捨五入などはされていないものとする。このとき，次の(1)～(3)に答えよ。

表

冊数(冊)	1年生		2年生	
	度数(人)	相対度数	度数(人)	相対度数
0	0			0.04
1	1			0.20
2	4			0.16
3	7			0.24
4	2			0.20
5	6			0.16
合計	20	1.00	25	1.00

(1) 1年生20人の中で，3冊読んだ生徒の相対度数を求めよ。(2点)

(2) 1年生20人が読んだ本の冊数の平均値を求めよ。(3点)

(3) 1年生と2年生を比較したとき，次の①～④の中から正しいものをすべて選び，その番号を書け。(3点)

① 2冊読んだ生徒の相対度数は，1年生の方が大きい。
② 4冊以上読んだ生徒の人数は，1年生の方が多い。
③ 最頻値（モード）は，1年生の方が大きい。
④ 1年生と2年生の中央値（メジアン）は等しい。

問2 思考力 桜さんと昇さんと先生は，図のようなカレンダーを見ながら，で囲まれた5つの数について話をしている。3人の会話を読んで，あとの(1)～(3)に答えよ。

図

日	月	火	水	木	金	土
	1	2	3	4	5	6
7	8	9	10	11	12	13
14	15	16	17	18	19	20
21	22	23	24	25	26	27
28	29	30	31			

桜さん：で囲まれた5つの数のうち，中央の数が8のとき，中央以外の4つの数の和は $1+7+9+15$ で，32になっているよ。

昇さん：中央の数が8でないとき，中央以外の4つの数の和はどうなるのかな。

桜さん：中央の数が【(ア)】のとき，中央以外の4つの数の和は44になっているよ。

先　生：実は，で囲まれた5つの数のうち，中央以外の4つの数の和は必ず4の倍数になります。このことを次のようにして，証明してみましょう。

〈証明〉
で囲まれた5つの数を，小さいほうから順に a，b，c，d，e とする。また，中央以外の4つの数の和をPとすると，
$P=a+b+d+e$ である。

このあとは，a，b，c，d，e のうちの1つを x とおいて進めていきましょう。

昇さん：続きは，私がやってみます。a，b，c，d，e のどれを x とおいても証明できますが，私は【(イ)】を x とおいて証明します。

（〈証明〉の続き）
【(イ)】を x とおくと，残りの4つの数は x を用いて，小さいほうから順に【(ウ)】，【(エ)】，【(オ)】，【(カ)】と表される。
このとき，Pは
【(キ)】
したがって，中央以外の4つの数の和は4の倍数になる。

先　生：そのとおりです。よくできましたね。

(1) 【(ア)】にあてはまる数を求めよ。(2点)

(2) 【(イ)】に a，b，c，d，e の中から1つ選んで書き，そのとき【(カ)】にあてはまる数を x を用いて表せ。(3点)

(3) 下線部で示した内容の〈証明〉の一部を【(キ)】に書き入れて，〈証明〉を完成させよ。ただし，「P＝」に続けて書くこと。(3点)

3 よく出る 図1，図2のように，関数 $y=x^2$ のグラフ上に，x 座標が2である点Aと，y 座標が1である点Bがある。原点をOとして，次の問いに答えなさい。ただし，点Bの x 座標は負とする。

図1

問1 点Aの y 座標を求めよ。(2点)

問2 直線ABの式を求めよ。(2点)

問3 関数 $y=x^2$ について，x の変域が $-2 \leqq x \leqq 1$ のときの y の変域を求めよ。(3点)

問4 △OABの面積を求めよ。(3点)

図2

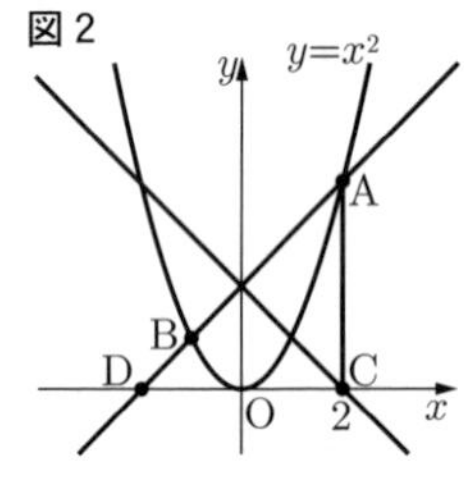

問5 図2のように，点Aから x 軸にひいた垂線と x 軸との交点をCとし，直線ABと x 軸との交点をDとする。また，点Cを通り，傾きが -1 である直線上に点Pをとる。△APDの面積が $4\sqrt{2}$ となるとき，点Pの x 座標をすべて求めよ。(3点)

4 図1は，底面の円の半径が3 cm，高さが4 cmの円柱である。また，図2は，底面の円の半径が2 cm，高さが4 cmの円錐（すい）である。このとき，次の問いに答えなさい。

図1

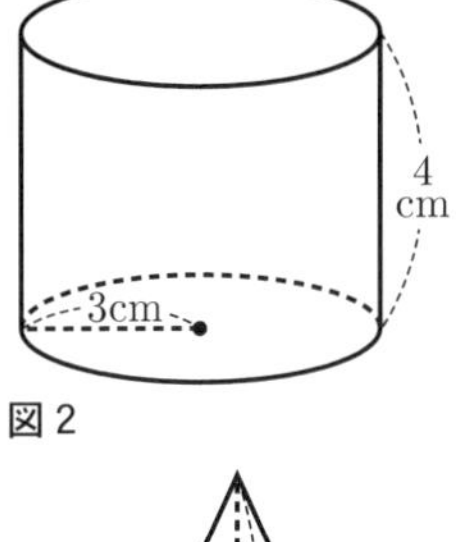

図2

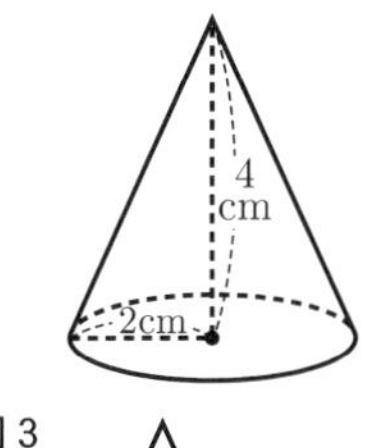

問1　図1において，円柱の側面積は何 cm^2 か。(3点)

問2　図2において，円錐の体積は何 cm^3 か。　(3点)

問3　図1の円柱を透明な容器Aとし，図2の円錐を鉄でできたおもりBとする。この容器Aを底面が水平になるように置き，水をいっぱいになるまで注いだ。その後，おもりBを，底面を水平に保ったまま容器Aの水の中に静かに沈めていく。図3のように，おもりBの底面から水面までの高さが2 cmとなったとき，あふれた水の体積は何 cm^3 か。ただし，容器Aの厚さは考えないものとする。　(3点)

図3

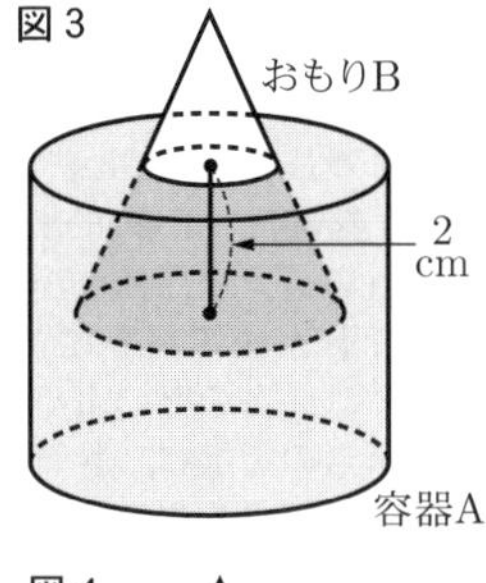

問4 難 図3の状態から，おもりBを，底面を水平に保ったまま容器Aの水の中から静かに引き上げると水面が下がり，図4のように，おもりBの底面から水面までの高さが1 cmとなった。このとき，容器Aの下の底面から水面までの高さは何 cm か。ただし，容器Aの厚さは考えないものとする。　(3点)

図4

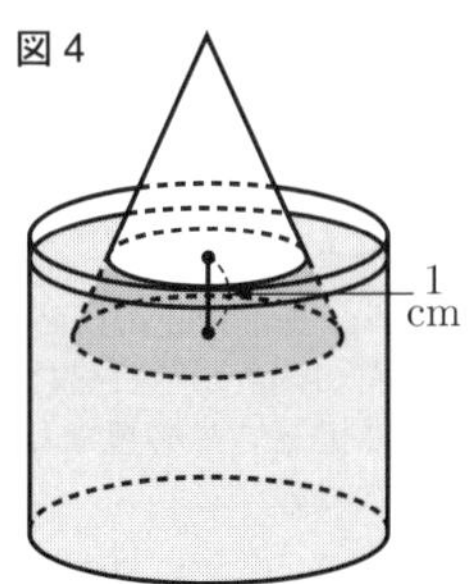
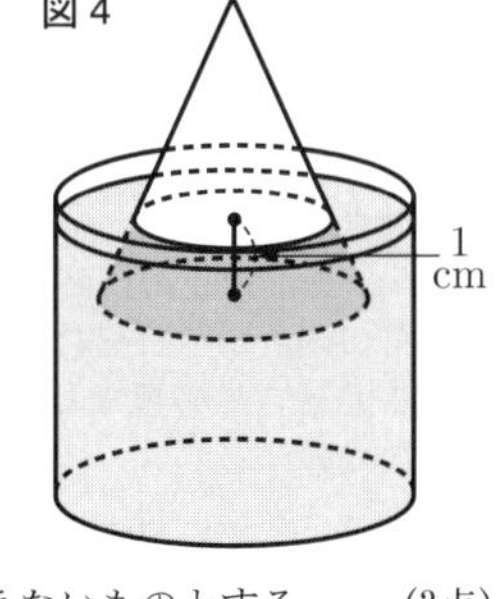

5 図1～図4のように，長方形ABCDがあり，辺AB上に点Pを，辺CD上に点Rを，AP = CR となるようにとる。さらに，辺BC上に点Qを，辺AD上に点Sを，四角形PQRSが平行四辺形となるようにとる。このとき，次の問いに答えなさい。

問1　図1の平行四辺形PQRSは，どのような条件が加わるとひし形になるか。次の①～④の中から1つ選び，その番号を書け。　(2点)

① $\angle P = \angle Q$
② $PQ \perp PS$
③ $PR = QS$
④ $PQ = PS$

図1

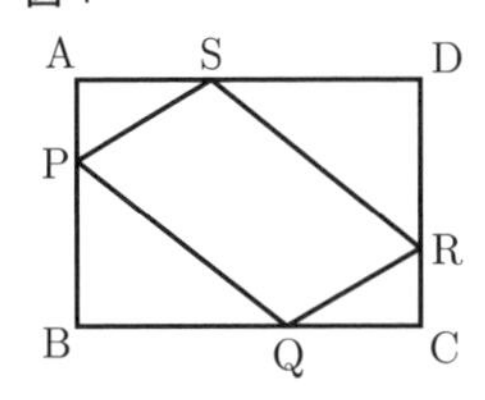

問2　図1において，$\triangle APS \equiv \triangle CRQ$ であることを証明せよ。　(4点)

問3　図2のように，$AB = 2$ cm，$AD = 3$ cm とする。四角形PQRSがひし形となり，$AS = 2$ cm のとき，線分APの長さは何 cm か。(3点)

図2

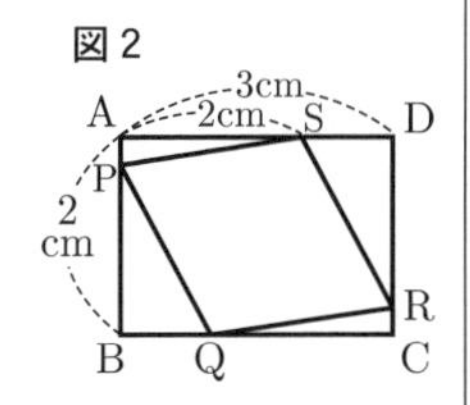

問4 難 図3，図4のように，点P，Rをそれぞれ点B，Dと一致するようにとる。四角形PQRSがひし形となり，$PQ = 8\sqrt{3}$ cm，$\angle SPQ = 60^\circ$ のとき，次の(1)，(2)に答えよ。

図3

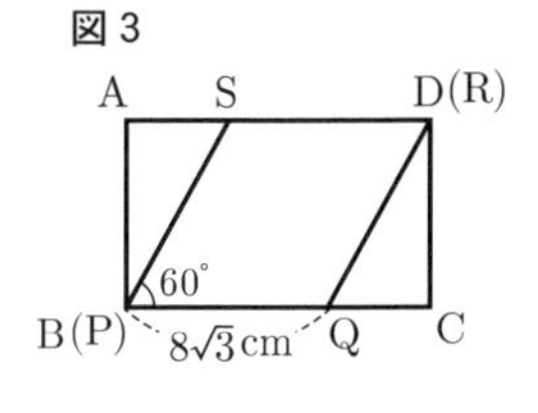

(1)　辺ABの長さは何 cm か。　(3点)

(2)　図4のように，長方形ABCDの辺AB，BC，CD，DAの中点をそれぞれE，F，G，Hとすると，四角形EFGHはひし形となる。このとき，ひし形PQRSとひし形EFGHが重なった部分（図4の▒で示した部分）の面積は何 cm^2 か。　(3点)

図4

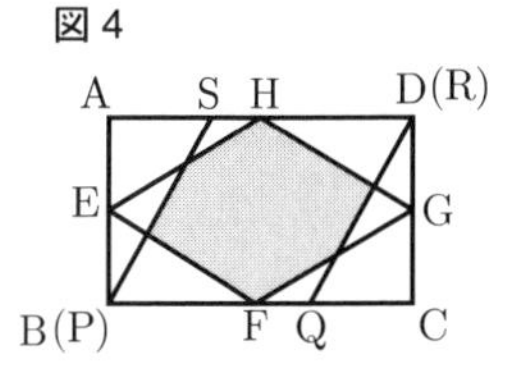

6 思考力 新傾向 図1のように，机の上に1から n の数字が1つずつ書かれた n 枚のカードがある。令子さんと和男さんが次のルールにしたがってゲームを行う。

図1

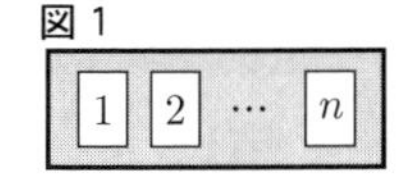

ルール

① 机の上にあるカードに書かれた数字の中から1つ選び，選んだ数の約数が書かれたカードをすべてとる。
② 最初に，令子さんが①を行う（1手目）。次に，残ったカードについて，和男さんが①を行う（2手目）。以下，机の上のカードがなくなるまで，3手目に令子さん，4手目に和男さん，5手目に令子さん，…のように，2人が交互に①を行う。
③ 最後のカードをとったほうを勝ちとする。

例えば，$n = 4$ のとき，図2のように，1手目に令子さんが「3」を選ぶと，令子さんは[1]と[3]のカードをとり，2手目に和男さんが「4」を選ぶと，和男さんは[2]と[4]のカードをとるので，和男さんの勝ちとなる。

図2

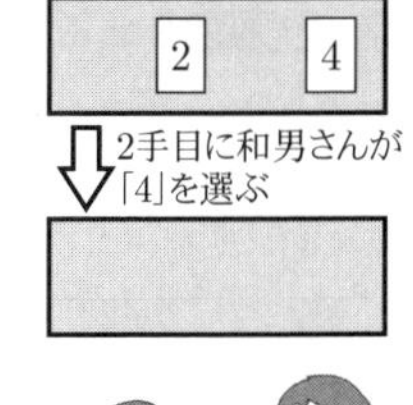

このとき，次の問いに答えなさい。

問1　$n = 3$ のとき，令子さんの勝ち負けはあとの［　　］のようになる。[(ア)]～[(ウ)]に「勝ち」，「負け」のいずれかを書け。　(3点)

1手目に令子さんが「1」を選べば令子さんの[(ア)]，「2」を選べば令子さんの[(イ)]，「3」を選べば令子さんの[(ウ)]である。

問2　$n = 5$ のとき，令子さんが必ず勝つためには，1手目に令子さんは何を選べばよいか。選ぶ数字を1つ答えよ。　(2点)

問3　$n = 7$ のとき，次の(1)～(3)に答えよ。

(1)　1手目に令子さんが「2」を選び，2手目に和男さんが「4」を選んだとき，令子さんが必ず勝つためには，

3手目に令子さんは何を選べばよいか。選ぶ数字を1つ答え，その理由を説明せよ。(3点)

(2) 1手目に令子さんが「4」を選んだとき，2手目に和男さんが「3」を選ぶと，3手目に令子さんが何を選んでも令子さんが必ず勝つが，2手目に和男さんが「6」を選ぶと，3手目に令子さんが何を選んでも和男さんが必ず勝つ。このように，2手目に和男さんが何を選ぶかによって，令子さんが必ず勝ったり，和男さんが必ず勝ったりすることがある。

それでは，1手目に令子さんが「3」を選んだとき，和男さんが必ず勝つためには，2手目に和男さんは何を選べばよいか。選ぶ数字を1つ答えよ。(3点)

(3) このゲームにおいて，令子さんが最初から適切に数字を選んでいけば，和男さんがどのように数字を選んでも，令子さんは必ず勝つことができる。令子さんが必ず勝つためには，1手目に令子さんは何を選べばよいか。選ぶ数字を1つ答えよ。(3点)

熊本県

時間	50分	満点	50点	解答	P67	3月10日実施

出題傾向と対策

●大問の構成は昨年と同様6題で問題Aと問題Bがあり，**1**，**2**の一部，**3**，**4**は共通問題である。**1**，**2**は小問集合，**3**はデータの活用，**4**は空間図形，**5**は関数，**6**は平面図形であった。

●基本から標準的なレベルの問題が出題されるが，作図，文字式・図形の証明，記述式の問題も出題される。問題Bは計算量や思考力を問う問題が多い。今年度は，新型コロナウイルス感染症の感染拡大による臨時休校の実施等のため，「円周角と中心角の関係」「三平方の定理」「標本調査」が出題範囲外だったので，さらに前の過去問にも取り組み，類似の問題を解いておきたい。

選択問題A

1 よく出る 基本　次の計算をしなさい。

(1) $\frac{1}{3}+\frac{2}{7}$ (1点)

(2) $8+7\times(-4)$ (1点)

(3) $3(x+y)-2(x-6y)$ (2点)

(4) $(-6a)^2\times 2ab^2\div(-9a^2b)$ (2点)

(5) $(2x+1)^2+(5x+1)(x-1)$ (2点)

(6) $\frac{\sqrt{10}}{4}\times\sqrt{5}+\frac{3}{\sqrt{8}}$ (2点)

2 次の各問いに答えなさい。

(1) よく出る 基本　一次方程式 $2x+7=1-x$ を解きなさい。(2点)

(2) よく出る 基本　二次方程式 $(x+3)(x-3)=x$ を解きなさい。(2点)

(3) よく出る 基本　関数 $y=ax^2$ (a は定数) について，x の値が1から4まで増加するときの変化の割合は4である。a の値を求めなさい。(2点)

(4) 右の図のように，1，2，3，4，5の数字が1つずつ書かれた5個の玉が入った箱がある。この箱から玉を1個取り出し，その玉を箱にもどさずに，続けてもう1個玉を取り出す。最初に取り出した玉に書かれている数を a，次に取り出した玉に書かれている数を b とする。

このとき，$\frac{3b}{2a}$ の値が整数になる確率を求めなさい。ただし，どの玉が取り出されることも同様に確からしいものとする。(2点)

(5) よく出る 基本　右の図のように，AB＝AC の二等辺三角形 ABC があり，点Oは辺BCの中点である。辺AC上にあって，∠POC＝45°となる点Pを，定規とコンパスを使って作図しなさい。なお，作図に用いた線は消さずに残しておくこと。(2点)

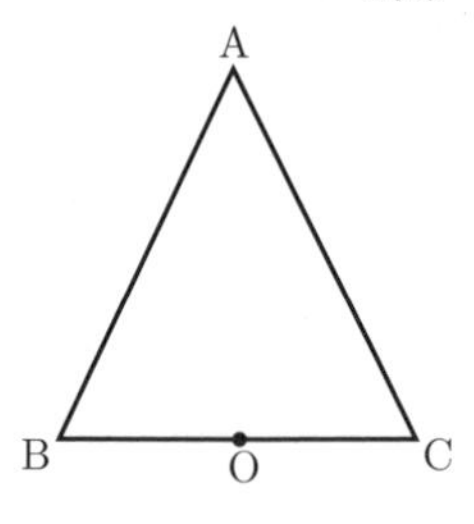

(6) 基本　正多角形のそれぞれの辺上に，頂点から頂点まで碁石を等間隔に並べる。例えば，右の図のように，正五角形の辺上に，碁石の個数がそれぞれ5個となるように碁石を並べると，20個の碁石が必要であった。

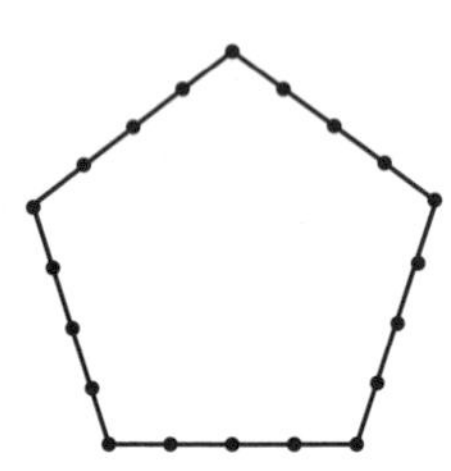

① 正六角形の辺上に，碁石の個数がそれぞれ6個となるように碁石を並べるときに必要な碁石の個数を求めなさい。(1点)

② n を3以上の自然数とする。正 n 角形の辺上に，碁石の個数がそれぞれ n 個となるように碁石を並べる。このときに必要な碁石の個数を n を使った式で表しなさい。(2点)

(7) 美咲(みさき)さんは，自分が住んでいる市の水道料金について調べた。右の**表**は，1か月当たりの基本料金と使用量ごとの料金をそれぞれ表したものであり，右の**図**は，1か月間に水を $x\,\mathrm{m}^3$ 使用したときの水道料金を y 円として，x と y の関係をグラフに表したものである。

表

基本料金	使用量ごとの料金（1m³につき）	
400円	0m³から10m³まで	40円
	10m³をこえて20m³まで	120円
	20m³をこえた分	140円

図

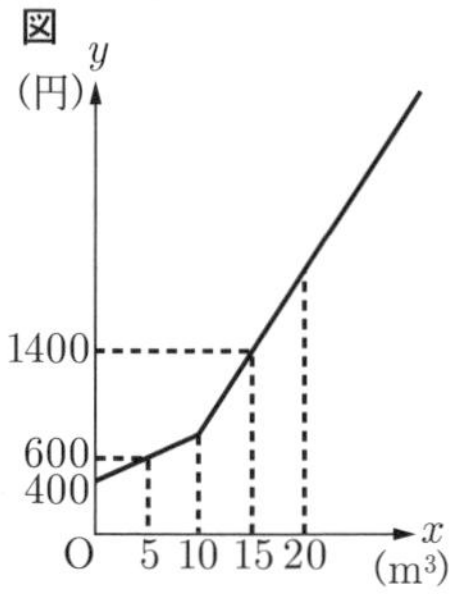

y (円)　1400　600　400　O　5　10　15　20　x (m^3)

なお，1か月当たりの水道料金は，

(基本料金)＋(使用量ごとの料金)×(使用量)…㋐

で計算するものとする。

例えば，1か月間の水の使用量が $5\,\mathrm{m}^3$ のときの水道料金は，

$400+40\times5=600$（円），

1か月間の水の使用量が $15\,\mathrm{m}^3$ のときの水道料金は，

$400+40\times10+120\times5=1400$（円）となる。

① 基本　美咲さんが住んでいる市で1か月間に水

を $23\,\mathrm{m}^3$ 使用したとき，1か月当たりの水道料金はいくらになるか，求めなさい。（1点）

② 大輔(だいすけ)さんが住んでいる市の1か月当たりの水道料金も，㋐と同じ式で計算されている。ただし，大輔さんが住んでいる市の使用量ごとの料金は，どれだけ使用しても $1\,\mathrm{m}^3$ につき80円である。また，大輔さんが住んでいる市の1か月当たりの水道料金は，1か月間の水の使用量が $28\,\mathrm{m}^3$ のとき，美咲さんが住んでいる市で1か月間に水を $28\,\mathrm{m}^3$ 使用したときの水道料金と同じ料金になる。

このとき，大輔さんが住んでいる市の1か月当たりの水道料金の基本料金を求めなさい。（2点）

3 ある高校の2年1組42人の通学時間を調べた。**図1**は，42人のうち自転車で通学している34人について，**図2**は，42人全員について，その結果をそれぞれヒストグラムに表したものである。例えば，**図1**のヒストグラムにおいて，6～12の階級では，通学時間が6分以上12分未満の生徒が3人いることを表している。

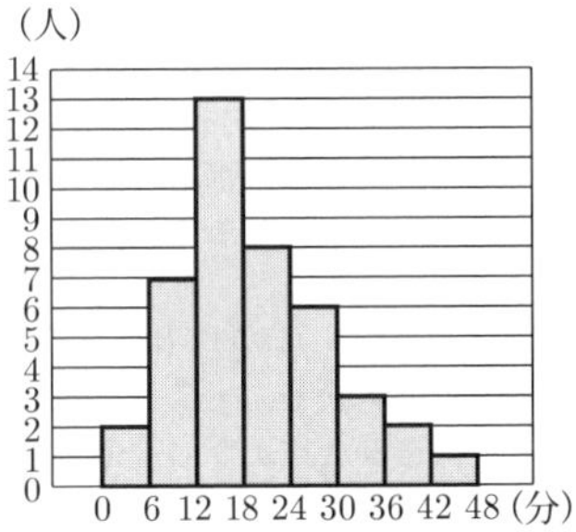

このとき，次の各問いに答えなさい。

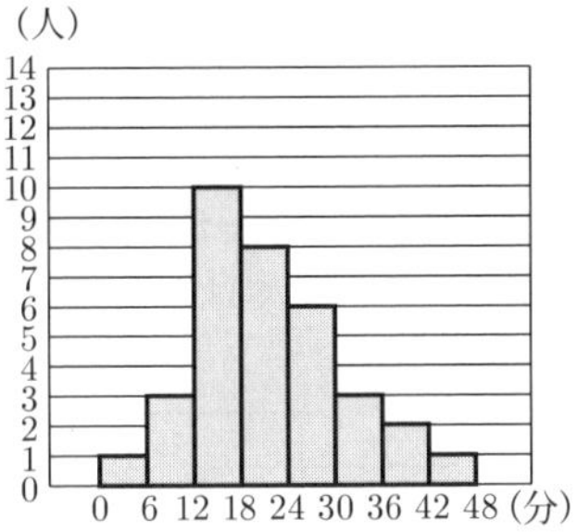

図1

図2

(1) **図1**のヒストグラムについて，次のア～オから正しいものをすべて選び，記号で答えなさい。（2点）

ア　範囲は6分である。

イ　最頻値は15分である。

ウ　最頻値と，中央値が含まれる階級の階級値は等しい。

エ　中央値が含まれる階級の相対度数は0.25より大きい。

オ　34人の中で通学時間が30分以上の生徒の割合は20％以下である。

(2) **図1**と**図2**から，自転車で通学していない8人の生徒の通学時間の平均値は何分何秒か，求めなさい。（2点）

(3) 新傾向　42人全員の通学時間の平均値は20分である。このクラスの雄太(ゆうた)さんは，自分の通学時間が19分で，クラス全員の通学時間の平均値よりも短かったので，自分より通学時間が長い生徒はクラスに半分以上いると考えた。

この考えについて，下のア，イから正しいものを1つ選び，記号で答えなさい。また，それが正しいことの理由を，**図2**から読み取れることをもとに説明しなさい。（2点）

ア　雄太さんより通学時間が長い生徒はクラスに半分以上いる。

イ　雄太さんより通学時間が長い生徒はクラスに半分以上いない。

4 右の図は，点A，B，C，D，E，Fを頂点とし，3つの側面がそれぞれ長方形である三角柱で，$AC=5\,\mathrm{cm}$，$AD=4\,\mathrm{cm}$，$DE=3\,\mathrm{cm}$，$EF=4\,\mathrm{cm}$，$\angle ABC=90°$ である。辺BC上に点Pを，$\triangle ABP \backsim \triangle CBA$ となるようにとる。

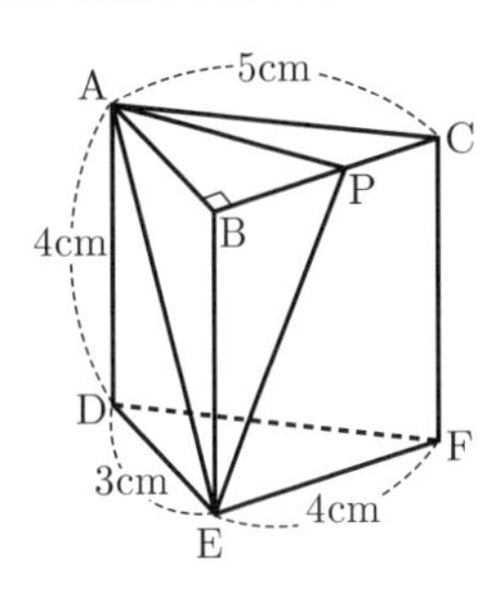

このとき，次の各問いに答えなさい。

(1) よく出る 基本　線分BPの長さを求めなさい。（2点）

(2) よく出る 基本　△ABPを底面とする三角すいEABPの体積を求めなさい。（2点）

(3) 思考力　線分AP上に点Qを，三角すいEABQの体積が，三角柱ABC－DEFの体積の $\frac{1}{20}$ となるようにとる。このとき，線分AQと線分QPの長さの比 AQ : QP を求めなさい。答えは最も簡単な整数比で表すこと。（2点）

5 よく出る　右の図のように，関数 $y=\frac{1}{4}x^2$…①のグラフ上に2点A，Bがある。Aの x 座標は -2，Bの x 座標は正で，Bの y 座標はAの y 座標より3だけ大きい。また，点Cは直線ABと y 軸との交点である。

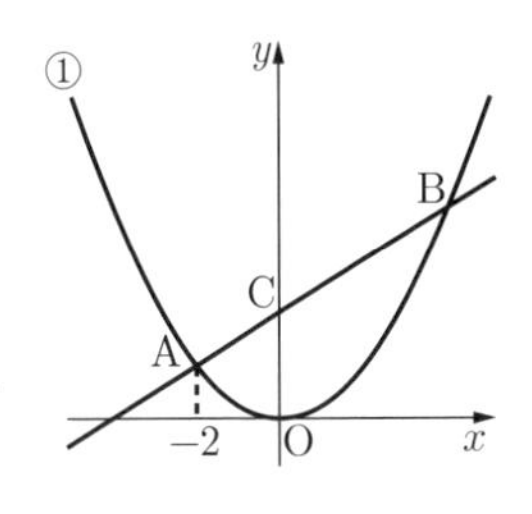

このとき，次の各問いに答えなさい。

(1) 基本　点Aの y 座標を求めなさい。（1点）

(2) 基本　点Bの座標を求めなさい。（1点）

(3) 基本　直線ABの式を求めなさい。（2点）

(4) 線分BC上に2点B，Cとは異なる点Pをとる。また，関数①のグラフ上に点Qを，線分PQが y 軸と平行になるようにとり，PQの延長と x 軸との交点をRとする。

PQ : QR = 5 : 1 となるときのPの座標を求めなさい。（2点）

6 右の図は，線分ABを直径とする半円で，点OはABの中点である。点Cは線分AO上にあり，点Dは $\overset{\frown}{AB}$ 上にあって，DC＝DOである。点EはDO上にあって，AE＝AOであり，点FはAEの延長と線分BDとの交点である。

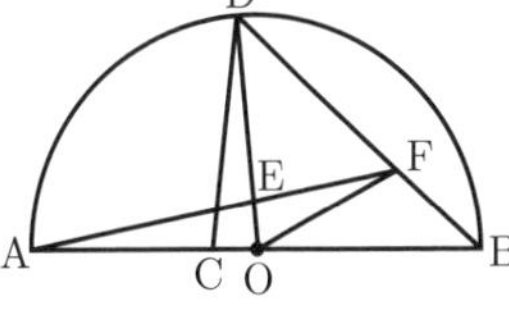

このとき，次の各問いに答えなさい。

(1) 優子(ゆうこ)さんは，△BDC∽△DFEであることを証明するため，次のように，まず∠DCB＝∠AEOを示し，それをもとにして証明した。［　　］に証明の続きを書いて，証明を完成しなさい。（3点）

証明
△DCO は DC = DO の二等辺三角形だから
∠DCB = ∠DOC………①
また，△AEO は AE = AO の二等辺三角形だから
∠AEO = ∠DOC………②
①，②より
∠DCB = ∠AEO………③
ここで，△BDC と △DFE において

よって，△BDC∽△DFE

(2) AB = 10 cm，OC = 1 cm のとき，△DFE の面積は $2\sqrt{11}\ \mathrm{cm}^2$ である。
① 基本 △BDC の面積は，△DFE の面積の何倍であるか，求めなさい。 (1点)
② △BFO の面積を求めなさい。ただし，根号がつくときは，根号のついたままで答えること。 (2点)

選択問題B
1 選択問題A **1** と同じ

2 選択問題A **2** (1)(2)(3)(4)と同じ
(5) よく出る 基本 右の図のように，△ABC がある。
∠BAP = ∠CAP，
∠PBA = 60° となる点 P を，定規とコンパスを使って作図しなさい。なお，作図に用いた線は消さずに残しておくこと。
(2点)

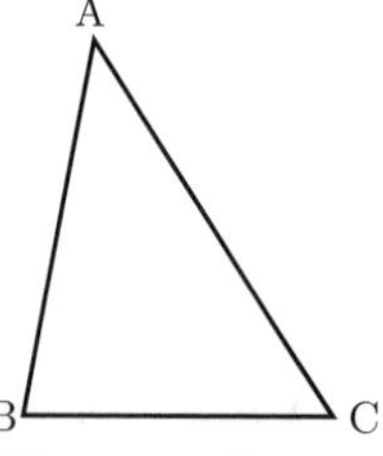

(6) 正多角形のそれぞれの辺上に，頂点から頂点まで碁石を等間隔に並べる。例えば，右の図のように，正三角形の辺上に，碁石の個数がそれぞれ 5 個となるように碁石を並べると，12 個の碁石が必要であった。

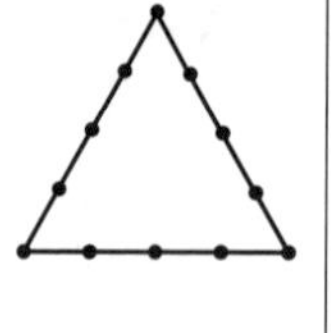

① 基本 a，b を 3 以上の自然数とする。正 a 角形の辺上に，碁石の個数がそれぞれ b 個となるように碁石を並べる。このときに必要な碁石の個数を a，b を使った式で表しなさい。 (1点)
② n を 3 以上の自然数とする。正 n 角形の辺上に，碁石の個数がそれぞれ n 個となるように碁石を並べるときに必要な碁石の個数が，正 $(n+2)$ 角形の辺上に，碁石の個数がそれぞれ $(n+1)$ 個となるように碁石を並べるときに必要な碁石の個数よりも 24 個少なかった。
このとき，n の値を求めなさい。 (2点)

(7) 大輔（だいすけ）さんは，自分が住んでいるヒバリ市と，となりのリンドウ市の水道料金について調べた。下の**表**は，1 か月当たりの基本料金と使用量ごとの料金を市ごとに表したものであり，右の**図**は，1 か月間に水を $x\ \mathrm{m}^3$ 使用したときの水道料金を y 円として，2 つの市において，x と y の関係をそれぞれグラフに表したものである。

図

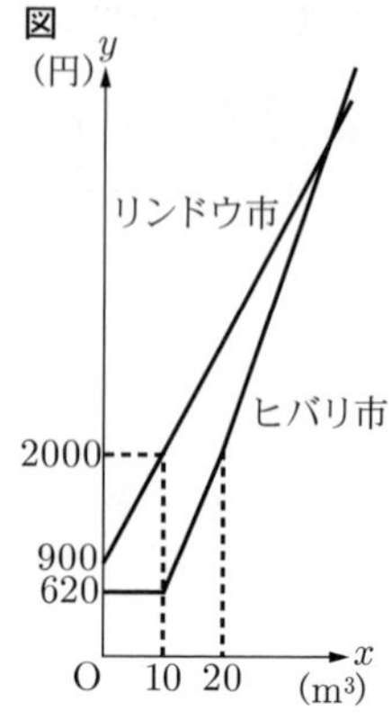

なお，1 か月当たりの水道料金は，

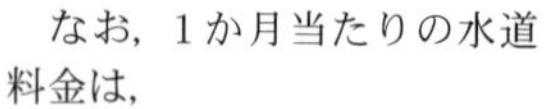

(基本料金) + (使用量ごとの料金) × (使用量)…㋐
で計算するものとする。
例えば，1 か月間の水の使用量が $25\ \mathrm{m}^3$ のとき，ヒバリ市の水道料金は，
620 + 140 × 10 + 170 × 5 = 2870（円），
リンドウ市の水道料金は，
900 + 110 × 25 = 3650（円）となる。

表

	基本料金	使用量ごとの料金（$1\mathrm{m}^3$につき）	
ヒバリ市	620円	$0\mathrm{m}^3$から$10\mathrm{m}^3$まで	0円
		$10\mathrm{m}^3$をこえて$20\mathrm{m}^3$まで	140円
		$20\mathrm{m}^3$をこえた分	170円
リンドウ市	900円	110円	

① ヒバリ市とリンドウ市のそれぞれの市において 1 か月間に同じ量の水を使用したところ，それぞれの市における水道料金も等しくなった。このときの水道料金を求めなさい。 (1点)
② 思考力 1 か月当たりの基本料金を a 円，使用量ごとの料金を $1\ \mathrm{m}^3$ につき 80 円として，次の 2 つの条件をみたすように水道料金を設定するとき，a の値の範囲を求めなさい。
なお，1 か月当たりの水道料金は，㋐と同じ式で計算するものとする。 (2点)

<条件>
・1 か月間の水の使用量が $10\ \mathrm{m}^3$ のとき，1 か月当たりの水道料金が，ヒバリ市とリンドウ市のそれぞれの水道料金より高くなるようにする。
・1 か月間の水の使用量が $30\ \mathrm{m}^3$ のとき，1 か月当たりの水道料金が，ヒバリ市とリンドウ市のそれぞれの水道料金より安くなるようにする。

3 選択問題A **3** と同じ

4 選択問題A **4** と同じ

5 右の図のように，2つの関数
$y = ax^2$（a は定数）…㋐
$y = -x + 1$…㋑
のグラフがある。

2点A，Bは関数㋐，㋑のグラフの交点で，Aの y 座標は3で，Aの x 座標は負であり，Bの x 座標はAの x 座標より $\frac{8}{3}$ だけ大きい。点Cは関数㋐のグラフ上にあって，Cの x 座標は4である。

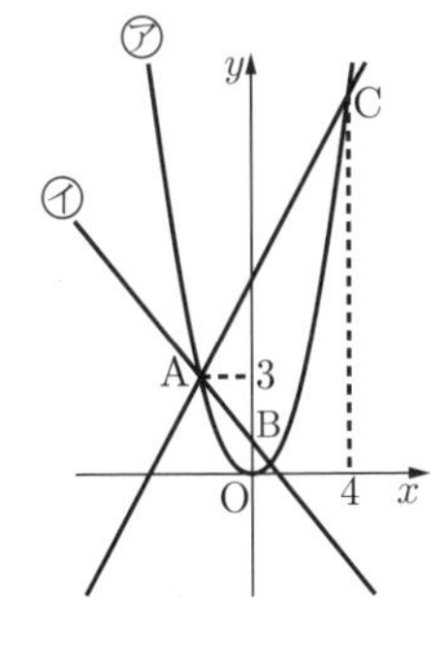

このとき，次の各問いに答えなさい。

(1) よく出る 基本 a の値を求めなさい。（1点）

(2) よく出る 基本 直線ACの式を求めなさい。（2点）

(3) 関数㋐のグラフ上において2点B，Cの間に点Pを，直線AC上において点Qを，直線PQが y 軸と平行になるようにとる。また，直線PQと関数㋑のグラフとの交点をRとする。

PQ : PR = 3 : 1 となるとき，

① よく出る 点Pの x 座標を求めなさい。（1点）

② 難 △ARCの面積は，△ABPの面積の何倍であるか，求めなさい。（2点）

6 右の図のように，∠ACB = 90° である直角二等辺三角形ABCと，∠ADC = 90° である直角二等辺三角形ACDがある。辺AB上に点Eを，AEの長さがEBの長さより短くなるようにとり，線分EB上に点Fを，∠ACF = ∠ADE となるようにとる。点Gは，DEの延長とCFの延長との交点であり，辺ACと線分DEとの交点をHとする。

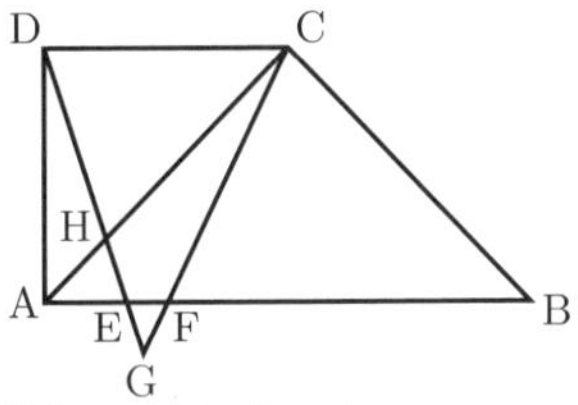

このとき，次の各問いに答えなさい。

(1) △BCF∽△CDH であることを証明しなさい。（4点）

(2) AB = 12 cm，AE = 2 cm のとき，
AC = BC = $6\sqrt{2}$ cm，CF = $3\sqrt{5}$ cm である。このとき，線分DHと線分HGの長さの比 DH : HG を求めなさい。答えは最も簡単な整数比で表すこと。（2点）

出題傾向と対策

●例年同様，大問6題の出題である。**1** は小問集合，**2** は関数 $y = ax^2$，**3** はデータの整理・一次関数，**4** は数の規則性，**5** は空間図形，**6** は平面図形である。出題内容，分量，難易度ともに，ほぼ例年通りである。

●基礎・基本から標準レベルの問題が，おおむね全ての分野から出題されている。先ずは基本問題でしっかりと基礎固めを行なった後，標準問題で着実に実力をつけていくとともに，過去問にもあたって独特な問題への対応に慣れておこう。

1 よく出る 基本 次の(1)～(6)の問いに答えなさい。

(1) 次の①～⑤の計算をしなさい。

① $-2 + 7$（2点）

② $5 - 3^2 \times 2$（2点）

③ $3(a - 2b) - 2(2a + b)$（2点）

④ $\dfrac{x + 2y}{3} + \dfrac{x - y}{5}$（2点）

⑤ $\sqrt{18} - \dfrac{4}{\sqrt{2}}$（2点）

(2) 2次方程式 $x^2 - 3x - 2 = 0$ を解きなさい。（2点）

(3) x についての方程式 $3x + 2a = 5 - ax$ の解が $x = 2$ であるとき，a の値を求めなさい。（2点）

(4) 大小2つのさいころを同時に1回投げるとき，出た目の数の積が9の倍数になる確率を求めなさい。

ただし，どの目が出ることも，同様に確からしいものとする。（2点）

(5) 右の〔図〕のように，線分ABを直径とする円Oの周上に2点C，Dがある。

∠ACD = 62° のとき，∠BAD の大きさを求めなさい。（2点）

〔図〕

(6) 右の〔図〕のように，半直線OX，OY上にそれぞれ点A，Bがある。点A，Bからの距離が等しく，さらに，半直線OX，OYからの距離が等しくなる点Pを，作図によって求めなさい。

ただし，作図には定規とコンパスを用い，作図に使った線は消さないこと。（2点）

〔図〕

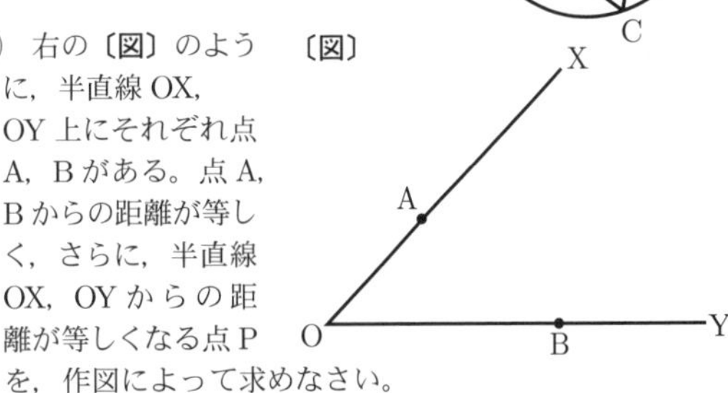

2 よく出る　右の〔図1〕のように，関数 $y=ax^2$ $(a>0)$ と，関数 $y=bx^2$ $(b<0)$ のグラフがある。関数 $y=ax^2$ のグラフ上に2点A，Bがあり，点Aの座標は $(2,\ 2)$，点Bの x 座標は -4 である。

〔図1〕

次の(1)～(3)の問いに答えなさい。

(1) 基本　a の値を求めなさい。 (2点)

(2) 基本　直線ABの式を求めなさい。 (3点)

(3) 右の〔図2〕のように，直線ABと y 軸との交点をC，直線 $x=-4$ と関数 $y=bx^2$ との交点をD，直線 $x=-4$ と x 軸との交点をEとする。△BECの面積と四角形ACEDの面積が等しくなるときの b の値を求めなさい。 (3点)

〔図2〕

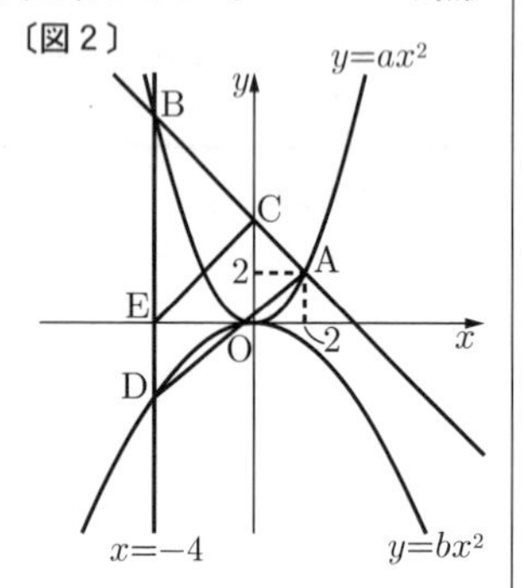

3 次の(1)，(2)の問いに答えなさい。

(1) よく出る 基本　ある中学校のバスケットボール部は，フリースローを1人あたり10本ずつ行った記録を定期的に残して，練習の成果を確認している。

右の〔表〕の度数分布表は，9月に記録をとった12人と，11月に記録をとった10人について，フリースローが決まった本数とその人数を表したものである。

〔表〕

記録(本)	度数(人) 9月	11月
0	0	1
1	1	0
2	3	2
3	4	0
4	1	3
5	0	2
6	2	1
7	1	0
8	0	1
9	0	0
10	0	0
計	12	10

次の①，②の問いに答えなさい。

① 〔表〕から9月の最頻値と11月の最頻値ではどちらの月の方が大きいか，答えなさい。 (1点)

② 〔表〕の9月と11月の記録を比べたときの内容として適切でないものを，下のア～エから1つ選び，記号を答えなさい。また，適切でない理由を根拠となる数値を用いて説明しなさい。 (3点)

ア　平均値は，9月より11月の方が大きい。
イ　中央値は，9月より11月の方が大きい。
ウ　フリースローが決まった本数が6本以上の人数の割合は，9月より11月の方が大きい。
エ　範囲は，9月より11月の方が大きい。

(2) 右の〔図1〕のように，ある建物では1階と2階を結ぶエスカレーターと階段が平行に並んでおり，エスカレーターの動く部分と，階段の1階と2階の間の距離は，ともに12mである。

〔図1〕

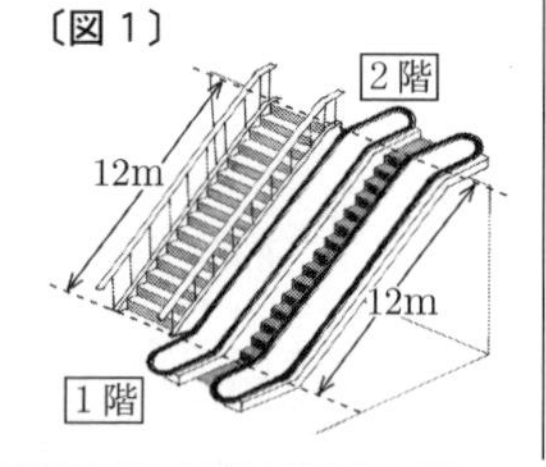

太郎さんは，秒速 $\frac{1}{2}$ m の速さのエスカレーターに乗り，花子さんは，秒速 $\frac{3}{4}$ m の速さで階段を歩いて，どちらも1階から2階まで移動する。

花子さんは，太郎さんが1階を出発してから2秒後に1階を出発して，太郎さんより早く2階に着いた。

次の①，②の問いに答えなさい。

① 基本　下の〔図2〕は，太郎さんが1階を出発してから x 秒後の，太郎さんの移動した距離を y m として，x と y の関係をグラフに表したものである。

花子さんの移動について，太郎さんが1階を出発してから x 秒後の，花子さんの移動した距離を y m として，x と y の関係を表すグラフを〔図2〕にかき入れなさい。 (1点)

〔図2〕

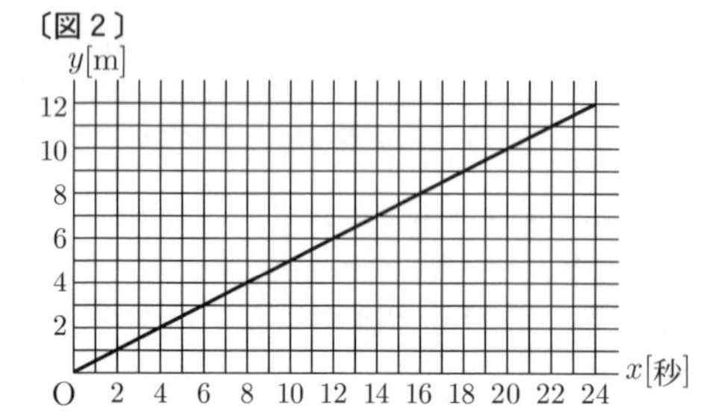

② よく出る　花子さんが2階に着いたとき，太郎さんは2階まであと何mであるかを求めたい。

次の［説明］は，花子さんと太郎さんのグラフを用いて求める方法を説明したものである。

ア には適する数を，イ には求める方法の続きを書き，［説明］を完成させなさい。ただし，実際にあと何mであるかを求める必要はない。 (3点)

［説明］

まず，花子さんが1階から12m離れた2階に着いたのは，花子さんのグラフの x の値から読みとると，太郎さんが1階を出発してから ア 秒後であることがわかる。次に，

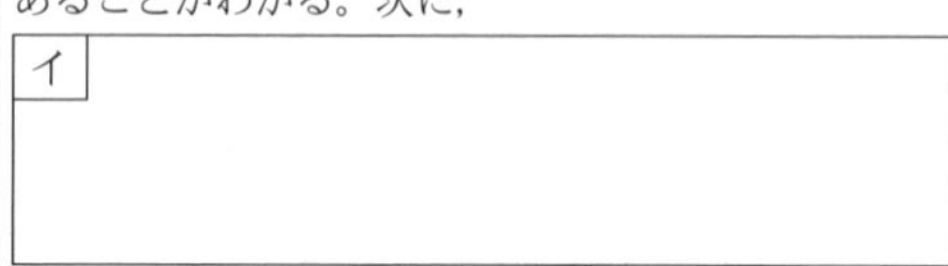

4 右の〔図1〕のように，横，右上がり，右下がりの3つの方向にそれぞれ平行な竹を，等間隔になるように編む「六ツ目編み」という編み方がある。

〔図1〕

〔図2〕のように，横に置いた4本の竹は増やさずに，右上がり，右下がりの斜め方向に竹を加えて編んでいくことによってできる正六角形の個数について考える。

横に置いた4本の竹と，斜め方向の4本の竹の合計8本を編むと正六角形が1個できる。これを1番目とする。

1番目の斜め方向の竹の右側に，斜め方向の竹を2本加えて合計10本を編んだものを2番目とする。

以下，同じように，斜め方向の竹を2本加えて編む作業を繰り返し，3番目，4番目，…とする。

なお，〔図２〕では竹を直線で表し，太線は新しく加えた竹を表している。

〔図２〕

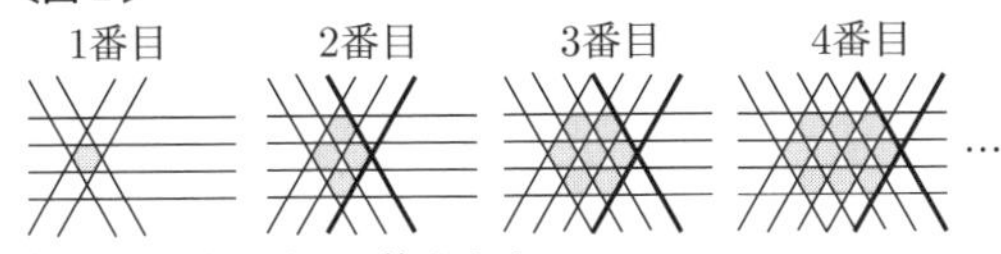

次の(1)〜(3)の問いに答えなさい。

(1) **基本** 6番目の正六角形の個数を求めなさい。（2点）

(2) **思考力** n 番目の正六角形の個数を n を使って表しなさい。（3点）

(3) 正六角形を100個つくるとき，必要な竹は全部で何本か，求めなさい。（3点）

5 右の〔図〕のように，3辺の長さが a cm，b cm，1 cm $(a > b > 1)$ である直角三角形ABCがある。

直角三角形ABCを，直線AB，AC，BCを軸としてそれぞれ1回転したときにできる立体をP，Q，Rとするとき，3つの立体の体積の大小関係を考える。

〔図〕

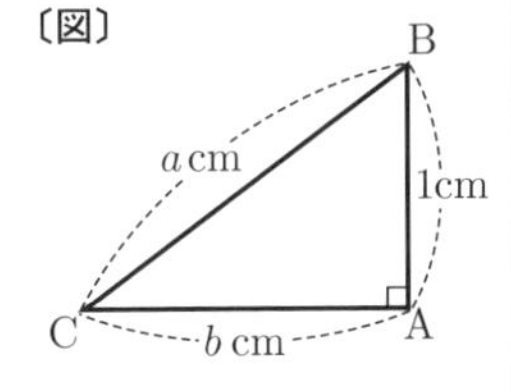

次の(1)〜(4)の問いに答えなさい。

(1) **基本** 直線ABを軸として1回転したときにできるPの体積を，b を使って表しなさい。（2点）

(2) 直線ACを軸として1回転したときにできるQの体積は，Pの体積の何倍か，b を使って表しなさい。（2点）

(3) 直線BCを軸として1回転したときにできるRの体積は，Pの体積の何倍か，a を使って表しなさい。（3点）

(4) 体積の小さい順に，P，Q，Rを並べなさい。（1点）

6 右の〔図〕のように，ひし形ABCDがあり，対角線BDと対角線ACの交点をOとする。

また，辺BC上に点Pがあり，点Pを通り辺ABに平行な直線と，対角線BD，対角線AC，辺ADとの交点をそれぞれE，F，Gとする。

〔図〕

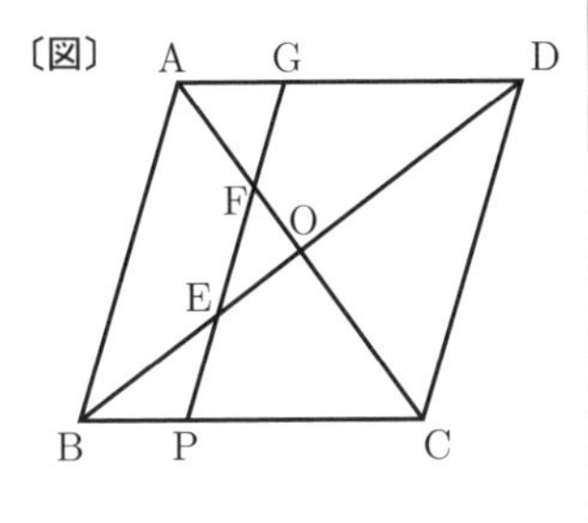

ただし，点Pは，頂点Bまたは頂点Cと一致しない。

次の(1)，(2)の問いに答えなさい。

(1) **よく出る** △ABC∽△FPCであることを証明しなさい。（3点）

(2) AB = 5 cm，AC = 6 cm とする。また，△BPEの面積と△EOFの面積が等しくなるように点Pをとる。

次の①，②の問いに答えなさい。

① **基本** 線分BOの長さを求めなさい。（2点）

② **思考力** △AFGの面積を求めなさい。（3点）

宮崎県

時間	50分	満点	100点	解答	P72	3月4日実施

出題傾向と対策

●**1** は独立した基本問題の集合，**2** は確率，1次方程式の応用，**3** は関数と図形，**4** は平面図形，**5** は空間図形からの出題であった。分野，分量とも昨年とほぼ同じであるが，**4** と **5** に考えにくいものがあり，昨年より難しかったと思われる。

●全範囲から，基本から標準程度を中心に出題されるので，基本事項を身につけ，標準的なもので練習すること。図形については標準以上のものにも取り組んでおくとよい。

1 **よく出る** **基本** 次の(1)〜(9)の問いに答えなさい。

(1) $-3-6$ を計算しなさい。

(2) $-\frac{7}{10} \times \left(-\frac{5}{21}\right)$ を計算しなさい。

(3) $1-(-3)^2$ を計算しなさい。

(4) $-4(a-b)+5(a-2b)$ を計算しなさい。

(5) $(\sqrt{8}+\sqrt{18}) \div \sqrt{2}$ を計算しなさい。

(6) 二次方程式 $x^2-10x=-21$ を解きなさい。

(7) 関数 $y=x^2$ について，x の変域が $-2 \leqq x \leqq 1$ のときの y の変域を求めなさい。

(8) 右の表は，ある学校の2年生15人と3年生15人が，ハンドボール投げを行い，その記録の平均値，最大値，最小値についてまとめたものである。

（単位：m）

	2年生	3年生
平均値	24	25
最大値	30	32
最小値	15	17

2年生，3年生の記録について，この表から，かならずいえることを，次のア〜エからすべて選び，記号で答えなさい。

ア　2年生の記録を大きさの順に並べたとき，その中央の値は24 m である。

イ　2年生の記録の合計は，3年生の記録の合計よりも小さい。

ウ　2年生の記録の範囲と3年生の記録の範囲は等しい。

エ　3年生の記録の中で，もっとも多く現れる値は32 m である。

(9) 右の図のように，直線 l と円Oがあり，直線 l 上に2点A，Bがある。

円Oの円周上にあり，△ABPの面積がもっとも小さくなるような点Pを，コンパスと定規を使って作図しなさい。作図に用いた線は消さずに残しておくこと。

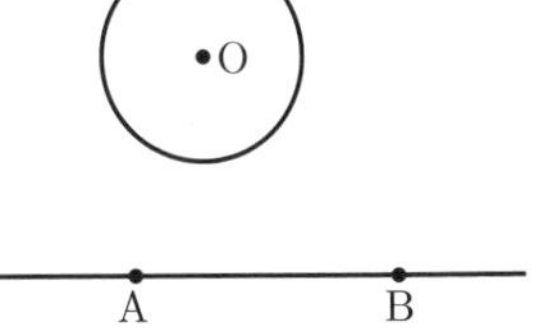

2 **基本** 後の1，2の問いに答えなさい。

1　咲子(さきこ)さんと健太(けんた)さんは，次の【課題】について考えた。下の【会話】は，2人が話し合っている場面の一部である。

　このとき，下の(1)，(2)の問いに答えなさい。

【課題】

> 右のように，1，2，3，4の数字が，それぞれ書かれた玉が1個ずつはいっている箱Aと，2，3，4の数字が，それぞれ書かれた玉が1個ずつはいっている箱Bがある。
>
> 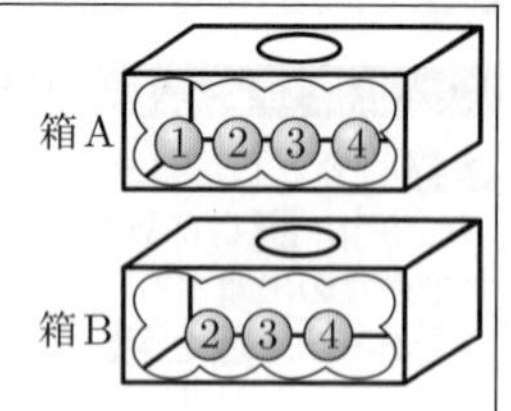
>
>
> (Ⅰ)　箱Aの中から1個の玉を取り出すとき，3が書かれた玉が出る確率を求めなさい。
> 　ただし，どの玉の取り出し方も同様に確からしいとする。
>
> (Ⅱ)　箱A，箱Bの中からそれぞれ1個ずつ玉を取り出すとき，玉に書かれた数の和が5になる確率を求めなさい。
> 　ただし，箱A，箱Bのそれぞれにおいて，どの玉の取り出し方も同様に確からしいとする。

【会話】

> 咲子：(Ⅰ)の答えは ①$\frac{1}{4}$ だよね。
>
> 健太：そのとおりだね。それでは，(Ⅱ)の方はどうかな。
>
> 咲子：②2個の玉に書かれた数の和は，3，4，5，6，7，8の6通りあり，和が5になるのは1通りだから，答えは $\frac{1}{6}$ になると考えたよ。
>
> 健太：その考え方は，正しいのかな。もう一度，一緒に考えてみよう。

(1)　【会話】の中の下線部①について，この確率の意味を正しく説明している文を，次のア～エから1つ選び，記号で答えなさい。

ア　1個の玉を取り出してもとに戻すことを4回行うとき，かならず1回，3が書かれた玉が出る。

イ　1個の玉を取り出してもとに戻すことを4回行うとき，少なくとも1回は，3が書かれた玉が出る。

ウ　1個の玉を取り出してもとに戻すことを4000回行うとき，ちょうど1000回，3が書かれた玉が出る。

エ　1個の玉を取り出してもとに戻すことを4000回行うとき，1000回ぐらい，3が書かれた玉が出る。

(2)　この【会話】の後，咲子さんは下線部②の考え方がまちがっていることに気づきました。

　(Ⅱ)について，答えを求める過程がわかるように，樹形図や表を用いて説明を書き，正しい答えを求めなさい。

2　次は，ある鉄道会社の列車の路線図と通常運賃表，団体割引についての案内の一部である。通常運賃については，あとの【表の見方】にあるように，例えば，ある人がC駅から列車に乗り，F駅で降りる場合，720円である。

　このとき，後の(1)，(2)の問いに答えなさい。

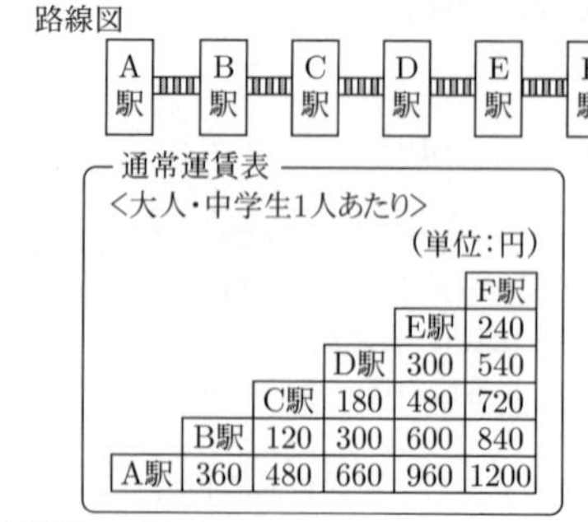

通常運賃表
＜大人・中学生1人あたり＞
（単位：円）

					F駅
				E駅	240
			D駅	300	540
		C駅	180	480	720
	B駅	120	300	600	840
A駅	360	480	660	960	1200

＜団体割引のご案内＞

20人以上の団体のお客様で，全員の乗る駅と降りる駅が同じ場合に，次のように通常運賃から割引します。

（団体割引は大人と中学生をあわせて20人以上であれば適用されます。）

大　人	1人あたり30%引き
中学生	1人あたり50%引き

【表の見方】

（例）C駅から列車に乗り，F駅で降りる場合
（単位：円）

					F駅
				E駅	240
			D駅	300	540
		C駅	180	480	720
	B駅	120	300	600	840
A駅	360	480	660	960	1200

⇒ 通常運賃は720円

(1)　大人6人がA駅から列車に乗り，この6人のうち，3人がD駅で列車を降りた。その後，残りの3人はF駅で降りた。

　このとき，6人の運賃の合計を求めなさい。

(2)　大人5人と中学生15人の計20人の団体が，団体割引を利用して，路線図の中のある駅から一緒に列車に乗り，別の駅で一緒に降りたところ，運賃の合計は6600円であった。

　この列車は，A駅からF駅に向かって進むものとするとき，この20人がどの駅から乗り，どの駅で降りたか，方程式を使って求めなさい。

　ただし，答えを求める過程がわかるように，式と計算，説明も書きなさい。

3 次の1，2の問いに答えなさい。

1　**基本** **新傾向** 次の【例1】は，y が x の一次関数である例を示している。【例1】を参考にして，下の【例2】が，y が x に反比例する例になるように，［ア］には単位を含めて適切な文を，［イ］には式を入れなさい。

【例1】

> 500 mL の牛乳を，x mL 飲んだとき，残りの牛乳を y mL
>
> とすると，y は x の一次関数である。
>
> 〔関係を表す式〕 $y=-x+500$

【例2】

> ア
>
> とすると，y は x に反比例する。
>
> 〔関係を表す式〕 イ

2 **よく出る** 図のように，関数 $y=\dfrac{a}{x}$…①のグラフ上に2点 A，B があり，点 A の座標は $(-2,\ 6)$，点 B の x 座標は 4 である。また，点 C $(4,\ 9)$ をとり，直線 BC と x 軸との交点を D とする。

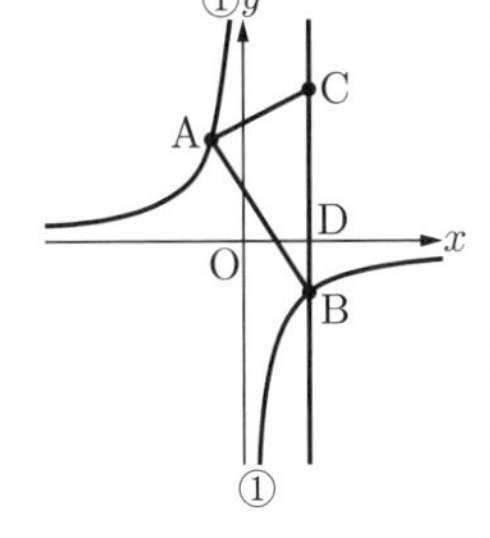

線分 AB，AC をひくとき，次の(1)～(3)の問いに答えなさい。

(1) a の値を求めなさい。

(2) △ABC の辺 AC 上にある点のうち，x 座標，y 座標がともに整数である点は，頂点 A，C も含めて，全部で何個あるか求めなさい。

(3) 点 D を通り，△ABC の面積を2等分する直線の式を求めなさい。

4 **よく出る** 右の図のように，$\angle BCA=90^\circ$ の直角三角形 ABC と，辺 AB を1辺とする正方形 EBAD，辺 BC を1辺とする正方形 BFGC がある。線分 AF，EC をひき，AF と EC の交点を H とする。

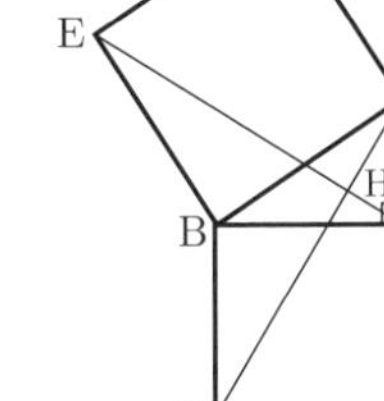

このとき，次の1～3の問いに答えなさい。

1 **基本** $\angle ABC=35^\circ$ のとき，$\angle DAG$ の大きさを求めなさい。

2 $\triangle ABF\equiv\triangle EBC$ であることを証明しなさい。

3 **思考力** $BC=3\,\text{cm}$，$AC=2\,\text{cm}$ のとき，次の(1)，(2)の問いに答えなさい。

(1) 四角形 ECAD の面積を求めなさい。

(2) 3点 A，B，H を通る円をかくとき，この円において，点 H を含む方の $\overset{\frown}{AB}$ の長さを求めなさい。
ただし，円周率は π とする。

5 **よく出る** 和恵（かずえ）さんの学校のプロジェクタは，電源を入れると，**図Ⅰ**のように，水平な床に対して垂直なスクリーンに，四角形の映像を映し出す。

プロジェクタの光源を P，四角形の映像を長方形 ABCD とするとき，プロジェクタから出る光によってできる空間図形は，点 P を頂点とし，長方形 ABCD を底面とする四角錐（すい）になるものとする。

このとき，下の1～3の問いに答えなさい。

ただし，$PA=PB=PC=PD=13\,\text{m}$，$AB=6\,\text{m}$，$AD=8\,\text{m}$ とする。また，直線 AB は水平な床に対して垂直であり，スクリーンは平面であるものとする。

図Ⅰ

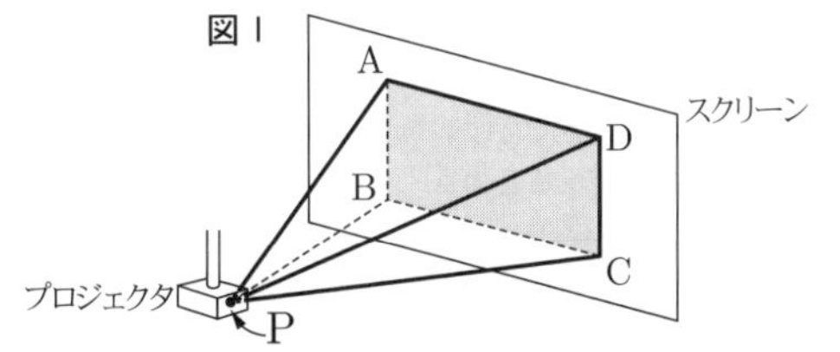

1 **基本** 長方形 ABCD の対角線 AC の長さを求めなさい。

2 四角錐 PABCD の体積を求めなさい。

3 **思考力** **図Ⅱ**のように，**図Ⅰ**のスクリーンを，直線 AB を回転の軸として矢印の向きに 45° 回転させたところ，スクリーンに映し出された長方形 ABCD の映像が，台形 ABEF に変わった。

図Ⅱ

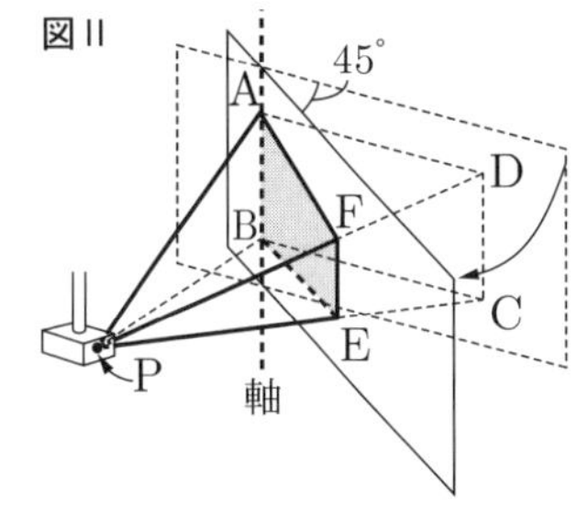

このとき，次の(1)，(2)の問いに答えなさい。

(1) 台形 ABEF の面積を求めなさい。

(2) 四角錐 PABEF の体積を求めなさい。

鹿児島県

時間	50分	満点	90点	解答	P73	3月10日実施

出題傾向と対策

●例題通り大問5題で，**1** は計算中心の小問集合，**2** は文章題や図形の小問集合，**3** はデータの活用，**4** は $y=ax^2$ のグラフ上の点，**5** は正六角形についての問題であった。

●問題数，難易度ともに例年とほとんど変化はない。基礎・基本問題が多く，標準レベルまでの出題であるが，証明や考え方を記述する問題もあり，データの活用や図形の移動を題材とした出題もよく見られるので，教科書でしっかり復習してから，数多く過去問を解いて対策を立てておこう。

1 **よく出る** **基本** 次の1～5の問いに答えなさい。

1 次の(1)～(5)の問いに答えよ。

(1) $5\times4+7$ を計算せよ。 (3点)

(2) $\dfrac{2}{3}-\dfrac{3}{5}\div\dfrac{9}{2}$ を計算せよ。 (3点)

(3) $\sqrt{6}\times\sqrt{8}-\dfrac{9}{\sqrt{3}}$ を計算せよ。 (3点)

(4) 4 km を 20 分で走る速さは時速何 km か。 (3点)

(5) 正四面体の辺の数は何本か。 (3点)

2 x についての方程式 $7x-3a=4x+2a$ の解が $x=5$ であるとき，a の値を求めよ。 (3点)

3 右の図は，3つの長方形と2つの合同な直角三角形でできた立体である。この立体の体積は何 cm^3 か。 (3点)

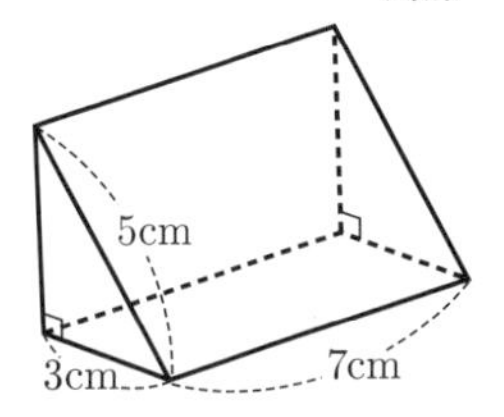

4 28 にできるだけ小さい自然数 n をかけて，その積がある自然数の2乗になるようにしたい。このとき，n の値を求めよ。 (3点)

5 あとの表は，平成27年から令和元年までのそれぞれの桜島降灰量を示したものである。次の ＿＿ にあてはまるものをあとのア～エの中から1つ選び，記号で答えよ。 (3点)

令和元年の桜島降灰量は， ＿＿ の桜島降灰量に比べて約 47% 多い。

年	平成27年	平成28年	平成29年	平成30年	令和元年
桜島降灰量 (g/m²)	3333	403	813	2074	1193

(鹿児島県「桜島降灰量観測結果」から作成)

ア 平成27年　イ 平成28年　ウ 平成29年
エ 平成30年

2 よく出る 次の1～5の問いに答えなさい。

1 基本 右の図において，4点A，B，C，Dは円Oの周上にあり，線分ACは円Oの直径である。$\angle x$ の大きさは何度か。(3点)

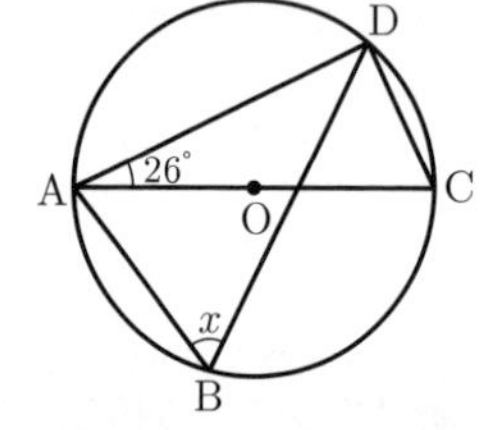

2 基本 大小2つのさいころを同時に投げるとき，出た目の数の和が10以下となる確率を求めよ。(3点)

3 $(x+3)^2-2(x+3)-24$ を因数分解せよ。(3点)

4 右の図において，正三角形ABCの辺と正三角形DEFの辺の交点をG，H，I，J，K，Lとするとき，△AGL∽△BIH であることを証明せよ。(4点)

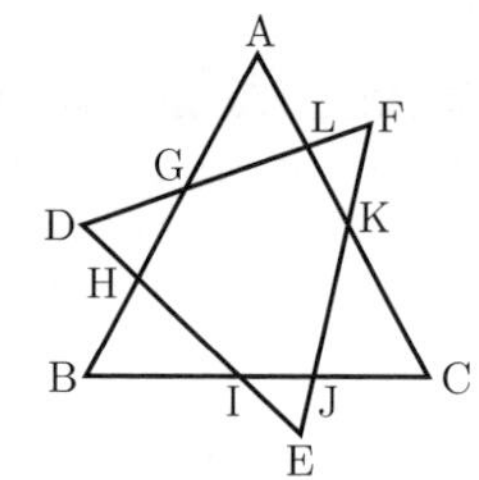

5 基本 ペットボトルが5本入る1枚3円のMサイズのレジ袋と，ペットボトルが8本入る1枚5円のLサイズのレジ袋がある。ペットボトルが合わせてちょうど70本入るようにMサイズとLサイズのレジ袋を購入したところ，レジ袋の代金の合計は43円であった。このとき，購入したMサイズとLサイズのレジ袋はそれぞれ何枚か。ただし，Mサイズのレジ袋の枚数を x 枚，Lサイズのレジ袋の枚数を y 枚として，その方程式と計算過程も書くこと。なお，購入したレジ袋はすべて使用し，Mサイズのレジ袋には5本ずつ，Lサイズのレジ袋には8本ずつペットボトルを入れるものとし，消費税は考えないものとする。(4点)

3 よく出る Aグループ20人とBグループ20人の合計40人について，ある期間に図書室から借りた本の冊数を調べた。このとき，借りた本の冊数が20冊以上40冊未満である16人それぞれの借りた本の冊数は以下のとおりであった。また，右の**表**は40人の借りた本の冊数を度数分布表に整理したものである。次の1～3の問いに答えなさい。

表

階級（冊）以上～未満	度数（人）
0 ～ 10	3
10 ～ 20	5
20 ～ 30	a
30 ～ 40	10
40 ～ 50	b
50 ～ 60	7
計	40

借りた本の冊数が20冊以上40冊未満である16人それぞれの借りた本の冊数

21, 22, 24, 27, 28, 28, 31, 32,
32, 34, 35, 35, 36, 36, 37, 38（冊）

1 基本 [a]，[b] にあてはまる数を入れて**表**を完成させよ。(3点)

2 思考力 40人の借りた本の冊数の中央値を求めよ。(3点)

3 基本 **図**は，Aグループ20人の借りた本の冊数について，度数折れ線をかいたものである。このとき，次の(1)，(2)の問いに答えよ。

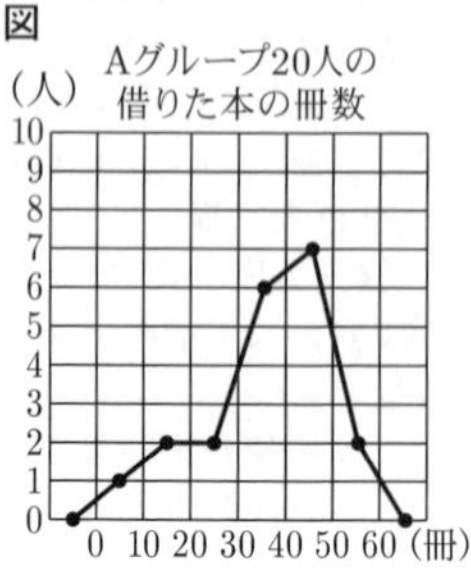

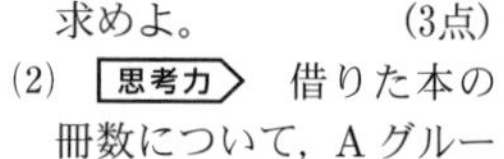

(1) Aグループ20人について，40冊以上50冊未満の階級の相対度数を求めよ。(3点)

(2) 思考力 借りた本の冊数について，AグループとBグループを比較したとき，必ずいえることを下のア～エの中からすべて選び，記号で答えよ。(3点)

ア 0冊以上30冊未満の人数は，AグループよりもBグループの方が多い。

イ Aグループの中央値は，Bグループの中央値よりも大きい。

ウ **表**や**図**から読み取れる最頻値を考えると，AグループよりもBグループの方が大きい。

エ AグループとBグループの度数の差が最も大きい階級は，30冊以上40冊未満の階級である。

4 以下の会話文は授業の一場面である。次の1～3の問いに答えなさい。

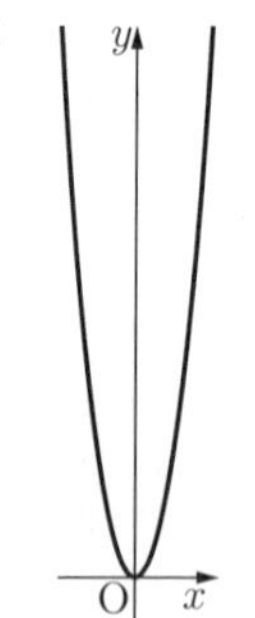

先　生：今日は放物線上の3点を頂点とした三角形について学びましょう。その前にまずは練習問題です。右の図の関数 $y=2x^2$ のグラフ上に点Aがあり，点Aの x 座標が3のとき，y 座標を求めてみましょう。

ゆうき：y 座標は [ア] です。

先　生：そうですね。それでは，今日の課題です。

【課題】

> 関数 $y=2x^2$ のグラフ上に次のように3点A，B，Cをとるとき，△ABCの面積を求めよう。
> ・点Bの x 座標は点Aの x 座標より1だけ大きい。
> ・点Cの x 座標は点Bの x 座標より1だけ大きい。

たとえば，点Aの x 座標が1のとき，点Bの x 座標は2，点Cの x 座標は3ですね。

ゆうき：それでは私は点Aの x 座標が -1 のときを考えてみよう。このときの点Cの座標は [イ] だから…よしっ，面積がでた。

しのぶ：私は，直線ABが x 軸と平行になるときを考えてみるね。このときの点Cの座標は [ウ] だから…面積がでたよ。

先　生：お互いの答えを確認してみましょう。

ゆうき：あれ，面積が同じだ。

しのぶ：点Aの x 座標がどのような値でも同じ面積になるのかな。

ゆうき：でも三角形の形は違うよ。たまたま同じ面積になったんじゃないの。

先　生：それでは，同じ面積になるか，まずは点Aの x

座標が正のときについて考えてみましょう。点Aの x 座標を t とおいて，△ABC の面積を求めてみてください。

1 **基本** [ア] にあてはまる数を書け。 (3点)

2 **基本** [イ]，[ウ] にあてはまる座標をそれぞれ書け。 (6点)

3 会話文中の下線部について，次の(1)，(2)の問いに答えよ。

(1) 点Cの y 座標を t を用いて表せ。 (3点)

(2) △ABC の面積を求めよ。ただし，求め方や計算過程も書くこと。

また，点Aの x 座標が正のとき，△ABC の面積は点Aの x 座標がどのような値でも同じ面積になるか，求めた面積から判断し，「同じ面積になる」，「同じ面積にならない」のどちらか答えよ。 (5点)

5 右の図1は，「麻の葉（あさのは）」と呼ばれる模様の一部分であり，鹿児島県の伝統的工芸品である薩摩切子（さつまきりこ）にも使われている。また，図形 ABCDEF は正六角形であり，図形①～⑥は合同な二等辺三角形である。次の1～3の問いに答えなさい。

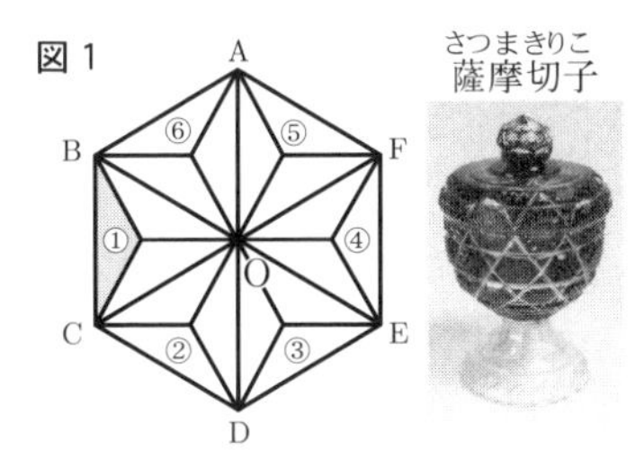

1 **基本** 図形①を，点Oを回転の中心として 180° だけ回転移動（点対称移動）し，さらに直線 CF を対称の軸として対称移動したとき，重なる図形を②～⑥の中から，1つ選べ。 (3点)

2 図2の線分 AD を対角線とする正六角形 ABCDEF を定規とコンパスを用いて作図せよ。ただし，作図に用いた線は残しておくこと。 (4点)

図2

3 図3は，1辺の長さが 4 cm の正六角形 ABCDEF である。点Pは点Aを出発し，毎秒 1 cm の速さで対角線 AD 上を点Dまで移動する。点Pを通り対角線 AD に垂直な直線を l とする。直線 l と折れ線 ABCD との交点をM，直線 l と折れ線 AFED との交点をNとする。このとき，次の(1)～(3)の問いに答えよ。

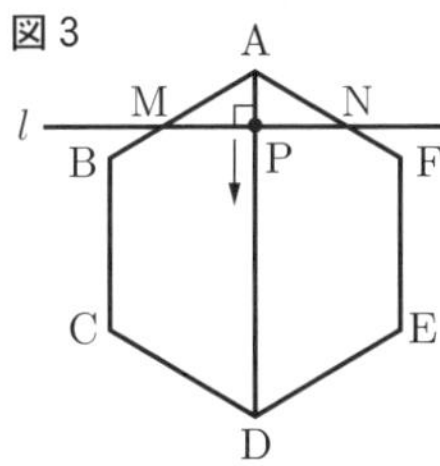

(1) **基本** 点Pが移動し始めてから1秒後の線分 PM の長さは何 cm か。 (3点)

(2) 点Pが移動し始めてから5秒後の △AMN の面積は何 cm^2 か。 (3点)

(3) 点Mが辺 CD 上にあるとき，△AMN の面積が $8\sqrt{3}\ cm^2$ となるのは点Pが移動し始めてから何秒後か。ただし，点Pが移動し始めてから t 秒後のこととして，t についての方程式と計算過程も書くこと。 (4点)

沖縄県

時間	50分	満点	60点	解答	P75	3月4日実施

＊ 注意
1 答えは，最も簡単な形で表しなさい。
2 答えは，それ以上約分できない形にしなさい。
3 答えに $\sqrt{\ }$ が含まれるときは，$\sqrt{\ }$ の中をできるだけ小さい自然数にしなさい。
4 答えが比のときは，最も簡単な整数の比にしなさい。

出題傾向と対策

●昨年同様，大問は 10 題で，**1** と **2** は小問集合，**3** は確率，**4** は作図と平面図形，**5** は数・式の利用，**6** は関数とグラフ，**7** は関数 $y=ax^2$，**8** は平面図形，**9** は空間図形，**10** は読解問題であった。問題量，出題傾向や難易度は例年通りである。

●問題数が多いが，すぐに解ける基礎事項が半分以上ある。解きやすい問題から手をつけ，大問の後半で詰まったら，次の問題へ進み，大問の前半は完答したい。読解力を必要とする長文問題や証明問題，記述問題も出題される。日頃から時間を計りながら，手際よく解く練習を積むこと。

1 **よく出る** **基本** 次の計算をしなさい。

(1) $2+(-9)$ (1点)

(2) $\dfrac{7}{5}\times(-10)$ (1点)

(3) $6-4\div(-2)$ (1点)

(4) $4\sqrt{3}+\sqrt{12}$ (1点)

(5) $6ab^2\div b\times 3a$ (1点)

(6) $-(-3x+y)+2(x+y)$ (1点)

2 **よく出る** **基本** 次の [　] に最も適する数や式または記号を入れなさい。

(1) 一次方程式 $4x+3=x-6$ の解は，$x=$ [　] である。 (2点)

(2) 連立方程式 $\begin{cases} 2x-3y=2 \\ x+2y=8 \end{cases}$ の解は，$x=$ [　]，$y=$ [　] である。 (2点)

(3) $(x-3)^2$ を展開して整理すると，[　] である。 (2点)

(4) x^2+2x-8 を因数分解すると，[　] である。 (2点)

(5) 二次方程式 $2x^2+3x-1=0$ の解は，$x=$ [　] である。 (2点)

(6) 右の図において，おうぎ形の面積は [　] cm^2 である。
ただし，円周率は π とする。 (2点)

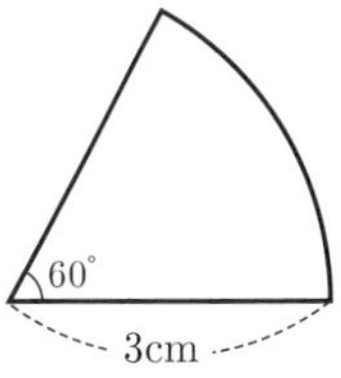

60°
3cm
図

(7) x の4倍から y をひいた数は，7より大きい。この数量の間の関係を不等式で表すと，[　] である。 (2点)

(8) 右の表は，クラス 30 人の 1 日の睡眠時間を調べて，度数分布表に整理したものである。

　中央値を含む階級の階級値は ［　　］ 時間である。　(2点)

階級（時間）以上　未満	度数（人）
5 ～ 6	2
6 ～ 7	10
7 ～ 8	8
8 ～ 9	7
9 ～ 10	3
計	30

(9) 次のア～エで，正しいものは ［　　］ である。ア～エのうちから 1 つ選び，記号で答えなさい。　(2点)

ア　$\sqrt{10}$ は 9 より大きい

イ　6 の平方根は $\sqrt{6}$ だけである

ウ　面積が 2 の正方形の 1 辺の長さは $\sqrt{2}$ である

エ　$\sqrt{16}$ は ± 4 である

3 大小 2 つのさいころを同時に投げるとき，次の各問いに答えなさい。

　ただし，さいころはどの目が出ることも同様に確からしいとする。

問 1　大小 2 つのさいころの出た目の数が，同じである場合は何通りあるか求めなさい。　(1点)

問 2　大きいさいころの出た目の数を a，小さいさいころの出た目の数を b とし，その a，b の値の組を座標とする点 P $(a,\ b)$ について考える。

　例えば，大きいさいころの出た目の数が 1，小さいさいころの出た目の数が 2 の場合は，点 P の座標は P $(1,\ 2)$ とする。

　次の問いに答えなさい。

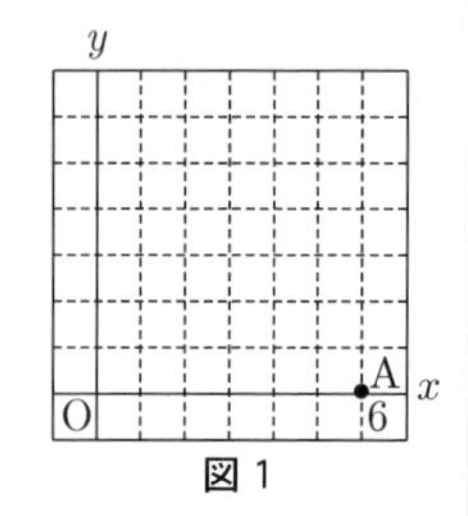

図 1

(1) 点 P $(a,\ b)$ が直線 $y = x - 1$ 上の点となる確率を求めなさい。　(1点)

(2) 図 1 のように，点 A $(6,\ 0)$ をとる。このとき，△OAP が二等辺三角形となる確率を求めなさい。　(1点)

4 よく出る　次の各問いに答えなさい。

問 1　図 2 の △ABC において，辺 BC 上に ∠BAP = ∠CAP となる点 P を，定規とコンパスを使って作図して示しなさい。

　ただし，点を示す記号 P をかき入れ，作図に用いた線は消さずに残しておくこと。　(1点)

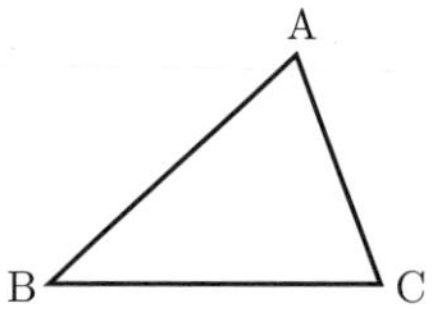

図 2

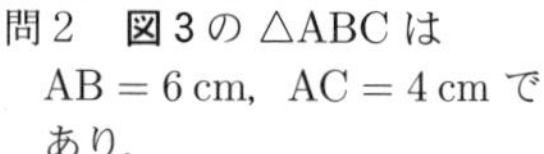

問 2　図 3 の △ABC は AB = 6 cm，AC = 4 cm であり，∠BAP = ∠CAP = 35° である。また，点 C を通り線分 AP に平行な直線と直線 AB との交点を D とする。

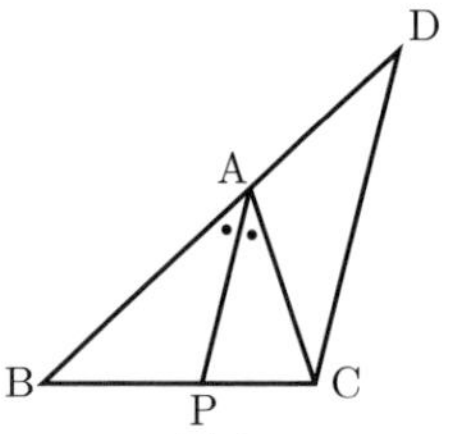

　次の問いに答えなさい。

図 3

(1) ∠ACD の大きさを求めなさい。　(1点)

(2) 線分 AD の長さを求めなさい。　(1点)

5 よく出る　基本　2 けたの自然数について，次の各問いに答えなさい。

問 1　「2 けたの自然数を，十の位の数と一の位の数を用いて表す」ことについて，先生と A さんは次のような【会話】をした。次の，［①］～［③］ に最も適する数を入れなさい。　(1点)

【会話】

先　生：2 けたの自然数を，十の位の数と一の位の数を用いて表してみよう！
　　　　例えば，23 = 20+ ［①］
　　　　　　　　　= ［②］ ×2+ ［①］
　　　　と表せますね。

A さん：はい。

先　生：では，35 の場合はどうですか？

A さん：35 = 30+ ［③］
　　　　　= ［②］ × 3 + ［③］

先　生：そうですね。
　　　　つまり，2 けたの自然数は，
　　　　［②］ × (十の位の数) + (一の位の数)
　　　　と表されますね。

問 2　「2 けたの自然数と，その数の十の位の数と一の位の数を入れかえてできる数との和は，11 の倍数になる」ことを次のように説明した。次の ［④］～［⑥］ に最も適する式を入れなさい。　(2点)

《説明》

2 けたの自然数の十の位の数を a，一の位の数を b とすると

2 けたの自然数は ［④］，

十の位の数と一の位の数を入れかえてできる数は ［⑤］ と表される。

このとき，これらの和は

(［④］) + (［⑤］) = 11(［⑥］)

［⑥］ は整数であるから，11 (［⑥］) は 11 の倍数である。

したがって，2 けたの自然数と，その数の十の位の数と一の位の数を入れかえてできる数との和は，11 の倍数になる。

問 3　「ある 2 けたの自然数 X と，その数の十の位の数と一の位の数を入れかえてできる数 Y との和が 132 になる」とき，もとの自然数 X として考えられる数をすべて求めなさい。ただし，もとの自然数 X は，十の位の数が一の位の数より大きいものとする。　(1点)

6 よく出る　右の図の △ABC は，AB = BC = 10 cm，∠B = 90° の直角二等辺三角形である。点 P は △ABC の辺上を，毎秒 2 cm の速さで，A から B を通って C まで動く。点 Q は辺 BC 上を毎秒 1 cm の速さで B から C まで動く。2 点 P，Q がそれぞれ A，B を同時に出発してから，x 秒後の △APQ の面積を y cm^2 とするとき，次の各問いに答えなさい。

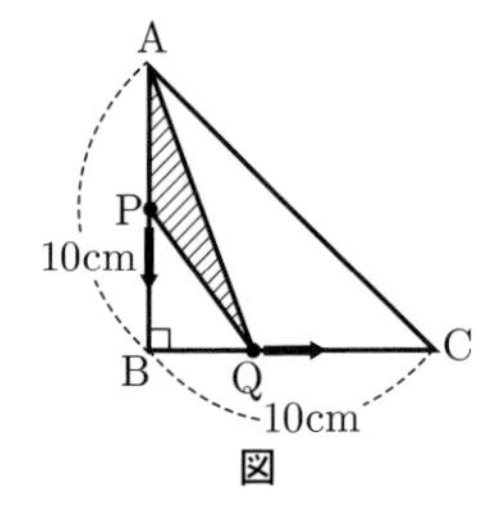

図

問 1　2 点 P，Q がそれぞれ A，B を同時に出発してから 2 秒後の y の値を求めなさい。　(1点)

問 2　点 P が辺 AB 上を動くとき，y を x の式で表しな

さい。 (1点)

問3 x と y の関係を表すグラフとして最も適するものを，次のア～エのうちから1つ選び，記号で答えなさい。 (1点)

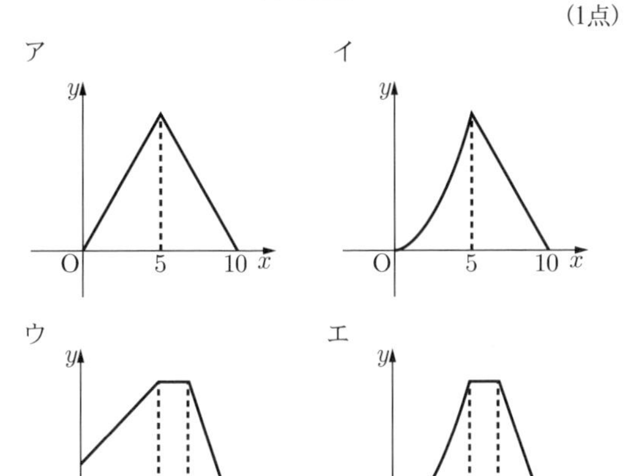

問4 △APQ の面積が 16 cm^2 となるのは，2点 P，Q がそれぞれ A，B を同時に出発してから，何秒後と何秒後であるか求めなさい。 (2点)

7 基本 右の図のように，関数 $y=x^2$ のグラフ上に2点 A，B がある。

2点 A，B の x 座標がそれぞれ -4，2であるとき，次の各問いに答えなさい。

$y=x^2$ y A B -4 O 2 x

図

問1 点 A の y 座標を求めなさい。 (1点)

問2 2点 A，B を通る直線の式を求めなさい。 (1点)

問3 △OAB の面積を求めなさい。 (1点)

問4 図の関数 $y=x^2$ のグラフ上に x 座標が正である点 P をとる。直線 AP と x 軸との交点を Q とすると，△OPA の面積は △OPQ の面積と等しくなった。

このとき，点 P の座標を求めなさい。 (2点)

8 図1は，1辺の長さが 1 cm の正五角形 ABCDE である。

線分 AD，CE の交点を F とするとき，次の各問いに答えなさい。

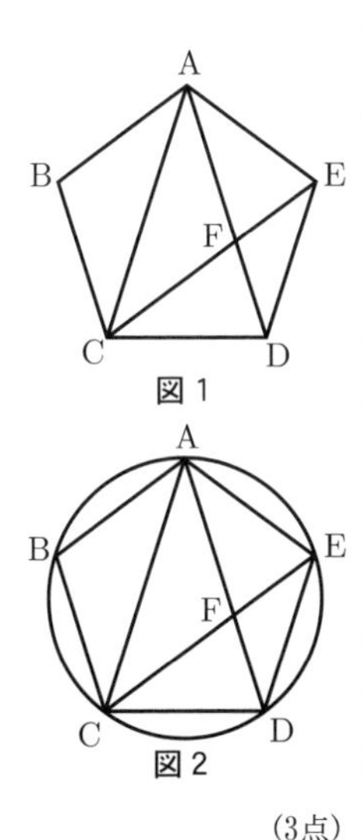

図1

図2

問1 ∠ABC の大きさを求めなさい。 (1点)

問2 図2のように，図1の正五角形 ABCDE の5つの頂点は1つの円周上にあり，円周を5等分する。

このことを利用して，△ACD∽△AFE となることを次のように証明した。

［ ］をうめて証明を完成させなさい。

ただし，証明の中に根拠となることがらを必ず書くこと。 (3点)

【証明】

△ACD と △AFE において，

$\overset{\frown}{CD}=\overset{\frown}{DE}$ より，1つの円で等しい弧に対する［ ］は等しいから

∠CAD = ∠FAE …①

［ ］…②

①，②より

［ ］から

△ACD∽△AFE

問3 思考力 線分 AD の長さを求めなさい。 (2点)

9 図1のように，頂点が O，底面が正方形 ABCD の四角錐（しかくすい）がある。ただし，正方形 ABCD の対角線 AC，BD の交点を H とすると，線分 OH は底面に垂直である。

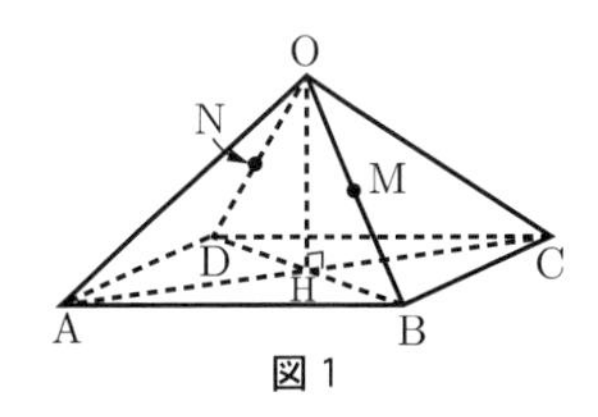

図1

AC = BD = 6 cm，OH = 4 cm で，辺 OB，辺 OD の中点をそれぞれ M，N とする。

このとき，次の各問いに答えなさい。

問1 線分 MN の長さを求めなさい。 (1点)

問2 図2のように，図1の四角錐を3点 A，M，N を通る平面で切るとき，この平面が辺 OC，線分 OH と交わる点をそれぞれ P，Q とする。次の問いに答えなさい。

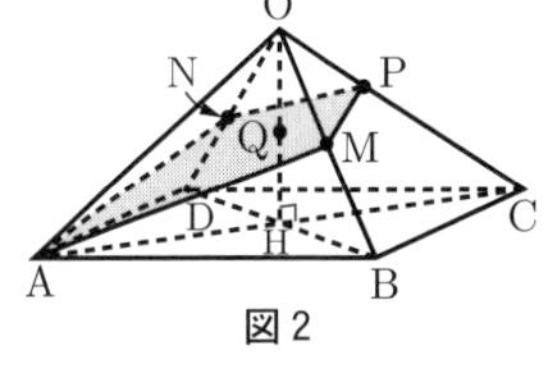

図2

(1) 線分 OQ の長さを求めなさい。 (1点)

(2) OP : PC を求めなさい。 (1点)

(3) 難 図3のように，図2の四角錐は2つの立体に分かれた。このとき，O を含む立体の体積を求めなさい。 (2点)

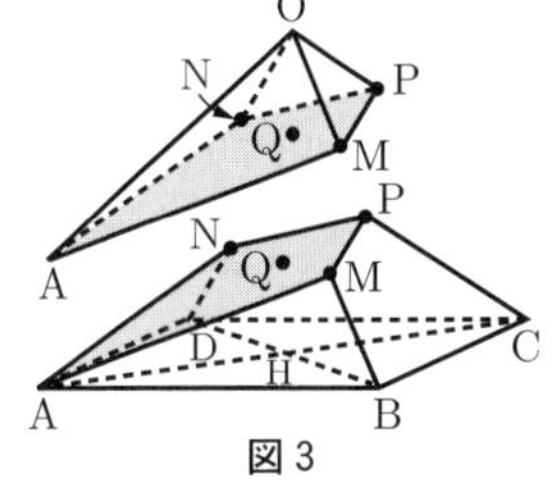

図3

10 思考力 新傾向 A さんは，長方形を図1のように同じ正方形で埋めつくすことについて考えてみた。

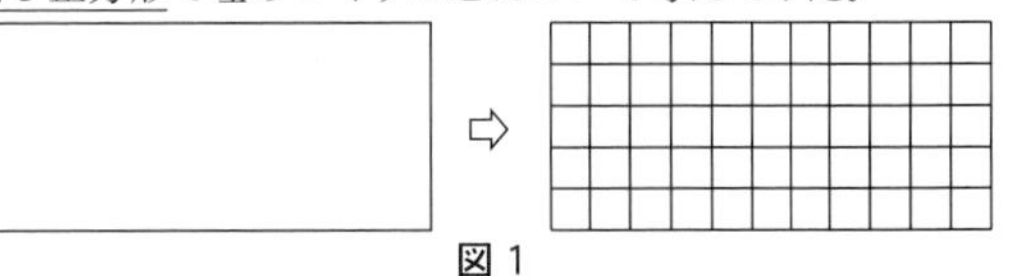

図1

例えば，縦の長さが 6 cm，横の長さが 8 cm の長方形は，図2－1のように『1辺の長さが 1 cm の正方形』や図2－2のように『1辺の長さが 2 cm の正方形』などで埋めつくすことができる。

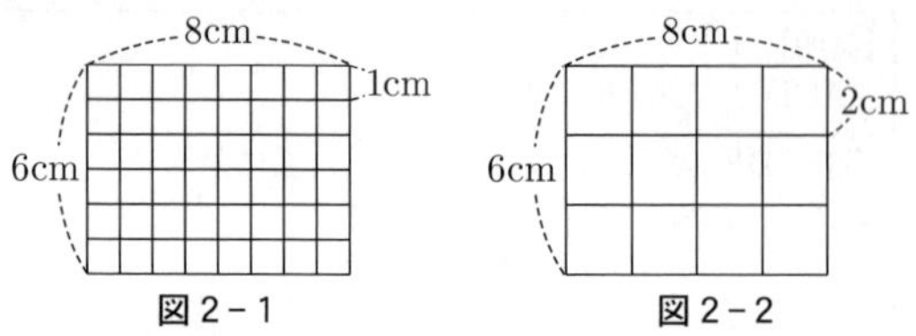

A さんが調べたところ，長方形を埋めつくすことができる正方形のうち，1 辺の長さが最大のものは以下の手順で見つけられることがわかった。ただし，長方形の辺のうち，長い辺を長辺，短い辺を短辺と呼ぶ。

手順①　長方形から，短辺を 1 辺とする正方形を切り取る。
手順②　残った図形が長方形なら手順①を繰り返し，正方形なら終わりとする。

上の手順で最後に残った正方形が，はじめの長方形を埋めつくすことができる正方形のうち，1 辺の長さが最大の正方形である。

例のように，縦の長さが 6 cm，横の長さが 8 cm の長方形を埋めつくすことができる正方形のうち，1 辺の長さが最大のものは，1 辺の長さが 2 cm の正方形である。

例

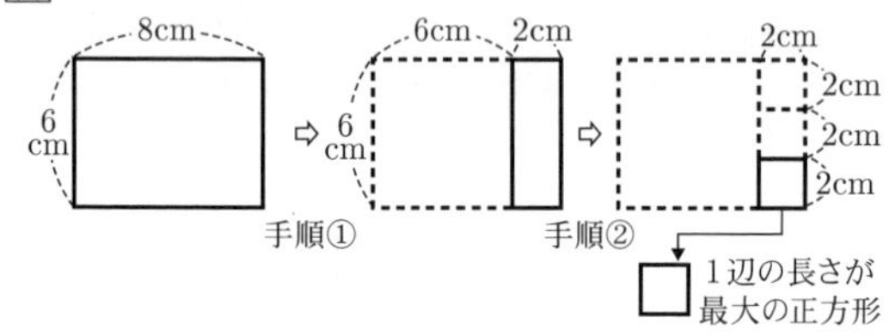

このとき，次の各問いに答えなさい。

問 1　縦の長さが 8 cm，横の長さが 12 cm の長方形を埋めつくすことができる正方形のうち，1 辺の長さが最大のものは，1 辺の長さが何 cm の正方形であるか求めなさい。(1点)

問 2　縦の長さが 21 cm，横の長さが n cm の長方形を，1 辺の長さが 7 cm の正方形 15 個で埋めつくすことができる。このとき，n の値を求めなさい。(2点)

問 3　縦の長さが 221 cm，横の長さが 299 cm の長方形を埋めつくすことができる正方形のうち，1 辺の長さが最大のものは，1 辺の長さが何 cm の正方形であるか求めなさい。(2点)

国立大学附属高等学校・高等専門学校

東京学芸大学附属高等学校

時間	50分	満点	100点	解答	P77	2月13日実施

＊ 注意 円周率は π を用いなさい。

出題傾向と対策

● 大問数は5題で，**1** は小問集合，**2** と **4** が座標と図形，**3** が図形と論証，**5** が相似という出題で，本年も例年と同じく図形の比重が高い出題になっている。

● 2021年は，三平方の定理を複雑に利用する出題が控えられているが，図形分野で思考力を問う出題傾向に大きな変化はない。基礎の徹底をし，図形問題の難問対策をしておくとよい。

1 よく出る 次の各問いに答えなさい。

〔1〕 $(\sqrt{2^2}+\sqrt{3}-\sqrt{2}+\sqrt{1^2})\{\sqrt{(-2)^2}+\sqrt{3}+\sqrt{2}+\sqrt{(-1)^2}\}$ を計算しなさい。 (6点)

〔2〕 x, y についての連立方程式

$$\begin{cases} 2ax-7y=236 \\ x+2y=\dfrac{a}{7} \end{cases}$$

の解が $x=3$, $y=b$ である。このとき，定数 a, b の値を求めなさい。 (6点)

〔3〕 大小2つのさいころを同時に1回投げるとき，2つのさいころの出た目の数の積が4の倍数となる確率を求めなさい。

ただし，2つのさいころはともに1から6までのどの目が出ることも同様に確からしいとする。 (6点)

〔4〕 50点満点のテストを8人の生徒が受験した。その結果は次のようであった。

42, 25, 9, 37, 11, 23, 50, 31（点）

テストを欠席したAさんとBさんの2人がこのテストを後日受験した。Aさんの得点は26点であった。また，AさんとBさんの得点の平均値が，AさんとBさんを含めた10人の得点の中央値と一致した。

このとき，Bさんの得点として考えられる値は何通りあるか答えなさい。ただし，得点は整数である。 (6点)

2 右の図のように，4点 O (0, 0)，A (6, 0)，B (2, 3)，C (0, 3) がある。点Oから点 (1, 0) までの距離，および点Oから点 (0, 1) までの距離をそれぞれ 1 cm とする。線分ABの長さは 5 cm である。

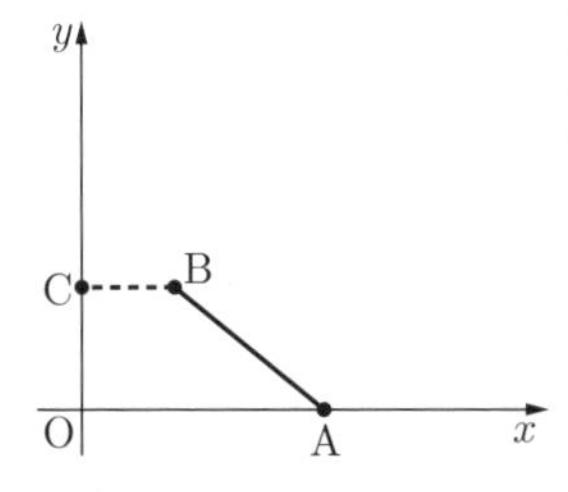

点Pは点Oを出発し，x 軸上を正の方向に毎秒 2 cm の速さで動く。点Qは点Oを出発し，x 軸上を正の方向に毎秒 2 cm の速さで点Aまで動き，点Aについたら線分AB上を毎秒 2 cm の速さで点Aから点Bに向かって動く。

点Rは点Oを出発し，y 軸上を正の方向に毎秒 1 cm の速さで点Cまで動き，点Cについたら向きをかえ，点Oに向かって毎秒 1 cm の速さで y 軸上を動く。

3点P，Q，Rが同時に点Oを出発してから t 秒後について，次の各問いに答えなさい。

〔1〕 $0<t<3$ において，四角形ABRPの面積が $\dfrac{21}{4}$ cm^2 になるときの t の値を求めなさい。 (6点)

〔2〕 $3<t<\dfrac{11}{2}$ において，△PQAの面積が $\dfrac{15}{8}$ cm^2 になるときの t の値を求めなさい。 (6点)

〔3〕 $3<t<\dfrac{11}{2}$ において，3点P，Q，Rが1つの直線上にあるときの t の値を求めなさい。 (7点)

3 右の図のように，直線 l 上に2点A，Bがあり，点Bを通り直線 l に垂直な線分BCがある。ここで，AB = BC = 1，AC = $\sqrt{2}$ である。

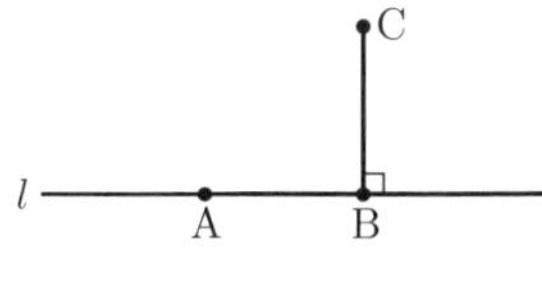

直線 l 上を動く点Pに対し，線分CP上に CP×CQ = 1 となるような点Qをとる。

このとき，次の各問いに答えなさい。

〔1〕 点Pが点Aの位置にあるとき，∠QBC の大きさを求めなさい。 (6点)

〔2〕 点Pが点Bとは異なる位置にあるとき，△PCBと△BCQが相似であることを次の [　　] の中のように証明した。

[(a)] にあてはまる数を答えなさい。

また，[(i)]，[(ii)] にあてはまる最も適切なものを，下の(ア)～(カ)からそれぞれ1つ選び記号で答えなさい。 (6点)

［証明］
△PCBと△BCQにおいて
∠Cは共通…①

$\mathrm{PC}:\mathrm{BC}=\boxed{\text{(a)}}:\dfrac{1}{\boxed{\text{(i)}}}=\mathrm{CB}:\boxed{\text{(ii)}}$ …②

①，②より2組の辺の比とその間の角がそれぞれ等しいので△PCB∽△BCQである。

(ア) BC	(イ) BP	(ウ) BQ
(エ) CP	(オ) CQ	(カ) PQ

〔3〕 点Pが直線 l 上を点Aから点Bまで動いたとき，それにともなって点Qが動いてできた線と線分AC，線分BCによって囲まれる図形の面積を求めなさい。(7点)

4 右の図1のように，点A $\left(-\dfrac{2\sqrt{3}}{3},\ -1\right)$，点B $(2\sqrt{3},\ -1)$ がある。

関数 $y=\dfrac{1}{4}x^2$ のグラフ上に2点C，Dがあり，点Aと点Cの x 座標は等しく，点Bと点Dの x 座標は等しい。また，∠ACDの二等分線と∠BDCの二等分線の交点をEとする。

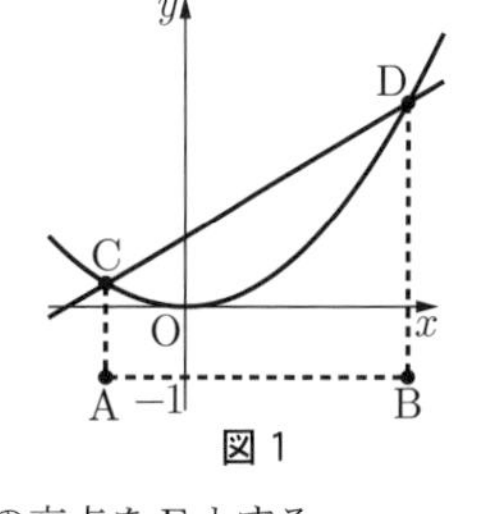

図1

このとき，次の各問いに答えなさい。

ただし，右の**図 2** のような直角三角形 PQR，直角三角形 STU において，$PQ = 1$ のとき $QR = 1$，$RP = \sqrt{2}$ であり，$ST = 1$ のとき $TU = \sqrt{3}$，$US = 2$ であることを利用してよい。

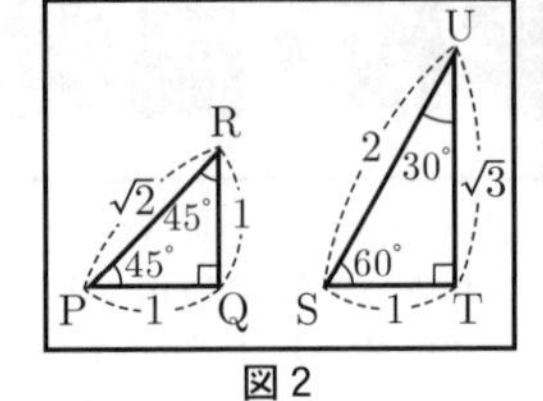

図 2

〔1〕 直線 CD の式を求めなさい。 (6点)

〔2〕 点 E の座標を求めなさい。 (6点)

〔3〕 思考力 点 C を通って直線 OE に垂直な直線をひき，直線 OE との交点を H とする。また，点 D を通って直線 OE に垂直な直線をひき，直線 OE との交点を I とする。

このとき，線分 CH と線分 DI の長さの比 CH : DI を求めなさい。 (7点)

5 次の図のように，一辺の長さが 4 cm のひし形 ABCD がある。辺 AB の延長線上に点 E があり，BE = 2 cm，DE = 7 cm である。点 C を通り直線 DE に平行な直線と直線 AB の交点を F，点 E を通り直線 AC に平行な直線と直線 CD の交点を G とする。また，直線 CF と直線 EG の交点を H，直線 AC と直線 DE の交点を I，直線 AD と直線 HI の交点を J とする。

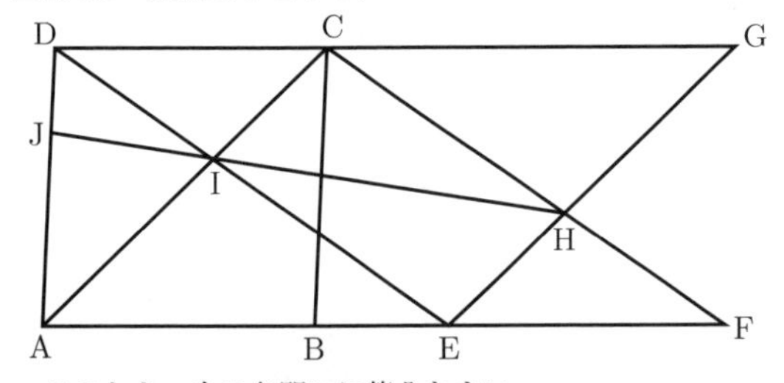

このとき，次の各問いに答えなさい。

〔1〕 線分 FH の長さを求めなさい。 (6点)

〔2〕 線分 AJ の長さを求めなさい。 (6点)

〔3〕 四角形 CIEH の面積を $S\,\text{cm}^2$ とし，四角形 AFGD の面積を $T\,\text{cm}^2$ とするとき，T を S を用いて表しなさい。 (7点)

お茶の水女子大学附属高等学校

時間	50分	満点	100点	解答	P78	2月13日実施

＊ 注意　根号 $\sqrt{\ }$ や円周率 π は小数に直さず，そのまま使いなさい。

出題傾向と対策

●大問 5 題が続いている。**1** は小問集合で，**2**～**5** は関数とグラフ，平面図形，確率などの大問である。2021 年は全体として易化し，計算量も減少した。なお，解答用紙には計算や説明なども簡潔に記入するようにとの指示がある。

●平面図形，関数とグラフ，確率などの大問が出題されるほか，作図が必ず出題される。2022 年は，方程式の文章題や空間図形の大問が復活することも考えられ，全体としてやや難化するものと予想される。頻出分野を中心に，良問を十分に練習しておくとよい。

1 よく出る 基本 次の各問いに答えなさい。

(1) 次の計算をしなさい。

$$\left(-\frac{1}{2}\right)^2 \div \left(-\frac{1}{14}\right) + \frac{11}{2}$$

(2) 次の計算をしなさい。

$$(4\sqrt{5}+2\sqrt{6})(4\sqrt{5}-2\sqrt{6})$$
$$-(2\sqrt{14}-3\sqrt{3})(2\sqrt{14}+5\sqrt{3})$$

(3) 次の方程式を解きなさい。

$$\frac{2}{5}x^2 + \frac{1}{10}x = \frac{3}{4}$$

(4) 3 以上の奇数はとなりあう自然数の平方の差で表すことができる。例えば，奇数 7 は，次の（例）のようになる。

（例）$7 = 4^2 - 3^2$

このとき，次の各問いに答えなさい。

① 奇数 11 を（例）のように表しなさい。

② 3 以上の奇数を p，となりあう自然数のうち大きい方を m としたとき，m を p の式で表しなさい。

③ 111 を（例）のようにとなりあう自然数の平方の差で表しなさい。

2 次の 2 直線

$l : y = (a+2)x + b - 1$

$m : y = bx - a^2$

について，次の問いに答えなさい。ただし，a，b は定数とする。

(1) 基本 $a = \sqrt{2}$，$b = 1$ のとき，l，m の交点の座標を求めなさい。

(2) $b \geqq 1$ で，$l \,/\!/\, m$ とする。さらに，2 直線 l，m 上に x 座標が t である 2 点をそれぞれとったとき，その 2 点の y 座標の差が 1 となった。この条件をみたす a，b の値をすべて求めなさい。

3 図のように，正三角形 ABC において，辺 AB，辺 BC，辺 CA の中点をそれぞれ D，E，F とする。また，袋の中に A，B，C，D，E，F の文字が 1 つずつ書かれた 6 個の球が入っている。同時に 3 つの球を取り出すとき，次の

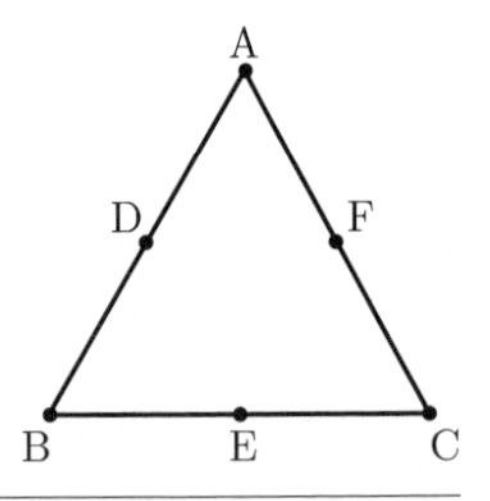

問いに答えなさい。

(1) **基本** 3つの球の取り出し方は何通りあるか。

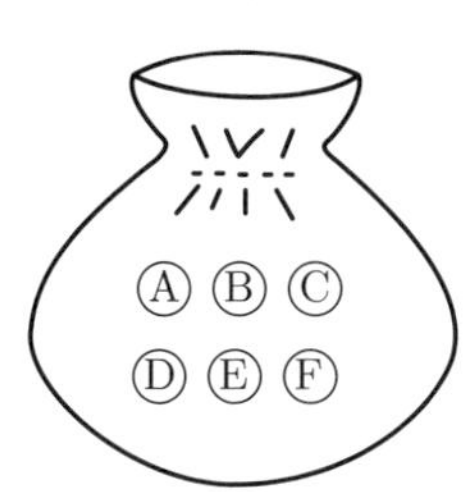

(2) 取り出された球に書かれた3つの文字が表す3点をすべて結ぶとき，次の問いに答えなさい。

① 結ばれてできる図形が三角形になる確率を求めなさい。

② 結ばれてできる図形が正三角形でない三角形になる確率を求めなさい。

4 関数 $y=\dfrac{1}{x}\ (x>0)$ のグラフと傾き -1 の直線 l が図のように2点A，Bで交わっている。l と y 軸との交点をCとする。また，2点A，Bの x 座標をそれぞれ a，b とすると $0<b<a$ である。このとき，次の問いに答えなさい。

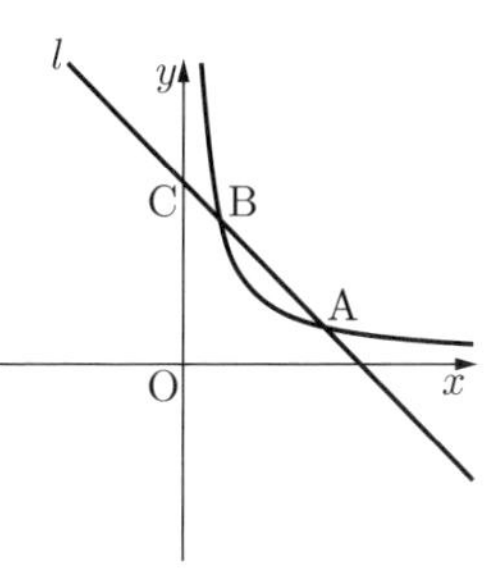

(1) **基本** b を a の式で表しなさい。

(2) CB : BA $=1:2$ のとき次の問いに答えなさい。

① 点A，Bの座標をそれぞれ求めなさい。

② 4点O，A，B，Dを頂点とする四角形が平行四辺形となるような点Dをとる。点Dが放物線 $y=kx^2$ 上にあるとき，この条件を満たす k の値はいくつあるか。また，その中で最も小さい k の値を求めなさい。

5 図のように，2本の平行線 l，m があり，l 上に2点A，Cをとり，m 上に2点B，Dをとる。三角形ABDにおいて，∠Bの内角の2等分線と∠Dの外角の2等分線は点Cで交わっている。三角形ABCにおいて∠Aの外角を a とし，$a<90°$ とする。

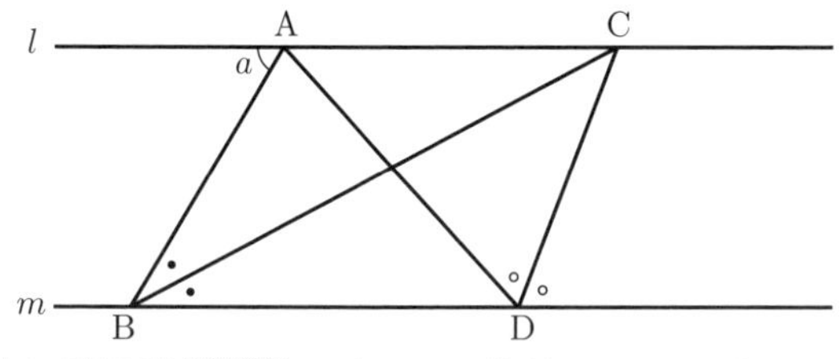

(1) **よく出る** **基本** 下図に，平行線 l，m と2点A，Bが与えられている。上の条件を満たすような点C，および点Dを作図し，図にC，Dを記入しなさい。ただし，作図に用いた線は残しておくこと。

m ―――――●―――――
　　　　 B

(2) $a=30°$ のとき，∠BCDを求めなさい。

(3) ∠ADC $=b$ とするとき，b を a の式で表しなさい。

(4) **思考力** ∠BAD $=c$，∠BCD $=d$ とするとき，c を d の式で表しなさい。

筑波大学附属高等学校

時間	50分	満点	60点	解答	P79	2月13日実施

＊ 注意　円周率を必要とする計算では，円周率は π で表しなさい。

出題傾向と対策

●大問5題で，**1** は数の性質，**2** は2次方程式，**3** は場合の数と確率，**4** は空間図形，**5** は平面図形からの出題であった。全体として分野，分量，難易度とも例年通りと思われるが，**2** と **5** (3)の出題形式は新傾向である。

●工夫された問題が出題されるので，じっくり考える学習を行っておく必要がある。標準以上のものでしっかり学習しておくこと。

1 **よく出る** **思考力** 下の図のような10行10列の表のすべてのマス（全部で100マス）に，次のような手順にしたがって1つずつ自然数を入れる。

・1行1列のマスに a，1行2列のマスに b，2行1列のマスに c，2行2列のマスに d を入れる。

・どの行についても，m 列のマスの数と $(m+1)$ 列のマスの数の和が，$(m+2)$ 列のマスの数と等しくなるようにする。（ただし，m は8以下の自然数）

・どの列についても，n 行のマスの数と $(n+1)$ 行のマスの数の和が，$(n+2)$ 行のマスの数と等しくなるようにする。（ただし，n は8以下の自然数）

	1列	2列	3列	4列	5列	6列	7列	8列	9列	10列
1行	a	b	$a+b$							
2行	c	d								
3行	$a+c$									
4行										
5行										
6行										
7行										
8行										
9行										
10行										

このとき，次の①，②の［　　］にあてはまる数または式を求めなさい。

(1) 1行10列のマスの数は a，b を用いて［　①　］と表される。

(2) 1行5列のマスの数が29，5行2列のマスの数が16であるとき，

$a=$［　②－ア　］であり，さらに10行10列のマスの数が11111であるとき，$c=$［　②－イ　］である。

2 **基本** **新傾向** 先生と3人の生徒が，方程式に関する以下のような会話をしている。次の③～⑧の［　　］にあてはまる数，式，または語句を求めなさい。

> T先生「方程式 $x^2=3$ を解いてみましょう。」
> Aさん「T先生，簡単です。$x=\sqrt{3}$ ですよね。」
> T先生「なるほど。ところで，$\sqrt{3}$ という数はどのような数を表しましたか？」
> Aさん「はい。$\sqrt{3}$ は『［　③－ア　］すると3となる［　③－イ　］の数』と教科書に書いてあったので，$x^2=3$ を満たすと思います。」

Bさん「私もそう思います。しかし先生，
$x =$ [④] もこの方程式を満たすと思います。」

T先生「なるほど。そうすると，方程式 $x^2 = 3$ の解は，$x = \sqrt{3}$，[④] ということでよろしいですか？これで方程式を解くことができたといってもよいのでしょうか？」

Aさん「よいと思います。$\sqrt{3}$ も [④] も等式 $x^2 = 3$ を満たしますよね。」

T先生「……，確かにそうですが，……。『方程式を解く』ということは，どのようなことだったのでしょうか？」

Bさん「あっ，そうか！『方程式を解く』ということは，その等式を満たす数を [⑤] 見つけるということだから，
『$\sqrt{3}$，[④] 以外の数では，等式 $x^2 = 3$ は [⑥]』…★ということを示さなければ，方程式が解けたとはいえないのですね。」

T先生「その通り。では，どのようにすれば★を示すことができますか？」

Cさん「方程式を
([⑦－ア]) × ([⑦－イ]) = 0…☆
という式に変形する方法はどうでしょうか？」

Bさん「なるほど！そうすれば，$\sqrt{3}$，[④] 以外の数を代入すると，☆の左辺の値は明らかに [⑧] ことがわかるので，★を示せますよね。」

T先生「素晴らしいです。みんなで力を合わせると，方程式を解くことの意味がはっきりとわかってきましたね。」

3 よく出る　右の図のように，円周上に $2n$ 個の点を等間隔に並べ，その中の2点A，Bを円の直径の両端となるようにとる。ただし，n は2以上の自然数とする。

A，B以外の異なる2点を選んで結んだ線分をLとし，Lと線分ABが交わる場合は，その交点をPとする。

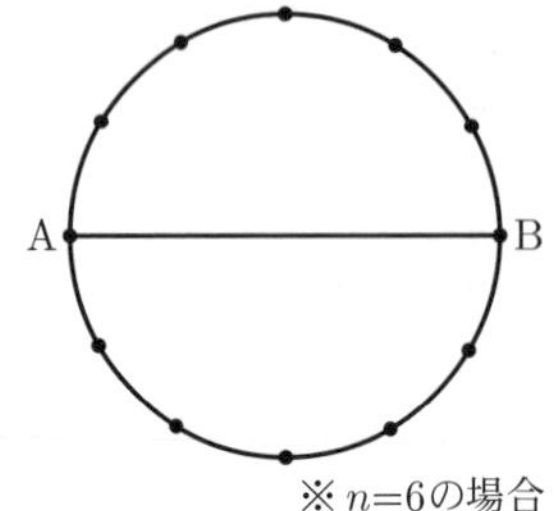

※n=6の場合

このとき，次の⑨，⑩の [ ] にあてはまる数を求めなさい。

(1)　$n = 6$ のとき，交点Pができる確率は [⑨] である。

(2)　$n =$ [⑩－ア] のとき，交点Pができる確率は $\dfrac{25}{49}$ であり，線分APの長さがこの円の半径よりも短くなるようなLは全部で [⑩－イ] 本ある。

4 よく出る　右の図は，4つの正六角形と4つの正三角形でつくられる立体の展開図である。この展開図を組み立てたときにできる立体について，次の⑪～⑭の [ ] にあてはまる数または記号を求めなさい。

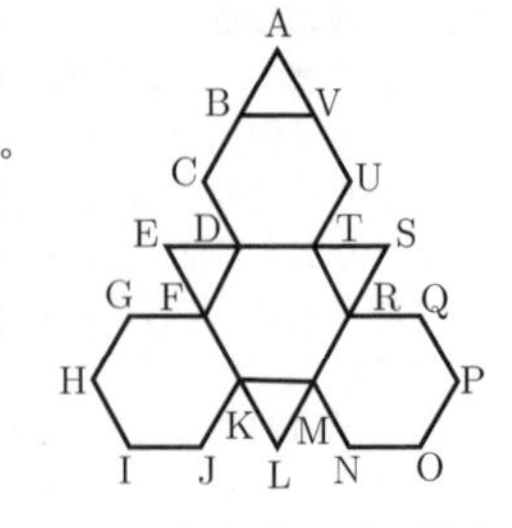

(1)　立体の辺の数は [⑪] 本である。

(2)　立体を組み立てるとき，辺UVと重なる辺を，展開図における線分で求めると，線分 [⑫] である。

(3)　立体を組み立てるとき，点Aと重なる点を，展開図においてすべて求めると，点 [⑬] である。

(4)　立体を組み立てるとき，辺ABと重なる辺および平行となる辺を，展開図における線分ですべて求めると，線分 [⑭] である。

5 よく出る　右の図のように，面積比が1：9である2つの円 O_1，O_2 があり，3直線AB，AC，BCはいずれも2円 O_1，O_2 の両方に接している。

また，D，E，F，G，H，Iはいずれも円と直線の接点である。

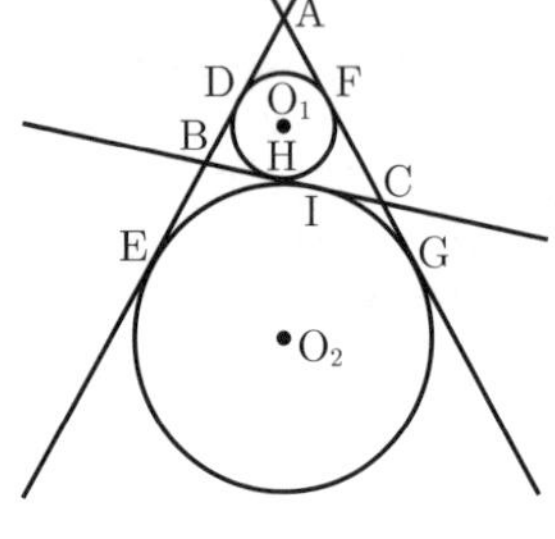

BD = 3 cm，HI = 2 cm のとき，次の⑮～⑰の [ ] にあてはまる数または説明を記入しなさい。

(1)　CF = [⑮] cm である。

(2)　AB = [⑯] cm である。

(3)　新傾向　△ABC の面積を S_1，$\triangle O_2BC$ の面積を S_2 とするとき，S_1 と S_2 はどちらが大きいか，または等しいか。⑰に，理由も含めて説明を記入しなさい。

[⑰]

筑波大学附属駒場高等学校

時間	45分	満点	100点	解答	P80	2月13日実施

＊ 注意　1．答えに根号を用いる場合，$\sqrt{}$ の中の数はできるだけ簡単な整数で表しなさい。
2．円周率は π を用いなさい。

出題傾向と対策

●大問4題で，**1** は $y=ax^2$ のグラフと図形，**2** は数の性質，**3** は平面図形，**4** は空間図形からの出題であった。分野，分量，難易度とも例年通りであるが，**2** (2)(イ)は難問であり，**1** も処理しにくいので，難しかったかもしれない。

●各大問とも小問で誘導されている。(1)など，はじめの設問はミスなく答えたい。標準以上の問題でしっかり練習しておくこと。

1 よく出る　次の問いに答えなさい。なお，座標の1目盛りを1cmとします。

(1) 基本　関数 $y=x^2$ のグラフと，傾き $\frac{1}{2}$ の直線が異なる2点 $(a,\ a^2)$，$(b,\ b^2)$ で交わっているとき，a を b の式で表しなさい。

(2) 原点をOとし，関数 $y=x^2$ のグラフを①とします。

図のようにOから始まる折れ線OABCDEと，折れ線OPQRSTがあります。折れ線OABCDEをつくる各線分の傾きは，順に $\frac{1}{2}$，$-\frac{1}{4}$，$\frac{1}{2}$，$-\frac{1}{4}$，$\frac{1}{2}$ です。

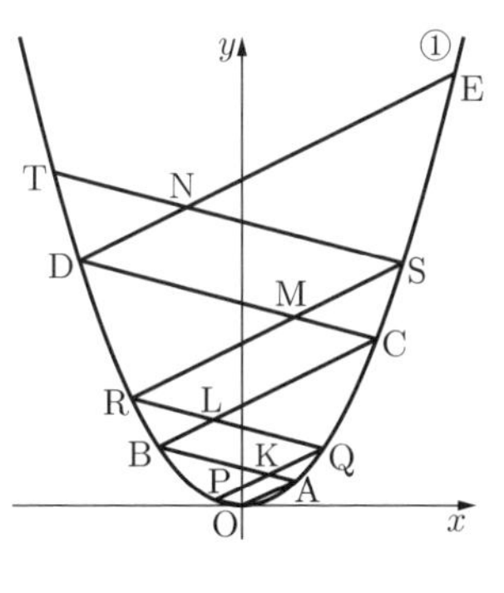

折れ線OPQRSTをつくる各線分の傾きは，順に $-\frac{1}{4}$，$\frac{1}{2}$，$-\frac{1}{4}$，$\frac{1}{2}$，$-\frac{1}{4}$ です。A，B，C，D，EおよびP，Q，R，S，Tは，それぞれの折れ線と①との交点です。また，K，L，M，Nは，2つの折れ線の交点です。

(ア) 四角形KQLBの面積は，四角形OAKPの面積の何倍ですか。

(イ) 四角形KQLB，四角形LCMR，四角形MSNDの面積の和は，四角形OAKPの面積の何倍ですか。

2 次の問いに答えなさい。

(1) よく出る 基本　20^{21} は何桁の数ですか。
なお，$2^{10}=1024$ です。

(2) 21^{20} について考えます。

(ア) よく出る　21^{20} は何桁の数ですか。
なお，$3^{10}=59049$，$7^4=(50-1)^2=2401$ です。

(イ) 難　21^{20} の上から3桁を答えなさい。なお，7^{10} は9桁の数で，上から5桁は28247です。

3 よく出る　次の問いに答えなさい。

(1) 図1は
AB = 2 cm,
∠A = 15°,
∠C = 90° の直角三角形ABCです。

図1

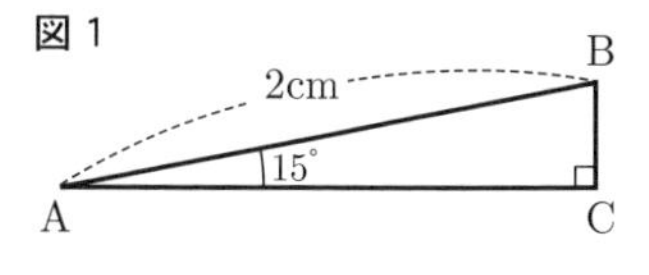

(ア) △ABCの面積を求めなさい。

(イ) AC = p cm，BC = q cm とするとき，$(p+q)^2$ と $(p-q)^2$ の値を求めなさい。

(2) 図2は，長さ 2cm の線分ABを直径とする円です。円の周上に，A，Bのどちらにも一致しない点Cをとり，直線ABに関してCと対称な点をDとします。

線分AC，AD，および，Bを含む弧CDで囲まれた図形を F とします。

図2

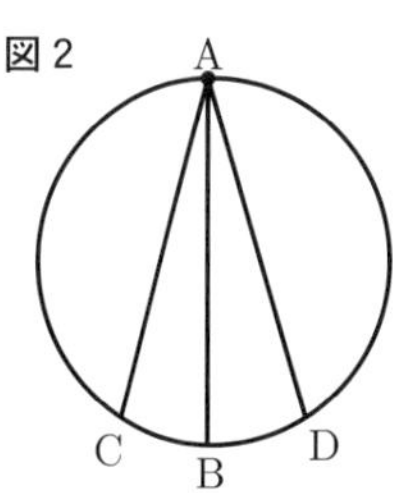

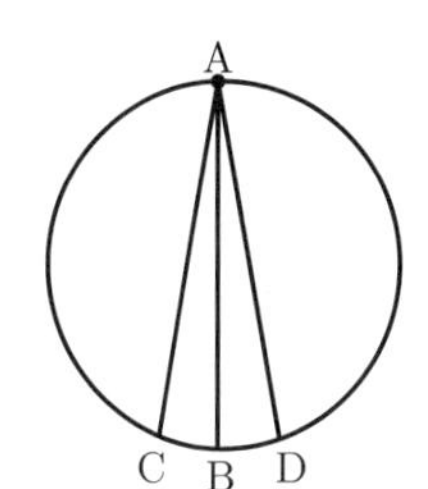

(ア) ∠BAC = 15° のとき，F の面積を求めなさい。

(イ) ∠BAC = 7.5° のとき，F の面積を求めなさい。

4 よく出る　直線 l に球Oが接するとき，右図のようになっています。ここで，直線 l 上の点Hは球Oの表面上にあり，OH ⊥ l です。

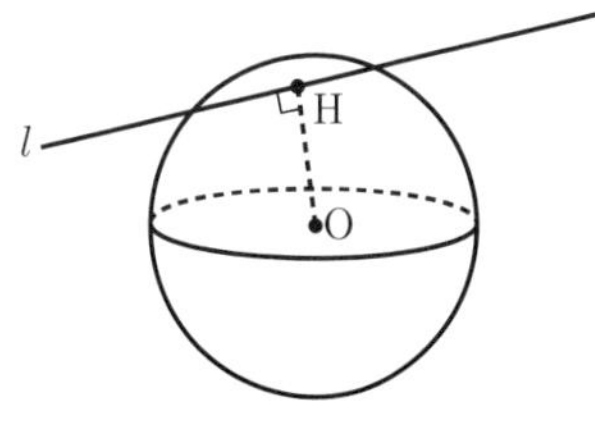

次の問いに答えなさい。

(1) 正四面体のすべての辺に，半径 1cm の球が接しています。正四面体の1辺の長さを $2a$ cm とするとき，a の値を求めなさい。

(2) 思考力　AB = AC = AD，∠BAC = ∠CAD = ∠DAB = 90° である四面体ABCDがあり，この四面体のすべての辺に，半径 1cm の球が接しています。

(ア) 半径 1cm の球と，辺ABが接する点をPとするとき，線分APの長さを求めなさい。

(イ) 四面体ABCDの体積を求めなさい。

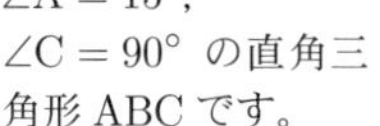

東京工業大学附属科学技術高等学校

時間	満点	解答	
70分	150点	P82	2月13日実施

＊ 注意　答に円周率をふくむときは，π で表しておきなさい。

出題傾向と対策

●大問数は6題，**1** が小問集合で，ほぼ全範囲から出題されている。例年複雑な思考力や作業，難しい発想力を要する問題が出題されている。

●基本問題も多く，バランスよく出題されているので，教科書を中心に，入試標準問題でしっかりと学習すること。思考力を要する問題に対応するためにも，過去に出題された問題などで十分に練習を積んでおくとよい。

1 基本

〔1〕 次の計算をしなさい。

$$\frac{8}{\sqrt{2}}+\sqrt{18}-\frac{\sqrt{56}}{\sqrt{7}}$$

〔2〕 次の計算をしなさい。

$$\frac{x^3y^2}{12}\div\frac{y}{4}\div\left(\frac{x}{3}\right)^2$$

〔3〕 次の式を因数分解しなさい。

$3x^2y-6xy-105y$

〔4〕 次の方程式を解きなさい。

$(x+2)(2x+1)=(x+4)(4x+1)$

〔5〕 2次方程式 $x^2-8x+a=0$ の解の1つが $4-\sqrt{5}$ であるとき，a の値を求めなさい。

〔6〕 y は x に反比例し，$x=8$ のとき $y=3$ である。$x=\frac{1}{10}$ のときの y の値を求めなさい。

〔7〕 電気ポットでお湯を沸かすとき，水の温度は1分ごとにちょうど8℃ずつ上がっていき，10分15秒後に100℃になった。熱し始めてから x 分後の水の温度を y ℃とするとき，y を x の式で表しなさい。

〔8〕 関数 $y=ax^2$ で，x の値が4から8まで増加するときの変化の割合が -9 であるとき，定数 a の値を求めなさい。

〔9〕 図のように，AB＝AC の二等辺三角形ABCがある。Dは辺AC上の点であり，BC＝BD である。∠ADB＝106°のとき，∠ABD の大きさを求めなさい。

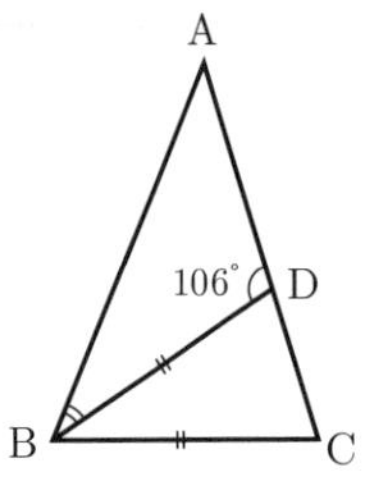

〔10〕 大小2つのさいころを投げるとき，出た目の数の和が12の約数となる確率を求めなさい。

2 よく出る　正の整数について，次の問いに答えなさい。

〔1〕 2つの続いた奇数の平方の和は，それら2つの奇数の和の10倍に50を加えた値と等しい。このとき，2つの続いた奇数のうち，小さいほうの数を求めなさい。

〔2〕 3つの続いた偶数の和の平方から，それら3つの偶数の平方の和をひくと，592になる。このとき，3つの続いた偶数のうち，もっとも大きい数を求めなさい。

〔3〕 4つの続いた整数から，異なる2つの整数を選んで積をつくる。すべての積の和が71になるとき，4つの続いた整数のうち，もっとも小さい数を求めなさい。

3 図のように，円周の長さが720 cm の円Oがあり，点Aは円Oの周上の点である。2点P，QはAを同時に出発し，矢印の向きに円Oの周上をそれぞれ毎秒 9 cm，毎秒 1 cm の速さで動き続ける。このとき，次の問いに答えなさい。

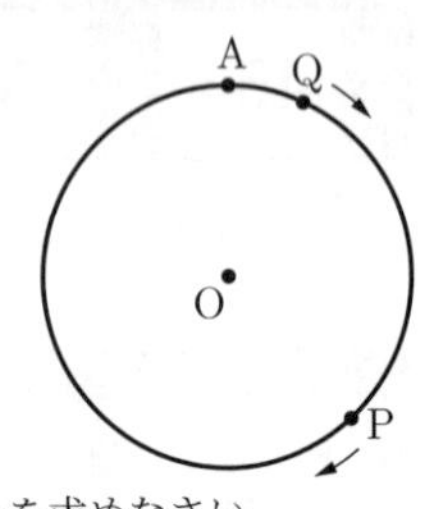

〔1〕 PとQが出発後に初めて重なるのは，出発してから何秒後かを求めなさい。

〔2〕 PとQが2回目にもっとも離れるのは，出発してから何秒後かを求めなさい。

〔3〕 思考力　P，Qが出発してから x 秒後のP，Qの位置と，y 秒後のP，Qの位置がちょうど逆になった。$240\leqq x\leqq 320$，$400\leqq y\leqq 480$ のとき，x と y の値を求めなさい。

4 図のように，半径 1 cm の9個の円を，それぞれの中心が正九角形の頂点に位置し，たがいに接するように並べると，その内側に半径 1 cm の2つの円が接する。円の中心をそれぞれA，B，C，D，E，F，G，H，I，J，Kとし，BI＝a cm とするとき，次の問いに答えなさい。

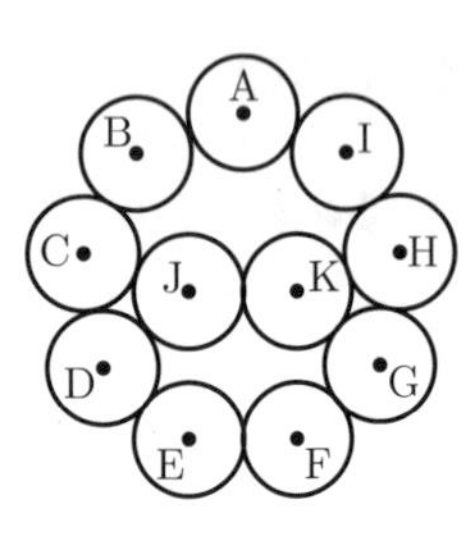

〔1〕 ∠JDE の大きさを求めなさい。

〔2〕 ∠BIJ の大きさを求めなさい。

〔3〕 線分DIの長さを a の1次式で表しなさい。

5 よく出る　図のように，2点A，Bが $y=ax^2$ のグラフ上にあり，Aの座標は(3, 27)，Bの x 座標は -2 である。3点C，D，Eは直線OA上，2点F，Gは直線AB上にあり，△OBC，△BCF，△CFD，△FDG，△DGE，△GEA の面積はすべて等しい。このとき，次の問いに答えなさい。

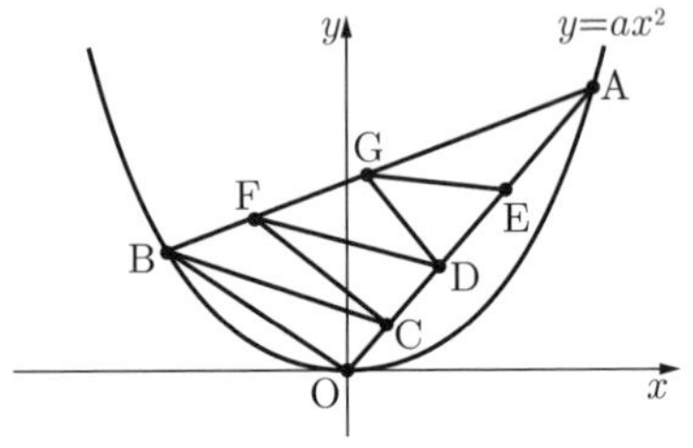

〔1〕 点Bの y 座標を求めなさい。

〔2〕 点Cの座標を求めなさい。

〔3〕 直線EGの傾きを求めなさい。

6 この問いにおいて，次のことがらを使ってよい。

直角三角形PQRの直角をはさむ2辺の長さを p，q，斜辺の長さを r とすると，次の関係が成り立つ。

$p^2+q^2=r^2$

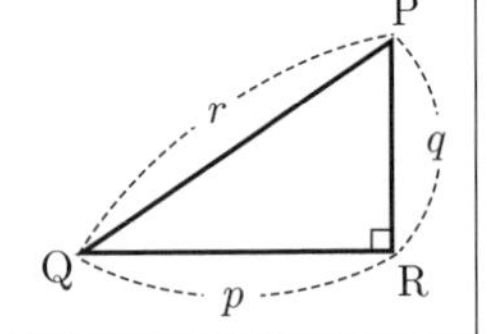

【図1】は正四角錐OABCDから，三角錐OABE，OBCF，OCDG，ODAHを取り除いた立体の見取図である。4点E, F, G，Hは底面ABCD上にある。$AB=7\sqrt{2}$ cm，正四角錐OABCDの高さを$\sqrt{7}$ cm，$AE=EB=BF=FC=CG=GD=DH=HA=5$ cmとするとき，次の問いに答えなさい。

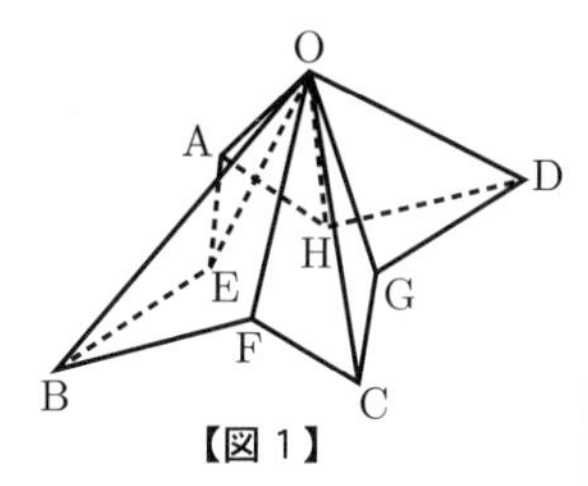

【図1】

〔1〕　この立体の体積を求めなさい。

〔2〕　この立体の表面積を求めなさい。

〔3〕 難　点Iは線分AC上の点で，$AI=x$ cmとする。平面OBDに平行で，点Iを通る平面でこの立体を切ったとき，その切り口は【図2】のようになった。

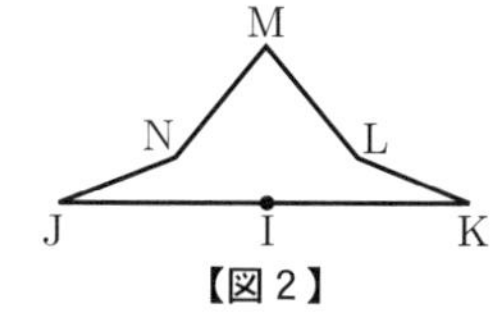

【図2】

5点J，K，L，M，Nについて，$2NL=JK$であるとき，xの値を求めなさい。ただし，$0<x<7$とする。

大阪教育大学附属高等学校 池田校舎

時間	60分	満点	100点	解答	P83	2月10日実施

出題傾向と対策

●大問は5題で，**1** 小問4題，**3** 関数とグラフ，**4** と **5** は図形問題という出題が続いている。**2** は新傾向の問題が出題されることが多い。作図は出題されないが，図形の証明が毎年出題されている。また，解答の途中過程も記述する問題が複数ある。

●関数とグラフ，平面図形などの分野を中心に，過去の出題を参考にしながら，良問を練習しておこう。証明や求め方は，解答欄にはいりきる程度に詳しく書くとよい。また，新傾向の **2** を後まわしにするかあらかじめ決めておくとよい。

1 よく出る　次の問いに答えなさい。

(1) 基本　$2-\dfrac{23}{9}\times\left\{\dfrac{1}{5}\div0.15-\dfrac{2}{3}\times(-0.5^2)\right\}$ を計算しなさい。

(2) 基本　$(x^2-5)^2-3(x^2-5)-4$ を因数分解しなさい。

(3) $\dfrac{1}{a}-\dfrac{1}{b}=3$ のとき，$\dfrac{a+4ab-b}{3a-3b}$ の値を求めなさい。

(4) $\sqrt{n}$ を電卓を使って小数で表し，小数第1位で四捨五入すると8になった。このような自然数 n はいくつあるかを答えなさい。

2 新傾向　3台のラジコンカーA, B, Cが，中心が同じで半径の異なる円形のコースを一定の速度で走っている。Aは半径2 mのコースを9秒で，Bは半径4 mのコースを15秒で，Cは半径8 mのコースを18秒で一周する。円の中心Oから見て，A，B，Cがこの順で一直線上に並んだ状態をスタートラインOSとして計測を開始するとき，次の問いに答えなさい。

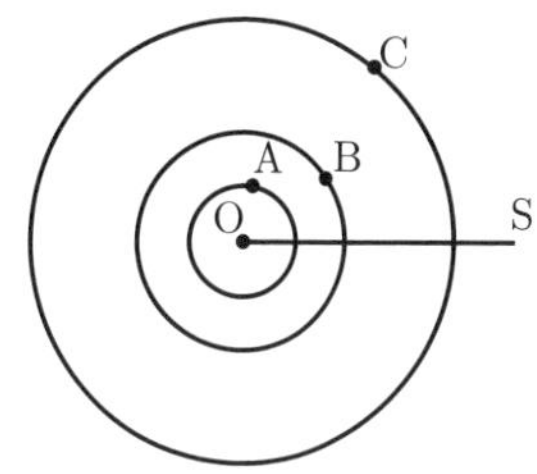

(1) A，B，Cが3台とも同じ方向に走っているとする。

(ア) 基本　∠AOSが最初に150°になるのは，計測開始から何秒後かを答えなさい。

(イ) 中心Oと3台のラジコンカーが次に一直線上に並ぶのは，計測開始から何秒後かを答えなさい。

(2) 難　3台のラジコンカーのうち，Cのみ異なる方向に走っているとする。∠OABが計測開始後最初に90°になるまでの時間と，∠OBCが計測開始後2度目の90°になるまでの時間の差は何秒かを求めなさい。

3 ある関数①は，y の値が x の値の2乗に比例しており，x の値が t から $t+6$ まで増加するときの変化の割合は3，x の値が $t+2$ から $t+9$ まで増加するときの変化の割合は $\dfrac{23}{6}$ である。次の問いに答えなさい。

(1) 基本　関数①について，y を x の式で表し，t の値を求めなさい。

(2) 関数①のグラフ上に点P，関数 $y=\dfrac{1}{2}x+9$ のグラフ上に点Q，x 軸上に点Rがあり，線分PQは x 軸に平行，線分QRは y 軸に平行である。また，点Pの x 座標は正であり，点Qの x 座標より大きい。PQ＝QRのとき，点Qの座標を求めなさい。

4 近年，変わった形のビルが見られることが増えてきた。家の近くの道沿いにも，直方体に長方形の穴が貫通しているような形のビルが立っている。その前を通るとき，穴を通して太陽が見えていたが，太陽が見えない日があることに気が付いた。

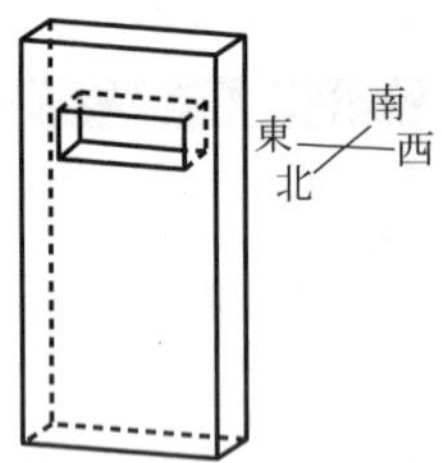

そこで，以下の①から③の条件を満たすビルが，広く水平な地面に垂直に立っているとして，太陽の光で地面にできる影について考えてみることにした。

① ビルは，東西 60 m，南北 25 m，高さ 120 m の直方体である。

② 上下 15 m，左右 40 m の長方形の穴が，南側の面から北側の面まで地面に平行に貫通している。

③ 穴の下の端は地面から 85 m の高さで，左右の端はビルの東西の端から等しい距離にある。

ビルの横には，高さ 2.5 m の街灯が垂直に立っている。太陽の光は平行であるとして，次の問いに答えなさい。

(1) 思考力 太陽が真南にあるとき，穴を通して太陽の光が地面に届かないのは，街灯の影の長さが，何 m 以上，あるいは，何 m 以下のときか答えなさい。

(2) 街灯の影が真北にでき，長さが 6 m であったとき，ビルの影の面積を求めなさい。

5 円に内接する正五角形ABCDEにおいて，線分AC上に ∠ABF＝∠CBD となるような点Fをとる。次の問いに答えなさい。

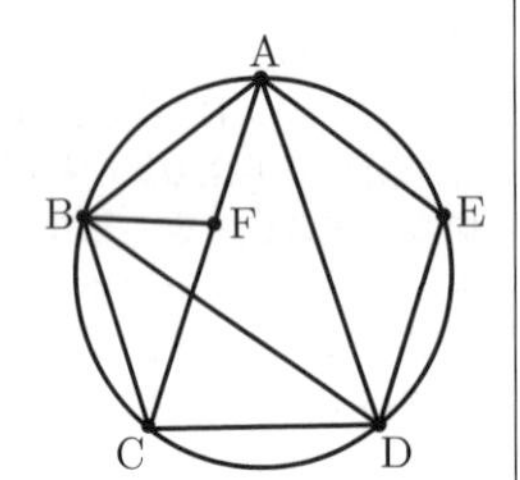

(1) よく出る △BCFと△BDAが相似であることを証明しなさい。

(2) AB × CD ＋ BC × DA ＝ AC × BD を証明しなさい。

(3) 正五角形ABCDEの1辺の長さが 10 cm のとき，線分ACの長さを求めなさい。

大阪教育大学附属高等学校　平野校舎

時間	60分	満点	100点	解答	P84	2月12日実施

＊ 注意　特に指示のない問題は，答のみを書きなさい。根号を含む形で解答する場合，根号内の自然数が最小となるように変形し，分数のときは分母を有理化しなさい。また，比の形で解答する場合，最も簡単な整数の比で答え，分数で解答する場合，それ以上約分できない形で答えなさい。

出題傾向と対策

● **1** 小問集合，**2** 2乗に比例する関数と図形，**3** 確率，**4** 平面図形（動く点の跡），**5** 平面図形（定理とその証明）であった。分量は例年程度であったが，出題範囲や難易度は少し抑え，受験生に配慮した形になっていた。

●基礎・基本をちゃんとわかっていないと答えられない問題が多いのが特徴である。過去問を使ってじっくり勉強するのが一番の対策といえる。特に，グラフから読み取る問題や図形の基本性質に関する問題はよく出題されるので勉強しておくこと。

1 よく出る 基本 次の問いに答えなさい。

(1) $\sqrt{0.2}-(-\sqrt{20})^2+\dfrac{2^2}{\sqrt{5}}$ を計算しなさい。

(2) 正八角形の対角線の本数を求めなさい。

(3) 小数点以下を四捨五入すると4になるような数 x のとりうる値の範囲は [①] $\leqq x <$ [②] です。[①]，[②] に適当な数を書きなさい。

(4) 連続する4つの自然数があり，小さい2数の和と大きい2数の和の積が2021になるとき，この4つの自然数を求めなさい。ただし，小さい2数とは，最も小さい数と2番目に小さい数のことであり，大きい2数とは最も大きい数と2番目に大きい数のことであるとします。

2 よく出る 図のように，関数 $y=x^2$ と直線 $y=x+2$ が2点A，Bで交わっています。また，点Aを通り，x 軸に平行な直線と関数 $y=x^2$ との交点をCとします。次の問いに答えなさい。

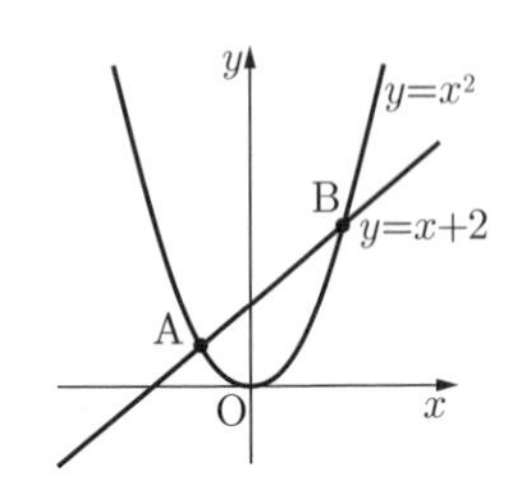

(1) 点A，Bの座標をそれぞれ求めなさい。

(2) 原点Oを通り，四角形AOCBの面積を二等分する直線の式を求めなさい。

3 よく出る 図のように，頂点Aをスタート地点として△ABCの辺上を動く点Pを考えます。1枚の硬貨を投げ，表が出たら矢印の向きに，となりの頂点へ移動します。裏が出たら矢印の向きと反対に，となりの頂点へ移動します。次の問いに答えなさい。ただし，表が出ることと裏が出ることは同様に確からしいものとします。

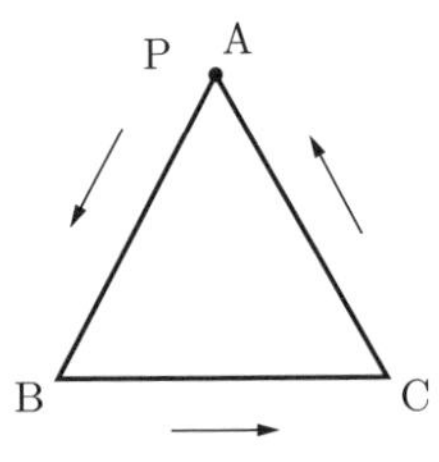

(1) 基本 1枚の硬貨を2回投げたとき，点Pが頂点Aにある確率を求めなさい。

(2) 思考力 1枚の硬貨を5回投げたとき，点Pが頂点Aにある確率を求めなさい。

4 よく出る 図のように，1辺が3cmの正五角形ABCDEと，半径が1cmの円があります。この円が，正五角形の周りを各辺に接しながら1周します。次の問いに答えなさい。ただし，円周率はπとします。

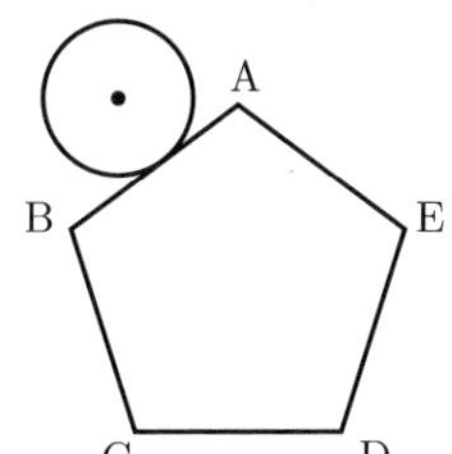

(1) 基本 ∠BAEの大きさを求めなさい。

(2) 円の中心がえがく図形の周の長さを求めなさい。

5 基本 図のような△ABCにおいて，3点L，M，Nはそれぞれ辺AB，BC，CAの中点であり，線分AM，BN，CLは点Gで交わっています。この図についての一郎さんと次郎さんと先生の会話を読み，あとの問いに答えなさい。

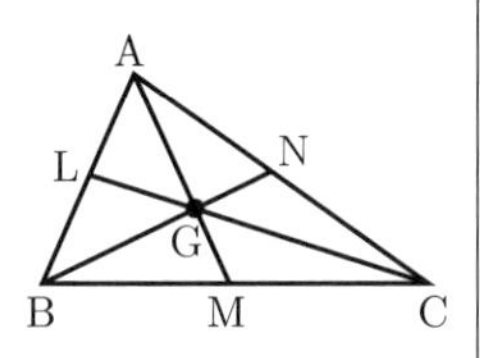

一郎さん：AG : GMをいろいろな方法で求めてみようよ。
次郎さん：難しそうだなぁ。一郎さんはどんな方法で考えるの？
一郎さん：点Mと点Nを結んで①中点連結定理を使う方法だよ。②三角形の相似も利用するよ。
次郎さん：すごいっ！AG : GMが求められるね。
一郎さん：次郎さんはどんな方法を思いついたの？
次郎さん：点Nを通って線分AMに平行に引いた直線と線分CLとの交点をPとするよ。
一郎さん：あっ！③四角形GMPNは(　　　)になるね！
次郎さん：そうなんだ。だからAG : GMを求めるということはAG : NPを求めることと同じなんだ。そして④三角形の相似を利用し，
AG : GM = AG : NP = ⑤＿＿ : ＿＿と求められるよ。
一郎さん：すごいっ！この方法で求めても同じ結果になったね。
先生：高校ではもっとおもしろい話がたくさん出てくるよ。お楽しみにっ！

(1) 下線部①はどのような定理ですか。次の図中の記号を用いて，[　　　]内に当てはまる式または文章を入れなさい。

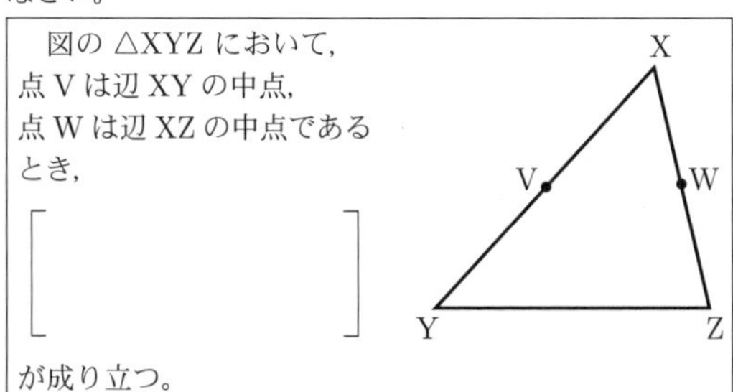

(2) 下線部②，④の各場合において，そのとき利用する相似の組を，次の(ア)～(エ)からそれぞれ選び，記号で答えなさい。ただし，同じものを繰り返し選んでもよい。

(ア) △ABGと△MNG　(イ) △AGNと△MGB
(ウ) △CAGと△CNP　(エ) △CGMと△CNP

(3) 下線部③において，四角形GMPNはどのような四角形になりますか。(　　　)内に当てはまるものを，次の(ア)～(オ)から選び，記号で答えなさい。また，それを証明しなさい。

(ア) 台形　(イ) 平行四辺形　(ウ) ひし形
(エ) 長方形　(オ) 正方形

(4) 下線部⑤に当てはまる数を入れなさい。

広島大学附属高等学校

時間	50分	満点	100点	解答	P85	2月2日実施

＊　注意　1．分数は，約分した形で答えること。
　　　　　2．根号を含む値はできるだけ簡単な形になおし，根号のままで答えること。
　　　　　3．円周率は π とする。

出題傾向と対策

●大問数は5題で，**1**は小問集合，**2**は相似，**3**は反比例のグラフ，**4**はデータの活用と確率，**5**は整数の性質と2次方程式からの出題であった。小問数は20と多くなったが，基本問題が追加され，易しい傾向が続いている。

●状況が変化していく図形の問題や，1つ1つていねいに調べていく整数の性質や確率の問題がよく出題されているので，時間配分に気をつけて正確に分析する力をつけておこう。答えのみの出題形式であるが，図形の証明も出題されたことがあるので，基本的な記述力もつけておくこと。

1　基本　次の各問いに答えよ。

問1　$-2-2^3-(-2)^5$ を計算せよ。

問2　$a=\sqrt{5}-\sqrt{3}$，$b=\sqrt{5}+\sqrt{3}$ のとき，a^2-ab-b^2 の値を求めよ。

問3　A地点とB地点の間を往復するのに，行きは時速40 km，帰りは時速20 kmで移動したところ，往復するのにかかった時間は54分であった。行きも帰りも時速30 kmで移動したとき，A地点とB地点の間を往復するのに何分かかるか求めよ。

問4　図のような，1辺の長さが2 cmの正方形を3個くっつけた図形がある。この図形を，直線 l を回転の軸として1回転してできる立体を立体A，直線 m を回転の軸として1回転してできる立体を立体Bとする。立体Aの体積と立体Bの体積のうち，大きい方を求めよ。

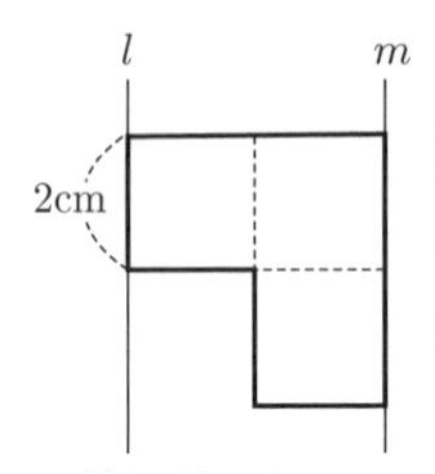

問5　右の図のように，関数 $y=x^2$ のグラフ上に点Aがあり，点Aの x 座標は2である。また，点Bは直線OA上の点，点Cは x 軸上の点で，OA = OB = OC である。ただし，点Bの x 座標は負の数，点Cの x 座標は正の数とする。また，点Oは原点であり，座標軸の1目盛りを1 cmとする。

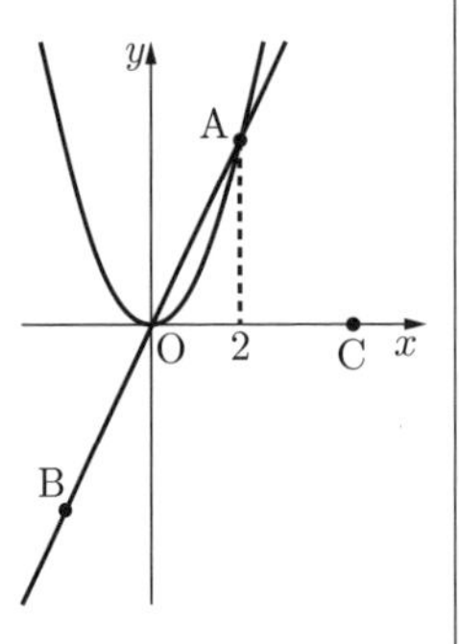

(1)　線分OAの長さを求めよ。

(2)　三角形ABCの面積を求めよ。

2　よく出る　右の図のように，正三角形ABCを点Aが辺BC上にくるように折り返し，その点を点Dとする。折り目となる直線と辺AB，辺ACとの交点をそれぞれ点E，点Fとする。このとき，次の各問いに答えよ。

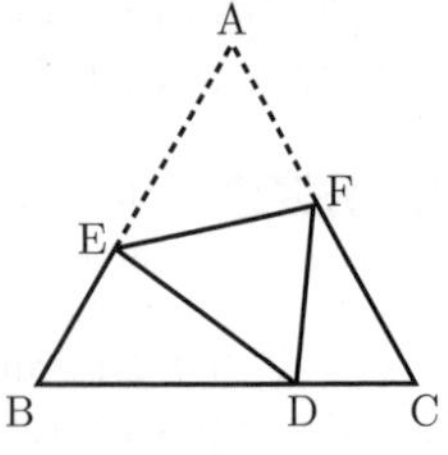

問1　∠AEF = 60° のとき，四角形EBCFの面積は三角形ABCの面積の何倍であるか求めよ。

問2　∠AEF = 47° のとき，∠CDF の大きさを求めよ。

問3　BD = 8 cm，BE = 5 cm のとき，線分BCの長さを求めよ。

3　基本　右の図において，点Aは関数 $y=\dfrac{15}{x}$ のグラフ上の点で，x 座標は3である。点Bと点Cはともに x 軸上の点，点Dは y 軸上の点，点Oは原点である。また，四角形OBAD，ABCEはともに長方形で，長方形ABCEの面積は8 cm^2 である。三角形DEFは ∠DEF = 90° の直角三角形で，その面積は3 cm^2 である。ただし，点Cの x 座標は点Bの x 座標より大きく，点Fの y 座標は点Eの y 座標よりも大きい。また，座標軸の1目盛りを1 cmとする。このとき，あとの各問いに答えよ。

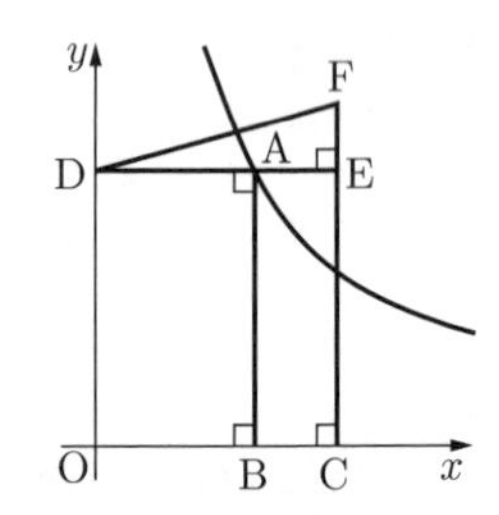

問1　点Aの座標を求めよ。

問2　点Eが関数 $y=\dfrac{a}{x}$ のグラフ上の点となるときの，a の値を求めよ。

問3　点Fが関数 $y=\dfrac{b}{x}$ のグラフ上の点となるときの，b の値を求めよ。

4　12，17，18，20，21，35，38，40，46，48の数が書かれたカードが1枚ずつ，あわせて10枚のカードが箱の中に入っている。この状態を「最初の状態」とする。さらに，「最初の状態」の箱の中に入っている10枚のカードに書かれた10個の数の平均値を m，中央値を M とする。このとき，次の各問いに答えよ。

問1　基本　m の値を求めよ。

問2　基本　M の値を求めよ。

問3　「最初の状態」の箱からカードを1枚だけ取り出して，取り出したカードに書かれた数を，その数に4を加えた数に書きかえて箱に入れなおす。例えば，取り出したカードに書かれた数が12であれば16に書きかえて箱の中に入れなおすことになる。入れなおした後の箱の中にある10枚のカードに書かれた10個の数の中央値が M と等しくなる確率を求めよ。ただし，箱からどのカードを取り出すことも同様に確からしいとする。

問4　サイコロを1回投げて出た目を a とし，「最初の状態」の箱からカードを1枚取り出して，取り出したカードに書かれた数を，その数から a を引いた数に書きかえて箱に入れなおす。

(1)　入れなおした後の箱の中にある10枚のカードに書かれた10個の数の平均値は m よりも0.3だけ小さい値であり，中央値は M よりも小さい値であった。また，取り出したカードに書かれた数の十の位の数は書きかえる前と後で変わらなかった。このとき，a の値，取り出したカードに書きかえる前に書かれていた数をそれぞれ求めよ。

(2) 入れなおした後の箱の中にある 10 枚のカードに書かれた 10 個の数の中央値が M と等しくなる確率を求めよ。ただし，箱からどのカードを取り出すことも，サイコロのどの目が出ることも，いずれも同様に確からしいとする。

5 思考力 問題 A と問題 B について，あとの各問いに答えよ。

> 問題 A
> x を正の数とする。
> x に 1 を加えた数と，x から 3 を引いた数の積が 10 であるとき，x の値を求めよ。

問 1 基本 問題 A で問われている x の値を求めよ。

ひろしさんは問題 A の「x を正の数とする」という文章を「x を整数とする」に書きかえて，新たな問題として次の問題 B を考えた。

> 問題 B
> x を整数とする。
> x に 1 を加えた数と，x から 3 を引いた数の積が 10 であるとき，x の値を求めよ。

しかし，問題 A の答えとなる x の値が整数でなかったので，この問題は答えのない問題となってしまった。ひろしさんは，さらに波線部や二重下線部の数を書きかえることにより，求めた x の値が整数となる「答えのある問題」に修正しようと考えた。

問 2 問題 B の波線部の 3 という数を他の数 m に書きかえる。修正した後の問題が「答えのある問題」になるような m の値はいくつかあるが，そのうち自然数である m の値をすべて求めよ。

問 3 問題 B の二重下線部の 10 という数を他の数 n に書きかえる。修正した後の問題が「答えのある問題」になるような n の値はたくさんあるが，そのうち 2 けたの自然数である n の値は全部で何個あるか求めよ。

国立工業高等専門学校
国立商船高等専門学校
国立高等専門学校

時間	50分	満点	100点	解答	P87	2月21日実施

注意 1 分数の形の解答は，それ以上約分できない形で解答すること。
2 根号を含む形で解答する場合，根号の中に現れる自然数が最小となる形で解答すること。

出題傾向と対策

●マークシート方式の大問が 4 題，小問の分量はほぼ例年通りであった。**1** は小問集合，**2** は数と式の総合問題，**3** は関数の総合問題，**4** は平面図形の総合問題で出題内容は例年通り，問題の難易度は例年に比べて取り組みやすくなっていた。

●基本から標準の問題を中心に出題内容に偏りがない。**1** のような小問は教科書の章末問題を全範囲もれなく勉強することが一番の対策である。**3** のようなグラフを読む問題も 2 年連続で出題されたので準備をしておこう。図形問題は難しい問題が出題されることもあるので，過去問で難易度を確認して欲しい。

1 よく出る 次の各問いに答えなさい。

(1) $-2^2 \div \dfrac{3}{5} + 6 \times \left(\dfrac{1}{3}\right)^2$ を計算すると [アイ] である。（5点）

(2) 2 次方程式 $2x^2 + 8x - 1 = 0$ を解くと

$x = \dfrac{[ウエ] \pm [オ]\sqrt{[カ]}}{[キ]}$ である。（5点）

(3) 2 つの関数 $y = \dfrac{a}{x}$ と $y = -3x + 1$ について，x の値（あたい）が 1 から 4 まで増加するときの変化の割合が等しい。このとき，$a =$ [クケ] である。（5点）

(4) 右の図のように，関数 $y = \dfrac{18}{x}$ のグラフと直線 $y = ax - 1$ が 2 点で交わっている。そのうち，x 座標が正であるものを A とする。点 A から x 軸に垂線を引き，その交点を B とする。また，直線 $y = ax - 1$ と x 軸との交点を C とすると，BC : CO = 2 : 1 である。このとき，点 A の y 座標は [コ] であり，$a = \dfrac{[サ]}{[シ]}$ である。（5点）

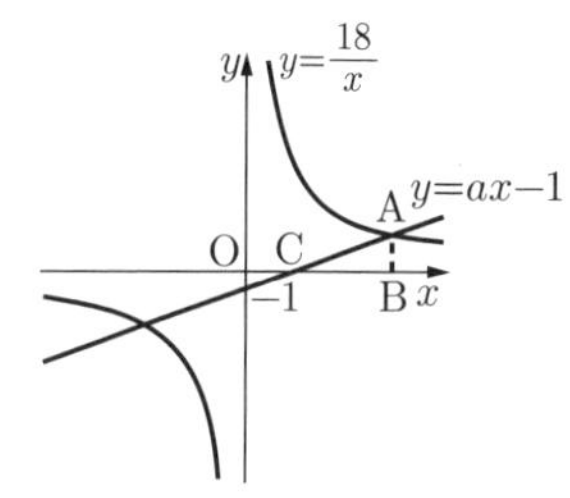

(5) A，B，C，D，E の 5 人から，くじ引きで 3 人の当番を選ぶとき，選び方は全部で [スセ] 通りある。（5点）

(6) あるクラスにおいて，各生徒が冬休み中に図書館から借りた本の冊数をまとめたところ，右の度数分布表のようになった。このとき，冊数の最頻値（モード）は［ソ］冊である。また，4冊借りた生徒の人数（にんずう）の相対度数は，小数第3位を四捨五入して表すと0.［タチ］である。　(5点)

冊数（冊）	度数（人）
0	6
1	8
2	9
3	5
4	6
5	1
6	1
合計	36

(7) 右の図で，2直線 l，m は平行であり，同じ印のつけられている角がそれぞれ等しいとき，$\angle x=$［ツテト］°である。　(5点)

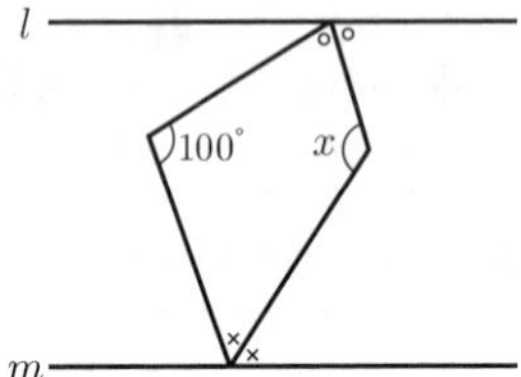

(8) 底面の半径 6 cm，高さ h cm の円柱がある。この体積が，半径 5 cm の球と半径 4 cm の球の体積の和に等しいとき，$h=$［ナ］cm である。　(5点)

2 よく出る　図1のように，自然数を1段に7つずつ，1から小さい順に並べていく。このとき，次の各問いに答えなさい。

図1

1段目	1	2	3	4	5	6	7
2段目	8	9	10	11	12	13	14
3段目	15	16	17	18	19	20	21
⋮				⋮			

(1) 図2のように，［1 2 / 8 9］や［12 13 / 19 20］のような図1の中にある自然数を四角で囲ってできる4つの数の組

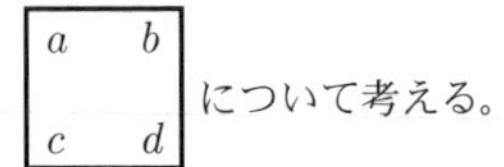

について考える。

図2

1段目	1	2	3	4	5	6	7
2段目	8	9	10	11	12	13	14
3段目	15	16	17	18	19	20	21
⋮				⋮			

このとき，$ad-bc$ の値（あたい）はつねに -7 になることを次のように証明した。

【証明】

b，c，d をそれぞれ a を用いて表し，$ad-bc$ を計算すると，

$ad-bc=a(a+［ア］)-(a+［イ］)(a+［ウ］)$

$=a^2+［ア］a-(a^2+［エ］a+［オ］)$

$=-7$

となる。　【証明終わり】

(6点)

(2) 図1の n 段目において，左から3番目の数を A とし，左から4番目の数を B とする。このとき，A，B は n を用いて

$A=$［カ］$n-$［キ］，$B=$［ク］$n-$［ケ］

と表される。$AB=1482$ であるとき，n の値は［コ］である。　(8点)

(3) 図1の n 段目にあるすべての自然数の和が861になった。このとき，n の値は［サシ］である。　(6点)

3 思考力

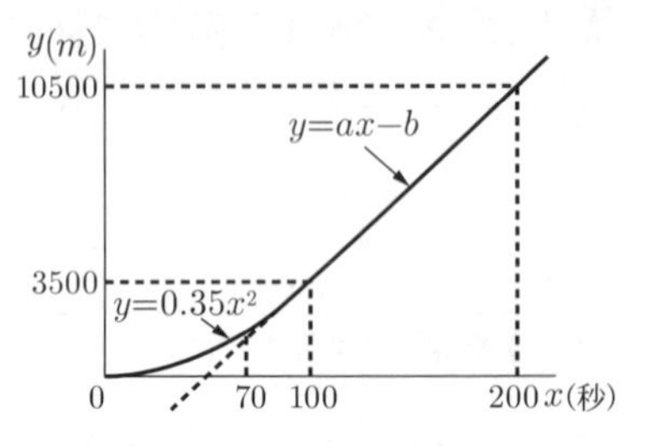

ある列車が停止した状態から出発し，x 秒後には y m 進んだ位置にいる。$0 \leqq x \leqq 100$ では $y=0.35x^2$ という関係があり，100秒後には出発地点から3500 m 進んだ位置にいる。また，出発してから100秒以上経過したあとは一定の速さで進み，200秒後には出発地点から10500 m 進んだ位置にいる。

このとき，次の各問いに答えなさい。

(1) 出発してから100秒以上経過したあとは，$y=ax-b$ という関係があり，$a=$［アイ］，$b=$［ウエオカ］である。また，出発してから100秒以上経過したとき，列車は時速［キクケ］km で走る。　(9点)

(2) $x=70$ のとき，$y=$［コサシス］である。このとき，列車の先頭が，あるトンネルに入った。列車が完全にトンネルから出たのは出発してから216秒後であったという。列車の全長が420 m のとき，先頭部分がトンネルから出るのは出発してから［セソタ］秒後であり，トンネルの長さは［チツテト］m である。　(11点)

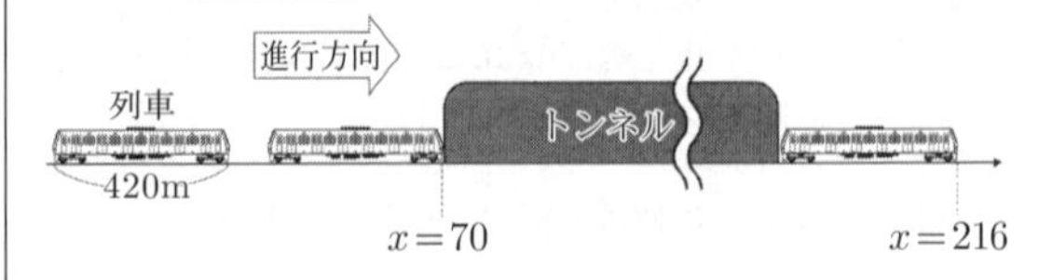

4 右の図のように，AB＝AC である二等辺三角形ABCと正方形ACDEがある。線分BEと線分ADの交点をFとし，線分CEと線分ADの交点をGとする。点Aから辺BCに垂線を引き，その交点をHとする。

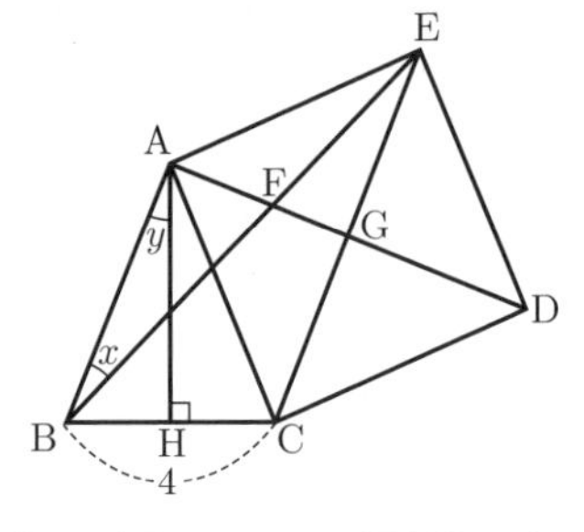

BC＝4，∠BAC＝45°，∠ABE＝∠x，∠BAH＝∠y のとき，次の各問いに答えなさい。

(1) △ABE において，三角形の内角の和は180°であるから，∠x＋∠y＝［アイ］°である。　(4点)

(2) ∠BEC＝［ウエ］.［オ］°である。　(4点)

(3) △ABC と △DEF において

AB＝DE

∠BAC＝∠EDF＝45°

∠ABC＝∠DEF＝［カキ］.［ク］°

である。よって，2 つの三角形は合同であり，
EF = [ケ] である。 (6点)

(4) △AEF の面積は [コ] である。 (6点)

東京都立産業技術高等専門学校

時間	50分	満点	100点	解答	P88	2月16日実施

* 注意　答えに根号が含まれるときは，根号を付けたままで表しなさい。
答えに分数が含まれるときは，それ以上約分できない形で表しなさい。

出題傾向と対策

● **1** は計算中心の小問集合，**2** は方程式の文章題などの小問集合，**3** はグラフと図形，**4** は平面図形，**5** は空間図形で，大問数 5，小問数 20 であり，難易度，分量ともに例年通りであった。

●基本的な問題を中心にして，計算分野，図形分野などバランスよく出題される傾向に変わりはない。場合の数・確率からは 3 年間，データの活用からは 2 年間，出題されていないが，全分野について，教科書で復習しておこう。類題が多いので，過去問にしっかり取り組もう。

1 よく出る 基本　次の各問に答えよ。

〔問 1〕 $\sqrt{32}+\sqrt{72}-\sqrt{128}$ を計算せよ。

〔問 2〕 $a-\dfrac{a-b}{3}$ を計算せよ。

〔問 3〕 $a=\sqrt{2}$，$b=\sqrt{3}$ のとき，$(a+b)^2-(a-b)^2$ を計算せよ。

〔問 4〕 $-(a^3b^2)^2\times ab^2\div(-a^2b^3)^2$ を計算せよ。

〔問 5〕 連立方程式 $\begin{cases}\dfrac{1}{3}x+\dfrac{1}{2}y=7\\ x-2y=-7\end{cases}$ を解け。

〔問 6〕 2 次方程式 $(x+1)(x-2)=2(x-2)^2$ を解け。

〔問 7〕 次の等式が成り立つように，[①]，[②] に当てはまる数を求めよ。

$x^2-4x=(x-$ [①] $)^2-$ [②]

2 よく出る 基本　次の各問に答えよ。

〔問 1〕 100 の約数は何個あるか。

〔問 2〕 $x+3y=100$ を満たす自然数 x と y の組 $(x,\ y)$ は何通りあるか。

〔問 3〕 100 g の水に何 g の食塩を溶かすと 20% の食塩水ができるか。

〔問 4〕 線分 AC 上に点 B があり，線分 AC の長さは 10 m である。線分 AC 上を動く点 P を考える。点 P は点 A を出発し分速 2.4 m の速さで点 B まで移動し，引き続き分速 1.8 m の速さで点 C に達する。点 P が点 A から点 C までの移動に要した時間は 5 分である。
　線分 AB の長さを求めよ。

3 よく出る 基本　右の図で，点 O は原点，曲線 m は関数 $y=x^2$ のグラフを表している。

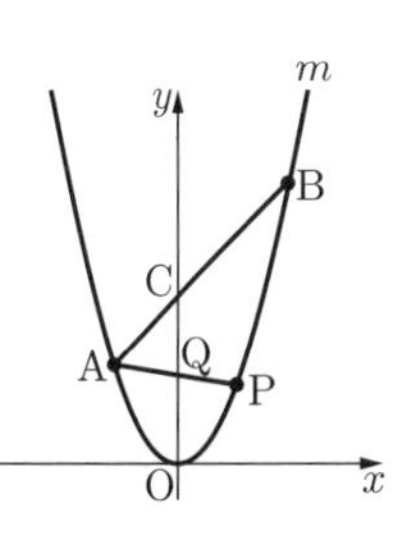

　点 A と点 B は曲線 m 上の点であり，x 座標はそれぞれ -2，3 である。

　線分 AB と y 軸との交点を C とする。

　点 P は曲線 m 上の点 O から点 B までの間を動く。

　点 A と点 P を結び，線分 AP と y 軸との交点を Q とす

る。

次の各問に答えよ。

〔問1〕 点Pのx座標が2のとき，2点B，Pを通る直線の式を求めよ。

〔問2〕 線分AQの長さと線分QPの長さの比が $AQ:QP=4:3$ のとき，点Pの座標を求めよ。

〔問3〕 点Oと点Pを結ぶ。
$\angle ACO=\angle COP$ のとき，点Pの座標を求めよ。

4 よく出る 右の図で，線分ABは円Oの直径であり，直線CBは点Bにおいて円Oに接している。

点Oから線分ACに垂線を下ろし，線分ACとの交点をHとする。

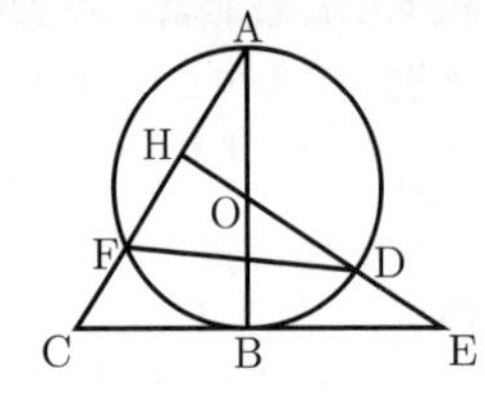

線分HOを点Oの方向に延ばし，円Oとの交点をD，直線CBとの交点をEとする。

線分HCと円Oとの交点をFとし，点Fと点Dを結ぶ。

次の各問に答えよ。

〔問1〕 $\angle OEB=a°$ のとき，$\angle AFD$ の大きさをaを用いた式で表せ。

〔問2〕 点Hと点B，点Bと点D，点Dと点Aをそれぞれ結ぶ。
$\angle OEB=30°$ のとき，$\triangle BDH$ の面積と $\triangle AOD$ の面積の比 $\triangle BDH:\triangle AOD$ を最も簡単な整数の比で表せ。

〔問3〕 $HO=2$ cm，$AH=3$ cm のとき，線分FCの長さを求めよ。

5 右の図で，立体 D − OABC は，長方形OABCを底面とし，$\angle AOD=\angle COD=90°$，$OA=3$ cm，$OC=OD=4$ cm の四角すいである。

次の各問に答えよ。

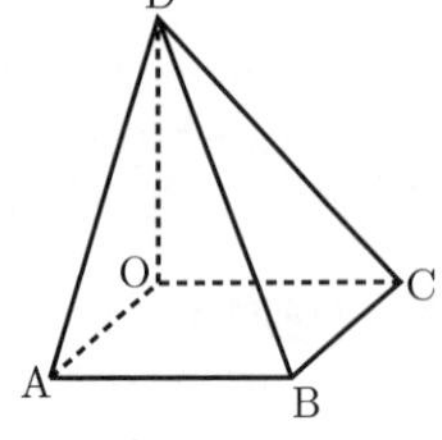

〔問1〕 基本 立体 D − OABC の体積を求めよ。

〔問2〕 思考力 辺ODの中点をMとする。
辺DB上を動く点Pをとり，点Pと点M，点Pと点Oをそれぞれ結ぶ。
線分OPの長さが最小になるとき，線分MPの長さを求めよ。

〔問3〕 辺DAの中点E，辺DBの中点F，辺BCの中点Gをそれぞれ結んでできる $\triangle EFG$ の面積を求めよ。

私立高等学校

愛光高等学校

時間	60分	満点	100点	解答	P89	1月16日実施

＊　注意　**1** は答だけでよいが，**2** **3** **4** **5** **6** は式と計算を必ず書くこと。

出題傾向と対策

●大問は6題で，**1** の小問集合を含めて，例年どおりの傾向と分量を保っている。2021年も方程式の文章題の比重が大きい。**1** は答の数値のみを書けばよい。**2** ～ **6** は，解答の途中経過の記述も要求されている。

● **1** の小問集合を正確に仕上げてから，**2** ～ **6** に進む。方程式の文章題，関数とグラフ，図形の計量，確率などが必ず出題される。計算量，記述量がかなり多いので，時間配分にも注意して，得意分野の問題から解くとよい。2021年に出題されなかった証明問題の練習もしておこう。

1 よく出る 基本　次の(1)～(5)の□に適する数または式を記入せよ。

(1)　$x^2y-2xy^2-x^2+3xy-2y^2$ を因数分解すると ① である。

(2)　$\frac{15}{7}a^{12}\times\left(-\frac{14}{5a^2}\right)\div(-3a^2)^3-\frac{7}{15}a^5\div\frac{21}{40}a$ $=$ ②

(3)　$\frac{(2\sqrt{5}+\sqrt{2})(2\sqrt{5}-\sqrt{2})}{\sqrt{162}}-\frac{3}{4}\div\frac{(\sqrt{3})^3}{(5-\sqrt{6})(1+\sqrt{6})}=$ ③

(4)　新傾向　$\sqrt{180-3n}$ が整数となるような最小の自然数 n は ④ で，$\sqrt{180-3x}$ が整数となるような最小の正の有理数 x は ⑤ である。

(5)　右の図において，長方形ABCDと長方形EFGDは合同で，点Eは対角線BD上にあり，点Kは辺BCと辺EFの交点である。AB = 12 cm，AD = 16 cm のとき，線分BEの長さは ⑥ cm で，四角形EKCDの面積は ⑦ cm^2 である。

2 よく出る　大人2人，子供3人で旅行を計画している。この旅行の正規の価格は大人1人10000円，子供1人6000円である。この旅行を出発日の10日前から20日前の間に予約すると，大人は x% 引きで，子供は y%引きで購入でき，5人の合計金額は30500円である。また，出発日の21日前までに予約すると，割引価格よりさらに大人は20% 引きで，子供は10% 引きで購入でき，5人の合計金額は25750円となる。このとき，x，y の値を求めよ。

3 よく出る 基本　みかんを子供に同じ個数ずつ配る。1人につき子供の人数よりも2個少ない個数で配ると7個余った。そこで，1人につき子供の人数の2倍より9個少ない個数で配ると，1人は13個しかもらえず5人は1個ももらえなかった。このとき，子供の人数とみかんの個数を求めよ。

4　2つの放物線 $y=x^2$…①，$y=-\frac{1}{2}x^2$…②と点P $\left(-\frac{15}{2},\ 0\right)$ がある。右の図のように，点Pを通り傾き2の直線と放物線①の交点をA，Bとし，点Pを通り傾き -1 の直線と放物線②の交点をC，Dとする。

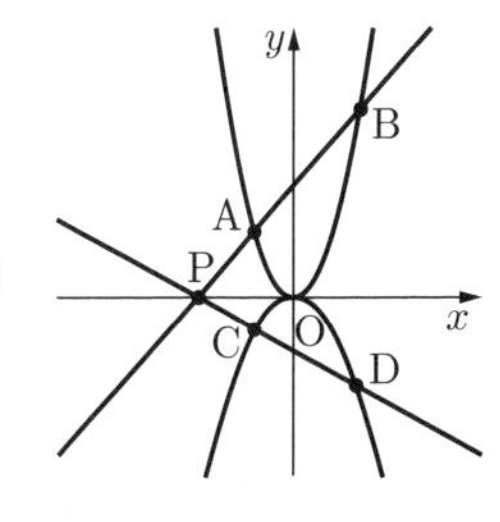

(1)　4点A，B，C，Dの座標を求めよ。答だけでよい。

(2)　四角形ACDBの面積を2等分する傾き2の直線の式を求めよ。

(3)　三角形BPDの面積を2等分する x 軸に平行な直線の式を求めよ。

5　1つのサイコロを3回続けて投げて，出た目の数を順に a，b，c とする。

(1)　基本　a，b が不等式 $b\leqq 2a-5$ をみたす確率を求めよ。

(2)　思考力　a，b，c が等式 $b=2a-c$ をみたす確率を求めよ。

6　右の図のように，立方体ABCD － EFGHの内部で半径が等しい2つの球 O_1，O_2 が接している。さらに，O_1 は3つの面AEFB，AEHD，EFGHに接し，O_2 は3つの面ABCD，BFGC，DHGCに接している。2つの球の表面および内部を V とするとき，次の問いに答えよ。

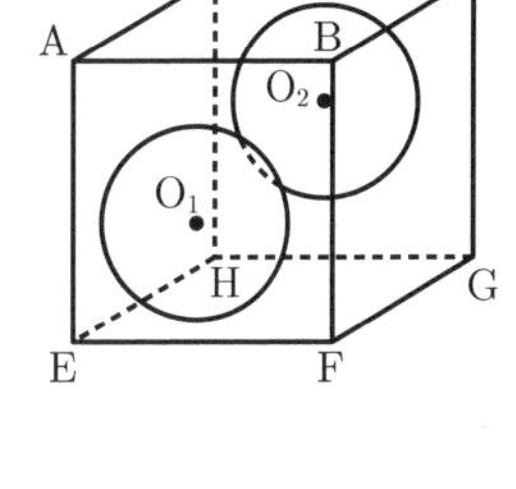

(1)　平面AEGCで切断したときの V の切り口を右の図に書き込め。

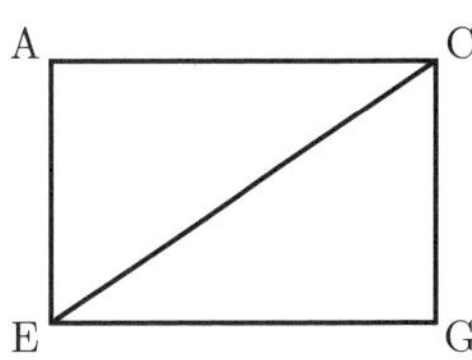

(2)　O_1，O_2 の半径が3のとき，立方体の1辺の長さを求めよ。

(3)　(2)のとき，AEの中点を通り，平面ABCDに平行な面で V を切断したとき，切り口の面積を求めよ。

青山学院高等部

時間	50分	満点	100点	解答	P90	2月12日実施

＊　注意　π，$\sqrt{\ }$ はそのままでよい。

出題傾向と対策

●大問8問で，**1** は平方根の計算，**2**，**3** は数の性質，**4** は関数 $y=ax^2$，**5** は連立方程式，**6**，**7** は平面図形，**8** は空間図形の問題であった。問題構成に多少の変更があったものの，分量，難易度は例年通りであった。

●大問の数は多いが，全体の分量はそれほど多くない。基礎・基本をよく理解したうえで，過去問を活用して応用問題を解けるようにするのがよい。

---

1 基本　$x=2\sqrt{3}+\sqrt{2}$，$y=\sqrt{3}-\sqrt{2}$ のとき，次の式の値を求めよ。

$$\frac{x^2+2xy-2y^2}{3}-\frac{x^2+3xy-2y^2}{4}$$

2 基本　一の位が0でなく，一の位から逆の順番で読んでも元の数と等しい自然数について次の問に答えよ。

(1)　3桁の自然数の中で，このような自然数はいくつあるか。

(2)　2021以下の自然数の中で，このような自然数はいくつあるか。

3 思考力　自然数 n を5で割ったときの余りを $\langle n\rangle$ で表すものとする。例えば，$\langle 17\rangle=2$，$\langle 4^3\rangle=4$，$\langle 1\rangle=1$ である。このとき，次の値を求めよ。

(1)　$\langle 1^4\rangle+\langle 2^4\rangle+\langle 3^4\rangle+\langle 4^4\rangle+\langle 5^4\rangle$

(2)　$\langle 6^4\rangle+\langle 7^4\rangle+\langle 8^4\rangle+\langle 9^4\rangle+\langle 10^4\rangle$

(3)　$\langle 1^9\rangle+\langle 2^9\rangle+\langle 3^9\rangle+\cdots+\langle 9^9\rangle+\langle 10^9\rangle$

4 よく出る　図のように関数 $y=ax$ のグラフと関数 $y=bx^2$ のグラフが点Aで交わっている。点Aを通り x 軸に平行な直線と関数 $y=bx^2$ のグラフとの交点をBとしたとき，△OABが正三角形になった。

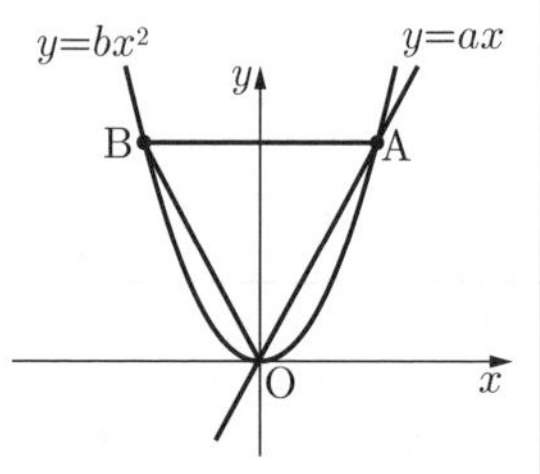

△OABの面積が $9\sqrt{3}$ のとき，次の問に答えよ。ただし，$a>0$，$b>0$ とする。

(1)　a と b の値を求めよ。

(2)　線分OA上に点Cをとると，$\triangle\text{OBC}=\frac{1}{3}\triangle\text{OAB}$ であった。点Cの座標を求めよ。

(3)　関数 $y=bx^2$ のグラフ上に点Dをとると，△OBC＝△OBD となる点Dは2つある。このとき，点Dの x 座標をすべて求めよ。

5 よく出る　2軒の店A，Bが同じ商品を x 個ずつ仕入れ，異なる定価で売った。店Aでは定価300円で，店Bでは定価 y 円で売り出したところ，Aでは仕入れ個数の $\frac{1}{5}$ が，Bでは $\frac{1}{4}$ が売れた。この時点では店Bの売り上げが店Aより1350円多かった。…①

そこで2店とも定価の2割引きで売ったところ，店Aでは仕入れ個数の $\frac{1}{3}$ が，店Bでは $\frac{1}{2}$ が売れた。さらに，2店とも定価の5割引きで売ったところ，店A，店Bともに売り切れ，最終的な売り上げは店Aのほうが135円多かった。次の問に答えよ。ただし，消費税は考えないものとする。

(1)　①を x と y の式で表せ。

(2)　店Aの最終的な売り上げを x の式で表せ。

(3)　店Bの最終的な売り上げを x と y の式で表せ。

(4)　x と y の値を求めよ。

6 よく出る　$\text{AB}=5\,\text{cm}$，$\text{AD}=8\,\text{cm}$ であり，∠ADC の二等分線と辺BCの交点をEとすると，$\text{AE}\perp\text{BC}$ となるような平行四辺形ABCDがある。辺ADの中点をMとし，線分DEと対角線AC，線分CMの交点をそれぞれF，Gとするとき，次の問に答えよ。

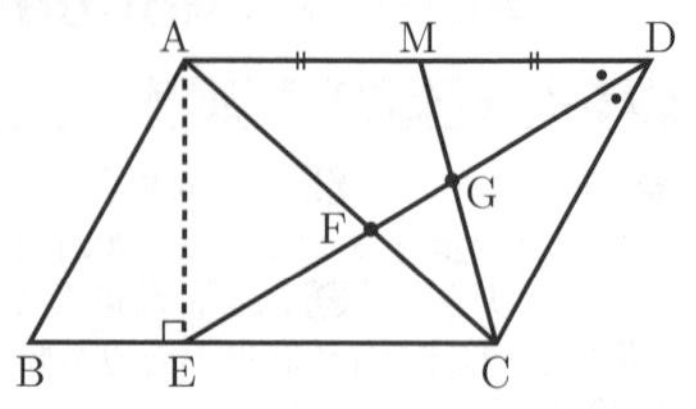

(1)　BEの長さを求めよ。

(2)　平行四辺形ABCDの面積を求めよ。

(3)　△CFGの面積を求めよ。

7 よく出る　直径ABが13 cmである半円の弧AB上に $\text{BC}=5\,\text{cm}$ となるように点Cをとる。また，点Pを半直線BC上に $\text{CP}=16\,\text{cm}$ となるようにとり，線分PAと半円との交点をDとする。このとき，次の線分の長さを求めよ。

(1)　AC

(2)　PA

(3)　CD

8 よく出る　$\text{OA}=\text{OB}=\text{CA}=\text{CB}=2\sqrt{5}\,\text{cm}$，$\text{AB}=\text{OC}=4\,\text{cm}$ である四面体O－ABCの側面OABに，図のように $\text{PL}=\text{PM}=\sqrt{5}\,\text{cm}$，$\text{PN}=2\,\text{cm}$ となるように四面体P－LMNを外側から貼り付けた。ただし，3点L，M，Nはそれぞれ辺OA，OB，ABの中点である。このとき，次の問に答えよ。

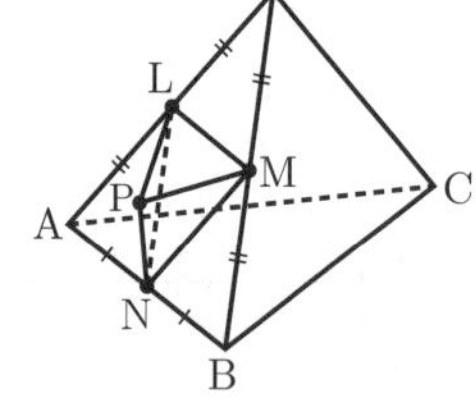

(1)　線分ONの長さを求めよ。

(2)　頂点Pから辺LMに下ろした垂線PQの長さを求めよ。

(3)　線分PCの長さを求めよ。

市川高等学校

時間	50分	満点	100点	解答	P91	1月17日実施

＊ 注意　比を答える場合には，最も簡単な整数の比で答えること。

出題傾向と対策

● **1** 確率と整数の性質，**2** 平面図形，**3** 整数の性質，**4** 関数，**5** 空間図形と出題範囲や大問数は例年通りであるが，注目すべき点は，久しぶりに大問で確率が出題されたことである。

●今年は例年通りの基本的な図形の証明以外は，整数と規則性（数列）を絡めた思考力を問う問題が多かった。長期の休校など今年度の社会状況を踏まえた配慮かはわからないが，やさしくなったわけではないので，対策を大幅に見直す必要はなく，まずは中高一貫校向けの副読本を参考書にして過去問にあたってみよう。

1　正四面体と正八面体のサイコロがあり，それぞれの各面には1～4，1～8の数字が書かれている。この2つのサイコロを投げるとき，正四面体のサイコロの出た目を x，正八面体のサイコロの出た目を y とする。このとき，次の問いに答えよ。

(1)　$x+y=9$ となる確率を求めよ。

(2)　$xy=a$ となる確率が $\dfrac{1}{16}$ となった。このとき，a として考えられる数をすべて求めよ。

(3)　正四面体のサイコロと，各面に1～5と b（b は6以下の自然数）の数字が書かれた立方体のサイコロの2つを投げる。立方体のサイコロの出た目を z とすると，$x+z=8$ となる確率は $\dfrac{1}{8}$，xz が奇数となる確率は $\dfrac{1}{3}$ となった。このとき，b を求めよ。

2　右の図のように，平行四辺形ABCDの外側に，各辺を1辺とする正方形をつくる。それぞれの正方形の対角線の交点をE，F，G，Hとする。

(1)　四角形EFGHが正方形であることを示したい。このとき，次の(a)～(g)にあてはまる式や数字，語句をかけ。

＜証明＞

△AHEと△BFEにおいて，

正方形の対角線の長さは等しく，それぞれの中点で交わるので，

　EA＝EB…①

四角形ABCDは平行四辺形であるから，$\boxed{\text{(a)}}$ので，DA＝BCである。よって，DA，BCをそれぞれ1辺とする正方形は合同であり，合同な正方形の対角線の長さは等しく，それぞれの中点で交わるので，

　$\boxed{\text{(b)}}$…②

正方形の対角線の性質より，

　∠HAD＝∠BAE＝∠EBA＝∠CBF＝45°…③

四角形ABCDは平行四辺形なので，

　∠DAB＋∠ABC＝180°…④

③，④より，

　∠EAH＝$\boxed{\text{(c)}}$°－∠DAB，

　∠EBF＝$\boxed{\text{(c)}}$°－∠DAB

であるから，

　∠EAH＝∠EBF…⑤

①，②，⑤より，$\boxed{\text{(d)}}$ので，

　△AHE≡△BFE…⑥

⑥より，合同な三角形の対応する辺の長さは等しいので，HE＝FEである。⑥と同様に，三角形の合同を考えると，

　△AHE≡△BFE≡△CFG≡△DHG

であることもわかるので，四角形EFGHはひし形である。…⑦

さらに，⑥より，合同な三角形の対応する角の大きさは等しいので，

　∠HEA＝∠$\boxed{\text{(e)}}$

よって，

　∠HEF＝∠HEA＋∠$\boxed{\text{(f)}}$

　　　＝∠$\boxed{\text{(e)}}$＋∠$\boxed{\text{(f)}}$

　　　＝∠$\boxed{\text{(g)}}$

Eは正方形の対角線の交点であるから，∠$\boxed{\text{(g)}}$＝90°となり，

　∠HEF＝90°…⑧

したがって，⑦，⑧より，四角形EFGHは1つの内角が90°であるひし形，すなわち正方形である。

(2)　AB＝4，BC＝8，∠ABC＝60°のとき，四角形EFGHの面積を求めよ。

3　次の問いに答えよ。

(1)　129と282の最小公倍数を求めよ。

(2)　2つの自然数 A，B があり，A，B の最大公約数を G，最小公倍数を L とする。A，B を G で割ったときの商をそれぞれ a，b とするとき，次の問いに答えよ。

(i)　L を a，b，G を用いて表せ。

(ii)　$A-2B-2G+L=2021$ のとき，自然数の組 $(A,\ B)$ をすべて求めよ。ただし，G は1でない自然数とする。

4　座標平面上に放物線 $C:y=x^2$ がある。原点Oを通り，傾きが1である直線と C のO以外の交点を A_1 とする。A_1 を通り傾きが -1 である直線と C の A_1 以外の交点を A_2，A_2 を通り傾きが1である直線と C の A_2 以外の交点を A_3，A_3 を通り傾きが -1 である直線と C の A_3 以外の交点を A_4，以下同じように A_5，A_6，A_7……と順に点をとる。このとき，次の問いに答えよ。

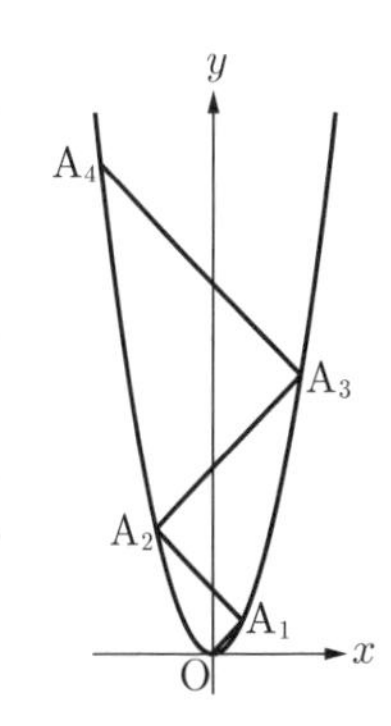

(1)　A_2，A_3 の座標を求めよ。

(2)　$OA_1+A_1A_2+A_2A_3+A_3A_4+\cdots\cdots+A_{17}A_{18}$ の値を求めよ。

(3)　$OA_1{}^2-A_1A_2{}^2+A_2A_3{}^2-A_3A_4{}^2+\cdots\cdots+A_{n-2}A_{n-1}{}^2-A_{n-1}A_n{}^2$ の値が -576 となるような自然数 n を求めよ。

5　思考力　各辺の長さが1の立方体をいくつか使って，床の上に直方体となるように積み上げる。この立体に対し，以下の操作を繰り返し行う。

　操作：3面以上見えている立方体をすべて取り除く

このとき，次の問いに答えよ。

(1) **図1**のように，縦が5，横が6，高さが3の直方体Aとなるように立方体を積み上げた。

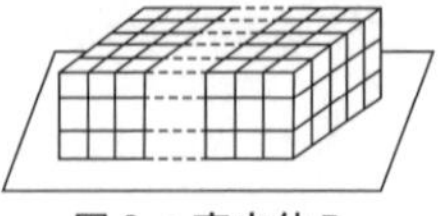

図1：直方体A

(i) Aに対し，操作を2回行ってできる立体の体積を求めよ。

(ii) Aに対し，操作を3回行ってできる立体の見えている部分の表面積を求めよ。

(2) **図2**のように，縦が5，横が $2n$，高さが3の直方体Bとなるように立方体を積み上げた。ただし，n は自然数とする。

図2：直方体B

(i) Bの一番上の面がなくなるまでの操作の回数を n を用いて表せ。

(ii) Bに対して操作を繰り返したところ，立方体がすべて取り除かれるまでの操作の回数は9回であった。このとき，n を求めよ。

江戸川学園取手高等学校

時間	60分	満点	100点	解答	P92	1月15日実施

＊ 注意
- 分数は，分母を有理化し，既約分数にすること。また，小数に直さないこと。
- 答えに $\sqrt{\ }$ が含まれる場合は，$\sqrt{\ }$ を用いたままにし，小数に直さないこと。
- $\sqrt{\ }$ の中は最も小さい正の整数にすること。
- 円周率は π を用いること。

出題傾向と対策

- 例年，大問4題であったが，今年は5題となっている。**1**は8題の小問集合，**2**は関数 $y=ax^2$，**3**は平面図形，**4**は空間図形，**5**は思考力を問われる場合の数，確率の問題であった。
- **2**～**4**には，答えだけでなく解答手順の記述を求められる問題が含まれているので，記述の練習をしっかりとしておこう。
- 標準レベル以上の問題集や過去問を解いて，計算力をつけておくと良いだろう。

1 **基本** 次の各問いに答えなさい。［いずれも解答のみを示しなさい。］

(1) $\dfrac{a-5b+2}{5}-\dfrac{4a-3b-2}{3}+2a-1$ を計算しなさい。

(2) $\sqrt{18}-\sqrt{10}\times\sqrt{5}+\dfrac{8}{\sqrt{2}}$ を計算しなさい。

(3) $x^2-6xy+9y^2+3x-9y+2$ を因数分解しなさい。

(4) 2次方程式 $(x-3)^2=4(x-3)$ を解きなさい。

(5) 2けたの自然数がある。この数の一の位の数と十の位の数の和は10で，一の位の数と十の位の数を入れかえると，もとの数より36小さくなる。もとの自然数を求めなさい。

(6) $y-5$ は $x-2$ の2乗に比例する関数であり，$x=1$ のとき $y=7$ である。x が1から4まで増加するときの変化の割合を求めなさい。

(7) 右の図の円すいの表面積を求めなさい。

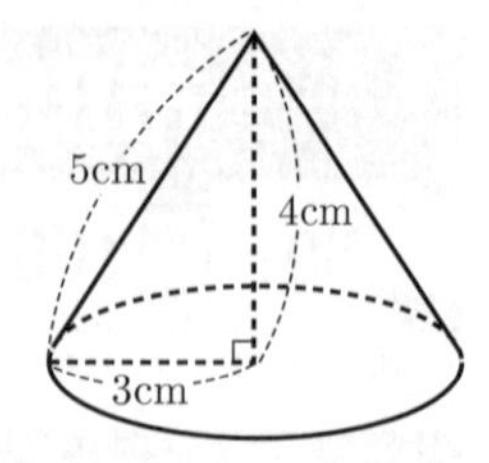

(8) 1から8までの8つの整数が各面に1つずつ書かれた正八面体のさいころがあり，このさいころを2回ふって出た目の数をみるとき，2つの数の和が12となる確率を求めなさい。ただし，面の出方は同様に確からしいものとします。

2 右の図のように，放物線 $y=ax^2$ 上に3点A，B，Cがある。点Cの座標は $(-3,\ -9)$ で，A，Bの x 座標はそれぞれ -1，2である。このとき，次の問いに答えなさい。［(1)，(2)，(3)は解答のみを示しなさい。(4)は解答手順を記述しなさい。］

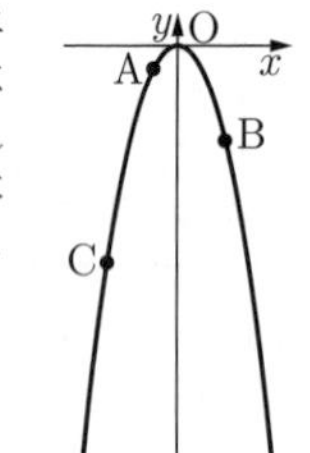

(1) a の値を求めなさい。

(2) 2点A，Bを通る直線の式を求めなさい。

(3) $\triangle ABC=\triangle ABD$ となるような，この放物線上の点Dの座標を求めなさい。ただし，点Dは点Cと異なる点とします。

(4) 放物線 $y=ax^2$ と線分BCで囲まれた部分（境界線上も含む）にある格子点の個数を求めなさい。格子点とは x 座標，y 座標ともに整数の座標のことをいう。

3 **よく出る** $AB=5$，$BC=3$，$CA=4$ の直角三角形ABCがあり，**図1**では，円Oは3辺AB，BC，CAとそれぞれ接している。**図2**では，同じ大きさの円を隣り合うものが接するように n 個並べた。すべての円は辺ABに接し，一番左にある円は辺CA，一番右にある円は辺BCにも接している。［(1)および(2)は解答のみを示しなさい。(3)は解答手順を記述しなさい。］

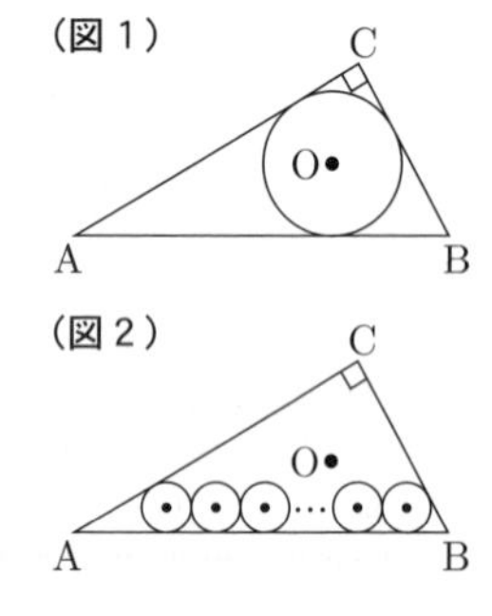

(1) **図1**について，$\angle AOB$ の大きさを求めなさい。

(2) **図1**について，円Oの半径を求めなさい。

(3) **図2**について，円の半径を n を用いて表しなさい。

4 図のような正四角すいO－ABCDにおいて，辺OA，OB，OC上にそれぞれ点P，Q，Rを $OP:PA=3:1$，$OQ:QB=5:4$，$OR:RC=1:1$，となるようにとる。3点P，Q，Rを通る平面でこの正四角すいを切断するとき次の各問いに答えよ。［(1)および(2)は解答のみを示しなさい。(3)は解答手順を記述しなさい。］

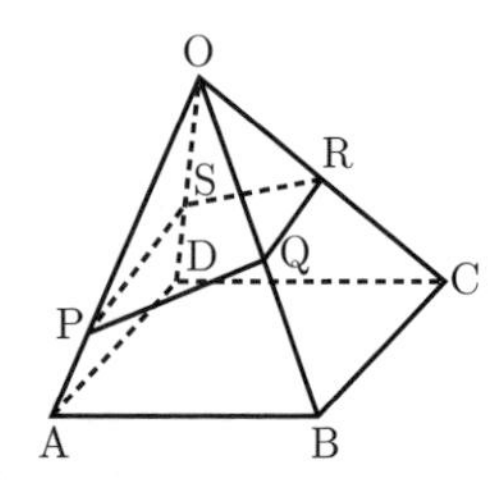

(1) △OPQの面積は，△OABの面積の何倍か求めなさい。

(2) 三角すいO－PQRの体積は，三角すいO－ABCの体積の何倍か求めなさい。

(3) 難 OS : SD を求めなさい。

5 思考力 新傾向 高校1年生の太郎くんと中学3年生の花子さんが会話をしています。会話をよく読み，問に答えなさい。［いずれも解答のみを示しなさい。］

花子さん：明日，10人でプレゼント交換をするんだけど，くじ引きでやると一人でも自分のプレゼントが自分に来てしまうことって結構あるのかなあ。

太郎くん：自分のプレゼントが自分に来てしまうことが誰にも起きないことを成功と定義して，少しずつ人数を増やして考えてみようか。2人の場合はどうなるかな？

花子さん：2人なら2つのプレゼントの行き先は2通り，成功する場合の数は1通りだから成功する確率は $\frac{1}{2}$ だね。

太郎くん：ここからは，Aさん，Bさん，Cさんと人を大文字のアルファベットを使って表して，それぞれのプレゼントを a，b，c と小文字のアルファベットでおいてみようか。

花子さん：プレゼントの行き先の総数は $3\times2\times1=6$ 通りで，成功する場合の数は，樹形図を書いてみると2通りだから成功する確率は $\frac{1}{3}$ だね。

花子さんが書いた樹形図

b — c — a
c — a — b

太郎くん：4人の場合も同じように考えると，プレゼントの行き先の総数は，$4\times3\times2\times1=24$ 通りで，成功する場合の数は (1) 通りだから成功する確率は $\frac{3}{8}$ だね。

花子さん：急に樹形図を書くのが大変になったね。5人以上とかはさすがに大変そう。とても10人なんて考えられない気がする。

太郎くん：そうだね。樹形図でやるのはそろそろ厳しいから，考え方を変えてみよう。n 人でプレゼント交換をして，成功する場合の数を $W(n)$ と表すよ。

花子さん：つまり，$W(2)=1$，$W(3)=2$，$W(4)=$ (1) ってことね。

太郎くん：その通り。DさんとEさんを加えて，それぞれのプレゼントを d，e として $W(5)$ を考えるよ。Aさんに b，Bさんに a がいった場合，残った3人で自分のプレゼントが自分に来てしまうことがないのは $W(3)$ 通りだね。Aさんに b，Bさんに a 以外がいった場合はどうなるかな？

花子さん：Bさんに b が行く心配はないけど，Bさんには a 以外，Cさんには c 以外，Dさんには d 以外，Eさんには e 以外となるから $W(4)$ 通りだね。

太郎くん：すっ，すごいな。一番難しいところをあっさり乗り越えたな。あとは，Aさんには，b 以外にも c，d，e が行く場合もあるから

$W(5)=(5-1)\{W(3)+W(4)\}$

という数式が成り立つよ。同じように考えれば

$W(6)=(6-1)\{W(4)+W(5)\}$
$W(7)=(7-1)\{W(5)+W(6)\}$
$W(8)=(8-1)\{W(6)+W(7)\}$

ってなるよね。

花子さん：分かった！n 人で考えると $W(n)=$ (2) となるからこれを使えば次から次へと樹形図を書かずにできるね。もちろん n は3以上ね。

太郎くん：これを使って表にまとめてみるとこんな感じだね。

人数	プレゼントの行き先の総数	$W(n)$	自分のプレゼントが自分に来てしまうことが誰にも起きない確率
4	24	(1)	$\frac{3}{8}=0.375$
5	120	44	$\frac{44}{120}=0.36666666\cdots$
6	720	265	$\frac{265}{720}=0.36805555\cdots$
7	5040	1854	$\frac{1854}{5040}=0.36785714\cdots$
8	40320	14833	$\frac{14833}{40320}=0.36788194\cdots$
9	362880	133496	$\frac{133496}{362880}=0.36787918\cdots$
10	3628800	1334961	$\frac{1334961}{3628800}=0.36787946\cdots$

花子さん：あれ？人数が増えれば増えるほどプレゼント交換が成功する確率は (3) だね。

太郎くん：本当だ！きっと，何かすごい秘密が隠されているのかもしれないね。ところで明日のプレゼントは買ったの？

花子さん：あー！まだ買ってない！お店しまっちゃった。

(1) (1) に当てはまる数字を書きなさい。

(2) (2) に当てはまる数式を書きなさい。

(3) (3) に当てはまる会話として，最も適切なものを下の(ア)～(オ)の中から1つ選びなさい。

(ア) どんどん低くなるんだね。
(イ) どんどん高くなるんだね。
(ウ) 同じような値になっていくんだね。
(エ) 1に近づいて，ほぼ成功するんだね。
(オ) 0に近づいて，ほぼ成功しないんだね。

大阪星光学院高等学校

時間	満点	解答	
60分	120点	P93	2月10日実施

出題傾向と対策

●例年通り大問5題の出題である。**1** は小問の集合，**2** は図形と関数の総合問題，**3** は平面図形の証明，**4** は空間図形，**5** は関数 $y=ax^2$ で，出題形式ともに例年とさほど変わっていない。今回も証明の記述が出題された。

●**1** の小問集合では標準以上の出題もなされている一方，大問のはじめには基本的な内容も出題されている。出題傾向は安定しているので，基礎・基本を身につけた上で，過去問にもあたって，標準以上の入試問題でしっかりと練習して実力をつけていこう。

次の □ の中に正しい答えを入れなさい。

1 （37点）

(1) よく出る 基本　$6-\sqrt{5}$ の整数部分を a，小数部分を b とする。このとき，$a^2+b^2-3b+1=$ □ である。

(2) 右の図のように，$\angle C=90°$，$AB=5$，$BC=4$，$AC=3$ の直角三角形ABCがあり，四角形PQRSが正方形であるとき，PQの長さは □ である。

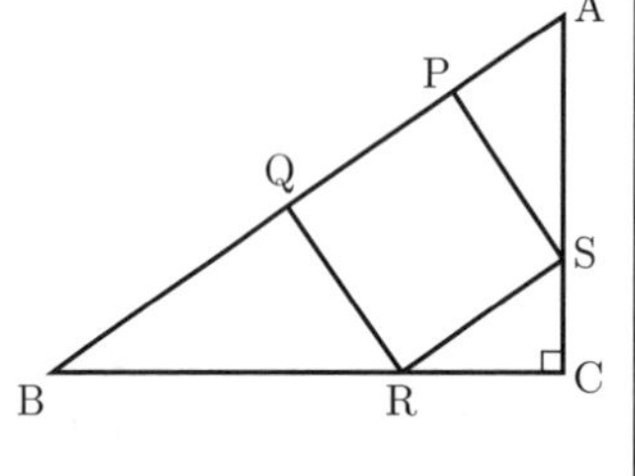

(3) よく出る　右の図のように，1辺の長さが10の正方形ABCDがあり，$CP:PD=2:1$，$DQ:QA=4:3$ である。このとき，△BRSの面積は □ である。

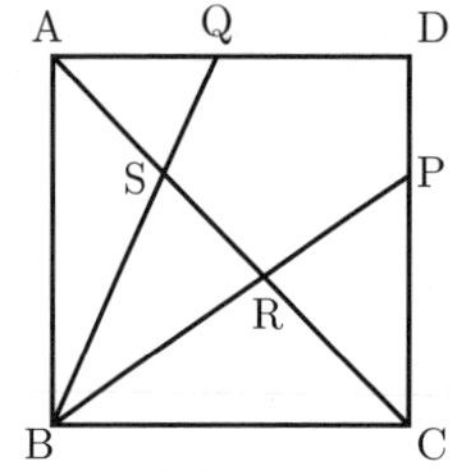

(4) 2数 a，b の最大公約数を $[a◎b]$ と表すこととする。例えば，$[3◎9]=3$，$[6◎16]=2$ である。この記号を利用すると，

$[1◎2]+[2◎3]+[3◎4]+\cdots+[100◎101]=$ □

であり，

$[1◎3]+[2◎4]+[3◎5]+\cdots+[99◎101]$
$+[100◎102]=$ □ である。

(5) よく出る 基本　大小2つのさいころを同時に投げて，異なる目が出る確率は □ であり，大中小3つのさいころを同時に投げて，2つの目が同じで1つの目が異なる確率は □ である。ただし，さいころの目の出方は同様に確からしいものとする。

2　右の図のように，1辺の長さが2の正方形ABCDと，$QR=6$，$PR=3$，$\angle PRQ=90°$ の△PQRがある。△PQRは辺QRが，正方形ABCDは辺BCがそれぞれ直線 l 上にある。正方形が l にそって矢印の方向に毎秒1の速さで動く。点Cと点Qが一致しているときから t 秒後の正方形と△PQRが重なった部分の面積を S とするとき，次の各場合について S を t で表せ。（24点）

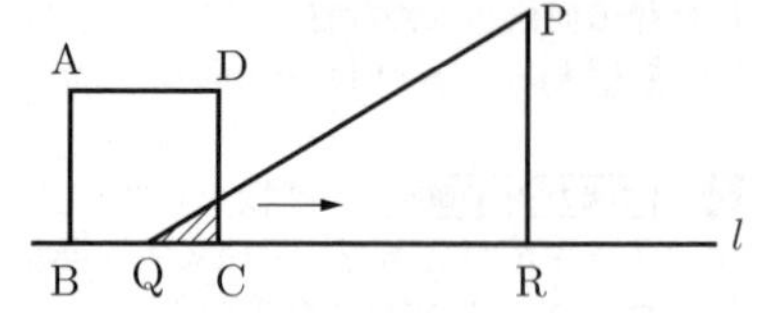

(1) $0<t\leqq 2$ のとき $S=$ □ である。

(2) $2<t\leqq 4$ のとき $S=$ □ である。

(3) $4<t\leqq 6$ のとき $S=$ □ である。

3　よく出る　右の図のように，△ABCにおいて，AI，BI，CIはそれぞれ∠A，∠B，∠Cを2等分している。またIを通りAIに垂直な直線と辺AB，ACとの交点をそれぞれD，Eとする。このとき，

$\angle BID=\dfrac{1}{2}\angle ACB$ であることを証明せよ。（15点）

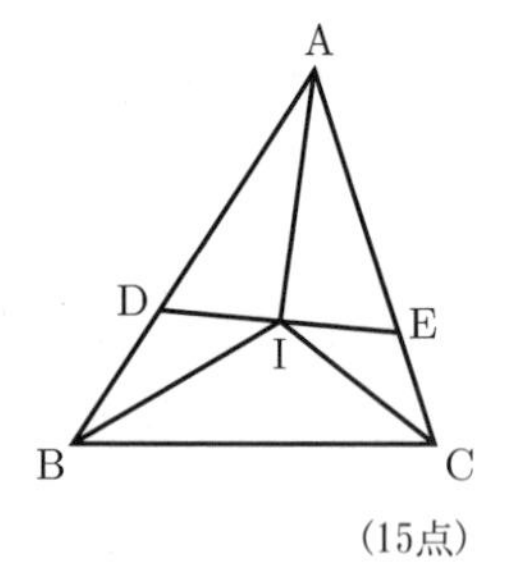

4　右の図のように，正四面体ABCDにおいて，辺CDの中点をMとし，BMの3等分点のうちMに近い方の点をG，辺ACの3等分点のうちAに近い方の点をP，辺ADの3等分点のうちDに近い方の点をQとする。また，平面BPQとAGとの交点をH とし，AMとPQの交点をRとする。このとき，次の各比を最も簡単な整数比で表せ。（21点）

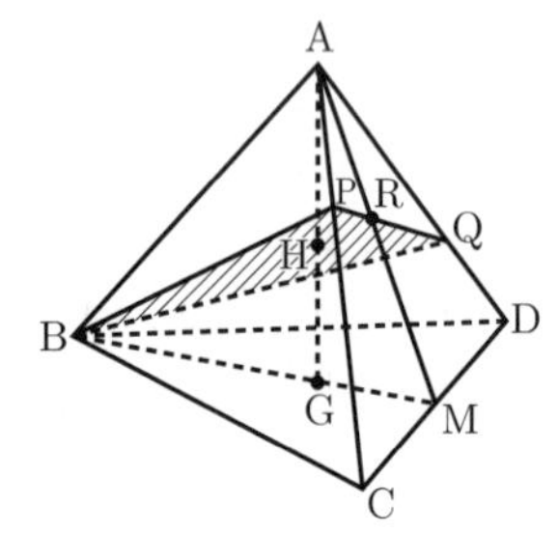

(1) 基本
(立体PGCDの体積) : (正四面体ABCDの体積)
$=$ □ : □

(2) $AR:RM=$ □ : □

(3) $AH:HG=$ □ : □

5　よく出る　次の図のように，曲線 $m:y=\dfrac{1}{2}x^2$ と，点C$(-3,\ 0)$ を通る直線 l が2点A，Bで交わっている。点Aの x 座標は負，点Bの x 座標は正である。また，ABを対角線とする長方形とACを対角線とする長方形を，辺が座標軸と平行になるようにとり，長方形APBQと長方形ARCSを作る。（23点）

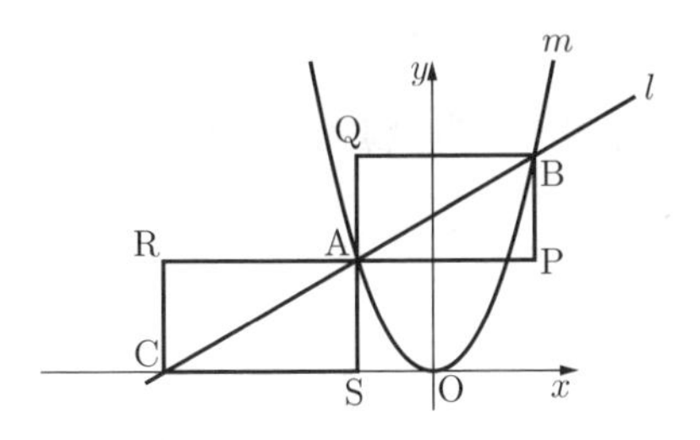

(1) l の傾きが $\frac{1}{4}$ であるとき，A の x 座標は [　　]，B の x 座標は [　　]，長方形 APBQ の面積は [　　] である。

(2) 長方形 APBQ が正方形となるとき，その面積は [　　] である。

(3) 思考力 長方形 APBQ と長方形 ARCS の面積が等しくなるとき，A の x 座標は [　　] である。

開成高等学校

時間	60分	満点	100点	解答	P95	2月10日実施

＊ 注意　答えの根号の中はできるだけ簡単な数にし，分母に根号がない形で表すこと。
円周率は π を用いること。

出題傾向と対策

●大問は 4 題のままであるが，小問集合が消え，関数とグラフ，数の性質，場合の数，空間図形という出題になった。**2**，**3** が新傾向であり，全体としてかなり難化した。図形についての証明は出題されなかったが，理由を説明する設問があった。

●平面図形，空間図形，関数とグラフ，確率などの分野から総合的な思考力，応用力を試す問題が出題される。これらの頻出分野を中心に，良質の問題を十分に練習しておこう。また，証明問題についても準備しておこう。

1 O を原点とする xy 平面において，関数 $y=x^2$ のグラフを G とし，グラフ G 上の x 座標が -1 である点を A とする。A を通って傾きが 1 である直線とグラフ G との交点のうち A でないものを B とし，B を通って傾きが $-\frac{1}{2}$ である直線とグラフ G との交点のうち B でないものを C とする。

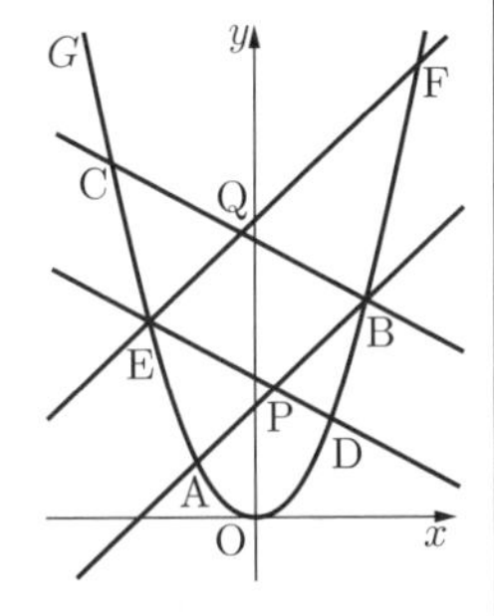

また t を，その値が C の x 座標の値より大きく -1 より小さい定数とし，グラフ G 上の x 座標が t である点を E とする。E を通って傾きが $-\frac{1}{2}$ である直線とグラフ G との交点のうち E でないものを D とし，E を通って傾きが 1 である直線とグラフ G との交点のうち E でないものを F とする。

(1) よく出る 基本 点 C の x 座標を求めよ。また，点 F の x 座標を t を用いて表せ。

(2) 直線 AD，CF の傾きをそれぞれ t を用いて表せ。

(3) 2 直線 AB と DE の交点を P，2 直線 BC と EF の交点を Q とする。三角形 PAD，三角形 QFC の面積をそれぞれ S_1，S_2 とするとき，$S_1 : S_2 = 1 : 5$ となる t の値を求めよ。

2 新傾向 正の整数 x，n に対し，次のような条件を考える。

【条件】 $\frac{x}{n}$ を小数で表したとき，ちょうど小数第 3 位で終わる

ただし，「$\frac{x}{n}$ を小数で表したとき，ちょうど小数第 3 位で終わる」とは，「$\frac{x}{n}\times 1000$ が整数となり，かつ $\frac{x}{n}\times 100$ が整数とならない」ことである。

(1) $x=75$ のとき，上の【条件】を満たす n の個数を求めよ。

(2) 上の【条件】を満たす正の整数 n の個数が 20 個であるような 2 桁の正の整数 x を求めるために，以下の枠内のように考えた。

> k，l を 0 以上の整数として，$x=2^k\times 5^l\times A$ と表されたとする。ただし，$2^0=5^0=1$ とし，A は 2，5 を約数に持たない正の整数である。
> 　このとき，A の正の約数の個数を m とすると，$1000x$ の正の約数の個数は ([ア]) $\times m$ となり，$100x$ の正の約数の個数は ([イ]) $\times m$ となる。
> したがって，上の【条件】を満たす n の個数は ([ウ]) $\times m$ と表される。<u>これが 20 に等しいことと，x が 2 桁の整数であることから m の値が 1 つに決まり</u>，k，l の間に関係式 [エ] が成り立つ。このとき，x の 2，5 以外の素因数は 1 つだけであることもわかり，この素因数を p とすると $x=2^k\times 5^l\times p$ となる。
> 　以上を利用すると，x が 2 桁の正の整数であることから，$k=$ [オ] または $k=$ [カ] とわかり，求める数は $x=$ [キ] となる。

① [ア] ～ [キ] に最も適切に当てはまる数または式を答えよ。ただし，[キ] については当てはまる正の整数をすべて答えること。

② 枠内の下線部について，m の値が 1 つに決まる理由を述べ，その m の値を答えよ。

3 新傾向 赤球，白球，青球のどの色の球もたくさん入っている袋がある。この袋から 1 個ずつ球を取り出し左から順に一列に並べる。以下では，連続した 3 個に赤，白，青の 3 色の球が並ぶところができる（この 3 色の並びはどのような順番でもよい）ことを，「異なる 3 色の並び」ができるということにする。

(1) 基本 4 個の球を並べるとき，「異なる 3 色の並び」ができる並べ方の総数は何通りか。

(2) 4 個の球を並べるとき，「異なる 3 色の並び」ができない並べ方のうち，次の①，②の条件を満たす並べ方はそれぞれ何通りか。

① 左から 3 個目と 4 個目が同じ色である。

② 左から 3 個目と 4 個目が異なる色である。

(3) 5 個の球を並べるとき，左から 3 個目，4 個目，5 個目に「異なる 3 色の並び」ができ，他には「異なる 3 色の並び」ができない並べ方は何通りか。

(4) 5 個の球を並べるとき，「異なる 3 色の並び」ができる並べ方の総数は何通りか。

(5) 難 思考力 6 個の球を並べるとき，「異なる 3

色の並び」ができる並べ方の総数は何通りか。

4 図1のように，底面の半径が5，高さが10の円すいを考える。円すいの底面の円を S とし，円 S を含む平面を p とする。円すいの頂点Aから平面 p に引いた垂線は，円 S の中心Oを通る。線分BCを円 S の直径とし，線分AC上に点Dをとる。平面 p において，点Bにおける円 S の接線を l とする。さらに，直線 l と点Dとを含む平面を q とすると，平面 q による円すいの切り口は**図1**の影の部分のようになった。

図1

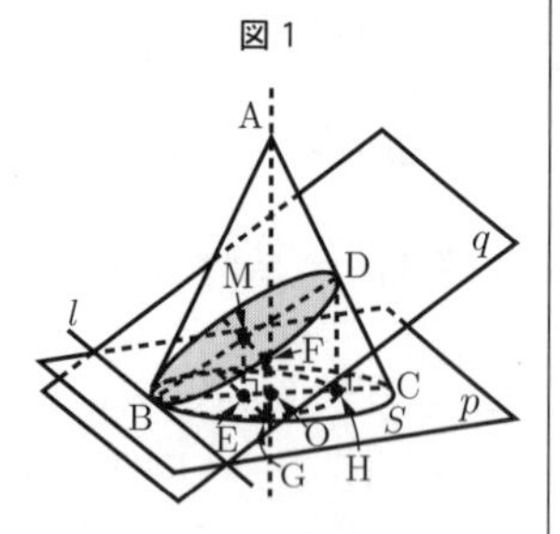

図2はこの円すいの立面図（横から見た図）と平面図（上から見た図）である。点Dから平面 p に引いた垂線と平面 p との交点をHとする。また，線分BDの中点をMとし，点Mから平面 p に引いた垂線と平面 p との交点をE，点Mを通って直線 l に平行な直線と円すいの側面との交点の一方をF，点Fから平面 p に引いた垂線と平面 p との交点をGとする。

図2

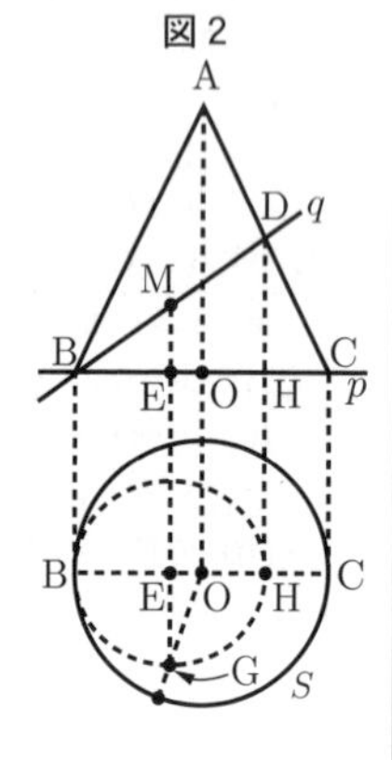

(1) DH $= x$ とするとき，線分OGの長さを x を用いて表せ。

(2) **難** MF $= \frac{1}{2}$BM となるとき，線分DHの長さを求めよ。

関西学院高等部

時間	60分	満点	100点	解答	P97	2月10日実施

＊　注意　採点の対象になるので途中経過も必ず書くこと。

出題傾向と対策

●大問は8問で，**1** は計算2題，**2** は因数分解2題，**3** は2次方程式の計算，**4** は連立方程式の計算，**5** は関数 $y = ax^2$，**6** は連立方程式の応用，**7** は平面図形の証明，**8** は場合の数であった。全体の構成・分量に関しては例年通りであった。

●難問こそ少ないものの，実力をつけておかないと，はね返されてしまうセットである。前半ではレベルの高い数式処理，後半では図形の証明問題・数え上げが出題されている。途中過程の記述も課されているので，日頃から筋道を立てて答案を作成することを意識しておこう。

1 よく出る　次の式を計算せよ。

(1) $\left(-\frac{2}{3}ab^2\right)^3 \times \frac{27}{16}a^2b \div \left(\frac{1}{4}a^2b^3\right)^2$

(2) $\frac{\sqrt{6}-\sqrt{2}}{\sqrt{3}} - \left(\frac{\sqrt{3}-\sqrt{6}}{\sqrt{2}}\right)^2 + \left(\frac{\sqrt{2}+\sqrt{3}}{\sqrt{6}}\right)^2$

2 次の式を因数分解せよ。

(1) $ab + bc^2 - ca - b^2c$

(2) $x^2y^2 - 2xy - y^2 + 1$

3 基本　2次方程式 $(3x-2)(2x-1) = 2(1-x)^2$ を解け。

4 連立方程式 $\begin{cases} \frac{2}{3}(x+y) - \frac{1}{5}(x-y) = \frac{9}{5} \\ \frac{2}{5}(2x+y) - \frac{3}{4}(x-y) = \frac{5}{4} \end{cases}$ を解け。

5 基本　放物線 $y = ax^2$ と直線 $y = -\frac{3}{2}x + 6$ が2点A，Bで交わっている。点Aの y 座標が12であるとき，次の問いに答えよ。

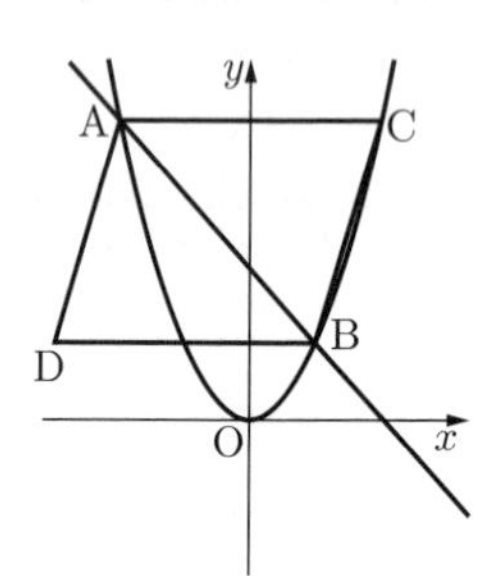

(1) a の値を求めよ。

(2) 点Bの座標を求めよ。

(3) x 軸に関して点Aと対称な点をA′とする。点A′を通り，平行四辺形ADBCの面積を二等分する直線の方程式を求めよ。

6 ある地区の中学生と高校生は合わせて386人おり，すべての生徒が学校に徒歩または自転車のどちらか一方で通学している。高校生の中で徒歩通学者の数は自転車通学者より130人多く，中学生の中で徒歩通学者と自転車通学者の人数比は $3:1$ である。また，自転車通学者の人数は中学生の方が高校生より14人少ない。このとき，この地区の高校生の人数を求めよ。

7 思考力　右の図のように，長方形 ABCD の辺 AD，BC 上に，それぞれ点 E，F を AE = CF となるようにとる。点 E から対角線 BD に平行な直線を引き，辺 AB との交点を G，CB の延長との交点を H とする。このとき，BD = EG + GF となることを証明せよ。

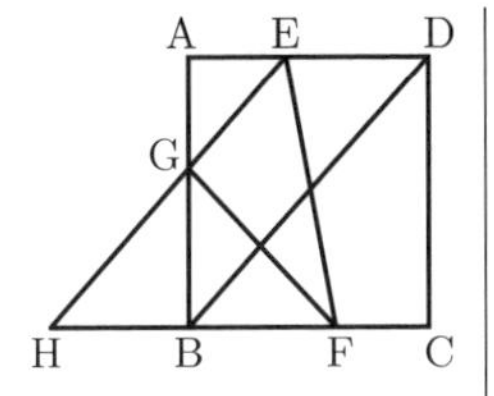

8 難　長さが等しい棒を並べ，以下のように数字をつくる。

0 1 2 3 4 5 6 7 8 9

例えば，「0」であればちょうど 6 本の棒を使用し，「1」であればちょうど 2 本の棒を使用する。このとき，18 本の棒をすべて使用してできる 3 桁の自然数はいくつできるか。ただし，百の位は 0 でなく，同じ数字を複数個作ってもよいとする。

近畿大学附属高等学校

時間	満点	解答	
50分	100点	P98	2月10日実施

出題傾向と対策

- 大問 5 題の出題で **1** 計算の小問集合，**2** いろいろな分野からの小問集合，**3** 整数の性質の利用，**4** 関数の総合問題，**5** 平面図形の問題であった。例年通りの出題順，出題内容である。
- 出題される問題は，高校入試としては定番の良問が多いので，普段の勉強でも入試によく出る良問を集めた問題集などで練習をしておくとよい。ただ，思考力の必要な問題も混ざっているので，普段の勉強から 1 つずつ理解していくようにしておこう。

1 よく出る　次の問いに答えよ。

(1) $\dfrac{3x+4y}{5}-\dfrac{4x-3y}{6}$ を計算せよ。

(2) $\{(-2\sqrt{3})^3+\sqrt{108}\}\div\sqrt{6}+\sqrt{50}$ を計算せよ。

(3) $(x+3)^2-7(x+3)+10$ を因数分解せよ。

(4) 2 次方程式 $2x^2=3(x+1)$ を解け。

2 次の問いに答えよ。

(1) 思考力　$\sqrt{25-x^2}$ が整数となるような整数 x の個数を求めよ。

(2) 関数 $y=\dfrac{a}{x}$ で，x の変域が $2\leqq x\leqq b$ のとき，y の変域が $3\leqq y\leqq b+4$ である。このとき，a，b の値を求めよ。

(3) よく出る　100 円硬貨 1 枚と 50 円硬貨 2 枚を同時に投げるとき，表になる硬貨の合計金額が 100 円になる確率を求めよ。ただし，3 枚の硬貨の表裏の出方は同様に確からしいものとする。

(4) 連立方程式 $\begin{cases} ax+by=-9 \\ 2x-y=7 \end{cases}$ の解が $x=p$，$y=q$，連立方程式 $\begin{cases} 4x+y=1 \\ bx-ay=-20 \end{cases}$ の解が $x=p+q$，$y=p-q$ であるとき，a，b の値を求めよ。

(5) 10 g の粉ミルクを溶かして作った 100 g のミルクが入った哺乳瓶 A と，12 g の粉ミルクを溶かして作った 150 g のミルクが入った哺乳瓶 B がある。この 2 つの哺乳瓶から 5 g の粉ミルクが溶けている 60 g のミルクが入った哺乳瓶 C を作るには，哺乳瓶 A が入ったミルクと哺乳瓶 B が入ったミルクを，それぞれ何 g ずつ混ぜればよいか。

3 思考力　次の文を読んで [ア] ～ [キ] に適する数を求めよ。

A，B，C を 3 桁の自然数（ただし，$A<B<C$）とする。A は百の位の数が a，十の位の数が b，一の位の数が c であり，B は百の位の数が b，十の位の数が c，一の位の数が a であり，C は百の位の数が c，十の位の数が a，一の位の数が b である。ただし，a，b，c はすべて異なる数である。この 3 つの自然数のうち，C と B の差が B と A の差と等しいものを考える。

$A=$ [ア] $a+$ [イ] $b+c$,
$B=$ [ア] $b+$ [イ] $c+a$,
$C=$ [ア] $c+$ [イ] $a+b$

である。また，$C-B=B-A$ より
$A+B+C=$ [ウ] B が成り立つ。これに，上の 3 つの式を代入して整理すると，

[エ] $a+$ [ウ] $c=$ [オ] b となり，

[ウ] $(c-a)=$ [オ] $(b-a)$ となる。

このとき，$c-a$ と $b-a$ は 1 桁の自然数で [ウ] と [オ] の最大公約数は 1 だから，

$b-a=$ [ウ]，$c-a=$ [オ]

となる。よって，A は [カ] または [キ]（[カ] $<$ [キ]）となる。

4 図のように，放物線 $y=3x^2$ と直線 l が点 A，B で交わり，l と x 軸は点 C で交わっている。また，曲線 $y=\dfrac{a}{x}$ は点 B，D を通る。さらに，x 軸上に点 E をとる。点 B の y 座標が 12，点 C，D，E の x 座標をそれぞれ -4，4，3 とする。また，CA : AB = 4 : 5 である。このとき，次の問いに答えよ。

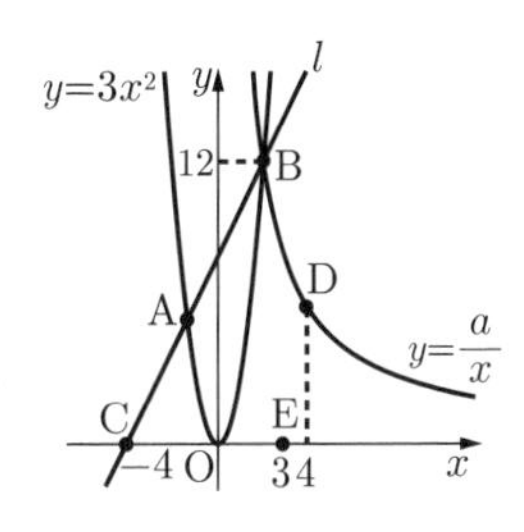

(1) 基本　点 B の x 座標を求めよ。

(2) 基本　a の値を求めよ。

(3) よく出る　△OAB の面積を求めよ。

(4) x 軸上に 2 点 P，Q をとる。五角形 OABDE と △BPQ の面積が等しくなるときの線分 PQ の長さを求めよ。

5 よく出る　図のように，△ABC があり，3 辺 AB，BC，CA 上に AD : DB = 3 : 2，BE : EC = 3 : 2，CF : FA = 3 : 2 となる点 D，E，F をとる。AE と BF，AE と CD の交点をそれぞれ G，H とする。点 E を通り，BF に平行な直線と AC の交点を I とし，点 E を通り，CD に平行な直線と AB の交点を J とする。

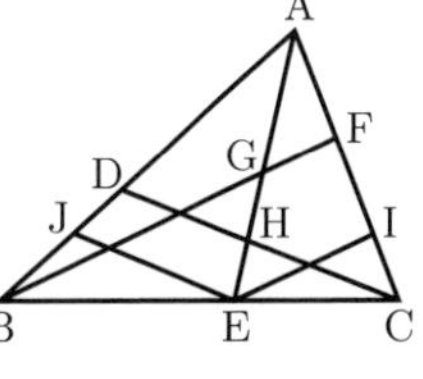

このとき，次の問いに答えよ。
(1) CI : IF を最も簡単な整数の比で表せ。
(2) AF : FI を最も簡単な整数の比で表せ。
(3) AH : HE を最も簡単な整数の比で表せ。
(4) AG : GH : HE を最も簡単な整数の比で表せ。
(5) △ABC の面積を S_1，四角形 CDJE の面積を S_2 とするとき，$S_1 : S_2$ を最も簡単な整数の比で表せ。

久留米大学附設高等学校

時間	60分	満点	100点	解答	P99	1月24日実施

出題傾向と対策

●小問集合，放物線と直線に関する問題，数の性質，平面図形（証明問題あり），立体の問題と出題内容はほぼ例年通りであった。

●今年も接弦定理など中高一貫校の中学生であれば学習する性質を使う問題が出題された。また，数の性質に関する問題は難しい問題がよく出題され，引っかかると時間が無くなるので注意したい。難関校向けの問題集などで発展的な部分を補いながら全範囲を学習しよう。また，毎年考えさせる問題が1問以上出題される。普段からじっくり考えて解く習慣をつけていないと太刀打ちできない。

1 次の各問いに答えよ。

(1) 連立方程式 $\begin{cases} 8x - y = 5 \\ ax + 5y = 7 \end{cases}$ の解を $x = m$，$y = n$ とするとき，$2m - n = 1$ が成り立つ。このとき，a の値を求めよ。

(2) 2次方程式 $x^2 + x - 1 = 0$ の大きい方の解を a，小さい方の解を b とする。このとき，$\dfrac{1}{(a+1)^2} + \dfrac{1}{(b+1)^2}$ の値を求めよ。

(3) 2つの文字 a，b を左から何文字か並べる。ただし，同じ文字を何回使ってもよいが，a の次は必ず b を並べ，b の次はどちらの文字を並べてもよいものとする。例えば，3文字を並べるとき，aba，abb，bab，bba，bbb の5通りの並べ方がある。
　5文字を並べるとき，何通りの並べ方があるか。

(4) 1つのさいころを3回投げるとき，出た目の最大値が3で最小値が1になる確率を求めよ。

(5) 図のように，1辺の長さが4の正三角形 ABC があり，辺 BC の中点を M とする。辺 AB 上を動く点を P とし，B から直線 PM に垂線 BQ を引く。ただし，点 P が B と一致するときは点 Q は B と一致することにする。P が A から B まで動くとき，線分 BQ が通過した部分で，正三角形 ABC の内部にある部分の面積を求めよ。

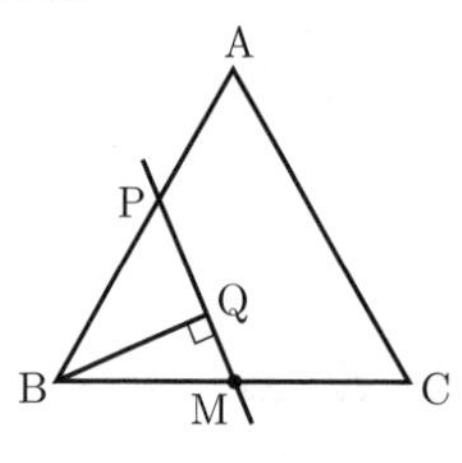

2 よく出る 図のように，2つの放物線 $C : y = ax^2 \left(a > \dfrac{1}{2}\right)$，$D : y = -\dfrac{1}{2}x^2$ と，x 軸に平行な2直線 $l : y = 2$，$m : y = -2$ がある。l と C の交点を右から P，Q とし，m と D の交点を右から A，B とする。直線 AP と直線 BQ の交点を R とする。

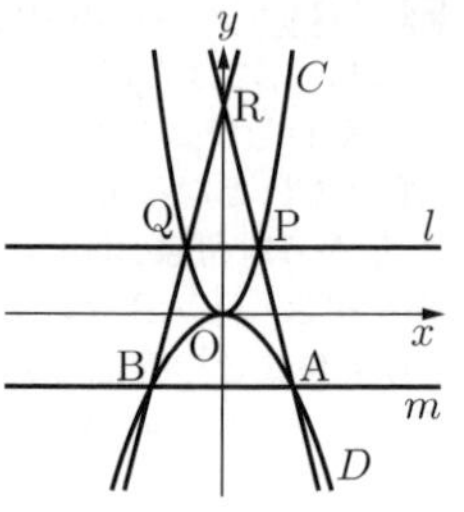

(1) $a = 4$ のとき，PQ の長さを求めよ。
(2) 四角形 APQB の面積が12のとき，a の値を求めよ。
(3) △ARB の面積が12のとき，直線 AR の方程式と a の値を求めよ。
(4) 点 P の x 座標を p とおくとき，点 R の y 座標を p だけの式で表せ。また，四角形 OPRQ の面積が21のとき，a の値を求めよ。

3 数字の列 4, 3, 2, 1, 2, 3, 4, 5 | 6, 5, 4, 3, 4, 5, 6, 7 | 8, 7, 6, 5, 6, 7, 8, 9 | 10, …について考える。
(1) 17番目と23番目の数字は8である。残りの8は何番目と何番目か。
(2) 80番目の数字を求めよ。また，1番目から80番目までの和を求めよ。
(3) 和が初めて2000を超えるのは，1番目から何番目まで足したときか。

4 図のように，△ABC の内接円の中心を O とし，円 O と辺 AB，BC，CA との接点をそれぞれ D，E，F とする。3点 E，O，D を通る円を P とする。

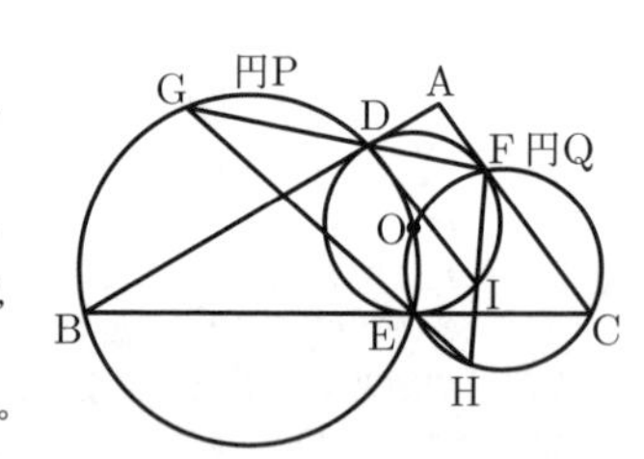

(1) 円 P は点 B を通ることを証明せよ。
　同様に，3点 E，O，F を通る円を Q とすると，円 Q は点 C を通る。図のように，直線 FD と円 P の交点を G，直線 GE と円 Q の交点を H，直線 HF と円 O の交点を I とする。
(2) ∠BEG = ∠FID を示し，△FDI は二等辺三角形であることを証明せよ。

5 よく出る 三角すい O − ABC は，△ABC が1辺の長さが10の正三角形で，OA = 9，OB = OC = 13 とする。

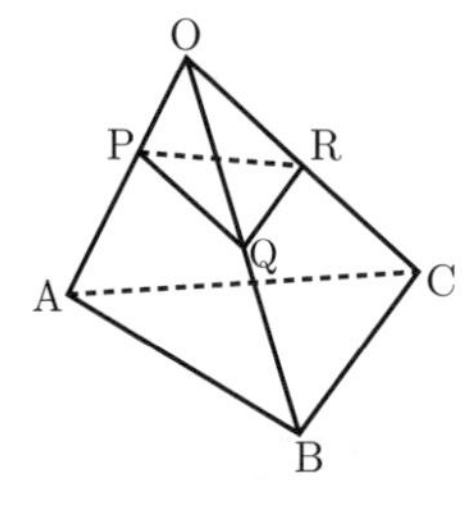

(1) △OAB において，B から辺 OA に垂線 BX を引く。
線分 OX の長さを x とおくとき，x の値と △OAB の面積を求めよ。
　次の条件①〜③を満たすように，辺 OA，OB，OC 上にそれぞれ点 P，Q，R をとる。
① △PQR は1辺の長さが5の正三角形
② QR と BC は平行
③ PQ と AB は平行ではない
(2) 思考力 線分 OP の長さを求めよ。
(3) 三角すい O − PQR，O − ABC の底面をそれぞれ

△PQR，△ABC と考えるとき，高さをそれぞれ h，k とする。比 $h:k$ を求めよ。

慶應義塾高等学校

時間	60分	満点	100点	解答	P100	2月10日実施

＊ 注意　1．【答えのみでよい】と書かれた問題以外は，考え方や途中経過をていねいに記入すること。
2．答えには近似値を使用しないこと。答えの分母は有理化すること。円周率は π を用いること。
3．図は必ずしも正確ではない。

出題傾向と対策

●昨年と同じ7題であるが，小問集合が2題に増えて証明問題も含まれている。**1**，**2** は小問集合，**3** は立体図形の展開図，**4** は場合の数，**5** は演算記号，**6** は関数と図形，**7** は図形上を動く点と体積であった。

●全ての分野の基本事項と数学用語を正しく理解して覚えてから計算力と読解力を向上させること。複数の分野を含む総合問題も解けるようにすること。時間を意識し，考え方や途中経過をまとめて書く練習も重要である。高校数学の数Ⅰ及び数Aの内容にも目を通すことが望ましい。

1 次の空欄をうめよ。【答えのみでよい】

(1) $(a^2-2a-6)(a^2-2a-17)+18$ を因数分解すると □ となる。

(2) 2次方程式 $(2021-x)(2022-x)=2023-x$ の解は，$x=$ □ である。

(3) 連立方程式 $\begin{cases} \dfrac{5}{x-\sqrt{2}}+\dfrac{2}{x+\sqrt{2}y}=1 \\ \dfrac{1}{x-\sqrt{2}}-\dfrac{5}{x+\sqrt{2}y}=2 \end{cases}$ の解は，$x=$ □，$y=$ □ である。

(4) よく出る 基本 次のデータは，6人の生徒が体力テストで計測した腕立て伏せの回数である。

26，28，23，32，16，28

この6個のデータの値のうち1つが誤りである。正しい値に直して計算すると，平均値は26，中央値は28となる。誤っているデータの値は，□ で，正しく直した値は，□ である。

2 次の問いに答えよ。

(1) よく出る 基本 $AB=2$，$AD=3$ の長方形ABCDにおいて，辺ABの中点をE，辺ADを $2:1$ に分ける点をFとする。このとき，$\angle AFE+\angle BCE$ の大きさを求めよ。

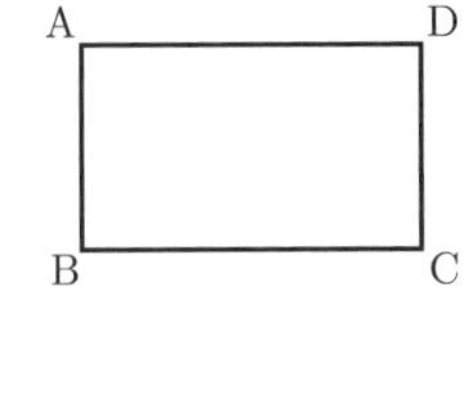

(2) 思考力 $\angle C=90^\circ$ の直角三角形ABCがある。頂点A，B，Cを中心とする3つの円は互いに外接している。また，3つの円の半径はそれぞれ ka，$a+1$，a である。a が自然数，k が3以上の自然数とするとき，k は奇数になることを証明せよ。

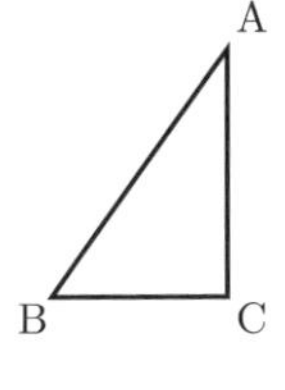

(3) よく出る 三角形ABCにおいて，$AB=AC$，$BC=2$，$\angle BAC=36^\circ$ であるとき，ABの長さを求めよ。

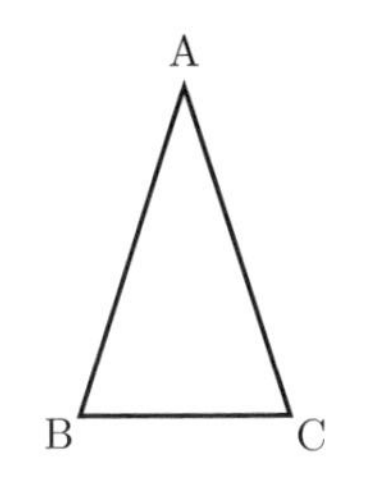

3 展開図が右図のようになる立体について次の問いに答えよ。ただし，図中の長さの単位は cm とする。

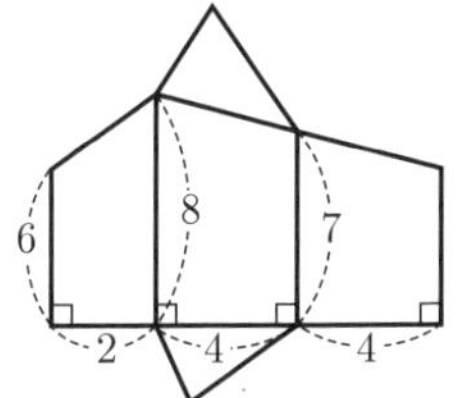

(1) よく出る 基本 この立体の表面積を求めよ。

(2) この立体の体積を求めよ。

4 1から20までの自然数から異なる4つの数を選び，それらを小さい順に a，b，c，d と並べる。次の問いに答えよ。

(1) よく出る 基本 $c=8$ のとき，残りの3つの数の選び方は何通りあるか答えよ。

(2) $c=k$ のとき，残りの3つの数の選び方が455通りであった。k の値を求めよ。

5 2つの実数 x，y に対して，計算記号 $T(x, y)$ は，$\dfrac{x+y}{1-x\times y}$ の値を求めるものとする。

(1) 次の空欄をうめよ。【答えのみでよい】

$T\left(\dfrac{1}{2}, \dfrac{1}{3}\right)$ の値は，□ で，

$T\left(\dfrac{1}{4}, t\right)=1$ となる t の値は，□ である。

(2) a，b，c，d，e，f は，すべて0より大きく1より小さい実数とする。$T(a, f)=T(b, e)=T(c, d)=1$ のとき，$(1+a)(1+b)(1+c)(1+d)(1+e)(1+f)$ の値を求めよ。

6 3点A，B，Cは放物線 $y=ax^2$ 上にあり，点Dは x 軸の正の部分にある。$\angle AOD=30^\circ$，$\angle BOD=45^\circ$，$\angle COD=60^\circ$，$a>0$ であるとき，次の問いに答えよ。

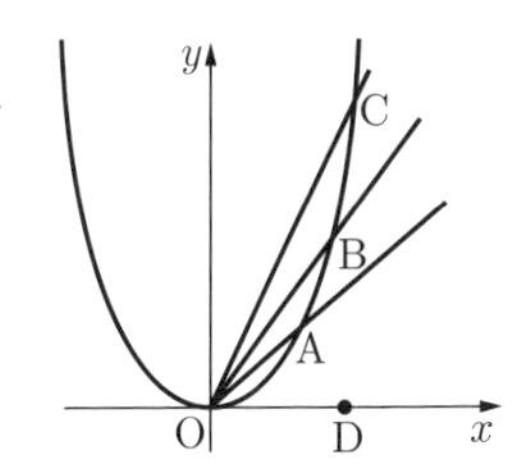

(1) よく出る 3点A，B，Cの座標を a を用いて表せ。

(2) 難 思考力 三角形BOCの面積が1のとき，三角形AOBの面積を求めよ。

7 四面体OABCは底面ABCが $AB=1$ cm，$BC=3$ cm，$CA=\sqrt{10}$ cm の直角三角形で，$OA=OB=OC=4$ cm である。動点PはOA間を，動点QはOB間を，動点RはOC間をそれぞれ毎秒1 cm，2 cm，4 cm で往復している。3つの動点P，Q，Rが同時に点Oを出発したとき，次の問いに答えよ。

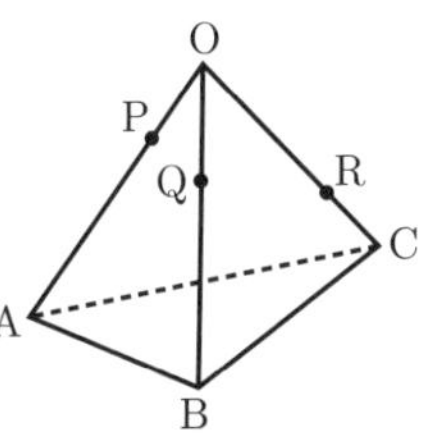

(1) 四面体OABCの体積を求めよ。

(2)　下図は動点Pについて，出発から8秒後までの点Oからの距離の変化の様子をグラフに示したものである。同様にして，2つの動点Q，Rについて出発から8秒後までの変化の様子をグラフに実線で書き加えよ。

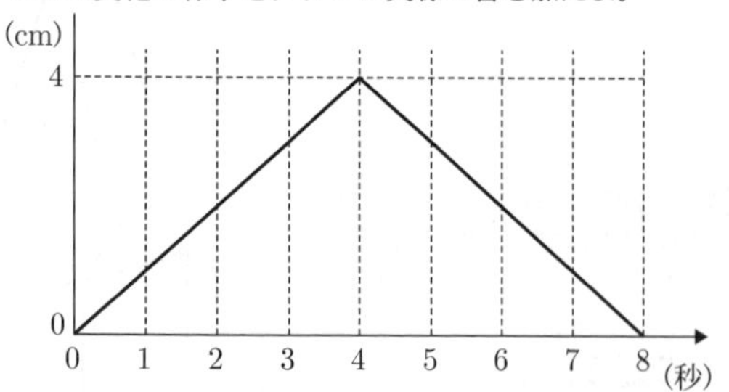

(3)　思考力　t 秒後に初めて三角形PQRが底面の三角形ABCと平行になった。そのときの t の値と四面体OPQRの体積を求めよ。

慶應義塾志木高等学校

時間 60分　満点 100点　解答 P102　2月7日実施

＊　注意　1．図は必ずしも正確ではない。
　　　　　2．解答の分母は有理化すること。また，円周率は π とすること。

出題傾向と対策

●昨年同様に大問は7題あり，分量や難易度は例年通りであるが，証明の記述問題が加わった。**1** は小問が2つ，**2** は比に関する文章題，**3** は確率，**4** は関数 $y=ax^2$，**5** は証明の記述問題，**6** は1次関数と円の接線の融合問題，**7** は切断した立体の体積となっている。

●図形の対称性や円の接線の性質，立体の切断など，図形の性質の扱いに慣れていないと苦戦する。高校で習う知識を中学の学習範囲で解く問題がみられ，思考力も問われる。前から順に解こうとせず，解きやすい問題から手を付けていくとよい。標準以上の過去問題を多く解いて，思考力を養っておくこと。

1　次の問に答えよ。

(1)　思考力　$a+b+c=0$，$abc=2021$ であるとき，$(ab+ca)(ca+bc)(bc+ab)$ の値を求めよ。

(2)　基本　1 のカードが3枚，2 と 3 と 4 のカードが1枚ずつある。これら6枚のカードから4枚を選んで並べてできる4桁の自然数は，全部で何通りあるか。

2　ある文房具店に鉛筆とボールペンがあり，その本数の比は 6 : 5 である。また黒の鉛筆と黒のボールペンの本数の比は 5 : 3 で，黒以外の鉛筆と黒以外のボールペンの本数の比は 8 : 7 である。このとき，次の問に答えよ。

(1)　鉛筆のうち，黒と黒以外の本数の比を求めよ。

(2)　ボールペンの全本数が400本より多く450本より少ないとき，鉛筆の全本数を求めよ。

3　立方体の各面に1から6の自然数の目が記されているさいころがある。ただしこのさいころは，n の目が1の目の n 倍の確率で出るように細工されている。このとき，次の確率を求めよ。

(1)　このさいころを1回投げて，1の目が出る確率

(2)　このさいころを3回投げて，3の目が1回だけ出る確率

4　図のように，座標平面上に2つの放物線 $y=ax^2$…①，$y=bx^2$…②（$a>0$，$b>0$，$a:b=5:3$）がある。点A，Bは①上の点で，点C，Dは②上の点である。また，点A，Cの x 座標は -4 で，点B，Dの x 座標は7である。このとき，次の問に答えよ。

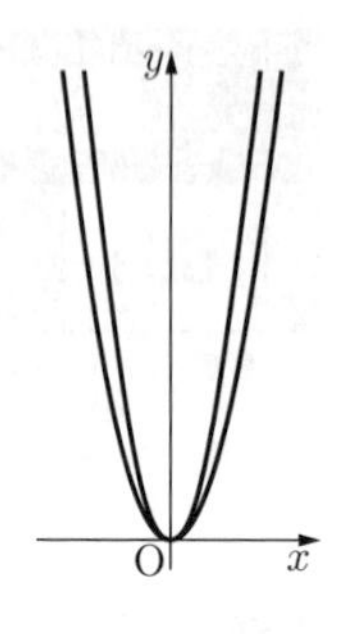

(1)　直線ABと直線CDの交点Eの座標を求めよ。

(2)　四角形ABDCの面積が143であるとき，a，b の値を求めよ。

5　図のような鋭角三角形ABCにおいて，辺ABの垂直二等分線と辺ACの垂直二等分線の交点をPとする。点Pから辺BCにひいた垂線と辺BCとの交点をQとするとき，点Qは辺BCの中点であることを証明せよ。

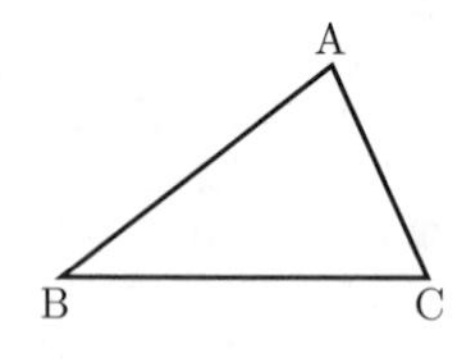

6　難　思考力

座標平面上に点A $(-2,\ 2)$ を中心とする半径2の円Aと，点B $(3,\ 3)$ を中心とする半径3の円Bがある。円A，円Bは両方とも，図のように直線 l，直線 m と接している。このとき，次の問に答えよ。

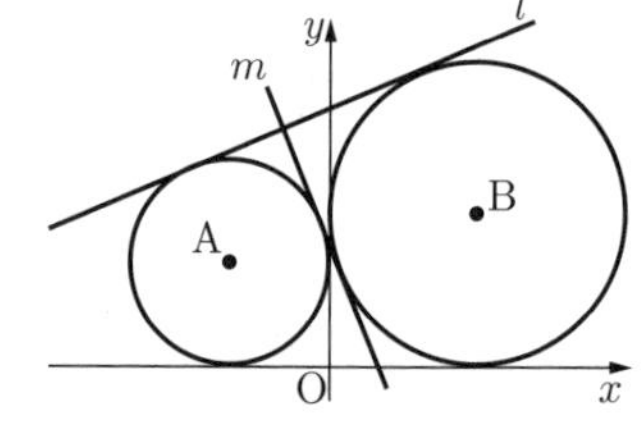

(1)　直線 l と x 軸の交点Pの x 座標を求めよ。

(2)　直線 l と y 軸の交点Qの y 座標を求めよ。

(3)　直線 m の方程式を求めよ。

7　1辺の長さが a の立方体ABCD－EFGHがある。辺AB，AD，FGの中点をそれぞれP，Q，Rとするとき，次の問に答えよ。

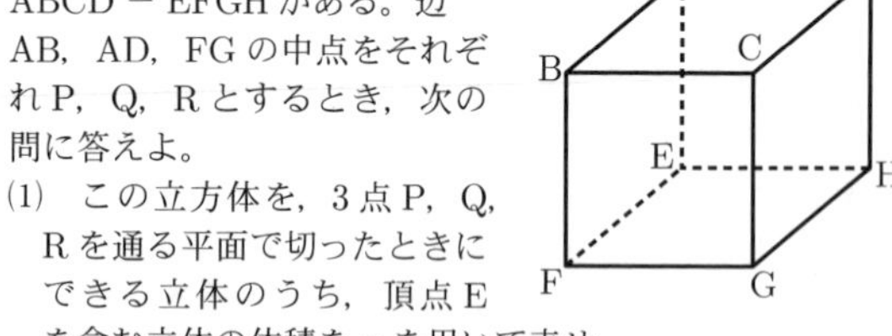

(1)　この立方体を，3点P，Q，Rを通る平面で切ったときにできる立体のうち，頂点Eを含む立体の体積を a を用いて表せ。

(2)　この立方体を，3点A，B，Hを通る平面と，3点A，D，Fを通る平面とで切ったときにできる立体のうち，頂点Eを含む立体の体積を a を用いて表せ。

(3)　難　この立方体を，3点A，B，Hを通る平面と，3点A，D，Fを通る平面と，3点P，Q，Rを通る平面とで切ったときにできる立体のうち，頂点Eを含む立体の体積を a を用いて表せ。

慶應義塾女子高等学校

時間	60分	満点	非公表	解答	P103	2月10日実施

＊　注意　図は必ずしも正確ではありません。

出題傾向と対策

●**1** は連立方程式の応用，**2** は $y=ax^2$ のグラフと図形，**3** は空間図形，**4** は平面図形，**5** は確率と２次方程式に関係する応用からの出題であった。独立した３題の小問集合であった **1** が大問となったが，分野，分量，難易度とも昨年と同程度と思われる。**4**，**5** は考えにくかったかも知れないが，小問が誘導になっているので，その流れをつかむことが大切である。

●小問による誘導の流れを，過去問で十分練習しておくこと。

1 よく出る　A さんは，値札に１個 x 円と表示されている商品を必要な個数だけちょうど買える金額のお金を封筒に入れた。商品が値札より安い価格で２日間売りに出されることになり，A さんは必要な個数を２日間にわけて買うことにした。１日目は x 円の 100 円引きの価格で y 個買い，２日目は x 円の４割引きの価格で１日目の 1.5 倍の個数を買い，必要な個数だけちょうど買うことができた。支払った金額は１日目より２日目の方が 780 円多かった。次の問いに答えなさい。

［1］ 基本　商品を値札どおりの価格 x 円で y 個買うときの金額は xy 円になる。xy を y を用いて表しなさい。

［2］ ２日間とも封筒からお金を出して商品を買ったところ，封筒に残っていた金額は 3720 円であった。x，y の値を求めなさい。

2 よく出る　直線 $y=\dfrac{\sqrt{3}}{3}x+\dfrac{10\sqrt{3}}{3}$ 上にあり，x 座標が -16 である点を A とおく。この直線と放物線 $y=\sqrt{3}x^2$ との２つの交点のうち x 座標の値が大きい方の点を B とおく。また，点 B を通り，y 軸と平行な直線と放物線 $y=-2\sqrt{3}x^2$ との交点を C とおく。次の問いに答えなさい。

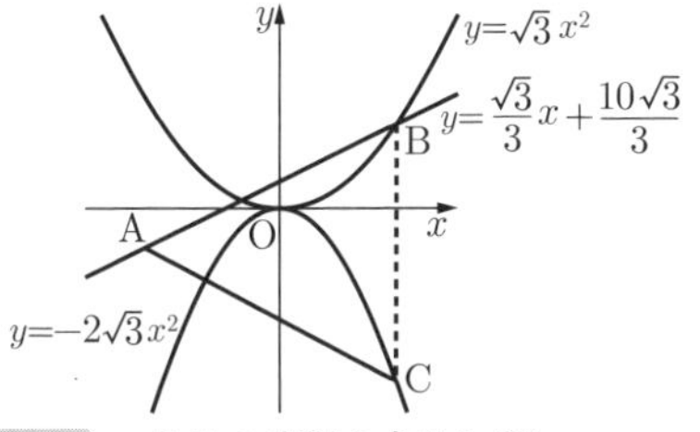

［1］ 基本　点 B の座標を求めなさい。

［2］ 直線 AC の式を求めなさい。

［3］ △ABC の面積 S を求めなさい。

［4］ △ABC の３辺に接する円の半径 r を求めなさい。

3 よく出る　AB = 4，BC = 3，CD = 5，AD = 6，AE = 2，∠ABC = 90°，∠DAB = 90° である四角柱 ABCD − EFGH がある。

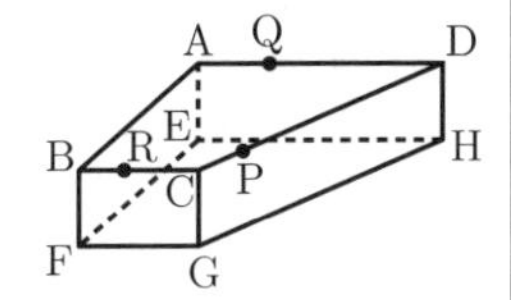

辺 CD 上に点 P を，辺 AD 上に点 Q をそれぞれ CP = x，AQ = x となるようにとる。また，辺 BC 上に点 R を，CR = 2 となるようにとる。このとき，四角柱 ABCD − EFGH を３点 G，P，R を通る平面で切り，切り取ってできた三角錐(すい) CGPR と，四角柱 ABCD − EFGH を３点 H，P，Q を通る平面で切り，切り取ってできた三角錐 DHPQ の体積の比が 1 : 3 であった。次の問いに答えなさい。

［1］ x の値を求めなさい。

［2］ 三角錐 CGPR の体積 V を求めなさい。

［3］ 線分 PR の長さを求めなさい。

［4］ 三角錐 CGPR において，頂点 C から △GPR に下ろした垂線の長さ h を求めなさい。

4 よく出る　図のような円周上の３点 A，B，C を頂点とする △ABC と，これらの３点と異なる同一円周上の点 P がある。線分 BP を直径とする円と線分 AB，線分 BC の交点をそれぞれ D，E とおく。また，直線 DE と直線 AC の交点を F，線分 DP と線分 BE の交点を G とする。

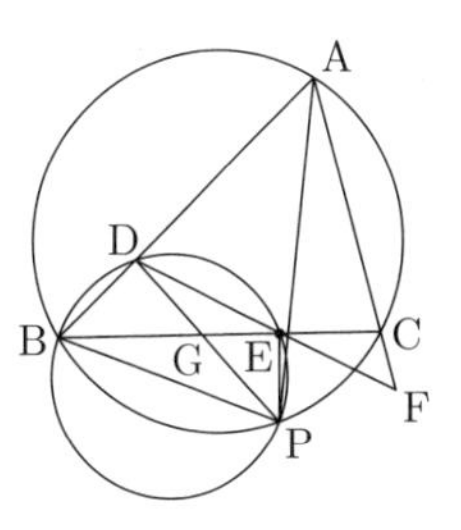

∠ABC = 30°，∠BAP = 45°，PE = $\sqrt{3}$，PD = 6 であるとき，以下の問いに答えなさい。

［1］ ∠BDP と ∠DPE の大きさをそれぞれ求めなさい。

［2］ 線分 GD の長さを求めなさい。

［3］ 線分 BE，線分 BP の長さをそれぞれ求めなさい。

［4］ ∠CBP と角度が等しい角を(ア)〜(エ)の中から２つ選びなさい。

(ア) ∠GPB　(イ) ∠PDF　(ウ) ∠PAF　(エ) ∠BED

［5］ 思考力　線分 AP，線分 AF の長さをそれぞれ求めなさい。

5 思考力　s，t，u は $s<t<u$ を満たす５以上の整数とする。[1]，[3]，[4]，[s]，[t]，[u] の６枚のカードが入っている箱がある。この箱から，カードを１枚取り出して数字を調べ，それを箱にもどしてから，また，カードを１枚取り出す。１回目に取り出したカードの数字を a，２回目に取り出したカードの数字を b とし，二次方程式

$$x^2+ax+b=0\cdots①$$

が次の <条件１> を満たすとき，下の問いに答えなさい。

<条件１> 二次方程式①の解の１つが $x=-3$ となる確率が $\dfrac{1}{12}$ である。

［1］ 次の文章内の [ア] に a を用いたもっとも適切な式を，[イ] 〜 [エ] にもっとも適切な数を入れなさい。

①の解の１つが $x=-3$ のとき，

$b=$ [ア] …②

と表すことができる。また，カードの出かたは全部で 36 通りあるが，<条件１> より①の解の１つが $x=-3$ となるカードの出かたは３通りしかない。②の式では，$a \leqq 4$ のときは $a>b$ となり，$a \geqq 5$ のときは $a<b$ となるから，①の解の１つが $x=-3$ となる a，b は次の３通りになる。

$(a, b)=(4,$ [イ] $)$，(s, t)，(t, u)

例えば，$s=7$ の場合は $t=$ [ウ]，$u=$ [エ] となる。

［2］ t，u を s を用いて表しなさい。

［3］ さらに，次の <条件２> も満たすとき，あとの文章

内の［オ］に a を用いたもっとも適切な式を，［カ］～［サ］にもっとも適切な数を入れなさい。

<条件２>二次方程式①の解の１つが $x=-10$ となる確率が $\frac{1}{36}$ である。

①の解の１つが $x=-10$ のとき，

$b=$［オ］…③

と表すことができる。また，カードの出かたは全部で36通りあるが，<条件２>より①の解の１つが $x=-10$ となるカードの出かたは１通りしかない。③の式では，$a \leqq 11$ のときは $a>b$ となり，$a \geqq 12$ のときは $a<b$ となる。①の解の１つが $x=-10$ となる a，b が，$(a,\ b)=(s,\ t)$ の場合，［2］より $s=$［カ］，$t=$［キ］，$u=$［ク］となり，$(a,\ b)=(s,\ u)$ の場合，［2］より $s=$［ケ］，$t=$［コ］，$u=$［サ］となる。

國學院大學久我山高等学校

時間	満点	解答	
50分	100点	P104	2月12日実施

＊　注意　円周率は π とする。

出題傾向と対策

●大問４題で，分量は例年通りであった。**1** は小問集合，**2** は円の性質と相似な図形に関する問題，**3** は整数に関する問題，**4** は関数の総合問題で，ほぼ例年通りであった。

●今年度は感染症の影響を考慮して三平方の定理や標本調査に関する問題は出題されず，難易度も若干抑えた感じになっていた。次年度は例年通りに戻るであろうから，難関高校受験問題集や中高一貫校用問題集などでしっかり勉強するのがよい。また，記述問題があるので普段から答案を書く練習をしておくこと。大きく傾向が変わらないので過去問の研究は効果的である。

1 よく出る　次の［　］を適当にうめなさい。（40点）

(1) 基本　$2-2\div2\div2\times2^2+2=$［　］

(2) 基本　$\frac{2x-7}{6}-\frac{2x+1}{3}+\frac{4x-1}{2}=$［　］

(3) 基本　$-2x^2y\times(-3x^2y)^2\div(-6x^4y^3)=$［　］

(4) 基本　$(\sqrt{24}-2\sqrt{3})\div\sqrt{6}+\sqrt{2}(\sqrt{18}-\sqrt{32})=$［　］

(5) $(x+2y)(x+2y-6)-16$ を因数分解すると［　］である。

(6) 基本　原価3600円の商品に x%の利益を見込んで定価をつけたが，売れないので定価の x%引きの3519円で売った。x の値は［　］である。

(7) 一次関数 $y=ax+b$ で x の変域が $-2\leqq x\leqq5$ であるとき，y の変域は $\frac{5}{2}\leqq y\leqq6$ である。$ab<0$ とすると，$2a+b=$［　］である。

(8) さいころを２回ふって最初に出た目の数を a，次に出た目の数を b とする。このとき，$\sqrt{\frac{b}{2a}}$ が無理数になる確率は［　］である。

(9) 図の平行四辺形ABCDにおいて，$AE=5$，$ED=3$，$DG=\frac{5}{2}$，$GC=\frac{3}{2}$ である。BDとEGの交点をFとすると，$BF:FD=$［　］である。

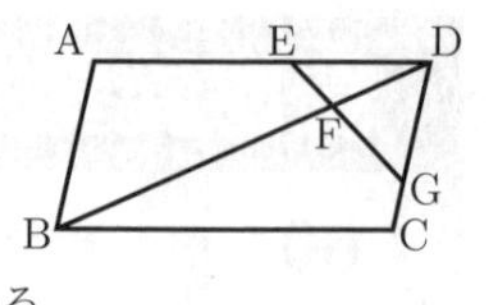

(10) 正八面体の辺の数を a，面の数を b，頂点の数を c とする。このとき，$a+b+c=$［　］である。

2 図は，$\angle B=90°$ の直角三角形ABCである。頂点Bから辺ACに垂線をひき，その交点をDとする。$DB=3$，$CD=1$ のとき，次の問いに答えなさい。（18点）

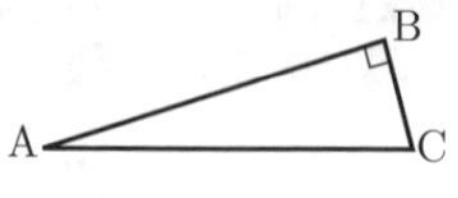

(1) 基本　ADの長さを求めなさい。

(2) 基本　3点A，B，Cを通る円の半径を求めなさい。

(3) (2)の円周上に点Pをとり，BCの長さを m とする。

① 基本　$AB:BC$ を求めなさい。

② 思考力　三角形BCPの面積が最も大きくなるとき，三角形BCPの面積を，m を用いて表しなさい。

3 a を千の位，b を十の位の数字とした４けたの自然数 $a4b6$ について，次の問いに答えなさい。ただし，a は0ではありません。（18点）

(1) 次の［　］をうめなさい。

この４けたの自然数を N とすると，

$N=$［ア］$\times a+$［イ］$\times b+406$

と表すことができる。これを変形すると，

$N=3\times($［ウ］$)+a+b+1$

と表すことができる。

このことを利用すると，自然数 N のうち３で割り切れる数は全部で［エ］個ある。

(2) 次の［　］をうめなさい。

この４けたの自然数 N は，

$N=29\times($［オ］$)+14\times a+10\times b$

と表すことができる。

このことを利用すると，自然数 N のうち29で割り切れる最小の数は［カ］である。

(3) この４けたの自然数 N のうち，125で割った余りが最も大きくなるような数は全部で何個ありますか。

4 よく出る　図のように，放物線 $y=ax^2$ と直線 l が２点A，Bで交わっている。点Aの座標が $(-2,\ 4)$ であり，点B，点Pの x 座標がそれぞれ4，-1 であるとき，次の問いに答えなさい。ただし，(3)については途中経過も記しなさい。（24点）

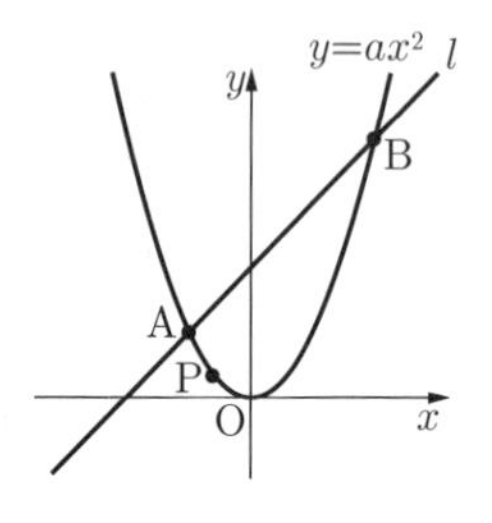

(1) 基本　a の値を求めなさい。

(2) 基本　点Pを通り，直線 l と平行な直線 m の式を求めなさい。

(3) (2)の直線 m と放物線との交点のうち，Pでない点をQとする。

① $AB:PQ$ を求めなさい。

② 点Pを通り，四角形APQBの面積を２等分する直線の式を求めなさい。

渋谷教育学園幕張高等学校

時間	60分	満点	100点	解答	P105	1月19日実施

出題傾向と対策

●大問数は5題で，**1**は小問集合，**2**は確率，**3**は平面図形，**4**は $y=ax^2$ のグラフと図形，**5**は空間図形であり，例年通り，計算力を含め，難易度の高い出題傾向である。

●答えのみの出題形式であるが，思考力や分析力が必要な問題が多く，時間配分に気をつけて，解ける問題を確実に解答していきたい。空間図形で，球や正多面体を題材にした出題がよく見られるなど，数学に興味・関心をもって，教科書の内容をさらに深く学んでおこう。

---

1 次の問いに答えなさい。

(1) 次の二次方程式の解のうち，有理数であるものを答えなさい。

$(2x-5)(x+2)+\sqrt{5}\,(x+2\sqrt{5}+7)$
$=(x+2\sqrt{5})(x+2)$

(2) 次の計算をしなさい。

(i) $\left\{\left(\dfrac{4}{3}\right)^2-5^2\right\}\left\{\dfrac{2}{3}\div(-2)^2+\dfrac{1-3^2}{(-4)^2}\right\}^2+1$

(ii) $\dfrac{2+\sqrt{2}}{\sqrt{3}+1}-\dfrac{\sqrt{2}}{\sqrt{3}-\sqrt{2}}+\dfrac{\sqrt{6}-3}{\sqrt{2}-2}$

(3) 等式 $2a^2+(8-b)a-4b=2021$ を満たす正の整数 a，b の組 $(a,\ b)$ をすべて求めなさい。

(4) 一辺の長さが6の正四面体が2つある。それぞれの正四面体のある1つの面同士を，2つの面の頂点が互いに重なるように貼りあわせ六面体を作った。

(i) この六面体が正多面体でないことを正多面体の定義に基づいて説明しなさい。

(ii) この六面体の2つの頂点を結んでできる線分のうち，最も長いものの長さを求めなさい。

2 思考力 AとBの2人が表側にグー，チョキ，パーと書かれたカードを用いてじゃんけんの勝負をする。AとBはそれぞれ同時に手持ちのカードから1枚出して勝負し，結果を記録する。出されたカードはこれより後の勝負には用いない。最初に，Aはグーのカードを4枚，パーのカードを1枚持っており，Bはグーのカードを3枚，チョキのカードを2枚持っている。カードの裏側はどれも区別がつかない。

次の問いに答えなさい。

(1) AとB，それぞれ手持ちのカードの裏側を上にして，よく混ぜてから1枚ずつカードを出すことにした。

(i) 1回目の勝負でAが勝つ確率を求めなさい。

(ii) 2回目の勝負が終了したとき，Aから見て勝ちが1回，あいこが1回となる確率を求めなさい。

(2) 1回目から4回目までの勝負でAはカードをグー，グー，パー，グーの順番で選んで出し，Bは手持ちのカードの裏側を上にして，よく混ぜてから1枚ずつカードを出すことにした。4回目の勝負が終了したとき，AとBの勝った回数が等しくなる確率を求めなさい。

3 難 右図のように，$\angle\mathrm{BAC}=60^\circ$，$\mathrm{BC}=7$，$\mathrm{AC}=5$ の △ABC と，その頂点をすべて通る円 K がある。∠BAC の2等分線と円 K の交点のうちAと異なる点をD，ADと∠ACB の2等分線の交点をEとする。

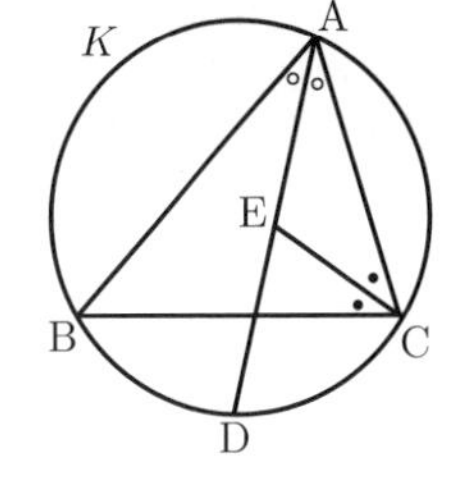

次の問いに答えなさい。

(1) DEの長さを求めなさい。

(2) CEの長さを求めなさい。

4 思考力 右図のように関数 $y=\dfrac{1}{4}x^2$ のグラフ…①と直線 $y=-1$…②，及び点F $(0,\ 1)$ がある。①の $x>2$ の部分に点Pを，②上に点Qを，直線PQが②と垂直になるようにとる。

次の問いに答えなさい。

(1) $\mathrm{PQ}=\mathrm{FQ}$ であるとき，線分FPの長さを求めなさい。

(2) 直線FPと②の交点をRとし，$\mathrm{FP}=\mathrm{FS}$ を満たすように y 軸上に点S $(0,\ m)$ をとる。ただし，$m<1$ とする。点Pの x 座標を k $(k>2)$ とする。

(i) m を k を用いて表しなさい。

(ii) 4点F，Q，S，Rが同一円周上にあるとき，Pの座標を求めなさい。

5 思考力 半径 r，高さ h の円柱がある。この円柱内に，はみ出さないように，半径 R の球をいくつか入れる。

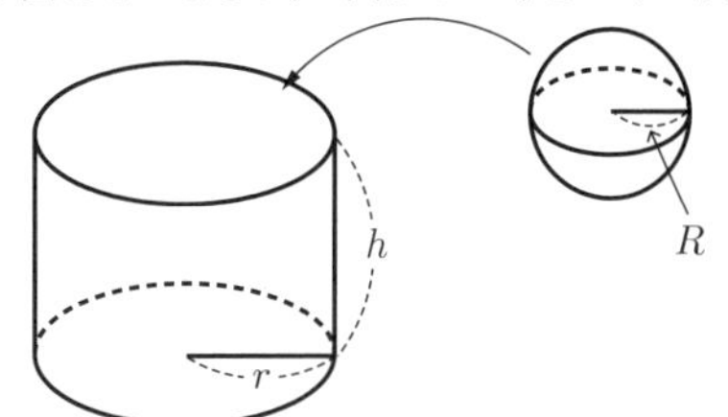

円柱内にはみ出さないように入れることができる球の個数のうち最大のものを $P(r,\ h,\ R)$ と表す。例えば，半径4，高さ8の円柱と半径4の球を考えるときは下の左図のようになり，$P(4,\ 8,\ 4)=1$ である。半径4，高さ8の円柱と半径2の球を考えるときは下の右図のようになり，$P(4,\ 8,\ 2)=4$ である。

次の問いに答えなさい。

$P(4,8,4)=1$

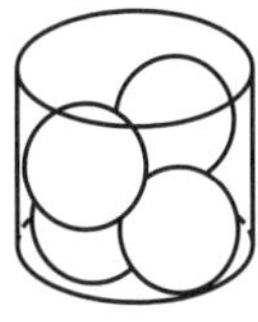

$P(4,8,2)=4$

(1) $P(6,\ 29,\ 5)$ の値を求めなさい。

(2) $P(25,\ h,\ 12)=4$ となる最も小さい h の値を求めなさい。

城北高等学校

時間	60分	満点	100点	解答	P107	2月11日実施

＊　注意　円周率は π を用いて表しなさい。

出題傾向と対策

●例年通り，大問5題の出題である。**1** は数量に関する小問の集合，**2** は図形に関する小問の集合，**3** は確率，**4** は平面図形，**5** は関数 $y=ax^2$ で，出題傾向にそれほど変化はない。

●小問について，問題数はそれほど多くはないが，易しい問題ということでもない。やや難しい問題も解いておこう。大問について，大きな変化はないようなので，標準以上の問題を多く解いておくとともに，過去問にもしっかりと目を通して準備しておこう。

1　次の各問いに答えよ。

(1)　$(x+y-5)(x-y-5)+20x$ を因数分解せよ。

(2)　$x^2-x-1=0$ の解のうち，大きい方を a とする。このとき，$3a^2-a-3$ の値を求めよ。

(3)　$\sqrt{10x}+\sqrt{21y}$ を2乗すると自然数になるような，自然数 $(x,\ y)$ の組のうち，$x+y$ の最小値を求めよ。

(4)　連立方程式 $\begin{cases} \dfrac{1}{x-y}+\dfrac{2}{x+y}=\dfrac{5}{3} \\ \dfrac{2}{x-y}-\dfrac{1}{x+y}=\dfrac{5}{3} \end{cases}$ を解け。

2　次の各問いに答えよ。

(1)　右の図の平行四辺形ABCDにおいて，BE : EC = 1 : 2，CF : FD = 2 : 3 であり，対角線BDとAE，AFとの交点をそれぞれG，Hとする。平行四辺形ABCDと△AGHの面積比を求めよ。

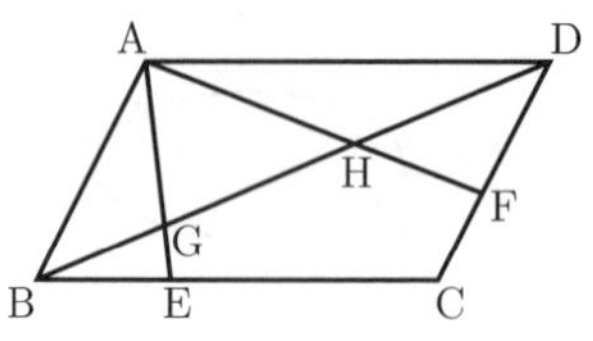

(2)　基本　右の図において，点Oは円の中心であり，AG ⊥ CH，EG = FG である。このとき，太線部分の $\overset{\frown}{AB}$ と $\overset{\frown}{CD}$ の長さの比を求めよ。

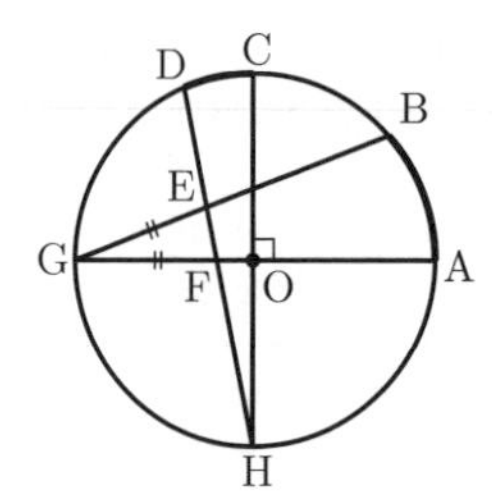

(3)　右の図のように三角すいO − ABCがある。点Gは△ABCの重心であり，OP : PG = 3 : 4 である。

①　基本　三角すいP − ABCと三角すいO − ABCの体積比を求めよ。

②　三角すいP − OBCと三角すいO − ABCの体積比を求めよ。

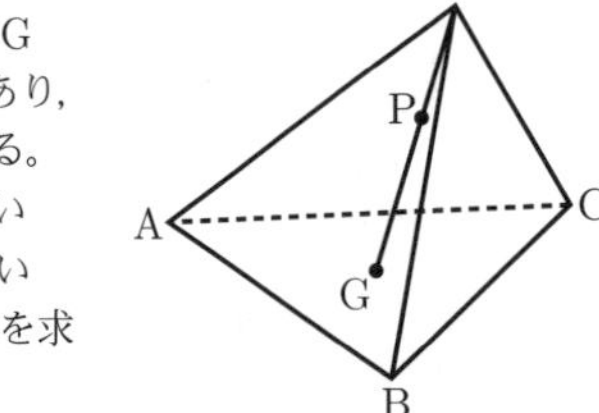

3　基本　座標平面上に点A (3, 2)，B (2, 3)，C (3, 3) がある。大小2つのさいころを同時に1回投げて，大きいさいころの出た目の数を a，小さいさいころの出た目の数を b とし，図の直線 l を $y=\dfrac{b}{a}x$ とする。以下の問いに答えよ。

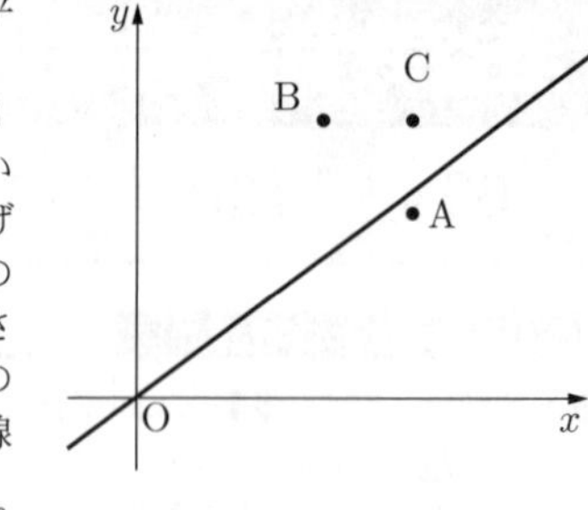

(1)　b が a よりも大きくなる確率を求めよ。

(2)　直線 l が点Cを通る確率を求めよ。

(3)　直線 l が線分ABを通る確率を求めよ。

4　右の図のような AB = AC の二等辺三角形ABCに，点Oを中心とする円Oが内接しており，点Pと点Mは接点である。円Oの半径が21，BC = 56 であり，AP = $3k$ とする。次の問いに答えよ。

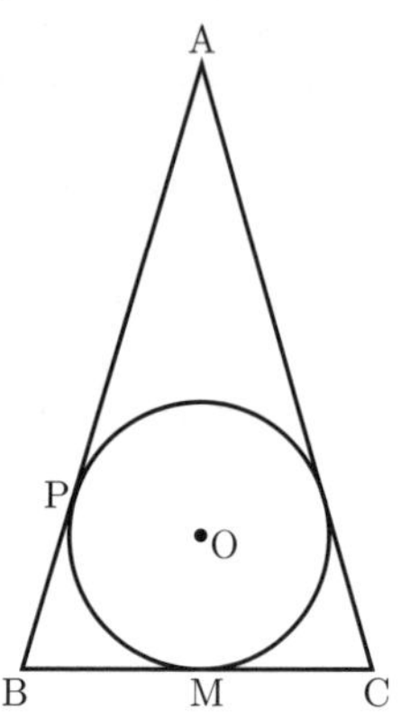

(1)　基本　AP : AM を求めよ。

(2)　k の値を求めよ。

さらに右の図のように円Oに接して辺ABと垂直に交わる線分をDEとする。点O′を中心とする円O′は△ADEに内接しており，点Qは接点である。

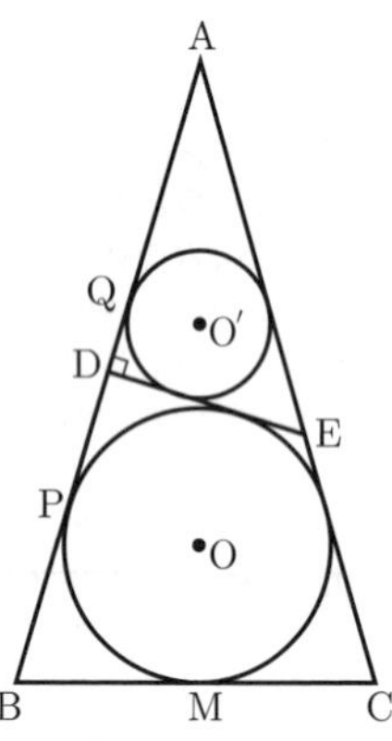

(3)　基本　AQ : QO′ を求めよ。

(4)　円O′の半径 x の値を求めよ。

5　次の各問いに答えよ。

(1)　よく出る　基本　右の図において①，②はそれぞれ y が x の2乗に比例する関数のグラフである。そこに1辺の長さが4の正方形を2個描いたところ図のようになった。①，②の関数の式をそれぞれ求めよ。

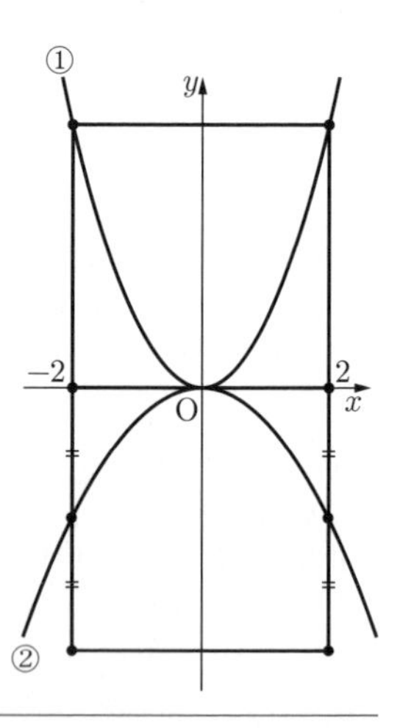

(2) 思考力 (1)の図を正方形の部分でそれぞれ切り取り，右の図のように1辺の長さが4の立方体に貼り付けた。図の4点P，Q，R，Sは同じ平面上にあり，この平面は面GCDHと平行である。

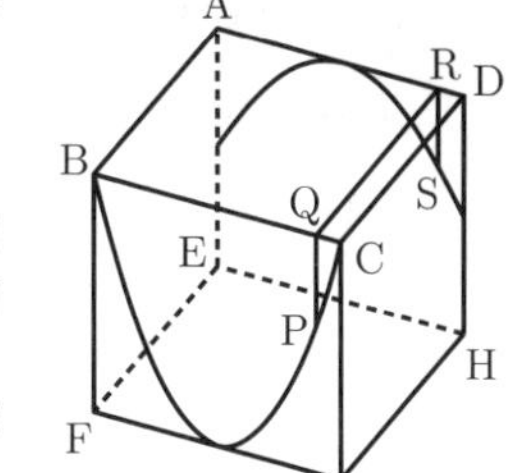

(ア) PQ＝RS のとき，PQの長さを求めよ。

(イ) (ア)のとき，3点A，F，Pを通る平面でこの立方体を切断した。この平面と辺CDが交わる点をTとする。DTの長さを求めよ。

巣鴨高等学校

時間	60分	満点	100点	解答	P109	2月12日実施

＊ 注意　円周率が必要な場合は π を用い，解答に $\sqrt{}$ が含まれる場合は $\sqrt{}$ のままできるだけ簡単な形にすること。

出題傾向と対策

●大問は5題で，**1** 小問3題，**2** 確率，**3** 関数とグラフ，**4** 平面図形，**5** 空間図形という出題分野が完全に固定されている。全体の分量，難易度についても変化はない。解答用紙に途中経過の記述を要求する設問が複数個あるので，式や図や説明を簡潔に添えるようにするとよい。

●出題分野が完全に固定され，整数や確率が出題される一方，証明問題は出題されない。21年は珍しく作図が出題された。図形問題にやや難しい設問があるので，過去問を参考にして良問を十分に練習しておくとよい。

1 次の各問いに答えよ。

(1) $a=\sqrt{41}$，$b=\sqrt{2021}$，$c=2\sqrt{498}$ のとき，$4a^4-4b^4+8b^2c^2-4c^4$ の値を求めよ。

(2) 0でない数 x，y，z が次の2つの方程式

$$\begin{cases} x-2y-z=0 \\ 2x+y+z=0 \end{cases}$$

を満たすとき，$\dfrac{x^3+y^3+z^3}{xyz}$ の値を求めよ。

(3) a を正の整数とする。
x についての2次方程式 $x^2+6x-a=0$ の2つの解を a を用いて表せ。
また，すべての解が整数となるような1000以下の正の整数 a の値は何個あるか。

2 よく出る 右図のように，円周を6等分した点の1つをAとする。
点Pは初め点Aの位置にあるものとする。

1個のサイコロを1回投げて出た目の数だけ時計回りに点Pを1つずつ隣の点へ移動させる操作を2回行う。

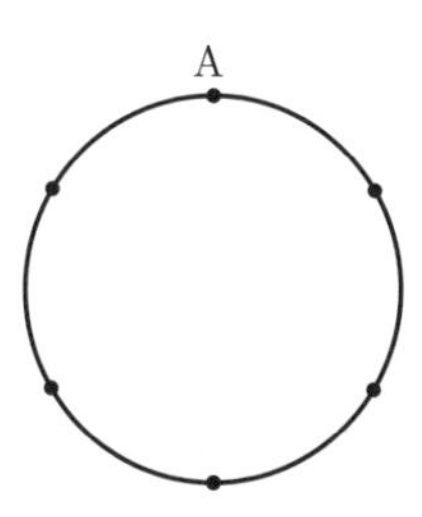

この操作の1回目において，点Pが点Aから移動した点をBとする。
さらにこの操作の2回目において，点Pが点Bから移動した点をCとする。
ただし，点A，B，Cは互いに同じ位置にあってもよい。
このとき，3点A，B，Cが次のようになる確率を求めよ。

(1) 正三角形の3頂点となる確率。

(2) 直角三角形の3頂点となる確率。

(3) 30°の内角をもつ三角形の3頂点となる確率。

(4) 三角形の3頂点となる確率。

3 右図のように，
放物線 $y=x^2$…①
放物線 $y=-\dfrac{1}{5}x^2$…②
直線 $y=-2x+c$…③
がある。ただし，$0<c<5$ とする。
①と③の2つの交点のうち x 座標が大きい方をA，②と③の2つの交点のうち x 座標が大きい方をB，③と y 軸，x 軸との交点をそれぞれC，Dとする。
このとき，次の各問いに答えよ。

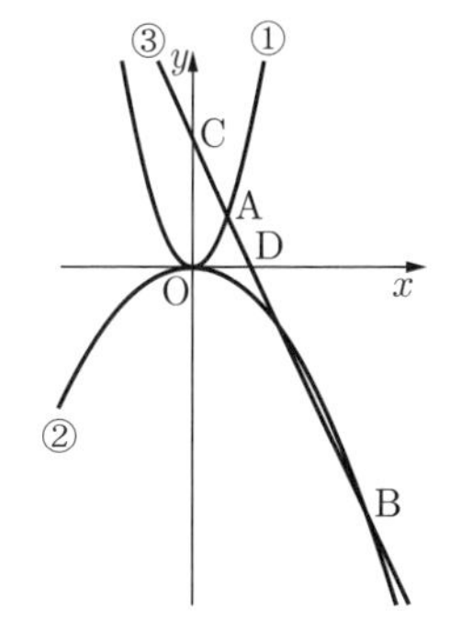

(1) 基本 $c=\dfrac{24}{5}$ であるとき，点Bの x 座標を求めよ。

(2) AC＝2AD であるとき，点Bの x 座標を求めよ。

(3) 点Aの x 座標を a，点Bの x 座標を b とする。
∠AOD＝∠BOD であるとき，

(ア) b を a の式で表せ。

(イ) 面積比 △OCA : △OAD : △ODB を最も簡単な整数の比で表せ。

4 新傾向 右図のように，1辺の長さが6の正三角形ABCの辺BC，CA，ABの中点をそれぞれL，M，Nとする。
△ABC の周または内部に点Pをとり，線分BP，CPをそれぞれ1辺とする正三角形BPD，CPEをつくる。

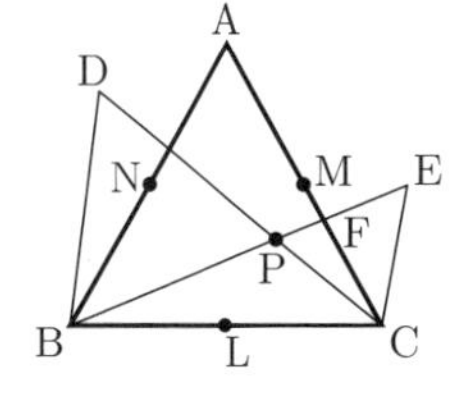

2点D，Eはともに直線BC上にはなく，かつ直線BCに関して点Aと同じ側にあるものとする。
ただし，
点Pが点Bに一致するときは点Dも点Bに一致し，
点Pが点Cに一致するときは点Eも点Cに一致するものとする。
このとき，次の各問いに答えよ。

(1) 点Pが線分LM上にあるとき，

(ア) 面積比 △CLP : △BND を最も簡単な整数の比で表せ。

(イ) LP＝2 であるとする。線分CMと線分PEの交点をFとするとき，面積比 △CPF : △CME を最も簡単な整数の比で表せ。

(2) 点Pが △LMN の周上を動いて一周するとき，2点D，Eはそれぞれある図形を描く。このとき，

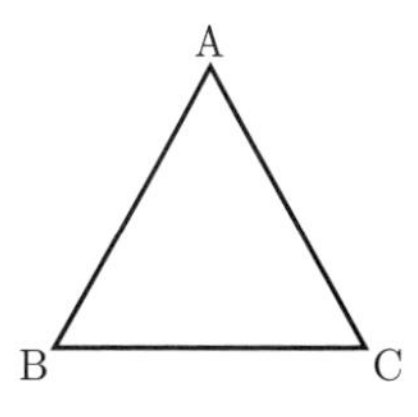

(ア) 2点D，Eが描く図形を右図に描け。

(イ) 2点D，Eが移動する距離の和を求めよ。

5 次の各問いに答えよ。

(1) 一般に，**図 1** のような $\angle L = 90°$ の直角三角形 LMN において，
$ML^2 + NL^2 = MN^2$ が成り立つ。
このことを利用して，**図 2** のような 1 辺の長さが 10 の正三角形 BCD の面積を求めよ。

図 1

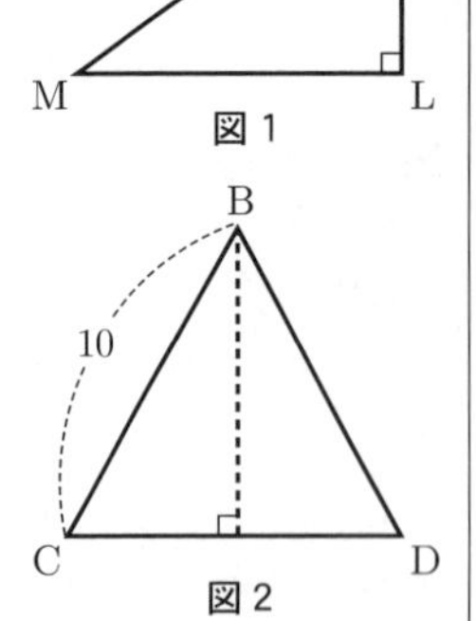

図 2

(2) 思考力 1 辺の長さが 10 の正四面体 ABCD の体積を求めよ。必要であれば，**図 3** を利用して求めよ。ただし，**図 3** の太線の立体は，各面の対角線が正四面体 ABCD の 1 辺となるような立方体である。

図 3

(3) 難 **図 4** のように，1 辺の長さが 10 の正四面体 ABCD があり，辺 AB を 2 : 3 に内分する点を E，辺 AC を 3 : 2 に内分する点を F，辺 AD を 2 : 1 に内分する点を G とする。
さらに，
直線 BC と直線 EF との交点を H，
直線 BD と直線 EG との交点を I とする。
このとき，

(ア) 四角形 CHID の面積を求めよ。

(イ) 立体 FCHIDG の体積を求めよ。

図 4

駿台甲府高等学校

＊ 注意　1．答えに分数を用いるときは，既約分数で答えること。
2．答えに $\sqrt{\ }$ を用いるときは，$\sqrt{\ }$ の中をできるだけ簡単にすること。また，分母は有理化すること。
3．円周率は π を用いること。
4．比で答えるときは，できるだけ簡単な比（可能なら整数比）で答えること。

出題傾向と対策

●大問は 4 題で，**1** は 11 問の小問集合であり，中学校で学習したほぼすべての分野から出題されている。図形問題の比重が大きい。穴埋め形式の問題は消滅したままであるが，確率の大問が出題された。すべて数値を答える問題であり，作図や証明は出題されない。

●**1** を確実に仕上げて **2** ～ **4** に進む。時間配分に気をつけて，解き易い設問から手をつける。新傾向の問題や考えにくい設問もところどころにある。過去の出題を参考にして良問を練習しておこう。

1 次の各問いに答えよ。

(1) よく出る 基本 $3 \times (-2)^2 - 2^2$ を計算せよ。

(2) よく出る 基本 $\sqrt{8} + \sqrt{18} - \sqrt{32}$ を計算せよ。

(3) よく出る 基本 y は x に反比例し，$x = 3$ のとき $y = 4$ である。$x = 6$ のとき，y の値を求めよ。

(4) 基本 連立方程式 $\begin{cases} x + 2y = 1 \\ 3x + 4y = 5 \end{cases}$ を解け。

(5) よく出る 基本 2 次方程式 $x^2 + 3x - 4 = 0$ を解け。

(6) 基本 $x = \sqrt{3} + 1$，$y = \sqrt{3} - 1$ のとき，$x^2 - 2xy + y^2$ の値を求めよ。

(7) 基本 1 つの内角が 140° の正多角形は，正何角形か。

(8) 基本 右図の直角三角形 ABC を，辺 AC を軸として一回転させ，立体をつくる。この立体の表面積を求めよ。ただし，AB = 2 cm，BC = 1 cm とする。

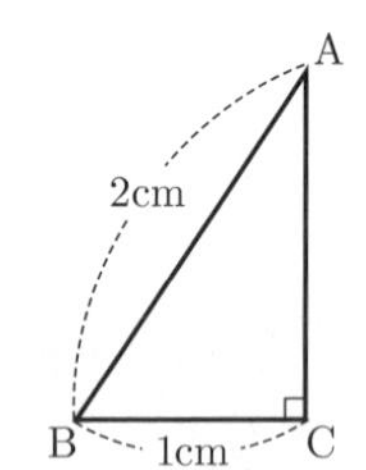

(9) 基本 2 点 A (1，4)，B (7，2) があり，点 P は x 軸の正の部分にある。三角形 APB の周の長さが最小となるとき，点 P の座標を求めよ。

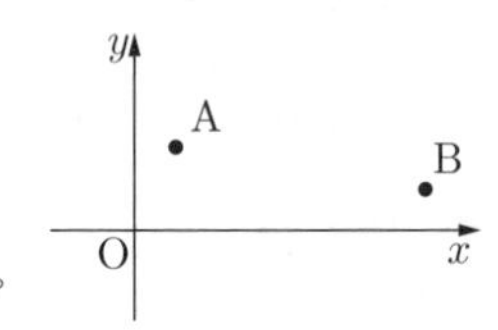

(10) 思考力 右図は，
AB = AD = 5 cm，
AE = 8 cm の直方体である。
3 点 P，Q，R はそれぞれ辺 AB，CD，EF 上の点であり，
AP = 1 cm，DQ = 2 cm，
ER = 3 cm である。
この直方体を 3 点 P，Q，R を通る平面で切って 2 つの立体に分けたとき，点 D を含む方の立体の体積を求めよ。

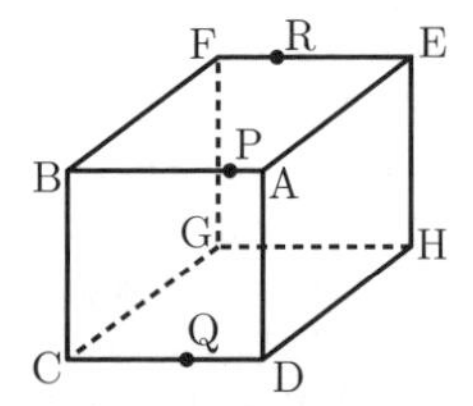

(11) 4点 A (0, 1)，B (10, 1)，C (9, 5)，D (1, 5) がある。直線 $y = ax$ が台形 ABCD の面積を二等分するとき，a の値を求めよ。

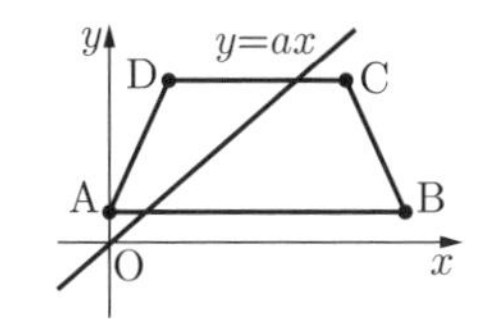

2 右図のように，半径 5 cm の円の周上に円周を n 等分する点をうつ。その中の 1 点を A とする。動点 P は，A から時計まわりに 1 秒間に a 個ずつ点の上を移動する。また，動点 Q は，P と同時に，A から逆の方向に 1 秒間に b 個ずつ点の上を移動する。

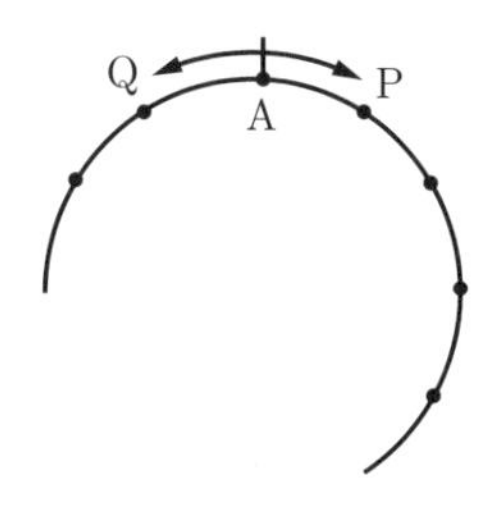

このとき，以下の問いに答えよ。

(1) 基本 $n = 60$，$a = 1$，$b = 3$ とする。P と Q が初めて同じ点の上にあるのは，動き始めてから何秒後か。

(2) $n = 300$，$a = 2$，$b = 5$ とする。動き始めてから 30 秒後のときの A を含む弧 PQ の長さを求めよ。

(3) $n = 720$ とする。P と Q が動き始めてから 48 秒後に一度もすれ違うことなく初めて同じ点の上にあり，その時点までに 2 点 P，Q が移動した距離の差は 6π cm であった。$a > b$ であるとき，このような条件を満たす a，b の値を求めよ。

3 2 つの箱 A，B がある。それぞれの箱の中にはカードが 7 枚ずつ入っており，各カードには 1 から 7 までの異なる整数が書かれている。A，B からそれぞれ 1 枚ずつカードを取り出し，A から取り出されたカードに書かれた整数を a，B から取り出されたカードに書かれた整数を b とする。

このとき，以下の問いに答えよ。

(1) 基本 $2a = b$ となる確率を求めよ。

(2) $2a - b$ の値が 1 または 2 となる確率を求めよ。

(3) 新傾向 $ab + a - b - 1 = 4$ となる確率を求めよ。

4 右図のように，4 点 O (0, 0)，A (6, 0)，B (6, 12)，C (0, 12) を頂点とする長方形と直線 l があり，l の傾きは $-\frac{2}{3}$ である。辺 AB と直線 l との交点を P とし，P の y 座標を t とする。また，l が辺 OC または辺 BC と交わる点を Q とし，△OPQ の面積を S とする。

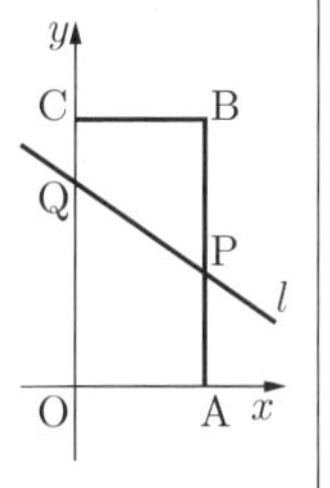

このとき，以下の問いに答えよ。

(1) 基本 点 Q が辺 OC 上にあるとき，点 Q の y 座標を，t を用いて表せ。

(2) 思考力 (1)のとき，S と △BPQ の面積が等しくなる t の値を求めよ。

(3) 難 $S = 21$ となる t の値をすべて求めよ。

青雲高等学校

時間	70分	満点	100点	解答	P110	1月10日実施

＊ 注意 円周率は π，その他の無理数は，たとえば $\sqrt{12}$ は $2\sqrt{3}$ とせよ。

出題傾向と対策

●大問 4 題で，**1** は独立した小問の集合，**2** は関数 $y = ax^2$，**3** は確率，**4** は平面図形からの出題であった。大問が 1 題減ったが，**4** の分量が多く，全体としての分量，分野難易度は例年通りであろう。

●基本から応用まで出題される。標準以上のもので，しっかり練習しておくこと。

1 基本 次の問いに答えよ。

(1) $8a^6b^3 \times (-ab^2c) \div (-2a^2c)^3$ を計算せよ。

(2) $\left(\frac{1}{\sqrt{3}} + \sqrt{\frac{8}{3}} - \sqrt{6}\right)^2$ を計算せよ。

(3) $x = -\frac{3}{4}$，$y = \frac{1}{3}$ のとき，$(3x + y)^2 - (x - y)(9x - y)$ の値を求めよ。

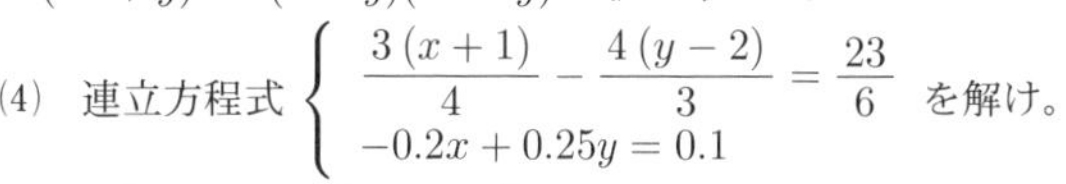

(4) 連立方程式 $\begin{cases} \frac{3(x+1)}{4} - \frac{4(y-2)}{3} = \frac{23}{6} \\ -0.2x + 0.25y = 0.1 \end{cases}$ を解け。

(5) $(x^2 - 2x - 3)^2 + 13(x^2 - 2x - 3) - 90$ を因数分解せよ。

(6) $\sqrt{96 - 8n}$ が自然数となるような自然数 n の個数を求めよ。

(7) 右の図のような 1 辺の長さが 6 cm の立方体があり，辺 AB 上に AP : PB = 2 : 1 となる点 P をとる。3 点 P，F，H を通る平面で，この立方体を切断したとき，頂点 E を含む方の立体の体積を求めよ。

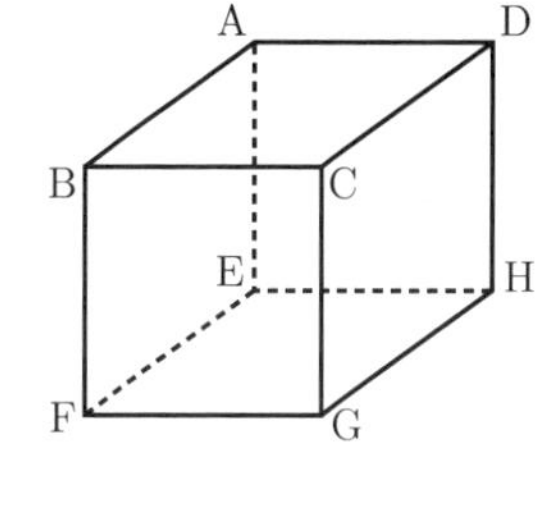

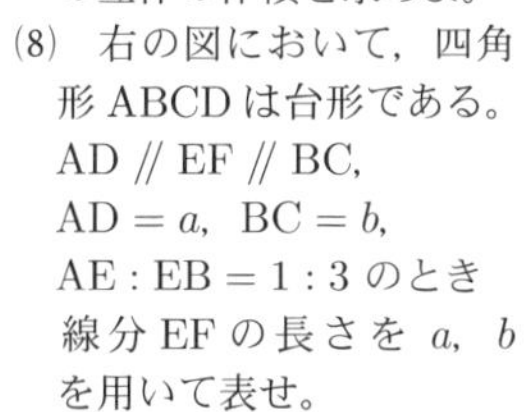

(8) 右の図において，四角形 ABCD は台形である。AD // EF // BC，AD $= a$，BC $= b$，AE : EB = 1 : 3 のとき線分 EF の長さを a，b を用いて表せ。

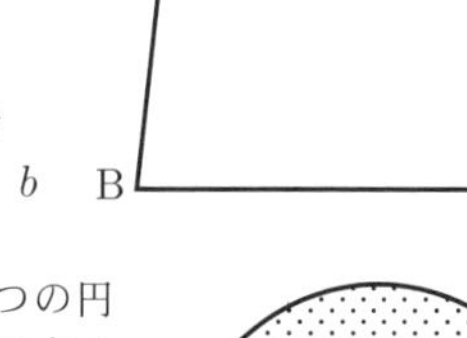

(9) 右の図において，2 つの円の中心は同じである。2 点 A，B は大きい円の周上にあり，線分 AB は小さい円と接している。線分 AB の長さが 16 cm のとき，影を付けた部分の面積を求めよ。

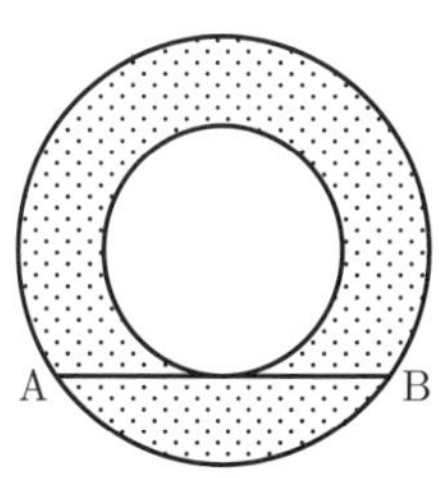

⑽ 右の図において，点Aを通る円Oの接線を作図したい。作図の手順を3つの段階に分けて，説明せよ。

2 よく出る　右の図のように，直線 l 上に1辺が4の正方形ABCDと $EF = 6$，$FG = 12$ の直角三角形EFGがある。
正方形の頂点Cと直角三角形の頂点Eが重なっている状態から，正方形が，秒速1で直線 l にそって矢印の方向に動くとき，x 秒後に2つの図形が重なった部分の面積を y とする。直角三角形は動かないものとして，次の問いに答えよ。

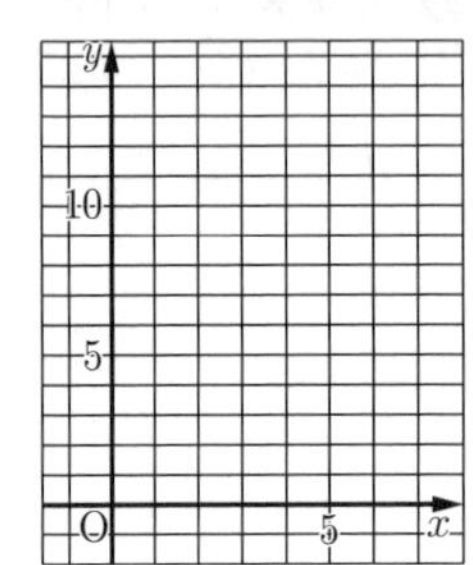

(1) $x = 2$ のとき，y の値を求めよ。
(2) $0 \leqq x \leqq 4$ における x，y の関係のグラフを右の図にかけ。
(3) $y = 15$ となるような x の値を求めよ。

3 白玉2個，赤玉1個，青玉2個が入った袋から，玉を1個ずつ続けて3回取り出し，取り出した順に左から1列に並べるとき，次の確率を求めよ。ただし，取り出した玉は元に戻さない。
(1) よく出る　左から，白玉，赤玉，青玉の順に並ぶ確率。
(2) よく出る　両端が白玉と青玉である確率。
(3) 難 思考力　白玉と赤玉が隣り合う確率。

4 新傾向　課題研究の授業で，島さんの班では，円周率の近似値を求めることにした。

島さん：そもそも，円周率とは，（　①　）の長さに対する円周の長さの比の値のことだから，
$$(\text{円周率}) = \frac{(\text{円周})}{(\text{①})}$$ で求めることができるね。
谷さん：でも，実際に測らずに，円周の長さを求めるのはどうすればいいのだろう。
岸さん：たしか，小学生のときには，円の面積を求めるときに小さい三角形に分けてから考えたので，同じようにして小さい三角形を集めて円に近い図形を作ればいいと思うよ。
谷さん：そして，その図形の周の長さを考えていくんだね。それならば，正百角形を作る？
島さん：でも，それは書くことも難しいからもっと簡単な図形から考えていこうよ。
岸さん：半径の長さが1の円に内接する正多角形を考えると計算がしやすくなるよ。
島さん：それでは，分担して考えてから一つの表にまとめてみよう。
谷さん：正六角形は任せてください。

正多角形	正三角形	正方形	正六角形	正八角形	正十角形	正十二角形
一辺の長さ	(ア)	(イ)	1	(ウ)	(あ)	(エ)
$\frac{(\text{周の長さ})}{2}$	(a)	(b)	3	(c)	(d)	(e)

谷さん：実際に計算してみると，3.14 の値に近づいていくのがわかるね。
岸さん：今回は円に内接している正多角形を用いたので，次は円に外接している正多角形でも調べてみよう。

このとき，次の問いに答えよ。
(1) （　①　）に適切な語句を入れよ。
(2) (ア)，(イ)の値を求めよ。
(3) (ウ)，(エ)について，一辺の長さを2乗した値を求めよ。
(4) 思考力　(あ)について，三角形の相似を用いて2次方程式を作り，(あ)の値を求めよ。考え方も詳しく書くこと。三角形の相似については，証明せずに用いてよい。
(5) (c)，(e)の値は，電卓を用い近似値を求めると，それぞれ，3.06，3.11 になった。$\sqrt{2} = 1.41$，$\sqrt{3} = 1.73$，$\sqrt{5} = 2.24$ を用いて，(a)，(b)，(d)の値を求めよ。

成蹊高等学校

時間 60分　満点 100点　解答 P111　2月10日実施

＊ 注意　円周率は π として計算すること。

出題傾向と対策

●例年同様に大問は5題あり，出題範囲も毎年ほぼ同じである。**1** は小問集合，**2** は連立方程式の応用，**3** は確率，**4** は関数 $y = ax^2$，**5** は円を題材とした平面図形からの出題であった。標準レベルの良問であり，分量・難易度ともに変化はない。
●出題範囲が毎年似ているので，過去問題は必ず解きたい。特に置き換えを利用する因数分解，円を等分したときの円周角の大きさ，2次方程式の解の公式などは確認したい。基礎事項をしっかり押さえて，使いこなせるよう演習を積むこと。

1 基本　次の各問いに答えよ。
(1) $\frac{3\sqrt{8}}{\sqrt{3}} - \frac{(\sqrt{12} + \sqrt{2})^2}{2}$ を簡単にせよ。
(2) $x(x-1) - 2y(2y-1)$ を因数分解せよ。
(3) 関数 $y = \frac{1}{8}x^2$ において，x の変域が $-2 \leqq x \leqq 4$ であるとき，y の変域を求めよ。
(4) 右の図において，△OAB は $OA = OB = 2$，$\angle AOB = 90°$ の直角二等辺三角形である。△OAB から点Oを中心とする半径1のおうぎ形を除いた斜線(しゃせん)部分を，直線OAを軸として1回転させてできる立体の体積を求めよ。

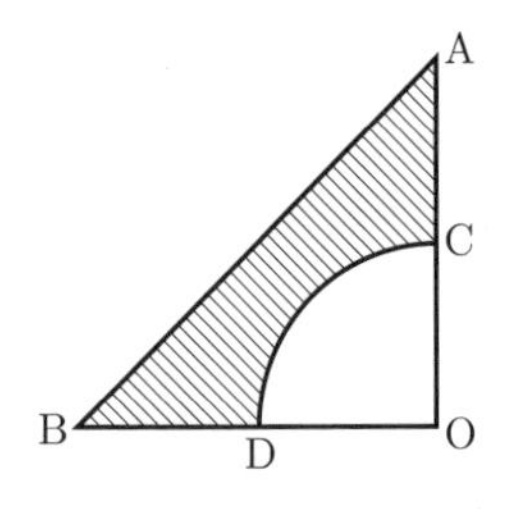

(5) 右の図において，平行四辺形ABCDの辺BCの中点をQとする。線分AQと線分BDの交点をP，直線AQと直線DCの交点をRとするとき，△PBQと△PDRの面積の比をもっとも簡単な整数の比で表せ。

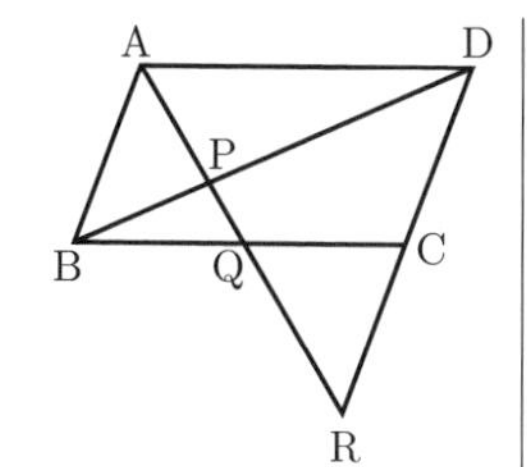

2 よく出る　白玉と赤玉が何個かずつ入った3つの袋A，B，Cがある。A，B，Cそれぞれの中で，白玉の個数の割合は28％，x ％，y ％である。次の各問いに答えよ。

(1) 基本　Aの中の赤玉の個数が36個であるとき，Aの中の白玉の個数を求めよ。

(2) B，Cの中にはそれぞれ140個，120個の玉が入っている。

① Bの中の赤玉の個数を x を用いて表せ。

② B, Cの中の白玉の個数の合計は157個である。また，Bの中の赤玉の個数の $\frac{1}{7}$ と，Cの中の白玉の個数の $\frac{1}{6}$ の合計は18個である。x と y の値をそれぞれ求めよ。

3 3つのさいころA，B，Cを同時に1回投げて出た目をそれぞれ a，b，c とする。次の各問いに答えよ。

(1) 積 abc が素数となる確率を求めよ。

(2) 積 abc が1桁(けた)の整数となる確率を求めよ。

4 よく出る　点Pは原点Oを出発し，x 軸上を線分OPの長さが毎秒 2 cm の割合で増加するように動く。ここで，点Pの x 座標は正とする。点Pを通り y 軸に平行な直線と，放物線 $y=\frac{1}{4}x^2$ との交点をQ，直線 $y=x-5$ との交点をRとする。また，点Qを通り，x 軸に平行な直線と放物線 $y=\frac{1}{4}x^2$ のQでない交点をSとする。ただし，原点Oから点 (1, 0) までの距離，および原点Oから点 (0, 1) までの距離をそれぞれ 1 cm とする。次の各問いに答えよ。

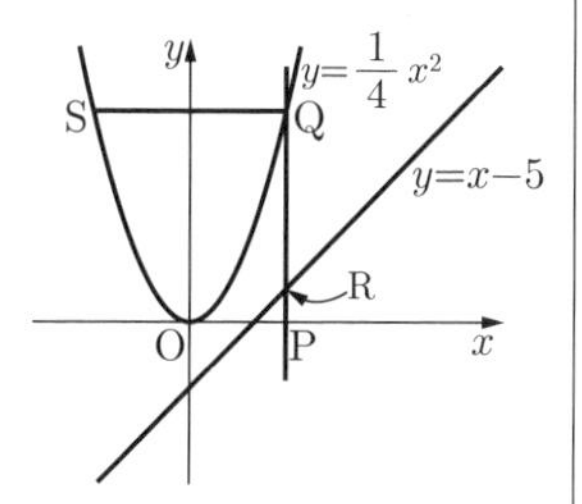

(1) 基本　点Pが原点Oを出発してから3秒後の△QSRの面積を求めよ。

(2) 点Pが原点Oを出発してから t 秒後の線分QRの長さを t の式で表せ。

(3) 点Pが原点Oを出発してから t 秒後に，△QSRが直角二等辺三角形になる。このような t の値をすべて求めよ。

5 思考力　図のように，点Oを中心とする半径2の円の円周を10等分する点をA～Jとする。直線FAと直線CBの交点をKとする。次の各問いに答えよ。

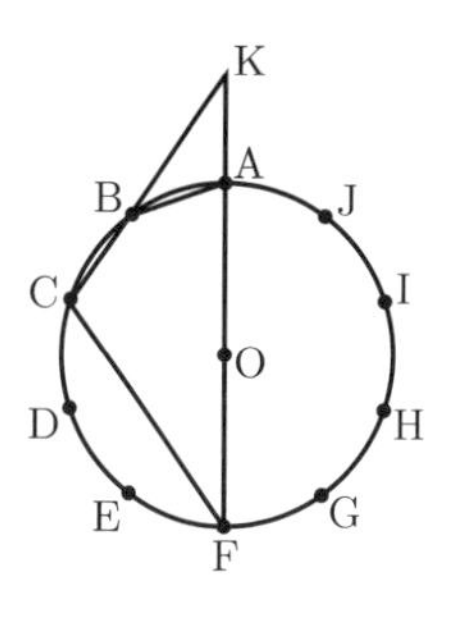

(1) 次の角の大きさを求めよ。

① ∠BCF

② ∠AKB

(2) 難　次の辺の長さを求めよ。

① BK

② AB

専修大学附属高等学校

時間	50分	満点	100点	解答	P112	2月10日実施

出題傾向と対策

●例年と同様，大問が6題であった。**1** は小問集合，**2** は方程式の問題，**3** は関数 $y=ax^2$ に関する問題，**4** は場合の数に関する問題，**5** は平均値を用いた，数・式の利用に関する問題，**6** は速さに関する問題であった。平面図形に関する大問は，出題されなかった。

●基本問題から標準問題まで出題されているため，基本事項をしっかりと身に付けるとともに，標準的な問題に取り組むとよいだろう。また，思考力が問われる問題を練習しておくとよいだろう。

1 よく出る 基本　次の各問いに答えなさい。

(1) $-3\times(-2)^3-5\times2^2$ を計算しなさい。

(2) $(2\sqrt{3}-1)(\sqrt{3}+1)$ を計算しなさい。

(3) $ab-2a-b+2$ を因数分解しなさい。

(4) 2次方程式 $3x^2-2x-2=0$ を解きなさい。

(5) 反比例 $y=\frac{20}{x}$ について，x の値が2から5まで増加したとき，変化の割合を求めなさい。

(6) 2点 (1, 3)，(−2, 9) を通る直線の式を求めなさい。

(7) 大小2つのさいころを同時に投げるとき，出た目の数の差が3になる確率を求めなさい。

(8) 底面の半径が5，母線が9の円錐(すい)の表面積を求めなさい。ただし，円周率は π を用いること。

(9) 右の図の $\angle x$ の大きさを求めなさい。ただし，点Oは円の中心とする。

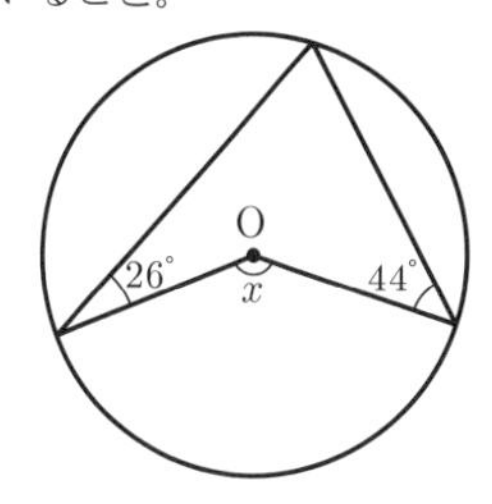

2 次の各問いに答えなさい。

(1) 基本　2つの工場A，Bで合計10万個のネジを製造した。工場A，Bはそれぞれ全体の70％，30％を製造しており，そのうち，工場Aでは0.1％，工場Bでは0.3％ が不良品であった。このとき，10万個のネジの中に不良品は何個あったか求めなさい。

(2)　3つの工場C，D，Eで合計15万個のバネを製造した。工場C，D，Eはそれぞれ全体の50%，30%，20%を製造しており，そのうち，工場Cでは0.1%，工場Dでは0.3%が不良品であった。15万個のバネのうち，不良品が255個あったとき，工場Eで製造したバネの中に不良品は何%あったか求めなさい。

3 よく出る　図のように，関数 $y=ax^2$ 上に3点A，B，Cがある。点Aの座標は$(-3,\ -3)$，点B，Cの x 座標は，それぞれ4，5である。また，y 軸上に△ACBと△BDCの面積が等しくなるように点Dをとる。このとき，次の各問いに答えなさい。

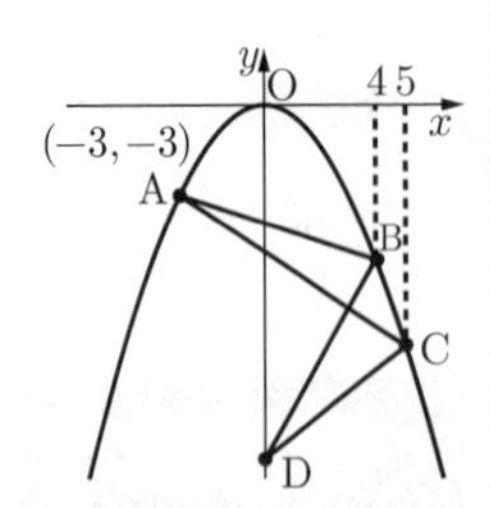

(1)　点Bの y 座標を求めなさい。
(2)　直線BCの傾きを求めなさい。
(3)　点Dの y 座標を求めなさい。

4　次の各問いに答えなさい。
(1)　バニラ，チョコレートの2種類のアイスクリームを合わせて7個買うことにした。買い方は何通りあるか求めなさい。ただし，1個も買わない種類があってもよいこととする。
(2)　バニラ，チョコレート，ストロベリーの3種類のアイスクリームを合わせて7個買うことにした。買い方は何通りあるか求めなさい。ただし，1個も買わない種類があってもよいこととする。

5　5つの異なる自然数がある。それら5つの数の平均値と小さい方から3番目の数は等しい。また，小さい方から2番目と4番目の数の平均値も小さい方から3番目の数に等しい。最も小さい数が30であるとき，次の各問いに答えなさい。
(1)　小さい方から3番目の数を n としたとき，最も大きい数を n を用いて表しなさい。
(2)　小さい方から2番目の数と最も大きい数の比は2 : 3である。また，最も小さい数を3倍すると，小さい方から3番目と4番目の和に等しい。5つの数の和を求めなさい。

6 思考力　A地点からのびるまっすぐな道を時速4km以上6km以下の一定の速度で歩いて移動する。その途中には歩行者用の信号機が2カ所あり，それぞれ下の表のようになっている。また，各信号機において，停止線にたどり着いたとき信号が青ならば進めるが，そうでない場合は立ち止まらなければならない。ただし，青から青の点滅に変わる瞬間および赤から青に変わる瞬間は進めるものとする。

	A地点から停止線までの距離	青である時間	青の点滅または赤である時間
1つ目	154m	27秒	72秒
2つ目	240m	36秒	50秒

2つの信号が同時に青になったときA地点を出発する。このとき，次の各問いに答えなさい。
(1)　1つ目の信号機で立ち止まらずに進むためには，秒速何m以上何m以下の速度で歩けばよいか。最も簡単な分数の形で答えなさい。
(2)　2つの信号機とも立ち止まらずに進むためには，秒速何m以上何m以下の速度で歩けばよいか。最も簡単な分数の形で答えなさい。

中央大学杉並高等学校

時間	50分	満点	100点	解答	P114	2月10日実施

出題傾向と対策

●大問は5題で，**1**は計算問題中心の小問集合，**2**は2次方程式の応用，**3**は確率，**5**は関数と図形を組み合わせた総合問題であった。解答の方法は答えのみを問う出題が多いが，式や考え方を記述させる問題が1題あることに注意したい。

●全分野から，基本問題，応用問題，思考力を問う問題が出題されているので，教科書，過去問，比較的難易度の高い問題を中心に取り組み，計算力，推理力，応用力をしっかり身につけておこう。

1　次の問に答えなさい。

(問1) よく出る　$(x+2)(y+2)=(x-2)(y-2)$ のとき，$(2x+\sqrt{5})(2y+\sqrt{5})+4x^2$ の値を求めなさい。

(問2) よく出る　2次方程式 $(x+2)(x-2)=(x+2)^2+(x+2)(x-3)$ を解きなさい。

(問3) よく出る　図のように，正五角形ABCDEがあり，頂点B，Cを通る直線をそれぞれ l，m とし，$l \parallel m$ とします。直線 l と線分AE，直線 m と線分DEの交点をそれぞれ点F，Gとし，直線 m 上に点C，G，Hの順となるように点Hをとります。$\angle FBC=80°$ であるとき，$\angle EGH$ の大きさを求めなさい。

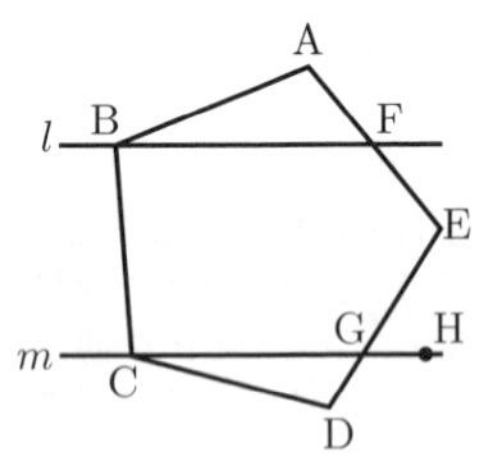

(問4) 思考力　図のように，平行四辺形ABCDの対角線BD上に点Pをとり，直線APと辺BCとの交点をR，直線APと辺DCの延長線との交点をQとします。PR = QRのとき，(APの長さ) = (QRの長さ) × x を満たす x の値を求めなさい。

2 よく出る　濃度10%の食塩水10kgを入れた容器に，次の操作A，Bをします。

操作A : x kgをくんで，同量の水を戻す。
操作B : $2x$ kgをくんで，同量の水を戻す。

いま，操作Aののち，操作Bを行ったら，食塩水の濃度は2.8%になりました。このとき，次の問に答えなさい。

(問1)　操作Aの直後に，容器に残っている食塩の量を x の式で表しなさい。
(問2)　x の値を求めなさい。

3 図のように，正五角形ABCDEの頂点Aの位置に点Pがあります。いま，コイン1枚を投げて，表裏の出方によって，点Pは次のように動くものとします。

表が出たら時計回りに2つ進む（例：A → D）
裏が出たら反時計回りに1つ進む（例：A → B）

このとき，次の問に答えなさい。

（問1） 基本 コインを3回投げたあとに，点Pが頂点Cにある確率を求めなさい。

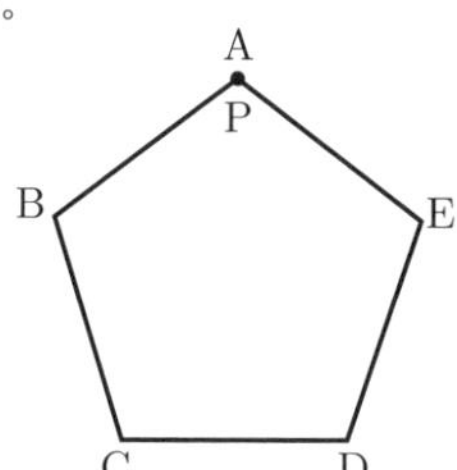

（問2） コインを3回投げたあとに，点Pがいられない頂点はどれか答えなさい。

（問3） コインを4回投げたあとに，（問2）でたずねた点に点Pがある確率を求めなさい。

4 都合により省略

5 図のように，点A (0, 2), B (3, 0), C (4, 1), D (3, 4) があります。このとき，次の問に答えなさい。

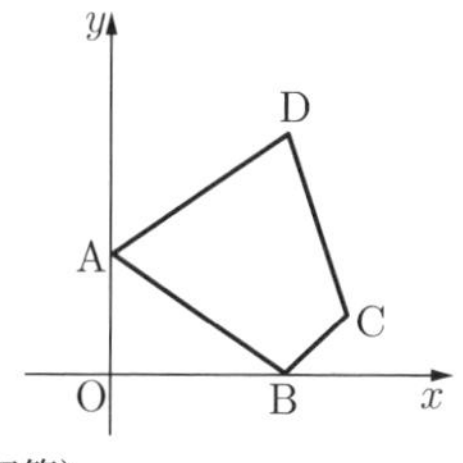

（問1） 直線ACの式を求めなさい。（答えのみ解答）

（問2） 点Bを通り，ACに平行な直線と直線CDの交点の座標を求めなさい。（答えのみ解答）

（問3） 難 思考力 点Aを通り，四角形ABCDの面積を二等分する直線の式を求めなさい。（式や考え方も書きなさい。）

中央大学附属高等学校

時間	60分	満点	100点	解答	P114	2月10日実施

＊ 注意　1．答の $\sqrt{\quad}$ の中はできるだけ簡単にしなさい。
　　　　2．円周率は π を用いなさい。

出題傾向と対策

●大問は4題で，**1** は独立した小問の集合，**2** は回転体，**3** は $y=ax^2$ のグラフと図形，**4** は数の性質からの出題であった。分野，分量及び難易度とも，例年通りと思われる。

●基本から標準程度のものが全範囲から出題される。標準的なもので練習しておくこと。

1 基本 次の問いに答えなさい。

(1) $12a^5b^2 \times \left(-\dfrac{3b}{2a}\right)^3 \div \dfrac{3b^4}{4a} \div (-3a)^4$ を計算しなさい。

(2) $\dfrac{(\sqrt{52}+\sqrt{12})(\sqrt{13}-\sqrt{3})}{\sqrt{50}} - (\sqrt{2}+1)^2$ を計算しなさい。

(3) $4a^2+b^2-4(ab+1)$ を因数分解しなさい。

(4) 連立方程式 $\begin{cases} \dfrac{2x+1}{3} - \dfrac{3y+1}{2} = 1 \\ 0.2(0.1x+1)+0.12y=0.4 \end{cases}$ を解きなさい。

(5) 2次方程式 $x(x+9)+(2x-1)^2=11$ を解きなさい。

(6) $\sqrt{60(n+1)(n^2-1)}$ が整数となるような2桁の整数 n をすべて求めなさい。

(7) 2つのサイコロを同時に投げるとき，目の積が6の倍数となる確率を求めなさい。

(8) 3つの半円を組み合わせた右の図において，斜線部分の面積が 10π であるとき，x の値を求めなさい。

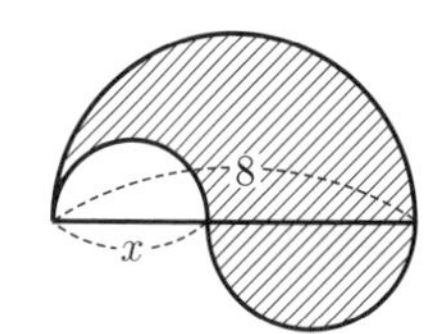

(9) 図のように長方形の紙を折り返したとき，$\angle x$ の大きさを求めなさい。

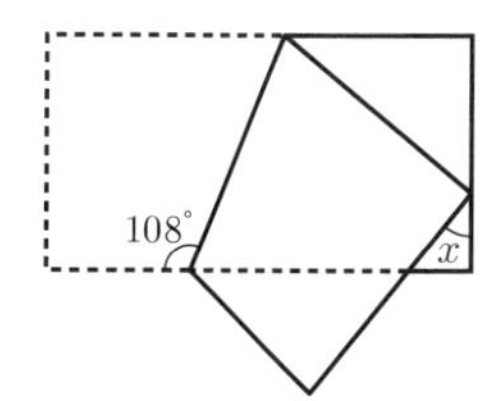

2 図のような正方形と扇形を組み合わせた図形を直線 l の周りに1回転させてできる立体について，次の問いに答えなさい。

(1) この立体の体積を求めなさい。

(2) この立体の表面積を求めなさい。

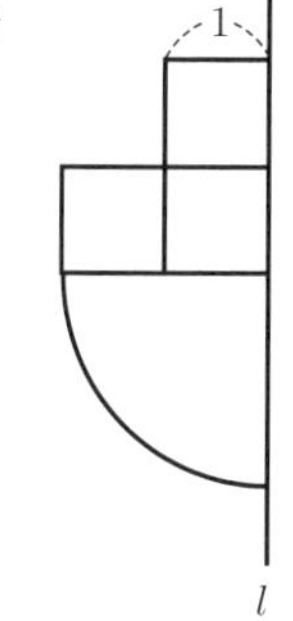

3 よく出る 図のように，関数 $y=ax^2$ のグラフ上の点Aと関数 $y=-4x^2$ のグラフ上の点Bに対して，直線ABと y 軸との交点をCとする。2点A，Cの y 座標が順に4，-8 であり，AB : BC = 2 : 1 であるとき，次の問いに答えなさい。ただし，a は正の定数であり，2点A，Bの x 座標はともに正とする。

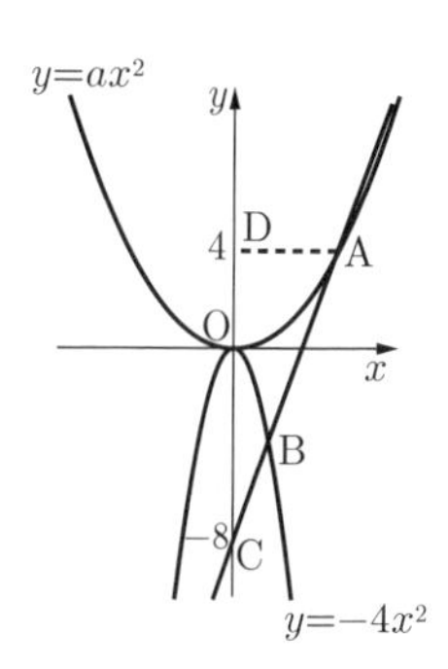

(1) a の値を求めなさい。

(2) 直線ABの式を求めなさい。

(3) D (0, 4) とする。△APC : △ADC = 2 : 1 を満たす関数 $y=ax^2$ のグラフ上の点Pの座標をすべて求めなさい。

4 思考力 $S=n^4-5n^3-10n^2+35n+49$ について，次の問いに答えなさい。

(1) $\left(n-\dfrac{7}{n}\right)^2$ を展開しなさい。

(2) $t=n-\dfrac{7}{n}$ とするとき，$\dfrac{S}{n^2}$ を t の式で表しなさい。

(3) S を因数分解しなさい。

(4) $S=-26$ のとき，n の値を求めなさい。ただし，n は自然数とする。

土浦日本大学高等学校

時間	50分	満点	100点	解答	P115	1月16日実施

＊ 注意　分数で答える場合は必ず約分し，比で答える場合は最も簡単な整数比で答えなさい。また，根号の中はできるだけ小さい自然数で答えなさい。

出題傾向と対策

●大問は5問。全問マークシート方式で，**1**，**2** は小問集合，**3** は一次方程式，**4** は関数 $y=ax^2$ と空間図形，**5** は平面図形の問題であった。問題構成，分量，難易度はどれも例年通りであった。

●基礎・基本を理解しているかを問う問題が多い。教科書の内容を理解したうえで，過去問に取り組むとよいだろう。またマークシートに慣れることも必要である。

1 基本　次の □ をうめなさい。

(1) $-\frac{1}{12}\div\left(\frac{1}{3}-\frac{1}{2}\right)+\frac{1}{4}=\frac{\boxed{ア}}{\boxed{イ}}$

(2) $\left(\frac{\sqrt{5}+\sqrt{3}}{2}\right)^2\left(\frac{\sqrt{5}-\sqrt{3}}{2}\right)^2=\frac{\boxed{ウ}}{\boxed{エ}}$

(3) 方程式 $(x-3)^2=5(x-3)$ を解くと，$x=$ オ，カ である。（オ と カ については，順番は問わない）

(4) 連立方程式 $\begin{cases}\frac{4x-2y}{3}=11-y\\ x+2y=24\end{cases}$ を解くと，

$x=$ キ，$y=$ ク である。

(5) 次の⓪～③のうち，正しいものは ケ と コ である。（ケ と コ については，順番は問わない）

⓪ 偶数の素数は2のみである。

① 関数 $y=3x^2$ の変化の割合は一定で3である。

② 四角形ABCDで AB // DC，AD = BC ならば，四角形ABCDは平行四辺形である。

③ 5つのデータがあり，各値を2ずつ増やしたときの平均は，もとの平均より2大きくなる。

2 基本　次の □ をうめなさい。

(1) 図のように，
2点A (2, 6)，B (8, 3) と直線 $y=ax+2$…①がある。直線①が線分ABと交わるとき，a の値の範囲は

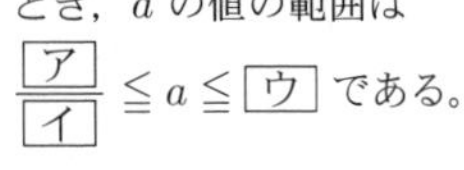

$\frac{\boxed{ア}}{\boxed{イ}}\leqq a\leqq$ ウ である。

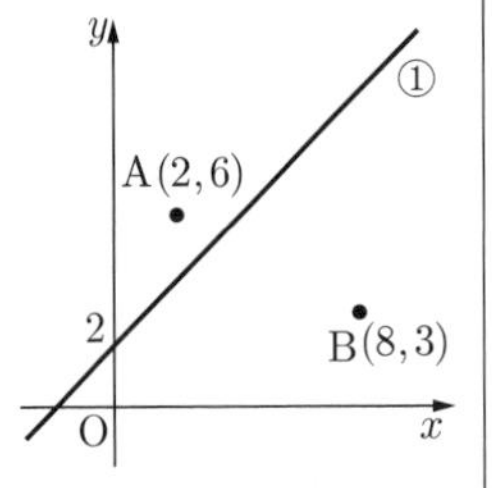

(2) 1個のさいころを2回続けて投げるとき，出た目の積が3の倍数となる確率は $\frac{\boxed{エ}}{\boxed{オ}}$ であり，出た目の積が4の倍数となる確率は $\frac{\boxed{カ}}{\boxed{キク}}$ である。

(3) 図において，

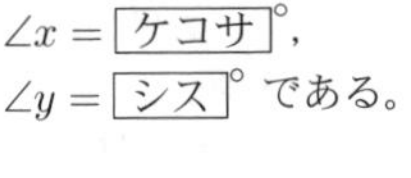

$\angle x=$ ケコサ °，

$\angle y=$ シス ° である。

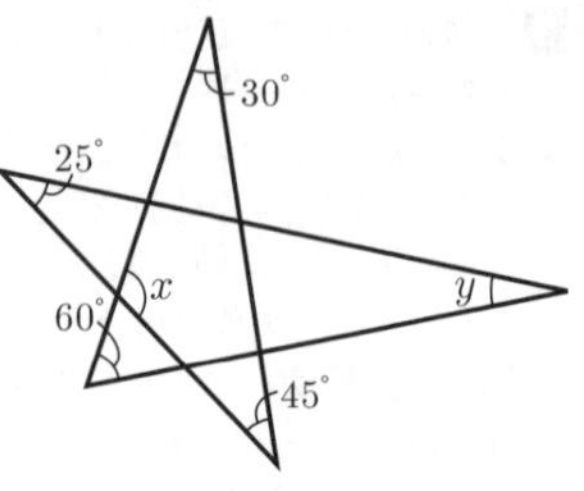

3 思考力　図のように，1周 x km のマラソンコースがある。A，Bの2人はS地点を矢印の方向に同時に出発し，それぞれ2周走って同時にS地点に着いた。Aは，1周目を時速18 km で，2周目を時速12 km で走った。Bは，はじめの20分間を時速18 km で，次の20分間を時速15 km で走った。このように，Bは20分間走るごとに時速3 km ずつ減速していき，2周走ってS地点に着いたときの速さは時速9 km であった。このとき，次の □ をうめなさい。

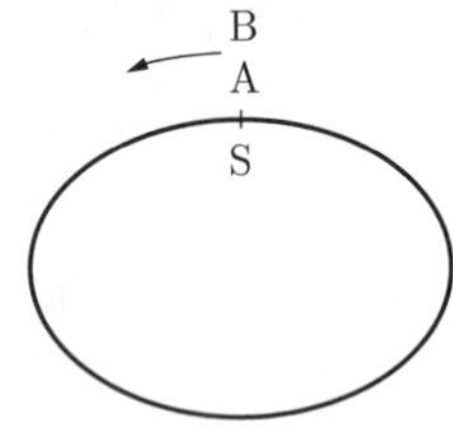

(1) Aが2周に要した時間を x の式で表すと，

$\frac{\boxed{ア}}{\boxed{イウ}}x$ 時間である。

(2) Bが時速9 km で走った距離を x の式で表すと，
エ $x-$ オカ km である。

(3) $x=$ キ である。

4 よく出る　図において，①は $y=x^2$，②は $y=x+2$ のグラフである。①，②は2点 A (−1, 1)，B で交わっている。このとき，次の □ をうめなさい。

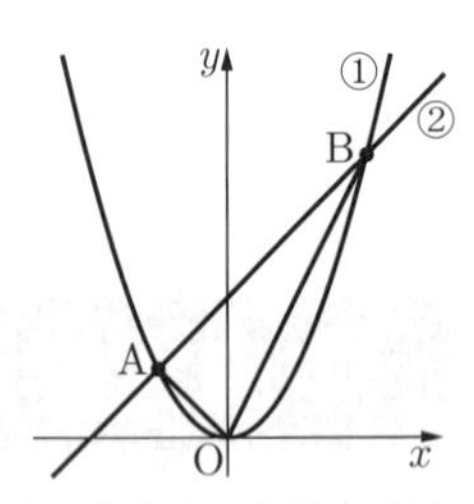

(1) 点Bの座標は (ア，イ) である。

(2) 点Aを通り，△AOBの面積を二等分する直線の式は

$y=\frac{\boxed{ウ}}{\boxed{エ}}x+\frac{\boxed{オ}}{\boxed{カ}}$ である。

(3) △AOBを直線 $y=1$ のまわりに1回転させてできる立体の体積は $\frac{\boxed{キ}}{\boxed{ク}}\pi$ である。

5 よく出る　図のように，円周上に4点A，B，C，Dがあり，ACとBDの交点をEとする。AB = AC = 3，BC = BE = $\sqrt{3}$ のとき，次の □ をうめなさい。

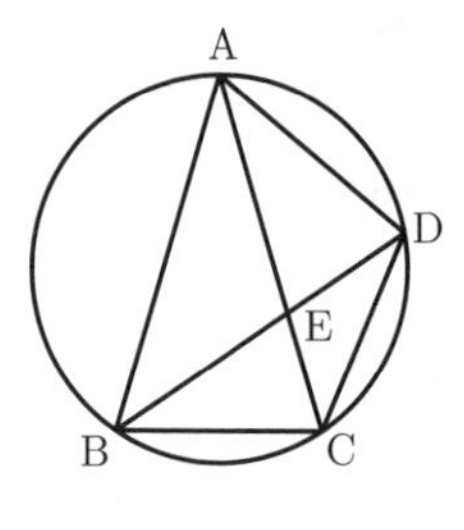

(1) 次の7個の三角形のうち，△ABCと相似なものは ア 個ある。
△ABD，△ABE，△ACD，△AED，△BCD，△BCE，△CDE

(2) CE = イ，$\mathrm{DE}=\frac{\boxed{ウ}\sqrt{\boxed{エ}}}{\boxed{オ}}$ である。

(3) 点Cを通り，ADに平行な直線とABの交点をFとする。

このとき，△AFC と △DCB の面積の比は カキ : クケ である。

桐蔭学園高等学校

時間	60分	満点	100点	解答	P117	2月11日実施

（プログレスコースは 150 点）

＊ 注意 (1) 図は必ずしも正確ではありません。
(2) 分数は約分して答えなさい。
(3) 根号の中は，最も簡単な整数で答えなさい。
(4) 比は，最も簡単な整数比で答えなさい。

出題傾向と対策

●大問は 5 問で，**1** は計算など小問 6 題，**2** は 3 題から成る場合の数，**3** は関数 $y=ax^2$，**4** は円と三平方の定理，**5** は立方体の切断であった。**2**～**5** が場合の数，関数，平面図形，立体図形という構成は昨年と変わらない。難易度は，図形問題が昨年よりも易しくなっている。

●前半 **1**～**3** では標準レベルの問題を中心に出題されるのに対し，後半 **4**，**5** では難度の高い問題も出題される。基本事項の抜けをなくしつつ，応用問題レベルの典型題・良問をこなしていこう。

1 基本 次の □ に最も適する数字を答えよ。

(1) $\dfrac{2}{\sqrt{3}}+(\sqrt{3}-1)^2=$ ア $-\dfrac{イ}{3}\sqrt{ウ}$ である。

(2) $(4a^3b^2)^2\div(2ab)^3=$ エ$a^{オ}b$ である。

(3) $a^2-4a-12=(a+$カ$)(a-$キ$)$ である。

(4) 右の図のように，円周上に 3 点 A，B，C があり，$\overset{\frown}{AB}:\overset{\frown}{BC}=2:3$ である。また，直線 AX は点 A において円と接している。$\angle BAX=$ クケ$^\circ$ である。ただし，$\overset{\frown}{AB}$ は点 C を含まず，$\overset{\frown}{BC}$ は点 A を含まない。

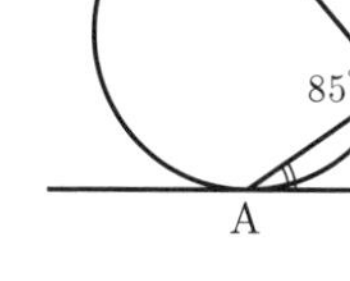

(5) 正八面体の辺の本数を a，頂点の個数を b とすると，$a-b=$ コ である。

(6) さいころとは，向かい合う面にある数の和が 7 になっている立方体である。箱の中に 3，4，5，6 の数字が書かれているカードが各 1 枚入っており，そこから 1 枚ずつ引き，右の展開図の a，b，c，d の順にその数字を当てはめて組み立てたときに，さいころができる確率は $\dfrac{1}{サシ}$ である。ただし，引いたカードは元に戻さないとする。

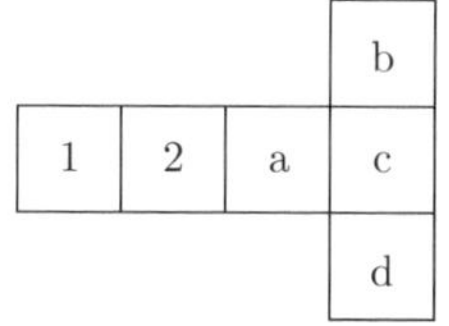

2 よく出る 大中小のさいころ 3 個を同時に 1 回投げる。このとき，次の □ に最も適する数字を答えよ。

(1) 出た目の数の和が 6 となるのは アイ 通りある。

(2) 出た目の数の積が偶数となるのは ウエオ 通りある。

(3) すべてのさいころの目の数が異なるのは カキク 通りある。このうち，大きいさいころの目の数が最も大きく，小さいさいころの目の数が最も小さくなるのは ケコ 通りある。

3 よく出る 右の図のように，点 O は原点，曲線 l は関数 $y=\dfrac{1}{4}x^2$ のグラフである。l 上の点 A の x 座標は 6 であり，直線 m は関数 $y=-x+a$ のグラフである。また，直線 m と曲線 l の交点のうち，x 座標が負のものを点 B とする。ただし，$a>0$ とする。このとき，次の □ に最も適する数字を答えよ。

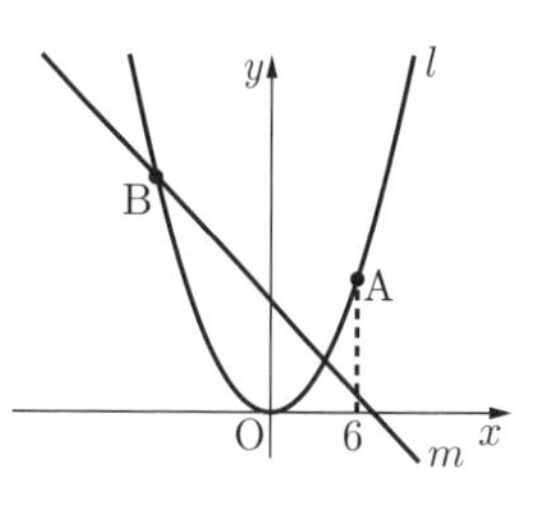

(1) 点 A の y 座標は ア である。

(2) 関数 $y=\dfrac{1}{4}x^2$ において，$b\leqq x\leqq 6$ のときに $0\leqq y\leqq 9$ となる。b がとることのできる範囲は $-$イ $\leqq b\leqq$ ウ である。

(3) 線分 OA の中点の座標は $\left(エ, \dfrac{オ}{カ}\right)$ であるから，直線 m が △OAB の面積を二等分するとき，$a=\dfrac{キク}{2}$ である。

(4) 点 A を通り x 軸に平行な直線と曲線 l との交点のうち，点 A と異なるものを点 C とする。このとき，x 軸に平行で，△OAC の面積を二等分する直線の式は，$y=\dfrac{ケ\sqrt{コ}}{サ}$ である。

4 右の図のように，点 O を中心とし，線分 AB を直径とする半径 6 の円があり，点 C は線分 OB の中点である。2 点 D，E は直径 AB に対して同じ側の円周上にあり，AB ⊥ CD，AB ⊥ OE となっている。また，線分 AD と線分 OE の交点を点 F とする。このとき，次の □ に最も適する数字を答えよ。

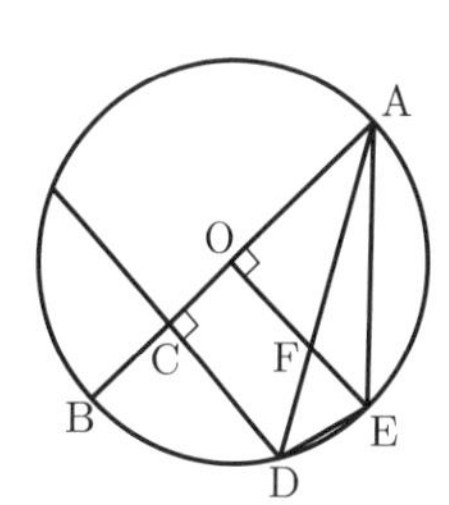

(1) $CD=$ ア$\sqrt{イ}$ である。

(2) △AEF の面積は，ウエ $-$ オ$\sqrt{カ}$ である。

(3) $AF:AD=$ キ : ク であり，△DEF の面積は，ケ $-$ コ$\sqrt{サ}$ である。

5 基本 図 1 のように，一辺の長さが 2 の立方体 ABCD − EFGH がある。点 M，N は，それぞれ辺 AD，CD の中点であり，点 P は辺 FG 上の点である。3 点 M，N，P を通る平面で立方体を切ってできる切り口を X とする。また，切り口 X によって立方体は 2 つに切断され，そのうち頂点 H を含む立体を Y とする。このとき，次の □ に最も適する数字を答えよ。

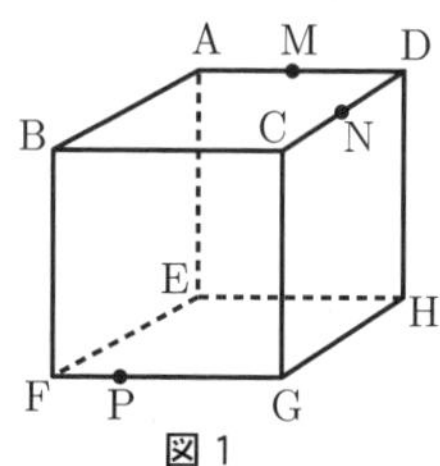

図 1

(1) △BMN の面積は $\dfrac{ア}{イ}$ である。

(2) 点 P が辺 FG の中点であるとき，立体 Y の体積は ウである。

(3) 思考力　点Pが点Fと一致するとき，切り口Xは図2のように五角形になる。このとき，立体Yの体積は $\frac{\boxed{エ}\boxed{オ}}{\boxed{カ}}$ である。

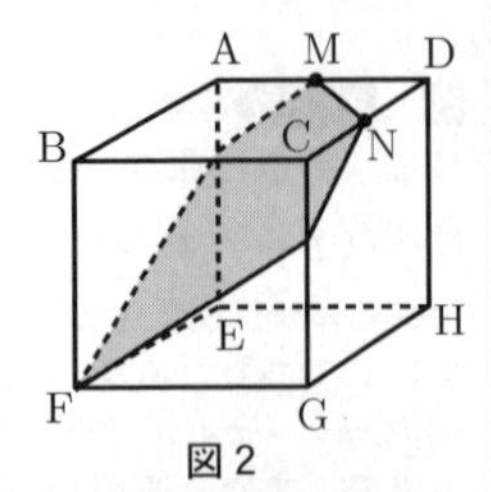

図2

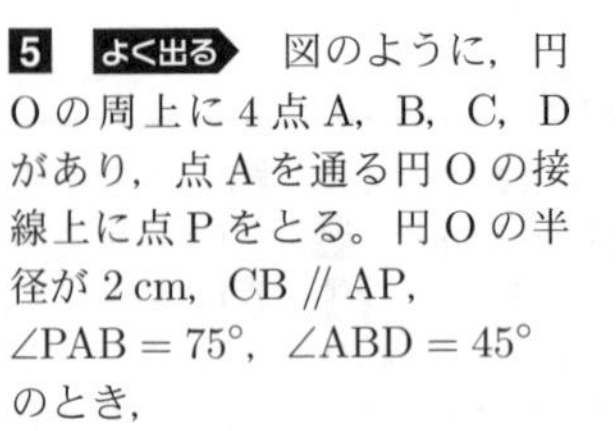

東海高等学校

時間	50分	満点	100点	解答	P118	2月2日実施

出題傾向と対策

●大問6題で，**1** は独立した小問の集合，**2** は数の性質，**3** は $y=ax^2$ のグラフと図形，**4** と **5** は平面図形，**6** は空間図形の出題であった。昨年より大問が1題増えたが，設問の数は変わらず，全体としての分量，難易度とも，例年通りである。

●図形を中心に，標準的なものでしっかり練習しておくこと。

各問題の□の中に正しい答えを記入せよ。

1 基本

(1) 2次方程式 $\frac{1}{5}(x+2)^2-\frac{1}{3}(x+1)(x+2)=-\frac{1}{3}$ の解は，$x=\boxed{ア}$ である。

(2) 点数が0点以上10点以下の整数である小テストを7人の生徒が受験したところ，得点の範囲が7点，平均値と中央値がともに6点であり，最頻値は1つのみで7点であった。このとき，7人の得点を左から小さい順に書き並べると $\boxed{イ}$ である。

2 基本

(1) $\sqrt{171a}$ の値が整数となるような自然数 a のうち，小さいものから2番目の数は $\boxed{ウ}$ である。

(2) $\sqrt{171+b^2}$ の値が整数となるような自然数 b をすべて求めると $\boxed{エ}$ である。

3 よく出る　図のように，関数 $y=ax^2\ (a>0)$ のグラフ上に点Aをとる。ただし，点Aの x 座標は正とする。点Aを，y 軸を対称の軸として対称移動した点をBとすると，△OABが1辺の長さが1の正三角形になった。また，OA＝OCとなる点Cを y 軸の正の部分にとる。このとき，

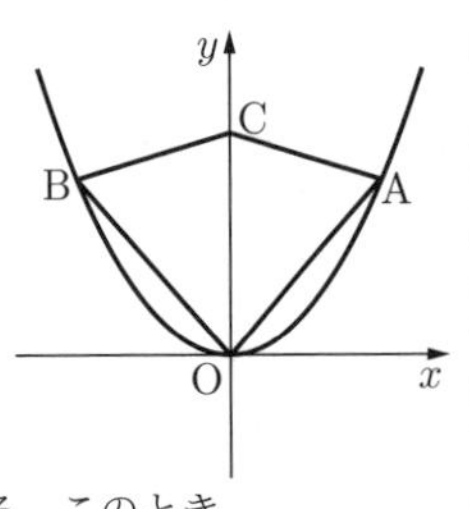

(1) $a=\boxed{オ}$ である。

(2) 点Aを通る直線 l によって四角形OACBが面積の等しい2つの図形に分けられるとき，直線 l と辺OBとの交点の座標は $\boxed{カ}$ である。

4 よく出る　図のように，1辺の長さが3の正方形ABCDがある。辺AB上に BE＝1 となる点Eがあり，四角形EFCGはCEを対角線とする正方形である。このとき，

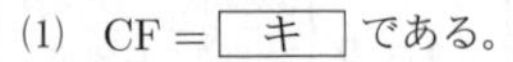

(1) CF＝$\boxed{キ}$ である。

(2) BCとEFの交点をPとすると，BP＝$\boxed{ク}$，EP＝$\boxed{ケ}$ である。

(3) BF＝$\boxed{コ}$ である。

5 よく出る　図のように，円Oの周上に4点A，B，C，Dがあり，点Aを通る円Oの接線上に点Pをとる。円Oの半径が2cm，CB // AP，∠PAB＝75°，∠ABD＝45°のとき，

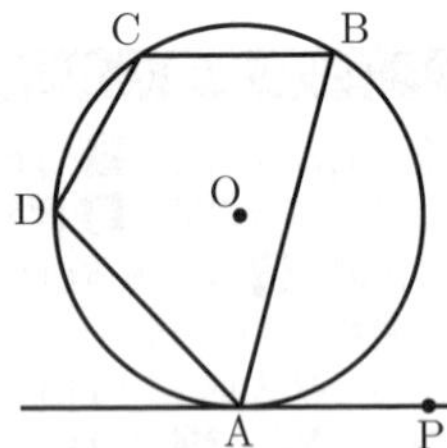

(1) AD＝$\boxed{サ}$ cmである。

(2) △BCDの面積は $\boxed{シ}$ cm^2 である。

(3) 四角形ABCDの面積は $\boxed{ス}$ cm^2 である。

6 よく出る　図のように，1辺がすべて8cmの正四角錐OABCDがあり，辺OBの中点をPとする。この正四角錐を3点A，D，Pを通る平面で切ったとき，

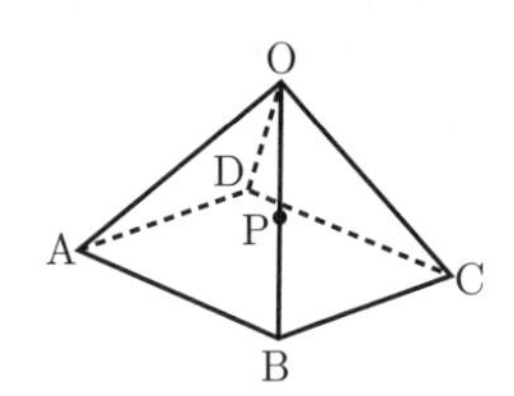

(1) 正四角錐OABCDの体積は $\boxed{セ}$ cm^3 である。

(2) 切り口の図形の面積は $\boxed{ソ}$ cm^2 である。

(3) 思考力　2つに分けた立体のうち，点Oを含む方の立体の体積は $\boxed{タ}$ cm^3 である。

東海大学付属浦安高等学校

時間 50分　満点 100点　解答 P119　1月17日実施

出題傾向と対策

●大問が6題となり，昨年度より1題増えた。**1**，**2** は小問集合，**3** は数の規則性に関する問題，**4** は関数 $y=ax^2$ に関する問題，**5** は平面図形，空間図形に関する問題，**6** は食塩水に関する問題であった。

●小問集合については，例年同じような内容が多く出題されるため，過去問を使って練習しておくとよいだろう。食塩水に関する問題は，例年は小問として出題されていたが，今年度は大問で出題された。標準的な問題を幅広く練習しておくとよいだろう。

1 よく出る 基本　次の各問いに答えなさい。

(1) $(-2)\times(-3^2)+16\div(-2)^3$ を計算すると［ア］になります。

① 16　② $-\frac{17}{4}$　③ $\frac{1}{4}$　④ -20　⑤ 20　⑥ その他

(2) $a^3b\div a\times(2ab^2)^3$ を計算すると［イ］になります。

① $8a^7b^7$　② $8a^5b^7$　③ $\frac{1}{8ab^5}$　④ $6a^5b^7$　⑤ $\frac{1}{8a^5b^7}$　⑥ その他

(3) $\sqrt{3}(\sqrt{6}-\sqrt{2})-\sqrt{6}(\sqrt{2}+\sqrt{3})$ を計算すると［ウ］になります。

① $-2\sqrt{3}-\sqrt{6}$　② $6\sqrt{2}-2\sqrt{3}-\sqrt{6}$　③ $\sqrt{7}$　④ $-3\sqrt{2}$　⑤ $2\sqrt{3}-\sqrt{6}$　⑥ その他

(4) $\frac{3x-2y}{4}-\frac{2x+3y}{6}$ を計算すると［エ］になります。

① $\frac{5}{12}x$　② $\frac{5x-12y}{12}$　③ $5x-2y$　④ $10x-y$　⑤ $5x-y$　⑥ その他

(5) $\left(x+\frac{3}{2}y\right)^2-\left(x-\frac{3}{2}y\right)^2$ を計算すると［オ］になります。

① $6x^2y^2$　② $\frac{9}{2}y^2$　③ $9y^2$　④ $9x^2y^2$　⑤ $6xy$　⑥ その他

(6) $(x-2)^2-(x-2)=0$ の解は $x=$［カ］になります。

① 2　② 3　③ $2,\ 3$　④ $-1,\ 2$　⑤ $-2,\ 3$　⑥ その他

2 よく出る　次の各問いに答えなさい。

(1) $a=\frac{vt+c}{t}$ を v について解くと［ア］になります。

① $v=\frac{at+c}{t}$　② $v=\frac{ac+t}{c}$　③ $v=\frac{ac-t}{c}$　④ $v=\frac{at-c}{t}$　⑤ $v=a-c$　⑥ その他

(2) $\begin{cases} ax+by=5 \\ bx-ay=1 \end{cases}$ の解が $x=1,\ y=1$ であるとき，定数 a と b の値は［イ］になります。

① $a=1,\ b=1$　② $a=2,\ b=3$　③ $a=2,\ b=2$　④ $a=3,\ b=2$　⑤ $a=3,\ b=4$　⑥ その他

(3) 大小2つのさいころを投げたとき，一方が奇数の目，もう一方が3の倍数の目が出る確率は［ウ］になります。

① $\frac{1}{6}$　② $\frac{5}{18}$　③ $\frac{11}{36}$　④ $\frac{1}{3}$　⑤ $\frac{13}{36}$　⑥ その他

(4) 関数 $y=2x^2$ の x の値が -1 から3まで増加したとき，変化の割合は［エ］になります。

① $\frac{1}{4}$　② 4　③ 10　④ $\frac{1}{10}$　⑤ 2　⑥ その他

(5) 右の図のような，点Oを中心とした円がある。円周上に3点A，B，Cをとり，$\angle\mathrm{BAO}=24^\circ$，$\angle\mathrm{BCO}=31^\circ$ であるとき $\angle\mathrm{AOC}=$［オ］になります。

① 55°　② 125°　③ 132°　④ 118°　⑤ 110°　⑥ その他

(6) 練習試合に6チームが集まりました。すべてのチームと1回ずつ対戦するとき，全部で［カ］試合必要になります。

① 15　② 36　③ 18　④ 12　⑤ 30　⑥ その他

3 思考力　次のように，ある一定の規則に従って数字が並んでいます。

1, 1, 2, 1, 2, 3, 1, 2, 3, 4, 1, …

次の問いに答えなさい。

(1) 21番目の数は［ア］です。

(2) 4回目の5までの和は［イ］［ウ］になります。

4 よく出る　図のように，放物線 $y=x^2$ に対して直線 $y=ax+b$ との交点をA，Bとします。点Aの x 座標が3，点Bの x 座標が -1 のとき，次の問いに答えなさい。

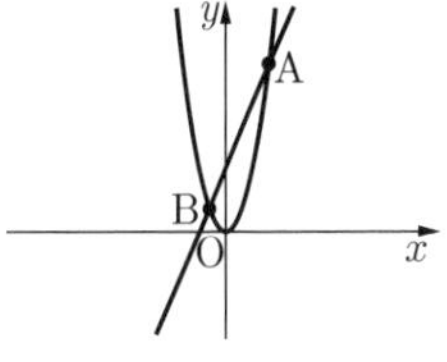

(1) 基本　$a=$［ア］，$b=$［イ］になります。

(2) y 軸上に点Cをおきます。△ABC と △OAB の面積が同じとなるとき，点Cの座標は C(0,［ウ］) になります。ただし，点Oと点Cは異なるものとします。

5 図のように，直角三角形ABCがあり，$\mathrm{AB}=10$，$\mathrm{BC}=5$，$\mathrm{AC}=5\sqrt{3}$ とします。点Cから線分ABに垂直な直線を引き，線分ABとの交点をDとします。このとき，次の問いに答えなさい。

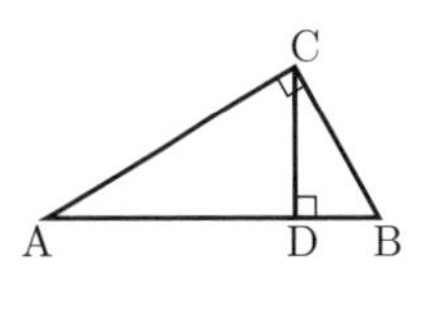

(1) $\mathrm{CD}=\frac{［ア］\sqrt{［イ］}}{［ウ］}$ になります。

(2) △ABC を線分ABを軸として1回転したときの体積は $\frac{［エ］［オ］［カ］}{［キ］}\pi$ になります。

6 異なる濃度の食塩水が容器A，Bにそれぞれ入っています。Aから100gとBから200gを取り出し，混ぜると6%の食塩水ができます。また，Aから250gとBから50gを取り出し，混ぜると3%の食塩水ができます。このとき，次の問いに答えなさい。

(1) Aは［ア］%の食塩水です。

(2) Aから70gとBから［イ］［ウ］gを取り出し，混ぜると4.5%の食塩水ができます。

東京電機大学高等学校

時間 50分　満点 100点　解答 P120　2月10日実施

出題傾向と対策

- 大問は5題で，**1**は基本問題の小問集合，**2**は連立方程式の応用，**3**は関数と図形，**4**は平面図形の線分の比と面積，**5**は立体図形の体積と表面積であった。出題形式や問題構成，難易度は例年通りで，出題傾向は一定している。
- 来年もこの傾向が続くとみて，過去問にじっくり取り組み，基礎・基本をしっかりおさえておこう。連立方程式や図形の問題に複雑な計算もあるが，克服できる力をつけておくことが大切である。

1 よく出る 基本 次の問いに答えなさい。

(1) $x^2y^2-4x^2-9y^2+36$ を因数分解しなさい。

(2) 方程式 $\frac{(x+2)^2}{6}=\frac{x+3}{2}-\frac{2}{3}$ を解きなさい。

(3) $x=\frac{2}{\sqrt{3}}+\frac{5}{3}$，$y=\frac{2}{\sqrt{3}}-\frac{5}{3}$ のとき，x^2+xy+y^2 の値を求めなさい。

(4) 図の円Oにおいて，$\angle x$ の大きさを求めなさい。

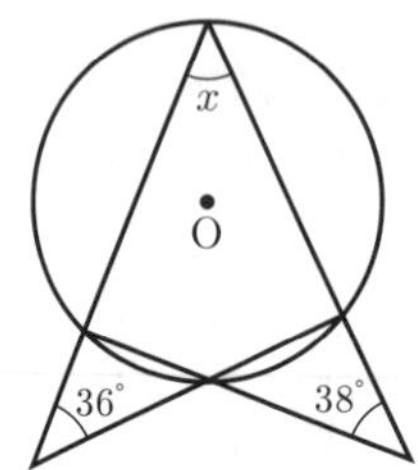

(5) 大中小3個のさいころを同時に投げるとき，出た目の和が6になる確率を求めなさい。

(6) 右の図は，高校生40人の計算テストの結果をヒストグラムに表したものです。得点の低い方から数えて，18番目の得点が含まれる階級の相対度数を求めなさい。

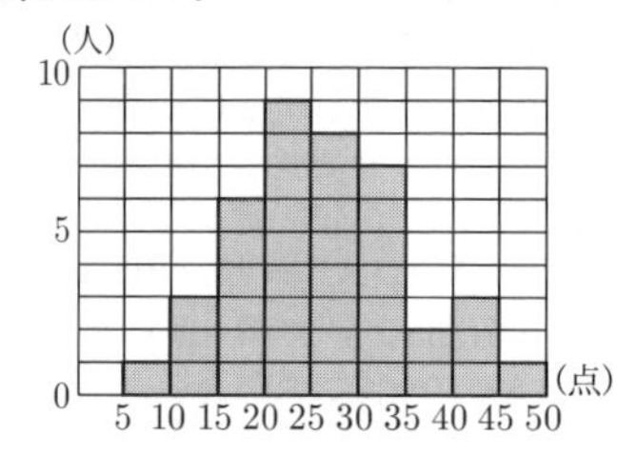

2 よく出る ある博物館の入館料は右の表のようになっています。

区分	入館料
大人	400円
高校生	320円
中学生以下	200円

ある日の大人の入館者数は高校生と中学生以下の入館者数の合計より100人少なく，高校生の入館者数は中学生以下の入館者数の2倍でした。また，館内のミュージアムショップで販売しているオリジナルキーホルダーの価格は880円で，この日，全入館者の半数の人が1個ずつ買いました。

この日の入館料とオリジナルキーホルダーの売り上げの合計は196800円でした。大人の入館者数を x 人，中学生以下の入館者数を y 人として，式と計算過程を書いて，x，y の値を求めなさい。

3 図は関数 $y=\frac{1}{4}x^2$ のグラフで，グラフ上の点A，Bの x 座標はそれぞれ -2，1です。このとき，次の問いに答えなさい。

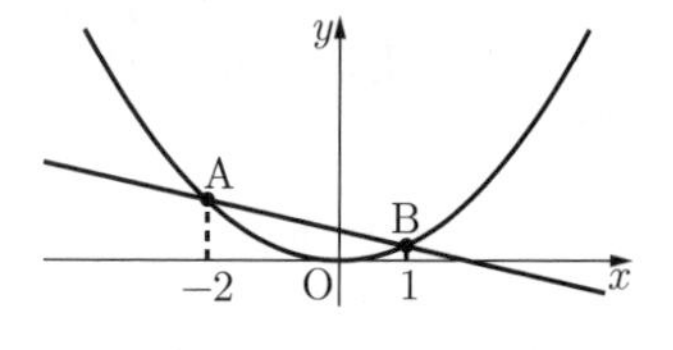

(1) 基本 関数 $y=\frac{1}{4}x^2$ において，x の変域が $-2\leqq x\leqq 1$ であるとき，y の変域を求めなさい。

(2) 基本 直線ABの式を求めなさい。

(3) 思考力 関数 $y=\frac{1}{4}x^2$ のグラフ上に2点C，Dをとります。直線CDと直線ABは平行で，$CD=\frac{7}{3}AB$ となるとき，点Cの座標を求めなさい。

ただし，点Cの x 座標は負，点Dの x 座標は正とします。

4 図のように平行四辺形ABCDの辺BCとその延長線上に点E，Fを $BE:EC=5:2$，$BC:CF=2:1$ となるようにとります。また，線分AEと対角線BDの交点をGとし，線分AFと対角線BDの交点をH，辺CDとの交点をIとします。このとき，次の問いに答えなさい。

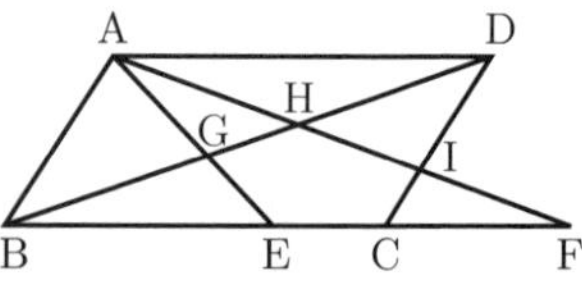

(1) よく出る 線分BHと線分HDの長さの比を，最も簡単な整数の比で表しなさい。

平行四辺形ABCDの面積を $28\,\text{cm}^2$ とします。

(2) よく出る 三角形GBEの面積を求めなさい。

(3) 五角形HGECIの面積を求めなさい。

5 図は1辺の長さが6cmの立方体ABCD－EFGHで，点M，Nはそれぞれ辺AB，ADの中点です。この立方体を4点M，N，H，Fを通る平面で2つの立体に切り分けました。このとき，次の問いに答えなさい。

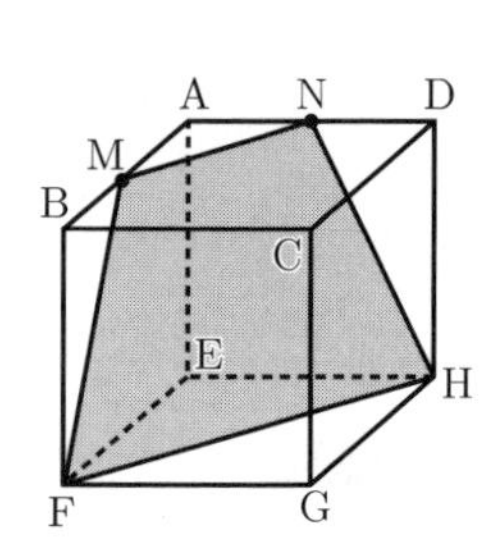

(1) よく出る 点Aを含む方の立体の体積を求めなさい。

(2) 切り分けられた2つの立体の表面積の合計は，元の立方体の表面積よりも $81\,\text{cm}^2$ 大きくなりました。点Cを含む方の立体の表面積を求めなさい。

同志社高等学校

時間	満点	解答	
50分	100点	P121	2月10日実施

出題傾向と対策

●大問数は例年通り4題で，**1** は独立した小問集合，**2** は平面図形上の動点，**3** は因数分解を利用した整数解，**4** は平面図形の問題であった。難易度は易しめの傾向が続いている。

●標準レベルで問題数も多くないが，すべての問題について考え方や途中計算を書く必要がある。また，今回は出題されなかったが，$y=ax^2$ のグラフを使った問題や立体図形も頻出なので，時間配分や記述力をつけることを意識して，過去問を数多く解いて準備しておこう。

1 よく出る 基本 次の問いに答えよ。

(1) $\left(-\dfrac{3}{2}x^3y^2\right)^3 \div \left(-\dfrac{3}{4}x^4y^3\right)^2 \times (4x^2y)^2$ を計算せよ。

(2) 連立方程式 $\begin{cases} \dfrac{x}{2}+\dfrac{y}{3}=1 \\ \dfrac{x}{4}-\dfrac{y}{12}=-1 \end{cases}$ を解け。

(3) 1から4までの番号が書かれたカードが1枚ずつ入っている袋の中から，1枚ずつ続けて2枚のカードを取り出す。最初に取り出したカードの数字を十の位，次に取り出したカードの数字を一の位とする2けたの整数をつくるとき，その整数が素数となる確率を求めよ。ただし，取り出したカードはもとに戻さないものとする。

(4) $\sqrt{252n}$ の値が整数となるような正の整数 n のうち，もっとも小さいものを求めよ。

2 よく出る 基本 図のような $AB=6\,\text{cm}$，$AD=4\,\text{cm}$ の長方形ABCDがある。動点P，Qは頂点Aを同時に出発し，Pは反時計回りに毎秒 $2\,\text{cm}$ の速さで，Qは時計回りに毎秒 $1\,\text{cm}$ の速さで長方形ABCDの辺上をそれぞれ動く。出発してから x 秒後の△APQの面積を $y\,\text{cm}^2$ とする。ただし，$0 \leqq x < 10$ とし，$x=0$ のときと2点P，Qが出会ったときは，$y=0$ とする。このとき，次の問いに答えよ。

(1) $x=3$ のときの y の値を求めよ。

(2) 2点P，Qが初めて出会うときの x の値を求めよ。ただし，$x>0$ とする。

(3) $0 \leqq x \leqq 4$ において，y を x の式で表し，そのグラフをかけ。

(4) 点PがAD上にあって，$y=6$ となる x の値を求めよ。

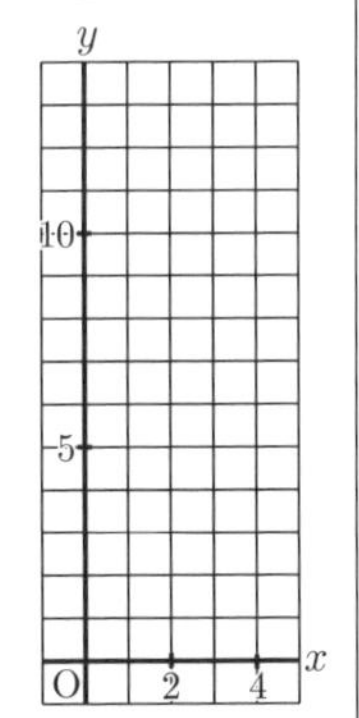

3 2つの数 a，b について，$a \circ b$ と $a * b$ をそれぞれ次のように定める。

$$a \circ b = a-b, \qquad a * b = (a-1)(b-1)$$

このとき，次の問いに答えよ。

(1) 基本 $(7 \circ 2) * (3 \circ 5)$ の値を求めよ。

(2) $x^2 \circ y^2 = 21$ をみたす正の整数の組 $(x,\ y)$ をすべて求めよ。

(3) 思考力 $\{(2x-1) \circ (x+1)\} * \{(3x-4y^2) \circ (3x-5y^2)\} = 15$ をみたす正の整数の組 $(x,\ y)$ をすべて求めよ。

4 $AB=3\,\text{cm}$，$BO=4\,\text{cm}$，$\angle ABO=120^\circ$ の△OABがある。△OPQは，点Oを回転の中心として，△OABを回転させたものである。点Qが直線AB上にあるとき，次の問いに答えよ。

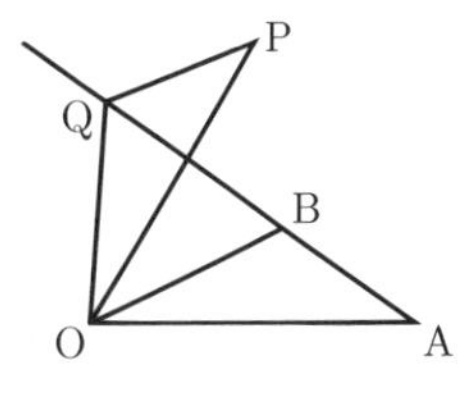

(1) 基本 △OBQは正三角形であることを示せ。

(2) OPとAQの交点をCとするとき，線分BCの長さを求めよ。

(3) 思考力 △OAPの面積は△OBQの面積の何倍であるか。

(4) 辺OAの長さを求めよ。

東大寺学園高等学校

時間	満点	解答	
60分	100点	P122	2月6日実施

＊注意　問題を解く際に必要ならば以下の事実を用いてよい。
3つの内角の大きさが45°，45°，90°である直角二等辺三角形の3辺の長さの比は $1:1:\sqrt{2}$ であり，3つの内角の大きさが30°，60°，90°である直角三角形の3辺の長さの比は $1:\sqrt{3}:2$ である。

出題傾向と対策

●大問5題で，**1** は独立した小問の集合，**2** は数の規則性，**3** は $y=ax^2$ のグラフと図形，**4** は条件をみたす図形の作図，**5** は空間図形からの出題であった。全体としては例年通りと考えられる。**2** と **4** は難しくはないが，この出来が合否を分けたかもしれない。

●図形を中心に，標準以上のもので，十分練習しておくこと。

1 よく出る 次の問いに答えよ。

(1) $x=\sqrt{6}+\sqrt{5}-1$，$y=\sqrt{6}-\sqrt{5}+1$ のとき，$2x^2+2y^2+7xy-3x+3y$ の値を求めよ。

(2) $(3a+2c)(3a-2c)-b(b-4c)-(6a-1)$ を因数分解せよ。

(3) x の1次方程式 $\sqrt{15}x-2\sqrt{3}=0$ の解が，a を定数とする x の2次方程式 $\sqrt{5}x^2+ax+4\sqrt{5}=0$ の1つの解であるとする。この2次方程式のもう1つの解を p とするとき，a の値と p の値を求めよ。

(4) 袋の中に，数字が書かれた6枚のカード [1] [1] [2] [3] [4] [5] が入っている。この袋の中から同時に2枚のカードを取り出す。このとき，取り出したカードに書かれた数字の和が素数になる確率を求めよ。

2 基本　次の問いに答えよ。

(1) 図1のように，自然数を小さい順に並べる。

図1

1
2 3 4
5 6 7 8 9
10 11 12 13 14 15 16
… … …
⋮ ⋮ ⋮

① 2021は上から何段目の左から何番目にあるか。

② 上から n 段目の中央の数を n を用いて表せ。ただし，n は自然数とする。

(2) 図2のように，正の奇数を小さい順に並べる。上から n 段目の中央の数を n を用いて表せ。ただし，n は自然数とする。

図2

1
3 5 7
9 11 13 15 17
19 21 23 25 27 29 31
… … …
⋮ ⋮ ⋮

3 よく出る

図のように，2つの放物線 $y=ax^2\cdots$①，$y=bx^2\cdots$②と直線 l があり，l は①と2点A，Bで，②と2点C，Dで交わっている。ただし，$0<a<b$ とする。A，B，Cの x 座標はそれぞれ -2，4，$-\frac{4}{3}$ である。l と x 軸との交点をPとする。このとき，次の問いに答えよ。

(1) Pの x 座標を求めよ。

(2) $\frac{b}{a}$ の値を求めよ。

(3) Aを通り y 軸に平行な直線と②の交点をEとし，直線PEと②の2つの交点のうちEでない方をFとする。このとき，Fの x 座標を求めよ。

(4) 思考力　四角形ABFEの面積を S とし，四角形CDFEの面積を T とするとき，S と T の比 $S:T$ を求めよ。

4 図のように，平面上に長さが1の線分ABと，半径が1で中心をMとする円 C，および線分AB上の点Pがある。この平面上で円 C の周が点Pを通るように円 C を動かすとき，次の問いに答えよ。

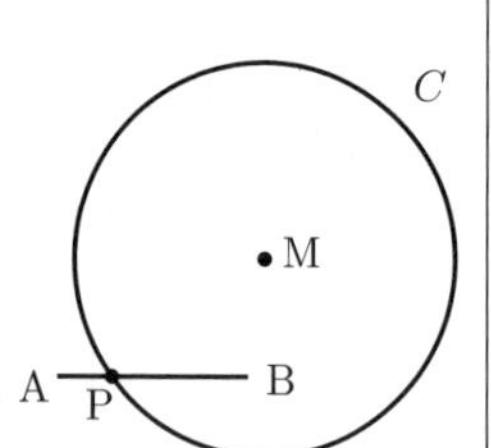

(1) 点Pが右の図の位置にあるとき，点Mが動いてできる図形を，定規，コンパスの両方またはいずれか一方を用いて作図せよ。

(2) 点Pが線分AB上をAからBまで動くとき，(1)の図形が通過する部分の面積を求めよ。

5 よく出る　思考力

体積が1である四面体ABCDの面BCDの内部に点Pをとる。Pを通り辺BCに平行な直線と辺DB，DCとの交点をそれぞれE，Fとし，Pを通り辺CDに平行な直線と辺BC，BDとの交点をそれぞれG，Hとし，Pを通り辺DBに平行な直線と辺CD，CBとの交点をそれぞれI，Jとする。三角形PJGの面積 S，三角形PFIの面積 T，三角形PHEの面積 U の比が，$S:T:U=1:9:4$ であるとき，次の問いに答えよ。

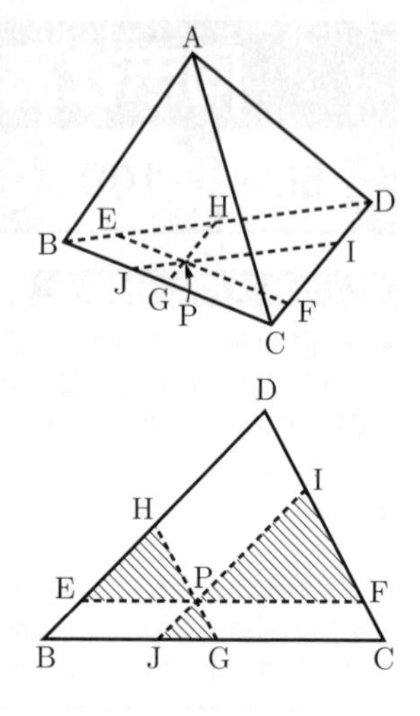

(1) Pを通り面ABCに平行な平面で四面体ABCDを切断したときにできる立体のうち，頂点Aを含む立体の体積を求めよ。

(2) Pを通り面ABCに平行な平面と，Pを通り面ABDに平行な平面で四面体ABCDを切断したときにできる立体のうち，頂点Aを含む立体の体積を求めよ。

(3) Pを通り面ABCに平行な平面と，Pを通り面ABDに平行な平面と，Pを通り面ACDに平行な平面で四面体ABCDを切断したときにできる立体のうち，頂点Aを含む立体の体積を求めよ。

桐朋高等学校

時間	50分	満点	100点	解答	P123	2月10日実施

＊ 注意 答えが無理数となる場合は，小数に直さずに無理数のままで書いておくこと。また，円周率は π とすること。

出題傾向と対策

●例年と同様に大問が6題で，**1** **2** は数と式を中心とした小問集合，**3** が文章題，**4** が証明を含む平面図形，**5** が関数と図形，**6** が空間図形の問題で，難易度にも大きな変化はなかった。

●前半で出題される計算，小問，文章題を確実に得点できるようにしよう。後半には図形中心の応用問題が出題されているので，日頃から難度の高い問題にも挑戦して，思考力を養おう。文章題の記述，証明問題が例年出題されるので，記述力にも磨きをかけておこう。

1 基本 次の問いに答えよ。

(1) $\frac{4}{3}a^3b^2 \times \left(-\frac{1}{6}ab\right)^3 \div \left(\frac{2}{9}a^3b\right)^2$ を計算せよ。

(2) 2次方程式 $\frac{x^2}{6} - \frac{x+5}{3} + \frac{1}{2} = 0$ を解け。

(3) $5x(x-2) - 4(x+1)(x-1) + 20$ を因数分解せよ。

2 よく出る 次の問いに答えよ。

(1) $\begin{cases} 2x + y = \sqrt{3} \\ x + 2y = \sqrt{2} \end{cases}$ のとき，$x^2 - y^2$ の値を求めよ。

(2) 1つのさいころを2回投げて，1回目に出た目の数を a，2回目に出た目の数を b とする。$(a-b)^2 \leqq 4$ となる確率を求めよ。

(3) 右の図の四角形ABCDは長方形で，△PQR は PQ = PR の二等辺三角形である。
$\angle APQ = 2\angle QPR$,
$\angle QRB = 20^\circ$ のとき，$\angle PQR$ の大きさを求めよ。

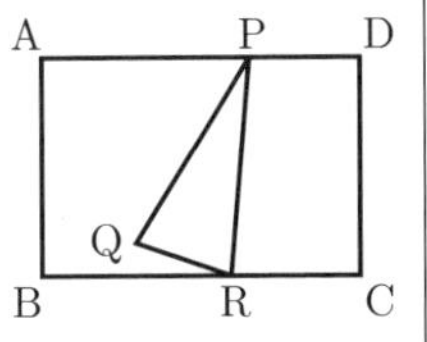

3 よく出る 4つの容器A，B，C，Dがあり，Aには18%の食塩水が100g，Bには3%の食塩水が600g入っている。C，Dは空である。

はじめに，Aから食塩水を x g取り出してCに入れ，残りをすべてDに入れた。次に，Bから食塩水を y g取り出してCに入れ，残りをすべてDに入れた。このとき，食塩水の重さはCとDで等しく，食塩水に含まれる食塩の重さはCのほうがDより10.5g軽くなった。

x と y の値を求めよ。答えのみでなく求め方も書くこと。

4 右の図のように，円と半直線AXは2点B，Cで交わり，円と半直線AYは2点D，Eで交わる。BEとCDとの交点をFとし，∠BFC の二等分線とBCとの交点をGとする。また，直線GFとDEとの交点をHとする。

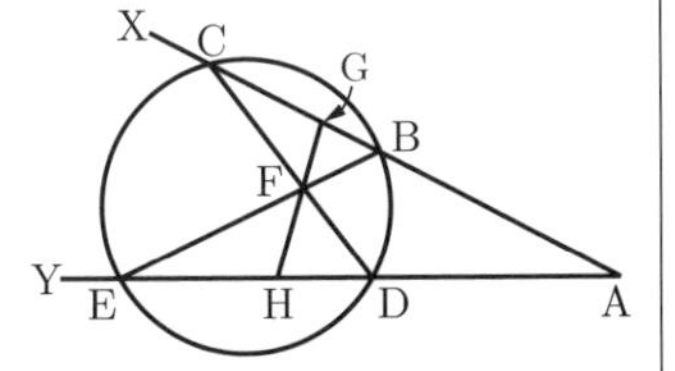

(1) AG = AH であることを証明せよ。

(2) GF : FH = 2 : 3，AB = 11，AD = 9，△BGF = 8 のとき，次のものを求めよ。
① △FHD の面積　② BG の長さ
③ △AGH の面積

5 右の図のように，放物線 $y = ax^2 (a > 0)$ 上に2点A，Bがあり，x 軸上に2点C，Dがある。AとCの x 座標はどちらも3であり，BとDの x 座標はどちらも6である。また，BD = AC + CD である。

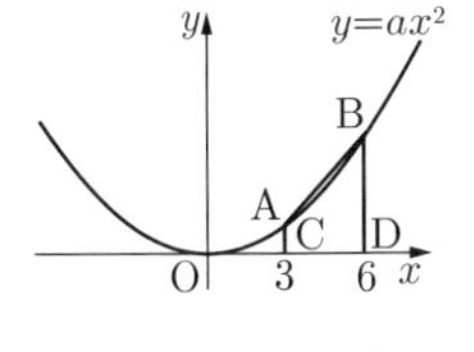

(1) a の値を求めよ。

(2) 直線ABについて，C，Dと対称な点をそれぞれE，Fとする。放物線 $y = bx^2$ と線分BFとの交点をGとすると，四角形FEAGは長方形となる。
① b の値を求めよ。
② x 軸上に点P，放物線 $y = bx^2$ 上に x 座標が負である点Qをとる。四角形GQPEが平行四辺形になるようなPの x 座標を求めよ。

6 思考力 右の図のように，1辺の長さが10の正四面体ABCDがあり，辺ABの中点をMとする。

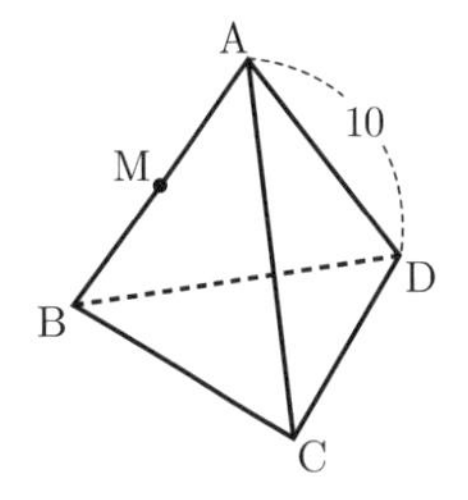

(1) 辺AC上にAP = 7となる点Pをとり，辺AD上にAQ = 3となる点Qをとる。
次の(ア)には適する三角形を，(イ)～(エ)には適する辺を，(オ)には適する数を入れよ。

> 辺CDの中点をNとする。△MPQ と［(ア)］において，MP =［(イ)］，PQ =［(ウ)］，QM = ［(エ)］より，3組の辺がそれぞれ等しいから，△MPQ ≡ ［(ア)］である。
> このことを利用すると，四面体AMPQの表面積は四面体ABCDの表面積の［(オ)］倍である。

(2) 辺AB上にAR = 2となる点Rをとり，辺AC上にAS = 1，AT = 4となる点S，Tをとり，辺AD上にAU = 3，AV = 6となる点U，Vをとる。四面体ARTVの表面積は四面体AMSUの表面積の何倍か。

豊島岡女子学園高等学校

時間	50分	満点	100点	解答	P124	2月11日実施

＊ 注意　1．円周率は特に断りのない限り π を用いること。
2．分母に根号を含むものは，分母を有理化してから答えること。
3．比を答えるものは，最も簡単な自然数の比で答えること。

出題傾向と対策

●昨年とほぼ同様の出題傾向・難易度で，大問は6題構成。**1**，**2** は小問集合，**3** は平面図形，**4** は方程式の応用，**5** は関数と図形，**6** は空間図形であった。標準レベル～やや応用レベルが中心の出題で，難問奇問はなく，数学が得意な層であれば安定して高得点が狙える。

● 2022年以降は募集停止。

1 よく出る　次の各問いに答えなさい。

(1) $\left(-\dfrac{4}{3}x^3y\right)^2 \div 6xy^4 \div \left(-\dfrac{2x}{3y^3}\right)^3$ を計算しなさい。（5点）

(2) $(\sqrt{6}-\sqrt{3})^2 - \dfrac{\sqrt{54}-4\sqrt{3}}{\sqrt{6}}$ を計算しなさい。（5点）

(3) $4x^2+y^2-z^2-4xy$ を因数分解しなさい。（5点）

(4) 右の表は，あるテストの生徒30人の得点から作った度数分布表です。この度数分布表から平均点を求めると67点になりました。このとき，y の値を求めなさい。（5点）

得点(点)	度数(人)
40以上 50未満	2
50 ～ 60	x
60 ～ 70	10
70 ～ 80	y
80 ～ 90	4
計	30

2 次の各問いに答えなさい。

(1) 基本　x についての2次方程式
$x^2+(2a^2-a-1)x-4a-9=0$ が $x=3$ を解にもつとき，定数 a の値をすべて求めなさい。（5点）

(2) よく出る　1次関数 $y=ax+1$ について，x の変域が $-1 \leqq x \leqq 2$ のとき，y の変域は $a \leqq y \leqq b$ です。このとき，定数 a の値をすべて求めなさい。（5点）

(3) 思考力　a，b，c は，$1<c<b<a<20$ を満たす整数とします。$170a+169b+168c$ の値が13の倍数となるとき，考えられる a，b，c の組は全部で何組ありますか。（5点）

(4) 右の図のように，円と半円があり，円は半円の弧ABと直径ABにそれぞれ点Pと点Qで接しています。半円の中心をOとし，$\angle PBQ=58^\circ$ であるとき，$\angle OPQ$ の大きさを求めなさい。（5点）

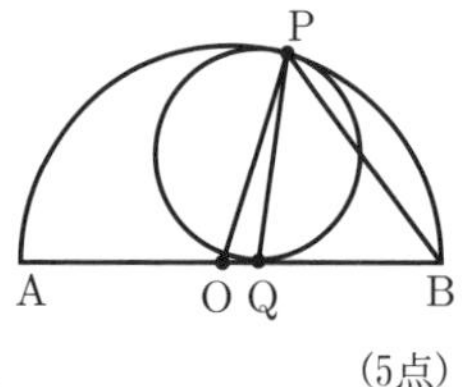

3 右の図のように，四角形ABCDがあり，2つの対角線ACとBDの交点をEとします。$\angle ABC=\angle DAC=45^\circ$，$\angle ACB=\angle ADC=60^\circ$，

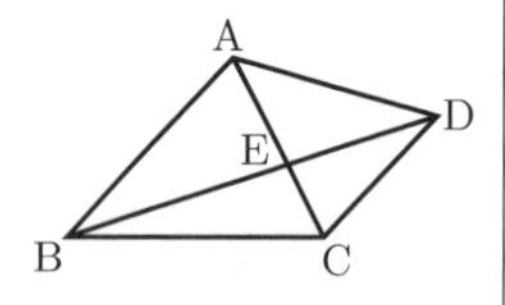

$AB=\sqrt{2}$ であるとき，次の各問いに答えなさい。

(1) 線分CDの長さを求めなさい。（6点）

(2) 線分CEの長さを求めなさい。（6点）

4 よく出る　ある商品を t 個仕入れました。1日目は1個300円でこの商品を売ったところ，20個だけ売れました。2日目は1日目の価格の x ％引きで売ったところ，1日目が終わったときに売れ残った個数の $\dfrac{7}{12}$ だけ売れました。3日目は2日目の価格のさらに x ％引きで売ったところ，2日目が終わったときに売れ残った10個をすべて売り切ることができました。このとき，次の各問いに答えなさい。ただし，$0<x<100$ とします。

(1) t の値を求めなさい。（6点）

(2) 3日間の売り上げは9600円でした。このとき，x の値を求めなさい。（6点）

5 右の図のように，関数 $y=\dfrac{1}{4}x^2$ のグラフがあり，このグラフ上の3点A，B，Cの x 座標は，それぞれ -2，t，6です。ただし，$0<t<6$ です。$\triangle OCA$ と $\triangle BCA$ の面積が等しくなるとき，次の各問いに答えなさい。

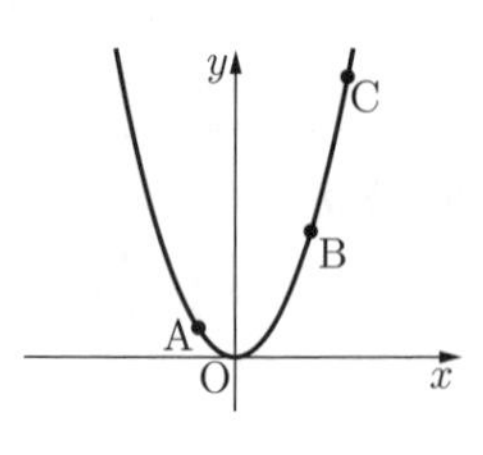

(1) t の値を求めなさい。（6点）

(2) 点Bを通り，四角形OBCAの面積を二等分する直線の式を求めなさい。（6点）

(3) (2)の直線と関数 $y=\dfrac{1}{4}x^2$ のグラフとのB以外の交点をDとします。
また，
(四角形OBCAの面積)：($\triangle$BDEの面積)＝8：7
となるように，y 軸上に点Eをとります。このとき，点Eの y 座標をすべて求めなさい。（6点）

6 右の図のように，直方体ABCD－EFGHがあり，$AB=3$，$AD=6$，$AE=2$ です。点Gからこの直方体の対角線CEに垂線を引き，その交点をPとします。このとき，次の各問いに答えなさい。

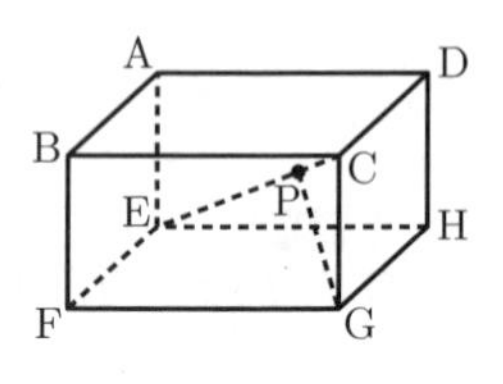

(1) 線分GPの長さを求めなさい。（6点）

(2) 三角錐P－GEFの体積を求めなさい。（6点）

(3) 辺ADの中点をQとし，辺FG上に $FR=2$ となる点Rをとります。3点B，Q，Rを通る平面と線分EGの交点をSとするとき，三角錐P－GSRの体積を求めなさい。（6点）

灘高等学校

時間	110分	満点	100点	解答	P126	2月11日実施

＊ 注意 **1** は答えのみでよい。それ以外は途中の式や文章も記入すること。
問題にかいてある図は必ずしも正しくはない。

出題傾向と対策

●大問数は6題，**1** は結果のみを答える形だが，小問集合に見えても簡単な問題ではなく，かえって解きづらいものが集まっている。**2**～**6** の多くは証明を含む途中の考え方や計算過程を記述するスタイルで，出題形式や傾向，難易度に変化はない。いずれの問題も，計算力，数学的思考力を試す良質の問題である。

●試験時間が110分と長く，思考力を要する記述式なので，本校に応じた対策が必要である。計算力，思考力，記述力の3点に注意し，速く正確に答案が書けるように，問題練習を積むこと。証明問題は必出である。

1 次の［　　］内に適する数を記入せよ。

(1) $(2\sqrt{2}-3)^2$ を計算すると，［　　］となる。
また，$\sqrt{\sqrt{(10-7\sqrt{2})^2}-\sqrt{(7-5\sqrt{2})^2}}$ を計算すると，［　　］となる。

(2) 箱の中に，数字1が書かれたカードが1枚，数字2が書かれたカードが2枚，数字3が書かれたカードが3枚，数字4が書かれたカードが4枚，合計10枚のカードがある。この箱からAさんはカードを1枚引き，カードに書かれた数字を a とする。そのカードを箱に戻さず続けてBさんはカードを1枚引き，カードに書かれた数字を b とする。このとき，$a>b$ となる確率は［　　］である。

(3) a，b を0でない定数，c，p，q を定数とする。
x の方程式 $ax^2+cx+b=0$ の解が $x=5$，p であり，x の方程式 $bx^2+cx+a=0$ の解が $x=3$，q であるとき，$p+q=$［　　］である。

(4) 右の図で，△ABC と △ADE は正三角形である。点Dは辺BC上にあり，BD＞CD である。点Fは辺ACと辺DEの交点である。△ADE の面積が △ABC の面積の $\frac{5}{6}$ 倍であるとき，△FDC の面積は △AFE の面積の［　　］倍である。

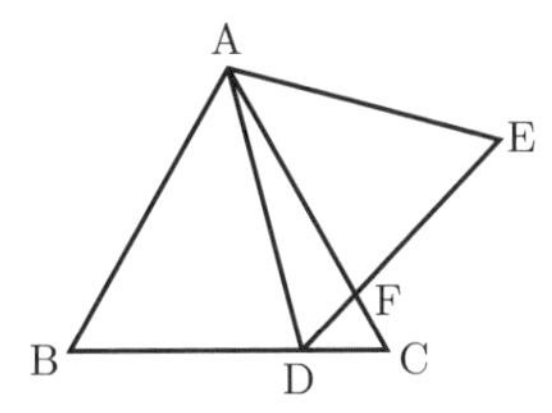

2 次の問いに答えよ。

(1) a，b，c はいずれも1以上5以下の整数である。a，b，c を3辺の長さとする，正三角形でない二等辺三角形がかけるような，a，b，c の組は全部で何組あるか。

(2) 1の目がかかれた面が2つ，2，3，4，5の目がかかれた面が1つずつあるサイコロがある。このサイコロを3回振り，出た目を順に x，y，z とする。x，y，z を3辺の長さとする，正三角形でない二等辺三角形がかける確率を求めよ。

3 a，b は等式 $ab^2+(3a+4)b+2a+6=0$…①を満たしている。

(1) $p=2ab+3a+4$ とする。p^2 を a のみを用いて表せ。

(2) 〔思考力〕 a，b はどちらも，0でない整数とする。等式①を満たす a，b の値を求めよ。

4 a を正の定数，t を2より大きい定数とする。右の図のように，x 座標が $-t$ の2点A，Bと，x 座標が t の2点C，Dがあり，四角形ABCDは正方形である。関数 $y=\frac{1}{2}x^2$ のグラフ①は2点A，Dを通り，関数 $y=ax^2$ のグラフ②は2点B，Cを通る。直線BDとグラフ①のD以外の交点をEとおき，直線BDとグラフ②のB以外の交点をFとおく。

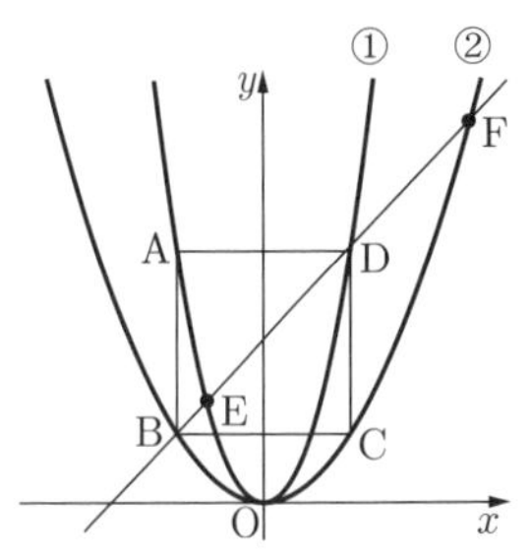

(1) a を t を用いて表せ。

(2) 点Eの x 座標を t を用いて表せ。

(3) 原点をOとする。△OBF の面積が △OED の面積の2倍であるとき，t の値を求めよ。

5 右の図のように，線分ABを直径とする円O上に点Cをとる。点Cを中心とし，線分ABに接する円O′をかく。さらに，円O′と線分ABの接点をDとおき，2円O，O′の交点を右の図のようにE，Fとおく。直線CDと円OのC以外の交点をGとおき，点Eが線分CHの中点となるように点Hをとる。

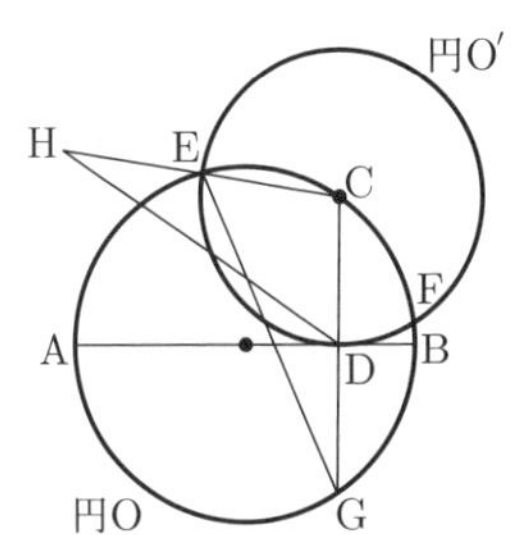

(1) ∠CHD＝∠CGE を証明せよ。

(2) 2直線CG，EFの交点をMとおくと，Mは線分CDの中点であることを証明せよ。

6 右の図は，1辺の長さが2の正十二面体で，O，A，B，C，Dはその頂点である。4点A，B，C，Dは同一平面上にあり，この平面をPとおく。次の問いに答えよ。なお，線分ABの長さが $1+\sqrt{5}$ であることは証明なしに用いてよい。

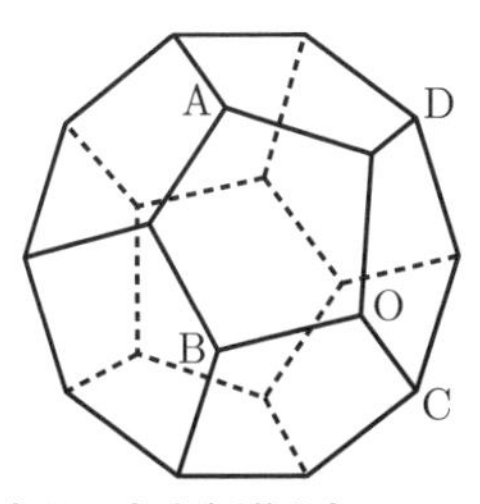

(1) 点Oと平面Pの距離は1であることを証明せよ。

(2) この正十二面体を平面Pで2つの立体に切り分けたとき，点Oを含む方の立体の体積を求めよ。

西大和学園高等学校

時間	60分	満点	100点	解答	P127	2月6日実施

出題傾向と対策

●今年も例年通り大問4題の構成であった。**1** は数量関連の5題の小問集合，**2** は図形の4題の小問集合と1題の証明問題，**3** は関数のグラフと図形の問題，**4** は空間図形である。証明は記述が求められているので，手際よく問題を解いていくことが重要である。

●過去問を解いて傾向をつかんだ上で，標準レベルから上級レベルの問題集を解いて，しっかりとした計算力をつけておくと良いだろう。

1 次の各問いに答えよ。

(1) x の2次方程式 $x^2-3x-5=0$ の2つの解を a，b とする。このとき，$a^2+b^2-3a-3b+1$ の値を求めよ。

(2) x，y についての連立方程式 $\begin{cases} \dfrac{4}{x}+\dfrac{3}{2y}=2 \\ \dfrac{8}{x}-\dfrac{1}{y}=\dfrac{10}{3} \end{cases}$ を解け。

(3) 大，中，小3個のさいころを同時に投げる。大のさいころの目を a，中のさいころの目を b，小のさいころの目を c とし，a を百の位，b を十の位，c を一の位としてできた3けたの数を X とする。X が6の倍数でない確率を求めよ。

(4) 右の図のように，直線 $y=-\frac{1}{2}x+5$ と直線 $y=2x$ との交点をA，x 軸との交点をBとする。

点Pは，Oを出発し，直線 $y=2x$ のグラフ上をOからAまで動き，次に直線 $y=-\frac{1}{2}x+5$ のグラフ上をAからBまで動く。Pから x 軸に引いた垂線と x 軸との交点をQとし，PQ＝QRとなる点Rを，x 軸上にQの右側にとる。△ORPの面積が9となるPの x 座標をすべて求めよ。

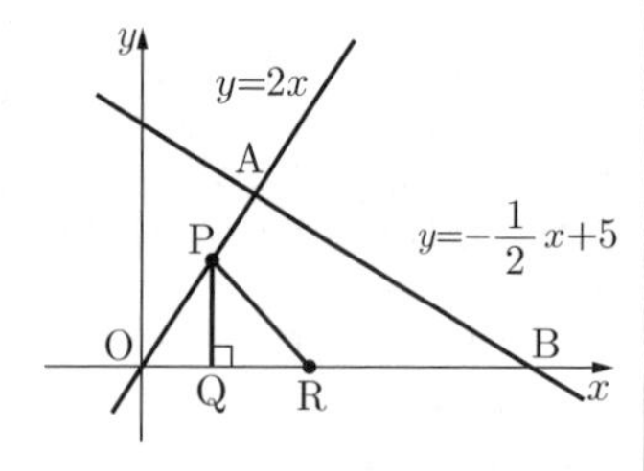

(5) 思考力 a は50以下の素数とする。$\sqrt{a}$ の整数部分を b とし，小数部分を c とするとき，$(\sqrt{a}+b)c=4$ が成り立つ。この式をみたす a の値をすべて求めよ。

ただし，ある正の数 x に対して，$n \leqq x < n+1$ をみたす整数 n を x の整数部分といい，$x-n$ を x の小数部分という。

2 次の各問いに答えよ。

(1) 右の図のように，半径3，中心角120°の扇形(おうぎがた)OABと，半径2，中心角135°の扇形OCDと，半径1，中心角150°の扇形OEFがある。図の斜線部分の面積を求めよ。

ただし，点C，Eは，OA上にあるものとする。

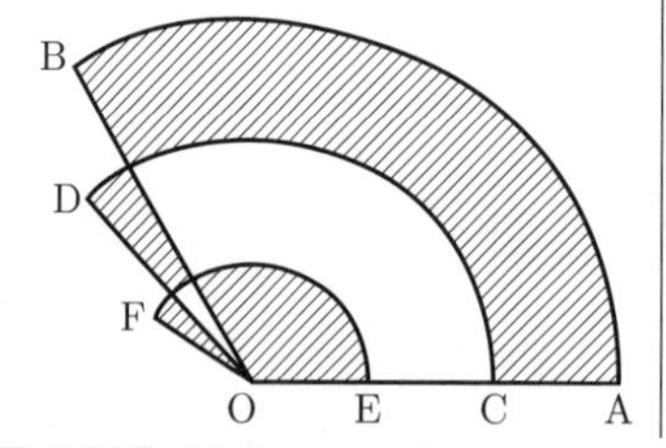

(2) 下の図のように，AB＝5，∠BAC＝110° の△ABCがある。辺BC上に∠BAD＝40° となるように点Dをとると，AD＝3となった。BD : DC を求めよ。

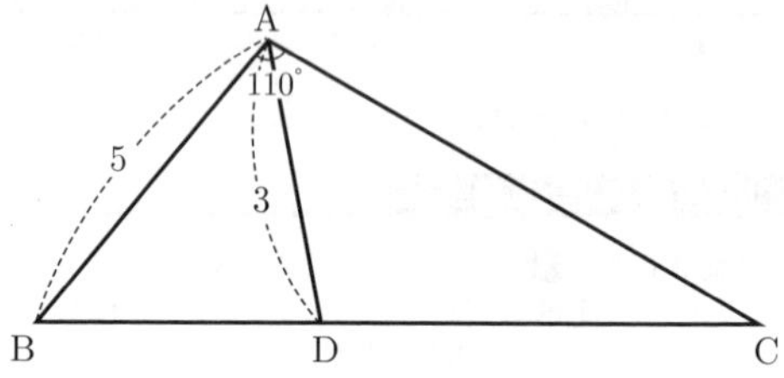

(3) 右の図のように，1辺の長さが5の立方体ABCD－EFGHがある。点Pを辺AE上にAP＝1，点Rを辺CD上にCR＝4，点Sを辺DA上にDS＝2となるようにとる。この立方体を3点P，S，Rを通る平面で切断したとき，この平面と辺CGとの交点をQとする。CQの長さを求めよ。

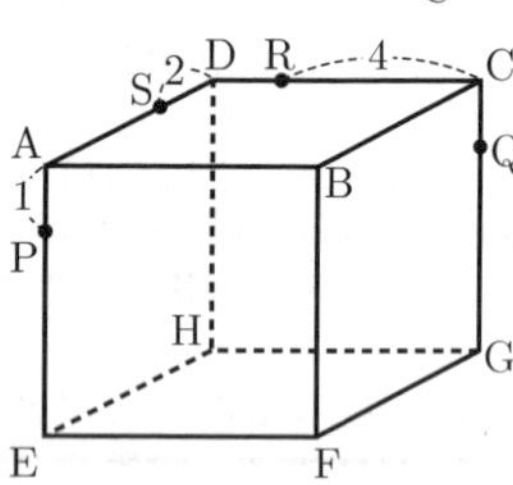

(4) 右の図のような，長方形ABCDがある。頂点Bがちょうど辺CD上に重なるように，線分AEを折り目としてこの長方形を折り返したところ，頂点Bは，CF : FD＝1 : 2となる点Fに重なった。このとき，△AEFの面積は，もとの長方形ABCDの面積の何倍となるかを求めよ。

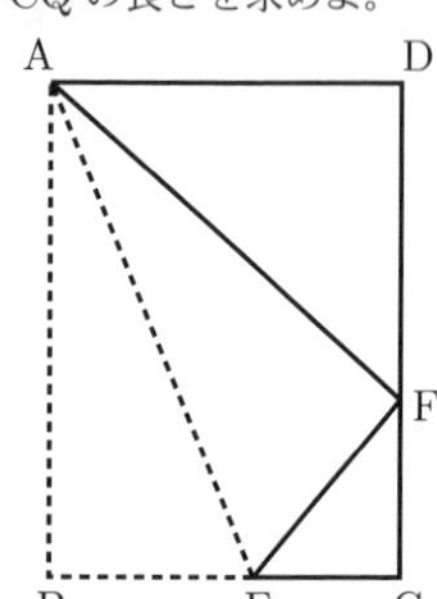

(5) 右の図のように，長方形ABCDの辺BCと辺CDを1辺とする正三角形BCF，正三角形CDEをそれぞれつくる。このとき，AF＝AEであることを証明せよ。

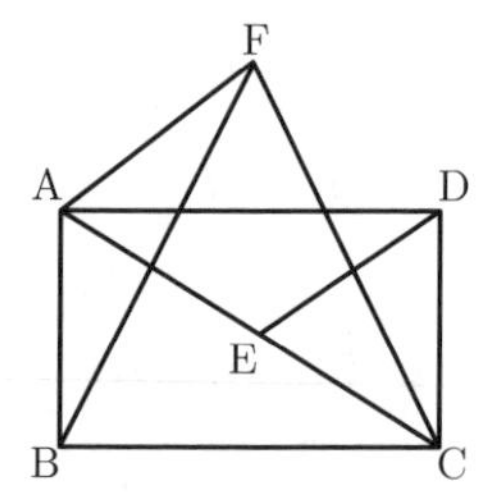

3 よく出る 右の図のように，2つの放物線

$y=x^2$…①，$y=ax^2$…②

と，平行な2直線DC，ABがそれぞれ交わっている。Aの x 座標は -4，Bの座標は $(2,\ -2)$，Dの x 座標は -2 である。次の各問いに答えよ。

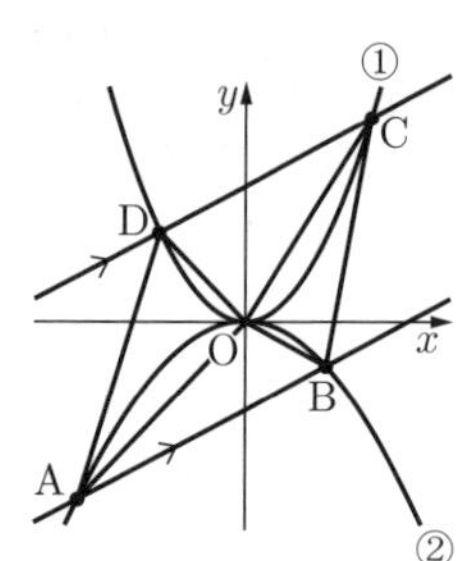

(1) 基本 a の値を求めよ。

(2) 基本 直線ABの式を求めよ。

(3) △OABと△OCDの面積比 △OAB : △OCD を求めよ。

(4) Cを通る直線が四角形ABCDの面積を2等分する。この直線の式を求めよ。

4 右の図のように，三角柱 ABC − DEF がある。側面はすべて長方形であり，△ABC は，AB = 5，BC = 13，CA = 12 の直角三角形であり，AD = 5 である。次の各問いに答えよ。

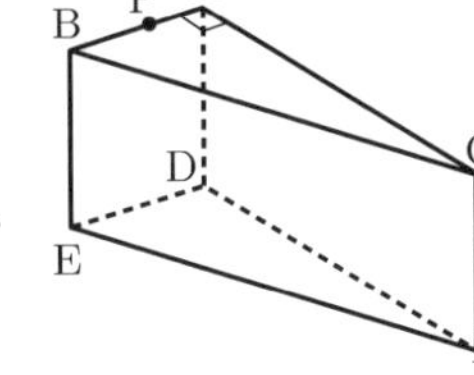

(1) 基本 三角柱 ABC − DEF の体積を求めよ。

(2) 三角柱 ABC − DEF において，辺 AB とねじれの位置にある辺をすべて答えよ。

辺 AB 上の点 P を通り，面 BEFC に平行な平面でこの三角柱を切断する。このときの切断面を PQRS とすると，切断面 PQRS は正方形となったという。

ただし，点 Q，R，S は，辺 DE 上，辺 DF 上，辺 AC 上にそれぞれあるものとする。

(3) 線分 AS の長さを求めよ。

(4) 三角柱 ABC − DEF から三角柱 APS − DQR を取り除いた立体 PBCS − QEFR の体積を求めよ。

(5) 辺 BC 上の点 X を通り，面 BEQP に平行な平面でこの立体 PBCS − QEFR を切断する。このときの切断した 2 つの立体の体積が等しくなったという。線分 BX の長さを求めよ。

日本大学第二高等学校

時間	40分	満点	100点	解答	P129	2月11日実施

＊ 注意 1．分数はできるところまで約分して答えなさい。
2．比は最も簡単な整数比で答えなさい。
3．$\sqrt{\quad}$ の中の数はできるだけ小さな自然数で答えなさい。
4．解答の分母に根号を含む場合は，有理化して答えなさい。
5．円周率は π を用いなさい。

出題傾向と対策

● 例年よりも大問が 1 題減り 3 題となった。**1** は小問の集合，**2** は関数 $y = ax^2$，**3** は平面図形の出題である。今回は大問としての空間図形の出題はなかったが小問として出題されており，分量・内容ともに例年通りである。

● 出題傾向はそれほど変化していないので，ひと通り基礎基本をおさえた上で，過去問にあたり問題を解いておこう。関数 $y = ax^2$ に関する問題，確率，平面・空間図形の問題はよく出題されているので十分に練習を積んでおこう。

1 よく出る 基本 次の各問いに答えよ。

(1) $-\dfrac{3}{5}a^7b^8 \div \left(-\dfrac{3}{5}a^2b\right)^3 - \left(\dfrac{1}{3}ab^2\right)^2 \div \left(-\dfrac{a}{b}\right)$ を計算せよ。

(2) 2 次方程式 $(2x-1)^2 = -4(3x+1)(x-2) - 8x - 1$ を解け。

(3) $\sqrt{13n}$ が自然数となるような 3 けたの自然数 n のうち，最も小さいものを求めよ。

(4) 今月，ある商品の定価を x % 値上げしたところ，先月より売れた個数は 1 割減少し，売り上げが 3.5 % 増えた。x の値を求めよ。

(5) $\dfrac{3}{\sqrt{2}}$ の整数部分を a，小数部分を b とするとき，$a^2 + 5ab + 4b^2$ の値を求めよ。

(6) 1，2，3，4，5 の数字が書かれた 5 枚のカードが箱の中に入っている。この箱の中から同時に 2 枚のカードを取り出すとき，大きい方の数字が 4 以下で，小さい方の数字が 2 以上となる確率を求めよ。

(7) 図の円 O において，4 点 A，B，C，D は円周上の点である。このとき，$\angle x$ の大きさを求めよ。

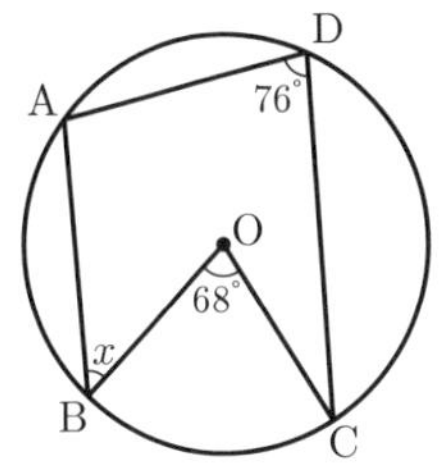

(8) 図の台形 ABCD を，辺 AB を軸として 1 回転させてできる立体の体積を求めよ。

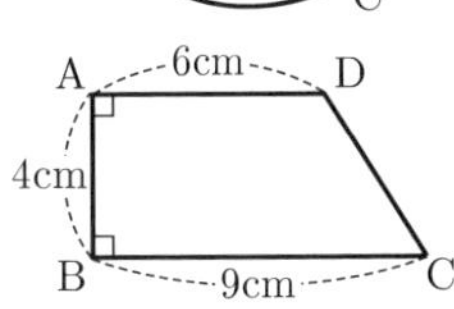

2 よく出る 右の図において，2 つの放物線は
$y = x^2 \cdots$①，
$y = ax^2\ (a > 1) \cdots$②
である。
放物線①上に，2 点 A (3, 9)，B (−4, 16) をとり，線分 OA，OB と放物線②の原点 O 以外の交点をそれぞれ C，D とする。

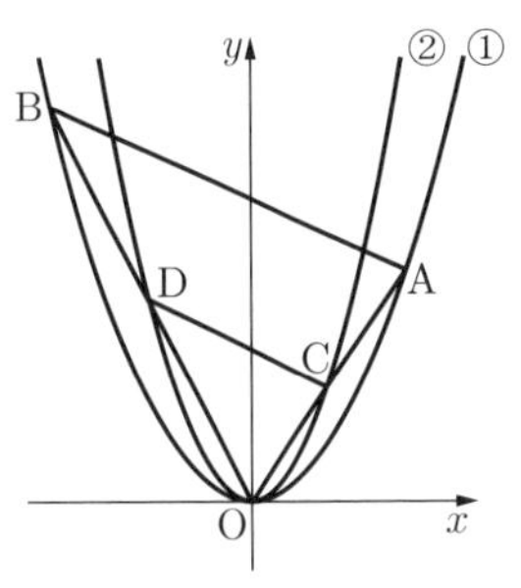

OC : CA = 1 : 2 のとき，次の各問いに答えよ。

(1) 基本 a の値を求めよ。

(2) 点 D の座標を求めよ。

(3) 四角形 ABDC の面積を求めよ。

3 1 辺の長さが 6 の正三角形 ABC の外接円がある。点 A における円の接線を l とする。図のように，線分 AB を 1 : 3 に分ける点を D とし，直線 CD が外接円，直線 l と交わる点をそれぞれ E，F とする。このとき，次の各問いに答えよ。

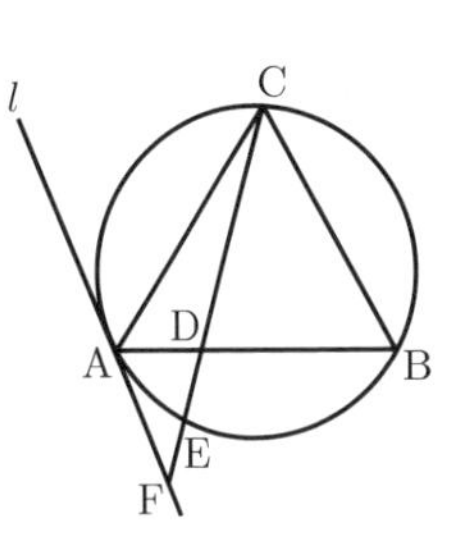

(1) 基本 ∠AEF の大きさを求めよ。

(2) 線分 AF の長さを求めよ。

(3) 線分比 AE : EF を求めよ。

(4) 思考力 線分比 BE : EF を求めよ。

日本大学第三高等学校

時間	50分	満点	100点	解答	P130	2月10日実施

＊　注意　円周率は π とする。

出題傾向と対策

●大問の構成は昨年と同様6題で，**1** は小問集合（10題），**2** は平面図形（相似），**3** は関数と図形の融合問題，**4** は空間図形（円柱と円錐の体積），**5** は連立方程式の利用，**6** は確率であった。

●**1** を素早く確実に解いて，残りの問題に時間をかけたい。毎年，確率，連立方程式の利用，関数と図形の融合問題，空間図形が出題される。**2** 以降の(1)は基本的な問題であり，(2)以降のヒントになっているので，確実に解いておきたい。

1 よく出る　次の問いに答えなさい。

(1) 基本　$(-4)^3 \div \frac{4}{9} - 6 \times (-4^2)$ を計算しなさい。

(2) 基本　$\frac{4x-y}{9} - \frac{5x-4y}{12}$ を計算しなさい。

(3) 基本　$(\sqrt{5}-\sqrt{2})^2 - (\sqrt{10}-\sqrt{3})(\sqrt{10}+\sqrt{3})$ を計算しなさい。

(4) 基本　$xy - 3y - 3x + 9$ を因数分解しなさい。

(5) 基本　$a = 2+\sqrt{6}$，$b = 2-\sqrt{6}$ のとき，$a^2 - b^2$ の値を求めなさい。

(6) $3ab - 5b - 9 = 0$ を b について解きなさい。ただし，$a \neq \frac{5}{3}$ とする。

(7) 基本　関数 $y = ax^2$ において，x の変域が $-1 \leqq x \leqq 4$ のとき，y の変域が $-24 \leqq y \leqq b$ である。このとき，定数 a，b の値を求めなさい。

(8) 基本　右の図は，正方形ABCD，正三角形ABEが重なった図である。このとき，$\angle x$，$\angle y$ の大きさを求めなさい。

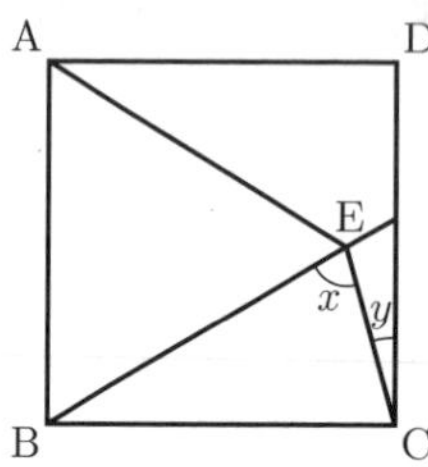

(9) x についての方程式 $2x^2 - 3ax + a^2 = 0$ の解が $x = 3, 6$ である。a の値を求めなさい。

(10) 基本　右の表は，ある中学校の1年生と2年生の先週1週間の学習時間を調べ，度数分布表にまとめたものである。

1年生と2年生それぞれの最頻値と中央値について述べた文章のうち，正しいものを1つ選び記号で答えなさい。

階級(時間)	1年生度数(人)	2年生度数(人)
15以上〜　未満	11	8
12　〜15	11	23
9　〜12	20	20
6　〜9	22	18
3　〜6	10	12
0　〜3	6	4
計	80	85

ア　1年生も2年生も最頻値の方が中央値よりも大きい。
イ　1年生も2年生も中央値の方が最頻値よりも大きい。
ウ　1年生は最頻値の方が中央値よりも大きいが，2年生は中央値の方が最頻値よりも大きい。
エ　1年生は中央値の方が最頻値よりも大きいが，2年生は最頻値の方が中央値よりも大きい。

2 右の図のように，正六角形ABCDEFがあり，直線CDと直線FEの交点をG，線分AGと線分DEの交点をHとする。さらに線分ABの中点をIとし，線分IEと線分AD，線分AGの交点をそれぞれJ，Kとする。このとき，次の問いに答えなさい。

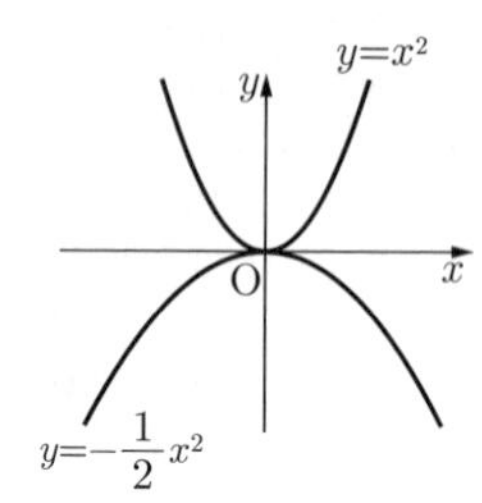

(1) 基本　DH : HE をもっとも簡単な整数の比で表しなさい。

(2) 思考力　IJ : JK : KE をもっとも簡単な整数の比で表しなさい。

3 よく出る　右の図のように，放物線 $y = x^2$…①と放物線 $y = -\frac{1}{2}x^2$…②がある。a を正の定数とし，直線 $x = a$ と放物線①，②との交点をそれぞれP，Qとする。また，直線 $x = -a$ と放物線①，②との交点をそれぞれR，Sとする。このとき，次の問いに答えなさい。ただし，座標の1目盛を1 cmとする。

$y=x^2$　y　O　x　$y=-\frac{1}{2}x^2$

(1) 基本　PR = 10 cm となるとき，点Pの座標を求めなさい。

(2) 基本　PQの長さを a を用いて表しなさい。

(3) 四角形PRSQの周の長さが64 cmとなるとき，a の値を求めなさい。

4 下の図のように，容器A〜Cの3つの容器がある。容器Aは底面の半径が3 cm，高さが6 cmの円柱の容器で，容器Bは底面の半径が8 cmの円錐を逆さにした容器で，容器Cは底面の半径が2 cmの円柱の容器である。いま，容器Aに水をいっぱいにして容器Bに水を移したところ，容器Bの $\frac{3}{4}$ の高さまで入った。さらに，容器Bから容器Cに水を移したところ，途中でいっぱいになり，容器Bには $\frac{1}{4}$ の高さの水が残った。このとき，次の問いに答えなさい。ただし，容器の厚みは考えないものとする。

容器A　容器B　容器C

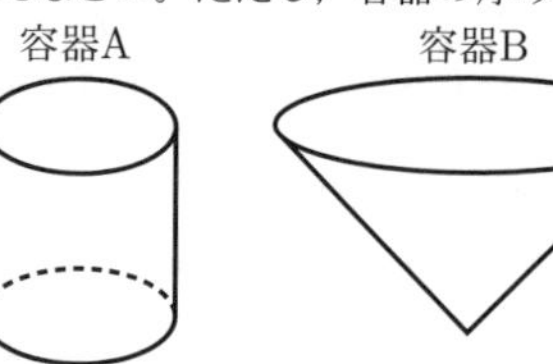

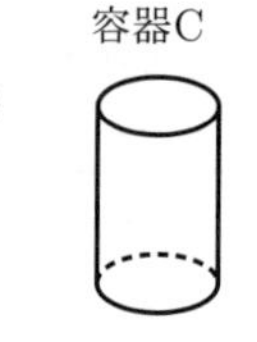

(1) 基本　容器Aに入っていた水の体積を求めなさい。

(2) 容器Bの高さを求めなさい。

(3) 容器Cの高さを求めなさい。

5 よく出る　ある商店では，1個の定価が150円の商品Aと1個の定価が200円の商品Bを売っている。ある日，これらの商品A，Bをともに定価で売ったところ，商品Aは x 個，商品Bは y 個売れ，その売り上げの合計金額は12400円であった。その翌日，商品Aは2割引き，商品Bは1割引きで売ったところ，前日よりも商品Aの個数は20個多く売れ，商品Bの個数は5割多く売れたので，売り上げの合計金額は前日よりも3440円増えた。このとき，次の問いに答えなさい。

(1) 基本 商品A，Bをともに定価で売った日の売り上げに関する式をたて，整理すると $ax+by=248$ となった。ここでの a, b に適する値をそれぞれ求めなさい。

(2) x，y の値をそれぞれ求めなさい。

6 表に1から4までの数字が書かれたカードが1枚ずつ合計4枚ある。これを左から順に1から4まで裏側が上になるように置く。また，<図1>のような正四面体のサイコロの各面に1から4の数字が書かれており，このサイコロを投げたとき下の面にきた数字をサイコロの目とする。サイコロを投げるたびに出た目の倍数の位置にあるカードを裏返すことにする。ただし，カードを数えるときは左側から数えるものとする。例えば，1回目に2の目が出て，2回目に4の目が出て，3回目に1の目が出るとすると，<図2>のようになる。このとき，次の問いに答えなさい。

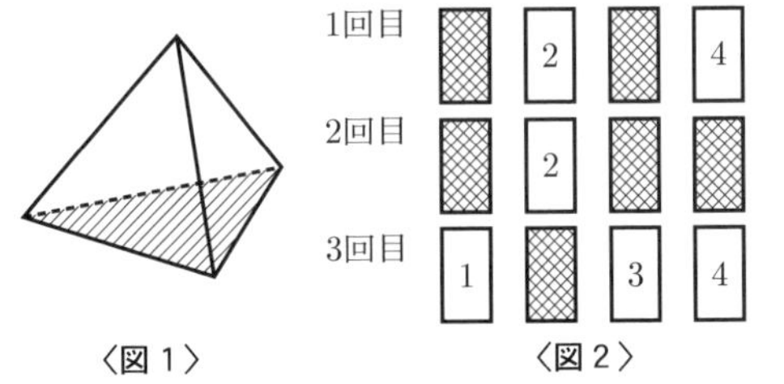

〈図1〉 〈図2〉

(1) 基本 サイコロを2回投げたとき，4枚とも裏になる確率を求めなさい。

(2) 思考力 サイコロを3回投げたとき，4枚とも表になる確率を求めなさい。

日本大学習志野高等学校

時間	50分	満点	100点	解答	P131	1月17日実施

＊ 注意 1．答が分数のときは，約分した形で表しなさい。
2．根号の中は最も簡単な形で表しなさい。例えば，$2\sqrt{8}$ は $4\sqrt{2}$ のように表しなさい。

出題傾向と対策

●例年同様，大問4題のマークシート形式であり，**1** は小問集合形式，**2** は関数と図形の融合問題，**3** は平面図形における動点と方程式の応用問題，**4** は円錐とそれに内接する球を題材とした立体図形の問題であった。出題分野・傾向・難易度に大きな変化はない。

●例年，出題される問題に難問奇問はないが，受験者層を考えると，やや苦戦するであろう応用問題が **1** の小問集合部分にも含まれている。昨年とほぼ同じ難易度だが，点数の差は広がりやすい良問が並ぶ。定型問題が多いからといって油断してはいけない。

1 次の□をうめなさい。

(1) $x+y=\sqrt{10}$，$x-y=\sqrt{2}$ のとき，

$x^2-y^2=$ [ア]$\sqrt{[イ]}$，$\dfrac{x}{y}-\dfrac{y}{x}=\sqrt{[ウ]}$ である。

(2) よく出る x，y についての2つの連立方程式

$\begin{cases} 2x-y=1 \\ 2ax+by=16 \end{cases}$，$\begin{cases} ax+2y=8 \\ -3x+2y=3 \end{cases}$ が同じ解をもつとき，$a=$ [エ][オ]，$b=$ [カ] である。

(3) 思考力 自然数 N の一の位を≪N≫で表すとき，≪2^{10}≫ $=$ [キ]，≪2^{2021}≫ $+$ ≪2^{117}≫ $+$ ≪2^{56}≫ $=$ [ク][ケ] である。

(4) 基本 一の位の数が8である3けたの自然数がある。この数の各位の数の和が14であり，十の位の数と百の位の数を入れかえた数は，もとの数より180小さくなる。もとの自然数は [コ][サ][シ] である。

(5) 思考力 右図のように，6個の正方形を並べてできた長方形において，$\angle x+\angle y=$ [ス][セ] 度である。

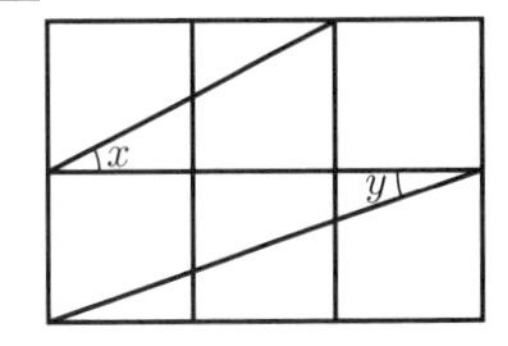

(6) 大小2つのさいころを同時に投げ，出た目の数をそれぞれ a，b とする。このとき，$2a+3b$ の値が4の倍数となる確率は $\dfrac{[ソ]}{[タ]}$ である。

2 よく出る 右図のように，放物線 $y=3x^2$…①，直線 $y=-x+2$…②がある。放物線①と直線②の交点を，x 座標の小さい方から順にA，Bとする。点Aを通る双曲線 $y=\dfrac{a}{x}$ があるとき，次の問いに答えなさい。

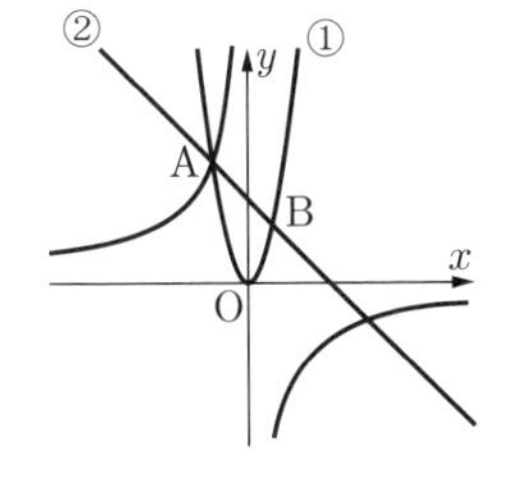

(1) 2点A，Bの座標を求めなさい。

答 A([ア][イ], [ウ]) B$\left(\dfrac{[エ]}{[オ]}, \dfrac{[カ]}{[キ]}\right)$

(2) a の値を求めなさい。

答 $a=$ [ク][ケ]

(3) x 軸上に点P$(t, 0)$をとると，△APBの面積が4となった。このとき，t の値を求めなさい。ただし，$t<2$ とする。

答 $t=\dfrac{[コ][サ][シ]}{[ス]}$

3 よく出る 思考力

右図のように，$AD=7$ cm，$BC=12$ cm，$AB=13$ cm，$\angle C=\angle D=90°$ の台形ABCDがある。点PはDを出発し，辺上をD→A→Bの順に毎秒1 cmの速さで動き，Bに到着後停止する。また，点Qは点Pと同時にBを出発し，辺上をB→C→Dの順に毎秒2 cmの速さで動き，Dに到着後停止する。

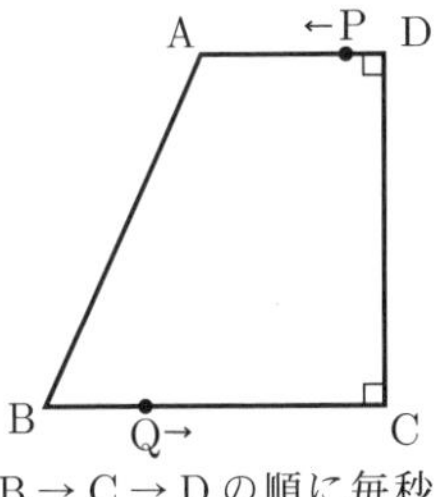

次の問いに答えなさい。

(1) 辺CDの長さを求めなさい。

答 [ア][イ] cm

(2) 点Qが辺BC上にあるとき，四角形ABQPと四角形CDPQの周の長さが等しくなった。このとき，線分PQの長さを求めなさい。

答 [ウ]$\sqrt{[エ]}$ cm

(3) 線分PQが辺ADと辺BCにそれぞれ平行となるのは，2点P，Qが出発してから何秒後か，求めなさい。

答　$\dfrac{\boxed{オ}\boxed{カ}\boxed{キ}}{\boxed{ク}\boxed{ケ}}$ 秒後

4 よく出る　右図のように，底面の半径が 6 cm，母線の長さが 18 cm の円錐Pがある。点Aは円錐Pの底面の中心である。球 O_1 は点Aで円錐Pの底面と接し，円錐Pの側面とも接している。点Bは円錐Pの頂点と点Aを結んだ線分上にあり，線分ABが球 O_1 の直径となっている。球 O_2 は点Bで球 O_1 と接し，円錐Pの側面とも接している。

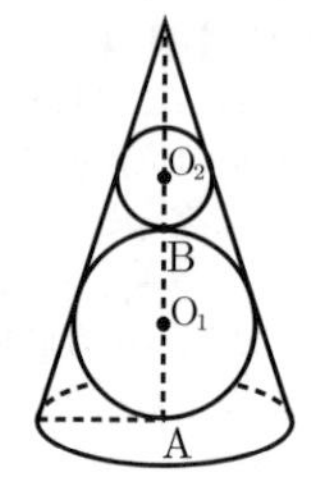

次の問いに答えなさい。

(1) 円錐Pの側面積を求めなさい。

答　$\boxed{ア}\boxed{イ}\boxed{ウ}\pi\ \mathrm{cm}^2$

(2) 球 O_1 の半径を求めなさい。

答　$\boxed{エ}\sqrt{\boxed{オ}}$ cm

(3) 球 O_2 の半径を求めなさい。

答　$\dfrac{\boxed{カ}\sqrt{\boxed{キ}}}{\boxed{ク}}$ cm

(4) 点Bを通り，底面に平行な平面で円錐Pを切り分けた。このとき，円錐の頂点を含まない方の立体を「円錐台」という。この円錐台の側面積を S，球 O_1 の表面積を S' とするとき，$\dfrac{S'}{S}$ の値を求めなさい。

答　$\dfrac{S'}{S}=\dfrac{\boxed{ケ}}{\boxed{コ}}$

函館ラ・サール高等学校

時間	60分	満点	100点	解答	P133	2月16日実施

＊　注意　・分数で答える場合は，それ以上約分ができない数で答えなさい。
・円周率は π とします。

出題傾向と対策

●大問4問で，**1** は計算が中心の小問が8題，**2** は方程式，関数，確率の範囲からの小問が2題，**3** は図形，**4** は関数の範囲からの新傾向の問題である。

●出題数もほぼ例年通りであるが，新傾向の問題の出題が続いているので，注意しておきたい。問題文の中に答えを導き出すヒントが隠れているので，それを読み解くことがポイントである。過去問を解き，標準レベルの問題集などでしっかりと練習し，計算力をつけておくと良いだろう。

1

(1) 基本　$\left(4-\dfrac{7}{3}\right)\times\left(-\dfrac{3}{5}+\dfrac{1}{2}\right)$ を計算しなさい。

(2) 基本　$\dfrac{ab}{4}\times\left(-\dfrac{b^2}{3a}\right)^2\div\left(-\dfrac{b^2}{6a}\right)^3$ を計算しなさい。

(3) 関数 $y=-\dfrac{1}{4}x^2$ について，x の変域が $-1\leqq x<\dfrac{4}{5}$ のとき，y の変域を求めなさい。

(4) 基本　x，y の連立方程式 $\begin{cases}2x-4y=-2\\2y+\dfrac{1}{3}x=5\end{cases}$ の解は $x=\boxed{\ ア\ }$，$y=\boxed{\ イ\ }$ である。

(5) 1から50までの整数のうち，2でも3でも割り切れないものはいくつあるか答えなさい。

(6) $2xy-2x-y+1$ を因数分解しなさい。

(7) $\mathrm{N}=\sqrt{2021+x}$ とする。Nの整数部分が45となるような整数 x はいくつあるか答えなさい。

(8) 半径 8 cm，中心角 90° のおうぎ形OABがある。OA，OBを直径とする半円を図のようにかくとき，斜線部分の面積を求めなさい。

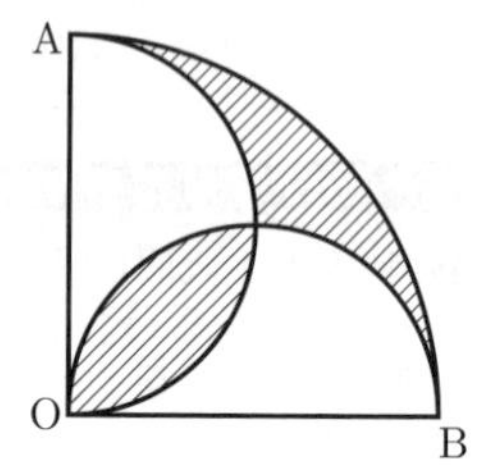

2

(1) ある商品を午前中は定価で販売したところ，仕入れた個数の $\dfrac{1}{12}$ の商品が売れた。午後から閉店の1時間前までは定価の x% 引きの価格で販売したところ，仕入れた個数の $\dfrac{1}{2}$ の商品が売れた。最後の1時間は $2x$% 引きで販売したところ，仕入れた商品をすべて売り切ることができた。この日の売り上げは，仕入れた商品がすべて定価で売れたときの $\dfrac{4}{5}$ であった。このとき，x の値を求めなさい。

(2) 2点 $\left(0,\ \dfrac{1}{3}\right)$，$\left(-\dfrac{1}{2},\ 0\right)$ を通る直線上の x 座標と y 座標がともに整数である点について考える。次の問いに答えなさい。

① **基本** 直線の式は $y=$ ア である。

② ①の直線上の x 座標と y 座標がともに整数である点のうち，x 座標の絶対値が最も小さい点の座標は イ で，x 座標の絶対値が 2 番目に小さい点の座標は ウ である。

③ 2 個のサイコロ A，B を同時に投げてサイコロ A の出た目を a，サイコロ B の出た目を b とする。このとき，①の直線上の x 座標と y 座標がともに整数である点のうち，$-a \leqq x \leqq a$ と $-b \leqq y \leqq b$ をともに満たす点の個数を X とする。

(イ) X = 1 となる確率を求めなさい。

(ロ) X = 3 となる確率を求めなさい。

3 右の図は 1 辺の長さが 6 cm である立方体の展開図である。3 点 P，Q，R は辺上の点で，AP = 4 cm，BQ = 1 cm，CR = 1 cm である。

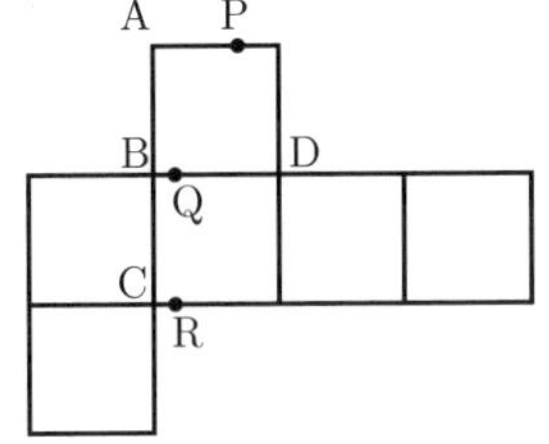

(1) 組み立てた立方体を，3 点 P，Q，R を通る平面で切ったとき，頂点 D を含む方の立体の体積を求めなさい。

(2) 組み立てた立方体を，3 点 P，Q，R を通る平面で切る。線分 PQ と線分 QR 以外の切り口の線を，各辺を 6 等分する点を参考にしてかきなさい。

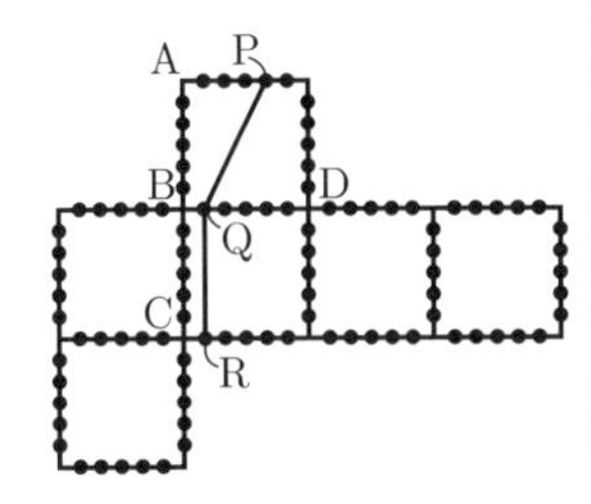

4 **思考力** 以下の空欄ア～ケに適切な数やことばを入れなさい。

さとし君となおき君は問題集にあった次の問題を解いています。

【問題】

右の図のように，放物線 $y=ax^2$ と直線 $y=\frac{1}{2}x+b$ が 2 点 A，B で交わっている。点 B の座標が (4, 8) のとき，以下の問いに答えなさい。ただし，座標 1 目盛りを 1 cm とする。

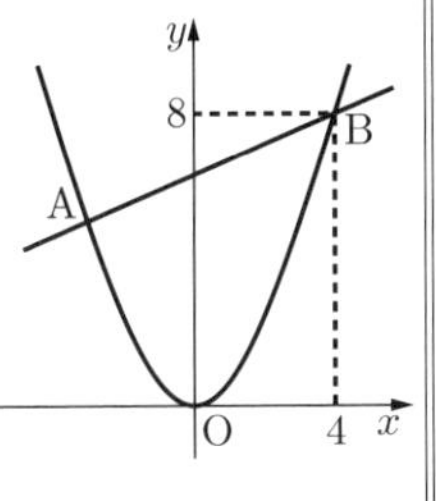

(1) a，b の値をそれぞれ求めなさい。

(2) △OAB の面積を求めなさい。

(3) 線分 OB の長さを求めなさい。

(4) △OAB を，直線 OB を軸にして 1 回転させてできる立体の体積を求めなさい。

さとし：(1)の答えは，$a=$ ア ，$b=$ イ だね。

なおき：うん，正解。(2)の答えは， ウ cm^2 でいいのかな？

さとし：そう，正解だね。うーん，(3)はどのように解くのだろう？

なおき：(3)は，まだ習っていない内容なのかなあ？

2 人が困っているところに先生が通りかかりました。

先　生：(3)は，これから学習する「三平方の定理」の内容ですが，工夫をすれば，この単元を学習する前でも解けますよ。まず，**図 1** のように，直角をはさむ 2 辺の長さが 4 cm と 8 cm の直角三角形を，辺が重なるように 2 つかきましょう。∠PQR の大きさは何度ですか？

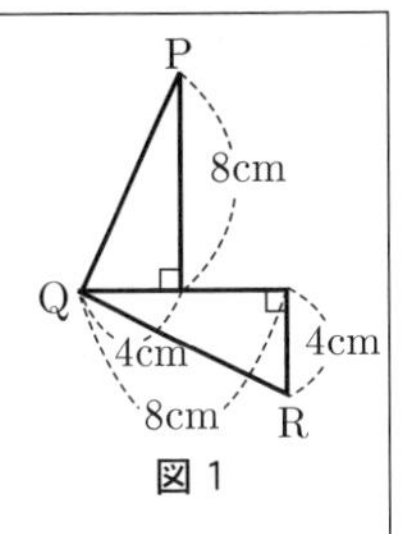

図 1

さとし：三角形の内角の和を考えると， エ °です。

先　生：そうですね。さらに，**図 2** のように，**図 1** でかいた直角三角形と合同な三角形を，辺が重なるように 4 つかきましょう。四角形 PQRS はどのような図形ですか？

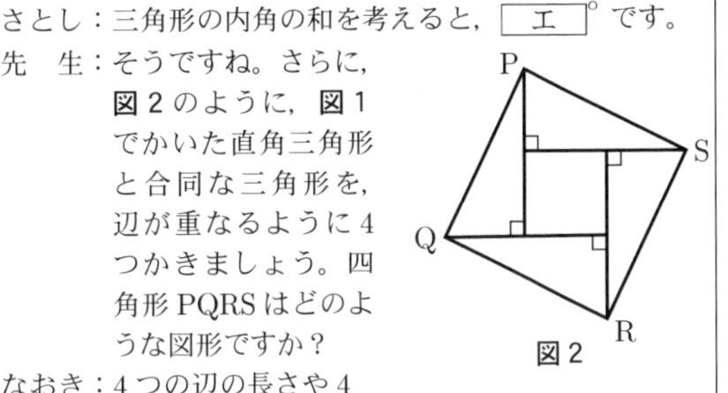

図 2

なおき：4 つの辺の長さや 4 つの角の大きさを考えると， オ です。

先　生：四角形 PQRS の面積は計算できますか？

さとし：4 つの三角形と，真ん中の四角形の面積を合わせて…， カ cm^2 です。

なおき：であれば，(3)の答えは キ cm だ！

先　生：そうですね。では，(4)は**図 3** のように，点 A から直線 OB にひいた垂線と，直線 OB の交点を C として考えてみましょう。

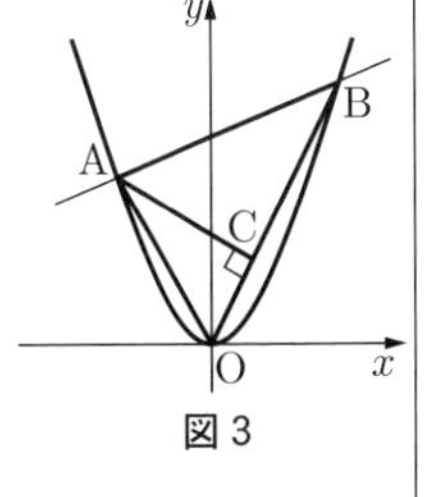

図 3

なおき：(2)と(3)の結果から，AC の長さは ク cm だね！

さとし：ということは，(4)の答えは ケ cm^3 です。

先　生：正解です。

福岡大学附属大濠高等学校

時間	50分	満点	100点	解答	P134	2月5日実施

＊ 注意 (1) 根号 $\sqrt{\quad}$ が含まれるときは，$\sqrt{\quad}$ を用いたままにしておくこと。また，$\sqrt{\quad}$ の中は，最も小さい整数にすること。
(2) 分数は，それ以上約分できない分数で表し，分母は有理化しておくこと。
(3) 円周率は，π を用いること。

出題傾向と対策

●大問5題，小問数25題で，**1**，**2** は小問集合，**3** は関数に関する総合問題，**4** は平面図形の問題，**5** は立体の問題と，分量，内容ともに例年通りの出題である。
●本校の特徴として私立難関校の入試問題の基本的・典型的問題がよく出題される。どれだけ誠実に受験勉強をしてきたかが点数に反映するよい出題である。教科書で巻末の課題学習で扱っている，解と係数の関係や角の二等分線の性質といった中高一貫校の中学生であれば必ず学習している内容（今年は中線定理）に関する問題がよく出題されるので勉強しておきたい。

1 よく出る 次の各問いに答えよ。

(1) $9xy^2 \div \left(-\frac{3}{2}xy\right)^3 \times \frac{3}{4}x^4y$ を計算し，簡単にすると ① である。

(2) $\left(\frac{6}{\sqrt{3}} - \sqrt{18}\right)\left(\sqrt{12} + \frac{6}{\sqrt{2}}\right)$ を計算し，簡単にすると ② である。

(3) 連立方程式 $\begin{cases} \frac{3}{4}x + \frac{y}{2} = 1 \\ 2x - 3y = 1 \end{cases}$ を解くと ③ である。

(4) $(x+y)^2 - 7(x+y) + 12$ を因数分解すると ④ である。

(5) x についての1次方程式 $3x - a - \frac{x+a}{2} = 0$ の解が $x = -3$ のとき，x についての2次方程式 $x^2 + (a-5)x + a^2 = 0$ の解は ⑤ である。

2 よく出る 次の各問いに答えよ。

(1) 反比例 $y = \frac{a}{x}$ のグラフが，2点 $(2,\ t+1)$，$(-3,\ t-3)$ を通るとき，a と t の値を求めると ⑥ である。

(2) 思考力 $1 \times 2 \times 3 \times \cdots \times 50$ のように，1から50までの自然数をかけてできる数は，末尾に0が ⑦ 個連続して並ぶ。

(3) 右の図のように，正方形ABCDがあり，正方形AEFGは，正方形ABCDを頂点Aを中心として，反時計回りに70°回転移動したものである。このとき，∠DCF は ⑧ 度である。

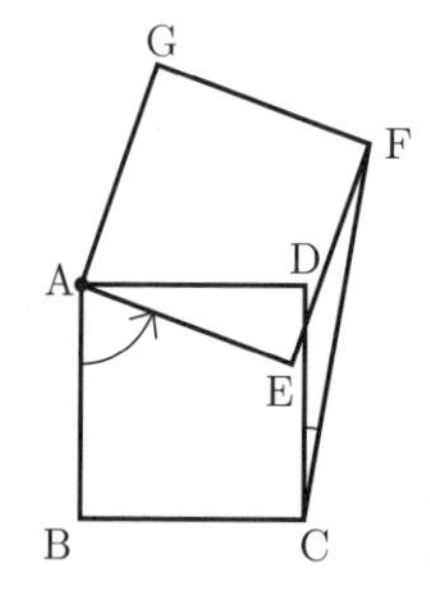

(4) 右の図1のように，水平に置かれた深さ 90 cm の直方体の水槽と蛇口がある。この水槽の底に，水が入りこまない直方体の台を取り付ける。右下の図2は，取りつけた台の高さが 30 cm のとき，水槽が空の状態から水を入れ始めて，x 分後の水槽の水の深さを y cm として，x と y の関係をグラフに表したものである。次の各問いに答えよ。
ただし，蛇口から出る水の量は常に一定であり，水槽の厚みは考えないものとする。

［図1］

［図2］

(ア) もし，水槽の中に直方体の台がなかったら，空の状態から水を入れ始めて，満水になるまでに ⑨ 分かかる。

(イ) 水槽の中に取り付けていた直方体の台を，底面積は同じで高さが異なる別の直方体に変えたところ，水槽が空の状態から水を入れ始めて，満水になるまで17分かかった。このときの直方体の台の高さは ⑩ cm である。

3 よく出る 右の図のように，放物線 $y = ax^2$ $(a > 0)$ と直線 l が2点A，Bで交わっている。点A，Bの x 座標は，それぞれ -1 と 2 であり，直線 l の傾きは1である。また，y 軸上に，直線 l に関して原点Oと反対側に点Cをとると，三角形OABと三角形ABCの面積比が，(三角形OAB) : (三角形ABC) = 3 : 2 となった。次の各問いに答えよ。ただし，座標の1目盛りは 1 cm である。

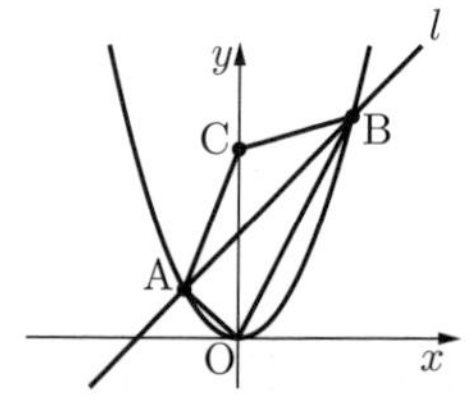

(1) a の値は ⑪ である。

(2) 直線 l の方程式は ⑫ である。

(3) 三角形OABの面積は ⑬ cm^2 である。

(4) 点Cの y 座標は ⑭ である。

(5) 線分OAをAの方向に延ばした直線上に点Pをとる。四角形OACBの面積と三角形OBPの面積が等しいとき，点Pの座標は ⑮ である。

4 よく出る 右の図のように，線分ABを直径とする半円がある。$\overset{\frown}{AB}$ 上に点A，B以外の点Pをとり，∠PABの二等分線と $\overset{\frown}{PB}$ の交点をQとする。

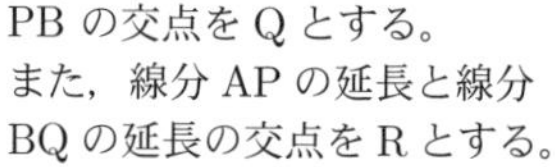

また，線分APの延長と線分BQの延長の交点をRとする。
$AB = 12$ cm, $AQ = 8\sqrt{2}$ cm である。次の各問いに答えよ。

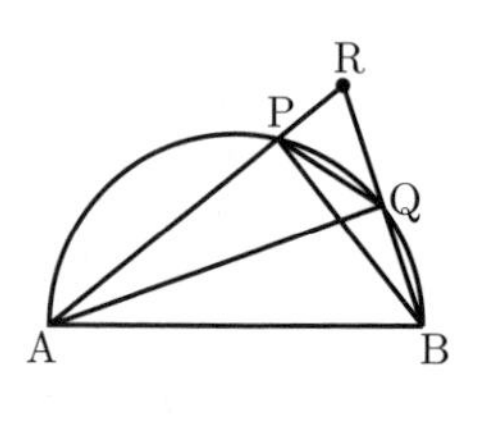

(1) ∠QABを a 度とするとき，∠ARBの大きさを a を用いた式で表すと ⑯ 度である。

(2) 線分ARの長さは ⑰ cm である。

(3) 三角形ABRの面積は ⑱ cm^2 である。

(4) 線分APの長さは ⑲ cm である。

(5)　三角形 BPQ の面積は $\boxed{⑳}$ cm^2 である。

5 よく出る　右の**図1**のように，正四角錐 A − BCDE があり，辺 AB の中点を M とする。底面の正方形 BCDE の対角線 BD と CE の交点を F とすると，AF = 8 cm である。
次の各問いに答えよ。

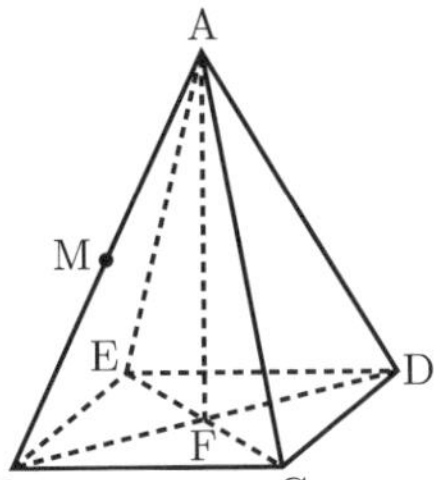

(1) 基本　底面の正方形 BCDE の一辺の長さが 9 cm のとき，対角線 BD の長さは $\boxed{㉑}$ cm で，正四角錐 A − BCDE の体積は $\boxed{㉒}$ cm^3 である。

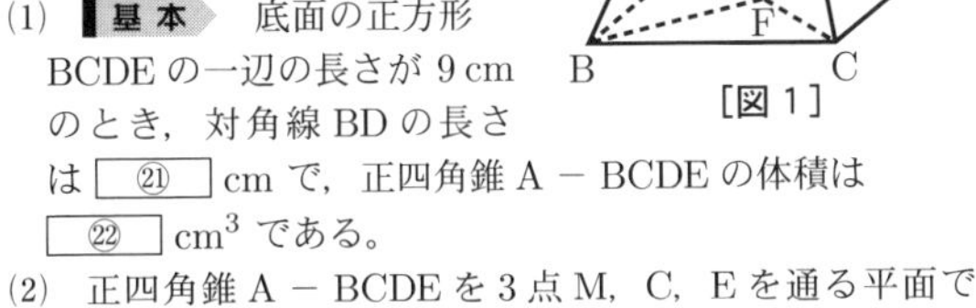

［図 1］

(2)　正四角錐 A − BCDE を 3 点 M，C，E を通る平面で 2 つに切り分ける。
頂点 B を含む立体の体積を $V_1\,\mathrm{cm}^3$，頂点 B を含まない立体の体積を $V_2\,\mathrm{cm}^3$ とするとき，V_1 と V_2 の体積比を最も簡単な整数比で表すと，$V_1 : V_2 = \boxed{㉓}$ である。

(3)　右の**図2**のように，正四角錐 A − BCDE のすべての面に球が内接している。
この球の中心を P，線分 MP と球の表面との交点を Q とする。
球の半径が 2 cm であるとき，
(ア)　底面の正方形 BCDE の 1 辺の長さは $\boxed{㉔}$ cm である。
(イ)　線分 MQ の長さは $\boxed{㉕}$ cm である。

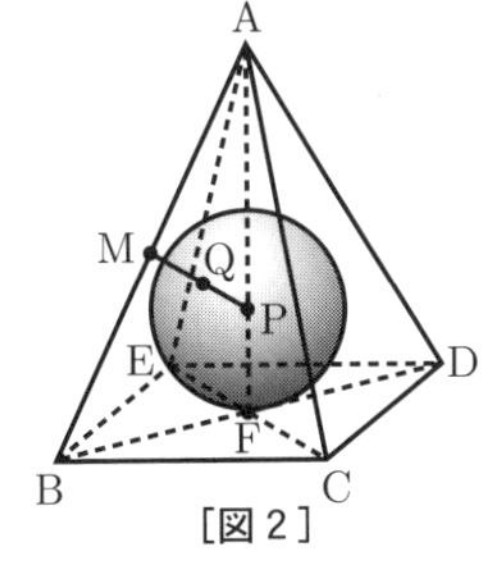

［図 2］

法政大学高等学校

時間	50分	満点	100点	解答	P135	2月10日実施

出題傾向と対策

●大問が 4 題で，**1** は全分野から出題の基本問題の小問集合，**2** は連立方程式の応用，**3** は関数と図形，**4** は平面図形の問題であった。出題形式や分野，難易度は例年通りであったが基本問題を中心に出題している傾向が強い。

●出題傾向はほぼ固定化しているので，教科書を中心に，基本事項を整理し，過去問や標準的な問題にあたり，しっかりした計算力と思考力を身につけておくことが大切である。立体図形の問題にも注意したい。

1 よく出る 基本　次の各問いに答えなさい。

(1)　$-5^2-6\div(-2)^3+\dfrac{1}{2}\div\left(-\dfrac{2}{5}\right)-\dfrac{5}{2}$ を計算しなさい。 (5点)

(2)　$(-3a^2b^3)^2\div 2ab^2\times\left(-\dfrac{a^3b^2}{3}\right)$ を計算しなさい。 (5点)

(3)　$\dfrac{3x+1}{2}-\dfrac{2x-1}{3}-\dfrac{1}{4}$ を計算しなさい。 (5点)

(4)　$a^2-b^2+4bc-4c^2$ を因数分解しなさい。 (5点)

(5)　$\sqrt{5}$ の小数部分を x とする。x^2+4x-5 の値を求めなさい。 (5点)

(6)　図のようにマッチ棒を順に並べていく。並べ方の規則を変えないものとして，n 番目で使われるマッチ棒は全部で何本ですか。n を使った式で表しなさい。 (5点)

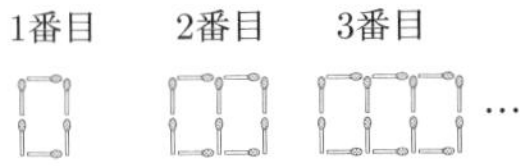

1番目　2番目　3番目　…

(7)　方程式 $0.2\,(0.1x-0.8)=\dfrac{4x+7}{50}$ を解きなさい。 (5点)

(8)　方程式 $2x^2-4x-5=0$ を解きなさい。 (5点)

(9)　右の図で，点 A から書き始めて一筆書きする方法は全部で何通りあるかを求めなさい。 (5点)

(10)　大小 2 つのさいころを同時に投げ，大きいほうのさいころの出た目を a，小さいほうのさいころの出た目を b として，2 次方程式 $x^2+ax+b=0$ を考える。このとき，この 2 次方程式が $x=-1$ を解にもつ確率を求めなさい。 (5点)

(11)　3 点 A $(-4,\ 13)$，B $(1,\ 3)$，C $(5,\ a)$ が同じ直線上にあるとき，定数 a の値を求めなさい。 (5点)

(12)　関数 $y=ax^2$ について，x の変域が $-6\leqq x\leqq 3$ のとき y の変域が $b\leqq y\leqq 24$ である。このとき，a，b の値を求めなさい。 (5点)

(13) 右の図で，
AB = 6，AC = 8，
∠ABD = ∠CBD = ∠BCD
である。このとき，辺 BC の長さを求めなさい。　(5点)

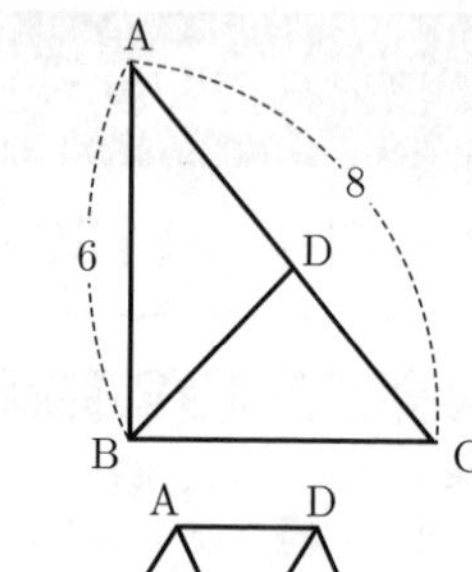

(14) 右の図で
△ABC ≡ △DEF である。△OAD と △OEC の面積の比が 4 : 9 であるとき，四角形 OABE と △OAD の面積の比を，最も簡単な整数の比で表しなさい。　(5点)

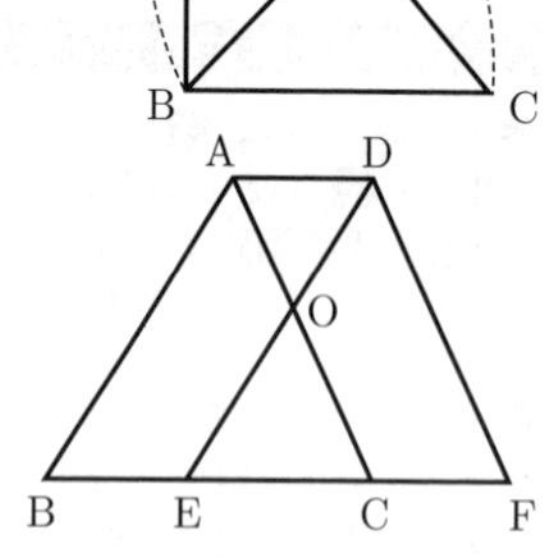

2 よく出る 基本　長さの等しい列車 A と列車 B がある。B は A の 1.4 倍の速さで走り，A と B がすれちがうのに 8 秒かかる。また，A は長さ 960 m のトンネルに入り始めてから出終わるまでに 48 秒かかる。A の長さを x m，速さを毎秒 y m とするとき，次の問いに答えなさい。

(1) 下線部分について，x，y を使って方程式をつくりなさい。　(5点)

(2) x の値を求めなさい。　(5点)

3 よく出る　放物線 $y = 3x^2$ と直線 $y = ax + 6$ が 2 点 A，B で交わっている。A の x 座標が -2 のとき，次の問いに答えなさい。

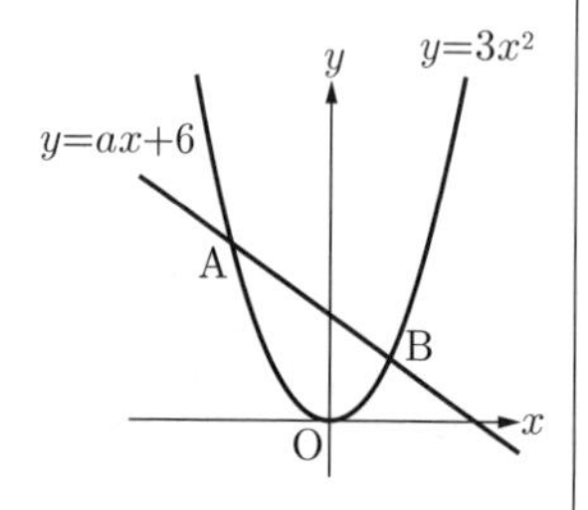

(1) 基本　a の値を求めなさい。　(5点)

(2) 思考力　点 P が放物線上を動くとする。
△PAB の面積が △OAB の面積の 2 倍となるとき，点 P の座標をすべて求めなさい。　(5点)

4 よく出る 基本　右の図のように，円の弦 BC と AD の延長の交点を P，弦 AC と BD の交点を Q とする。
∠APB = 30°，∠AQB = 100° のとき，次の問いに答えなさい。
ただし，円周率は π とします。

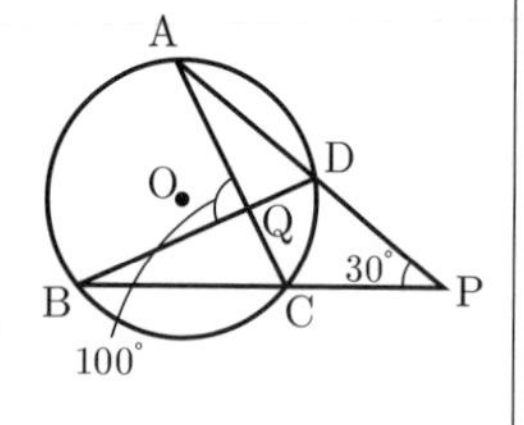

(1) ∠CBD の大きさを求めなさい。　(5点)

(2) 円 O の半径が 3 であるとき，A を含まない方の弧 CD の長さを求めなさい。　(5点)

法政大学国際高等学校

時間 50分　満点 100点　解答 P136　2月12日実施

出題傾向と対策

●大問が 4 題で，**1** は基本問題の小問集合，**2** は関数と図形を組み合わせた総合問題，**3** は平面図形，**4** は確率と場合の数の問題であった。問題数は少ないが，**2**，**3**，**4** の最後の設問は，手応えのある出題となっているので注意したい。

●出題形式や問題構成，難易度は例年通りであるので，基本事項を整理し，過去問に取り組み，確かな計算力と思考力を身につけておこう。

1 よく出る 基本　次の問いに答えよ。

(1) $\dfrac{2x-4y}{3} - \dfrac{3x-4y}{5} - x + 2y$ を計算せよ。　(5点)

(2) $\dfrac{\sqrt{12}}{\sqrt{8}} - \dfrac{\sqrt{0.27}-\sqrt{0.32}}{\sqrt{0.5}}$ を計算せよ。　(5点)

(3) $3a^2b - 2a^2c - 3b^3 + 2b^2c$ を因数分解せよ。　(5点)

(4) $\sqrt{6}$ の小数部分を x とするとき，$x^4 - 100$ の値を求めよ。　(5点)

(5) 円錐の展開図において，側面にあたるおうぎ形の中心角が 288°，底面にあたる円の半径が 8 cm である。この円錐の体積を求めよ。　(5点)

(6) 1 辺の長さが 20 cm の正方形の紙の 4 隅から同じ大きさの正方形を 4 つ切り取って，ふたのない箱を作る。この箱の底面積と側面積が等しいとき，切り取る正方形の 1 辺の長さを求めよ。　(5点)

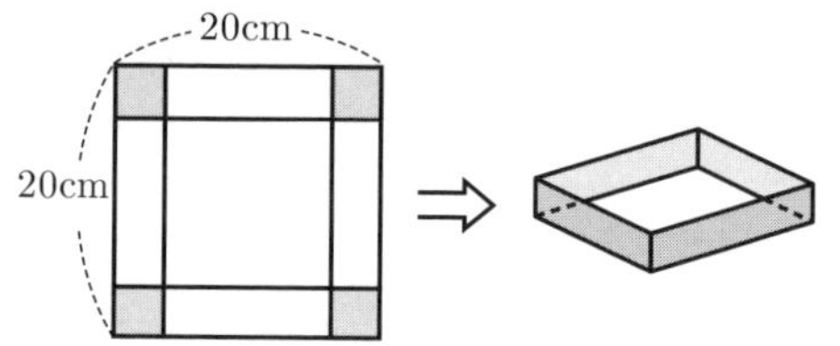

2 A $(-1,\ 0)$，B $(1,\ 0)$ とする。図のように，正方形 ABCD と，2 点 C，D を通る放物線 $y = ax^2$ $(a > 0)$ …①がある。点 D を通り，直線 OC に平行な直線と，放物線①の交点のうち，D と異なる点を E とする。このとき，次の問いに答えよ。

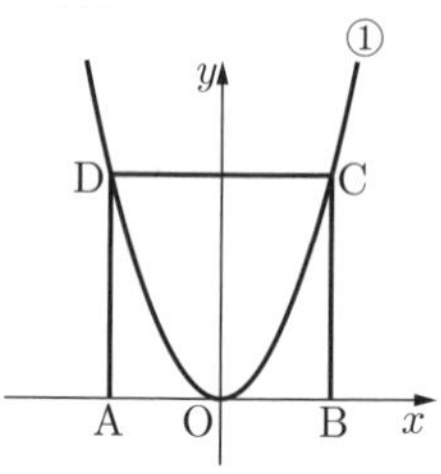

(1) よく出る 基本　a の値を求めよ。　(7点)

(2) よく出る 基本　点 E の座標を求めよ。　(7点)

(3) よく出る 基本　四角形 OCED の面積を求めよ。　(7点)

(4) 思考力　放物線①上に点 F をとる。△OCF の面積が四角形 OCED の面積と等しいとき，点 F の x 座標を求めよ。ただし，点 F の x 座標は負であるとする。(7点)

3 平行四辺形ABCDの辺BC上に点Eをとり，辺ABの延長と直線DEとの交点をFとする。線分BF上に点Gをとり，直線DGと辺BCとの交点をH，直線AHと線分DFとの交点をIとする。$AB = 5$，$AD = 8$，$EC = 2$，$BG = 4$であるとき，次の問いに答えよ。

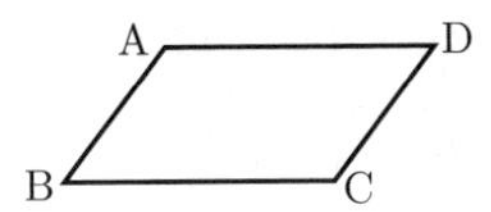

(1) よく出る 基本 FGの長さを求めよ。(7点)

(2) よく出る 基本 DE : EIを最も簡単な整数比で表せ。(7点)

(3) 思考力 △BGHと△GHIの面積比を最も簡単な整数比で表せ。(7点)

4 図1のように，$AB = 2$，$AD = 1$の長方形ABCDと，1辺の長さが1である正三角形PQRがある。はじめ，辺QRが辺AB上にあり，頂点Qと頂点Aが重なっていたとする。1枚の硬貨を投げて表が出たら時計回りに，裏が出たら反時計回りに，△PQRをすべらないように長方形の周りを転がす。例えば，1枚の硬貨を2回投げて2回とも表が出た場合は図2のようになる。このとき，次の問いに答えよ。

図1

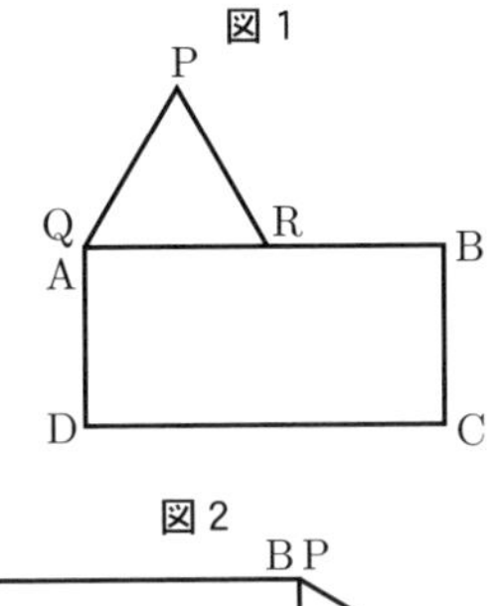

図2

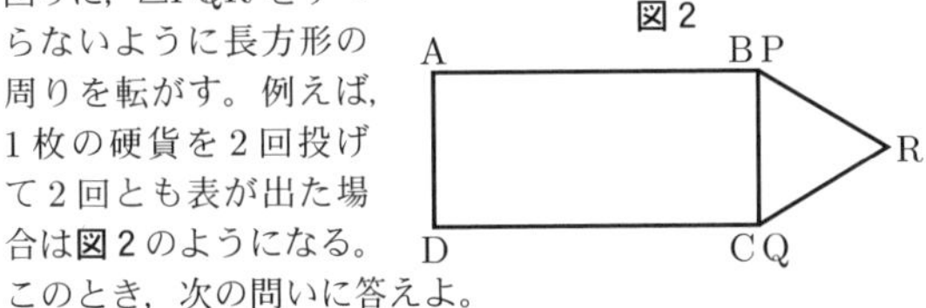

(1) よく出る 基本 硬貨を3回投げたとき，△PQRの1辺が辺CD上にある確率を求めよ。(7点)

(2) 硬貨を5回投げたとき，△PQRの1辺が辺CD上にある確率を求めよ。(7点)

(3) 長方形ABCDの辺の長さを$AB = 8$，$AD = 2$に変える。硬貨を10回投げたとき，表が出た回数はx回で，△PQRの1辺が辺CD上にあった。xとして考えられる値は何個あるか。(7点)

法政大学第二高等学校

時間 50分　満点 100点　解答 P137　2月11日実施

* 注意　1．必要ならば，円周率はπを用いること。
　　　　2．答えは分母に根号を含まない形で答えること。

出題傾向と対策

●例年同様大問は6題で，**1**と**2**は小問集合，**3**は場合の数，**4**は関数$y = ax^2$，**5**は平面図形に関する問題，**6**は空間図形に関する問題であった。大問には基本的な問題も含まれている。

●出題傾向はここ数年変化がなく，特に，場合の数・確率，関数$y = ax^2$，相似，三平方の定理，空間図形の計量の問題が頻出である。解答用紙に計算過程や考え方を記述する問題が出題されるので，素早く解くだけでなく，途中の過程をかく練習を積み重ねよう。

1 基本 次の各問に答えなさい。

問1．よく出る $(x+2y+1)^2+(x+2y)-11$を因数分解しなさい。

問2．よく出る 連立方程式 $\begin{cases} 0.4x+\dfrac{1}{10}y=-\dfrac{1}{2} \\ 2x+3y=5 \end{cases}$ を解きなさい。

問3．よく出る 2次方程式$(2x+3)^2=(3x-8)^2$を解きなさい。

問4．$a=\sqrt{2}$，$b=\sqrt{3}$のとき，次の式の値を求めなさい。（途中式も書くこと）

$$b \times \sqrt{\frac{2}{3}a^3} \div \sqrt{3ab} \times \sqrt{b^3}$$

2 次の各問に答えなさい。

問1．よく出る 基本 1次関数$y=-4x+b$においてxの変域が$4 \leqq x \leqq b$のとき，yの変域が$-3b \leqq y \leqq -1$であるという。bの値を求めなさい。

問2．不等式$\dfrac{1}{\sqrt{n+1}} > \dfrac{1}{7}$を満たす正の整数$n$のうち，最も大きいものを答えなさい。

問3．基本 1，2，3，4の4個の数を並べて，4けたの整数を作るとき，2143より大きい整数は何通りあるか，求めなさい。

問4．100人の生徒に対して，野球とサッカーのどちらが好きかを調査したところ，野球が好きな生徒は60人，サッカーが好きな生徒は50人であった。このとき「野球もサッカーもどちらも好き」と回答した生徒の人数は何人以上何人以下と考えられるか，答えなさい。

問5．よく出る 直角三角形の3辺の長さの和が36cmで，すべての辺に接する円の半径が3cmであるとき，この直角三角形の斜辺の長さを求めなさい。

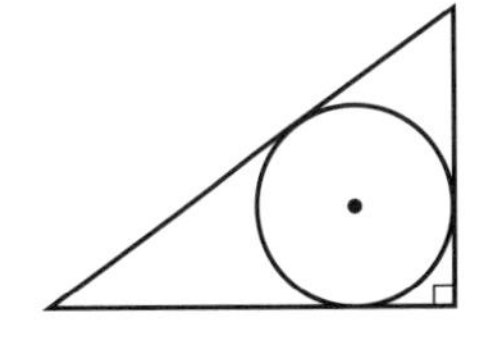

3 図のように同じ大きさの4つの立方体からなる立体図形について，頂点Aから出発して立方体の辺の上を通り，最短距離で他の頂点に行く経路を考える。次の各問に答えなさい。

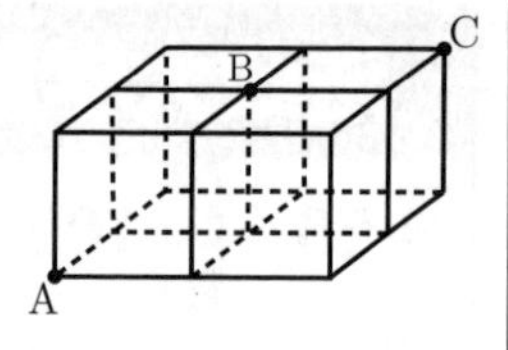

問1．基本　頂点Aから頂点Bを通って頂点Cに行く経路は何通りあるか，求めなさい。

問2．頂点Aから頂点Cに行く経路は全部で何通りあるか，求めなさい。

4 図のように放物線 $y=x^2$ のグラフ上に点 A $(3,\ 9)$ をとる。直線OAに平行な直線で点B $(-1,\ 1)$ を通る直線と，$y=x^2$ のグラフとの交点のうちBでないものをCとする。直線BCと y 軸との交点をDとする。次の各問に答えなさい。

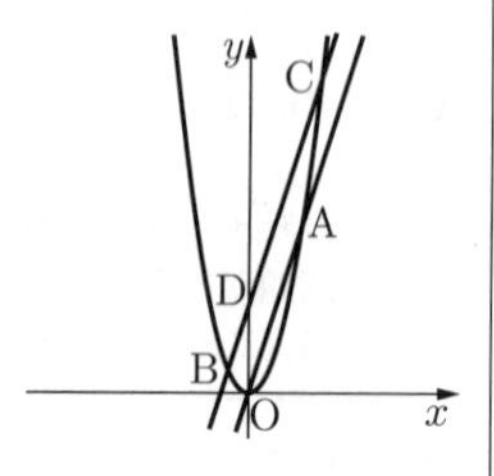

問1．よく出る　点Cの座標を求めなさい。

問2．点Dから直線OAに垂線を引き，直線OAとの交点をHとする。このとき，線分DHの長さを求めなさい。

5 よく出る　図は，1辺の長さが9cmの正方形ABCDを頂点Cが辺AB上の点Eに重なるように折り返したもので，PQは折り目の線である。BE = 3cmであるとき，次の各問に答えなさい。

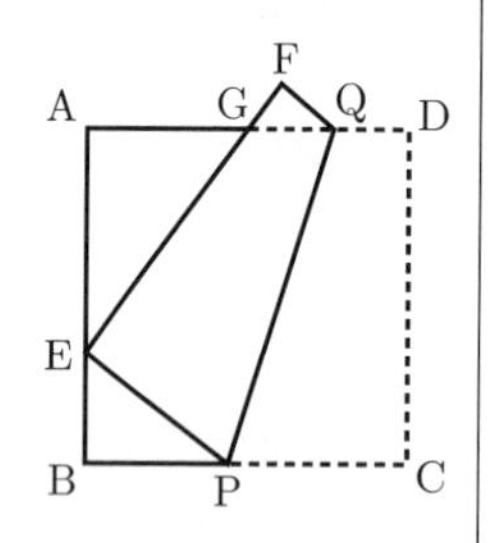

問1．基本　線分PCの長さを求めなさい。

問2．基本　線分AGの長さを求めなさい。

問3．四角形FEPQの面積を求めなさい。考え方も書くこと。

6 図のような1辺の長さが6cmの立方体ABCD－EFGHがある。次の各問に答えなさい。

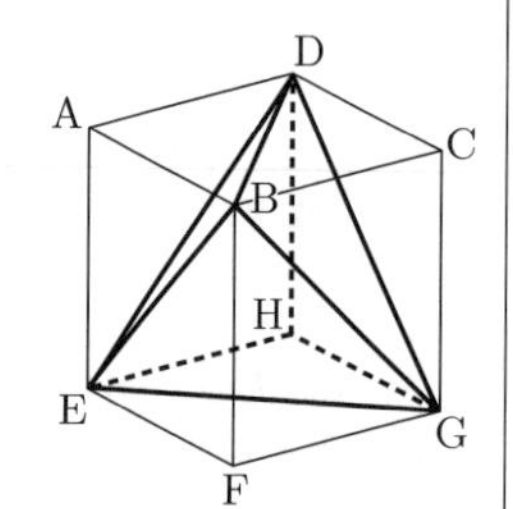

問1．よく出る 基本
四面体BDEGの体積を求めなさい。

問2．よく出る 基本
△BDEの面積を求めなさい。

問3．思考力　四面体BDEGのすべての面に接する球の半径を求めなさい。

明治学院高等学校

時間	50分	満点	100点	解答	P138	2月10日実施

出題傾向と対策

●大問数は5題で，**1** は基本問題からなる小問集合，**2** は確率，**3** は関数と平面図形，**4** は連立方程式の応用，**5** は平面図形で，今年度は立体図形の出題がなかった。

●出題形式，出題傾向はほぼ定まっているので，過去の問題を通して，入試標準問題で学習しておくこと。

1 よく出る 基本　次の各問いに答えよ。

(1) $-\left(-\dfrac{3}{2}\right)^2+\left(-\dfrac{5}{4}\right)\div\left(-\dfrac{5}{3}\right)$ を計算せよ。

(2) $(\sqrt{0.72}+\sqrt{1.08})\left(\dfrac{10}{\sqrt{2}}-\sqrt{75}\right)$ を計算せよ。

(3) 連立方程式 $\begin{cases}\sqrt{2}x+y=-1\\ x-\sqrt{2}y=4\sqrt{2}\end{cases}$ を解け。

(4) $\sqrt{10}$ の小数部分を p とするとき，p^2+6p+9 の値を求めよ。

(5) 2次方程式 $(3x+1)(x-3)=2x^2-7x$ を解け。

(6) 関数 $y=ax^2$ において，x の変域が $-3\leqq x\leqq 1$ のとき，y の変域が $0\leqq y\leqq 3$ である。このとき，定数 a の値を求めよ。

(7) 実数 a に対して，a を超えない最大の整数を $[a]$ で表す。例えば，$[3.14]=3$ である。$[\sqrt{n}]=2$ となる整数 n はいくつあるか。

(8) あるコンサートを2日間にわたり開催して，入場者数を調べたところ次のことが分かった。
- 2日目は，1日目と比べて男子が10%減って，女子が10%増えた。
- 2日目は，1日目と比べて男女合わせて1%減り，50人少なくなった。

このとき，1日目の男性の入場者数を求めよ。

(9) △ABCにおいて，
BA = BE，CA = CD
のとき，∠C の大きさを求めよ。

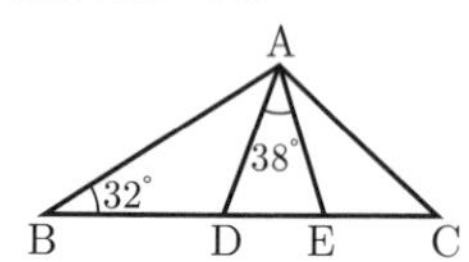

(10) 図1のような底面の半径が6cmの円柱形の容器がある。この容器は水平に置かれ，x cmの深さまで水が入っている。半径3cmの鉄球を静かに沈めたところ，図2のように水の深さが14cmになった。x の値を求めよ。ただし，円周率は π とする。

図1　図2

2 座標平面上に2点 A $(3,\ 0)$，B $(5,\ 4)$ がある。大小2つのさいころを投げ，大きいさいころの出た目を a，小さいさいころの出た目を b とし，点 P $(a,\ b)$ をとる。
次の問いに答えよ。

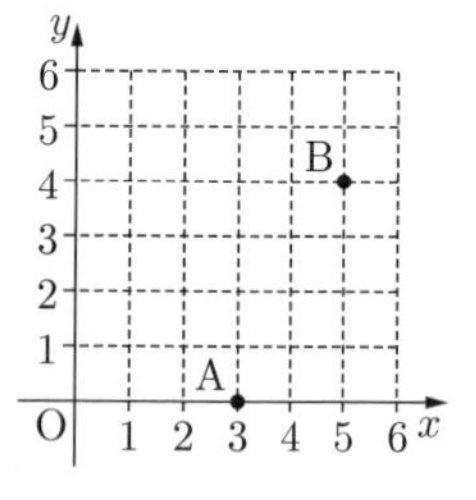

(1) 線分ABの垂直二等分線上に点Pがある確率を求めよ。

(2) 線分 AB を直径とする円の周上に点 P がある確率を求めよ。

3 図のように，x 軸上の正の部分にある点 P を通り，y 軸と平行な直線 m を引く。2つの放物線 $y=ax^2$ $(a>0)$，$y=\frac{1}{6}x^2$ と直線 m の交点をそれぞれ A，B とするとき，AB : BP = 2 : 1 である。
次の問いに答えよ。ただし，原点を O とする。

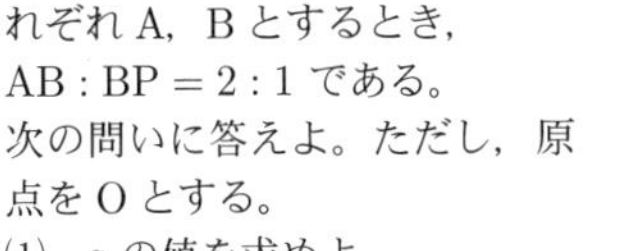

(1) a の値を求めよ。
(2) BO = BA となるとき，点 B の座標を求めよ。
(3) 思考力 (2)のとき，3 点 A，O，B を通る円の面積を求めよ。ただし，円周率は π とする。

4 次の表は，あるクラスの生徒を対象に，10 点満点のテストを行った結果をまとめたものである。テストの得点に応じて 3 段階の評価をつけ，評価A，B を合格，評価 C を不合格とした。

評価	A	A	A	B	B	B	B	C	C	C	C
得点(点)	10	9	8	7	6	5	4	3	2	1	0
人数(人)	1	4	5	x	2	2	y	z	5	2	4

また，次のことが分かっている。
・評価A の生徒の平均点は，評価C の生徒の平均点よりも 7 点高い。
・合格者の平均点は 6.6 点であるが，得点が 3 点の生徒も合格者に含めると，合格者の平均点は 6 点になる。
このとき，次の問いに答えよ。
(1) 表における z の値を求めよ。
(2) 生徒の総数を求めよ。

5 よく出る 平行四辺形 ABCD において，点 E は辺 AD を 1 : 1，点 F は辺 BC を 5 : 3，点 G は辺 CD を 3 : 2 に分ける点である。次の比をもっとも簡単な整数の比で表せ。

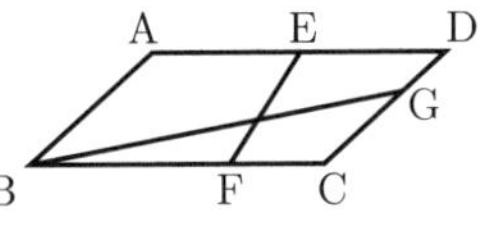

(1) ED : FC
(2) 直線 AD と直線 BG の交点を H とするとき，BF : EH
(3) 線分 BG と線分 EF の交点を I とするとき，BI : IG

明治大学付属中野高等学校

時間 50分　満点 100点　解答 P139　2月12日実施

出題傾向と対策

●大問は 6 問で，**1** は計算を中心に小問 4 題，**2** は 4 題から成る小問集合，**3** は記述式答案の小問 2 題，**4** は立体図形，**5** は連立方程式の応用問題，**6** は関数 $y=ax^2$ であった。分量・難易度ともに例年並であった。
●例年，標準以上のレベルの問題が，全ての単元から満遍なく出題されている。応用レベルの典型題・良問に数多く触れて，最後の答えまで自力で到達できるようにトレーニングを積んでいこう。途中経過の記述にも日頃から取り組んでおきたい。

1 よく出る 次の問いに答えなさい。
(1) $(x^2-2x)^2-5(x^2-2x)+6$ を因数分解しなさい。
(2) $\dfrac{(\sqrt{2}-1)(2+\sqrt{2})}{\sqrt{3}}-\dfrac{(3+\sqrt{3})(\sqrt{3}-1)}{\sqrt{2}}$ を計算しなさい。
(3) $\sqrt{12(51-2n)}$ が整数となるような自然数 n をすべて求めなさい。
(4) 右の表は，ある中学校の男子 40 人の自宅から学校まで登校するのにかかる時間を調査し，度数分布表にまとめたものです。
　このとき，この表から登校するのにかかる時間の平均値を求めなさい。

階級(分)	度数(人)
0以上　20未満	2
20 ～ 40	4
40 ～ 60	11
60 ～ 80	13
80 ～ 100	7
100 ～ 120	3
計	40

2 次の問いに答えなさい。
(1) $n^2-18n+72$ が素数となる自然数 n をすべて求めなさい。
(2) 右の図のように，四角形 ABCD の 2 本の対角線を引いたとき，$\angle x$ の大きさを求めなさい。
(3) 1 個のサイコロを 3 回振り，1 回目に出た目を a，2 回目に出た目を b，3 回目に出た目を c とします。1 次関数 $y=3x+1$ と，方程式 $ax-by+c=0$ のグラフをかいたとき，この 2 つのグラフが交わる（重なる場合も含む）確率を求めなさい。
(4) $x+\dfrac{1}{x}=3$ のとき，$x^2-\dfrac{1}{x^2}$ の値を求めなさい。

3 基本 次の問いに答えなさい。
(1) 都合により省略
(2) 『3 けたの正の整数において，上 2 けたの数から一の位の数を引いた数が 11 の倍数ならば，もとの 3 けたの整数は 11 の倍数である』という性質が成り立ちます。
　例えば，418 であれば，$41-8=33$ となり，418 は 11 の倍数だとわかります。

3けたの正の整数の百の位の数を x，十の位の数を y，一の位の数を z としたとき，この性質が成り立つわけを x，y，z を用いて説明しなさい。
【この問題は途中式や考え方を書きなさい。】

4 右の図のような三角錐 O − ABC があります。OA = 8，AB = AC = 6 であり，OA，OB，OC のそれぞれの中点を D，E，F とします。また，
$\angle OAB = \angle OAC = \angle BAC = 90°$ です。
次の問いに答えなさい。

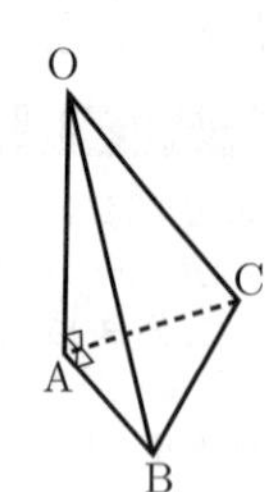

(1) 線分 OA 上に点 G があります。FG + GB の長さが最小となるとき，線分 OG の長さを求めなさい。
(2) 線分 OD 上に点 H があります。△HEF が正三角形であるとき，線分 OH の長さを求めなさい。
(3) (1)の点 G と(2)の点 H について，三角錐 H − GEF を考えます。点 G から △HEF へ垂直な線を引き，その交点を I とします。線分 GI の長さを求めなさい。

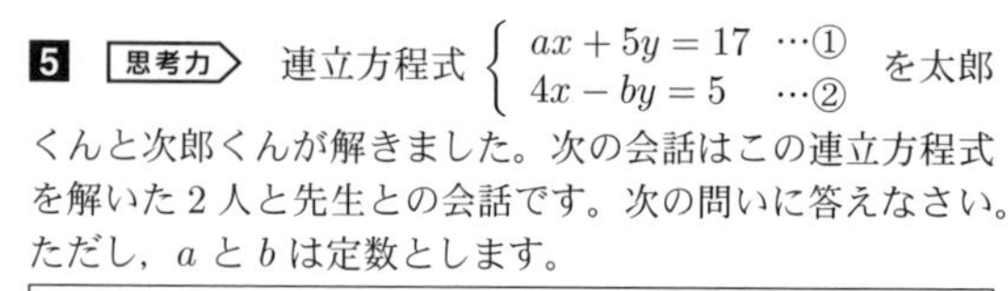

5 思考力 連立方程式 $\begin{cases} ax+5y=17 & \cdots① \\ 4x-by=5 & \cdots② \end{cases}$ を太郎くんと次郎くんが解きました。次の会話はこの連立方程式を解いた2人と先生との会話です。次の問いに答えなさい。ただし，a と b は定数とします。

> 先生「それでは，この計算の答えを聞こうかな。太郎くんはいかがですか。」
> 太郎「$x=$ [ア]，$y=\frac{3}{2}$ です。」
> 先生「太郎くん。それは，①の方程式の x の係数を4にして計算していますよ。他の部分は合っていますね。次郎くんはいかがですか。」
> 次郎「$x=-13$，$y=$ [イ] です。」
> 先生「次郎くんは，②の方程式の y の係数の符号を逆にして計算していますよ。他の部分は合っていますね。」
> 先生「2人とも，もう一度問題の式を見て，落ち着いて解き直してみて下さい。」

(1) [ア] と [イ] に当てはまる数を答えなさい。
(2) この連立方程式の正しい解を求めなさい。

6 右の図のように，放物線 $y=\frac{1}{2}x^2$ 上に2点 A，B があります。2点 A，B の x 座標はそれぞれ -2，3 です。また，同じ座標平面上に，この2点 A，B とは別に CA = CB，$\angle ACB = 90°$ となる点 C をとります。次の問いに答えなさい。
(1) 点 C の x 座標をすべて求めなさい。
(2) 点 D が放物線 $y=\frac{1}{2}x^2$ 上を動くとき，△ABC の面積と △ABD の面積が等しくなるような点 D の x 座標をすべて求めなさい。

明治大学付属明治高等学校

時間	50分	満点	100点	解答	P141	2月12日実施

＊ 注意　1．解答は答えだけでなく，式や説明も書きなさい。（ただし，**1** は答えだけでよい。）
2．無理数は分母に根号がない形に表し，根号内はできるだけ簡単にして表しなさい。
3．円周率は π を使用しなさい。

出題傾向と対策

●大問5題で，**1** は独立した小問の集合，**2** は2次方程式，**3** は平面図形，**4** は $y=ax^2$ のグラフと図形，**5** は空間図形からの出題であった。大問の分野は年によって変化するが全体としての分野，分量，難易度はほぼ一定していると思われるが，今年は **1** (3)，(4)，**4** (2) など，扱いにくいものが多かった。
●定型的なものが多く出題されるので，標準的なもので十分練習しておくこと。

1 よく出る 次の [　　] にあてはまる数や式を求めよ。
(1) $4a^2-b^2+16c^2-16ac$ を因数分解すると，[　　] である。 (7点)
(2) $\sqrt{2021}x+\sqrt{2019}y=2$，$\sqrt{2019}x+\sqrt{2021}y=1$ のとき，$x^2-y^2=$ [　　] である。 (7点)
(3) 青，赤，黄，緑のサイコロがそれぞれ1個ずつある。4個のサイコロを同時に投げて，出た目の数をそれぞれ a，b，c，d とする。a，b，c，d の最小公倍数が10となる場合は，[　　] 通りである。 (7点)
(4) 右の図のように，1辺の長さが10の正方形 ABCD がある。点 B を中心とするおうぎ形 BAC の $\overset{\frown}{AC}$ 上に点 P をとり，直線 BP と辺 DA の交点を Q とする。斜線部分㋐と㋑の面積が等しいとき，QD = [　　] である。(7点)

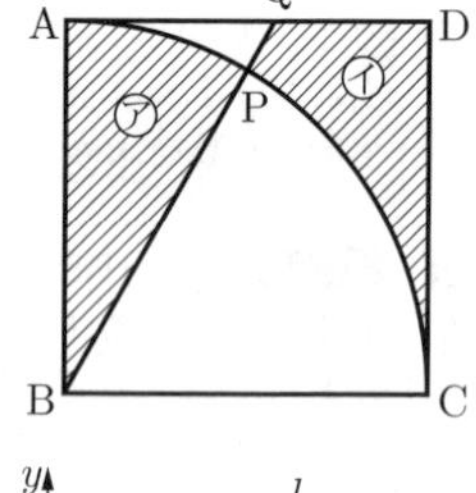

(5) 右の図のように，4点 O (0, 0)，A (9, 0)，B (7, 4)，C (4, 4) を頂点とする台形 OABC がある。点 D (6, 6) を通る直線 l と辺 BC，OA との交点をそれぞれ P，Q とする。四角形 OQPC と四角形 QABP の面積の比が 1 : 8 であるとき，直線 l の式は $y=$ [　　] である。 (7点)

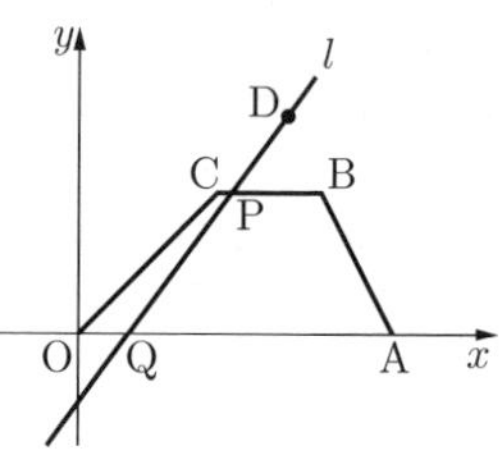

2 次の各問いに答えよ。
(1) $(\sqrt{2}+\sqrt{3}+\sqrt{6})(2\sqrt{2}-\sqrt{3}-\sqrt{6})$ を計算せよ。 (8点)
(2) 2次方程式
$x^2+(\sqrt{2}-2\sqrt{3}-2\sqrt{6})x+(5+6\sqrt{2}-2\sqrt{3}-\sqrt{6})=0$ を解け。 (8点)

3 よく出る　右の図のように，△ABC の辺 AB，BC，CA 上にそれぞれ点 P，Q，R をとる。
AP : PB = 2 : 3，
AR : RC = 3 : 2，
△APR = △ABQ である。AQ と PR の交点を S とするとき，次の各問いに答えよ。

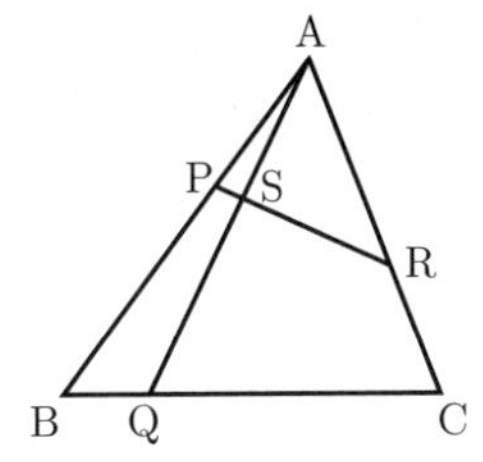

(1)　BQ : QC を最も簡単な整数の比で表せ。　(6点)
(2)　AS : SQ を最も簡単な整数の比で表せ。　(6点)
(3)　△APS と四角形 PBQS の面積の比を最も簡単な整数の比で表せ。　(5点)

4 よく出る　右の図のように，放物線 $y=\frac{1}{3}x^2$ …①と点 A $(a,\ b)$ がある。ただし，$a>0$，$b>0$ とする。点 A を通る 3 直線があり，x 軸に平行な直線を l，傾き $-\frac{1}{2}$ の直線を m，傾き -1 の直線を n とする。また，①と l が交わる 2 点を B，C，①と m が交わる 2 点を D，E，①と n が交わる 2 点を F，G とする。線分 BC，DE，FG の中点をそれぞれ L，M，N とするとき，次の各問いに答えよ。

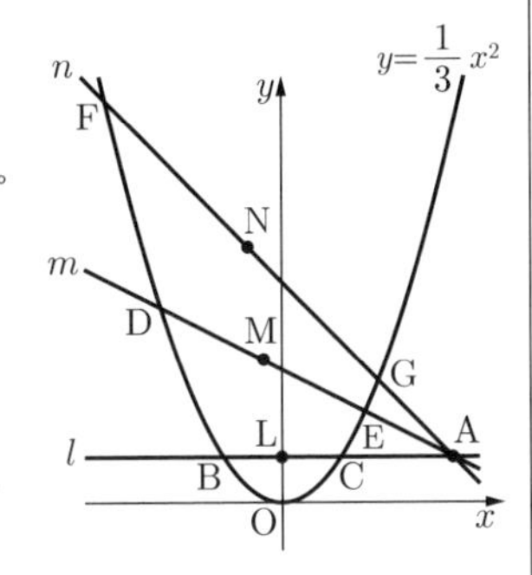

(1)　点 M の x 座標を求めよ。　(8点)
(2)　思考力　△LMN の面積を求めよ。　(8点)

5 よく出る　右の図のように，1 辺の長さが 6 の立方体 ABCD − EFGH がある。2 点 P，Q は，それぞれ辺 BF，GH 上にあり，BP : PF = 2 : 1，GQ : QH = 1 : 3 である。3 点 A，P，Q を通る平面で立方体を切断すると，その平面は，辺 FG 上の点 R，辺 DH 上の点 S を通る。PR の延長と辺 CG の延長との交点を K とするとき，次の各問いに答えよ。

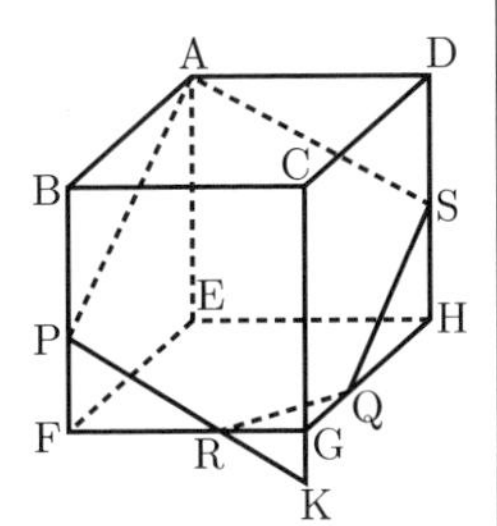

(1)　FR の長さを求めよ。　(6点)
(2)　GK の長さを求めよ。　(5点)
(3)　思考力　この立方体を切断したあと，点 C を含む方の立体の体積を求めよ。　(5点)

洛南高等学校

時間	60分	満点	100点	解答	P142	2月10日実施

＊　注意　1．$\sqrt{\quad}$ は最も簡単にして無理数のまま，分数は既約分数になおして答えよ。
2．直角三角形の斜辺の長さを a，他の 2 辺の長さを b，c とすると，次の等式が成り立つ。

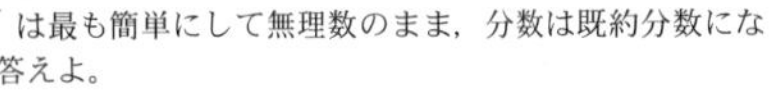

$a^2=b^2+c^2$
これを三平方の定理という。
また，3 つの角が 30°，60°，90° の直角三角形と直角二等辺三角形は，3 つの辺の長さの比が右の図のようになることが知られている。

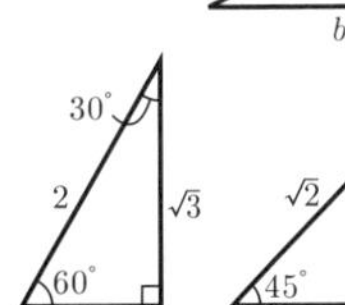

出題傾向と対策

●大問は 5 問で，**1** は小問集合，**2** は関数 $y=ax^2$，**3** は確率と 1 次関数と $y=ax^2$ の複合問題，**4** は平面図形，**5** は空間図形の問題であった。問題の冒頭に三平方の定理の解説があり，受験生に配慮した内容になっている。問題構成，分量，難易度は昨年度とほとんど同じであった。
●基礎・基本をよく理解した上で，過去問などを活用し，応用力を高めておくとよい。

1 よく出る　次の問いに答えよ。
(1)　$4\times(-0.5)^3-\frac{1}{3}\div\frac{1}{6}+(-3)^2$ を計算せよ。
(2)　$2a^2-3ab+2a-3b$ を因数分解せよ。
(3)　$a=\sqrt{2}$，$b=1$ のとき，$(3a-b)^2-(a-3b)^2$ の値を求めよ。
(4)　2 次方程式 $(x-1)^2-3(x-1)+2=0$ を解け。

2 思考力　図のように，$y=x^2$…①のグラフと $y=x+2$…②のグラフの交点を x 座標の大きい方から A，B とする。AB の中点を M とし，M を通り②とは異なる直線を l とする。l と①のグラフとの交点を x 座標の小さい方から C，D とし，l と y 軸との交点を L，CD の中点を N とする。L が MN の中点になっているとき，次の問いに答えよ。

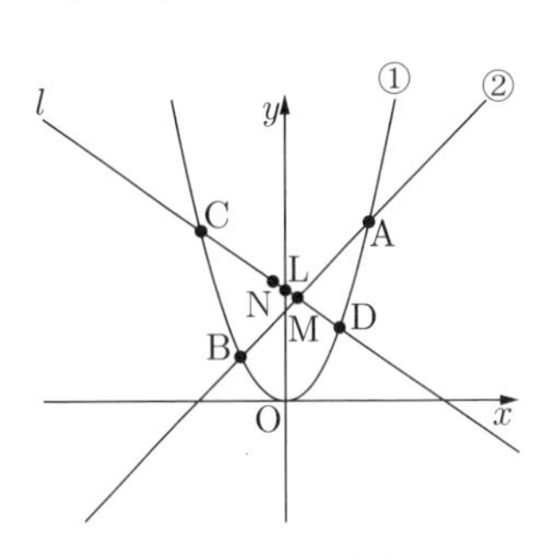

(1)　A，B の座標をそれぞれ求めよ。
(2)　N の x 座標を求めよ。
(3)　C の x 座標を t とする。D の x 座標を t を用いて表せ。
(4)　l の方程式を求めよ。

3 よく出る　大小 2 つのサイコロを同時に振って，出た目をそれぞれ a，b とする。座標平面上に直線 $y=-ax+b$ と放物線 $y=x^2$ を描く。このとき，次の問いに答えよ。
(1)　直線 $y=-ax+b$ と放物線 $y=x^2$ の交点の 1 つの座標が $(2,\ 4)$ であるとき，a，b の値を求めよ。
(2)　直線 $y=-ax+b$ と放物線 $y=x^2$ の交点を考える。考えられる交点のうち，x 座標と y 座標がともに正の整数であるものの座標をすべて求めよ。

(3) サイコロを1回振って，(2)で求めた座標の交点ができる確率を求めよ。

(4) (2)で求めた座標の交点のうち，x 座標が最大である点をA，x 座標が2番目に大きい点をBとする。サイコロを1回振って，直線 $y=-ax+b$ が線分AB（両端含む）と交点を持つ確率を求めよ。

4 よく出る

図のように，$AB=CD=DA=1$，$BC=2$，$\angle B=\angle C=60°$ の四角形ABCDがある。辺AB，BC，CD，DAをそれぞれ3等分する点をとり，それらすべてを通る四角形PQRSを図のようにとる。線分PRと線分AD，BC，QSとの交点をそれぞれE，F，Gとする。このとき，次の問いに答えよ。

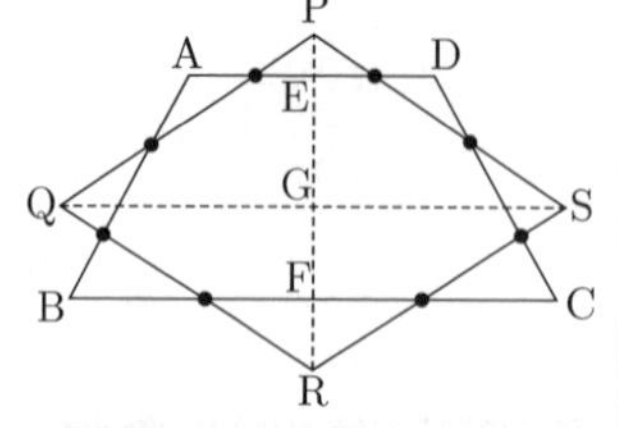

(1) $\angle BAC$ の大きさを求めよ。

(2) $\angle RQS$ の大きさを求めよ。

(3) 四角形PQRSの面積を求めよ。

(4) $EG:GF$ を最も簡単な整数の比で表せ。

5 よく出る 図のように，すべての辺の長さが同じである正四角すいA－BCDEがある。$BD=10$ であるとき，次の問いに答えよ。

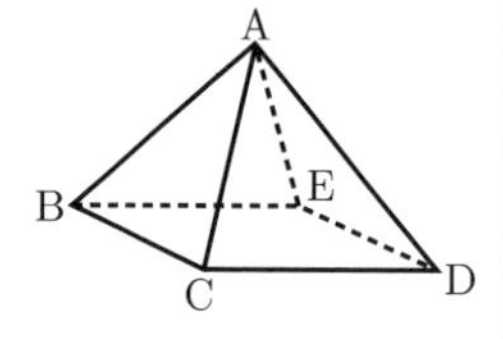

(1) 正四角すいA－BCDEの1辺の長さを求めよ。

(2) 正四角すいA－BCDEの体積を求めよ。

(3) 辺AC上に $AP:PC=3:2$ となる点Pをとる。

(ア) Pを通り，△ABEに平行な平面で正四角すいA－BCDEを切断するとき，切断面の面積を求めよ。

(イ) (ア)で2つに分けられた立体のうち，頂点Bを含む方の立体の体積を求めよ。

ラ・サール高等学校

時間	90分	満点	100点	解答	P143	1月24日実施

出題傾向と対策

●大問は6題で，**1** 基本的な小問，**2** やや難しい小問で，**3**～**6** は方程式の文章題，確率，平面図形，立体図形などの大問である。途中経過まで要求する設問が1つあるが，他は結果の数値のみを答える設問である。2021年は図形の問題が平易になり，全体としてやや易化した。

●**1**，**2** を確実に仕上げて，**3**～**6** へ進む。**2** の中にも解きにくい設問があるので注意を要する。全体として計算量がやや多いが，90分を有効に利用しよう。また，今後も結果の数値のみでなく，途中経過まで記述する問題が出ると思って準備しよう。

1 よく出る 基本 次の各問に答えよ。（16点）

(1) $\left(-\frac{1}{6}x^3y\right)\times\left(-\frac{3}{2}x^2y^2\right)^2\div\frac{3}{4}x^6y^3$ を計算せよ。

(2) $x=\frac{\sqrt{5}+\sqrt{2}}{2}$，$y=\frac{\sqrt{5}-\sqrt{2}}{2}$ のとき，$3x^2-4xy+3y^2$ の値を求めよ。

(3) $(x-12y)^2-y(4x-51y)$ を因数分解せよ。

(4) 連立方程式 $\begin{cases}\frac{3}{2}(x+y)-\frac{5}{3}(x-y)=\frac{5}{2}\\ 0.4x+0.1y=1.7\end{cases}$ を解け。

2 次の各問に答えよ。（32点）

(1) 思考力 新傾向 $-1\leqq x\leqq 2$，$3\leqq y\leqq 4$ のとき，x^2y-y の最大値と最小値をそれぞれ求めよ。

(2) 図のような $AB=2$ の直方体ABCD－EFGHがあり，$\angle EPH=90°$，$AE:EP=1:2$，$DH:HP=2:3$ である。

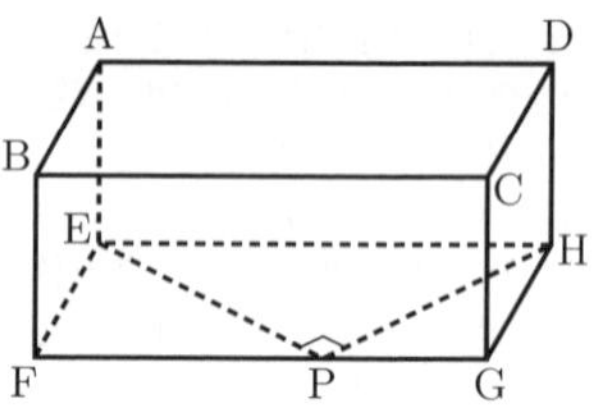

(ア) FPの長さを求めよ。

(イ) 直方体ABCD－EFGHの体積を求めよ。

(3) よく出る 図のように放物線 $y=ax^2$ と直線 $y=bx+6$ が2点A，Bで交わっており，点A，Bの x 座標はそれぞれ -1，3である。

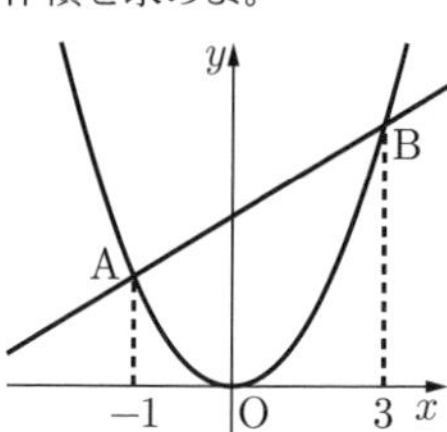

(ア) a，b の値を求めよ。

(イ) 放物線上に点Pを△ABPの面積が8となるようにとる。ただし，点Pの x 座標は -1 以上，3以下とする。点Pの x 座標をすべて求めよ。

3 よく出る 水面からの高さが x m の地点Aより石を静かに落としたところ $\frac{17}{4}$ 秒後に地点Aで水音が聞こえた。また，水面からの高さが $\frac{9}{16}x$ m の地点Bより石を静かに落としたところ $\frac{201}{64}$ 秒後に地点Bで水音が聞こえた。音の速さは一定とし，石は落としてから t 秒間で $5t^2$ m 落下するものとして，次の各問に答えよ。　(14点)

(1) 石が地点 A から水面につくまでの時間 t_1 と地点 B から水面につくまでの時間 t_2 の比 $t_1 : t_2$ を求めよ。

(2) x の値を求めよ。ただし，途中経過もかけ。

4 新傾向 サイコロを3回振り，出た目を順に a, b, c とする。$N=(a+b)c$ とおくとき，次の確率を求めよ。　(14点)

(1) N が 25 の倍数となる確率

(2) N が 15 の倍数となる確率

(3) N が 10 の倍数となる確率

5 1辺の長さが4の立方体 ABCD − EFGH に半径 r の球 S と半径 $2r$ の球 T が入っている。2球は互いに外接し，球 S は3つの面 ABCD, ADHE, AEFB に接し，球 T は3つの面 EFGH, CGHD, BFGC に接している。このとき，次の各問に答えよ。　(12点)

(1) r の値を求めよ。

(2) S の中心と平面 BDE の距離を求めよ。

6 1辺の長さが4の正方形の内部に半径1の2つの円がある。この2つの円は離れても接してもよいが重なることがないように正方形の内部を動く。この2つの円の中心をそれぞれ P, Q とするとき，次の各問に答えよ。　(12点)

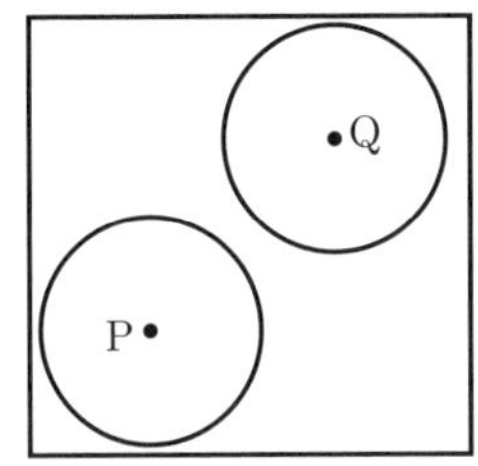

(1) P, Q が存在しうる範囲 D を右の図に図示せよ。

(2) D の面積を求めよ。

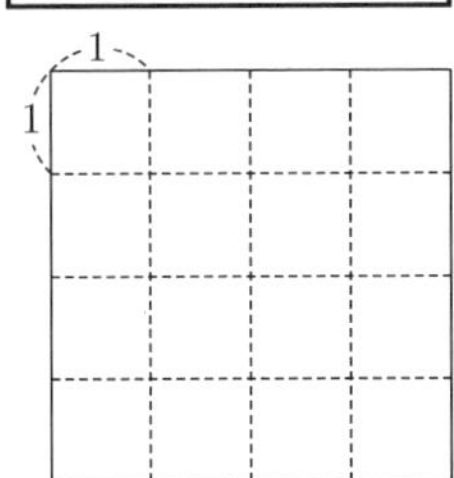

立教新座高等学校

時間	60分	満点	100点	解答	P144	2月1日実施

＊ 注意　答はできるだけ簡単にし，根号のついた数は，根号内の数をできるだけ簡単にしなさい。また，円周率は π を用いなさい。

出題傾向と対策

●大問は5問，**1** は小問集合，**2** は確率，**3** は平面図形，**4** は空間図形，**5** は関数 $y=ax^2$ と平面図形の複合問題であった。問題構成は昨年度と同様で，難易度は少し下がっている。**4** の(4)は解の吟味について気をつける必要がある。

●基本的な内容をよく理解したうえで，過去問をたくさん解くのがよい。計算量が多い問題もある。問題文をよく読み，出題の意図を考えることが，問題を解くうえで大切になる。

1 以下の問いに答えなさい。

(1) 基本 2つの2次方程式 $x^2+(5-2a)x-10a=0$, $x^2-ax-a-1=0$ について，次の問いに答えなさい。

① $a=-6$ のとき，2つの2次方程式は共通の解をただ1つもちます。共通の解を求めなさい。

② $x^2+(5-2a)x-10a$ を因数分解しなさい。

③ 2つの2次方程式が共通の解をただ1つもつとき，a の値をすべて求めなさい。

(2) 思考力 右の図は，ある高校の生徒40人の握力の記録を，15 kg 以上 20 kg 未満を階級の1つとして，階級の幅 5 kg のヒストグラムで表したものです。次の問いに答えなさい。

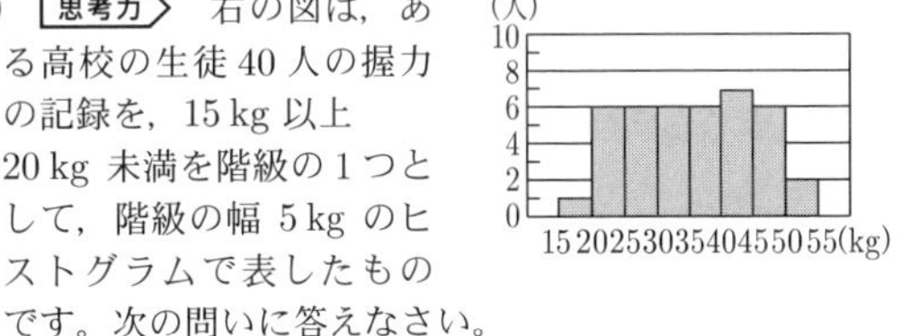

① 右上のヒストグラムから，中央値が含まれる階級を答えなさい。

② 同じ記録を，階級の幅を 4 kg に変えたヒストグラムで表すと，次の(ア)〜(エ)のいずれかになりました。その記号を答えなさい。

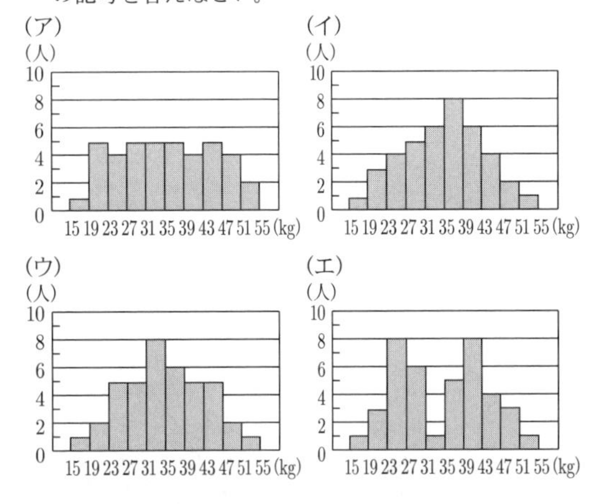

(3) 基本　図のように，正方形 ABCD の辺 BC 上の点を P，辺 CD 上の点を Q としたとき，△APQ は正三角形となりました。正三角形 APQ の面積が $6\sqrt{3}\,\mathrm{cm}^2$ であるとき，正三角形 APQ の1辺の長さと，正方形 ABCD の1辺の長さをそれぞれ求めなさい。

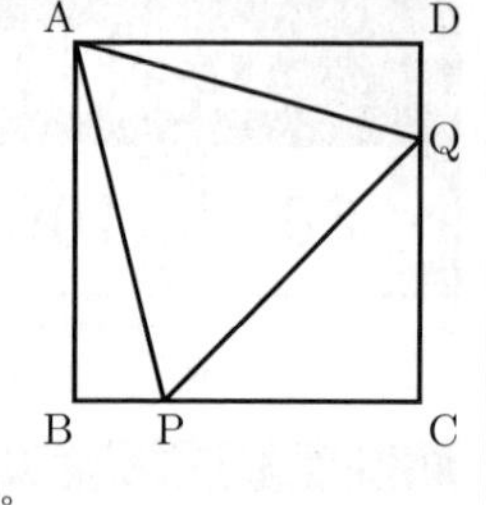

(4) 2直線 l, m をそれぞれ $y = ax + 2$, $y = bx - b\,(b > 1)$ とします。直線 l と y 軸との交点を A，直線 m と x 軸との交点を B とするとき，次の問いに答えなさい。

① 点 B の座標を求めなさい。

② 図において，a の値が -2 から 1 まで変化するとき，直線 l の通過する部分のうち，x の値が 0 以上の部分を S とします。さらに，同じ図において，b の値が p から 3 まで変化するとき，直線 m の通過する部分を T とします。このとき，S と T の重なった部分の面積が $\frac{27}{4}$ となるような p の値を求めなさい。ただし，$p < 3$ とします。

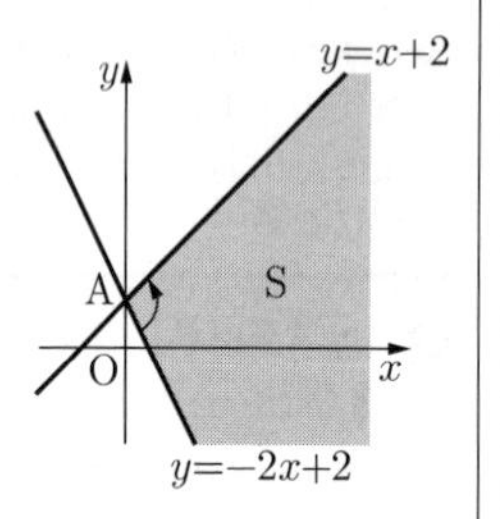

2 よく出る　1個のさいころを3回投げて，1回目に出た目の数を百の位，2回目に出た目の数を十の位，3回目に出た目の数を一の位の数とする3けたの整数をつくるとき，次のような整数ができる確率を求めなさい。

(1) 450 以上

(2) 4 の倍数

(3) 各位の数の和が 15

(4) 3 の倍数

3 よく出る　図のように，半径 3 cm の円 O があります。弦 AB は円 O の直径，点 C は円 O の円周上の点で，$AC : BC = \sqrt{2} : 1$ です。また，弦 CB の延長上に $CB : BD = 4 : 3$ となる点 D をとり，直線 AD と円 O の交点を E とします。次の問いに答えなさい。

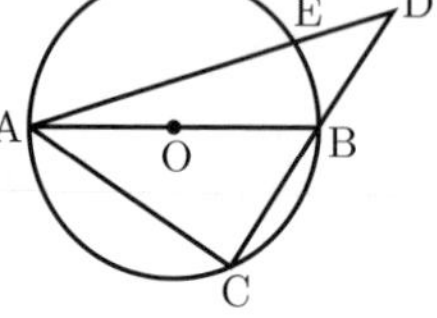

(1) AC の長さを求めなさい。

(2) AD の長さを求めなさい。

(3) DB : DE を求めなさい。

(4) 点 E から直線 CD にひいた垂線と，直線 CD との交点を H とするとき，線分 EH の長さを求めなさい。

4 図1のように，底面の半径が 3 cm，母線の長さが 5 cm の円錐の中に半径の等しい2つの球 P，Q があります。2つの球 P，Q は互いに接し，円錐の底面と側面に接しているとき，次の問いに答えなさい。ただし，2つの球の中心と，円錐の頂点と，円錐の底面の中心は同じ平面上にあるものとします。

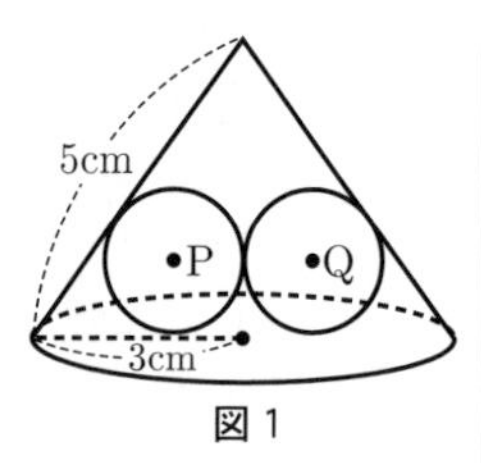

図1

(1) 基本　球 P の半径を求めなさい。

(2) 基本　円錐の体積は，球 P の体積の何倍ですか。

(3) 基本　球 P と円錐の側面が接する点を A とします。点 A を通り，円錐の底面に平行な平面で球 P を切断するとき，球 P の切断面の面積を求めなさい。

(4) 図1の円錐の中に，球 P と半径が異なる球 R を図2のように入れます。3つの球は互いに接し，球 R は円錐の側面に接しています。3つの球の中心と，円錐の頂点が同じ平面上にあるとき，球 R の半径を求めなさい。

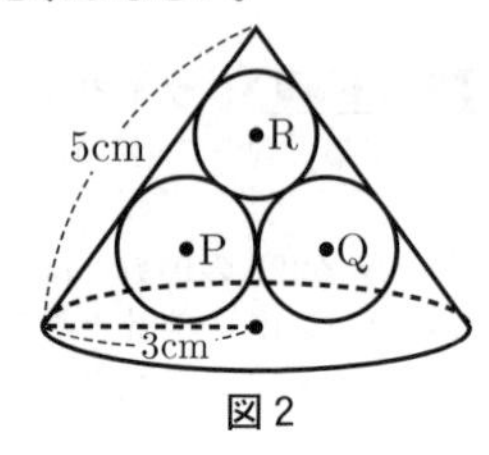

図2

5 よく出る　図のように，放物線 $y = 2x^2$ と直線 l が2点 A，B で交わっていて，点 A，B の x 座標はそれぞれ $-\frac{3}{2}$，1 です。また，直線 $x = t$ と，放物線，直線 l との交点をそれぞれ P，Q とします。次の問いに答えなさい。ただし，$t > 1$ とします。

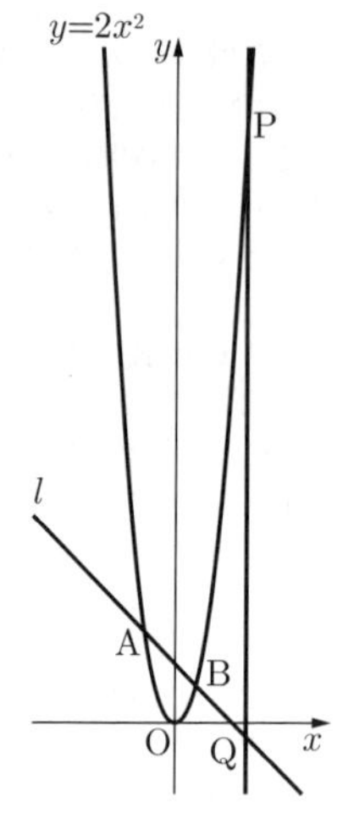

(1) 直線 l の式を求めなさい。

(2) $t = 4$ のとき，△PAB の面積を求めなさい。

(3) 直線 OB と PQ の交点を S とし，直線 OP と l の交点を T とします。$PS : SQ = 11 : 3$ となるとき，次の問いに答えなさい。

① t の値を求めなさい。

② OT : TP を求めなさい。

③ 四角形 PTBS の面積を求めなさい。

立命館高等学校

時間	50分	満点	100点	解答	P146	2月10日実施

＊ 注意 円周率 π や $\sqrt{\ }$ は近似値を用いないで，そのまま答えなさい。

出題傾向と対策

●大問 5 問から成る構成は例年通りである。**1** は数式・計算 4 題から成る小問集合，**2** は 4 題から成る小問集合，**3** は平面図形，**4** は関数 $y=ax^2$，**5** は演算記号と方程式であった。分量・難易度ともに例年と比べて大きな変化はない。

●全体的には，応用レベルの典型題を中心に出題されている。**2**〔4〕や **5** など一筋縄ではいかない問題も含まれており，標準レベル以上の良問･典型題でしっかりトレーニングを積んでおきたい。

---

1 よく出る 次の問いに答えなさい。

〔1〕 $-3.75\times\left\{5.25\div\left(-\dfrac{3}{2}\right)^2-2^2\right\}$ を計算しなさい。

〔2〕 $a(a-2b)-8b^2$ を因数分解しなさい。

〔3〕 2 次方程式 $(x-\sqrt{7})^2-2(x-\sqrt{7})-6=0$ を解きなさい。

〔4〕 $2021\times2019-2018^2-2020\times2023+2019^2+2020$ を計算しなさい。

2 基本 次の問いに答えなさい。

〔1〕 1 から 30 までのすべての整数の積は，一の位から何個連続で 0 が並ぶかを答えなさい。

〔2〕 次のような 2 つの立体を考えます。

立体 A：直径の長さが $2r$ の球

立体 B：底面の直径の長さが $2r$ で，高さが $2r$ の円柱

このとき，(立体 Aの表面積) : (立体 Bの表面積) を，最も簡単な整数の比で表しなさい。

〔3〕 右の図のように，円周を点 A，B，C，D，E，F によって 6 等分します。

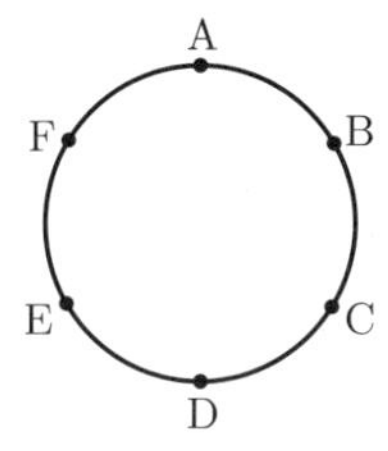

点 A と，点 A 以外の 2 点を無作為に選び，それらの 3 点を結んで三角形をつくるとき，その三角形が直角三角形となる確率を求めなさい。なお，意図をもたずに偶然に任せて行うことを無作為に行うという。

〔4〕 思考力 次のデータは，ある 10 人の生徒の数学のテストの点数です。ただし，a の値は 0 以上の整数とします。このとき，データの中央値として何通りの値が考えられるかを答えなさい。

59 73 65 61 83 38 45 41 66 a (点)

3 右の図のように，1 辺 10 の正三角形 ABC が円の内側で接しています。

短い方の弧 AB 上に点 D をとり，線分 CD 上に BD = BE となるように点 E をとります。

このとき，次の問いに答えなさい。

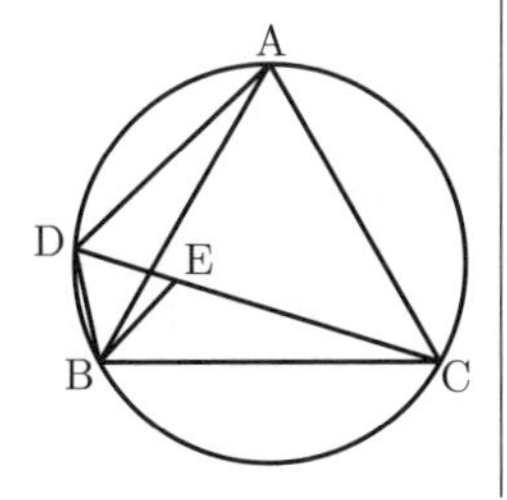

〔1〕 ∠ADB の大きさを求めなさい。

〔2〕 ∠EBC = 40° のとき，∠DAB の大きさを求めなさい。

〔3〕 CD = 11 のとき，四角形 ADBC の周の長さを求めなさい。

4 放物線 $y=x^2$ 上に 5 点 A，B，C，D，E があり，それぞれの x 座標は a，-5，-2，2，4 です。(ただし，$a<-5$)

さらに，線分 CE の中点 F は直線 AD 上にあるとき，あとの問いに答えなさい。

〔1〕 点 F の座標を求めなさい。

〔2〕 a の値を求めなさい。

〔3〕 △ABD と △AED の面積の比を最も簡単な整数の比で表しなさい。

5 新傾向 正の数 a に対して，ある操作を行って得られる値を記号≪ ≫を使って，≪ a ≫ と表します。

この操作において，≪ a ≫ = 0 となるのは $a=1$ のときのみ，≪ a ≫ = 1 となるのは $a=10$ のときのみと約束します。

また，この操作は 2 つの正の数 a，b に対して

≪ $a\times b$ ≫ = ≪ a ≫ + ≪ b ≫，≪ $\dfrac{1}{a}$ ≫ = −≪ a ≫ という性質があります。

このとき，次の問いに答えなさい。

〔1〕 ≪ $\dfrac{y}{x}$ ≫ を ≪ x ≫ と ≪ y ≫ を用いて表しなさい。ただし，x，y は正の数であるとします。

〔2〕 ≪ 1000 ≫ の値を整数で答えなさい。

〔3〕 ≪ 72 ≫を≪ 2 ≫と≪ 3 ≫を用いて表しなさい。

〔4〕 方程式

$$\left\{≪\frac{x}{7-2\sqrt{10}}≫-2≪\frac{1}{\sqrt{5}-\sqrt{2}}≫\right\}≪\frac{x}{10}≫=0$$

を満たす正の数 x の値を求めなさい。

早稲田大学系属早稲田実業学校高等部

時間	60分	満点	100点	解答	P148	2月10日実施

＊　注意　1．答えは，最も簡単な形で書きなさい。
　　　　　2．分数は，これ以上約分できない分数の形で答えなさい。
　　　　　3．根号のつく場合は，$\sqrt{12}=2\sqrt{3}$ のように根号の中を最も小さい正の整数にして答えなさい。

出題傾向と対策

●出題形式は例年とほぼ同じで，**1** が小問集合，**2** (1) が証明を含む平面図形の問題，(2) が2次方程式の解を導く記述問題，**3** が確率，**4** が立体図形，**5** が座標平面上の図形の問題だった。

●多くの問題が標準以上で，複雑な計算や思考力が必要な上，図形的要素を含んだ出題が多いので，適確な解法を選び，短時間で正答にたどりつく能力も必要である。図形問題を中心に数多くの問題に触れておこう。

1 よく出る　次の各問いに答えよ。

(1)　$a=2$，$b=-\frac{1}{3}$ のとき，

$\left(-\frac{3b^2}{a}\right)\div\left(-\frac{1}{2}ab^2\right)^3\times\frac{2}{9}a^3b$ の値を求めよ。

(2)　$\sqrt{0.48n}$ が整数となるような自然数 n のうち，最も小さいものを求めよ。

(3)　2つの関数 $y=-\frac{1}{2}x^2$ と $y=\frac{a}{x}$ について，x の値が2から4まで増加するときの変化の割合が一致する。このとき，a の値を求めよ。

(4)　右の表は，あるクラスの数学の小テストの結果をまとめたものである。得点の中央値を求めよ。

得点（点）	人数（人）
5	5
4	13
3	5
2	6
1	4
0	3
合計	36

2　次の各問いに答えよ。

(1)　右の図の四角形ABCDは，対角線が点Eで垂直に交わり，円に内接している。Eを通り辺CDに垂直な直線と，辺CDとの交点をF，辺ABとの交点をGとする。

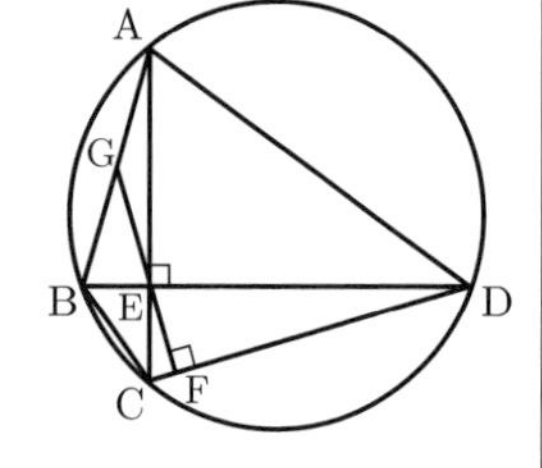

このとき，次の①，②に答えよ。

①　△AGEは二等辺三角形であることを証明せよ。

②　AD = BD = 6 cm，GE = 2 cm のとき，CEの長さを求めよ。

(2)　基本　x についての2次方程式 $x^2+ax-1=0$ を，解の公式を使わずに解け。途中過程もすべて記述せよ。

3 よく出る　右の図のような正六角形ABCDEFがあり，頂点Aの位置に点Pがある。

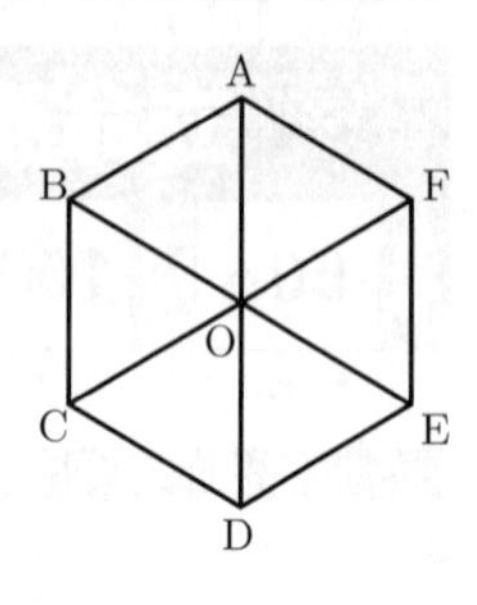

さいころを1回投げるごとに出た目によって，点Pを次の**規則**にしたがって正六角形ABCDEFの各頂点と点Oに移動させていく。ただし，点Oは対角線AD，BE，CFの交点である。

規則
①　PがA，B，C，D，E，Fにあるとき
　1または2の目が出たら，反時計回りにひとつとなりの頂点に移動させる。
　3または4の目が出たら，Oに移動させる。
　5または6の目が出たら，時計回りにひとつとなりの頂点に移動させる。
②　PがOにあるとき
　1の目が出たらAに，2の目が出たらBに，3の目が出たらCに，4の目が出たらDに，5の目が出たらEに，6の目が出たらFに移動させる。

このとき，次の各問いに答えよ。

(1)　さいころを3回投げたとき，PがAにある確率を求めよ。

(2)　さいころを3回投げたとき，PがDにある確率を求めよ。

(3)　さいころを7回投げたとき，Pがすべての点を通ってAに戻る確率を求めよ。

4　右の図は，1辺の長さが6 cmである正三角形8個と正方形6個を組み合わせてできた立体の見取り図である。

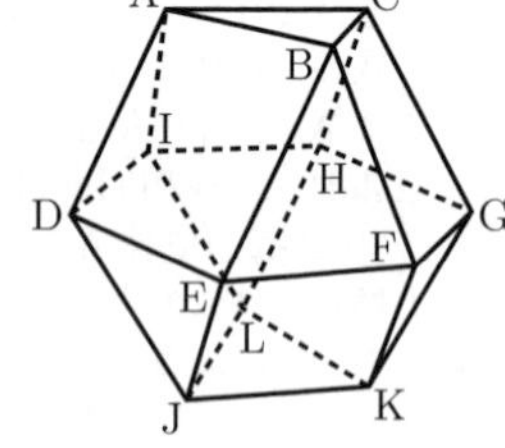

次の各問いに答えよ。

(1)　頂点Bと頂点Lの距離を求めよ。

(2)　頂点B，頂点Lおよび，辺EFの中点を通る平面で切ったとき，切り口の面積を求めよ。

(3)　思考力　面ABCと面JKLは平行である。この距離を求めよ。

5　右の図のように，y 軸上に点A，放物線 $y=-\frac{7}{96}x^2$ 上に点Bがあり，点Bの x 座標は4である。

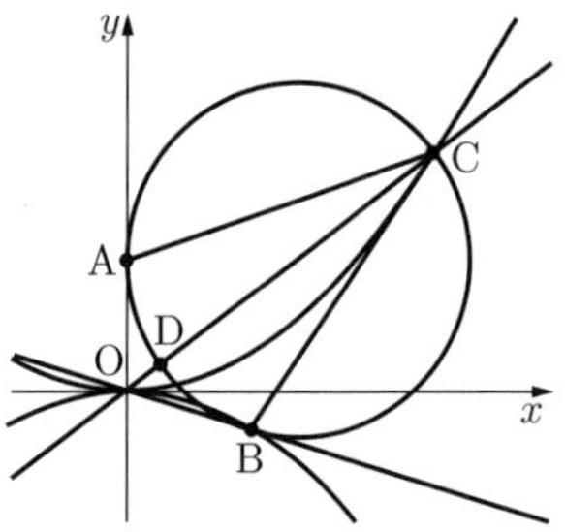

直線OA，OBとそれぞれA，Bで接する円と放物線 $y=\frac{3}{40}x^2$ との交点のうち x 座標の大きいほうをCとすると，AC = BC となった。また，直線OCと円との交点のうち，CでないほうをDとする。

次の各問いに答えよ。

(1)　Aの座標を求めよ。

(2)　Cの座標を求めよ。

(3)　D の座標を求めよ。

和洋国府台女子高等学校

時間	50分	満点	100点	解答	P149	1月17日実施

＊　注意　1．円周率は，π を用いて計算しなさい。
2．根号（$\sqrt{\ }$）を含む形で解答する場合，$\sqrt{\ }$ の中の数は最小の自然数で答えなさい。
3．解答が分数になる場合，それ以上約分できない形で答えなさい。

出題傾向と対策

●昨年と同様，大問が 11 題であった。**1** は計算問題の小問集合，**2** は因数分解，**3** は連立方程式，**4** は関数，**5** は 2 次方程式，**6** は平方根，**7** は確率，**8** は関数，**9** は円周角の定理，**10** は平面図形，**11** は証明と空間図形であった。

●例年通りの出題傾向であるが，説明する問題がなくなり，穴埋めの証明問題が出題された。基本的な問題を中心に標準的な問題まで，幅広い分野について練習しておくとよいだろう。

1　よく出る　基本　次の式を計算せよ。

(1)　$(-3)^3 \times 2 - (-2^2) \div 4$

(2)　$\left(\frac{1}{3} - \frac{1}{2}\right) \div \left(-\frac{2^2}{5} + \frac{1}{2}\right)$

(3)　$(\sqrt{5} + \sqrt{3})^2 - \sqrt{20}\,(\sqrt{3} + \sqrt{2})$

(4)　$(6a^2b)^2 \div (-3a)^2 \times (-b^3)$

(5)　$\frac{x+1}{3} - \frac{x-4}{5}$

2　よく出る　次の式を因数分解せよ。

(1)　$ab^2 - 6ab + 5a$

(2)　$2xy - x - 2y + 1$

3　よく出る　連立方程式 $\begin{cases} 0.5x + 0.2y = -2.2 \\ \frac{2}{3}x - \frac{1}{4}y = \frac{1}{6} \end{cases}$ を解け。

4　関数 $y = ax^2$ と $y = -2x + 6$ は，x の変域が $-6 \leqq x \leqq 3$ のとき，y の変域が等しくなる。このとき，a の値を求めよ。

5　2 次方程式 $x^2 - 4x - 3 = 0$ について，次の問いに答えよ。

(1)　よく出る　この 2 次方程式を解け。

(2)　この 2 次方程式の解のうち，大きい方の解の整数部分を a，小数部分を b とする。このとき，$ab + b^2$ の値を求めよ。

6　$\sqrt{128 - 8a}$ が自然数となるような自然数 a の値をすべて求めよ。

7　思考力　右の図のような正六角形 ABCDEF がある。大小 2 つのサイコロを同時に 1 回投げて，次のようなルールで点 P，Q が正六角形の頂点 A から移動するものとする。

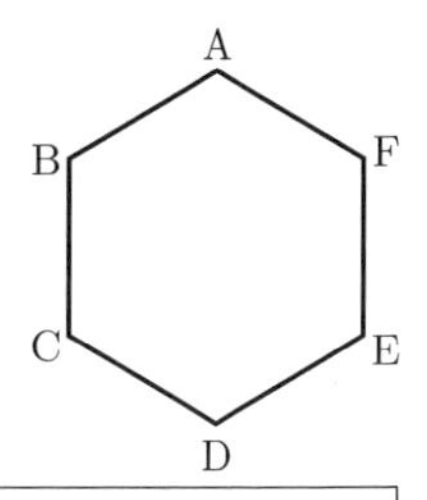

<ルール>
・点 P は大きいサイコロの出た目の数だけ，正六角形の頂点を左回りに移動する
・点 Q は小さいサイコロの出た目の数の 2 倍だけ，正六角形の頂点を右回りに移動する

(1)　点 P，Q が同じ頂点の位置で止まる確率を求めよ。

(2)　△APQ が直角三角形となる確率を求めよ。

8　よく出る　右の図のように，関数 $y = x^2$ のグラフと直線 $y = -2x + 8$ との交点を A，B，直線 $y = -2x + 8$ と x 軸との交点を C とする。線分 AB の中点を M とするとき，次の問いに答えよ。ただし，点 A の x 座標は負とする。

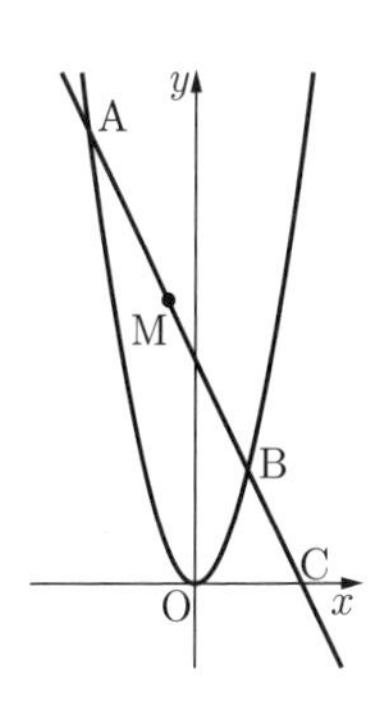

(1)　基本　点 A の座標を求めよ。

(2)　直線 OM の式を求めよ。

(3)　△OCM を x 軸のまわりに 1 回転させてできる立体の体積を求めよ。

9　右の図において，$\overset{\frown}{AB} : \overset{\frown}{AE} = 3 : 2$，$\overset{\frown}{AB} = \overset{\frown}{ED}$，$\angle AEB = 45^\circ$ のとき，$\angle x$ の大きさを求めよ。

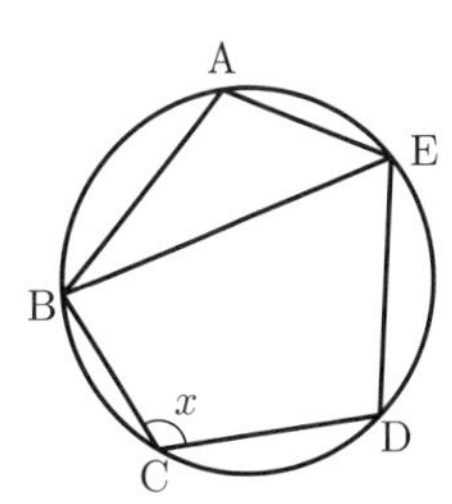

10　右の図のように，△ABC の辺 BC を 3 等分する点を B に近い方から D，E とし，辺 AC の中点を F とする。△ABC の面積が $24\,\text{cm}^2$ のとき，四角形 ADEF の面積を求めよ。

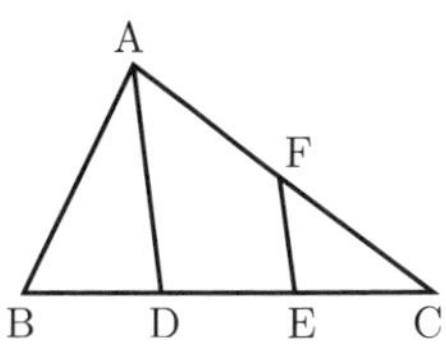

11　図のように，∠C を直角とする直角三角形 ABC で，BC $= a$，CA $= b$，AB $= c$ とすると，次の関係が成り立つ。

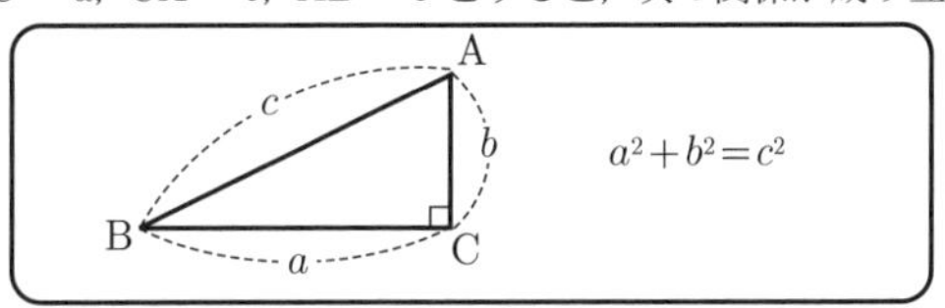

(1)　この関係が成り立つことを，次のように証明した。空欄ア〜オに当てはまる数や語句を答えよ。

証明

点 A を中心とし AC を半径とする円をかく。
この円と辺 AB との交点を P，BA の延長との交点を Q

とする。

円周角の定理より $\angle PCQ=$ [ア]° だから

$\triangle CQP$ において

$\angle CQP=$ [ア]° $-\angle QPC$…①

$\triangle APC$ は AP = [イ] の [ウ] だから

$\angle APC=\angle ACP$…②

また，$\angle BCA=90^\circ$ だから

$\angle BCP=90^\circ-\angle PCA$…③

①，②，③より $\angle CQP=\angle BCP$…④

よって，$\triangle BCQ$ と $\triangle BPC$ において

④より $\angle CQB=\angle PCB$

また　$\angle B$ は共通な角だから

[エ] がそれぞれ等しいので

$\triangle BCQ \backsim \triangle BPC$

これより　BC : BQ = BP : BC

ゆえに　$BC^2=$ オ[×]

ここで，$BC=a$，$BQ=c+b$，$BP=c-b$ だから

$a^2=(c+b)(c-b)$

$=c^2-b^2$

したがって $a^2+b^2=c^2$　終

(2) 右の図のような，底面の１辺の長さが $3\sqrt{2}$ cm である正四角錐 ABCDE において，点 A から底面に垂線 AH を下ろす。BD = AH であるとき，次の問いに答えよ。

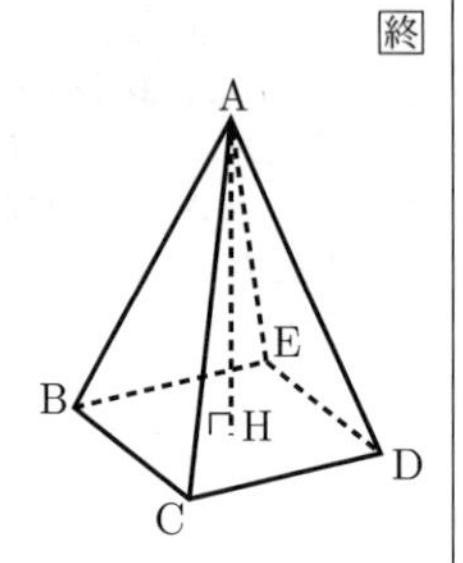

① 辺 AB の長さを求めよ。

② この正四角錐の表面積を求めよ。

══〔数学　問題〕 終わり══

MEMO

MEMO

MEMO

MEMO

CONTENTS

2021解答／数学

公立高校

国立高校

私立高校

高等専門学校

公立高等学校

北 海 道　問題 P.1

解 答 **1** **正負の数の計算，平方根，比例・反比例，空間図形の基本，1 次関数，連立方程式，平面図形の基本・作図**

問1．(1) 9　(2) −41　(3) $\sqrt{7}$
問2．イ
問3．右図
問4．$y = 3x + 2$
問5．$x = 2$，$y = 7$
問6．3π cm

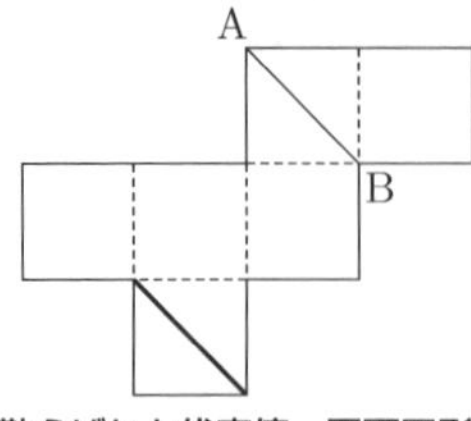

2 **2 次方程式，確率，データの散らばりと代表値，平面図形の基本・作図**

問1．$x = \frac{-3 \pm \sqrt{13}}{2}$
問2．ア．8　イ．5　ウ．$\frac{5}{8}$
問3．0.25
問4．右図

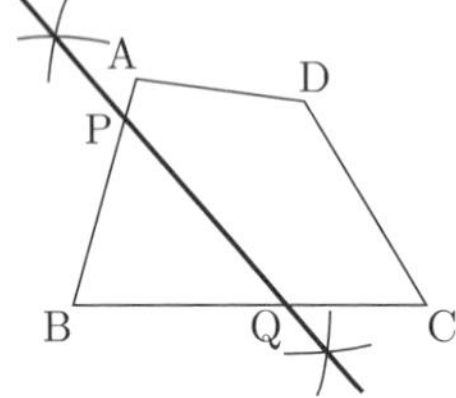

3 **数・式の利用**

問1．ア．9　イ．13　ウ．4　エ．$n-1$
問2．(n を用いた式) $8n+3$
(考え方)（例）図4にはストローが 11 本必要である。図4を n 個つくるとき，右の図のように 8 本ずつ囲むと，囲みの個数は $(n-1)$ 個である。したがって，ストローの本数は $11 + 8(n-1)$

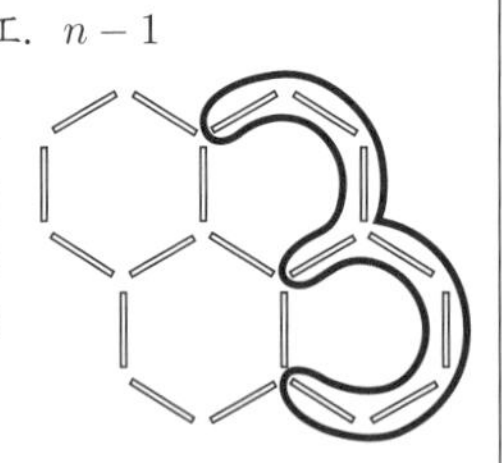

4 **1 次関数，平面図形の基本・作図，関数 $y = ax^2$**

問1．$y = -4x^2$　問2．$a = 2$
問3．（例）A $(2, 4)$，B $(3, 9)$ である。y 軸に関して点 A と対称な点 A′ $(-2, 4)$ をとると，AC + BC が最小になるのは，点 C が直線 A′B 上にあるときである。
直線 A′B の式を $y = bx + c$ とおくと，
$4 = -2b + c$，$9 = 3b + c$ より，$b = 1$，$c = 6$
ゆえに，C $(0, 6)$　　(答) C $(0, 6)$

5 **平面図形の基本・作図，三角形，図形と証明**

問1．105 度
問2．(証明)（例）△ADE と △HBF において，
仮定より，DE = BF…①
AD // BC より，∠ADE = ∠HBF（錯角）…②
対頂角は等しいので，∠AED = ∠CEB
AC // GHより，∠CEB = ∠HFB（同位角）
したがって，∠AED = ∠HFB…③
①，②，③より，一組の辺とその両端の角がそれぞれ等しいので，
△ADE ≡ △HBF…④
したがって，AD = HB

裁量問題

5 **平面図形の基本・作図，1 次方程式の応用，空間図形の基本，立体の表面積と体積**　問1．(1) $\frac{10}{3}\pi$ cm　(2) ウ
問2．(1) 32 cm^3　(2) $\frac{1}{6}$ 倍
(3)（例）点 P，Q が頂点 A，B を出発してからの時間を x 秒とする。2 直線 PQ，EG が同じ平面上にあるのは，PQ // EG のときである。
P が AB 上，Q が BC 上にある場合，PB = BQ より，
$10 - x = 2x$ を解いて，$x = \frac{10}{3}$
また，Q が AB 上，P が BC 上にある場合，QB = BP より，
$40 - 2x = x - 10$ を解いて，$x = \frac{50}{3}$
(答) $\frac{10}{3}$ 秒後，$\frac{50}{3}$ 秒後

解き方 **1** 問3．組み立てたときに向かい合う面に，線分 AB と平行な対角線をかき入れる。
2 問2．イ．160 円，150 円，110 円，100 円，60 円の 5 通り。
3 問2．$11 + 8 \times (n-1) = 8n + 3$
5 問1．$\angle\mathrm{DEC} = \frac{180^\circ - 30^\circ}{2} = 75^\circ$，
$\angle\mathrm{BEC} = 180^\circ - 75^\circ = 105^\circ$

裁量問題

5 問1．(1) 点 P は下の図のように動く。

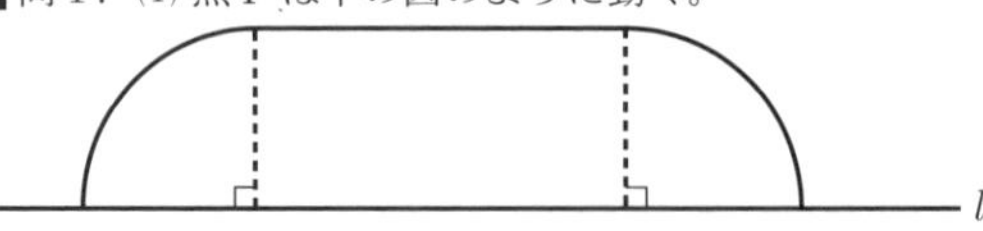

(2) l と平行な線分が境界線になる。

〈K. Y.〉

青 森 県　問題 P.3

解 答 **1** **正負の数の計算，式の計算，平方根，数・式の利用，2 次方程式，比例・反比例，平行と合同，空間図形の基本，データの散らばりと代表値，円周角と中心角，三平方の定理**　(1) ア．−6　イ．1　ウ．$-6x^2y$
エ．$\frac{x-4y}{3}$　オ．$-1+\sqrt{5}$　(2) $r = \frac{l}{2\pi}$　(3) $x = 0$，9
(4) $y = -3$　(5) $n = 9$　(6) ア　(7) 45 回　(8) $(2\sqrt{3}, 2)$

2 **数・式の利用，確率**　(1) ア．$m+n$　イ．偶数
ウ．(例) 2　エ．(例) 6　オ．(例) 12　(2) ア．$\frac{1}{9}$　イ．㋔

3 **立体の表面積と体積，三平方の定理，図形と証明，三角形**
(1) ア．12 cm^3　イ．$6\sqrt{2}$ cm　(2) ア．㋐ BC = AC
㋑ ∠BCD = ∠ACE　㋒ 2 組の辺とその間の角
イ．(ア) $21 - 2a - b$　(イ) 4 cm

4 **2 次方程式，1 次関数，関数 $y = ax^2$，三平方の定理**
(1) −3　(2) −4　(3) P (5, 0)　(4) $y = 2x - 8$

5 **関数を中心とした総合問題**
(1) ㋐ 1500　㋑ 9　㋒ 750

(2) ア．下図の通り。

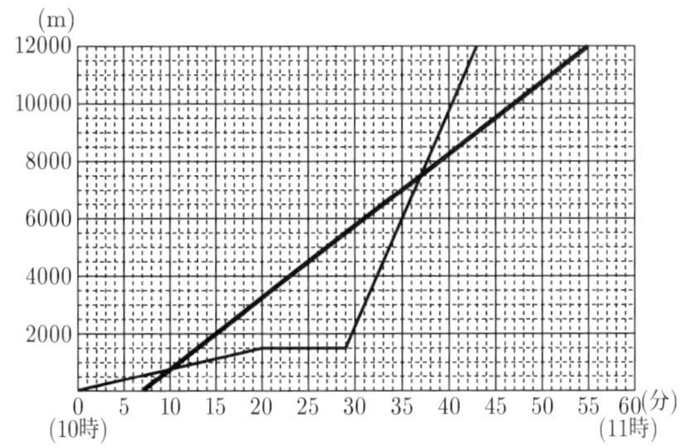

イ．午前 10 時 29 分，4000 m

(3) 午前 9 時 55 分

解き方

1 (1) ア．(与式) $= -1+(-5)=-6$

イ．(与式) $= 9+(-8)=1$

ウ．(与式) $= -\dfrac{10xy^2\times 3x}{5y} = -6x^2y$

エ．(与式) $= \dfrac{3(2x-y)-(5x+y)}{3} = \dfrac{6x-3y-5x-y}{3}$

オ．(与式) $= (\sqrt{5})^2 - 2\sqrt{5} + 3\sqrt{5} - 6 = -1+\sqrt{5}$

(3) $x^2-9x=0$　　$x(x-9)=0$　　$x=0,\ 9$

(4) $y=ax$ とすると，$18=-3a$ より，$y=-6x$

よって，$y = -6\times\dfrac{1}{2} = -3$

(5) 1 つの外角が $180^\circ - 140^\circ = 40^\circ$

よって，$360^\circ \div 40^\circ = 9$ より，正九角形。

(6) アは「一直線上にない」であれば適切な文になる。

(7) 7 番目の回数を x とすると，$\{x+(x+6)\}\div 2 = 48.0$

$x+3=48$　　$x=45$

(8) 円周角の定理より，$\angle OBA = \angle OPA = 30^\circ$

$\angle AOB = 90^\circ$ より，$OB = \sqrt{3}OA = 4\sqrt{3}$

線分 AB がこの円の直径だから，中心は線分 AB の中点である。

A (0, 4)，B $(4\sqrt{3},\ 0)$ より，$(2\sqrt{3},\ 2)$

2 (1) ウ〜オは上の解答の他にも，次の①〜③をすべて満たすものはすべて正解になる。

①ウ，エは異なる偶数，②ウ × エ ＝ オ である，③オは 8 の倍数でない

(2) ア．$\dfrac{2\times 2}{6\times 6} = \dfrac{4}{36} = \dfrac{1}{9}$

イ．場合の数が最も大きい場合を選べばよい。なお，すべての確率を求めると次の通りである。

㋐ $\dfrac{1\times 1}{6\times 6} = \dfrac{1}{36}$　㋑ $\dfrac{4}{36}$　㋒ $\dfrac{3\times 3}{6\times 6} = \dfrac{9}{36}$

㋓ $\dfrac{1\times 2+2\times 1}{6\times 6} = \dfrac{4}{36}$　㋔ $\dfrac{2\times 3+3\times 2}{6\times 6} = \dfrac{12}{36}$

㋕ $\dfrac{1\times 3+3\times 1}{6\times 6} = \dfrac{6}{36}$

3 (1) ア．(三角すい BQFP) $= \dfrac{1}{3}\triangle PQF \times BF$

$= \dfrac{1}{3}\left(\dfrac{1}{2}\times 4\times 3\right)\times 6 = 12\ (\mathrm{cm}^3)$

イ．右図の展開図（一部）から，

$PR = \sqrt{2}PP' = 6\sqrt{2}$ (cm)

(2) イ．以下，単位は省略する。

(ア) AB + BC + CE + EA $= 21$ より，

$2a+b+AE=21$

$AE = 21-2a-b$

(イ) AB + BD + DA $= 13$ より，

$a+(21-2a-b)+AD=13$　　$AD = a+b-8$

また，$AD = AC - DC = a-b$

よって，$a+b-8 = a-b$　　$b=4$

4 (1) $-4 = -\dfrac{4}{9}x^2$　　$x^2=9$　　$x<0$ より，$x=-3$

(2) x の増加量 $= 6-3=3$

y の増加量 $= -\dfrac{4}{9}\times 6^2 - \left(-\dfrac{4}{9}\times 3^2\right) = -12$

よって，変化の割合 $= \dfrac{-12}{3} = -4$

(3) $AP = AB = 2-(-3) = 5$

A から x 軸に垂線 AH を引くと，$AH=4$ より，$PH=3$

H (2, 0) より，P (5, 0)

(4) C (6, −16) より，

$\triangle OAB : \triangle ABC = 4 : (16-4) = 1 : 3$

線分 BC 上に $BD : DC = 1 : 2$ となる点 D をとると，

$\triangle ABD : \triangle ADC = 1 : 2$ より，

四角形 OBDA : $\triangle ADC$

$= (\triangle OAB + \triangle ABD) : \triangle ADC = (1+1) : 2 = 1 : 1$

D (0, −8) より，求める直線 AD の式は，$y = 2x-8$

5 グラフを読んで答える問題である。

(1) ㋑ $29-20=9$ (分)

㋒ $(12000-1500)\div(43-29) = 750$ (m/分)

(2) イ．アでかいたグラフともとのグラフの差を読むと午前 10 時 29 分が最も離れているとわかる。

その距離は，$5500-1500=4000$ (m)

(3) 兄がかかる時間は，$12000\div 250 = 48$ (分) であるから，午前 10 時 43 分の 48 分前の午前 9 時 55 分に出発すればよい。

〈O. H.〉

岩手県

問題 P.5

解答

1 | 正負の数の計算，式の計算，平方根，因数分解，2 次方程式 | (1) 2　(2) $7a+4b$

(3) $1+3\sqrt{5}$　(4) $(x+6)(x-6)$　(5) $x = \dfrac{-3\pm\sqrt{5}}{2}$

2 | 数・式の利用 | $r = \dfrac{L}{2\pi}$

3 | 比例・反比例 | $y = \dfrac{12}{x}$

4 | 円周角と中心角，相似 | (1) 33 度　(2) $\dfrac{3}{2}$ cm

5 | 平面図形の基本・作図 |

(1)

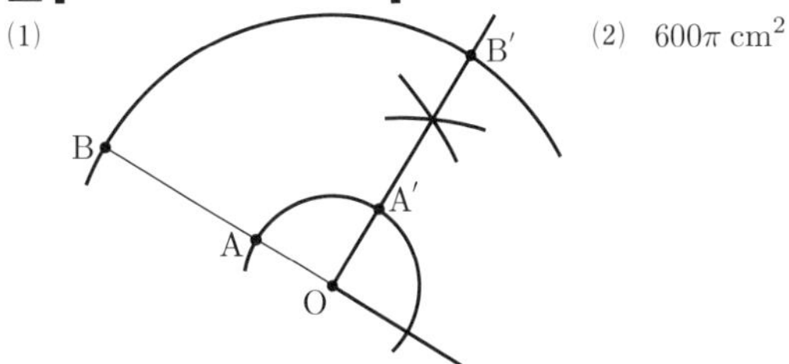

(2) $600\pi\ \mathrm{cm}^2$

6 | 連立方程式の応用 |

(過程)（例）ある年の 7 月の 1 人あたりの 1 日のごみの排出量について，家庭ごみを x g，資源ごみを y g とすると，

$x+y=680$…①　　$\dfrac{70}{100}x + \dfrac{80}{100}y = 680-195$…②

② ×10　　$7x+8y=4850$…③

③ − ① ×7　　$y=90$…④

①と④から，$x=590$

（答）家庭ごみの排出量 590 g
　　　資源ごみの排出量 90 g

7 図形と証明
（証明）（例）△AFD と △CGE で，
仮定から，AD = CE…①
平行線の錯角は等しいので，
AB // GC から，∠FAD = ∠GCE…②
平行線の同位角は等しいので，
FD // BE から，∠ADF = ∠AEB…③
対頂角は等しいので，∠CEG = ∠AEB…④
③，④から，∠ADF = ∠CEG…⑤
①，②，⑤から，1 組の辺とその両端の角がそれぞれ等しいから，△AFD ≡ △CGE

8 データの散らばりと代表値 (1) 28.5 秒　(2) 27.8 秒

9 確率（名前）れんさん
（理由）（例）れんさんの方法で A が選ばれる確率は $\frac{2}{5}$，
るいさんの方法で A が選ばれる確率は $\frac{1}{3}$ で，
れんさんの方法の方が確率が大きいから。

10 1 次関数 (1) 8　(2)（強火）4 円　（弱火）4 円，同じ

11 2 次方程式，関数 $y = ax^2$ (1) 8
(2)（A の x 座標より大きい場合）5
（A の x 座標より小さい場合）$1 - 2\sqrt{7}$

12 空間図形の基本，相似，三平方の定理 (1) $3\sqrt{5}$ cm
(2) $\frac{4}{3}$ cm^3

解き方

3 y が x に反比例するから，$y = \frac{a}{x}$ とおける。$x = 1$，$y = 12$ を代入して，
$12 = \frac{a}{1}$　　$a = 12$　　$y = \frac{12}{x}$

4 (1) △OBC で OB = OC より，∠OCB = ∠OBC = 57°
∠ACB は直径 AB に対する弧 AB の円周角だから，
∠ACB = 90°
∠x = ∠OCA
= ∠ACB − ∠OCB
= 90° − 57° = 33°

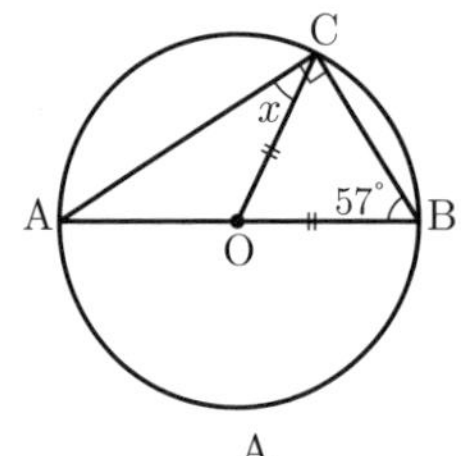

(2) △FAE∽△FDG より，
AE : DG = FA : FD
3 : DG = 4 : 2
DG = $\frac{3}{2}$

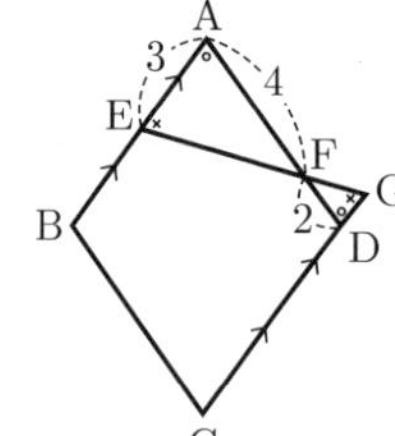

5 (1) 点 O を通り，直線 BO の上側にある BO の垂線と，点 O を中心として点 A を通る円弧との交点が A′，点 B を通る円弧との交点が B′。
(2) 求める図形は ∠BOB′ = ∠AOA′ = 90° のおうぎ形 BOB′ からおうぎ形 AOA′ を除いた図形だから，
$OB^2 \times \pi \times \frac{90}{360} - OA^2 \times \pi \times \frac{90}{360}$
$= \frac{50 \times 50 - 10 \times 10}{4}\pi = 600\pi$ (cm^2)

8 (1) 度数が最大となる階級の階級値だから，
$\frac{28.0 + 29.0}{2} = 28.5$（秒）
(2) $(27.5 \times 14 + 25.5 + 27.5 + 28.1 + 28.9 + 30.2 + 30.8)$
$\div 20 = 27.8$（秒）

9 れんさんの方法で A が選ばれる確率は，
$\frac{1 \times 4 + 4 \times 1}{5 \times 4} = \frac{2}{5}$
（るいさんの方法で A が選ばれる確率は，$\frac{1 \times 2}{3 \times 2} = \frac{1}{3}$）

10 (1) $\frac{95 - 15}{10 - 0} = \frac{80}{10} = 8$（どの 2 組でもよい。）
(2) 熱し始めてからの時間を x 分，水の温度を y℃とすると，
$y = ax + b$
「強火」$a = \frac{39 - 15}{2 - 0} = 12$
$x = 0$ のとき $y = 15$ より，$b = 15$
よって，$y = 12x + 15$
$y = 95$ のときの x の値は，$95 = 12x + 15$　　$x = \frac{20}{3}$
電気料金は，$0.6 \times \frac{20}{3} = 4$（円）
「弱火」$a = \frac{23 - 15}{2 - 0} = 4$　　$b = 15$ より，$y = 4x + 15$
$y = 95$ のときの x の値は，$95 = 4x + 15$　　$x = 20$
電気料金は，$0.2 \times 20 = 4$（円）

11 (1) $y = \frac{1}{2}x^2$ に，点 A の x 座標を代入して，点 A の y 座標は，$y = \frac{1}{2} \times 4^2 = 8$
(2) 点 B の y 座標は A の y 座標より大きいから，点 F は点 E より上側にある。
・点 B の x 座標が A の x 座標よりも大きい場合，各点の位置関係は右の図のようになる。

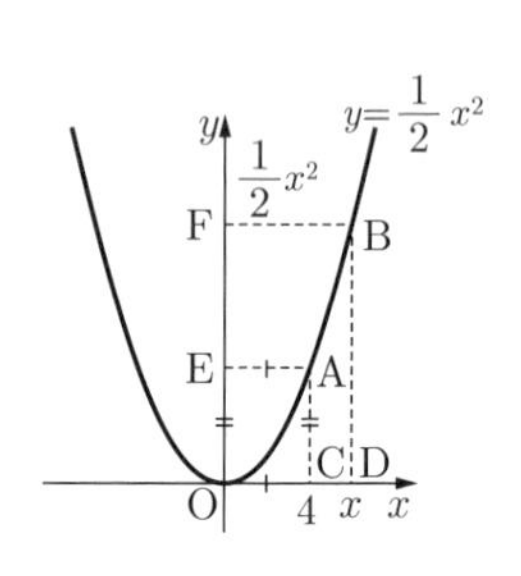

AC = EO，EA = OC だから，
周の長さ l は長方形 ODBF の周の長さに等しい。点 B の x 座標を x とすると，
$l = 2(OD + OF) = 2\left(x + \frac{1}{2}x^2\right) = x^2 + 2x$
$x^2 + 2x = 35$　　$x^2 + 2x - 35 = 0$
$(x + 7)(x - 5) = 0$　　$x = -7,\ 5$
$x > 4$ より，$x = 5$
・点 B の x 座標が A の x 座標よりも小さい場合，右の図より，
FE = GA，EA = FG だから，
周の長さ l は長方形 DCGB の周の長さに等しい。

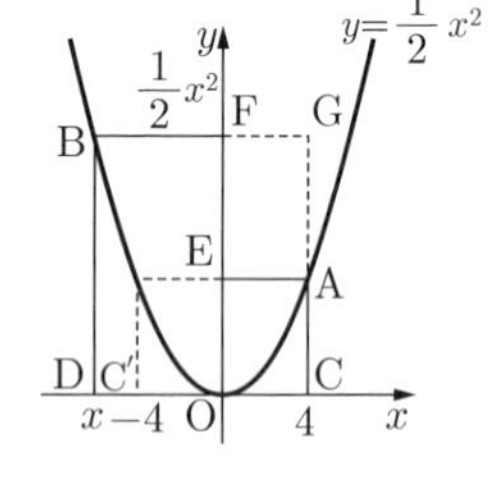

点 B の x 座標を x とすると，
$l = 2(DC + BD)$
$= 2\left\{(4 - x) + \frac{1}{2}x^2\right\}$
$= x^2 - 2x + 8$
$x^2 - 2x + 8 = 35$　　$x^2 - 2x - 27 = 0$　　$x = 1 \pm 2\sqrt{7}$
$x < -4$ より，$x = 1 - 2\sqrt{7}$

12 (1) **図 1** において，
三平方の定理から，
$AG^2 = AH^2 + HG^2$
$= (2 + 4)^2 + 3^2 = 45$
$AG = \sqrt{45} = 3\sqrt{5}$ (cm)
(2) **図 1** において，
△AEP∽△AHG より，
EP : HG = AE : AH
EP : 3 = 2 : (2 + 4)
EP = 1

図 1
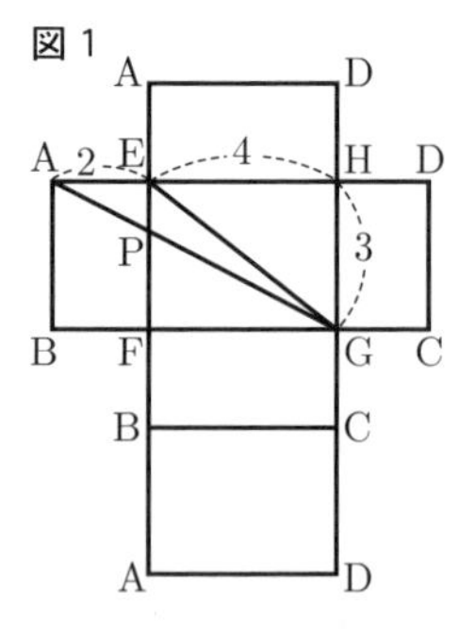

図2の三角錐 AEPG において，
△EPG を底面とみると，
高さは AE = 2
求める体積は，

$\frac{1}{3} \times \triangle EPG \times AE$

$= \frac{1}{3} \times \left(\frac{1}{2} \times EP \times GF\right) \times AE$

$= \frac{1}{3} \times \left(\frac{1}{2} \times 1 \times 4\right) \times 2$

$= \frac{4}{3}\ (\mathrm{cm}^3)$

図2

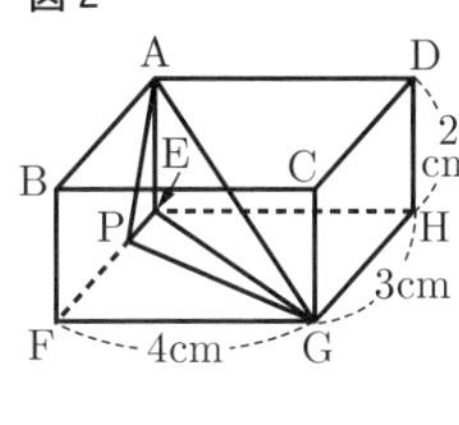

〈Y. K.〉

宮 城 県

問題 P.7

解 答

1 **正負の数の計算，式の計算，数・式の利用，平方根，因数分解，データの散らばりと代表値，立体の表面積と体積，平行線と線分の比** 1．-9 2．-6
3．24 4．$a = \frac{5}{4}b + \frac{3}{4}c$ 5．$4\sqrt{3}$
6．$(x+5y)(x-5y)$ 7．イ，オ 8．$36\pi\ (\mathrm{cm}^3)$

2 **数・式の利用，確率，1 次関数，関数 $y = ax^2$，1 次方程式の応用** 1．(1) $10a+b$ (2) 81 2．(1) $\frac{1}{4}$ (2) $\frac{7}{16}$
3．(1) -1 (2) $-\frac{1}{8}$ 4．(1) $\frac{3}{2}x$（箱） (2) 160（個）

3 **1 次関数，三平方の定理** 1．ウ
2．(1) 5 (2) $y = \frac{4}{3}x - \frac{20}{3}$ (3) $\left(\frac{13}{2},\ 2\right)$ (4) $\frac{5}{2}$

4 **図形と証明，相似**
1．（証明）（例）△ACD と △ECA で
仮定から ∠ADC = ∠EAC = 90°
共通な角なので ∠ACD = ∠ECA
よって，2 組の角がそれぞれ等しいから △ACD∽△ECA
2．(1) $\frac{4}{3}$ (cm) (2) $\frac{32}{39}\ (\mathrm{cm}^2)$ (3) FH : GH = 31 : 18

解き方

1 1．(与式) $= -14+5 = -9$
2．(与式) $= \frac{3}{2} \times (-4) = -6$
3．(与式) $= \frac{2a^2b^3}{ab} = 2ab^2 = 2 \times 3 \times (-2)^2 = 24$
5．(与式) $= 3\sqrt{3} + \sqrt{3} = 4\sqrt{3}$
7．各階級の階級値は，順に，30，90，150，210，270
最頻値の階級値は 90 分。階級値で平均値を求めると

$\frac{30 \times (1 \times 8 + 3 \times 13 + 5 \times 11 + 7 \times 6 + 9 \times 2)}{40}$

= 121.5（分）
中央値は，小さい順に，20 番目と 21 番目の値の平均であり，いずれも階級値 90 分の階級にある。
階級値 270 分の階級の相対度数は，$\frac{2}{40} = 0.05$
8．円錐と円柱の和と考えて，
$\frac{1}{3} \times 9\pi \times 3 + 9\pi \times 3 = 36\pi$

2 1．(2) $P = 10a+b$，$Q = 10b+a$，$P-Q = 63$ より
$9(a-b) = 63$　　$a-b = 7$
a，b は自然数で，$1 \leqq a, b \leqq 9$，b は奇数であるから
$a = 8$，$b = 1$　　$P = 81$
2．(2) 円盤の数字の決まり方は全部で $4 \times 4 = 16$（通り）あり，これらは同様に確からしい。決まった数字が順に a，b のとき，$(a,\ b)$ と表すと，条件をみたす場合は，(1, 3)，(2, 3)，(3, 1)，(3, 2)，(3, 3)，(3, 4)，(4, 3) の 7 通り。

3．(1) A $(-2,\ 4)$，B $(1,\ 1)$ より AB の傾きは，
$\frac{1-4}{1+2} = -1$
(2) 直線 AB は $y = -x+2$，$y = -2$ のとき $x = 4$ なので，C $(4,\ -2)$
これが $y = ax^2$ 上にあるので，$-2 = 16a$　　$a = -\frac{1}{8}$

4．(1) B は $\frac{1}{2}x$ 箱，C は $\frac{3}{2}x$ 箱
(2) ドーナツの個数より，$2x + 4 \times \frac{1}{2}x + \frac{3}{2}x = 176$
$\frac{11}{2}x = 176$
よって，$x = 176 \times \frac{2}{11} = 32$
カップケーキの個数は，$32 + 16 \times 2 + 48 \times 2 = 160$（個）

3 2．(1) $\sqrt{3^2+4^2} = 5$
(2) l は傾き $\frac{4}{3}$，B $(5,\ 0)$ を通るので，$y = \frac{4}{3}x - \frac{20}{3}$
(3) l 上で y 座標が 4 である点を D とすると
△ABD = △ABO であるから，BD の中点が C である。
B $(5,\ 0)$，D $(8,\ 4)$ より C $\left(\frac{13}{2},\ 2\right)$
(4) A′$(-3,\ 4)$ とすると A′B と y 軸の交点が P である。
A′B の傾きは $\frac{-4}{5+3} = -\frac{1}{2}$
B $(5,\ 0)$ を通ることから直線 A′B は，$y = -\frac{1}{2}x + \frac{5}{2}$
したがって，P の y 座標は $\frac{5}{2}$

4 2．(1) △ADE∽△CDA より
$DE = DA \times \frac{AD}{CD} = 2 \times \frac{2}{3} = \frac{4}{3}$
(2) △EHD∽△EBC，$ED : EC = \frac{4}{3} : \left(\frac{4}{3} + 3\right) = 4 : 13$
したがって，
$\triangle EHD = \triangle EBC \times \left(\frac{4}{13}\right)^2 = \frac{1}{2} \times 4 \times \frac{13}{3} \times \left(\frac{4}{13}\right)^2$
$= \frac{32}{39}$
(3) $AF = 3 - \frac{13}{3} \times \frac{1}{2} = \frac{5}{6}$
△AFG∽△CEG より
$FG : EG = AF : CE = \frac{5}{6} : \frac{13}{3} = 5 : 26$
△AFH∽△DEH より
$FH : EH = AF : DE = \frac{5}{6} : \frac{4}{3} = 5 : 8$
$FG : EG = (5 \times 13) : (26 \times 13) = 65 : 338$
$FH : EH = (5 \times 31) : (8 \times 31) = 155 : 248$
したがって，
$FH : GH = 155 : (155-65) = 155 : 90 = 31 : 18$

〈SU. K.〉

秋田県

問題 P.9

解答 **1** **正負の数の計算，式の計算，多項式の乗法・除法，平方根，1次方程式，1次方程式の応用，連立方程式，2次方程式，データの散らばりと代表値，平行と合同，平面図形の基本・作図，円周角と中心角，立体の表面積と体積，三平方の定理** (1) 16　(2) $-\frac{5}{6}y$　(3) x^2-12y^2
(4) 2　(5) $x=6$　(6) 90 mL　(7) $x=-5$，$y=1$
(8) $x=\frac{5\pm\sqrt{17}}{4}$　(9) ウ　(10) $n=112$　(11) 106 度
(12) $\frac{50}{3}\pi\ \text{cm}^2$　(13) 72 度　(14) $\frac{3}{2}$ 倍　(15) $\frac{10\sqrt{3}}{3}$ cm

2 **比例・反比例，1次関数，関数 $y=ax^2$，数・式の利用，平面図形の基本・作図，円周角と中心角，連立方程式の応用**
(1) ① (過程) (例) x の値が 1 から 3 まで増加するとき，
x の増加量は，$3-1=2$
y の増加量は，$\frac{6}{3}-\frac{6}{1}=2-6=-4$
したがって，変化の割合は　$\frac{-4}{2}=-2$　　(答) -2
② エ
(2) ① 30　② $5n-2$
(3) 右図
(4) ア．30　イ．$\frac{x}{12}+\frac{y}{9}$
ウ．3　エ．$12x+9y$

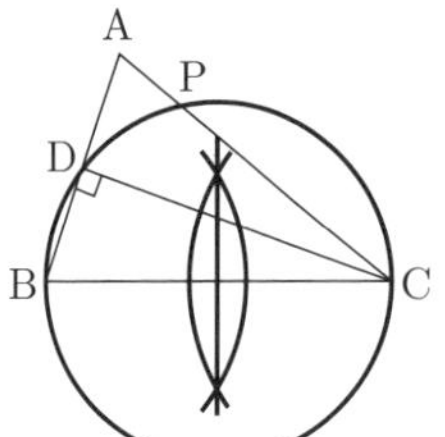

3 **図形と証明，平行四辺形，中点連結定理，相似**
(1) (証明) (例) △ABC と △ADE において，
∠A は共通…①
DE // BC より，平行線の同位角は等しいから，
∠ABC = ∠ADE…②
①，②より，2組の角がそれぞれ等しいから，
△ABC∽△ADE
(2) ① ⓐ (例) 1組の対辺が平行でその長さが等しい
② ⓑ エ
(3) 8 cm^2

4 **確率，数・式の利用** (1) ① $\frac{2}{5}$　② $\frac{7}{10}$
(2) ア．(例) $100a+10b+c-(a+b+c)$
$=99a+9b$
$=9(11a+b)$
$11a+b$ は整数だから，$9(11a+b)$ は 9 の倍数となる。

5 **1次関数，三平方の定理，相似** Ⅰ．(1) $3\sqrt{5}$ cm
(2) (過程) (例) 求める直線㋐の式を $y=ax+b$ とすると，
2点 A (8, 0)，B (2, 3) を通るので，代入して，
$0=8a+b$…①，$3=2a+b$…②
①－②より，$-3=6a$　　$a=-\frac{1}{2}$
①に代入して，$0=-4+b$　　$b=4$
よって，$y=-\frac{1}{2}x+4$　　(答) $y=-\frac{1}{2}x+4$
(3) 3
Ⅱ．(1) (過程) (例) 点 C は x 軸上の点であるから，y 座標は 0 である。$y=3x-5$ に $y=0$ を代入すると，
$0=3x-5$　　$x=\frac{5}{3}$
よって，点 C の座標は $\left(\frac{5}{3},\ 0\right)$ である。
直線 BC は y 軸上の B (0, 3) を通るから，$y=ax+3$ と表すことができる。これが点 C $\left(\frac{5}{3},\ 0\right)$ を通るので，代入して，$0=\frac{5}{3}a+3$　　$a=-\frac{9}{5}$
よって，$y=-\frac{9}{5}x+3$　　(答) $y=-\frac{9}{5}x+3$
(2) ① $\frac{4\sqrt{10}}{5}$　② $\frac{24}{5}$

解き方 **1** (1) $4-(-12)=4+12=16$
(2) $\frac{3(x-2y)-(3x-y)}{6}$
$=\frac{3x-6y-3x+y}{6}=-\frac{5}{6}y$
(3) $x^2+xy-12y^2-xy=x^2-12y^2$
(4) $a^2+2a=a(a+2)=(\sqrt{3}-1)(\sqrt{3}-1+2)$
$=(\sqrt{3}-1)(\sqrt{3}+1)=3-1=2$
(5) 両辺を 2 倍して，$3x+2=20$　　$3x=18$　　$x=6$
(6) 必要な牛乳の量を x mL とすると，
$450:x=5:3$　　$5x=1350$　　$x=270$
よって，牛乳はあと $270-180=90$ (mL) 必要である。
(7) $x+4y=-1$…①，$-2x+y=11$…②
①×2＋②より，$9y=9$　　$y=1$
①に代入して，$x+4=-1$　　$x=-5$
(8) $2x^2-5x+1=0$ に解の公式を用いて，
$x=\frac{-(-5)\pm\sqrt{(-5)^2-4\times2\times1}}{2\times2}=\frac{5\pm\sqrt{17}}{4}$
(9) ア．平均値は，
$\frac{1\times1+2\times2+3\times3+4\times4+5\times6+6\times3+7\times1}{20}$
$=\frac{85}{20}=4.25$ (冊)
イ．中央値は 10 番目と 11 番目の平均だから，
$\frac{4+5}{2}=4.5$ (冊)
ウ．最頻値は人数が最も多い冊数だから，5 冊
よって，値が最も大きいものは，ウ
(10) $10<\sqrt{n}<11$ より，$100<n<121$
$\sqrt{7n}$ が整数となるのは $n=7\times m^2$ (m は整数) のときだから，$100<7m^2<121$
$14.2\cdots<m^2<17.2\cdots$
これを満たすのは $m^2=16$，すなわち $m=4$ のときで，このとき $n=7\times16=112$
(11) $\angle x=62^\circ+44^\circ=106^\circ$
(12) $5\times5\times\pi\times\frac{240}{360}=\frac{50}{3}\pi\ (\text{cm}^2)$
(13) $\angle AOC=2\times\angle ABC=2\times78^\circ=156^\circ$
△OAC は OA = OC の二等辺三角形だから，
$\angle OAC=(180^\circ-156^\circ)\div2=12^\circ$
△OAB は OA = OB = AB より正三角形だから，
$\angle BAO=60^\circ$
よって，$\angle BAC=60^\circ+12^\circ=72^\circ$
(14) $\left(\frac{1}{3}\times3\times3\times\pi\times2\right)\div\left(\frac{1}{3}\times2\times2\times\pi\times3\right)=\frac{3}{2}$ (倍)
(15) 立方体 ABCD－EFGH の 1 辺の長さは 10 cm だから，三角錐 H－DEG の体積は，
$\frac{1}{3}\times\frac{1}{2}\times10\times10\times10=\frac{500}{3}\ (\text{cm}^3)$
△DEG は 1 辺の長さ $10\sqrt{2}$ cm の正三角形だから，その面積は，
$\frac{1}{2}\times10\sqrt{2}\times(5\sqrt{2}\times\sqrt{3})=50\sqrt{3}\ (\text{cm}^2)$
よって，求める高さを h cm とすると，

$\frac{1}{3}\times 50\sqrt{3}\times h=\frac{500}{3}$　　$h=\frac{10}{\sqrt{3}}=\frac{10\sqrt{3}}{3}$ (cm)

2 (1) ② $0<b<a$, $c<d<0$ だから, $c<d<b<a$…エ

(2) ① 6 行目の 1 列目の数は, $10\times 3=30$

② 3 列目のカードの数は，その行の最も大きい数より 2 小さい。

n 行目の 5 つの数のうち，最も大きいカードの数は $5n$ だから，3 列目のカードの数は, $5n-2$

(3) $\angle BCD=\angle BPD$ より，円周角の定理の逆から

4 点 B, C, P, D は 1 つの円周上にある。

また, $\angle BDC=90^\circ$ より，辺 BC はその円の直径である。

よって，BC が直径となる円をかいて，辺 AC との交点を P とすればよい。

(4) 麻衣さんの考え

距離の関係から, $x+y=30$

時間の関係から, $\frac{x}{12}+\frac{y}{9}=3$

飛鳥さんの考え

時間の関係から, $x+y=3$

距離の関係から, $12x+9y=30$

3 (2) ② 平行四辺形 EFGH は AC = BD のとき

$EF=\frac{1}{2}AC$, $EH=\frac{1}{2}BD$ より EF = EH であるからひし形となる。よって，エ

(3) 四角形 ABCD の面積は, $\frac{1}{2}\times AC\times BD=18$ だから,

$AC\times BD=36$

$EF:AC=BE:BA=1:3$ より, $AC=3EF$

$EH:BD=AE:AB=2:3$ より, $BD=\frac{3}{2}EH$

$3EF\times\frac{3}{2}EH=36$ だから, $EF\times EH=8\ (cm^2)$

4 (1) ① すべての場合の数は, $5\times 5=25$ (通り)

このうち $x>y$ になるのは,

$(x, y)=(2, 1), (3, 1), (3, 2), (4, 1), (4, 2), (4, 3), (5, 1), (5, 2), (5, 3), (5, 4)$ の 10 通り

よって，求める確率は, $\frac{10}{25}=\frac{2}{5}$

② 2 個の玉を同時に取り出すとき，条件を満たすのは下の○のとおり。

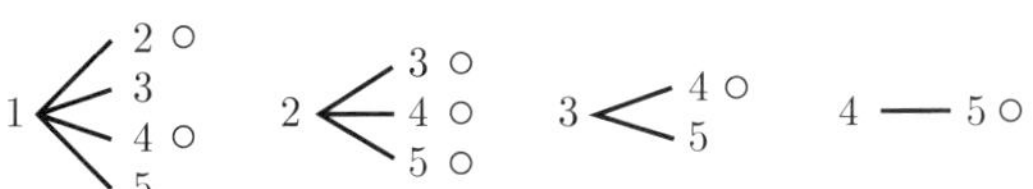

よって，求める確率は, $\frac{7}{10}$

5 Ⅰ. (1) H (2, 0) とし，直角三角形 ABH に三平方の定理を用いて,

$AB^2=AH^2+BH^2=6^2+3^2=36+9=45$

$AB>0$ より, $AB=\sqrt{45}=3\sqrt{5}$ (cm)

(3) 直線㋑の式を $y=cx$ とおくと，点 B (2, 3) を通るから,

$3=2c$　　$c=\frac{3}{2}$

よって, $y=\frac{3}{2}x$

点 P の x 座標を t とおくと,

y 座標は $\frac{3}{2}t$ である。

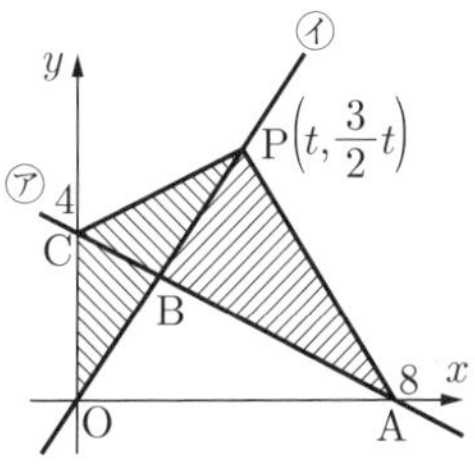

このとき,

$\triangle COP=\frac{1}{2}\times 4\times t=2t$

$\triangle BAP=\triangle OAP-\triangle OAB$

$=\frac{1}{2}\times 8\times\frac{3}{2}t-\frac{1}{2}\times 8\times 3=6t-12$

$\triangle COP=\triangle BAP$ より, $2t=6t-12$

これを解いて, $t=3$

Ⅱ. (2) ① $PD=BD=3-(-5)=8$

$\triangle OCD$ に三平方の定理を用いて,

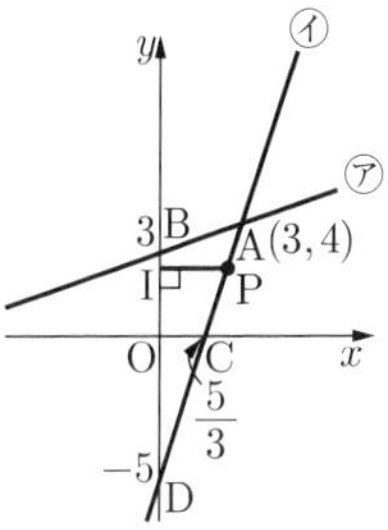

$CD=\sqrt{OC^2+OD^2}$

$=\sqrt{\left(\frac{5}{3}\right)^2+5^2}$

$=\sqrt{\frac{250}{9}}=\frac{5\sqrt{10}}{3}$

P から y 軸におろした垂線と y 軸との交点を I とすると,

$\triangle OCD\backsim\triangle IPD$ より,

$OC:CD=IP:PD$

$\frac{5}{3}:\frac{5\sqrt{10}}{3}=IP:8$

これを解いて, $IP=\frac{4\sqrt{10}}{5}$

よって，点 P の x 座標は $\frac{4\sqrt{10}}{5}$

② 点 O と A を結ぶ。

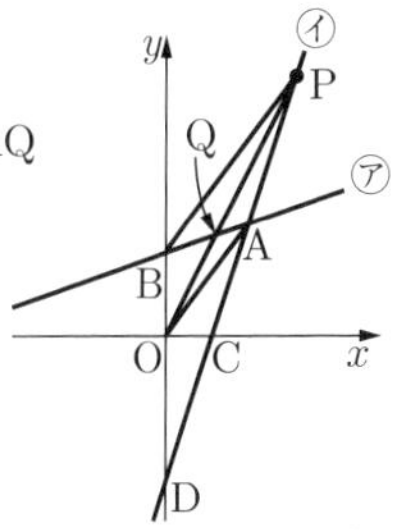

$\triangle OBQ=\triangle APQ$ より,

$\triangle OBQ+\triangle OAQ=\triangle APQ+\triangle OAQ$

$\triangle OAB=\triangle OAP$

よって, $OA\,/\!/\,BP$

直線 OA の傾きは $\frac{4}{3}$ だから,

直線 BP の式は, $y=\frac{4}{3}x+3$

これと㋑の式から,

$\frac{4}{3}x+3=3x-5$

これを解いて，求める点 P の x 座標は, $x=\frac{24}{5}$

〈H. A.〉

山 形 県

問題 P.12

解 答

1 ▎正負の数の計算，式の計算，平方根，2 次方程式，三平方の定理，確率，空間図形の基本 ▎

1．(1) 7　(2) $-\frac{1}{2}$　(3) $12x^2y$　(4) $-2\sqrt{2}$

2．（解き方）（例）$3x^2+2x-12x-8=-8x-5$

$3x^2-2x-3=0$

$x=\frac{-(-2)\pm\sqrt{(-2)^2-4\times3\times(-3)}}{2\times3}=\frac{2\pm\sqrt{40}}{6}$

$=\frac{2\pm2\sqrt{10}}{6}=\frac{1\pm\sqrt{10}}{3}$　　（答）$x=\frac{1\pm\sqrt{10}}{3}$

3．$18\sqrt{3}\ \mathrm{cm}^3$　4．エ　5．エ

2 ▎比例・反比例，1 次関数，関数 $y=ax^2$，平面図形の基本・作図，円周角と中心角，1 次方程式の応用，連立方程式の応用，データの散らばりと代表値 ▎

1．(1) $-8\leqq y\leqq 0$　(2) -1

2．右図の通り。

3．(1)（1 次方程式の例）

大きい袋の枚数を x 枚とする。

$8x+5(50-x)+67$

$=10x+6\{(50-x)-2\}+5\times2$

（連立方程式の例）

大きい袋の枚数を x 枚，

小さい袋の枚数を y 枚とする。

$$\begin{cases} x+y=50 \\ 8x+5y+67=10x+6(y-2)+5\times2 \end{cases}$$

(2) 374 個

4．（説明）（例）最頻値を比べると，知也さんは 6.5 m，公太さんは 5.5 m であり，知也さんの方が大きいから。

3 ▎関数を中心とした総合問題 ▎ 1．(1) 午前 10 時 8 分

(2) ア．$\frac{1}{2}x$

イ．36

ウ．$\frac{2}{3}x-6$

グラフは右図の通り。

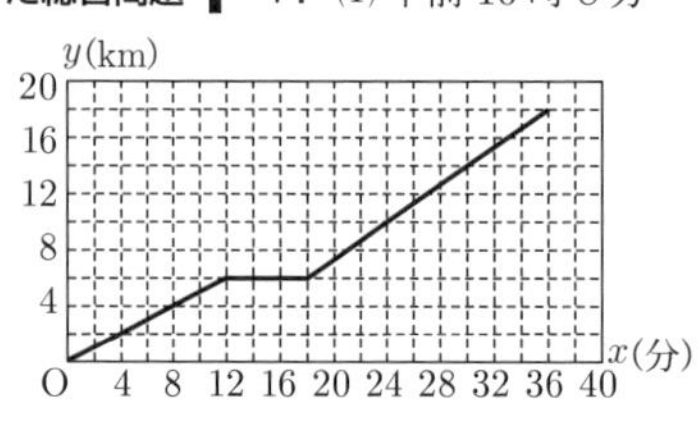

2．エ．30

オ．36

4 ▎図形を中心とした総合問題 ▎ 1．80 度

2．（証明）（例）△OCH と △OEF において

半円 O の半径だから，OC＝OE…①

共通だから，∠COH＝∠EOF…②

△OCB は OC＝OB の二等辺三角形だから，

∠OCH＝∠OBC…③

仮定より，四角形 OBGD は平行四辺形であり，

平行四辺形の対角は等しいから，∠OBC＝∠ODE…④

△ODE は OD＝OE の二等辺三角形だから，

∠ODE＝∠OEF…⑤

③，④，⑤より，∠OCH＝∠OEF…⑥

①，②，⑥より，1 組の辺とその両端の角がそれぞれ等しいので，

△OCH ≡ △OEF　　（証明終わり）

3．$\frac{\sqrt{7}}{3}\ \mathrm{cm}^2$

解き方

1 1．(3)（与式）$=\frac{16x^2\times9xy^2}{12xy}=12x^2y$

(4)（与式）$=3\sqrt{2}-5\sqrt{2}=-2\sqrt{2}$

3．直角三角形 ABC において，∠B＝30° より，

$BC=\frac{\sqrt{3}}{2}AB=3\sqrt{3}$ cm，$AC=\frac{1}{2}AB=3$ cm

求める体積は，$(3\sqrt{3}\times3\div2)\times4=18\sqrt{3}\ (\mathrm{cm}^3)$

4．各箱における玉の取り出し方は次の通りである。

A：(1, 2)，(1, 3)，(2, 3)　　B：(4, 5)，(4, 6)，(5, 6)

C：(7, 8)，(7, 9)，(7, 10)，(8, 9)，(8, 10)，(9, 10)

下線の場合が取り出した 2 個の玉に書かれた数の和が偶数になるから，その確率は，A：$\frac{1}{3}$，B：$\frac{1}{3}$，C：$\frac{2}{6}=\frac{1}{3}$

よって，起こりやすさはどの箱も同じである。

5．反例は下図の通り。

ア

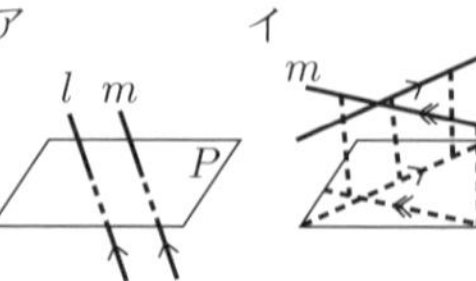

イ

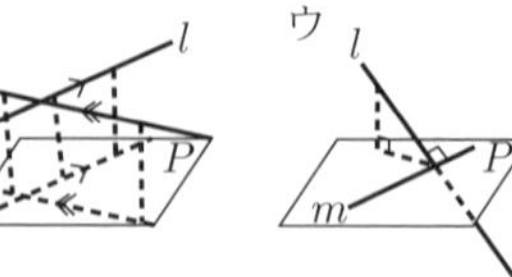

ウ

2 1．(2) AP＋BP が最も小さくなるときは，3 点 A，P，B が一直線上にあるときである。つまり，直線 AB と x 軸との交点が求めたい P である。

A (−2, −2)，B (1, 4) より，直線 AB は $y=2x+2$

（P の y 座標）＝0 より，$0=2x+2$　　$x=-1$

2．点 P は，条件①より ∠ACB の角の二等分線上の点であり，条件②より線分 AB を直径とする △ABC の外部にある円周上の点である。

3．(2)（1 次方程式の例）(1)の式を整理すると，

$3x+317=4x+298$　　$x=19$

里芋の個数は，$8\times19+5\times(50-19)+67=374$（個）

（連立方程式の例）(1)の式を整理すると，

$x+y=50$…①，$2x+y=69$…②

② − ①より，$x=19$…③

③を①に代入すると，$19+y=50$　　$y=31$

里芋の個数は，$8\times19+5\times31+67=374$（個）

4．2 人とも，平均値は，5 m で同じであり，中央値は，5 m 以上 6 m 未満の階級に含まれる。

3 1．(1) グラフから $y=4$ のときの x の値を読むと $x=8$ である。

(2) このような問題は問題文から先にグラフを作成するとよい。そこで，はじめにグラフを完成させよう。

10 時 12 分から 18 分までは自動車をとめていたので，表の通り，$12\leqq x\leqq18$ において，$y=6$

残りの距離 (18 − 6 =)12 km を時速 40 km で進んだので，時速 40 km を分速に直すと $\left(\frac{40}{60}=\right)\frac{2}{3}$ km より，かかった時間は，$\left(12\div\frac{2}{3}=\right)18$ 分。

つまり，空港に到着したのは 10 時 36 分である。

よって，最後のグラフは $(x, y)=(18, 6)$，$(36, 18)$ を結んだ線分になる。

ア．$x=12$ のとき $y=6$ より，$y=\frac{1}{2}x$

イ．(18＋18＝)36

ウ．分速 $\frac{2}{3}$ km で進むから，$y=\frac{2}{3}x+b$ とおける。

$(x, y)=(18, 6)$ より，$6=\frac{2}{3}\times18+b$　　$b=-6$

よって，$y=\frac{2}{3}x-6$

2．グラフより，バスは自動車が公園でとまっている間に追いこしたが，空港に到着する前に追いこされたということは，

(1)バスは，自動車が公園を出発すると同時に公園に到着する速さよりは速く
(2)バスは途中で１度追いこしたが，空港には同時に到着する速さよりは遅い
ことがわかる。バスは10時6分に出発したことに注意して，それぞれの限界の時速を計算すると，

エ．$\frac{6}{18-6}\times 60 = 30$ (km/時)

オ．$\frac{18}{36-6}\times 60 = 36$ (km/時)

4 1．円周角の定理より，$\angle AOC = 2\angle ABC$
平行線の錯角より，$\angle ABC = \angle BGE$
よって，$\angle AOC = 2\angle BGE = 2\times 40^\circ = 80^\circ$
3．$\triangle OBC \equiv \triangle OED$ より，$BC = ED = 6$ cm
四角形 OBGD は平行四辺形より，$BG = OD = 4$ cm
よって，$GC = BC - BG = 2$ (cm)
$\triangle CFG \backsim \triangle COB$ で，相似比は $GC : BC = 1 : 3$ より，
$\triangle CFG : \triangle COB = 1^2 : 3^2 = 1 : 9$
ここで，二等辺三角形 OBC の頂点 O から底辺 BC に垂線 OI を引くと，三平方の定理より，
$OI = \sqrt{OB^2 - BI^2} = \sqrt{4^2 - 3^2} = \sqrt{7}$ (cm)
ゆえに，$\triangle COB = \frac{1}{2}\times 6\times\sqrt{7} = 3\sqrt{7}$ (cm^2)
したがって，$\triangle CFG = \frac{1}{9}\triangle COB = \frac{\sqrt{7}}{3}$ (cm^2)

〈O. H.〉

福　島　県

問題 P.13

解答

1 正負の数の計算，式の計算，平方根，平行と合同　(1) ① -24　② $-\frac{1}{3}$　③ $2x^2$
④ $6\sqrt{2}$　(2) 720 度

2 平方根，1 次方程式の応用，1 次関数，関数 $y = ax^2$，空間図形の基本
(1) $-3 < -2\sqrt{2}$
(2) 36 人
(3) 右図
(4) $a = -\frac{1}{2}$
(5) エ

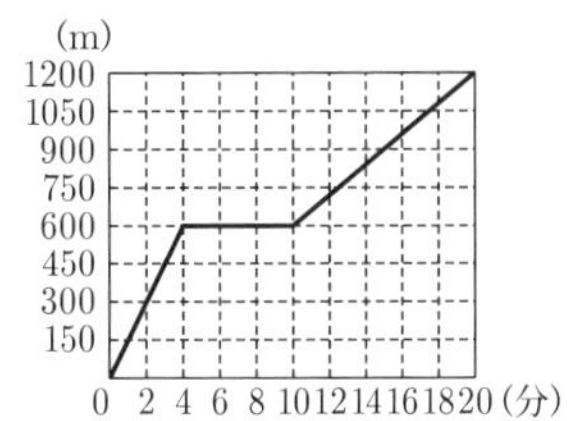

3 場合の数，確率，データの散らばりと代表値
(1) ① 3 通り　② $\frac{1}{4}$
(2) ① 15 m
② B 班（理由）（例）A 班の中央値は 25 m 以上 30 m 未満の階級に入っており，B 班の中央値は 30 m 以上 35 m 未満の階級に入っているため。

4 1 次方程式の応用
（例）はじめの自然数の十の位の数を a とすると，百の位の数は $(a+2)$ となり，各位の数の和は 18 なので，一の位は，$18-(a+2)-a = 16-2a$ となる。
したがって，はじめの自然数は，
$100(a+2)+10a+(16-2a) = 108a+216$
と表せる。また，百の位の数字と一の位の数字を入れかえてできる自然数は，
$100(16-2a)+10a+(a+2) = -189a+1602$
となり，これははじめの自然数より 99 小さい数なので，
$108a+216-99 = -189a+1602$
これを解くと，$297a = 1485$　　$a = 5$
よって，はじめの自然数は，756 となる。
答　はじめの自然数 756

5 図形と証明
（証明）（例）$\triangle ABF$ と $\triangle DBG$ において，
仮定より，$\triangle ABC \equiv \triangle DBE$ なので，
$AB = DB$…①
$\angle BAF = \angle BDG$…②
$\angle ABC = \angle DBE$…③
ここで，
$\angle ABF = \angle ABC - \angle FBG$…④
$\angle DBG = \angle DBE - \angle FBG$…⑤
③，④，⑤より，$\angle ABF = \angle DBG$…⑥
よって，①，②，⑥より，1 組の辺とその両端の角がそれぞれ等しいので，$\triangle ABF \equiv \triangle DBG$
したがって，合同な図形の対応する辺は等しいことから，
$AF = DG$

6 1 次関数，2 次方程式　(1) P $(-2, 3)$
(2) ① 18　② $t = 3+\sqrt{5}$

7 立体の表面積と体積，相似，平行線と線分の比，三平方の定理　(1) $2\sqrt{2}$ cm　(2) $\sqrt{14}$ cm^2　(3) $\frac{32\sqrt{7}}{27}$ cm^3

解き方

1 (1) ③ (与式) $= \frac{8x^3\times x}{4x^2} = 2x^2$
④ (与式) $= 5\sqrt{2}+\sqrt{2} = 6\sqrt{2}$
(2) 六角形の内角の和は，$180^\circ\times(6-2) = 720^\circ$

2 (1) $-3 = -\sqrt{9}$，$-2\sqrt{2} = -\sqrt{8}$ より，$-3 < -2\sqrt{2}$
(2) $126\times\frac{2}{5+2} = 36$（人）
(4) $x = 2$ のとき $y = 4a$，$x = 6$ のとき $y = 36a$ なので，
$\frac{36a-4a}{6-2} = -4$　　これを解いて，$a = -\frac{1}{2}$

3 (1) ① a，b は，$1 \leqq a \leqq 4$，$2 \leqq b \leqq 5$ を満たす自然数なので，$4 \leqq 2a+b \leqq 13$　　したがって，コインが点 D にとまるのは，$2a+b = 8$ または $2a+b = 13$ のいずれか。
$2a+b = 8$ のとき，$(a, b) = (2, 4)$，$(3, 2)$
$2a+b = 13$ のとき，$(a, b) = (4, 5)$
以上，3 通り。
② ①と同様に考えて，
コインが点 A にとまるのは，$2a+b = 5$，10 のいずれか。
これを満たすのは，$(a, b) = (1, 3)$，$(3, 4)$，$(4, 2)$ の 3 通り。
コインが点 B にとまるのは，$2a+b = 6$，11 のいずれか。
これを満たすのは，$(a, b) = (1, 4)$，$(2, 2)$，$(3, 5)$，$(4, 3)$ の 4 通り。
コインが点 C にとまるのは，$2a+b = 7$，12 のいずれか。
これを満たすのは，$(a, b) = (1, 5)$，$(2, 3)$，$(4, 4)$ の 3 通り。
コインが点 D にとまるのは，①より 3 通り。
コインが点 E にとまるのは，
$16-(3+4+3+3) = 3$（通り）
以上より，点 B にとまる確率が最も高く，$\frac{4}{16} = \frac{1}{4}$ である。
(2) ① A 班は，最大値が 46 m であり，記録の範囲が 31 m なので，最小値は，$46-31 = 15$ (m)

6 (1) 点 P は 2 直線 l と m の交点なので，2 直線の式を連立して，$x = -2$，$y = 3$
(2) R $(2t-8, t)$，S $(4-2t, t)$ となる。
① $t = 6$ のとき，R $(4, 6)$，S $(-8, 6)$ なので，線分 RS の

長さは $4-(-8)=12$　また，点 P から線分 RS に下ろした垂線の長さが $6-3=3$ より，

$\triangle PRS = 12\times3\times\frac{1}{2}=18$

② ①と同様に考えると，△PRS の底辺 RS の長さは，

$RS=(2t-8)-(4-2t)=4t-12$，点 P から線分 RS に下ろした垂線の長さが △PRS の高さで $t-3$ なので，

$\triangle PRS=(4t-12)\times(t-3)\times\frac{1}{2}=2(t-3)^2$

また，△ABP ＝ AB ×（点 P と y 軸の距離）$\times\frac{1}{2}$ より，

$\triangle ABP=2\times2\times\frac{1}{2}=2$

したがって，△PRS ＝ △ABP × 5 より，

$2(t-3)^2=2\times5$　これを解くと，

$(t-3)^2=5$　$t-3=\pm\sqrt{5}$　$t=3\pm\sqrt{5}$

$t>4$ より，$t=3+\sqrt{5}$

7 (1) 底面は 1 辺 2 cm の正方形なので，その対角線である AC は，$AC=2\sqrt{2}$ cm

したがって，$AE=AC=2\sqrt{2}$ cm

(2) 正四角錐の頂点 O から面 ABCD に垂線 OH を下ろすと，点 H は正方形 ABCD の対角線の交点と一致する。

したがって，△OAC は右図のようになり，H は線分 AC の中点となるので，$AH=CH=\sqrt{2}$

よって，△OAH にて三平方の定理より，

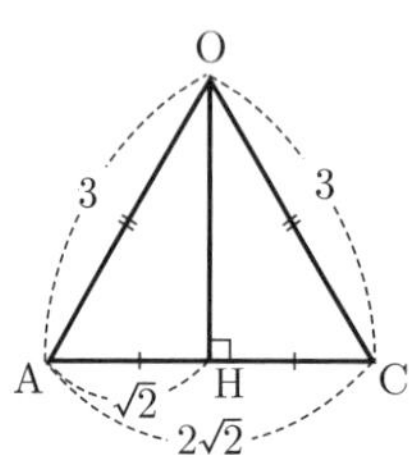

$OH=\sqrt{3^2-(\sqrt{2})^2}=\sqrt{7}$ (cm)

ゆえに，

$\triangle OAC=2\sqrt{2}\times\sqrt{7}\times\frac{1}{2}=\sqrt{14}$ (cm^2)

(3) △OAC∽△AEC より，

AC : EC ＝ OC : AC

すなわち，$2\sqrt{2}:EC=3:2\sqrt{2}$

これを解いて，$EC=\frac{8}{3}$ cm

さらに，△CEI∽△COH

相似比は

$CE:CO=\frac{8}{3}:3=8:9$

なので，

$EI=OH\times\frac{8}{9}=\frac{8\sqrt{7}}{9}$ (cm)

よって，求める四角錐の体積は，

(四角形 ABCD) $\times EI\times\frac{1}{3}=(2\times2)\times\frac{8\sqrt{7}}{9}\times\frac{1}{3}$

$=\frac{32\sqrt{7}}{27}$ (cm^3)

〈Y. D.〉

茨　城　県

問題 P.15

解 答

1 ▎正負の数の計算，平方根，式の計算，平面図形の基本・作図 ▎

(1) ア．−4

(2) $2\sqrt{10}$ m

(3) ウ

(4) 右図

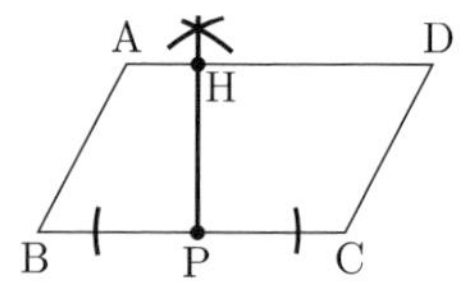

2 ▎数・式の利用，2 次方程式の応用，関数 $y=ax^2$，データの散らばりと代表値 ▎

(1) ア．$n+1$　イ．$n+2$　ウ．$n+1$

(2) ア．$x(x+5)$　イ．−8　ウ．3

(3) ア．2　イ．8

(4)・A さんを選ぶとき （理由）（例）A さんの最頻値は 11.9 秒，B さんの最頻値は 12.0 秒で，A さんの最頻値のほうが小さいから。

・B さんを選ぶとき （理由）（例）A さんの中央値は 12.1 秒，B さんの中央値は 12.0 秒で，B さんの中央値のほうが小さいから。

3 ▎平面図形の基本・作図，図形と証明，三角形，三平方の定理 ▎ (1) ア．48 度

(2) イ．（証明）（例）△ADB と △AEC で，

AB ＝ AC…①（仮定）

∠ABC ＝ ∠ACB…②（仮定）

∠ADB ＝ ∠AEC ＝ 90°…③（仮定）

∠DAB ＝ ∠ABC…④（平行線の錯角）

∠EAC ＝ ∠ACB…⑤（平行線の錯角）

②，④，⑤より，∠DAB ＝ ∠EAC…⑥

①，③，⑥より，△ADB と △AEC は，斜辺と 1 鋭角がそれぞれ等しい直角三角形だから，

△ADB ≡ △AEC

(3) ウ．$9\pi+\frac{9}{2}$

4 ▎1 次方程式の応用，1 次関数 ▎ (1) 800 L　(2) 130 L

(3) 250 時間後

5 ▎数の性質，場合の数，確率 ▎

(1) ① $\frac{1}{9}$　② 記号 B，確率 $\frac{5}{18}$　(2) A

6 ▎空間図形の基本，立体の表面積と体積，三平方の定理 ▎

(1) ア．$\frac{75}{2}$　(2) イ．面あ，面う　ウ．90

(3) エ．面う　オ．面い

解き方

1 (1) $3-7=-4$

(2) $\{\sqrt{5}+(\sqrt{10}-\sqrt{5})\}\times2=2\sqrt{10}$

(3) 1000 円で $(5a+3b)$ 円支払うことができるから，

$(5a+3b)$ は 1000 以下。

(4) 点 P を通り辺 BC に直交する直線と直線 AD との交点が点 H。

3 (1) △ABB′ は AB ＝ AB′ の二等辺三角形だから，

∠ABB′ ＝ ∠AB′B ＝ ∠ABC ＝ 66°

∠BAB′ ＝ 180° − (∠ABB′ ＋ ∠AB′B) ＝ 180° − 2 × 66°

＝ 48°

(3) 扇形 ABB′

$=3\times3\times\pi\times\frac{90}{360}=\frac{9}{4}\pi$

$\triangle AB'C'=3\times3\times\frac{1}{2}=\frac{9}{2}$

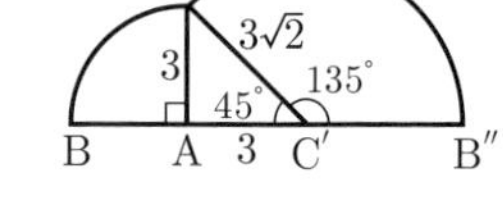

扇形 C′B′B″

$= 3\sqrt{2} \times 3\sqrt{2} \times \pi \times \dfrac{135}{360} = \dfrac{27}{4}\pi$

求める図形の面積は，$\dfrac{9}{4}\pi + \dfrac{9}{2} + \dfrac{27}{4}\pi = 9\pi + \dfrac{9}{2}$

4 (1) 燃料 A のグラフ①は，

傾き -30 より，

$y = -30x + b$

点 $(20,\ 200)$ を通るから代入して，

$200 = -30 \times 20 + b$

$b = 800$

よって，$y = -30x + 800$

ある時刻は $x = 0$ のときだから，A の残量は，$y = b = 800$ (L)

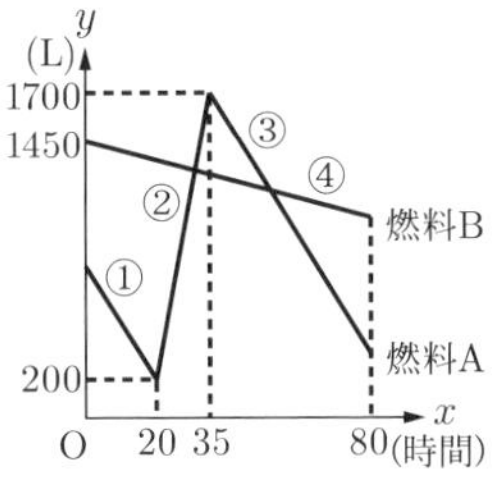

(2) 1 時間あたり c (L) 補給されていたとすると，グラフ②の傾きは，$c - 30$

グラフ②は 2 点 $(20,\ 200)$，$(35,\ 1700)$ を通るから，

$c - 30 = \dfrac{1700 - 200}{35 - 20} = 100$　　$c = 130$ (L)

(3) $x = 80$ のときの燃料 A の残量を d とすると，グラフ③は 2 点 $(35,\ 1700)$，$(80,\ d)$ を通り，傾き -30 だから，

$\dfrac{d - 1700}{80 - 35} = -30$　　$d = 1700 - 30 \times (80 - 35) = 350$

よって，このときの燃料 B の残量は，$d + 700 = 1050$

燃料 B のグラフ④は，2 点 $(0,\ 1450)$，$(80,\ 1050)$ を通るから，傾きは $\dfrac{1050 - 1450}{80 - 0} = -5$，切片は 1450

よって，グラフ④は，$y = -5x + 1450$

補給されるのは，$y = 200$ のときだから，代入して，

$200 = -5x + 1450$　　$x = 250$（時間後）

5 (1) $(a,\ b)$ の目の出方は全部で，$6 \times 6 = 36$（通り）

① E に止まる場合は，

$a + b = 4$，12 の場合で，全部で，$3 + 1 = 4$（通り）

求める確率は，$\dfrac{4}{36} = \dfrac{1}{9}$

② 各マスに止まる場合の数は，

<a+b>

a＼b	1	2	3	4	5	6
1	2	3	4	5	6	7
2	3	4	5	6	7	8
3	4	5	6	7	8	9
4	5	6	7	8	9	10
5	6	7	8	9	10	11
6	7	8	9	10	11	12

	a+b	場合の数
A	8	5
Ⓑ	7, 9	6+4=⑩
C	2, 6, 10	1+5+3=9
D	3, 5, 11	2+4+2=8
E	4, 12	3+1=4

A	B	C	D	E
		2	3	4
8	7	6	5	
	9	10	11	12

だから，求めるマスは B，確率は，$\dfrac{10}{36} = \dfrac{5}{18}$

(2) A から 8 マス動いて，A にもどる。

$a = 4$，$b = 5$ で，$a^b = 4^5 = 4 \times 2 \times 2 \times 4^3 = 8 \times (2 \times 4^3)$

したがって，2×4^3 回 A にもどって止まる。

よって，求めるマスは A。

6 (1) 三平方の定理から，

△ABC において，

$BC^2 = AB^2 + AC^2 = 15^2$

$BC = 15$ (cm)

展開図の点 B，D（，F）は三角すいにおいて共通な頂点だから，CD = CB = 15 (cm)

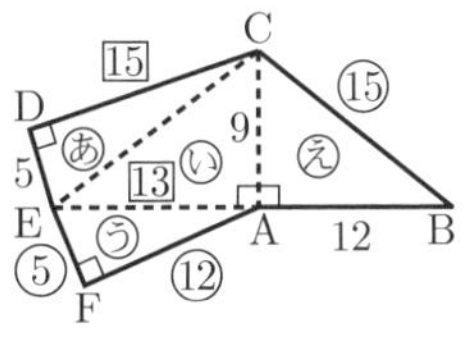

$\triangle CDE = \dfrac{1}{2} \times CD \times DE = \dfrac{1}{2} \times 15 \times 5 = \dfrac{75}{2}$ (cm^2)

(2) イ．ED ⊥ CD より ED ⊥ BC，EF ⊥ AF より EF ⊥ AB

EB = ED = EF より，EB ⊥ CB かつ EB ⊥ BA

よって，(ED = EF =) EB ⊥ 面㋒

したがって，面㋐と面㋒はともに面㋓と垂直である。

また，∠BAE = ∠FAE ≒ 90° だから，面㋑は面㋓と垂直ではない。

求める面は，面㋐，面㋒

ウ．三角すいの体積は，

$\dfrac{1}{3} \times \triangle ABC \times ED = \dfrac{1}{3} \times \left(\dfrac{1}{2} \times 12 \times 9\right) \times 5 = 90$ (cm^3)

(3) 三角すいの高さが一番高く（低く）なるのは，対応する底面が一番小さい（大きい）ときだから，

エ．面㋒を底面にしたとき

オ．面㋑を底面にしたとき

〈Y. K.〉

栃 木 県

問題 P.18

解答

1 | 正負の数の計算，式の計算，因数分解，平方根，平行と合同，比例・反比例，立体の表面積と体積，2 次方程式，1 次関数，数・式の利用，相似，平行四辺形 |

1．4　2．$2ab^2$　3．11　4．$(x-4)^2$

5．$c = -5a + 2b$　6．ア　7．116 度　8．$y = \dfrac{18}{x}$

9．72 cm^3　10．$x = \dfrac{-5 \pm \sqrt{17}}{2}$　11．$-5 \leqq y \leqq 3$

12．$\dfrac{a}{60} + \dfrac{b}{100} \leqq 20$　13．$x = \dfrac{8}{5}$　14．ウ

2 | 平面図形の基本・作図，確率，関数 $y = ax^2$ |

1．右図

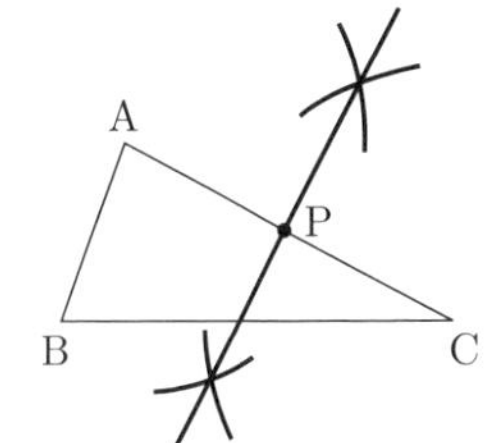

2．$\dfrac{5}{12}$

3．① $AB = 4 - 4a$

② $a = \dfrac{1}{5}$

3 | 連立方程式の応用，データの散らばりと代表値 |

1．（例）$\begin{cases} x + y = 40 & \cdots① \\ 5x + 3y + 57 = 7x + 4y & \cdots② \end{cases}$

②より，$2x + y = 57 \cdots③$　　③ − ①より，$x = 17$

①に代入して，$17 + y = 40$　　$y = 23$

この解は問題に適している。

（答え）大きい袋 17 枚，小さい袋 23 枚

2．(1) 12 分　(2) 0.4　(3) 10，17，19（分）

4 | 平行と合同，図形と証明，中点連結定理，平面図形の基本・作図，円周角と中心角，三平方の定理 |

1．（証明）（例）△DGE と △FGC において，

△ABC で，点 D，E はそれぞれ辺 AB，AC の中点であるから，

DE // BC…①　　$DE = \dfrac{1}{2}BC \cdots②$

①より，DE // BF となり，錯角は等しいので，

∠GED = ∠GCF…③　　∠EDG = ∠CFG…④

また，BC : CF = 2 : 1 から，$CF = \dfrac{1}{2}BC \cdots⑤$

②，⑤より，DE = FC…⑥

③，④，⑥より，1 組の辺とその両端の角がそれぞれ等しいので，△DGE ≡ △FGC

2．(1) 6 cm　(2) $(2\pi - 2\sqrt{3})$ cm^2

5 **1 次関数** 1．$9\,\text{cm}^2$

2．(例) 点Pが動き出して 10 秒後から 20 秒後までのグラフの傾きは，$\dfrac{0-15}{20-10}=-\dfrac{3}{2}$ であるから，x と y の関係式は，$y=-\dfrac{3}{2}x+b$ と表される。グラフは，点 (20, 0) を通るので，$0=-\dfrac{3}{2}\times 20+b$　　$b=30$

よって，求める式は，$y=-\dfrac{3}{2}x+30$

(答え) $y=-\dfrac{3}{2}x+30$

3．$t=65$

6 **数の性質，数・式の利用，2 次方程式の応用**

1．【作り方Ⅰ】28 【作り方Ⅱ】82

2．(例) $a=x$, $b=x+25$, $c=x+50$, $d=x+75$ と表される。$a+2b+3c+4d=ac$ に代入して，

$x+2(x+25)+3(x+50)+4(x+75)=x(x+50)$

$10x+500=x^2+50x$

$x^2+40x-500=0$　　$(x+50)(x-10)=0$

$x=-50$, $x=10$

x は正の整数なので，$x=10$

(答え) $x=10$

3．① $n=4m-39$　② $n=17$, 21, 25

解き方

1 1．$-3+7=4$

3．$a+b^2=2+(-3)^2=2+9=11$

5．$5a=2b-c$　　$c=-5a+2b$

6．イ．$\sqrt{16}=4$　ウ．$\sqrt{5+7}=\sqrt{12}$

エ．$(\sqrt{2}+\sqrt{6})^2=2+4\sqrt{3}+6=8+4\sqrt{3}$

$(\sqrt{2})^2+(\sqrt{6})^2=2+6=8$

7．l に平行な直線 n を 95° の角の頂点を通るように引く。

$95^\circ-31^\circ=64^\circ$ より，$\angle x=180^\circ-64^\circ=116^\circ$

8．$y=\dfrac{a}{x}$ とおくと，点 (3, 6) を通るので，$6=\dfrac{a}{3}$

$a=18$　　よって，$y=\dfrac{18}{x}$

9．$\dfrac{1}{3}\times 6\times 6\times 6=72\,(\text{cm}^3)$

10．解の公式より，

$x=\dfrac{-5\pm\sqrt{5^2-4\times 1\times 2}}{2\times 1}=\dfrac{-5\pm\sqrt{17}}{2}$

11．$x=-1$ のとき，$y=-2\times(-1)+1=3$

$x=3$ のとき，$y=-2\times 3+1=-5$

よって，$-5\leqq y\leqq 3$

13．$x:2=4:5$　　$5x=8$　　$x=\dfrac{8}{5}$

2 2．すべてのさいころの目の出方は，$6\times 6=36$（通り）

$a>b$ となればよいので，$(a, b)=(6, 1)$, …, $(6, 5)$, $(5, 1)$, …, $(5, 4)$, $(4, 1)$, …, $(4, 3)$, $(3, 1)$, $(3, 2)$, $(2, 1)$ の 15 通り。よって，求める確率は，$\dfrac{15}{36}=\dfrac{5}{12}$

3．① 点Aの y 座標は，$y=(-2)^2=4$

点Bの y 座標は，$y=a\times(-2)^2=4a$

よって，$\text{AB}=4-4a$

② 点Cの y 座標は，$y=3^2=9$

点Dの y 座標は，$y=a\times 3^2=9a$

よって，$\text{CD}=9-9a$

四角形ABDCは台形なので，

$\dfrac{1}{2}\times\{(4-4a)+(9-9a)\}\times\{3-(-2)\}=26$

$a=\dfrac{1}{5}$

3 2．(2) $\dfrac{6}{15}=0.4$

(3) 太郎さんの 4 月の通学時間を x 分とする。中央値が 11 で，範囲が変わらないことより，$x<11$ のとき，$x\geqq 5$, $x+5\leqq 11$, $x>11$ のとき，$x+5\leqq 20$ を満たせばよい。

よって，$x=5$, 12, 14

したがって，引越し後の通学時間は，10 分，17 分，19 分

4 2．(1) △ABO は，$\angle\text{OAB}=30^\circ$, $\angle\text{ABO}=90^\circ$ の直角三角形なので，

$\text{AO}:\text{OB}=2:1$　　$\text{AO}:2=2:1$　　$\text{AO}=4\,(\text{cm})$

よって，$\text{AD}=4+2=6\,(\text{cm})$

(2) $\angle\text{AOB}=90^\circ-30^\circ=60^\circ$

円周角の定理より，$\angle\text{CDB}=\dfrac{1}{2}\times 60^\circ=30^\circ$

$\angle\text{CBD}=90^\circ$ より，$\text{BC}:\text{CD}:\text{BD}=1:2:\sqrt{3}$ となり，

$\text{CD}=4\,(\text{cm})$ より，$\text{BC}=2\,(\text{cm})$, $\text{BD}=2\sqrt{3}\,(\text{cm})$

よって，求める面積は，半円から △BCD を引けばよいので，

$\dfrac{1}{2}\times\pi\times 2^2-\dfrac{1}{2}\times 2\times 2\sqrt{3}=2\pi-2\sqrt{3}\,(\text{cm}^2)$

5 1．$\text{AP}=\text{DQ}=6\,(\text{cm})$ より，$\dfrac{1}{2}\times 3\times 6=9\,(\text{cm}^2)$

3．△APQ と四角形 BCSR の面積のグラフは右図のようになる。よって，3 番目の値は，$t=65$

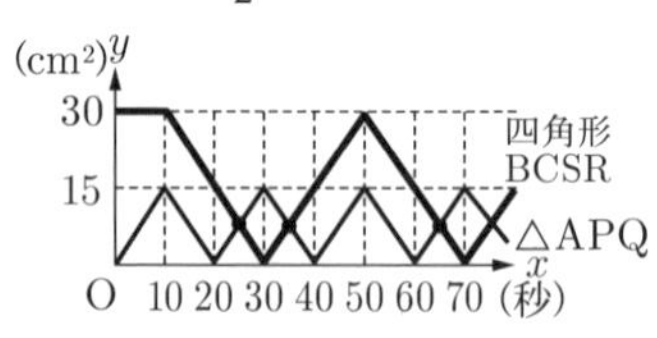

6 1．【作り方Ⅰ】$4\times 7=28$

【作り方Ⅱ】$76+(7-1)=82$

3．① 4 つの数の和は，【作り方Ⅰ】が，

$4m+(4m-1)+(4m-2)+(4m-3)=16m-6$

【作り方Ⅱ】が，

$n+(n+25)+(n+50)+(n+75)=4n+150$

となるので，

$4n+150=16m-6$　　$4n=16m-156$

$n=4m-39$

② $0<n\leqq 25$, ①より，$10\leqq m\leqq 16$ となる。

また，$m<n$ なので，①より，$m=14$ のとき，

$n=4\times 14-39=17$

$m=15$ のとき，$n=4\times 15-39=21$

$m=16$ のとき，$n=4\times 16-39=25$

よって，$n=17$, 21, 25

〈A. H.〉

群 馬 県　　問題 P.20

解 答　**1** **正負の数の計算，式の計算，数・式の利用，空間図形の基本，平方根，比例・反比例，三平方の定理，データの散らばりと代表値，1 次方程式の応用，関数 $y=ax^2$** (1) ① 7　② $3x$　③ $\frac{3}{2}a^2b$　(2) -4

(3) 辺 CF，辺 DF，辺 EF　(4) 6　(5) $y=-\frac{4}{x}$

(6) $\sqrt{13}$ cm　(7) エ

(8) (例) はじめに容器 A に入っていた牛乳の量を x mL とすると，

$(x+140):2x=5:3$

$(x+140)\times 3=2x\times 5$

$7x=420$

$x=60$

$x=60$ は問題に適している。　　(答) 60 mL

(9) エ

2 **平行四辺形** (1) ① ウ　② イ

(2) (例) 対角線が垂直に交わる

3 **連立方程式の応用** (1) $A=10a+b$

(2) (例) 整数 A の十の位の数を a，一の位の数を b とおくと，㋐より，

$(10b+a)\div 2=(10a+b)+1$…①

㋑より，

$(a+b)\times 3=(10a+b)-4$…②

①より，$19a-8b=-2$…③

②より，$7a-2b=4$…④

③ − ④ ×4 より，

$-9a=-18$　　よって，$a=2$

③に代入して，$b=5$

$a=2$，$b=5$ は問題に適している。　　(答) 25

4 **平面図形の基本・作図，図形と証明，三角形**

(1) ア. B　イ. BA　ウ. BP　(イ. BP　ウ. BA でもよい)

(2) ①

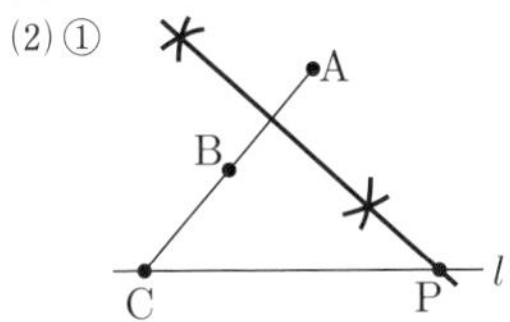

② (説明) (例)

線分 AB の垂直二等分線上のすべての点は，2 点 A，B からの距離が等しいので，AP = BP となる。したがって，△ABP は二等辺三角形であるといえる。

5 **連立方程式，1 次関数**

(1) ① $y=-3x+20$　② $y=3x-20$　③ $\frac{20}{3}$ 秒間

(2) $\frac{5}{2}$ 秒間

6 **平面図形の基本・作図，図形と証明，相似，三平方の定理**

(1) ウ，エ

(2) (証明) (例) △CDG と △CDH において，

$\angle CGD=\angle CHD=90^\circ$…①

CD は共通…②

FC，FD は円 O の接線より，FC = FD

となるので，△FCD は二等辺三角形であるから，

$\angle FCD=\angle FDC$…③

CF // HD より，平行線の錯角は等しいので，

$\angle FCD=\angle HDC$…④

③，④より，$\angle FDC=\angle HDC$ となるので，

$\angle GDC=\angle HDC$…⑤

①，②，⑤より，直角三角形の斜辺と 1 つの鋭角がそれぞれ等しいので，

$\triangle CDG\equiv\triangle CDH$

(3) ① 12 cm　② $\frac{864}{25}$ cm^2

解き方　**1** (2) (与式) $=5x+2y=5\times(-2)+2\times 3$
$=-4$

(4) $\sqrt{24n}=2\sqrt{6n}$

4 (1)は BA = BP の二等辺三角形である。

(2)では，AP = BP の二等辺三角形を考えればよい。

5 (1) 図のように記号を定める。

① $y=OP_1=OP_0-P_0P_1$

$=20-3x$

$=-3x+20$

② $OP_2=OA-AP_2$

$=10-\{(10+20)-3x\}$

$=3x-20$

③ 点 P が直径 AB 上にあるときであるから，

$10\times 2\div 3=\frac{20}{3}$ (秒間)

(2) 円の半径を y cm とすると，$y=-x+10$

P が円の内部にはいる瞬間は，$-3x+20=-x+10$ より，

$x=5$

P が円の外部に出る瞬間は，$3x-20=-x+10$ より，

$x=\frac{15}{2}$

よって，$\frac{15}{2}-5=\frac{5}{2}$ (秒間)

6 (3) ①

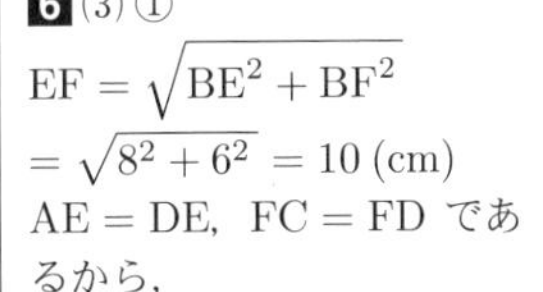

$EF=\sqrt{BE^2+BF^2}$

$=\sqrt{8^2+6^2}=10$ (cm)

AE = DE，FC = FD であるから，

AB = AE + BE = DE + BE

BC = BF + FC = BF + FD

よって，

AB + BC

= BE + BF + (FD + DE)

= BE + BF + EF

= 8 + 6 + 10 = 24 (cm)

ゆえに，1 辺の長さは $24\div 2=12$ (cm)

② △FGC∽△FBE などを利用して，各辺の長さを求めると図のようになるので，

$\triangle ODH=\frac{1}{2}\times OH\times DH=\frac{1}{2}\times\frac{36}{5}\times\frac{48}{5}=\frac{864}{25}$ (cm^2)

〈K. Y.〉

埼　玉　県

問題 P.22

解答

学力検査問題

1 式の計算，正負の数の計算，1 次方程式，平方根，因数分解，連立方程式，2 次方程式，平行と合同，関数 $y=ax^2$，立体の表面積と体積，空間図形の基本，数の性質，確率，データの散らばりと代表値，平面図形の基本・作図

(1) $-5x$　(2) -23　(3) $3y^2$　(4) $x=4$　(5) $-3\sqrt{3}$

(6) $(x-2)(x+9)$　(7) $x=1,\ y=-1$　(8) $x=\dfrac{5\pm\sqrt{17}}{4}$

(9) 17 度　(10) $a=-4$　(11) 体積 $\dfrac{32}{3}\pi\ \mathrm{cm}^3$，表面積 $16\pi\ \mathrm{cm}^2$

(12) イ　(13) ア．1.27　イ．4　(14) エ　(15) 0.35

(16)（説明）（例）右の図で，曲線部分の長さの和はともに 4π cm で等しいので，アとイのひもの長さの差は，直線部分の差になる。
したがって，その差は
$4\times4-4\times3=4$
（答え）4 cm

ア

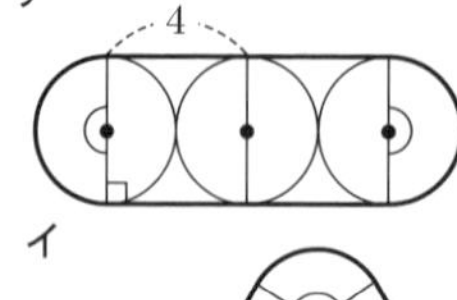

イ

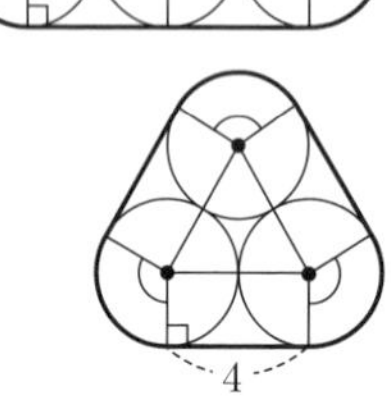

2 平面図形の基本・作図，1 次関数，関数 $y=ax^2$

(1)

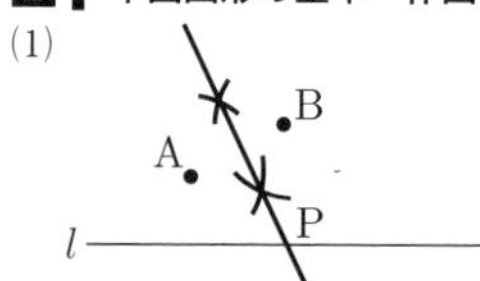

(2) $54\ \mathrm{cm}^2$

3 数の性質，数・式の利用 (1) ア．13　イ．44

(2) ① $4n+1$
② (例) これを $3x+5$ の x に代入すると，
$3(4n+1)+5=12n+8$
$=4(3n+2)$
$3n+2$ は整数だから，$4(3n+2)$ は 4 の倍数である。

4 図形と証明，相似

(1)（証明）（例）△ABC と △ACD において，
∠A は共通…①
仮定から，
∠ABC = ∠ACD…②
①，②から，2 組の角がそれぞれ等しいので，
△ABC∽△ACD

(2) 3 cm　(3) $\dfrac{6}{5}\ \mathrm{cm}^2$

学校選択問題

1 式の計算，平方根，2 次方程式，関数 $y=ax^2$，数の性質，データの散らばりと代表値，空間図形の基本，連立方程式の応用，確率，平面図形の基本・作図 (1) $\dfrac{5}{2}y$　(2) -8

(3) $x=-\dfrac{1}{2},\ 3$　(4) $a=-4$　(5) ア．1.27　イ．4

(6) 0.35　(7) ウ　(8) 240 人　(9) $\dfrac{13}{25}$

(10)（説明）（例）右の図で，曲線部分の長さの和はともに $2\pi r$ cm で等しいので，アとイのひもの長さの差は，直線部分の差になる。
したがって，その差は
$2r\times7-2r\times6=2r$
（答え）$2r$ cm

ア

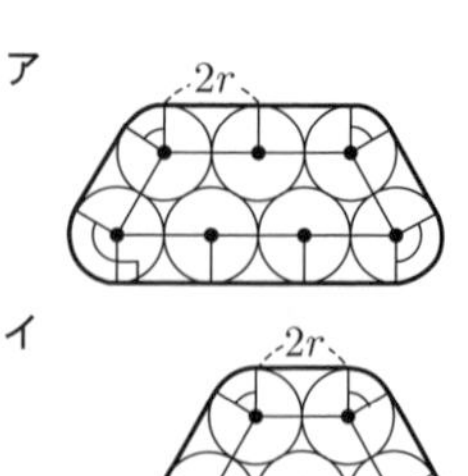

イ

2 平面図形の基本・作図，1 次関数，立体の表面積と体積，関数 $y=ax^2$

(1)

(2) $\dfrac{81}{2}\pi\ \mathrm{cm}^3$

3 数の性質，式の計算，多項式の乗法・除法

(1)（証明）（例）（n を 0 以上の整数とすると，）
4 で割ると 1 余る自然数は $4n+1$ となる。
これを $3x+5$ の x に代入すると，
$3(4n+1)+5=12n+8$
$=4(3n+2)$
$3n+2$ は整数だから，$4(3n+2)$ は 4 の倍数である。
したがって，$3x+5$ の x に，4 で割ると 1 余る自然数を代入すると，$3x+5$ の値は 4 の倍数になる。

(2) ア．7　イ．3　ウ．1

4 図形と証明，相似 (1) 3 cm

(2)（証明）（例）△ADH と △ACF において，
仮定から，∠DAH = ∠CAF…①
△BCD において，外角はそのとなりにない 2 つの内角の和に等しいので，
∠ADH = ∠DBC + ∠DCB…②
また，
∠ACF = ∠ACD + ∠DCB…③
仮定から，
∠DBC = ∠ACD…④
②，③，④から，
∠ADH = ∠ACF…⑤
①，⑤から，2 組の角がそれぞれ等しいので，
△ADH∽△ACF

(3) $\dfrac{6}{5}\ \mathrm{cm}^2$

5 関数を中心とした総合問題

(1) $y=\dfrac{1}{2}x^2,\ 0\leqq x\leqq 4$　(2) $x=\dfrac{9}{2},\ \dfrac{29}{4}$

(3) (例) 台形 ABCD の面積の半分は $7\ \mathrm{cm}^2$
点 Q が辺 AD 上にあるとき，$0\leqq x\leqq 4$ なので，
$\dfrac{1}{2}x^2=7$ から，$x=\pm\sqrt{14}$
問題にあっているのは $x=\sqrt{14}$
点 Q が辺 DC 上にあるとき，$y=7$ にはならない。
点 Q が辺 CB 上にあるとき，$6\leqq x\leqq 11$ であり，
点 Q から辺 AB にひいた垂線の長さを h とすると，
$\dfrac{1}{2}\times h\times5=7$ から $h=\dfrac{14}{5}$
$h:\mathrm{QB}=4:5$ なので，$\mathrm{QB}=\dfrac{7}{2}$

よって，$x = \mathrm{AD} + \mathrm{DC} + \mathrm{CB} - \mathrm{QB} = \dfrac{15}{2}$

したがって，$x = \sqrt{14}$，$\dfrac{15}{2}$

(答え) $x = \sqrt{14}$，$\dfrac{15}{2}$

解き方 学力検査問題

1 (9) $\angle x + 32° + 45° = 94°$　　$x = 17°$

2 (2) A $(-3,\ 18)$，B $(2,\ 8)$，l の式は $y = -2x + 12$

よって，C $(6,\ 0)$

4 (2) (1)より $\mathrm{AB} = 9\,\mathrm{cm}$　　よって，$\mathrm{DB} = 5\,\mathrm{cm}$

また，(1)より $\mathrm{BC} : \mathrm{CD} = 6 : 4 = 3 : 2$

よって，$\mathrm{BE} : \mathrm{ED} = 3 : 2$ となるので

$\mathrm{BE} = 5 \times \dfrac{3}{3+2} = 3\,(\mathrm{cm})$

(3) (2)より $\mathrm{AE} = 6\,\mathrm{cm}$ となるので，△AEC は二等辺三角形である。このことと AG が ∠BAC を二等分することから $\mathrm{EG} = \mathrm{CG}$　　よって，$\triangle\mathrm{GFC} = \dfrac{1}{2}\triangle\mathrm{EFC}$…①

また，$\mathrm{BF} : \mathrm{FC} = 9 : 6 = 3 : 2$ であるから

$\triangle\mathrm{EFC} = \dfrac{2}{5}\triangle\mathrm{EBC}$…②

さらに，$\mathrm{AE} : \mathrm{EB} = 6 : 3 = 2 : 1$ であるから

$\triangle\mathrm{EBC} = \dfrac{1}{3}\triangle\mathrm{ABC}$…③

①，②，③より

$\triangle\mathrm{GFC} = \dfrac{1}{15}\triangle\mathrm{ABC} = \dfrac{1}{15} \times 18 = \dfrac{6}{5}\,(\mathrm{cm}^2)$

学校選択問題

1 (2) $x^2 - 6x + y^2 - 6y = (x+y)^2 - 2xy - 6(x+y)$

$= 6^2 - 2 \times 4 - 6 \times 6 = -8$

(3) $2x + 1 = 0$，7

(8) 昨年度の市内在住の生徒 300 人，市外在住の生徒 200 人

2 (2) A $\left(-3,\ \dfrac{9}{2}\right)$，B $(2,\ 2)$，$l : y = -\dfrac{1}{2}x + 3$，

C $(6,\ 0)$，H $\left(0,\ \dfrac{9}{2}\right)$ とするとき，△OCH を x 軸のまわりに 1 回転して得られる円錐の体積を求めればよい。

4 (1) △ABC∽△ACD となるから，

$\mathrm{AB} = 9\,\mathrm{cm}$，$\mathrm{BC} : \mathrm{CD} = 9 : 6 = 3 : 2$

よって，$\mathrm{BD} = 9 - 4 = 5\,(\mathrm{cm})$

∠BCE = ∠DCE であるから

$\mathrm{BE} = \mathrm{BD} \times \dfrac{3}{3+2} = 5 \times \dfrac{3}{5} = 3\,(\mathrm{cm})$

(3) AE = AC となるので，G は辺 EC の中点になる。

よって，$\triangle\mathrm{GFC} = \dfrac{1}{2}\triangle\mathrm{EFC}$…①

また，$\mathrm{BF} : \mathrm{CF} = \mathrm{AB} : \mathrm{AC} = 9 : 6 = 3 : 2$ であるから

$\triangle\mathrm{EFC} = \dfrac{2}{5}\triangle\mathrm{EBC}$…②

さらに，$\triangle\mathrm{EBC} = \dfrac{1}{3}\triangle\mathrm{ABC}$…③

①，②，③より

$\triangle\mathrm{GFC} = \dfrac{1}{15}\triangle\mathrm{ABC} = \dfrac{1}{15} \times 18 = \dfrac{6}{5}\,(\mathrm{cm}^2)$

5 (1) (ア) $0 \leqq x \leqq 4$ のとき

$y = \dfrac{1}{2}x^2$

(イ) $4 \leqq x \leqq 5$ のとき　$y = 2x$

(ウ) $5 \leqq x \leqq 6$ のとき　$y = 10$

(エ) $6 \leqq x \leqq 11$ のとき

$y = -2x + 22$

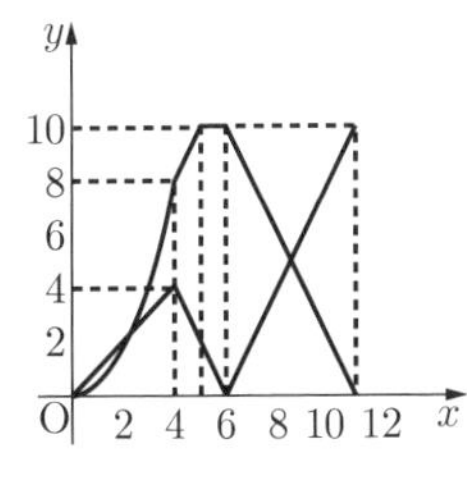

(2) △AQC の面積を $y\,\mathrm{cm}^2$ とすると

(カ) $0 \leqq x \leqq 4$ のとき　$y = x$

(キ) $4 \leqq x \leqq 6$ のとき　$y = -2x + 12$

(ク) $6 \leqq x \leqq 11$ のとき　$y = 2x - 12$

よって，

(サ) $4 \leqq x \leqq 5$ のとき　$2x : (-2x + 12) = 3 : 1$　　$x = \dfrac{9}{2}$

(シ) $6 \leqq x \leqq 11$ のとき　$(-2x + 22) : (2x - 12) = 3 : 1$

$x = \dfrac{29}{4}$

(3) (ア) $0 \leqq x \leqq 4$ のとき　$\dfrac{1}{2}x^2 = 7$　　$x = \sqrt{14}$

(エ) $6 \leqq x \leqq 11$ のとき　$-2x + 22 = 7$　　$x = \dfrac{15}{2}$

〈K. Y.〉

千 葉 県

問題 P.26

解 答 **1** ▎正負の数の計算，式の計算，連立方程式，平方根，2 次方程式 ▎ (1) 40　(2) -11

(3) $6a - 2b$　(4) $x = -4$，$y = 5$　(5) $3\sqrt{6}$

(6) $x = \dfrac{-9 \pm \sqrt{53}}{2}$

2 ▎データの散らばりと代表値，数・式の利用，立体の表面積と体積，確率，平面図形の基本・作図 ▎

(1) ウ　(2) $a - 3b \leqq 5$　(3) $96\pi\,\mathrm{cm}^2$　(4) $\dfrac{5}{36}$

(5)

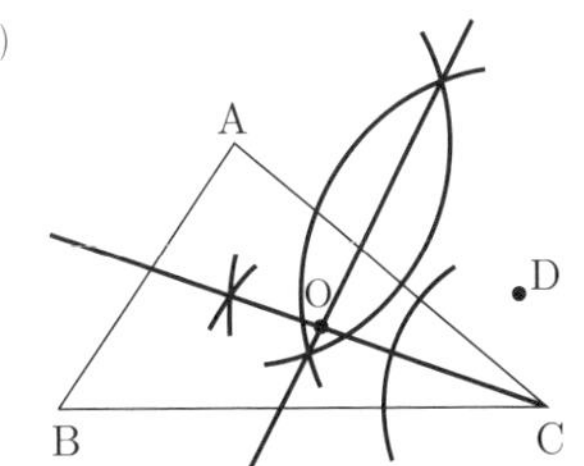

3 ▎2 次方程式の応用，1 次関数，平行四辺形，関数 $y = ax^2$ ▎ (1) $y = x + 4$　(2) ① $24\,\mathrm{cm}^2$　② $-\dfrac{11}{2}$，$-\dfrac{3}{2}$

4 ▎図形と証明，三角形，円周角と中心角，相似，三平方の定理 ▎ (1) (a) ウ　(b) エ

(c) (証明) (例) $\overset{\frown}{\mathrm{AC}}$ に対する円周角は等しいから，

∠ADC = ∠ABC…③

②，③から，∠ADC = ∠DOB…④

①，④から，2 組の角がそれぞれ等しいので，

△ACD∽△DBO

(2) $\sqrt{2}\,\mathrm{cm}$

5 ▎数の性質，数・式の利用，場合の数 ▎

(1) (ア) $4n$　(イ) $4n - 3$

(2) (例) m 段目の最小の数は，$4m - 3$

n 段目の 2 番目に大きい数は，$4n - 1$

だから，この 2 つの数の和は，

$(4m - 3) + (4n - 1) = 4m + 4n - 4 = 4(m + n - 1)$

$m + n - 1$ は整数だから，$4(m + n - 1)$ は 4 の倍数となる。

よって，m 段目の最小の数と，n 段目の 2 番目に大きい数の和は，4 の倍数となる。

(3) 7 組

解き方 **2** (1) ア．冊数の合計は，

$0 \times 3 + 1 \times 5 + 2 \times 6 + 3 \times 3 + 4 \times 2 + 5 \times 1$

$= 39 \neq 40$

イ．最頻値は，人数が最大のところで，$2 \neq 1$

ウ．20 人の中央値は，10 番目と 11 番目の平均で，

$\dfrac{2+2}{2}=2$

エ．平均値は，$\dfrac{39}{20}<2$　平均値より多く本を借りた生徒は，$6+3+2+1\fallingdotseq 6$

(3) 側面の展開図は，たて 8 cm，横 8π cm の長方形だから，表面積は，$(4\times4\times\pi)\times2+(8\times8\pi)=96\pi\ (\mathrm{cm}^2)$

(4) 2 つのさいころの目の出方は，全体で $6\times6=36$（通り）

$\dfrac{a+1}{2b}$ が整数となる目の出方 $(a,\ b)$ は，

$(1,\ 1)$，$(3,\ 1)$，$(3,\ 2)$，$(5,\ 1)$，$(5,\ 3)$ の 5 通り

求める確率は，$\dfrac{5}{36}$

(5)・円の中心 O は 2 点 A，D から等しい距離にあるから，線分 AD の垂直二等分線上にある。

・辺 AC，BC はともに円 O に接するから，中心 O は，$\angle$ACB の二等分線上にある。

よって，線分 AD の垂直二等分線と $\angle$ACB の二等分線の交点が，求める点 O である。

3 (1) A $(-2,\ 2)$，B $(4,\ 8)$

直線 l の式を $y=ax+b$ とおくと，$a=\dfrac{8-2}{4-(-2)}=1$

よって，$y=x+b$

これが点 B を通るから，代入して，$b=4$

求める式は，$y=x+4$

(2) ① 直線 l と y 軸との交点を E とする。右図①より，

平行四辺形 ABCD

$=\triangle$ACB $+\triangle$ACD $=2\triangle$AOB

$\triangle$AOB $=\triangle$AOE $+\triangle$BOE

$=\dfrac{1}{2}\times$ EO $\times$ (AK + BL)

$=\dfrac{1}{2}\times4\times(2+4)=12$

求める面積を S とおくと，

$S=2\times12=24\ (\mathrm{cm}^2)$

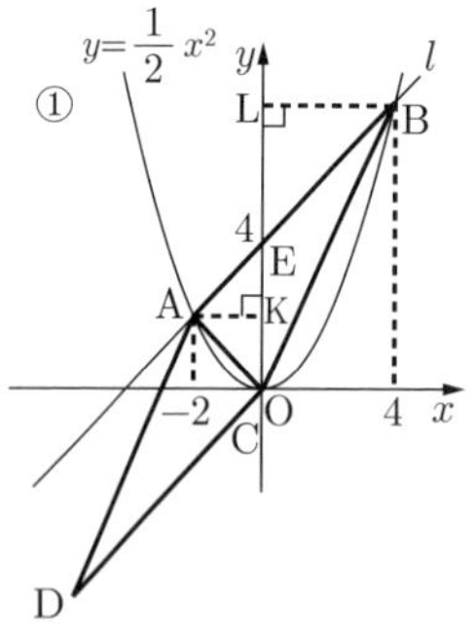

② 平行四辺形 ABCD の面積が $15\ \mathrm{cm}^2$ となるときの直線 CD を m，直線 m と y 軸との交点を F とする。

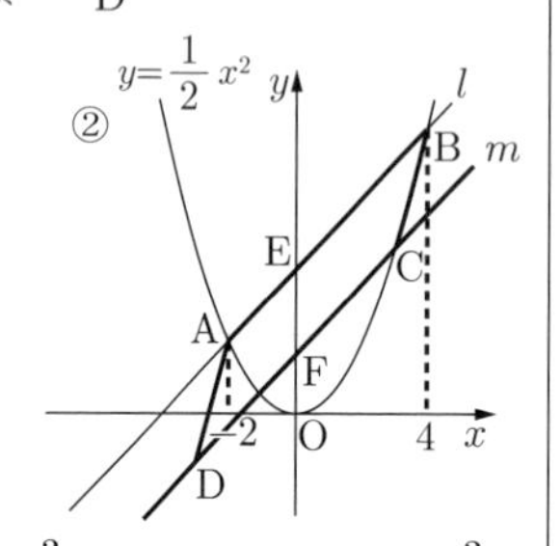

右図②より，面積の比は，

$S:15=$ EO : EF

$S=24$，EO $=4$ より，

EF $=\dfrac{5}{2}$，

FO $=4-\dfrac{5}{2}=\dfrac{3}{2}$

よって，直線 m は，$y=x+\dfrac{3}{2}$（変形して，$x=y-\dfrac{3}{2}$）

点 C の y 座標は，$y=\dfrac{1}{2}x^2$，$y=x+\dfrac{3}{2}$ より，x を消去して，$y=\dfrac{1}{2}\left(y-\dfrac{3}{2}\right)^2$

整理して，$4y^2-20y+9=0$

$(2y)^2-10(2y)+9=0$　　$(2y-1)(2y-9)=0$

$y=\dfrac{1}{2}$，$\dfrac{9}{2}$

AB // DC，AB = DC，2 点 A，B の y 座標の差は，$8-2=6$ だから，D，C の y 座標の差も 6 で，点 D の y 座標を d とすると，

$d=\dfrac{1}{2}-6=-\dfrac{11}{2}$，$d=\dfrac{9}{2}-6=-\dfrac{3}{2}$

よって，$-\dfrac{11}{2}$，$-\dfrac{3}{2}$

4 (2) $\triangle$ACD $\backsim$ $\triangle$DBO

$\triangle$ACD $=\triangle$OAD $+\triangle$OCD $+\triangle$OAC

OA = OB だから，

$\triangle$OAD $=\triangle$OBD $=\triangle$DBO

…①

OD // CB だから，

$\triangle$OCD $=\triangle$OBD $=\triangle$DBO

…②

OA = OB だから，

$\triangle$OAC $=\triangle$OBC

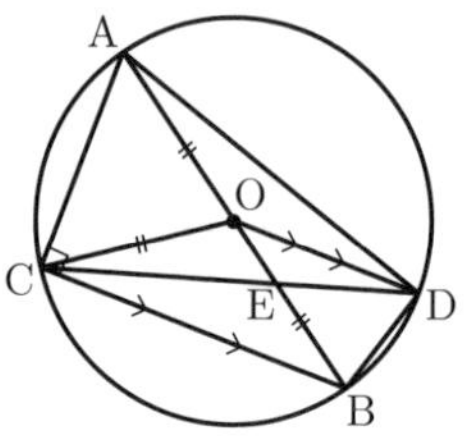

$\triangle$OBC と $\triangle$BOD で，底辺をそれぞれ，BC，OD とみると，高さは共通だから，$\triangle$OBC : $\triangle$BOD = BC : OD

$\triangle$OBC $=\dfrac{\mathrm{BC}}{\mathrm{OD}}\times\triangle$BOD $=\dfrac{3}{2}\triangle$DBO

よって，$\triangle$OAC $=\dfrac{3}{2}\triangle$DBO…③

①，②，③より，

$\triangle$ACD $=\left(1+1+\dfrac{3}{2}\right)\triangle$DBO $=\dfrac{7}{2}\triangle$DBO

$\triangle$ACD $\backsim$ $\triangle$DBO，$\triangle$ACD : $\triangle$DBO = 7 : 2 より，

AC : DB $=\sqrt{7}:\sqrt{2}$…④

$\triangle$ACB は $\angle$C $=90^\circ$ の直角三角形だから

$\mathrm{AC}^2=\mathrm{AB}^2-\mathrm{CB}^2=(2\mathrm{AO})^2-\mathrm{CB}^2=4^2-3^2=7$

よって，AC $=\sqrt{7}$

④より，BD $=\sqrt{2}$ (cm)

5 (3)・$1\leqq m<20$ において，m 段目の最小の数 $4m-3$ が B 列にあるから，

$m=4,\ 8,\ 12,\ 16$

・$1\leqq n<20$ において，

n 段目の 2 番目に大きい数 $4n-1$ が B 列にあるから，

$n=2,\ 6,\ 10,\ 14,\ 18$

(2)より，この 2 つの数の和

$(4m-3)+(4n-1)$

$=4(m+n-1)$

が 12 の倍数だから，

$m+n-1$ が 3 の倍数となる m，n の組み合わせで，右図の○印の 7 通り

	A	B	C	D
1	①	2	[3]	4
□ 2	6	[7]	8	⑤
3	[11]	12	⑨	10
○ 4	16	⑬	14	[15]
5	⑰	18	[19]	20
□ 6	22	[23]	24	㉑
7	・	・	・	・

m \ n	2	6	10	14	18
4	×	○	×	×	○
8	○	×	×	○	×
12	×	×	○	×	×
16	×	○	×	×	○

〈Y. K.〉

東 京 都

問題 P.27

解答 **1** 正負の数の計算，式の計算，平方根，1 次方程式，連立方程式，2 次方程式，関数 $y = ax^2$，確率，平面図形の基本・作図 〔問 1〕7 〔問 2〕$\frac{9a+5b}{4}$

〔問 3〕$2\sqrt{3}$ 〔問 4〕$x = 5$ 〔問 5〕$x = -1$，$y = 6$

〔問 6〕$x = -8 \pm \sqrt{2}$

〔問 7〕① ア ② オ

〔問 8〕$\frac{あ}{いう}$…$\frac{7}{12}$

〔問 9〕右図

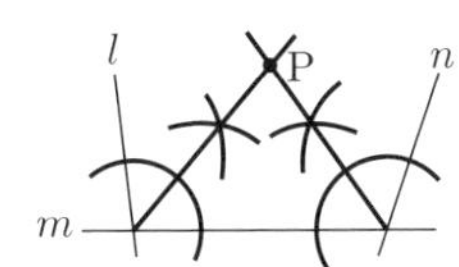

2 平面図形の基本・作図，数・式の利用

〔問 1〕① イ ② ウ

〔問 2〕（証明）（例）1 辺の長さが $2a$ cm の正方形の面積は $(2a)^2$ cm^2，この正方形の各辺に接する円の半径は a cm なので，面積は πa^2 cm^2，タイルが n^2 枚あるので

$X = \{(2a)^2 - \pi a^2\} \times n^2$

$= (4a^2 - \pi a^2) \times n^2$

$= (4-\pi)a^2n^2$…①

タイルを縦と横に n 枚ずつ並べてできる正方形と同じ大きさの正方形の 1 辺の長さは $2an$ cm，この正方形の各辺に接する円の半径は an cm なので，面積は $\pi(an)^2$ cm^2

$Y = (2an)^2 - \pi(an)^2$

$= 4a^2n^2 - \pi a^2n^2$

$= (4-\pi)a^2n^2$…②

①，②より，X = Y

3 1 次関数，2 次方程式 〔問 1〕え…2

〔問 2〕① イ ② ア 〔問 3〕12

4 平行と合同，図形と証明，三角形，平行四辺形，円周角と中心角，相似，平行線と線分の比 〔問 1〕イ

〔問 2〕①（証明）（例）△ABP において，仮定より AB = AP なので，△ABP は二等辺三角形である。

二等辺三角形の底角は等しいので，

∠ABP = ∠APB よって，∠ABP = ∠QPR…㋐

四角形 ABCD は長方形なので，AB // DC

平行線の同位角は等しいので，∠ABP = ∠QRP…㋑

㋐，㋑より ∠QPR = ∠QRP

△QRP において，2 つの角が等しいので △QRP は二等辺三角形である。

② $\frac{おか}{き}$…$\frac{48}{5}$

5 空間図形の基本，立体の表面積と体積，平行四辺形

〔問 1〕く…5 〔問 2〕$\frac{けこ}{さ}$…$\frac{96}{5}$

解き方 **1** 〔問 1〕$-9 \times \frac{1}{9} + 8 = -1 + 8 = 7$

〔問 2〕$\frac{2(5a-b)-(a-7b)}{4}$

$= \frac{10a-2b-a+7b}{4} = \frac{9a+5b}{4}$

〔問 3〕$3 \times \frac{1}{\sqrt{6}} \times 2\sqrt{2} = \frac{6}{\sqrt{3}} = 2\sqrt{3}$

〔問 4〕$-4x + 2 = 9(x-7)$ $-4x + 2 = 9x - 63$

$-13x = -65$ $x = 5$

〔問 5〕上の式を①，下の式を②とする。

①を変形して $y = -5x + 1$…①′

①′ を②に代入する。

$-x + 6(-5x+1) = 37$ $-x - 30x + 6 = 37$

$-31x = 31$ $x = -1$…③

③を①′ に代入する。$y = -5 \times (-1) + 1 = 6$

〔問 6〕$x + 8 = \pm\sqrt{2}$ $x = -8 \pm \sqrt{2}$

〔問 7〕$y = -3x^2$ において，$-4 \leqq x \leqq 1$ のとき y の最大値は，$x = 0$ のとき $y = 0$，y の最小値は $x = -4$ のとき $y = -3 \times (-4)^2 = -48$ よって，$-48 \leqq y \leqq 0$

〔問 8〕全体の場合の数は $6^2 = 36$（通り） $a \geqq b$ となるのは，(1, 1)，(2, 1)，(2, 2)，(3, 1)，(3, 2)，(3, 3)，(4, 1)，(4, 2)，(4, 3)，(4, 4)，(5, 1)，(5, 2)，(5, 3)，(5, 4)，(5, 5)，(6, 1) ～ (6, 6) の 21 通り。

よって，$\frac{21}{36} = \frac{7}{12}$

2 〔問 1〕$P = \frac{1}{2} \times 2a \times 2a \times 5^2 = 50a^2$

$Q = \frac{1}{2} \times (2a \times 5)^2 = 50a^2$

3 〔問 1〕l の式は $y = -2x + 14$ なので，$y = 10$ のとき

$10 = -2x + 14$ $2x = 14 - 10$ $2x = 4$ $x = 2$

〔問 2〕点 P の x 座標が 4 なので，$y = -2 \times 4 + 14 = 6$

P (4, 6) と A (−12, −2) を通る直線 m の式を

$y = ax + b$ とおく。$a = \frac{6-(-2)}{4-(-12)} = \frac{8}{16} = \frac{1}{2}$

$6 = \frac{1}{2} \times 4 + b$ $6 = 2 + b$ $b = 4$

よって，$y = \frac{1}{2}x + 4$

〔問 3〕P の x 座標を t とおくと，$t > 7$，

P (t, $-2t + 14$)

Q の y 座標は $2t - 14$ と表せるので，

Q (t, $2t - 14$)

△APB = △APQ になるには AP // BQ であればよい。つまり，AP と BQ の傾きが等しくなればよい。

A (−12, −2)，P (t, $-2t + 14$) より，

AP の傾き $= \frac{-2t+14-(-2)}{t-(-12)} = \frac{-2t+16}{t+12}$

B (0, 14)，Q (t, $2t - 14$) より，

BQ の傾き $= \frac{2t-14-14}{t-0} = \frac{2t-28}{t}$

$\frac{-2t+16}{t+12} = \frac{2t-28}{t}$

$t(-2t+16) = (t+12)(2t-28)$

$-2t^2 + 16t = 2t^2 - 28t + 24t - 336$

$4t^2 - 20t - 336 = 0$ $t^2 - 5t - 84 = 0$

$(t-12)(t+7) = 0$ $t = 12$，$t = -7$

ここで $t > 7$ より，点 P の x 座標は 12

4 〔問 1〕∠PAC = x° とおく。

$\overset{\frown}{PC}$ に対する円周角なので

∠PBC = ∠PAC = x°

四角形 ABCD は長方形なので

∠ABC = 90°

よって，$x = 90 - a$（度）

〔問 2〕② AC と BP の交点を M，BC の延長線上に PS ⊥ BC となる点 S を定める。

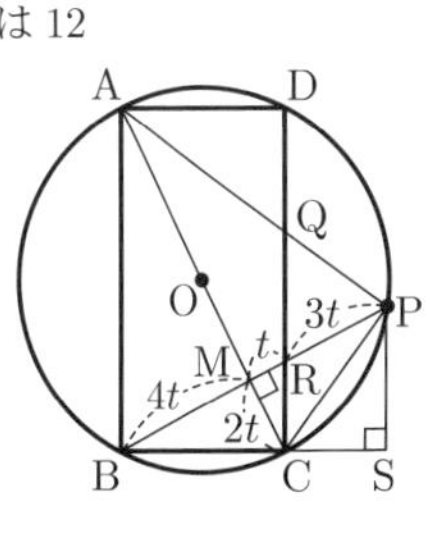

△ABC と △APC において，AB = AP，AC は共通，∠ABC = ∠APC = 90° なので，△ABC ≡ △APC

よって，$\angle BAC = \angle PAC$
$\triangle ABP$ において，AC は頂角 A の二等分線になっているので，$BM = PM$，$AC \perp BP$ となる。
また，$\triangle BMC \equiv \triangle PMC$，
$\triangle ABC \backsim \triangle BCR \backsim \triangle BMC \backsim \triangle CMR$
ここで，$RM = t$ とおくと，$RM : CB = CM : AB$
$t : 8 = CM : 16$　　$CM = 2t$　　同様にして
$PM = BM = 4t$，$PR = PM - RM = 4t - t = 3t$
以上より，$BR : PR = (BM + RM) : PR$
$= (4t + t) : 3t = 5 : 3$
$\triangle BSP$ において，$RC \,/\!/\, PS$ なので
$BC : CS = BR : PR = 5 : 3$　　$8 : CS = 5 : 3$
$CS = \dfrac{24}{5}$　　また，$AB : CR = BM : RM$
$16 : CR = 4t : t = 4 : 1$　　$CR = 4$
$\triangle PRC = \dfrac{1}{2}CR \times CS = \dfrac{1}{2} \times 4 \times \dfrac{24}{5} = \dfrac{48}{5}$

5〔問 1〕直線 PQ とねじれの位置にある直線とは，PQ と交わらず平行でない直線であり，PQ と同一平面上にない直線のことである。よって，辺 AD，AB，AC，DE，DF の 5 本。
〔問 2〕$BP = 4$ より $\square BPFQ = BP \times BE = 4 \times 6 = 24$
$DH \perp EF$ となる点 H を定める。$\square BPFQ$ を底面と考えると，この立体の高さは DH である。ここで $\triangle DEF$ において $\angle CAB = 90^\circ$ なので
$\triangle DEF = \triangle ABC = \dfrac{1}{2}AB \times AC = \dfrac{1}{2} \times 4 \times 3 = 6$
$EF = BC = 5$ より，$\triangle DEF = \dfrac{1}{2}EF \times DH$
$6 = \dfrac{1}{2} \times 5 \times DH$　　$DH = \dfrac{12}{5}$
以上より求める立体の体積は
$\dfrac{1}{3} \times \square BPFQ \times DH = \dfrac{1}{3} \times 24 \times \dfrac{12}{5} = \dfrac{96}{5}$

〈YM. K.〉

東京都立　日比谷高等学校

問題 P.29

解答

1 平方根，2 次方程式，1 次関数，確率，平面図形の基本・作図

〔問 1〕$\dfrac{2}{3}\sqrt{2}$
〔問 2〕$x = \dfrac{9 \pm \sqrt{21}}{6}$
〔問 3〕$p = 2$，$q = -13$
〔問 4〕$\dfrac{17}{30}$
〔問 5〕右図

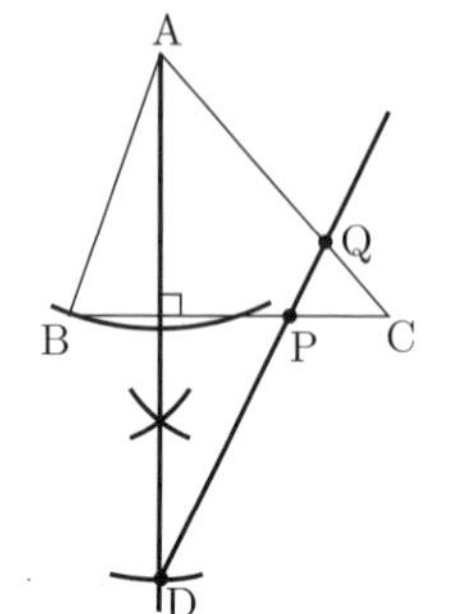

2 1 次関数，関数 $y = ax^2$，平行線と線分の比

〔問 1〕B (8, 64)
〔問 2〕(途中の式や計算など)（例）
$AC = t$ (cm)（$t > 0$）とする。
直線 l の傾きが 2 であるから，$BC = 2AC = 2t$ (cm)
よって，$\triangle ABC = \dfrac{1}{2}AC \times BC = \dfrac{1}{2}t \times 2t = t^2$
ゆえに，$t^2 = 25$
$t > 0$ より，$t = 5$
よって，$BC = 2t = 10 \cdots ①$
ゆえに，A $(u,\ u^2)$ とすると，
C $(u + 5,\ u^2)$，B $(u + 5,\ (u + 5)^2)$
よって，$BC = (u + 5)^2 - u^2 = 10u + 25$
よって，①より，$10u + 25 = 10$
すなわち，$u = -\dfrac{3}{2}$
したがって，A $\left(-\dfrac{3}{2},\ \dfrac{9}{4}\right)$
ゆえに，直線 l の式は
$y = 2x + \dfrac{21}{4}$ となる。
(答え)　$y = 2x + \dfrac{21}{4}$
〔問 3〕A $\left(-\dfrac{1}{2},\ \dfrac{1}{4}\right)$

3 平行と合同，図形と証明，相似，円周角と中心角

〔問 1〕59 度
〔問 2〕(1) (証明)（例）
$\triangle OGJ$ と $\triangle DHK$ において
$AG = OH$（仮定），
$OA = OD$（半径）より，
$OA - AG = OD - OH$　すなわち，$OG = DH \cdots ①$
$\angle AOC = 2\angle CDA$　すなわち，$\angle JOG = 2\angle CDA \cdots ②$
$\overset{\frown}{CE} = 2\overset{\frown}{AC}$（仮定）より，$\angle CDE = 2\angle CDA \cdots ③$
②，③より
$\angle JOG = \angle CDE$　すなわち，$\angle JOG = \angle KDH \cdots ④$
また，$\angle HIJ = \angle AOC$（仮定）から，$\angle JOG = \angle HIJ$ と④より，$\angle HIJ = \angle KDH$
さらに，$\angle IHJ = \angle DHK$（対頂角）
よって，$180^\circ - (\angle HIJ + \angle IHJ)$
$= 180^\circ - (\angle KDH + \angle DHK)$
ゆえに，$\angle IJH = \angle DKH$
すなわち，$\angle GJO = \angle HKD \cdots ⑤$
よって，④，⑤より，

$180^\circ - (\angle JOG + \angle GJO) = 180^\circ - (\angle KDH + \angle HKD)$
すなわち，$\angle OGJ = \angle DHK$…⑥
①，④，⑥より，
1組の辺とその両端の角がそれぞれ等しいから，
$\triangle OGJ \equiv \triangle DHK$
(2) 11 : 6

4 ┃ 空間図形の基本，立体の表面積と体積，平行と合同，相似 ┃

〔問1〕 $80\,cm^2$
〔問2〕（途中の式や計算など）（例）
直線 JM と直線 CD との交点を N，
直線 FJ と直線 GH との交点を O とする。
平面 ABFE // 平面 DCGH より，
直線 BF と直線 NO は平面 FJM が平面 ABFE と平面 DCGH に交わってできる交線で，
直線 BF と直線 NO は平面 FJM 上にあって交わらないから，
BF // NO…①
また，平面 ABCD // 平面 EFGH より，
直線 BN と直線 FO は平面 FJM が平面 ABCD と平面 EFGH に交わってできる交線で，
直線 BN と直線 FO は平面 FJM 上にあって交わらないから，
BN // FO…②
よって，2組の対辺が平行であるから，四角形 BFON は平行四辺形である。
また，直線 BF ⊥ 平面 EFGH より，
$\angle BFO = 90^\circ$…③
ゆえに，①，②，③より，四角形 BFON は長方形である。
よって，$\angle NOF = 90^\circ$ であるから，
$\angle NOJ = 90^\circ$
また，NO = BF = 10…④
よって，OG // JI と①より，
MF : NO = FJ : OJ = FI : GI = 20 : 15 = 4 : 3
ゆえに，④より，$FM = \frac{4}{3}NO = \frac{40}{3}$ (cm)
（答え） $\frac{40}{3}$ cm
〔問3〕 $\frac{1000}{3}\,cm^3$

解き方

1 〔問2〕整理して，$3x^2 - 9x + 5 = 0$
〔問3〕 $(-3) \times (-2) + p = 8$，
$(-3) \times 5 + p = q$
〔問4〕

a＼b	1	2	3	4	5	6
1	○	○	○	○	○	○
2	○		○		○	
3						
4	○		○		○	
5	○	○	○	○		○

〔問5〕直線 BC に関して点 A と対称な点 D を作図し，直線 DP と辺 AC との交点を Q とする。
なお，点 B を中心とし点 A を通る円と点 C を中心とし点 A を通る円との2つの交点のうち，点 A と異なるものを点 D としてもよい。

2 〔問1〕 BC : DE = 5 : 1 より，AE : EC = 1 : 4
よって，B，C の x 座標は，$\{0 - (-2)\} \times 4 = 8$
〔問3〕 t を正の数として $A(-t,\ t^2)$ とおくと，
条件より $C(3t,\ t^2)$ となる。
よって，$BC = (3t)^2 - t^2 = 8t^2$
これが $AC = 3t - (-t) = 4t$ に等しいから，$8t^2 = 4t$
$t > 0$ より $t = \frac{1}{2}$　　ゆえに，$A\left(-\frac{1}{2},\ \frac{1}{4}\right)$

3 〔問1〕 $\angle OAC = 72^\circ$ より，
$\angle AOC = 180^\circ - 72^\circ \times 2 = 36^\circ$
よって，$\angle DOB = 36^\circ$
したがって，$\angle EDC = 180^\circ - (36^\circ + 113^\circ) = 31^\circ$
ゆえに，$\angle DCE = 180^\circ - 90^\circ - 31^\circ = 59^\circ$
〔問2〕(2) OH : DH : DK = 6 : 15 : 10
ゆえに，CJ : OH = (6 + 15 − 10) : 6 = 11 : 6

4 〔問1〕 $\triangle AEJ \equiv \triangle EFI$ であるから，AJ = EI = 16 cm
ゆえに，$\triangle AJL = \triangle ABJ = \frac{1}{2} \times AB \times AJ$
$= \frac{1}{2} \times 10 \times 16 = 80\ (cm^2)$
〔問2〕次のように考えてもよい。
CN // IJ であるから，CN，IJ は同一平面上にある。
この平面を α とすると，直線 MJ は α 上にあるから，
3点 M，C，I は平面 α 上にある。
また，長方形 BFGC を含む平面を β とすると，3点 M，C，I は平面 β 上にある。ここで，平面 α と平面 β は平行ではないから，3点 M，C，I は α と β の交線上にある。
すなわち，3点 M，C，I は一直線上にある。
したがって，FM : CG = FI : GI　　FM : 10 = 20 : 15
ゆえに，$FM = \frac{40}{3}$ cm
〔問3〕長方形 ACGE ⊥ GP であるから，
$P - ACGE = \frac{1}{3} \times$ 長方形 $ACGE \times GP$
$= \frac{1}{3} \times (10 \times 10) \times 10$
$= \frac{1000}{3}\ (cm^3)$

〈K. Y.〉

東京都立　青山高等学校

問題 P.31

解答

1 **平方根，2 次方程式，確率，データの散らばりと代表値，平面図形の基本・作図**

〔問 1〕$\frac{20}{21}$

〔問 2〕$x=0,\ \frac{1}{2}$

〔問 3〕$\frac{1}{9}$

〔問 4〕2 通り

〔問 5〕右図

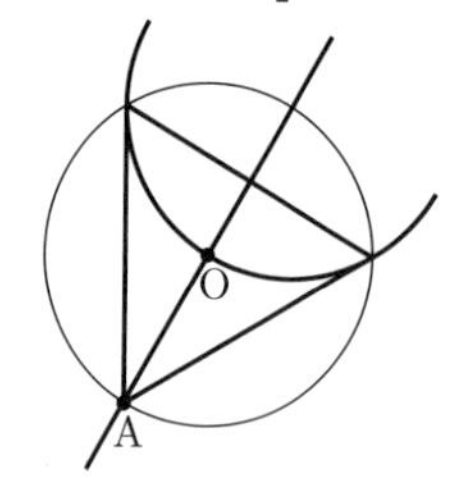

2 **1 次関数，関数 $y=ax^2$** 〔問 1〕$a=2$

〔問 2〕(1) (0, 0)，(0, 2)

(2)（途中の式や計算など）（例）

△ADC と △ABC において，辺 AC を底辺と考えると，△AQC は共通で △ADQ と △BCQ の面積が等しいから，△ADC と △ABC の面積が等しくなればよい。

したがって，高さが等しくなればよいから，直線 AC と直線 BD が平行になればよい。直線 AC の傾きは，

$\frac{9-12}{3-0}=-\frac{3}{3}=-1$

であるから，直線 BD の切片を b とすると，直線 BD の式は，$y=-x+b$

また，点 B $(-3,\ 9)$ であり，点 B は直線 BD 上の点なので，

$9=-(-3)+b$　　すなわち，$b=6$

ゆえに，直線 BD の式は，$y=-x+6$

点 D の x 座標を d とおくと，点 D は x 軸上にあり，直線 BD 上の点なので，

$0=-d+6$　　すなわち，$d=6$

よって，D (6, 0)

（答え）D (6, 0)

3 **相似，円周角と中心角** 〔問 1〕2 cm

〔問 2〕(1)（答えの三角形）

CA = CB の二等辺三角形

ただし，正三角形ではない。

（途中の式や計算など）（例）

頂点 A を含む $\overset{\frown}{\mathrm{BQ}}$ と頂点 B を含む $\overset{\frown}{\mathrm{AP}}$ の長さが等しいので，

$\angle BCQ=\angle ACP$

また，

$\angle BCQ=\angle BCA+\angle ACQ$

$\angle ACP=\angle BCA+\angle BCP$

であるから，

$\angle ACQ=\angle BCP$…①

$\overset{\frown}{\mathrm{AQ}}$ に対する円周角は等しいので，

$\angle ACQ=\angle ABQ$…②

$\overset{\frown}{\mathrm{BP}}$ に対する円周角は等しいので，

$\angle BCP=\angle BAP$…③

したがって，①，②，③より，

$\angle ABQ=\angle BAP$…④

ここで，線分 AP と線分 BQ はそれぞれ ∠BAC と ∠ABC の二等分線であるから，

$\angle BAC=2\times\angle BAP$…⑤

$\angle ABC=2\times\angle ABQ$…⑥

よって，④，⑤，⑥より，

$\angle BAC=\angle ABC$

ゆえに，2 つの角が等しいので，△ABC は，

CA = CB の二等辺三角形である。

ただし，∠A の二等分線と ∠B の二等分線の交点は円の中心 O ではないので，△ABC は正三角形ではない。

(2) 60 度

4 **空間図形の基本，立体の表面積と体積，場合の数，平行線と線分の比** 〔問 1〕ア，ウ，オ

〔問 2〕（途中の式や計算など）（例）

$\triangle BCG\equiv\triangle ADH$ であるから，$\angle CBG=\angle DAH$

GB // PQ，GB // HA であるから，HA // PQ

よって，$\angle DQP=\angle DAH$ となり，$\angle DQP=\angle CBG$

また，$\angle QDP=\angle BCG=90^\circ$ であるから，

$\triangle QPD\backsim\triangle BGC$

よって，QD : BC = DP : CG となり，

DP = 3 cm，CG = 6 cm，BC = 8 cm

であるから，QD : 8 = 3 : 6 となり，QD = 4 cm

辺 CD を頂点 D の方に延長した直線と，線分 BQ を点 Q の方に延長した直線との交点を S とすると，

$\triangle SBC\backsim\triangle SQD$ となるので，SD $=c$ とすると，

SC : SD = BC : QD

$(c+4):c=8:4$

$c=4$

三角すい S − BGC の体積を $V_1\ \mathrm{cm}^3$ とすると，

$V_1=\frac{1}{3}\times\left(\frac{1}{2}\times8\times6\right)\times(4+4)=64$

三角すい P − CQS の体積を $V_2\ \mathrm{cm}^3$ とすると，

$V_2=\frac{1}{3}\times\left(\frac{1}{2}\times8\times4\right)\times3=16$

よって，求める V の値は，

$V=V_1-V_2=48$

（答え）$V=48$

〔問 3〕240 通り

解き方

1 〔問 1〕（与式）$=\frac{5\times4\sqrt{8}\times\sqrt{3}}{3\sqrt{3}\times7\sqrt{8}}=\frac{20}{21}$

〔問 2〕$x(2x-1)=0$

〔問 3〕$N=25$ のみ。

〔問 4〕$a+b=15$ より，$(a,\ b)=(6,\ 9),\ (7,\ 8)$ の 2 通り。

〔問 5〕直線 OA と円周との交点のうち，A と異なるものを A′ とする。A′ を中心とし点 O を通る円と円 O との交点を B，C とすればよい。

2 〔問 1〕B の x 座標は $-a$ であるから，条件より

$1\times\{(-a)+3\}=1$　　$a=2$

〔問 2〕(1) $a=1$ であり，△CBA が直角二等辺三角形になるときである。

3 〔問 1〕CD = 4 cm で，$\triangle DBP\backsim\triangle DAC$ より，

DP : DC = BP : AC　　DP : 4 = 4 : 8　　DP = 2 cm

〔問 2〕(2) $\angle CAB=2a,\ \angle ABC=2b,\ \angle BCA=2c$ とおくと，頂点 A を含む $\overset{\frown}{\mathrm{BQ}}$，頂点 C を含む $\overset{\frown}{\mathrm{AP}}$ に対する円周角はそれぞれ $b+2c,\ a+2b$

よって，$b+2c=a+2b$　　$2c=a+b$

ここで，$2a+2b+2c=180^\circ$ より，$a+b+c=90^\circ$

$a+b=90^\circ-c$　　したがって，$2c=90^\circ-c$　　$c=30^\circ$

ゆえに，$\angle ACB=30^\circ\times2=60^\circ$

4〔問1〕

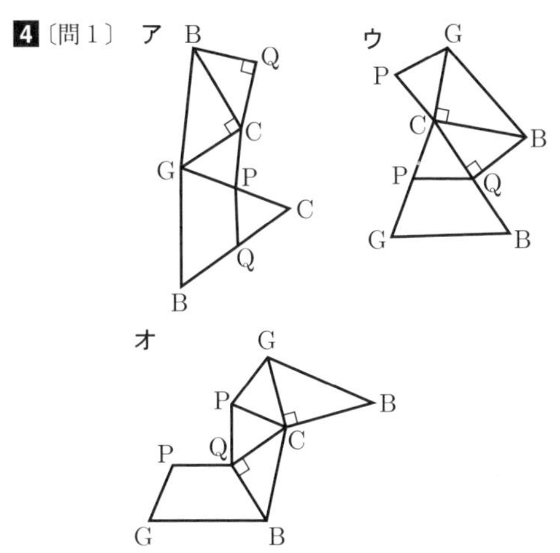

〔問2〕次のように求めてもよい。
四角すい C − BGPQ を △CQG で分割すると，
三角すい G − QBC と三角すい Q − CGP が得られる。
三角すい G − QBC $= \frac{1}{3} \times 16 \times 6 = 32\,(\text{cm}^3)$
三角すい Q − CGP $= \frac{1}{3} \times 12 \times 4 = 16\,(\text{cm}^3)$
ゆえに，$V = 32 + 16 = 48$
〔問3〕2 回使う色の選び方は 4 通り。
その色をどの 2 面に塗るかで，選び方は $\frac{5 \times 4}{2 \times 1} = 10$(通り)
残りの 3 面に残りの 3 色を塗る方法は $3 \times 2 \times 1 = 6$(通り)
ゆえに，$4 \times 10 \times 6 = 240$（通り）

〈K. Y.〉

東京都立　西高等学校

問題 P.33

解答

1 平方根，2 次方程式，確率，円周角と中心角，平面図形の基本・作図

〔問1〕$-\frac{1}{9}$
〔問2〕$x = \frac{1 \pm \sqrt{22}}{3}$
〔問3〕$\frac{1}{5}$
〔問4〕52 度
〔問5〕右図

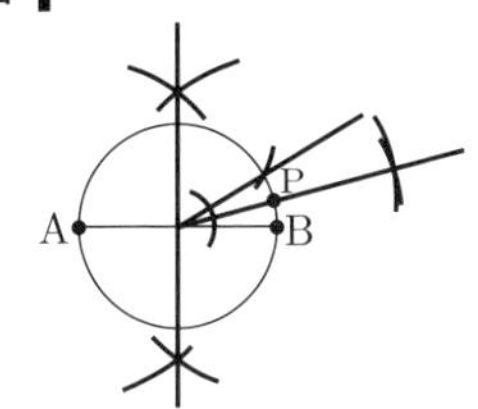

2 2 次方程式，1 次関数，関数 $y = ax^2$，相似

〔問1〕(1) $t = -1 + \sqrt{5}$
(2)（途中の式や計算など）（例）
$\mathrm{P}\left(t,\ \frac{1}{2}t^2\right)$，$\mathrm{A}\left(3,\ \frac{9}{2}\right)$，$\mathrm{B}\left(-3,\ \frac{9}{2}\right)$ である。
△ABD と △CPD の相似比が 8 : 1 より，
$\mathrm{PC} = 6 \times \frac{1}{8} = \frac{3}{4}$ (cm) となるので，
$\mathrm{C}\left(t - \frac{3}{4},\ \frac{1}{2}t^2\right)$ と表せる。2 点 O，A を通る直線の式は $y = \frac{3}{2}x$ であり，点 C はこの直線上の点であることから，
$\frac{1}{2}t^2 = \frac{3}{2}\left(t - \frac{3}{4}\right)$
$4t^2 - 12t + 9 = 0$
$(2t - 3)^2 = 0$　　$t = \frac{3}{2}$
よって，$\mathrm{P}\left(\frac{3}{2},\ \frac{9}{8}\right)$ となる。
そこで，2 点 B，P を通る直線の式を $y = mx + n$ とおくと，

$$\begin{cases} \frac{3}{2}m + n = \frac{9}{8} \\ -3m + n = \frac{9}{2} \end{cases}$$
これを解いて，$m = -\frac{3}{4}$，$n = \frac{9}{4}$

2 点 B，P を通る直線の式は，$y = -\frac{3}{4}x + \frac{9}{4}$ である。
したがって，点 D は直線 $y = \frac{3}{2}x$ と直線 $y = -\frac{3}{4}x + \frac{9}{4}$ との交点であるから，連立方程式を解いて，$x = 1$，$y = \frac{3}{2}$

（答）$\mathrm{D}\left(1,\ \frac{3}{2}\right)$

〔問2〕$y = \frac{1}{4}x + 1$

3 図形と証明，平行四辺形，平行線と線分の比，中点連結定理　〔問1〕90 度
〔問2〕（証明）（例）頂点 A と頂点 C を結ぶと，
仮定より点 I は対角線 AC 上にある。
△AIE と △CIG において，
点 I は，平行四辺形 ABCD の対角線の交点より，
AI = CI…①
対頂角は等しいから，∠AIE = ∠CIG…②
平行四辺形の対辺なので，AB // DC…③
③より，錯角は等しいので，∠EAI = ∠GCI…④
①，②，④より，
1 組の辺とその両端の角がそれぞれ等しいので，
△AIE ≡ △CIG
合同な図形の対応する線分の長さは等しいので，
EI = GI…⑤
頂点 B と頂点 D を結ぶと，
仮定より点 I は対角線 BD 上にある。
△BIF と △DIH において，
同様にして，
△BIF ≡ △DIH であるから，FI = HI…⑥
四角形 EFGH において，
⑤，⑥より，対角線がそれぞれの中点で交わるので，
四角形 EFGH は平行四辺形である。
〔問3〕$(2 + m) : (4 - m)$

4 数の性質，因数分解，場合の数　〔問1〕12
〔問2〕$\mathrm{N} = x + y$ について，$xy = m^2 - n^2$ より
$xy = (m + n)(m - n)$
x，y，m，n は自然数で，$xy > 0$，$m + n > 0$ なので
$m - n > 0$ となる。
また，$m + n > m - n$ である。
$x > y$ なので，
$x = m + n$…①　　$y = m - n$…②とすると
① + ②より $m = \frac{x + y}{2}$
① − ②より $n = \frac{x - y}{2}$
ここで，m，n が自然数になるには
$x + y$ と $x - y$ がともに偶数とならなければならない。
$x + y$ と $x - y$ がともに偶数となるのは【表】より x と y がともに偶数か，ともに奇数の場合である。
このとき，$\mathrm{N} = x + y$ より，N は偶数となる。
〔問3〕10 組

解き方

1〔問2〕整理して，$3x^2 - 2x - 7 = 0$
〔問3〕$(a,\ b) = (1,\ -1)$，$(3,\ -2)$，$(3,\ 3)$，$(6,\ 4)$ の 4 通り。
〔問4〕∠BAD = ∠ODA = ∠EDA − ∠EDO
∠EDA = ∠ECA = 52° + 18°，∠EDO = ∠OED = 18°
ゆえに，∠BAD = 52° + 18° − 18° = 52°
なお，直径 AB と線分 EF の交点を G とするとき，
△GAD∽△GFA であることを利用してもよい。

〔問５〕円の中心をOとするとき，$\angle BOP = 15^\circ$ を満たす点Pを作図する。

2〔問１〕(1) A $(2,\ 2)$ であるから，$\frac{1}{2}t^2 + t = 2$

〔問２〕直線PQの傾きは $\frac{1}{4}t$ で，これが $\frac{1}{4}$ に等しいから，$t = 1$ となる。すなわち，P $\left(1,\ \frac{1}{2}\right)$ であり，直線PQの式は $y = \frac{1}{4}x + \frac{1}{4}$

よって，直線ABの傾きも $\frac{1}{4}$ であり，直線ABと y 軸との交点の y 座標は，$\frac{1}{4} \times (1 + 3) = 1$

3〔問１〕BC = 2BE となるので，Fは辺BCの中点である。したがって，中点連結定理より，EB // IF となる。

〔問３〕$HI : IF = PH : QF = (2 + m) : (4 - m)$

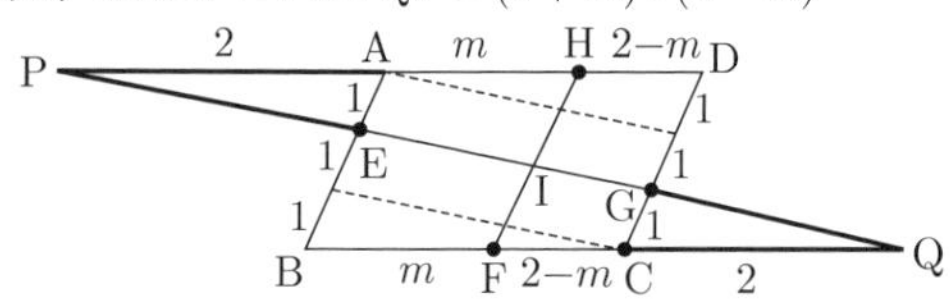

4【表】は，ア．偶数　イ．奇数　ウ．偶数　エ．偶数　オ．奇数

〔問２〕次のように考えてもよい。

Nが偶数のとき，x，y は，

(カ)ともに偶数　　(キ)ともに奇数

のいずれかである。

(カ) x，y がともに偶数のとき，

$x = 2p$，$y = 2q$ とおくと，

$xy = 4pq = (p + q)^2 - (p - q)^2$

(キ) x，y がともに奇数のとき，

$x = 2p - 1$，$y = 2q - 1$ とおくと，

$xy = (2p - 1)(2q - 1) = (p + q - 1)^2 - (p - q)^2$

〔問３〕$xy = 1984 \times 37 = 2^6 \times 31 \times 37$

$m + n$，$m - n$ がともに奇数となることはないので，

$m + n$，$m - n$ がともに偶数となる場合を調べればよい。

xy の正の約数は $2^a \times 31^b \times 37^c$ の形で表される。

このうち，xy の偶数の約数の個数は，

$a = 1,\ 2,\ 3,\ 4,\ 5$，$b = 0,\ 1$，$c = 0,\ 1$ のときであり，

$5 \times 2 \times 2 = 20$（個）で，この中に平方数はない。

ゆえに，自然数 $(m,\ n)$ の組は，

$20 \div 2 = 10$（組）

〈K. Y.〉

東京都立　立川高等学校

問題 P.35

解　答

1 平方根，連立方程式，2次方程式，確率，平面図形の基本・作図

〔問１〕$20 + \sqrt{21}$

〔問２〕$x = 8$，$y = -4$

〔問３〕$p = 108$

〔問４〕$\frac{5}{12}$

〔問５〕右図

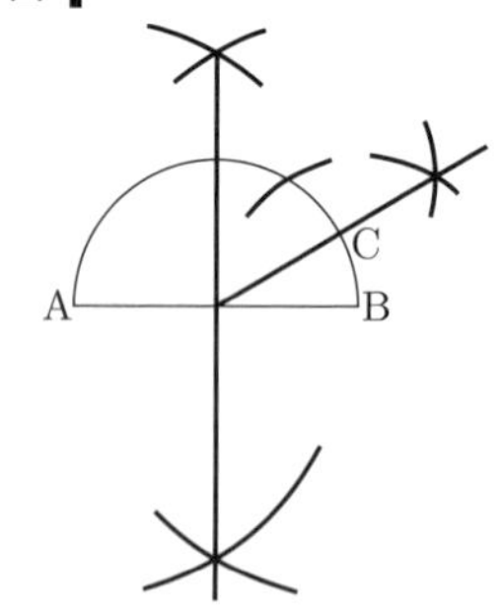

2 2次方程式，1次関数，関数 $y = ax^2$

〔問１〕$a = -\frac{4}{3}$

〔問２〕（途中の式や計算など）（例）

点Aは曲線 m 上の点であるから，

$y = \frac{36}{-4} = -9$

よって，点Aの座標は $(-4,\ -9)$

点Aは曲線 l 上の点でもあるから，

$-9 = a \times (-4)^2$ より $a = -\frac{9}{16}$

よって，曲線 l の式は，

$y = -\frac{9}{16}x^2 \cdots$①

また，点Aと y 軸について対称である点がBであるから，点Bの座標は $(4,\ -9)$

四角形OACBはひし形であるから，向かい合う対辺は平行である。

よって，直線OAと直線BCの傾きは等しい。

直線OAは，O $(0,\ 0)$ とA $(-4,\ -9)$ を通るから，

直線OAの傾きは $\frac{0 - (-9)}{0 - (-4)} = \frac{9}{4}$

直線BCは，B $(4,\ -9)$ を通り，傾きが $\frac{9}{4}$ である。

直線BCの式を $y = \frac{9}{4}x + b$ とすると，

$-9 = \frac{9}{4} \times 4 + b$ となり，$b = -18$

よって，直線BCの式は，$y = \frac{9}{4}x - 18 \cdots$②

ここで，点Dの x 座標を t とおく。

①と②の交点において，y 座標に着目すると，

$-\frac{9}{16}t^2 = \frac{9}{4}t - 18$　　これを解くと，

$(t + 8)(t - 4) = 0$ より，$t = -8,\ 4$

求める点Dは点Bと異なるものであるから，

$t = -8$

よって，点Dの x 座標は -8 であるから，

これを①に代入して，$y = -\frac{9}{16} \times (-8)^2 = -36$

よって，点Dの座標は $(-8,\ -36)$

（答え）$(-8,\ -36)$

〔問３〕$-9,\ 3,\ 12$

3 平行と合同，図形と証明，円周角と中心角

〔問１〕$\frac{\sqrt{3}}{3}$ cm

〔問２〕(1)（証明）（例）

$\triangle$ABC と $\triangle$CIJ は正三角形であるから，
$\angle BCA = \angle ICJ = 60°$
$\angle ACJ = \angle ACI + \angle ICJ = \angle ACI + 60°$
$\angle BCI = \angle ACI + \angle BCA = \angle ACI + 60°$
よって，$\angle ACJ = \angle BCI$…①
$\triangle$ABC は正三角形であるから，AC = BC…②
$\triangle$CIJ は正三角形であるから，CJ = CI…③
①，②，③より，
2 組の辺とその間の角がそれぞれ等しいから，
$\triangle ACJ \equiv \triangle BCI$
合同な三角形の対応する角は等しいから，
$\angle KAC = \angle KBC$
したがって，円周角の定理の逆により，
4 点 A，B，C，K は同じ円周上にある。
(2) 14 度

4 **図形を中心とした総合問題** 〔問 1〕13 個
〔問 2〕$4608\ \mathrm{cm}^2$
〔問 3〕(途中の式や計算など)（例）
立方体を作るから底面は正方形である。
横の長さは 8 の倍数，縦の長さは 6 の倍数だから，
底面の 1 辺の長さは，6 と 8 の公倍数になる。
AB = 104，AD = 156 で，底面が図 1 の四角形 ABCD より大きくならないことから，1 辺の長さは 24，48，72，96 のいずれかである。
立方体の高さは 9 の倍数だから，立方体の 1 辺の長さは 72 だけである。
よって，使われるブロックの個数は，
横は，$72 \div 8$ より 9 個
縦は，$72 \div 6$ より 12 個
高さ $72 \div 9$ より 8 個だから，
$9 \times 12 \times 8 = 864$（個）
(答え) 864 個

解き方

1〔問 3〕2 つの解を α，3α とおくと，
$(x-\alpha)(x-3\alpha)=0$
$x^2 - 4\alpha x + 3\alpha^2 = 0$
よって，$-4\alpha = 24$　　$3\alpha^2 = p$
ゆえに，$\alpha = -6$，$p = 108$
〔問 4〕第 6 回で 2 人とも 0 点になる。
第 7 回～第 9 回の A の得点は 10 点，B の得点は 9 点である。
第 10 回の A，B の得点をそれぞれ a 点，b 点とすると，
$(a, b) = (2, 1), (3, 1), (3, 2), (4, 1), (4, 2), (4, 3), (5, 1), (5, 2), (5, 3), (5, 4), (6, 1), (6, 2), (6, 3), (6, 4), (6, 5)$ の 15 通りであるから，$\dfrac{15}{6^2} = \dfrac{5}{12}$
〔問 5〕半円の中心を O とするとき，$\angle COB = 30°$ となる点 C を作図する。

2〔問 2〕A $(-4, -9)$，B $(4, -9)$，$l: y = -\dfrac{9}{16}x^2$
D の x 座標を d とすると，$-\dfrac{9}{16}(d+4) = \dfrac{9}{4}$
$d = -8$
〔問 3〕直線 AE の式は $y = -\dfrac{1}{2}x - 9$
(ア) 直線 OP の式が $y = -\dfrac{1}{2}x$ のとき，$x = 0, 3$
(イ) 点 P を通り直線 AE に平行な直線の式が
$y = -\dfrac{1}{2}x - 18$ のとき，$x = -9, 12$

3〔問 1〕円の中心を O とすると，
$\mathrm{OD} = \dfrac{1}{3}\mathrm{AD}$，OG = OD より，$\mathrm{AG} = \dfrac{1}{3}\mathrm{AD}$
〔問 2〕(2)(1)より，$\angle KJC = \angle KIC$
よって，4 点 K，C，J，I は同一円周上にある。
したがって，
$\angle AJI = \angle KCI = \angle KBH = 60° - 18° - 28° = 14°$

4〔問 1〕辺 AD に平行な線分と辺 AB に平行な線分の交点は線分 AC 上に 12 個ある。これら 12 個の交点に A，C を加えた 14 個の交点の間で 1 回ずつ交わる。
〔問 2〕PR = 104 cm のとき，PQ = 52 cm
52 は 6 の倍数ではないので不適。
PR = 96 cm のとき，PQ = 48 cm　　これは適する。
〈K. Y.〉

東京都立　国立高等学校

問題 P.36

問題 P.36

解 答

1 **平方根，連立方程式，2 次方程式，確率，数の性質，平面図形の基本・作図**

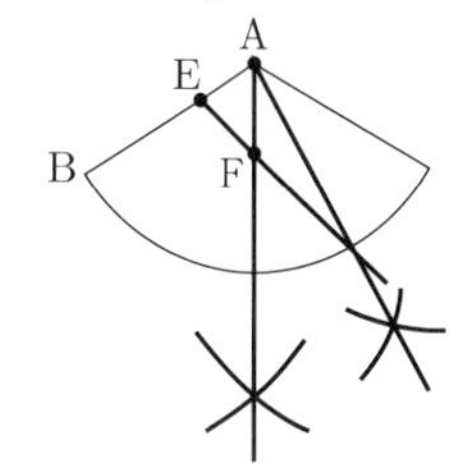

〔問 1〕$-1+\sqrt{2}$
〔問 2〕$x = \dfrac{5}{2}$，$y = -\dfrac{1}{2}$
〔問 3〕$x = \dfrac{1 \pm \sqrt{13}}{2}$
〔問 4〕$\dfrac{17}{27}$
〔問 5〕2021
〔問 6〕右図

2 **1 次関数，関数 $y = ax^2$，平行線と線分の比**
〔問 1〕$0 \leqq y \leqq 16a$
〔問 2〕(1)（途中の式や計算など）（例）
曲線 l の式を求める。
$p = \dfrac{3}{2}$ より直線 m の式は，$y = -\dfrac{1}{2}x + \dfrac{3}{2}$…①
点 B の x 座標が -4 なので，①より，B $\left(-4, \dfrac{7}{2}\right)$
これが曲線 l 上にあるから，$\dfrac{7}{2} = a \times (-4)^2$
すなわち，$a = \dfrac{7}{32}$
よって，曲線 l の式は，$y = \dfrac{7}{32}x^2$
次に，点 A の x 座標を求める。
点 A の x 座標を $t\ (t > 0)$ とする。
点 A は曲線 l 上にあるから，A $\left(t, \dfrac{7}{32}t^2\right)$…②
ここで，点 A は直線 m 上にあるから，
①，②より，$\dfrac{7}{32}t^2 = -\dfrac{1}{2}t + \dfrac{3}{2}$
整理すると，$7t^2 + 16t - 48 = 0$
$t > 0$ なので，$t = \dfrac{12}{7}$
よって，A $\left(\dfrac{12}{7}, \dfrac{9}{14}\right)$
したがって，$\triangle$ABC の面積は，
$\dfrac{1}{2} \times \dfrac{3}{2} \times \left\{\dfrac{12}{7} - (-4)\right\} = \dfrac{30}{7}\ (\mathrm{cm}^2)$
(答) $\dfrac{30}{7}\ \mathrm{cm}^2$
(2) $p = \dfrac{35}{11}$

3 **相似，円周角と中心角** 〔問 1〕$\dfrac{5}{6}\pi$ cm
〔問 2〕(証明)（例）
$\triangle$PDA と $\triangle$PBC において，
円 O の $\overparen{\mathrm{PD}}$ に対する円周角の大きさは等しいので，
$\angle PAD = \angle PCB$…①

また，
$\angle DPA = 90^\circ + \angle DPC$…②
$\angle BPC = 90^\circ + \angle DPC$…③
②，③より，
$\angle DPA = \angle BPC$…④
①，④より，
2 組の角がそれぞれ等しいので，
$\triangle PDA \backsim \triangle PBC$
〔問 3〕$\dfrac{1}{4}$ 倍

4 ▌立体の表面積と体積，相似 ▌ 〔問 1〕6 cm
〔問 2〕(図や途中の式など)（例）
四角形 IJFQ $= \triangle EFQ - \triangle EJI$
$\triangle EFQ = 3 \times 3 \times \dfrac{1}{2} = \dfrac{9}{2}$
$\triangle EJI = \dfrac{1}{3} \times \triangle EFI$
$= \dfrac{1}{3} \times \left(\dfrac{2}{3} \times \triangle EFQ\right)$
$= \dfrac{2}{9} \times \triangle EFQ = \dfrac{2}{9} \times \dfrac{9}{2} = 1$
よって，求める面積は，
四角形 IJFQ $= \triangle EFQ - \triangle EJI$
$= \dfrac{9}{2} - 1 = \dfrac{7}{2}\ (\mathrm{cm}^2)$
(答) $\dfrac{7}{2}\ \mathrm{cm}^2$
〔問 3〕5 cm

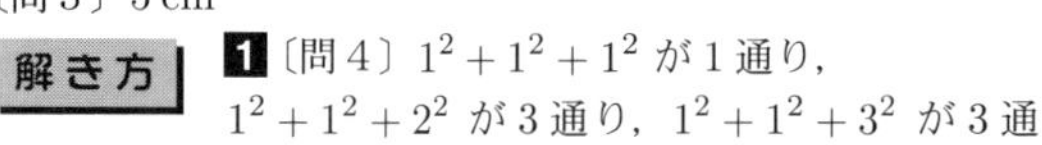
解き方
1〔問 4〕$1^2+1^2+1^2$ が 1 通り，
$1^2+1^2+2^2$ が 3 通り，$1^2+1^2+3^2$ が 3 通り，$1^2+2^2+2^2$ が 3 通り，$1^2+2^2+3^2$ が 6 通り，
$2^2+2^2+2^2$ が 1 通りであるから，
$1+3+3+3+6+1=17$（通り）
〔問 5〕$a=b-2$，$c=b+2$ であるから，
$ac=(b-2)(b+2)=b^2-4=2025-4=2021$

2〔問 2〕(2) C $\left(5,\ \dfrac{25}{4}\right)$ であるから，直線 OC と直線 m の交点を Q とすると，S : T = OQ : QC であるから，
Q $\left(\dfrac{20}{11},\ \dfrac{25}{11}\right)$
Q が直線 $m : y = -\dfrac{1}{2}x + p$ 上にあるから，
$\dfrac{25}{11} = -\dfrac{1}{2} \times \dfrac{20}{11} + p$　　ゆえに，$p = \dfrac{35}{11}$

3〔問 1〕$\angle BO'E = 60^\circ$
〔問 2〕接弦定理より，$\angle PDA = \angle PBC$ であることを利用してもよい。
〔問 3〕$\dfrac{四角形 OPO'D}{\triangle ABC} = \dfrac{2\triangle OO'D}{\triangle ABC}$
$= 2 \times \dfrac{O'D}{BC} \times \dfrac{OC}{AC} = 2 \times \dfrac{1}{4} \times \dfrac{1}{2} = \dfrac{1}{4}$
なお，$\triangle PO'O \backsim \triangle PBC$ を利用して求めることもできるが，遠まわりになってしまう。

4〔問 1〕点 P から直線 CF に垂線 PR を引くと，
PQ = 2PR，PR = CD = 3 cm
〔問 2〕四角形 IJFQ $= \triangle CJF - \triangle CIQ$
$= \dfrac{1}{2} \times 2 \times 4 - \dfrac{1}{2} \times 1 \times 1 = 4 - \dfrac{1}{2} = \dfrac{7}{2}\ (\mathrm{cm}^2)$
と考えることもできる。
〔問 3〕EP $= x$ cm とすると，EK $= x$ cm，
KF = QF $= 3 - x$ (cm)，CQ = CL $= x + 1$ (cm)，
DP = DL $= x + 4$ (cm)
よって，$\dfrac{立体 H-CDEKQ}{立体 H-DPL} = \dfrac{五角形 CDEKQ}{\triangle DPL}$
$= \dfrac{3 \times 4 - \frac{1}{2}(3-x)^2}{\frac{1}{2}(x+4)^2} = \dfrac{15+6x-x^2}{x^2+8x+16}$
これが $\dfrac{4}{5}$ に等しいから，$\dfrac{15+6x-x^2}{x^2+8x+16} = \dfrac{4}{5}$
$9x^2+2x-11=0$　　$(x-1)(9x+11)=0$
$x>0$ であるから，$x=1$
ゆえに，DP $= 4+1 = 5$ (cm)

〈K. Y.〉

東京都立　八王子東高等学校

問題 P.38

解 答

1 ▌平方根，2 次方程式，立体の表面積と体積，相似，確率，平面図形の基本・作図 ▌
〔問 1〕$-\dfrac{1}{3}$
〔問 2〕$x = \dfrac{3 \pm \sqrt{41}}{8}$
〔問 3〕$\dfrac{350}{27}\ \mathrm{cm}^3$
〔問 4〕$\dfrac{5}{16}$
〔問 5〕右図

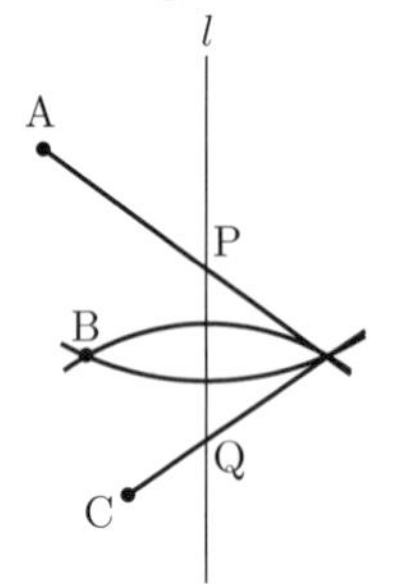

2 ▌1 次関数，関数 $y = ax^2$，相似 ▌
〔問 1〕$a = \dfrac{4}{25}$，$b = -\dfrac{1}{2}$
〔問 2〕(1)（途中の式や計算など）（例）
直線 OC の式は $y = 3x$，直線 l の式は $y = -x + 2$ であるから，これら 2 式を連立させて P $\left(\dfrac{1}{2},\ \dfrac{3}{2}\right)$ である。
さて，線分 AB の中点 M $\left(-\dfrac{1}{2},\ \dfrac{5}{2}\right)$ と C (3, 9) を通る直線は，△ABC の面積を二等分している。
このとき，中点 M を通り直線 OC に平行な直線は
$y = 3x + 4$ で，この直線と直線 BC : $y = x + 6$ の交点を N とすると N (1, 7) である。
直線 PN の式は $y = 11x - 4$ であり，
MN // OP より △MPC = △NPC であるから，
この直線 PN が △ABC の面積を二等分する。
(答) $y = 11x - 4$
(2) $\dfrac{15}{2}$ 倍

3 ▌平行と合同，図形と証明，相似，円周角と中心角 ▌
〔問 1〕$\left(90 - \dfrac{3}{2}a\right)$ 度
〔問 2〕(1)（証明）（例）条件より，$\angle BAC = \angle DAC = a^\circ$…①
AD // BE で，錯角が等しいから，
$\angle DAC = \angle BEC = a^\circ$…②
①，②より，$\angle BAC = \angle BEC$
すなわち，$\angle BAF = \angle BEC$…③
③は，$\angle BAE = \angle BEA$ を意味するから，BA = BE…④
また，$\angle FBA = \angle ABC - \angle FBC$
ここで，円周角の定理より，$\angle FBC = \angle DAC = a^\circ$
よって，$\angle FBA = \left(90^\circ - \dfrac{1}{2}a^\circ\right) - a^\circ = 90^\circ - \dfrac{3}{2}a^\circ$
これと問 1 より，$\angle FBA = \angle CBE$…⑤
△ABF と △EBC において，③，④，⑤より，
1 辺とその両端の角がそれぞれ等しいから，

$\triangle ABF \equiv \triangle EBC$
(2) 25 cm

4 **数・式を中心とした総合問題** 〔問1〕 $x = 55$
〔問2〕(1) $b = 7564$, $c = 7565$
(2) (途中の式や計算など) (例)
$a^2 = (2n+1)^2 = 4n^2 + 4n + 1$
$= (2n^2 + 2n) + (2n^2 + 2n + 1)$
したがって, $b = 2n^2 + 2n$, $c = 2n^2 + 2n + 1$ とおくと,
$c - b = 1$, $c + b = a^2$
よって, $(c-b)(c+b) = 1 \times a^2$　　$c^2 - b^2 = a^2$
ゆえに, $a^2 + b^2 = c^2$

解き方 **1** 〔問2〕整理して, $4x^2 - 3x - 2 = 0$
〔問3〕 $\dfrac{\text{立体 FHJL} - \text{GIKM}}{\text{正四角すい A} - \text{BCDE}}$
$= \left(\dfrac{2}{3}\right)^3 - \left(\dfrac{1}{3}\right)^3 = \dfrac{7}{27}$
〔問4〕 $2+2$, $4+4$, $4+8$, $8+4$, $8+8$ の5通り。
〔問5〕直線 l に関して点Bと対称な点を B′ とすると, 直線 AB′ と l の交点がPであり, 直線 CB′ と l の交点がQである。

2 〔問1〕 l がAを通るから $b + c = 1$
また, 変域の条件から $0 = 3b + c$, $25a = -5b + c$
よって, $a = \dfrac{4}{25}$, $b = -\dfrac{1}{2}$, $c = \dfrac{3}{2}$
〔問2〕(2) $\dfrac{\triangle ABC}{\triangle BQR} = \dfrac{BA \times BC}{BQ \times BR} = \dfrac{3 \times 5}{2 \times 1} = \dfrac{15}{2}$

3 〔問1〕 $\angle ABC = \dfrac{180^\circ - a^\circ}{2} = 90^\circ - \dfrac{1}{2}a^\circ$
よって,
$\angle CBE = 180^\circ - 2a^\circ - \left(90^\circ - \dfrac{1}{2}a^\circ\right) = 90^\circ - \dfrac{3}{2}a^\circ$
〔問2〕(2) $\triangle ABC \backsim \triangle BCF$ より,
$AB : BC = BC : CF$
ここで, $AF = AD = 21$ cm であるから $AB = x$ cm とすると, $CF = x - 21$ (cm)
よって, $x : 10 = 10 : (x - 21)$　　$x^2 - 21x - 100 = 0$
$x = -4$, 25　　$x = 25$ が適する。

4 〔問1〕 $784 = 28^2$　　$x = 2 \times 28 - 1 = 55$
〔問2〕(1) $b = \dfrac{123^2 - 1}{2} = \dfrac{122 \times 124}{2} = 7564$
$c = 7564 + 1 = 7565$
(2) $b = \dfrac{a^2 - 1}{2} = \dfrac{(2n+1)^2 - 1}{2} = 2n^2 + 2n$ と考えてもよい。

〈K. Y.〉

東京都立　新宿高等学校

問題 P.40

解答 **1** **平方根, 2次方程式, 連立方程式, 数の性質, 立体の表面積と体積, 平行線と線分の比, 平面図形の基本・作図, 空間図形の基本**
〔問1〕 $2\sqrt{2}$
〔問2〕 $x = -2$, $\dfrac{7}{5}$
〔問3〕 $x = \dfrac{1}{2}$, $y = \dfrac{3}{4}$
〔問4〕 5907
〔問5〕 $\dfrac{164}{3}\pi$ cm^3
〔問6〕右図

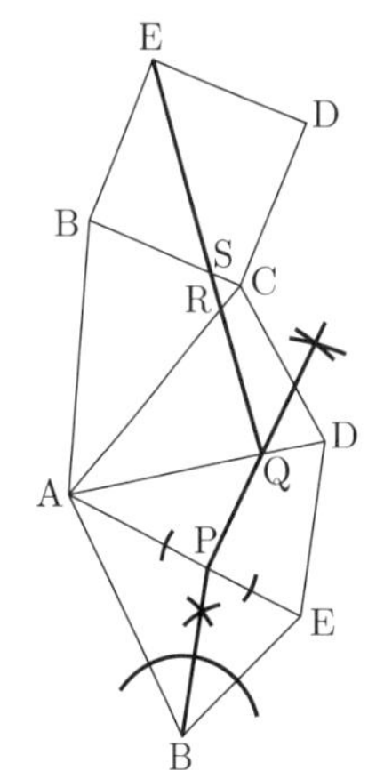

2 **1次関数, 関数 $y = ax^2$, 相似** 〔問1〕 3 cm^2
〔問2〕(1) (四角形 ABQPの面積) : (△APRの面積) $= 19 : 9$
(2) (あ) $\dfrac{11}{4}$　(い) $\dfrac{1}{2}t + \dfrac{15}{4}$　(う) $\dfrac{1}{4}t^2$　(え) $\dfrac{7}{4}$
(お) $\dfrac{1}{4}t^2 - \dfrac{1}{2}t - \dfrac{15}{4}$
(か) (途中の式や計算などの例)
$CB : PQ = \dfrac{7}{4} : \left(\dfrac{1}{4}t^2 - \dfrac{1}{2}t - \dfrac{15}{4}\right) = 7 : 9$
$7\left(\dfrac{1}{4}t^2 - \dfrac{1}{2}t - \dfrac{15}{4}\right) = \dfrac{7}{4} \times 9$
整理して, $t^2 - 2t - 24 = 0$　　$(t+4)(t-6) = 0$
$t > 5$ であるから $t = 6$
(答え) 6

3 **平行と合同, 図形と証明, 三角形, 相似**
〔問1〕 a^2 倍　〔問2〕 38 度
〔問3〕(1) (a) タ　(b) キ　(c) カ　(d) セ　(e) サ　(f) コ　(g) ト　(h) イ
(2) $\dfrac{\sqrt{2}}{6}$ cm^2

4 **1次関数, 確率**
〔問1〕 $\dfrac{5}{12}$　〔問2〕 $\dfrac{1}{4}$　〔問3〕 $\dfrac{1}{9}$

解き方 **1** 〔問1〕 (与式)
$= \left(2\sqrt{3} + \dfrac{1}{2}\right)(4\sqrt{2} - 3)$
$+ 4\sqrt{3}\left(\dfrac{3}{2} - 2\sqrt{2}\right) + \dfrac{3}{2}$
$= 8\sqrt{6} - 6\sqrt{3} + 2\sqrt{2} - \dfrac{3}{2} + 6\sqrt{3} - 8\sqrt{6} + \dfrac{3}{2} = 2\sqrt{2}$
〔問2〕与式より, $x^2 - x - 6 = 6x^2 + 2x - 20$
$5x^2 + 3x - 14 = 0$　　$(5x - 7)(x + 2) = 0$
$x = \dfrac{7}{5}$, -2
〔問3〕第1式より, $x = 1 - \dfrac{2}{3}y \cdots$①
第2式に代入して, $\dfrac{1}{2}\left(1 - \dfrac{2}{3}y\right) = 1 - y$
$\dfrac{1}{2} - \dfrac{y}{3} = 1 - y$　　$\dfrac{2}{3}y = \dfrac{1}{2}$　　$y = \dfrac{3}{4}$
①より, $x = 1 - \dfrac{1}{2} = \dfrac{1}{2}$

〔問４〕A の各位の数を千の位から順に x, y, z, w とすると
$\mathrm{B}=1000w+100y+10z+x$ が 5 の倍数より，$x=5$
$\mathrm{C}=5000+100y+10w+z$ が 10 の倍数より，$z=0$
$\mathrm{D}-\mathrm{A}=(1000y+500+w)-(5000+100y+w)=3600$
より，$900y=8100$　　$y=9$
A の各位の数の和は $5+9+0+w=14+w$
A が 3 の倍数かつ w が素数であるから $w=7$
したがって，$\mathrm{A}=5907$
〔問５〕右図のように B′，D′，E，E′，F とすると，

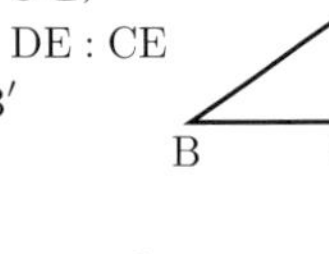

$\mathrm{AF}:\mathrm{FC}=\mathrm{DE}:\mathrm{CE}$
$=\mathrm{AD}:\mathrm{CB'}$
$=1:2$
よって，
$\mathrm{AF}=\frac{4}{3}$，$\mathrm{FC}=\frac{8}{3}$，$\mathrm{EF}=2$
求める体積は
$\frac{\pi}{3}\left\{(6^2+3^2)\times4-2^2\left(\frac{4}{3}+\frac{8}{3}\right)\right\}=\frac{164}{3}\pi$
〔問６〕展開図で ∠B の 2 等分線と AE の交点が P。
P を通り AE に垂直な直線と AD の交点が Q。
QE と AC，BC の交点が R，S。

2〔問１〕P $\left(-1,\ \frac{13}{4}\right)$，Q $\left(-1,\ \frac{1}{4}\right)$ より
$\triangle\mathrm{APQ}=\frac{1}{2}\times2\times\left(\frac{13}{4}-\frac{1}{4}\right)=3$
〔問２〕(1) A $\left(-3,\ \frac{9}{4}\right)$，B $(-2,\ 1)$ より AB の傾きは
$-\frac{5}{4}$
直線 PQ は，傾き $-\frac{5}{4}$，Q $\left(3,\ \frac{9}{4}\right)$ を通るので，
$y=-\frac{5}{4}x+6$
P の x 座標は，
$-\frac{5}{4}x+6=\frac{1}{2}x+\frac{15}{4}$ より $x=\frac{9}{7}$
各点の x 座標を用いて，
(四角形 ABQP) : △APR = (PQ + AB) : RP
$=\left(3-\frac{9}{7}+1\right):\frac{9}{7}=19:9$
(2) $y=\frac{1}{2}x+\frac{15}{4}$ で $x=-2$ のとき $y=\frac{11}{4}$
C $\left(-2,\ \frac{11}{4}\right)$，P $\left(t,\ \frac{1}{2}t+\frac{15}{4}\right)$，Q $\left(t,\ \frac{1}{4}t^2\right)$ より，
$\mathrm{CB}=\frac{11}{4}-1=\frac{7}{4}$，$\mathrm{PQ}=\frac{1}{4}t^2-\frac{1}{2}t-\frac{15}{4}$

3〔問１〕△ABC∽△CAP，AB : CA = 1 : a より，
$\frac{\triangle\mathrm{ACP}}{\triangle\mathrm{ABC}}=\frac{a^2}{1^2}=a^2$
〔問２〕△CBQ∽△CRP より ∠CRP = ∠CBQ = 45°
△ABP の内角と外角の関係より，
$\angle\mathrm{BAP}=\angle\mathrm{APC}-\angle\mathrm{ABP}=(180^\circ-45^\circ-52^\circ)-45^\circ$
$=38^\circ$
〔問３〕(2) AQ = CS より，
BP : PS : SC = 1 : 1 : 1 であるから，
$\triangle\mathrm{RPS}=\triangle\mathrm{APC}\times\left(\frac{1}{2}\right)^2$
$=\left(\sqrt{2}\times\frac{2}{3}\right)\times\frac{1}{4}$
$=\frac{\sqrt{2}}{6}$

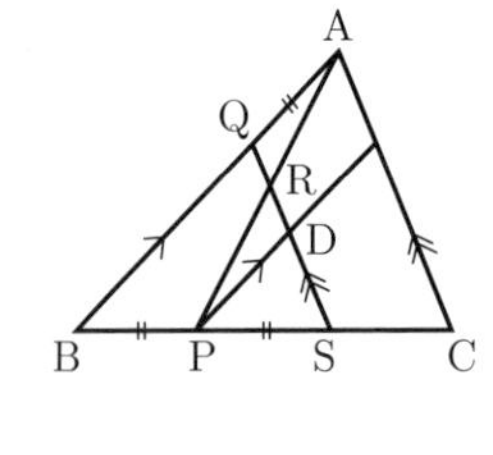

4〔問１〕さいころの目の出方は $6^2=36$（通り）あり，これらは同様に確からしい。このうち条件をみたすものは $a+b<2b$ 即ち $a<b$ となる場合なので，
$\frac{36-6}{2}=15$（通り）
したがって，求める確率は $\frac{15}{36}=\frac{5}{12}$
〔問２〕A $(a,\ a+b)$ は直線 l の上方にあるので，
B $(a,\ 2b)$ について $2b\leqq a$ が成り立てばよいから，
条件をみたす場合は
$(a,\ b)=(2,\ 1)$，$(3,\ 1)$，$(4,\ 1)$，$(4,\ 2)$，$(5,\ 1)$，$(5,\ 2)$，$(6,\ 1)$，$(6,\ 2)$，$(6,\ 3)$ の 9 通り。
よって，求める確率は $\frac{9}{36}=\frac{1}{4}$
〔問３〕△OAB = 3 のとき $\frac{1}{2}\,|\,a-b\,|\times a=3$，
$|\,a-b\,|=\frac{6}{a}$…①
$\frac{6}{a}$ が整数のとき $a=1$，2，3，6
これらについて①をみたす場合を考えて，
$(a,\ b)=(2,\ 5)$，$(3,\ 1)$，$(3,\ 5)$，$(6,\ 5)$
よって，求める確率は $\frac{4}{36}=\frac{1}{9}$

〈SU. K.〉

神奈川県

問題 P.43

解答 **1** 正負の数の計算，式の計算，平方根

(ア) 2　(イ) 1　(ウ) 3　(エ) 3　(オ) 4

2 因数分解，2 次方程式，関数 $y=ax^2$，数・式の利用，平方根，円周角と中心角　(ア) 4　(イ) 2　(ウ) 2　(エ) 1　(オ) 3　(カ) 1

3 平行と合同，図形と証明，2 次方程式の応用，データの散らばりと代表値，1 次関数，連立方程式の応用

(ア) (i) (a) 4　(b) 1　(c) 2　(ii) 3 cm　(イ) 2

(ウ) (i) $a=108$　(ii) 3　(エ) (i) $\frac{1}{10}x+\frac{3}{10}y$　(ii) 410　(iii) 451

4 1 次関数，関数 $y=ax^2$，平行線と線分の比　(ア) 4

(イ) (i) 4　(ii) 6　(ウ) F $\left(\frac{35}{9},\ \frac{5}{9}\right)$

5 確率　(ア) 1　(イ) $\frac{4}{9}$

6 平面図形の基本・作図，立体の表面積と体積，三平方の定理　(ア) 2　(イ) 5　(ウ) $\frac{27}{2}$ cm

解き方 **2** (オ) $\sqrt{\frac{540}{n}}=6\times\sqrt{\frac{15}{n}}$

(カ) $\angle DAF=\angle DAC+\angle CAF$

$=34°+40°=74°$

$\angle FDA=\angle DAC=34°$

$\angle AFD=180°-\angle DAF-\angle FDA=180°-74°-34°$

$=72°$

3 (ア) (ii) $\frac{12-7}{3}=\frac{5}{3}$　　$12:\frac{5}{3}=36:5$

すなわち，$\triangle ABC:\triangle ADF=36:5$

AD $=x$ cm とすると，AF $=18-x$ (cm)

よって，$\frac{\triangle ADF}{\triangle ABC}=\frac{x}{18}\times\frac{18-x}{18}$

これが $\frac{5}{36}$ に等しいから，

$\frac{x}{18}\times\frac{18-x}{18}=\frac{5}{36}$　　$x^2-18x+45=0$

$x=3,\ 15$　　AD < BD より，$x=3$

(イ) い．A 中学校の割合は 0.33，B 中学校の割合は 0.38 であるから正しくない。

え．B 中学校については正しくない。

(ウ) (i) $a=30\times40\times18\div200=108$

(ii) $30\times20\times18\div200=54$

$108+54=162$

108 秒後から 162 秒後まで，高さが一定である。

(エ) (ii) ②より，$x+3y=920$　　これと①から，

$x=410,\ y=170$

4 (ア) A $(-5,\ 5)$，B $(5,\ 5)$ より，$y=\frac{1}{5}x^2$

(イ) (i) C $\left(\frac{5}{3},\ 5\right)$，D $(3,\ -3)$，E $(-3,\ -3)$

直線 CE の傾きは，$\{5-(-3)\}\div\left\{\frac{5}{3}-(-3)\right\}=\frac{12}{7}$

(ウ) $\triangle AEC=\frac{1}{2}\times\frac{20}{3}\times8=\frac{80}{3}$

四角形 BCED $=\frac{1}{2}\times\left(\frac{10}{3}+6\right)\times8=\frac{112}{3}$

よって，$\triangle FED=\frac{112}{3}-\frac{80}{3}=\frac{32}{3}$

点 F の y 座標を y とすると，

$\triangle FED=\frac{1}{2}\times6\times(y+3)=3(y+3)$

したがって，$3(y+3)=\frac{32}{3}$　　$y=\frac{5}{9}$

直線 BD の式は $y=4x-15$ であるから，$y=\frac{5}{9}$ のとき

$x=\frac{35}{9}$

5 (ア) $a=3$，$b=6$ のときのみ。

(イ) $(a,\ b)=(1,\ 1)$，$(1,\ 2)$，$(1,\ 4)$，$(2,\ 2)$，$(2,\ 3)$，$(2,\ 4)$，$(2,\ 5)$，$(3,\ 1)$，$(4,\ 3)$，$(4,\ 4)$，$(4,\ 5)$，$(5,\ 1)$，$(5,\ 2)$，$(6,\ 2)$，$(6,\ 3)$，$(6,\ 5)$ の 16 通り。

6 (ア) 円すいの高さは，

$\sqrt{9^2-3^2}=6\sqrt{2}$ (cm)

(イ) 底面積は 9π cm^2，

側面積は 27π cm^2

(ウ) DD$'$ = DE = 3AD $=3\times\frac{9}{2}$

$=\frac{27}{2}$ (cm)

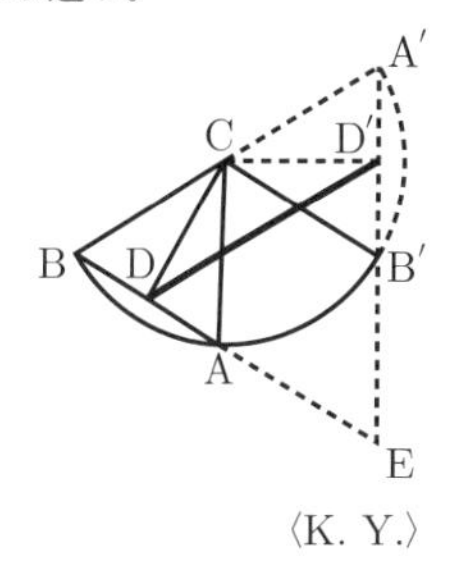

〈K. Y.〉

新潟県

問題 P.46

解答 **1** 正負の数の計算，式の計算，平方根，2 次方程式，関数 $y=ax^2$，円周角と中心角，データの散らばりと代表値　(1) -7　(2) $5a-2b$　(3) a^2b^3

(4) $3\sqrt{7}$　(5) $x=\frac{-7\pm\sqrt{29}}{2}$　(6) $y=3x^2$

(7) $\angle x=31$ 度　(8) ① 0.25　② 600 m 以上 800 m 未満

2 2 次方程式の応用，確率，平面図形の基本・作図，平行と合同

(1) (求め方) (例) 連続する 2 つの自然数は，n を自然数とすると，n，$n+1$ とおける。2 つの自然数の積は，和より 55 大きいから $n(n+1)=n+n+1+55$

$(n-8)(n+7)=0$　　n は自然数だから $n=8$

求める 2 つの自然数は 8，9　　(答) 8，9

(2) (求め方) (例) 袋 A に入っている赤玉を①，白玉を [1]，[2]，青玉を△1，△2，袋 B に入っている赤玉を②，③，白玉を [3] とおく。玉の取り出し方は 15 通りあり，玉の色が異なるのは 11 通りある。

① ─ ②，③，[3]
[1] ─ ②，③，[3]
[2] ─ ②，③，[3]
△1 ─ ②，③，[3]
△2 ─ ②，③，[3]

よって，求める確率は $\frac{11}{15}$　　(答) $\frac{11}{15}$

(3)

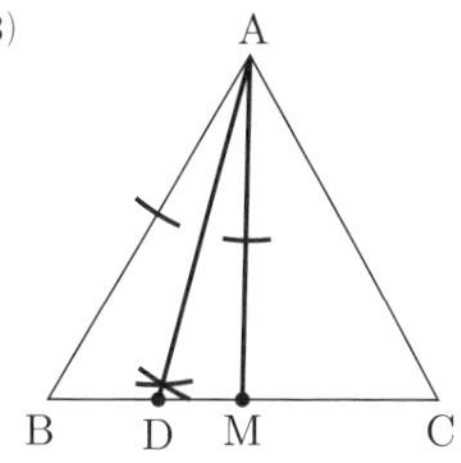

3 1 次関数　(1) 30　(2) ① $b=105$　② エ

(3) (求め方) (例) グラフから，P からは毎分 $\frac{25}{2}$ L の水が出ていることがわかる。求める時間を x 分とすると，

$105=\frac{25}{2}\times x$ だから，$x=\frac{42}{5}=8+\frac{24}{60}$

よって，求める時間は 8 分 24 秒後　　(答) 8 分 24 秒後

4 円周角と中心角，三平方の定理　(1) $(2\sqrt{5}-4)$ cm

(2) ① 90　② PQ

③ (証明)（例）3点P, O, Qを通る円をかくと, $\angle POQ = 90^\circ$ だから，辺PQはこの円の直径になる。
3点P, Q, Rを通る円もPQが直径になるので，4点P, O, Q, Rは同じ円周上にあることがわかる。
したがって，円周角の定理から，$\angle ROX = \angle RPQ$

④ (求め方)（例）
線分ORの長さが最も長くなるのは，$\angle RQO = 90^\circ$ になるときである。このときの頂点P, Q, RをそれぞれP', Q', R' とおく。
辺PQと半直線OYが重なっているときのRを考えると，
$RR' = 2\sqrt{5} - 4$ である。
また，辺PQと半直線OXが重なっているときのRを R'' とおくと，$R'R'' = 2\sqrt{5} - 2$
よって，求める道のりは
$2\sqrt{5} - 4 + 2\sqrt{5} - 2 = 4\sqrt{5} - 6$　(答) $(4\sqrt{5} - 6)$ cm

5 **立体の表面積と体積，相似，中点連結定理**　(1) 4 cm

(2) (証明)（例）△AEMと△BFEにおいて，
△ABCは正三角形だから，$\angle MAE = \angle EBF = 60^\circ$…①
$AE = 2$ cm で，点MはACの中点だから，$AM = 4$ cm
また，$BF = 3$ cm, $BE = AB - AE = 6$ cm
よって，$AE : BF = AM : BE = 2 : 3$…②
①，②より2組の辺の比とその間の角がそれぞれ等しいから，△AEM∽△BFE

(3) (求め方)（例）中点連結定理より MN // CD だから，△AMN∽△ACD であり，相似比は $1 : 2$ で，面積比は $1 : 4$ となる。
よって，△AMNと四角形CDNMの面積比は $1 : 3$ である。
また，$CF = 5$ cm だから，$AE : CF = 2 : 5 = 1 : \frac{5}{2}$
したがって，四角すいFCDNMの体積は，
三角すいEAMNの体積の $3 \times \frac{5}{2} = \frac{15}{2}$ 倍である。
(答) $\frac{15}{2}$ 倍

解き方

1 (1) (与式) $= -(13 - 6) = -7$

(2) (与式) $= 6a + 2b - a - 4b = 5a - 2b$

(3) (与式) $= \frac{a^{\not 3\,2}b^{\not 5\,3}}{\not a\,\not b^{\not 2}} = a^2b^3$

(4) (与式) $= \sqrt{28} + \sqrt{7} = 2\sqrt{7} + \sqrt{7} = 3\sqrt{7}$

(5) $x = \frac{-7 \pm \sqrt{7^2 - 4 \times 1 \times 5}}{2 \times 1} = \frac{-7 \pm \sqrt{29}}{2}$

(6) 比例定数を a とおくと，$y = ax^2$…①
①に x, y の値を代入すると，$12 = a \times (-2)^2$　　$a = 3$
よって，求める式は $y = 3x^2$

(7) $\angle x = \frac{1}{2}\angle AOB = \frac{1}{2} \times (90^\circ - 28^\circ) = 31^\circ$

(8) ① $20 \div 80 = 0.25$
② 40番目と41番目に属する階級は，600 m 以上 800 m 未満である。

3 (1) $180 \div 6 = 30$

(2) ① $y = ax + b$…①　①に x, y の値を代入すると
$180 = a \times 6 + b$…②，$230 = a \times 10 + b$…③
②，③を連立方程式として解くと，$a = \frac{25}{2}$, $b = 105$
② (Qから6分間に出た水の量)
$= 180 -$ (Pから6分間に出た水の量)
$= 180 - \frac{25}{2} \times 6 = 105$ (L)

4 (1) $DB = \sqrt{2^2 + 4^2} = 2\sqrt{5}$ だから，
$DE = DB - EB = 2\sqrt{5} - 4$ (cm)

〈K. M.〉

富　山　県

問題 P.48

解　答

1 **正負の数の計算，式の計算，平方根，比例・反比例，2次方程式，数・式の利用，確率，平行と合同，平面図形の基本・作図**

(1) -9　(2) $10xy^2$
(3) $\sqrt{3}$　(4) $2a - 1$
(5) $y = -8$
(6) $x = 4$, $x = 7$
(7) $3x < 5(y - 4)$
(8) $\frac{1}{3}$　(9) 110度
(10) 右図

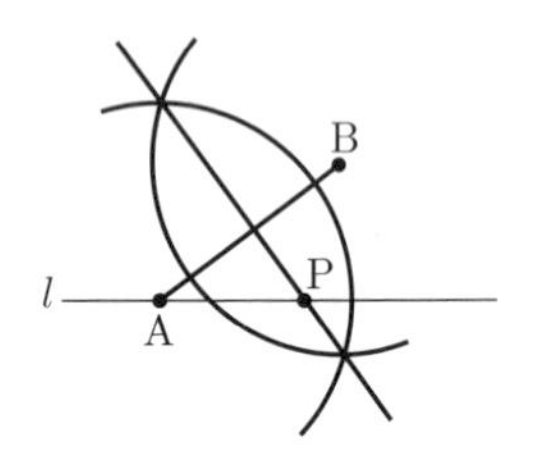

2 **1次関数，平面図形の基本・作図，関数 $y = ax^2$**
(1) $0 \leqq y \leqq 8$　(2) $1 \leqq a \leqq 2$　(3) (0, 12)

3 **数の性質**　(1) 49枚，カードに書かれた数 9
(2) 14段目　(3) 2, 3, 7, 8

4 **データの散らばりと代表値，連立方程式**
(1) ① $\begin{cases} x + y = 18 \\ 25x + 35y = 530 \end{cases}$　② $x = 10$, $y = 8$　(2) イ，ウ

5 **平面図形の基本・作図，空間図形の基本，相似，三平方の定理**　(1) $r = \frac{3}{2}$　(2) $3\sqrt{2}$ cm　(3) $4\sqrt{2}\pi$ cm

6 **1次関数**　(1) 時速60 km　(2) 24 km　(3) 16 km
(4) 午前10時6分30秒

7 **平行と合同，図形と証明，円周角と中心角，相似，平行線と線分の比**
(1) (証明)（例）△ABCと△AGEにおいて，
仮定より，$AC = AE$…①
$\overset{\frown}{BC} = \overset{\frown}{DE}$ より，円周角は等しいから，
$\angle BAC = \angle GAE$…②
$\overset{\frown}{AB}$ に対する円周角は等しいから，
$\angle ACB = \angle AEG$…③
①，②，③より，1組の辺とその両端の角がそれぞれ等しいので，$\triangle ABC \equiv \triangle AGE$
(2) ① $\frac{24}{7}$ cm　② 28 : 27

解き方

1 (1) $7 - 16 = -9$

(2) $\frac{2y^2 \times 5x^2y}{xy} = 10xy^2$

(3) $2\sqrt{3} - \sqrt{3} = (2 - 1)\sqrt{3} = \sqrt{3}$

(4) $6a - 9 - 4a + 8 = 2a - 1$

(5) y は x に反比例するので，$xy = a$ とおく。
$x = 6$, $y = 4$ を代入すると，$6 \times 4 = a$　　$a = 24$
$xy = 24$ に，$x = -3$ を代入すると，$-3y = 24$　　$y = -8$

(6) $(x - 4)(x - 7) = 0$　　$x = 4$, 7

(8) すべての場合の数は，$6 \times 6 = 36$（通り）
(大きいさいころの目，小さいさいころの目）とする。
和が3のときは，(1, 2), (2, 1) の2通り。
和が6のときは，(1, 5), (2, 4), (3, 3), (4, 2), (5, 1) の5通り。
和が9のときは，(3, 6), (4, 5), (5, 4), (6, 3) の4通り。
和が12のときは，(6, 6) の1通り。

したがって，$\frac{2+5+4+1}{36}=\frac{12}{36}=\frac{1}{3}$
(9) 五角形の内角の和は，$180^\circ\times(5-2)=540^\circ$
したがって，
$(180^\circ-55^\circ)+(180^\circ-85^\circ)+\angle x+(180^\circ-90^\circ)+120^\circ=540^\circ$
これを解いて，$\angle x=110^\circ$
(10) 点 P は 2 点 A，B から等しい距離にあるので，線分 AB の垂直二等分線を引き，直線 l との交点を P とすればよい。

2 (1) y の最小値は $x=0$ のとき $y=0$
$x=-4$ のとき y の値は最大となり，$y=\frac{1}{2}\times(-4)^2=8$
したがって，$0\leqq y\leqq 8$
(2) A $(-2,\ 2)$，B $(4,\ 8)$，C $(6,\ 18)$
l が点 B を通るとき，傾き a は最小となる。
このとき，$a=\frac{8-2}{4-(-2)}=\frac{6}{6}=1$
また，l が点 C を通るとき，傾き a は最大となる。
このとき，$a=\frac{18-2}{6-(-2)}=\frac{16}{8}=2$
したがって，$1\leqq a\leqq 2$
(3) y 軸に対して点 B の対称な点を B′ とすると，
B′ $(-4,\ 8)$
BP + CP = B′P + CP より，
直線 B′C と y 軸の交点に P があるとき，BP + CP が最小となる。
直線 B′C の式を $y=mx+n$ とおくと，
$m=\frac{18-8}{6-(-4)}=1$　　$y=x+n$ に $x=6,\ y=18$
を代入すると，$18=6+n$　　$n=12$
よって，$y=x+12$
点 P はこの直線の切片だから，$(0,\ 12)$

3 (1) 7 段目は，左から，7，8，9，10，1，2，3，4，5，6，7，8，9 となるので，カードの枚数は，$10\times4+9=49$
(2) 各段の右端までのカードの枚数は，
1^2 枚，2^2 枚，3^2 枚，4^2 枚，5^2 枚，6^2 枚，…となる。
7 段目以降で一の位が初めて 6 になるのは $14^2=196$（枚）だから，3 回目に 6 の数が書かれたカードが並ぶのは 14 段目である。
(3) (2)より，n 段目の右端に並ぶ数は，n^2 の一の位の数である。11 段目以降の右端の数は，1 段目から 10 段目の右端の数をくり返すので，1 段目から 10 段目までの右端の数を考えればよい。
7 段目の右端の数は，$7^2=49$ より 9
8 段目の右端の数は，$8^2=64$ より 4
9 段目の右端の数は，$9^2=81$ より 1
10 段目の右端の数は，$10^2=100$ より 0（10）
以上のことから，段の右端に並ばない数は，2，3，7，8

4 (1) ① 度数の関係から，$8+x+y+2+4=32$
$x+y=18$…⚠1
この表から求めた平均値が 30 m であることから，
$120+25x+35y+90+220=30\times32$
$25x+35y=530$…⚠2
② ⚠1 × 35　　$35x+35y=630$
⚠2　　$-)\ 25x+35y=530$
　　　　$10x\qquad=100$
　　　　　$x=10$
$x=10$ を⚠1に代入して，$10+y=18$　　$y=8$
(2) ア：A さんがつくったヒストグラムの最頻値は 18 分，B さんがつくったヒストグラムの最頻値は 21 分なので，誤り。
イ：通学時間が 6 分未満の生徒は，B さんがつくったヒストグラムから 5 人。また，通学時間が 4 分未満の生徒は，A さんのヒストグラムから 4 人。
したがって，$5-4=1$（人）で正しい。
ウ：通学時間が 12 分以上 18 分未満の生徒は，B さんがつくったヒストグラムから 7 人。また，9 分以上 12 分未満の生徒は，A さんがつくったヒストグラムから最大 2 人。
したがって，$7+2=9$（人）で正しい。
エ：A さん $\frac{3+8+6}{40}=\frac{17}{40}$，B さん $\frac{7+10}{40}=\frac{17}{40}$ で等しくなるので，誤り。

5 (1) $AB=3+r\times2+2r\times2=12$
これを解いて，$r=\frac{3}{2}$
(2) 図 2 で，容器の底面の 1 つの頂点を C，大きい円の中心を P，大きい円と辺 AC との接点を Q とする。

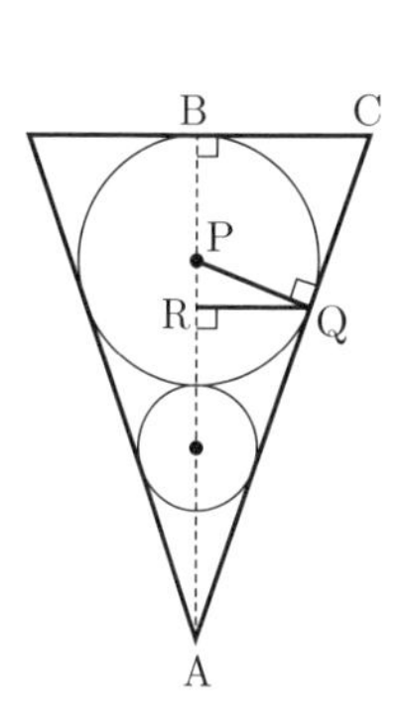

△APQ で，$\angle PQA=90^\circ$，
$PQ=3$，$AP=9$ より，
三平方の定理から，
$AQ=\sqrt{9^2-3^2}=6\sqrt{2}$ (cm)
また，△ABC∽△AQP より，
AB : AQ = BC : QP
$12:6\sqrt{2}=BC:3$
$BC=3\sqrt{2}$ (cm)
(3) 点 Q から線分 AB に垂線 QR をひく。
求める長さは，半径 QR の円の周の長さである。
△APQ∽△QPR より
AP : QP = AQ : QR
$9:3=6\sqrt{2}:QR$
$QR=2\sqrt{2}$ (cm)
したがって，求める長さは，$2\pi\times QR=4\sqrt{2}\pi$ (cm)

6 (1) 10 分で 10 km 進むから，60 分（1 時間）で 60 km 進む。
(2) 特急列車は A 駅と C 駅の間を 18 分で運行しているので，
$80\times\frac{18}{60}=24$ (km)
(3) 9 時に A 駅を出発する普通列車が B 駅と C 駅の間を運航しているときのグラフの式は，傾きが 1 だから，
$y=x+m$ とおく。$(12,\ 10)$ を通るから，$x=12,\ y=10$ を代入して，
$10=12+m$　　$m=-2$　　よって，$y=x-2$…①
また，C 駅を出発する特急列車のグラフの式の傾きは，
$\frac{0-24}{30-12}=-\frac{4}{3}$　　式を $y=-\frac{4}{3}x+n$ として，
$(30,\ 0)$ を通るから，$x=30,\ y=0$ を代入して，
$0=-\frac{4}{3}\times30+n$　　$n=40$
よって，$y=-\frac{4}{3}x+40$…②
①，②を連立させて解くと，$x=18,\ y=16$
よって，すれ違うのは，A 駅から 16 km 離れた地点である。
(4) 午前 9 時 40 分に C 駅を出発した普通列車は 14 分かかって B 駅に到着し，2 分間停車するので，B 駅を出発する時刻は，9 時 56 分となる。
また，特急列車が B 駅から C 駅までかかる時間（分）は，
$14\div80\times60=\frac{21}{2}$ より，10 分 30 秒である。

したがって，求める時刻は，10時6分30秒である。

7 (2) ① $\overset{\frown}{BC}=\overset{\frown}{DE}$ より円周角は等しいから，
$\angle BEC=\angle ECD$
錯角が等しいので，$BE \parallel CD$
したがって，$AF:FC=AG:GD$
(1)より，$AG=AB=4$ (cm)
$AF=x$ cm とおくと，$x:(6-x)=4:3$
これを解いて，$x=\dfrac{24}{7}$ (cm)
② $\triangle ABG \backsim \triangle ACE$ より，
$\triangle ABG:\triangle ACE=AB^2:AC^2=4^2:6^2=4:9$
$\triangle ABG=\dfrac{4}{9}\triangle ACE\cdots$ 1
また，$\triangle AFE$ と $\triangle CEF$ の面積比は，$AF:FC=4:3$ より，
$\triangle CEF=\dfrac{3}{4+3}\triangle ACE=\dfrac{3}{7}\triangle ACE\cdots$ 2
1，2より，
$\triangle ABG:\triangle CEF=\dfrac{4}{9}\triangle ACE:\dfrac{3}{7}\triangle ACE$
$=28:27$

〈M. S.〉

石 川 県

問題 P.50

解答

1 正負の数の計算，式の計算，平方根，比例・反比例，立体の表面積と体積，データの散らばりと代表値　(1) ア．7　イ．-11　ウ．$\dfrac{3}{2}y^2$　エ．$\dfrac{a+7b}{9}$　オ．$5\sqrt{2}$　(2) $y=\dfrac{6}{x}$　(3) 8個　(4) 27π cm^2　(5) ウ

2 場合の数，確率　(1) 6通り　(2) (符号) ア
(選んだ理由) (例)

p について
玉の取り出し方をすべてあげると
(●，①) (①，②)
(●，②) (①，③)
(●，③) (②，③)
よって，$p=\dfrac{1}{2}$

q について
赤玉が出る場合を○，赤玉が出ない場合を×としてまとめると，

	●	①	②	③
●	○	○	○	○
①	○	×	×	×
②	○	×	×	×
③	○	×	×	×

よって，$q=\dfrac{7}{16}$

よって，p の方が大きい。

3 関数を中心とした総合問題
(1) 9倍　(2) 13秒後
(3) (グラフ) 右図の通り。
(計算) (例) グラフは，
傾きが $\dfrac{15}{4}$ で，
(10, 25) を通ることから
$y=\dfrac{15}{4}x-\dfrac{25}{2}$ となる。
$y=0$ を代入して，
$x=\dfrac{10}{3}$
(答) $\dfrac{10}{3}$ 秒後

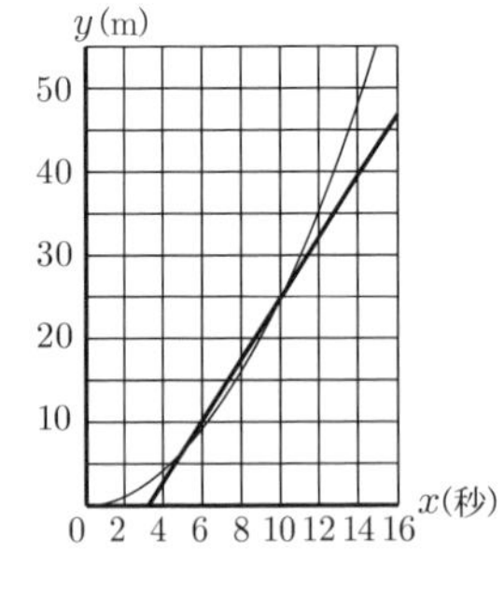

4 連立方程式の応用
(方程式と計算) (例) 大きいプランターを x 個，小さいプランターを y 個とすると
$$\begin{cases} x+y=45 & \cdots① \\ 6x+2y+2y=216 & \cdots② \end{cases}$$
②を整理すると，$3x+2y=108\cdots③$
③ − ① × 2 より，$x=18$
これを①に代入すると，$18+y=45$　　$y=27$
スイセンの球根は，$6\times18+2\times27=162$ (個)
チューリップの球根は，$2\times27=54$ (個)
(答) スイセンの球根 162個，チューリップの球根 54個

5 平面図形の基本・作図，三平方の定理
右図の通り。

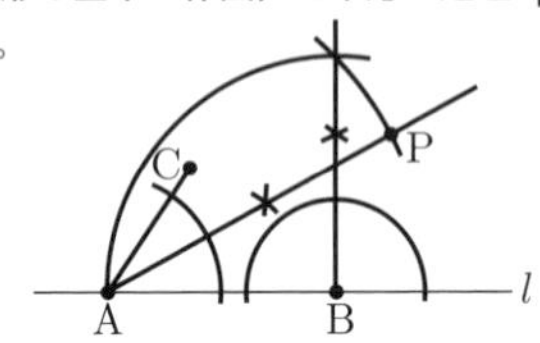

6 空間図形の基本，立体の表面積と体積，相似，三平方の定理　(1) ア，エ　(2) 64 : 9
(3) (計算) (例) 途中式において長さの単位は省略する。
$PQ=QR=RP=2\sqrt{2}$
P から辺 OB に垂線をひき，その交点を S とすると
直角三角形 PSB において，$\angle PBS=60°$ より，
$PB=2$，$BS=1$，$PS=\sqrt{3}$
直角三角形 PSR において，三平方の定理より，
$RS=\sqrt{PR^2-PS^2}=\sqrt{5}$
よって，$RB=BS+RS=1+\sqrt{5}$　　(答) $(1+\sqrt{5})$ cm

7 図形を中心とした総合問題　(1) 55度
(2) (証明) (例) $\triangle ABE$ と $\triangle DCB$ において
$\overset{\frown}{BE}$ に対する円周角は等しいから
$\angle BAE=\angle CDB\cdots①$
$\overset{\frown}{AB}$ に対する円周角は等しいから
$\angle AEB=\angle ADB\cdots②$
$AD \parallel BC$ より，錯角は等しいから
$\angle ADB=\angle DBC\cdots③$
②，③より，$\angle AEB=\angle DBC\cdots④$
①，④より，2組の角がそれぞれ等しいから
$\triangle ABE \backsim \triangle DCB$　　(証明終わり)
(3) (計算) (例) 途中式において単位は省略する。
直線 AE と直線 BC との交点を G とする。
$\triangle AED \backsim \triangle GEC$ より，$AD:GC=ED:EC=2:1$
$\triangle AFD \backsim \triangle GFB$，$BC=2AD$ より
$DF:BF=AD:GB=2:5$
$\triangle AFD:\triangle ABD=DF:DB=2:7$ より
$\triangle ABD=\dfrac{7}{2}\times\triangle AFD=14$
$\triangle ABD:\triangle DBC=AD:BC=1:2$ より
$\triangle DBC=2\times\triangle ABD=28$
よって，台形 $ABCD=\triangle ABD+\triangle DBC=42$
(答) 42 cm^2

解き方

1 (1) ア．(与式) $=6+1=7$
イ．(与式) $=4-15=-11$
ウ．(与式) $=\dfrac{9xy^3}{4}\times\dfrac{2}{3xy}=\dfrac{3}{2}y^2$
エ．(与式) $=\dfrac{(4a+b)-3(a-2b)}{9}$

$= \dfrac{4a+b-3a+6b}{9} = \dfrac{a+7b}{9}$

オ．$2\sqrt{3} \div \sqrt{6} = \sqrt{\dfrac{12}{6}} = \sqrt{2}$

(与式) $= 4\sqrt{2} + \sqrt{2} = 5\sqrt{2}$

(2) $xy = 3 \times 2 = 6$ より，$y = \dfrac{6}{x}$

(3) $\sqrt{16} < \sqrt{n} < \sqrt{25}$ より，$n = 17$, 18, 19, 20, 21, 22, 23, 24 の 8 個

(4) $4\pi \times 3^2 \div 2 + \pi \times 3^2 = 27\pi$ (cm^2)

(5) ア．最頻値は 1 匹

イ．平均値は

$(0 \times 2 + 1 \times 4 + 2 \times 1 + 3 \times 3 + 4 \times 1 + 5 \times 1) \div 12 = 2$ (匹)

ウ．中央値は大きさの順で 6 番目と 7 番目の真ん中の値より，$(1+2) \div 2 = 1.5$ (匹)

エ．範囲は $5 - 0 = 5$ (匹)

2 (1) $3 \times 2 = 6$ (通り)

3 (1) y は x^2 に比例するから，$3^2 = 9$ (倍)

(2) ボールと B さんが出会うのが x 秒後とすると

$\dfrac{1}{4}x^2 + \dfrac{7}{4}x = 65$　　$x^2 + 7x - 260 = 0$

$(x+20)(x-13) = 0$　　$x > 0$ より，$x = 13$

5 ①の条件のもと，点 P は，②より ∠CAB の二等分線上の点である。さらに，③より線分 AB を 1 辺とする点 C と同じ側にある正方形 ABDE を考え，点 A を中心，線分 AD を半径とする円周上の点であるから，これらの交点が P である。

6 (2) 求積に必要な長さを文字で表してみるとよい。

正四角錐 OABCD の底面の 1 辺を $4a$，高さを $4h$ とおくと，仮定より，直方体 EFGH − IJKL の底面の 1 辺は a，高さは $3h$ になる。

よって，(正四角錐 OABCD) : (直方体 EFGH − IJKL)

$= \{(4a)^2 \times 4h \div 3\} : (a^2 \times 3h) = 64a^2h : 9a^2h = 64 : 9$

7 (1) 二等辺三角形 OAB において

$\angle AOB = 180° - 35° \times 2 = 110°$

円周角の定理より，$\angle ADB = \dfrac{1}{2}\angle AOB = 55°$

〈O. H.〉

福　井　県

問題 P.52

解答　選択問題A

1 **正負の数の計算，式の計算，平方根，因数分解，2 次方程式，数の性質，関数 $y = ax^2$，平面図形の基本・作図**

(1) ア．(与式) $= 9 - 12 = -3$

イ．(与式) $= \dfrac{5a^2}{4} \times \dfrac{2}{15a} = \dfrac{1}{6}a$

(2) $\pm\sqrt{6}$

(3) (与式) $= a^2 - 2^2 = (a+2)(a-2)$

(4) $x^2 - 4x + 4 + x^2 - 6x + 8 = 0$　　$2x^2 - 10x + 12 = 0$

$x^2 - 5x + 6 = 0$

$(x-2)(x-3) = 0$

$x = 2$, 3

(5) 2, 3, 5, 7, 11, 13

(6) $a = -(-2)^2 = -4$

$-9 = -b^2$

$b^2 - 3^2 = 0$

$(b+3)(b-3) = 0$

$b > 0$ より，$b = 3$

(7) 右図の通り。

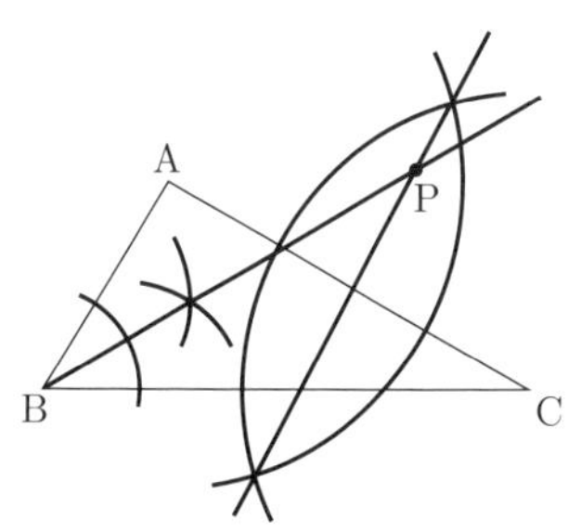

2 **図形と証明，三角形，データの散らばりと代表値**

(1) ア．∠CAD　イ．2 組の辺とその間の角

(2) △ADB は AD = BD の二等辺三角形より，

$\angle x = \angle DBA = 20°$

△ADB において，$\angle y$ は ∠ADB の外角より，

$\angle y = \angle DAB + \angle DBA = 20° + 20° = 40°$

△ADC は AD = CD の二等辺三角形より，

$\angle z = (180° - \angle ADC) \div 2 = (180° - 40°) \div 2 = 70°$

(3) ア．$1 + 3 + 4 + 4 + 10 + x + 1 = 25$　　$x = 2$

$y = \dfrac{3}{25} = 0.12$

イ．中央値は大きさの順に並べたときの 13 番目の値より，中央値が含まれる階級は「35 kg 以上 40 kg 未満の階級」である。

3 **場合の数，確率**

(1) 池の周りを 1 周するのにかかる時間が最も短いのは「歩く，走る，歩く，走る」か「走る，歩く，走る，歩く」か「走る，歩く，歩く，走る」のいずれかである。どれも「歩く」2 回，「走る」2 回だから，かかる時間は，$12 \times 2 + 6 \times 2 = 36$ (分)

(2) 池の周りを 1 周するのに 42 分かかるのは「歩く」3 回，「走る」1 回の場合である。右の樹形図より，このような場合は 7 通りある。すべての場合の数が $(2 \times 2 \times 2 \times 2 =) 16$ 通りより，求める確率は $\dfrac{7}{16}$

表＜表＜表 − 裏
　　　　　裏＜表 / 裏
　　裏＜表 − 表
　　　　裏 − 表
裏＜表 − 表 − 表
　　裏 − 表 − 表

4 **連立方程式の応用**

(1) $600 \times (1 - 0.3) = 420$ (個)

(2) ア．今日仕入れる昆布，明太子の個数は

昆布：$x + 600 \times 0.05 = x + 30$ (個)

明太子：$y + 600 \times 0.1 = y + 60$ (個)

昨日仕入れた梅の個数は $(150 - x - y)$ 個であるから，今日仕入れる梅の個数は

$150 - x - y + 600 \times 0.15 = 150 - x - y + 90$ (個)

よって，$\begin{cases} (x+30) + (y+60) = 220 \\ 420 + (150 - x - y + 90) = 5(y+60) \end{cases}$

イ．アの連立方程式を整理すると，

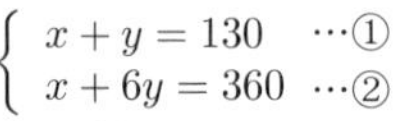

$$\begin{cases} x+y=130 & \cdots① \\ x+6y=360 & \cdots② \end{cases}$$

② − ①より，$5y=230$　　$y=46$…③
③を①に代入すると，$x+46=130$　　$x=84$

よって，$\begin{cases} x=84 \\ y=46 \end{cases}$

5 ┃ 関数を中心とした総合問題 ┃
(1) ア．$a=2$ のとき，$y=2x$
点 A：$y=2\times2=4$
点 B：$x=2$ より，
$y=2$
イ．右図の通り。
ウ．イのグラフに
$y=\dfrac{2}{3}x$ のグラフを
かき入れてみると，
$y=4, 6, 8$ で交わっていることがわかる。

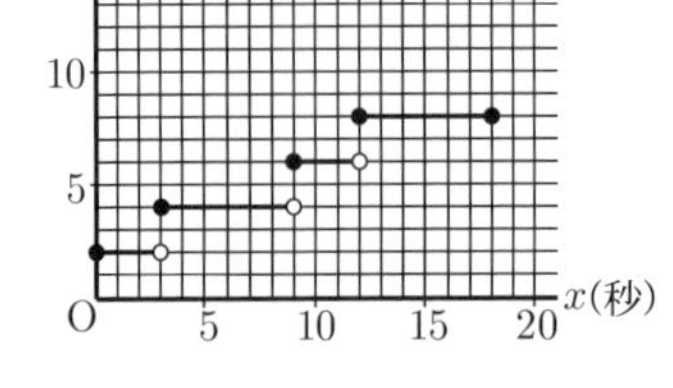

よって，交点は，$(x, y)=(6, 4), (9, 6), (12, 8)$
ゆえに，$x=6, 9, 12$
(2) 条件を満たす数を d とすると，右図のようになる。
よって，$6=\dfrac{1}{16}d^2$
$d^2=4^2\times6$
$d>0$ より，
$d=4\sqrt{6}$

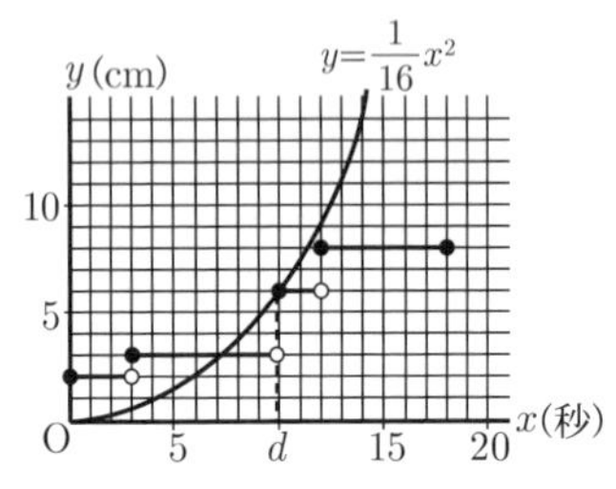

選択問題B
1 ┃ 式の計算，平方根，2 次方程式，データの散らばりと代表値，1 次関数，関数 $y=ax^2$，数の性質，数・式の利用，平面図形の基本・作図 ┃ (1) 選択問題A **1** (1) イ．参照。
(2) 選択問題A **1** (2) 参照。
(3) 選択問題A **1** (4) 参照。
(4) (説明) (例) 生徒 400 人の通学時間を短い方から順に並べて，200 番目と 201 番目の値の平均をとる。
(5) イ，エ
(6) 選択問題A **1** (5) 参照。
(7) 余りは 1 である。
(説明) (例) m, n を整数とすると，6 で割ると 5 余る数は $6m+5$，3 で割ると 2 余る数は $3n+2$ と表される。
この 2 数の和は，
$(6m+5)+(3n+2)=3(2m+n+2)+1$ である。
$2m+n+2$ は整数であるから，6 で割ると 5 余る数と 3 で割ると 2 余る数の和を 3 で割った余りは 1 である。
(8) 選択問題A **1** (7) 参照。
2 ┃ 場合の数，確率 ┃ 選択問題A **3** 参照。
3 ┃ 連立方程式の応用 ┃ 選択問題A **4** 参照。
4 ┃ 関数を中心とした総合問題 ┃ 選択問題A **5** 参照。
5 ┃ 立体の表面積と体積，図形と証明，相似，平行線と線分の比 ┃ (1) (証明) (例) △ADC と △BFA において
仮定より，CD = AF…①
△ABC は直角二等辺三角形より，AC = BA…②
△ADC において，∠CAD = 90° より，
∠ACD = 180° − 90° − ∠ADC = 90° − ∠ADC…③
△ADE において，∠DEA = 90° より，
∠EAD = 180° − 90° − ∠ADE = 90° − ∠ADE
よって，∠BAF = 90° − ∠ADE…④
③，④より，∠ACD = ∠BAF…⑤
①，②，⑤より，2 組の辺とその間の角がそれぞれ等しいから，
△ADC ≡ △BFA
したがって，AD = BF　　　　(証明終わり)
(2) ア．△EDA，△EAC，△ADC は互いに相似より，
ED : EA = EA : EC = AD : AC = AD : AB = 1 : 3
ED : EC = ED : 3EA = ED : 9ED = 1 : 9 より，
EC : DC = EC : (EC + ED) = 9 : 10
△AEC : △ADC = EC : DC = 9 : 10 = 18 : 20
△BFG∽△CAG より，
FG : AG = BF : CA = AD : AC = 1 : 3
FG : FA = FG : (FG + AG) = 1 : 4
△BFG : △BFA = FG : FA = 1 : 4 = 5 : 20
(1)より，△BFA = △ADC
よって，(△BFGの面積) : (△AECの面積) = 5 : 18
イ．直線 l と辺 AB の交点を J とすると，∠BJG = 90°
点 F から直線 l に垂線 FI をひくと，四角形 BFIJ は長方形である。
直線 l を回転の軸として △BFG を 1 回転させてできる立体は，長方形 BFIJ を 1 回転させてできる円柱から，△BGJ，△FIG をそれぞれ 1 回転させてできる 2 つの円錐を取り除いた立体である。
$\mathrm{BF}=\mathrm{AD}=\dfrac{1}{3}\mathrm{AB}=\dfrac{\sqrt{2}}{3}$ (cm)
BJ : BA = BG : BC = 1 : (1 + 3) = 1 : 4 より，
$\mathrm{BJ}=\dfrac{1}{4}\mathrm{AB}=\dfrac{\sqrt{2}}{4}$ (cm)
よって，求める体積は，
$\pi\times\mathrm{BJ}^2\times\mathrm{BF}-\dfrac{1}{3}\times\pi\times\mathrm{BJ}^2\times\mathrm{GJ}-\dfrac{1}{3}\times\pi\times\mathrm{BJ}^2\times\mathrm{GI}$
$=\pi\times\mathrm{BJ}^2\times\mathrm{BF}-\dfrac{1}{3}\times\pi\times\mathrm{BJ}^2\times\mathrm{BF}$
$=\dfrac{2}{3}\pi\times\left(\dfrac{\sqrt{2}}{4}\right)^2\times\dfrac{\sqrt{2}}{3}=\dfrac{\sqrt{2}}{36}\pi$ (cm³)

解き方　選択問題A
5 (1) ウ．$y=2$ の交点は○であることに注意すること。
選択問題B
5 (2) ア．**別　解** △BFG∽△CAG より，
BF : CA = AD : AB = 1 : 3
△BFG : △CAG = $1^2 : 3^2$ = 1 : 9 = 5 : 45
直線 CD と平行で，点 G を通る直線と辺 AB の交点を H とすると，DH : HB = CG : GB = 3 : 1
AD : AB = 1 : 3 より，AD : DB = 1 : 2 = 2 : 4
AE : AG = AD : AH = AD : (AD + DH) = 2 : 5
△CAE : △CAG = AE : AG = 2 : 5 = 18 : 45
よって，(△BFGの面積) : (△AECの面積) = 5 : 18
〈O. H.〉

山　梨　県

問題 P.54

解答

1 **正負の数の計算，平方根，式の計算**
1．-21　2．-5　3．33　4．$3\sqrt{5}$
5．$-7x$　6．$4x+y+18$

2 **2 次方程式，平面図形の基本・作図，円周角と中心角，比例・反比例，データの散らばりと代表値**
1．$x=-2,\ x=9$
2．右図
3．95 度
4．$y=-\dfrac{5}{4}$
5．(1) 15 分　(2) 0.5

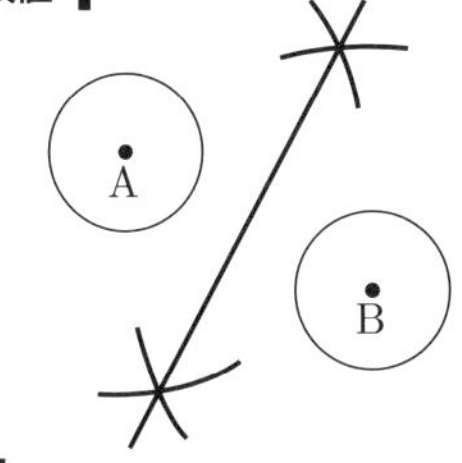

3 **連立方程式の応用，1 次関数**
1．ウ　2．9 時 15 分
3．(グラフから求める方法)
(例) 列車 P のグラフと列車 Q のグラフの交点がすれ違う瞬間なので，その x 座標と y 座標を読み取る。
(式から求める方法)
(例) ①と②の式を連立方程式として解き，x，y の値を求める。
4．9 時 54 分

4 **連立方程式の応用**　1．$(59m+66)$ kcal
2．カレーライス：650 g，サラダ：150 g
3．(1) 80 kcal
(2) 記号：ア
説明：(例) 一日の食事でとった総エネルギー量は，
$4\times120+9\times60+4\times370=2500$ (kcal)
であり，そのうち，脂質は 540 kcal なので，そのエネルギー比率は，
$\dfrac{540}{2500}\times100=21.6$ (%)
となり，望ましい範囲内である 20%以上 30%未満にあるといえるから。

5 **1 次関数，関数 $y=ax^2$，平行線と線分の比，相似**
1．$y=2$
2．(証明) (例) △ARQ と △CPQ において，
AB // CD より，平行線の錯角は等しいので，
∠RAQ = ∠PCQ…①
対頂角は等しいので，∠RQA = ∠PQC…②
①，②より，2 組の角の大きさはそれぞれ等しいので，
△ARQ∽△CPQ
3．$y=\dfrac{1}{2}x+12$　4．DP : PC = 7 : 5

6 **空間図形の基本，立体の表面積と体積，相似，平行線と線分の比，中点連結定理，三平方の定理**　1．$2\sqrt{7}$ cm
2．(1) ウ，オ　(2) $18\sqrt{21}$ cm^3　(3) $\sqrt{43}$ cm
(4) $\dfrac{27\sqrt{21}}{4}$ cm^3

解き方

1 2．(与式) $=\dfrac{3-8}{18}\times18=-5$
3．(与式) $=7^2-4^2=(7+4)(7-4)=33$
5．(与式) $=-\dfrac{56x^2y}{8xy}=-7x$

2 1．$(x+2)(x-9)=0$　　$x=-2,\ 9$
2．線分 AB の垂直二等分線をひけばよい。
3．円周角の定理より，∠CAB = ∠CDB = 52°
△AEC において，外角である ∠CEB = 43° + 52° = 95°
4．比例定数は $-3\times5=-15$ より，$y=-\dfrac{15}{x}$
これに，$x=12$ を代入して，$y=-\dfrac{15}{12}=-\dfrac{5}{4}$
5．(1) 最も度数が大きい階級は 10 分以上 20 分未満の階級なので，最頻値は 15 分。
(2) 0 分以上 20 分未満の階級は度数が 16 人となることから，相対度数は $\dfrac{16}{32}=0.5$

3 1．$y=ax+b$ の形に表すことができればよいので，ウ
2．①の式である $y=\dfrac{4}{3}x$ に $y=20$ を代入すると，
$20=\dfrac{4}{3}x$　　$x=15$　　よって，9 時 15 分
4．10 時 3 分の列車 Q の位置を考えるため，②の式である $y=-\dfrac{4}{3}x+96$ に $x=63$ を代入すると，
$y=-\dfrac{4}{3}\times63+96=12$
したがって，列車 Q は，A 駅から 12 km 離れた位置にいる。このとき，列車 R も同じ位置にいるので，列車 R の速さは列車 P と同じであることから，列車 R について，
$y=\dfrac{4}{3}x+b$ とおけて，これに $x=63$，$y=12$ を代入すると，$12=\dfrac{4}{3}\times63+b$　　$b=-72$
よって，列車 R は $y=\dfrac{4}{3}x-72$ と表すことができ，
これに $y=0$ を代入すると，
$0=\dfrac{4}{3}x-72$　　$x=54$
したがって，列車 R は A 駅を 9 時 54 分に出発していることになる。

4 2．1 g 当たりのエネルギー量は，カレーライスが 1.3 kcal，サラダが 0.7 kcal なので，カレーライスを x g，サラダを y g とすると，
$$\begin{cases} x+y=800 & \cdots① \\ 1.3x+0.7y=950 & \cdots② \end{cases}$$
これを解いて，$x=650$，$y=150$

5 1．点 A は x 座標が -4 で，$y=\dfrac{1}{8}x^2$ のグラフ上にあるので，その y 座標は $y=\dfrac{1}{8}\times(-4)^2=2$
3．C (8, 16)，D (−4, 10) なので，$y=\dfrac{1}{2}x+12$
4．平行四辺形 ABCD の対角線である線分 AC の中点を通る直線を考えればよいので，その中点を M とすると，
M $\left(\dfrac{-4+8}{2},\ \dfrac{2+16}{2}\right)$ より，M (2, 9)
よって，平行四辺形 ABCD を 2 等分する直線 OP の式は $y=\dfrac{9}{2}x$ とわかる。
このとき，直線 DC と直線 OP の交点が P であり，その座標は連立方程式を解いて，P $\left(3,\ \dfrac{27}{2}\right)$ とわかるので，
DP : PC = {3 − (−4)} : (8 − 3) = 7 : 5

6 1．三平方の定理より，$\sqrt{8^2-6^2}=\sqrt{28}=2\sqrt{7}$ (cm)
2．(1) 空間内で交わらず，平行でない 2 直線の関係を探し，ウとオとわかる。

(2) 三角錐 ABCD の断面図である △ABQ を考えると右図のようになる。さらに，底面の △BCD は右下図のように正三角形であるので，$1:2:\sqrt{3}$ の 3 辺の比を持つ直角三角形の性質から各辺の長さが決まり，三角錐 ABCD の体積は，

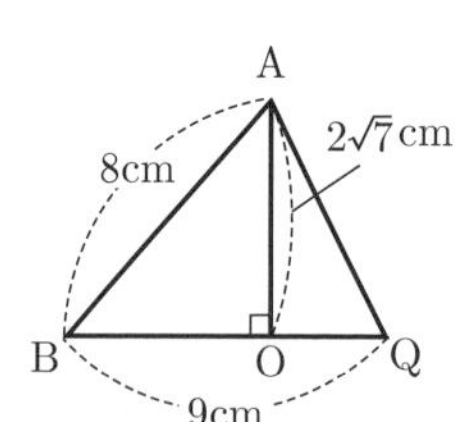

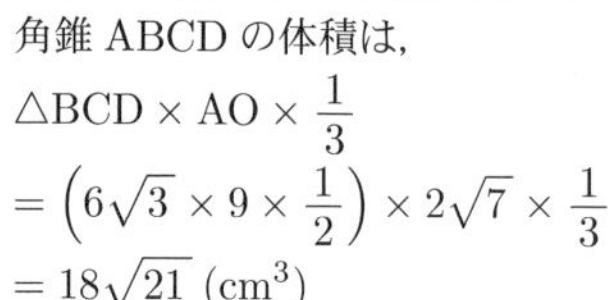

$\triangle BCD \times AO \times \dfrac{1}{3}$

$= \left(6\sqrt{3} \times 9 \times \dfrac{1}{2}\right) \times 2\sqrt{7} \times \dfrac{1}{3}$

$= 18\sqrt{21}\ (cm^3)$

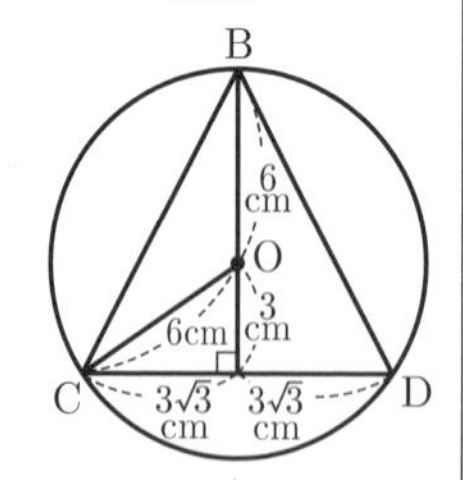

(3) △ABQ で，点 P から BQ に下ろした垂線を PE とすると，中点連結定理より，

$PE = \dfrac{1}{2} \times AO = \sqrt{7}\ (cm)$

また，三平方の定理より，

$AQ = \sqrt{8^2 - (3\sqrt{3})^2}$

$= \sqrt{37}\ (cm)$，

$OQ = \sqrt{(\sqrt{37})^2 - (2\sqrt{7})^2}$

$= 3\ (cm)$ だから，

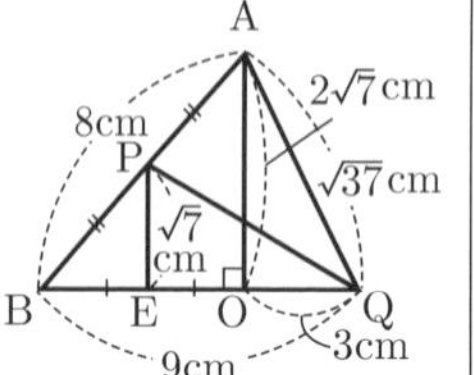

$EO = (9-3) \div 2 = 3\ (cm)$ より，$EQ = 6\ (cm)$

よって，$PQ = \sqrt{(\sqrt{7})^2 + 6^2} = \sqrt{43}\ (cm)$

(4) 2 点 P，S からそれぞれ線分 BT に垂線を下ろすと，その下ろした点は一致し，その点を H とすれば，

△PHS∽△ATD となり，その相似比は中点連結定理より，$1:2$

したがって，その面積比は $1:4$

よって，

$\triangle PHS = \triangle ATD \times \dfrac{1}{4} = \left(9 \times 2\sqrt{7} \times \dfrac{1}{2}\right) \times \dfrac{1}{4} = \dfrac{9\sqrt{7}}{4}$

求める体積は，△PHS を底面とした高さが $3\sqrt{3}$ cm の柱体と考えることができるので，

$\dfrac{9\sqrt{7}}{4} \times 3\sqrt{3} = \dfrac{27\sqrt{21}}{4}\ (cm^3)$

〈Y. D.〉

長 野 県

問題 P.56

解答

1 **正負の数の計算，式の計算，平方根，2 次方程式，平面図形の基本・作図，数・式の利用，1 次方程式の応用，確率，比例・反比例，円周角と中心角，平行線と線分の比** (1) -4　(2) ウ　(3) $3\sqrt{2}$

(4) $x = -2 \pm \sqrt{6}$　(5) ウ，エ

(6) 右図

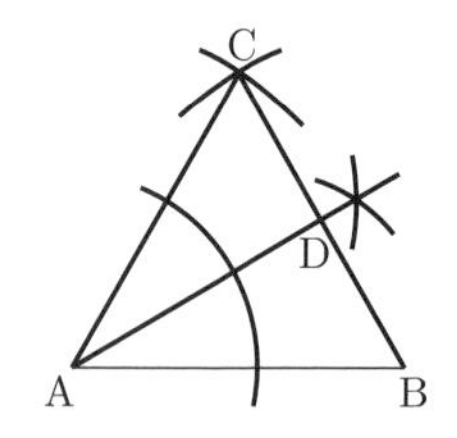

(7) イ

(8) (例) 子どもの人数

(9) $\dfrac{1}{6}$

(10) イ

(11) 106 (度)

(12) 8 (cm)

2 **データの散らばりと代表値，立体の表面積と体積，数・式の利用** Ⅰ．(1) ア

(2) (例) 2 つの度数分布多角形が同じような形で，平日の度数分布多角形の方が，休日の度数分布多角形より左側にあるから，平日の所要時間の方が短い傾向にある。

Ⅱ．(1) ① $\dfrac{1}{3}$

② (記号) ア　(理由) (例) P と Q に入れた水の体積の比は，$\left(\dfrac{4}{3}\pi \times 4^3 \times \dfrac{1}{2}\right) : \left(\dfrac{1}{3}\pi \times 4^2 \times 8\right) = 1:1$ となるから，水の体積は等しい。

(2) ① $2\pi r + 2a$ (m)　② 2π (m)　③ ウ

3 **1 次関数，関数 $y = ax^2$**

Ⅰ．(1) 400 (m)

(2) (例) 守さんと桜さんの進むようすを表す 2 直線の交点の y 座標が $0 \leqq y \leqq 600$ にないから，桜さんは守さんに追いつけない。

(3) (16 時) 6 (分) 20 (秒)

Ⅱ．(1) $(y =) \dfrac{1}{4}x^2$

(2) (秒速) $\dfrac{15}{2}$ (m)

(3) ① 右図

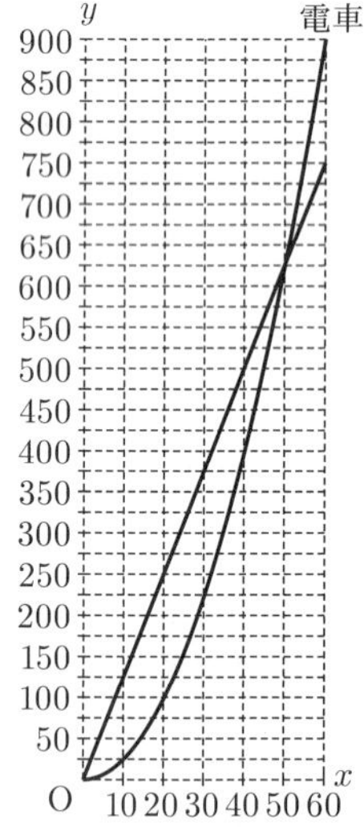

② 50 (秒後)

③ (例) 電車と自動車の 2 つのグラフについて，y の値が 750 のときの x の値の差を求める。

4 **平行と合同，図形と証明，平行四辺形，相似，平行線と線分の比，中点連結定理，円周角と中心角**

Ⅰ．(1) あ．イ　い．ア　う．(例) 1 組の向かい合う辺

(2) (例) 2 組の辺とその間の角が，それぞれ等しい

Ⅱ．(1) (例) 四角形 AFCE は平行四辺形なので，

AF // EC より，平行線の同位角は等しいから，

∠ARB = ∠QSR…②

また，対頂角は等しいから，∠QSR = ∠CSP…③

②，③より，∠ARB = ∠CSP…④　①，④から，2 組の角が，それぞれ等しいので，△ABR∽△CPS

(2) $\dfrac{3}{8}$ (倍)　(3) $\dfrac{240}{7}$ (cm^2)

Ⅲ．36 (度)

解き方 **1** (3) $(与式) = 5\sqrt{2} - 2\sqrt{2} = 3\sqrt{2}$

(4) $x^2 + 4x = 2 \cdots ①$

①の両辺に4を加えると，$x^2 + 4x + 4 = 2 + 4$

$(x+2)^2 = 6$　　$x + 2 = \pm\sqrt{6}$　　$x = -2 \pm \sqrt{6}$

(9) 3人の走り方は $3 \times 2 \times 1 = 6$（通り）あるから，求める確率は，$\frac{1}{6}$

(11) $\angle x = (360° - 148°) \times \frac{1}{2} = 106°$

(12) $BE : DE = BC : DA = 8 : 4 = 2 : 1$

$BE = \frac{2}{2+1} \times 12 = 8\ (cm)$

2 Ⅱ．(2) ① (トラックの周の長さ)

$=$ (半径 r の円周の長さ) $+$ (長方形の横の長さの2倍)

$= 2\pi r + 2a\ (m)$

② (第2レーンの周の長さ) $= 2\pi(r+1) + 2a$

$= 2\pi r + 2a + 2\pi\ (m)$

(第2レーンの周の長さ) は (第1レーンの周の長さ) より，$2\pi\ (m)$ 長い。

3 Ⅰ．(1) 守さんの5分間に進む距離は，$80 \times 5 = 400\ (m)$

(3) 守さんの引き返したときの直線の式を $y = ax + b \cdots ①$ とおくと，$a = -100$ だから，①は，$y = -100x + b \cdots ①'$

①′ は点 (5, 400) を通るから，

$400 = -100 \times 5 + b$　　$b = 900$

よって，①′ は，$y = -100x + 900$

桜さんの進む直線の式を $y = mx + n \cdots ②$とおくと，

$m = 200$ だから，②は，$y = 200x + n \cdots ②'$

②′ は点 (5, 0) を通るから，

$0 = 200 \times 5 + n$　　$n = -1000$

よって，②′ は，$y = 200x - 1000$

①′ = ②′ より，$-100x + 900 = 200x - 1000$

$x = \frac{19}{3} = 6\frac{1}{3}$　　よって，桜さんと守さんが出会う時刻は，16時6分20秒

Ⅱ．(1) 求める式を $y = ax^2$（a は比例定数）…①とおくと，

①は点 (20, 100) を通るから，$100 = a \times 20^2$　　$a = \frac{1}{4}$

よって，$y = \frac{1}{4}x^2$

(2) $\left(\frac{1}{4} \times 20^2 - \frac{1}{4} \times 10^2\right) \div (20 - 10) = \frac{15}{2}$ (m/秒)

(3) ① 時速を秒速に変えると，$45000 \div 3600 = \frac{25}{2}$ (m/秒)

であるから，$y = \frac{25}{2}x$

②　$\frac{1}{4}x^2 = \frac{25}{2}x$　　$x(x - 50) = 0$　　$x = 0,\ 50$

$0 < x \leqq 60$ であるから，$x = 50$

50秒後に追いつく。

4 Ⅱ．(2) (1)より，$BR : PS = 4 : 3$　　$BR = RS$ だから，

$PS : SB = 3 : (4 + 4)$　　$PS = \frac{3}{8}SB$

(3) $\triangle ABR \backsim \triangle CPS$ で，

$AB : CP = 4 : 3$ だから，

$BR : RS : SP = 4 : 4 : 3$

$\triangle BCS$ で，R，F は BS，BC のそれぞれの中点で $RF \parallel SC$

だから，$RF : SC = \frac{3}{2} : 3$

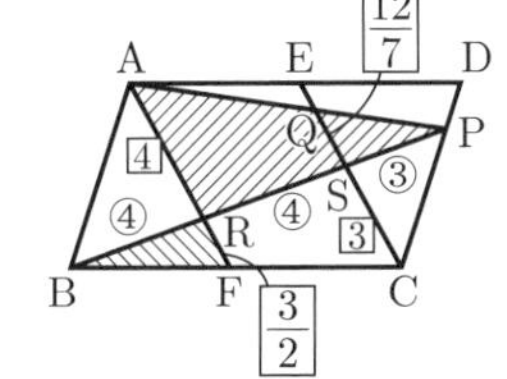

$QS \parallel AR$ だから，

$QS : AR = \left(4 \times \frac{3}{7}\right) : 4 = \frac{12}{7} : 4$

したがって，

$\triangle RBF$: (四角形 ARSQ) $= \triangle RBF : (\triangle RPA - \triangle SPQ)$

$= \left(4 \times \frac{3}{2}\right) : \left(4 \times 7 - \frac{12}{7} \times 3\right) = 6 : \frac{160}{7}$

$\triangle RBF = 9\ (cm^2)$ だから，

四角形 $ARSQ = \frac{160}{7} \times \frac{1}{6} \times 9 = \frac{240}{7}\ (cm^2)$

Ⅲ．$AD \parallel BC$ だから，

$\angle TAE = \angle TCF = 34°$

また，

$\angle BCE = \angle RFB = 70°$

$\angle ACE = \angle BCE - \angle TCF$

$= 70° - 34° = 36°$

$\triangle TAE$ で，$\angle AEB = \angle ETC - \angle TAE$

$= 68° - 34° = 34°$

四角形 ABCE で，$\angle AEB = \angle ACB$ だから，4点 A，B，C，E は同一円周上にある。$\overset{\frown}{AE}$ に対する円周角は等しいから，

$\angle ABT = \angle ACE = 36°$

〈K. M.〉

岐 阜 県

問題 P.59

解答 **1** ▍正負の数の計算，式の計算，2次方程式，データの散らばりと代表値，三角形，立体の表面積と体積 ▍ (1) -4　(2) $9y$　(3) $x = 0,\ x = 6$　(4) エ　(5) 72

(6) $\frac{3}{2}$

2 ▍比例・反比例 ▍ (1) $y = \frac{4000}{x}$　(2) 6分40秒

3 ▍1次関数，確率 ▍ (1) 36通り　(2) $\frac{1}{6}$　(3) $\frac{11}{36}$

4 ▍1次関数 ▍ (1) ア…30，イ…20

(2) (ア) $y = 5x$　(イ) $y = -5x + 60$

(3)

(4) $\frac{36}{5}$ cm

5 ▍平行と合同，図形と証明，三角形，円周角と中心角，三平方の定理 ▍

(1) (証明)（例）$\triangle ABE$ と $\triangle ACD$ において

仮定より $AB = AC \cdots ①$

$BE = CD \cdots ②$

$\overset{\frown}{AD}$ に対する円周角なので

$\angle ABE = \angle ACD \cdots ③$

①，②，③より，2組の辺とその間の角がそれぞれ等しいので，$\triangle ABE \equiv \triangle ACD$

合同な図形の対応する辺は等しいので，$AE = AD$

(2) (ア) $3\sqrt{2}$ cm　(イ) $(9 - 3\sqrt{3})\ cm^2$

6 ▍数の性質，平方根 ▍ (1) 3

(2) ア…12，イ…7，ウ…n^2，エ…$n^2 + 2n$，オ…$2n + 1$

(3) 19枚　(4) 65

解き方 **1** (1) $5 - 9 = -4$

(2) $6xy \times \frac{3}{2x} = 9y$

(3) $x - 3 = \pm 3$　　$x = 3 \pm 3$　　$x = 0,\ x = 6$

(4) 中央値は6番目なので2得点。最頻値は1得点。
平均値は
$(0+1\times4+2\times3+3\times2+4\times1)\div11=1.818\cdots$
中央値は平均値より大きいので，エ。
(5) 正五角形の1つの内角は108°
△CDE は二等辺三角形なので
$\angle\mathrm{CED}=\dfrac{180^\circ-108^\circ}{2}=36^\circ$
△EFD は二等辺三角形なので $x=\dfrac{180-36}{2}=72$
(6) 図1の水の体積は $\dfrac{1}{3}\times\left(\dfrac{1}{2}\times9\times9\right)\times9=\dfrac{243}{2}$
図2の底面積は $9\times9=81$ なので図2の水の体積は
$81\times x=81x$　　よって，$\dfrac{243}{2}=81x$　　$x=\dfrac{3}{2}$

2 (1) $y=\dfrac{a}{x}$ とおく。$8=\dfrac{a}{500}$　　$a=4000$
よって，$y=\dfrac{4000}{x}$
(2) $x=600$ より $y=\dfrac{4000}{600}=\dfrac{400}{60}=6+\dfrac{40}{60}$
よって，6分40秒

3 (1)傾きは1～6の6通り。切片は1～6の6通り。
よって，$6\times6=36$（通り）
(2) 傾きが1の直線になるのは，(1, 1)，(1, 2)，(1, 3)，(1, 4)，(1, 5)，(1, 6) の6通り。よって，$\dfrac{6}{36}=\dfrac{1}{6}$
(3) 3直線で三角形ができないのは $y=ax+b$ の傾きが1のときと直線が (0, 2) を通る，つまり切片が2のとき。よって，(1, 1)，(1, 2)，(1, 3)，(1, 4)，(1, 5)，(1, 6)，(2, 2)，(3, 2)，(4, 2)，(5, 2)，(6, 2) の11通り。よって，$\dfrac{11}{36}$

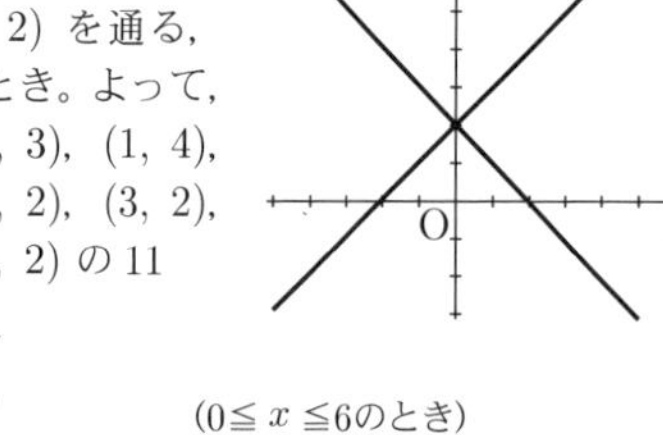

4 (1) $x=6$ のとき
$y=6\times5=30\cdots$ア
$x=8$ のとき
$y=(12-8)\times5=20$
$\cdots$イ
(2)(ア) $y=x\times5$
$y=5x$
(イ) 右下図より横は
$(12-x)$ cm
よって，
$y=5\times(12-x)$
$y=-5x+60$
(4) $0\leqq x\leqq6$ のとき，
右上図より
$x=2\times(12-2x)$
$x=24-4x$
$5x=24$　　$x=\dfrac{24}{5}\cdots$①
$6\leqq x\leqq12$ のとき，右下図より
$12-x=2\times(2x-12)$　　$12-x=4x-24$
$5x=36$　　$x=\dfrac{36}{5}\cdots$②
①，②より，$x=\dfrac{36}{5}$

5 (2)(ア) $\angle\mathrm{ABH}=45^\circ$，$\angle\mathrm{AHB}=90^\circ$ なので，
△ABH は45°，45°，90°の直角三角形。AB = 6 より
$\mathrm{AH}=\dfrac{1}{\sqrt{2}}\mathrm{AB}=3\sqrt{2}$
(イ) △AED において $\overset{\frown}{\mathrm{AB}}$ の円周角なので
$\angle\mathrm{ADE}=\angle\mathrm{ACB}=60^\circ\cdots$①
(1)より
$\angle\mathrm{ACD}=\angle\mathrm{ABE}=45^\circ$
$\overset{\frown}{\mathrm{BC}}$ の円周角なので
$\angle\mathrm{BDC}=\angle\mathrm{BAC}=60^\circ$
△ACD において
$\angle\mathrm{CAD}=180^\circ-(\angle\mathrm{ADC}+\angle\mathrm{ACD})$
$=180^\circ-(120^\circ+45^\circ)$
$=15^\circ$
合同な図形の対応する角の大きさは等しいので
$\angle\mathrm{BAE}=\angle\mathrm{CAD}=15^\circ$
ここで，∠AED は △ABE の外角なので
$\angle\mathrm{AED}=\angle\mathrm{ABE}+\angle\mathrm{BAE}=45^\circ+15^\circ=60^\circ\cdots$②
①，②より △AED は正三角形
よって，△AEH は30°，60°，90°の直角三角形
(ア)より $\mathrm{AH}=3\sqrt{2}$ なので，$\mathrm{BH}=\mathrm{AH}=3\sqrt{2}$
$\mathrm{EH}=\dfrac{1}{\sqrt{3}}\times3\sqrt{2}=\sqrt{6}$
$\mathrm{BE}=\mathrm{BH}-\mathrm{EH}=3\sqrt{2}-\sqrt{6}$
以上より
$\triangle\mathrm{ABE}=\dfrac{1}{2}\mathrm{BE}\times\mathrm{AH}=\dfrac{1}{2}(3\sqrt{2}-\sqrt{6})\times3\sqrt{2}$
$=\dfrac{1}{2}\times3\sqrt{2}\times3\sqrt{2}-\dfrac{1}{2}\times\sqrt{6}\times3\sqrt{2}=9-3\sqrt{3}$

6 (1) $\sqrt{9}<\sqrt{10}<\sqrt{16}$，つまり $3<\sqrt{10}<4$ より
$\sqrt{10}$ の整数部分は3
(2) $\sqrt{144}<\sqrt{150}<\sqrt{169}$，つまり $12<\sqrt{150}<13$ より求める数は12…ア
(Ⅰ) n が12のとき，裏の数が12であるのは，表の数が144以上150以下のとき。つまり7枚…イ
(Ⅱ) n が12未満の自然数のとき，裏の数が n であるカードの表の数のうち，最も小さい数は n^2 である…ウ
最も大きい数は $(n+1)^2-1=n^2+2n$ である…エ
以上より，裏の数が n であるカードの枚数は
$(n^2+2n-n^2)+1=2n+1$ である…オ
(3)(2)より $n=9$ のとき $2\times9+1=19$（枚）
(4) $n=1$ のとき3枚，$n=2$ のとき5枚，
$n=3$ のとき7枚，$n=4$ のとき9枚，
……
$n=11$ のとき23枚，$n=12$ のとき(2)より7枚
以上より
$P=1^3\times2^5\times3^7\times4^9\times5^{11}\times6^{13}\times7^{15}\times8^{17}\times9^{19}$
$\times10^{21}\times11^{23}\times12^7$
これを変形して
$P=2^5\times3^7\times(2^9\times2^9)\times5^{11}\times(2^{13}\times3^{13})\times7^{15}$
$\times(2^{17}\times2^{17}\times2^{17})\times(3^{19}\times3^{19})\times(2^{21}\times5^{21})$
$\times11^{23}\times(2^7\times2^7\times3^7)$
$P=2^{122}\times3^{65}\times5^{32}\times7^{15}\times11^{23}$
したがって，P を 3^m でわって整数になる m にあてはまる最も大きい自然数は65

〈YM. K.〉

静 岡 県

問題 P.61

解答

1 正負の数の計算，式の計算，平方根，因数分解，2 次方程式 (1) ア．-12　イ．$3ab$
ウ．$\dfrac{5x-17y}{21}$　エ．$8-7\sqrt{15}$　(2) 87
(3) $x=-4,\ x=8$

2 平面図形の基本・作図，数・式の利用，確率
(1) 右図
(2) ア．$a-b+15$
イ．$\dfrac{5}{9}$

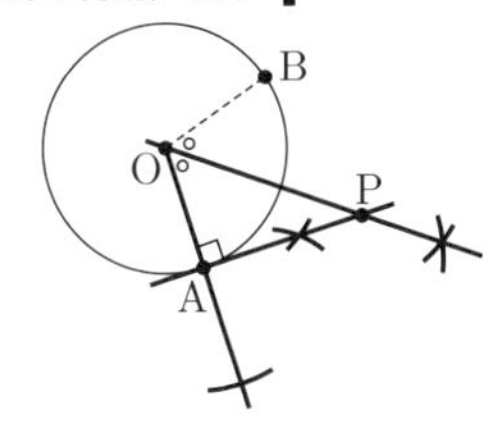

3 データの散らばりと代表値
(1) 3 年 1 組はエ，3 年 2 組はイ　(2) 41.9 cm

4 連立方程式の応用
(方程式と計算の過程)（例）
6 月における可燃ごみの量を x kg，プラスチックごみの量を y kg とすると，
$$\begin{cases} x+y=0.95(x+y+15) & \cdots① \\ x=4y & \cdots② \end{cases}$$
①から，$0.05x+0.05y=14.25$　　$x+y=285$
②を代入して，$5y=285$　　$y=57$
②から，$x=228$
(答) 6 月の可燃ごみは 228 kg
　　6 月のプラスチックごみは 57 kg

5 空間図形の基本，相似，中点連結定理，三平方の定理
(1) $\angle ADB$，$\angle ADC$　(2) $\dfrac{7}{16}$ 倍　(3) $\sqrt{67}$ cm

6 1 次関数，平行四辺形，関数 $y=ax^2$
(1) $-2 \leqq y \leqq 0$　(2) E $(-4,\ -8)$
(3) (求める過程)（例）
A $(-3,\ 9a)$，B $(4,\ 16a)$ から，
線分 AB の中点の座標は
$\left(\dfrac{1}{2},\ \dfrac{25}{2}a\right)$
点 F の座標は $(1,\ 25a)$ となり，
$(\text{CFの傾き})=\dfrac{0-25a}{4-1}=-\dfrac{25}{3}a$
直線 AB の方程式を
$y=mx+n$
とおき，A と B の座標を代入すると，
$$\begin{cases} 9a=-3m+n & \cdots① \\ 16a=4m+n & \cdots② \end{cases}$$
$①\times4+②\times3$ から　　$36a+48a=4n+3n$
$n=\dfrac{84}{7}a=12a$
よって，点 G の座標は $(0,\ 12a)$ となり，
$(\text{DGの傾き})=\dfrac{-8-12a}{4-0}=-2-3a$
CF // DG のとき，$-\dfrac{25}{3}a=-2-3a$　　$16a=6$
(答) $a=\dfrac{3}{8}$

7 平面図形の基本・作図，平行と合同，図形と証明，三角形，円周角と中心角
(1) (証明)（例）
△BOE と △DOG において
円の半径は等しいから
OB = OD…①
$\overset{\frown}{CD}$ に対する円周角は等しいから
∠OBE = ∠CFD…②
平行線の錯角は等しいから
∠CFD = ∠ODG…③
②，③から ∠OBE = ∠ODG…④
次に，中心角と円周角の関係から ∠BOE = 2∠BCA…⑤
OA = OC だから ∠BCA = ∠OAC…⑥
仮定から ∠OAC = ∠CAD…⑦
円周角と中心角の関係から 2∠CAD = ∠DOG…⑧
⑤～⑧から ∠BOE = ∠DOG…⑨
①，④，⑨より 1 組の辺とその両端の角がそれぞれ等しいから　△BOE ≡ △DOG（証明終）
(2) $\dfrac{14}{5}\pi$ cm

解き方

1 (1) ア．$18\div(-6)-9=-3-9=-12$
イ．$(-2a)^2\div8a\times6b=\dfrac{4a^2\times6b}{8a}=3ab$
ウ．$\dfrac{4x-y}{7}-\dfrac{x+2y}{3}=\dfrac{12x-3y-7x-14y}{21}=\dfrac{5x-17y}{21}$
エ．$(\sqrt{5}+\sqrt{3})^2-9\sqrt{15}=8+2\sqrt{15}-9\sqrt{15}$
$=8-7\sqrt{15}$
(2) $16a^2-b^2=(4a+b)(4a-b)=(44+43)\times(44-43)$
$=87$
(3) $(x-2)(x-3)=38-x$　　$x^2-5x+6-38+x=0$
$x^2-4x-32=0$　　$(x+4)(x-8)=0$
$x=-4,\ x=8$

2 (1) ① ∠AOB の二等分線を引く。② 点 A における円 O の接線を引く。③ ①と②との交点が P である。
(2) ア．小さい方から a 番目の数は a であり，大きい方から b 番目の数は $15-b$ であるから，これらの数の和は，
$a-b+15$
イ．さいころの目の出方は全部で $6\times6=36$（通り）ある。このうち，残ったカードの形が 2 種類になる場合は，右表の○印の 20 通りである。
よって，求める確率は
$\dfrac{20}{36}=\dfrac{5}{9}$

a\b	1	2	3	4	5	6
1					○	○
2					○	○
3	○	○	○	○		
4	○	○	○	○		
5	○	○	○	○		
6	○	○	○	○		

3 (1) 最大値は 3 年 2 組の方が大きく，中央値は 3 年 1 組の方が大きいから，最大値と中央値が共に最大となるアと共に最小となるウは除かれる。
イとエを比較すると，3 年 1 組はエ，3 年 2 組はイ

	最大値	中央値
ア	80～90	60～70
イ	70～80	40～50
ウ	50～60	30～40
エ	60～70	50～60

(2) $(45.4\times60-62.9\times10)\div50=(2724-629)\div50$
$=2095\div50=41.9$ (cm)

5 (2) 四角形 BCQP $= \triangle BCD - \triangle PQD$

$= \triangle BCD \times \left\{1 - \left(\dfrac{9}{12}\right)^2\right\} = \triangle BCD \times \dfrac{16-9}{16}$

$= \triangle BCD \times \dfrac{7}{16}$　　よって，$\dfrac{7}{16}$ 倍

(3) 辺 BC の中点を R，線分 DR の中点を S とする。

$BC = 12\,cm$ から $BR = 6\,cm$

$DR = 6\sqrt{3}\,cm$ から

$RS = 3\sqrt{3}\,cm$

中点連結定理を 2 回用いると，

$ES = \dfrac{1}{2}KM = \dfrac{1}{2} \times \dfrac{1}{2}AD$

$= \dfrac{1}{4} \times 8 = 2\,(cm)$

線分 BE の長さは，3 辺の長さが，6，$3\sqrt{3}$，2 である直方体の対角線の長さに等しいから，

$BE = \sqrt{6^2 + (3\sqrt{3})^2 + 2^2} = \sqrt{36 + 27 + 4} = \sqrt{67}\,(cm)$

6 (1) $x = 2$ のとき $y = -2$，$x = 0$ のとき $y = 0$ だから，$-2 \leqq y \leqq 0$

(2) 点 B の x 座標は 4 だから，点 D の x 座標も 4 である。点 D の y 座標は②の式に $x = 4$ を代入して $y = -8$

よって，D $(4,\ -8)$ である。

点 E は，点 D と y 軸に関して対称だから，E $(-4,\ -8)$

7 (2) 図の黒丸 1 個の角の大きさを x とする。

OD = OB だから，

$\angle ODB = \angle OBD = x$

$\triangle BGD$ の外角は，となり合わない内角の和に等しいから，

$\angle BGF = \angle OBD + \angle BDG$

$= x + 2x = 3x$

仮定から，$3x = 72°$　　$x = 24°$

(1)により，$\angle BOE = \angle DOG = 2x = 48°$

$\angle AOD = 180° - 48° \times 2 = 84°$

よって，$12\pi \times \dfrac{84°}{360°} = 12\pi \times \dfrac{7}{30} = \dfrac{14}{5}\pi\,(cm)$

〈T. E.〉

愛　知　県

問題 P.62

《A グループ》

解答

1 正負の数の計算，式の計算，平方根，多項式の乗法・除法，2 次方程式の応用，1 次関数，確率，比例・反比例，円周角と中心角　(1) 8　(2) $\dfrac{7}{12}x$

(3) $\sqrt{2}$　(4) 4　(5) 10　(6) ウ，エ　(7) $\dfrac{7}{10}$　(8) 6 個

(9) $(2,\ 1)$　(10) 6 cm

2 1 次関数，関数 $y = ax^2$，連立方程式，データの散らばりと代表値，関数を中心とした総合問題　(1) $y = -\dfrac{15}{2}x + 9$

(2) A…$12 - 2y$，a…5，b…2，c…5

(3) ①

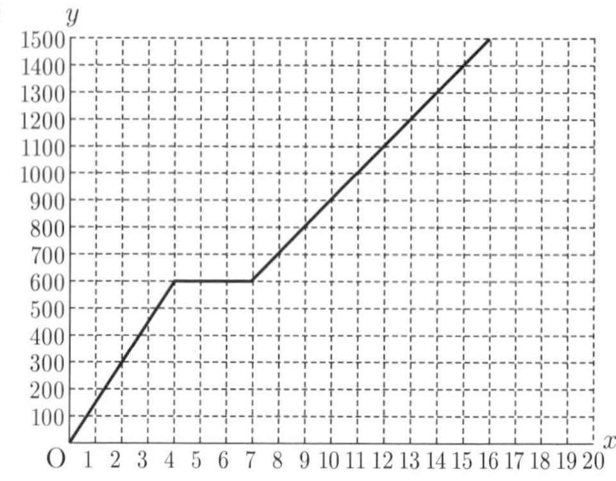

② 3 回

3 平行と合同，三角形，相似，三平方の定理，立体の表面積と体積　(1) 55 度　(2) ① $2\sqrt{10}$ cm　② $\dfrac{63}{5}$ cm^2

(3) ① $\dfrac{3}{7}$ 倍　② $\dfrac{27}{28}$ 倍

解き方

1 (5) もっとも小さい数を x とすると，

$x^2 + (x+1)^2 + (x+2)^2 = 365$

$x^2 + 2x - 120 = 0$　　$x = 10,\ -12$　　$x = 10$ が適する。

(7) くじのひき方は，全部で $5 \times 4 = 20$（通り）

このうち，2 人ともはずれをひくのは，$3 \times 2 = 6$（通り）

よって，$\dfrac{20-6}{20} = \dfrac{7}{10}$

2 (1) 求める直線と辺 OA との交点を D とすると，

$\triangle OCB : \triangle OAC = 4 : 6$ より，$\triangle ODC : \triangle ADC = 1 : 5$

A $(6,\ 9)$ であるから，D $\left(1,\ \dfrac{3}{2}\right)$

(2) $0 \times 0 + 1 \times 1 + 2 \times 2 + 3 \times x + 4 \times 3 + 5 \times 2 + 6 \times y$
$+ 7 \times 2 + 8 \times 3 + 9 \times 1 + 10 \times 1 = 120$

$3x + 6y + 84 = 120$　　$x + 2y = 12$

よって，$y = 1,\ 2,\ 3,\ 4,\ 5$

条件より，$y > 3$ であるが，$y = 4$ とすると $x = 4$ となり不適。

ゆえに，$y = 5$ である。

(3) ② B の分速は，$300 \times 5 \div (15 - 9) = 250$ (m/分)

B が A を初めて追い抜くのは，

$9 + 100 \times (9 - 7) \div (250 - 100) = 9 + 200 \div 150 = 9 + \dfrac{4}{3}$

より，10 分 20 秒後である。

また，$300 \div (250 - 100) = 300 \div 150 = 2$（分）より，

B は A を 2 分ごとに追い抜くことになる。

すなわち，10 分 20 秒後，12 分 20 秒後，14 分 20 秒後の

3回追い抜く。
なお，A，Bそれぞれの S から測った道のりをグラフに表すと，次の図のようになる。

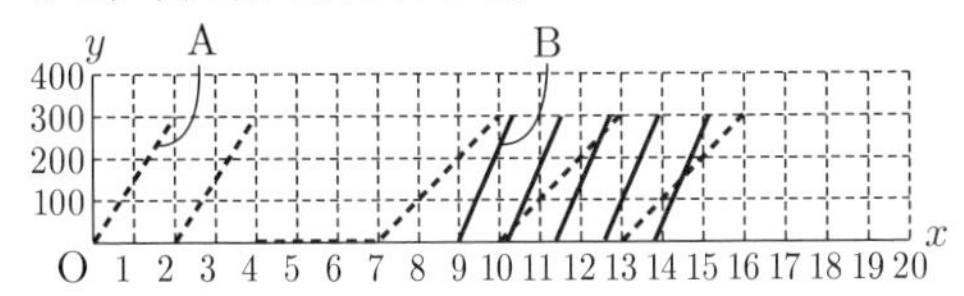

3 (1) $\angle EFC = 180° - \angle FEC - \angle FCE$
$= 180° - (47° + 31°) - 47° = 55°$
(2) ② $AC = 2\sqrt{10}$ cm
また，△EBC∽△ECF より，
$FC = 2 \times \dfrac{6}{2\sqrt{10}} = \dfrac{3}{5}\sqrt{10}$ (cm)
よって，$AF = 2\sqrt{10} - \dfrac{3}{5}\sqrt{10} = \dfrac{7}{5}\sqrt{10}$ (cm)
$AF : AC = \dfrac{7}{5}\sqrt{10} : 2\sqrt{10} = 7 : 10$
ゆえに，$\triangle ABF = \triangle ABC \times \dfrac{7}{10} = 18 \times \dfrac{7}{10} = \dfrac{63}{5}$ (cm^2)
(3) ① $\dfrac{AE}{AD} = \dfrac{\triangle ABE}{\triangle ABD} = \dfrac{9}{35} \div \dfrac{3}{5} = \dfrac{3}{7}$ (倍)
② $\left\{\dfrac{1}{3} \times (\pi \times 3^2) \times 3\right\} \div \left\{\dfrac{1}{3} \times (\pi \times 2^2) \times 7\right\}$
$= 9\pi \div \dfrac{28}{3}\pi = \dfrac{27}{28}$ (倍)

〈K. Y.〉

《Bグループ》

解答 **1** ▍正負の数の計算，式の計算，平方根，因数分解，2次方程式，数・式の利用，データの散らばりと代表値，確率，1次関数，関数 $y = ax^2$，相似 ▍
(1) 24 (2) $9x^2$ (3) $\sqrt{3}$ (4) $(x+2)(x-4)$
(5) $x = -2 \pm \sqrt{7}$ (6) $a = 10b + c$ (7) ア，エ (8) $\dfrac{1}{4}$
(9) $a = \dfrac{6}{5}$ (10) $\dfrac{25}{6}$ cm

2 ▍比例・反比例，数の性質，数・式の利用，1次方程式の応用，1次関数 ▍
(1) $\dfrac{1}{3}$ 倍
(2) Ⅰ 10 Ⅱ 14 Ⅲ 18
Ⅳ $4n + 2$
(3) ① 右図
② 40分以上

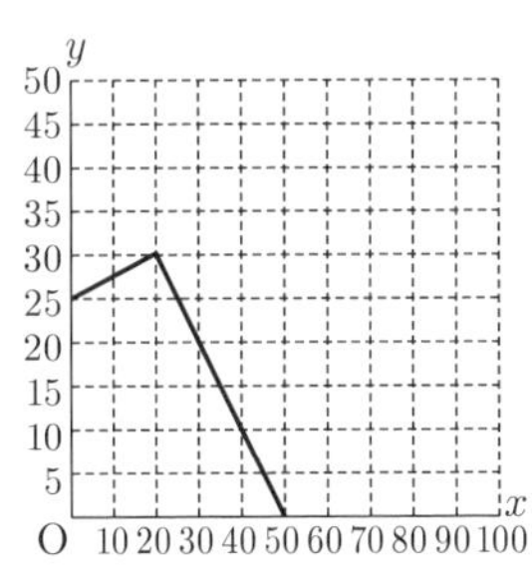

3 ▍円周角と中心角，平行線と線分の比，三平方の定理，立体の表面積と体積，相似 ▍ (1) 66度
(2) ① $3\sqrt{5}$ cm ② 20 cm^2 (3) ① $\dfrac{8}{3}$ cm ② $\dfrac{5}{9}$ 倍

解き方 **1** (10) △ABC∽△ACD であるから，
AC : AD = AB : AC 5 : AD = 6 : 5
$AD = \dfrac{25}{6}$ cm

2 (1) A (1, 5)，B $\left(3, \dfrac{5}{3}\right)$，C (1, 0)，D (3, 0)，
E $\left(1, \dfrac{5}{9}\right)$
四角形 $ECDB = \dfrac{EC + BD}{2} \times CD = \dfrac{\dfrac{5}{9} + \dfrac{5}{3}}{2} \times 2 = \dfrac{20}{9}$
$\triangle AOB = \dfrac{1}{2} \times AE \times OD = \dfrac{1}{2} \times \dfrac{40}{9} \times 3 = \dfrac{20}{3}$
$\dfrac{20}{9} \div \dfrac{20}{3} = \dfrac{1}{3}$ (倍)
(2) Ⅰ $= 6 + 4$，Ⅱ $=$ Ⅰ $+ 4$，Ⅲ $=$ Ⅱ $+ 4$
Ⅳ $= 6 + 4 \times (n - 1) = 4n + 2$
(3) ① $0 \leqq x \leqq 20$ のとき，$y = \dfrac{1}{4}x + 25$
$20 \leqq x \leqq 50$ のとき，$y = -x + 50$
② x 分以上充電しながら視聴するとすると，
$\dfrac{1}{4}x + (-1) \times (50 - x) = 0$ $\dfrac{5}{4}x - 50 = 0$ $x = 40$

3 (1) $\angle COB = 180° - 90° - 42° = 48°$
$\angle CDA = \dfrac{180° - 48°}{2} = 66°$
(2) ① 点Gから辺BCに垂線GHを引くと，CH = 6 cm，GH = 3 cm
$GC = \sqrt{6^2 + 3^2} = 3\sqrt{5}$ (cm)
② $\triangle ABF = \dfrac{1}{2} \times 8 \times 4 = 16$ (cm^2)，
$\triangle AED = \dfrac{1}{2} \times 8 \times 4 = 16$ (cm^2)，
$\triangle GBC = \dfrac{1}{2} \times 8 \times 3 = 12$ (cm^2)
ゆえに，四角形 $FGCE = 8^2 - 16 - 16 - 12 = 20$ (cm^2)
(3) ① △BDA∽△OAB より，DA : AB = BD : OA
DA : 4 = 4 : 6 $DA = \dfrac{8}{3}$ (cm)
② $\dfrac{\text{立体 ODBC}}{\text{正三角すい OABC}} = \dfrac{OD}{OA} = \dfrac{6 - \dfrac{8}{3}}{6} = \dfrac{5}{9}$ (倍)

〈K. Y.〉

三重県

問題 P.65

解答

1 正負の数の計算，式の計算，平方根，因数分解，2次方程式，データの散らばりと代表値

(1) -5　(2) $-\frac{10}{7}a$　(3) $-4x+15y$　(4) $1+2\sqrt{10}$

(5) $(x+3)(x-4)$　(6) $x=\frac{7\pm\sqrt{37}}{6}$

(7) ① A　② 0.36

2 1次関数，連立方程式の応用，確率

(1) ① $a=40$　② 10時45分　③ 10時28分

(2) ① $x+y$　② $\frac{90}{100}x\times500+\frac{105}{100}y\times300$　③ 60

④ 80　⑤ 54　⑥ 84　(3) ① $\frac{8}{25}$　② $\frac{21}{25}$

3 関数を中心とした総合問題　(1) A $(-2,\ 2)$

(2) $0\leqq y\leqq\frac{9}{2}$　(3) E $\left(\frac{3}{2},\ \frac{11}{2}\right)$　(4) 40π

4 空間図形の基本，立体の表面積と体積，三平方の定理，平面図形の基本・作図

(1) ① $2\sqrt{5}$ cm

② $\frac{4\sqrt{5}}{5}$ cm

(2) 右図の通り。

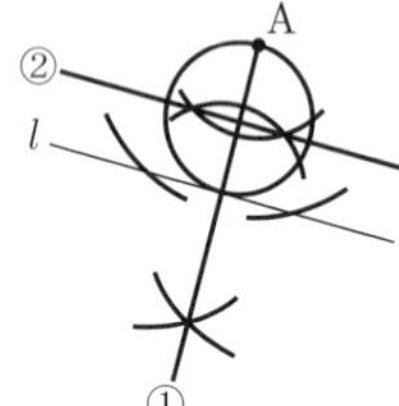

5 図形を中心とした総合問題

(1) (ア) ∠AGE　(イ) ∠ABC　(ウ) 2組の角

(2) (証明) (例) △ADG と △BCH において，
仮定より，AD = BC…①
弧 CG に対する円周角は等しいから，
∠DAG = ∠CBH…②
半円の弧 AB に対する円周角だから，∠BCH = 90°…③
BC // FG より，平行線の同位角は等しいから，
∠BCH = ∠FDA…④
③，④より，∠FDA = 90°…⑤
⑤より，∠ADG = 180° − ∠FDA = 90°…⑥
③，⑥より，∠ADG = ∠BCH…⑦
①，②，⑦より，
1組の辺とその両端の角がそれぞれ等しいので，
△ADG ≡ △BCH　(証明終わり)

(3) ① $\frac{25}{12}$ cm　② △BFG : △OFG = 7 : 1

解き方

1 (2) (与式) $=-\frac{6a}{7}\times\frac{5}{3}=-\frac{10}{7}a$

(3) (与式) $=2x+6y-6x+9y=-4x+15y$

(4) (与式) $=6+3\sqrt{10}-\sqrt{10}-5=1+2\sqrt{10}$

(6) $x=\frac{-(-7)\pm\sqrt{(-7)^2-4\times3\times1}}{2\times3}=\frac{7\pm\sqrt{37}}{6}$

(7) 相対度数はそれぞれ次の通りである。
A : $18\div50=0.36$，B : $28\div80=0.35$

2 (1) ① $800\div20=40$ (m/分)
② 問題のグラフに B さんの関係を表すと次の通り。グラフを読むと10時45分とわかる。
③ 問題のグラフに C さんの関係を表すと次の通り。グラフから C さんが A さんに追いついたのは 800 m 地点である。C さんを表す式は $y=100x-2000$ より，
$800=100x-2000$　$x=28$

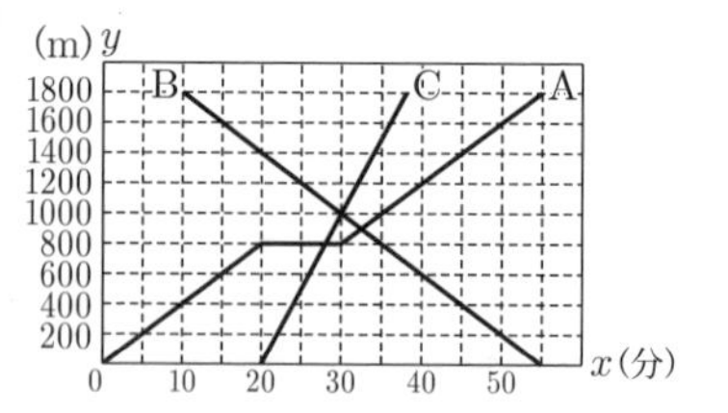

(2) 第2式を $10x+7y=1160$ と変形して解くと，
$x=60$，$y=80$ だから，今日は，
大人 : $60\times0.9=54$ (人)，子ども : $80\times1.05=84$ (人)

(3) すべての場合の数は $(5\times5=)25$ 通り。
① 積が12以上になるのは，$(a,\ b)=(3,\ 4)$，$(3,\ 5)$，$(4,\ 3)$，$(4,\ 4)$，$(4,\ 5)$，$(5,\ 3)$，$(5,\ 4)$，$(5,\ 5)$ の8通り。
② 両方が偶数である場合の数は $(2\times2=)4$ 通りだから，少なくとも一方が奇数である場合の数は $(25-4=)21$ 通り。

3 (1) $y=\frac{1}{2}\times(-2)^2=2$ より，A $(-2,\ 2)$

(2) $x=-3$ のとき $y=\frac{9}{2}$，$x=2$ のとき $y=2$
㋐のグラフより，$0\leqq y\leqq\frac{9}{2}$

(3) 直線 AB と x 軸との交点を G とする。直線 AB の式が $y=x+4$ より，G $(-4,\ 0)$
△AGC∽△BGD より，
△AGC : △BGD $=1^2:4^2=1:16$
よって，△AGC : 四角形 ACDB $=1:15$
四角形 ACDE : △BDE $=2:1=10:5$ より，
△AGC : △BDE $=1:5$　よって，△BDE $=10$
点 E から線分 BD に垂線 EH を引くと，B $(4,\ 8)$ より，
△BDE $=4$EH $=10$　EH $=\frac{5}{2}$
よって，点 E の x 座標は，$4-\frac{5}{2}=\frac{3}{2}$

(4) △DFG を1回転してできる立体の体積から，△AGC を1回転してできる立体の体積を引けばよい。
F $(0,\ 4)$ より，求める体積は，
$\pi\times4^2\times8\div3-\pi\times2^2\times2\div3=40\pi$

4 (1) ① 直角三角形 ADM において，三平方の定理より，
DM $=\sqrt{2^2+4^2}=2\sqrt{5}$ (cm)
② 四面体 NMDE は，△MDE を底面とみれば高さは NM，△NDE を底面とみれば高さは MH だから，
△MDE × NM = △NDE × MH である。
△MDE $=4\times4\div2=8$ (cm^2)
DE，DF の中点をそれぞれ K，L とすると，
NL = AD = 4 cm
中点連結定理より，KL = EF ÷ 2 = 2 (cm)
直角三角形 NKL において，三平方の定理より，
NK $=\sqrt{2^2+4^2}=2\sqrt{5}$ (cm)
KM ⊥ DE，KL ⊥ DE より，NK ⊥ DE
△NDE = DE × NK ÷ 2 $=4\sqrt{5}$ (cm^2)
よって，$8\times2=4\sqrt{5}\times$ MH
MH $=\frac{4}{\sqrt{5}}=\frac{4\sqrt{5}}{5}$ (cm)

5 (3) ① 線分 AB は直径より，∠ACB = 90°
三平方の定理より，AC $=\sqrt{13^2-5^2}=12$ (cm)
△AED∽△ABC より，DE : CB = AD : AC
DE : 5 = 5 : 12　よって，DE $=\frac{25}{12}$ cm
② 点 O は円の中心より，AO : OB = 1 : 1 = 6 : 6

DE // CB より，AE : EB = AD : DC = 5 : 7

よって，BE : EO = BE : (AO − AE) = 7 : 1

FG を共通の底辺とみれば，

△BFG : △OFG = BE : EO = 7 : 1

〈O. H.〉

滋 賀 県

問題 P.67

解答 **1** **正負の数の計算，式の計算，連立方程式，平方根，2 次方程式，関数 $y = ax^2$，確率，データの散らばりと代表値** (1) −5　(2) $\frac{11}{12}a$

(3) $(x,\ y) = (3,\ -1)$　(4) $5\sqrt{2}$　(5) $x = -3,\ 2$　(6) $6a^2$

(7) $a = \frac{3}{8}$，$b = \frac{27}{2}$　(8) $\frac{2}{9}$

(9)(ア) 13　(イ) 32　最頻値 25（分）

2 **平面図形の基本・作図，空間図形の基本，三平方の定理**

(1) 20 cm

(2) 右図

(3) $20\sqrt{3}$ cm

(4) $20\sqrt{19}$ cm

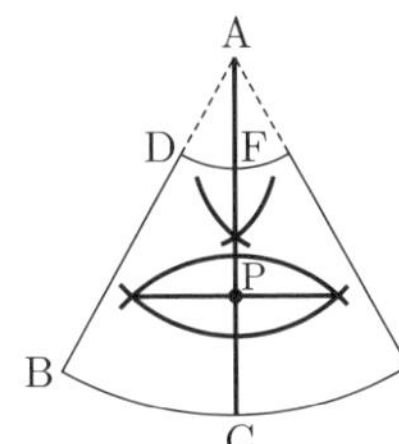

3 **平面図形の基本・作図，図形と証明，円周角と中心角，三平方の定理** (1) $AP = 4\sqrt{2}$ cm

∠APB = 90 度

(2)（証明）（例）△APQ と △BPQ について，

仮定より，AP = BP…①　AQ = BQ…②

PQ は共通…③

①，②，③より，3 組の辺がそれぞれ等しいので，

△APQ ≡ △BPQ

対応する角は等しいので，∠APQ = ∠BPQ…④

したがって，PQ は ∠APB を二等分する。

△APC と △BPC について，

PC は共通…⑤　　④より ∠APC = ∠BPC…⑥

①，⑤，⑥より，2 組の辺とその間の角がそれぞれ等しいので，△APC ≡ △BPC

対応する角は等しいので，∠ACP = ∠BCP…⑦

3 点 A，C，B は一直線上にあるので，

∠ACP + ∠BCP = 180°…⑧

⑦，⑧より，∠ACP = ∠BCP = 90° がいえるので，

AB ⊥ PQ である。

(3) 5 cm

4 **図形を中心とした総合問題**

(1) $0 \leqq x \leqq 16$

(2) 右図

(3) $x = 16 - \frac{3\sqrt{15}}{2}$

(4) $x = \frac{181}{16}$

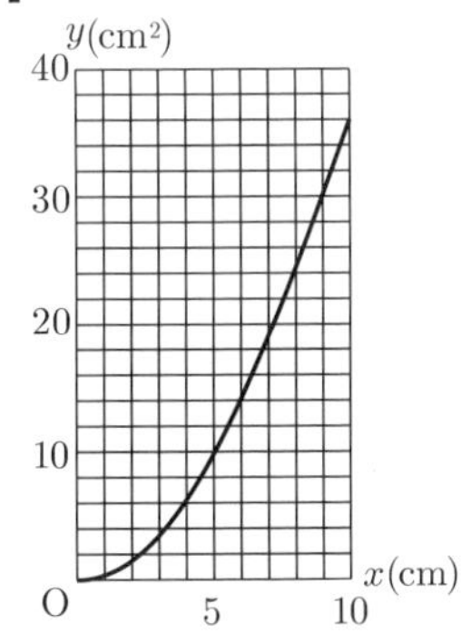

解き方 **1** (4)（与式）$= 3\sqrt{2} + 2\sqrt{2} = 5\sqrt{2}$

(5) $x^2 + x - 6 = 0$　　$(x+3)(x-2) = 0$

(6)（与式）$= 15a^3b^2 \times \frac{2}{5ab^2} = \frac{30a^3b^2}{5ab^2} = 6a^2$

(7) $x = 4$ のとき，$y = 6$ より，$6 = a \times 4^2$

$a = \frac{3}{8}$

$x = -6$ のとき，$y = \frac{3}{8} \times (-6)^2 = \frac{27}{2}$

(8) つくることができる 2 けたの素数は 11，13，23，31，41，43，53，61 の 8 個であるから，求める確率は

$\frac{8}{36} = \frac{2}{9}$

(9)(ア)に入る数を x とおくと

$5 \times 5 + 15 \times 10 + 25x + 35 \times 4 = 20\,(5 + 10 + x + 4)$

$25x + 315 = 20x + 380$　　$x = 13$

したがって，(ア) = 13　　(イ) = 5 + 10 + 13 + 4 = 32

最頻値は 20 〜 30 の階級値をとって，25 分

2 (1) $\frac{半径}{母線} = \frac{中心角}{360°}$ より，底面の半径を r とおくと

$\frac{r}{60} = \frac{60}{360}$　　$r = 10$　　$BC = 2r = 20$ (cm)

(2) P は FC の中点になる。線分 FC は側面を半周したところにあるので，∠A の二等分線を作図し，円弧と交わる点を F，C とする。

図 1 − a

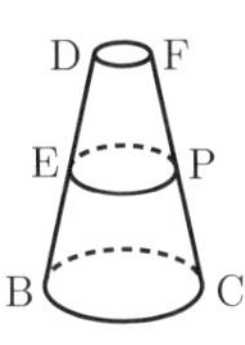

図 1 − b

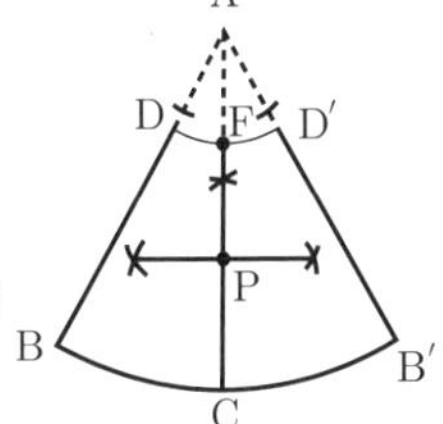

線分 FC の垂直二等分線を作図し，FC との交点に P をとればよい。

(3) 側面の展開図上で E と D′ を直線で結ぶ場合を考える。

図 2 − b において，∠A = 60°

AE : AD′ = 2 : 1 より

$ED' = \sqrt{3}AD' = 20\sqrt{3}$ (cm)

図 2 − a　　図 2 − b

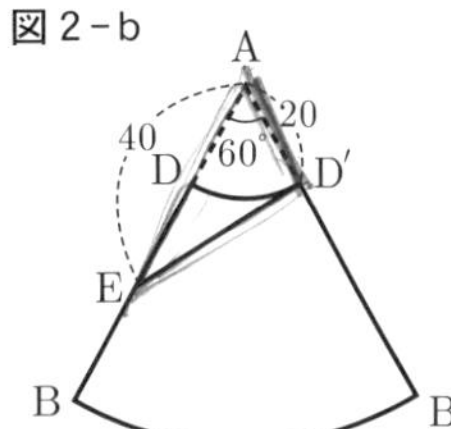

(4) 線分 FC を 2 回横切るように，ひもを巻きつけるので，1 周目用と 2 周目用の展開図（**図 3 − b**）を用意して考える。

図 3 − a　　図 3 − b

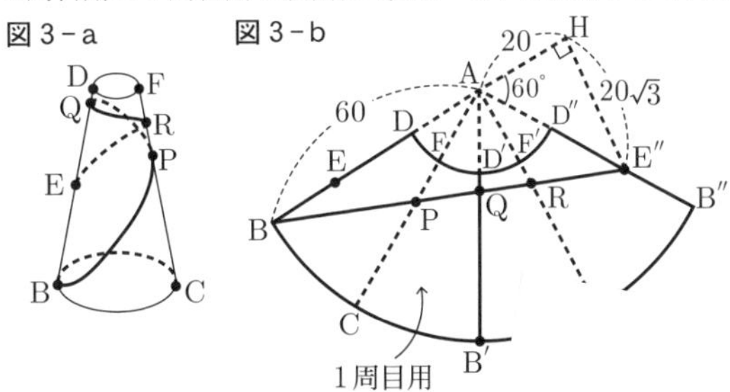

図 3 − b において，B から E″ までを

える。

AB を延長し，E″ から垂線 E″H を下

∠E″AH = 180° − 60° × 2 = 60° であ

30°, 60°, 90° の直角三角形。

$E''A = 40$, $AH = \frac{1}{2}E''A = 20$

$E''H = \sqrt{3}AH = 20\sqrt{3}$, $BH = 60 + 20 = 80$

$BE'' = \sqrt{(20\sqrt{3})^2 + 80^2} = \sqrt{20^2\{(\sqrt{3})^2 + 4^2\}}$

$= 20\sqrt{19}$ (cm)

3 (1) 4 点 A, B, P, Q が点 C を中心とする円の周上にあることから,

$CP = CQ = CA = CB$

$= \frac{1}{2}AB = 4$ cm

△CPA と △CPB は, 3 組の辺がそれぞれ等しいので, 合同な直角二等辺三角形になる。

$AP = BP = \sqrt{2}CB = 4\sqrt{2}$ (cm)

$\angle CPA = \angle CPB = 45°$ より, $\angle APB = 2\angle CPA = 90°$

(2) PQ が ∠APB を二等分する

→ △APQ ≡ △BPQ

PQ ⊥ AB

→ △APC ≡ △BPC

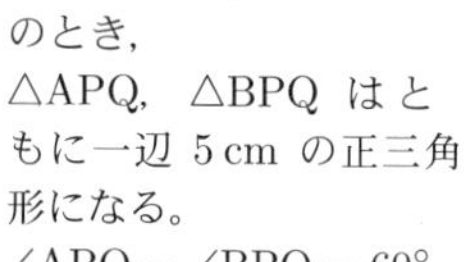

(3) $AP = PQ = 5$ cm のとき,

△APQ, △BPQ はともに一辺 5 cm の正三角形になる。

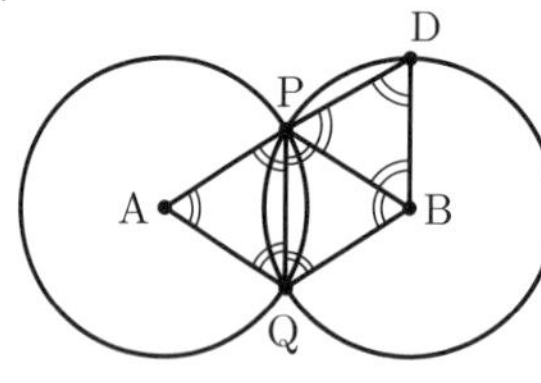

$\angle APQ = \angle BPQ = 60°$ より,

$\angle BPD = 180° - 60° \times 2$

$= 60°$… (*)

BP と BD も円の半径で長さが等しいので, (*) と合わせると △BDP も正三角形になる。

$PD = BP = 5$ (cm)

4 (1) P は $AB + BC = 10 + 6 = 16$ (cm) 動くので,

$0 \leqq x \leqq 16$

(2) EF // PQ が保たれるので, AB 上に △AEF∽△ATD なる点 T をとる。

3 : 4 : 5 の直角三角形になるので,

$AT = \frac{4}{3}AD = 8$

$0 \leqq x \leqq 8$ のとき

アは 3 : 4 : 5 の直角三角形になるので,

$y = AP \times AQ \times \frac{1}{2}$

$= x \times \frac{3}{4}x \times \frac{1}{2}$

$y = \frac{3}{8}x^2$

$8 \leqq x \leqq 10$ のとき,

アは △ATD と平行四辺形 DTPQ を組み合わせた図形であるから,

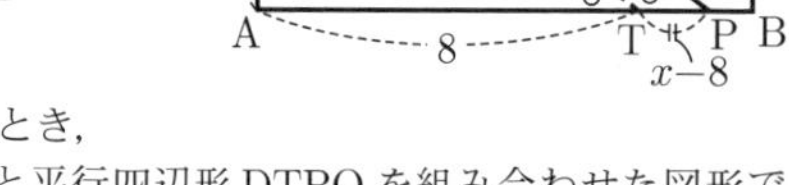

$y = 8 \times 6 \times \frac{1}{2} + 6(x - 8) = 6x - 24$

グラフをかく際, $0 \leqq x \leqq 8$ では (0, 0), (4, 6), (8, 24) を通る放物線, $8 \leqq x \leqq 10$ では (8, 24), (10, 36) を結ぶ線分となる。

(3) [長方形 ABCD の $\frac{5}{8}$]

$= 6 \times 10 \times \frac{5}{8}$

$= 37.5 > 36$ より

$0 \leqq x \leqq 10$ においては成り立たない。

P は BC 上にあり, $CP = t$ とおく。

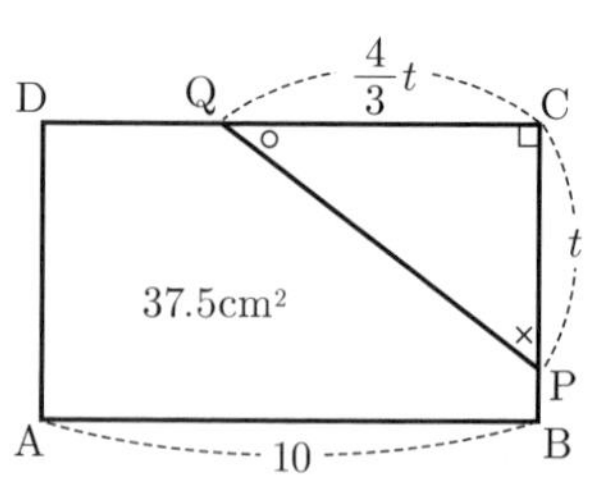

△CPQ∽△AEF を利用して, △CPQ の面積について立式すると,

$\triangle CPQ = CP \times CQ \times \frac{1}{2}$

$= t \times \frac{4}{3}t \times \frac{1}{2} = 6 \times 10 \times \left(1 - \frac{5}{8}\right)$

$\frac{2}{3}t^2 = \frac{45}{2}$　　$t^2 = \frac{135}{4}$

$t > 0$ より, $t = \frac{3\sqrt{15}}{2}$

このとき,

$x = AB + BP = 10 + 6 - \frac{3\sqrt{15}}{2} = 16 - \frac{3\sqrt{15}}{2}$

(4) △CPQ が $PC : CQ : PQ = 3 : 4 : 5$ の直角三角形であることを利用する。

Q から A′B′ に垂線 QH を下ろす。このとき, △PCB′∽△CQH が成り立ち, 相似比は $PC : CQ = 3 : 4$ である。

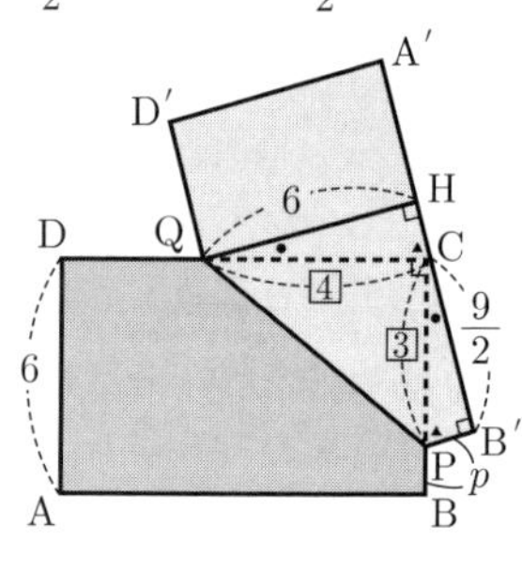

$CB' = \frac{3}{4}QH = \frac{3}{4} \times 6$

$= \frac{9}{2}$

$PB = PB' = p$ とおくと, $PC = 6 - p$ と表せる。

△PCB′ に三平方の定理を用いると,

$(6 - p)^2 = p^2 + \left(\frac{9}{2}\right)^2$

$36 - 12p + p^2 = p^2 + \frac{81}{4}$

$p = \frac{21}{16}$

$x = AB + BP = 10 + \frac{21}{16} = \frac{181}{16}$

〈A. T.〉

京都府

問題 P.69

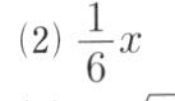

1 ▌正負の数の計算，式の計算，平方根，数・式の利用，2 次方程式，関数 $y=ax^2$，平面図形の基本・作図，確率 ▌ (1) 19

(2) $\frac{1}{6}x$

(3) $-\sqrt{3}$

(4) 7

(5) $x=-1\pm6\sqrt{2}$

(6) -4

(7) 右図

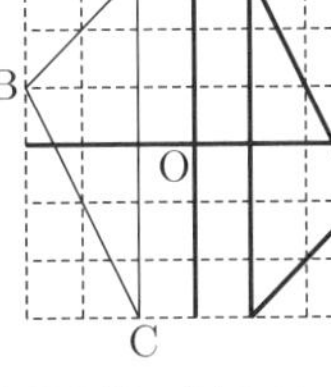

(8) $\frac{5}{16}$

2 ▌データの散らばりと代表値 ▌ (1) 13.7 ℃　(2) 5 日

3 ▌空間図形の基本，立体の表面積と体積 ▌ (1) $36\sqrt{3}$ cm^3

(2) 108 cm^2

4 ▌1 次関数 ▌ (1) (2 点 B，C の間の距離) 12

(点 A と直線 BC との距離) 8

(2) $y=\frac{23}{25}x-\frac{23}{5}$

5 ▌平面図形の基本・作図，相似 ▌ (1) 120 度

(2) $9\sqrt{2}$ cm　(3) $\frac{23\sqrt{2}}{2}$ cm

6 ▌2 次方程式の応用 ▌ (1) 20 枚　(2) 145 枚

(3) 24 番目の図形

解き方

1 (1) (与式) $=16+3=19$

(2) (与式) $=\frac{12x^2y^2}{9}\times\frac{1}{8xy^2}=\frac{1}{6}x$

(3) $\frac{2\sqrt{2}}{8}\times4\sqrt{6}-3\sqrt{3}=2\sqrt{3}-3\sqrt{3}=-\sqrt{3}$

(4) (与式) $=5x-8y=5\times\frac{1}{5}-8\times\left(-\frac{3}{4}\right)=1+6=7$

(5) $x+1=\pm6\sqrt{2}$　　$x=-1\pm6\sqrt{2}$

(6) $x=2$ のとき $y=-2$，$x=6$ のとき $y=-18$ なので，

求める変化の割合は，$\frac{-18-(-2)}{6-2}=-4$

(7) 点対称な図形は，中心の点について，180° 回転させた図形となる。

(8) 4 枚の硬貨を A，B，C，D とする。

表が 3 枚出るとき，

(A, B, C, D) = (表，表，表，裏)，(表，表，裏，表)，

(表，裏，表，表)，(裏，表，表，表) の 4 通り。

表が 4 枚出るとき，4 枚とも表の 1 通り。

硬貨の表裏の出方は全部で $2\times2\times2\times2=16$（通り）あるので，求める確率は，$\frac{5}{16}$

2 (1) $\frac{10\times4+14\times8+18\times3}{15}=\frac{206}{15}=13.73\cdots$ より，

13.7℃

(2) Ⅰ図，Ⅱ図より，気温の低い順に調べていくと，

8℃以上 11℃未満が 3 日

11℃以上 12℃未満が 1 日

12℃以上 14℃未満が 3 日

14℃以上 16℃未満が 5 日とわかる。

3 (1) 底面が 1 辺 6 cm の正方形，高さが $3\sqrt{3}$ cm の正四角錐なので，その体積は，

$6\times6\times3\sqrt{3}\times\frac{1}{3}=36\sqrt{3}$ (cm^3)

(2) 右図のように立体の展開図を考える。

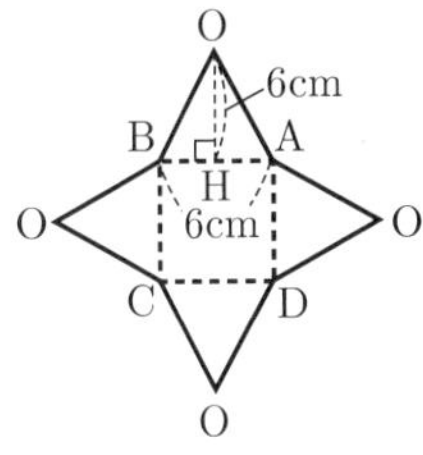

側面をあらわす △OAB，△OBC，△OCD，△ODA はすべて合同であり，△OAB に着目すると，点 O から辺 AB に垂線 OH を下ろした場合，立面図が正三角形になることから

OH = 6 cm とわかる。したがって，底面は 1 辺 6 cm の正方形 ABCD なので，求める表面積は，

$6\times6+\left(6\times6\times\frac{1}{2}\right)\times4=36+72=108$ (cm^2)

4 (1) B (10, 7)，C (10, −5) より，2 点 B，C 間の距離は，

$7-(-5)=12$

また，A (2, 3) より，点 A と直線 BC との距離は，

$10-2=8$

(2) D (5, 0) であり，△ACB の面積は，

$\triangle ACB=12\times8\times\frac{1}{2}=48$　　その半分は 24

ここで，点 D を通り △ACB の面積を 2 等分する直線と線分 BC との交点を E とする。△CDE は，線分 CE を底辺とすれば，高さは点 D と線分 CE の距離である 5 となり，その面積が 24 であればよいので，

$CE\times5\times\frac{1}{2}=24$　　$CE=\frac{48}{5}$

よって，$E\left(10,\ -5+\frac{48}{5}\right)$　　すなわち，$E\left(10,\ \frac{23}{5}\right)$

したがって，直線 DE を求めればよいので，その傾きは，

$\frac{23}{5}\div(10-5)=\frac{23}{25}$ より，直線の式は，$y=\frac{23}{25}x+b$ とおける。

これに，点 D (5, 0) を代入すると，

$0=\frac{23}{5}+b$　　$b=-\frac{23}{5}$

よって，求める直線の式は，$y=\frac{23}{25}x-\frac{23}{5}$

5 (1) 3 点 A，B，C は円 O の周を 3 等分しているので，

$\angle AOB=\angle BOC=\angle COA=120°$

(2) おうぎ形 OAB の面積が 54π cm^2 なので，円 O の半径を R cm とすると，

$\pi R^2\times\frac{120}{360}=54\pi$　　$R^2=162$

R > 0 より，$R=\sqrt{162}=9\sqrt{2}$ (cm)

(3) E は $\overset{\frown}{AB}$ の中点なので，$\angle AOE=\angle BOE=60°$ となり，△OAE は正三角形とわかる。

また，$\angle AEF=\angle DOF=60°$ かつ $\angle AFE=\angle DFO$ より，

$\triangle AEF\backsim\triangle DOF$　　その相似比は，AE : DO = 13 : 5

よって，対応する辺の長さの比は等しく，

FE : FO = 13 : 5

したがって，$FO=9\sqrt{2}\times\frac{5}{13+5}=\frac{5\sqrt{2}}{2}$ (cm) となり，

$CF=CO+OF=9\sqrt{2}+\frac{5\sqrt{2}}{2}=\frac{23\sqrt{2}}{2}$ (cm)

6 (1) n 番目の図形のタイル A の枚数は，$n\times4=4n$（枚）であるとわかる。これより，5 番目の図形のタイル A の枚数は，$5\times4=20$（枚）

(2) n 番目の図形のタイル B の枚数は，$n^2+(n-1)^2$（枚）あるとわかるので，9 番目の図形のタイル B の枚数は，

$9^2+8^2=81+64=145$（枚）

(3) (1)，(2)より，n 番目の図形について，

タイル A は，$4n$ 枚

タイル B は，$n^2+(n-1)^2=2n^2-2n+1$（枚）

タイル A の枚数がタイル B の枚数より 1009 枚少なくなるとき，
$2n^2-2n+1-1009=4n$　　これを解いていくと，
$(n+21)(n-24)=0$　　$n>0$ より，$n=24$（番目）
〈Y. D.〉

大 阪 府

問題 P.70

解 答

A問題

1 ▍正負の数の計算，式の計算，平方根 ▍
(1) -6　(2) 14　(3) 4　(4) $2x-7$　(5) $-5x^3$　(6) $3\sqrt{7}$

2 ▍数・式の利用，平方根，1 次方程式，連立方程式，2 次方程式，データの散らばりと代表値，確率，関数 $y=ax^2$，平面図形の基本・作図，空間図形の基本，立体の表面積と体積 ▍
(1) 11　(2) ウ　(3) イ　(4) 18　(5) $x=1,\ y=-5$
(6) $x=-3,\ 7$　(7) x の値 8，y の値 5
(8) $\frac{4}{15}$　(9) $\frac{3}{16}$　(10) 40 度　(11) ① エ　② $54\pi\ \text{cm}^3$

3 ▍1 次方程式の応用，1 次関数 ▍ (1) (ア) 85　(イ) 210
(2) $y=25x-15$　(3) 23

4 ▍平行四辺形，相似 ▍ (1) $(180-a)$ 度
(2) ⓐ CFD　ⓑ CDF　ⓒ ウ
(3)（求め方）（例）$\triangle ABC \backsim \triangle CFD$ より，
$BC:FD=AB:CF=7:4$
よって，$FD=\frac{4}{7}BC=\frac{4}{7}\times 5=\frac{20}{7}$ (cm)
四角形 DBCE は平行四辺形より，$DE=BC=5$ (cm)
よって，$FE=5-\frac{20}{7}=\frac{15}{7}$ (cm) だから，
$\triangle FCE=\frac{1}{2}\times\frac{15}{7}\times 4=\frac{30}{7}$ (cm²)　　（答）$\frac{30}{7}\ \text{cm}^2$

B問題

1 ▍正負の数の計算，式の計算，多項式の乗法・除法，平方根，平行と合同，数・式の利用，データの散らばりと代表値，確率，立体の表面積と体積，相似 ▍ (1) -4　(2) $14x+y$　(3) $-6a$
(4) $7x+16$　(5) $9-4\sqrt{5}$　(6) 900 度　(7) エ　(8) 0.33
(9) $\frac{3}{10}$　(10) $19\pi\ \text{cm}^3$

2 ▍1 次方程式の応用，1 次関数 ▍ (1) ① (ア) 85　(イ) 210
② $y=25x-15$　③ 23　(2) $\frac{45}{2}$

3 ▍2 次方程式，比例・反比例，1 次関数，関数 $y=ax^2$ ▍
(1) ① ㋐ 0　㋑ $\frac{49}{8}$　② 9　③ $\frac{15}{2}$
(2)（求め方）（例）
$y=\frac{1}{8}x^2$ に $x=4$ を代入すると，$y=2$，
$x=t$ を代入すると，$y=\frac{1}{8}t^2$ より，
$D(4,\ 2)$，$E\left(t,\ \frac{1}{8}t^2\right)$　　よって，$F\left(4,\ \frac{1}{8}t^2\right)$
したがって，$FD=\frac{1}{8}t^2-2$ (cm)，$FE=t-4$ (cm)
だから，$\frac{1}{8}t^2-2=(t-4)+8$
整理して，$t^2-8t-48=0$ より，
$(t+4)(t-12)=0$　　$t>4$ より，$t=12$
（答）t の値 12

4 ▍空間図形の基本，立体の表面積と体積，図形と証明，相似，平行線と線分の比 ▍
[Ⅰ] (1)（証明）（例）$\triangle ABF$ と $\triangle CDG$ において，
$\angle AFB=\angle CGD=90°$…㋐
$AB=CD$（四角形 ABCD は平行四辺形）…㋑
$\angle ABF=\angle DCE$（$AB\,/\!/\,DC$）…㋒
$\angle CDG=\angle DCE$（$ED=EC$）…㋓
㋒，㋓より，$\angle ABF=\angle CDG$…㋔
㋐，㋑，㋔より，直角三角形の斜辺と一つの鋭角がそれぞれ等しいから，$\triangle ABF\equiv\triangle CDG$
(2) $(b-a)\ \text{cm}^2$
[Ⅱ] (3) ① イ，エ，オ　② $\frac{24}{7}$ cm　(4) $\frac{40}{3}\ \text{cm}^3$

C問題

1 ▍式の計算，平方根，因数分解，数・式の利用，平行と合同，数の性質，データの散らばりと代表値，確率，立体の表面積と体積，相似 ▍ (1) $\frac{5a+17b}{6}$　(2) $-b^2$　(3) $3+\sqrt{5}$
(4) $2(a+b+2)(a+b-2)$　(5) $(2n-1)$ 個　(6) 1260 度
(7) イ，ウ　(8) 48 回　(9) $\frac{8}{15}$　(10) 52，88　(11) $33\pi\ \text{cm}^2$

2 ▍1 次関数，関数 $y=ax^2$ ▍
(1) ① ㋐ 0　㋑ $\frac{27}{8}$　② $y=\frac{7}{8}x+\frac{13}{4}$
(2)（求め方）（例）D の x 座標を t とすると，D は m 上の点だから，$6=\frac{3}{8}t^2$
よって，$t^2=16$ で，$t>0$ より，$t=4$
したがって，E，F の x 座標は 4 より，$E(4,\ 0)$，
$F(4,\ 16a)$ だから，$EF=0-16a=-16a$ (cm)
また，G の y 座標は $16a$ だから，x 座標は，
$16a=2x+1$ より，$x=\frac{16a-1}{2}$
よって，$GF=4-\frac{16a-1}{2}=\frac{-16a+9}{2}$
したがって，$\frac{-16a+9}{2}=-16a+2$ より，$a=-\frac{5}{16}$
（答）a の値 $-\frac{5}{16}$

3 ▍平面図形の基本・作図，空間図形の基本，立体の表面積と体積，相似，平行線と線分の比 ▍
[Ⅰ] (1)（証明）（例）$\triangle AEG$ と $\triangle FCG$ において，
$\angle AGE=\angle FGC$（対頂角は等しい）…㋐
$\angle ACB=\angle ABD$（$AB=AC$ より）…㋑
$\angle CAE=\angle ABD$（$\triangle ACE\equiv\triangle BAD$ より）…㋒
㋑，㋒より，$\angle ACB=\angle CAE$ で錯角が等しいから，
$AE\,/\!/\,BF$　　したがって，
$\angle EAG=\angle CFG$（平行線の錯角は等しい）…㋓
㋐，㋓より，2 組の角がそれぞれ等しいから，
$\triangle AEG\backsim\triangle FCG$
(2) $\frac{96}{35}$ cm
[Ⅱ] (3) $\frac{9}{4}S\ \text{cm}^2$　(4) $\frac{3+\sqrt{21}}{2}$ cm

解き方

A問題

1 (1)（与式）$=10-16=-6$
(2)（与式）$=-\frac{12}{1}\times\left(-\frac{7}{6}\right)=14$
(3)（与式）$=25-21=4$
(4)（与式）$=6x-3-4x-4=2x-7$
(6)（与式）$=\sqrt{7}+2\sqrt{7}=3\sqrt{7}$

2 (1) $-a+8=-(-3)+8=3+8=11$
(2)（時間）$=\frac{(道のり)}{(速さ)}=\frac{a}{70}$
(3) ウは，$0.2=\frac{1}{5}$，エは，$\sqrt{9}=3$ より，有理数である。
(4) $x\times 2=12\times 3$ より，$2x=36$　　よって，$x=18$
(5) 第 1 式を①，第 2 式を②として，

①＋②より，$8x=8$　よって，$x=1$
①に代入して，$5+2y=-5$ より，$2y=-10$
よって，$y=-5$
(6) $(x+3)(x-7)=0$ より，$x=-3,\ 7$
(7) $y+1=20\times\dfrac{30}{100}$ より，$y+1=6$　よって，$y=5$
$x=20-(2+4+5+1)=8$
(8) すべての取り出し方は，$5\times3=15$（通り）
このうち，和が4の倍数となるのは，
(A, B) = (1, 3), (3, 1), (3, 5), (5, 3) の4通りあるから，
確率は，$\dfrac{4}{15}$
(9) $y=ax^2$ 上に点 $(-4,\ 3)$ があるから，
$3=a\times(-4)^2$　よって，$3=16a$ より，$a=\dfrac{3}{16}$
(10) $\angle ABE=\angle CBE-\angle CBA=100^\circ-60^\circ=40^\circ$
(11) ② 底面の半径が 3 cm，高さが 6 cm の円柱の体積だから，$(3^2\times\pi)\times6=9\pi\times6=54\pi\ (cm^3)$
3 (1)(ア) $10+25\times3=85$　(イ) $10+25\times8=210$
(2) $y=10+25(x-1)=10+25x-25=25x-15$
(3) (2)の式に $y=560$ を代入して，$560=25x-15$
よって，$575=25x$ より，$x=23$
4 (1) BD // CE より，$\angle BCE+\angle DBC=180^\circ$
よって，$\angle BCE=180^\circ-\angle DBC=180^\circ-a^\circ$

B問題

1 (1) (与式) $=2\times9-22=18-22=-4$
(2) (与式) $=4x-4y+10x+5y=14x+y$
(3) (与式) $=-\dfrac{18b\times a^2}{3ab}=-6a$
(4) (与式) $=x^2+7x-(x^2-16)=7x+16$
(5) (与式) $=4-4\sqrt{5}+5=9-4\sqrt{5}$
(6) $180^\circ\times(7-2)=180^\circ\times5=900^\circ$
(7) $a>0,\ b<0$ より，$b<a+b<a<a-b$
(8) 階級が 26 回以上 28 回未満の 4 人の相対度数だから，
$\dfrac{4}{12}=\dfrac{1}{3}=0.333\cdots$ より，小数第3位を四捨五入して，0.33
(9) [3]と[4]，[3]と[5]，[3]と[6]，[3]と[7]，[4]と[5]，[4]と[6]，[4]と[7]，[5]と[6]，[5]と[7]，[6]と[7] の10通りのうち，奇数と[6]の2枚である，[3]と[6]，[5]と[6]，[6]と[7]の3通りだから，確率は，$\dfrac{3}{10}$
(10) 右の図で，求める体積は，△EBC を直線 EC を軸として1回転させてできる円すいの体積から，△EAD を直線 EC を軸として1回転させてできる円すいの体積を引いて求めればよい。
ED = x cm とすると，
$x:(x+3)=2:3$ より，
$3x=2(x+3)$ だから，$x=6$ (cm)
$\dfrac{1}{3}\times(3^2\times\pi)\times(6+3)$
$-\dfrac{1}{3}\times(2^2\times\pi)\times6$
$=27\pi-8\pi=19\pi\ (cm^3)$
2 (1) ①～③ A問題 の **3** (1)～(3)と同じ
(2) $y=25x-15$ に $x=28$ を代入して，
$OP=25\times28-15=700-15=685$ (cm)
また，$OQ=10+a\times(31-1)=30a+10$ (cm)
OQ = OP より，$30a+10=685$
よって，$30a=675$ より，$a=\dfrac{675}{30}=\dfrac{45}{2}$ (cm)

3 (1) ① ㋐ $x=0$ で y は最小値をとり，$y=\dfrac{1}{8}\times0^2=0$
㋑ $x=-7$ で y は最大値をとり，$y=\dfrac{1}{8}\times(-7)^2=\dfrac{49}{8}$
② $y=-\dfrac{27}{x}$ に $x=-3$ を代入して，$y=-\dfrac{27}{-3}=9$
③ 点 A の y 座標は，$y=\dfrac{1}{8}x^2$ に $x=6$ を代入して，
$y=\dfrac{1}{8}\times6^2=\dfrac{9}{2}$ だから，直線 AC の傾きは，
$\dfrac{\frac{9}{2}-9}{6-(-3)}=\dfrac{-\frac{9}{2}}{9}=-\dfrac{1}{2}$
点 C の y 座標を c とすると，直線 AC の式は，
$y=-\dfrac{1}{2}x+c$ で，点 B を通るから，
$9=\dfrac{3}{2}+c$ より，$c=\dfrac{15}{2}$
4 [Ⅰ] (2) 四角形 AFED
＝四角形 AFCD＋△CDG＋△CEG
＝四角形 AFCD＋△ABF＋△CEG
＝四角形 ABCD＋△CEG より，
△CEG＝四角形 AFED－四角形 ABCD
$=b-a\ (cm^2)$
[Ⅱ] (3) ① アは辺 AB と交わり，ウは辺 AB と平行であるから，ねじれの位置にない。
② IH // AE，HG // EF だから，
DI : IA = DH : HE = DG : GF = 4 : 3 より，
$DI=DA\times\dfrac{4}{4+3}=6\times\dfrac{4}{7}=\dfrac{24}{7}$ (cm)
(4) △ABC と △JBA において，∠ABC＝∠JBA，
∠CAB＝∠AJB より，2組の角がそれぞれ等しいから，
△ABC∽△JBA　よって，AB : JB = CB : AB
JB = x cm とすると，$4:x=6:4$ より，$6x=16$ だから，
$x=\dfrac{8}{3}$ (cm)　したがって，$CJ=6-\dfrac{8}{3}=\dfrac{10}{3}$ (cm)
立体 AGCJ は，底面が △ACJ，高さが AD の三角すいだから，体積は，$\dfrac{1}{3}\times\left(\dfrac{1}{2}\times\dfrac{10}{3}\times4\right)\times6=\dfrac{40}{3}\ (cm^3)$

C問題

1 (1) (与式) $=\dfrac{2(7a+b)-3(3a-5b)}{6}=\dfrac{5a+17b}{6}$
(2) (与式) $=-\dfrac{9a^2b^2}{16}\times\dfrac{8}{9a^2b}\times\dfrac{2b}{1}=-b^2$
(3) (与式) $=3\sqrt{5}+3-\dfrac{10\sqrt{5}}{5}=3+\sqrt{5}$
(4) (与式) $=2\{(a+b)^2-4\}$
$=2\{(a+b)+2\}\{(a+b)-2\}$
$=2(a+b+2)(a+b-2)$
(5) $-n+1$ から $n-1$ までの整数の個数だから，
$(n-1)-(-n+1)+1=2n-1$（個）
(6) 一つの外角の大きさは，$180^\circ-140^\circ=40^\circ$
$360^\circ\div40^\circ=9$ より，正九角形だから，内角の和は，
$180^\circ\times(9-2)=180^\circ\times7=1260^\circ$
(7) $a<0$ のとき，アとエはつねに a の値より大きくなる。
また，オは，$-1<a<0$ のとき a の値より大きくなる。
(8) B さんを x 回として，5 人の合計回数に着目して，
$(x+5)+x+(x-3)+(x-6)+(x+2)=47.6\times5$
$5x-2=238$ より，$x=48$（回）
(9) **(表1)** で，2枚のカードの取り出し方は全部で15通りあり，そのうち◎をつけた8通りだから，確率は，$\dfrac{8}{15}$

（表１）

取り出した2枚のカード	6枚の円盤の並び	
1と2	●●○●○○	
1と3	●○●●○○	
1と4	●○○○○○	◎
1と5	●○○●●○	
1と6	●○○●○●	
2と3	○●●●○○	◎
2と4	○●○○○○	◎
2と5	○●○●●○	
2と6	○●○●○●	
3と4	○○●○○○	◎
3と5	○○●●●○	◎
3と6	○○●●○●	
4と5	○○○○●○	◎
4と6	○○○○○●	◎
5と6	○○○●●●	◎

(10) $\sqrt{300-3n}=\sqrt{3(100-n)}$ より，a を正の偶数として，
$100-n=3a^2$　　つまり，$n=100-3a^2$ であればよい。
$a=2$ のとき，$n=100-3\times2^2=88$
$a=4$ のとき，$n=100-3\times4^2=52$
$a=6$ のときは $n<0$ となる。よって，$n=52,\ 88$

(11)（図２）で，△EBC を直線 EC を軸として１回転させてできる円すいから，△EAD を直線 EC を軸として１回転させてできる円すいを除いた円すい台の表面積を求めればよい。

（図２）

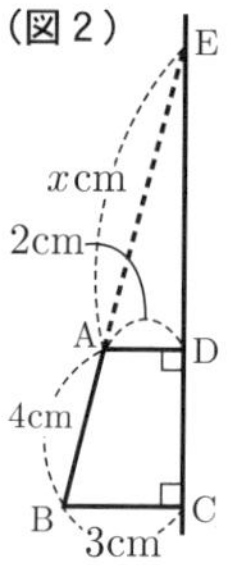

EA $=x$ cm とすると，
$x:(x+4)=2:3$ より，
$3x=2(x+4)$ だから，$x=8$ (cm)
したがって，
$3^2\times\pi+2^2\times\pi+(8+4)\times3\times\pi$
$-8\times2\times\pi=9\pi+4\pi+36\pi-16\pi=33\pi$ (cm^2)

2 (1) ① ㋐ $x=0$ で y は最小値をとり，$y=\frac{3}{8}\times0^2=0$
㋑ $x=-3$ で y は最大値をとり，$y=\frac{3}{8}\times(-3)^2=\frac{27}{8}$
② 点 A の y 座標は，$y=\frac{3}{8}x^2$ に $x=-2$ を代入して，
$y=\frac{3}{8}\times(-2)^2=\frac{3}{8}\times4=\frac{3}{2}$
点 B は点 A と y 軸について対称だから，x 座標は 2 で，点 C の x 座標も 2 だから，y 座標は，$y=2x+1$ に $x=2$ を代入して，$y=2\times2+1=5$
直線 n の傾きは，$\dfrac{5-\frac{3}{2}}{2-(-2)}=\dfrac{\frac{7}{2}}{4}=\frac{7}{8}$ だから，
直線 n の式を $y=\frac{7}{8}x+b$ とすると，点 C を通るから，
$5=\frac{7}{8}\times2+b$　　よって，$5=\frac{7}{4}+b$ より，$b=\frac{13}{4}$

3 [Ⅰ] (2) AB $=$ AC より，∠ABC $=$ ∠ACB
FA $=$ FB より，∠ABF $=$ ∠BAF
よって，△ABC と △FBA は底角が等しい二等辺三角形だから，△ABC∽△FBA
FA $=$ FB $=x$ cm とすると，AB : FB $=$ BC : BA より，
$8:x=7:8$　　よって，$7x=64$ より，$x=\frac{64}{7}$ (cm)
GF $=y$ cm とすると，△AEG∽△FCG より，
AG : FG $=$ AE : FC だから，
$\left(\frac{64}{7}-y\right):y=5:\left(\frac{64}{7}-7\right)=5:\frac{15}{7}=7:3$
よって，$7y=3\left(\frac{64}{7}-y\right)$
$10y=\frac{192}{7}$ より，$y=\frac{96}{35}$ (cm)

[Ⅱ] (3) △AEF∽△ABC で，相似比 AE : AB $=1:2$
だから，面積比 △AEF : △ABC $=1^2:2^2=1:4$
よって，△ABC $=4S$
同様にして，△AEG∽△ABD で，
面積比 △AEG : △ABD $=1:4$
また，△ABC : △ABD $=$ BC : BD $=8:6=4:3$
だから，△ABD $=4S\times\frac{3}{4}=3S$　　したがって，
四角形 GDBE $=$ △ABD $\times\frac{4-1}{4}=3S\times\frac{3}{4}=\frac{9}{4}S$ (cm^2)
(4) EF $=8\times\frac{1}{2}=4$ (cm)，EG $=6\times\frac{1}{2}=3$ (cm)
HB $=t$ cm とすると，AB : HB $=$ DB : IB より，
$12:t=6:\mathrm{IB}$　　$12\mathrm{IB}=6t$ より，IB $=\frac{t}{2}$ (cm)
三角すい C − ABD $=\frac{1}{3}\times\left(\frac{1}{2}\times6\times12\right)\times8=96$ (cm^3)
三角すい F − AHG $=\frac{1}{3}\times\left\{\frac{1}{2}\times(12-t)\times3\right\}\times4$
$=24-2t$ (cm^3)
三角すい C − HBI $=\frac{1}{3}\times\left(\frac{1}{2}\times t\times\frac{t}{2}\right)\times8$
$=\frac{2}{3}t^2$ (cm^3)
よって，$96-\frac{2}{3}t^2-(24-2t)=70$
整理して，$t^2-3t-3=0$
解の公式より，
$t=\dfrac{-(-3)\pm\sqrt{(-3)^2-4\times1\times(-3)}}{2\times1}=\dfrac{3\pm\sqrt{9+12}}{2}$
$=\dfrac{3\pm\sqrt{21}}{2}$
$0<t<6$ より，$t=\dfrac{3+\sqrt{21}}{2}$ (cm)

〈H. S.〉

兵 庫 県

問題 P.74

解 答 **1** **正負の数の計算，式の計算，平方根，因数分解，2 次方程式，立体の表面積と体積，平行と合同，データの散らばりと代表値** (1) -5 (2) $-3x$

(3) $2\sqrt{5}$ (4) $(x+2y)(x-2y)$ (5) $x=\dfrac{3\pm\sqrt{29}}{2}$

(6) 16π cm^2 (7) 128 度 (8) 0.12

2 **1 次方程式の応用，連立方程式の応用，1 次関数**
(1) 分速 90 m (2) ア．$160a+60b$ イ．6 ウ．29
(3) 1800 m

3 **立体の表面積と体積，図形と証明，円周角と中心角，相似，三平方の定理** (1) i．ウ ii．カ (2) $\dfrac{49}{8}$ cm

(3) $\dfrac{49\sqrt{3}}{4}$ cm^2 (4) $\dfrac{112}{3}$ cm^3

4 **比例・反比例，平面図形の基本・作図，関数 $y=ax^2$**
(1) $(-4,\ -2)$ (2) $a=\dfrac{1}{8}$

(3) ① ア．-8 イ．0 ウ．8 ② $\dfrac{8}{5}$

5 **場合の数，確率，平方根** (1) 15 通り (2) 64 通り
(3) ① 7 通り ② $\dfrac{1}{4}$

6 **図形を中心とした総合問題** (1) イ (2) ① 3 ② 540
(3) $180(n-4)$ 度 (4) 3 種類，15 度

解き方 **1** (3) $4\sqrt{5}-2\sqrt{5}=2\sqrt{5}$
(4) $x^2-(2y)^2=(x+2y)(x-2y)$
(6) $4\pi\times2^2=16\pi$ (cm^2)
(7) 右図のように l と m に平行な直線 n をひく。$l \mathbin{/\mkern-5mu/} m$ だから錯角で 58° が n 上に移り，$110^\circ-58^\circ=52^\circ$ も m 上に移ると考えられる。よって，
$x=180^\circ-52^\circ=128^\circ$

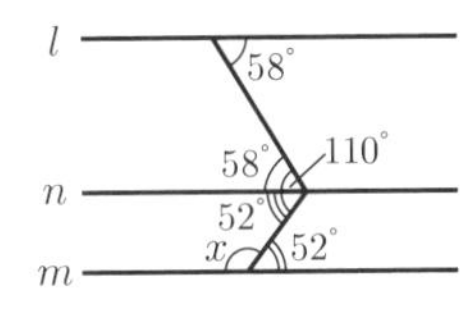

(8) 生徒は 25 人なのでメジアンは上から 13 番目の値で，表から，400 ～ 500 の階級であることが分かる。
よって，$\dfrac{3}{25}=0.12$

2 (1) B さんは 2700 m を 30 分で走っているので，
$2700\div30=90$ (m/分)
(2) 分速 160 m で a 分間，分速 60 m で b 分間進んだときの距離は $160a+60b$ である。
$160a+60b=2700$ の両辺を 20 で割ると，$8a+3b=135$
$\begin{cases} a+b=35 \\ 8a+3b=135 \end{cases}$ を解いて，$(a,\ b)=(6,\ 29)$
(3) P 地点までには追いつかないので，追いつくのは A さんが自転車を押して歩いているときである。出発してから x 分後に追いついたとすると，
$160\times6+60(x-6)=90x$
これを解くと $x=20$
20 分後に追いつくので，$90\times20=1800$ (m) の地点である。

3 (2) $\triangle ABE \backsim \triangle BDE$ だから，AE : BE = BE : DE
$8:7=7:\mathrm{DE}$ より $\mathrm{DE}=\dfrac{49}{8}$

(3) 弧 BE に対する円周角より，
$\angle BAE=\angle BCE=60^\circ$
弧 CE に対する円周角より，
$\angle CAE=\angle CBE=60^\circ$
よって，△BCE は 1 辺が 7 cm の正三角形である。

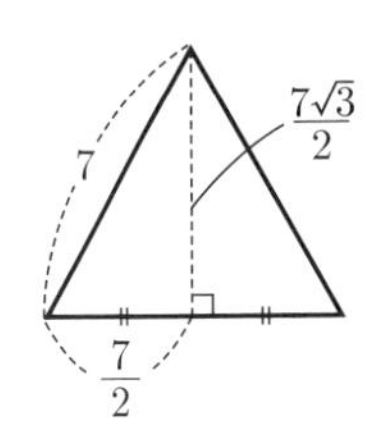

1 辺が 7 cm の正三角形の高さは
$\dfrac{7\sqrt{3}}{2}$ cm だから，

$7\times\dfrac{7\sqrt{3}}{2}\times\dfrac{1}{2}=\dfrac{49\sqrt{3}}{4}$ (cm^2)

(4) $\mathrm{AD}:\mathrm{DE}=\left(8-\dfrac{49}{8}\right):\dfrac{49}{8}=15:49$ だから

四角形 $\mathrm{ABEC}=\triangle\mathrm{BCE}\times\dfrac{15+49}{49}=\dfrac{49\sqrt{3}}{4}\times\dfrac{64}{49}$
$=16\sqrt{3}$ (cm^2)
また OP は円 O の半径に等しいので，△BCE の高さより，
円 O の半径は $\dfrac{7\sqrt{3}}{2}\times\dfrac{2}{3}=\dfrac{7\sqrt{3}}{3}$ (cm) と分かる。
よって，求める体積は，
$16\sqrt{3}\times\dfrac{7\sqrt{3}}{3}\times\dfrac{1}{3}=\dfrac{112}{3}$ (cm^3)

4 (1) A (4, 2) で AB の中点が原点なので B $(-4,\ -2)$
(2) $y=ax^2$ が (4, 2) を通るから，
$2=16a$ より $a=\dfrac{1}{8}$
(3) ① 右の図で OD = OD′ である。OD = OD′ = d とおく。
$\triangle OBD=d\times4\times\dfrac{1}{2}=2d$
$\triangle OAC=3\triangle OBD=6d$
C の x 座標を c とすると
$\triangle OAC=d\times(4-c)\times\dfrac{1}{2}$
$\dfrac{1}{2}d(4-c)=6d$ より，
$4-c=12$
よって，$c=-8$
$y=\dfrac{1}{8}x^2$ で $-8\leqq x\leqq4$ のときの y の最小値は $x=0$ のとき 0，y の最大値は $x=-8$ のとき 8 である。
② AE + EC が最小となる点 E を求める。C $(-8,\ 8)$ の x 軸に関する対称点を C′ $(-8,\ -8)$ とおく。AC′ と x 軸との交点が E である。
A (4, 2)，C′ $(-8,\ -8)$ を通る直線は $y=\dfrac{5}{6}x-\dfrac{4}{3}$ となるので，この式に $y=0$ を代入して，$0=\dfrac{5}{6}x-\dfrac{4}{3}$ より
$x=\dfrac{8}{5}$

5 (1) 6 枚中表になる 2 枚の組み合わせは
$\dfrac{6\times5}{2}=15$（通り）
(2) 1 枚のメダルは表が出るか裏が出るかの 2 通りである。それが 6 枚あるので，$2^6=64$（通り）
(3) ① 表が 1 枚のとき 1，4，9 が出れば $\sqrt{a}$ は整数
表が 2 枚のとき (1, 4)，(1, 9)，(2, 8)，(4, 9) が出れば $\sqrt{a}$ は整数
よって，$3+4=7$（通り）
② $6=2\times3$ である。6 以外に 3 を素因数にもつ数は $9=3^2$ しかない。よって，6 が表になると $\sqrt{a}$ は整数にはならないので 6 を除いて考えることにする。
表が 3 枚のとき (1, 2, 8)，(1, 4, 9)，(2, 4, 8)，

(2, 8, 9)
表が4枚のとき　(1, 2, 4, 8), (1, 2, 8, 9), (2, 4, 8, 9)
表が5枚のとき　(1, 2, 4, 8, 9)
また，表が0枚のときは $a=0$ でこれも条件を満たす。
よって，$7+4+3+1+1=16$（通り）
ゆえに，求める確率は $\frac{16}{64}=\frac{1}{4}$

6 (1) アのときは正五角形，ウのときは正六角形ができる。よって，星形正 n 角形はできない。
(2) 円周を7等分し，そのうちの3個分を弧にもつおうぎ形の中心角が $2x°$ で，
円周すべて（7個分）だと中心角は 360° だから，
$3:7=2x:360$
$7\times 2x=3\times 360$
$7x=3\times 360\times\frac{1}{2}=540$
(3) (2)と同様に考えて円周を n 等分し，そのうちの $(n-4)$ 個分を弧にもつおうぎ形の中心角が $2x°$ で，円周すべて（n 個分）だと中心角は 360° だから
$(n-4):n=2x:360$
$2nx=360(n-4)$
$nx=180(n-4)$
(4) 円周を24等分しているので，1つの点から2つ目ごと，3つ目ごと，…，11個目ごとに点を結ぶ場合を考える。24の約数である2, 3, 4, 6, 8つ目ごとでは正 n 角形ができてしまう。
右の図のように円周を24等分し，0～23の番号をつける。線を結んでいく頂点の番号を考えてみる。

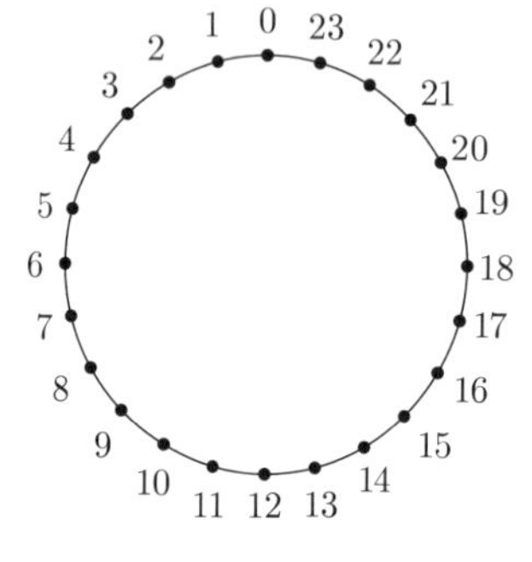

① 5つ目ごと
0－5－10－15－20－1－6－…
② 7つ目ごと
0－7－14－21－4－11－18－1－…
③ 9つ目ごと
0－9－18－3－12－21－6－15－0
となり，かけない。
④ 10個目ごと
0－10－20－6－16－2－12－22－8－18－4－14－0
となり，かけない。
⑤ 11個目ごと
0－11－22－9－20－7－18－5－16－3－…
よって，5, 7, 11個目ごとのときに星形正二十四角形がかける。
先端部分の1個の角が最も小さくなるのは11個目ごとに結んだときである。(2)と同様に考えて円周を24等分し，そのうちの $24-11\times 2=2$（個分）を弧にもつおうぎ形の中心角が $2x°$，円周すべて（24個分）だと中心角は 360° だから，
$2:24=2x:360$
これより $x=15$　　よって，求める角は 15°

〈A. S.〉

奈良県

問題 P.77

解答 **1** ▌正負の数の計算，式の計算，多項式の乗法・除法，連立方程式，2次方程式，平方根，データの散らばりと代表値，空間図形の基本，平面図形の基本・作図，数の性質 ▌ (1) ① -7　② -81　③ $12a$　④ $11x-44$
(2) $x=-1,\ y=1$
(3) $x=\frac{3\pm\sqrt{5}}{2}$
(4) 6
(5) ア，エ
(6) ウ
(7) 右図

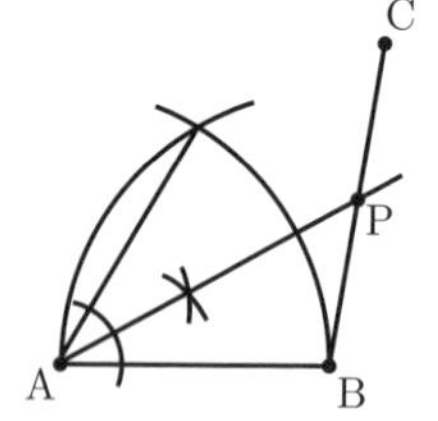

(8) ① $a+3$　② 673
2 ▌数・式の利用，確率 ▌ (1) ① あ 1200　い 200
② $(300x+200y)$ 円　③ う 3（記号）ウ　(2) $\frac{19}{27}$
3 ▌関数 $y=ax^2$ ▌ (1) ① イ　② ア　(2) $\frac{1}{2}$
(3) ① $y=2x+4$　② $-\frac{2}{3}$
4 ▌図形と証明，円周角と中心角，相似，三平方の定理 ▌
(1)（証明）（例）△ACD と △EBD において
1つの弧に対する円周角は等しいので，
∠ACD＝∠EBD…①
対頂角は等しいので，
∠ADC＝∠EDB…②
①，②より，2組の角がそれぞれ等しいので，
△ACD∽△EBD
(2) $(90-a)$ 度　(3) $\frac{5\sqrt{3}}{6}$ 倍　(4) $\frac{42}{25}$ cm²

解き方 **1** (1) ②（与式）$=-9\times 9=-81$
③（与式）$=\frac{8a^2b\times 6ab}{4a^2b^2}=12a$
④（与式）$=(x-4)\{(x+7)-(x-4)\}$
$=(x-4)\times 11=11x-44$
(2) $3x+4y=1$…①　$2x-y=-3$…②とする。
②より，$y=2x+3$…②′　②′を①に代入して，
$3x+4(2x+3)=1$　$11x=-11$　$x=-1$
②′に代入して，$y=2\times(-1)+3=1$
(3) 解の公式より，
$$x=\frac{-(-3)\pm\sqrt{(-3)^2-4\times 1\times 1}}{2\times 1}=\frac{3\pm\sqrt{5}}{2}$$
(4) $3<\sqrt{15}<4$ より，$\sqrt{15}=3.$…となるので，
$a=\sqrt{15}-3$　　よって，
$a^2+6a=a(a+6)$
$=(\sqrt{15}-3)\{(\sqrt{15}-3)+6\}$
$=(\sqrt{15}-3)(\sqrt{15}+3)=15-9=6$
(5) ア．A が $\frac{5}{30}$，B が $\frac{5}{73}$ より，A の方が大きい。
イ．A が $4+1=5$（人），B が $3+2=5$（人）より，同じである。
ウ．A，B ともに7.5時間。
エ．7時間未満は，$7+5+25=37$（人）
半数は，$73\div 2=36.5$（人）となる。

(6) 右図より，線分 PC となる。
(7) AB = AD = BD となる点 D をとる。
△ABD は正三角形より，
$\angle DAB = 60^\circ$ となるので，
∠DAB の二等分線と線分 BC との交点が P となる。
(8) ① a，$a+1$，$a+2$，$a+3$ となる。
② $2021 \div 3 = 673$ あまり 2 より，
$2021 = 673 \times 3 + 2 = 672 \times 3 + 5$
よって，672，$672+2$，$672+3$ となるので，除いた数は，
$672 + 1 = 673$

2 (1) ① ㋐ 子ども 2 人が無料になるので，
$500 \times 2 + 200 \times 1 = 1200$（円）
㋑ 月末割引では，$(500-50) \times 3 + (200-50) \times 5$
$= 1350 + 750 = 2100$（円）
特別割引では，$500 \times 3 + 200 \times (5-3) = 1500 + 400$
$= 1900$（円）
よって，$2100 - 1900 = 200$（円）高くなる。
② $500 \times x + 200 \times (y - x) = 300x + 200y$（円）
③ ㋒ 月末割引では，
$(500-50) \times x + (200-50) \times y$
$= 450x + 150y$（円）
よって，2 種類の割引が等しくなるのは，
$300x + 200y = 450x + 150y$　　$150x = 50y$　　$3x = y$
より，3 倍のときである。
(2) すべての記号の出方は，$3 \times 3 \times 3 = 27$（通り）
3 人とも B が出るのは，$2 \times 2 \times 2 = 8$（通り）
よって，少なくとも 1 人は A が出る確率は，
$1 - \dfrac{8}{27} = \dfrac{19}{27}$

3 (2) $x = 2$ のとき，$y = 2$ となるので，$2 = a \times 2^2$
$a = \dfrac{1}{2}$
(3) ① $y = 2x^2$ より，A $(-1,\ 2)$，B $(2,\ 8)$ となる。
直線 AB の傾きは，$\dfrac{8-2}{2-(-1)} = 2$ より，
$y = 2x + b$ とおけ，A $(-1,\ 2)$ を通るので，
$2 = 2 \times (-1) + b$　　$b = 4$　　よって，$y = 2x + 4$
② 直線 OA の式は，$y = -2x$ より，点 C は $(c,\ -2c)$ とおける。直線 BC の傾きは，$\dfrac{8-(-2c)}{2-c} = \dfrac{8+2c}{2-c}$
ただし，グラフより $c \fallingdotseq 2$ となる。
よって，$y = \dfrac{8+2c}{2-c}x + d$ とおけ，B $(2,\ 8)$ を通るので，
$8 = \dfrac{8+2c}{2-c} \times 2 + d$　　$d = \dfrac{12c}{c-2}$ より，D $\left(0,\ \dfrac{12c}{c-2}\right)$
また，E $(0,\ 4)$ より，
$\triangle BED = \dfrac{1}{2} \times \left(4 - \dfrac{12c}{c-2}\right) \times 2 = \dfrac{-8c-8}{c-2}$
$\triangle ODC = \dfrac{1}{2} \times \dfrac{12c}{c-2} \times (-c) = \dfrac{-6c^2}{c-2}$
したがって，$\dfrac{-8c-8}{c-2} = \dfrac{-6c^2}{c-2}$，$c \fallingdotseq 2$ より，$c - 2 \fallingdotseq 0$
なので，$-8c - 8 = -6c^2$　　$3c^2 - 4c - 4 = 0$
解の公式より，
$c = \dfrac{-(-4) \pm \sqrt{(-4)^2 - 4 \times 3 \times (-4)}}{2 \times 3}$
$= \dfrac{4 + \sqrt{64}}{6} = \dfrac{4 \pm 8}{6}$
よって，$c = \dfrac{12}{6} = 2$，$c = \dfrac{-4}{6} = -\dfrac{2}{3}$
$c \fallingdotseq 2$ より，$c = -\dfrac{2}{3}$

4 (2) 円周角の定理より，$\angle CEB = \angle CAB = a^\circ$
また，BC = CE より，$\angle CBE = \angle CEB = a^\circ$
ここで，OC = OB より，∠OCB = ∠OBC となり，
円周角の定理より，∠ACE = ∠ABE，$\angle ACB = 90^\circ$ となるので，
$\angle OCD = 90^\circ - (\angle ACE + \angle OCB)$
$= 90^\circ - (\angle ABE + \angle OBC) = 90^\circ - a^\circ$
(3) 円周角の定理より，$\angle ABE = \dfrac{1}{2}\angle AOE = 30^\circ$
△ABE は，30°，60°，90° の直角三角形なので，
$BE : AB = \sqrt{3} : 2$　　$BE : 5 = \sqrt{3} : 2$　　$2BE = 5\sqrt{3}$
$BE = \dfrac{5\sqrt{3}}{2}$ (cm)
また，△ACD∽△EBD より，
$AD : ED = AC : EB = 3 : \dfrac{5\sqrt{3}}{2} = 1 : \dfrac{5\sqrt{3}}{6}$
よって，$\dfrac{5\sqrt{3}}{6}$ 倍
(4) $\angle BAC = a^\circ$ とすると，
OA = OC より，
$\angle OCA = a^\circ$
AC = CD より，
$\angle CDA = a^\circ$
△AOC∽△ACD となるので，AC : AD = AO : AC
$3 : AD = \dfrac{5}{2} : 3$
$AD = \dfrac{18}{5}$ (cm)
$DB = 5 - \dfrac{18}{5} = \dfrac{7}{5}$ (cm)
ここで，$\angle BDE = \angle CDA = a^\circ$　　$\angle BEC = \angle BAC = a^\circ$
より，$BE = BD = \dfrac{7}{5}$ (cm)
△ABE において，三平方の定理より，
$AE^2 + \left(\dfrac{7}{5}\right)^2 = 5^2$　　$AE^2 = \dfrac{576}{25}$
$AE > 0$ より，$AE = \dfrac{24}{5}$ (cm)
よって，$\triangle OEB = \dfrac{1}{2}\triangle AEB = \dfrac{1}{2} \times \dfrac{1}{2} \times \dfrac{24}{5} \times \dfrac{7}{5}$
$= \dfrac{42}{25}$ (cm^2)

〈A. H.〉

和 歌 山 県

問題 P.78

解答

1 **正負の数の計算，式の計算，平方根，多項式の乗法・除法，2 次方程式，比例・反比例，データの散らばりと代表値** 〔問 1〕(1) -4　(2) 5　(3) $5a+13b$
(4) $3\sqrt{2}$　(5) $2x^2+3x-8$　〔問 2〕$x=\dfrac{-5\pm\sqrt{13}}{2}$
〔問 3〕$y=-\dfrac{4}{3}x+\dfrac{8}{3}$　〔問 4〕$13.5\leqq a<14.5$
〔問 5〕中央値（メジアン）21 m，最頻値（モード）17 m

2 **空間図形の基本，三平方の定理，比例・反比例，1 次関数，関数 $y=ax^2$，確率，連立方程式の応用**
〔問 1〕(1) 面 AEHD（面 BFGC も可）　(2) 4 本
(3) $5\sqrt{2}$ cm　〔問 2〕ウ，エ　〔問 3〕(1) $\dfrac{1}{2}$　(2) $\dfrac{7}{16}$
〔問 4〕(求める過程)（例）太郎さんが学校から家まで歩いた時間を x 分，家から図書館まで自転車で移動した時間を y 分とする。
かかった時間から，$x+5+y=18$…①
道のりから，$80x+240y=2000$…②
①，②を解いて，$x=7$，$y=6$
よって，太郎さんが家に到着した時刻は午後 4 時 7 分で，その 5 分後の午後 4 時 12 分に出発した。
（答）午後 4 時 12 分

3 **数の性質，式の計算** 〔問 1〕(1) ア．21　イ．28
(2)（例）n^2 枚になる。
よって，$x+(x-n)=n^2$
これを x について解くと，$2x=n^2+n$　　$x=\dfrac{n^2+n}{2}$
（答）n 番目の白タイルの枚数 $\dfrac{n^2+n}{2}$ 枚
〔問 2〕(1) $a+6=b$　(2) 298 cm

4 **1 次方程式，1 次関数，三角形，平行四辺形**
〔問 1〕P．6 秒後　Q．6 秒後
〔問 2〕$y=-3x+3$
〔問 3〕$\dfrac{12}{5}$ 秒後　〔問 4〕D$\left(6,\ \dfrac{1}{2}\right)$

5 **平面図形の基本・作図，平行と合同，図形と証明，三角形，円周角と中心角，相似，三平方の定理**
〔問 1〕$\angle CAD=55$ 度
〔問 2〕$\left(\dfrac{4}{3}\pi-\sqrt{3}\right)$ cm^2
〔問 3〕(証明)（例）△ACF と △CAD で，
AC は共通…①
AC は直径で $\overset{\frown}{AC}$ に対する円周角は等しいから，
$\angle AFC=\angle CDA=90^\circ$…②
$\overset{\frown}{CF}$ に対する円周角は等しいから，
$\angle CAF=\angle CDF$…③
AC // DF より錯角が等しいから，
$\angle ACD=\angle CDF$…④
③，④より，
$\angle CAF=\angle ACD$…⑤
①，②，⑤より，直角三角形の斜辺と 1 つの鋭角がそれぞれ等しいので，
△ACF ≡ △CAD
対応する辺は等しいので，AF = CD
〔問 4〕△ABE : △CGE = 16 : 25

解き方

1 〔問 1〕(2) $-1+4\times\dfrac{3}{2}=-1+6=5$
(3) $6a+15b-a-2b=5a+13b$
(4) $\dfrac{10\times\sqrt{2}}{\sqrt{2}\times\sqrt{2}}-2\sqrt{2}=5\sqrt{2}-2\sqrt{2}=3\sqrt{2}$
(5) $x^2-4+x^2+3x-4=2x^2+3x-8$
〔問 2〕解の公式より，
$x=\dfrac{-5\pm\sqrt{5^2-4\times1\times3}}{2\times1}=\dfrac{-5\pm\sqrt{13}}{2}$
〔問 3〕$3y=-4x+8$
両辺を 3 で割ると，$y=-\dfrac{4}{3}x+\dfrac{8}{3}$
〔問 5〕中央値（メジアン）　$\dfrac{20+22}{2}=21$ (m)
最頻値（モード）は，データの中で最も多く出る値だから，17 m

2 〔問 1〕(1) 辺 AB と垂直な面は，面 AEHD と面 BFGC
(2) 辺 AD とねじれの位置にある辺は，辺 BF，辺 CG，辺 EF，辺 HG
(3) 線分 AH の長さが求める距離になる。
△AEH において，三平方の定理より，AH > 0 だから，
$AH=\sqrt{AE^2+EH^2}=\sqrt{5^2+5^2}=5\sqrt{2}$ (cm)
〔問 3〕(1) 1 回目の移動後に，P が B の位置にあるのは，1 と 4 のカードを取り出したときの 2 通り。
全部で 4 通りあるから，求める確率は，$\dfrac{2}{4}=\dfrac{1}{2}$
(2) すべての場合の数は，
$4\times4=16$（通り）
2 回目の移動後に，P が C の位置にあるときを樹形図で表すと，右のようになる。
7 通りあるので，求める確率は $\dfrac{7}{16}$

1回目	2回目
1	1
	4
2	3
3	1
	4
4	1
	4

3 〔問 1〕(1) ア $=15+6=21$
イ $=10+(6-1)+(7-1)+(8-1)=28$
〔問 2〕(1) 周の長さの増え方に着目すると，順番（番目）が 1 つ増えるごとに 6 cm 増えている。
したがって，$a+6=b$
(2) 50 番目の図形を囲む長方形の縦の長さは 50 cm…①
50 番目の図形を囲む長方形の横の長さは，
$50+(50-1)=99$ (cm)…②
①，②より，50 番目の図形の周の長さは，
$(50+99)\times2=298$ (cm)

4 〔問 1〕P：$(6\times3)\div3=6$（秒後）
Q：$6\div1=6$（秒後）
〔問 2〕1 秒後は，P (0, 3)，Q (1, 0) となる。
直線 PQ の傾きは，$\dfrac{0-3}{1-0}=-3$
切片は 3 だから，求める直線の式は $y=-3x+3$
〔問 3〕x 秒後に，△OPQ が PO = PQ の二等辺三角形となるとする。
$0<x<2$ のとき（点 P が辺 OC 上にあるとき）は，
PO < PQ
$4<x<6$ のとき（点 P が辺 BA 上にあるとき）は，
PO > PQ より，$2\leqq x\leqq4$ のとき（点 P が辺 CB 上にあるとき）を考えればよい。
$2\leqq x\leqq4$ のとき，
$CP=3x-6$ (cm)…①，$OQ=x$ (cm)…②
また，点 P から線分 OQ に垂線 PM をひく。

△OPQ が PO = PQ のとき，②より，$OM = \dfrac{x}{2}$ (cm)…③
CP = OM より，①と③から，
$3x - 6 = \dfrac{x}{2}$　　これを解いて，$x = \dfrac{12}{5}$
〔問 4〕P (6, 3)，Q (5, 0)
△OPQ = △OPD より，点 D は点 Q を通り直線 OP と平行な直線と辺 AB が交わった点である。
直線 OP の傾きは $\dfrac{3}{6} = \dfrac{1}{2}$ より，
点 Q を通り直線 OP と平行な直線を $y = \dfrac{1}{2}x + b$ とおく。
$y = \dfrac{1}{2}x + b$ に $x = 5$，$y = 0$ を代入すると，
$0 = \dfrac{1}{2} \times 5 + b$　　$b = -\dfrac{5}{2}$ より，$y = \dfrac{1}{2}x - \dfrac{5}{2}$
$y = \dfrac{1}{2}x - \dfrac{5}{2}$ に $x = 6$ を代入すると，
$y = \dfrac{1}{2} \times 6 - \dfrac{5}{2} = \dfrac{1}{2}$
したがって，D $\left(6,\ \dfrac{1}{2}\right)$

5〔問 1〕△DBC で，DB = DC より，
∠CBD = (180° − 70°) ÷ 2 = 55°
円周角の定理より，∠CAD = CBD = 55°
〔問 2〕△OCD で OC = OD より，
∠COD = 180° − 30° × 2 = 120°
よって，半径が 2 cm で中心角 120° のおうぎ形の面積は，
$\pi \times 2^2 \times \dfrac{120}{360} = \dfrac{4}{3}\pi$ (cm²)…①
また，△ACD で，∠ADC = 90°，∠ACD = 30° より，
AD : AC = 1 : 2　　AD = 2 (cm)
DC : AC = $\sqrt{3}$: 2　　DC = $2\sqrt{3}$ (cm)
よって，$\triangle OCD = \dfrac{1}{2}\triangle ACD = \dfrac{1}{2} \times \left(\dfrac{1}{2} \times 2 \times 2\sqrt{3}\right)$
$= \sqrt{3}$ (cm²) …②
①，②より，求める面積は，$\dfrac{4}{3}\pi - \sqrt{3}$ (cm²)
〔問 4〕△AED で三平方の定理より，
$AE = \sqrt{3^2 - (\sqrt{5})^2} = 2$ (cm)
△AED∽△ADC より，AD : AC = AE : AD
3 : AC = 2 : 3　　$AC = \dfrac{9}{2}$ (cm)
よって，$CE = AC - AE = \dfrac{5}{2}$ (cm)
△ABE∽△CGE で相似比は，
$AE : CE = 2 : \dfrac{5}{2} = 4 : 5$
したがって，△ABE と △CGE の面積の比は，
$4^2 : 5^2 = 16 : 25$

〈M. S.〉

鳥取県

問題 P.81

解答

1 正負の数の計算，平方根，式の計算，多項式の乗法・除法，因数分解，1 次方程式，2 次方程式，立体の表面積と体積，関数 $y = ax^2$，確率，平面図形の基本・作図

問 1．(1) −2　(2) $\dfrac{1}{2}$　(3) $6\sqrt{6}$　(4) $5x - y$　(5) $\dfrac{3}{2}ab$　問 2．$9x^2 - 6xy + y^2$　問 3．−3
問 4．$(x+6)(x-1)$　問 5．$x = 1$　問 6．$x = \dfrac{1 \pm \sqrt{5}}{2}$
問 7．$\dfrac{27}{4}$ cm　問 8．(1) $a = \dfrac{1}{3}$　(2) $0 \leqq y \leqq \dfrac{16}{3}$
問 9．記号：ア
（理由）（例）積 ab が 12 以上となることの確率は，
$\dfrac{1+3+4+4+5}{36} = \dfrac{17}{36}$
積 ab が 12 未満となることの確率は，
$1 - \dfrac{17}{36} = \dfrac{19}{36} > \dfrac{17}{36}$
よって，アの 12 未満となることの方が起こりやすい。

ab	1	2	3	4	5	6
1						
2						12
3				12	15	18
4			12	16	20	24
5			15	20	25	30
6		12	18	24	30	36

問10.

2 データの散らばりと代表値

問 1．$a = 5$，$b = 1$
ヒストグラムは右図
問 2．31 ℃
問 3．ウ，オ

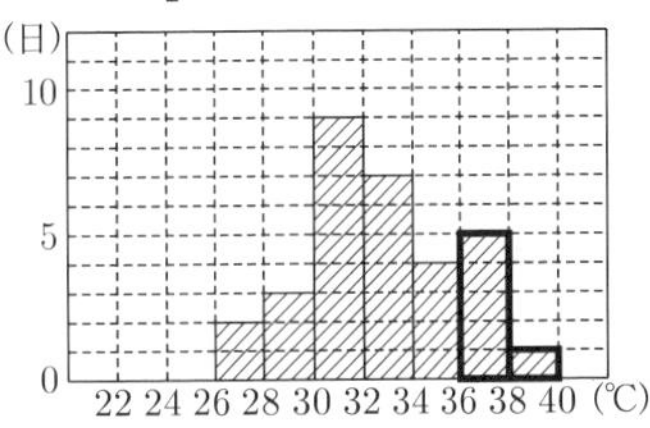

3 空間図形の基本　ア．12　イ．8　ウ．6　エ．15　オ．10　カ．7　キ．36　ク．24　ケ．14

4 連立方程式の応用　問 1．$10a + 8b + 40$
問 2．28 分
問 3．(1) (例) $\begin{cases} y = 1.6x \\ 6x + 4y + 8 \times 4 + 40 = 320 \end{cases}$　(2) 20 分

5 図形と証明，円周角と中心角，相似，三平方の定理

問 1．$\dfrac{81\sqrt{3}}{4}$ cm²　問 2．1．イ　2．エ
3．1 組の辺とその両端の角が，それぞれ等しい
問 3．28 cm　問 4．$\dfrac{27\sqrt{3}}{28}$ cm²

6 **比例・反比例，1 次関数**

問1．毎分 500 cm^3
問2．5 分後
問3．(1) 右図
(2) $\dfrac{38}{5}$ 分後

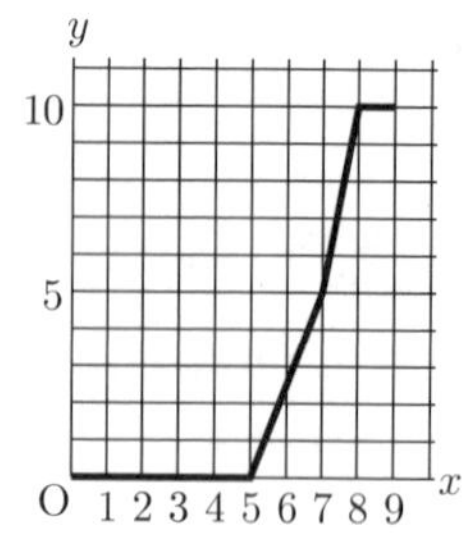

解き方

1 問1．(2) $-\dfrac{2}{3}\times\left(-\dfrac{3}{4}\right)=\dfrac{1}{2}$

(3) $5\sqrt{6}-\sqrt{24}+\dfrac{18}{\sqrt{6}}$
$=5\sqrt{6}-2\sqrt{6}+3\sqrt{6}=6\sqrt{6}$

(4) $3(x+y)-2(-x+2y)=3x+3y+2x-4y=5x-y$

(5) $-4ab^2\div(-8a^2b)\times3a^2=\dfrac{4ab^2\times3a^2}{8a^2b}=\dfrac{3}{2}ab$

問2．$(3x-y)^2=9x^2-6xy+y^2$

問3．$a^2+4a=(-3)^2+4\times(-3)=9-12=-3$

問4．$x^2+5x-6=(x+6)(x-1)$

問5．$\dfrac{5-3x}{2}-\dfrac{x-1}{6}=1$　　$15-9x-x+1=6$
$x=1$

問6．$x^2-x-1=0$
$x=\dfrac{-(-1)\pm\sqrt{(-1)^2-4\times1\times(-1)}}{2\times1}=\dfrac{1\pm\sqrt{5}}{2}$

問7．立体アは円錐で，立体イは球である。これらの体積は等しく，円錐の底面の半径は 4 cm，球の半径は 3 cm であるから，$4^2\times\pi\times h\div3=\dfrac{4}{3}\pi\times3^3$　　$h=\dfrac{27}{4}$ cm

問8．(1) $y=ax^2$ のグラフが点 (6, 12) を通るから，
$12=36a$　　$a=\dfrac{1}{3}$

(2) $y=\dfrac{1}{3}x^2\ (-4\leqq x\leqq2)$　$x=-4$ のとき $y=\dfrac{16}{3}$，
$x=0$ のとき $y=0$ であるから，$0\leqq y\leqq\dfrac{16}{3}$

2 問1．36℃以上 38℃未満は 5 日だから，$a=5$ である。38℃以上 40℃未満は 1 日だから，$b=1$ である。

問2．度数が最大である階級は 30℃以上 32℃未満だから，その階級値は 31℃であり，最頻値は 31℃である。

問3．ア．A 市は，26℃以上 27℃未満の日は 0 日の可能性があるから，正しくない。
イ．A 市の度数が 4 である階級の階級値は 35℃だから，正しくない。
ウ．正しい。
エ．B 市の分布の範囲は 14℃未満だから，正しくない。
オ．正しい。
よって，正しいものは，ウとオである。

3 立方体の辺の数は 12 本，頂点の数は 8 個，面の数は 6 個である。三角錐 APQR を切り取った残りの立体の辺の数は，$12+3=15$（本），頂点の数は，$8-1+3=10$（個），面の数は，$6+1=7$（個）になる。
三角錐を 1 つ切り取った残りの立体は，辺が 3 本，頂点が 2 個，面が 1 個増えるので，立方体から三角錐を 8 個切り取った残りの立体の辺の数は，$12+3\times8=12+24=36$（本），頂点の数は，$8+2\times8=24$（個），面の数は，$6+1\times8=14$（個）になる。

4 問1．試合時間 a 分で 10 試合を行い，チームの入れかわりは b 分で 8 回，昼休憩 40 分が 1 回だから，すべてにかかる時間は，$10a+8b+40$（分）である。

問2．午前 9 時から午後 3 時までの 6 時間で，$b=5$ のとき，問 1 の結果を用いると，$10a+8\times5+40=6\times60$
$10a=360-80$　　$a=28$　　よって，28 分である。

問3．(1) y は x の 1.6 倍である。また，試合時間 x 分で 6 試合を行い，昼休憩を 40 分とり，試合時間 y 分で 4 試合を行うと全部で，$60\times5+20=320$（分）かかることから，
$$\begin{cases} y=1.6x \\ 6x+4y+8\times4+40=320 \end{cases}$$
(2) (1)の連立方程式から y を消去して，
$6x+4\times1.6x+32+40=320$　　$6x+6.4x=248$
$x=\dfrac{248}{12.4}=20$（分）

5 問1．正三角形 ABC の高さは，$9\times\dfrac{\sqrt{3}}{2}$ cm であるから，面積は，$9\times\dfrac{9\sqrt{3}}{2}\div2=\dfrac{81\sqrt{3}}{4}\ (\mathrm{cm}^2)$

問2．△ADC と △BPC に着目し，①の長さと，②，③の角度についての条件を考えると，合同条件は，1 組の辺とその両端の角が，それぞれ等しいことになる。

問3．問 2 の結果により，
$\mathrm{BP}+\mathrm{PC}=\mathrm{AD}+\mathrm{DC}=\mathrm{AD}+\mathrm{DP}=\mathrm{AP}=10\ (\mathrm{cm})$
四角形 ABPC の周の長さは，$9+10+9=28\ (\mathrm{cm})$

問4．2 組の角がそれぞれ等しいから，△ACQ∽△CDQ，△CDQ∽△BPQ
これらから，△ACQ∽△BPQ である。
ここで，BP : PC = 2 : 1 であり，△CPD は正三角形であることから，BP : CD = BQ : CQ = 2 : 1 となり，

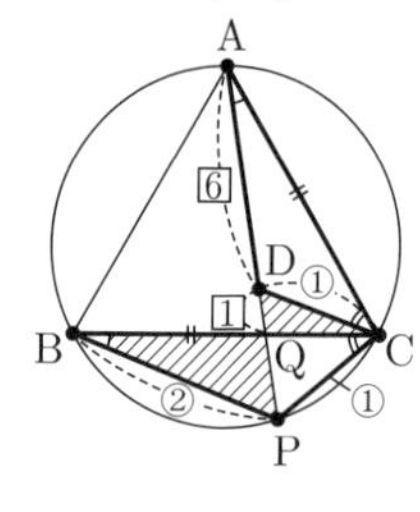

$\mathrm{AD}:\mathrm{DQ}=\mathrm{AD}:\dfrac{1}{3}\mathrm{PD}=2\mathrm{PD}:\dfrac{1}{3}\mathrm{PD}=6:1$ である。

$\triangle\mathrm{CDQ}=\triangle\mathrm{ABC}\times\dfrac{1}{3}\times\dfrac{1}{7}=\dfrac{81\sqrt{3}}{4}\times\dfrac{1}{21}$
$=\dfrac{27\sqrt{3}}{28}\ (\mathrm{cm}^2)$

6 右図のように部屋に名前をつける。

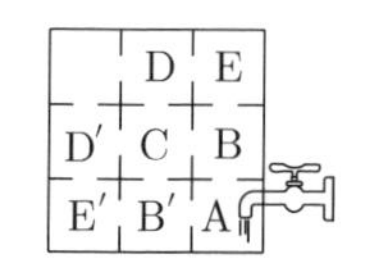

問1．A には毎分 1000 cm^3 の水が流れ込むから，水を入れ始めてから 1 分後に A の水面の高さが 10 cm になる。
その後，A から B と B′ へ同じ量が流れる。よって，A から B には毎分 $1000\div2=500\ (\mathrm{cm}^3)$ の水が流れ込む。

問2．B と B′ の水面の高さが 10 cm になるのは，ともに，水を入れ始めてから，$1+1000\div500=3$（分後）である。
その後，B から C と E，B′ から C と E′ へ同じ量が流れる。
ここで，C には，B と B′ から同じ量が流れ込むため，毎分 $500\div2\times2=500\ (\mathrm{cm}^3)$ の水が流れ込む。よって，C の水面の高さが 10 cm になるのは，$3+1000\div500=5$（分後）である。

問3．(1) 問 2 の結果により，A に水を入れ始めてから 5 分後までの D の水面の高さは 0 cm である。
その後，C から D と D′ へ同じ量が流れ込むため，毎分 $500\div2=250\ (\mathrm{cm}^3)$ の水が流れ込む。一方，E（E′）の水面の高さが 10 cm になるのは，B（B′）から毎分 250 cm^3 の水が流れることから，$3+1000\div250=7$（分後）である。これ以降は，蛇口から毎分 1000 cm^3 の水が流れ込み，この水が D と D′ に流れ込むと考えられるので，

それぞれ，毎分
$1000 \div 2 = 500\ (\text{cm}^3)$ の水が流れ込む。
よって，D には，5 分後から 7 分後までは毎分 $250\ \text{cm}^3$ の水が流れ込み，7 分後以降は毎分 $500\ \text{cm}^3$ の水が流れ込む。したがって，D の x と y の関係のグラフは右図のようになる。

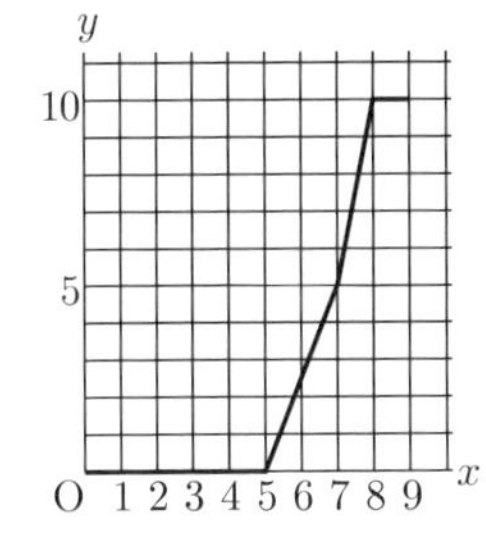

(2) $7 \leqq x \leqq 8$ のとき，D の x と y の関係式は，直線の傾きが 5 だから，$y = 5x + b$ とおけて，$x = 7$ のとき $y = 5$ だから，
$5 = 5 \times 7 + b \qquad b = 5 - 35 = -30$
よって，$y = 5x - 30$　　ここで，$y = 8$ を代入すると，
$8 = 5x - 30 \qquad x = \dfrac{38}{5}$（分）
したがって，$\dfrac{38}{5}$ 分後である。

〈T. E.〉

島 根 県

問題 P.84

解 答 **1** ▎**正負の数の計算，2 次方程式，連立方程式，式の計算，平方根，数の性質，比例・反比例，平行四辺形，円周角と中心角，確率** ▎問 1．-2
問 2．$x = -6,\ -2$　問 3．$x = 2,\ y = 3$
問 4．$3a + 5b = 1685$　問 5．$\sqrt{2}$　問 6．ウ
問 7．$y = -\dfrac{8}{x}$　問 8．55 度　問 9．イ　問10．$\dfrac{1}{3}$

2 ▎**データの散らばりと代表値，数・式の利用** ▎
問 1．1．(1) 3.5 点　(2) 4.0 点　2．$a = 9$
3．$x = 1,\ y = 6$　問 2．1．ア．$n + 3$　イ．$n + 12$
ウ．（例）この 5 つの数の和は，
$n + (n + 3) + (n + 6) + (n + 9) + (n + 12)$
$= 5n + 30 = 5(n + 6)$ より，3 列目の数 $n + 6$ の 5 倍である。
2．1460

3 ▎**1 次関数** ▎
問 1．ア．2000
イ．100
問 2．7000 円
問 3．1．$y = 50x + 4000$
2．右図
問 4．1．10 人と 40 人
2．8000 円

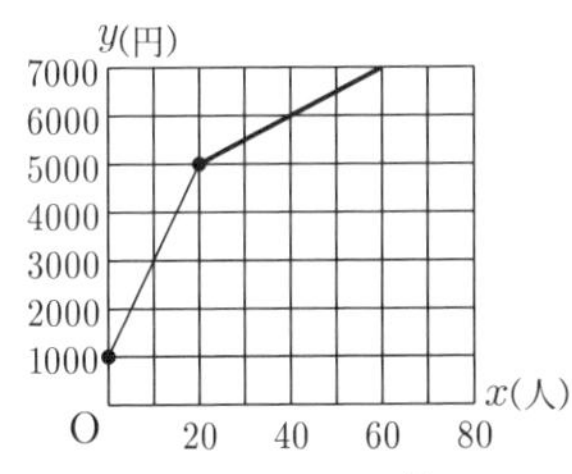

4 ▎**1 次関数，関数 $y = ax^2$，平行線と線分の比** ▎
問 1．1．$0 \leqq y \leqq 8$　2．4　3．12
問 2．1．P (10, 2)　2．Q (8, 4)

5 ▎**平面図形の基本・作図，図形と証明，相似，三平方の定理** ▎
問 1．$c = \sqrt{10}$　問 2．イ
問 3．右図
問 4．1．（証明）（例）
△ACH と △CBH において，
∠AHC = ∠CHB = 90°…①
∠ACH + ∠BCH = 90° より，
∠ACH = 90° − ∠BCH
∠CBH + ∠BCH = 90° より，
∠CBH = 90° − ∠BCH

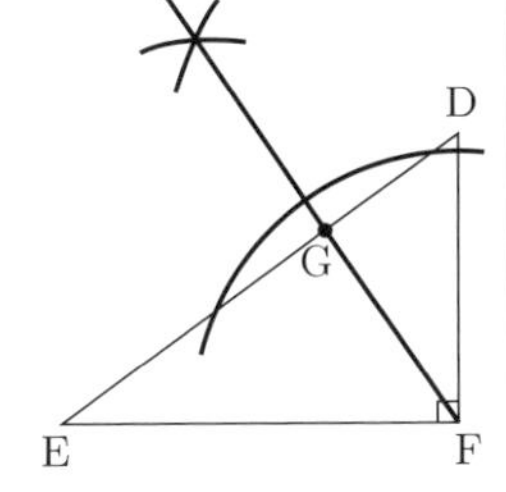

よって，∠ACH = ∠CBH…②
①，②より，2 組の角がそれぞれ等しいので，
△ACH∽△CBH
2．ア．c^2　イ．b^2　ウ．$\dfrac{b^2}{c^2}$　エ．c　オ．a　カ．$\dfrac{a^2}{c^2}$

解き方 **1** 問 1．(与式) $= 4 - 6 = -2$
問 2．$(x + 6)(x + 2) = 0 \qquad x = -6,\ -2$
問 3．$3x - 2y = 0$…①　$2x + y = 7$…②とすると，
① + ② × 2 より，$7x = 14 \qquad x = 2$
②に代入して，$4 + y = 7 \qquad y = 3$
問 5．(与式) $= 2\sqrt{2} - \dfrac{2\sqrt{2}}{2} = 2\sqrt{2} - \sqrt{2} = \sqrt{2}$
問 6．$1 < \sqrt{3} < 2$，$-\dfrac{7}{3} = -2.3\cdots$ となる。
問 7．$y = \dfrac{a}{x}$ とすると，$x = -4$，$y = 2$ を代入して，
$2 = \dfrac{a}{-4} \qquad a = -8$　　よって，$y = -\dfrac{8}{x}$
問 8．$\angle\text{EAF} = (180° - 30°) \times \dfrac{1}{2} = 75°$
∠BAD = 130° より，$\angle x = 130° - 75° = 55°$
問 9．イ．∠CAD = 90° − 52° = 38° = ∠CBD
∠ACB = 90° − 38° = 52° = ∠ADB となるので，円周角の定理の逆より，4 点は 1 つの円周上にある。
問10．すべての玉の取り出し方は，$3 \times 3 = 9$（通り）
50 点以下になるのは，(0, 0)，(0, 50)，(50, 0) の 3 通りより，求める確率は，$\dfrac{3}{9} = \dfrac{1}{3}$

2 問 1．1．(1) 小さい順に並べたとき，中央にくるのは 3 と 4 なので，$\dfrac{3 + 4}{2} = \dfrac{7}{2} = 3.5$（点）
(2) $\dfrac{2 + 4 + 1 + 3 + 1 + 1 + 10 + 8 + 6 + 4}{10} = \dfrac{40}{10}$
$= 4.0$（点）
2．$\dfrac{1 + 3 + 10 + 2 + 6 + 5 + a + 2 + a + 3}{10} = 5$ より，
$2a + 32 = 50 \qquad a = 9$
3．全体の合計点は，$40 + 50 = 90$（点）より，1 班と 2 班の合計点が，それぞれ $90 \div 2 = 45$（点）となればよい。よって，1 班が 5 点増えればよいので，
$(x,\ y) = (1,\ 6),\ (4,\ 9)$　　このうち条件 2 の 2 つ目を満たすのは，$x = 1$，$y = 6$
問 2．2．1 例目の数は，1，1 + 15，1 + 15 + 15，…となっているので，1 列目の m 行目の数は，
$1 + 15 \times (m - 1) = 15m - 14$ と表される。
1 列目の 20 行目の数は，$15 \times 20 - 14 = 286$ となるので，
1．のウより，$5 \times (286 + 6) = 5 \times 292 = 1460$

3 問 2．図 1 のグラフの傾きは，$\dfrac{3000 - 2000}{10} = 100$ より，式は，$y = 100x + 2000$ となる。$x = 50$ を代入して，
$y = 100 \times 50 + 2000 = 7000$（円）
問 3．1．傾きは 50 より，$y = 50x + b$ とおけ，
点 (20, 5000) を通るので，
$5000 = 50 \times 20 + b \qquad b = 4000$
よって，$y = 50x + 4000$
問 4．1．$x < 20$ のとき，B 中学校のグラフの傾きは，$\dfrac{3000 - 1000}{10} = 200$ より，式は
$y = 200x + 1000$ となる。
よって，活動費が等しく，部員数も等しくなるのは，
$100x + 2000 = 200x + 1000$

y(円)　A B
7000
6000
5000
4000
3000
2000
1000
O 20 40 60 80 x(人)

$100x = 1000$　　$x = 10$（人）
$x \geqq 20$ のとき，活動費が等しく，部員数も等しくなるのは，
$100x + 2000 = 50x + 4000$　　$50x = 2000$
$x = 40$（人）
2．グラフより，$x \geqq 20$ でB中学校の方が部員数が多くなるときである。部員数をA中学校 a 人，B中学校 $(a + 20)$ 人とすると，
$100a + 2000 = 50(a + 20) + 4000$　　$50a = 3000$
$a = 60$（人）　　よって，活動費は，
$100 \times 60 + 2000 = 8000$（円）

4 問1．1．$x = -2$ のとき，$y = \frac{1}{2} \times (-2)^2 = 2$
$x = 4$ のとき，$y = \frac{1}{2} \times 4^2 = 8$　　よって，$0 \leqq y \leqq 8$
2．A $(-2,\ 2)$，B $(4,\ 8)$ より，直線 l の傾きは
$\frac{8-2}{4-(-2)} = \frac{6}{6} = 1$ となるので，式は $y = x + b$ とおけ，
A $(-2,\ 2)$ を通るので，$2 = -2 + b$　　$b = 4$
よって，$y = x + 4$ となるので，点Cの y 座標は4
3．$\frac{1}{2} \times 4 \times \{4 - (-2)\} = 12$
問2．1．点Pの x 座標を p とすると，
$\frac{1}{2} \times \{p - (-2)\} \times 2 = 12$　　$p + 2 = 12$　　$p = 10$ より，
P $(10,\ 2)$
2．四角形OABP $= \triangle$OAP $+ \triangle$APB
$= 12 + \frac{1}{2} \times \{10 - (-2)\} \times (8 - 2)$
$= 12 + 36 = 48$
より，$\triangle$ABQ $= 48 \times \frac{1}{2} = 24$ となる。
ここで，$\triangle$APQ $= 48 - 24 - 12 = 12$ より，
BQ : QP $= 24 : 12 = 2 : 1$
右図のようにR，Sをとると，
SQ : RP $= 2 : 3$　　SQ : 6 $= 2 : 3$
3SQ $= 12$　　SQ $= 4$
BS : BR $= 2 : 3$　　BS : 6 $= 2 : 3$
3BS $= 12$　　BS $= 4$
よって，Q $(8,\ 4)$

5 問1．$3^2 + 1^2 = c^2$　　$c^2 = 10$
$c > 0$ より，$c = \sqrt{10}$
問2．イ．$3^2 + 4^2 = 9 + 16 = 25$　　$5^2 = 25$
問4．2．ウ．$P : Q = c^2 : b^2$　　$c^2 Q = b^2 P$
$Q = \frac{b^2}{c^2} \times P$
カ．$P : R = c^2 : a^2$　　$c^2 R = a^2 P$　　$R = \frac{a^2}{c^2} \times P$

〈A. H.〉

岡 山 県

問題 P.86

解答 **1** **正負の数の計算，式の計算，平方根，2次方程式，関数 $y = ax^2$，確率，立体の表面積と体積，三平方の定理，平面図形の基本・作図**
① 4　② -20　③ $a - 8b$　④ $-5ab$　⑤ 2
⑥ $x = \frac{5 \pm \sqrt{21}}{2}$　⑦ エ　⑧ $\frac{5}{18}$
⑨（求める過程）（例）$\triangle$ABO において $\angle$AOB $= 90°$ だから，三平方の定理より
AO$^2 + 3^2 = 7^2$
AO$^2 = 40$
AO > 0 だから，AO $= 2\sqrt{10}$
よって，求める体積は，
$\frac{1}{3} \times \pi \times 3^2 \times 2\sqrt{10} = 6\sqrt{10}\pi$
（答え）$6\sqrt{10}\pi$ cm^3
⑩ 右図

2 **1次方程式の応用，連立方程式の応用**
① (1) $50 - a$　(2) $750a + 1600(50 - a)$
② (3) $250x + 800y$　(4) $\frac{x}{3} + \frac{y}{2}$
③ 桃84個，メロン44個

3 **数の性質，比例・反比例**　① ア，ウ
② (1) $a = 12$　(2) $\frac{3}{2} \leqq y \leqq 4$
③ $a = 2,\ 3,\ 5$

4 **データの散らばりと代表値，1次関数**
① (1) 3　(2) 1000個以上1500個未満　(3) 1250
② (1) $y = 20x - 5000$　(2) 2440
(3)（説明）（例）中央値が入っている階級は1500個以上2000個未満であり，予想した値は，中央値より大きいから。

5 **相似，円周角と中心角**
①（証明）（例）$\triangle$ABD と $\triangle$ECD において，
$\overset{\frown}{BC}$ に対する円周角は等しいから，
$\angle$BAD $= \angle$CED…(i)
対頂角は等しいから，
$\angle$ADB $= \angle$EDC…(ii)
(i)，(ii)から，
2組の角がそれぞれ等しいので，
$\triangle$ABD∽$\triangle$ECD
② (1) 3 cm　(2) 2 : 1　(3) $\frac{27}{11}$ cm

解き方 **1** ⑧ 和が2，3，4，5となるのがそれぞれ1通り，2通り，3通り，4通りある。
⑩ 辺BCの中点を作図する。
3 ③ $a = 2$ のとき，$(x,\ y) = (1,\ 2)$，$(2,\ 1)$，$(-1,\ -2)$，$(-2,\ -1)$ の4個となる。$a = 3$，$a = 5$ のときも同様に4個となる。
4 ② (3) 中央値が入っている階級は，1500個以上2000個未満
5 ② (1) $\angle$ABE $= \angle$CBE より，$\angle$EAC $= \angle$ECA
よって，AE $=$ CE
(2) $\angle$EAD $= \angle$GED であり，$\angle$ADE $= \angle$EDG は共通であるから，$\triangle$ADE∽$\triangle$EDG
よって，ED : GD $=$ AD : ED
また，①より，AD : ED $=$ AB : EC $= 6 : 3 = 2 : 1$
ゆえに，ED : DG $= 2 : 1$

(3) (2)より, AG : GD = 3 : 1
また, △ADE∽△EDG より, EG = 1.5 cm
EF // CB より, GD : DC = EG : BC = 1.5 : 5 = 3 : 10
よって, AG : GC = 9 : 13 となる。
したがって, AF : FB = 9 : 13 となるので,
$AF = 6 \times \frac{9}{9+13} = \frac{27}{11}$ (cm)

〈K. Y.〉

広島県

問題 P.89

解答 **1** **正負の数の計算, 式の計算, 平方根, 2 次方程式, 空間図形の基本, 三平方の定理, 関数 $y = ax^2$, 確率** (1) 3　(2) 8　(3) $5\sqrt{3}$　(4) $x = -6,\ 1$
(5) 15π　(6) $\sqrt{29}$　(7) ① イ　② ア　③ ウ　(8) $\frac{1}{4}$

2 **平方根, 多項式の乗法・除法, 1 次関数** (1) 17, 18
(2) (説明) (例) AP を 1 辺とする正方形の面積は
x^2 cm²…①
PB を 1 辺とする正方形の面積は
$(6-x)^2 = x^2 - 12x + 36$ (cm²)…②
①, ②より, AP を 1 辺とする正方形の面積と PB を 1 辺とする正方形の面積の和は
$x^2 + (x^2 - 12x + 36) = 2x^2 - 12x + 36$ (cm²)…③
PC を 1 辺とする正方形の面積は
$(3-x)^2 = x^2 - 6x + 9$ (cm²)…④
CB を 1 辺とする正方形の面積は 9 cm²…⑤
④, ⑤より, PC を 1 辺とする正方形の面積と CB を 1 辺とする正方形の面積の和の 2 倍は
$(x^2 - 6x + 9 + 9) \times 2 = 2x^2 - 12x + 36$ (cm²)…⑥
③, ⑥より, AP を 1 辺とする正方形の面積と PB を 1 辺とする正方形の面積の和は, PC を 1 辺とする正方形の面積と CB を 1 辺とする正方形の面積の和の 2 倍に等しくなる。

(説明終わり)

(3) 800

3 **平行四辺形** 35 : 4

4 **比例・反比例, 平行と合同** (1) 4　(2) 15

5 **データの散らばりと代表値** (1) ウ
(2) (Y さんに依頼する場合の解答)
(例) 再生回数の最頻値に着目すると, Y さんは 23 万回, Z さんは 19 万回なので, Y さんが作成する動画の方が, Z さんが作成する動画より再生回数が多くなりそうである。だから, Y さんに依頼する。
(Z さんに依頼する場合の解答)
(例) 再生回数が 18 万回以上の階級の度数の合計に着目すると, Y さんは 26 本, Z さんは 33 本なので, Z さんが作成する動画の方が, Y さんが作成する動画より再生回数が多くなりそうである。だから, Z さんに依頼する。

6 **図形を中心とした総合問題**
(1) (証明) (例) 点 P と点 R, 点 Q と点 R をそれぞれ結ぶ。
△POR と △QOR において
円 O の半径より, OP = OQ…①
仮定より, PR = QR…②
共通な辺であるから, OR = OR…③
①, ②, ③より, 3 組の辺がそれぞれ等しいから
△POR ≡ △QOR
合同な図形の対応する角は等しいから
∠POR = ∠QOR
したがって, OR は ∠XOY の二等分線である。

(証明終わり)

(2) ア. B　イ. BI　ウ. C　エ. CI
(ア. C　イ. CI　ウ. B　エ. BI も可)
(3) オ. $90° - \frac{1}{2}\angle x$　カ. 0　キ. 90

解き方 **1** (2) (与式) $= \frac{6a^2}{3a} = 2a$ に $a = 4$ を代入する。
(3) (与式) $= 2\sqrt{3} + 3\sqrt{3} = 5\sqrt{3}$
(4) $(x+6)(x-1) = 0$ より, $x = -6,\ 1$
(5) $(\pi \times 3^2) \times 5 \div 3 = 15\pi$ (cm³)
(6) $AB = \sqrt{(3-1)^2 + (2-7)^2} = \sqrt{29}$
(7) $0 < \frac{1}{3} < 2$ より, x 軸より上側でイの方がアより広がっているグラフになるから, アが②, イが①になる。
(8) すべての場合の数は (4 × 3 =)12 通りで, 和が 6 以上になる場合は (A, B) = (3, 3), (4, 2), (4, 3) の 3 通り。

2 (1) $3\sqrt{a} < 13$ より, $9a < 169$
$4^2 = 16$, $169 \div 9 = 18.77\cdots$ より, $16 < a < 18.8$
(3) 40 × 10 + 280 = 680 より, A さんは出発して 10 分間で 680 m 進むが, 160 × (10 − 8) = 320 なので, B さんが追いついたのは $10 \leqq x \leqq 19$ のときである。B さんについて, $8 \leqq x$ のとき y を x の式で表すと,
$y = 160x - 160 \times 8 = 160x - 1280$
これと $y = 40x + 280$ を連立して y を求めればよい。

3 AD // BC より, △ABE = △DBE…①
また, BG : GF = 5 : 2 より,
△GEF : △BEF = GF : BF
= 2 : (5 + 2) = 2 : 7 = 4 : 14…②
BD // EF より, △BEF = △DEF…③
BG : GF = 5 : 2 より,
△DEF : △DBE = GF : BG = 2 : 5 = 14 : 35…④
②, ③, ④より, △GEF : △DBE = 4 : 35…⑤
①, ⑤より, $S : T$ = △ABE : △GEF = 35 : 4

4 (2) D $(-d,\ 0)$ とおくと, DA = AB より, B $(d,\ 10)$
DE = 9 より, C $(9-d,\ 2)$
よって, $10 = \frac{a}{d}$, $2 = \frac{a}{9-d}$
$a = 10d$, $a = 18 - 2d$ を連立方程式とみなして a を求めればよい。

5 (2) (コメント) 本問はデータに基づいて考えたかを問う数学の問題であるので, 解答のような答えでよい。しかし, 統計的な意思決定という視点でみると Z さんに依頼するのがベターである。
たとえば, 解答では最頻値でみていたが, 再生回数が, Y さんの最頻値である 23 万回以上をとる本数は 2 人とも 18 本であり, その 18 本における平均値を階級値を用いて求めてみると, Y さん 24 万回, Z さんが約 25.5 万回と Z さんの方が上である。
また, 累積度数分布表を作成すると次のようになり, どこの階級をみても,

(Yさんの累積度数) ≧ (Zさんの累積度数)

であるから, Z さんに依頼する方が再生回数が多くなる可能性は高いといえる。

累積度数分布表　　　　　　　(単位：本)

再生回数	Y さん	Z さん
10 万回以上 12 万回未満	5	5
12 万回以上 14 万回未満	11	8
14 万回以上 16 万回未満	18	12
16 万回以上 18 万回未満	24	17
18 万回以上 20 万回未満	30	26
20 万回以上 22 万回未満	32	32
22 万回以上 24 万回未満	43	37
24 万回以上 26 万回未満	48	43
26 万回以上 28 万回未満	50	47
28 万回以上 30 万回未満	50	50

(Y さん，Z さんの度数の合計はともに 50 本である。)

このように，中学校で学習する統計的手法だけでも十分に意思決定ができる。

6 (3) 四角形 AEIF において，

$\angle FIE = 360° - (\angle x + 90° \times 2) = 180° - \angle x$

円周角の定理より，$\angle FDE = \frac{1}{2}\angle FIE = 90° - \frac{1}{2}\angle x$

〈O. H.〉

山口県　問題 P.91

解答

1 正負の数の計算，式の計算　(1) 2　(2) -6　(3) $4a-8$　(4) $3b$　(5) $10x+9y$

2 数の性質，比例・反比例，立体の表面積と体積　(1) <　(2) エ　(3) $y=\frac{6}{x}$　(4) 8 cm

3 データの散らばりと代表値　(1) 45 cm

(2) (説明) (例) 60 cm 以上 70 cm 未満の階級の相対度数は，A 中学校が $\frac{4}{25}=\frac{16}{100}=0.16$，B 中学校が $\frac{9}{75}=\frac{3}{25}=\frac{12}{100}=0.12$ なので，A 中学校の方が求める生徒の割合は大きいといえる。

4 確率　(1) $\frac{5}{7}$　(2) イ，ウ　(3) $\frac{2}{5}$

5 平方根，2 次方程式，2 次方程式の応用　(1) $\sqrt{14}$　(2) -4　(3) $\frac{1+\sqrt{13}}{2}$

6 関数 $y=ax^2$　(1) -5　(2) ア，エ　(3) $y=\frac{2}{3}x^2$

7 相似，平行線と線分の比，円周角と中心角　(1) 4　(2) $\frac{8}{3}$　(3) 125 度

8 1 次関数　(1) -1

(2) 式：$a+\frac{b}{2}=12$，$a=11$，$b=2$

9 平面図形の基本・作図，図形と証明

(1) 右図

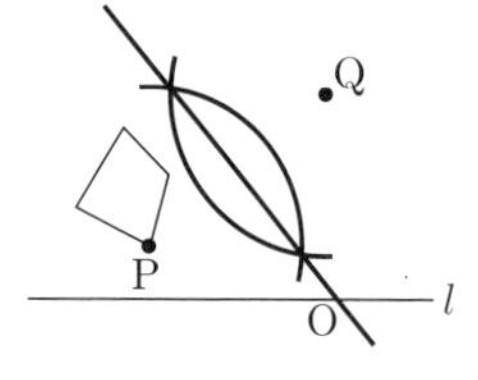

(2) (証明) (例)

△FDA と △FGB において，

仮定より △DBE ≡ △ABC なので，

∠BDE = ∠BAC…①

AB // DE なので，平行線の錯角より，

∠BDE = ∠ABD…②

∠BAC = ∠DGA…③

①，②より，∠FAB = ∠FBA となり，△FAB は 2 つの角が等しいことから，二等辺三角形となり，FA = FB…④

①，③より，∠FDG = ∠FGD となり，△FDG は 2 つの角が等しいことから，二等辺三角形となり，FD = FG…⑤

また，対頂角は等しいので，∠DFA = ∠GFB…⑥

④，⑤，⑥より，2 組の辺とその間の角がそれぞれ等しいので，△FDA ≡ △FGB

10 図形を中心とした総合問題　(1) ウ

(2) (解) (例) 横に 105 個の空き缶を並べるので，横の長さ AD は，$AD = 6.6 \times 105 = 693$ (cm)

縦に空き缶を x 個並べると考えると，縦の長さ AB は，

$AB = 12.2 + 11.9 \times (x-1) = 11.9x + 0.3$ (cm)

したがって，

$11.9x + 0.3 + 300 = 693$

となるので，これを解いて，$x = 33$　　(答え) 33 個

(3) $(6.6\pi + 21.8)$ cm

解き方

1 (2) (与式) $= -\frac{15}{2} \times \frac{4}{5} = -6$

(3) (与式) $= 10a - 6a - 8 = 4a - 8$

(4) (与式) $= \frac{27ab^2}{9ab} = 3b$

(5) (与式) $= 6x - 3y + 4x + 12y = 10x + 9y$

2 (2) エは，$m=3$，$n=4$ のとき，$m \div n = \frac{3}{4}$ となるように，整数にならない場合がある。

(3) 比例定数 $a = 3 \times 2 = 6$ より，$y = \frac{6}{x}$

(4) 高さを h (cm) とすると，

$(6 \times 6) \times h \times \frac{1}{3} = 96$　これを解いて，$h = 8$ (cm)

3 (1) A 中学校の最頻値は，40 cm 以上 50 cm 未満の階級なので，その階級値は 45 cm

4 (1) あたらない場合は，あたる場合の余事象なので，

$1 - \frac{2}{7} = \frac{5}{7}$

(2) ア：投げる回数を増やしていくと $a = b$ に近づいていくことから，$\frac{a}{b}$ の値は 1 に近づいていく。よって，正しくない。

ウ：a の値が投げる回数と等しくなるのは，投げた硬貨がすべて表となるときである。a の値が投げる回数と等しくなる場合があることから，その確率は 0 にならない。

エ：投げる回数が偶数回であったとしても，表と裏が同じ回数ずつ出るとは限らないので正しくない。

(3) 3 枚のカードの取り出し方は，

<u>(1, 2, 3)</u>，(1, 2, 4)，(1, 2, 5)，(1, 3, 4)，<u>(1, 3, 5)</u>，(1, 4, 5)，<u>(2, 3, 4)</u>，(2, 3, 5)，(2, 4, 5)，<u>(3, 4, 5)</u> の 10 通り。3 つの数の和が 3 の倍数となるのは下線部の 4 通りなので，求める確率は，$\frac{4}{10} = \frac{2}{5}$

5 (1) 14 の平方根は $\pm\sqrt{14}$ であるが，正の数は $\sqrt{14}$

(2) $x = 1 + \sqrt{5}$ を $x^2 - 2x + a = 0$ に代入すると，

$(1+\sqrt{5})^2 - 2(1+\sqrt{5}) + a = 0$　　整理して，$a = -4$

(3) $a > 1$ として，大きい方を a，小さい方を $a-1$ とすると，その積が 3 であるので，

$a(a-1) = 3$　　$a^2 - a - 3 = 0$　　$a = \frac{1 \pm \sqrt{13}}{2}$

$a > 1$ より，$a = \frac{1+\sqrt{13}}{2}$

6 (1) $y = 5x^2$ のグラフと x 軸に関して対称なグラフとなる関数は，y を $-y$ に変えたものなので，

$-y = 5x^2$　　すなわち，$y = -5x^2$

(2) イ：$x<0$ においては，x の値が増加すると y の値も増加するので正しくない。
ウ：$x=0$ のとき，$y=0$ なので，正しくない。
(3) A $(4,\ -8)$ より，直線 AB の式は $y=-2x$ とわかる。
よって，B $(-3,\ 6)$　　これが，放物線②上にあるので，
放物線②を $y=ax^2$ とすると，$6=9a$　　$a=\frac{2}{3}$
よって，放物線②を表す式は，$y=\frac{2}{3}x^2$

7 (1) 円 O と円 O′ は相似であり，
その相似比は $4:2=2:1$
したがって，その面積比は $2^2:1^2=4:1$
(2) $\mathrm{OB}=2$，$\mathrm{BC}=4$ であり，AC // DB なので，
$\mathrm{OD}:\mathrm{DA}=\mathrm{OB}:\mathrm{BC}=2:4=1:2$
したがって，$\mathrm{AD}=\mathrm{OA}\times\frac{2}{1+2}=4\times\frac{2}{3}=\frac{8}{3}$
(3) 大きい方の円について，
中心角 $\angle\mathrm{FOG}=\angle\mathrm{GEF}\times 2=110^\circ$
したがって，$\angle\mathrm{HJI}=(360-110)^\circ\times\frac{1}{2}=125^\circ$

8 (1) 空欄にあてはまる数を a とすると，変化の割合が -3 であることから，$\frac{a-8}{5-2}=-3$
これを解いて，$a=-1$
(2) P $(a,\ 0)$，Q $\left(-\frac{b}{2},\ 0\right)$，R $(0,\ a)$，S $(0,\ b)$ なので，
$\mathrm{PQ}=12$ より，$a-\left(-\frac{b}{2}\right)=12$
すなわち，$a+\frac{b}{2}=12$…①
$\mathrm{RS}=9$ より，$a-b=9$…②
①−②より，$\frac{3}{2}b=3$　　$b=2$　　よって，$a=11$

9 (1) 線分 PQ の垂直二等分線をひけばよい。

10 (1) 横に並べる空き缶の個数を x 個とする。
ア：並べる空き缶の個数の合計は，$20\times x=20x$ となり，比例する。
イ：長方形 ABCD の横の長さは，$6.6\times x=6.6x$ となり，比例する。
ウ：長方形 ABCD の 4 辺の長さの合計は，
（縦の長さ）$\times 2+6.6x\times 2$ と表せるが，これは $y=ax$ の形でないため，比例するとは言えない。
エ：長方形 ABCD の面積は，（縦の長さ）$\times 6.6x$ なので，比例する。
(3) 右図のように案内板の周の長さを考えることができる。これは，中心角 120° で半径 3.3 cm のおうぎ形 3 個と，縦 3.3 cm，横 6.6 cm の長方形 3 個の組み合わせと考えることができるので，周の長さは，
$3.3\times 2\times\pi+6.6\times 3$
$=6.6\pi+19.8$ (cm)

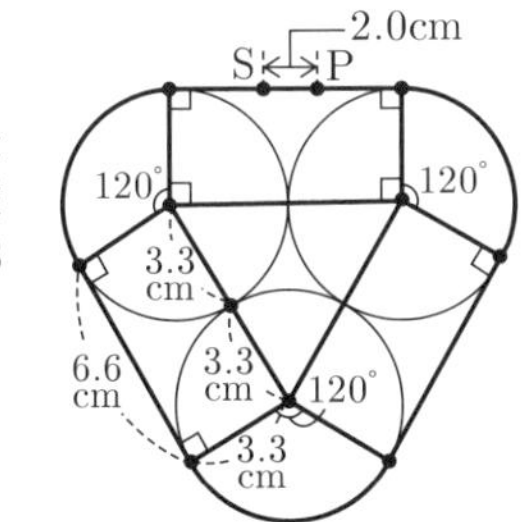

さらに重なる部分を考えると，
長方形の用紙 PQRS の横の長さ PS は，
$(6.6\pi+19.8)+2.0=6.6\pi+21.8$ (cm)

〈Y. D.〉

徳　島　県

問題 P.94

解　答

1 ┃正負の数の計算，平方根，多項式の乗法・除法，2 次方程式，確率，データの散らばりと代表値，平行と合同，1 次関数，三平方の定理，数の性質┃
(1) -3　(2) $2\sqrt{6}$　(3) $x^2-9x+20$　(4) $x=\frac{5\pm\sqrt{13}}{2}$
(5) $\frac{4}{13}$　(6) 0.4　(7) 115 度　(8) $(0,\ -7)$
(9) $24\sqrt{10}\ \mathrm{cm}^3$　(10) 21

2 ┃連立方程式の応用┃ (1) ア．$x+y$　イ．$190x+245y$
ウ．$\frac{x}{3}+\frac{y}{6}$　エ．$\frac{190}{3}x+\frac{245}{6}y$
(2) 玉ねぎ 159 個，じゃがいも 228 個

3 ┃場合の数，平面図形の基本・作図，三平方の定理┃
(1) 12 通り
(2) (a) 16π cm　(b) EF 18 cm，FG $24\sqrt{3}$ cm

4 ┃関数を中心とした総合問題┃ (1) (a) 8　(b) $y=-x-12$
(2) (a) $y=-\frac{1}{4}x$　(b) $\frac{9}{2}$，8

5 ┃図形を中心とした総合問題┃ (1) $(a-90)$ 度
(2)（証明）（例）△ABD と △DEB で，
仮定より，$\angle\mathrm{BAD}=\angle\mathrm{EDB}=90^\circ$…①
AD // BE から，平行線の錯角は等しいので，
$\angle\mathrm{ADB}=\angle\mathrm{DBE}$…②
①，②から，2 組の角が，それぞれ等しいので，
△ABD∽△DEB　　（証明終わり）
(3) $\frac{8\sqrt{29}}{29}$ cm　(4) $\frac{116}{45}\ \mathrm{cm}^2$

解き方

1 (1) (与式) $=-(12\div 4)=-3$
(2) (与式) $=\sqrt{3}\times 2\sqrt{2}=2\sqrt{6}$
(3) (与式) $=x^2-5x-4x+20=x^2-9x+20$
(4) $x=\frac{-(-5)\pm\sqrt{(-5)^2-4\times 1\times 3}}{2\times 1}=\frac{5\pm\sqrt{13}}{2}$
(5) トランプは 4 種類 13 枚の合計 52 枚あり，各種 1 けたの偶数の札は 2，4，6，8 で，合計 $(4\times 4=)16$ 枚ある。
よって，求める確率は，$\frac{16}{52}=\frac{4}{13}$
(6) $30-(7+5+3+2+1)=12$ より，3 冊以上 6 冊未満の階級の度数は 12 で，相対度数は，$12\div 30=0.4$
(7) 多角形の外角の和は 360° より，
$\angle\mathrm{ABC}$ の外角 $=360^\circ-(70^\circ+75^\circ+70^\circ+80^\circ)=65^\circ$
よって，$\angle\mathrm{ABC}=180^\circ-65^\circ=115^\circ$
(8) $3=\frac{5}{2}\times 4+a$ より，$a=-7$
よって，y 軸との交点の座標は $(0,\ -7)$
(9) 正四角錐の高さは，三平方の定理より，
$\sqrt{7^2-3^2}=2\sqrt{10}$ (cm)
よって，体積は，$6^2\times 2\sqrt{10}\div 3=24\sqrt{10}$ (cm^3)
(10) $336=2^4\times 3\times 7$ より，最も小さい n は，
$n=3\times 7=21$

2 (2)【みきさんの考え方】で解く。
立てた式を整理すると，
$x+y=91$…①，$38x+49y=3876$…②
①$\times 49-$②より，$11x=583$　　$x=53$
これを①に代入すると，$53+y=91$　　$y=38$
売れた個数は，$3\times 53=159$　　$6\times 38=228$
【ゆうさんの考え方】で解く。
立てた式を整理すると，

$2x+y=546\cdots③$，$76x+49y=23256\cdots④$
③ × 49 − ④より，$22x=3498$　　$x=159$
これを③に代入すると，$318+y=546$　　$y=228$

3 (1)

A ─ B ─ C ─ D
A ─ B ─ D ─ C
A ─ C ─ B ─ D
A ─ C ─ D ─ B
A ─ D ─ B ─ C
A ─ D ─ C ─ B

C ─ A ─ B ─ D
C ─ A ─ D ─ B
C ─ D ─ A ─ B

D ─ A ─ B ─ C
D ─ A ─ C ─ B
D ─ C ─ A ─ B

(2)(a) $\overset{\frown}{\mathrm{AB}}=2\pi\times24\times\dfrac{120}{360}=16\pi$ (cm)
(b) おうぎ形 OAB の中心 O から線分 EH にひいた垂線 OI と線分 AB，FG の交点をそれぞれ J，K とする。
$\mathrm{EF}=\mathrm{IK}=\mathrm{OI}-\mathrm{OK}$
直角三角形 OCK で，$\angle\mathrm{KOC}=60°$ より，$\mathrm{OK}=6$ cm
よって，$\mathrm{EF}=24-6=18$ (cm)
直角三角形 OAJ で $\angle\mathrm{JOA}=60°$ より，$\mathrm{AJ}=12\sqrt{3}$ cm
$\mathrm{FG}=\mathrm{AB}=2\mathrm{AJ}=24\sqrt{3}$ cm

4 (1)(a) $y=-4+12=8$
(b) 点 $(a,\ b)$ と x 軸について対称な点は $(a,\ -b)$ だから，求めるグラフの式は元の式の y を $-y$ に置き換えればよい。$-y=x+12$ より，$y=-x-12$
別　解 対称なグラフは 2 点 $(-12,\ 0)$，$(-4,\ -8)$ を通る事実から計算で求めてもよい。
(2)(a) P $(2,\ 2)$ より，Q $(-10,\ 2)$，S $(-10,\ 0)$
対角線 PS の中点は $(-4,\ 1)$
長方形の対角線の中点を通る直線は面積を 2 等分するから，求める直線の式は，$y=-\dfrac{1}{4}x$
(b) PQ = PR のとき正方形になる。
P $\left(p,\ \dfrac{1}{2}p^2\right)$ とすると，Q $\left(\dfrac{1}{2}p^2-12,\ \dfrac{1}{2}p^2\right)$，R $(p,\ 0)$，S $\left(\dfrac{1}{2}p^2-12,\ 0\right)$
$\mathrm{PQ}=p-\left(\dfrac{1}{2}p^2-12\right)=-\dfrac{1}{2}p^2+p+12$
$\mathrm{PR}=\dfrac{1}{2}p^2$ より，$-\dfrac{1}{2}p^2+p+12=\dfrac{1}{2}p^2$
$p^2-p-12=0$　　$(p+3)(p-4)=0$　　$p=-3,\ 4$
$p=-3$ のとき，$\mathrm{PR}=\dfrac{1}{2}\times(-3)^2=\dfrac{9}{2}$
$p=4$ のとき，$\mathrm{PR}=\dfrac{1}{2}\times4^2=8$

5 (1) △DEF で，外角と内角の関係から，
$\angle\mathrm{AFD}=\angle\mathrm{DEG}+\angle\mathrm{FDE}$　　$\angle\mathrm{DEG}=(a-90)°$
(3) AD // BC より，△ADE = △ABD…①
直角三角形 ABD で，三平方の定理より，$\mathrm{BD}=2\sqrt{5}$ cm
△ABD∽△DEB より，BE = 5 cm
直角三角形 ABE で，三平方の定理より，$\mathrm{AE}=\sqrt{29}$ cm
①より，AE × DH = AD × AB
$\sqrt{29}\,\mathrm{DH}=8$　　$\mathrm{DH}=\dfrac{8}{\sqrt{29}}=\dfrac{8\sqrt{29}}{29}$ (cm)
(4) △AFD∽△EFB より，AF : EF = 4 : 5 = 20 : 25
△AGD∽△EGC より，
AG : EG = AD : EC = 4 : 1 = 36 : 9
以上より，AF : FG : GE = 20 : 16 : 9
よって，$\mathrm{FG}=\dfrac{16}{45}\sqrt{29}$ cm
四角形 BCGF = △BCD − △DFG
$=4-\dfrac{64}{45}=\dfrac{116}{45}$ (cm²)

〈O. H.〉

香 川 県

問題 P.95

解　答

1 正負の数の計算，数・式の利用，平方根，因数分解，2 次方程式，数の性質 (1) 3
(2) −48　(3) $y=4x-2$　(4) $-\sqrt{3}$　(5) $(x+1)(y-6)$
(6) $x=\dfrac{-5\pm\sqrt{17}}{2}$　(7) ㋑→㋒→㋐

2 円周角と中心角，空間図形の基本，立体の表面積と体積，三平方の定理 (1) 35 度　(2) ア．㋑　イ．$\dfrac{8\sqrt{3}}{3}$ cm
(3) $\dfrac{12\sqrt{5}}{5}$ cm

3 データの散らばりと代表値，確率，関数 $y=ax^2$，2 次方程式の応用 (1) 1.6 km　(2) $\dfrac{11}{20}$
(3) ア．$-\dfrac{4}{3}\leqq y\leqq0$　イ．$a=\dfrac{1}{2}$
(4) (x の値を求める過程)（例）
テープがはられていない部分の面積の和は
$(10-2x)(20-4x)$ cm² と表せる。
$(10-2x)(20-4x)=10\times20\times\dfrac{36}{100}$
$8x^2-80x+200=72$
$x^2-10x+16=0$
$(x-2)(x-8)=0$
$x=2,\ 8$
$0<x<5$ より，$x=2$
（答）x の値　2

4 数の性質，連立方程式の応用
(1) ア．$p=5$　イ．25，49（から 1 つ）
(2) ア．9 点　イ．$(-2a+2b+19)$ 点
ウ．(a，b の値を求める過程)（例）
1 枚は表で 2 枚は裏が出る回数は $(9-a-b)$ 回と表せるので，10 回のゲームで表が出た枚数の合計について方程式を立てると，
$3a+2\times1+1\times(9-a-b)=12$
整理すると，$2a-b=1\cdots①$
太郎さんが得た点数の合計は，
$4a+2\times1+1\times(9-a-b)=3a-b+11$（点）
と表せるので，前問イの結果を用いると，
$-2a+2b+19-(3a-b+11)=7$
整理すると，$5a-3b=1\cdots②$
①，②を連立して解くと，$a=2$，$b=3$
（答）a の値　2，b の値　3

5 三角形，相似
(1)（証明）（例）△FGH と △IEH において，
∠FHG = ∠IHE（対頂角）
FG // EI より，∠GFH = ∠EIH（平行線の錯角）
2 組の角がそれぞれ等しいので，△FGH∽△IEH
(2)（証明）（例）2 点 C，G を結ぶ。
△CDE と △CBG において，
DE = BG（仮定）
四角形 ABCD は正方形であるから，
CD = CB，∠CDE = 90°，
∠CBG = 180° − ∠ABC = 180° − 90° = 90°
∠CDE = ∠CBG
2 組の辺とその間の角がそれぞれ等しいので，
△CDE ≡ △CBG…（＊）

(＊) より，CE = CG…①，∠DCE = ∠BCG…②
線分 CF は ∠BCE を 2 等分するので，
∠ECF = ∠BCF…③
∠DCF = ∠DCE + ∠ECF，∠GCF = ∠BCG + ∠BCF
②，③より，∠DCF = ∠GCF…④
DC // FG より，錯角は等しいので ∠DCF = ∠GFC…⑤
④，⑤より，∠GCF = ∠GFC…⑥
⑥より，CG = FG…⑦
①，⑦より，CE = FG

解き方

1 (4) (与式) $= 2\sqrt{3} - 3\sqrt{3} = -\sqrt{3}$
(5) (与式) $= x(y-6) + (y-6)$
$= (x+1)(y-6)$
(7) 絶対値は，㋐…3　㋑…0　㋒…2

2 (1) ∠AOD = 180° − (20° + 90°) = 70°
$\overset{\frown}{AD}$ に対する円周角より，$\angle ACD = \frac{1}{2}\angle AOD = 35°$
(2) ア．㋐ ∠OAC = 90° の下で，AC : OA = $1 : \sqrt{3}$ でないので，∠OCA ≠ 60°
㋒三平方の定理を用いると，
$AB^2 = (4\sqrt{3})^2 = 48$
$OB^2 = 6^2 + (4\sqrt{3})^2 = 84$
$BC^2 = 8^2 = 64$
$OC^2 = 6^2 + 4^2 = 52$
$OB^2 \neq OC^2 + BC^2$
辺 OC が辺 CA および辺 CB のどちらとも垂直ではないので不適。
㋓辺 OA と線分 CD は同じ平面上に置くことができないので不適。
イ．$\frac{\text{三角すい DBCP}}{\text{三角すい OABC}} = \frac{BD}{OB} \times \frac{BP}{AB} \times \frac{BC}{CB}$
$\frac{1}{3} = \frac{1}{2} \times \frac{BP}{AB} \times \frac{8}{8}$　　$\frac{BP}{AB} = \frac{2}{3}$… (＊)
△ABC に三平方の定理を用いると，
$AB = \sqrt{8^2 - 4^2} = \sqrt{48} = 4\sqrt{3}$
(＊) より，$BP = \frac{2}{3}AB = \frac{2}{3} \times 4\sqrt{3} = \frac{8\sqrt{3}}{3}$
(3) E から直線 BC に垂線 EH を下ろす。
∠ABD = ∠DBC = t とおく。
AB // EC より，錯角が等しいので，
∠BEC = ∠ABD = t
△EBC について，外角の定理より，

∠ECH = ∠EBC + ∠CEB = $t + t = 2t$
このことから △ABC∽△ECH… (＊)
△EBC は CB = CE の二等辺三角形であるから，
CE = CB = 3
(＊) より，$CH = \frac{3}{5}CE = \frac{9}{5}$　　$EH = \frac{4}{5}CE = \frac{12}{5}$
△EBH に三平方の定理を用いると，
$BE = \sqrt{BH^2 + EH^2} = \sqrt{\left(3 + \frac{9}{5}\right)^2 + \left(\frac{12}{5}\right)^2} = \frac{12\sqrt{5}}{5}$

3 (1) $\frac{0.5 \times 3 + 1.5 \times 4 + 2.5 \times 2 + 3.5 \times 1}{10} = 1.6$ (km)
(2) 5 枚のカードを1_A，1_B，2，3，4 とし，2 枚ある 1 に区別をつける。1 枚目をもとにもどさず，2 枚目を取り出すので，同じカードを 2 枚取り出すことはない。
$a \geqq b$ となるのは右表の○印の 11 通り。求める確率は，

a＼b	1_A	1_B	2	3	4
1_A	＼	○			
1_B	○	＼			
2	○	○	＼		
3	○	○	○	＼	
4	○	○	○	○	＼

$\frac{11}{5 \times 4} = \frac{11}{20}$
(3) ア…$x = 2$ のとき，y は最小で $y = -\frac{4}{3}$
$x = 0$ のとき，y は最大で $y = 0$
イ…3 点，A，B，C の座標は，それぞれ，
A $(-3,\ 9a)$，B $(3,\ 9a)$，C $(-3,\ -3)$
AB = 3 − (−3) = 6，AC = $9a - (-3) = 9a + 3$
(直線 BCの傾き) $= \frac{AC}{AB} = \frac{9a+3}{6} = \frac{5}{4}$
これを解いて，$a = \frac{1}{2}$

4 (1) ア．6 = 1 × 1 × 6 = 1 × 2 × 3
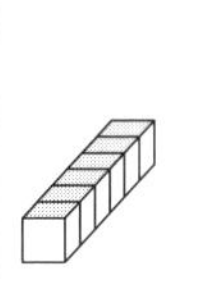
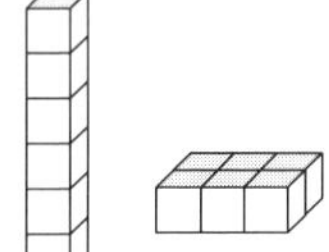
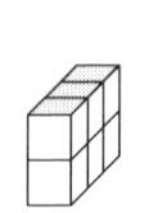
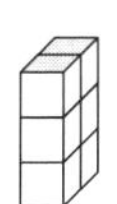
異なる形の四角柱は，上の 5 通りできる。
イ．$m = 4$ となる n の値は 4 や 9 があるので，
$(素数)^2$ と考えられる。2 けたの数では，$5^2 = 25$，$7^2 = 49$
(2) ア．

	3 枚とも表	2 枚表，1 枚裏	1 枚表，2 枚裏	3 枚とも裏
回数	1回	1回	3回	1回
太郎	4点	2点	3点	0点
次郎	0点	1点	6点	4点

太郎さんが得た点数の合計は，4 + 2 + 3 + 0 = 9 (点)
イ．

	3 枚とも表	2 枚表，1 枚裏	1 枚表，2 枚裏	3 枚とも裏
回数	a回	1回	$(9-a-b)$ 回	b回
太郎	$4a$点	2点	$(9-a-b)$ 点	0点
次郎	0点	1点	$2(9-a-b)$ 点	$4b$点

次郎さんが得た点数の合計は，
$0 + 1 + 2(9 - a - b) + 4b = -2a + 2b + 19$ (点)
ウ．前問イにおいて，太郎さんが得た点数の合計は，
$4a + 2 + (9 - a - b) = 3a - b + 11$ (点)
2 人の得点の差について方程式を立てると，
$-2a + 2b + 19 - (3a - b + 11) = 7$
整理すると，$5a - 3b = 1$…①
(表が出た枚数の合計) $= 3a + 2 + 9 - a - b = 12$
整理すると，$2a - b = 1$…②
①，②を連立して解くと，$a = 2$，$b = 3$

5 (2) △CDE ≡ △CBG より，
∠DCE = ∠BCG = ○ (右図)
仮定より，
∠ECF = ∠BCF = ×とおくと，
∠DCF = ∠GCF = ○ + ×
また，DC // FG より，錯角が等しいので，
∠GFC = ∠DCF = ○ + ×
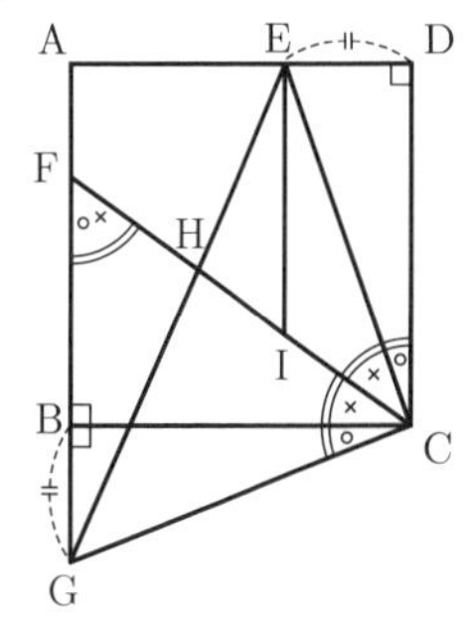

〈A. T.〉

愛 媛 県

問題 P.97

解答

1 **正負の数の計算，式の計算，平方根，多項式の乗法・除法** 1．-15　2．$\frac{7}{10}x-3$
3．$-6xy$　4．$8+4\sqrt{6}$　5．$-6x+25$

2 **因数分解，数・式の利用，空間図形の基本，データの散らばりと代表値，確率，平面図形の基本・作図，連立方程式の応用**
1．$(x-2)(x-6)$　2．-4.4℃　3．ウ，エ　4．28 m
5．$\frac{2}{9}$
6．下図の通り。

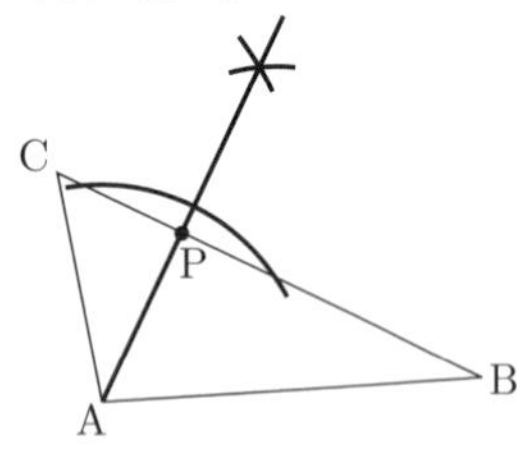

7．（例）A 地点から B 地点までの道のりを x km，B 地点から C 地点までの道のりを y km とすると，

$$\begin{cases} x+y=13 & \cdots① \\ \frac{x}{3}+\frac{20}{60}+\frac{y}{5}=4 & \cdots② \end{cases}$$

②から，$5x+3y=55\cdots③$
③ − ① × 3 から，$x=8$
$x=8$ を①に代入して解くと，$y=5$
これらは問題に適している。
（答）A 地点から B 地点までの道のり 8 km，
B 地点から C 地点までの道のり 5 km

3 **数の性質，平行と合同**
1．ア．4　イ．120　ウ．72　エ．144　2．22 個

4 **関数を中心とした総合問題** 1．イ　2．$a=\frac{1}{4}$
3．$y=\frac{1}{2}x+2$　4．6　5．$\frac{6}{5}$，6

5 **相似，三平方の定理**
1．（証明）（例）△AEF と △DCE において，
四角形 ABCD は長方形だから，$\angle A=\angle D=90°\cdots①$
$\angle FEC=90°$ だから，
$\angle AEF=180°-\angle FEC-\angle DEC=90°-\angle DEC\cdots②$
また，△DCE で $\angle EDC=90°$ だから，
$\angle DCE=180°-\angle EDC-\angle DEC=90°-\angle DEC\cdots③$
②，③から，$\angle AEF=\angle DCE\cdots④$
①，④から，2 つの三角形は，2 組の角がそれぞれ等しいことがいえたから，
△AEF∽△DCE　　（証明終わり）
2．$2\sqrt{5}$ cm　3．$18\sqrt{5}$ cm^2

解き方

1 2．$(与式)=\frac{5}{10}x+\frac{2}{10}x-2-1$
$=\frac{7}{10}x-3$
3．$(与式)=-\frac{24xy^2\times 2x}{8xy}=-6xy$
4．$(与式)=6+\sqrt{6}+2\sqrt{6}+2+\sqrt{6}=8+4\sqrt{6}$
5．$(与式)=(x^2-6x+9)-(x^2-16)=-6x+25$

2 2．$7.6-0.6\times\frac{2000}{100}=7.6-12=-4.4$（℃）
4．太郎さんの記録を合わせる前の中央値は，大きさの順で 7 番目の値だから 26 m で，合わせた後の中央値は 27 m になる。大きさの順で 7 番目と 8 番目の真ん中の値だから，太郎さんの記録が 6 番目以下だと中央値は $(25+26)\div 2=25.5$ (m)，7 番目で 26 だと中央値は 26 m，9 番目以上だと中央値は $(26+29)\div 2=27.5$ (m) となり不適である。
よって，太郎さんは 8 番目の記録で，$27\times 2-26=28$ (m) である。
5．すべての場合は $(3\times 3=)\,9$ 通りあり，そのうちあいこ（引き分け）になるのは両方の袋から［チョキ］のカードが取り出される場合であり，その場合の数は $(1\times 2=)\,2$ 通り。
6．点 P は，点 A を通る線分 BC の垂線と BC との交点である。

別 解

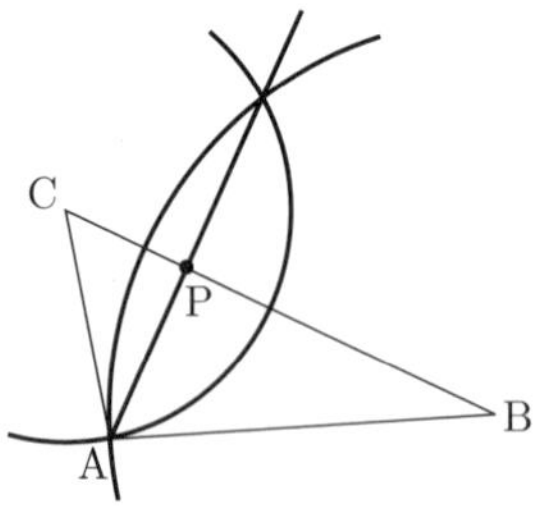

3 正多角形の外角の和は 360° である事実と，
図 2 のような図形は各頂点の内角の和（ここでは回転角の補角 $(180-x)°$ の和）が 180° である事実を知っているかがカギになる。
1．イ．正三角形の 1 つの外角は $360°\div 3=120°$
ウ．正五角形の 1 つの外角は $360°\div 5=72°$ である。
エ．**図 2** で回転前後の跡がつくる鋭角は，
$180°\div 5=36°$
よって，$180-x=36$　　$x=144$

$x°$
$180°-x°$
スタート位置

2．正 n 角形の 1 つの外角は $\left(\frac{360}{n}\right)°$
より，$x=\frac{360}{n}$ の値が正の整数となる n の個数が，できる正多角形の個数と一致する。つまり，360 の正の約数が n の候補である。
$n\geqq 3$ より（正一角形や二角形はない），360 の 24 個の正の約数から $n=1$ と 2 の 2 個を除いた 22 個になる。
実際，$n=1$ のとき $x=360$ で動いた跡は半直線，$n=2$ のとき $x=180$ で動いた跡は線分になる。

4 1．ア．$xy=16$ より，積が一定である。
イ．図のグラフから正しいとわかる。
ウ．y は x に反比例する。
エ．反比例のグラフは原点対称である。
2．A (4, 4) より，$4=a\times 4^2$　　$a=\frac{1}{4}$
3．B (−2, 1) より傾きは，$\frac{4-1}{4-(-2)}=\frac{1}{2}$
$y=\frac{1}{2}x+b$ とおくと，$4=\frac{1}{2}\times 4+b$　　$b=2$
4．AB // OC より，△ABC = △ABO
A，B からそれぞれ x 軸に垂線 AA′，BB′ を引く。
直線 AB と y 軸の交点を D とすると，
$\triangle ABO=\triangle A'B'D=\{4-(-2)\}\times 2\div 2=6$
5．BO の中点を M とすると，$M\left(-1,\ \frac{1}{2}\right)$
直線 AM：$y=\frac{7}{10}x+\frac{6}{5}$ と y 軸との交点を Q とすると，
△ABQ : △AQO = BM : MO = 1 : 1 より，
点 Q が 1 つ目の点 P である。

点Aを通り，直線BOに平行な直線 $y=-\frac{1}{2}x+6$ と y 軸との交点をRとする。ARを底辺とみれば，$\triangle ABR=\triangle AOR$ より，点Rが2つ目の点Pである。

5 2．直角三角形AEFにおいて，
折り返しより，$EF=BF=AB-AF=6$ (cm)
三平方の定理より，$AE=\sqrt{6^2-4^2}=2\sqrt{5}$ (cm)
3．$\triangle AEF \backsim \triangle DCE$ より，
$AE:DC=AF:DE$　　$2\sqrt{5}:10=4:DE$
$DE=4\sqrt{5}$ cm
四角形BGEF
$=$ 長方形ABCD $-\triangle AEF-\triangle DCE-\triangle BCF$
$=10\times6\sqrt{5}-2\sqrt{5}\times4\div2-4\sqrt{5}\times10\div2$
$-6\sqrt{5}\times6\div2$
$=60\sqrt{5}-4\sqrt{5}-20\sqrt{5}-18\sqrt{5}=18\sqrt{5}$ (cm²)
〈O. H.〉

高 知 県

問題 P.99

解 答

1 **正負の数の計算，式の計算，平方根，数・式の利用，2次方程式，関数 $y=ax^2$，立体の表面積と体積，データの散らばりと代表値，平面図形の基本・作図** (1) ① -2 ② $\frac{5x-11y}{12}$ ③ $-\frac{a}{2}$ ④ $2\sqrt{2}$
(2) $b=50-7a$ (3) ア，ウ，エ
(4) $x=-1,\ 6$ (5) $a=3$
(6) ウ，ア，イ (7) 0.25
(8) 右図

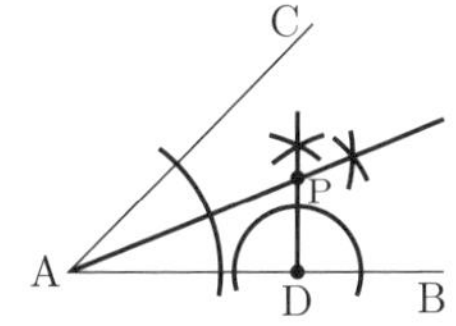

2 **連立方程式の応用** (1) ウ (2) あ．$x+y$ い．4200
(3) イ

3 **関数 $y=ax^2$**
(1) $y=\frac{9}{2}$ (2) $10\leqq x\leqq15$ (3) $x=4,\ \frac{92}{5}$

4 **確率** (1) $\frac{1}{5}$ (2) $\frac{17}{36}$

5 **比例・反比例，三角形** (1) 3 (2) $y=x$
(3) (説明) (例)
$\triangle AOB$ は $AO=AB$ の二等辺三角形であるから，
(点Aの x 座標) $=m$ より，底辺OBの長さは $2m$ と表せる。
点Aは②のグラフ上の点であるから，点Aの座標は $\left(m,\ \frac{6}{m}\right)$ と表せる。
$\triangle AOB$ の面積は，$2m\times\frac{6}{m}\times\frac{1}{2}=6$
となることから，m の値に関わらず一定である。

6 **円周角と中心角，相似，三平方の定理**
(1) (証明) (例) $\triangle AEC$ と $\triangle DEB$ において
$\overset{\frown}{AE}$ に対する円周角より，$\angle ACE=\angle DBE$…①
$\overset{\frown}{BC}$ に対する円周角より，$\angle CAB=\angle DEB$
$\angle CAB=45°$ より，$\angle DEB=45°$…②
半円の弧に対する円周角より，$\angle AEB=90°$…③
②，③より，
$\angle AEC=\angle AEB-\angle DEB=90°-45°=45°$…④
②，④より，
$\angle AEC=\angle DEB$…⑤
①，⑤より，2組の角がそれぞれ等しい。
したがって　$\triangle AEC \backsim \triangle DEB$
(2) ① $6\sqrt{2}$ cm ② $\frac{27}{4}$ 倍

解き方

1 (1) ② (与式) $=\frac{3(3x-y)-4(x+2y)}{12}$
$=\frac{5x-11y}{12}$
③ (与式) $=-\frac{a^2b\times3b}{6ab^2}=-\frac{a}{2}$
④ (与式) $=6\sqrt{2}-4\sqrt{2}=2\sqrt{2}$
(3) ア～エの計算結果はそれぞれ $a-\frac{1}{2}$，$a+\frac{1}{2}$，$-\frac{1}{2}a$，$-2a$
(4) $x^2-2x-8=3x-2$　　$x^2-5x-6=0$
左辺を因数分解すると，$(x+1)(x-6)=0$
$x=-1,\ 6$
(5) $y=ax^2$ のグラフが通る点は $(-2,\ 12)$，$(-1,\ 3)$
(6) ア～ウの見取図および高さを h (cm) としたときの体積は，次の通り。

ア

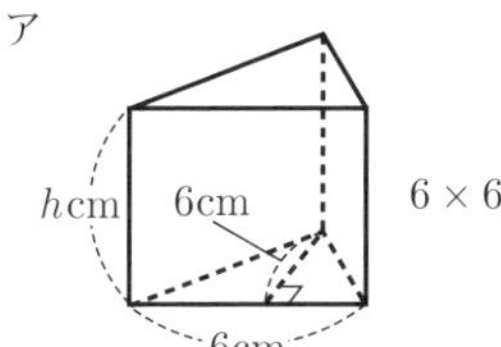

$6\times6\times\frac{1}{2}\times h=18h$ (cm³)

イ

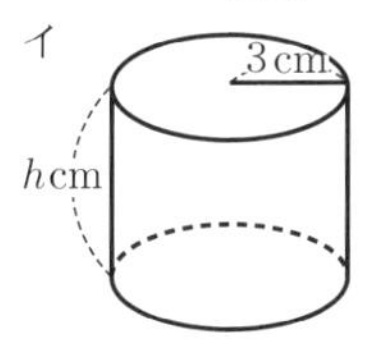

$\pi\times3^2\times h=9\pi h$ (cm³)

ウ

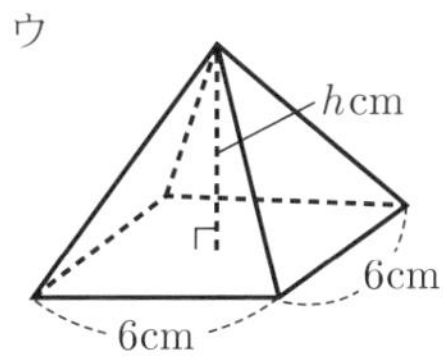

$6^2\times h\times\frac{1}{3}=12h$ (cm³)

(7) 9.0秒以上9.5秒未満の階級に中央値が含まれる。
$10\div40=0.25$
(8) 点DにおいてABと垂直に交わる直線と，∠Aの2等分線が交わる点が円の中心Pとなる。

2 ひかるさん…地点Aから地点P，地点Pから地点Bまで移動するのにかかった時間をそれぞれ x 分，y 分とする。
$$\begin{cases} x+y=23 \\ 240x+75y=4200 \end{cases}$$
まことさん…地点Aから地点P，地点Pから地点Bまでの道のりをそれぞれ x m，y m とする。
$$\begin{cases} x+y=4200 \\ \frac{x}{240}+\frac{y}{75}=23 \end{cases}$$

3 (1) $0\leqq x\leqq5$ のとき，正方形ABCDと直角二等辺三角形EFGが重なった部分は右の**図1**のように直角二等辺三角形になる。

図1

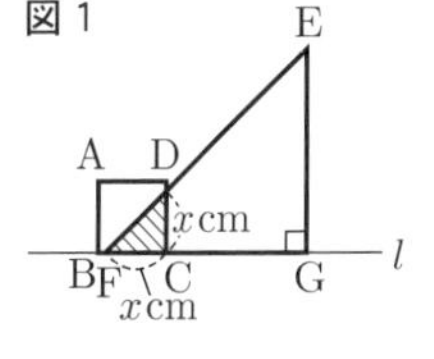

$y=x\times x\times\frac{1}{2}=\frac{1}{2}x^2$
$x=3$ のとき，y の値は
$\frac{1}{2}\times3^2=\frac{9}{2}$

(2) y の値が最大になるのは，正方形 ABCD 全体が直角二等辺三角形の内部に含まれるとき，すなわち，右の**図 2** の㋐から㋑までである。

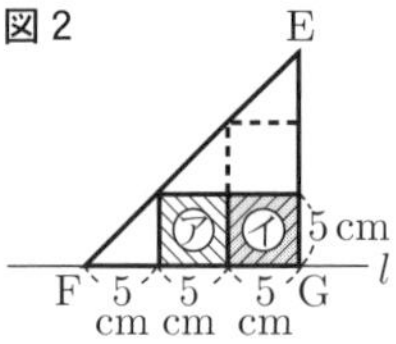

正方形 ABCD が㋐および㋑の位置に到達するのは，動き始めてから，それぞれ 10 秒後，15 秒後である。

図 2

(3) $0 \leqq x \leqq 5$ のとき，

$\frac{1}{2}x^2 = 8$

$x^2 = 16$

$x > 0$ より，$x = 4$

$15 \leqq x \leqq 20$ のとき，

重なった部分は右の**図 3** のような長方形になる。

図 3

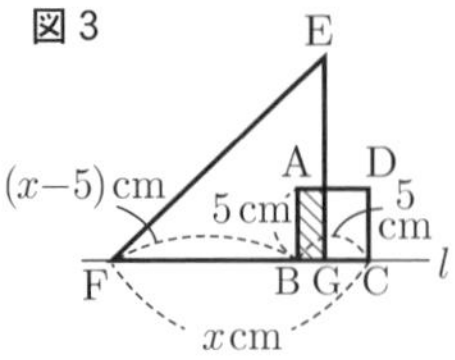

$BG = 15 - (x - 5) = 20 - x$

$y = 5(20 - x)$ と表せる。

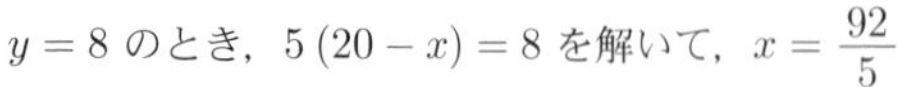

$y = 8$ のとき，$5(20 - x) = 8$ を解いて，$x = \frac{92}{5}$

4 (1) 2 個の玉の取り出し方は $6 \times 5 = 30$（通り）

a，b ともに奇数となる取り出し方は，$3 \times 2 = 6$（通り）

求める確率は，$\frac{6}{30} = \frac{1}{5}$

(2) $m^2 > 4n$ を満たす場合に○をつけて整理すると，右の表のようになる。

○が 17 個あるので，

求める確率は $\frac{17}{36}$

m^2 \ $4n$	4	8	12	16	20	24
1						
4						
9	○	○				
16	○	○	○			
25	○	○	○	○	○	○
36	○	○	○	○	○	○

5 (1) $\frac{6}{2} = 3$

(2) $\angle AOB = 45°$ より，傾きは 1

6 (2) ① $\angle CAB = 45°$，

$OA = OC$ より，

$\triangle OAC$ は $\angle AOC = 90°$ の直角二等辺三角形。

$AC = \sqrt{2}OA = 6\sqrt{2}$ (cm)

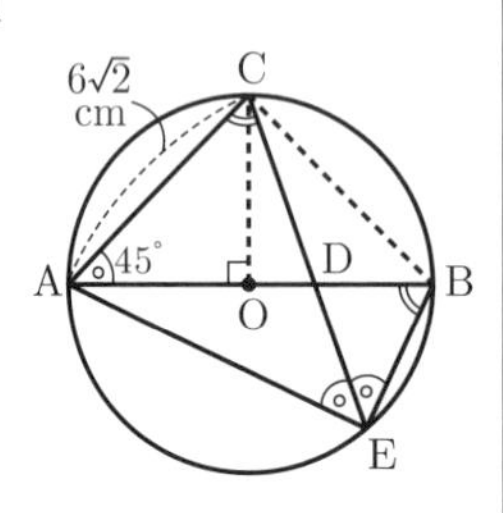

② (1)より，$\triangle AEC \backsim \triangle DEB$

相似比は，

$DB = OB - OD = 6 - 2 = 4$

より，

$AC : DB = 6\sqrt{2} : 4 = 3\sqrt{2} : 2$

面積比は，$(3\sqrt{2})^2 : 2^2 = 18 : 4 = 9 : 2$

$\triangle AEC$，$\triangle DEB$ の面積をそれぞれ $9S$，$2S$ とおく。

$\triangle AEC : \triangle BCE = AD : DB$

$= (6 + 2) : (6 - 2) = 8 : 4 = 2 : 1$

$\triangle BCE = \frac{1}{2}\triangle AEC = \frac{9}{2}S$

四角形 $AEBC : \triangle DEB$

$= (\triangle AEC + \triangle BCE) : \triangle DEB$

$= (9S + \frac{9}{2}S) : 2S = \frac{27}{2}S : 2S = 27 : 4$

〈A. T.〉

福　岡　県

問題 P.101

解　答

1 **正負の数の計算，式の計算，平方根，2 次方程式，確率，関数 $y = ax^2$，比例・反比例，三平方の定理，三角形，円周角と中心角**

(1) -5

(2) $-2a + 13b$

(3) $3\sqrt{2}$

(4) $x = -2$，$x = 10$

(5) $\frac{15}{16}$

(6) $0 \leqq y \leqq 8$

(7) 右図

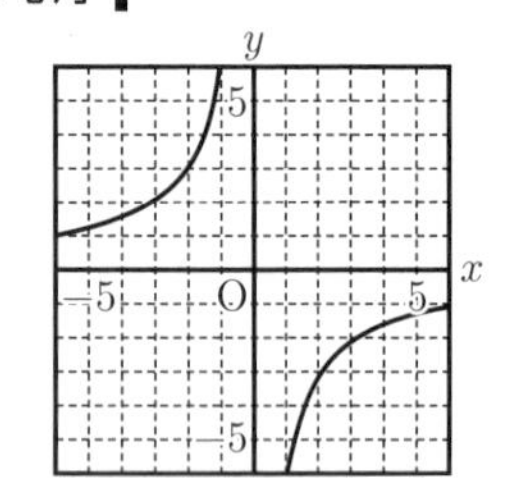

(8) 8 cm　(9) 108 度

2 **データの散らばりと代表値**　(1) 0.13

(2)（説明）（例 1）飛行距離の中央値がふくまれる階級は，A が 11 m 以上 12 m 未満で，B が 10 m 以上 11 m 未満である。中央値は A の方が B より大きいので，A を選ぶ。

（例 2）飛行距離の最頻値は，A が 9.5 m で，B が 11.5 m である。最頻値は B の方が A より大きいので，B を選ぶ。

3 **数の性質，多項式の乗法・除法，因数分解**

(1)（証明）（連続する 2 つの偶数は，整数 m を用いると，）

（例）小さい方の数が $2m$，大きい方の数が $2m + 2$ と表される。連続する 2 つの偶数の積に 1 を加えた数は，

$2m(2m + 2) + 1 = 4m^2 + 4m + 1 = (2m + 1)^2$

m は整数だから，$2m + 1$ は奇数である。

（したがって，連続する 2 つの偶数の積に 1 を加えた数は，奇数の 2 乗になる。）（証明終）

(2) A. エ　B. オ　(3) X. ア　Y. オ　Z. ウ　Ⓟ. 4（「ア」と「オ」は順不同）

4 **1 次方程式，連立方程式，1 次関数**

(1)（説明）（例）$0 \leqq x \leqq 30$ における式は，$y = 80x$ である。この式に，$x = 11$ を代入すると，$y = 80 \times 11 = 880$ (m) であり，$880 < 900$ である。したがって，9 時 11 分に希さんのいる地点は，家から駅までの間であるから，アである。

(2) A (28, 0)，B (40, 2400)　(3) 10 時 8 分 45 秒

5 **平行と合同，図形と証明，平行四辺形，平行線と線分の比**

(1) 記号 エ　（解答）$AD + DE = CB + BF$

(2)（証明）（例）$\triangle DGE$ と $\triangle BHF$ において，

仮定から，$DE = BF$…①

平行線の錯角は等しいから，$AE \mathbin{/\!/} CF$ より，

$\angle GED = \angle HFB$…②，$\angle EDG = \angle FCD$…③

平行線の同位角は等しいから，$CD \mathbin{/\!/} AB$ より，

$\angle FCD = \angle FBH$…④

③，④より，$\angle EDG = \angle FBH$…⑤

①，②，⑤より，1 組の辺とその両端の角がそれぞれ等しいので，$\triangle DGE \equiv \triangle BHF$（証明終）

(3) $\frac{27}{10}$ cm^2

6 **空間図形の基本，立体の表面積と体積，平行線と線分の比**

(1) 辺 DE　(2) $4\sqrt{5}$ cm　(3) 42 cm^3

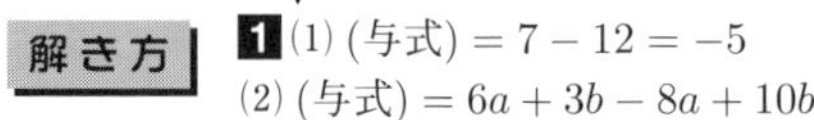

解き方　**1** (1)（与式）$= 7 - 12 = -5$

(2)（与式）$= 6a + 3b - 8a + 10b$

$= -2a + 13b$

(3)（与式）$= 7\sqrt{2} - 4\sqrt{2} = 3\sqrt{2}$

(4) $(x + 6)(x - 5) = 9x - 10$

$x^2+x-30-9x+10=0$
$x^2-8x-20=0$　　$(x+2)(x-10)=0$
$x=-2,\ x=10$
(5) 4 枚の硬貨全てが裏となる確率は，$\frac{1}{2^4}=\frac{1}{16}$ である。
よって，少なくとも 1 枚は表が出る確率は，
$1-\frac{1}{16}=\frac{15}{16}$
(6) $y=\frac{1}{2}x^2$ $(-4\leqq x\leqq 2)$ は，$x=0$ を含んでいる。
$x=0$ のとき $y=0$，$x=-4$ のとき $y=8$ であるから，
$0\leqq y\leqq 8$
(8) 三平方の定理により，
$AC=\sqrt{10^2-6^2}=\sqrt{64}$
$=8\ (cm)$

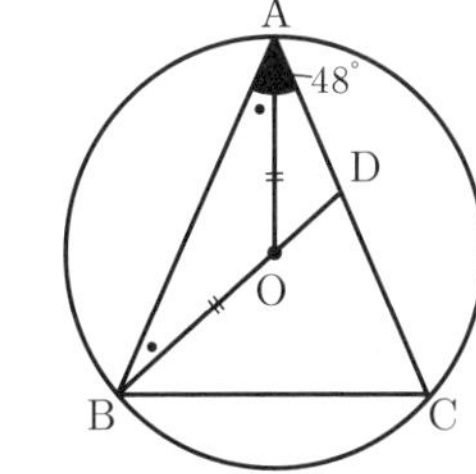

(9) 線分 OA をひくと，
$\angle ABD=48°\div 2=24°$
$\angle ADB=180°-(48°+24°)$
$=180°-72°=108°$

2 (1) $\frac{4}{30}=0.133\cdots\fallingdotseq 0.13$

3 (2) (A) は，整数 n を用いると，n，$n+2$ と表される。これらは，差が 2 である 2 つの整数と考えられる。
よって，エ
(A) の積に 1 を加えると，
$n(n+2)+1=n^2+2n+1=(n+1)^2$
となり，これはもとの 2 つの数の間の整数の 2 乗である。
よって，(B) はオ
(3) 連続する 5 つの整数を，$n-2$，$n-1$，n，$n+1$，$n+2$ とするとき，
(X)(Y) + ⓟ = (Z)^2 (ただし，ⓟ は 1 以外の自然数) をみたすのは，$(n-2)(n+2)+4=n^2$ の場合のみであるから，(X) はアで (Y) はオ，または，(X) はオで (Y) はアである。

4 (2) 希さんは，図書館から駅までは，$1500\div 75=20$ (分) 歩き，駅から家までは 15 分歩いたので，図書館を出発したのは，$75-(20+15)=40$ (分) である。
よって，点 B の座標は (40, 2400) である。
希さんの姉は，$2400\div 200=12$ (分) 進んで，図書館に 40 分に到着したので，$40-12=28$ (分) に出発した。
よって，点 A の座標は (28, 0) である。
(3) 希さんの兄は，
$38-(5+15)=18$ (分) で 1800 m 進んだから，
分速 100 m で走ったことになる。

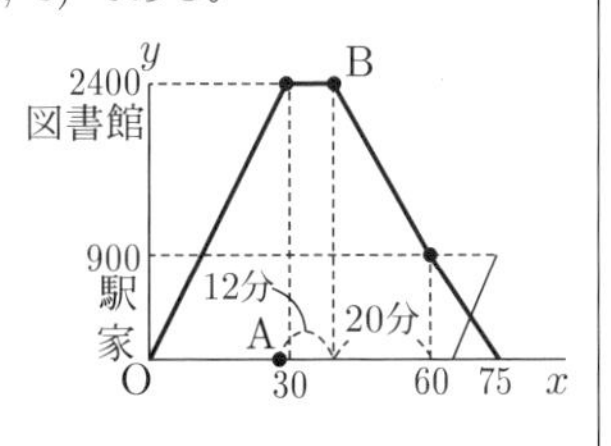

希さんの兄の x と y の関係式は，$y=100x+b$ と表せて，そのグラフは点 (65, 0) を通るので，$0=6500+b$　　$b=-6500$
$y=100x-6500\cdots$①
希さんの 60 分以降のグラフの式は，$y=-60x+c$ と表せて，そのグラフは点 (75, 0) を通るので，
$0=-60\times 75+c$　　$c=4500$
$y=-60x+4500\cdots$②
①，②より，$100x-6500=-60x+4500$
$160x=11000$
$x=\frac{11000}{160}=68\frac{3}{4}=68\frac{45}{60}$
よって，希さんの兄と希さんがすれちがったのは，10 時 8 分 45 秒

5 (1) 辺の長さが長くなっているので，長さの差を長さの和に変えると良い。
よって，記号エを，$AD+DE=CB+BF$ に変える。
(3) 四角形 HBCO の面積を S とする。求める面積は，△FCO の面積から △FBH の面積を引いたものに等しいから，

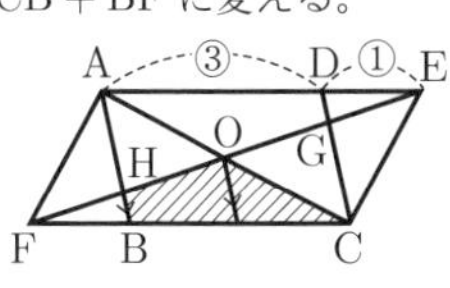

$S=(\text{平行四辺形 AFCE})\times\frac{1}{4}\times\left(1-\frac{FB}{FC}\times\frac{FH}{FO}\right)$
$=12\times\frac{1}{4}\times\left(1-\frac{1}{4}\times\frac{1}{1+1.5}\right)=3\times\left(1-\frac{1}{4}\times\frac{2}{5}\right)$
$=\frac{27}{10}\ (cm^2)$

6 (1) 面 BFIE と垂直である辺は，BC，FG，HI，DE である。このうち，面 FGHI と平行である辺は，BC，DE である。このうち，辺 AB とねじれの位置にある辺は，DE のみである。
(2) 四角形 KFGJ は，KJ // FG，FG = 6 cm，
$KJ=6\times\frac{1}{3}=2\ (cm)$，高さが JL である台形で，
その面積が $16\sqrt{5}\ cm^2$ であるから，
$(2+6)\times JL\div 2=16\sqrt{5}$　　$JL=4\sqrt{5}\ cm$
(3) 四面体 PHEC の体積は，直方体 BCDE − FGHI の体積から，三角錐 PBCE，三角錐 HCDE，四角錐 HCPFG 2 つ分の体積を引いたものに等しいので，

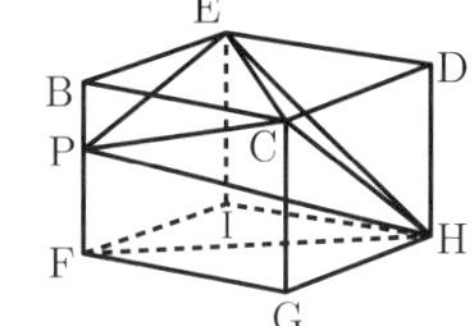

$6^2\times 5-\frac{6^2}{2}\times 2\times\frac{1}{3}-\frac{6^2}{2}\times 5\times\frac{1}{3}$
$-2\left\{\frac{(3+5)\times 6}{2}\times 6\times\frac{1}{3}\right\}$
$=180-138=42\ (cm^3)$

〈T. E.〉

佐　賀　県

問題 P.103

解　答

1 | 正負の数の計算，式の計算，平方根，因数分解，2 次方程式，相似，平面図形の基本・作図，円周角と中心角，データの散らばりと代表値 |

(1)(ア) 12　(イ) -6　(ウ) $-x+5y$　(エ) $3-2\sqrt{2}$

(2) $(x-5)(x+7)$

(3) $x=\dfrac{-5\pm\sqrt{21}}{2}$

(4) $375\pi\ \mathrm{cm}^3$

(5) (右図)

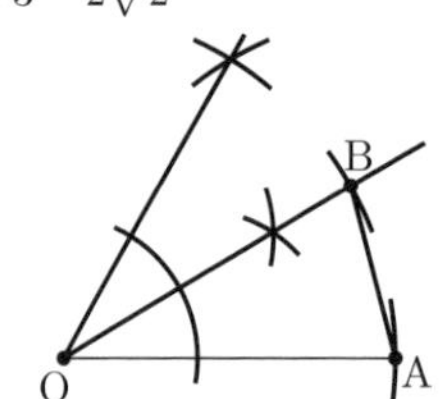

(6) 36 度

(7) ① E　② 75

2 | 連立方程式の応用，2 次方程式の応用 |

(1)(ア) ① $x+y$　② (例) $\dfrac{20}{100}x+\dfrac{40}{100}y=14$

(イ) A 中学校 20 人，B 中学校 25 人

(2)(ア) $15\ \mathrm{cm}^2$　(イ) 2 cm

(ウ) (例) $\dfrac{1}{2}\times x\times 3x=x(x+2)+6$

整理して，$x^2-4x-12=0$

よって，$(x+2)(x-6)=0$　　$x=-2,\ 6$

$x>0$ より，$x=6$　　(答え) 三角形の底辺の長さは 6 cm

3 | 場合の数，確率，数の性質，数・式の利用 |

(1)(ア) 36 通り　(イ) $\dfrac{1}{2}$　(ウ) $\dfrac{1}{3}$　(エ) $\dfrac{5}{12}$

(2)(ア) 7　(イ) (例) 21　(ウ) 20 個

4 | 1 次関数，関数 $y=ax^2$ | (1) $a=\dfrac{1}{2}$　(2) $y=8$

(3) 12　(4) $(-1,\ 13)$　(5)(ア) 8　(イ) Q $(-1,\ 8)$

5 | 平面図形の基本・作図，相似，三平方の定理 |

(1) $\sqrt{5}$ cm

(2) (証明) (例) △AEC と △BED において，

∠ACE = ∠BDE (= 90°)…①

∠AEC = ∠BED (対頂角は等しい) …②

①，②より，2 組の角がそれぞれ等しいので，

△AEC∽△BED

(3) $2\ \mathrm{cm}^2$　(4)(ア) $\dfrac{4\sqrt{13}}{13}$ cm　(イ) $S_1:S_2=15:26$

解き方

1 (1)(ア) (与式) $=5+7=12$

(イ) (与式) $=-\dfrac{8}{1}\times\dfrac{3}{4}=-6$

(ウ) (与式) $=x+3y-2x+2y=-x+5y$

(エ) (与式) $=2-2\sqrt{2}+1=3-2\sqrt{2}$

(3) 解の公式より，

$$x=\frac{-5\pm\sqrt{5^2-4\times1\times1}}{2\times1}=\frac{-5\pm\sqrt{21}}{2}$$

(4) F と G の体積比は，$3^3:5^3=27:125$ より，

G の体積を $x\ \mathrm{cm}^3$ とすると，$81\pi:x=27:125$

$27x=81\pi\times125$　　よって，$x=375\pi\ (\mathrm{cm}^3)$

(5) ∠AOP = 60° となる点 P を作図する。

∠AOP の二等分線を作図し，その直線上に，OA = OB となる点 B を作図する。

点 A と点 B を結ぶ。

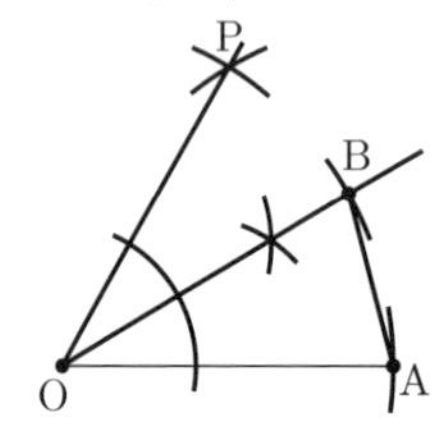

(6) ∠BAC = 90°，∠ABD = ∠ACD = 20° より，

∠ADB = ∠ACB = 180° − (90° + 20° + 34°) = 36°

(7) 表にある学習時間の合計は，

$74+70+68+78+72=362$ (分)

訂正後の学習時間の合計は，$73\times5=365$ (分) だから，

$365-362=3$ より，1 人が 3 分少なく記入していた。

A の 74 分が中央値になるのは，E を $72+3=75$ (分) に訂正したときである。

2 (1)(ア) ① A 中学校と B 中学校の合計人数に着目する。

② 山の希望者に着目する。

(海の希望者に着目し，$\dfrac{80}{100}x+\dfrac{60}{100}y=31$ でもよい。)

(イ) 第 1 式をあ，第 2 式をいとすると，

い ×5 より，$x+2y=70$…い′

い′− あより，$y=25$

あに代入して，$x+25=45$　　よって，$x=20$

(2)(ア) 長方形の横の長さは，$3+2=5$ (cm)

よって，面積は，$3\times5=15\ (\mathrm{cm}^2)$

(イ) 三角形の底辺の長さを a cm とすると，高さは $3a$ cm

より，$\dfrac{1}{2}\times a\times 3a=6$　　整理して，$a^2=4$

$a>0$ より，$a=2$ (cm)

3 (1)(ア) $6\times6=36$ (通り)

(イ) 表 1 より，18 通りあるから，確率は，$\dfrac{18}{36}=\dfrac{1}{2}$

(ウ) 表 2 より，12 通りあるから，確率は，$\dfrac{12}{36}=\dfrac{1}{3}$

(エ) 表 3 より，15 通りあるから，確率は，$\dfrac{15}{36}=\dfrac{5}{12}$

(表 1)

大＼小	1	2	3	4	5	6
1		○		○		○
2		○		○		○
3		○		○		○
4		○		○		○
5		○		○		○
6		○		○		○

(表 2)

大＼小	1	2	3	4	5	6
1		○			○	
2	○			○		
3			○			○
4		○			○	
5	○			○		
6			○			○

(表 3)

大＼小	1	2	3	4	5	6
1						
2	○					
3	○	○				
4	○	○	○			
5	○	○	○	○		
6	○	○	○	○	○	

(2)(ア) $7\leqq7.3<8$ より，〈 7.3 〉= 7

(イ) $5\leqq\dfrac{n}{4}<6$ より，$20\leqq n<24$

よって，$n=20,\ 21,\ 22,\ 23$ より，このうち，20 以外の 1 つを答える。

(ウ) $6\leqq\dfrac{n}{4}<11$ より，$24\leqq n<44$

つまり，$24\leqq n\leqq43$

よって，$43-24+1=20$ (個)

4 (1) $y=ax^2$ が点 A を通るから，

$2=a\times2^2$ より，$2=4a$　　よって，$a=\dfrac{1}{2}$

(2) $y=\dfrac{1}{2}x^2$ に $x=4$ を代入して，$y=\dfrac{1}{2}\times4^2=8$

(3) 点 B の y 座標は，$y=\dfrac{1}{2}\times(-6)^2=18$

直線 BC の傾きは，$\dfrac{8-18}{4-(-6)}=\dfrac{-10}{10}=-1$

よって，直線 BC の式を $y=-x+b$ とおくと，点 C を通るから，$8=-4+b$　　よって，$b=12$

(4) 線分 BC の中点 M の座標を求めればよい。

x 座標は，$x=\dfrac{-6+4}{2}=-1$

y 座標は，$y=\dfrac{18+8}{2}=13$　　よって，$(-1,\ 13)$

(5)(ア) 点 P の y 座標は，$y=-x+12$ に $x=2$ を代入して，

$y=-2+12=10$ だから，辺 PA を底辺として面積を求めると，$\frac{1}{2}\times(10-2)\times(4-2)=\frac{1}{2}\times8\times2=8$

(イ) $\triangle BQP=\triangle BAM$ となればよいから，$\triangle MQP=\triangle MQA$
つまり，MQ // PA だから，
点 Q の x 座標は -1
また，$\triangle BQM\backsim\triangle BAP$ で，
相似比は，
$\{-1-(-6)\}:\{2-(-6)\}=5:8$
だから，$MQ=5$
よって，点 Q の y 座標は，
$13-5=8$ より，Q $(-1,\ 8)$

5 (1) 三平方の定理より，
$AE=\sqrt{1^2+2^2}=\sqrt{5}$ (cm)
(3) 底辺 $BE=BC-EC=3-1=2$ (cm)，
高さ $AC=2$ cm より，$\frac{1}{2}\times2\times2=2$ (cm^2)
(4)(ア) 三平方の定理より，$AB=\sqrt{3^2+2^2}=\sqrt{13}$ (cm)
$\triangle ABE$ の面積に着目して，$\frac{1}{2}\times\sqrt{13}\times EF=2$
よって，$EF=\frac{4}{\sqrt{13}}=\frac{4\sqrt{13}}{13}$ (cm)
(イ) $BF=\sqrt{2^2-\left(\frac{4}{\sqrt{13}}\right)^2}=\sqrt{4-\frac{16}{13}}=\sqrt{\frac{36}{13}}$
$=\frac{6}{\sqrt{13}}$ (cm)
点 F から辺 BC に垂線をひき，その交点を G とすると，
$\triangle ABC\backsim\triangle FBG$ より，$AB:FB=AC:FG$
よって，$\sqrt{13}:\frac{6}{\sqrt{13}}=2:FG$ より，$\sqrt{13}FG=\frac{12}{\sqrt{13}}$
$FG=\frac{12}{13}$ だから，$S_1=\frac{1}{2}\times1\times\frac{12}{13}=\frac{6}{13}$ (cm^2)
また，$\triangle AEC\backsim\triangle BED$ で，
相似比は，$AE:BE=\sqrt{5}:2$ より，
面積比は，$(\sqrt{5})^2:2^2=5:4$
$\triangle AEC=\frac{1}{2}\times1\times2=1$ (cm^2) より，$S_2=\frac{4}{5}$ (cm^2)
よって，$S_1:S_2=\frac{6}{13}:\frac{4}{5}=15:26$

〈H. S.〉

長崎県

問題 P.105

解答

1 正負の数の計算，平方根，比例・反比例，数・式の利用，連立方程式，2 次方程式，平行と合同，数の性質，平面図形の基本・作図，三平方の定理 (1) -4
(2) $\sqrt{5}$　(3) $y=16$　(4) $4x-y=30$　(5) $x=3$，$y=-2$
(6) $x=2-\sqrt{5}$，$x=2+\sqrt{5}$　(7) $\angle x=36$ 度　(8) 3200
(9)

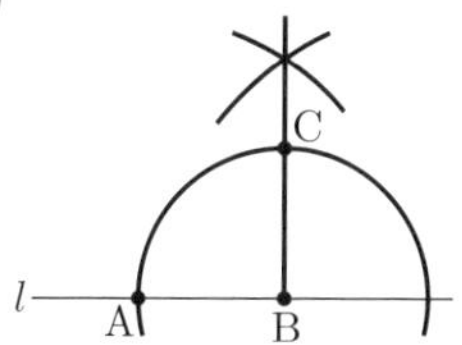

(10)

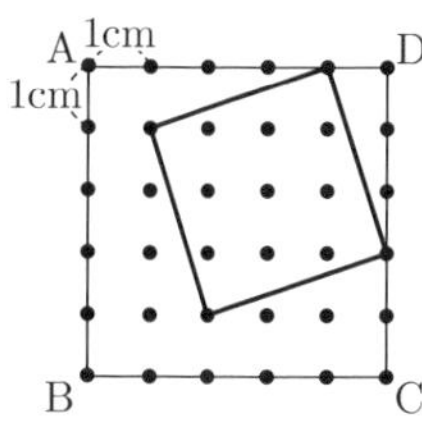

2 データの散らばりと代表値，数・式の利用
問 1．(1) 0.35　(2) 3.4 冊　(3) ①，④
問 2．(1)(ア) 11　(2) (例) (イ) c　(カ) $x+7$
(3)(キ) (例) $P=a+b+d+e$
$=(x-7)+(x-1)+(x+1)+(x+7)$
$=4x$
x は整数だから，$4x$ は 4 の倍数である。
[したがって，中央以外の 4 つの数の和は 4 の倍数になる。]

3 関数 $y=ax^2$，三平方の定理　問 1．4
問 2．$y=x+2$　問 3．$0\leqq y\leqq4$　問 4．3
問 5．$-\sqrt{2}$，$\sqrt{2}$

4 立体の表面積と体積，相似，図形を中心とした総合問題
問 1．24π cm^2　問 2．$\frac{16}{3}\pi$ cm^3　問 3．$\frac{14}{3}\pi$ cm^3
問 4．$\frac{413}{108}$ cm

5 図形と証明，平行四辺形，平行線と線分の比，三平方の定理　問 1．④
問 2．(証明) (例) $\triangle APS$ と $\triangle CRQ$ において，
$\angle PAS=\angle RCQ=90°$ (長方形の性質) …①
$PS=RQ$ (平行四辺形の性質) …②
$AP=CR$ (仮定) …③
①，②，③より，直角三角形の斜辺と他の 1 辺がそれぞれ等しいから，
$\triangle APS\equiv\triangle CRQ$
問 3．$\frac{1}{4}$ cm　問 4．(1) 12 cm　(2) $63\sqrt{3}$ cm^2

6 数・式を中心とした総合問題
問 1．(ア) 勝ち　(イ) 負け　(ウ) 負け
問 2．4　問 3．(1) [選ぶ数字] 6　[理由] (例) 残りのカードが 5，7 となり，和男さんがどちらを選んでも，令子さんが最後のカードをとることができるから。(2) 2　(3) 1

解き方

1 (1) $(3^2-1)\div(-2)=(9-1)\div(-2)=-4$
(2) $\sqrt{45}-\frac{10}{\sqrt{5}}=3\sqrt{5}-\frac{10\sqrt{5}}{5}$
$=3\sqrt{5}-2\sqrt{5}=\sqrt{5}$
(3) $y=\frac{a}{x}$ に $x=4$，$y=8$ を代入して，
$8=\frac{a}{4}$　　$a=32$
$y=\frac{32}{x}$ に $x=2$ を代入して，$y=\frac{32}{2}=16$
(4) x 人に 4 個ずつ配るには $4x$ (個) のおにぎりが必要だが，y 個足りないので，$4x-y=30$
(5) $x+2y=-1$…①，$3x-4y=17$…②

①$\times 2+$②より，$5x=15$　　$x=3$
①に代入して，$3+2y=-1$　　$2y=-4$　　$y=-2$
(6) $(x-2)^2-5=0$　　$(x-2)^2=5$　　$x-2=\pm\sqrt{5}$
$x=2\pm\sqrt{5}$
(7) $\angle x=110^\circ-74^\circ=36^\circ$
(8) 条件をみたす4けたの自然数は，大きい順に，
5000，4100，4010，4001，3200　　よって，3200
(9) 点Bを通り l に垂直な直線をひき，その直線上に BA = BC となるような点Cをとればよい。
(10) 面積が $10\,\text{cm}^2$ の正方形の1辺の長さは $\sqrt{10}$ cm
また，2辺の長さが1 cm，3 cm の長方形の対角線の長さは，
$\sqrt{1^2+3^2}=\sqrt{10}$ (cm)
であるから，その対角線が1辺となるような正方形を作図すればよい。

2 問1．(1) 1年生20人の中で，3冊読んだ生徒は7人だから，$7\div 20=0.35$
(2) $\dfrac{0\times0+1\times1+2\times4+3\times7+4\times2+5\times6}{20}=\dfrac{68}{20}$
$=3.4$（冊）
(3) ① 2冊読んだ生徒の相対度数は，1年生が $4\div 20=0.2$，2年生が0.16だから，正しい。
② 4冊以上読んだ生徒の人数は，1年生が $2+6=8$（人），2年生が $(0.20+0.16)\times 25=9$（人）だから，正しくない。
③ 最頻値は，1年生が3冊，2年生が3冊だから，正しくない。
④ 1年生と2年生の中央値はどちらも3冊なので，正しい。
以上より，正しいものは①と④
問2．(1) 中央以外の4つの数の和は中央の数の4倍になっているから，(ア) $44\div 4=11$
(2) c を x とおくと，残り4つの数は，小さいほうから順に，
$x-7$，$x-1$，$x+1$，$x+7$
と表される。a，b，d，e を x とおいてもよい。

3 問1．点Aの y 座標は，$y=2^2=4$
問2．点Bの x 座標は，$1=x^2$ より，$x=-1$ $(x<0)$
A (2, 4)，B $(-1, 1)$ を通る直線を $y=ax+b$ とおくと，
$4=2a+b$　　$1=-a+b$
これを解いて，$a=1$，$b=2$
よって，$y=x+2$
問3．y は $x=0$ のとき最小値0，$x=-2$ のとき最大値4　　よって，変域は $0\leqq y\leqq 4$
問4．直線ABと y 軸との交点をEとすると，E (0, 2)
$\triangle\text{OAB}=\triangle\text{OBE}+\triangle\text{OAE}=\dfrac{1}{2}\times2\times1+\dfrac{1}{2}\times2\times2=3$
問5．C (2, 0) を通り，傾き -1 の直線は
$y=-x+b$ に $x=2$，$y=0$ を代入して，
$0=-2+b$　　$b=2$
よって，$y=-x+2$
これは点E (0, 2) を通り，直線ABに垂直な直線である。

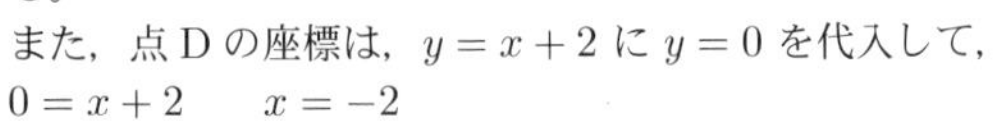

また，点Dの座標は，$y=x+2$ に $y=0$ を代入して，
$0=x+2$　　$x=-2$
よって，D $(-2, 0)$
△ADC は AC = CD = 4，$\angle\text{C}=90^\circ$ の直角二等辺三角形だから，$\text{AD}=\sqrt{2}\times\text{CD}=4\sqrt{2}$
△APD の面積が $4\sqrt{2}$ だから，
$\dfrac{1}{2}\times\text{AD}\times\text{PE}=4\sqrt{2}$　　$\dfrac{1}{2}\times4\sqrt{2}\times\text{PE}=4\sqrt{2}$

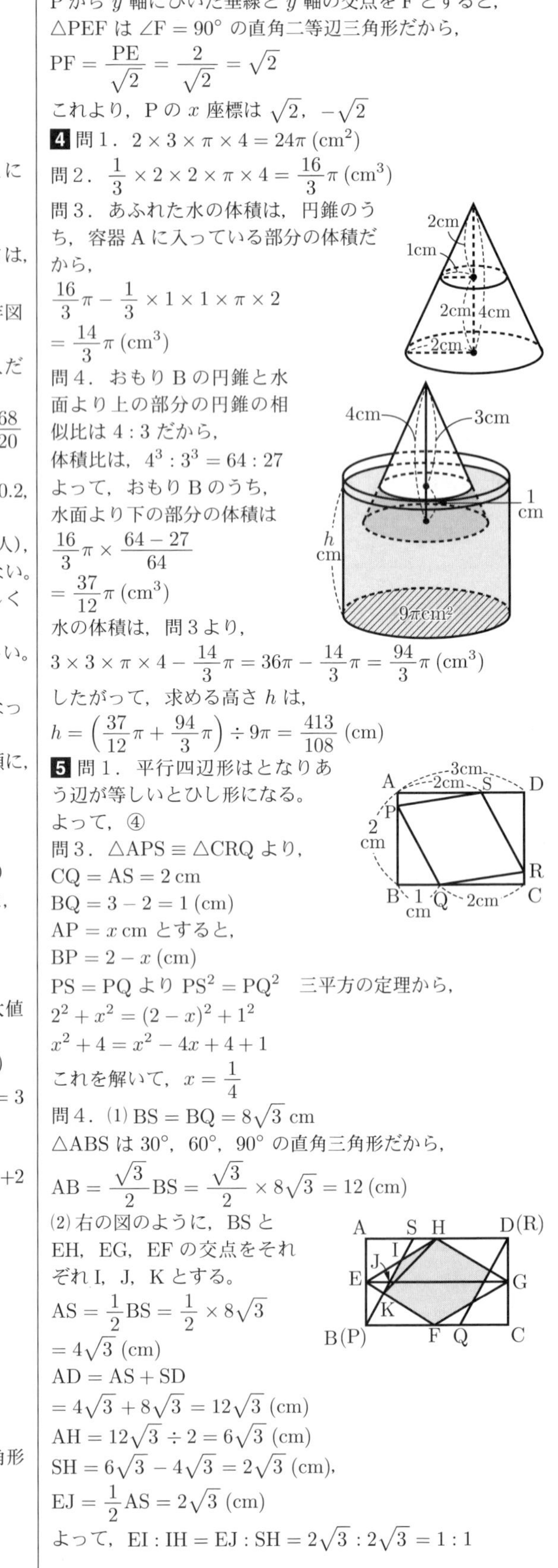

したがって，PE = 2
Pから y 軸にひいた垂線と y 軸の交点をFとすると，
△PEF は $\angle\text{F}=90^\circ$ の直角二等辺三角形だから，
$\text{PF}=\dfrac{\text{PE}}{\sqrt{2}}=\dfrac{2}{\sqrt{2}}=\sqrt{2}$
これより，Pの x 座標は $\sqrt{2}$，$-\sqrt{2}$

4 問1．$2\times3\times\pi\times4=24\pi\ (\text{cm}^2)$
問2．$\dfrac{1}{3}\times2\times2\times\pi\times4=\dfrac{16}{3}\pi\ (\text{cm}^3)$
問3．あふれた水の体積は，円錐のうち，容器Aに入っている部分の体積だから，
$\dfrac{16}{3}\pi-\dfrac{1}{3}\times1\times1\times\pi\times2$
$=\dfrac{14}{3}\pi\ (\text{cm}^3)$
問4．おもりBの円錐と水面より上の部分の円錐の相似比は4 : 3だから，
体積比は，$4^3:3^3=64:27$
よって，おもりBのうち，水面より下の部分の体積は
$\dfrac{16}{3}\pi\times\dfrac{64-27}{64}$
$=\dfrac{37}{12}\pi\ (\text{cm}^3)$
水の体積は，問3より，
$3\times3\times\pi\times4-\dfrac{14}{3}\pi=36\pi-\dfrac{14}{3}\pi=\dfrac{94}{3}\pi\ (\text{cm}^3)$
したがって，求める高さ h は，
$h=\left(\dfrac{37}{12}\pi+\dfrac{94}{3}\pi\right)\div9\pi=\dfrac{413}{108}$ (cm)

5 問1．平行四辺形はとなりあう辺が等しいとひし形になる。
よって，④
問3．△APS ≡ △CRQ より，
CQ = AS = 2 cm
BQ = 3 − 2 = 1 (cm)
AP = x cm とすると，
BP = $2-x$ (cm)
PS = PQ より $\text{PS}^2=\text{PQ}^2$　三平方の定理から，
$2^2+x^2=(2-x)^2+1^2$
$x^2+4=x^2-4x+4+1$
これを解いて，$x=\dfrac{1}{4}$
問4．(1) $\text{BS}=\text{BQ}=8\sqrt{3}$ cm
△ABS は30°，60°，90°の直角三角形だから，
$\text{AB}=\dfrac{\sqrt{3}}{2}\text{BS}=\dfrac{\sqrt{3}}{2}\times8\sqrt{3}=12$ (cm)
(2) 右の図のように，BS と EH，EG，EF の交点をそれぞれ I，J，K とする。
$\text{AS}=\dfrac{1}{2}\text{BS}=\dfrac{1}{2}\times8\sqrt{3}$
$=4\sqrt{3}$ (cm)
AD = AS + SD
$=4\sqrt{3}+8\sqrt{3}=12\sqrt{3}$ (cm)
$\text{AH}=12\sqrt{3}\div2=6\sqrt{3}$ (cm)
$\text{SH}=6\sqrt{3}-4\sqrt{3}=2\sqrt{3}$ (cm)，
$\text{EJ}=\dfrac{1}{2}\text{AS}=2\sqrt{3}$ (cm)
よって，$\text{EI}:\text{IH}=\text{EJ}:\text{SH}=2\sqrt{3}:2\sqrt{3}=1:1$

EK : KF = EJ : BF = $2\sqrt{3}:6\sqrt{3}=1:3$
ひし形 EFGH の面積は,
$\frac{1}{2}\times \mathrm{EG}\times \mathrm{FH}=\frac{1}{2}\times 12\sqrt{3}\times 12=72\sqrt{3}\ (\mathrm{cm}^2)$
$\triangle \mathrm{EIK}=\frac{1}{2}\triangle \mathrm{EHK}=\frac{1}{2}\times\frac{1}{4}\triangle \mathrm{EFH}=\frac{1}{8}\times 36\sqrt{3}$
$=\frac{9\sqrt{3}}{2}\ (\mathrm{cm}^2)$
したがって, 求める面積は,
$72\sqrt{3}-\frac{9\sqrt{3}}{2}\times 2=63\sqrt{3}\ (\mathrm{cm}^2)$

6 問1. $n=3$ のとき, 1手目に令子さんが「1」を選べば, 2手目に和男さんが「2」,「3」のどちらを選んでもカードが1枚残り,
令子さんの「勝ち」となる。

1 2 3
R

1 2 3
R R

1手目に令子さんが「2」を選ぶと, 令子さんは 1, 2 のカードをとり, 残りを和男さんがとって, 令子さんの「負け」となる。
1手目に令子さんが「3」を選ぶと, 同様にして, 令子さんの「負け」となる。
問2. $n=5$ のとき, 1手目に令子さんが「4」を選ぶと, 残りのカードは2枚となり,

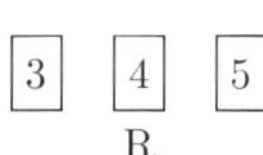
1 2 3 4 5
R R R

和男さんがどちらを選んでも, 令子さんの「勝ち」となる。
よって, 4
問3. (2) $n=7$ で, 1手目に令子さんが「3」を選んだとき, 和男さんが「2」を選ぶと, 残りのカードは 4, 5, 6, 7 となり, あとは1枚ずつカードをとることになるので, 和男さんが必ず勝つ。

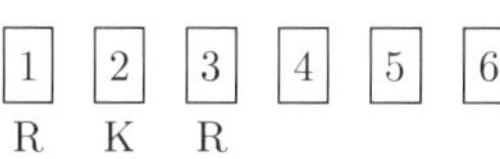
1 2 3 4 5 6 7
R K R

よって, 2
(3) 1手目に令子さんが「1」を選ぶとき,

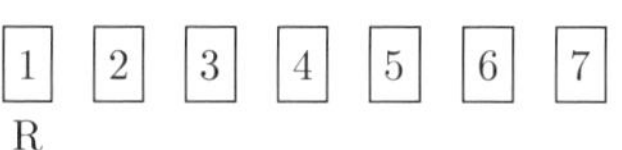
1 2 3 4 5 6 7
R

(i) 和男さんが「6」を選ぶと, 残りは 4, 5, 7 となり, 令子さんが勝つ。
(ii) 和男さんが「4」を選ぶと, 残りは 3, 5, 6, 7 となり, 令子さんが「6」を選べば, 令子さんが勝つ。
(iii) 和男さんが「2」を選ぶと, 令子さんが「3」を選べば, 令子さんが勝つ。
(iv) 和男さんが「3」を選ぶと, 令子さんが「2」を選べば, 令子さんが勝つ。
(v) 和男さんが「5」または「7」を選ぶと, 令子さんが「6」を選べば, 令子さんが勝つ。
以上より, 1

〈H. A.〉

熊本県

問題 P.108

解答 選択問題A

1 正負の数の計算, 式の計算, 多項式の乗法・除法, 平方根 (1) $\frac{13}{21}$ (2) -20 (3) $x+15y$
(4) $-8ab$ (5) $9x^2$ (6) $2\sqrt{2}$

2 1次方程式, 2次方程式, 関数 $y=ax^2$, 確率, 平面図形の基本・作図, 三角形, 数・式の利用, 1次関数
(1) $x=-2$
(2) $x=\frac{1\pm\sqrt{37}}{2}$
(3) $a=\frac{4}{5}$
(4) $\frac{1}{4}$
(5) 右図
(6) ① 30個 ② (n^2-n) 個
(7) ① 2420円 ② 880円

A
P
B O C

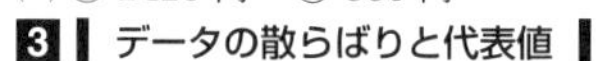

3 データの散らばりと代表値
(1) イ, オ (2) 10分30秒
(3) 記号. イ
理由. (例) 図2より, 通学時間が18分未満の人数が22人だから。

4 相似, 立体の表面積と体積 (1) $\frac{9}{4}$ cm (2) $\frac{9}{2}$ cm^3
(3) AQ : QP = 4 : 11

5 2次方程式の応用, 1次関数, 関数 $y=ax^2$ (1) 1
(2) (4, 4) (3) $y=\frac{1}{2}x+2$ (4) $\left(\frac{4}{3},\ \frac{8}{3}\right)$

6 平行と合同, 三角形, 相似
(1) (例) 対頂角は等しいから,
∠FED = ∠AEO…④
③, ④より,
∠DCB = ∠FED…⑤
△OBD は, OB = OD の二等辺三角形なので,
底角は等しいから,
∠CBD = ∠EDF…⑥
⑤, ⑥より, 2組の角がそれぞれ等しい。
(2) ① $\frac{9}{4}$ 倍 ② $\frac{5\sqrt{11}}{4}$ cm^2

選択問題B

1 正負の数の計算, 式の計算, 多項式の乗法・除法, 平方根
選択問題A の **1** と同じ

2 1次方程式, 2次方程式, 関数 $y=ax^2$, 確率, 平面図形の基本・作図, 三角形, 数・式の利用, 多項式の乗法・除法, 1次方程式の応用, 1次関数
(1) 選択問題A の **2** (1)と同じ
(2) 選択問題A の **2** (2)と同じ
(3) 選択問題A の **2** (3)と同じ
(4) 選択問題A の **2** (4)と同じ
(5) 右図
(6) ① $(ab-a)$ 個 ② $n=8$
(7) ① 5080円
② $1200<a<1320$

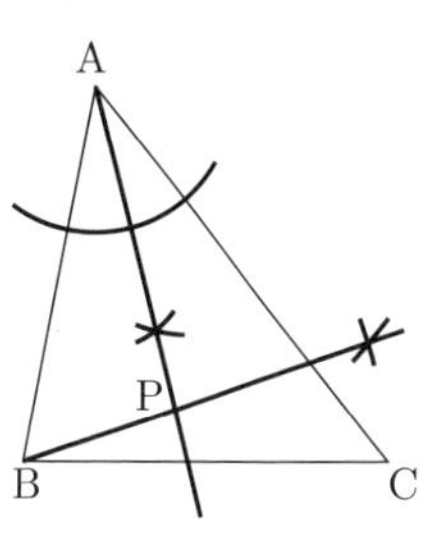

3 データの散らばりと代表値
選択問題A の **3** と同じ

4 相似, 立体の表面積と体積
選択問題A の **4** と同じ

5 **2 次方程式の応用，1 次関数，関数 $y = ax^2$**

(1) $a=\frac{3}{4}$　(2) $y=\frac{3}{2}x+6$　(3) ① $\frac{3}{2}$　② 9 倍

6 **相似**

(1)（証明）（例）
△BCF と △CDH において，
△ABC は直角二等辺三角形だから，
∠CBF = 45°…①
△ACD は直角二等辺三角形だから，
∠DCH = 45°…②
①，②より，∠CBF = ∠DCH…③
また，∠ACB = 90° だから，
∠BCF = 90° − ∠ACF…④
∠ADC = 90° だから，
∠CDH = 90° − ∠ADE…⑤
仮定より，∠ACF = ∠ADE だから，④，⑤より，
∠BCF = ∠CDH…⑥
③，⑥より，2 組の角がそれぞれ等しいので，
△BCF∽△CDH
(2) DH : HG = 5 : 3

解き方　選択問題A

1 (1) $\frac{1\times7+2\times3}{21}=\frac{13}{21}$

(2) $8-28=-20$

(3) $3x+3y-2x+12y=x+15y$

(4) $-\frac{36a^2\times2ab^2}{9a^2b}=-8ab$

(5) $4x^2+4x+1+5x^2-5x+x-1=9x^2$

(6) $\frac{5}{4}\sqrt{2}+\frac{3\times\sqrt{2}}{2\sqrt{2}\times\sqrt{2}}=\left(\frac{5}{4}+\frac{3}{4}\right)\sqrt{2}=2\sqrt{2}$

2 (1) $2x+x=1-7$　$3x=-6$　$x=-2$

(2) $x^2-9=x$　$x^2-x-9=0$
解の公式より，
$x=\frac{1\pm\sqrt{(-1)^2-4\times1\times(-9)}}{2\times1}=\frac{1\pm\sqrt{37}}{2}$

(3) $x=1$ を $y=ax^2$ に代入すると，$y=a\times1^2=a$
$x=4$ を $y=ax^2$ に代入すると，$y=a\times4^2=16a$
$\frac{16a-a}{4-1}=4$　$5a=4$　$a=\frac{4}{5}$

(4) すべての場合の数は，$5\times4=20$（通り）。
$\frac{3b}{2a}$ の値が整数になる場合は，
$(a,\ b)=(1,\ 2),\ (1,\ 4),\ (2,\ 4),\ (3,\ 2),\ (3,\ 4)$ の 5 通り。
したがって，求める確率は，$\frac{5}{20}=\frac{1}{4}$

(5) △ABC は AB = AC の二等辺三角形だから，
∠AOC = 90°
したがって，∠AOC の二等分線を作図すればよい。

(6) ① 辺上に 6 個あり，6 辺あるから，
$6\times6=36$（個）
6 個の頂点にある碁石を重複して数えているから，
$36-6=30$（個）
② 辺上に n 個あり，n 辺あるから，
$n\times n=n^2$（個）
n 個の頂点にある碁石を重複して数えているから，
n^2-n（個）

(7) ① $x=23$ のとき，
$y=400+40\times10+120\times10+140\times(23-20)$
$=2420$（円）
② 求める基本料金を a 円とすると，
$a+80\times28=400+40\times10+120\times10+140\times(28-20)$
$a+2240=3120$
$a=880$（円）

3 (1) ア：範囲は，$42-6=36$ より，36 分以上あるので，正しくない。
イ：最頻値は，最も度数の多い階級の階級値だから，12 分以上 18 分未満の階級値の 15 分で正しい。
ウ：中央値は，通学時間を小さい順に並べたときの 17 番目と 18 番目の平均値である。
小さい階級から順に度数を累積していくと，
$1,\ 1+3=4,\ 4+10=14,\ 14+8=22$
となり，中央値が含まれる階級の階級値は 21 分となる。
最頻値は 15 分だから，正しくない。
エ：中央値が含まれる階級は，18 分以上 24 分未満だから，この階級の相対度数は，
$\frac{8}{34}=0.23\cdots<0.25$ より，正しくない。
オ：通学時間が 30 分以上の生徒の割合（相対度数）は，
$\frac{3+2+1}{34}=\frac{6}{34}=0.17\cdots<0.2$ より，正しい。

(2) $\{3\times(2-1)+9\times(7-3)+15\times(13-10)\}\div8$
$=\frac{21}{2}=10+\frac{1}{2}$ より，10 分 30 秒
（なお，この値は，おおよその平均値である。）

4 (1) △ABP∽△CBA より，
BP : BA = AB : CB
BP : 3 = 3 : 4
BP = $\frac{9}{4}$ (cm)

(2) $\frac{1}{3}\times\triangle ABP\times BE=\frac{1}{3}\times\left(\frac{1}{2}\times3\times\frac{9}{4}\right)\times4$
$=\frac{9}{2}$ (cm^3)

(3) 三角柱 ABC − DEF の体積は，
$\left(\frac{1}{2}\times3\times4\right)\times4=24$ (cm^3)
(2)より，$\frac{9}{2}\div24=\frac{3}{16}$ となり，
三角すい EABP の体積は，三角柱 ABC − DEF の体積の $\frac{3}{16}$ である。
三角すい EABQ と三角すい EABP の体積の比は，
AQ : AP に等しいから，
AQ : AP = $\frac{1}{20}$: $\frac{3}{16}$ = 4 : 15
したがって，AQ : QP = 4 : (15 − 4) = 4 : 11

5 (1) $x=-2$ を $y=\frac{1}{4}x^2$ に代入すると，
$y=\frac{1}{4}\times(-2)^2=1$

(2) 点 B の y 座標は，$y=1+3=4$
$y=4$ を $y=\frac{1}{4}x^2$ に代入すると，$4=\frac{1}{4}x^2$
$x^2=16$，$x>0$ より $x=4$　　よって，B (4, 4)

(3) 求める式を $y=ax+b$ とおく。
$a=\frac{4-1}{4-(-2)}=\frac{3}{6}=\frac{1}{2}$
$y=\frac{1}{2}x+b$ に，$x=4$，$y=4$ を代入すると，
$4=\frac{1}{2}\times4+b$　　$b=2$　　よって，$y=\frac{1}{2}x+2$

(4) 点 P の x 座標を m とすると，
点 P の y 座標は $\frac{1}{2}m+2$，
点 Q の y 座標は $\frac{1}{4}m^2$
点 R の y 座標は 0 だから，

$\mathrm{PQ}:\mathrm{QR}=\left\{\left(\frac{1}{2}m+2\right)-\frac{1}{4}m^2\right\}:\left(\frac{1}{4}m^2-0\right)$

$=5:1$

$\frac{5}{4}m^2=-\frac{1}{4}m^2+\frac{1}{2}m+2$

$3m^2-m-4=0$

解の公式より，$m=\frac{1\pm\sqrt{(-1)^2-4\times3\times(-4)}}{2\times3}$

$m=-1,\ \frac{4}{3}$

$0<m<4$ より，$m=\frac{4}{3}$

よって，点 P の y 座標は，$\frac{1}{2}\times\frac{4}{3}+2=\frac{8}{3}$

したがって，P $\left(\frac{4}{3},\ \frac{8}{3}\right)$

6 (2) ① $\triangle\mathrm{AOE}\equiv\triangle\mathrm{DOC}$ より，

$\mathrm{OE}=\mathrm{OC}=1\,\mathrm{cm}$ だから，$\triangle\mathrm{BDC}$ と $\triangle\mathrm{DFE}$ の相似比は，

$\mathrm{BC}:\mathrm{DE}=(5+1):(5-1)=3:2$

よって，$\triangle\mathrm{BDC}:\triangle\mathrm{DFE}=3^2:2^2$

したがって，$\triangle\mathrm{BDC}=\frac{9}{4}\triangle\mathrm{DFE}$

② ①より，$\triangle\mathrm{BDC}=\frac{9}{4}\times2\sqrt{11}=\frac{9}{2}\sqrt{11}\ (\mathrm{cm}^2)\cdots\boxed{1}$

また，$\mathrm{DE}:\mathrm{DO}=4:5$ より，

$\triangle\mathrm{DOF}=\frac{5}{4}\triangle\mathrm{DFE}=\frac{5}{4}\times2\sqrt{11}=\frac{5}{2}\sqrt{11}\ (\mathrm{cm}^2)\cdots\boxed{2}$

さらに，$\triangle\mathrm{BDC}\backsim\triangle\mathrm{DFE}$ より，

$\mathrm{BD}:\mathrm{DF}=3:2$ だから，

$\mathrm{DF}:\mathrm{FB}=2:1$ となり，

$\triangle\mathrm{BFO}=\frac{1}{2}\triangle\mathrm{DOF}$

$\boxed{2}$ より，$\triangle\mathrm{BFO}=\frac{1}{2}\times\frac{5}{2}\sqrt{11}=\frac{5}{4}\sqrt{11}\ (\mathrm{cm}^2)$　※

〈※の **別 解**〉

点 D から CO に垂線 DH をひくと，

$\triangle\mathrm{DCO}$ は $\mathrm{DC}=\mathrm{DO}$ の二等辺三角形だから，

$\mathrm{HO}=\frac{1}{2}\mathrm{CO}=\frac{1}{2}\ (\mathrm{cm})$

$\triangle\mathrm{DHO}$ で，三平方の定理より，

$\mathrm{DH}=\sqrt{5^2-\left(\frac{1}{2}\right)^2}=\frac{3}{2}\sqrt{11}$

よって，$\triangle\mathrm{DCO}=\frac{1}{2}\times1\times\frac{3}{2}\sqrt{11}=\frac{3}{4}\sqrt{11}\cdots\boxed{3}$

$\boxed{1}$，$\boxed{2}$，$\boxed{3}$ より，

$\triangle\mathrm{BFO}=\triangle\mathrm{BDC}-\triangle\mathrm{DOF}-\triangle\mathrm{DCO}$

$=\frac{9}{2}\sqrt{11}-\frac{5}{2}\sqrt{11}-\frac{3}{4}\sqrt{11}=\frac{5}{4}\sqrt{11}\ (\mathrm{cm}^2)$

選択問題B

2 (5) $\angle\mathrm{BAP}=\angle\mathrm{CAP}$ より，$\angle\mathrm{BAC}$ の二等分線を作図する。(①)

次に，$\angle\mathrm{PBA}=60^\circ$ より，点 A を中心として半径 AB の円と，点 B を中心として半径 AB の円の交点を D とする。半直線 BD と①の交点が点 P となる。

(6) ① 辺上に b 個あり，a 辺あるから，

$b\times a=ab$（個）

a 個の頂点にある碁石の数を重複して数えているから，

$ab-a$（個）

② $n^2-n=(n+2)(n+1)-(n+2)-24$

$3n=24$

$n=8$

(7) ① $t\,\mathrm{m}^3$ 使用したときに，水道料金が等しくなったとする。グラフから，$t>20$ より，

$620+140\times10+170\times(t-20)=900+110\times t$

これを解いて，$t=38\ (\mathrm{m}^3)$

$900+110t$ に $t=38$ を代入して，

$900+110\times38=5080$（円）

② $x=10$ のとき，水道料金はリンドウ市がヒバリ市より高い。

1つ目の条件より，$a+80\times10>900+110\times10$

$a+800>2000$

よって，$a>1200\cdots$⚠1

$x=30$ のとき，水道料金は，ヒバリ市がリンドウ市より安い。

2つ目の条件より，

$a+80\times30<620+140\times10+170\times(30-20)$

$a+2400<3720$

よって，$a<1320\cdots$⚠2

⚠1，⚠2より，$1200<a<1320$

5 (1) $y=-x+1$ に，$y=3$ を代入すると，

$3=-x+1\qquad x=-2$

よって，A $(-2,\ 3)$

$y=ax^2$ に，$x=-2$，$y=3$ を代入すると，

$3=a\times(-2)^2\qquad a=\frac{3}{4}$

(2) $y=\frac{3}{4}x^2$ に，$x=4$ を代入すると，$y=\frac{3}{4}\times4^2=12$

よって，C $(4,\ 12)$

直線 AC の傾きは，$\frac{12-3}{4-(-2)}=\frac{3}{2}$

直線 AC の式を $y=\frac{3}{2}x+b$ として，$x=4$，$y=12$ を代入すると，$12=\frac{3}{2}\times4+b\qquad b=6$

したがって，$y=\frac{3}{2}x+6$

(3) ① 点 P の x 座標を m とすると，

点 P の y 座標は，$\frac{3}{4}m^2$

点 Q の y 座標は，$\frac{3}{2}m+6$

点 R の y 座標は，$-m+1$

$\mathrm{PQ}:\mathrm{PR}=\left(\frac{3}{2}m+6-\frac{3}{4}m^2\right):\left\{\frac{3}{4}m^2-(-m+1)\right\}$

$=3:1$

これを整理すると，$2m^2+m-6=0$

解の公式より，$m=\frac{-1\pm\sqrt{1^2+4\times2\times6}}{2\times2}$

$m=-2,\ \frac{3}{2}$

$\frac{2}{3}\leqq m\leqq4$ より $m=\frac{3}{2}$

② $\triangle\mathrm{ARC}$ は，右図のようになるので，長方形の面積から余分な三角形の面積をひけばよい。

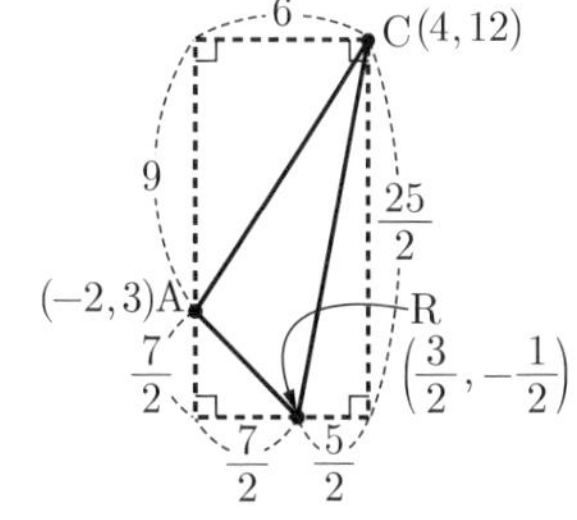

$\triangle\mathrm{ARC}$

$=\frac{25}{2}\times6-\frac{1}{2}\times\left(\frac{7}{2}\times\frac{7}{2}+6\times9+\frac{5}{2}\times\frac{25}{2}\right)=\frac{105}{4}$

$\triangle\mathrm{ABP}$ も同様に右図から，

(−2,3) A　7/2　21/16　8/3　P(3/2, 27/16)　65/48　8/3 B (2/3, 1/3)　5/6

$\triangle ABP$
$= \frac{8}{3} \times \frac{7}{2} - \frac{1}{2} \times \left(\frac{8}{3} \times \frac{8}{3} + \frac{7}{2} \times \frac{21}{16} + \frac{5}{6} \times \frac{65}{48}\right) = \frac{35}{12}$
したがって，
$\triangle ARC \div \triangle ABP = \frac{105}{4} \div \frac{35}{12} = 9$（倍）

別　解

点Pを通り，直線ABと平行な直線と，直線ACとの交点をSとする。
$\triangle ABP = \triangle ABS$ より，
$\triangle ARC$ と $\triangle ABS$ の面積の関係を調べればよい。
$R\left(\frac{3}{2}, -\frac{1}{2}\right)$ より，
$AB : AR = \frac{8}{3} : \left\{\frac{3}{2} - (-2)\right\} = 16 : 21$
よって，$AR = \frac{21}{16}AB$…[1]
また，$P\left(\frac{3}{2}, \frac{27}{16}\right)$ より，点Pを通って直線ABに平行な直線の式は，$y = -x + \frac{51}{16}$
点Sの x 座標は，$\frac{3}{2}x + 6 = -x + \frac{51}{16}$ より，$x = -\frac{9}{8}$
$AS : AC = \left\{-\frac{9}{8} - (-2)\right\} : 6 = 7 : 48$
よって，$AC = \frac{48}{7}AS$…[2]
[1]，[2] より，
$\triangle ARC = \frac{21}{16} \times \frac{48}{7} \times \triangle ABS$
$= 9\triangle ABS = 9\triangle ABP$
したがって，$\triangle ARC$ の面積は，$\triangle ABP$ の面積の9倍。

6 (2)(1)より，$BC : CD = CF : DH$
$6\sqrt{2} : \frac{1}{2}AB = 3\sqrt{5} : DH$
$6\sqrt{2} : 6 = 3\sqrt{5} : DH$
$DH = \frac{3}{2}\sqrt{10}$ (cm)…⚠1
また，$\triangle HDC \backsim \triangle HEA$ より，
$HC : HA = DC : EA = 6 : 2 = 3 : 1$
よって，$HC = \frac{3}{4}AC = \frac{3}{4} \times 6\sqrt{2} = \frac{9}{2}\sqrt{2}$ (cm)
さらに，$\triangle HDA \backsim \triangle HCG$ より，
$DH : CH = HA : HG$
$\frac{3}{2}\sqrt{10} : \frac{9}{2}\sqrt{2} = \frac{3}{2}\sqrt{2} : HG$
$HG = \frac{9}{10}\sqrt{10}$…⚠2
⚠1，⚠2より，$DH : HG = \frac{3}{2}\sqrt{10} : \frac{9}{10}\sqrt{10}$
$= 5 : 3$

〈M. S.〉

大　分　県

問題 P.111

解答

1 正負の数の計算，式の計算，平方根，2次方程式，1次方程式，確率，円周角と中心角，平面図形の基本・作図 (1)① 5　② -13　③ $-a-8b$
④ $\frac{8x+7y}{15}$　⑤ $\sqrt{2}$
(2) $x = \frac{3 \pm \sqrt{17}}{2}$
(3) $a = -\frac{1}{4}$
(4) $\frac{1}{9}$
(5) 28度
(6) 右図

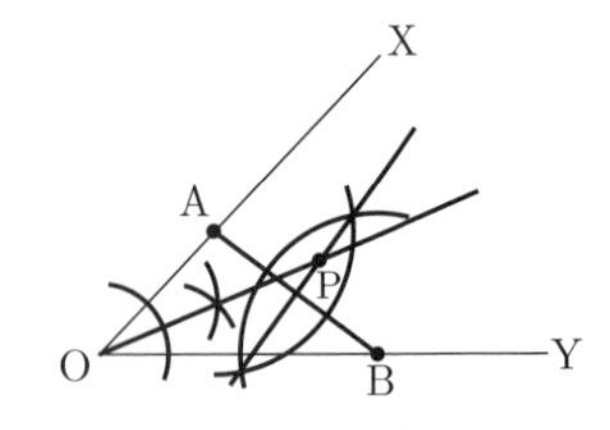

2 1次関数，関数 $y = ax^2$ (1) $a = \frac{1}{2}$　(2) $y = -x + 4$　(3) $b = -\frac{1}{6}$

3 データの散らばりと代表値，1次関数 (1)① 11月
②（記号）ウ
（理由）（例）9月の人数の割合は0.25，11月の人数の割合は0.2で，9月より11月の方が小さいから。
(2)①

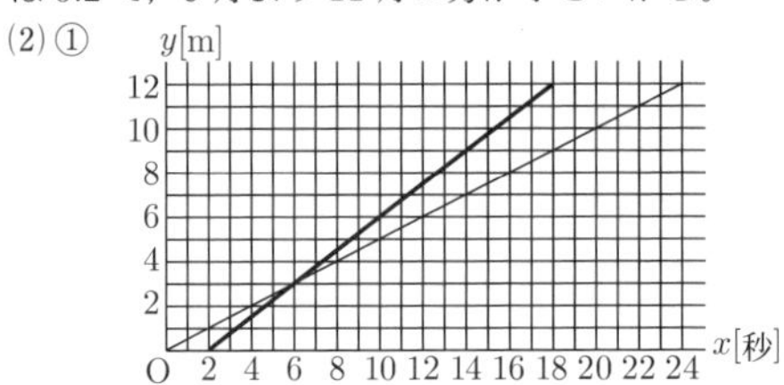

② ア．18
イ．（例）太郎さんのグラフで $x = 18$ のときの y の値と12との差の絶対値を求める。

4 数の性質，1次方程式の応用 (1) 16個
(2) $(3n-2)$ 個　(3) 74本

5 立体の表面積と体積，相似 (1) $\frac{1}{3}\pi b^2$ cm^3　(2) $\frac{1}{b}$ 倍
(3) $\frac{1}{a}$ 倍　(4) R，Q，P

6 図形と証明，相似，平行線と線分の比，三平方の定理
(1)（証明）（例）$\triangle ABC$ と $\triangle FPC$ において，
共通な角だから，$\angle ACB = \angle FCP$ …①
$AB \parallel GP$ より，平行な線の同位角は等しいから，
$\angle ABC = \angle FPC$ …②
①，②より，対応する2組の角がそれぞれ等しいから，
$\triangle ABC \backsim \triangle FPC$
(2)① 4 cm　② $(18 - 12\sqrt{2})$ cm^2

解き方

1 (1)② (与式) $= 5 - 9 \times 2 = 5 - 18 = -13$
③ (与式) $= 3a - 6b - 4a - 2b = -a - 8b$
④ (与式) $= \frac{5x+10y}{15} + \frac{3x-3y}{15} = \frac{8x+7y}{15}$
⑤ (与式) $= 3\sqrt{2} - \frac{4\sqrt{2}}{\sqrt{2} \times \sqrt{2}} = 3\sqrt{2} - \frac{4\sqrt{2}}{2}$
$= 3\sqrt{2} - 2\sqrt{2} = \sqrt{2}$
(3) $x = 2$ を代入して，$3 \times 2 + 2a = 5 - a \times 2$
$6 + 2a = 5 - 2a$　　$4a = -1$　　$a = -\frac{1}{4}$
(4) 全体では，$6 \times 6 = 36$（通り）　出た目の積が9の倍数になる場合は，2個のさいころの目がともに3の倍数となるときだから，(3, 3)，(3, 6)，(6, 3)，(6, 6) の4通り。

求める確率は，$\frac{4}{6\times6}=\frac{1}{9}$

(5) $\angle ABD=\angle ACD=62^\circ$

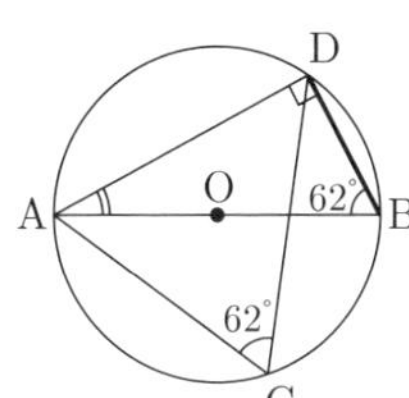

$\triangle DAB$ は $\angle ADB=90^\circ$ の直角三角形だから，

$\angle BAD=90^\circ-\angle ABD$

$=90^\circ-62^\circ=28^\circ$

(6) 2点A，Bからの距離が等しい点の全体は，線分ABの垂直2等分線。半直線OX，OYからの距離が等しくなる点の全体は，∠XOYの2等分線。よって，点Pはこれらの2つの2等分線の交点。

2 (1) 点A (2, 2) を $y=ax^2$ に代入して，

$2=a\times2^2\qquad a=\frac{1}{2}$

(2) $y=\frac{1}{2}x^2$ に $x=-4$ を代入して，$y=\frac{1}{2}\times(-4)^2=8$

B $(-4,\ 8)$　直線ABの傾きは，$\frac{2-8}{2-(-4)}=\frac{-6}{6}=-1$

直線ABは，$y=-x+q$ とおける。A (2, 2) を代入して，

$2=-2+q\qquad q=4$　よって，$y=-x+4$

(3) $\triangle BEC=$ 四角形ACEDより，$\triangle BDA=2\triangle BEC$

B $(-4,\ 8)$，E $(-4,\ 0)$，D $(-4,\ 16b)$，C (0, 4)，A (2, 2) より，

$\triangle BDA=\frac{1}{2}\times(8-16b)\times\{2-(-4)\}=3\times8\times(1-2b)$

$\triangle BEC=\frac{1}{2}\times(8-0)\times\{0-(-4)\}=\frac{1}{2}\times8\times4=16$

よって，$3\times8\times(1-2b)=2\times16\qquad 1-2b=\frac{4}{3}$

$2b=1-\frac{4}{3}\qquad 2b=-\frac{1}{3}\qquad b=-\frac{1}{6}$

3 (1) ① 最頻値とは，度数が最大である階段の階級値。9月の最頻値は3（本），11月の最頻値は4（本）。

(2) ① 花子さんのグラフは，点 (2, 0) を出発して，傾きが $\frac{3}{4}$ のグラフ。

4 (1) 1番目は1個，以後1番ふえるごとに3個ずつふえる。6番目は1番目から5番ふえるから，$1+5\times3=16$（個）

(2) n 番目は1番目から $(n-1)$ 番ふえるから，

$1+3(n-1)=3n-2$（個）

(3) 100個つくるとき，$3n-2=100\qquad n=34$（番目）

1番目は8本，以後1番ふえるごとに2本加えるから，

$8+2\times(34-1)=74$（本）

5 (1) 立体Pは，底面の半径 b (cm)，高さ 1 (cm) の円すいで，

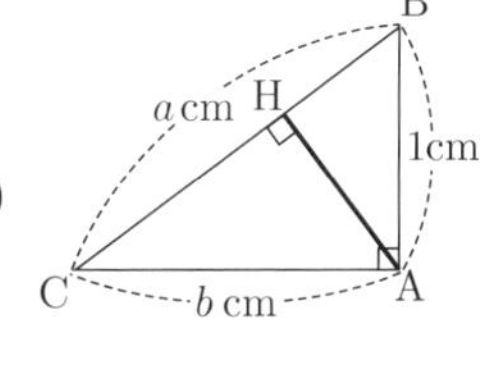

$P=\frac{1}{3}\times\pi b^2\times1=\frac{\pi b^2}{3}$ (cm^3)

(2) 立体Qは，底面の半径 1 (cm)，高さ b (cm) の円すいで，

$Q=\frac{1}{3}\times\pi\times1^2\times b=\frac{\pi b}{3}=\frac{1}{b}\times\frac{\pi b^2}{3}=\frac{1}{b}P$

よって，$\frac{1}{b}$（倍）

(3) 頂点Aから辺BCに垂線AHを下ろす。

$\triangle AHB\backsim\triangle CAB$，AH : CA = AB : CB

$AH:b=1:a\qquad AH=\frac{b}{a}$

立体Rは，共通の底面をもつ2つの円すいを合わせた立体で，共通の底面の半径は $\frac{b}{a}$ (cm)，高さはそれぞれ，BH (cm) と CH (cm) だから，

$R=\frac{1}{3}\times\pi\times\left(\frac{b}{a}\right)^2\times BH+\frac{1}{3}\times\pi\times\left(\frac{b}{a}\right)^2\times CH$

$=\frac{1}{3}\times\pi\times\left(\frac{b}{a}\right)^2\times(BH+CH)$

$=\frac{\pi b^2}{3a^2}\times BC=\frac{\pi b^2}{3a^2}\times a=\frac{1}{a}\times\frac{\pi b^2}{3}=\frac{1}{a}P$

よって，$\frac{1}{a}$（倍）

(4) $a>b>1$ より $\frac{1}{a}<\frac{1}{b}<1$　　よって，R，Q，P

6 (2) ① $\triangle AOB$ で，

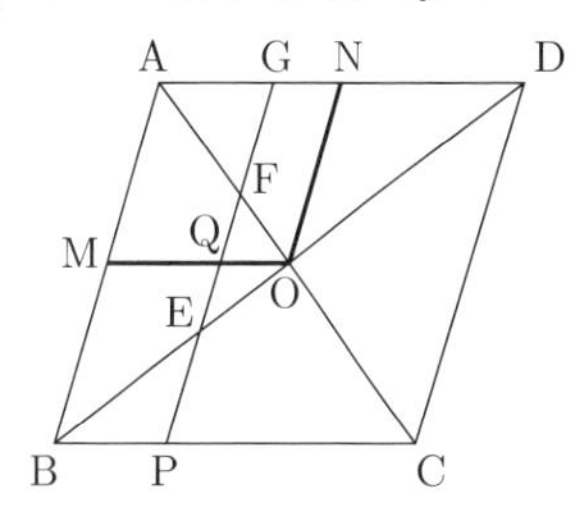

AB = 5，

$AO=\frac{1}{2}AC=3$，

$\angle AOB=90^\circ$ より，

三平方の定理から，

$AO^2+BO^2=AB^2$

$3^2+BO^2=5^2$

$BO^2=4^2$

$BO>0$ より，BO = 4 (cm)

② 辺AB，ADの中点を，それぞれM，N，線分GPとMOの交点をQとおく。

・GQ = PQ，FQ = EQより，GF = PE

$\triangle AFG:\triangle BEP=(GF\times MQ):(PE:MQ)$

$=GF:PE=1:1$，$\triangle AFG=\triangle BEP$

$\triangle BEP=\triangle EOF$ より，$\triangle AFG=\triangle EOF$

FQ = EQ より，$\triangle EOF=2\triangle OFQ$

よって，$\triangle AFG=2\triangle OFQ$

$\triangle AFG:\triangle OFQ=2:1$

ここで，$\triangle AFG\backsim\triangle OFQ$

面積比は，$\triangle AFG:\triangle OFQ=2:1=(\sqrt{2})^2:1^2$

相似比は，$AG:OQ=\sqrt{2}:1$

・$\triangle AFG\backsim\triangle AON$ より，$AG:AN=\sqrt{2}:(\sqrt{2}+1)$

面積比は，$\triangle AFG:\triangle AON=(\sqrt{2})^2:(\sqrt{2}+1)^2$

$\triangle AON=\frac{1}{8}\times$ ひし形 $ABCD=\frac{1}{8}\times\left(\frac{1}{2}\times6\times8\right)=3$

$\triangle AFG:3=2:(\sqrt{2}+1)^2$

$\triangle AFG=\frac{3\times2}{(\sqrt{2}+1)^2}=\frac{6\times(\sqrt{2}-1)^2}{\{(\sqrt{2}+1)(\sqrt{2}-1)\}^2}$

$=18-12\sqrt{2}$ (cm^2)

〈Y. K.〉

宮　崎　県

問題 P.113

解答　**1** ▌正負の数の計算，式の計算，平方根，2 次方程式，関数 $y=ax^2$，データの散らばりと代表値，平面図形の基本・作図▐ (1) -9

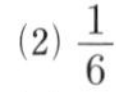

(2) $\frac{1}{6}$
(3) -8
(4) $a-6b$
(5) 5
(6) $x=3,\ 7$
(7) $0\leqq y\leqq 4$
(8) イ，ウ
(9) 右図

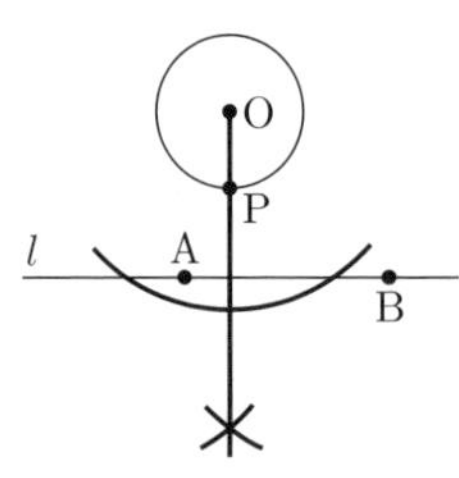

2 ▌確率，1 次方程式の応用▐ 1．(1) エ
(2) (説明) (例)
玉の取り出し方は右の通り，
4 × 3 = 12 (通り) あり，
これらは同様に確からしい。

①⟨②③④　②⟨②③④　③⟨②③④　④⟨②③④

このうち，数の和が 5 になるものは，①−④，②−③，③−②の 3 通り。
したがって，求める確率は，$\frac{3}{12}=\frac{1}{4}$　(正しい答え) $\frac{1}{4}$
2．(1) 5580 円
(2) (式と計算，説明) (例)
1 人あたりの通常運賃を x 円とすると，
$(1-0.3)x\times5+(1-0.5)x\times15=6600$
$3.5x+7.5x=6600$　　$x=\frac{6600}{11}=600$
表から，運賃が 600 円であるのは，B 駅から列車に乗り，E 駅で降りた場合であり，これは問題にあっている。
(答え) 乗った駅…B 駅，降りた駅…E 駅

3 ▌比例・反比例，1 次関数，平行四辺形▐
1．ア．(例) 面積が 18 cm^2 の長方形の縦の長さを x cm，横の長さを y cm
イ．(例) $y=\frac{18}{x}$
2．(1) $a=-12$　(2) 4 個　(3) $y=-\frac{7}{4}x+7$

4 ▌図形と証明，円周角と中心角，相似，三平方の定理▐
1．145 度
2．(証明) (例) △ABF と △EBC で
四角形 EBAD，BFGC はいずれも正方形だから，
AB = EB，BF = BC
また，∠ABF = ∠EBC = ∠ABC + 90°
よって，2 組の辺とその間の角が，それぞれ等しいので，
△ABF ≡ △EBC
3．(1) $\frac{23}{2}$ cm^2　(2) $\frac{\sqrt{26}}{4}\pi$ cm

5 ▌立体の表面積と体積，相似，平行線と線分の比，三平方の定理▐ 1．10 m　2．192 m^3
3．(1) $27\sqrt{2}$ m^2　(2) 72 m^3

解き方　**1** (3) (与式) $=1-9=-8$
(4) (与式) $=-4a+4b+5a-10b=a-6b$
(5) (与式) $=\frac{2\sqrt{2}+3\sqrt{2}}{\sqrt{2}}=5$
(6) $x^2-10x+21=0$　　$(x-3)(x-7)=0$　　$x=3,\ 7$
(7) $x=-2$ のとき $y=4$，$x=0$ のとき $y=0$
よって，$0\leqq y\leqq 4$
(8) イ…2 年生，3 年生ともに 15 人ずつなので，平均値の小さい方が記録の合計も小さい。
(9) O を通り，直線 l と垂直な直線と円 O との交点のうち，l に近い方が P である。

2 2．(1) $660\times3+1200\times3=5580$ (円)

3 2．(1) 点 A $(-2,\ 6)$ が $y=\frac{a}{x}$ 上にあるので，
$a=xy=(-2)\times6=-12$
(2) 直線 AC の傾きは $\frac{9-6}{4+2}=\frac{1}{2}$
点 A $(-2,\ 6)$ を通ることを考えて，直線 AC は，
$y=\frac{1}{2}x+7$
したがって，条件をみたすのは $x=-2,\ 0,\ 2,\ 4$ のときの 4 個
(3) 点 B $(4,\ -3)$ であり，線分 BC の中点は M $(4,\ 3)$
M を通り，AD に平行な直線と AC の交点を P とすると △APD = △AMD より，直線 PD は条件をみたす。
直線 AD の傾きは $\frac{6}{-2-4}=-1$
よって，直線 PM は $y=-x+7$
$-x+7=\frac{1}{2}x+7$ より，$x=0$　　よって，点 P $(0,\ 7)$
直線 PD の傾きは $-\frac{7}{4}$ であり，求める直線 PD は，
$y=-\frac{7}{4}x+7$

4 1．$\angle DAG=\angle DAB+\angle BAG=90°+(90°-35°)=145°$
3．(1) △ABC で三平方の定理より，
$AB=\sqrt{3^2+2^2}=\sqrt{13}$
よって，$\triangle ABD=\frac{1}{2}\times(\sqrt{13})^2=\frac{13}{2}$
また，△AFG で，三平方の定理より，
$AF=\sqrt{3^2+5^2}=\sqrt{34}=EC$
AF ⊥ EC であり，△AFG∽△ACH より，
$AH=5\times\frac{2}{\sqrt{34}}=\frac{10}{\sqrt{34}}$
よって，$\triangle ECA=\frac{1}{2}\times\sqrt{34}\times\frac{10}{\sqrt{34}}=5$
したがって，
$(\text{四角形 ECAD})=\triangle ABD+\triangle ECA=\frac{13}{2}+5=\frac{23}{2}$
(2) ∠AHE = 90° であり，3 点 A，B，H は AE を直径とする円周上にある。$AE=\sqrt{2}AB=\sqrt{26}$ であるから，
$\overset{\frown}{AB}=2\pi\times\frac{\sqrt{26}}{2}\times\frac{1}{4}=\frac{\sqrt{26}}{4}\pi$

5 1．三平方の定理より，$AC=\sqrt{6^2+8^2}=10$
2．AC の中点を M とすると，△PMA で三平方の定理より，
$PM=\sqrt{13^2-5^2}=12$
したがって，求める体積は，$\frac{1}{3}\times(6\times8)\times12=192$
3．(1) AB，CD の中点をそれぞれ G，H，
PH と EF の交点を I，
GI と PM の交点を J とする。

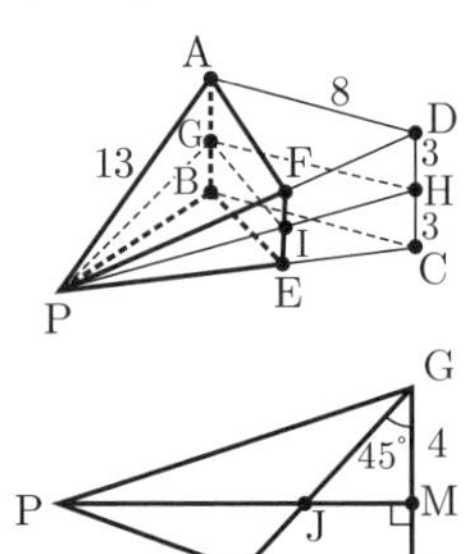

△GJM で，∠JGM = 45° だから，
$JM=GM=4$，$GJ=4\sqrt{2}$
$PJ:JM=(12-4):4=2:1$
より，J は △PGH の重心であるから，PI = HI，
$GJ:JI=2:1$

よって，$GI = 4\sqrt{2} \times \dfrac{3}{2} = 6\sqrt{2}$

また，△PEF∽△PCD より，$EF = \dfrac{1}{2}CD = 3$

したがって，

(台形 ABEF) $= \dfrac{1}{2} \times (6 + 3) \times 6\sqrt{2} = 27\sqrt{2}$

(2) まず，立体 EF − ABCD の体積を求める。

この立体を，長方形 ABCD に垂直かつ辺 AD に平行で E，F を通る 2 つの平面により，2 つの四角錐と三角柱に切り分けて考えて，

$\left\{\dfrac{1}{3} \times \left(8 \times \dfrac{3}{2}\right) \times \dfrac{12}{2}\right\} \times 2 + \left(\dfrac{1}{2} \times 8 \times \dfrac{12}{2}\right) \times 3 = 120$

したがって，求める体積は，$192 - 120 = 72$

〈SU. K.〉

鹿 児 島 県

問題 P.115

解答

1 正負の数の計算，平方根，1 次方程式の応用，空間図形の基本，立体の表面積と体積，三平方の定理 1．(1) 27　(2) $\dfrac{8}{15}$　(3) $\sqrt{3}$　(4) 時速 12 km

(5) 6 本　2．$a = 3$　3．$42\,cm^3$　4．$n = 7$　5．ウ

2 円周角と中心角，確率，因数分解，図形と証明，相似，連立方程式の応用 1．64 度　2．$\dfrac{11}{12}$

3．$(x-3)(x+7)$

4．(証明)（例）△AGL と △DGH において，

∠GAL = ∠GDH(= 60°)…①

∠AGL = ∠DGH（対頂角は等しい）…②

①，②より，2 組の角がそれぞれ等しいから，

△AGL∽△DGH…③

同様にして，△BIH∽△DGH…④

③，④より，△AGL∽△BIH

5．(式と計算)（例）ペットボトルの本数より，

$5x + 8y = 70$…①

レジ袋の代金より，$3x + 5y = 43$…②

① × 3 − ② × 5 より，$-y = -5$　　よって，$y = 5$

①に代入して，$5x + 40 = 70$　　$5x = 30$ より，$x = 6$

(答) M サイズのレジ袋 6 枚，L サイズのレジ袋 5 枚

3 データの散らばりと代表値 1．a…6　b…9

2．35.5 冊　3．(1) 0.35　(2) ア，ウ

4 多項式の乗法・除法，関数 $y = ax^2$ 1．18

2．イ…(1, 2)　ウ…$\left(\dfrac{3}{2}, \dfrac{9}{2}\right)$

3．(1) $2(t+2)^2$

(2) (求め方や計算)（例）

$A(t,\ 2t^2)$，$B(t+1,\ 2(t+1)^2)$，

$C(t+2,\ 2(t+2)^2)$ であり，

$P(t,\ 0)$，$Q(t+1,\ 0)$，

$R(t+2,\ 0)$ とする。

台形 APRC

$= \dfrac{1}{2} \times \{2t^2 + 2(t+2)^2\} \times 2$

$= 2t^2 + 2(t+2)^2$…①

台形 APQB $= \dfrac{1}{2} \times \{2t^2 + 2(t+1)^2\} \times 1$

$= t^2 + (t+1)^2$…②

台形 BQRC $= \dfrac{1}{2} \times \{2(t+1)^2 + 2(t+2)^2\} \times 1$

$= (t+1)^2 + (t+2)^2$…③

△ABC の面積は，① − ② − ③で求められるから，

△ABC

$= 2t^2 + 2(t+2)^2 - \{t^2 + (t+1)^2\} - \{(t+1)^2 + (t+2)^2\}$

$= t^2 + (t+2)^2 - 2(t+1)^2$

$= t^2 + t^2 + 4t + 4 - 2t^2 - 4t - 2 = 2$

(答) 2

「同じ面積になる」

5 2 次方程式の応用，平面図形の基本・作図，三平方の定理

1．⑤　2．(右の図)

3．(1) $\sqrt{3}$ cm　(2) $10\sqrt{3}\ cm^2$

(3) (式と計算)（例）

AP = t cm

点 M は辺 CD 上にあるから，

$6 \leqq t \leqq 8$

△MDP において，

DP = $8 - t$ (cm) で，

DP : MP = 1 : $\sqrt{3}$ より，

$MN = MP \times 2 = DP \times 2\sqrt{3} = 2\sqrt{3}(8 - t)$ (cm)

△AMN の面積について，方程式をたてると，

$\dfrac{1}{2} \times 2\sqrt{3}(8 - t) \times t = 8\sqrt{3}$

$\sqrt{3}t(8 - t) = 8\sqrt{3}$ より，$t(8 - t) = 8$

整理して，$t^2 - 8t + 8 = 0$ だから，解の公式より，

$t = \dfrac{-(-8) \pm \sqrt{(-8)^2 - 4 \times 1 \times 8}}{2 \times 1} = \dfrac{8 \pm \sqrt{32}}{2}$

$= \dfrac{8 \pm 4\sqrt{2}}{2} = 4 \pm 2\sqrt{2}$

$6 \leqq t \leqq 8$ より，$t = 4 + 2\sqrt{2}$

(答) $4 + 2\sqrt{2}$（秒後）

解き方

1 1．(1) (与式) $= 20 + 7 = 27$

(2) (与式) $= \dfrac{2}{3} - \dfrac{3}{5} \times \dfrac{2}{9} = \dfrac{2}{3} - \dfrac{2}{15}$

$= \dfrac{10}{15} - \dfrac{2}{15} = \dfrac{8}{15}$

(3) (与式) $= \sqrt{48} - \dfrac{9\sqrt{3}}{3} = 4\sqrt{3} - 3\sqrt{3} = \sqrt{3}$

(4) 時速 x km とすると，$x \times \dfrac{20}{60} = 4$ より，

$x = 12$ (km/時)

(5) 右の図より，辺の数は 6 本

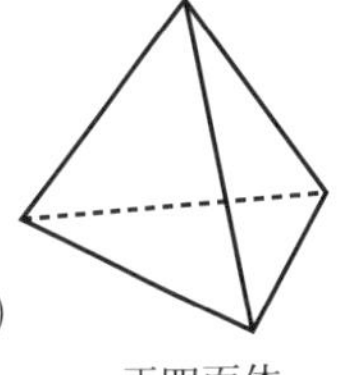

正四面体

2．$x = 5$ を代入して，

$35 - 3a = 20 + 2a$

$-5a = -15$ より，$a = 3$

3．直角三角形の残りの 1 辺の長さは，

$\sqrt{5^2 - 3^2} = \sqrt{25 - 9} = \sqrt{16} = 4$ (cm)

直角三角形を底面とする三角柱の体積だから，

$\left(\dfrac{1}{2} \times 3 \times 4\right) \times 7 = 6 \times 7 = 42\ (cm^3)$

4．28 を素因数分解すると，$28 = 2^2 \times 7$

$28n$ を素因数分解したとき，指数がすべて偶数になればよいから，$n = 7$

5．$x\ g/m^2$ の 47% 増が $1193\ g/m^2$ とすると，

$x \times \left(1 + \dfrac{47}{100}\right) = 1193$ より，$\dfrac{147}{100}x = 1193$

$x = 1193 \times \dfrac{100}{147} = 811.5\cdots\ (g/m^2)$

よって，平成 29 年を選べばよい。

2 1．∠ADC = 90° だから，△ACD に着目して，

$\angle x = \angle ACD = 180° - (90° + 26°) = 180° - 116° = 64°$

2．全ての目の出かたは，$6 \times 6 = 36$（通り）

出た目の数の和が 11 以上となるのは,
(大, 小) = (5, 6), (6, 5), (6, 6) の 3 通りだから,
$1-\frac{3}{36}=1-\frac{1}{12}=\frac{11}{12}$

3. $x+3=A$ とおくと,
$(与式)=A^2-2A-24=(A-6)(A+4)$
$=(x+3-6)(x+3+4)=(x-3)(x+7)$

3 1. a. 20 冊以上 30 冊未満は, 21, 22, 24, 27, 28, 28 (冊) の 6 人いる。
b. $40-(3+5+6+10+7)=40-31=9$ (人)

2. $3+5+6=14$ より, 少ない方から 14 番目が「28 冊」, 15 番目が「31 冊」で, 続けて数えていくと, 20 番目, 21 番目は「35 冊」,「36 冊」だから, 中央値は,
$\frac{35+36}{2}=35.5$ (冊)

3. (1) 40 冊以上 50 冊未満は 7 人だから, $\frac{7}{20}=0.35$
(2) 2 つのグループ別の度数分布表は下のようになる。

階級 (冊)	Aグループの度数 (人)	Bグループの度数 (人)
以上　未満 0 〜 10	1	2
10 〜 20	2	3
20 〜 30	2	4
30 〜 40	6	4
40 〜 50	7	2
50 〜 60	2	5
計	20	20

ア. A…$1+2+2=5$ (人), B…$2+3+4=9$ (人) だから, 必ずいえる。
イ. A, B ともに 10 番目と 11 番目は, 30 冊以上 40 冊未満の階級であるので, A グループの中央値の方が B グループの中央値よりも大きいとは限らない。
ウ. A…45 冊, B…55 冊だから, 必ずいえる。
エ. 度数の差が最も大きい階級は, 40 冊以上 50 冊未満の, $7-2=5$ (冊) であるから, いえない。

4 1. ア. $y=2x^2$ に $x=3$ を代入して,
$y=2\times3^2=18$

2. イ. 点 B の x 座標は, $-1+1=0$,
点 C の x 座標は, $0+1=1$ より, y 座標は,
$y=2\times1^2=2$ だから, C (1, 2)
ウ. 右の図より,
点 B の x 座標は $\frac{1}{2}$ だから,
点 C の x 座標は $\frac{1}{2}+1=\frac{3}{2}$,
y 座標は, $y=2\times\left(\frac{3}{2}\right)^2=\frac{9}{2}$
より, C $\left(\frac{3}{2}, \frac{9}{2}\right)$

3. (1) 点 C の x 座標は,
$t+1+1=t+2$ より, y 座標は, $y=2(t+2)^2$

5 1. 図形①を, 点 O を回転の中心として 180° だけ回転移動すると図形④に重なり, さらに直線 CF を対称の軸として対称移動すると図形⑤に重なる。

2. ㋐〜㋒で, 線分 AD の垂直二等分線を作図し, 線分 AD の中点を O とする。
㋓で, 点 O が中心, 半径 OA の円をかく。
㋔〜㋗で, ㋓の円周上に,
OA = AB = BC = DE = EF
となる点 B, C, E, F を作図し, 点 A, B, C, D, E, F, A の順に線分で結ぶ。

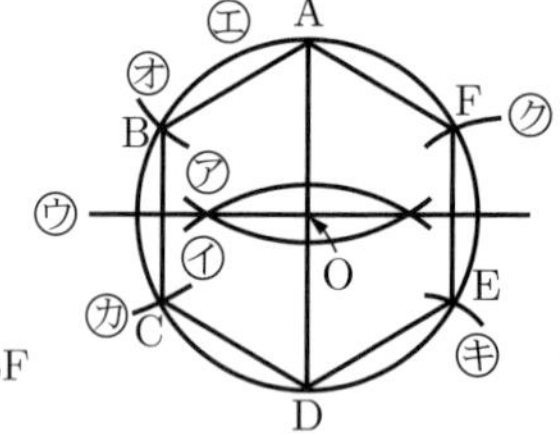

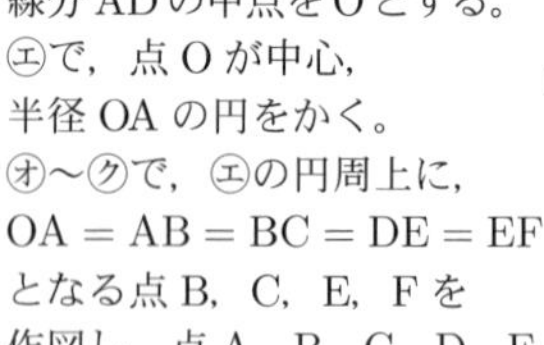

3. (1) AP : AM : PM = 1 : 2 : $\sqrt{3}$ で,
AP = 1 cm だから, PM = $\sqrt{3}$ cm
(2) 対角線 AD と BF の交点を Q とすると,
$BQ=AB\times\frac{\sqrt{3}}{2}=4\times\frac{\sqrt{3}}{2}=2\sqrt{3}$ (cm)
点 M, N はそれぞれ辺 BC, FE 上にあるから,
△AMN の 底辺 $MN=BF=2\sqrt{3}\times2=4\sqrt{3}$ (cm),
高さ AP = 5 cm より, 面積は,
$\frac{1}{2}\times4\sqrt{3}\times5=10\sqrt{3}$ (cm^2)

〈H. S.〉

沖縄県

問題 P.117

解答

1 正負の数の計算，平方根，式の計算

(1) -7　(2) -14　(3) 8　(4) $6\sqrt{3}$　(5) $18a^2b$
(6) $5x+y$

2 1 次方程式，連立方程式，多項式の乗法・除法，因数分解，2 次方程式，平面図形の基本・作図，数・式の利用，データの散らばりと代表値，平方根

(1) $x=-3$　(2) $x=4,\ y=2$
(3) x^2-6x+9　(4) $(x+4)(x-2)$　(5) $x=\dfrac{-3\pm\sqrt{17}}{4}$
(6) $\dfrac{3}{2}\pi\ \text{cm}^2$　(7) $4x-y>7$　(8) 7.5 時間　(9) ウ

3 1 次関数，場合の数，確率

問 1．6 通り
問 2．(1) $\dfrac{5}{36}$　(2) $\dfrac{7}{36}$

4 平面図形の基本・作図，平行と合同，三角形

問 1．右図
問 2．(1) 35 度　(2) 4 cm

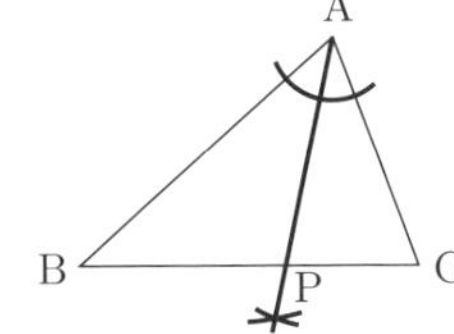

5 数・式を中心とした総合問題

問 1．① 3　② 10　③ 5
問 2．④ $10a+b$　⑤ $10b+a$　⑥ $a+b$
問 3．75，84，93

6 1 次関数，関数 $y=ax^2$

問 1．$y=4$
問 2．$y=x^2$　問 3．イ　問 4．4 秒後と 6.8 秒後

7 1 次関数，関数 $y=ax^2$，相似

問 1．16
問 2．$y=-2x+8$　問 3．24　問 4．P $(2\sqrt{2},\ 8)$

8 2 次方程式の応用，図形と証明，相似，円周角と中心角

問 1．108 度
問 2．（例）（1 つの円で等しい弧に対する）円周角（は等しいから）
$\overset{\frown}{AC}$ に対する円周角は等しいから，$\angle ADC=\angle AEF$（…②）
（①，②より）2 組の角がそれぞれ等しい（から）
問 3．$\dfrac{1+\sqrt{5}}{2}$ cm

9 立体の表面積と体積，相似，中点連結定理

問 1．3 cm
問 2．(1) 2 cm　(2) OP : PC = 1 : 2　(3) 4 cm^3

10 数・式を中心とした総合問題

問 1．4 cm
問 2．$n=35$　問 3．13 cm

解き方

1 (3) (与式) $=6+2=8$
(4) (与式) $=4\sqrt{3}+2\sqrt{3}=6\sqrt{3}$
(5) (与式) $=\dfrac{6ab^2\times 3a}{b}=18a^2b$
(6) (与式) $=3x-y+2x+2y=5x+y$

2 (1) $3x=-9$ より，$x=-3$
(2) $2x-3y=2$…①，$x+2y=8$…②
① − ② × 2 より，$-7y=-14$　$y=2$
②に代入して，$x+4=8$　$x=4$
(3) $(x-3)^2=x^2-2\times 3x+3^2=x^2-6x+9$
(4) $x^2+2x-8=(x+4)(x-2)$
(5) $2x^2+3x-1=0$ に解の公式を用いて，
$x=\dfrac{-3\pm\sqrt{3^2-4\times 2\times(-1)}}{2\times 2}=\dfrac{-3\pm\sqrt{17}}{4}$
(6) $3\times 3\times\pi\times\dfrac{60^\circ}{360^\circ}=9\pi\times\dfrac{1}{6}=\dfrac{3}{2}\pi\ (\text{cm}^2)$
(7) x の 4 倍から y をひいた数は，$4x-y$
これが 7 より大きいから，$4x-y>7$
(8) 中央値は，小さい方から数えて 15 番目と 16 番目の平均で，これは 7 時間以上 8 時間未満の階級に含まれる。
よって，階級値は $\dfrac{7+8}{2}=7.5$（時間）
(9) ア．$\sqrt{10}<9$　イ．6 の平方根は $\pm\sqrt{6}$ である。
ウ．1 辺の長さが $\sqrt{2}$ の正方形の面積は，$\sqrt{2}\times\sqrt{2}=2$
エ．$\sqrt{16}=4$　よって，ウ

3 問 1．2 つのさいころの目が 1，2，3，4，5，6 の 6 通り。
問 2．2 つのさいころの目の出方は $6\times 6=36$（通り）
(1) 点 P $(a,\ b)$ が直線 $y=x-1$ 上にあるのは，
(2，1)，(3，2)，(4，3)，(5，4)，(6，5) の 5 通り。
よって，求める確率は $\dfrac{5}{36}$
(2) △OAP が二等辺三角形となるのは，
(3，1)，(3，2)，(3，3)，(3，4)，(3，5)，(3，6)，(6，6) の 7 通り。
よって，求める確率は $\dfrac{7}{36}$

4 問 1．∠BAC の二等分線を作図する。その直線と辺 BC の交点を P とする。
問 2．(1) AP // DC より，錯角は等しいから，
$\angle ACD=\angle CAP=35^\circ$
(2) AP // DC より，同位角は等しいから，
$\angle ADC=\angle BAP=35^\circ$
$\angle ACD=\angle ADC$ より，△ACD は二等辺三角形だから，
AD = AC = 4 cm

5 問 1．$23=20+3=10\times 2+3$
$35=30+5=10\times 3+5$
よって，① 3　② 10　③ 5
問 2．十の位が a，一の位が b の 2 けたの自然数は
$10a+b$…④
十の位の数と一の位の数を入れかえてできる自然数は
$10b+a$…⑤
これらの和は，
$(10a+b)+(10b+a)=11a+11b=11(a+b)$…⑥
$a+b$ は整数であるから，$11(a+b)$ は 11 の倍数である。
問 3．X の十の位の数を a，一の位の数を b とすると，問 2 より，
$11(a+b)=132$
$a+b=12$
$a>b$ となるのは，$(a,\ b)=(7,\ 5)$，$(8,\ 4)$，$(9,\ 3)$
よって，X = 75，84，93

6 問 1．2 秒後には，AP = 4 cm，BQ = 2 cm であるから，
$y=\dfrac{1}{2}\times 4\times 2=4$
問 2．$0\leqq x\leqq 5$ のとき，x 秒後には，
AP = $2x$ cm，BQ = x cm であるから，
$y=\dfrac{1}{2}\times 2x\times x=x^2$
問 3．点 P が BC 上にあるとき，
$5\leqq x\leqq 10$ であり，
$PB=2x-10$ (cm)，
BQ = x cm より，
$PQ=x-(2x-10)$
$=10-x$ (cm)
よって，
$y=\dfrac{1}{2}\times(10-x)\times 10=50-5x$

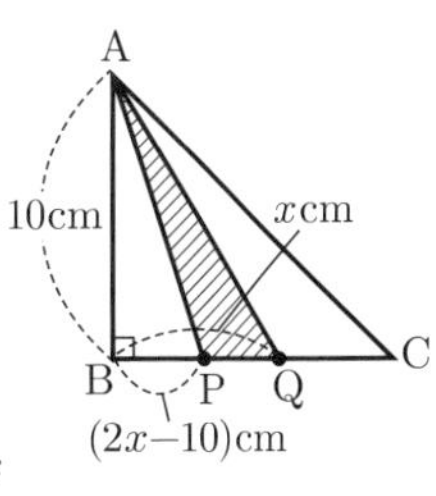

よって，最も適するグラフはイ

問4．$0 < x \leqq 5$ のとき　$x^2 = 16$ より，$x = 4$

$5 \leqq x \leqq 10$ のとき　$50 - 5x = 16$ より，$x = \dfrac{34}{5} = 6.8$

よって，△APQ の面積が $16\,\mathrm{cm}^2$ となるのは，4 秒後，6.8 秒後。

7 問1．点 A は $y = x^2$ のグラフ上にあるから，y 座標は，$y = (-4)^2 = 16$

問2．点 B の y 座標は，$y = 2^2 = 4$

2 点 A $(-4,\ 16)$，B $(2,\ 4)$ を通る直線の式を $y = ax + b$ とおくと，$16 = -4a + b$，$4 = 2a + b$

これを解いて，$a = -2$，$b = 8$　　よって，$y = -2x + 8$

問3．直線 AB と y 軸との交点を C とすると，C $(0,\ 8)$ であり，

$\triangle\mathrm{OAB} = \triangle\mathrm{OAC} + \triangle\mathrm{OBC}$

$= \dfrac{1}{2} \times 8 \times 4 + \dfrac{1}{2} \times 8 \times 2 = 24$

問4．右の図で，

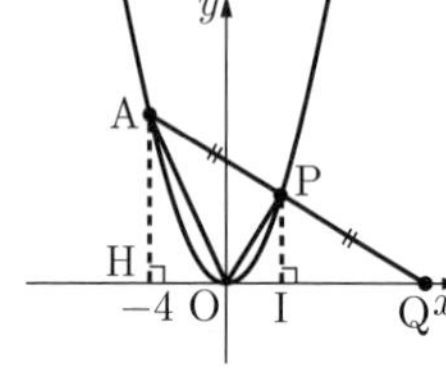

△OPA = △OPQ のとき，
AP = PQ であり，点 A，P から x 軸に下ろした垂線を AH，PI とすると，△AHQ∽△PIQ から，

AH : PI = AQ : PQ = 2 : 1

AH = 16 より，PI = 8

P の y 座標が 8 だから，x 座標は $x^2 = 8\ (x > 0)$ より，$x = 2\sqrt{2}$

よって，P $(2\sqrt{2},\ 8)$

8 問1．正五角形の内角の和は，$(5 - 2) \times 180° = 540°$

よって，$\angle\mathrm{ABC} = 540° \div 5 = 108°$

問3．AC = AD と
△ACD∽△AFE より，
AF = AE = 1 cm

よって，AD = x cm とおくと，
DF = AD − AF = $x - 1$ (cm)

$\overset{\frown}{\mathrm{CD}} = \overset{\frown}{\mathrm{AE}}$ より，

∠FDE = ∠FED であるから，

EF = DF = $x - 1$ (cm)

したがって，AD : DC = AE : EF

$x : 1 = 1 : (x - 1)$

$x(x - 1) = 1$ から，$x^2 - x - 1 = 0$

解の公式より，

$$x = \frac{-(-1) \pm \sqrt{(-1)^2 - 4 \times 1 \times (-1)}}{2} = \frac{1 \pm \sqrt{5}}{2}$$

$x > 0$ であるから，$x = \dfrac{1 + \sqrt{5}}{2}$ (cm)

9 問1．△OBD に中点連結定理を用いて，

$\mathrm{MN} = \dfrac{1}{2}\mathrm{BD} = \dfrac{1}{2} \times 6 = 3$ (cm)

問2．(1) $\mathrm{OQ} = \dfrac{1}{2}\mathrm{OH} = \dfrac{1}{2} \times 4 = 2$ (cm)

(2) 右の図のように，平面 OAC をとり出し，点 O を通り AC に平行な直線と，直線 AP の交点を R とする。

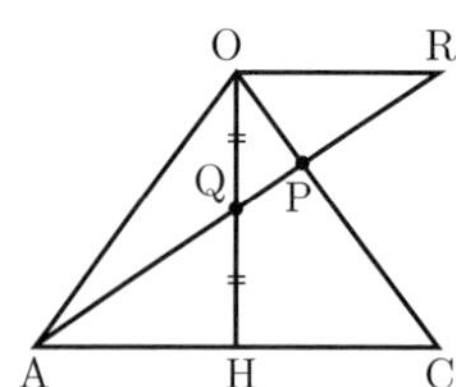

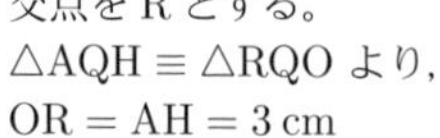

△AQH ≡ △RQO より，

OR = AH = 3 cm

△OPR∽△CPA より，

OP : PC = OR : CA = 3 : 6 = 1 : 2

(3) $\triangle\mathrm{OAC} = \dfrac{1}{2} \times 6 \times 4 = 12\ (\mathrm{cm}^2)$

OP : PC = 1 : 2 より，

$\triangle\mathrm{OAP} = \dfrac{1}{3}\triangle\mathrm{OAC} = \dfrac{1}{3} \times 12 = 4\ (\mathrm{cm}^2)$

三角錐 M − OAP の体積は，

$\dfrac{1}{3} \times \triangle\mathrm{OAP} \times \mathrm{QM} = \dfrac{1}{3} \times 4 \times \dfrac{3}{2} = 2\ (\mathrm{cm}^3)$

よって，求める体積は，三角錐 M − OAP の 2 倍であり，

$2 \times 2 = 4\ (\mathrm{cm}^3)$

10 問1．$12 - 8 = 4$ (cm)　　$8 \div 4 = 2$ より，

求める正方形の 1 辺の長さは，4 cm

問2．1 辺の長さが 7 cm の正方形は，縦に $21 \div 7 = 3$(個)，横に $15 \div 3 = 5$（個）並ぶから，$n = 7 \times 5 = 35$

問3．例の手順を用いると，

$299 - 221 = 78$ →短辺 78 cm，長辺 221 cm の長方形

$221 \div 78 = 2 \cdots 65$ →短辺 65 cm，長辺 78 cm の長方形

$78 \div 65 = 1 \cdots 13$ →短辺 13 cm，長辺 65 cm の長方形

$65 \div 13 = 5$ → 1 辺の長さ 13 cm の正方形

よって，1 辺の長さ 13 cm の正方形で埋めつくすことができる。

〈H. A.〉

国立高校・高専

東京学芸大学附属高等学校

問題 P.121

解答

1 平方根，連立方程式，確率，データの散らばりと代表値　〔1〕 $10+6\sqrt{3}$

〔2〕 $a=41$，$b=\frac{10}{7}$　〔3〕 $\frac{5}{12}$　〔4〕7 通り

2 関数を中心とした総合問題　〔1〕 $\frac{5}{2}$　〔2〕 $\frac{17}{4}$

〔3〕 $\frac{18}{5}$

3 図形と証明，相似，円周角と中心角　〔1〕45 度

〔2〕(a) 1　(i)(エ)　(ii)(オ)　〔3〕 $\frac{1}{16}\pi+\frac{1}{8}$

4 関数を中心とした総合問題　〔1〕 $y=\frac{\sqrt{3}}{3}x+1$

〔2〕E $\left(\frac{2\sqrt{3}}{3},\ -1\right)$　〔3〕CH : DI = 1 : 9

5 平行線と線分の比，相似　〔1〕 $\frac{14}{5}$ cm

〔2〕 $\frac{36}{13}$ cm　〔3〕 $T=\frac{25}{6}S$

解き方

1〔1〕(与式)

$=\{(2+\sqrt{3}+1)-\sqrt{2}\}\{(2+\sqrt{3}+1)+\sqrt{2}\}$

$=(3+\sqrt{3})^2-(\sqrt{2})^2=10+6\sqrt{3}$

〔2〕$x=3$，$y=b$ を代入して，$7b=c$ とおくと，

$$\begin{cases} 6a-c=236 \\ 21+2c=a \end{cases}$$

これを解いて，$\begin{cases} a=41 \\ c=10 \end{cases}$

〔3〕少なくとも一方の目が 4 であるのは，

$6^2-5^2=11$（通り）

両方の目が 2 または 6 となるのは，$2\times2=4$（通り）

以上の場合に，2 つのさいころの出た目の積が 4 の倍数となるので，求める確率は，

$\frac{11+4}{36}=\frac{5}{12}$

〔4〕B の得点として考えられるのは，25，26，27，28，29，30，31 の 7 通り。

2〔1〕$0<t<3$ のとき，P $(2t,\ 0)$，Q $(2t,\ 0)$，R $(0,\ t)$ とおける。四角形 ABRP の面積は，四角形 OABC の面積から △OPR と △BCR の面積を引いて求められるので，

$\frac{21}{4}=12-t^2-(3-t)$

これを解いて，$t=-\frac{3}{2}$，$\frac{5}{2}$

$0<t<3$ より，$t=\frac{5}{2}$

〔2〕$3<t<\frac{11}{2}$ のとき，P $(2t,\ 0)$，R $(0,\ 6-t)$

D $(2,\ 0)$ とおいたとき，△ABD の 3 辺の長さは 3，4，5 となるので，Q の y 座標は $(2t-6)\times\frac{3}{5}=\frac{6(t-3)}{5}$，

x 座標は $6-(2t-6)\times\frac{4}{5}=\frac{-8t+54}{5}$ となる。

$\triangle PQA=\frac{1}{2}(2t-6)\times\frac{6(t-3)}{5}=\frac{15}{8}$

$(t-3)^2=\frac{25}{16}$

$t-3>0$ より，$t=\frac{17}{4}$

〔3〕〔2〕より，直線 PR の傾きは，$\frac{t-6}{2t}$

Q $\left(\frac{-8t+54}{5},\ \frac{6(t-3)}{5}\right)$ より直線 PQ の傾きは，

$t>3$ より，

$\frac{6(t-3)}{5}\div\left\{\frac{-8t+54}{5}-2t\right\}=\frac{t-3}{-3t+9}=-\frac{1}{3}$

3 点 P，Q，R が 1 つの直線上にあるので，$\frac{t-6}{2t}=-\frac{1}{3}$

これを解いて，$t=\frac{18}{5}$　　これは問題の条件に適する。

3〔1〕$CP=CA=\sqrt{2}$ だから，$CQ=\frac{1}{\sqrt{2}}=\frac{\sqrt{2}}{2}$

したがって，Q は線分 AC の中点となる。

〔3〕〔2〕より，

∠CQB = ∠CBP = 90° であるから，Q は線分 BC を直径とする円周上にある。P が l 上を A から B まで動いたとき Q は右図の円弧上を動くので，求める面積は，

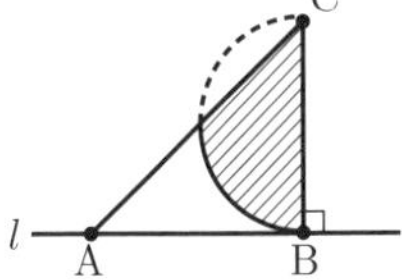

$\left(\frac{1}{2}\right)^2\pi\times\frac{1}{4}+\frac{1}{2}\times\left(\frac{1}{2}\right)^2=\frac{2+\pi}{16}$

4〔1〕C $\left(-\frac{2\sqrt{3}}{3},\ \frac{1}{3}\right)$，D $(2\sqrt{3},\ 3)$ より，直線 CD の傾きは，$\left(3-\frac{1}{3}\right)\div\left\{2\sqrt{3}-\left(-\frac{2\sqrt{3}}{3}\right)\right\}=\frac{\sqrt{3}}{3}$

x 軸に平行で，C を通る直線が，y 軸，BD と交わる点をそれぞれ F，G とし，直線 CD と y 軸との交点を J とする。

$CF:FJ=\sqrt{3}:1$ となり，$CF=\frac{2\sqrt{3}}{3}$ だから，

$FJ=\frac{1}{\sqrt{3}}CF=\frac{2}{3}$

よって，J $(0,\ 1)$

〔2〕$CG:GD=\sqrt{3}:1$ だから，∠CDG = 60°

したがって，DE の傾きは $\sqrt{3}$ となる。

よって，直線 DE の式は，$y=\sqrt{3}x-3$…①

同じように，∠ACD = 120°，∠ACE = 60°，直線 CE の傾きは $-\frac{1}{\sqrt{3}}=-\frac{\sqrt{3}}{3}$ だから，直線 CE の式は，

$y=-\frac{\sqrt{3}}{3}x-\frac{1}{3}$…②

E の座標は連立方程式①，②を解いて，E $\left(\frac{2\sqrt{3}}{3},\ -1\right)$

〔3〕直線 CD と直線 OE の交点を K とする。直線 OE の式は，$y=-\frac{\sqrt{3}}{2}x$ なので，〔1〕より K の x 座標は，

$-\frac{\sqrt{3}}{2}x=\frac{\sqrt{3}}{3}x+1$　　$x=-\frac{2\sqrt{3}}{5}$

△CHK∽△DIK なので，

$CH:DI=\left(-\frac{2\sqrt{3}}{5}+\frac{2\sqrt{3}}{3}\right):\left(2\sqrt{3}+\frac{2\sqrt{3}}{5}\right)$

$=1:9$

5〔1〕△HFE∽△HCG，CF = DE = 7 より，

$FH=CF\times\frac{FE}{CG+FE}=7\times\frac{4}{6+4}=\frac{14}{5}$

〔2〕直線 JH が，直線 AB，CD と交わる点をそれぞれ K，L とする。△KHF∽△KIE，IE = CH より，

KF : (KF + EF) = HF : IE = HF : HC = 2 : 3 だから,
KF : (KF + 4) = 2 : 3
よって, KF = 8
△ICD∽△IAE より,
ID : HC = ID : IE = CD : AE = 4 : (4 + 2) = 2 : 3
△LID∽△LHC より,
LD : (LD + DC) = ID : HC = 2 : 3 だから,
LD : (LD + 4) = 2 : 3
よって, LD = 8
△JDL∽△JAK で, DJ : AJ = DL : AK = 8 : 18 = 4 : 9
だから, $AJ = 4 \times \frac{9}{4+9} = \frac{36}{13}$
〔3〕$\triangle ICD = \frac{2}{3}\triangle CIE$, $\triangle IAE = \frac{3}{2}\triangle CIE$,
△IDA = △ICE なので, 台形 CDAE の面積は,
$\left(2 + \frac{2}{3} + \frac{3}{2}\right)\triangle CIE = \frac{25}{6}\triangle CIE$
四角形 AFGD の面積はこの台形の面積の 2 倍で,
$S = 2\triangle CIE$ なので, $T = \frac{25}{6}S$

〈IK. Y.〉

お茶の水女子大学附属高等学校

問題 P.122

解 答

1 ▌正負の数の計算, 平方根, 2 次方程式, 数の性質 ▌ (1) 2 (2) $45 - 4\sqrt{42}$
(3) $x = -\frac{3}{2}, \frac{5}{4}$ (4) ① $11 = 6^2 - 5^2$ ② $m = \frac{p+1}{2}$
③ $111 = 56^2 - 55^2$

2 ▌平方根, 連立方程式, 2 次方程式の応用, 1 次関数 ▌
(1) $(2 - 2\sqrt{2}, -2\sqrt{2})$ (2) $(a, b) = (0, 2), (-1, 1)$

3 ▌場合の数, 確率 ▌ (1) 20 通り (2) ① $\frac{17}{20}$ ② $\frac{3}{5}$

4 ▌比例・反比例, 1 次関数, 関数 $y = ax^2$, 平行四辺形, 平行線と線分の比 ▌ (1) $b = \frac{1}{a}$
(2) ① $A\left(\sqrt{3}, \frac{\sqrt{3}}{3}\right)$, $B\left(\frac{\sqrt{3}}{3}, \sqrt{3}\right)$
② 3 つ, $k = -\frac{\sqrt{3}}{2}$

5 ▌平面図形の基本・作図, 平行と合同, 円周角と中心角 ▌
(1)

(2) ∠BCD = 60° (3) $b = 90° - \frac{1}{2}a$ (4) $c = 2d$

解き方

1 (2) (与式)
$= 56 - (56 + 10\sqrt{42} - 6\sqrt{42} - 45)$
$= 45 - 4\sqrt{42}$

2 (1) $\begin{cases} y = (\sqrt{2} + 2)x \\ y = x - 2 \end{cases}$
(2) $l \parallel m$ より, $a + 2 = b$ 　よって, $a = b - 2$
$l : y = bx + b - 1$
$m : y = bx - (b - 2)^2$
したがって, $(b - 1) + (b - 2)^2 = \pm 1$
$b^2 - 3b + 3 = \pm 1$ 　よって, $b^2 - 3b + 2 = 0$
または $b^2 - 3b + 4 = 0$
$b^2 - 3b + 2 = 0$ より, $b = 1, 2$
$b^2 - 3b + 4 = 0$ を満たす b の値はない。

3 (2) ① 三角形にならないのは, ABD, ACF, BCE の 3 通り。
② 正三角形になるのは, ABC, ADF, BDE, CEF, DEF の 5 通り。

4 (1) $A\left(a, \frac{1}{a}\right)$, $B\left(b, \frac{1}{b}\right)$
$\left(\frac{1}{a} - \frac{1}{b}\right) \div (a - b) = -1$ より, $ab = 1$
(2) ① $a = 3b$ を $ab = 1$ に代入して, $3b^2 = 1$
$0 < b$ より, $b = \frac{1}{\sqrt{3}} = \frac{\sqrt{3}}{3}$
② (ア)四角形 OADB, (イ)四角形 OABD, (ウ)四角形 ODAB の 3 通り。
D の y 座標は, (ア), (イ)のとき正であり, (ウ)のとき負である。
(ウ)のとき, $D\left(\frac{2}{3}\sqrt{3}, -\frac{2}{3}\sqrt{3}\right)$
よって, $-\frac{2}{3}\sqrt{3} = k \times \left(\frac{2}{3}\sqrt{3}\right)^2$

ゆえに，$k=-\frac{\sqrt{3}}{2}$

5 (1) $\angle ABC=\angle ACB$ であるから，$AB=AC$
$\angle ADC=\angle ACD$ であるから，$AD=AC$
したがって，点 A を中心として点 B を通る円と直線 l との交点が C，直線 m との交点が D である。
(2)，(4) $AB=AD=AC$ であるから，円周角の定理より，$c=2d$
(3) $\triangle ADC$ において，$\angle CAD=a$，$\angle ADC=\angle ACD=b$ であるから，$a+2b=180°$　　よって，$b=90°-\frac{1}{2}a$

〈K. Y.〉

筑波大学附属高等学校

問題 P.123

解答

1 1 次方程式，数の性質 (1) ① $21a+34b$
(2) ②－ア．$a=7$　②－イ．$c=3$
2 2 次方程式 ③－ア．2 乗　③－イ．正　④ $-\sqrt{3}$
⑤ すべて　⑥ 成り立たない　⑦－ア．$x-\sqrt{3}$
⑦－イ．$x+\sqrt{3}$　⑧ 0 ではない
3 場合の数，確率 (1) ⑨ $\frac{5}{9}$
(2) ⑩－ア．$n=26$　⑩－イ．300 本
4 空間図形の基本 (1) ⑪ 18 本　(2) ⑫ 線分 QP
(3) ⑬ 点 I，O　(4) ⑭ 線分 IH，KF，RT
5 三角形，円周角と中心角，相似 (1) ⑮ 5 cm
(2) ⑯ 7 cm
(3) ⑰（例）$\triangle ABC$ は円 O_1 に外接しているので，
$\triangle ABC : \triangle O_1BC$
$=(\triangle O_1AB+\triangle O_1BC+\triangle O_1CA) : \triangle O_1BC$
$=(AB+BC+CA) : BC=(7+8+9) : 8=3 : 1$
一方，(円 O_2) : (円 O_1) $=9 : 1$ より，$O_2I : O_1H=3 : 1$
であり，$\triangle O_2BC : \triangle O_1BC=3 : 1$
したがって，$S_1=S_2$

解き方

1 (1) 順に求めていくと，
a，b，$a+b$，$a+2b$，$2a+3b$，$3a+5b$，
$5a+8b$，$8a+13b$，$13a+21b$，$21a+34b$
(2) 1 行 5 列より，$2a+3b=29$…①
5 行 2 列は，1 行 5 列の結果について $a\to b$，$b\to d$ とおきかえたものだから，$2b+3d=16$…②
a，b，c，d は自然数だから，②より，
$(b, d)=(5, 2)$，$(2, 4)$
さらに①を考えると，$b=2$ は不適で，$b=5$
このとき，$a=7$
a と b について，2 行 10 列は 0 なので，
10 行 10 列は，$21(21a+34b)$
c と d について，1 行 10 列は 0，2 行 10 列は，$21c+34d$
なので，10 行 10 列は，$34(21c+34d)$
よって，10 行 10 列について，
$21(21a+34b)+34(21c+34d)=11111$
$a=7$，$b=5$，$d=2$ であるから，
$34(21c+68)=11111-21\times317=4454$
これより，$c=3$
3 (1) A，B 以外の点は全部で 10 個あるので，L の作り方は全部で $10\times9\div2=45$（通り）あり，これらは同様に確からしい。このうち交点 P ができる場合は，2 点を線分 AB の上方と下方から 1 点ずつ選ぶ場合なので，
$5\times5=25$（通り）
したがって，求める確率は，$\frac{25}{45}=\frac{5}{9}$
(2) L の作り方は全体で，
$(2n-2)\times(2n-3)\div2=(n-1)(2n-3)$（通り）
このうち交点 P ができる場合は，
$(n-1)^2$ 通り
よって，
$\frac{(n-1)^2}{(n-1)(2n-3)}=\frac{n-1}{2n-3}$
$=\frac{25}{49}$
$49(n-1)=25(2n-3)$
したがって，$n=26$

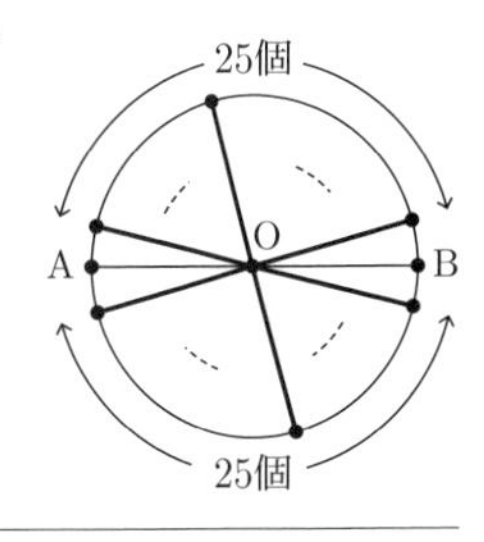

また，このとき，AB の上側にある点について，順に条件をみたすような下側の点の選び方の個数を考えて求める L の本数は，

$24+23+\cdots+1+0=\frac{1}{2}\times24\times25=300$

4 (1) 展開図の正六角形と正三角形の各辺は，2 本ずつ重なって立体の辺になるので，

$(6\times4+3\times4)\div2=18$（本）

(2) 展開図からできる立体は，正四面体を辺の 3 等分点で切断してできる，右の図のようなものである。

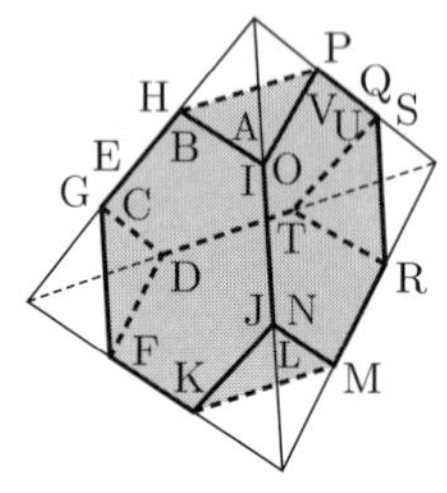

辺 UV と重なる辺は QP

(3) A と重なる点は，I，O

(4) 辺 AB と重なる辺は IH，平行な辺は KF，RT

5 (1) 接線の長さは等しいので，

$BH=BD=3$ (cm)

$BE=BI=3+2=5$ (cm)

$CI=x$ (cm) とすると，

$CG=CI=x$

$CF=CH=x+2$

$DE=FG$ であるから，

$3+5=x+2+x$

これより，$x=3$

したがって，$CF=3+2=5$ (cm)

(2) (円 O_1) : (円 O_2) $=1:9$ より，$O_1D:O_2E=1:3$

$\triangle ADO_1 \backsim AEO_2$ より，$AD=y$ (cm) とすると，

$y:(y+8)=1:3$　　$3y=y+8$

よって，$y=AD=4$

したがって，$AB=4+3=7$ (cm)

〈SU. K.〉

筑波大学附属駒場高等学校

問題 P.125

解 答

1 | 1 次関数，平行四辺形，相似，関数 $y=ax^2$ | (1) $a=\frac{1}{2}-b$

(2)(ア) 4 倍　(イ) 29 倍

2 | 数・式の利用，数の性質 | (1) 28 桁

(2)(ア) 27 桁　(イ) 278

3 | 円周角と中心角，相似，三平方の定理 |

(1)(ア) $\frac{1}{2}$ cm^2　(イ) $(p+q)^2=6$　　$(p-q)^2=2$

(2)(ア) $\left(\frac{1}{2}+\frac{\pi}{6}\right)$ cm^2　(イ) $\left(\frac{\sqrt{6}-\sqrt{2}}{4}+\frac{\pi}{12}\right)$ cm^2

4 | 立体の表面積と体積，相似，三平方の定理 |

(1) $a=\sqrt{2}$　(2)(ア) $\frac{\sqrt{2}}{2}$ cm　(イ) $\frac{7+5\sqrt{2}}{6}$ cm^3

解き方

1 (1) $\frac{a^2-b^2}{a-b}=\frac{(a-b)(a+b)}{a-b}=a+b$

よって，$a+b=\frac{1}{2}$　　$a=\frac{1}{2}-b$

(2)(ア) 2 つの四角形はいずれも平行四辺形で，辺がそれぞれ平行なので，

(四角形 OAKP) : (四角形 KQLB)

$=(OP\times OA):(KB\times KQ)$

以下，点 Z の x 座標が c のとき，Z (c) と表す。

(1) を用いて，OP，OA の傾きが $-\frac{1}{4}$，$\frac{1}{2}$ であるから，

$P\left(-\frac{1}{4}\right)$，$A\left(\frac{1}{2}\right)$

同様に考えて，$Q\left(\frac{1}{2}+\frac{1}{4}\right)$，$B\left(-\frac{1}{4}-\frac{1}{2}\right)$

すなわち，$Q\left(\frac{3}{4}\right)$，$B\left(-\frac{3}{4}\right)$

よって，$OP:AB=\frac{1}{4}:\left(\frac{1}{2}+\frac{3}{4}\right)=1:5$

$AK=OP$ であるから，$OP:KB=1:4$…①

また，$OA:PQ=\frac{1}{2}:\left(\frac{3}{4}+\frac{1}{4}\right)=1:2$

$OA=PK$ であるから，$OA:KQ=1:1$…②

①，② より，(四角形 OAKP) : (四角形 KQLB) $=1:4$

(イ) (ア) と同様に，$Q\left(\frac{3}{4}\right)$ より，$R\left(-\frac{4}{4}\right)$，$S\left(\frac{6}{4}\right)$

$B\left(-\frac{3}{4}\right)$ より，$C\left(\frac{5}{4}\right)$，$D\left(-\frac{6}{4}\right)$

$OP:QR:CD=\frac{1}{4}:\left(\frac{3}{4}+\frac{4}{4}\right):\left(\frac{5}{4}+\frac{6}{4}\right)=1:7:11$

①および，$KB=QL$，$LR=CM$ より，

$OP:LR:MD=1:(7-4):(11-3)=1:3:8$…③

また，$OA:BC:RS=\frac{1}{2}:\left(\frac{5}{4}+\frac{3}{4}\right):\left(\frac{6}{4}+\frac{4}{4}\right)$

$=1:4:5$

②および，$KQ=BL$，$LC=RM$ より，

$OA:LC:MS=1:(4-1):(5-3)=1:3:2$…④

③，④より，

(四角形 OAKP) : (四角形 LCMR) : (四角形 MSND)

$=(1\times1):(3\times3):(8\times2)=1:9:16$

したがって，求める和を S とすると，

(四角形 OAKP) : $S=1:(4+9+16)=1:29$

2 (1) $20^{21}=(2\times10)^{21}=2\times(2^{10})^2\times10^{21}$

$=2\times(1.024\times10^3)^2\times10^{21}=2\times1.024^2\times10^{27}$

$2<2\times1.024^2<10$ であるから，20^{21} は 28 桁

(2)(ア) $21^{20}=(3^{10})^2\times(7^4)^5$

$= (5.9049 \times 10^4)^2 \times (2.401 \times 10^3)^5$
$= 5.9049^2 \times 2.401^5 \times 10^{23}$
ここで，$a = 5.9049^2 \times 2.401^5$ とすると，
$a \fallingdotseq 6^2 \times \left(\dfrac{5}{2}\right)^5 = 36 \times \dfrac{3125}{32}$
よって，$10^3 < a < 10^4$
したがって，21^{20} は 27 桁
(イ) $21^{20} = (3^{10})^2 \times (7^{10})^2$
$\fallingdotseq (5.9049 \times 10^4)^2 \times (2.8247 \times 10^8)^2$
$= 5.9049^2 \times 2.8247^2 \times 10^{24}$
上から 3 桁を求めるので，5 桁目を四捨五入し，有効数字 4 桁で計算すると，
$5.905^2 \times 2.825^2 \fallingdotseq 34.87 \times 7.981 \fallingdotseq 278.3$
したがって，21^{20} の上から 3 桁は 278

3 (1)(ア) 右図のように AC について B と対称な点を B′ とし，B から AB′ へ垂線 BH を引くと，$\angle BAH = 30°$ より，

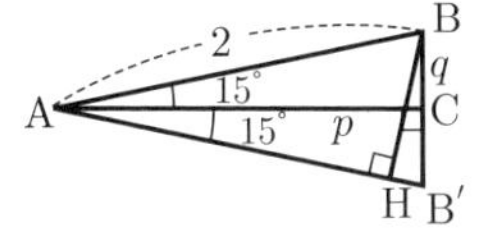

$BH = \dfrac{1}{2}AB = 1$
よって，
$\triangle ABC = \triangle ABB' \times \dfrac{1}{2} = \left(\dfrac{1}{2} \times 2 \times 1\right) \times \dfrac{1}{2} = \dfrac{1}{2}$
(イ) $\triangle ABC$ の面積より，$\dfrac{1}{2}pq = \dfrac{1}{2}$　　$pq = 1$
$\triangle ABC$ で三平方の定理より，$p^2 + q^2 = 4$
よって，$(p+q)^2 = p^2 + q^2 + 2pq = 4 + 2 = 6$
$(p-q)^2 = p^2 + q^2 - 2pq = 4 - 2 = 2$
(2)(ア) 円の中心を O，CD と AB の交点を E とする。
$\angle COE = 15° \times 2 = 30°$，　$OC = 1$
より，$CE = \dfrac{1}{2}$
よって，$\triangle ABC = \dfrac{1}{2} \times 2 \times \dfrac{1}{2} = \dfrac{1}{2}$
また，(弓形 CB) $= \dfrac{\pi}{12} - \dfrac{1}{4}$
したがって，求める面積は，
$\left\{\dfrac{1}{2} + \left(\dfrac{\pi}{12} - \dfrac{1}{4}\right)\right\} \times 2 = \dfrac{1}{2} + \dfrac{\pi}{6}$
(イ) 円の中心を O，CD と AB の交点を E とする。
$\triangle OCD$ は(1)の $\triangle ABB'$ と相似で
$\triangle ABB' = 1$ より，
$\triangle OCD = 1 \times \left(\dfrac{1}{2}\right)^2 = \dfrac{1}{4}$

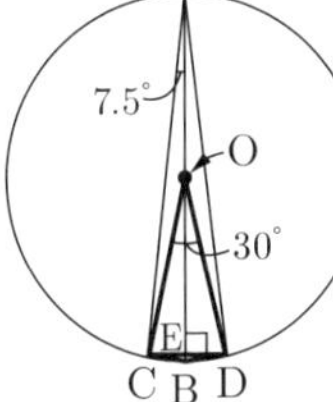

$OE = p$，$CE = q$ とすると，
(1)(イ)と同様に考えて，
$pq = \dfrac{1}{4}$，$p^2 + q^2 = 1$

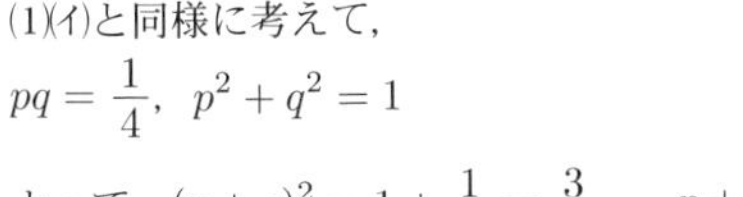

よって，$(p+q)^2 = 1 + \dfrac{1}{2} = \dfrac{3}{2}$　　$p + q = \dfrac{\sqrt{6}}{2}$ …①
$(p-q)^2 = 1 - \dfrac{1}{2} = \dfrac{1}{2}$　　$p - q = \dfrac{\sqrt{2}}{2}$ …②
一方，$\triangle ABC = \dfrac{1}{2} \times 2 \times q = q$
(弓形 CB) $= \dfrac{\pi}{24} - \dfrac{1}{2} \times 1 \times q = \dfrac{\pi}{24} - \dfrac{1}{2}q$
よって，(F の面積) $= \left(q + \dfrac{\pi}{24} - \dfrac{1}{2}q\right) \times 2 = \dfrac{\pi}{12} + q$
①，②より，$q = \dfrac{\sqrt{6} - \sqrt{2}}{4}$ であるから，
(F の面積) $= \dfrac{\pi}{12} + \dfrac{\sqrt{6} - \sqrt{2}}{4}$

4 (1) 球の中心を O，正四面体の頂点を A，B，C，D，辺 AB，CD の中点を M，N とする。

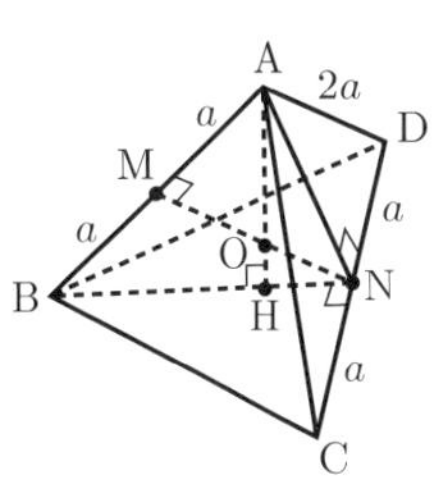

$MN \perp AB$，$MN \perp CD$ であり，
O は MN 上にあるので，
$MN = 2$
また，$\triangle ADN$ で三平方の定理より，$AN = \sqrt{3}a$
よって，$\triangle AMN$ で三平方の定理より，
$(\sqrt{3}a)^2 = a^2 + 2^2$　　$a^2 = 2$　　$a = \sqrt{2}$
(2)(ア) 球の中心を O，辺 CD の中点を M，A から BM へ引いた垂線を AH とすると，

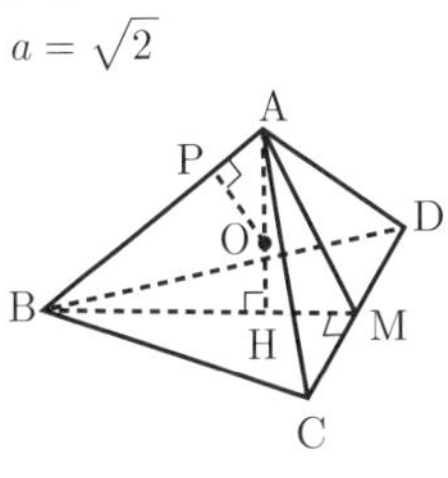

$AH \perp \triangle BCD$，
$BH : HM = 2 : 1$ である。
$AB = AC = AD = 2a$ とすると，$\triangle ACD$ は直角二等辺三角形なので，
$AM = DM = \sqrt{2}a$

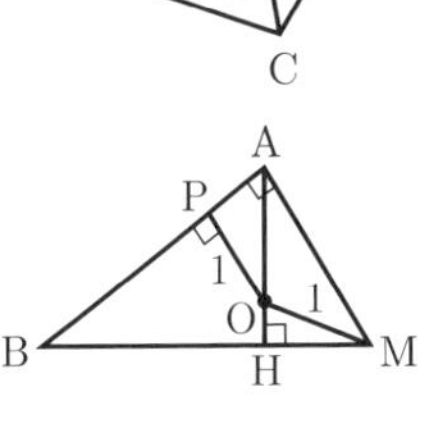

$\triangle BMD$ で，
$BM = \sqrt{2}a \times \sqrt{3} = \sqrt{6}a$
$\triangle ABM$ は $\angle A = 90°$ の直角三角形であり，

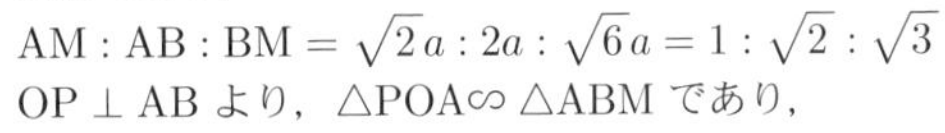

$AM : AB : BM = \sqrt{2}a : 2a : \sqrt{6}a = 1 : \sqrt{2} : \sqrt{3}$
$OP \perp AB$ より，$\triangle POA \backsim \triangle ABM$ であり，
$AP = PO \times \dfrac{MA}{AB} = 1 \times \dfrac{1}{\sqrt{2}} = \dfrac{\sqrt{2}}{2}$
(イ) 球 O は M で辺 CD と接するので，$OM = 1$
また，$\triangle POA \backsim \triangle ABM$ より，$AO = \dfrac{\sqrt{3}}{\sqrt{2}} = \dfrac{\sqrt{6}}{2}$
$\triangle HAM \backsim \triangle ABM$，$AM = \sqrt{2}a$ より，
$AH = \sqrt{2}a \times \dfrac{\sqrt{2}}{\sqrt{3}} = \dfrac{2}{\sqrt{3}}a$
$HM = \sqrt{2}a \times \dfrac{1}{\sqrt{3}} = \dfrac{\sqrt{2}}{\sqrt{3}}a$
$\triangle OHM$ で三平方の定理より，
$\left(\dfrac{2}{\sqrt{3}}a - \dfrac{\sqrt{6}}{2}\right)^2 + \left(\dfrac{\sqrt{2}}{\sqrt{3}}a\right)^2 = 1$
$\dfrac{4}{3}a^2 - 2\sqrt{2}a + \dfrac{3}{2} + \dfrac{2}{3}a^2 = 1$
$4a^2 - 4\sqrt{2}a + 1 = 0$　　$a = \dfrac{2\sqrt{2} \pm 2}{4} = \dfrac{\sqrt{2} \pm 1}{2}$
$2a > \dfrac{\sqrt{2}}{2}$ であるから，$a = \dfrac{\sqrt{2} + 1}{2}$
したがって，求める体積は，
$\dfrac{1}{3} \times \left(\dfrac{1}{2} \times 2\sqrt{2}a \times \sqrt{6}a\right) \times \dfrac{2}{\sqrt{3}}a = \dfrac{4}{3}a^3$
$= \dfrac{4}{3}\left(\dfrac{\sqrt{2} + 1}{2}\right)^3 = \dfrac{4}{3} \times \dfrac{7 + 5\sqrt{2}}{8} = \dfrac{7 + 5\sqrt{2}}{6}$

〈SU. K.〉

東京工業大学附属科学技術高等学校

問題 P.126

解答

1 平方根，式の計算，因数分解，2 次方程式，比例・反比例，1 次関数，関数 $y=ax^2$，三角形，確率

〔1〕$5\sqrt{2}$　〔2〕$3xy$　〔3〕$3y(x-7)(x+5)$

〔4〕$x=-3\pm2\sqrt{2}$　〔5〕$a=11$　〔6〕$y=240$

〔7〕$y=8x+18$　〔8〕$a=-\dfrac{3}{4}$　〔9〕42 度　〔10〕$\dfrac{1}{3}$

2 2 次方程式の応用　〔1〕11　〔2〕12　〔3〕2

3 1 次方程式の応用，連立方程式の応用

〔1〕90 秒後　〔2〕135 秒後　〔3〕$x=288$，$y=432$

4 平行と合同，三角形，円周角と中心角

〔1〕80 度　〔2〕40 度　〔3〕$(a+2)$ cm

5 関数を中心とした総合問題

〔1〕12　〔2〕C $\left(\dfrac{1}{2},\ \dfrac{9}{2}\right)$　〔3〕$-\dfrac{21}{83}$

6 三平方の定理，図形を中心とした総合問題

〔1〕$28\sqrt{7}\ \text{cm}^3$　〔2〕$(84+8\sqrt{154})\ \text{cm}^2$

〔3〕$x=\dfrac{49}{10}$

解き方

1〔1〕(与式)

$=4\sqrt{2}+3\sqrt{2}-2\sqrt{2}=5\sqrt{2}$

〔3〕(与式) $=3y(x^2-2x-35)=3y(x-7)(x+5)$

〔4〕$2x^2+5x+2=4x^2+17x+4$

$2x^2+12x+2=0$　　$x^2+6x+1=0$　　これを解く。

〔5〕$x=4-\sqrt{5}$ より $(x-4)^2=(-\sqrt{5})^2$

$x^2-8x+16=5$　　よって，$a=11$

〔7〕$y=8x+b$ とおけて，$x=10+\dfrac{15}{60}$ のとき $y=100$ であるから，$b=100-8\times\left(10+\dfrac{1}{4}\right)=18$

〔8〕$-9=\dfrac{64a-16a}{8-4}$　　$-9=12a$

〔9〕$\angle BCD=\angle BDC=180^\circ-106^\circ=74^\circ$

よって，$\angle CBD=32^\circ$

$\angle ABD=\angle ABC-32^\circ=\angle ACB-32^\circ=74^\circ-32^\circ=42^\circ$

〔10〕$\dfrac{1+2+3+5+1}{36}=\dfrac{1}{3}$

2〔1〕小さい奇数を $2n-1$ とおくと，

$(2n-1)^2+(2n+1)^2=(2n-1+2n+1)\times10+50$

これを解いて $n=6$，-1　　正の整数なので，$n=6$

〔2〕中央の偶数を $2n$ とおくと，

$(2n-2+2n+2n+2)^2-\{(2n-2)^2+(2n)^2+(2n+2)^2\}=592$

これを解いて，$n=\pm5$　　$n>0$ より，$n=5$

〔3〕最小の整数を x とすると，

$x(x+1)+x(x+2)+x(x+3)+(x+1)(x+2)+(x+1)(x+3)+(x+2)(x+3)=71$

これを解いて，$x=2$，-5　　$x>0$ より，$x=2$

3〔1〕x 秒後とおくと，$9x-x=720$　　$x=90$

〔2〕1 回目にもっとも離れるのは，P が Q に追いつく前なので，2 回目にもっとも離れるのが x 秒後とすると，

$9x-x=720\times\dfrac{3}{2}$　　$x=135$

〔3〕Q は 1 周目で，$240\leqq x\leqq320$ で P は 4 周目，$400\leqq y\leqq480$ で P は 6 周目に位置するので，

$\begin{cases}9x-720\times3=y\\9y-720\times5=x\end{cases}$　これを解いて，$\begin{cases}x=288\\y=432\end{cases}$

4〔1〕正九角形の 1 つの内角の大きさは 140°

$\triangle JCD$ は正三角形なので，

$\angle JDE=\angle CDE-\angle CDJ=140^\circ-60^\circ=80^\circ$

〔2〕正九角形は円に内接するので，円周角の定理により，

$\angle ABI=20^\circ$，$\angle CDI=3\angle ABI=60^\circ$

このことと，$\angle CDJ=60^\circ$ より，3 点 D，J，I は一直線上にある。よって，円周角の定理により，

$\angle BIJ=\angle BID=2\times20^\circ=40^\circ$

〔3〕$\triangle CBJ$ は $CB=CJ$ の二等辺三角形なので，

$\angle CBJ=\angle CJB=\dfrac{1}{2}(180^\circ-\angle BCJ)=50^\circ$

よって，$\angle IBJ=140^\circ-\angle CBJ-\angle ABI=70^\circ$

$\angle IJB=180^\circ-\angle BIJ-\angle IBJ=70^\circ$

したがって，$\angle IBJ=\angle IJB$ だから，$IJ=IB=a$ cm

I，J，D は一直線上にあり，小円の半径は 1 cm なので，

$DI=(2+a)$ cm

5〔1〕$27=a\times3^2$　　$a=3$　　B $(-2,\ 12)$

〔2〕$OC:OA=1:6$ なので，C $\left(\dfrac{3}{6},\ \dfrac{27}{6}\right)$

〔3〕直線 AB の式は，$y=3x+18$ となる。

F は線分 BA を $1:4$ に分ける点なので，その x 座標 f は

$f=-2+\dfrac{1}{5}\times(3+2)=-1$

D は線分 CA を $1:3$ に分ける点なので，その x 座標 d は

$d=\dfrac{1}{2}+\dfrac{1}{4}\times\left(3-\dfrac{1}{2}\right)=\dfrac{9}{8}$ だから，D $\left(\dfrac{9}{8},\ \dfrac{81}{8}\right)$

G は線分 FA を $1:2$ に分ける点なので，その x 座標 g は

$g=-1+\dfrac{1}{3}\times(3+1)=\dfrac{1}{3}$ だから，G $\left(\dfrac{1}{3},\ 19\right)$

E は線分 DA の中点なので，E $\left(\dfrac{33}{16},\ \dfrac{297}{16}\right)$

よって，直線 EG の傾きは，

$\left(\dfrac{297}{16}-19\right)\div\left(\dfrac{33}{16}-\dfrac{1}{3}\right)=-\dfrac{21}{83}$

6〔1〕右図のように，E から辺 AB に垂線を引き，その交点を S とすると，三平方の定理により，

$SE=\sqrt{5^2-\left(\dfrac{7\sqrt{2}}{2}\right)^2}=\dfrac{\sqrt{2}}{2}$

したがって，求める立体の底面積は，

$(7\sqrt{2})^2-4\times\dfrac{1}{2}\times7\sqrt{2}\times\dfrac{\sqrt{2}}{2}=84$

よって，求める体積は，

$\dfrac{1}{3}\times84\times\sqrt{7}=28\sqrt{7}\ (\text{cm}^3)$

〔2〕O から底面に垂線を引き，その交点を X とする。

〔1〕より，$EX=\dfrac{7\sqrt{2}}{2}-\dfrac{\sqrt{2}}{2}=3\sqrt{2}$

$\triangle OEX$ で三平方の定理により，

$OE=\sqrt{(\sqrt{7})^2+(3\sqrt{2})^2}=5$

$\triangle OAX$ で三平方の定理により，

$OA=\sqrt{7^2+(\sqrt{7})^2}=2\sqrt{14}$

$\triangle OAE$ は右図のような二等辺三角形なので，E から底辺 OA に引いた垂線の長さを h cm とおくと，三平方の定理により，

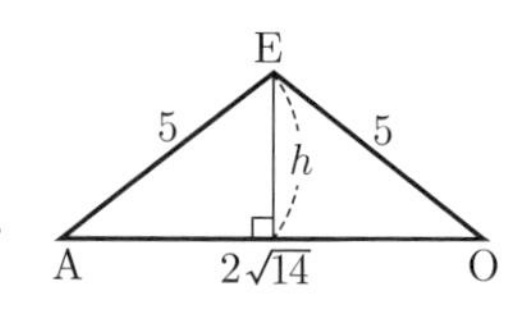

$h=\sqrt{5^2-(\sqrt{14})^2}=\sqrt{11}$

したがって，求める表面積は，

$84+8\times\frac{1}{2}\times2\sqrt{14}\times\sqrt{11}=84+8\sqrt{154}\ (\mathrm{cm}^2)$

〔3〕〔1〕の図において，線分 AX と EH の交点を T とする。
$\mathrm{EH}=\sqrt{2}\mathrm{EX}=6$ で，T は EH の中点となるので，
$\mathrm{ET}=3$，$\mathrm{AT}=4$ となる。
問題文の【図 2】のような切り口ができるのは，I が線分 TX 上にあるときである。
〔1〕の図で，IJ と EF の交点を U とおくと，
$\mathrm{EU}=\mathrm{TI}=x-4$，$\triangle\mathrm{JEU}$ は 3 辺の比が $3:4:5$ の直角三角形なので，$\mathrm{JU}=\frac{4}{3}\mathrm{EU}=\frac{4}{3}(x-4)$

よって，$\mathrm{JK}=2\left\{3+\frac{4}{3}(x-4)\right\}=\frac{8}{3}x-\frac{14}{3}$

右図のように $\triangle\mathrm{OAC}$ を考える。問題文の【図 2】で，MI と NL の交点を Y とすると右図のようになり，$\mathrm{TI}=x-4$，
$\mathrm{TI}:\mathrm{IY}=\mathrm{TX}:\mathrm{XO}=3:\sqrt{7}$

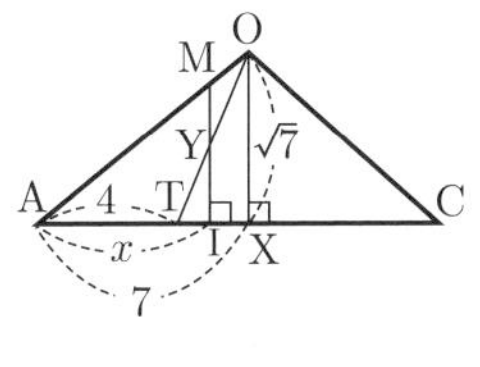

より，$\mathrm{IY}=\frac{\sqrt{7}}{3}(x-4)$

また，$\mathrm{AI}:\mathrm{IM}=\mathrm{AX}:\mathrm{XO}=7:\sqrt{7}$ より，$\mathrm{IM}=\frac{\sqrt{7}}{7}x$

よって，$\mathrm{MY}=\mathrm{IM}-\mathrm{IY}=\frac{4\sqrt{7}}{3}\left(-\frac{1}{7}x+1\right)$

今，〔1〕の図で，AE の延長と IJ の交点を Z とおくと，問題文の【図 2】における MN の延長が JK と交わる点も同じ Z になるので，$\mathrm{ZI}=\frac{3}{4}x$

ゆえに，$\triangle\mathrm{MNY}\backsim\triangle\mathrm{MZI}$ から，

$\mathrm{NY}=\mathrm{ZI}\times\frac{\mathrm{MY}}{\mathrm{MI}}$

$=\frac{3}{4}x\times\frac{4\sqrt{7}}{3}\left(-\frac{1}{7}x+1\right)\div\frac{\sqrt{7}}{7}x=-x+7$

$\mathrm{NL}=2(-x+7)$

したがって，$2\mathrm{NL}=\mathrm{JK}$ となるのは，

$4(-x+7)=\frac{8}{3}x-\frac{14}{3}\qquad x=\frac{49}{10}$

〈IK. Y.〉

大阪教育大学附属高等学校 池田校舎

問題 P.127

解 答

1 ▍正負の数の計算，因数分解，数・式の利用，平方根 ▍ (1) $-\frac{11}{6}$

(2) $(x+2)(x-2)(x+3)(x-3)$ (3) $-\frac{1}{9}$ (4) 16 個

2 ▍数の性質，1 次方程式の応用，三平方の定理 ▍

(1)(ア) 3.75 秒後 (イ) 45 秒後

(2) (求め方) (例) 初めて $\angle\mathrm{OAB}=90^\circ$ となるのは，
$\angle\mathrm{AOB}=60^\circ$ となるときで，

$60^\circ\div(40^\circ-24^\circ)=\frac{15}{4}$ (秒後)

$\angle\mathrm{OBC}$ が 2 度目の 90° となるのは，$\angle\mathrm{BOC}=300^\circ$ となるときで，$300^\circ\div(24^\circ+20^\circ)=\frac{75}{11}$ (秒後)

よって，$\frac{75}{11}-\frac{15}{4}=\frac{135}{44}$ (秒)

答 $\frac{135}{44}$ 秒

3 ▍2 次方程式，1 次関数，関数 $y=ax^2$ ▍

(1) 式：$y=\frac{1}{6}x^2$，$t=6$

(2) (求め方) (例) Q $\left(x,\ \frac{1}{2}x+9\right)$ とすると，

P $\left(\frac{3}{2}x+9,\ \frac{1}{2}x+9\right)$

これが①のグラフ上にあるから，$\frac{1}{2}x+9=\frac{1}{6}\left(\frac{3}{2}x+9\right)^2$

$3x^2+32x+36=0\qquad x=\frac{-16\pm2\sqrt{37}}{3}$

$x=\frac{-16+2\sqrt{37}}{3}$ のみ適する。

このとき，

$\frac{1}{2}x+9=\frac{1}{2}\times\frac{-16+2\sqrt{37}}{3}+9=\frac{19+\sqrt{37}}{3}$

答 $\left(\frac{-16+2\sqrt{37}}{3},\ \frac{19+\sqrt{37}}{3}\right)$

4 ▍空間図形の基本，相似 ▍

(1) $\frac{25}{6}$ m 以下

(2) (求め方) (例) $2.5:6=5:12$

$85\times\frac{12}{5}=204\ (\mathrm{m})$，$100\times\frac{12}{5}=240\ (\mathrm{m})$，

$240-25=215\ (\mathrm{m})$，$120\times\frac{12}{5}=288\ (\mathrm{m})$

よって，影は右図のようになり，

0 60 204 215 288

$60\times288-40\times(215-204)=16840\ (\mathrm{m}^2)$

答 16840 m^2

5 ▍2 次方程式，円周角と中心角，相似 ▍

(1) (証明) (例) $\mathrm{AB}=\mathrm{CD}$ であるから，$\overset{\frown}{\mathrm{AB}}=\overset{\frown}{\mathrm{CD}}$
よって，円周角の定理より，
$\angle\mathrm{BDA}=\angle\mathrm{BCA}=\angle\mathrm{CBD}$
この角を a とおくと，条件より，$\angle\mathrm{ABF}=a$
$\triangle\mathrm{BCF}$ と $\triangle\mathrm{BDA}$ において，$\angle\mathrm{BCF}=\angle\mathrm{BDA}=a$ …①
また，$\angle\mathrm{FBC}=a+\angle\mathrm{FBD}$
$\angle\mathrm{ABD}=a+\angle\mathrm{FBD}$
よって，$\angle\mathrm{FBC}=\angle\mathrm{ABD}$ …②
①，②より，対応する 2 組の角がそれぞれ等しいから，
$\triangle\mathrm{BCF}\backsim\triangle\mathrm{BDA}$

(2) (証明) (例) (1)より，$\mathrm{BC}:\mathrm{BD}=\mathrm{CF}:\mathrm{DA}$
よって，$\mathrm{BC}\times\mathrm{DA}=\mathrm{CF}\times\mathrm{BD}$ …③

⑴と同様に $\triangle ABF \backsim \triangle DBC$ が成り立つので，
$AB : BD = FA : CD$
よって，$AB \times CD = FA \times BD$　…④
③，④より，
$AB \times CD + BC \times DA = (CF + FA) \times BD = AC \times BD$
⑶ $(5 + 5\sqrt{5})$ cm

解き方 **1** ⑵ (与式) $= (x^2 - 4)(x^2 - 9)$
$= (x + 2)(x - 2)(x + 3)(x - 3)$
⑶ $a - b = -3ab$
2 A，B，C の 1 秒間の回転角はそれぞれ 40°，24°，20° である。
⑴㋐ $150° \div 40° = 3.75$（秒後）
㋑ 初めて O，B，C が一直線上に並ぶのは，
$180° \div (24° - 20°) = 45$（秒後）であり，このとき A も同一直線に並ぶ。
3 ⑴ 条件より，$\begin{cases} a(2t + 6) = 3 \\ a(2t + 11) = \dfrac{23}{6} \end{cases}$
辺々引いて，$5a = \dfrac{5}{6}$　　$a = \dfrac{1}{6}$　　代入して，$t = 6$
4 ⑴ $2.5 \times \dfrac{25}{15} = \dfrac{5}{2} \times \dfrac{5}{3} = \dfrac{25}{6}$（m 以下）
5 ⑶ $AC = DA = BD = x$ cm とすると，⑵を用いて，
$10 \times 10 + 10 \times x = x \times x$
$x^2 - 10x - 100 = 0$　　$x = 5 \pm 5\sqrt{5}$
$x = 5 + 5\sqrt{5}$ のみ適する。
（参考）⑵は，トレミーの定理の特殊な場合である。
〈K. Y.〉

大阪教育大学附属高等学校　平野校舎

問題 P.128

解答 **1** **平方根，平行と合同，因数分解**
⑴ $\sqrt{5} - 20$　⑵ 20 本　⑶ ① 3.5　② 4.5
⑷ 21，22，23，24
2 **1 次関数，平行線と線分の比，関数 $y = ax^2$**
⑴ A $(-1,\ 1)$，B $(2,\ 4)$　⑵ $y = 3x$
3 **確率**　⑴ $\dfrac{1}{2}$　⑵ $\dfrac{5}{16}$
4 **平面図形の基本・作図，平行と合同**
⑴ 108 度　⑵ $(15 + 2\pi)$ cm
5 **相似，平行線と線分の比，中点連結定理**
⑴ (図の $\triangle XYZ$ において，点 V は辺 XY の中点，点 W は辺 XZ の中点であるとき，)
VW // YZ かつ
$VW = \dfrac{1}{2}YZ$
(が成り立つ。)

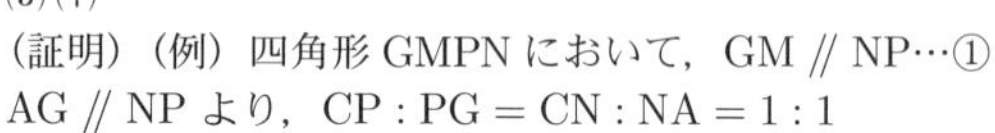

⑵ 下線部②　㋐　下線部④　㋒
⑶㋑
（証明）（例）四角形 GMPN において，GM // NP…①
AG // NP より，$CP : PG = CN : NA = 1 : 1$
$CM : MB = 1 : 1$ より，MP // BG
よって，GN // MP…②
①，②より，2 組の対辺がそれぞれ平行であるから，四角形 GMPN は平行四辺形である。　　（証明終わり）
⑷ $2 : 1$

解き方 **1** ⑴ (与式) $= \dfrac{\sqrt{5}}{5} - 20 + \dfrac{4\sqrt{5}}{5}$
⑵ 正八角形の各頂点からひける対角線は $(8 - 3 =)5$ 本であるが，両端で二重に数えていることに注意すると，$5 \times 8 \div 2 = 20$（本）
⑷ $2021 = 43 \times 47 = (21 + 22) \times (23 + 24)$
2 ⑴ $y = x^2$ と $y = x + 2$ より，$x^2 = x + 2$
$x^2 - x - 2 = 0$　　$(x + 1)(x - 2) = 0$　　$x = -1,\ 2$
⑵ C $(1,\ 1)$ より，OC // AB である。四角形 AOCB は台形で，$AB > OC$ より，辺 AB 上に $AD = DB + OC$…① となる点 D を取れば，直線 OD で四角形 AOCB を二等分できる。D の x 座標を d とすると，①より，
$d + 1 = (2 - d) + 1$　　$d = 1$
D $(1,\ 3)$ より，直線 OD の式は，$y = 3x$
3 ⑴ すべての場合の数は，$2^2 = 4$（通り）
2 回のうち，「表 1 回，裏 1 回」のとき点 P が頂点 A にあるから，表裏，裏表の 2 通り。
よって，$\dfrac{2}{4} = \dfrac{1}{2}$
⑵ すべての場合の数は，$2^5 = 32$（通り）
5 回のうち「表 4 回，裏 1 回」または「表 1 回，裏 4 回」のとき点 P が頂点 A にある。1 回の方が何回目に起こるか考えれば，どちらの場合も 5 通り。
よって，$\dfrac{5 + 5}{32} = \dfrac{5}{16}$

4 (1) $180° \times (5-2) \div 5 = 108°$
(2) 中心の動いた跡は
右図の通り。
弧の部分をつなげると
半径 1 cm の円になるから
$3 \times 5 + 2\pi \times 1 = 15 + 2\pi$ (cm)

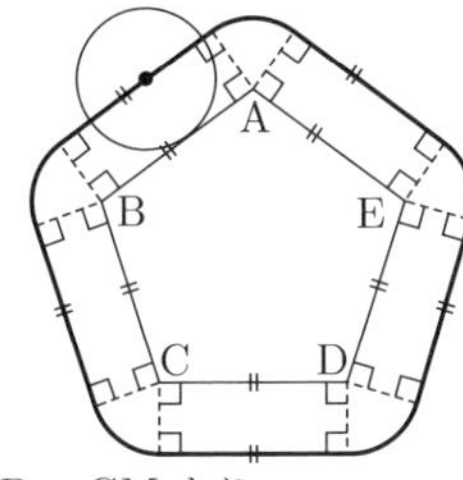

5 (4) △CAG∽△CNP より,
AG : NP = CA : CN = 2 : 1
平行四辺形 GMPN において, NP = GM より,
AG : GM = AG : NP = 2 : 1

〈O. H.〉

広島大学附属高等学校

問題 P.130

解答

1 ‖ **正負の数の計算, 平方根, 1 次方程式の応用, 立体の表面積と体積, 関数 $y = ax^2$, 三平方の定理** ‖ 問 1. 22　問 2. $-2-4\sqrt{15}$　問 3. 48 分
問 4. 56π cm³　問 5. (1) $2\sqrt{5}$ cm　(2) $8\sqrt{5}$ cm²

2 ‖ **2 次方程式, 平面図形の基本・作図, 相似** ‖
問 1. $\frac{3}{4}$ 倍　問 2. 86 度　問 3. 12 cm

3 ‖ **比例・反比例** ‖ 問 1. (3, 5)　問 2. $a = 23$
問 3. $b = 29$

4 ‖ **データの散らばりと代表値, 確率** ‖ 問 1. 29.5
問 2. 28　問 3. $\frac{3}{5}$
問 4. (1) a の値…3, 書かれていた数…35　(2) $\frac{11}{15}$

5 ‖ **数の性質, 2 次方程式の応用** ‖ 問 1. $x = 1 + \sqrt{14}$
問 2. $m = 2$, 8　問 3. 7 個

解き方

1 問 1. (与式) $= -2 - 8 - (-32) = 22$
問 2. $a + b = 2\sqrt{5}$, $a - b = -2\sqrt{3}$,
$ab = (\sqrt{5} - \sqrt{3})(\sqrt{5} + \sqrt{3}) = 5 - 3 = 2$ より,
(与式) $= (a+b)(a-b) - ab$
$= 2\sqrt{5} \times (-2\sqrt{3}) - 2 = -2 - 4\sqrt{15}$
問 3. AB 間の距離を x km とすると, $\frac{x}{40} + \frac{x}{20} = \frac{54}{60}$
両辺を 40 倍して, $x + 2x = 36$ より, $x = 12$
よって, $\frac{12}{30} + \frac{12}{30} = \frac{24}{30} = \frac{48}{60}$ より, 48 分
問 4. 立体 A $= 4^2\pi \times 4 - 2^2\pi \times 2 = 64\pi - 8\pi$
$= 56\pi$ (cm³)
立体 B $= 4^2\pi \times 2 + 2^2\pi \times 2 = 32\pi + 8\pi = 40\pi$ (cm³)
よって, 大きい方は立体 A で, その体積は, 56π cm³

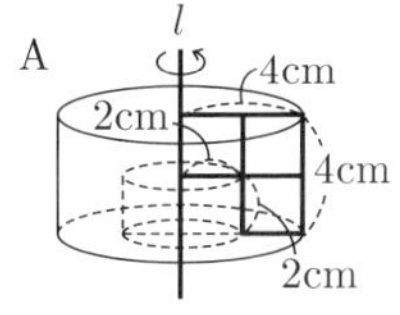

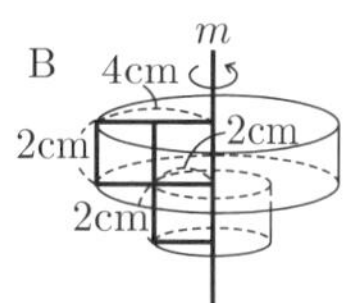

問 5. (1) A (2, 4) より,
$OA = \sqrt{2^2 + 4^2} = \sqrt{20} = 2\sqrt{5}$ (cm)
(2) B (−2, −4), C ($2\sqrt{5}$, 0) だから,
△ABC = △AOC + △BOC
$= \frac{1}{2} \times 2\sqrt{5} \times 4 + \frac{1}{2} \times 2\sqrt{5} \times 4 = 8\sqrt{5}$ (cm²)

2 問 1. 4 つの三角形 △AEF,
△DEF, △EBD, △FDC は合同な
正三角形になるから,
四角形 EBCF = △ABC × $\frac{3}{4}$
問 2. ∠DEF = ∠AEF = 47° より,
∠BED = 180° − 47° × 2 = 86°
△BDE で,
∠BDE = 180° − (86° + 60°) = 34°
∠EDF = ∠EAF = 60° より,
∠CDF = 180° − (34° + 60°) = 86°
問 3. △BDE と △CFD において,
∠DBE = ∠FCD (= 60°)
∠BDE = ∠CFD (= 120° − ∠CDF)

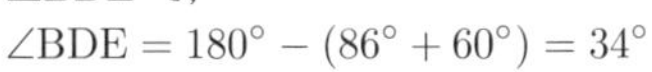

2 組の角がそれぞれ等しいから, △BDE∽△CFD

BC $= x$ cm，AF $= y$ cm とすると，
BE : CD = DE : FD だから，
$5 : (x-8) = (x-5) : y$
よって，$(x-8)(x-5) = 5y$ より，
$x^2 - 13x + 40 = 5y$…①
BE : CD = BD : CF だから，
$5 : (x-8) = 8 : (x-y)$
よって，$8(x-8) = 5(x-y)$ より，
$5y = 64 - 3x$…②
②を①に代入して，$x^2 - 13x + 40 = 64 - 3x$
$x^2 - 10x - 24 = 0$　　よって，$(x-12)(x+2) = 0$
$x > 8$ より，$x = 12$ (cm)

3 問1．点Aの y 座標は，$y = \frac{15}{3} = 5$ より，A (3, 5)
問2．点Cの x 座標を c とすると，$5(c-3) = 8$ より，
$c = \frac{23}{5}$ だから，E$\left(\frac{23}{5},\ 5\right)$
よって，$a = xy = \frac{23}{5} \times 5 = 23$
問3．点Fの y 座標を d とすると，
$\frac{1}{2} \times \frac{23}{5} \times (d-5) = 3$ より，$d = \frac{145}{23}$ だから，
F$\left(\frac{23}{5},\ \frac{145}{23}\right)$　　よって，$b = xy = \frac{23}{5} \times \frac{145}{23} = 29$

4 問1．
$m = \frac{12+17+18+20+21+35+38+40+46+48}{10}$
$= \frac{295}{10} = 29.5$
問2．$M = \frac{21+35}{2} = 28$
問3．10枚のカードのうち，12，17，38，40，46，48の6枚から1枚取り出す確率だから，$\frac{6}{10} = \frac{3}{5}$
問4．(1) 入れなおした後の10個の数の和は，
$0.3 \times 10 = 3$ 小さくなるので，$a = 3$
中央値が小さくなるのは，21か35のどちらかを取り出したときで，3小さくしても十の位の数が変わらないのは35
(2) 下の表より，
$\frac{1}{6} \times \frac{8}{10} + \frac{1}{6} \times \frac{8}{10} + \frac{1}{6} \times \frac{8}{10}$
$+ \frac{1}{6} \times \frac{7}{10} + \frac{1}{6} \times \frac{7}{10} + \frac{1}{6} \times \frac{6}{10}$
$= \frac{1}{6} \times \left(\frac{8}{10} + \frac{8}{10} + \frac{8}{10} + \frac{7}{10} + \frac{7}{10} + \frac{6}{10}\right)$
$= \frac{1}{6} \times \frac{44}{10} = \frac{11}{15}$

a の値	10枚のうち，取り出しても中央値が M と等しくなるカードとその枚数
1	12，17，18，20，38，40，46，48　の8枚
2	12，17，18，20，38，40，46，48　の8枚
3	12，17，18，20，38，40，46，48　の8枚
4	12，17，18，20，40，46，48　の7枚
5	12，17，18，20，40，46，48　の7枚
6	12，17，18，20，46，48　の6枚

5 問1．$(x+1)(x-3) = 10$
整理して，$x^2 - 2x - 13 = 0$　解の公式より，
$x = \frac{-(-2) \pm \sqrt{(-2)^2 - 4 \times 1 \times (-13)}}{2 \times 1}$
$= \frac{2 \pm \sqrt{56}}{2} = \frac{2 \pm 2\sqrt{14}}{2} = 1 \pm \sqrt{14}$
$x > 0$ より，$x = 1 + \sqrt{14}$

問2．$(x+1)(x-m) = 10$
m は自然数より，
$x+1 > x-m$ だから，
$x+1$ と $x-m$ の組は，
表1の4通りあり，
それぞれ x，m の値を求めると，**表2**のようになるから，$m = 2,\ 8$

表1

$x+1$	10	5	−1	−2
$x-m$	1	2	−10	−5

表2

x	9	4	−2	−3
m	8	2	8	2

問3．$(x+1)(x-3) = n$
$x+1$ は $x-3$ よりも4大きいから，差が4である2つの整数のうち，積が2けたの自然数となる組を考えると，
6×2，7×3，8×4，9×5，10×6，11×7，12×8，
$(-2) \times (-6)$，$(-3) \times (-7)$，$(-4) \times (-8)$，$(-5) \times (-9)$，
$(-6) \times (-10)$，$(-7) \times (-11)$，$(-8) \times (-12)$
したがって，$n = 12$，21，32，45，60，77，96の7個。
〈H. S.〉

国立工業高等専門学校
国立商船高等専門学校
国立高等専門学校

問題 P.131

解答

1 正負の数の計算，2次方程式，比例・反比例，1次関数，相似，場合の数，データの散らばりと代表値，平行と合同，1次方程式，立体の表面積と体積

(1) アイ…−6　(2) $\frac{ウエ \pm オ\sqrt{カ}}{キ}$…$\frac{-4 \pm 3\sqrt{2}}{2}$

(3) クケ…12　(4) コ…2，$\frac{サ}{シ}$…$\frac{1}{3}$　(5) スセ…10

(6) ソ…2，タチ…17　(7) ツテト…130　(8) ナ…7

2 数・式を中心とした総合問題

(1) ア…8　イ…1　ウ…7　エ…8　オ…7

(2) カ n − キ…$7n-4$　ク n − ケ…$7n-3$　コ…6

(3) サシ…18

3 関数を中心とした総合問題

(1) アイ…70，ウエオカ…3500　キクケ…252

(2) コサシス…1715　セソタ…210　チツテト…9485

4 図形を中心とした総合問題　(1) アイ…45

(2) ウエ.オ…22.5　(3) カキ.ク…67.5，ケ…4　(4) コ…4

解き方

1 (1) (与式) $= -4 \times \frac{5}{3} + 6 \times \frac{1}{9}$

$= -\frac{20}{3} + \frac{2}{3} = -6$

(2) $x = \frac{-8 \pm \sqrt{8^2 - 4 \times 2 \times (-1)}}{2 \times 2} = \frac{-8 \pm \sqrt{72}}{4}$

$= \frac{2(-4 \pm 3\sqrt{2})}{4} = \frac{-4 \pm 3\sqrt{2}}{2}$

(3) $x = 1$ のとき $y = a$，$x = 4$ のとき $y = \frac{a}{4}$

よって，$\left(\frac{a}{4} - a\right) \div (4-1) = -3$　　$a = 12$

(4) D $(0,\ -1)$ とすると，仮定より，AB $= 2$DO $= 2$

A $(9,\ 2)$ より，$2 = 9a - 1$　　$a = \frac{1}{3}$

(5) 樹形図をかくと次の通りであるから，10通り。

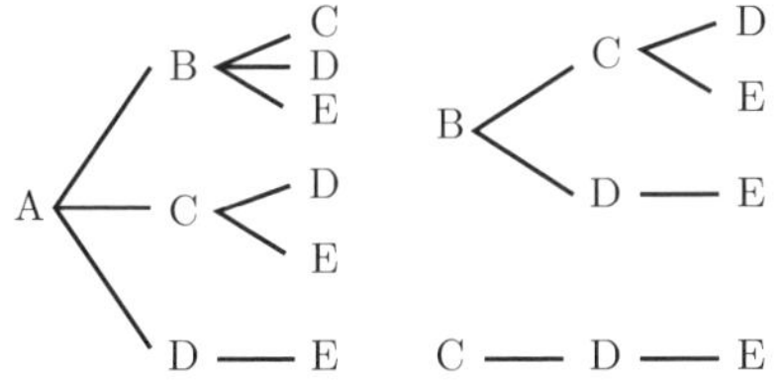

(6) 最頻値は度数が最も大きい値なので2冊。

また，4冊借りた生徒の人数の相対度数は

$\frac{6}{36} = \frac{1}{6} = 0.166\cdots \fallingdotseq 0.17$

(7) $\angle x$ の頂点を通り l，m に平行な直線を引くと，

$\angle x = ○ + ×$ であるから，問題の図の四角形において，

$100° + × + (○ + ×) + ○ = 360°$　　$○ + × = 130°$

(8) $\pi \times 6^2 \times h = \frac{4}{3}\pi \times 5^3 + \frac{4}{3}\pi \times 4^3$

$36h = 252$　　$h = 7$

2 (1) $ad - bc = a(a+8) - (a+1)(a+7)$

$= a^2 + 8a - (a^2 + 8a + 7) = -7$

(2) $A = 7n - 4$，$B = 7n - 3$ より，

$AB = (7n-4)(7n-3) = 1482$　　$n^2 - n - 30 = 0$

$(n+5)(n-6) = 0$　　$n > 0$ より，$n = 6$

(3) $(7n-6) + (7n-5) + \cdots + 7n = 49n - 21$ より，

$49n - 21 = 861$　　$n = 18$

3 (1) グラフの100秒と200秒に注目する。

$3500 = 100a - b$，$10500 = 200a - b$ より，

$a = 70$，$b = 3500$

秒速 70 m = 時速 $(70 \times 60 \times 60)$ m = 時速 252 km

(2) $x = 70$ のとき，$y = 0.35 \times 70^2 = 1715$

列車の先頭が出てから最後尾が出るまでに $(420 \div 70 =)$ 6秒かかるから，先頭が出るのは $(216 - 6 =)$ 210 秒後である。

$x = 210$ のとき，$y = 70 \times 210 - 3500 = 11200$

よって，トンネルの長さは，$11200 - 1715 = 9485$ (m)

4 (1) △ABE において，AB = AE より，

$(2\angle y + 90°) + 2\angle x = 180°$　　$\angle x + \angle y = 45°$

(2) $2\angle y = 45°$ より，$\angle y = 22.5°$　　よって，$\angle x = 22.5°$

$\angle BEC = \angle AEC - \angle AEB = 45° - 22.5° = 22.5°$

(3) $\angle ABC = (180° - 45°) \div 2 = 67.5°$

$\angle DEF = \angle BEC + \angle CED = 22.5° + 45° = 67.5°$

$\triangle ABC \equiv \triangle DEF$ より，EF = BC = 4

(4) 点Aから線分BEに垂線AIを引く。

$\triangle BAI \equiv \triangle ABH$ より，AI = BH = 2

$\triangle AEF = EF \times AI \div 2 = 4 \times 2 \div 2 = 4$

〈O. H.〉

東京都立産業技術高等専門学校

問題 P.133

解答

1 **平方根，式の計算，多項式の乗法・除法，連立方程式，2 次方程式，因数分解**

〔問 1〕$2\sqrt{2}$　〔問 2〕$\dfrac{2a+b}{3}$　〔問 3〕$4\sqrt{6}$

〔問 4〕$-a^3$　〔問 5〕$x=9,\ y=8$　〔問 6〕$x=2,\ 5$

〔問 7〕① 2　② 4

2 **数の性質，数・式の利用，1 次方程式の応用**

〔問 1〕9 個　〔問 2〕33 通り　〔問 3〕25 g　〔問 4〕4 m

3 **1 次関数，関数 $y=ax^2$，平面図形の基本・作図，平行と合同，平行線と線分の比**　〔問 1〕$y=5x-6$

〔問 2〕$\left(\dfrac{3}{2},\ \dfrac{9}{4}\right)$　〔問 3〕$(1,\ 1)$

4 **平面図形の基本・作図，相似，円周角と中心角**

〔問 1〕$\left(45+\dfrac{1}{2}a\right)$ 度　〔問 2〕3 : 2　〔問 3〕$\dfrac{8}{3}$ cm

5 **平面図形の基本・作図，空間図形の基本，立体の表面積と体積，円周角と中心角，中点連結定理**　〔問 1〕$16\ \text{cm}^3$

〔問 2〕2 cm　〔問 3〕$2\ \text{cm}^2$

解き方

1〔問 1〕(与式) $=4\sqrt{2}+6\sqrt{2}-8\sqrt{2}$
$=2\sqrt{2}$

〔問 2〕(与式) $=\dfrac{3a-(a-b)}{3}=\dfrac{2a+b}{3}$

〔問 3〕(与式) $=a^2+2ab+b^2-(a^2-2ab+b^2)$
$=4ab=4\times\sqrt{2}\times\sqrt{3}=4\sqrt{6}$

〔問 4〕(与式) $=-a^6b^4\times ab^2\div a^4b^6=-a^3$

〔問 5〕第 1 式を①，第 2 式を②とする。
① ×6 より，$2x+3y=42$…①′
② ×2 より，$2x-4y=-14$…②′
①′− ②′ より，$7y=56$　　よって，$y=8$
②に代入して，$x-16=-7$ より，$x=9$

〔問 6〕$x^2-x-2=2x^2-8x+8$
よって，$x^2-7x+10=0$ より，$(x-2)(x-5)=0$
だから，$x=2,\ 5$

〔問 7〕$x^2-4x+4=(x-2)^2$ より，
$x^2-4x=(x-2)^2-4$

2〔問 1〕$100=1\times100=2\times50=4\times25=5\times20$
$=10\times10$
よって，1，2，4，5，10，20，25，50，100 の 9 個。

〔問 2〕$3y$ は 100 より小さいから，$100\div3=33$…1 より，
$y=1,\ 2,\ 3,\ \cdots,\ 33$
それぞれに対して，$x=97,\ 94,\ 91,\ \cdots,\ 1$ となる。

〔問 3〕食塩を x g とすると，$(100+x)\times\dfrac{20}{100}=x$
両辺を 5 倍して，$100+x=5x$　　よって，$x=25$

〔問 4〕AB $=x$ m とすると，BC $=(10-x)$ m だから，
時間に着目して，$\dfrac{x}{2.4}+\dfrac{10-x}{1.8}=5$
両辺を 7.2 倍して，$3x+40-4x=36$　　よって，$x=4$

3〔問 1〕B (3, 9)，P (2, 4) だから，傾きは，
$\dfrac{9-4}{3-2}=5$　　よって，$y=5x+b$ とおくと，
点 P を通るから，$4=10+b$ より，$b=-6$

〔問 2〕点 P の x 座標を p とし，A′(−2, 0)，
P′(p, 0) とすると，AQ : QP = A′O : OP′
$=\{0-(-2)\}:(p-0)=2:p$ より，
$2:p=4:3$　　よって，$4p=6$ より，$p=\dfrac{3}{2}$
y 座標は，$\left(\dfrac{3}{2}\right)^2=\dfrac{9}{4}$

〔問 3〕AB // OP となればよい。A (−2, 4) だから，
直線 AB の傾きは，$\dfrac{9-4}{3-(-2)}=1$
よって，直線 OP の式は，$y=x$
点 P は，直線 OP と曲線 m の交点の 1 つだから，
$x^2=x$ より，$x^2-x=0$
$x(x-1)=0$ より，$x=0,\ 1$　　点 P の x 座標は 1
y 座標は，$1^2=1$

4〔問 1〕仮定より，∠ABE = ∠AFB = 90° だから，
∠AFD = ∠AFB − ∠BFD = ∠AFB − $\dfrac{1}{2}$∠BOD
$=90^\circ-\dfrac{1}{2}(90^\circ-a^\circ)=45^\circ+\dfrac{1}{2}a^\circ$

〔問 2〕図 1 より，

（図 1）

AO : OH = 2 : 1，
OA = OB = OD だから，
△BDO : △BOH
= OD : OH = 2 : 1，
△BDO : △AOD
= OB : OA = 2 : 2
よって，
△BDH : △AOD = (△BDO + △BOH) : △AOD
= (2 + 1) : 2 = 3 : 2

〔問 3〕図 2 で，

（図 2）

∠AHO = ∠AFB = ∠BFC (= 90°)，
∠AOH = ∠ABF = ∠BCF
(= 90° − ∠BAC) より，
△AHO∽△AFB∽△BFC
HO : FB = AO : AB = 1 : 2
より，FB = 2HO = 4 (cm)
だから，△AHO と △BFC で，
AH : BF = HO : FC より，3 : 4 = 2 : FC
よって，3FC = 8 より，FC = $\dfrac{8}{3}$ (cm)

5〔問 1〕OD ⊥ OA，OD ⊥ OC より，
辺 OD ⊥ 面 OABC だから，底面が長方形 OABC で，高さが OD の四角すいの体積として，
$\dfrac{1}{3}\times(3\times4)\times4=16\ (\text{cm}^3)$

〔問 2〕線分 OP の長さが最小になるのは，図 3 のように，∠OPD = 90° のときである。

（図 3）

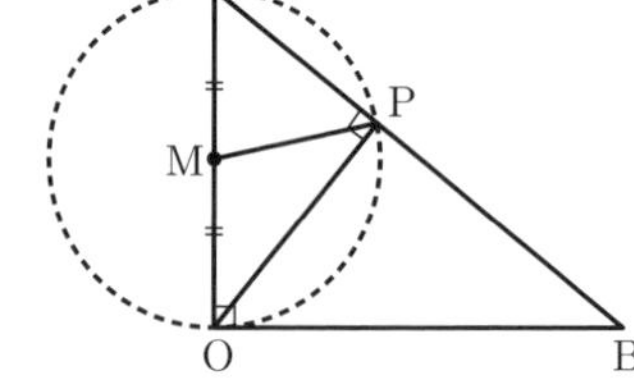

△OPD で，
MO = MD，
∠OPD = 90° より，
3 点 O，P，D は線分 OD を直径とする円周上にあるから，
MP = MO = 2 (cm)

〔問 3〕辺 OD ⊥ 面 OABC より，面 OCD ⊥ 面 OABC
△BCD，△DAB において，それぞれ中点連結定理より，
FG // DC，EF // AB　　また，AB // OC
よって，面 OCD // 面 EGF より，面 OABC ⊥ 面 EGF
辺 OA と面 EGF の交点を Q とすると，△AOD で，
AE = ED，QE // OD より，中点連結定理の逆から，
AQ = QO で，QE = $\dfrac{1}{2}$OD = 2 (cm)　　EF // QG より，
△EFG = $\dfrac{1}{2}$ × EF × QE = $\dfrac{1}{2}\times2\times2=2\ (\text{cm}^2)$

〈H. S.〉

私立高等学校

愛光高等学校

問題 P.135

解答

1 **因数分解，式の計算，平方根，数の性質，三平方の定理** (1) ① $(x-2y)(xy-x+y)$

(2) ② $-\dfrac{2}{3}a^4$　(3) ③ $\dfrac{\sqrt{3}}{12}$　(4) ④ 12　⑤ $\dfrac{11}{3}$

(5) ⑥ 4　⑦ 90

2 **連立方程式の応用** $x=15,\ y=25$

3 **2 次方程式の応用**

子供の人数 15 人，みかんの個数 202 個

4 **1 次関数，関数 $y=ax^2$**

(1) A $(-3,\ 9)$，B $(5,\ 25)$，C $\left(-3,\ -\dfrac{9}{2}\right)$，D $\left(5,\ -\dfrac{25}{2}\right)$

(2) $y=2x+\dfrac{9}{4}$　(3) $y=25-\dfrac{25}{2}\sqrt{3}$

5 **確率** (1) $\dfrac{5}{12}$　(2) $\dfrac{1}{12}$

6 **空間図形の基本，三平方の定理**

(1) 右図

(2) $2(3+\sqrt{3})$

(3) 12π

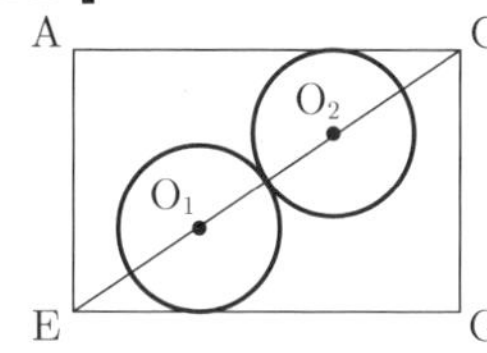

解き方

1 (4) ④ $n=3k$ とおくと，

$180-3n=180-9k=9(20-k)$

20 より小さい最大の平方数は 16 であるから，$20-k=16$

$k=4$　　$n=3\times4=12$

⑤ 180 より小さい最大の平方数は 169 であるから，

$180-3x=169$　　$x=\dfrac{11}{3}$

(5) $\mathrm{BD}=20\ \mathrm{cm}$　　$\mathrm{BE}=\mathrm{BD}-\mathrm{ED}=20-16=4\ (\mathrm{cm})$

$\mathrm{EK}=4\times\dfrac{3}{4}=3\ (\mathrm{cm})$

四角形 $\mathrm{EKCD}=\triangle\mathrm{BCD}-\triangle\mathrm{BKE}=96-6=90\ (\mathrm{cm}^2)$

2

	大人1人	子供1人
10日前〜20日前	$10000-100x$	$6000-60y$
21日前〜	$8000-80x$	$5400-54y$

条件より $\begin{cases}2(10000-100x)+3(6000-60y)=30500\\2(8000-80x)+3(5400-54y)=25750\end{cases}$

すなわち，$\begin{cases}10x+9y=375\\80x+81y=3225\end{cases}$

これを解いて，$x=15,\ y=25$

これらの値は，問題に適する。

3 子供の人数を x 人とすると，

$(x-2)\times x+7=(2x-9)\times(x-6)+13$

$x^2-19x+60=0$　　$x=4,\ 15$

x は 7 以上の整数であるから，$x=15$

この値は，問題に適する。

4 (2) $\mathrm{AC}=\dfrac{27}{2}$，$\mathrm{BD}=\dfrac{75}{2}$，辺 AC と辺 BD の距離は 8

四角形 $\mathrm{ACDB}=\dfrac{1}{2}\left(\dfrac{27}{2}+\dfrac{75}{2}\right)\times8=204$

直線 AB の式は $y=2x+15$ である。

求める直線の式を，$y=2x+k$ とすると，これらの 2 直線は平行であるから，k の満たすべき条件は，

$8\times(15-k)=204\times\dfrac{1}{2}$　　$k=\dfrac{9}{4}$

ゆえに，$y=2x+\dfrac{9}{4}$

(3) $\triangle\mathrm{BPD}=\dfrac{1}{2}\times\left\{5-\left(-\dfrac{15}{2}\right)\right\}\times\dfrac{75}{2}$

$=\dfrac{1}{2}\times\dfrac{25}{2}\times\dfrac{75}{2}=\dfrac{25^2\times3}{8}$

求める直線と辺 BP，BD との交点をそれぞれ E，F とし，

$\mathrm{BF}=h$ とすると $\mathrm{EF}=\dfrac{1}{2}h$ であるから，

$\dfrac{1}{2}\times\mathrm{EF}\times\mathrm{BF}=\dfrac{1}{2}\triangle\mathrm{BPD}$

$\dfrac{1}{2}\times\dfrac{1}{2}h\times h=\dfrac{25^2\times3}{8}\times\dfrac{1}{2}$

$h^2=\dfrac{25^2\times3}{4}$　　$h>0$ より，$h=\dfrac{25}{2}\sqrt{3}$

ゆえに，求める直線の式は，$y=25-\dfrac{25}{2}\sqrt{3}$

5 (1) $b=1$ のとき，$a=3,\ 4,\ 5,\ 6$

$b=2$ のとき，$a=4,\ 5,\ 6$

$b=3$ のとき，$a=4,\ 5,\ 6$　　$b=4$ のとき，$a=5,\ 6$

$b=5$ のとき，$a=5,\ 6$　　$b=6$ のとき，$a=6$

ゆえに，$\dfrac{4+3+3+2+2+1}{6^2}=\dfrac{15}{36}=\dfrac{5}{12}$

(2) $c=1$ のとき，$b=2a-1$

$(a,\ b)=(1,\ 1),\ (2,\ 3),\ (3,\ 5)$

$c=2$ のとき，$b=2a-2$

$(a,\ b)=(2,\ 2),\ (3,\ 4),\ (4,\ 6)$

$c=3$ のとき，$b=2a-3$

$(a,\ b)=(2,\ 1),\ (3,\ 3),\ (4,\ 5)$

$c=4$ のとき，$b=2a-4$

$(a,\ b)=(3,\ 2),\ (4,\ 4),\ (5,\ 6)$

$c=5$ のとき，$b=2a-5$

$(a,\ b)=(3,\ 1),\ (4,\ 3),\ (5,\ 5)$

$c=6$ のとき，$b=2a-6$

$(a,\ b)=(4,\ 2),\ (5,\ 4),\ (6,\ 6)$

ゆえに，$\dfrac{3\times6}{6^3}=\dfrac{1}{12}$

6 (2)

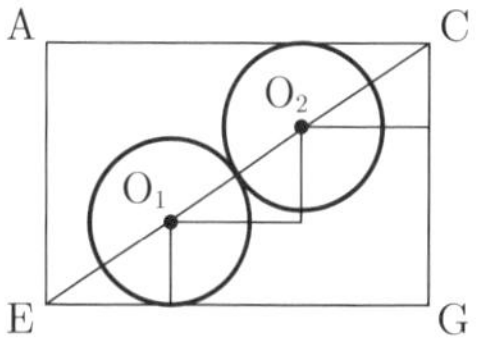

$\mathrm{EC}=\mathrm{EO_1}+\mathrm{O_1O_2}+\mathrm{O_2C}$

$=3(\sqrt{3}+2+\sqrt{3})$

$=6(1+\sqrt{3})$

$6(1+\sqrt{3})\div\sqrt{3}$

$=2\sqrt{3}(1+\sqrt{3})$

$=2(3+\sqrt{3})$

(3) $\mathrm{O_1}$ と断面との距離は

$2(3+\sqrt{3})\div2-3=\sqrt{3}$

よって，切り口の 2 円の半径はともに

$\sqrt{3^2-(\sqrt{3})^2}=\sqrt{6}$

ゆえに，$\{\pi\times(\sqrt{6})^2\}\times2=6\pi\times2=12\pi$

〈K. Y.〉

青山学院高等部

問題 P.136

解 答

1 **平方根** $\dfrac{3\sqrt{6}}{4}$

2 **数の性質，場合の数** (1) 90 個　(2) 119 個

3 **数の性質** (1) 4　(2) 4　(3) 20

4 **1 次関数，関数 $y = ax^2$，平行四辺形，平行線と線分の比，三平方の定理** (1) $a = \sqrt{3}$，$b = \dfrac{\sqrt{3}}{3}$　(2) C $(1,\ \sqrt{3})$　(3) $x = \dfrac{-3 \pm \sqrt{33}}{2}$

5 **連立方程式の応用** (1) $\dfrac{1}{4}xy = 60x + 1350$　(2) $210x$ 円　(3) $\dfrac{31}{40}xy$ 円　(4) $x = 180$，$y = 270$

6 **三角形，平行四辺形，相似，平行線と線分の比，三平方の定理** (1) 3 cm　(2) 32 cm^2　(3) $\dfrac{200}{117}$ cm^2

7 **円周角と中心角，相似，三平方の定理** (1) 12 cm　(2) 20 cm　(3) $\dfrac{52}{5}$ cm

8 **平行と合同，三角形，中点連結定理，三平方の定理** (1) 4 cm　(2) 2 cm　(3) $2\sqrt{7}$ cm

解き方

1 $x^2 = 14 + 4\sqrt{6}$，$y^2 = 5 - 2\sqrt{6}$，$xy = 4 - \sqrt{6}$

$(\text{与式}) = \dfrac{x^2 - xy - 2y^2}{12}$

$= \dfrac{(14 + 4\sqrt{6}) - (4 - \sqrt{6}) - 2(5 - 2\sqrt{6})}{12} = \dfrac{3\sqrt{6}}{4}$

2 (1) ○△○となる 3 桁の自然数であればよい。○には 1 ～ 9 の 9 個の数字が入る。△には 0 ～ 9 の 10 個の数字が入る。よって，$9 \times 10 = 90$（個）

(2) 1 桁の自然数はすべて適するので 1 ～ 9 の 9 個。

2 桁の自然数は○○となる自然数であればよい。○には 1 ～ 9 の 9 個の数字が入る。よって，9 個。

4 桁の自然数は○△△○となる自然数であればよい。○に 1 が入る場合，△には 0 ～ 9 の 10 個の数字が入るので 10 個。○に 2 が入る場合，2021 以下になるのは 2002 のみで 1 個。

以上より，$9 + 9 + 90 + 10 + 1 = 119$（個）

3 十の位以上の桁に関して，5 で割ると余りは 0 になるので，$<17> = <7>$ のように考えることができる。また，$<6> = <1> = 1$，$<7> = <2> = 2$，$<8> = <3> = 3$，$<9> = <4> = 4$，$<10> = <5> = 0$ と表せる。

(1) $<1^4> = 1$，$<2^4> = <16> = <6> = <1> = 1$，

$<3^4> = <81> = <1> = 1$，

$<4^4> = <256> = <6> = <1> = 1$，

$<5^4> = 0$，以上より，$1 + 1 + 1 + 1 + 0 = 4$

(2) $<6^4> = <1^4>$，$<7^4> = <2^4>$，$<8^4> = <3^4>$，$<9^4> = <4^4>$，$<10^4> = <5^4>$，よって，(1)より，4

(3) $<1^9> = 1$，

$<2^9> = <2^4 \times 2^4 \times 2> = <1 \times 1 \times 2> = 2$，

$<3^9> = <3^4 \times 3^4 \times 3> = <1 \times 1 \times 3> = 3$，

$<4^9> = <4^4 \times 4^4 \times 4> = <1 \times 1 \times 4> = 4$，

$<5^9> = 0$　　ここで，

$(\text{与式}) = 2 \times (<1^9> + <2^9> + <3^9> + <4^9> + <5^9>)$

$= 2 \times (1 + 2 + 3 + 4 + 0) = 20$

4 (1) △OAB は正三角形であり，底辺を AB と考えると高さは $\dfrac{\sqrt{3}}{2}$AB と表せる。$\dfrac{1}{2}\text{AB} \times \dfrac{\sqrt{3}}{2}\text{AB} = 9\sqrt{3}$

$\text{AB}^2 = 36$　　$\text{AB} = \pm 6$　　$\text{AB} > 0$ より，$\text{AB} = 6$

高さは $\dfrac{\sqrt{3}}{2}\text{AB} = \dfrac{\sqrt{3}}{2} \times 6 = 3\sqrt{3}$

以上より，A $(3,\ 3\sqrt{3})$　　B $(-3,\ 3\sqrt{3})$

ここで，$3\sqrt{3} = 3a$　　$a = \sqrt{3}$

$3\sqrt{3} = b \times (-3)^2$　　$3\sqrt{3} = 9b$　　$b = \dfrac{\sqrt{3}}{3}$

(2) 点 C の座標は点 A の x，y 座標をそれぞれ $\dfrac{1}{3}$ 倍することで求める。$3 \times \dfrac{1}{3} = 1$　　$3\sqrt{3} \times \dfrac{1}{3} = \sqrt{3}$

よって，C $(1,\ \sqrt{3})$

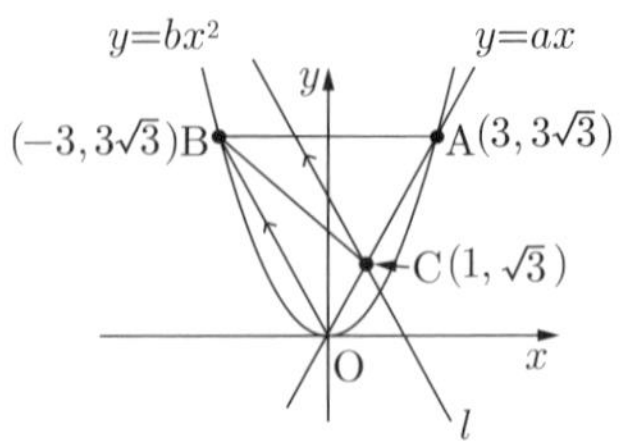

(3) 点 C を通り，直線 OB と平行な直線を l とする。直線 OB の式は，

$y = -\dfrac{3\sqrt{3}}{3}x$ より，

$y = -\sqrt{3}x$

l を $y = -\sqrt{3}x + c$ とおくと，

$\sqrt{3} = -\sqrt{3} \times 1 + c$　　$c = 2\sqrt{3}$

l は $y = -\sqrt{3}x + 2\sqrt{3}$

点 D は $y = \dfrac{\sqrt{3}}{3}x^2$ と $y = -\sqrt{3}x + 2\sqrt{3}$ の交点なので，

$\dfrac{\sqrt{3}}{3}x^2 = -\sqrt{3}x + 2\sqrt{3}$　　$x^2 + 3x - 6 = 0$

$x = \dfrac{-3 \pm \sqrt{33}}{2}$

5 定価での店 A の売り上げは，$300 \times \dfrac{1}{5}x = 60x$

店 B の売り上げは，$y \times \dfrac{1}{4}x = \dfrac{1}{4}xy$

2 割引きでの店 A の売り上げは，$300 \times \dfrac{8}{10} \times \dfrac{1}{3}x = 80x$

店 B の売り上げは，$y \times \dfrac{8}{10} \times \dfrac{1}{2}x = \dfrac{2}{5}xy$

5 割引きでの店 A の売り上げは，

$300 \times \dfrac{5}{10} \times \left(x - \dfrac{1}{5}x - \dfrac{1}{3}x\right)$

$= 150 \times \dfrac{15x - 3x - 5x}{15} = 70x$

店 B の売り上げは，

$y \times \dfrac{5}{10} \times \left(x - \dfrac{1}{4}x - \dfrac{1}{2}x\right) = \dfrac{1}{2}y \times \dfrac{1}{4}x = \dfrac{1}{8}xy$

(1) 問題文の①より，$\dfrac{1}{4}xy = 60x + 1350$…②

(2) $60x + 80x + 70x = 210x$

(3) $\dfrac{1}{4}xy + \dfrac{2}{5}xy + \dfrac{1}{8}xy = \dfrac{31}{40}xy$

(4) 最終的な売り上げより，$210x = \dfrac{31}{40}xy + 135$…③

ここで，$\dfrac{1}{40}xy = A$…④とおく。

$\dfrac{1}{4}xy = \dfrac{10}{40}xy = 10A$ より，

②を変形して，$10A = 60x + 1350$　　$A = 6x + 135$…②′

③を変形して，$210x = 31A + 135$…③′

②′ を③′ に代入して，

$210x = 31(6x + 135) + 135$

$210x - 186x = 4185 + 135$

$24x = 4320$　　$x = 180$…⑤　　⑤を②′ に代入すると，

$A = 6 \times 180 + 135$　　$A = 1215$…⑥

⑤，⑥を④に代入すると，

$\frac{1}{40}\times 180y=1215$　　$y=1215\times\frac{2}{9}$　　$y=270$

6 (1) 右図より，△CDE は二等辺三角形なので，

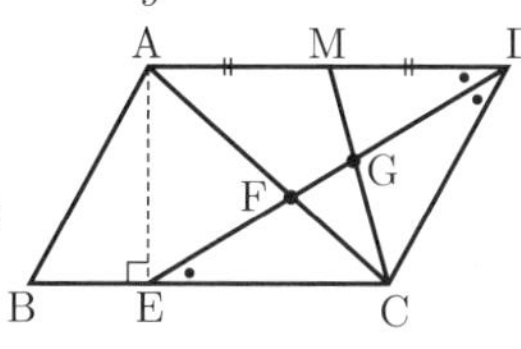

CE = CD = 5　　また，

BE = BC − CE = 8 − 5 = 3

(2) △ABE は直角三角形なので，

$AE=\sqrt{AB^2-BE^2}=\sqrt{25-9}=\sqrt{16}=4$

▱ABCD = 8 × 4 = 32

(3) △AFD∽△CFE で，AD : CE = 8 : 5 より，

DF : FE = 8 : 5，DE : FE = 13 : 5

$\triangle CDE=\frac{1}{2}CE\times AE=\frac{1}{2}\times 5\times 4=10$　　よって，

$\triangle CFE=\frac{5}{13}\triangle CDE=\frac{5}{13}\times 10=\frac{50}{13}$

△CDM において，DG は ∠D の二等分線なので，

MG : GC = DM : DC = 4 : 5　　MC : GC = 9 : 5

$\triangle CDM=\frac{1}{2}DM\times AE=\frac{1}{2}\times 4\times 4=8$

$\triangle CDG=\frac{5}{9}\triangle CDM=\frac{5}{9}\times 8=\frac{40}{9}$　　以上より，

△CFG = △CDE − △CFE − △CDG

$=10-\frac{50}{13}-\frac{40}{9}=\frac{1170}{117}-\frac{450}{117}-\frac{520}{117}=\frac{200}{117}$

7 (1) △ABC は ∠C = 90° の直角三角形なので，

$AC=\sqrt{AB^2-BC^2}=\sqrt{169-25}=\sqrt{144}=12$

(2) △PCA は ∠C = 90° の直角三角形なので，

$PA=\sqrt{PC^2+AC^2}=\sqrt{256+144}=\sqrt{400}=20$

(3) 四角形 ABCD は円に内接する四角形なので，右図のように ∠PDC = ∠PBA になる。△PDC と △PBA は 2 組の角がそれぞれ等しいので，△PDC∽△PBA

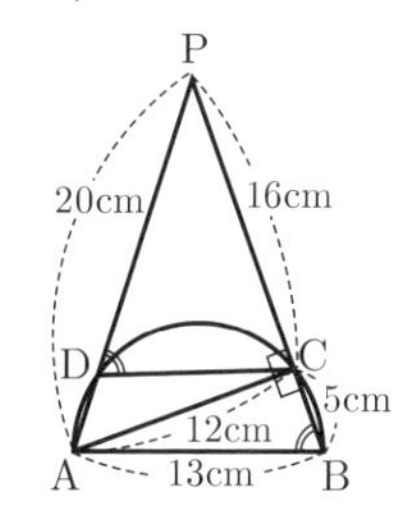

よって，DC : BA = PC : PA

DC : 13 = 16 : 20 = 4 : 5

$DC=\frac{13\times 4}{5}=\frac{52}{5}$

8 (1) △OAN は直角三角形なので，

$ON=\sqrt{OA^2-AN^2}=\sqrt{20-4}=\sqrt{16}=4$

(2) △OAB において，中点連結定理より，

$LM=\frac{1}{2}AB=2$，$LQ=\frac{1}{2}LM=1$

$LN=\frac{1}{2}OB=\sqrt{5}$，$MN=\frac{1}{2}OA=\sqrt{5}$

△PLQ は直角三角形なので，

$PQ=\sqrt{PL^2-LQ^2}=\sqrt{5-1}=\sqrt{4}=2$

(3) 3 組の辺がそれぞれ等しいので，△OAB ≡ △CAB，

△PLM ≡ △NLM　　ここで，

右図のように 5 点 O，Q，P，N，C を通る平面でこの立体を切断したときの切断面を考える。

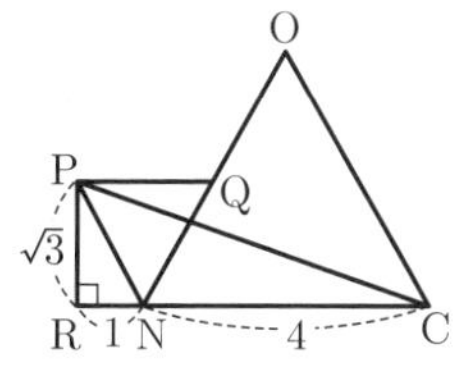

PQ = PN = QN = 2,

ON = CN = OC = 4 なので，△PQN と △OCN は 1 辺がそれぞれ 2 と 4 の正三角形である。

右図のように点 R を定める。△PNR は 30°，60°，90° の直角三角形なので，

$PR=\frac{\sqrt{3}}{2}PN=\sqrt{3}$，$RN=\frac{1}{2}PN=1$，

RC = 1 + 4 = 5

△PRC は直角三角形なので，

$PC=\sqrt{PR^2+CR^2}=\sqrt{3+25}=\sqrt{28}=2\sqrt{7}$

〈YM. K.〉

市川高等学校

問題 P.137

解答

1 データの活用を中心とした総合問題

(1) $\frac{1}{8}$　(2) $a=2$，3，16，24　(3) $b=5$

2 図形を中心とした総合問題　(1) (a) 向かい合う辺の長さは等しい　(b) AH = BF　(c) 270　(d) 対応する 2 組の辺がそれぞれ等しく，その間の角が等しい　(e) FEB　(f) AEF　(g) AEB　(2) $40+16\sqrt{3}$

3 数・式を中心とした総合問題　(1) 12126

(2) (i) $L=abG$　(ii) $(A,\ B)=(129,\ 1978)$

4 関数を中心とした総合問題

(1) $A_2\,(-2,\ 4)$，$A_3\,(3,\ 9)$　(2) $324\sqrt{2}$　(3) $n=12$

5 数・式を中心とした総合問題　(1) (i) 74　(ii) 84

(2) (i) $n+2$　(ii) $n=5$

解き方

1 (1) すべての場合の数は (4 × 8 =)32 通り。$(x,\ y)=(1,\ 8)$，(2, 7)，(3, 6)，(4, 5) の 4 通り。

(2) $\frac{1}{16}=\frac{2}{32}$ より，$xy=a$ となる組 $(x,\ y)$ が 2 組となる数 a を定めればよい。

(3) すべての場合の数は (4 × 6 =)24 通り。

b が書かれた面以外で $x+z=8$ となる組 $(x,\ z)$ は 2 組，xz が奇数となる組は 6 組ある。

そこで，$\frac{1}{8}=\frac{3}{24}$ より，$x+z=8$ となる組が 3 組であるから，$b=4$ または $b=5$ または $b=6$

さらに，$\frac{1}{3}=\frac{8}{24}$ より，xz が奇数となる組が 8 組であるから，$b=5$

2 (1) (c) ∠EAH = 360° − (∠BAE + ∠HAD + ∠DAB)

∠EBF = ∠EBA + ∠CBF + ∠ABC

(2) I を右図の通りに定める。

仮定より，$EI=2\sqrt{2}+2\sqrt{6}$，

$HI=2\sqrt{2}$

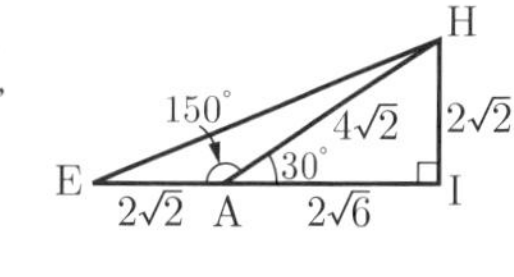

正方形と三平方の定理より，

求める面積は，

$HE^2=EI^2+HI^2$

3 (1) 129 = 3 × 43，282 = 2 × 3 × 47 より，最小公倍数は 2 × 3 × 43 × 47

(2) (i) G は A，B の最大公約数より，a，b は 1 以外の公約数をもたない。

(ii) $A=aG$，$B=bG$，$L=abG$ より，

$A-2B-2G+L=aG-2bG-2G+abG$

$=G\,(a-2)(b+1)=43\times 47$

仮定より，G は 1 でない自然数である。

また，b は自然数より $b+1$ も 1 でない自然数である。

よって，$a-2=1$，$G\,(b+1)=43\times 47$

a，b は 1 以外の公約数をもたないから，

$(a,\ b,\ G)=(3,\ 46,\ 43)$

4 (1) A_1 は直線 $y=x$ と $C:y=x^2$ との交点 (1, 1)

A_2 は直線 $y=-x+2$ と $C:y=x^2$ との交点 $(-2,\ 4)$
A_3 は直線 $y=x+6$ と $C:y=x^2$ との交点 $(3,\ 9)$
なお，A_n は n が奇数のとき $(n,\ n^2)$，偶数のとき $(-n,\ n^2)$

(2) 以下，原点 O を A_0 とする。線分 $A_{n-1}A_n$ を斜辺とする直角三角形を考えると，直角二等辺三角形になるから，
$A_{n-1}A_n=(2n-1)\sqrt{2}$
よって，与えられた式は $n=18$ までの和であるから，
$\sqrt{2}+3\sqrt{2}+\cdots+35\sqrt{2}=324\sqrt{2}$

(3) 値が負になることから，n は偶数である。そこで，
$A_{n-2}A_{n-1}{}^2-A_{n-1}A_n{}^2$
$=2\{2(n-1)-1\}^2-2(2n-1)^2=-16(n-1)$ より，
$A_0A_1{}^2-A_1A_2{}^2=-16$，$A_2A_3{}^2-A_3A_4{}^2=-48$，
$A_4A_5{}^2-A_5A_6{}^2=-80$，$A_6A_7{}^2-A_7A_8{}^2=-112$，
$A_8A_9{}^2-A_9A_{10}{}^2=-144$，$A_{10}A_{11}{}^2-A_{11}A_{12}{}^2=-176$
これらの和が -576 になるから，$n=12$ とわかる。

5 (1)(i) 1 回の操作で取り除かれる立方体の個数は 1 段目の 4 個。2 回の操作で取り除かれる立方体の個数は 1 段目 8 個，2 段目 4 個の計 12 個。
よって，できた立体の体積は，
$5\times6\times3-(4+12)=74$

(ii) 平面図，立面図，側面図は下図の通りであるから，表面積は，$26+16\times2+13\times2=84$

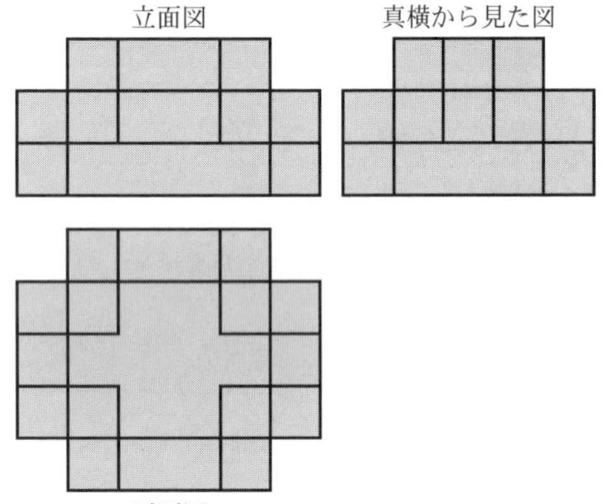

(2)(i) 縦が 5 であることに注目すると，3 回の操作で 1 段目の両横の一番端の列がなくなることがわかる。横 $2n$ の場合，$2n$ 本の列があるから，さらに $(n-1)$ 回の操作を行うことで 1 段目がなくなることがわかる。つまり，$(n+2)$ 回の操作で 1 段目がなくなる。

(ii) 2 段目は 1 段目の 1 回目の操作後に 3 面見えている立方体が現れる。つまり，2 段目は 1 段目より 1 回後から取り除かれていくことになる。したがって，3 段目は 1 段目より 2 回後から取り除かれていくことになる。
よって，立方体すべてを取り除くには $(n+4)$ 回の操作が必要である。

〈O. H.〉

江戸川学園取手高等学校

問題 P.138

解答

1 ▍式の計算，平方根，因数分解，2 次方程式，連立方程式の応用，関数 $y=ax^2$，立体の表面積と体積，確率 ▍ (1) $\dfrac{13a+1}{15}$　(2) $2\sqrt{2}$
(3) $(x-3y+1)(x-3y+2)$　(4) $x=3,\ 7$　(5) 73　(6) 2
(7) $24\pi\ \mathrm{cm}^2$　(8) $\dfrac{5}{64}$

2 ▍1 次関数，関数 $y=ax^2$ ▍ (1) $a=-1$
(2) $y=-x-2$　(3) D $(4,\ -16)$
(4) (例) 2 点 B，C を通る直線は $y=x-6$ である。
$x=-2$ のとき放物線上の点は $(-2,\ -4)$ で直線上の点は $(-2,\ -8)$ なので，格子点は $(-2,\ -4)$，$(-2,\ -5)$，…，$(-2,\ -8)$ の 5 個である。
同様に，$x=-1$ のとき $(-1,\ -1)$，$(-1,\ -2)$，…，$(-1,\ -7)$ の 7 個
$x=0$ のとき $(0,\ 0)$，$(0,\ -1)$，…，$(0,\ -6)$ の 7 個
$x=1$ のとき $(1,\ -1)$，$(1,\ -2)$，…，$(1,\ -5)$ の 5 個
さらに，B $(2,\ -4)$，C $(-3,\ -9)$ の 2 個を加えて
$5+7+7+5+2=26$ (個)

3 ▍平面図形の基本・作図，三角形 ▍ (1) 135 度　(2) 1
(3) (例) 図 1 で O から 3 辺に垂線を下ろすと(2)の結果より辺の長さは右の図のようになる。

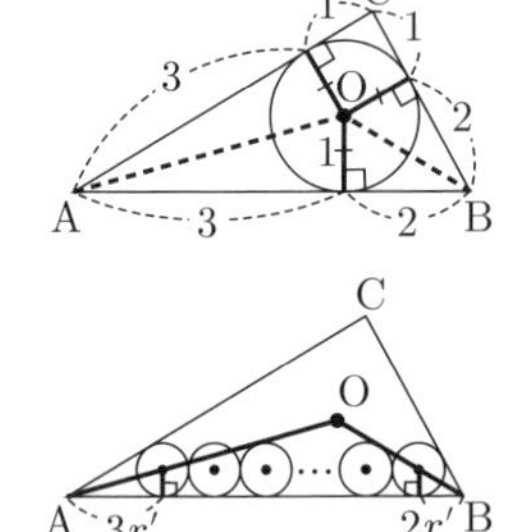

一番左にある円の中心は OA 上，一番右にある円の中心は OB 上にある。
また，図のように求める円の半径を r' とすれば，AB の左端と右端の部分の長さは $3r'$，$2r'$ となる。また，AB の中央部分の長さは円 $(n-2)$ 個の直径と円 2 個の半径の長さの和に等しいので，
$(n-2)\times2r'+2\times r'=2(n-1)r'$
よって，AB の長さより，
$3r'+2r'+2(n-1)r'=5$
$(2n+3)r'=5$ より，$r'=\dfrac{5}{2n+3}$

4 ▍空間図形の基本，立体の表面積と体積，平行線と線分の比 ▍
(1) $\dfrac{5}{12}$ 倍　(2) $\dfrac{5}{24}$ 倍
(3) (例) 切断面の四角形 PQRS の対角線の交点 T は，O から底面の四角形 ABCD に下ろした垂線 OH 上にある。
まず，正四角すいを 3 点 O，A，C を通る平面で切った断面図で考える。

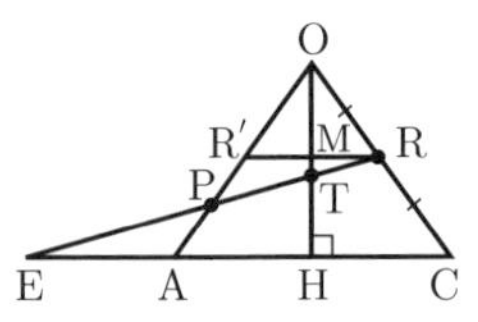

RP と CA を延長し，その交点を E とする。
また，AC // R′R とする。
このとき R′P = PA だから，
R′R = EA　　また，R′R $=\dfrac{1}{2}$AC だから，EA = AH
これより，MR : EH $=\dfrac{1}{2}$R′R : 2R′R = 1 : 4
よって，MT : TH = 1 : 4 となる。
OM = MH だから，OT : TH = (5 + 1) : 4 = 3 : 2

次に，正四角すいを3点O，B，Dを通る平面で切った断面図で考える。

QS，BDを延長し，その交点をFとする。
またDB // Q′Qとする。
ON : NH = 5 : 4，OT : TH = 3 : 2より，
NT : TH = (27 − 25) : 18 = 1 : 9
よって，NQ : FH = 1 : 9
$BH = DH = \frac{9}{5}NQ$ だから，
$Q'Q : FD = 2NQ : \left(9NQ - \frac{9}{5}NQ\right) = 2 : \frac{36}{5} = 5 : 18$
ゆえに，Q′S : SD = 5 : 18
OQ′ : Q′D = 5 : 4だから
$OS : SD = \left(23 \times \frac{5}{4} + 5\right) : 18 = 15 : 8$

5 場合の数，確率，データの活用を中心とした総合問題
(1) 9　(2) $(n-1)\{W(n-2) + W(n-1)\}$　(3) (ウ)

解き方 **1** (1)
$\frac{3(a-5b+2) - 5(4a-3b-2) + 15(2a-1)}{15}$
$= \frac{13a+1}{15}$
(2) $3\sqrt{2} - \sqrt{50} + \frac{8\sqrt{2}}{2} = 3\sqrt{2} - 5\sqrt{2} + 4\sqrt{2} = 2\sqrt{2}$
(3) $(x-3y)^2 + 3(x-3y) + 2$
$= \{(x-3y)+1\}\{(x-3y)+2\}$
$= (x-3y+1)(x-3y+2)$
(4) $(x-3)^2 - 4(x-3) = 0$
$(x-3)\{(x-3)-4\} = 0$
$(x-3)(x-7) = 0$ より $x = 3,\ 7$
(5) もとの自然数の十の位の数を x，一の位の数を y とすると，
$\begin{cases} x + y = 10 \\ 10x + y = 10y + x + 36 \end{cases}$
これを解いて $(x,\ y) = (7,\ 3)$　　よって，73
(6) 条件より $y - 5 = a(x-2)^2$ とおける。これに $x = 1$，$y = 7$ を代入すると，$a = 2$
よって，$y = 2(x-2)^2 + 5$
変化の割合は，
$\frac{\{2 \times (4-2)^2 + 5\} - \{2 \times (1-2)^2 + 5\}}{4-1} = \frac{6}{3} = 2$
(7) $\pi \times 5^2 \times \frac{3}{5} + \pi \times 3^2 = 15\pi + 9\pi = 24\pi\ (\text{cm}^2)$
(8) 和が12となる目の出方は(4，8)，(5，7)，(6，6)，(7，5)，(8，4)の5通りだから，$\frac{5}{8^2} = \frac{5}{64}$

2 (1) $y = ax^2$ に $x = -3$，$y = -9$ を代入して，
$-9 = 9a$ より，$a = -1$
(2) 放物線は $y = -x^2$ だから，A(−1，−1)，B(2，−4)
この2点を通る直線の式を求めて，$y = -x - 2$
(3) AB // CDとなるような点Dを放物線上にとれば良い。
ABの傾きが −1 なので，CDは $y = -x - 12$ となる。
$y = -x^2$ と $y = -x - 12$ の交点の座標を求めると，
$-x^2 = -x - 12$
$x^2 - x - 12 = 0$
$(x-4)(x+3) = 0$ より，$x = 4,\ -3$
よって，D(4，−16)

3 (1) OA，OBはそれぞれ∠A，∠Bの二等分線である。
よって，$\angle OAB + \angle OBA = \frac{1}{2}(180° - \angle C) = 45°$
ゆえに，△OABにおいて，∠AOB = 180° − 45° = 135°
(2) 円Oの半径を r とすると，△ABCの面積から，
$\frac{1}{2}r \times (5 + 3 + 4) = \frac{1}{2} \times 3 \times 4$
これより，$r = 1$

4 (1) $\triangle OPQ = \triangle OAB \times \frac{OP}{OA} \times \frac{OQ}{OB}$
$= \triangle OAB \times \frac{3}{4} \times \frac{5}{9} = \frac{5}{12}\triangle OAB$
よって，$\frac{5}{12}$ 倍
(2) 2つの三角すいを底面が△OPQ，△OABとして考える。
三角すいR − OPQと三角すいC − OABは底面積の比が(1)より5 : 12で，高さの比はOR : OC = 1 : 2だから，
体積比は，(5 × 1) : (12 × 2) = 5 : 24
よって，$\frac{5}{24}$ 倍

5 (1) x 通りだとすると，$\frac{x}{24} = \frac{3}{8}$ となるから，$x = 9$ と分かる。
別解 実際に樹形図を書くと，

b < a−d−c, c−d−a, d−a−c
c < a−d−b, d < a−b, b−a
d < a−b−c, c < a−b, b−a

の9通りだと分かる。
(2) W(5) ～ W(8) の式を参考にすれば，
$W(n) = (n-1)\{W(n-2) + W(n-1)\}$
(3) 人数が7人以上では確率が0.3678… となっていることに注目して，(ウ)だと分かる。
〈A. S.〉

大阪星光学院高等学校

問題 P.140

解答 **1** 平方根，相似，数・式の利用，確率
(1) $15 - 3\sqrt{5}$　(2) $\frac{60}{37}$　(3) 15
(4) 100，150　(5) $\frac{5}{6}$，$\frac{5}{12}$

2 数・式の利用，1次関数，関数 $y = ax^2$，相似
(1) $\frac{t^2}{4}$　(2) $t - 1$　(3) $-\frac{t^2}{4} + 3t - 5$

3 図形と証明
(証明)(例) ∠AID = 90° だから，
∠BID + ∠IBA = ∠ADI = 90° − ∠BAI…①
BI，CI，AIは，それぞれ∠ABC，∠ACB，∠BACを2等分する。
∠ABC + ∠ACB = 180° − ∠BACから，
$\angle IBA + \frac{1}{2}\angle ACB = \frac{1}{2}(\angle ABC + \angle ACB)$
$= \frac{1}{2}(180° - \angle BAC) = 90° - \frac{1}{2}\angle BAC$
= 90° − ∠BAI …②
①，②から，$\angle BID = \frac{1}{2}\angle ACB$

4 空間図形の基本，立体の表面積と体積，相似，平行線と線分の比　(1) 2 : 9　(2) 4 : 5　(3) 6 : 5

5 1次関数，平面図形の基本・作図，相似，関数 $y = ax^2$
(1) A : −1，B : $\frac{3}{2}$，面積 : $\frac{25}{16}$　(2) 28　(3) $\frac{-6 + 3\sqrt{2}}{2}$

解き方

1 (1) $a=3$，$b=6-\sqrt{5}-a=3-\sqrt{5}$

$a^2+b^2-3b+1=a^2+b(b-3)+1$

$=3^2+(3-\sqrt{5})\times(-\sqrt{5})+1=15-3\sqrt{5}$

(2) $PQ=x$ とおくと，

$QR=RS=PQ=x$

$QR:BR=3:5$ より，

$BR=\dfrac{5}{3}QR=\dfrac{5}{3}x$

$RS:RC=5:4$ より，

$RC=\dfrac{4}{5}RS=\dfrac{4}{5}x$

$BR+RC=BC$

$\dfrac{5}{3}x+\dfrac{4}{5}x=4$　　$PQ=x=\dfrac{60}{37}$

(3) $\triangle SAQ\backsim\triangle SCB$ より，

$SA:SC=AQ:CB=3:7$

$\triangle RAB\backsim\triangle RCP$ より，

$RA:RC=AB:CP=3:2$

$=6:4$

$SR:AC$

$=(AR-AS):(AR+RC)$

$=(6-3):(6+4)=3:10$

$\triangle BSR=\dfrac{3}{10}\triangle BAC$

$=\dfrac{3}{10}\times\left(\dfrac{1}{2}\times10\times10\right)=15$

(4) $[1◎2]=[2◎3]=[3◎4]=\cdots=[100◎101]=1$

よって，$[1◎2]+[2◎3]+\cdots+[100◎101]=100$

$[1◎3]=[3◎5]=\cdots=[99◎101]=1$

$[2◎4]=[4◎6]=\cdots=[100◎102]=2$

よって，$[1◎3]+[2◎4]+[3◎5]+\cdots+[100◎102]$

$=([1◎3]+[3◎5]+\cdots+[99◎101])$

$\quad+([2◎4]+[4◎6]+\cdots+[100◎102])$

$=1\times50+2\times50=150$

(5) 大小2つのさいころを同時に投げるとき，目の出方は (1, 1), (1, 2), …, (1, 6), (2, 1), …(2, 6), …, (6, 6) の $6\times6=36$（通り）

同じ目が出る場合は，(1, 1), (2, 2), …, (6, 6) の6通り。

求める確率は，$\dfrac{6\times6-6}{6\times6}\left(=\dfrac{6\times5}{6\times6}\right)=\dfrac{5}{6}$

大中小3つのさいころの目の出方は，$6\times6\times6$ 通り。

2つの目が同じになる場合は，大中，大小，中小の3通り。

このそれぞれに対して，目の出方は 6×5 通り。

求める確率は，$\dfrac{3\times6\times5}{6\times6\times6}=\dfrac{5}{12}$

2 △PQR の辺PQと，正方形ABCDの辺CD，AB，ADの交点を，それぞれT，U，Vとする。

(1) 0<t≦2

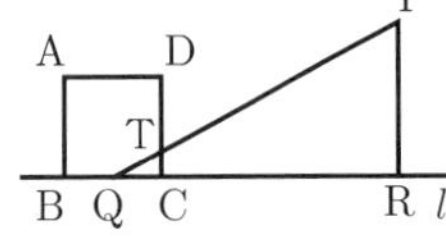

(1) $CQ=t$，$CT=\dfrac{1}{2}t$

$S=\triangle TQC=\dfrac{1}{2}\times t\times\dfrac{1}{2}t$

$=\dfrac{t^2}{4}$

(2) 2<t≦4

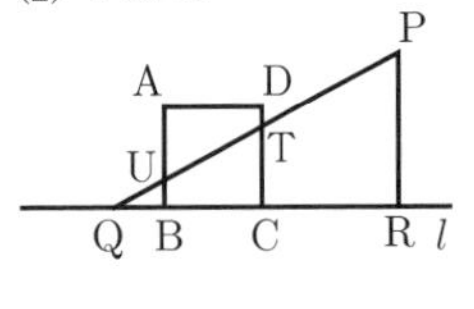

(2) $UB=\dfrac{1}{2}QB=\dfrac{t-2}{2}$

$TC=\dfrac{1}{2}CQ=\dfrac{t}{2}$

$S=$ 台形UBCT

$=\dfrac{1}{2}\times(UB+TC)\times BC$

$=\dfrac{1}{2}\times\left(\dfrac{t-2}{2}+\dfrac{t}{2}\right)\times2$

$=t-1$

(3) 4<t≦6

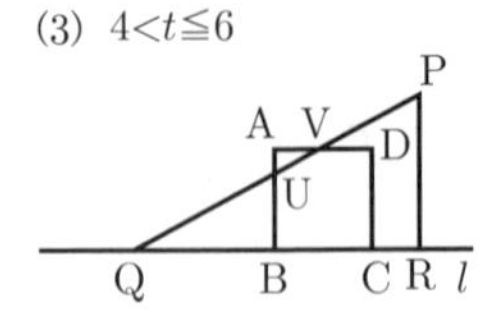

(3) $QB=t-2$，

$UB=\dfrac{1}{2}QB=\dfrac{t-2}{2}$

$AU=AB-UB=2-\dfrac{t-2}{2}$

$=\dfrac{6-t}{2}$

$AV=2AU=6-t$

$S=$ 正方形ABCD $-\triangle AUV$

$=2\times2-\dfrac{1}{2}\times(6-t)\times\dfrac{1}{2}(6-t)\left(=4-\dfrac{(6-t)^2}{4}\right)$

$=-\dfrac{t^2}{4}+3t-5$

4 (1) $GM:BM=1:3$ より，$\triangle GCD=\dfrac{1}{3}\triangle BCD$

$PC:AC=2:3$ より，$PC=\dfrac{2}{3}AC$

よって，(立体PGCD) $=\dfrac{2}{3}\times$ (立体AGCD)

$=\dfrac{2}{3}\times\dfrac{1}{3}\times$ (正四面体ABCD) $=\dfrac{2}{9}\times$ (正四面体ABCD)

(立体PGCD) : (正四面体ABCD) $=2:9$

(2) 右の図のように，△ACDにおいて，辺AC上に2点S，Tを $PQ\,/\!/\,SD$，$SD\,/\!/\,TM$ となるようにとる。AMとSDの交点をUとする。

$PQ\,/\!/\,SD$ より，

$AP:PS=AQ:QD=2:1$

$AP=\dfrac{1}{3}AC$ より，

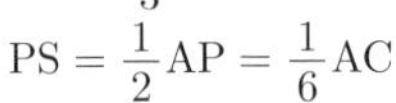

$PS=\dfrac{1}{2}AP=\dfrac{1}{6}AC$

$AS=AP+PS=\dfrac{1}{3}AC+\dfrac{1}{6}AC=\dfrac{1}{2}AC$

よって，点Sは辺ACの中点。

$ST:TC=DM:MC=1:1$

$ST=\dfrac{1}{2}SC=\dfrac{1}{2}\times\dfrac{1}{2}AC=\dfrac{1}{4}AC$

したがって，

$AR:RM=AP:PT=AP:(PS+ST)$

$=\dfrac{1}{3}:\left(\dfrac{1}{6}+\dfrac{1}{4}\right)=4:5$

(3) 右の図のように，△ABMにおいて，BR上に点Jを，$JG\,/\!/\,AM$ となるようにとる。

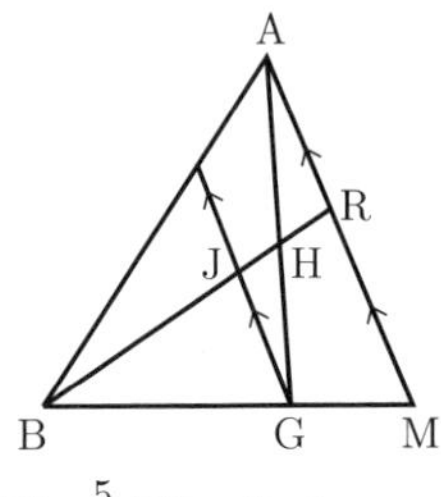

$BG:BM=2:3$ より，

$JG:RM=BG:BM=2:3$

$JG=\dfrac{2}{3}RM=\dfrac{2}{3}\times\dfrac{5}{4}AR$

$=\dfrac{5}{6}AR$

よって，$AH:HG=AR:JG=AR:\dfrac{5}{6}AR=6:5$

5 (1) 直線 l は，点C$(-3,\ 0)$ を通り，傾き $\dfrac{1}{4}$ の直線だから，$y=\dfrac{1}{4}x+\dfrac{3}{4}$

この直線と曲線 $m:y=\dfrac{1}{2}x^2$ の交点の x 座標は，y を消去して，$\dfrac{1}{2}x^2=\dfrac{1}{4}x+\dfrac{3}{4}$　　$2x^2-x-3=0$

$(x+1)(2x-3)=0$

$x=-1,\ \dfrac{3}{2}$　　Aの x 座標は -1，Bの x 座標は $\dfrac{3}{2}$

l の傾きは $\dfrac{1}{4}$ だから，$BP=\dfrac{1}{4}AP$，

$AP=\dfrac{3}{2}-(-1)=\dfrac{5}{2}$

長方形 APBQ $= \mathrm{AP} \times \mathrm{BP} = \frac{1}{4} \times \mathrm{AP}^2 = \frac{1}{4} \times \left(\frac{5}{2}\right)^2$

$= \frac{25}{16}$

(2) 長方形 APBQ が正方形だから，AP $=$ BP で，

l の傾きは 1　　直線 l は，$y = x + 3$

(1)と同じようにして，2 点 A，B の x 座標を求めると，

$\frac{1}{2}x^2 = x + 3$　　$x^2 - 2x - 6 = 0$　　$x = 1 \pm \sqrt{7}$

点 A の x 座標は $1 - \sqrt{7}$，点 B の x 座標は $1 + \sqrt{7}$

$\mathrm{AP} = (1 + \sqrt{7}) - (1 - \sqrt{7}) = 2\sqrt{7}$

正方形 APBQ $= \mathrm{AP}^2 = (2\sqrt{7})^2 = 28$

(3) △ASC∽△BPA より，

相似比を $p : q$ ($p > 0$, $q > 0$) とすると，面積比は，$p^2 : q^2$

2 つの面積は等しいから，

$p^2 = q^2$，$p > 0$，$q > 0$

より，$p = q$

よって，

△ASC ≡ △BPA

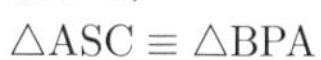

したがって，2 つの長方形のたてと横の長さは，それぞれ等しい。

点 A の x 座標を a とおくと，点 A は曲線 m 上の点だから，

$\mathrm{A}\left(a, \frac{1}{2}a^2\right)$，$\mathrm{AR} = a - (-3) = a + 3$ $(-3 < a < 0)$

直線 BP と x 軸との交点を T とし，点 T の x 座標を t とおくと，ST $=$ CS より，$t - a = a + 3$　　$t = 2a + 3$

△CAS∽△CBT で，CS : CT $= 1 : 2$ より，

AS : BT $=$ CS : CT $= 1 : 2$，AS $= \frac{1}{2}a^2$ より，

$\mathrm{BT} = 2\mathrm{AS} = 2 \times \frac{1}{2}a^2 = a^2$

よって，B $(2a + 3,\ a^2)$

これが曲線 $m : y = \frac{1}{2}x^2$ 上の点だから，代入して，

$a^2 = \frac{1}{2} \times (2a + 3)^2$　　$2a^2 + 12a + 9 = 0$

$a = \frac{-6 \pm 3\sqrt{2}}{2}$

$-3 < a < 0$ より，$a = \frac{-6 + 3\sqrt{2}}{2}$

A の x 座標は $\frac{-6 + 3\sqrt{2}}{2}$

〈Y. K.〉

開成高等学校

問題 P.141

解 答

1 | 1 次関数，関数 $y = ax^2$，相似 |

(1) C の x 座標 $-\frac{5}{2}$，F の x 座標 $-t + 1$

(2) AD の傾き $-t - \frac{3}{2}$，CF の傾き $-t - \frac{3}{2}$

(3) $t = -\frac{1 + 3\sqrt{5}}{4}$

2 | 場合の数，数の性質 | (1) 18 個

(2) ① ア．$kl + 4k + 4l + 16$　イ．$kl + 3k + 3l + 9$

ウ．$k + l + 7$　エ．$k + l = 3$　オ．2　カ．3

キ．24，56，60，88

② (理由) (例) (ウ) $\times m$ が 20 に等しいことから，

$(k + l + 7)m = 20$

ここで，$k + l + 7$，m はともに整数で，$k + l + 7 \geqq 7$ より

$\begin{cases} k + l + 7 = 20 \\ m = 1 \end{cases}$　または $\begin{cases} k + l + 7 = 10 \\ m = 2 \end{cases}$

$m = 1$ とすると $k + l = 13$ となるから

$x = 2^k \times 5^l \times A \geqq 2^k \times 2^l \times 1 = 2^{k+l} = 2^{13} > 2^7$

$= 128 > 100$

となり不適。ゆえに，$m = 2$ である。

$m = 2$

3 | 場合の数 | (1) 30 通り　(2) ① 21 通り　② 30 通り

(3) 30 通り　(4) 120 通り　(5) 432 通り

4 | 空間図形の基本，相似，中点連結定理，三平方の定理 |

(1) $\mathrm{OG} = 5 - \frac{1}{4}x$　(2) $\mathrm{DH} = 8\sqrt{6} - 12$

解き方

1 (1) (2) A $(-1,\ 1)$, B $(2,\ 4)$, C $\left(-\frac{5}{2},\ \frac{25}{4}\right)$,

E $(t,\ t^2)$ である。D，F の x 座標をそれぞれ d，f とすると，

$1 \times (t + d) = -\frac{1}{2}$ より，$d = -t - \frac{1}{2}$

$1 \times (t + f) = 1$ より，$f = -t + 1$

(3) PA // QF，PD // QC，AD // FC より，

△PAD∽△QFC　　相似比は，

$d - (-1) = \left(-t - \frac{1}{2}\right) - (-1) = -t + \frac{1}{2}$

$f - \left(-\frac{5}{2}\right) = (-t + 1) - \left(-\frac{5}{2}\right) = -t + \frac{7}{2}$

より，$\left(-t + \frac{1}{2}\right) : \left(-t + \frac{7}{2}\right)$

これが $\sqrt{S_1} : \sqrt{S_2} = 1 : \sqrt{5}$ に等しいから，

$\left(-t + \frac{1}{2}\right) : \left(-t + \frac{7}{2}\right) = 1 : \sqrt{5}$

$-t + \frac{7}{2} = -\sqrt{5}t + \frac{\sqrt{5}}{2}$

$(\sqrt{5} - 1)t = -\frac{1}{2}(7 - \sqrt{5})$

$(\sqrt{5} + 1)(\sqrt{5} - 1)t = -\frac{1}{2}(7 - \sqrt{5})(\sqrt{5} + 1)$

$4t = -(1 + 3\sqrt{5})$　　ゆえに，$t = -\frac{1 + 3\sqrt{5}}{4}$

この値は $-\frac{5}{2} < t < -1$ を満たす。

2 $b = \frac{x}{n}$，$c = \frac{x}{n} \times 1000 = \frac{1000x}{n}$，

$d = \frac{x}{n} \times 100 = \frac{100x}{n}$ とする。

b を小数で表したとき，ちょうど小数第 3 位で終わるということは，c が整数となり，かつ d が整数とならないことすなわち，

n が $1000x$ の約数であり，かつ n が $100x$ の約数でないことである。
ところが，$100x$ の約数はすべて $1000x$ の約数であるから，条件を満たす n の個数は，
($1000x$の正の約数の個数) − ($100x$の正の約数の個数)
となる。
(1) $x = 75$ のとき，$1000x = 2^3 \times 3 \times 5^5$
$100x = 2^2 \times 3 \times 5^4$
よって，
$(1+3)\times(1+1)\times(1+5)-(1+2)\times(1+1)\times(1+4)$
$= 48 - 30 = 18$（個）
(2) $x = 2^k \times 5^l \times A$ のとき，
$1000x = 2^{k+3} \times 5^{l+3} \times A$
$100x = 2^{k+2} \times 5^{l+2} \times A$
よって，ア：$(k+4)(l+4) = kl + 4k + 4l + 16$
　　　　イ：$(k+3)(l+3) = kl + 3k + 3l + 9$
　　　　ウ：$k + l + 7$
したがって，$(k+l+7)m = 20$
$m = 2$ であるから，$k + l + 7 = 10$　　$k + l = 3$
$(k,\ l) = (0,\ 3)$，$(1,\ 2)$，$(2,\ 1)$，$(3,\ 0)$
$(k,\ l) = (0,\ 3)$，$(1,\ 2)$ のときは $x > 100$ となり不適。
ゆえに，$(k,\ l) = (2,\ 1)$，$(3,\ 0)$
$(k,\ l) = (2,\ 1)$ のとき，$x = 2^2 \times 5^1 \times p = 20p$
ゆえに，$p = 3$，$x = 60$
$(k,\ l) = (3,\ 0)$ のとき，$x = 2^3 \times 5^0 \times p = 8p$
よって，$p = 3,\ 7,\ 11$
ゆえに，$x = 24,\ 56,\ 88$

3 「異なる3色の並び」を $\boxed{3}$ と略記することにする。また，取り出した球を順にA，B，C，D，E，Fとする。まず，3個の球A，B，Cを並べるとき，$\boxed{3}$ ができるのは，
$3 \times 2 \times 1 = 6$（通り）
(1) 4個の球A，B，C，Dを並べるとき，$\boxed{3}$ ができるのは，
(ア) A，B，Cで $\boxed{3}$ ができるとき，Dは何色でもよいから，
$6 \times 3 = 18$（通り）
(イ) A，B，Cで $\boxed{3}$ ができず，B，C，Dで $\boxed{3}$ ができるとき，AはDと異なる色であるから2通り。
よって，$2 \times 6 = 12$（通り）
ゆえに，(ア) + (イ) $= 18 + 12 = 30$（通り）
(2) 4個の球A，B，C，Dを並べるとき，
① CとDは同色であるから，3個の球A，B，Cの並べ方の総数から，A，B，Cを並べて $\boxed{3}$ ができる並べ方の個数を引いて，$3^3 - 6 = 21$（通り）
② 4個の球A，B，C，Dの並べ方の総数が，(1)と(2)①と(2)②の和に一致するから，(1) + ① + ② $= 3^4$
ゆえに，② $= 3^4 -$ (1) − ① $= 81 - 30 - 21 = 30$（通り）
(3) 5個の球A，B，C，D，Eを並べるとき，A，B，C，Dが(2)②を満たし，EがC，Dと異色であればよいから，
$30 \times 1 = 30$（通り）
(4) (カ) A，B，Cで $\boxed{3}$ ができるとき，D，Eは何色でもよいから，$6 \times 3^2 = 54$（通り）
(キ) A，B，Cで $\boxed{3}$ ができず，B，C，Dで $\boxed{3}$ ができるとき（これは，(1)(イ)である），Eは何色でもよいから，
$12 \times 3 = 36$（通り）
(ク) C，D，Eで初めて $\boxed{3}$ ができるとき，(3)より30通り
ゆえに，(カ) + (キ) + (ク) $= 54 + 36 + 30 = 120$（通り）
(5) 6個の球A，B，C，D，E，Fを並べるとき，
(サ) A，B，Cで $\boxed{3}$ ができるとき，D，E，Fは何色でもよいから，$6 \times 3^3 = 162$（通り）
(シ) A，B，Cで $\boxed{3}$ ができず，B，C，Dで $\boxed{3}$ ができるとき（これは，(1)(イ)である），E，Fは何色でもよいから，
$12 \times 3^2 = 108$（通り）
(ス) A，B，Cで $\boxed{3}$ ができず，B，C，Dで $\boxed{3}$ ができず，C，D，Eで初めて $\boxed{3}$ ができるとき（これは，(3)である），Fは何色でもよいから，$30 \times 3 = 90$（通り）
(セ) D，E，Fで初めて $\boxed{3}$ ができる場合を調べる。
A，B，C，D，Eで $\boxed{3}$ ができない並べ方のうち
③ D，Eが同色
④ D，Eが異色
とおくと，5個の球A，B，C，D，Eの並べ方の総数が(4)と③と④の和に一致するから，(4) + ③ + ④ $= 3^5$
また，③は(2)①と同様に考えて，(1)の結果の30通りを利用して，③ $= 3^4 - 30 = 51$（通り）
よって，$120 + 51 +$ ④ $= 243$
したがって，④ $= 243 - 120 - 51 = 72$（通り）であるから(3)と同様に考えて，(セ) $= 72 \times 1 = 72$（通り）
以上より，
(サ) + (シ) + (ス) + (セ) $= 162 + 108 + 90 + 72 = 432$（通り）

4 (1) 半直線OGと円 S との交点をIとする。中点連結定理より，$\mathrm{ME} = \dfrac{1}{2}x$
$\mathrm{FG} = \mathrm{ME}$ より，$\mathrm{FG} = \dfrac{1}{2}x$
さて，$\triangle\mathrm{AIO} \backsim \triangle\mathrm{FIG}$ より
$\mathrm{AO} : \mathrm{FG} = \mathrm{OI} : \mathrm{GI}$
$10 : \dfrac{1}{2}x = 5 : \mathrm{GI}$　　$\mathrm{GI} = \dfrac{1}{4}x$
ゆえに，$\mathrm{OG} = \mathrm{OI} - \mathrm{GI} = 5 - \dfrac{1}{4}x$
(2) $\mathrm{AO} \,/\!/\, \mathrm{DH} \,/\!/\, \mathrm{ME}$
また，中点連結定理より，$\mathrm{MO} \,/\!/\, \mathrm{DC}$
よって，$\triangle\mathrm{AOC} \backsim \triangle\mathrm{DHC} \backsim \triangle\mathrm{MEO}$
したがって，$\mathrm{AO} : \mathrm{OC} = \mathrm{DH} : \mathrm{HC} = \mathrm{ME} : \mathrm{EO}$
$10 : 5 = x : \mathrm{HC} = \dfrac{1}{2}x : \mathrm{EO}$
よって，$\mathrm{HC} = \dfrac{1}{2}x$，$\mathrm{OE} = \dfrac{1}{4}x$
このことから，
$\mathrm{EG}^2 = \mathrm{OG}^2 - \mathrm{OE}^2 = \left(5 - \dfrac{1}{4}x\right)^2 - \left(\dfrac{1}{4}x\right)^2 = 25 - \dfrac{5}{2}x$
$\mathrm{MF} = \mathrm{EG}$ より，$\mathrm{MF}^2 = 25 - \dfrac{5}{2}x$　…①
また，$\mathrm{BD}^2 = \mathrm{DH}^2 + \mathrm{BH}^2 = \mathrm{DH}^2 + (\mathrm{BC} - \mathrm{HC})^2$
$= x^2 + \left(10 - \dfrac{1}{2}x\right)^2 = 100 - 10x + \dfrac{5}{4}x^2$
よって，
$\mathrm{BM}^2 = \left(\dfrac{1}{2}\mathrm{BD}\right)^2 = \dfrac{1}{4}\mathrm{BD}^2 = 25 - \dfrac{5}{2}x + \dfrac{5}{16}x^2$　…②
さて，条件より $\mathrm{MF} = \dfrac{1}{2}\mathrm{BM}$ であるから，
$4\mathrm{MF}^2 = \mathrm{BM}^2$　…③
①，②を③に代入して，$4\left(25 - \dfrac{5}{2}x\right) = 25 - \dfrac{5}{2}x + \dfrac{5}{16}x^2$
$x^2 + 24x - 240 = 0$　　$x = -12 \pm 8\sqrt{6}$
$x = -12 + 8\sqrt{6}$ が適する。

〈K. Y.〉

関西学院高等部

問題 P.142

解答

1 **式の計算，平方根** (1) $-8ab$
(2) $4\sqrt{2}-\dfrac{11}{3}$

2 **因数分解** (1) $(a-bc)(b-c)$
(2) $(xy+y-1)(xy-y-1)$

3 **2 次方程式** $x=0,\ \dfrac{3}{4}$

4 **連立方程式** $x=2,\ y=1$

5 **1 次関数，関数 $y=ax^2$** (1) $a=\dfrac{3}{4}$ (2) $(2,\ 3)$
(3) $y=\dfrac{13}{2}x+14$

6 **連立方程式の応用** 234 人

7 **平行と合同，図形と証明，平行四辺形**

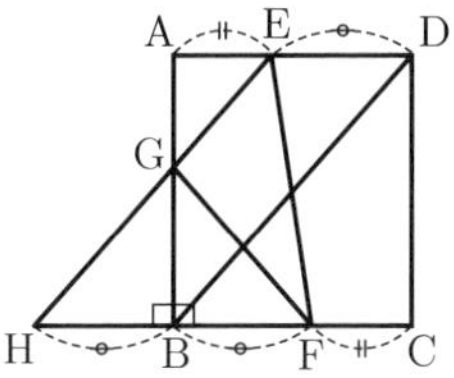

(証明)（例）
四角形 ABCD は長方形…(＊)
であるから，
AD = BC…①
直線 AD // 直線 BC…②
AE = CF（仮定）と①から，
ED = BF…③
EH // BD（仮定）と②から，四角形 EHBD は平行四辺形
[2 組の対辺がそれぞれ平行]…（＊＊），ED = BH…④
③，④より，BH = BF…⑤
GB 共通，[(＊) から] ∠GBH = ∠GBF = 90°，
⑤より，△GHB ≡ △GFB（2 組の辺とその間の角がそれぞれ等しい）
よって，GH = GF…⑥
（＊＊），⑥より，BD = HE = EG + GH = EG + GF

8 **場合の数** 72 個

解き方

1 (1) (与式)
$=-\dfrac{8}{27}a^3b^6\times\dfrac{27}{16}a^2b\div\dfrac{1}{16}a^4b^6$
$=-\left(\dfrac{8}{27}\times\dfrac{27}{16}\times16\right)a^{3+2-4}b^{6+1-6}=-8ab$

(2) (与式) $=\dfrac{\sqrt{6}}{\sqrt{3}}-\dfrac{\sqrt{2}}{\sqrt{3}}-\dfrac{9-6\sqrt{2}}{2}+\dfrac{5+2\sqrt{6}}{6}$
$=\sqrt{2}-\dfrac{\sqrt{6}}{3}-\dfrac{9}{2}+3\sqrt{2}+\dfrac{5}{6}+\dfrac{\sqrt{6}}{3}=4\sqrt{2}-\dfrac{11}{3}$

2 (1) (与式) $=ab-ca+bc^2-b^2c$
$=a(b-c)+bc(c-b)=a(b-c)-bc(b-c)$
$=(a-bc)(b-c)$
(2) (与式) $=x^2y^2-2xy+1-y^2$
$=(xy-1)^2-y^2=(xy+y-1)(xy-y-1)$

3 辺々を展開すると，$6x^2-7x+2=2-4x+2x^2$
$4x^2-3x=0$　　$x(4x-3)=0$　　$x=0,\ \dfrac{3}{4}$

4 $\begin{cases}\dfrac{2}{3}(x+y)-\dfrac{1}{5}(x-y)=\dfrac{9}{5} & \cdots① \\ \dfrac{2}{5}(2x+y)-\dfrac{3}{4}(x-y)=\dfrac{5}{4} & \cdots②\end{cases}$

①の辺々を 15 倍して整理すると，$7x+13y=27$…①′
②の辺々を 20 倍して整理すると，$x+23y=25$…②′
(①′+②′) ÷ 4　　$2x+9y=13$…③
②′ × 2　　$2x+46y=50$…④
④−③　　$37y=37$
$y=1$
②′に代入して，$x=25-23\times1=2$

5 (1) $y=-\dfrac{3}{2}x+6$ に $y=12$ を代入して解くと，
$x=-4$
A の座標が $(-4,\ 12)$ とわかるので，
$12=a\times(-4)^2$　　$a=\dfrac{3}{4}$
(2) $y=\dfrac{3}{4}x^2$ と $y=-\dfrac{3}{2}x+6$ を連立して解くと，
$\dfrac{3}{4}x^2=-\dfrac{3}{2}x+6$　　$x^2+2x-8=0$
$(x+4)(x-2)=0$　　$x=-4,\ 2$
(Aの x 座標) $=-4$ より，(Bの x 座標) $=2$
$\dfrac{3}{4}\times2^2=3$ より，B $(2,\ 3)$
(3) A′ $(-4,\ -12)$ から，平行四辺形 ADBC の対称の中心（M とする）を通る直線を引けばよい。
M は AB の中点と一致するので，
$\left(\dfrac{-4+2}{2},\ \dfrac{12+3}{2}\right)=\left(-1,\ \dfrac{15}{2}\right)$
A′$(-4,\ -12)$，M $\left(-1,\ \dfrac{15}{2}\right)$ を通る直線の式は，
$y=\dfrac{13}{2}x+14$

6 中学生の中で，徒歩通学者および自転車通学者の人数をそれぞれ $3x$ 人，x 人とおく。

	徒歩	自転車
中学生	$3x$	x
高校生	$y+130$	y

また，高校生の中で，
徒歩通学者および自転車通学者の人数をそれぞれ
$(y+130)$ 人，y 人とおく。
$3x+x+(y+130)+y=386$ より，$4x+2y=256$
$2x+y=128$…①
また，$x-y=-14$…②
①，②を連立して解くと，$x=38,\ y=52$
この地区の高校生の人数は，
$2y+130=2\times52+130=234$（人）

8 棒の本数が等しい数字をまとめると，
(2 本)…1　(4 本)…4，7 [A]　(5 本)…2，3，5 [B]
(6 本)…0，6，9 [C]　(7 本)…8
18本 = 7本 + 7本 + 4本 … (8, 8, A)
7本 + 6本 + 5本 … (8, C, B)
6本 + 6本 + 6本 … (C, C, C)
(8, 8, A)…88A，8A8，A88 の 3 パターンが考えられる。
A に入る数字は 4 か 7 であるから，$3\times2=6$（個）
(8, C, B)…8BC，8CB，B8C，BC8 の 4 パターンについて，
B および C に入る数字が 3 個ずつあるので，
$4\times3\times3=36$（個）
C8B，CB8 の 2 パターンについて，
C に入る数字は 6 か 9 であることを考慮して，
$2\times2\times3=12$（個）
(C, C, C)…百の位は 6 か 9，十の位と一の位は 0，6，9 が入るので，$2\times3\times3=18$（個）
以上より，$6+36+12+18=72$（個）

〈A. T.〉

近畿大学附属高等学校

問題 P.143

解答

1 **式の計算，平方根，因数分解，2 次方程式**
(1) $\dfrac{-2x+39y}{30}$ (2) $-4\sqrt{2}$
(3) $(x+1)(x-2)$ (4) $x=\dfrac{3\pm\sqrt{33}}{4}$

2 **平方根，比例・反比例，連立方程式，確率，1 次方程式の応用** (1) 7 個 (2) $a=24$, $b=8$ (3) $\dfrac{1}{4}$
(4) $a=3$, $b=5$ (5) A. 10 g B. 50 g

3 **数の性質，数・式の利用** ア. 100 イ. 10 ウ. 3 エ. 4 オ. 7 カ. 148 キ. 259

4 **比例・反比例，1 次関数，関数 $y=ax^2$，平行線と線分の比** (1) 2 (2) $a=24$ (3) $\dfrac{40}{3}$ (4) $\dfrac{121}{18}$

5 **平面図形の基本・作図，平行と合同，相似，平行線と線分の比** (1) 2 : 3 (2) 10 : 9 (3) 15 : 4 (4) 10 : 5 : 4
(5) 125 : 32

解き方

1 (1) (与式) $=\dfrac{6(3x+4y)-5(4x-3y)}{30}$
$=\dfrac{-2x+39y}{30}$
(2) (与式) $=(-24\sqrt{3}+6\sqrt{3})\div\sqrt{6}+5\sqrt{2}$
$=-18\sqrt{3}\div\sqrt{6}+5\sqrt{2}=-9\sqrt{2}+5\sqrt{2}=-4\sqrt{2}$
(3) $x+3=A$ とすると，
(与式) $=A^2-7A+10=(A-2)(A-5)$
$=(x+3-2)(x+3-5)=(x+1)(x-2)$
(4) $2x^2-3x-3=0$　　解の公式より，$x=\dfrac{3\pm\sqrt{33}}{4}$

2 (1) x が整数のとき，$25-x^2$ が $(整数)^2$ となるのは，$x^2=0$, 9, 16, 25 のいずれか。
すなわち，$x=0$, ±3, ±4, ±5 の 7 個。
(2) $x=2$ のとき $y=b+4$ より，$b+4=\dfrac{a}{2}$
$a-2b=8$…①
$x=b$ のとき $y=3$ より，$3=\dfrac{a}{b}$　$a-3b=0$…②
①，②より，$a=24$, $b=8$
(3) 2 枚の 50 円硬貨は区別して考える。
硬貨の表裏の出方は全部で 8 通り。そのうち，表になる硬貨の合計金額が 100 円となるのは，「100 円が表，50 円は 2 枚とも裏」か「100 円が裏，50 円は 2 枚とも表」の 2 通りしかない。したがって，求める確率は，$\dfrac{2}{8}=\dfrac{1}{4}$
(4) $2p-q=7$…①と $4(p+q)+(p-q)=1$…②が成り立つので，①，②を連立して解くと，$p=2$, $q=-3$
したがって，$2a-3b=-9$…③と $-b-5a=-20$…④が成り立つので，③，④を連立して解くと，$a=3$, $b=5$
(5) 哺乳瓶 A の濃度は，$\dfrac{10}{100}\times100=10$ (%)，
哺乳瓶 B の濃度は，$\dfrac{12}{150}\times100=8$ (%)
哺乳瓶 A から x g，哺乳瓶 B から $(60-x)$ g のミルクを混ぜて哺乳瓶 C を作るとすれば，5 g の粉ミルクが溶けている状態になればよいので，
$\dfrac{10}{100}x+\dfrac{8}{100}(60-x)=5$　　これを解いて，$x=10$
よって，哺乳瓶 A を 10 g，哺乳瓶 B を 50 g 混ぜるとよい。

3 A について，百の位の数が a，十の位の数が b，一の位の数が c なら，A を表す数は，100 が a 個，10 が b 個，1 が c 個の和なので，$A=100a+10b+c$ と表せる。
同様に，$B=100b+10c+a$, $C=100c+10a+b$ となる。
$C-B=B-A$ の両辺に $A+2B$ を足すと，
$A+B+C=3B$
これに 3 つの式を代入すれば，$4a+3c=7b$ を得られる。
両辺から $7a$ を引くと，$3c-3a=7b-7a$
よって，$3(c-a)=7(b-a)$
3 と 7 の最大公約数は 1 なので，$c-a$ が 7 の倍数，$b-a$ が 3 の倍数とわかり，ともに 1 桁の自然数であることを利用すると，$b-a=3$ かつ $c-a=7$ とわかり，
$b=a+3$, $c=a+7$ となり，1 桁の自然数なので，$a=1$, 2 のいずれか。
よって，$(a, b, c)=(1, 4, 8)$, $(2, 5, 9)$ のいずれかとなり，$A=148$, 259

4 (1) 点 B は $y=3x^2$ のグラフ上にあり，その y 座標は 12 なので，$12=3x^2$　　$x>0$ より，$x=2$
(2) 点 B (2, 12) は $y=\dfrac{a}{x}$ のグラフ上にあるので，
$12=\dfrac{a}{2}$　　$a=24$
(3) 点 B の y 座標が 12 で，CA : AB = 4 : 5 より，
点 A の y 座標は $12\times\dfrac{4}{9}=\dfrac{16}{3}$
点 A は $y=3x^2$ のグラフ上にあるので，$\dfrac{16}{3}=3x^2$
$x^2=\dfrac{16}{9}$　　点 A の x 座標は負なので，$x=-\dfrac{4}{3}$
よって，A $\left(-\dfrac{4}{3}, \dfrac{16}{3}\right)$
また，直線 l は $y=2x+8$ で，y 軸との交点を F (0, 8) とすると，
$\triangle\text{OAB}=\text{OF}\times(2点\text{A, B}の\ x座標の差)\times\dfrac{1}{2}$
$=8\times\left\{2-\left(-\dfrac{4}{3}\right)\right\}\times\dfrac{1}{2}=\dfrac{40}{3}$
(4) 点 A を通り直線 OB に平行な直線の式は $y=6x+\dfrac{40}{3}$ であり，これと x 軸との交点を P とすると
$\triangle\text{OBA}=\triangle\text{OBP}$
また，点 D を通り，直線 BE に平行な直線の式は
$y=-12x+54$ であり，これと x 軸との交点を Q とすると $\triangle\text{BED}=\triangle\text{BEQ}$
以上となれば題意を満たすとわかる。このとき，
P $\left(-\dfrac{20}{9}, 0\right)$，Q $\left(\dfrac{9}{2}, 0\right)$ となるので，
$\text{PQ}=\dfrac{9}{2}-\left(-\dfrac{20}{9}\right)=\dfrac{121}{18}$

5 (1) BF // EI より，CI : IF = CE : EB = 2 : 3
(2) CF : FA = 3 : 2 より，CF = $3a$，FA = $2a$ とする。
(1)より，CI : IF = 2 : 3 より，IF $=3a\times\dfrac{3}{2+3}=\dfrac{9}{5}a$ となり，AF : FI $=2a:\dfrac{9}{5}a=10:9$
(3) EJ // CD より，BJ : JD = BE : EC = 3 : 2
また，BD : DA = 2 : 3 より，(1)，(2)と同様に考えると，
BJ : JD : DA = 6 : 4 : 15
したがって，AH : HE = AD : DJ = 15 : 4
(4) BF // EI より，AG : GE = AF : FI = 10 : 9
(3)より，AH : HE = 15 : 4
以上より，AG : GH : HE = 10 : (15 − 10) : 4 = 10 : 5 : 4
(5) BD : DA = 2 : 3 より，$\triangle\text{BCD}=\dfrac{2}{5}S_1$
さらに，△BEJ∽△BCD より，相似比が BE : BC = 3 : 5 なので，その面積比は $\triangle\text{BEJ}:\triangle\text{BCD}=3^2:5^2=9:25$
したがって，

$\triangle BEJ = \triangle BCD \times \frac{9}{25} = \frac{2}{5}S_1 \times \frac{9}{25} = \frac{18}{125}S_1$

となるので，

四角形 $CDJE = \triangle BCD - \triangle BEJ = \frac{2}{5}S_1 - \frac{18}{125}S_1$

$= \frac{32}{125}S_1$

よって，$S_1 : S_2 = S_1 : \frac{32}{125}S_1 = 125 : 32$

〈Y. D.〉

久留米大学附設高等学校

問題 P.144

解答

1 **連立方程式，2 次方程式の応用，場合の数，確率，三平方の定理** (1) $a = 8$ (2) 3

(3) 13 通り (4) $\frac{1}{18}$ (5) $\frac{\pi}{3} + \frac{\sqrt{3}}{4}$

2 **関数を中心とした総合問題** (1) $PQ = \sqrt{2}$ (2) $a = 2$

(3) AR の方程式は $y = -3x + 4$，$a = \frac{9}{2}$

(4) 点 R の y 座標は $\frac{2p+4}{2-p}$，$a = \frac{8}{9}$

3 **数・式を中心とした総合問題** (1) 27 番目，29 番目

(2) 80 番目は 23，和は 960 (3) 119 番目まで

4 **円周角と中心角**

(1) (証明) (例) 仮定より，$\angle ODB = 90^\circ$，$\angle OEB = 90^\circ$

よって，$\angle ODB + \angle OEB = 180^\circ$

4 点 E，O，D，B は同一円周上にあるから，

円 P は点 B を通る。　(証明終わり)

(2) (証明) (例) 円周角の定理より，$\angle BEG = \angle BDG$

対頂角より，$\angle BDG = \angle ADF$

接弦定理より，$\angle ADF = \angle FID$

よって，$\angle BEG = \angle FID$…①

次に，対頂角より，$\angle BEG = \angle CEH$

円周角の定理より，$\angle CEH = \angle CFH$

接弦定理より，$\angle CFH = \angle FDI$

よって，$\angle BEG = \angle FDI$…②

①，②より，$\angle FID = \angle FDI$

2 角が等しいので，$\triangle FDI$ は二等辺三角形である。

(証明終わり)

5 **相似，中点連結定理，三平方の定理**

(1) $x = \frac{25}{3}$，$\triangle OAB = 12\sqrt{14}$ (2) $\frac{23}{6}$ (3) 23 : 54

解き方

1 (1) $8m - n = 5$，$2m - n = 1$ より，

$m = \frac{2}{3}$，$n = \frac{1}{3}$

よって，$\frac{2}{3}a + \frac{5}{3} = 7$ 　$a = 8$

(2) $x^2 + x - 1 = 0$ より，$(x+1)^2 = x + 2$

よって，$(a+1)^2 = a + 2$，$(b+1)^2 = b + 2$

$a + b = -1$，$ab = -1$ を次式に代入すればよい。

$(与式) = \frac{1}{a+2} + \frac{1}{b+2} = \frac{(a+b)+4}{ab+2(a+b)+4}$

(3) 次の樹形図より，13 通り。

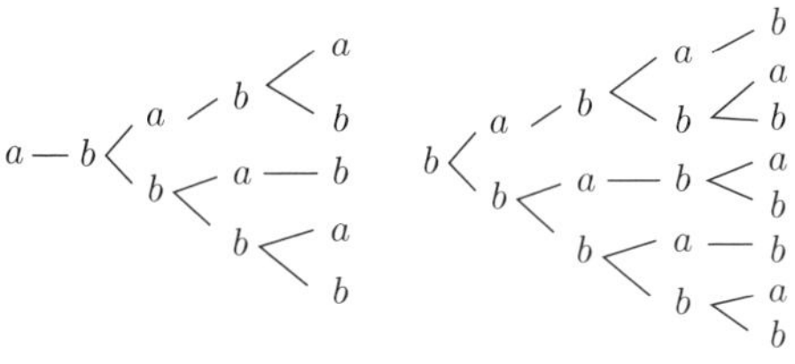

a — b < (a / b < (a, b)), (b < (a — b), (b < (a, b)))

b < (a / b < (a / b, b < (a, b))), (b < (a — b < (a, b)), (b < (a — b), (b < (a, b))))

(4) 出た目の数の組は (1, 1, 3)，(1, 2, 3)，(1, 3, 3) の 3 組あり，(1, 1, 3)，(1, 3, 3) となる目の出方はそれぞれ 3 通り，(1, 2, 3) となる目の出方は 6 通り。

よって，$\frac{3+3+6}{6 \times 6 \times 6} = \frac{1}{18}$

(5) $\angle BQM = 90^\circ$ (一定) より，点 Q の動いた跡は線分 BM を直径とする半円 O の円周である。この円周と辺 AB の交点を R とすると，線分 BQ が通過した部分は半円 O と $\triangle ABC$ の共通部分である。この共通部分は半径 1，中心角 120° のおうぎ形 ORM と 1 辺が 1 の正三角形 OBR に分割できるので，その面積は，

$\pi \times 1^2 \times \frac{120}{360} + \frac{\sqrt{3}}{4} \times 1^2 = \frac{\pi}{3} + \frac{\sqrt{3}}{4}$

2 (1) $a = 4$ のとき，$P\left(\frac{\sqrt{2}}{2},\ 2\right)$ より，$PQ = \sqrt{2}$

(2) A (2, −2) より，$AB = 4$

$(PQ + 4) \times 4 \div 2 = 12$ より，$PQ = 2$

P (1, 2) より，$a = 2$

(3) R (0, r) とすると，

$4 \times \{r - (-2)\} \div 2 = 12$ より，$r = 4$

よって，直線 AR の式は，$y = -3x + 4$

また，$P\left(\frac{2}{3},\ 2\right)$ より，$a = \frac{9}{2}$

(4) 直線 AR の傾きは，$\frac{-2-2}{2-p} = -\frac{4}{2-p}$

切片を b とすると，A (2, −2) より，

$-2 = -\frac{4}{2-p} \times 2 + b$ 　$b = \frac{8}{2-p} - 2 = \frac{2p+4}{2-p}$

(四角形 OPRQ) $= OR \times PQ \div 2 = 21$

$\frac{2p+4}{2-p} \times 2p \div 2 = 21$ 　$2p^2 + 25p - 42 = 0$

$(2p-3)(p+14) = 0$ 　$p > 0$ より，$p = \frac{3}{2}$

$P\left(\frac{3}{2},\ 2\right)$ より，$a = \frac{8}{9}$

3 次のように縦に並べてみると規則性が見えてくる。

第 1 群　4　3　2　1　2　3　4　5

第 2 群　6　5　4　3　4　5　6　7

…　…　…　…　…　…　…　…　…

第 m 群　$2m+2$　$2m+1$　$2m$　$2m-1$　$2m$　$2m+1$　$2m+2$　$2m+3$

(1) 17 番目と 23 番目は第 3 群，残りの 8 は第 4 群の 3 番目と 5 番目にある。

(2) 80 番目は第 10 群の 8 番目であるから，$2 \times 10 + 3 = 23$

また，第 1 群の 8 個の数の和は 24，第 m 群の 8 個の数の和は $16m + 8$ であるから，1 番目から $8m$ 番目までの和は，

$\{24 + (16m + 8)\} \times m \div 2 = 8m(m+2)$

よって，80 番目までの和は，$8 \times 10 \times 12 = 960$

(3) $15 \times 17 = 255$ より，1 番目から 120 番目までの和は 2040 である。よって，119 番目までは $2040 - 33 = 2007$，118 番目までは $2007 - 32 = 1975$ である。

5 (1) $\triangle OBX$ と $\triangle ABX$ において，三平方の定理より，

$13^2 - x^2 = 10^2 - (9-x)^2$ 　$18x = 150$ 　$x = \frac{25}{3}$

$BX = \frac{8\sqrt{14}}{3}$ より，$\triangle OAB = 9 \times \frac{8\sqrt{14}}{3} \div 2 = 12\sqrt{14}$

(2) 辺 OA の中点を P′ とすると，$P'Q = 5$
Q から辺 OA に垂線 QH を引くと，
$P'H = \frac{1}{2}AX = \frac{1}{3}$
対称性により，
$PH = P'H = \frac{1}{3}$
よって，
$OP = OP' - PP'$
$= \frac{9}{2} - \frac{2}{3} = \frac{23}{6}$

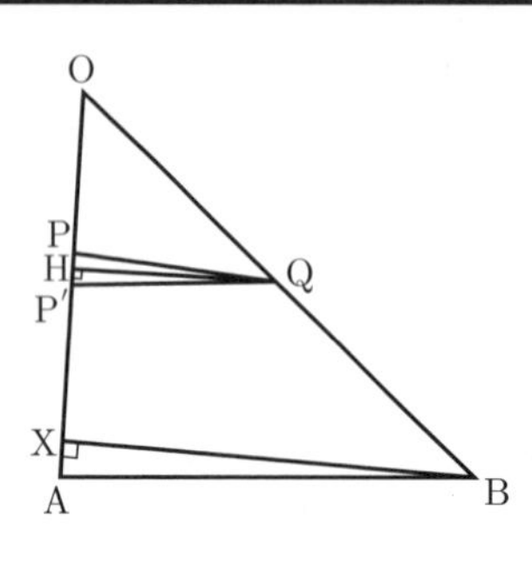

(3) $\triangle PQR : \triangle ABC = 1^2 : 2^2 = 1 : 4$ より，
(三角すい $O - PQR$) : (三角すい $O - ABC$) $= h : 4k$
$OP : OA = 23 : 54$ より，
(三角すい $O - PQR$) : (三角すい $O - ABC$)
$= (23 \times 1) : (54 \times 4) = 23 : (4 \times 54)$
よって，$h : k = 23 : 54$

〈O. H.〉

慶應義塾高等学校

問題 P.145

解 答　**1** **因数分解，2 次方程式，連立方程式，平方根，データの散らばりと代表値**
(1) $(a+3)(a+2)(a-4)(a-5)$　(2) $2021 \pm \sqrt{2}$
(3) $3+\sqrt{2}$，$-1-3\sqrt{2}$　(4) 26，29

2 **平行と合同，三角形，数の性質，図形と証明，三平方の定理，2 次方程式，相似**　(1) 45 度

(2)【証明】（例）a が自然数，k が 3 以上の自然数とするとき，$a < a+1 < ka$ であるから，
$AB = ka + (a+1) = (ka+a) + 1$，
$BC = (a+1) + a = 2a+1$，
$CA = a + ka$
三平方の定理により，
$\{(ka+a)+1\}^2 = (ka+a)^2 + (2a+1)^2$
$2(ka+a) = 4a^2 + 4a$　　$2a(k-2a-1) = 0$
$a \neq 0$ から，$k = 2a+1$
a は自然数なので，k は奇数になる。【証明終】
(3) $1+\sqrt{5}$

3 **立体の表面積と体積，三角形，三平方の定理**
(1) $(70 + \sqrt{15} + \sqrt{30})\ \mathrm{cm}^2$　(2) $7\sqrt{15}\ \mathrm{cm}^3$

4 **数の性質，場合の数**　(1) 252 通り　(2) 15

5 **1 次方程式，数・式を中心とした総合問題**
(1) 1，$\frac{3}{5}$　(2) 8

6 **比例・反比例，関数 $y = ax^2$，三角形，三平方の定理，関数を中心とした総合問題**
(1) $A\left(\frac{\sqrt{3}}{3a}, \frac{1}{3a}\right)$，$B\left(\frac{1}{a}, \frac{1}{a}\right)$，$C\left(\frac{\sqrt{3}}{a}, \frac{3}{a}\right)$
(2) $\frac{\sqrt{3}}{9}$

7 **1 次関数，立体の表面積と体積，三角形，相似，三平方の定理，図形を中心とした総合問題**
(1) $\frac{3\sqrt{6}}{4}\ \mathrm{cm}^3$

(2)

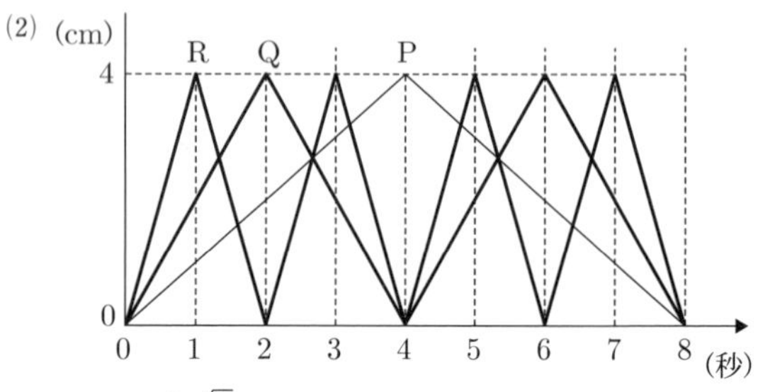

(3) $t = \frac{8}{3}$，$\frac{2\sqrt{6}}{9}\ \mathrm{cm}^3$

解き方　**1** (1) $a^2 - 2a = x$ とおくと，
(与式) $= (x-6)(x-17) + 18$
$= x^2 - 23x + 120$
$= (x-15)(x-8) = (a^2-2a-15)(a^2-2a-8)$
$= (a-5)(a+3)(a+2)(a-4)$
(2) $2022 - x = y$ とおくと，2 次方程式は，
$(y-1)y = y+1$　　$y^2 - 2y = 1$　　$(y-1)^2 = 2$
$y - 1 = \pm\sqrt{2}$　　$2022 - x - 1 = \pm\sqrt{2}$
$x = 2021 \pm \sqrt{2}$
(3) $\frac{1}{x-\sqrt{2}} = a$，$\frac{1}{x+\sqrt{2}y} = b$ とおくと，連立方程式は，
$5a + 2b = 1$…①，$a - 5b = 2$…②
②から，$a = 5b + 2$　　これを①に代入して，
$25b + 10 + 2b = 1$　　$b = -\frac{1}{3}$，$a = \frac{1}{3}$　　元に戻して，
$x - \sqrt{2} = 3$，$x + \sqrt{2}y = -3$
$x = 3 + \sqrt{2}$，$y = -\frac{x+3}{\sqrt{2}} = -\frac{6+\sqrt{2}}{\sqrt{2}} = -1 - 3\sqrt{2}$
(4) 6 個の値を小さい順に並べると，16，23，26，28，28，32 となる。これらの値と平均値 26 との差は順に，-10，-3，0，2，2，6 であり，これらの和は -3 である。6 個のデータの値のうち 1 つが誤りなので，その値は正しい値よりも 3 だけ小さい数である。また，中央値は 28 であることから，正しい値は小さい順に 16，23，28，28，$(26+3)$，32 である。よって，誤っているデータの値は 26 で，正しく直した値は 29 である。

2 (1) $\triangle AFE \equiv \triangle DCF$ より，
$FE = FC$，$\angle EFC = 90°$
よって，$\triangle EFC$ は直角二等辺三角形である。
$\angle AFE + \angle BCE$
$= \angle DCF + \angle BCE$
$= \angle DCB - \angle FCE = 90° - 45° = 45°$

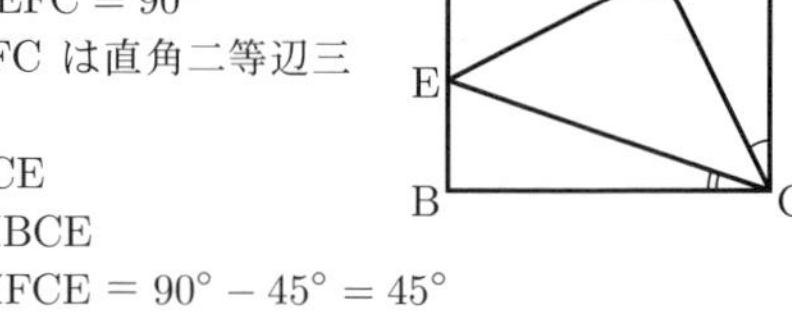

別 解 長方形 ABCD とその図形を反時計回りに 90° 回転させた図形を右下図のように重ねた状態で考える。このとき，斜線部分の図形は直角二等辺三角形になるから，
$\angle AFE + \angle BCE = 45°$

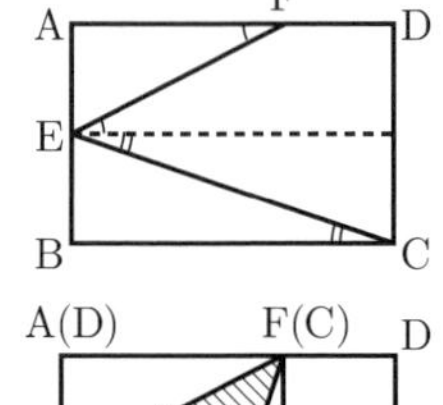

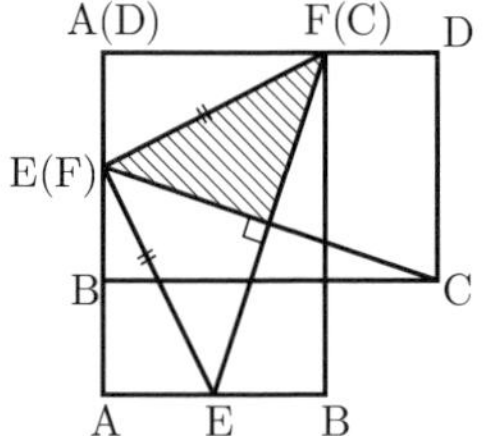

(3) ∠B の二等分線と辺 AC との交点を D とすると，
$\angle CBD = (180° - 36°) \div 4$
$= 36$（度）となり，頂角に等しくなる。
二等辺三角形に着目すると，
$\triangle ABC \backsim \triangle BCD$ であり，

$AB = x$ とすると，
$CD = x - 2$ であるから，
$x : 2 = 2 : (x - 2)$
$x^2 - 2x = 4$
$(x-1)^2 = 5 \qquad x = 1 \pm \sqrt{5}$
$x > 2$ から，$x = 1 + \sqrt{5}$
よって，$AB = 1 + \sqrt{5}$

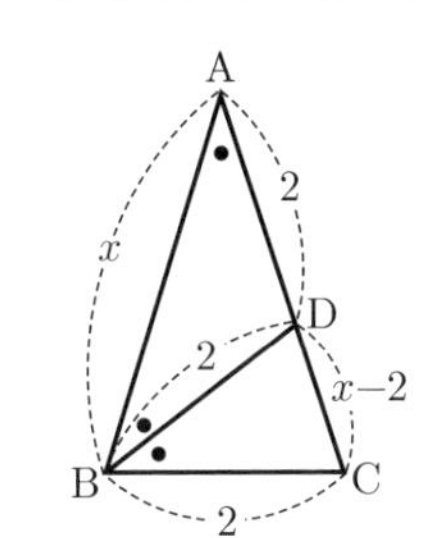

3 (1) 3 つの台形の面積の和は，
$6 \times 10 + 10 \times 2 \div 2 = 70\ (\text{cm}^2)$
下底の二等辺三角形の高さは，
$\sqrt{4^2 - 1^2} = \sqrt{15}\ (\text{cm})$
であるから，その面積は，
$\sqrt{15}\ \text{cm}^2$ となる。また，
上底の二等辺三角形の高さは，
$\sqrt{(4^2+1^2) - (\sqrt{2})^2}$
$= \sqrt{15}\ (\text{cm})$

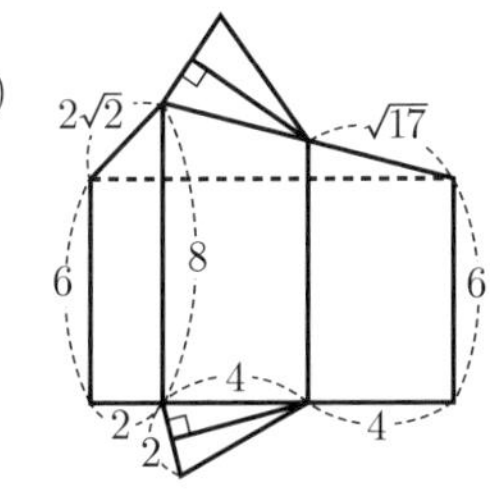

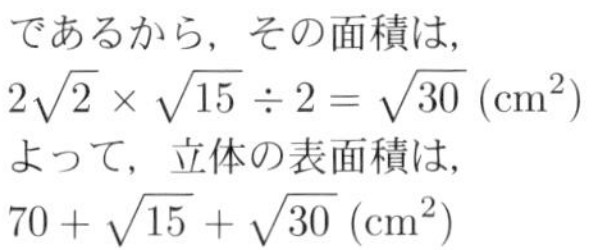

であるから，その面積は，
$2\sqrt{2} \times \sqrt{15} \div 2 = \sqrt{30}\ (\text{cm}^2)$
よって，立体の表面積は，
$70 + \sqrt{15} + \sqrt{30}\ (\text{cm}^2)$
(2) この立体と合同な立体を貼り合わせると，底面積が $\sqrt{15}\ \text{cm}^2$，高さ 14 cm の三角柱になる。
よって，この三角柱の体積の半分が求める体積であるから，
$\sqrt{15} \times 14 \div 2 = 7\sqrt{15}\ (\text{cm}^3)$
別 解 これは三角柱と四角錐を合わせた形の立体である。
三角柱の体積は，$\sqrt{15} \times 6 = 6\sqrt{15}\ (\text{cm}^3)$
四角錐の高さを x cm とすると，
$4 \times x \div 2 = \sqrt{15}$ より $x = \dfrac{\sqrt{15}}{2}\ (\text{cm})$
であるから，四角錐の体積は，
$(1+2) \times 4 \div 2 \times \dfrac{\sqrt{15}}{2} \div 3 = \sqrt{15}\ (\text{cm}^3)$
よって，この立体の体積は，$7\sqrt{15}\ \text{cm}^3$

4 (1) $c = 8$ のとき，$a < b < 8 < d$ となる数の選び方は，d の選び方が 12 通り，その各々に対して 8 より小さい 2 つの数 a と b との選び方が $7 \times 6 \div 2 = 21$（通り）あるので，$12 \times 21 = 252$（通り）
(2) $c = k$ のとき，$3 \leqq k \leqq 19$ である。(1)と同様に考えると，
$(20-k) \times (k-1) \times (k-2) \div 2 = 455$
$(20-k) \times (k-1) \times (k-2) = 5 \times 13 \times 14$
$k = 15$ のとき，この方程式は成り立つ。これは，$3 \leqq k \leqq 19$ を満たし，これ以外の自然数では成り立たない。

5 (1) $T\left(\dfrac{1}{2},\ \dfrac{1}{3}\right) = \left(\dfrac{1}{2} + \dfrac{1}{3}\right) \div \left(1 - \dfrac{1}{2} \times \dfrac{1}{3}\right)$
$= \dfrac{5}{6} \times \dfrac{6}{5} = 1$
$T\left(\dfrac{1}{4},\ t\right) = 1$ から，$\left(\dfrac{1}{4} + t\right) \div \left(1 - \dfrac{t}{4}\right) = 1$
$\dfrac{1+4t}{4} = \dfrac{4-t}{4} \qquad t = \dfrac{3}{5}$
(2) a と f は，0 より大きく 1 より小さい実数なので，$1 - af \neq 0$ である。このとき，$T(a,\ f) = 1$ から，
$(a+f) \div (1-af) = 1 \qquad a + f = 1 - af$
よって，$(1+a)(1+f) = 1 + a + f + af = 1 + 1 = 2$
同様に，$(1+b)(1+e) = 2$，$(1+c)(1+d) = 2$ であるから，求める値は 8

6 (1) $\angle AOD = 30^\circ$ のとき，
A の座標は 0 でない t を用いて $(\sqrt{3}t,\ t)$ と表せる。A は放物線 $y = ax^2$ 上にあるから，
$t = 3at^2$
$t \neq 0$，$a > 0$ から，$t = \dfrac{1}{3a}$
よって，$A\left(\dfrac{\sqrt{3}}{3a},\ \dfrac{1}{3a}\right)$

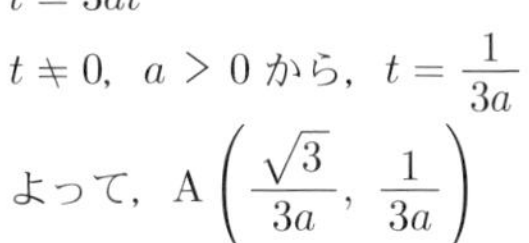

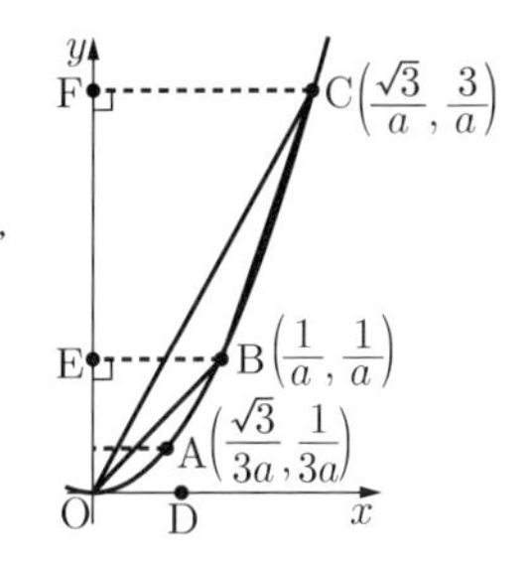

$\angle BOD = 45^\circ$ のとき，
$B(t,\ t)$ と表せる。B は放物線 $y = ax^2$ 上にあるから，
$t = at^2 \ (t \neq 0,\ a > 0)$
$t = \dfrac{1}{a} \qquad$ よって，$B\left(\dfrac{1}{a},\ \dfrac{1}{a}\right)$
$\angle COD = 60^\circ$ のとき，$C(t,\ \sqrt{3}t)$ と表せる。C は放物線 $y = ax^2$ 上にあるから，$\sqrt{3}t = at^2 \ (t \neq 0,\ a > 0)$
$t = \dfrac{\sqrt{3}}{a} \qquad$ よって，$C\left(\dfrac{\sqrt{3}}{a},\ \dfrac{3}{a}\right)$
(2) 直線 AC と直線 OB の交点を I とする。
$\angle AOI = \angle COI$ であるから，角の二等分線の性質より，
$AI : IC = OA : OC = \dfrac{2}{3a} : \dfrac{2\sqrt{3}}{a} = 1 : 3\sqrt{3}$
$\triangle AOB : \triangle BOC = AI : IC = 1 : 3\sqrt{3}$ より，
$\triangle AOB = \dfrac{1}{3\sqrt{3}} \triangle BOC = \dfrac{\sqrt{3}}{9}$
別 解 図のように E, F をとると，三角形 BOC の面積は，(三角形 OBE) + (台形 BCFE) − (三角形 OCF) により求められるので，
$\dfrac{1}{a} \times \dfrac{1}{a} \div 2 + \left(\dfrac{1}{a} + \dfrac{\sqrt{3}}{a}\right) \times \left(\dfrac{3}{a} - \dfrac{1}{a}\right) \div 2$
$- \dfrac{\sqrt{3}}{a} \times \dfrac{3}{a} \div 2$
これが 1 に等しいから，
$\dfrac{1}{2a^2} + \dfrac{1+\sqrt{3}}{a^2} - \dfrac{3\sqrt{3}}{2a^2} = 1 \qquad a^2 = \dfrac{3-\sqrt{3}}{2}$
同様に考えて，三角形 AOB の面積は，
$\dfrac{\sqrt{3}}{3a} \times \dfrac{1}{3a} \div 2 + \left(\dfrac{\sqrt{3}}{3a} + \dfrac{1}{a}\right) \times \left(\dfrac{1}{a} - \dfrac{1}{3a}\right) \div 2$
$- \dfrac{1}{a} \times \dfrac{1}{a} \div 2$
$= \dfrac{\sqrt{3}}{18a^2} + \dfrac{\sqrt{3}+3}{9a^2} - \dfrac{1}{2a^2} = \dfrac{3\sqrt{3}-3}{18a^2}$
$= \dfrac{\sqrt{3}-1}{6} \times \dfrac{2}{\sqrt{3}(\sqrt{3}-1)} = \dfrac{1}{3\sqrt{3}} = \dfrac{\sqrt{3}}{9}$

7 (1) 点 O から辺 AC に垂線 OD を引く。$\triangle OAD \equiv \triangle OBD$ より，
平面 ABC ⊥ OD
よって，線分 OD が底面 ABC に対する高さである。
直角三角形 OAD において，三平方の定理により，

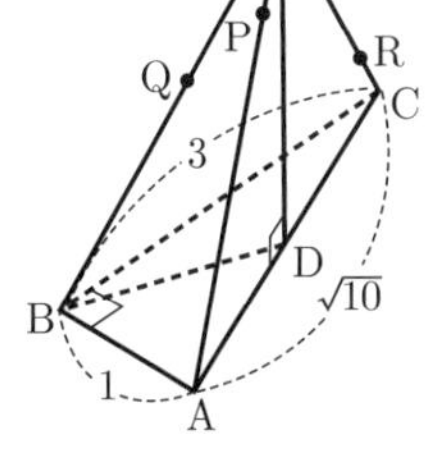

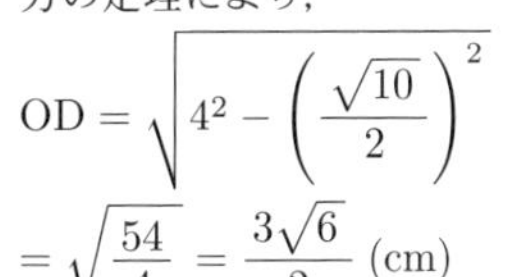

$OD = \sqrt{4^2 - \left(\dfrac{\sqrt{10}}{2}\right)^2}$
$= \sqrt{\dfrac{54}{4}} = \dfrac{3\sqrt{6}}{2}\ (\text{cm})$
よって，四面体 OABC の体積は，

$1 \times 3 \div 2 \times \dfrac{3\sqrt{6}}{2} \div 3 = \dfrac{3\sqrt{6}}{4}$ (cm^3)

(3) 三角形 PQR が三角形 ABC と平行になるのは，(2)のグラフにおいて，P と Q と R のグラフが 1 点で交わるときである。初めて平行になるのは $t\,(2 < t < 3)$ のときであるから，相似な図形に着目すると，

$t : (4 - t) = 4 : 2 \qquad t = 8 - 2t \qquad t = \dfrac{8}{3}$

これは，$2 < t < 3$ を満たす。

このとき，$\mathrm{OP} = \mathrm{OQ} = \mathrm{OR} = \mathrm{OA} \times \dfrac{2}{3}$ であるから，

四面体 OPQR の体積は，$\dfrac{3\sqrt{6}}{4} \times \left(\dfrac{2}{3}\right)^3 = \dfrac{2\sqrt{6}}{9}$ (cm^3)

〈T. E.〉

慶應義塾志木高等学校

問題 P.146

解答

1 数・式の利用，多項式の乗法・除法，場合の数 (1) -4084441 (2) 72 通り

2 数・式の利用 (1) $5 : 28$ (2) 528 本

3 確率 (1) $\dfrac{1}{21}$ (2) $\dfrac{108}{343}$

4 関数 $y = ax^2$ (1) $\left(-\dfrac{28}{3},\ 0\right)$ (2) $a = 1,\ b = \dfrac{3}{5}$

5 図形と証明

(証明)(例) 点 P は辺 AB の垂直二等分線上にあるから，

AP = BP

同様にして，AP = CP

よって，BP = CP

したがって，点 P は辺 BC の垂直二等分線上にあり，点 P から辺 BC にひいた垂線と辺 BC との交点 Q は，辺 BC の中点である。

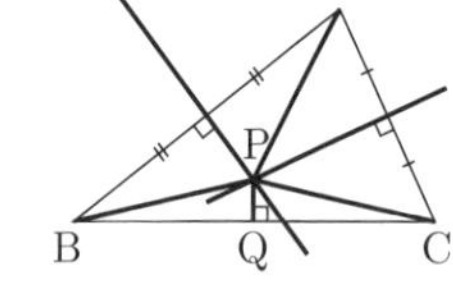

6 1 次関数，図形を中心とした総合問題 (1) -12 (2) 5

(3) $y = -\dfrac{12}{5}x + \dfrac{12}{5}$

7 立体の表面積と体積，平行線と線分の比 (1) $\dfrac{a^3}{2}$

(2) $\dfrac{a^3}{3}$ (3) $\dfrac{5}{16}a^3$

解き方

1 (1) $a + b + c = 0$ より，$b + c = -a$

よって，$ab + ca = a\,(b + c) = a \times (-a)$

$= -a^2$

同様にして，$ca + bc = c\,(a + b) = -c^2$

$bc + ab = b\,(c + a) = -b^2$

したがって，(与式) $= (-a^2) \times (-c^2) \times (-b^2) = -(abc)^2$

$= -2021^2 = -4084441$

(2) [1] のカードが含まれる枚数で場合を分ける。

・[1] が 3 枚のとき

[2]，[3]，[4] のカードから残り 1 枚を選ぶ方法が 3 通り。

4 枚のカードの並べ方が 4 通り。

よって，$3 \times 4 = 12$ (通り)

・[1] が 2 枚のとき

[2]，[3]，[4] のカードから残り 2 枚を選ぶ方法が 3 通り。

4 枚のカードの並べ方が $4 \times 3 = 12$ (通り)

よって，$3 \times 12 = 36$ (通り)

・[1] が 1 枚のとき

[1]，[2]，[3]，[4] のカードの並べ方は，

$4 \times 3 \times 2 \times 1 = 24$ (通り)

以上より，求める場合の数は，$12 + 36 + 24 = 72$ (通り)

2 (1) 黒色の鉛筆を $5x$ 本，ボールペンを $3x$ 本

黒以外の鉛筆を $8y$ 本，ボールペンを $7y$ 本

とすると，$(5x + 8y) : (3x + 7y) = 6 : 5$

$5\,(5x + 8y) = 6\,(3x + 7y)$

これを y について整理して，$y = \dfrac{7}{2}x$

よって，求める比は，$5x : 8y = 5x : 28x = 5 : 28$

(2) ボールペンの全本数は，

$3x + 7y = 3x + \dfrac{49}{2}x = \dfrac{55}{2}x$

$x = 14$ のとき，$\dfrac{55}{2}x = \dfrac{55}{2} \times 14 = 385$

$x = 16$ のとき，$\dfrac{55}{2}x = \dfrac{55}{2} \times 16 = 440$

$x = 18$ のとき，$\dfrac{55}{2}x = \dfrac{55}{2} \times 18 = 495$

よって，条件を満たすのは $x = 16$ のときで，このとき鉛筆の全本数は，

$5x + 8y = 5x + 28x = 33x = 33 \times 16 = 528$ (本)

3 (1) 1 の目が出る確率を x とすると，確率の和は 1 であることから，

$x + 2x + 3x + 4x + 5x + 6x = 1$

$21x = 1 \qquad x = \dfrac{1}{21}$

(2) 3 の目が出る確率は，$\dfrac{3}{21} = \dfrac{1}{7}$

3 以外の目が出る確率は，$1 - \dfrac{1}{7} = \dfrac{6}{7}$

3 回のうち，3 の目が何回目に出るかは 3 通りあるので，

求める確率は，$\dfrac{1}{7} \times \dfrac{6}{7} \times \dfrac{6}{7} \times 3 = \dfrac{108}{343}$

4 (1) A $(-4,\ 16a)$，

B $(7,\ 49a)$ より，直線 AB の式を

$y = cx + d$

とすると，$16a = -4c + d$

$49a = 7c + d$

これを c，d について解くと，$c = 3a$，$d = 28a$

よって，直線 AB の式は，

$y = 3ax + 28a$

同様にして，直線 CD の式は，$y = 3bx + 28b$

これより，交点 E の x 座標は，

$3ax + 28a = 3bx + 28b$

$3\,(a - b)x = -28\,(a - b)$

$a \neq b$ より，$x = -\dfrac{28}{3}$

点 E の y 座標は，

$y = 3ax + 28a = 3a \times \left(-\dfrac{28}{3}\right) + 28a = 0$

E $\left(-\dfrac{28}{3},\ 0\right)$

(2) 四角形 ABDC は AC // BD の台形であり，その面積は，

$(\mathrm{AC} + \mathrm{BD}) \times \{7 - (-4)\} \times \dfrac{1}{2} = 143$

$(16a - 16b) + (49a - 49b) = 26$

$65\,(a - b) = 26$

$5\,(a - b) = 2 \cdots$Ⓐ

$a : b = 5 : 3$ より，$3a = 5b$

Ⓐに代入して，$5a - 3a = 2 \qquad a = 1$

$5b = 3 \qquad b = \dfrac{3}{5}$

6 (1) 点 P は直線 AB 上にあり，円 A，円 B と x 軸との接点をそれぞれ C，D，点 A から BD におろした垂線と BD との交点を E とすると，

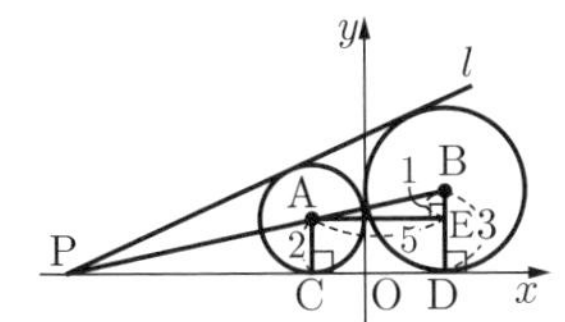

△ABE∽△PBD

よって，AE : BE = PD : BD

$(3+2):(3-2) = \mathrm{PD}:3$

PD = 15

したがって，P の x 座標は，$3-15=-12$

(2) 円 A，円 B と y 軸との接点をそれぞれ F，G，直線 l との接点をそれぞれ H，I とすると，

HI = CD = 5

FG = OG − OF

= OD − OC = 3 − 2 = 1

OQ = y とすると，

HI = HQ + QI

= QF + QG

$= (y-2)+(y-3) = 2y-5$

HI = 5 より，$2y-5=5$　　$y=5$

(3) 直線 AB を対称の軸とする対称性と CD ⊥ OQ から直線 m は直線 l と垂直である。

また，直線 m と x 軸の交点を J とすると，

JD = QI = QG = 5 − 3 = 2　　J (1, 0)

よって，直線は傾き $-\dfrac{12}{5}$ で，点 J (1, 0) を通るから，

求める式は，$y=-\dfrac{12}{5}x+b$

とおけて，$0=-\dfrac{12}{5}+b$　　$b=\dfrac{12}{5}$

$y=-\dfrac{12}{5}x+\dfrac{12}{5}$

7 (1) 切り口の図形は右の図のように各辺の中点を結んでできる正六角形であり，2 つの立体は合同であるから，求める立体の体積は，

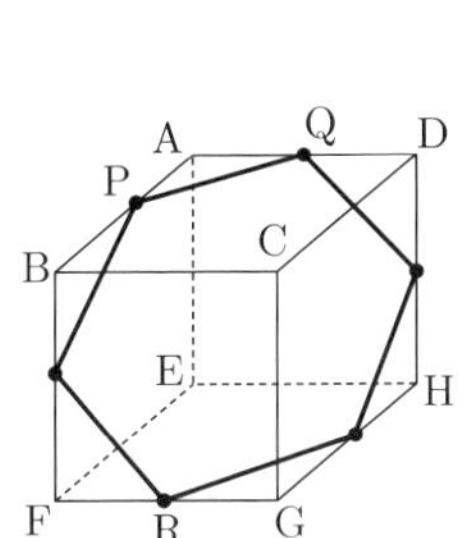

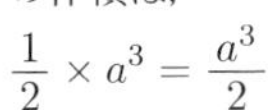

$\dfrac{1}{2}\times a^3 = \dfrac{a^3}{2}$

(2) 求める立体は

四角すい A − EFGH であり，

その体積は，

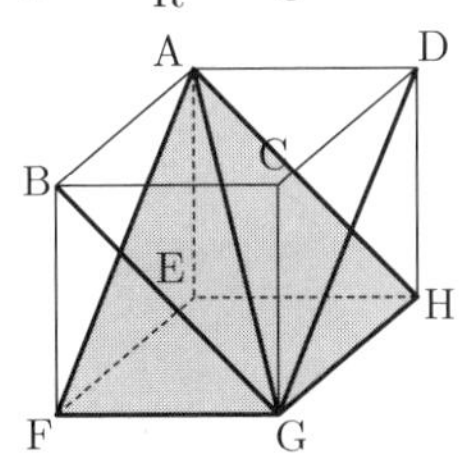

$\dfrac{1}{3}\times a\times a\times a = \dfrac{a^3}{3}$

(3) 対角線 AG の中点を O，

辺 GH の中点を S とすると，

求める立体は，

四角すい A − EFGH から三角すい O − RGS を取り除いた図形である。

よって，求める体積は，

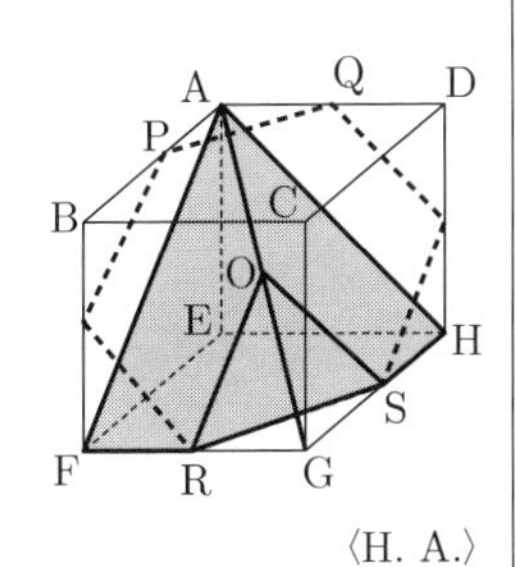

$\dfrac{a^3}{3}-\dfrac{1}{3}\times\dfrac{1}{2}\times\dfrac{a}{2}\times\dfrac{a}{2}\times\dfrac{a}{2}$

$=\dfrac{a^3}{3}-\dfrac{a^3}{48}=\dfrac{5}{16}a^3$

〈H. A.〉

慶應義塾女子高等学校

問題 P.147

問題 P.147

解答

1 連立方程式の応用，多項式の乗法・除法

［1］$xy=1000y-7800$

［2］$x=350$，$y=12$

2 1 次関数，関数 $y=ax^2$，三角形，三平方の定理

［1］B $(2,\ 4\sqrt{3})$　［2］$y=-\dfrac{\sqrt{3}}{3}x-\dfrac{22\sqrt{3}}{3}$

［3］$S=108\sqrt{3}$　［4］$r=6$

3 立体の表面積と体積，三平方の定理　［1］$x=2$

［2］$V=\dfrac{16}{15}$　［3］PR $=\dfrac{8\sqrt{5}}{5}$　［4］$h=\dfrac{\sqrt{6}}{3}$

4 円周角と中心角，相似，三平方の定理

［1］∠BDP = 90 度，∠DPE = 30 度　［2］GD = 4

［3］BE = 9，BP $=2\sqrt{21}$　［4］(イ)，(ウ)

［5］AP $=6\sqrt{2}$，AF $=\dfrac{9\sqrt{42}}{7}$

5 数・式の利用，確率，2 次方程式

［1］ア．$3a-9$　イ．3　ウ．12　エ．27

［2］$t=3s-9$，$u=9s-36$

［3］オ．$10a-100$　カ．13　キ．30　ク．81　ケ．64　コ．183　サ．540

解き方

1 ［1］$(x-100)y=0.6x\times1.5y-780$ より，

$xy-100y=0.9xy-780$

$0.1xy=100y-780$

よって，$xy=1000y-7800$…①

［2］買った個数は $y+1.5y=2.5y$（個）であり，

$2.5xy-3720=(x-100)y\times2+780$

$2.5xy=2xy-200y+4500$

よって，$xy=9000-400y$…②

①，②より，$1000y-7800=9000-400y$

よって，$14y=168$　　$y=12$

①に代入して，$12x=12000-7800=4200$　　$x=350$

2 ［1］$\sqrt{3}x^2=\dfrac{\sqrt{3}}{3}x+\dfrac{10\sqrt{3}}{3}$ より，

$3x^2-x-10=0$

$(3x+5)(x-2)=0$

よって，B $(2,\ 4\sqrt{3})$

［2］A $(-16,\ -2\sqrt{3})$，C $(2,\ -8\sqrt{3})$

AC の傾きは，$\dfrac{-6\sqrt{3}}{18}=-\dfrac{\sqrt{3}}{3}$

よって，AC の式は，$y=-\dfrac{\sqrt{3}}{3}x-\dfrac{22\sqrt{3}}{3}$

［3］$S=\dfrac{1}{2}\times12\sqrt{3}\times18=108\sqrt{3}$

［4］辺 BC の中点を M $(2,\ -2\sqrt{3})$ とすると，

∠BAM = ∠CAM = 30° であり，△ABC は正三角形。

よって，$r=\dfrac{1}{3}\mathrm{AM}=\dfrac{1}{3}\times18=6$

3 ［1］P を通り AB に平行な直線と，直線 BC，AD の交点をそれぞれ I，J とすると，

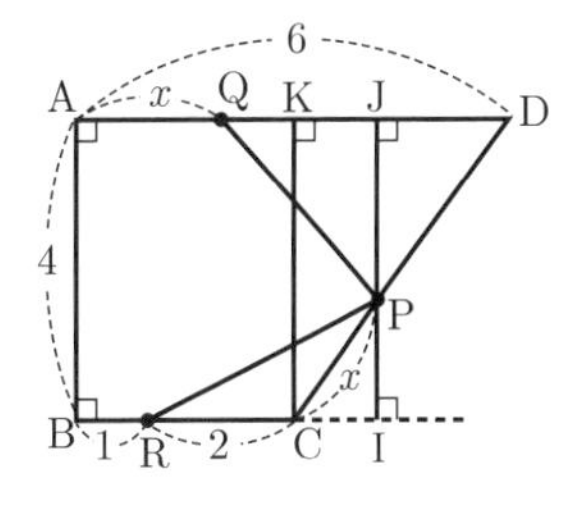

(三角錐 CGPR)

: (三角錐 DHPQ)

$=\left(\dfrac{1}{6}\times\mathrm{CR}\times\mathrm{CG}\times\mathrm{PI}\right)$

$:\left(\dfrac{1}{6}\times\mathrm{DQ}\times\mathrm{DH}\times\mathrm{PJ}\right)$

$= (\mathrm{CR} \times \mathrm{CG} \times \mathrm{PC}) : (\mathrm{DQ} \times \mathrm{DH} \times \mathrm{PD})$
よって，条件より，
$(2 \times 2 \times x) : \{2 \times (6-x) \times (5-x)\} = 1:3$
$6x = x^2 - 11x + 30$　　$x^2 - 17x + 30 = 0$
$(x-15)(x-2) = 0$
$0 < x < 5$ より，$x = 2$
［2］C から AD に垂線 CK を引くと，△CPI∽△DCK
DK : KC : CD = 3 : 4 : 5 より，$\mathrm{PI} = 2 \times \frac{4}{5} = \frac{8}{5}$
よって，(三角錐 CGPR) $= \frac{1}{6} \times 2 \times 2 \times \frac{8}{5} = \frac{16}{15}$
［3］$\mathrm{CI} = 2 \times \frac{3}{5} = \frac{6}{5}$
△PRI で三平方の定理より，
$\mathrm{PR} = \sqrt{\left(2+\frac{6}{5}\right)^2 + \left(\frac{8}{5}\right)^2} = \frac{8}{5}\sqrt{4+1} = \frac{8\sqrt{5}}{5}$
［4］$\mathrm{GR} = \mathrm{GP} = 2\sqrt{2}$
PR の中点を M とすると，△GPM で三平方の定理より，
$\mathrm{GM} = \sqrt{(2\sqrt{2})^2 - \left(\frac{4\sqrt{5}}{5}\right)^2} = \frac{2\sqrt{30}}{5}$
よって，$\triangle\mathrm{GPR} = \frac{1}{2} \times \frac{8\sqrt{5}}{5} \times \frac{2\sqrt{30}}{5} = \frac{8\sqrt{6}}{5}$
したがって，$\frac{1}{3} \times \frac{8\sqrt{6}}{5} \times h = \frac{16}{15}$　　$h = \frac{2}{\sqrt{6}} = \frac{\sqrt{6}}{3}$

4［1］BP は直径だから，∠BDP = 90°
また，∠DPE = ∠DBE = 30°
［2］［1］および ∠BEP = 90° より，△BDG，△PEG はいずれも内角が 30°，60°，90° の直角三角形である。
したがって，$\mathrm{PE} = \sqrt{3}$ より，GE = 1，GP = 2
GD = 6 − 2 = 4
［3］BG = 4 × 2 = 8　　よって，BE = 8 + 1 = 9
△BEP で三平方の定理より，$\mathrm{BP} = \sqrt{3+81} = 2\sqrt{21}$
［4］$\overset{\frown}{\mathrm{PE}}$ の円周角より，∠CBP = ∠PDF　(イ)
また，$\overset{\frown}{\mathrm{PC}}$ の円周角より，∠CBP = ∠PAF　(ウ)
［5］［4］より，∠PDF = ∠PAF であるから，4 点 P, D, A, F は同一円周上にある。また，∠ADP = 90° より，AP はこの円の直径で，△ADP は直角二等辺三角形である。
よって，$\mathrm{AP} = \sqrt{2}\mathrm{DP} = 6\sqrt{2}$
△BPE∽△APF より，BP : AP = BE : AF
$2\sqrt{21} : 6\sqrt{2} = 9 : \mathrm{AF}$
よって，$\mathrm{AF} = \frac{54\sqrt{2}}{2\sqrt{21}} = \frac{9\sqrt{42}}{7}$

5［1］$x^2 + ax + b = 0$…①
①に $x = -3$ を代入して，$9 - 3a + b = 0$
よって，$b = 3a - 9 = 3(a-3)$…②
$a = 1$，3 のときは不適。$a = 4$ のとき，$b = 3$
条件より，あと 2 つ解があり，$a \geqq 5$ のとき $a < b$ であるから，
$a = s$ のとき，$b = 3(s-3) = t$
$a = t$ のとき，$b = 3(t-3) = u$ である。
$s = 7$ のとき，$t = 3 \times (7-3) = 12$，$u = 3 \times (12-3) = 27$
［2］$u = 3t - 9 = 3(3s-9) - 9 = 9s - 36$…③
［3］①に $x = -10$ を代入して，
$100 - 10a + b = 0$　　$b = 10(a-10)$…④
$(a, b) = (s, t)$ のとき，④，②より，
$t = 10s - 100 = 3s - 9$　　$7s = 91$
よって，$s = 13$，$t = 30$，$u = 3t - 9 = 81$
$(a, b) = (s, u)$ のとき，④，③より，
$u = 10s - 100 = 9s - 36$
よって，$s = 64$，$t = 3s - 9 = 183$，$u = 540$
〈SU. K.〉

國學院大學久我山高等学校　問題 P.148

解答

1 正負の数の計算，式の計算，平方根，因数分解，2 次方程式の応用，1 次関数，確率，平行線と線分の比，空間図形の基本　(1) 2　(2) $\frac{5x-6}{3}$　(3) $3x^2$　(4) $-\sqrt{2}$　(5) $(x+2y-8)(x+2y+2)$　(6) 15　(7) 4　(8) $\frac{5}{6}$　(9) 49 : 15　(10) 26

2 相似，中点連結定理，円周角と中心角　(1) 9　(2) 5　(3) ①　3 : 1　②　$\frac{3}{4}m^2 + \frac{5}{2}m$

3 数・式の利用，数の性質
(1) ア．1000　イ．10　ウ．$333a + 3b + 135$　エ．30
(2) オ．$34a + 14$　カ．2436　(3) 9 個

4 関数を中心とした総合問題　(1) $a = 1$　(2) $y = 2x + 3$
(3) ①（例）$y = x^2$ と $y = 2x + 3$ を連立して解くと，
$(x, y) = (-1, 1)$，$(3, 9)$
4 点 A，P，Q，B から x 軸に垂線を引き，交点をそれぞれ A′，P′，Q′，B′ とすると，
$\mathrm{AB} : \mathrm{PQ} = \mathrm{A'B'} : \mathrm{P'Q'} = \{4-(-2)\} : \{3-(-1)\} = 3:2$
②（例）求める直線と l との交点を R とし，面積に着目すると，台形 APQB : 台形 RPQB
$= (\mathrm{PQ} + \mathrm{BA}) : (\mathrm{PQ} + \mathrm{BR}) = 2:1$
AB : PQ = 3 : 2 より，BA : BR = 3 : 0.5 = 6 : 1
R から x 軸に垂線を引き，交点を R′ $(r, 0)$ とすると，
$\mathrm{BA} : \mathrm{BR} = \mathrm{B'A'} : \mathrm{B'R'} = \{4-(-2)\} : (4-r)$
$= 6 : (4-r)$
よって，$6:1 = 6:(4-r)$　　$r = 3$ で，R は l 上の点より，
$y = 2 \times 3 + 8 = 14$
求める直線は 2 点 P $(-1, 1)$，R $(3, 14)$ を通るから，
傾きは，$\frac{14-1}{3-(-1)} = \frac{13}{4}$
切片を b とすると，$1 = \frac{13}{4} \times (-1) + b$　　$b = \frac{17}{4}$
よって，$y = \frac{13}{4}x + \frac{17}{4}$

解き方

1 (1) (与式) $= 2 - \frac{2 \times 2^2}{2 \times 2} + 2 = 2$
(2) (与式)
$= \frac{2x - 7 - 2(2x+1) + 3(4x-1)}{6}$
$= \frac{2(5x-6)}{6} = \frac{5x-6}{3}$
(3) (与式) $= \frac{2x^2y \times 9x^4y^2}{6x^4y^3} = 3x^2$
(4) (与式) $= 2 - \sqrt{2} + 6 - 8 = -\sqrt{2}$
(5) $A = x + 2y$ とすると，
(与式) $= A(A-6) - 16 = (A-8)(A+2)$
(6) $3600\left(1+\frac{x}{100}\right)\left(1-\frac{x}{100}\right) = 3519$
$x^2 = 225$　　$x > 0$ より，$x = 15$
(7) 仮定より，$a < 0$，$b > 0$ であるから，$x = -2$ のとき $y = 6$，$x = 5$ のとき $y = \frac{5}{2}$ とわかる。これらを代入して a，b を求めると，$a = -\frac{1}{2}$，$b = 5$

(8) 有理数になるのが，$(a,\ b)=(1,\ 2)$，$(2,\ 1)$，$(2,\ 4)$，$(3,\ 6)$，$(4,\ 2)$，$(6,\ 3)$ の 6 通りであるから，無理数になるのは，$36-6=30$（通り）
(9) 直線 EG，BC の交点を H とする。
$\mathrm{ED:HC=DG:CG=5:3=15:9}$
$\mathrm{ED:HB=ED:(HC+CB)}=15:(9+40)=15:49$
よって，$\mathrm{BF:FD=HB:ED}=49:15$
(10) 正八面体の面は正三角形であり，辺は 2 面が共有，頂点は 4 面が共有しているから，$a=3\times8\div2=12$，
$b=8$，$c=3\times8\div4=6$

2 (1) $\triangle\mathrm{ABD}\backsim\triangle\mathrm{BCD}$ より，$\mathrm{AD:BD=BD:CD}$
よって，$\mathrm{AD}=3\mathrm{BD}=9$
(2) $\angle\mathrm{B}=90^\circ$ より，線分 AC が直径である。
よって，半径は，$\mathrm{AC}\div2=(9+1)\div2=5$
(3) ① $\triangle\mathrm{ABC}\backsim\triangle\mathrm{BDC}$ より，
$\mathrm{AB:BC=BD:DC}=3:1$
② △BCP の面積が最大になるのは，BP = CP の二等辺三角形になるときである。辺 BC の中点を M とすると，面積が最大のとき，直線 PM は線分 BC の垂直二等分線になり，円の中心 O を通る。中点連結定理より，
$\mathrm{PM=PO+OM}=5+\frac{1}{2}\mathrm{AB}=\frac{3}{2}m+5$
面積は，$\frac{1}{2}m\left(\frac{3}{2}m+5\right)=\frac{3}{4}m^2+\frac{5}{2}m$

3 (1) $N=1000a+10b+406$
$=3(333a+3b+135)+a+b+1$
$a+b+1$ が 3 の倍数となる組 $(a,\ b)$ を数え上げると，30 通りある。
(2) $N=29(34a+14)+14a+10b$
$14a+10b$ は偶数，29 は奇数であるから，$7a+5b=29$ となる組 $(a,\ b)$ を見つければよく，条件を満たす組 $(a,\ b)$ は $(2,\ 3)$ のみ。
よって，$N=1000\times2+10\times3+406=2436$
(3) $N=125(8a+3)+10b+31$ を 125 で割った余りは $10b+31$ で，その最大値は 121 である。余りの値は b だけに依存するので，a は 1 から 9 のどの値も取りうる。

4 (1) $\mathrm{A}(-2,\ 4)$ を通るから，$4=a\times(-2)^2$　$a=1$
(2) $\mathrm{B}(4,\ 16)$ より，$l:y=2x+8$
$\mathrm{P}(-1,\ 1)$ より，$m:y=2x+3$

〈O. H.〉

渋谷教育学園幕張高等学校

問題 P.149

解答

1 ▌2 次方程式，正負の数の計算，平方根，数の性質，因数分解，空間図形の基本，三平方の定理 ▌ (1) $x=3$　(2)(i) $-\frac{128}{81}$　(ii) $\sqrt{2}-\frac{3\sqrt{6}}{2}$
(3) $(a,\ b)=(39,\ 31)$，$(43,\ 43)$，$(2017,\ 4033)$
(4)(i)（例）多面体のうち，各面が合同な正多角形で，どの頂点にも同じ数の面が集まり，へこみのないものを正多面体という。しかし，この六面体は，各面が合同な正三角形でへこみはないが，面が 3 つ集まる頂点と面が 4 つ集まる頂点があるので，正多面体ではない。
(ii) $4\sqrt{6}$

2 ▌確率 ▌ (1)(i) $\frac{11}{25}$　(ii) $\frac{12}{25}$　(2) $\frac{3}{10}$

3 ▌平面図形の基本・作図，円周角と中心角，三平方の定理 ▌
(1) $\mathrm{DE}=\frac{7\sqrt{3}}{3}$　(2) $\mathrm{CE}=\sqrt{7}$

4 ▌関数 $y=ax^2$，平面図形の基本・作図，円周角と中心角，相似，平行線と線分の比，三平方の定理 ▌ (1) $\mathrm{FP}=4$
(2)(i) $m=-\frac{1}{4}k^2$
(ii) $\mathrm{P}(2+2\sqrt{2},\ 3+2\sqrt{2})$

5 ▌空間図形の基本，三平方の定理 ▌ (1) $P(6,\ 29,\ 5)=2$
(2) $h=24+\sqrt{238}$

解き方

1 (1) $2x^2+4x-5x-10+\sqrt{5}x+10+7\sqrt{5}$
$=x^2+2x+2\sqrt{5}x+4\sqrt{5}$
整理して，$x^2-3x-\sqrt{5}x+3\sqrt{5}=0$
$x(x-3)-\sqrt{5}(x-3)=0$ より，
$(x-3)(x-\sqrt{5})=0$
x は有理数だから，$x=3$
(2)(i) $(\text{与式})=\left(\frac{16}{9}-25\right)\times\left(\frac{2}{3}\times\frac{1}{4}+\frac{-8}{16}\right)^2+1$
$=-\frac{209}{9}\times\left(\frac{1}{6}-\frac{1}{2}\right)^2+1$
$=-\frac{209}{9}\times\frac{1}{9}+1=-\frac{209}{81}+1=-\frac{128}{81}$
(ii) $\frac{2+\sqrt{2}}{\sqrt{3}+1}=\frac{(2+\sqrt{2})(\sqrt{3}-1)}{(\sqrt{3}+1)(\sqrt{3}-1)}$
$=\frac{2\sqrt{3}-2+\sqrt{6}-\sqrt{2}}{2}$
$\frac{\sqrt{2}}{\sqrt{3}-\sqrt{2}}=\frac{\sqrt{2}(\sqrt{3}+\sqrt{2})}{(\sqrt{3}-\sqrt{2})(\sqrt{3}+\sqrt{2})}=\frac{\sqrt{6}+2}{1}$
$\frac{\sqrt{6}-3}{\sqrt{2}-2}=\frac{(\sqrt{6}-3)(\sqrt{2}+2)}{(\sqrt{2}-2)(\sqrt{2}+2)}$
$=\frac{2\sqrt{3}+2\sqrt{6}-3\sqrt{2}-6}{-2}$
よって，
$(\text{与式})=\frac{2\sqrt{3}-2+\sqrt{6}-\sqrt{2}}{2}-\frac{\sqrt{6}+2}{1}$
$-\frac{2\sqrt{3}+2\sqrt{6}-3\sqrt{2}-6}{2}$
$=\sqrt{3}-1+\frac{\sqrt{6}}{2}-\frac{\sqrt{2}}{2}-\sqrt{6}-2$
$-\sqrt{3}-\sqrt{6}+\frac{3\sqrt{2}}{2}+3$
$=\sqrt{2}-\frac{3\sqrt{6}}{2}$

(3) (左辺) $= 2a^2 + 8a - ab - 4b$

$= 2a(a+4) - b(a+4) = (a+4)(2a-b)$

$2021 = 43 \times 47$ で，$a+4$ は 5 以上の自然数だから，次の㋐〜㋒の 3 つの場合がある。

㋐ $\begin{cases} a+4=43 \\ 2a-b=47 \end{cases}$　㋑ $\begin{cases} a+4=47 \\ 2a-b=43 \end{cases}$

㋒ $\begin{cases} a+4=2021 \\ 2a-b=1 \end{cases}$

それぞれの連立方程式を解いて，

㋐ $\begin{cases} a=39 \\ b=31 \end{cases}$　㋑ $\begin{cases} a=43 \\ b=43 \end{cases}$　㋒ $\begin{cases} a=2017 \\ b=4033 \end{cases}$

(4) (ii) 右の図のように，この六面体 PABCQ は，線分 PQ を直径とする球の内部に収まるから，線分 PQ の長さを求めればよい。

球の中心を O とすると，

$OA = 3 \times \dfrac{2}{\sqrt{3}} = \dfrac{6}{\sqrt{3}}$

$= 2\sqrt{3}$

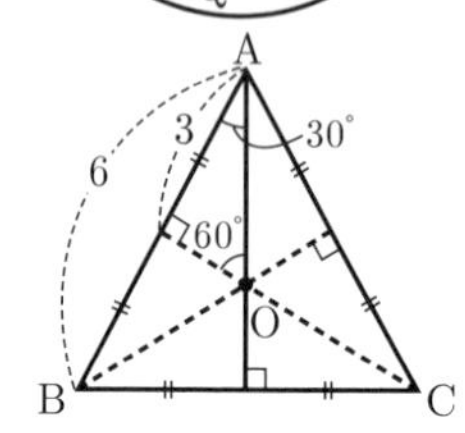

OP ⊥ OA より，△AOP で三平方の定理より，

$OP = \sqrt{6^2 - (2\sqrt{3})^2} = \sqrt{24}$

$= 2\sqrt{6}$

よって，$PQ = OP \times 2 = 4\sqrt{6}$

2 (1) (i) 表㋐または表㋑の場合がある。

㋐ $\dfrac{4}{5} \times \dfrac{2}{5} = \dfrac{8}{25}$

㋑ $\dfrac{1}{5} \times \dfrac{3}{5} = \dfrac{3}{25}$

㋐

A	グ
B	チ

㋑

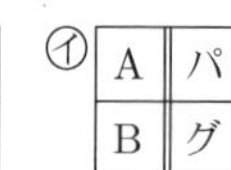

A	パ
B	グ

よって，$\dfrac{8}{25} + \dfrac{3}{25} = \dfrac{11}{25}$

(ii) 表㋒，㋓，㋔，㋕の場合がある。

㋒

回	1	2
A	グ	グ
B	チ	グ

㋓

回	1	2
A	パ	グ
B	グ	グ

㋔

回	1	2
A	グ	グ
B	グ	チ

㋕

回	1	2
A	グ	パ
B	グ	グ

㋒ $\left(\dfrac{4}{5} \times \dfrac{2}{5}\right) \times \left(\dfrac{3}{4} \times \dfrac{3}{4}\right) = \dfrac{9}{50}$

㋓ $\left(\dfrac{1}{5} \times \dfrac{3}{5}\right) \times \left(\dfrac{4}{4} \times \dfrac{2}{4}\right) = \dfrac{3}{50}$

㋔ $\left(\dfrac{4}{5} \times \dfrac{3}{5}\right) \times \left(\dfrac{3}{4} \times \dfrac{2}{4}\right) = \dfrac{9}{50}$

㋕ $\left(\dfrac{4}{5} \times \dfrac{3}{5}\right) \times \left(\dfrac{1}{4} \times \dfrac{2}{4}\right) = \dfrac{3}{50}$

よって，$\dfrac{9}{50} + \dfrac{3}{50} + \dfrac{9}{50} + \dfrac{3}{50} = \dfrac{24}{50} = \dfrac{12}{25}$

(2) 4 回ともあいこになることはない。B が勝つのは，A がパー，B がチョキのときだけで，1 回しかあり得ないから，4 回中，1 勝 1 敗 2 分となる確率を求めればよく，B は表㋖の 3 通りの場合があるから，

㋖

回	1	2	3	4
A	グ	グ	パ	グ
B	グ	グ	チ	チ
	グ	チ	チ	グ
	チ	グ	チ	グ

$\dfrac{3}{5} \times \dfrac{2}{4} \times \dfrac{2}{3} \times \dfrac{1}{2} + \dfrac{3}{5} \times \dfrac{2}{4} \times \dfrac{1}{3} \times \dfrac{2}{2} + \dfrac{2}{5} \times \dfrac{3}{4} \times \dfrac{1}{3} \times \dfrac{2}{2}$

$= \dfrac{1}{10} + \dfrac{1}{10} + \dfrac{1}{10} = \dfrac{3}{10}$

3 (1) △DBC は，

∠DBC = ∠DAC = 30°，

∠DCB = ∠DAB = 30° より，

DC = DB の二等辺三角形。

∠ACE = ∠BCE = a とすると，

△DCE は，

∠DEC = ∠EAC + ∠ECA

= 30° + a，

∠DCE = ∠DCB + ∠ECB = 30° + a

より，DC = DE の二等辺三角形。

点 D から線分 BC に垂線 DH をひくと，△DCH は 30°，60° の直角三角形だから，

$DE = DC = CH \times \dfrac{2}{\sqrt{3}} = \dfrac{7}{2} \times \dfrac{2}{\sqrt{3}} = \dfrac{7}{\sqrt{3}} = \dfrac{7\sqrt{3}}{3}$

(2) 点 C から線分 AB に垂線 CI をひくと，

$AI = AC \times \dfrac{1}{2} = \dfrac{5}{2}$，

$CI = AI \times \sqrt{3} = \dfrac{5\sqrt{3}}{2}$ だから，

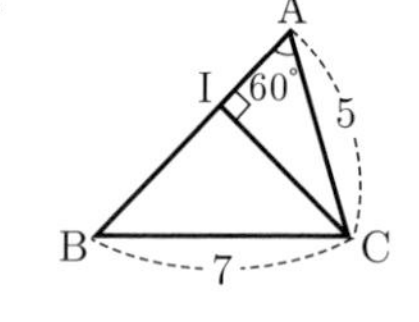

三平方の定理より，

$BI = \sqrt{7^2 - \left(\dfrac{5\sqrt{3}}{2}\right)^2} = \sqrt{49 - \dfrac{75}{4}} = \sqrt{\dfrac{121}{4}} = \dfrac{11}{2}$

よって，$AB = AI + BI = \dfrac{5}{2} + \dfrac{11}{2} = 8$

∠BAE = ∠CAE，∠ACE = ∠BCE

より，点 E を中心として，3 辺 AB，AC，BC にそれぞれ点 P，Q，R で接する円を描くことができる。

CQ = CR = x とすると，

BP = BR = $7 - x$，

AP = AQ = $5 - x$ だから，

$(7-x) + (5-x) = 8$ より，$x = 2$

$EQ = AQ \times \dfrac{1}{\sqrt{3}} = (5-2) \times \dfrac{1}{\sqrt{3}} = \dfrac{3}{\sqrt{3}} = \sqrt{3}$

よって，△CEQ で，三平方の定理より，

$CE = \sqrt{(\sqrt{3})^2 + 2^2} = \sqrt{7}$

4 (1) 点 P の x 座標を k とすると，

$P\left(k,\ \dfrac{1}{4}k^2\right)$，$Q(k,\ -1)$ より，

$PF^2 = k^2 + \left(\dfrac{1}{4}k^2 - 1\right)^2 = k^2 + \dfrac{1}{16}k^4 - \dfrac{1}{2}k^2 + 1$

$= \dfrac{1}{16}k^4 + \dfrac{1}{2}k^2 + 1 = \left(\dfrac{1}{4}k^2 + 1\right)^2 = PQ^2$

よって，PF = PQ だから，PQ = FQ のとき，△PFQ は正三角形である。点 F から線分 PQ に垂線 FH をひくと，QH = 2 より，FP = PQ = QH × 2 = 4

(2) (i) FS = PQ（= FP）より，

$1 - m = \dfrac{1}{4}k^2 - (-1)$　　よって，$m = -\dfrac{1}{4}k^2$

(ii) 直線②と y 軸の交点を T とし，点 R の x 座標を r とすると，△RTF∽△RQP より，

RT : RQ = FT : PQ だから，

$(0-r) : (k-r) = 2 : \left(\dfrac{1}{4}k^2 + 1\right)$

$2(k-r) = -r\left(\dfrac{1}{4}k^2 + 1\right)$

したがって，$\left(\dfrac{1}{4}k^2 - 1\right)r = -2k$ より，$r = \dfrac{-8k}{k^2-4}$

△TRS と △TFQ において，∠RTS = ∠FTQ（= 90°）

∠TRS = ∠TFQ（円周角の定理）より，

2 組の角がそれぞれ等しいから，$\triangle TRS \backsim \triangle TFQ$
よって，$RT : FT = ST : QT$ だから，
$\frac{8k}{k^2-4} : 2 = \left(\frac{1}{4}k^2 - 1\right) : k$ より，
$\frac{8k^2}{k^2-4} = \frac{1}{2}k^2 - 2$
よって，$16k^2 = (k^2-4)^2$
$k > 2$ より，$4k = k^2 - 4$ だから，
$k^2 - 4k - 4 = 0$
解の公式より，
$k = \frac{-(-4) \pm \sqrt{(-4)^2 - 4 \times 1 \times (-4)}}{2 \times 1}$
$= \frac{4 \pm \sqrt{32}}{2} = \frac{4 \pm 4\sqrt{2}}{2} = 2 \pm 2\sqrt{2}$
$k > 2$ より，$k = 2 + 2\sqrt{2}$
点 P の y 座標は，
$y = \frac{1}{4}(2 + 2\sqrt{2})^2 = (1 + \sqrt{2})^2 = 3 + 2\sqrt{2}$

5 (1) $r = 6$，$R = 5$ のとき，3 個の球を入れたときの高さとなる円柱を考える。右図は，底面の中心，3 個の球の中心を通る平面で切った切り口である。x の値は，

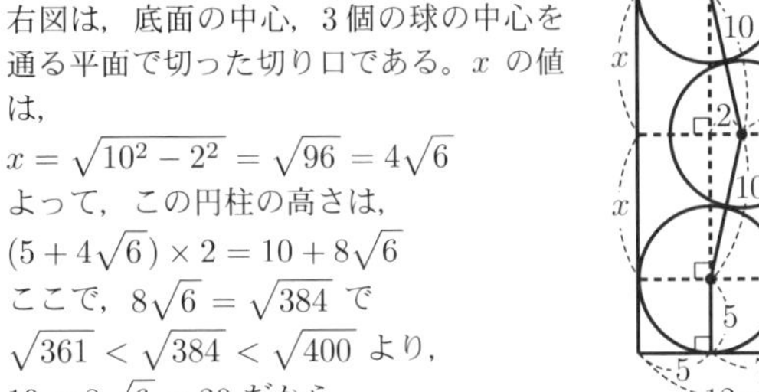

$x = \sqrt{10^2 - 2^2} = \sqrt{96} = 4\sqrt{6}$
よって，この円柱の高さは，
$(5 + 4\sqrt{6}) \times 2 = 10 + 8\sqrt{6}$
ここで，$8\sqrt{6} = \sqrt{384}$ で
$\sqrt{361} < \sqrt{384} < \sqrt{400}$ より，
$19 < 8\sqrt{6} < 20$ だから，
$29 < 10 + 8\sqrt{6}$
よって，$P(6,\ 29,\ 5) = 2$
(2) 半径 12 である 4 個の球の中心をそれぞれ A，B，C，D として，$AB = 26$，$CD = 26$ となるように，球を 2 個ずつつなげた立体を，右図の投影図のように底面の半径が 25 の円柱に入れたときの円柱の高さ h を求めればよい。
このとき，四面体 ABCD で，辺 CD の中点を M とすると，
$CM = 13$，$AM \perp CM$ より，

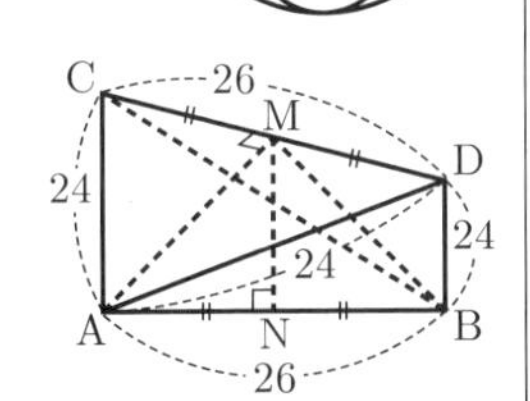

$AM = \sqrt{24^2 - 13^2}$
$= \sqrt{(24 + 13) \times (24 - 13)}$
$= \sqrt{37 \times 11} = \sqrt{407}$
辺 AB の中点を N とすると，
$AN = 13$，$AN \perp MN$ より，
$MN = \sqrt{407 - 13^2} = \sqrt{238}$
よって，$h = 12 + \sqrt{238} + 12 = 24 + \sqrt{238}$

〈H. S.〉

城北高等学校

問題 P.150

解答

1 因数分解，2 次方程式，平方根，連立方程式 (1) $(x + y + 5)(x - y + 5)$ (2) $1 + \sqrt{5}$ (3) 29 (4) $x = 2$，$y = 1$

2 相似，円周角と中心角，立体の表面積と体積 (1) 16 : 3 (2) 2 : 1 (3) ① 4 : 7 ② 1 : 7

3 確率 (1) $\frac{5}{12}$ (2) $\frac{1}{6}$ (3) $\frac{4}{9}$

4 相似，三平方の定理 (1) 3 : 4 (2) 24 (3) 24 : 7 (4) $\frac{357}{31}$

5 関数 $y = ax^2$，空間図形の基本，相似
(1) ① $y = x^2$ ② $y = -\frac{1}{2}x^2$ (2)(ア) $\frac{4}{3}$ (イ) $\frac{48 - 16\sqrt{6}}{3}$

解き方

1 (1) (与式)
$\{(x-5) + y\}\{(x-5) - y\} + 20x$
$= (x-5)^2 - y^2 + 20x = x^2 + 10x + 25 - y^2$
$= (x+5)^2 - y^2 = (x + y + 5)(x - y + 5)$
(2) $x^2 - x - 1 = 0$ の解は，$x = \frac{1 \pm \sqrt{5}}{2}$
よって，$a = \frac{1 + \sqrt{5}}{2}$
また，$a^2 - a - 1 = 0$ だから，
$3a^2 - a - 3 = 3(a^2 - a - 1) + 2a = 3 \times 0 + 2a = 1 + \sqrt{5}$
(3) $(\sqrt{10x} + \sqrt{21y})^2$
$= 10x + 21y + 2\sqrt{10x \times 21y}$
$= 10x + 21y$
$\quad + 2\sqrt{2 \times 3 \times 5 \times 7 \times xy}$
これが自然数だから，
$xy = 2 \times 3 \times 5 \times 7$
$x < y$ として，x と y の組合せは右の表の 7 通り
よって，$x + y$ の最小値は，
29

x	y	$x+y$
1	2×3×5×7	211
2	3×5×7	107
3	2×5×7	73
5	2×3×7	47
7	2×3×5	37
2×3	5×7	41
2×5	3×7	31
2×7	3×5	29

(4) $\frac{1}{x-y} = A$，$\frac{1}{x+y} = B$ とおくと，
$\begin{cases} A + 2B = \frac{5}{3} \\ 2A - B = \frac{5}{3} \end{cases}$ $\begin{cases} A = 1 \\ B = \frac{1}{3} \end{cases}$ つまり $\begin{cases} x - y = 1 \\ x + y = 3 \end{cases}$
よって，$\begin{cases} x = 2 \\ y = 1 \end{cases}$

2 (1)・$\triangle BGE \backsim \triangle DGA$
より，$BG : DG = BE : DA$
$= 1 : 3$
$\triangle ABG : \triangle ABD = BG : BD$
$= 1 : (1 + 3) = 1 : 4$
・$\triangle DHF \backsim \triangle BHA$ より，
$DH : BH = FD : AB = 3 : 5$
$\triangle ADH : \triangle ABD = DH : BD = 3 : (3 + 5) = 3 : 8$
よって，$\triangle AGH = \triangle ABD - \triangle ABG - \triangle ADH$
$= \left(1 - \frac{1}{4} - \frac{3}{8}\right) \triangle ABD$
$= \frac{3}{8} \triangle ABD = \frac{3}{8} \times \frac{1}{2}$ (平行四辺形 ABCD)
したがって，平行四辺形 ABCD : $\triangle AGH = 16 : 3$

(2) $\angle CHD = x$ とおくと，
$\angle OFH = 90^\circ - x$
$\angle GEF = \angle GFE = \angle OFH$
$= 90^\circ - x$
よって，$\angle AGE = \angle FGE$
$= 180^\circ - (\angle GEF + \angle GFE)$
$= 180^\circ - 2(90^\circ - x) = 2x$
したがって，
$\overset{\frown}{AB} : \overset{\frown}{CD} = \angle AGB : \angle CHD = 2x : x = 2 : 1$

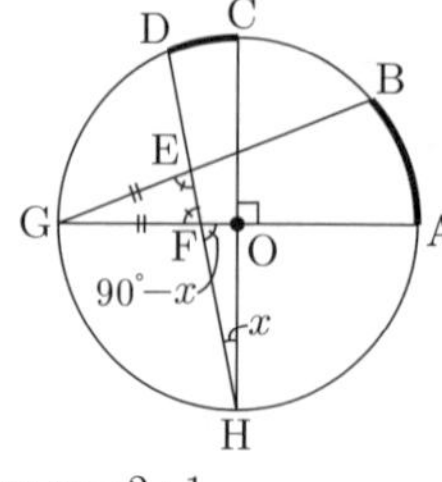
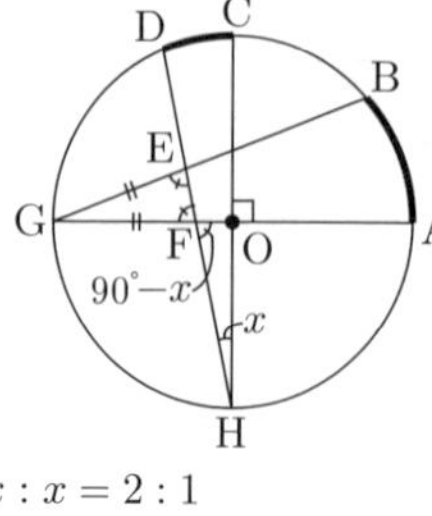

(3) ① 三角すい P − ABC : 三角すい O − ABC
$= PG : OG = 4 : (3+4)$
$= 4 : 7$
② AG の延長と辺 BC の交点を
M とおく。
点 G は △ABC の重心だから，
$AG : GM = 2 : 1$
三角すい P − OBC : 三角すい O − ABC
$= P - OBC : A - OBC$
$P - OBC : G - OBC = PO : GO = 3 : (3+4) = 3 : 7$
$G - OBC : A - OBC = GM : AM = 1 : (2+1)$
$= 1 : 3 = 7 : (3 \times 7)$
したがって，$P - OBC : O - ABC = 3 : (3 \times 7) = 1 : 7$

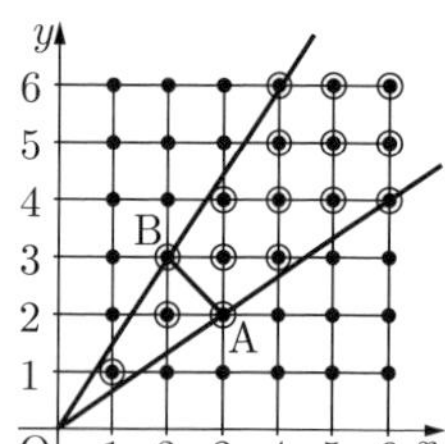

3 座標平面上に点 $(a,\ b)$ をとり，「・」で表すと，全体で，
$6 \times 6 = 36$（通り）
(1) $a < b$ だから，
(1, 2)，…，(1, 6)　　5 通り
(2, 3)，…，(2, 6)　　4 通り
(3, 4)，(3, 5)，(3, 6)　　3 通り
(4, 5)，(4, 6)　　2 通り
(5, 6)　1 通りの，合計 15 通り
求める確率は，$\dfrac{15}{36} = \dfrac{5}{12}$
(2) C (3, 3) より $a = b$ だから，
(1, 1)，…，(6, 6) の 6 通り
求める確率は，$\dfrac{6}{36} = \dfrac{1}{6}$
(3) $\dfrac{2}{3} \leqq \dfrac{b}{a} \leqq \dfrac{3}{2}$ だから，図の「○」の 16 通り
求める確率は，$\dfrac{16}{36} = \dfrac{4}{9}$
注）直線 l が線分 AB の端点 A，B を通る場合も「線分 AB を通る」とみなして解答した。
端点 A，B を通る場合は「線分 AB を通る」とみなさないときは，$\dfrac{2}{3} < \dfrac{b}{a} < \dfrac{3}{2}$ だから，12 通りで，求める確率は，
$\dfrac{12}{36} = \dfrac{1}{3}$

4 (1) △APO∽△AMB より，
$AP : AM = OP : BM = 21 : \dfrac{56}{2}$
$= 3 : 4$
(2) (1)から，$AM = 4k$
$AO = AM - OM = 4k - 21$
直角三角形 APO で，三平方の定理から，
$AP^2 + PO^2 = AO^2$
代入して，
$(3k)^2 + 21^2 = (4k - 21)^2$
整理して，
$k(k - 24) = 0$

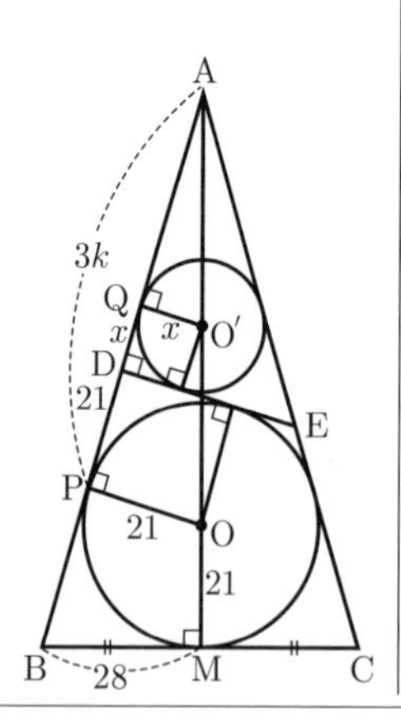

$k > 0$ より，$k = 24$
(3) △AQO′∽△AMB より，
$AQ : QO' = AM : MB = (4 \times 24) : 28 = 24 : 7$
(4) $AQ = AD - DQ = (AP - DP) - DQ$
$= (3 \times 24 - 21) - x = 51 - x$
$AQ : QO' = (51 - x) : x = 24 : 7$
$24x = 7(51 - x)$　　$x = \dfrac{357}{31}$

5 (1) ①，②の関数の式は，$y = ax^2$ と表せる。
①は点 (2, 4) を通るから，$4 = a \times 2^2$
$a = 1$　　$y = x^2$
②は点 (2, −2) を通るから，$-2 = a \times 2^2$
$a = -\dfrac{1}{2}$　　$y = -\dfrac{1}{2}x^2$
(2) 右の図で，点 R の x 座標を a とおくと，
R $(a,\ 0)$，
P $(a,\ a^2)$，Q $(a,\ 4)$，
S $\left(a,\ -\dfrac{1}{2}a^2\right)$
(ア) $PQ = 4 - a^2$，
$RS = \dfrac{1}{2}a^2$
よって，$4 - a^2 = \dfrac{1}{2}a^2$　　$a^2 = \dfrac{8}{3}$
$\left(このとき，a = \sqrt{\dfrac{8}{3}}，R\left(\sqrt{\dfrac{8}{3}},\ 0\right)\right)$
$PQ = RS = \dfrac{1}{2}a^2 = \dfrac{4}{3}$
(イ) 右の図で，AF // TT′ より，
$CT = CT'$　　よって，
$DT = CD - CT = CG - CT'$
$= T'G$
$T'G : FG = PP' : FP'$，
$PP' = a^2 = \dfrac{8}{3}$，
$FP' = \sqrt{\dfrac{8}{3}} - (-2)$
$= \dfrac{2\sqrt{6} + 6}{3}$，
$FG = 4$ より，

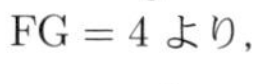

$DT = T'G = \dfrac{FG \times PP'}{FP'} = 4 \times \dfrac{8}{3} \times \dfrac{3}{2\sqrt{6} + 6}$

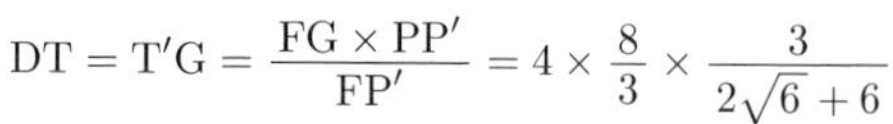

$= \dfrac{16}{3 + \sqrt{6}} = \dfrac{16(3 - \sqrt{6})}{(3 + \sqrt{6}) \times (3 - \sqrt{6})} = \dfrac{48 - 16\sqrt{6}}{3}$

〈Y. K.〉

巣鴨高等学校

問題 P.151

解答 **1** 因数分解，平方根，数・式の利用，連立方程式，数の性質，2 次方程式 (1) 3360
(2) $\frac{97}{15}$ (3) $x=-3\pm\sqrt{9+a}$，28 個

2 確率，円周角と中心角 (1) $\frac{1}{18}$ (2) $\frac{1}{3}$ (3) $\frac{1}{2}$
(4) $\frac{5}{9}$

3 1 次関数，関数 $y=ax^2$，平行線と線分の比 (1) 6
(2) $5+\sqrt{10}$ (3)(ア) $b=5a$ (イ) 3 : 2 : 10

4 平面図形の基本・作図，平行と合同，相似，平行線と線分の比 (1)(ア) 1 : 1 (イ) 3 : 8
(2)(ア)　　(イ) 18

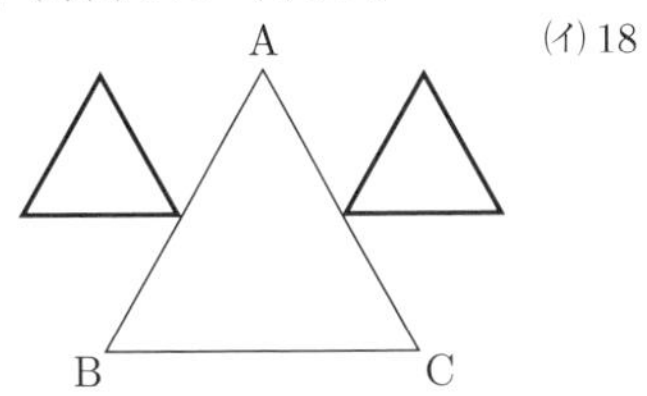

5 立体の表面積と体積，平行線と線分の比，三平方の定理
(1) $25\sqrt{3}$ (2) $\frac{250}{3}\sqrt{2}$ (3)(ア) $\frac{85}{2}\sqrt{3}$ (イ) $65\sqrt{2}$

解き方 **1** (1) (与式) $=4(a^2+b^2-c^2)(a^2-b^2+c^2)$
(2) $x:y:z=1:3:(-5)$
(3) $9+a=4^2$，5^2，6^2，…，31^2 の 28 個

2 1 回目の目の数が a，2 回目の目の数が b であることを $(a,\ b)$ と表すことにする。
(1) (2, 2)，(4, 4) の 2 通り
(2) 円周上の点を時計回りに，A，D，E，F，G，H とする。
AF が斜辺のとき，(1, 2)，(2, 1)，(3, 1)，(3, 2)，(3, 4)，(3, 5)，(4, 5)，(5, 4) の 8 通り
DG が斜辺のとき，(1, 3)，(4, 3) の 2 通り
EH が斜辺のとき，(2, 3)，(5, 3) の 2 通り
よって，$8+2+2=12$（通り）
(3) (2)に加えて，
△ADH ができるとき，(1, 4)，(5, 2) の 2 通り
△ADE ができるとき，(1, 1)，(2, 5) の 2 通り
△AGH ができるとき，(4, 1)，(5, 5) の 2 通り
よって，$12+2\times3=18$（通り）
(4) (1)，(3)を加えて，$\frac{1}{18}+\frac{1}{2}=\frac{5}{9}$

3 (1) $y=-\frac{1}{5}x^2$ と $y=-2x+\frac{24}{5}$ より，$x=4$，6
(2) D $(3d,\ 0)$ とおくと，C $(0,\ 6d)$，A $(2d,\ 2d)$
A が①上にあるから，$2d=(2d)^2$　　$d>0$ より，$d=\frac{1}{2}$
このとき，$c=6\times\frac{1}{2}=3$
$y=-\frac{1}{5}x^2$ と $y=-2x+3$ より，$x=5\pm\sqrt{10}$
(3)(ア) 直線 OA の傾きは $1\times(0+a)=a$ であるから，直線 OB の傾きは $-a$ である。
よって，直線 OB の式は $y=-ax$ となるから，
B $(b,\ -ab)$
これが②上にあるから，$-ab=-\frac{1}{5}b^2$
$b>0$ より，$b=5a$
(イ) A $(a,\ a^2)$，B $(5a,\ -5a^2)$ である。
まず，A，B の x 座標を利用して，CA : AB = 1 : 4
次に，A，B の y 座標を利用して，AD : DB = 1 : 5
よって，CA : AD : DB = 3 : 2 : 10
ゆえに，△OCA : △OAD : △ODB = 3 : 2 : 10
(参考) 直線 AB の傾きは，$\frac{-5a^2-a^2}{5a-a}=-\frac{3}{2}a$
これが -2 に等しいから，$-\frac{3}{2}a=-2$　　$a=\frac{4}{3}$
このとき，D の x 座標は $\frac{20}{9}$，B の x 座標は $\frac{20}{3}$
ゆえに，$\left(\frac{4}{3}-0\right):\left(\frac{20}{9}-\frac{4}{3}\right):\left(\frac{20}{3}-\frac{20}{9}\right)=3:2:10$

4 (1)(ア) △BND ≡ △BLP
(イ) △CME ≡ △CLP
よって，ME = 2 となるので，
MF : FC = 2 : 6 = 1 : 3
△MPF = S とおくと，
△CPF = $3S$
△CME = △CLP
$=(S+3S)\times2=8S$
ゆえに，△CPF : △CME = $3S$: $8S$ = 3 : 8
(2) 点 D は，△LMN を点 B のまわりに左まわりに 60° 回転した 1 辺の長さが 3 の正三角形を描く。
点 E は，△LMN を点 C のまわりに右まわりに 60° 回転した 1 辺の長さが 3 の正三角形を描く。

5 (2) $\frac{\text{正四面体 ABCD}}{\text{立方体}}=1-\frac{1}{6}\times4=\frac{1}{3}$
立方体の 1 辺の長さは $5\sqrt{2}$ であるから，求める体積を U とすると，
$U=(5\sqrt{2})^3\times\frac{1}{3}=\frac{250}{3}\sqrt{2}$
(3)(ア) BC : CH = 5 : 4，BD : DI = 2 : 1 となるので，
$\frac{\text{四角形 CHID}}{\triangle\text{BCD}}=\frac{5+4}{5}\times\frac{2+1}{2}-1=\frac{27}{10}-1=\frac{17}{10}$
(イ) 立体 FCHIDG = 三角錐 EBHI − 立体 EFGBCD
三角錐 EBHI = 三角錐 ABHI × $\frac{3}{5}=\left(U\times\frac{27}{10}\right)\times\frac{3}{5}$
$=\frac{81}{50}U$
立体 EFGBCD $=U\times\left(1-\frac{2}{5}\times\frac{3}{5}\times\frac{2}{3}\right)=\frac{21}{25}U$
ゆえに，求める体積は，
$V=\frac{81}{50}U-\frac{21}{25}U=\frac{39}{50}U=\frac{39}{50}\times\frac{250}{3}\sqrt{2}=65\sqrt{2}$
〈K. Y.〉

駿台甲府高等学校

問題 P.152

解答 **1** 正負の数の計算，平方根，比例・反比例，連立方程式，2 次方程式，平行と合同，立体の表面積と体積，1 次関数，相似 (1) 8 (2) $\sqrt{2}$ (3) $y=2$
(4) $x=3$，$y=-1$ (5) $x=1$，-4 (6) 4 (7) 正九角形
(8) 3π cm^2 (9) P (5, 0) (10) 100 cm^3 (11) $a=\frac{3}{5}$

2 数の性質，平面図形の基本・作図 (1) 15 秒後
(2) 7π cm (3) $a=12$，$b=3$

3 確率，因数分解 (1) $\frac{3}{49}$ (2) $\frac{1}{7}$ (3) $\frac{2}{49}$

4 1 次関数，2 次方程式 (1) $t+4$ (2) $t=4$
(3) $t=3$，10

解き方 **1** (8) 側面積が 2π cm^2，底面積が π cm^2
(9) B′ (7, −2) と A とを通る直線と x 軸との交点が P である。

⑽ 線分 QR の中点が対角線 CE，DF の交点に一致するので，平面 PQR はこの直方体を二等分する。
⑾ $AB=10$，$CD=8$
直線 $y=ax$ と辺 AB，CD との交点をそれぞれ P，Q とする。また，直線 CD と y 軸との交点を H とする。
$AP=x$ とおくと，$\triangle OPA \backsim \triangle OQH$ より，$HQ=5x$，$DQ=5x-1$
よって，$AP+DQ=\dfrac{AB+CD}{2}$ より，
$x+(5x-1)=\dfrac{10+8}{2}$　　$6x-1=9$　　$x=\dfrac{5}{3}$
すなわち，$P\left(\dfrac{5}{3},\ 1\right)$

2 ⑴ $60\div(1+3)=15$（秒後）
⑵ $2\times30=60$　　$5\times30=150$　　$2\pi\times5=10\pi$
$10\pi\times\dfrac{60+150}{300}=10\pi\times\dfrac{7}{10}=7\pi\ (\text{cm})$
⑶ P，Q が移動した距離はそれぞれ 8π cm，2π cm
よって，$8\pi:2\pi=4:1$
$\dfrac{720}{48}=15$（個）を $4:1$ に分割して，$a=12$，$b=3$

3 ⑴ $(a,\ b)=(1,\ 2)$，$(2,\ 4)$，$(3,\ 6)$
⑵ $2a-b=1$ となるのは，
$(a,\ b)=(1,\ 1)$，$(2,\ 3)$，$(3,\ 5)$，$(4,\ 7)$
$2a-b=2$ となるのは，$(a,\ b)=(2,\ 2)$，$(3,\ 4)$，$(4,\ 6)$
⑶ 条件より，$(a-1)(b+1)=4$
$(a-1,\ b+1)=(1,\ 4)$，$(2,\ 2)$，$(4,\ 1)$
$(a,\ b)=(2,\ 3)$，$(3,\ 1)$，$(5,\ 0)$　　$(5,\ 0)$ は不適。

4 ⑴ 直線 l の式は，$y=-\dfrac{2}{3}x+t+4$
⑵ l が長方形 OABC の対角線の交点 $(3,\ 6)$ を通るときである。
⑶(ア) Q が辺 OC 上にあるとき，すなわち，$0\leqq t\leqq 8$ のとき，$S=\dfrac{1}{2}\times(t+4)\times6=3(t+4)$
よって，$3(t+4)=21$　　$t=3$
(イ) Q が辺 BC 上にあるとき，すなわち，$8\leqq t\leqq 12$ のとき，$CQ=\dfrac{3}{2}t-12$　　l と y 軸との交点を R とすると，
$S=\triangle OPR-\triangle OQR=3(t+4)-\dfrac{1}{2}(t+4)\left(\dfrac{3}{2}t-12\right)$
$=\dfrac{3}{4}(t+4)(12-t)$　　よって，$\dfrac{3}{4}(t+4)(12-t)=21$
$t^2-8t-20=0$　　$t=-2,\ 10$
$t=10$ が適する。

〈K. Y.〉

青雲高等学校

問題 P.153

解答

1 **式の計算，平方根，多項式の乗法・除法，連立方程式，因数分解，立体の表面積と体積，相似，平行線と線分の比，三平方の定理，平面図形の基本・作図，円周角と中心角** ⑴ $\dfrac{ab^5}{c^2}$　⑵ $\dfrac{3-2\sqrt{2}}{3}$　⑶ -4
⑷ $x=-3$，$y=-2$　⑸ $(x+2)(x-4)(x^2-2x+15)$
⑹ 2 個　⑺ $76\ \text{cm}^3$　⑻ $\dfrac{3a+b}{4}$　⑼ $64\pi\ \text{cm}^2$
⑽（例）① 線分 AO の垂直二等分線をひき，線分 AO の中点 M をとる。
② 中点 M を中心とし，半径が AM である円をかく。
③ 円 O との交点と A を結ぶ。

2 **1 次関数，関数 $y=ax^2$，相似**
⑴ 4
⑵ 右図
⑶ $x=5$，$\dfrac{25}{4}$

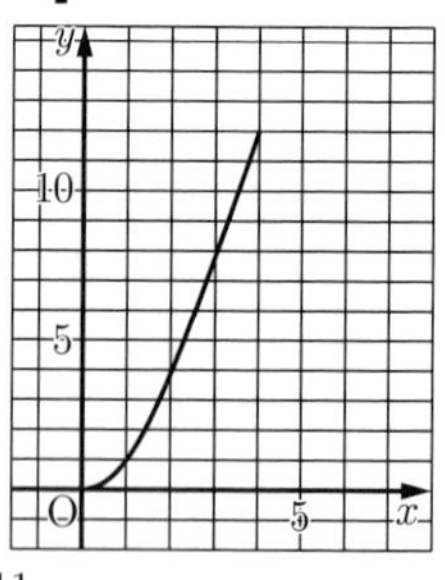

3 **確率** ⑴ $\dfrac{1}{15}$　⑵ $\dfrac{2}{5}$　⑶ $\dfrac{11}{30}$

4 **円周角と中心角，相似，三平方の定理** ⑴ 直径
⑵(ア) $\sqrt{3}$　(イ) $\sqrt{2}$　⑶(ウ) $2-\sqrt{2}$　(エ) $2-\sqrt{3}$
⑷（例）円の中心を O，正十角形の一辺を AB とする。
右図のように点 C をとると，
$\triangle OAB \backsim \triangle ACB$
$OA=OB=1$ であり $AB=x$ とすると，
$OB:AB=AB:CB$
$1:x=x:(1-x)$
これより，$x^2=1-x$　　$x^2+x-1=0$
$x=\dfrac{-1\pm\sqrt{5}}{2}$
$x>0$ であるから，$x=\dfrac{-1+\sqrt{5}}{2}$
⑸(a) 2.595　(b) 2.82　(d) 3.10

解き方

1 ⑴ $(\text{与式})=\dfrac{-8a^7b^5c}{-8a^6c^3}=\dfrac{ab^5}{c^2}$
⑵ $(\text{与式})=\left(\dfrac{\sqrt{3}}{3}+\dfrac{2\sqrt{6}}{3}-\sqrt{6}\right)^2$
$=\left(\dfrac{\sqrt{3}}{3}-\dfrac{\sqrt{6}}{3}\right)^2=\dfrac{3-6\sqrt{2}+6}{9}=\dfrac{3-2\sqrt{2}}{3}$
⑶ $(3x+y)^2-(x-y)(9x-y)$
$=9x^2+6xy+y^2-(9x^2-10xy+y^2)$
$=16xy=16\times\left(-\dfrac{3}{4}\right)\times\dfrac{1}{3}=-4$
⑷（第 1 式）$\times12$ より，$9(x+1)-16(y-2)=46$
$9x-16y=5\cdots①$
（第 2 式）$\times20$ より，$-4x+5y=2\cdots②$
$①\times4+②\times9$ より，$-19y=38$　　$y=-2$
①より，$9x=5-32$　　$9x=-27$　　$x=-3$
⑸ $x^2-2x-3=A$ とおいて，
$A^2+13A-90=(A-5)(A+18)$
$=(x^2-2x-8)(x^2-2x+15)$
$=(x+2)(x-4)(x^2-2x+15)$
⑹ $96-8n=8(12-n)$
よって，条件をみたすものは $n=4$，10 の 2 個。

(7) 右図のようにQ，Rとすると，
求める体積は，
(三角錐 Q − EFH) − (三角錐 Q − APR)
$= \frac{1}{3} \times \frac{1}{2} \times 6^2 \times 18 \times \left\{1 - \left(\frac{2}{3}\right)^3\right\}$
$= 76$

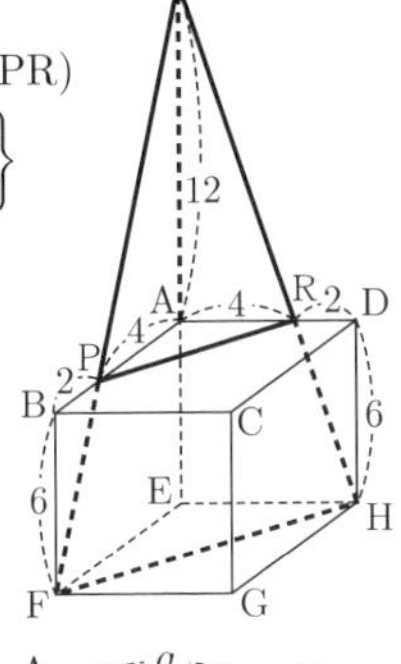

(8) BDとEFの交点をGとすると，△ABDでAD // EGより，
$EG = \frac{3}{4}a$
△DBCでGF // BCより，
$GF = \frac{1}{4}b$
よって，
$EF = \frac{3}{4}a + \frac{1}{4}b = \frac{3a+b}{4}$

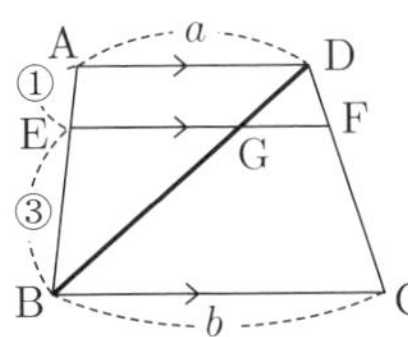

(9) 円の中心をO，接点をMとすると，△OAMで三平方の定理より，
$OA^2 = OM^2 + 8^2$
したがって，求める面積は，
$(OA^2 - OM^2)\pi = 64\pi$

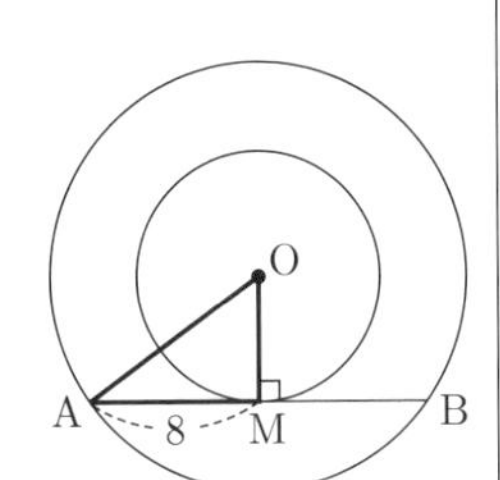

(10) 線分AOを直径とする円と円Oの交点をTとすると，$\angle ATO = 90^\circ$ であるから，ATは円Oに接する。

2 (1) $x = 2$ のとき，DはEG上にあり，$y = \frac{1}{2} \times 2 \times 4 = 4$
(2) $0 \leqq x \leqq 2$ のとき，
$y = \frac{1}{2} \times x \times 2x = x^2$
$2 \leqq x \leqq 4$ のとき，
$y = 4 + 4(x-2) = 4x - 4$

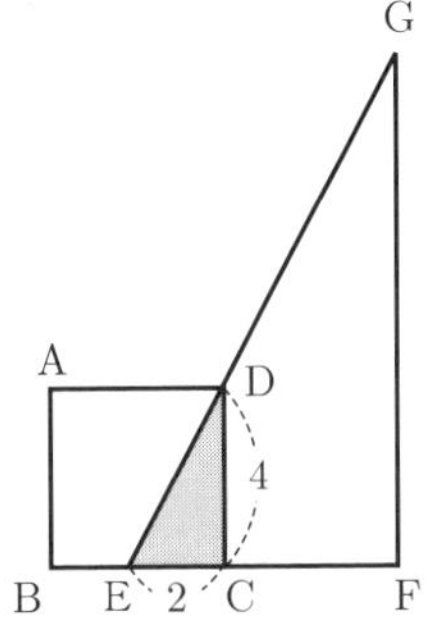

(3) $4 \leqq x \leqq 6$ のとき，図のようにP，Qとすると，
$AP = 4 - BP = 4 - 2 \times EB$
$= 4 - 2(x-4) = 12 - 2x$
$AQ = 6 - x$
$y = 15$ のとき，
△APQ = 1 であるから，
$\frac{1}{2}(12-2x)(6-x) = 1$
$(x-6)^2 = 1 \qquad x = 5$

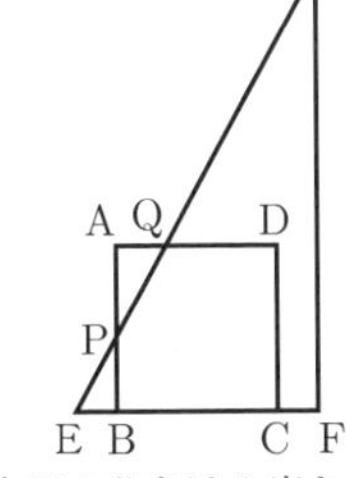

$6 \leqq x$ のとき，$y = 15$ となるのは，正方形のうちはみ出た部分の面積に注目して，$(x-6) \times 4 = 1 \qquad x = \frac{25}{4}$

3 取り出し方は全部で $5 \times 4 \times 3 = 60$（通り）で，これらは同様に確からしい。
(1) 求める確率は，$\frac{2 \times 1 \times 2}{60} = \frac{1}{15}$
(2) 両端が白，青の場合と，青，白の場合は等確率なので，
$\frac{2 \times 2 \times 3}{60} \times 2 = \frac{2}{5}$
(3) 条件をみたす取り出し方は，
1個目が白のとき，$2 \times 1 \times 3 + 2 \times 1 \times 1 = 8$（通り）
1個目が赤のとき，$1 \times 2 \times 3 = 6$（通り）
1個目が青のとき，$2 \times 2 \times 1 + 2 \times 1 \times 2 = 8$（通り）
したがって，求める確率は，$\frac{8+6+8}{60} = \frac{11}{30}$

4 (2) 右図より，
(ア) $\frac{\sqrt{3}}{2} \times 2 = \sqrt{3}$
(イ) $\sqrt{2}$

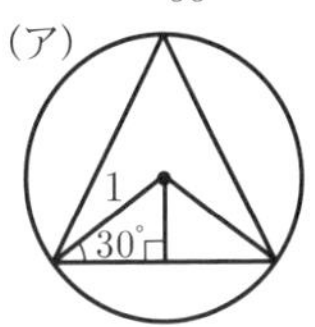

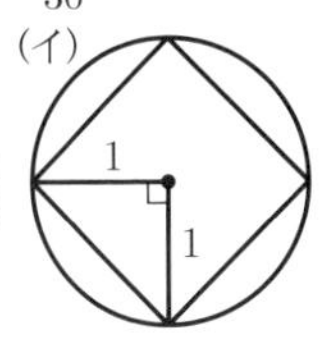

(3) 円の中心をO，一辺をABとする。
(ウ) 右図で，$AH = HO = \frac{1}{\sqrt{2}}$
△ABHで三平方の定理より，
$AB^2 = BH^2 + AH^2$
$= \left(1 - \frac{1}{\sqrt{2}}\right)^2 + \left(\frac{1}{\sqrt{2}}\right)^2$
$= 1 - \sqrt{2} + \frac{1}{2} + \frac{1}{2} = 2 - \sqrt{2}$
(エ) 右図で $AH = \frac{1}{2}$，
$HO = \frac{\sqrt{3}}{2}$
よって，
$AB^2 = \left(1 - \frac{\sqrt{3}}{2}\right)^2 + \left(\frac{1}{2}\right)^2$
$= 1 - \sqrt{3} + \frac{3}{4} + \frac{1}{4} = 2 - \sqrt{3}$
(5) (a) $\frac{3\sqrt{3}}{2} = \frac{3 \times 1.73}{2} = 2.595$
(b) $\frac{4\sqrt{2}}{2} = 2 \times 1.41 = 2.82$
(d) $\frac{5(-1+\sqrt{5})}{2} = \frac{5(-1+2.24)}{2} = 3.10$

〈SU. K.〉

成蹊高等学校　問題 P.154

解答

1 平方根，因数分解，関数 $y = ax^2$，立体の表面積と体積，相似 (1) −7
(2) $(x-2y)(x+2y-1)$ (3) $0 \leqq y \leqq 2$ (4) 2π (5) 1 : 8
2 連立方程式の応用 (1) 14個
(2) ① $(140 - 1.4x)$ 個 ② $x = 65$，$y = 55$
3 確率 (1) $\frac{1}{24}$ (2) $\frac{35}{216}$
4 関数 $y = ax^2$ (1) 48 cm^2
(2) $QR = t^2 - 2t + 5$ (cm) (3) $t = 1$，5
5 2次方程式，円周角と中心角
(1) ① ∠BCF = 108 度 ② ∠AKB = 36 度
(2) ① BK = 2 ② $AB = \sqrt{5} - 1$

解き方

1 (1) (与式)
$= \frac{3\sqrt{8} \times \sqrt{3}}{3} - \frac{12 + 2\sqrt{24} + 2}{2}$
$= 2\sqrt{6} - (7 + 2\sqrt{6}) = -7$
(2) (与式) $= x^2 - x - 4y^2 + 2y$
$= x^2 - 4y^2 - x + 2y$

$= (x-2y)(x+2y) - (x-2y)$

$x - 2y = A$ とおくと，(与式) $= A(x+2y) - A$

$= A(x+2y-1) = (x-2y)(x+2y-1)$

(3) x の変域が 0 を含むので，y の最小値は 0

$x = 4$ のとき，最大値 $y = \frac{1}{8} \times 4^2 = 2$ をとるので，変域は $0 \leqq y \leqq 2$

(4) 求める立体は右の図のように円すいから半球を取り除いた図形であり，その体積は

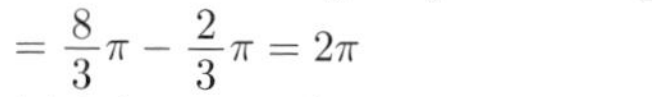

$2 \times 2 \times \pi \times 2 \times \frac{1}{3} - \frac{4}{3}\pi \times 1^3 \times \frac{1}{2}$

$= \frac{8}{3}\pi - \frac{2}{3}\pi = 2\pi$

(5) △ABP の面積を S とする。

△APD∽△QPB より AP : QP = AD : QB = 2 : 1

△ABP : △PBQ = 2 : 1　　△PBQ $= \frac{1}{2}S$

また，△PBA∽△PDR であり，相似比は

BP : DP = BQ : DA = 1 : 2

よって，△PBA : △PDR $= 1^2 : 2^2 = 1 : 4$

△PDR $= 4S$

したがって，△PBQ : △PDR $= \frac{1}{2}S : 4S = 1 : 8$

2 (1) A の中の白玉の個数の割合が 28%だから，赤玉の個数の割合は $100 - 28 = 72$ (%)

A の中の白玉の個数を a とすると

$28 : 72 = a : 36$　　これを解いて $a = 14$ (個)

(2) ① B の中の赤玉の個数は

$140 - \frac{x}{100} \times 140$

$= 140 - 1.4x$ (個)

② B，C の中の赤玉，白玉の個数は右の表のようになる。

B

赤玉	白玉	計
$140-1.4x$	$1.4x$	140

C

赤玉	白玉	計
$120-1.2y$	$1.2y$	120

$$\begin{cases} 1.4x + 1.2y = 157 \\ \frac{1}{7}(140 - 1.4x) + \frac{1}{6} \times 1.2y = 18 \end{cases}$$

整理すると $\begin{cases} 7x + 6y = 785 \\ x - y = 10 \end{cases}$　これを解くと $\begin{cases} x = 65 \\ y = 55 \end{cases}$

3 (1) 3 つのさいころの目の出方は全部で

$6 \times 6 \times 6 = 216$ (通り)

積 abc が素数となるのは，a, b, c のいずれか 1 つが素数で，残りの 2 つは 1 であるときである。1 ～ 6 のうち，素数は 2, 3, 5 の 3 つであるから，求める確率は $\frac{3 \times 3}{216} = \frac{1}{24}$

(2) 積が 1 桁になる目の出方の組み合わせは

A…(1, 1, 1), (2, 2, 2)

B…(1, 1, 2), (1, 1, 3), (1, 1, 4), (1, 1, 5), (1, 1, 6), (1, 2, 2), (1, 3, 3)

C…(1, 2, 3), (1, 2, 4)

であり，並べかえを考えると，A は 1 通り，B は 3 通り，C は 6 通りずつあるから

$1 \times 2 + 3 \times 7 + 6 \times 2 = 2 + 21 + 12 = 35$ (通り)

よって，求める確率は $\frac{35}{216}$

4 (1) 3 秒後には OP $= 2 \times 3 = 6$ (cm) であるから，それぞれの座標は P (6, 0), Q (6, 9), S (−6, 9), R (6, 1)

よって，△QSR = QS × QR × $\frac{1}{2}$

$= 12 \times (9 - 1) \times \frac{1}{2} = 48$ (cm^2)

(2) t 秒後には OP $= 2 \times t = 2t$ (cm) であるから，それぞれの座標は

P $(2t, 0)$, Q $(2t, t^2)$, S $(-2t, t^2)$, R $(2t, 2t-5)$

QR $= t^2 - (2t-5) = t^2 - 2t + 5$ (cm)

(3) △QSR が直角二等辺三角形になるのは

QS = QR

$2t - (-2t) = t^2 - 2t + 5$

$t^2 - 6t + 5 = 0$

$(t-1)(t-5) = 0$

$t = 1, 5$ (これらは題意を満たす)

5 (1) ① 半径 OB，OC を引く。

∠AOB = ∠BOC = 360° ÷ 10 = 36°

∠COF = 36° × 3 = 108°

△BOC，△COF は二等辺三角形だから

∠OCF = (180° − 108°) ÷ 2 = 36°

∠BCO = (180° − 36°) ÷ 2 = 72°

よって，

∠BCF = 36° + 72° = 108°

② ∠OFC = ∠OCF = 36° より

∠AKB = 180° − (108° + 36°) = 36°

(2) ① △BKO について ∠BOK = ∠BKO = 36° より，△BKO は二等辺三角形。

BK = BO = 2

② AB $= x$ とすると，BC $= x$，KC $= x + 2$

△KCO と △OCB について

∠CKO = ∠COB = 36°

∠KCO = ∠OCB = 72°

2 組の角がそれぞれ等しいから △KCO∽△OCB

KC : OC = CO : CB

$(x+2) : 2 = 2 : x$

$x(x+2) = 4$

$x^2 + 2x - 4 = 0$

解の公式より

$x = \frac{-2 \pm \sqrt{2^2 - 4 \times 1 \times (-4)}}{2} = \frac{-2 \pm 2\sqrt{5}}{2}$

$= -1 \pm \sqrt{5}$

$x > 0$ より $x = \text{AB} = \sqrt{5} - 1$

〈H. A.〉

専修大学附属高等学校

問題 P.155

解答

1 **正負の数の計算，平方根，因数分解，2 次方程式，比例・反比例，1 次関数，確率，立体の表面積と体積，円周角と中心角** (1) 4　(2) $5 + \sqrt{3}$

(3) $(a-1)(b-2)$　(4) $x = \frac{1 \pm \sqrt{7}}{3}$　(5) −2

(6) $y = -2x + 5$　(7) $\frac{1}{6}$　(8) 70π　(9) $\angle x = 140$ 度

2 **1 次方程式の応用** (1) 160 個　(2) 0.15%

3 **1 次関数，関数 $y = ax^2$** (1) $-\frac{16}{3}$　(2) −3

(3) −12

4 **場合の数** (1) 8 通り　(2) 36 通り

5 **データの散らばりと代表値，数・式の利用**

(1) $2n - 30$　(2) 210

6 **数・式の利用** (1) 秒速 $\frac{11}{9}$ m 以上 $\frac{14}{9}$ m 以下

(2) 秒速 $\frac{11}{9}$ m 以上 $\frac{60}{43}$ m 以下

解き方

1 (1) (与式) $= -3\times(-8)-5\times4$
$= 24-20=4$

(2) (与式) $= 6+2\sqrt{3}-\sqrt{3}-1=5+\sqrt{3}$

(3) (与式) $= a(b-2)-(b-2)=(a-1)(b-2)$

(4) 解の公式より,

$x=\frac{-(-2)\pm\sqrt{(-2)^2-4\times3\times(-2)}}{2\times3}$

$=\frac{2\pm2\sqrt{7}}{6}=\frac{1\pm\sqrt{7}}{3}$

(5) $x=2$ のとき, $y=\frac{20}{2}=10$

$x=5$ のとき, $y=\frac{20}{5}=4$

よって, 変化の割合は, $\frac{4-10}{5-2}=\frac{-6}{3}=-2$

(6) 求める直線の式を $y=ax+b$ とする。2 点 (1, 3), (−2, 9) を通るので, $a+b=3$…①　　$-2a+b=9$…②

①, ②を解いて, $a=-2$, $b=5$

よって, $y=-2x+5$

(7) すべての目の出方は, $6\times6=36$ (通り)

出た目の数の差が 3 になるのは,

(大, 小) = (1, 4), (4, 1), (2, 5), (5, 2), (3, 6), (6, 3) の 6 通り。よって, 求める確率は, $\frac{6}{36}=\frac{1}{6}$

(8) $\pi\times9^2\times\frac{2\pi\times5}{2\pi\times9}+\pi\times5^2=45\pi+25\pi=70\pi$

(9) OA = OB = OC より,

$\angle OAB=\angle OBA=26°$

$\angle OAC=\angle OCA=44°$

よって,

$\angle BAC=26°+44°=70°$

円周角の定理より,

$\angle x=70°\times2=140°$

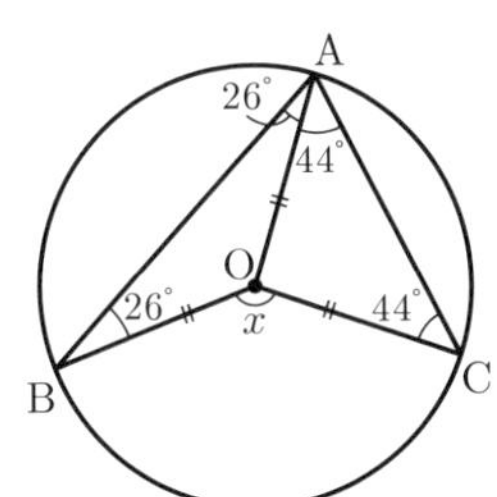

2 (1) 工場 A は, $100000\times\frac{70}{100}\times\frac{0.1}{100}=70$ (個)

工場 B は, $100000\times\frac{30}{100}\times\frac{0.3}{100}=90$ (個) より,

$70+90=160$ (個)

(2) 工場 E で不良品が x% あったとする。

工場 C は, $150000\times\frac{50}{100}\times\frac{0.1}{100}=75$ (個)

工場 D は, $150000\times\frac{30}{100}\times\frac{0.3}{100}=135$ (個)

工場 E は, $150000\times\frac{20}{100}\times\frac{x}{100}=300x$ (個)

よって, $75+135+300x=255$　　$300x=45$

$x=0.15$ (%)

3 (1) $y=ax^2$ は, 点 A (−3, −3) を通るので,

$-3=a\times(-3)^2$　　$a=-\frac{1}{3}$ より, $y=-\frac{1}{3}x^2$

点 B の y 座標は, $x=4$ を代入して,

$y=-\frac{1}{3}\times4^2=-\frac{16}{3}$

(2) 点 C の y 座標は, $y=-\frac{1}{3}\times5^2=-\frac{25}{3}$

よって, 直線 BC の傾きは,

$\left\{-\frac{25}{3}-\left(-\frac{16}{3}\right)\right\}\div(5-4)=-\frac{9}{3}=-3$

(3) AD // BC となればよいので, 直線 AD の傾きは −3 より, 直線 AD の式を $y=-3x+b$ とおくと,

点 A (−3, −3) を通るので,

$-3=-3\times(-3)+b$　　$b=-12$

よって, 点 D の y 座標は, −12

4 (1) バニラの買い方は, 0 ～ 7 個の 8 通りあり, バニラの個数が決まれば, チョコレートの個数が 1 通りに決まる。

(2) バニラの買い方は, 0 ～ 7 個の 8 通り。(1)と同様に考えて, バニラが 0 個のとき, チョコレートとストロベリーの買い方は 8 通り。同様に, バニラが 1 個のとき 7 通り, …, バニラが 7 個のとき 1 通りとなるので, すべての買い方は,

$8+7+6+5+4+3+2+1=36$ (通り)

5 (1) 小さい方から, 30, a, n, b, c とする。条件より,

$\frac{30+a+n+b+c}{5}=n$

$30+a+n+b+c=5n$…①　　また, $\frac{a+b}{2}=n$

$a+b=2n$…②　　②を①に代入して,

$30+2n+n+c=5n$　　$c=2n-30$

(2) 条件より, $a:(2n-30)=2:3$

$3a=2(2n-30)$　　$a=\frac{4n-60}{3}$

また, $n+b=30\times3$　　$b=-n+90$

(1)の②に代入して, $\frac{4n-60}{3}+(-n+90)=2n$

$4n-60-3n+270=6n$　　$5n=210$

よって, (1)の①より, 5 つの数の和は 210

6 (1) 時速 4 km は, 秒速 $\frac{4000}{60\times60}=\frac{10}{9}$ (m)

時速 6 km は, 秒速 $\frac{6000}{60\times60}=\frac{5}{3}$ (m) となる。

1 つ目の信号まで秒速 $\frac{10}{9}$ m で歩いたとき,

$154\div\frac{10}{9}=\frac{693}{5}=138\frac{3}{5}$ (秒後) に到着し, 秒速 $\frac{5}{3}$ m で歩いたとき, $154\div\frac{5}{3}=\frac{462}{5}=92\frac{2}{5}$ (秒後) に到着する。1 つ目の信号が青であるのは, 0 ～ 27 秒後, 99 ～ 126 秒後, …より, 99 ～ 126 秒後に到着すればよい。

よって, $\frac{154}{99}=\frac{14}{9}$, $\frac{154}{126}=\frac{11}{9}$ より,

秒速 $\frac{11}{9}$ m 以上秒速 $\frac{14}{9}$ m 以下で歩けばよい。

(2) 2 つ目の信号まで秒速 $\frac{10}{9}$ m で歩いたとき,

$240\div\frac{10}{9}=216$ (秒後) に到着し, 秒速 $\frac{5}{3}$ m で歩いたとき, $240\div\frac{5}{3}=144$ (秒後) に到着する。

2 つ目の信号が青であるのは, 0 ～ 36 秒後, 86 ～ 122 秒後, 172 ～ 208 秒後, …より, 172 ～ 208 秒後に到着すればよい。

よって, 2 つ目の信号に立ち止まらないためには,

$\frac{240}{172}=\frac{60}{43}$, $\frac{240}{208}=\frac{15}{13}$ より,

秒速 $\frac{15}{13}$ m 以上秒速 $\frac{60}{43}$ m 以下で歩けばよい。

(1)の結果と合わせて, 2 つの信号を立ち止まらずに進むためには, 秒速 $\frac{11}{9}$ m 以上 $\frac{60}{43}$ m 以下で歩けばよい。

〈A. H.〉

中央大学杉並高等学校

問題 P.156

解 答

1 **多項式の乗法・除法，平方根，2 次方程式，平行と合同，平行線と線分の比，中点連結定理**

(問 1) 5　(問 2) $x=-1,\ -2$　(問 3) 64 度

(問 4) $x=\sqrt{2}$

2 **2 次方程式の応用**　(問 1) $\left(1-\dfrac{1}{10}x\right)$ kg

(問 2) $x=3$

3 **確率**　(問 1) $\dfrac{3}{8}$　(問 2) B　(問 3) $\dfrac{1}{4}$

4 都合により省略

5 **1 次関数，平面図形の基本・作図，平行四辺形**

(問 1) $y=-\dfrac{1}{4}x+2$　(問 2) $\left(\dfrac{49}{11},\ -\dfrac{4}{11}\right)$

(問 3) (式・考え方)

(例) (問 2) で求めた点を E とする。AC // BE だから，

△ABC = △AEC

したがって，四角形 ABCD の面積は △AED の面積に等しい。

DE の中点の座標

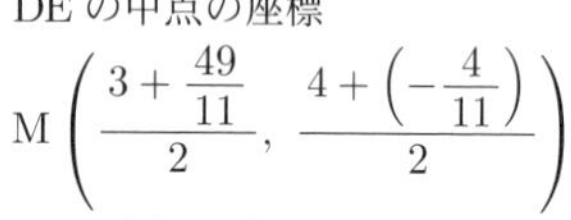

$$\mathrm{M}\left(\frac{3+\frac{49}{11}}{2},\ \frac{4+\left(-\frac{4}{11}\right)}{2}\right)$$

$=\mathrm{M}\left(\dfrac{41}{11},\ \dfrac{20}{11}\right)$

と A (0, 2) を通る直線の式が四角形 ABCD の面積を二等分する直線の式である。

直線 AM の傾きは，$-\left(2-\dfrac{20}{11}\right)\div\dfrac{41}{11}=-\dfrac{2}{41}$

よって，求める直線の式は，$y=-\dfrac{2}{41}x+2$

(答) $y=-\dfrac{2}{41}x+2$

解き方

1 (問 1)

$(x+2)(y+2)=(x-2)(y-2)\cdots$①

①の両辺を展開して整理すると，$x+y=0\cdots$②

$(2x+\sqrt{5})(2y+\sqrt{5})+4x^2$

$=4xy+2\sqrt{5}\,(x+y)+5+4x^2\cdots$③

③に②を代入すると，(与式) $=-4x^2+0+5+4x^2=5$

(問 2) $(x+2)(x-2)=(x+2)^2+(x+2)(x-3)\cdots$①

①の両辺を展開して整理すると，$x^2+3x+2=0$

$(x+1)(x+2)=0$　　よって，$x=-1,\ -2$

(問 3) $\angle\mathrm{EGH}=180°-\angle\mathrm{EGC}$

$=180°-(\angle\mathrm{DCG}+\angle\mathrm{CDE})$

$=180°-(8°+108°)=64°$

(問 4) PR = QR = a，AP = b とおくと，

△PBR∽△PDA

BR = an，AD = bn (n は定数) と表せるから，P から BC に平行な直線を引き，DC との交点を E とすると，

RC $=(b-a)n$ だから，PE $=2\,(b-a)n$

△QAD で $2a:(2a+b)=2\,(b-a)n:bn$

$(2a+b)(b-a)=ab$　　$2a^2-b^2=0$

$(\sqrt{2}\,a+b)(\sqrt{2}\,a-b)=0$　　$a>0,\ b>0$ だから，

$\sqrt{2}\,a=b$　　よって，$x=\sqrt{2}$

2 (問 1) 食塩水 10 kg 中に含まれる食塩の量は，

$10\times\dfrac{10}{100}=1$ (kg) だから，操作 A の直後に容器に残っている食塩の量は，$1-\dfrac{10}{100}x=1-\dfrac{1}{10}x$ (kg)

(問 2) $\left(1-\dfrac{1}{10}x\right)\left(1-\dfrac{2}{10}x\right)=\dfrac{28}{100}\cdots$①

①を展開して整理すると，$x^2-15x+36=0$

$(x-3)(x-12)=0$

よって，$x=3,\ 12$　　$x<5$ だから，$x=12$ は題意に合わない。$x=3$ は題意に適する。

3 (問 1) コインを 3 回投げて表，裏の出る場合の数は，$2^3=8$ (通り)　点 P が頂点 C にある場合は表が 2 回，裏が 1 回出るときだから，3 通り。

したがって，求める確率は，$\dfrac{3}{8}$

(問 2) 表が 1 回，裏が 2 回出る場合は 3 通りで，点 P は A にある。表が 3 回出る場合は 1 通りで，点 P は E にある。裏が 3 回出る場合は 1 通りで点 P は D にある。

したがって，点 P がいられない頂点は B である。

(問 3) コインを 4 回投げて表，裏の出る場合の数は，$2^4=16$ (通り)　点 P が B にあるのは，表が 1 回，裏が 3 回出るときだから，4 通り。

したがって，求める確率は，$\dfrac{4}{16}=\dfrac{1}{4}$

4 都合により省略

5 (問 1) 2 点 A (0, 2)，C (4, 1) を通る直線 AC の傾きは $\dfrac{1-2}{4}=-\dfrac{1}{4}$ だから，直線 AC の式は $y=-\dfrac{1}{4}x+2$

(問 2) 直線 AC に平行で，点 B を通る直線の式は，

$y=-\dfrac{1}{4}x+\dfrac{3}{4}\cdots$①

直線 CD の式は，$y=-3x+13\cdots$②

①，②の交点の x 座標の値は，$-\dfrac{1}{4}x+\dfrac{3}{4}=-3x+13$

これを解いて，$x=\dfrac{49}{11}$

y 座標の値は，$y=-3\times\dfrac{49}{11}+13=-\dfrac{4}{11}$

よって，交点の座標は，$\left(\dfrac{49}{11},\ -\dfrac{4}{11}\right)$

〈K. M.〉

中央大学附属高等学校

問題 P.157

解 答

1 **式の計算，平方根，因数分解，連立方程式，2 次方程式，数の性質，確率，1 次方程式の応用，多項式の乗法・除法，平行と合同**　(1) $-\dfrac{2b}{3a}$　(2) -3

(3) $(2a-b+2)(2a-b-2)$　(4) $x=4,\ y=1$

(5) $x=-2,\ 1$　(6) $n=16,\ 61$　(7) $\dfrac{5}{12}$　(8) $x=3$

(9) $\angle x=36$ 度

2 **立体の表面積と体積**　(1) $\dfrac{31}{3}\pi$　(2) 18π

3 **1 次関数，関数 $y=ax^2$，相似**　(1) $a=\dfrac{4}{9}$

(2) $y=4x-8$　(3) $(12,\ 64)$，$(-3,\ 4)$

4 **数の性質，因数分解，2 次方程式の応用**

(1) $n^2-14+\dfrac{49}{n^2}$　(2) $\dfrac{S}{n^2}=t^2-5t+4$

(3) $(n^2-4n-7)(n^2-n-7)$　(4) $n=5$

解き方

1 (1) (与式) $= -\dfrac{12a^5b^2 \times 27b^3 \times 4a}{8a^3 \times 3b^4 \times 81a^4}$

$= -\dfrac{2b}{3a}$

(2) (与式) $= \dfrac{2(\sqrt{13}+\sqrt{3})(\sqrt{13}-\sqrt{3})}{5\sqrt{2}} - (3+2\sqrt{2})$

$= \dfrac{20}{5\sqrt{2}} - 3 - 2\sqrt{2} = 2\sqrt{2} - 3 - 2\sqrt{2} = -3$

(3) (与式) $= (4a^2 - 4ab + b^2) - 4 = (2a-b)^2 - 2^2$

$= (2a-b+2)(2a-b-2)$

(4) (第 1 式) $\times 6$ より，$2(2x+1) - 3(3y+1) = 6$

$4x - 9y = 7$…①

(第 2 式) $\times 100$ より，$2x + 20 + 12y = 40$

$x + 6y = 10$…②

① − ② ×4 より，$-33y = -33$　　$y = 1$

②に代入して，$x = 10 - 6 = 4$

(5) 与式より，$x^2 + 9x + 4x^2 - 4x + 1 = 11$

$x^2 + x - 2 = 0$　　$(x+2)(x-1) = 0$

よって，$x = -2,\ 1$

(6) $60(n+1)(n^2-1) = 2^2 \times 3 \times 5 \times (n+1)^2(n-1)$

よって，$n - 1 = 3 \times 5 \times m^2$（$m$ は自然数）

$m = 1$ のとき，$n = 15 + 1 = 16$

$m = 2$ のとき，$n = 60 + 1 = 61$

$m \geqq 3$ のとき，n は 3 桁以上となり不適。

(7) 目の出方は全部で $6^2 = 36$（通り）　これらは同様に確からしい。積が 6 となる目の数は 1 と 6，2 と 3，目の出方は $2 + 2 = 4$（通り）

同様に考えて，12 のとき 2 と 6，3 と 4，目の出方は 4 通り。18 のとき 3 と 6 で 2 通り，24 のとき 4 と 6 で 2 通り，30 のとき 5 と 6 で 2 通り，36 のとき 6 と 6 で 1 通り。

したがって，求める確率は，$\dfrac{4+4+2+2+2+1}{36} = \dfrac{5}{12}$

(8) $8\pi - \dfrac{1}{8}\pi x^2 + \dfrac{1}{2}\left(4 - \dfrac{1}{2}x\right)^2\pi = 10\pi$ より，$x = 3$

(9) $\angle x = 108° - (180° - 108°) = 36°$

2 (1) $\pi + 4\pi + \dfrac{4}{3}\pi \times 2^3 \times \dfrac{1}{2} = \dfrac{31}{3}\pi$

(2) $\pi + 2\pi + (4\pi - \pi) + 4\pi + 4\pi \times 2^2 \times \dfrac{1}{2} = 18\pi$

3 (1) A，B，C の y 座標に注目して，AB : BC = 2 : 1 より，B の y 座標は -4　　B は $y = -4x^2$ 上にあるので B の x 座標は 1　　よって，A の x 座標は 3

A (3, 4) が $y = ax^2$ 上にあるので，$4 = 9a$　　$a = \dfrac{4}{9}$

(2) A (3, 4)，C (0, −8) より，直線 AB は $y = 4x - 8$

(3) y 軸上の点を Q として，△AQC : △ADC = 2 : 1 のとき，Q を通り AC に平行な直線と $y = \dfrac{4}{9}x^2$ の交点は条件をみたす。

DC = 12 であるから，Q (0, 16) または Q (0, −32)

Q (0, 16) のとき，$4x + 16 = \dfrac{4}{9}x^2$ より，

$x^2 - 9x - 36 = 0$　　$(x-12)(x+3) = 0$　　$x = 12,\ -3$

このとき P の座標は，(12, 64)，(−3, 4)

Q (0, −32) のとき，$4x - 32 = \dfrac{4}{9}x^2$ より，

$x^2 - 9x + 72 = 0$

これをみたす x はない。

4 (1) $\left(n - \dfrac{7}{n}\right)^2 = n^2 - 2n \times \dfrac{7}{n} + \left(\dfrac{7}{n}\right)^2$

$= n^2 - 14 + \dfrac{49}{n^2}$

(2) $\dfrac{S}{n^2} = n^2 - 5n - 10 + \dfrac{35}{n} + \dfrac{49}{n^2}$

$= \left(n^2 - 14 + \dfrac{49}{n^2}\right) - 5n + 4 + \dfrac{35}{n}$

$= \left(n - \dfrac{7}{n}\right)^2 - 5\left(n - \dfrac{7}{n}\right) + 4$

$= t^2 - 5t + 4$

(3) $S = n^2(t^2 - 5t + 4) = n^2(t-4)(t-1)$

$= n^2\left(n - \dfrac{7}{n} - 4\right)\left(n - \dfrac{7}{n} - 1\right)$

$= (n^2 - 7 - 4n)(n^2 - 7 - n)$

(5) $-26 = -1 \times 26 = -26 \times 1 = -2 \times 13 = -13 \times 2$

$\mathrm{A} = n^2 - 7 - 4n$，$\mathrm{B} = n^2 - 7 - n$ とすると，

A < B であるから，

① A = −1，B = 26　　② A = −26，B = 1

③ A = −2，B = 13　　④ A = −13，B = 2

①のとき，B − A より，$3n = 27$　　$n = 9$

これは A = −1 に適さない。

同様に，②のとき，$3n = 27$　　$n = 9$　　これも不適。

③のとき，$3n = 15$　　$n = 5$　　これは A = −2，B = 13 をみたす。

④のとき，$3n = 15$　　$n = 5$　　これは不適。

〈SU. K.〉

土浦日本大学高等学校

問題 P.158

解答

1 ┃正負の数の計算，平方根，2 次方程式，連立方程式，数の性質，関数 $y = ax^2$，平行四辺形，データの散らばりと代表値┃ (1) $\dfrac{ア}{イ}$…$\dfrac{3}{4}$　(2) $\dfrac{ウ}{エ}$…$\dfrac{1}{4}$

(3) オ，カ…3，8　(4) キ…6，ク…9　(5) ケ，コ…0，3

2 ┃1 次関数，確率，三角形┃

(1) $\dfrac{ア}{イ}$…$\dfrac{1}{8}$，ウ…2　(2) $\dfrac{エ}{オ}$…$\dfrac{5}{9}$，$\dfrac{カ}{キク}$…$\dfrac{5}{12}$

(3) ケコサ…105，シス…20

3 ┃1 次方程式の応用┃ (1) $\dfrac{ア}{イウ}$…$\dfrac{5}{36}$

(2) エ…2，オカ…15　(3) キ…8

4 ┃1 次関数，立体の表面積と体積，関数 $y = ax^2$┃

(1) ア…2，イ…4　(2) $\dfrac{ウ}{エ}$…$\dfrac{1}{2}$，$\dfrac{オ}{カ}$…$\dfrac{3}{2}$　(3) $\dfrac{キ}{ク}$…$\dfrac{9}{2}$

5 ┃平行と合同，相似，円周角と中心角┃ (1) ア…2

(2) イ…1，$\dfrac{ウ\sqrt{エ}}{オ}$…$\dfrac{2\sqrt{3}}{3}$　(3) カキ : クケ…27 : 25

解き方

1 (1) $-\dfrac{1}{12} \div \left(-\dfrac{1}{6}\right) + \dfrac{1}{4}$

$= -\dfrac{1}{12} \times (-6) + \dfrac{1}{4} = \dfrac{1}{2} + \dfrac{1}{4} = \dfrac{3}{4}$

(2) $\left\{\left(\dfrac{\sqrt{5}+\sqrt{3}}{2}\right)\left(\dfrac{\sqrt{5}-\sqrt{3}}{2}\right)\right\}^2 = \left(\dfrac{2}{4}\right)^2$

$= \left(\dfrac{1}{2}\right)^2 = \dfrac{1}{4}$

(3) $x - 3 = \mathrm{A}$ とおく。$\mathrm{A}^2 = 5\mathrm{A}$　　$\mathrm{A}(\mathrm{A} - 5) = 0$

A = 0 より $x - 3 = 0$　　$x = 3$

A = 5 より $x - 3 = 5$　　$x = 8$

(4) 上の式を①，下の式を②とする。①の両辺を 3 倍すると $4x - 2y = 33 - 3y$　　$4x + y = 33$…①′

②を変形して $x = -2y + 24$…②′，①′ に②′ を代入する。

$4(-2y + 24) + y = 33$　　$-8y + 96 + y = 33$

$-7y=-63 \qquad y=9\cdots③$

③を②′ に代入して，$x=-18+24 \qquad x=6$

(5) ⓪…素数の中で偶数は2のみなので，正しい。

①…関数 $y=ax^2$ の変化の割合は一定ではないので，正しくない。

②…台形になる可能性もあるので，正しくない。

③…x と y の平均値は $\dfrac{x+y}{2}$

$(x+2)$ と $(y+2)$ の平均値は

$\dfrac{(x+2)+(y+2)}{2}=\dfrac{x+y+4}{2}=\dfrac{x+y}{2}+2$

なので，正しい。

2 (1) 直線①の切片の座標は (0, 2)

(0, 2) と A (2, 6) を通る直線の傾き a は，

$a=\dfrac{6-2}{2-0}=\dfrac{4}{2}=2$

同様にして，(0, 2) と B (8, 3) を通る直線の傾き a は，

$a=\dfrac{3-2}{8-0}=\dfrac{1}{8}$ 以上より，$\dfrac{1}{8}\leqq a\leqq 2$

(2) 出た目の積が3の倍数となるのは，

(1, 3), (1, 6), (2, 3), (2, 6), (3, 1), (3, 2), (3, 3), (3, 4), (3, 5), (3, 6), (4, 3), (4, 6), (5, 3), (5, 6), (6, 1), (6, 2), (6, 3), (6, 4), (6, 5), (6, 6) の20通り。よって，$\dfrac{20}{36}=\dfrac{5}{9}$

出た目の積が4の倍数となるのは，(1, 4), (2, 2), (2, 4), (2, 6), (3, 4), (4, 1), (4, 2), (4, 3), (4, 4), (4, 5), (4, 6), (5, 4), (6, 2), (6, 4), (6, 6) の15通り。よって，$\dfrac{15}{36}=\dfrac{5}{12}$

(3) 右図のように6点A～Fを定める。△ABC において，

$\angle x=180^\circ-(30^\circ+45^\circ)$

$=105^\circ$

△DEF において，

$\angle DEF=25^\circ+45^\circ=70^\circ$

$\angle DFE=30^\circ+60^\circ=90^\circ$

よって，

$\angle y=180^\circ-(70^\circ+90^\circ)=20^\circ$

3 (1) $\dfrac{x}{18}+\dfrac{x}{12}=\dfrac{5}{36}x$

(2) Bが時速 18 km で走ったのは $\dfrac{20}{60}\times 18=6$ (km)

同様にして，時速 15 km で走ったのは 5 km，時速 12 km で走ったのは 4 km，マラソンコース2周で $2x$ km なので，求める道のりは $2x-(6+5+4)=2x-15$

(3) Bが時速 18 km で走ったのは $\dfrac{20}{60}=\dfrac{1}{3}$ (時間) である。

同様にして，時速 15 km で走ったのは $\dfrac{1}{3}$ 時間，時速 12 km で走ったのも $\dfrac{1}{3}$ 時間である。(1)より全体で $\dfrac{5}{36}x$ 時間かかっているので，Bが時速 9 km で走ったのは

$\dfrac{5}{36}x-\left(\dfrac{1}{3}+\dfrac{1}{3}+\dfrac{1}{3}\right)=\dfrac{5}{36}x-1$ (時間) である。

速さ・時間・道のりの関係から，

$9\times\left(\dfrac{5}{36}x-1\right)=2x-15 \qquad \dfrac{5}{4}x-9=2x-15$

$5x-36=8x-60 \qquad 3x=24 \qquad x=8$

4 (1) $y=x^2$ と $y=x+2$ を連立させて解くと，

$x^2=x+2 \qquad x^2-x-2=0 \qquad (x+1)(x-2)=0$

$x=-1,\ x=2$

点Bの x 座標は2 $\quad y=2^2=4$ より B (2, 4)

(2) 線分 OB の中点を M とする。B (2, 4) より M (1, 2)

2点 A (−1, 1), M (1, 2) を通る直線を $y=ax+b$ とする。

$a=\dfrac{2-1}{1-(-1)}=\dfrac{1}{2} \qquad 2=\dfrac{1}{2}\times 1+b \qquad 2=\dfrac{1}{2}+b$

$b=\dfrac{3}{2}$ よって，求める直線の式は $y=\dfrac{1}{2}x+\dfrac{3}{2}$

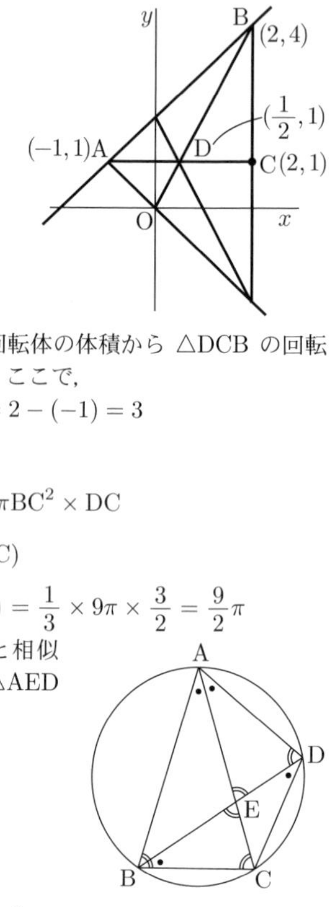

(3) 右図のように2点C，Dを定める。

点Cは $x=2$ と $y=1$ の交点なので C (2, 1)

点Dは直線 OB と $y=1$ の交点で，OB の式は $y=2x$ なので

$1=2x \qquad x=\dfrac{1}{2}$

D $\left(\dfrac{1}{2},\ 1\right)$

求める体積は △ABC の回転体の体積から △DCB の回転体の体積を引いて求める。ここで，

$BC=4-1=3 \qquad AC=2-(-1)=3$

$DC=2-\dfrac{1}{2}=\dfrac{3}{2}$

$\dfrac{1}{3}\times\pi BC^2\times AC-\dfrac{1}{3}\times\pi BC^2\times DC$

$=\dfrac{1}{3}\times\pi BC^2\times(AC-DC)$

$=\dfrac{1}{3}\times 3^2\times\pi\times\left(3-\dfrac{3}{2}\right)=\dfrac{1}{3}\times 9\pi\times\dfrac{3}{2}=\dfrac{9}{2}\pi$

5 (1) 右図より △ABC と相似な三角形は △BCE と △AED なので2個。

(2) △ABC∽△BCE より

$AB:BC=BC:CE$

$3:\sqrt{3}=\sqrt{3}:CE$

$3CE=3$

$CE=1$

$AE=AC-CE=3-1=2$

△ABC∽△AED より $AB:AE=BC:ED$

$3:2=\sqrt{3}:ED \qquad DE=\dfrac{2\sqrt{3}}{3}$

(3) 右図より，2組の角がそれぞれ等しいので

△AFC∽△DCB $\qquad AC=3$

$BE=BC=\sqrt{3}$

$BD=BE+DE=\sqrt{3}+\dfrac{2\sqrt{3}}{3}$

$=\dfrac{5\sqrt{3}}{3}$

2つの三角形の相似比は

$AC:BD=3:\dfrac{5\sqrt{3}}{3}=9:5\sqrt{3}$

面積比は

$\triangle AFC:\triangle DCB=9^2:(5\sqrt{3})^2=81:75=27:25$

〈YM. K.〉

桐蔭学園高等学校

問題 P.159

解 答 **1** **平方根，式の計算，因数分解，円周角と中心角，空間図形の基本，確率**

(1) ア $-\dfrac{イ}{3}\sqrt{ウ}$…$4-\dfrac{4}{3}\sqrt{3}$ (2) エ $a^{オ}b$…$2a^3b$

(3) カ…2，キ…6 (4) クケ…38 (5) コ…6 (6) サシ…12

2 **場合の数** (1) アイ…10 (2) ウエオ…189

(3) カキク…120，ケコ…20

3 **関数 $y=ax^2$，相似** (1) ア…9 (2) イ…6，ウ…0

(3) エ…3，$\dfrac{オ}{カ}$…$\dfrac{9}{2}$，$\dfrac{キク}{2}$…$\dfrac{15}{2}$ (4) $\dfrac{ケ\sqrt{コ}}{サ}$…$\dfrac{9\sqrt{2}}{2}$

4 **相似，三平方の定理** (1) ア$\sqrt{イ}$…$3\sqrt{3}$

(2) ウエ－オ$\sqrt{カ}$…$18-6\sqrt{3}$

(3) キ：ク…2：3，ケ－コ$\sqrt{サ}$…$9-3\sqrt{3}$

5 **立体の表面積と体積，相似** (1) $\dfrac{ア}{イ}$…$\dfrac{3}{2}$ (2) ウ…4

(3) $\dfrac{エオ}{カ}$…$\dfrac{47}{9}$

解き方 **1** (1) (与式) $=\dfrac{2\sqrt{3}}{3}+4-2\sqrt{3}$

$=4-\dfrac{4}{3}\sqrt{3}$

(2) (与式) $=16a^6b^4\div 8a^3b^3=2a^3b$

(4) $\angle BCA+\angle CAB$

$=180°-85°=95°$

$\angle BCA:\angle CAB=\overset{\frown}{AB}:\overset{\frown}{BC}$

$=2:3$

$\angle BCA=95°\times\dfrac{2}{2+3}=38°$

円の中心を O とする。

円周角の定理より，

$\angle BOA=2\angle BCA=76°$

$OA=OB$ より，$\angle OAB=\dfrac{180°-76°}{2}=52°$

$\angle BAX=90°-52°=38°$

(6) さいころができるとき，1 と a，2 と c が向かい合うので，a＝6，c＝5 と決まる。残った b，d について，考えられるのは (b，d)＝(3，4)，(4，3) の 2 通り

$\dfrac{2}{4\times3\times2\times1}=\dfrac{1}{12}$

2 (1) $6=2+2+2$，$4+1+1$，$3+2+1$

目の並びかえはそれぞれ 1 通り，3 通り，6 通りあるので，

$1+3+6=10$（通り）

(2) 目の数の積が奇数になるのは，すべてのさいころの目が奇数 (＝1・3・5) になるときであるから，$3^3=27$

$6^3-27=216-27=189$（通り）

(3) 大→中→小の順に目の数を決めると，

$6\times5\times4=120$（通り）

目の数が大きい順に大，中，小となる場合を書き出すと，

(大，中，小)＝(6，5，4〜1)
(6，4，3〜1)
(6，3，2〜1)
(6，2，1) } $4+3+2+1=10$（通り）

(5，4，3〜1)
(5，3，2〜1)
(5，2，1) } $3+2+1=6$（通り）

(4，3，2〜1)
(4，2，1) } $2+1=3$（通り）

(3，2，1) 1 通り

以上より，$10+6+3+1=20$（通り）

別 解 1，2，3，4，5，6 から 3 つの数を選ぶ方法は

$\dfrac{6\times5\times4}{3\times2\times1}=20$（通り）

選んだ数の並びかえは 1 通りに決まるので，

$20\times1=20$（通り）

3 (2) y の変域が $0\leqq y\leqq 9$ となるためには，x の変域 $b\leqq x\leqq 6$ に原点が含まれる必要がある。

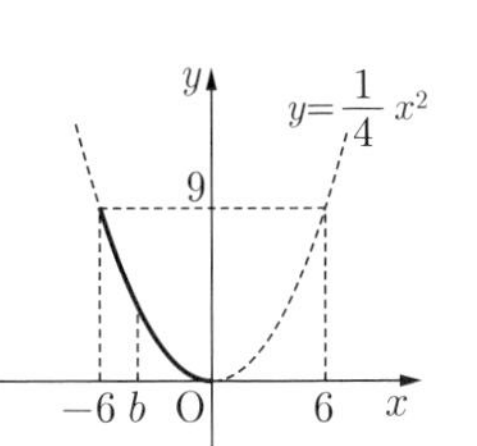

また，$\dfrac{1}{4}x^2=9$ を解くと，

$x^2=36$ $x=\pm6$

x 座標が b となる点の存在する範囲は右図の太線部分である。

(3) 直線 m … $y=-x+a$ が OA の中点 $\left(3,\ \dfrac{9}{2}\right)$ を通るとき，$\dfrac{9}{2}=-3+a$ $a=\dfrac{15}{2}$

(4) 求める直線の式を $y=k$ とし，直線 $y=k$ が OA，OC と交わる点をそれぞれ D，E とする。

AC // DE より，

$\triangle OAC\backsim\triangle ODE$

面積比は

$\triangle OAC:\triangle ODE=2:1$

相似比は $9:k=\sqrt{2}:1$

$\sqrt{2}k=9$ $k=\dfrac{9}{\sqrt{2}}=\dfrac{9\sqrt{2}}{2}$

4 (1) $OD=6$，$OC=BC=3$ より，$\triangle OCD$ は

$OD:OC=2:1$ であるから，

30°，60°，90° の直角三角形

$CD=\sqrt{3}OC=3\sqrt{3}$

(2) $\angle DOC=60°$ であり，円周角の定理より，$\angle DAC=30°$

$\triangle AOF$ は 30°，60°，90° の直角三角形であるから，

$OF=\dfrac{1}{\sqrt{3}}OA=\dfrac{6}{\sqrt{3}}=2\sqrt{3}$

$\triangle AEF=FE\times OA\times\dfrac{1}{2}=(6-2\sqrt{3})\times6\times\dfrac{1}{2}$

$=18-6\sqrt{3}$

(3) $AB\perp CD$，$AB\perp OE$ より，CD // OE

$\triangle AOF\backsim\triangle ACD$ が成り立ち，

$AF:AD=AO:AC=6:(6+3)=2:3$

$\triangle DEF=FE\times OC\times\dfrac{1}{2}=(6-2\sqrt{3})\times3\times\dfrac{1}{2}$

$=9-3\sqrt{3}$

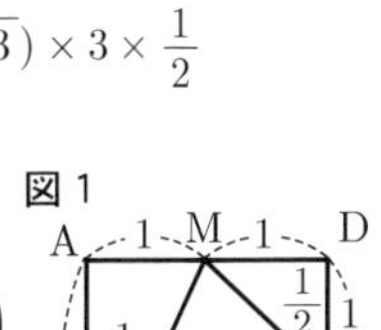

5 (1)

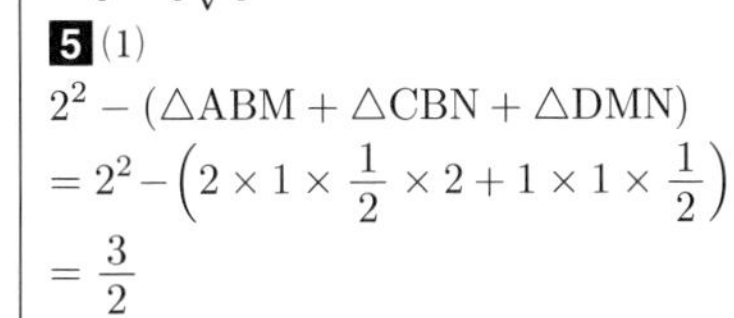

$2^2-(\triangle ABM+\triangle CBN+\triangle DMN)$

$=2^2-\left(2\times1\times\dfrac{1}{2}\times2+1\times1\times\dfrac{1}{2}\right)$

$=\dfrac{3}{2}$

図 1

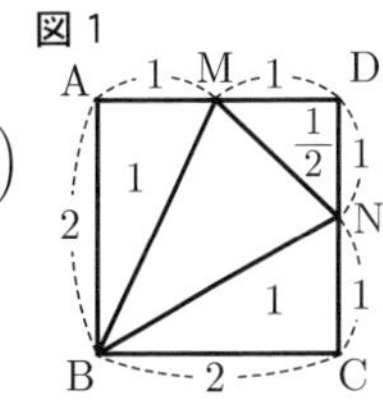

(2) 切り口は右の**図 2** のような正六角形となり，立方体の体積を 2 等分する。立体 Y の体積は，

$2^3 \times \dfrac{1}{2} = 4$

(3) 線分 MN，2 辺 BA，BC を延長することで，平面 ABCD を広げる。（**図 3**）

図 2

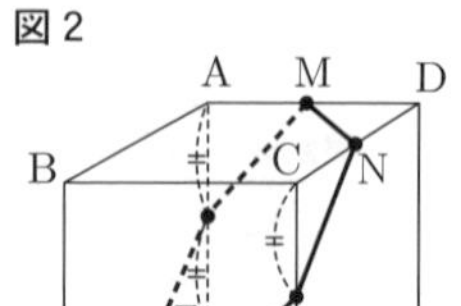
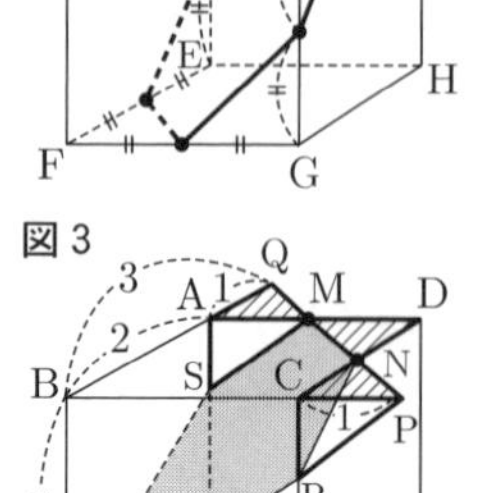

図 3

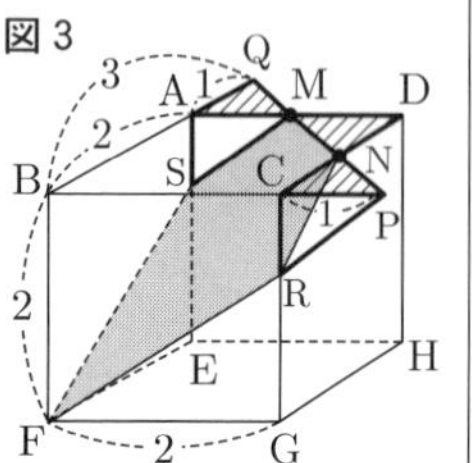

$\triangle DMN \equiv \triangle AMQ \equiv \triangle CPN$

より，

$AQ = CP = 1,\ BP = BQ = 3$

[三角すい F − BPQ]

$= 3 \times 3 \times \dfrac{1}{2} \times 2 \times \dfrac{1}{3} = 3$

三角すい R − CPN，

S − AMQ は，三角すい

F − BPQ と相似で，相似比は

1 : 3 であるから，

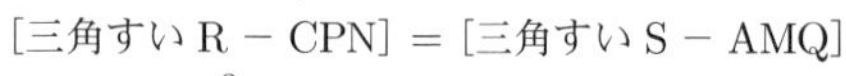

[三角すい R − CPN] = [三角すい S − AMQ]

$= 3 \times \left(\dfrac{1}{3}\right)^3 = \dfrac{1}{9}$

2 つに切り分けた立体のうち，頂点 B を含む方の体積は，

$3 - \dfrac{1}{9} \times 2 = \dfrac{25}{9}$

したがって，立体 Y の体積は，$2^3 - \dfrac{25}{9} = \dfrac{47}{9}$

〈A. T.〉

東海高等学校

問題 P.160

解　答

1 ▎**2 次方程式，データの散らばりと代表値** ▎

(1) ア．$\dfrac{-3 \pm \sqrt{65}}{4}$

(2) イ．3，4，5，6，7，7，10

2 ▎**数の性質，因数分解，平方根** ▎ (1) ウ．76

(2) エ．5，27，85

3 ▎**関数 $y = ax^2$，三平方の定理** ▎ (1) オ．$2\sqrt{3}$

(2) カ．$\left(-\dfrac{\sqrt{3}}{6},\ \dfrac{1}{2}\right)$

4 ▎**相似，三平方の定理** ▎ (1) キ．$\sqrt{5}$

(2) ク．$\dfrac{1}{2}$　ケ．$\dfrac{\sqrt{5}}{2}$　(3) コ．$\sqrt{2}$

5 ▎**円周角と中心角，三平方の定理** ▎ (1) サ．$2\sqrt{2}$

(2) シ．$\sqrt{3}$　(3) ス．$3 + 2\sqrt{3}$

6 ▎**立体の表面積と体積，中点連結定理，三平方の定理** ▎

(1) セ．$\dfrac{256\sqrt{2}}{3}$　(2) ソ．$12\sqrt{11}$　(3) タ．$32\sqrt{2}$

解き方

1 (1) 与式より，

$3(x+2)^2 - 5(x+1)(x+2) = -5$

展開して整理すると，$2x^2 + 3x - 7 = 0$

よって，$x = \dfrac{-3 \pm \sqrt{65}}{4}$

(2) 平均値は 6 点，中央値も 6 点，最頻値が 7 点で範囲が 7 点であることから，「0，□，△，6，7，7，7」，「1，□，△，6，7，7，8」，「2，□，△，6，7，7，9」，「3，□，△，6，7，7，10」の中から平均値が 6 点となるものを選ぶ。得点は小さい順に 3，4，5，6，7，7，10

2 (1) $171 = 3^2 \times 19$ であるから，条件をみたす a は

$a = 19 \times 2^2 = 76$

(2) $171 + b^2 = c^2$（c は自然数）とすると，$c^2 - b^2 = 171$

$(c-b)(c+b) = 3^2 \times 19$

よって，$c - b = 1,\ c + b = 171$　　このとき，$b = 85$

$c - b = 3,\ c + b = 57$　　このとき，$b = 27$

$c - b = 9,\ c + b = 19$　　このとき，$b = 5$

3 (1) $OA = 1$ で $\triangle OAB$ が正三角形であるから，

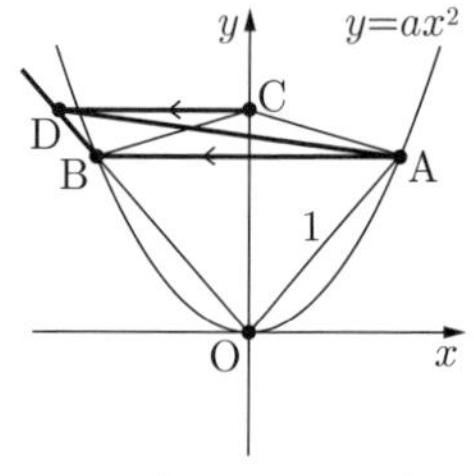

$A\left(\dfrac{1}{2},\ \dfrac{\sqrt{3}}{2}\right)$

これが $y = ax^2$ 上にあるので，

$\dfrac{\sqrt{3}}{2} = \dfrac{1}{4}a$

よって，$a = 2\sqrt{3}$

(2) C (0, 1) であり，直線 OB 上に CD // AB となる点 D をとると，$\triangle ABC = \triangle ABD$ であるから，

(四角形 OACB) = ($\triangle OAD$) である。

$B\left(-\dfrac{1}{2},\ \dfrac{\sqrt{3}}{2}\right)$ より，直線 OB は $y = -\sqrt{3}x$

$y = 1$ のとき，$x = -\dfrac{1}{\sqrt{3}} = -\dfrac{\sqrt{3}}{3}$

よって，$D\left(-\dfrac{\sqrt{3}}{3},\ 1\right)$

求める点は OD の中点であり，$\left(-\dfrac{\sqrt{3}}{6},\ \dfrac{1}{2}\right)$

4 (1) $CE = \sqrt{1^2 + 3^2} = \sqrt{10}$

$CF = \dfrac{\sqrt{10}}{\sqrt{2}} = \sqrt{5}$

(2) $\triangle BPE \backsim \triangle FPC$，

$BE : FC = 1 : \sqrt{5}$ より，

$BP = x$ とすると，$FP = \sqrt{5}x$

また，

$PE = \sqrt{5} - \sqrt{5}x = \sqrt{5}(1 - x)$

$PC = 3 - x$

$PE : PC = 1 : \sqrt{5}$ より，

$\sqrt{5}(1 - x) : (3 - x) = 1 : \sqrt{5}$

よって，$5(1 - x) = 3 - x$

これより，$BP = x = \dfrac{1}{2}$

また，$EP = \sqrt{5}\left(1 - \dfrac{1}{2}\right) = \dfrac{\sqrt{5}}{2}$

(3) F から BC に垂線 FH を引き，$PH = y$ とすると，$\triangle PFH$ と $\triangle CFH$ で三平方の定理より，

$FH^2 = \left(\dfrac{\sqrt{5}}{2}\right)^2 - y^2 = (\sqrt{5})^2 - \left(\dfrac{5}{2} - y\right)^2$

$\dfrac{5}{4} - y^2 = 5 - \dfrac{25}{4} + 5y - y^2$　　これより，$y = \dfrac{1}{2}$

$FH = \sqrt{\dfrac{5}{4} - \dfrac{1}{4}} = 1$，また，$BH = \dfrac{1}{2} + \dfrac{1}{2} = 1$

$\triangle BFH$ は直角二等辺三角形であり，$BF = \sqrt{2}$

5 (1) $\angle DOA = 45^\circ \times 2 = 90^\circ$

より，$AD = 2\sqrt{2}$

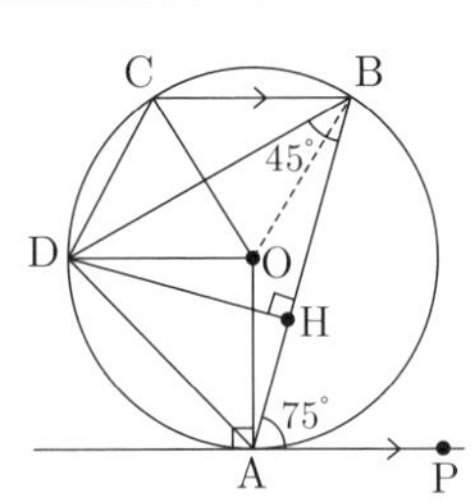

(2) $\angle CBA = 75^\circ$

$\angle CDA = 180^\circ - 75^\circ = 105^\circ$

$BC \parallel OD$

よって，

$\angle CBD = \angle CDB = 30^\circ$

$\triangle BCD = \triangle BCO$ であり，

$\triangle BCO$ は正三角形なので，

$\triangle BCD = \dfrac{1}{2} \times 2 \times \sqrt{3} = \sqrt{3}$

(3) 四角形 BCDO は内角が 60°，120° のひし形であり，

$BD = 2\sqrt{3}$

D から AB へ垂線 DH を引くと，

$DH = \dfrac{2\sqrt{3}}{\sqrt{2}} = \sqrt{6} = BH$

$\triangle ADH$ は内角が 30°，60°，90° であり，

$AH = \dfrac{\sqrt{6}}{\sqrt{3}} = \sqrt{2}$

したがって，(四角形 ABCD) = ($\triangle$BCD) + ($\triangle$ABD)

$= \sqrt{3} + \dfrac{1}{2}(\sqrt{6} + \sqrt{2}) \times \sqrt{6} = \sqrt{3} + 3 + \sqrt{3}$

$= 3 + 2\sqrt{3}$

6 (1) AC の中点を M とすると，

$\triangle OAC$ は直角二等辺三角形だから，$OM = 4\sqrt{2}$

求める体積は

$\dfrac{1}{3} \times 8^2 \times 4\sqrt{2} = \dfrac{256\sqrt{2}}{3}$

(2) OC の中点を Q とすると，

切り口は台形 APQD

P から AD に垂線 PH を引くと，$PQ = 4$ より，$AH = 2$

また，$AP = 4\sqrt{3}$ であるから，$\triangle APH$ で三平方の定理より，

$PH = \sqrt{(4\sqrt{3})^2 - 2^2} = 2\sqrt{11}$

求める面積は，$\dfrac{1}{2} \times (4 + 8) \times 2\sqrt{11} = 12\sqrt{11}$

(3) まず立体 PQ − ABCD の体積を求める。

辺 AD に垂直で P を通る平面と，Q を通る平面でこの立体を合同な 2 つの四角錐と三角柱に切り分けると，

四角錐の体積は，$\dfrac{1}{3} \times (8 \times 2) \times \dfrac{4\sqrt{2}}{2} = \dfrac{32\sqrt{2}}{3}$

三角柱の体積は，$\left(\dfrac{1}{2} \times 8 \times \dfrac{4\sqrt{2}}{2}\right) \times 4 = 32\sqrt{2}$

よって，

(立体 PQ − ABCD) $= \dfrac{32\sqrt{2}}{3} \times 2 + 32\sqrt{2} = \dfrac{160\sqrt{2}}{3}$

したがって，求める体積は，$\dfrac{256\sqrt{2}}{3} - \dfrac{160\sqrt{2}}{3} = 32\sqrt{2}$

〈SU. K.〉

東海大学付属浦安高等学校

問題 P.161

解答

1 ‖ 正負の数の計算，式の計算，平方根，多項式の乗法・除法，2 次方程式 ‖ (1) ア…①
(2) イ…② (3) ウ…① (4) エ…② (5) オ…⑤ (6) カ…③

2 ‖ 式の計算，連立方程式，確率，関数 $y = ax^2$，円周角と中心角，場合の数 ‖ (1) ア…④ (2) イ…② (3) ウ…③
(4) エ…② (5) オ…⑤ (6) カ…①

3 ‖ 数の性質 ‖ (1) ア…6 (2) イウ…99

4 ‖ 1 次関数，関数 $y = ax^2$ ‖ (1) ア…2，イ…3
(2) ウ…6

5 ‖ 立体の表面積と体積，相似 ‖
(1) ア…5，イ…3，ウ…2 (2) エオカ…125，キ…2

6 ‖ 連立方程式の応用，1 次方程式の応用 ‖ (1) ア…2
(2) イウ…50

解き方

1 (1) (与式) $= (-2) \times (-9) + 16 \div (-8)$
$= 18 - 2 = 16$

(2) (与式) $= \dfrac{a^3b \times 8a^3b^6}{a} = 8a^5b^7$

(3) (与式) $= 3\sqrt{2} - \sqrt{6} - 2\sqrt{3} - 3\sqrt{2} = -2\sqrt{3} - \sqrt{6}$

(4) (与式) $= \dfrac{3(3x - 2y) - 2(2x + 3y)}{12}$

$= \dfrac{9x - 6y - 4x - 6y}{12} = \dfrac{5x - 12y}{12}$

(5) (与式)

$= \left\{\left(x + \dfrac{3}{2}y\right) + \left(x - \dfrac{3}{2}y\right)\right\}\left\{\left(x + \dfrac{3}{2}y\right) - \left(x - \dfrac{3}{2}y\right)\right\}$

$= 2x \times \dfrac{6}{2}y = 6xy$

(6) $(x - 2)\{(x - 2) - 1\} = 0$

$(x - 2)(x - 3) = 0 \qquad x = 2,\ 3$

2 (1) $vt + c = at \qquad vt = at - c \qquad v = \dfrac{at - c}{t}$

(2) $ax + by = 5$，$bx - ay = 1$ に，それぞれ $x = 1$，$y = 1$ を代入すると，$a + b = 5$…① $\quad b - a = 1$…②

① + ②より，$2b = 6 \qquad b = 3 \qquad$ ①に代入して，

$a + 3 = 5 \qquad a = 2$

(3) 起こりうるすべての場合の数は，$6 \times 6 = 36$ (通り)

一方が奇数の目，もう一方が 3 の倍数の目となるのは，

(大，小) = (1, 3)，(1, 6)，(3, 1)，(3, 3)，(3, 5)，(3, 6)，(5, 3)，(5, 6)，(6, 1)，(6, 3)，(6, 5) の 11 通り。

よって，求める確率は，$\dfrac{11}{36}$

(4) $\dfrac{2 \times 3^2 - 2 \times (-1)^2}{3 - (-1)} = \dfrac{18 - 2}{4} = \dfrac{16}{4} = 4$

(5) OA = OB = OC より，

$\angle ABO = \angle BAO = 24^\circ$

$\angle CBO = \angle BCO = 31^\circ$ より，

$\angle ABC = 24^\circ + 31^\circ = 55^\circ$

円周角の定理より，

$\angle AOC = 2\angle ABC = 2 \times 55^\circ$

$= 110^\circ$

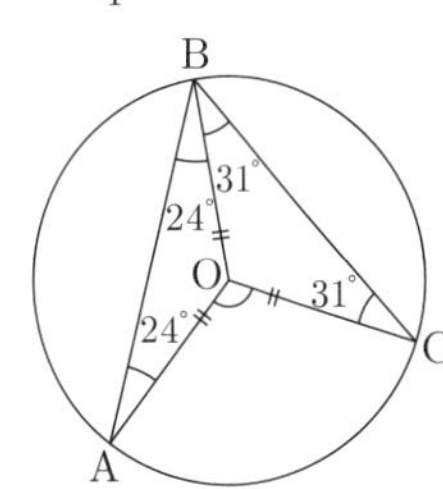

(6) 樹形図より，15 通り。

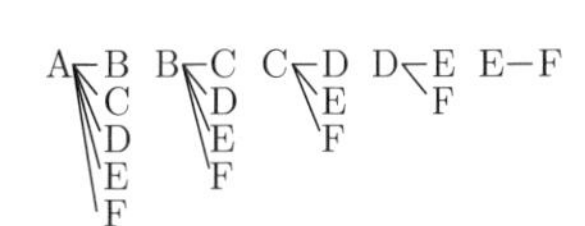

3 (1) 1 | 1, 2 | 1, 2, 3 | 1, 2, 3, 4 | 1, …
のように数の列を区切り，左から第1群，第2群，…とする。第 k 群は，| 1, 2, …, k | の k 個の数から成っている。$1+2+3+4+5+6=21$ より，21番目の数は，第6群の6番目より，6である。
(2) 4回目の5は第8群の5番目である。よって，4回目の5までの和は，$1+3+6+10+15+21+28+15=99$
4 (1) 点Aの y 座標は，$y=3^2=9$　点Bの y 座標は，$y=(-1)^2=1$
$y=ax+b$ に $x=3$，$y=9$ と $x=-1$，$y=1$ をそれぞれ代入すると，
$3a+b=9$…①　$-a+b=1$…②　①－②より，
$4a=8$　$a=2$　②に代入して，$-2+b=1$　$b=3$
(2) 直線ABと y 軸との交点をDとすると，その座標は(0, 3)となる。$\triangle ABC=\triangle OAB$ となるには，$DC=DO$ となればよいので，点Cの y 座標は，$3+3=6$
5 (1) $\triangle ABC \backsim \triangle CBD$ より，
$AC:CD=AB:CB$
$5\sqrt{3}:CD=10:5$
$10CD=25\sqrt{3}$　$CD=\dfrac{5\sqrt{3}}{2}$
(2) CDを半径とする円を底面とし，高さがAD，DBの円錐を合わせた図形となるので，求める体積は，
$\dfrac{1}{3}\times\pi\times\left(\dfrac{5\sqrt{3}}{2}\right)^2\times 10=\dfrac{1}{3}\times\pi\times\dfrac{75}{4}\times 10=\dfrac{125}{2}\pi$
6 (1) Aの濃度を x%，Bの濃度を y% とすると，
$100\times\dfrac{x}{100}+200\times\dfrac{y}{100}=300\times\dfrac{6}{100}$
$x+2y=18$…①
$250\times\dfrac{x}{100}+50\times\dfrac{y}{100}=300\times\dfrac{3}{100}$
$5x+y=18$…②
②×2－①より，$9x=18$　$x=2$　①に代入して，
$2+2y=18$　$y=8$
(2) Bから z g取り出したとすると，
$70\times\dfrac{2}{100}+z\times\dfrac{8}{100}=(70+z)\times\dfrac{4.5}{100}$
$140+8z=315+4.5z$　$z=50$

〈A. H.〉

東京電機大学高等学校　問題 P.162

解答 **1** 因数分解，2次方程式，平方根，多項式の乗法・除法，円周角と中心角，確率，データの散らばりと代表値 (1) $(x+3)(x-3)(y+2)(y-2)$
(2) $x=\dfrac{-1\pm\sqrt{5}}{2}$　(3) $\dfrac{61}{9}$　(4) 53度　(5) $\dfrac{5}{108}$　(6) 0.225
2 連立方程式の応用
(式と計算過程)（例）$x=3y-100$…①
$400x+2\times 320y+200y+880(x+3y)\times\dfrac{1}{2}=196800$
$7x+18y=1640$…②
①，②を解いて，$x=80$，$y=60$
（答）$x=80$，$y=60$
3 1次関数，関数 $y=ax^2$，平行線と線分の比
(1) $0\leqq y\leqq 1$　(2) $y=-\dfrac{1}{4}x+\dfrac{1}{2}$　(3) C$(-4,\ 4)$
4 平行四辺形，平行線と線分の比 (1) 3 : 2　(2) $\dfrac{25}{6}$ cm^2
(3) $\dfrac{61}{10}$ cm^2
5 立体の表面積と体積，相似 (1) 63 cm^3　(2) 180 cm^2

解き方 **1** (1) (与式) $=x^2(y^2-4)-9(y^2-4)$
$=(x^2-9)(y^2-4)$
$=(x+3)(x-3)(y+2)(y-2)$
(2) 両辺を6倍して整理すると，$x^2+x-1=0$
$x=\dfrac{-1\pm\sqrt{5}}{2}$
(3) $x+y=\dfrac{2}{\sqrt{3}}\times 2=\dfrac{4}{\sqrt{3}}$　$xy=\dfrac{4}{3}-\dfrac{25}{9}=-\dfrac{13}{9}$
$x^2+xy+y^2=(x+y)^2-xy=\left(\dfrac{4}{\sqrt{3}}\right)^2-\left(-\dfrac{13}{9}\right)$
$=\dfrac{61}{9}$
(4) $\{180^\circ-(\angle x+38^\circ)\}+\{180^\circ-(\angle x+36^\circ)\}=180^\circ$
$2\angle x+74^\circ=180^\circ$　$\angle x=53^\circ$
(5) 大，中，小3個の出る目の数の和が6になる場合は，(1, 1, 4)，(1, 2, 3)，(1, 3, 2)，(1, 4, 1)，(2, 1, 3)，(2, 2, 2)，(2, 3, 1)，(3, 1, 2)，(3, 2, 1)，(4, 1, 1) の10通り。
全体の目の出方は，$6\times 6\times 6=216$（通り）であるから，求める確率は，$\dfrac{10}{216}=\dfrac{5}{108}$
(6) 18番目の得点が含まれる階級は，20点以上25点未満。その度数は9人。求める相対度数は，$\dfrac{9}{40}=0.225$
3 (1) $x=-2$ のとき，$y=\dfrac{1}{4}\times(-2)^2=1$，$x=0$ のとき，$y=0$ であるから，$0\leqq y\leqq 1$
(2) 2点A$(-2,\ 1)$，B$\left(1,\ \dfrac{1}{4}\right)$ を通る直線の式を $y=ax+b$ とおき，A，Bの x，y の値を代入すると，
$-2a+b=1$…①　$a+b=\dfrac{1}{4}$…②
①，②を解くと，$a=-\dfrac{1}{4}$，$b=\dfrac{1}{2}$
よって，求める直線の式は，$y=-\dfrac{1}{4}x+\dfrac{1}{2}$
(3) C$\left(c,\ \dfrac{1}{4}c^2\right)$，D$\left(d,\ \dfrac{1}{4}d^2\right)$ とおくと，
$AB:CD=3:7$ であるから，$d-c=7$…①
$\dfrac{1}{4}c^2-\dfrac{1}{4}d^2=\dfrac{7}{4}$…②
①，②を解くと，$c=-4$　よって，C$(-4,\ 4)$
4 (1) $AD\,/\!/\,BF$ であるから，$\triangle ADH\backsim\triangle FBH$
よって，$BH:HD=BF:AD=(2+1):2=3:2$
(2) $BC:BE=7:5$ であるから，$\triangle ABE=\dfrac{5}{7}\triangle ABC$…①
$AG:GE=7:5$ であるから，$\triangle GBE=\dfrac{5}{12}\triangle ABE$…②
①，②より，
$\triangle GBE=\dfrac{5}{12}\times\dfrac{5}{7}\times\triangle ABC=\dfrac{5}{12}\times\dfrac{5}{7}\times\dfrac{1}{2}\times 28$
$=\dfrac{25}{6}$ (cm^2)
(3) $DI:IC=2:1$ より，$\triangle ADI=\dfrac{2}{3}\triangle ACD$…①
$AH:HI=3:2$ より，$\triangle DHI=\dfrac{2}{5}\triangle ADI$…②
①，②より，
$\triangle DHI=\dfrac{2}{5}\times\dfrac{2}{3}\times\triangle ACD=\dfrac{2}{5}\times\dfrac{2}{3}\times\dfrac{1}{2}\times 28$
$=\dfrac{56}{15}$ (cm^2)
(五角形HGECIの面積) $=\triangle DBC-(\triangle GBE+\triangle DHI)$

$= \frac{1}{2} \times 28 - \left(\frac{25}{6} + \frac{56}{15}\right) = \frac{61}{10}$ (cm^2)

5 (1) 右図より，

$\left(1 - \frac{1}{8}\right) \times \frac{1}{3} \times \frac{1}{2} \times 6 \times 6 \times 12$

$= 63$ (cm^3)

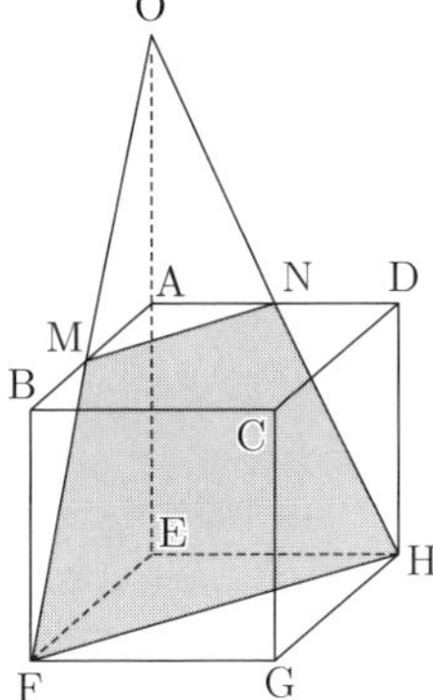

(2) (点 Cを含む立体の表面積)

$=$ △MBF ＋ △NDH ＋ △GHF ＋ 四角形 MFHN

＋ 五角形 CDNMB ＋ 正方形 BFGC ＋ 正方形 CGHD

$= \frac{1}{2} \times 3 \times 6 + \frac{1}{2} \times 3 \times 6 + \frac{1}{2} \times 6 \times 6 + \frac{81}{2}$

$+ \left(6^2 - \frac{1}{2} \times 3 \times 3\right) + 36 + 36 = 180$ (cm^2)

〈K. M.〉

同志社高等学校

問題 P.163

解答

1 式の計算，連立方程式，確率，数の性質，平方根 (1) $-96x^5y^2$ (2) $x = -2$, $y = 6$

(3) $\frac{5}{12}$ (4) $n = 7$

2 1 次方程式の応用，2 次方程式の応用，1 次関数，平面図形の基本・作図，関数 $y = ax^2$

(1) $y = 9$

(2) $x = \frac{20}{3}$

(3)［式］$y = \begin{cases} x^2 & (0 \leqq x \leqq 3) \\ 3x & (3 \leqq x \leqq 4) \end{cases}$

［グラフ］(右の図)

(4) $x = 7 + \sqrt{3}$

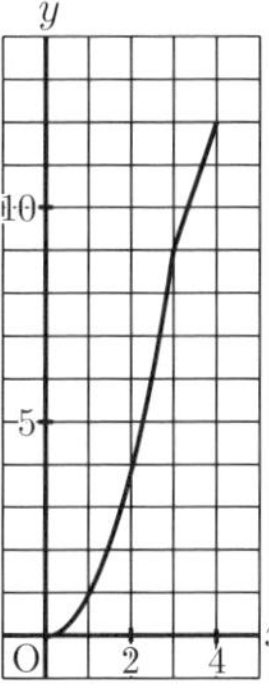

3 数の性質，式の計算，因数分解，連立方程式の応用

(1) -12 (2) $(x, y) = (11, 10)$, $(5, 2)$

(3) $(x, y) = (4, 4)$, $(8, 2)$

4 平面図形の基本・作図，図形と証明，相似

(1) (証明) (例) △OBQ において，

OB ＝ OQ (△OAB ≡ △OPQ より)

$\angle$OBQ $= 180° - 120° = 60°$

よって，底角が 60° の二等辺三角形だから，

△OBQ は正三角形である。

(2) $\frac{16}{7}$ cm (3) $\frac{37}{16}$ 倍 (4) $\sqrt{37}$ cm

解き方

1 (1) (与式)

$= -\frac{27x^9y^6}{8} \times \frac{16}{9x^8y^6} \times \frac{16x^4y^2}{1}$

$= -96x^5y^2$

(2) 第 1 式を①，第 2 式を②とする。

①×6 より，$3x + 2y = 6$…①′

②×12 より，$3x - y = -12$…②′

①′－②′ より，$3y = 18$　よって，$y = 6$

①′ に代入して，$3x + 12 = 6$ より，$x = -2$

(3) 2 枚のカードの取り出し方は全部で，$4 \times 3 = 12$ (通り)

つくった整数が素数となるのは，13，23，31，41，43 の 5 通りあるから，確率は，$\frac{5}{12}$

(4) 252 を素因数分解すると，$252 = 2^2 \times 3^2 \times 7$

指数がすべて偶数になればよいから，$n = 7$

2 (1) 点 P は，$2 \times 3 = 6$ (cm)，Q は，$1 \times 3 = 3$ (cm) 動くので，点 P は頂点 B 上にあり，点 Q は辺 AD 上にあって，AQ ＝ 3 (cm) だから，$y = \frac{1}{2} \times 3 \times 6 = 9$ (cm^2)

(2) 点 P と点 Q の動いた距離の和が，長方形 ABCD の周りの長さと等しいときだから，$2x + x = (6 + 4) \times 2$

$3x = 20$ より，$x = \frac{20}{3}$ (秒後)

(3) $0 \leqq x \leqq 3$ のとき，点 P は辺 AB 上にあり，

AP ＝ $2x$ (cm) で，点 Q は辺 AD 上にあり，AQ ＝ x (cm) だから，$y = \frac{1}{2} \times 2x \times x = x^2$

$3 \leqq x \leqq 4$ のとき，点 P は辺 BC 上に，点 Q は辺 AD 上にあり，AQ ＝ x (cm)

よって，△APQ の底辺を AQ とすると，高さは 6 cm だから，$y = \frac{1}{2} \times x \times 6 = 3x$

(4) 点 P が頂点 D 上にあるのは，$(6 + 4 + 6) \div 2 = 8$ (秒後)，1 周するのは，$20 \div 2 = 10$ (秒後) より，点 P が辺 AD 上にあるのは，$8 \leqq x < 10$

このとき，AP ＝ 20 － (AB ＋ BC ＋ CD ＋ DP)

$= 20 - 2x$ (cm)

また，点 Q は辺 CD 上にあり，

DQ ＝ (AD ＋ DQ) － AD ＝ $x - 4$ (cm)

よって，$y = \frac{1}{2} \times (20 - 2x) \times (x - 4) = (10 - x)(x - 4)$

$= -x^2 + 14x - 40$

$-x^2 + 14x - 40 = 6$ より，$x^2 - 14x + 46 = 0$

解の公式より，

$x = \frac{-(-14) \pm \sqrt{(-14)^2 - 4 \times 1 \times 46}}{2 \times 1}$

$= \frac{14 \pm \sqrt{196 - 184}}{2} = \frac{14 \pm \sqrt{12}}{2} = \frac{14 \pm 2\sqrt{3}}{2}$

$= 7 \pm \sqrt{3}$

$8 \leqq x < 10$ より，$x = 7 + \sqrt{3}$ (秒後)

3 (1) (与式) $= (7 - 2) * (3 - 5) = 5 * (-2)$

$= (5 - 1)\{(-2) - 1\} = 4 \times (-3) = -12$

(2) $x^2 - y^2 = 21$ より，$(x + y)(x - y) = 21$

$x + y > 0$ より，$x - y > 0$ で，$x + y > x - y$ だから，

$(x + y, x - y) = (21, 1)$, $(7, 3)$

$x + y = 21$, $x - y = 1$ を解くと，$x = 11$, $y = 10$

$x + y = 7$, $x - y = 3$ を解くと，$x = 5$, $y = 2$

(3) $(2x - 1) \circ (x + 1) = (2x - 1) - (x + 1) = x - 2$,

$(3x - 4y^2) \circ (3x - 5y^2)$

$= (3x - 4y^2) - (3x - 5y^2) = y^2$ より，

$(x - 2) * y^2 = 15$

よって，$\{(x - 2) - 1\}(y^2 - 1) = 15$ だから，

$(x - 3)(y + 1)(y - 1) = 15$

ここで，$y + 1 > 0$, $y - 1 \geqq 0$ より，$x - 3 > 0$ であり，

$y + 1$ は $y - 1$ より 2 大きいことから，

$(x - 3, y + 1, y - 1) = (1, 5, 3)$, $(5, 3, 1)$

よって，$(x,\ y)=(4,\ 4),\ (8,\ 2)$

4 (2) (1)より，$\angle \mathrm{OQB}=60^\circ$ だから，

$\angle \mathrm{PQC}=120^\circ-60^\circ=60^\circ$

よって，$\angle \mathrm{PQC}=\angle \mathrm{OBC}$ より，$\mathrm{QP} \parallel \mathrm{OB}$ だから，

$\triangle \mathrm{PQC} \backsim \triangle \mathrm{OBC}$ で，相似比は，

$\mathrm{PQ}:\mathrm{OB}=\mathrm{AB}:\mathrm{OB}=3:4$

つまり，$\mathrm{CQ}:\mathrm{CB}=3:4$ で，$\mathrm{BQ}=\mathrm{OB}=4\,(\mathrm{cm})$ だから，

$\mathrm{BC}=4\times\dfrac{4}{3+4}=4\times\dfrac{4}{7}=\dfrac{16}{7}\,(\mathrm{cm})$

(3) $\mathrm{BQ}:\mathrm{AC}=4:\left(3+\dfrac{16}{7}\right)=4:\dfrac{37}{7}=28:37$

よって，$\triangle \mathrm{OBQ}=28a$ とすると，$\triangle \mathrm{OAC}=37a$ で，

$\mathrm{OC}:\mathrm{PC}=4:3$ より，

$\triangle \mathrm{OAP}=37a\times\dfrac{4+3}{4}=\dfrac{259}{4}a$ だから，

$\dfrac{259}{4}a\div 28a=\dfrac{259}{4}\times\dfrac{1}{28}=\dfrac{37}{16}$ （倍）

(4) $\triangle \mathrm{OAP}$ において，$\mathrm{OA}=\mathrm{OP}$

$\angle \mathrm{AOP}=\angle \mathrm{AOB}+\angle \mathrm{BOC}=\angle \mathrm{POQ}+\angle \mathrm{BOC}=\angle \mathrm{BOQ}$
$=60^\circ$

よって，頂角が 60° の二等辺三角形だから，$\triangle \mathrm{OAP}$ は正三角形である。

したがって，$\triangle \mathrm{OBQ} \backsim \triangle \mathrm{OAP}$ で，面積比は，

$\triangle \mathrm{OBQ}:\triangle \mathrm{OAP}=1:\dfrac{37}{16}=16:37$ だから，

相似比は，$\sqrt{16}:\sqrt{37}=4:\sqrt{37}$

$\mathrm{OB}=4\,(\mathrm{cm})$ より，$\mathrm{OA}=\sqrt{37}\,(\mathrm{cm})$

〈H. S.〉

東大寺学園高等学校

問題 P.163

解　答

1 **平方根，因数分解，2 次方程式，確率** (1) 54　(2) $(3a+b-2c-1)(3a-b+2c-1)$
(3) $a=-12,\ p=2\sqrt{5}$　(4) $\dfrac{8}{15}$

2 **数の性質** (1) ① 上から 45 段目，左から 85 番目
② n^2-n+1　(2) $2n^2-2n+1$

3 **1 次関数，相似，関数 $y=ax^2$** (1) -4　(2) 3　(3) 4
(4) $S:T=45:32$

4 **平面図形の基本・作図，三平方の定理** (1) 右図の太線
(2) $\dfrac{\pi}{3}+2+\dfrac{\sqrt{3}}{2}$

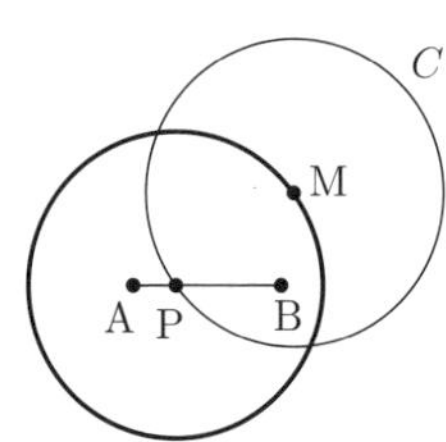

5 **相似，立体の表面積と体積** (1) $\dfrac{91}{216}$　(2) $\dfrac{1}{4}$　(3) $\dfrac{1}{6}$

解き方

1 (1) $x+y=2\sqrt{6},\ x-y=2\sqrt{5}-2$
$xy=(\sqrt{6})^2-(\sqrt{5}-1)^2=6-(6-2\sqrt{5})$
$=2\sqrt{5}$

よって，$2x^2+2y^2+7xy-3x+3y$
$=2(x+y)^2+3xy-3(x-y)$
$=2\times(2\sqrt{6})^2+3\times 2\sqrt{5}-3(2\sqrt{5}-2)$
$=48+6\sqrt{5}-6\sqrt{5}+6=54$

(2) (与式) $=9a^2-4c^2-b^2+4bc-6a+1$
$=(9a^2-6a+1)-(b^2-4bc+4c^2)$
$=(3a-1)^2-(b-2c)^2$
$=(3a-1+b-2c)(3a-1-b+2c)$

(3) $\sqrt{15}x-2\sqrt{3}=0$ より，$x=\dfrac{2}{\sqrt{5}}$

2 次方程式に代入して，$\dfrac{4\sqrt{5}}{5}+\dfrac{2\sqrt{5}}{5}a+4\sqrt{5}=0$

これより，$a=-12$

このとき 2 次方程式は，$\sqrt{5}x^2-12x+4\sqrt{5}=0$

$(\sqrt{5}x-2)(x-2\sqrt{5})=0$　　したがって，$p=2\sqrt{5}$

(4) 取り出し方は全部で $\dfrac{6\times 5}{2}=15$（通り）

これらは同様に確からしい。

2 枚のカードの和を a とすると，$2\leqq a\leqq 9$

よって，$a=2,\ 3,\ 5,\ 7$ の場合を考えればよい。

$a=2$ のとき，取り出したカードは 1 と 1 で取り出し方は 1 通り。

同様に考えて，$a=3$ のとき 1 と 2 で 2 通り。

$a=5$ のとき 1 と 4，2 と 3 で 3 通り。

$a=7$ のとき 2 と 5，3 と 4 で 2 通り。

したがって，求める確率は，$\dfrac{1+2+3+2}{15}=\dfrac{8}{15}$

2 (1) ① 上から n 段目の右端の数は n^2

$44^2=1936,\ 45^2=2025,\ 2021=1936+85$

よって，上から 45 段目，左から 85 番目。

② n 段目の左端の数は，$(n-1)^2+1=n^2-2n+2$，

右端の数は n^2　よって，中央の数は，

$\dfrac{n^2-2n+2+n^2}{2}=n^2-n+1$

(2) 求める数は (n^2-n+1) 番目の奇数なので，

$2(n^2-n+1)-1=2n^2-2n+1$

3 (1) A $(-2,\ 4a)$，B $(4,\ 16a)$

より，直線 l は $y=2ax+8a$

$y=0$ のとき $2ax+8a=0$

$x=-4$

(2) C の y 座標は，$y=bx^2$ 上

にあることから $\dfrac{16}{9}b$

直線 l 上にあることから

$-\dfrac{8}{3}a+8a=\dfrac{16}{3}a$

よって，$\dfrac{16}{9}b=\dfrac{16}{3}a$

したがって，$\dfrac{b}{a}=3$

(3) E $(-2,\ 4b)$，P $(-4,\ 0)$ より，直線 PE は $y=2bx+8b$

$bx^2=2bx+8b$ より，$x^2-2x-8=0$

$(x+2)(x-4)=0$

よって，F の x 座標は 4

(4) (2)より，$y=bx^2=3ax^2$

$3ax^2=2ax+8a$ より，$3x^2-2x-8=0$

$(3x+4)(x-2)=0$

よって，D の x 座標は 2

y 軸に平行で C 及び D を通る直線と直線 PE との交点をそれぞれ G，H とすると，

$\triangle \mathrm{PAE} \backsim \triangle \mathrm{PCG} \backsim \triangle \mathrm{PDH} \backsim \triangle \mathrm{PBF}$

$\mathrm{PA}:\mathrm{PC}:\mathrm{PD}:\mathrm{PB}=2:\left(-\dfrac{4}{3}+4\right):6:8=3:4:9:12$

よって，

$\triangle \mathrm{PAE}:\triangle \mathrm{PCG}:\triangle \mathrm{PDH}:\triangle \mathrm{PBF}=9:16:81:144$

$\triangle \mathrm{PAE}$：台形 ACGE：台形 CDHG：台形 DBFH

$=9:(16-9):(81-16):(144-81)=9:7:65:63$

また，台形 ACGE で，$\triangle \mathrm{AEC}:\triangle \mathrm{CGE}=\mathrm{AE}:\mathrm{CG}=3:4$

同様に台形 DBFH で，

$\triangle DHF : \triangle DBF = DH : BF = 9 : 12 = 3 : 4$
したがって，
$S : T = (7 + 65 + 63) : \left(7 \times \frac{4}{7} + 65 + 63 \times \frac{3}{7}\right) = 45 : 32$

4 (1) $PM = 1$ より，M が動いてできる図形は中心 P，半径 1 の円。
(2) 右の図の斜線部分の面積であり，
$\pi + 2 - \left(\frac{\pi}{3} - \frac{1}{2} \times 1 \times \frac{\sqrt{3}}{2}\right)$
$\times 2 = \frac{\pi}{3} + 2 + \frac{\sqrt{3}}{2}$

 (1)
$\triangle PJG \backsim \triangle IPF \backsim \triangle HEP$
$\triangle PJG : \triangle IPF : \triangle HEP$
$= 1 : 9 : 4$ より，
$JG : PF : EP = 1 : 3 : 2$
よって，
$BJ : JG : GC = 2 : 1 : 3$
同様に
$BE : EH : HD = 1 : 2 : 3$
$CF : FI : ID = 1 : 3 : 2$
図のように切断面と AD の交点を X とすると，
(四面体 ABCD)$\backsim$(四面体 XEFD)
$AD : XD = 6 : 5$
よって，(四面体 ABCD) : (四面体 XEFD)
$= 6^3 : 5^3 = 216 : 125$
したがって，求める体積は $\frac{216 - 125}{216} = \frac{91}{216}$
(2) 図のように切断面と AC，XF の交点をそれぞれ Y，Q とする。
(四面体 ABCD)$\backsim$(四面体 YJCI)$\backsim$(四面体 QPFI)
$CD : CI : FI = 6 : 4 : 3$
よって，(四面体 ABCD) : (四面体 YJCI) : (四面体 QPFI)
$= 6^3 : 4^3 : 3^3 = 216 : 64 : 27$
したがって，求める体積は，
$\frac{91}{216} - \left(\frac{64 - 27}{216}\right) = \frac{54}{216} = \frac{1}{4}$
(3) 図のように切断面と AB，YJ，XE の交点をそれぞれ Z，R，S とする。4 つの四面体（ABCD），(ZBGH)，(RJGP)，(SEPH）は相似で，
$BC : BG : JG : EP = 6 : 3 : 1 : 2$
よって，4 つの四面体の体積について，
(ABCD) : (ZBGH) : (RJGP) : (SEPH)
$= 6^3 : 3^3 : 1^3 : 2^3 = 216 : 27 : 1 : 8$
したがって，求める体積は，
$\frac{1}{4} - \left(\frac{27 - 1 - 8}{216}\right) = \frac{1}{4} - \frac{1}{12} = \frac{1}{6}$

〈SU. K.〉

桐朋高等学校

問題 P.165

解答

1 式の計算，2 次方程式，因数分解
(1) $-\frac{b^3}{8}$　(2) $x = 1 \pm 2\sqrt{2}$
(3) $(x - 4)(x - 6)$

2 平方根，確率，平行と合同，三角形　(1) $\frac{1}{3}$　(2) $\frac{2}{3}$
(3) 76 度

3 連立方程式の応用
(例) 食塩水の重さが C と D で等しいから
$x + y = (100 - x) + (600 - y)$　すなわち，
$x + y = 350$…①
食塩の重さは，C の方が D より 10.5 g 軽いから
$\frac{18}{100}x + \frac{3}{100}y + 10.5 = \frac{18}{100}(100 - x) + \frac{3}{100}(600 - y)$
すなわち，$6x + y = 425$…②
①と②から y を消去すると，$5x = 75$　$x = 15$
よって，①より，$y = 335$　(答) $x = 15$，$y = 335$

4 図形と証明，相似，円周角と中心角
(証明) (例) 円周角の定理により，
$\angle CBE = \angle CDE$　よって，$\angle GBF = \angle HDF$…①
仮定から，GH は $\angle BFC$ を 2 等分しているので，
$\angle BFG = \angle GFC$…②　対頂角が等しいことから，
$\angle BFG = \angle EFH$，$\angle GFC = \angle DFH$…③
②，③より $\angle BFG = \angle DFH$…④
$\triangle GFB$ と $\triangle HFD$ で，①，④より 2 組の角がそれぞれ等しいので，$\triangle GFB \backsim \triangle HFD$
したがって，$\angle BGF = \angle DHF$
すなわち，$\angle AGH = \angle AHG$
$\triangle AGH$ で 2 つの内角が等しくなったので，$AG = AH$
(証明終わり)
(2) ① 18　② 4　③ 75

5 関数を中心とした総合問題　(1) $a = \frac{1}{9}$
(2) ① $b = \frac{4}{9}$　② $-\frac{3\sqrt{3}}{2} - 1$

6 立体の表面積と体積，相似
(1) (ア) $\triangle NQP$　(イ) NQ　(ウ) QP　(エ) PN　(オ) $\frac{1}{4}$
(2) $\frac{16}{9}$ 倍

解き方

2 (1) 2 式を辺々足し引きすると
$\begin{cases} 3(x + y) = \sqrt{3} + \sqrt{2} \\ x - y = \sqrt{3} - \sqrt{2} \end{cases}$
これを，$x^2 - y^2 = (x + y)(x - y)$ に代入する。
(2) 条件を満たす (a, b) は，
(6, 6)，(6, 5)，(6, 4)，
(5, 6)，(5, 5)，(5, 4)，(5, 3)，
(4, 6)，(4, 5)，(4, 4)，(4, 3)，(4, 2)，
(3, 5)，(3, 4)，(3, 3)，(3, 2)，(3, 1)，
(2, 4)，(2, 3)，(2, 2)，(2, 1)，
(1, 3)，(1, 2)，(1, 1)
の計 24 通りある。
(3) $\angle QPR = x$ とおくと，平行線の錯角は等しいので，
$\angle PRC = \angle RPA = \angle APQ + \angle QPR = 3x$
$\triangle PQR$ は $PQ = PR$ の二等辺三角形なので，
$\angle PRQ = \frac{180° - x}{2}$　直線のなす角は 180° なので，

$20° + \dfrac{180° - x}{2} + 3x = 180°$
これを解いて，$x = 28°$　　よって，$\angle PQR = 76°$
4 (2) ① $\triangle FHD \backsim \triangle FGB$，$GF : FH = 2 : 3$ より，
$\triangle FHD = \dfrac{3^2}{2^2}\triangle BGF = 18$
② $BG = x$ とおくと，(1)より $AG = AH$ なので，
$HD = 2 + x$
相似から，$x : (2 + x) = 2 : 3$　　$x = 4$
③ $GF : GH = 2 : 5$，$GB : GA = 4 : 15$ より，
$\triangle AGH = \dfrac{5}{2} \times \dfrac{15}{4}\triangle BGF = 75$
5 (1) A $(3,\ 9a)$，B $(6,\ 36a)$ で，$BD = AC + CD$ より
$36a = 9a + (6 - 3)$，$a = \dfrac{1}{9}$
(2) ① 直線 AB の傾きは，$\dfrac{4 - 1}{6 - 3} = 1$ なので，直線 AB に垂直な直線の傾きは -1 となる。
直線 AB の式は，$y = x - 2$…㋐　となる。
四角形 FEAG は長方形なので，$GF = AE = AC = 1$ であるから，H $(6,\ 1)$ と点をとると H と G は直線 AB に関して線対称な点である。G $(X,\ Y)$ とおくと，直線 GH の傾きに関して，$\dfrac{1 - Y}{6 - X} = -1$　　すなわち，$X + Y = 7$…㋑
線分 GH の中点 $\left(\dfrac{X + 6}{2},\ \dfrac{Y + 1}{2}\right)$ が直線 AB 上の点なので，㋐より，$\dfrac{Y + 1}{2} = \dfrac{X + 6}{2} - 2$
すなわち，$Y = X + 1$…㋒
㋑，㋒より，$X = 3$，$Y = 4$
これを $y = bx^2$ に代入して，$b = \dfrac{4}{9}$
② P $(p,\ 0)$，Q $\left(q,\ \dfrac{4}{9}q^2\right)$ とおく。
$\triangle CAE$ は，$AE = AC = 1$ の直角二等辺三角形なので，
E $(2,\ 1)$
四角形 GQPE が平行四辺形となるとき，E から G へは x 座標が 1，y 座標が 3 変化するので，P から Q へも同じだけ変化する。よって，$q = p + 1$，$\dfrac{4}{9}q^2 = 3$
仮定から $q < 0$ なので，$q = -\dfrac{3\sqrt{3}}{2}$，$p = -\dfrac{3\sqrt{3}}{2} - 1$
6 (1)(オ) $\triangle AMP = \triangle DNQ$，$\triangle AMQ = \triangle CNP$ とわかるので，四面体 AMPQ の表面積は，
$\triangle MPQ + \triangle AMP + \triangle AMQ + \triangle APQ$
$= \triangle NQP + \triangle DNQ + \triangle CNP + \triangle APQ = \triangle ACD$
となるので，四面体 ABCD の表面積の $\dfrac{1}{4}$ 倍となる。
(2) 右の**図 1** は 1 辺の長さ 8 の正四面体で，辺 AB′，AC′，AD′ 上にそれぞれ点 R，T，V を $AR = 2$，$AT = 4$，$AV = 6$ となるようにとったものである。また，B′D′ の中点を K とする。(1)と同じように考えると，
$\triangle RTV = \triangle RKV$，
$\triangle ATV = \triangle BKR$，
$\triangle ART = \triangle D'VK$ であるから，
四面体 ARTV の表面積 S_1 は
$S_1 = \triangle AB'D'$ となる。
同じように右の**図 2** のように，
1 辺 6 の正四面体を考え，
辺 B″C″ の中点を L とすると，
四面体 AMSU の表面積 S_2 は，

図 1

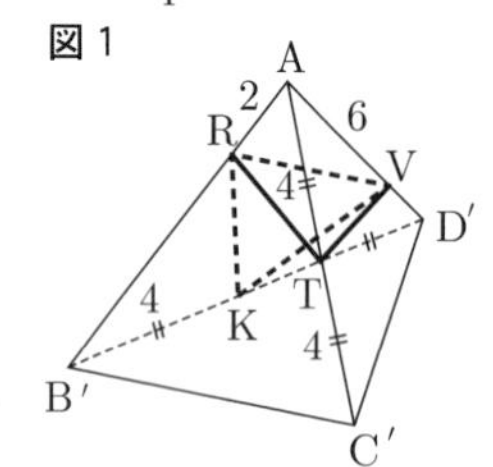

図 2

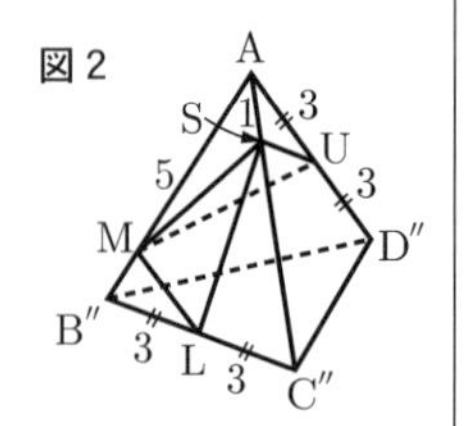

$S_2 = \triangle AB''C''$ となる。
よって，S_1 は S_2 の $\dfrac{\triangle AB'C'}{\triangle AB''C''} = \dfrac{8^2}{6^2} = \dfrac{16}{9}$ 倍になる。
〈IK. Y.〉

豊島岡女子学園高等学校

問題 P.166

解答

1 式の計算，平方根，因数分解，データの散らばりと代表値　(1) $-x^2y^7$　(2) $6 - 4\sqrt{2}$
(3) $(2x - y + z)(2x - y - z)$　(4) $y = 8$
2 2 次方程式の応用，1 次関数，数の性質，円周角と中心角
(1) $a = -\dfrac{1}{3}$，$\dfrac{3}{2}$　(2) $a = -1$，$\dfrac{1}{2}$　(3) 60 組　(4) 13 度
3 相似，平行線と線分の比，三平方の定理　(1) $\dfrac{2\sqrt{2}}{3}$
(2) $\dfrac{4\sqrt{3}}{15}$
4 数・式の利用，2 次方程式の応用　(1) $t = 44$
(2) $x = 40$
5 関数 $y = ax^2$，平行線と線分の比　(1) $t = 4$
(2) $y = \dfrac{1}{4}x + 3$　(3) $-\dfrac{3}{2}$，$\dfrac{15}{2}$
6 空間図形の基本，立体の表面積と体積，相似，三平方の定理　(1) $\dfrac{6\sqrt{5}}{7}$　(2) $\dfrac{270}{49}$　(3) $\dfrac{80}{49}$

解き方

1 (1) (与式)
$= \dfrac{16x^6y^2}{9} \times \dfrac{1}{6xy^4} \times \left(-\dfrac{27y^9}{8x^3}\right) = -x^2y^7$
(2) (与式) $= 9 - 6\sqrt{2} - (3 - 2\sqrt{2}) = 6 - 4\sqrt{2}$
(3) (与式) $= (2x - y)^2 - z^2 = (2x - y + z)(2x - y - z)$
(4) 度数分布表の人数より $x + y = 14$
よって，$x = 14 - y$
65 点を基準（仮平均）として考えると，
$(-20) \times 2 + (-10) \times (14 - y) + 0 \times 10 + 10 \times y + 20 \times 4 = 2 \times 30$
となるので，これを解いていくと，
$-40 - 140 + 10y + 10y + 80 = 60$　　$y = 8$
2 (1) 2 次方程式に $x = 3$ を代入して，
$9 + 3(2a^2 - a - 1) - 4a - 9 = 0$
$(2a - 3)(3a + 1) = 0$
$a = \dfrac{3}{2}$，$-\dfrac{1}{3}$
(2) 1 次関数 $y = ax + 1$ のグラフは直線である。
$a > 0$ なら，グラフの直線は 2 点 $(-1,\ a)$，$(2,\ b)$ を通るので，$a = -a + 1$ となり，これより，$a = \dfrac{1}{2}$ ($a > 0$ を満たす)
$a < 0$ なら，グラフの直線は 2 点 $(-1,\ b)$，$(2,\ a)$ を通るので，$a = 2a + 1$ となり，これより，$a = -1$ ($a < 0$ を満たす)
(3) $170a + 169b + 168c = 13(13a + 13b + 13c) + a - c$
となるので，$2 \leqq c < b < a \leqq 19$ より，これを満たす a，c で，$a - c$ が 13 の倍数となるものを探すと，
$(a,\ c) = (15,\ 2)$，$(16,\ 3)$，$(17,\ 4)$，$(18,\ 5)$，$(19,\ 6)$
の 5 組。それぞれ b の値は 12 個ずつ考えることができるので，全部で $5 \times 12 = 60$（組）ある。

(4) 右図のように円の中心をIとすると，IQ ⊥ AB
△OBP は OB = OP の二等辺三角形なので，その底角は等しく，∠OBP = ∠OPB = 58°
したがって，
∠BOP = 180° − 58° × 2 = 64°

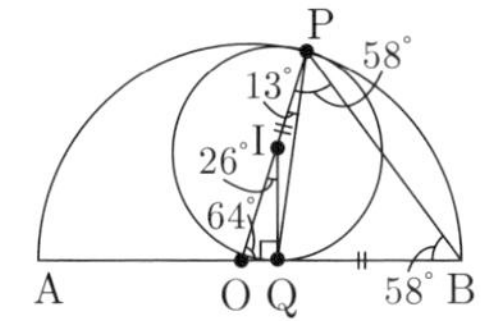

ここで，△IOQ にて，∠OIQ = 180° − (90 + 64)° = 26° であり，同じ弧の円周角は中心角の半分の大きさなので，
∠OPQ = ∠OIQ ÷ 2 = 26° ÷ 2 = 13°

3 (1) 点 A から線分 BC に垂線 AH を下ろす。
△ABH は直角二等辺三角形となり，$AB = \sqrt{2}$ より，
AH = BH = 1
△ACH は，$CH : AC : AH = 1 : 2 : \sqrt{3}$ より，
$CH = \dfrac{1}{\sqrt{3}}$，$AC = \dfrac{2}{\sqrt{3}}$
さらに，2 組の角がそれぞれ等しいことから，
△ABC∽△CAD なので，対応する辺の比は等しく，
AB : CA = AC : CD　　よって，$\sqrt{2} : \dfrac{2}{\sqrt{3}} = \dfrac{2}{\sqrt{3}} : CD$
これを解いて，$CD = \dfrac{2\sqrt{2}}{3}$
(2) 線分 BA を点 A の方に延ばしたところにある点を F とすると，∠BAC = 75°，∠CAD = 45° より，
∠DAF = 180° − (75 + 45)° = 60°
したがって，∠CDA = ∠DAF = 60° となり錯角が等しく，AB // CD とわかる。
よって，△EAB∽△ECD となり，その相似比は
$AB : CD = \sqrt{2} : \dfrac{2\sqrt{2}}{3} = 3 : 2$
したがって，EA : EC = 3 : 2 となり，
$CE = CA \times \dfrac{2}{3+2} = \dfrac{2}{\sqrt{3}} \times \dfrac{2}{5} = \dfrac{4\sqrt{3}}{15}$

4 (1) 売れた個数について考えると，1 日目は 20 個であり，2 日目 : 3 日目 = 7 : 5 で，3 日目は 10 個であることから，
2 日目は $10 \times \dfrac{7}{5} = 14$（個）
以上より，$t = 20 + 14 + 10 = 44$
(2) 売り上げについて考える。
1 日目は，300 × 20 = 6000（円）
2 日目は，$300\left(1 - \dfrac{x}{100}\right) \times 14 = 4200\left(1 - \dfrac{x}{100}\right)$（円）
3 日目は，$300\left(1 - \dfrac{x}{100}\right)^2 \times 10 = 3000\left(1 - \dfrac{x}{100}\right)^2$（円）
以上の合計が 9600 円となるので，
$6000 + 4200\left(1 - \dfrac{x}{100}\right) + 3000\left(1 - \dfrac{x}{100}\right)^2 = 9600$
これを簡単にすると，$(x - 40)(x - 300) = 0$
$0 < x < 100$ より，$x = 40$

5 (1) A (−2, 1)，B $\left(t, \dfrac{1}{4}t^2\right)$，C (6, 9) であり，△OCA と △BCA の面積が等しいことから，AC // OB である。
したがって，$\dfrac{9-1}{6-(-2)} = \dfrac{1}{4}t^2 \div t$
これを解いて，$t = 4$
(2) 線分 AC 上に点 P をとり，直線 BP が求める直線とすると，OB + AP = CP となればよい。点 P の x 座標を p とすると，x 座標の差を考えて，
$4 + \{p - (-2)\} = 6 - p$　　これを解いて，$p = 0$
よって，P (0, 3) とわかる。ゆえに求める直線 BP は，
2 点 B (4, 4)，P (0, 3) を通る直線より，
$y = \dfrac{1}{4}x + 3$
(3) 直線 $y = \dfrac{1}{4}x + 3$ と関数 $y = \dfrac{1}{4}x^2$ のグラフの交点 D は，$\dfrac{1}{4}x + 3 = \dfrac{1}{4}x^2$ を解いて，$x = -3$，4 より，
D $\left(-3, \dfrac{9}{4}\right)$
また，四角形 OBCA の面積は，OB : AC = 1 : 2 より，
(四角形 OBCA) $= \triangle OAC \times \dfrac{3}{2}$
$= \left(3 \times \{6 - (-2)\} \times \dfrac{1}{2}\right) \times \dfrac{3}{2} = 18$
となるので，
$\triangle BDE =$ (四角形 OBCA) $\times \dfrac{7}{8} = 18 \times \dfrac{7}{8} = \dfrac{63}{4}$
ここで，$\triangle BDE = PE \times \{4 - (-3)\} \times \dfrac{1}{2} = \dfrac{7}{2}PE$ より，
$\dfrac{7}{2} \times PE = \dfrac{63}{4}$　　これを解いて，$PE = \dfrac{9}{2}$
よって，E の座標は，$3 \pm \dfrac{9}{2}$ より，$\dfrac{15}{2}$ または $-\dfrac{3}{2}$ となる。

6 (1) 直方体の対角線 CE の長さは，
$CE = \sqrt{2^2 + 3^2 + 6^2} = 7$
また，$GE = \sqrt{3^2 + 6^2} = 3\sqrt{5}$ より，
△CGE は(2)の図のような直角三角形となる。
したがって，その面積より，
$7 \times GP \times \dfrac{1}{2} = 2 \times 3\sqrt{5} \times \dfrac{1}{2}$
これを解いて，$GP = \dfrac{6\sqrt{5}}{7}$
(2) △GEF の面積は，
$6 \times 3 \times \dfrac{1}{2} = 9$
右図のように点 P から線分 EG に垂線 PI を下ろすと，PI は求める立体の高さとなる。
△CEG∽△CGP より，
$CP = 2 \times \dfrac{2}{7} = \dfrac{4}{7}$
よって，$EP = 7 - \dfrac{4}{7} = \dfrac{45}{7}$
同様に，△CEG∽△PEI より，$PI = \dfrac{45}{7} \times \dfrac{2}{7} = \dfrac{90}{49}$
したがって，求める体積は，$9 \times \dfrac{90}{49} \times \dfrac{1}{3} = \dfrac{270}{49}$
(3) BQ // RS より，底面 EFGH は右図のようになる。
△SRG∽△STE となる点 T を EH 上にとると，
SG : SE = 4 : 5
したがって，
$\triangle SRG = \triangle EFG \times \dfrac{4}{9} \times \dfrac{4}{6}$
となる。
よって，求める立体 P − GSR の体積は，
$(P - GSR) = (P - GEF) \times \dfrac{4}{9} \times \dfrac{4}{6}$
$= \dfrac{270}{49} \times \dfrac{4}{9} \times \dfrac{4}{6} = \dfrac{80}{49}$

〈Y. D.〉

灘高等学校

問題 P.167

解答

1 平方根，確率，2次方程式，相似

(1) 順に，$17-12\sqrt{2}$，$3-2\sqrt{2}$　(2) $\dfrac{7}{18}$

(3) $\dfrac{8}{15}$　(4) $\dfrac{2-\sqrt{3}}{5}$

2 場合の数，確率　(1) 42組　(2) $\dfrac{1}{4}$

3 数・式を中心とした総合問題　(1) $p^2=a^2+16$

(2) $a=3$, $b=-3$

4 関数を中心とした総合問題　(1) $a=\dfrac{1}{2}-\dfrac{2}{t}$

(2) $-t+2$　(3) $t=\dfrac{7+\sqrt{17}}{2}$

5 図形と証明，中点連結定理，円周角と中心角

(1)（証明）（例）$\triangle$CHD と $\triangle$CGE において，
円 O′ の半径だから，CD = CE…①
共通なので，$\angle$HCD = $\angle$GCE…②
仮定から CE = HE なので，CH = 2CE…③
D は円 O′ と線分 AB の接点であり，AB は円 O の直径で，円は直径に関して線対称なので，CD = GD
すなわち，CG = 2CD…④
①，③，④より，CH = CG…⑤
①，②，⑤から2組の辺とそのはさむ角がそれぞれ等しいので，$\triangle$CHD $\equiv$ $\triangle$CGE　　ゆえに，$\angle$CHD = $\angle$CGE
（証明終）

(2)（証明）（例）円 O で，円周角の定理により，
$\angle$CFE = $\angle$CGE…⑥
円 O′ の半径だから CE = CF で，$\triangle$CEF は二等辺三角形となるから，$\angle$CEF = $\angle$CFE…⑦
(1)の結論と⑥，⑦より，
$\angle$CEM = $\angle$CEF = $\angle$CHD
同位角が等しいので，EM // HD
このことと，E が辺 CH の中点であることから，中点連結定理の逆により，M は辺 CD の中点である。　（証明終）

6 立体の表面積と体積，三平方の定理

(1)（証明）（例）点 O と平面 P の距離を d とおく。
O から線分 AB，CD に垂線を引き，その交点を E，F とし，O から平面 P に引いた垂線と P との交点を H とする。
$\triangle$OEH で，三平方の定理により，
$d^2=\mathrm{OH}^2=\mathrm{OE}^2-\mathrm{EH}^2$…①
$\mathrm{EH}=\dfrac{1}{2}\mathrm{EF}=\dfrac{1}{2}\mathrm{AB}$…②
辺 OB の中点を M とおくと，$\angle\mathrm{AMB}=90^\circ$ で，三平方の定理により，$\mathrm{AM}^2=\mathrm{AB}^2-\mathrm{BM}^2=\mathrm{AB}^2-1$…③
$\triangle$OAB の面積に関して，OB × AM = AB × OE だから，③より，

$$\mathrm{OE}^2=\frac{\mathrm{OB}^2\times\mathrm{AM}^2}{\mathrm{AB}^2}=\frac{4(\mathrm{AB}^2-1)}{\mathrm{AB}^2}\cdots④$$

①，②，④および $\mathrm{AB}=1+\sqrt{5}$ より，

$$d^2=\frac{4(\mathrm{AB}^2-1)}{\mathrm{AB}^2}-\frac{1}{4}\mathrm{AB}^2=\frac{16\mathrm{AB}^2-16-\mathrm{AB}^4}{4\mathrm{AB}^2}$$
$$=\frac{16(6+2\sqrt{5})-16-(6+2\sqrt{5})^2}{4(6+2\sqrt{5})}=1$$

よって，$d=1$
（証明終）

(2) $\dfrac{7}{3}+\sqrt{5}$

解き方

1 (1) $10-7\sqrt{2}=\sqrt{100}-\sqrt{98}>0$ より，
$\sqrt{(10-7\sqrt{2})^2}=10-7\sqrt{2}$
$7-5\sqrt{2}=\sqrt{49}-\sqrt{50}<0$ より，
$\sqrt{(7-5\sqrt{2})^2}=5\sqrt{2}-7$
$\sqrt{10-7\sqrt{2}-(5\sqrt{2}-7)}=\sqrt{17-12\sqrt{2}}$
$=\sqrt{(2\sqrt{2}-3)^2}$
$2\sqrt{2}-3=\sqrt{8}-\sqrt{9}<0$ より，
$\sqrt{(2\sqrt{2}-3)^2}=3-2\sqrt{2}$

(2) $a>b$ となる $(a,\ b)$，およびそれらの確率は，
$(2,\ 1)\cdots\dfrac{2}{90}$，$(3,\ 2)\cdots\dfrac{6}{90}$，$(3,\ 1)\cdots\dfrac{3}{90}$，
$(4,\ 3)\cdots\dfrac{12}{90}$，$(4,\ 2)\cdots\dfrac{8}{90}$，$(4,\ 1)\cdots\dfrac{4}{90}$
であるから，$\dfrac{2+6+3+12+8+4}{90}=\dfrac{7}{18}$

(3) $x=5$ が $ax^2+cx+b=0$ の解であるから，
$25a+5c+b=0$…①
$x=3$ が $bx^2+cx+a=0$ の解であるから，
$9b+3c+a=0$…②
①，②より b を消去して，$c=-\dfrac{16}{3}a$…③
これを①に代入して，$b=\dfrac{5}{3}a$…④
③，④を問題の1つ目の2次方程式に代入し，$a\fallingdotseq 0$ で両辺を割ると，$x^2-\dfrac{16}{3}x+\dfrac{5}{3}=0$　　よって，$x=5,\ \dfrac{1}{3}$
よって，$p=\dfrac{1}{3}$
同様に2つ目の2次方程式から，$\dfrac{5}{3}x^2-\dfrac{16}{3}x+1=0$
$x=3,\ \dfrac{1}{5}$　　よって，$q=\dfrac{1}{5}$
ゆえに，$p+q=\dfrac{1}{3}+\dfrac{1}{5}=\dfrac{8}{15}$

(4) $\triangle$ABC，$\triangle$ADE の1辺の長さをそれぞれ a, b とおくと，問題の仮定より，$a^2:b^2=6:5$…①である。
$\triangle$ADF∽$\triangle$ACD だから，$\mathrm{AF}=\dfrac{b^2}{a}$
よって，$\mathrm{FC}=a-\dfrac{b^2}{a}=\dfrac{a^2-b^2}{a}$…②
ここで，DC = c とおくと，BD = $a-c$ で
$\triangle$ABD∽$\triangle$DCF より，$\mathrm{FC}=\dfrac{a-c}{a}\mathrm{DC}=\dfrac{ac-c^2}{a}$
この式と②より，$a^2-b^2=ac-c^2$
これを c について解くと，$c=\dfrac{a\pm\sqrt{4b^2-3a^2}}{2}$
仮定より BD > CD なので，$a-c>c$
すなわち，$c<\dfrac{a}{2}$ だから，$c=\dfrac{a-\sqrt{4b^2-3a^2}}{2}$
よって，$\dfrac{c}{b}=\dfrac{1}{2}\left\{\dfrac{a}{b}-\sqrt{4-3\left(\dfrac{a}{b}\right)^2}\right\}$
①より $\dfrac{a}{b}=\sqrt{\dfrac{6}{5}}$ なので，$\dfrac{c}{b}=\dfrac{1}{2}\left(\sqrt{\dfrac{6}{5}}-\sqrt{\dfrac{2}{5}}\right)$
よって，求める比は，
$\left(\dfrac{c}{b}\right)^2=\dfrac{1}{20}(\sqrt{6}-\sqrt{2})^2=\dfrac{2-\sqrt{3}}{5}$

2 (1) (2, 2, 1)，(3, 3, 2)，(3, 3, 1)，(3, 2, 2)，(4, 4, 1)，(4, 4, 2)，(4, 4, 3)，(4, 3, 3)，(5, 5, 4)，(5, 5, 3)，(5, 5, 2)，(5, 5, 1)，(5, 4, 4)，(5, 3, 3) の各組それぞれ3通りあるので，42組

(2) 1の入ってない組が30あり，これらの起こる確率はそれぞれ $\frac{1}{6^3}$，他12組の起こる確率は $\frac{2}{6^3}$ なので，求める確率は，$\frac{1}{6^3}\times 30+\frac{2}{6^3}\times 12=\frac{1}{4}$

3 (1) $a=0$ のとき，$p=4$ で，①は $b=-\frac{3}{2}$ のとき成立する。
$a\neq 0$ のとき，①の両辺を a 倍し，$ab=x$ とおくと，
$x^2+(3a+4)x+2a(a+3)=0$
$x=\frac{-3a-4\pm\sqrt{(3a+4)^2-8a(a+3)}}{2}$
$=\frac{-3a-4\pm\sqrt{a^2+16}}{2}$
よって，$2ab+3a+4=\pm\sqrt{a^2+16}$　　$p^2=a^2+16$
これは $a=0$ のときも成り立つ。
(2) a，b が整数のとき，p も整数である。(1)より，
$(p+a)(p-a)=16$ だから，
$(p+a,\ p-a)=(\pm1,\ \pm16)$，$(\pm2,\ \pm8)$，$(\pm4,\ \pm4)$，$(\pm8,\ \pm2)$，$(\pm16,\ \pm1)$　　この中で条件をみたすのは，
$(p,\ a)=(\pm5,\ \mp3)$，$(\pm5,\ \pm3)$（複号同順）
$a=3$ のとき　　$3b^2+13b+12=0$　　$b=-\frac{4}{3}$，-3
$a=-3$ のとき　　$-3b^2-5b=0$　　$b=0$，$-\frac{5}{3}$
であるから，b も条件をみたすのは，$a=3$，$b=-3$

4 (1) A $\left(-t,\ \frac{1}{2}t^2\right)$，B $(-t,\ at^2)$ で AB＝AD より，
$\frac{1}{2}t^2-at^2=2t$　　$t>2$ より，$a=\frac{1}{2}-\frac{2}{t}$
(2) 本問と(3)では，$y=mx^2$ 上の点 P $(p,\ mp^2)$，Q $(q,\ mq^2)$ に対して，直線 PQ の傾きが $m(p+q)$ で与えられることを用いて解答する。
直線 ED の傾きが1で，D の x 座標が t なので，E の x 座標は，$1=\frac{1}{2}(x+t)$　　よって，$x=2-t$
(3) B の x 座標が $-t$ で，直線 BF の傾きが1なので，F の x 座標は，$1=a(-t+x)=\frac{t-4}{2t}(x-t)$
よって，$x=\frac{2t}{t-4}+t=\frac{t^2-2t}{t-4}$
BF : ED＝2 : 1 より，$2\{t-(2-t)\}=\frac{t^2-2t}{t-4}-(-t)$
これを整理して，$t^2-7t+8=0$　　$t=\frac{7\pm\sqrt{17}}{2}$
$t>2$ より，$t=\frac{7+\sqrt{17}}{2}$

6 (2) (1)の解答の記号を使う。
底面 △OEF，高さ2の三角柱の体積は，$1+\sqrt{5}$
底面が長方形 BCFE，頂点 O の四角錐の体積は，
$\frac{1}{3}\times\frac{1+\sqrt{5}-2}{2}\times(1+\sqrt{5})\times 1=\frac{2}{3}$
求める立体の体積は，$1+\sqrt{5}+\frac{2}{3}\times 2=\frac{7}{3}+\sqrt{5}$

〈IK. Y.〉

西大和学園高等学校

問題 P.168

解答

1 **数・式の利用，2次方程式，連立方程式，確率，1次関数，2次方程式の応用，平方根，多項式の乗法・除法** (1) 11　(2) $(x,\ y)=\left(\frac{16}{7},\ 6\right)$　(3) $\frac{5}{6}$
(4) $x=\sqrt{3}$，$2\sqrt{7}$　(5) $a=13$，29

2 **平面図形の基本・作図，平行線と線分の比，空間図形の基本，相似，三平方の定理，図形と証明** (1) $\frac{13}{6}\pi$　(2) 2 : 3
(3) $\frac{8}{3}$　(4) $\frac{3}{10}$ 倍
(5)（証明）（例）△ABF と △EDA において，
BF＝BC（正三角形の一辺）
BC＝DA（長方形の対辺）
だから，BF＝DA…①
同様に，AB＝DC，DC＝ED だから，
AB＝ED…②
また，∠ABF＝∠ABC－∠FBC
∠EDA＝∠ADC－∠EDC であるが，
∠ABC＝∠ADC＝90°（長方形の一角）
∠FBC＝∠EDC＝60°（正三角形の一角）
なので，∠ABF＝∠EDA…③
よって，①～③により，2組の辺とその間の角がそれぞれ等しいので，
△ABF ≡ △EDA
ゆえに，AF＝AE

3 **1次関数，平面図形の基本・作図，関数 $y=ax^2$**
(1) $a=-\frac{1}{2}$　(2) $y=x-4$　(3) 4 : 5　(4) $y=\frac{33}{13}x+\frac{18}{13}$

4 **平面図形の基本・作図，空間図形の基本，相似** (1) 150
(2) 辺 CF，DF，EF　(3) $\frac{60}{13}$　(4) $\frac{21600}{169}$　(5) $\frac{9}{2}$

解き方

1 (1) $x=a$，b は $x^2-3x-5=0$ の解なので，$a^2-3a-5=0$　　$b^2-3b-5=0$ が成り立つ。
よって，$a^2-3a=b^2-3b=5$ である。
(与式)＝$(a^2-3a)+(b^2-3b)+1=5+5+1=11$
(2) $\frac{1}{x}=X$，$\frac{1}{y}=Y$ とおくと，
$$\begin{cases}4X+\frac{3}{2}Y=2\\8X-Y=\frac{10}{3}\end{cases}$$
まず，これを解くと，$(X,\ Y)=\left(\frac{7}{16},\ \frac{1}{6}\right)$
よって，$x=\frac{1}{X}=\frac{16}{7}$，$y=\frac{1}{Y}=6$
(3) X が6の倍数になる確率を求めて1からひく。
6の倍数は3の倍数のうち偶数であるものである。
まず X が偶数となるのは，$c=2$，4，6のとき，
3の倍数となるのは $a+b+c$ が3の倍数のときである。
$c=2$ のとき，考えられる $(a,\ b)$ の組は，
$(a,\ b)=(1,\ 3)$，$(1,\ 6)$，$(2,\ 2)$，$(2,\ 5)$，$(3,\ 1)$，$(3,\ 4)$，$(4,\ 3)$，$(4,\ 6)$，$(5,\ 2)$，$(5,\ 5)$，$(6,\ 1)$，$(6,\ 4)$
の12通りである。
$c=4$，6のときも同様に12通りずつある。
よって，6の倍数となる確率は，$\frac{12\times 3}{6^3}=\frac{1}{6}$
ゆえに，6の倍数でない確率は，$1-\frac{1}{6}=\frac{5}{6}$

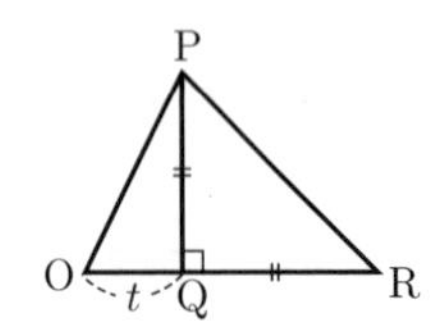

(4) まず，$y=-\frac{1}{2}x+5$ と $y=2x$ の交点Aの座標は A(2, 4) である。また，$y=-\frac{1}{2}x+5$ と x 軸の交点Bの座標は B(10, 0) である。
Pの x 座標を t とする。
(i) $0<t\leqq 2$ のとき P$(t,\ 2t)$ なので，
$\mathrm{OR}=t+2t=3t$，$\mathrm{PQ}=2t$
だから，$\triangle\mathrm{OPR}=3t\times 2t\times\frac{1}{2}=3t^2$
$3t^2=9$ より $t^2=3$
$0<t\leqq 2$ だから，$t=\sqrt{3}$
(ii) $2\leqq t<10$ のとき
P$\left(t,\ -\frac{1}{2}t+5\right)$ なので，
$\mathrm{OR}=t+\left(-\frac{1}{2}t+5\right)=\frac{1}{2}t+5$，$\mathrm{PQ}=-\frac{1}{2}t+5$
だから，$\triangle\mathrm{OPR}=\frac{1}{2}\left(\frac{1}{2}t+5\right)\left(-\frac{1}{2}t+5\right)=\frac{25}{2}-\frac{1}{8}t^2$
$\frac{25}{2}-\frac{1}{8}t^2=9$ より $t^2=28$
$2\leqq t<10$ だから，$t=2\sqrt{7}$
(5) $\sqrt{a}-b=c$ だから，$(\sqrt{a}+b)(\sqrt{a}-b)=4$ より
$a-b^2=4$
よって，$a-4=b^2\cdots$（∗）
まず $a-4$ が平方数になるものを求めると，a が50以下だから，
$a-4=0,\ 1,\ 4,\ 9,\ 16,\ 25,\ 36$
このうち a が素数になるものは，$a=5,\ 13,\ 29$
$a=5$ のとき（∗）より $b=1$ となるが，実際は
$2\leqq\sqrt{5}<3$ で $b=2$ なので不適。
$a=13,\ 29$ のときは（∗）で求めた b と実際の b の値が一致する。
よって，$a=13,\ 29$

2 (1) 斜線部分の面積をOから遠い部分から3つに分けて考える。
中心角はそれぞれ $120°$，$15°$，$(120°+15°)$ なので，
$(\pi\times 3^2-\pi\times 2^2)\times\frac{120}{360}+(\pi\times 2^2-\pi\times 1^2)\times\frac{15}{360}$
$+\pi\times 1^2\times\frac{135}{360}=\left(\frac{5}{3}+\frac{1}{8}+\frac{3}{8}\right)\pi=\frac{13}{6}\pi$

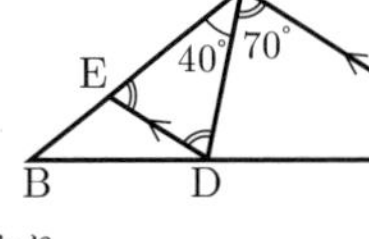

(2) Dを通りCAに平行な直線とABとの交点をEとおく。このとき，
$\angle\mathrm{CAD}=\angle\mathrm{ADE}=70°$（錯角）
よって，△AEDの内角の和より，
$\angle\mathrm{AED}=180°-(40°+70°)=70°$
となるので，△AEDは AE = AD の二等辺三角形である。
$\mathrm{BD}:\mathrm{DC}=\mathrm{BE}:\mathrm{EA}=(5-3):3=2:3$

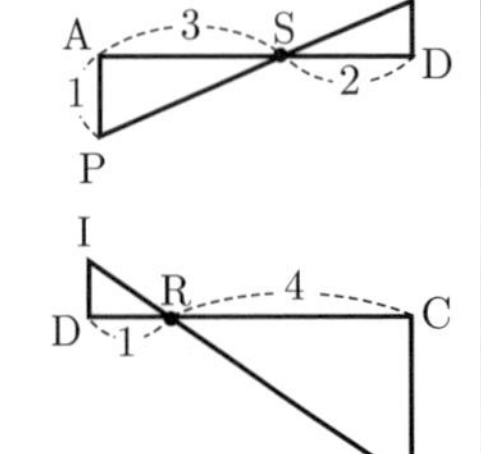

(3) PSとHDの延長との交点をIとすると，
$\mathrm{AP}:\mathrm{ID}=\mathrm{AS}:\mathrm{SD}=3:2$
より，$\mathrm{ID}=\frac{2}{3}$
また，
$\mathrm{ID}:\mathrm{CQ}=\mathrm{DR}:\mathrm{RC}=1:4$
より，$\mathrm{CQ}=\frac{8}{3}$

(4) $\mathrm{CF}=a$，$\mathrm{FD}=2a$ とし $\mathrm{AD}=x$ とおく。
△ADFで三平方の定理より，
$\mathrm{AD}^2+\mathrm{DF}^2=\mathrm{AF}^2=\mathrm{AB}^2$
$x^2+(2a)^2=(3a)^2$　　$x^2=5a^2$
$x>0$ より，$x=\sqrt{5}a$
また，△ADF∽△FCE だから，
$\mathrm{AD}:\mathrm{DF}=\mathrm{FC}:\mathrm{CE}$
$\sqrt{5}a:2a=a:\mathrm{CE}$ より，$\mathrm{CE}=\frac{2\sqrt{5}}{5}a$
よって，$\mathrm{FE}=\mathrm{BE}=\sqrt{5}a-\frac{2\sqrt{5}}{5}a=\frac{3\sqrt{5}}{5}a$
△AEFの面積は，$\frac{3\sqrt{5}}{5}a\times 3a\times\frac{1}{2}=\frac{9\sqrt{5}}{10}a^2$
長方形ABCDの面積は，$3a\times\sqrt{5}a=3\sqrt{5}a^2$
よって，$\frac{9\sqrt{5}}{10}a^2\div 3\sqrt{5}a^2=\frac{3}{10}$（倍）

3 (1) $y=ax^2$ に $(2,\ -2)$ を代入して，
$-2=4a$ より，$a=-\frac{1}{2}$
(2) $y=-\frac{1}{2}x^2$ に $x=-4$ を代入して，
$y=-8$ より，A$(-4,\ -8)$
A$(-4,\ -8)$，B$(2,\ -2)$ を通る直線の方程式を求めて，
$y=x-4$
(3) D$(-2,\ 4)$ となるので，AB // CD より直線CDの式は $y=x+6$ となる。
$y=x^2$ と $y=x+6$ の交点を求める。
$x^2=x+6$　　$x^2-x-6=0$
$(x+2)(x-3)=0$ より，$x=-2,\ 3$
よって，C$(3,\ 9)$ である。
△OABと△OCDをそれぞれ y 軸で2つの三角形に分割して面積を考える。直線AB, CDの y 切片と4点A, B, C, Dの x 座標から，
$\triangle\mathrm{OAB}=4\times\{2-(-4)\}\times\frac{1}{2}=12$
$\triangle\mathrm{OCD}=6\times\{3-(-2)\}\times\frac{1}{2}=15$
よって，$\triangle\mathrm{OAB}:\triangle\mathrm{OCD}=12:15=4:5$
(4) 四角形ABCDは台形なので面積は
$(\mathrm{AB}+\mathrm{CD})\times$(高さ)$\times\frac{1}{2}$ で与えられる。
ABとCDの x 座標の差に注目すると，
$\{2-(-4)\}+\{3-(-2)\}=11$
で，(ABの差) > (CDの差) より，AB上に点Eをとり△CEBの面積が四角形ABCDの面積の $\frac{1}{2}$ になるようにすればよい。
(EBの差) $=\frac{11}{2}$ となればよいので，Eの x 座標は
$2-\frac{11}{2}=-\frac{7}{2}$ である。
よって，E$\left(-\frac{7}{2},\ -\frac{15}{2}\right)$ となる。
C$(3,\ 9)$ と E$\left(-\frac{7}{2},\ -\frac{15}{2}\right)$ を通る直線を求めて，
$y=\frac{33}{13}x+\frac{18}{13}$

4 (1) $5\times 12\times\frac{1}{2}\times 5=150$
(2) 平行でなく交わらない直線を求めて，辺CF，DF，EF
(3) △ABC∽△APS で PS = 5 だから，
$\mathrm{AC}:\mathrm{BC}=\mathrm{AS}:\mathrm{PS}$
$12:13=\mathrm{AS}:5$ より，$\mathrm{AS}=\frac{60}{13}$

(4) AS : AC $= \frac{60}{13} : 12 = 5 : 13$ より，△APS と △ABC の相似比は 5 : 13 なので，面積比は $5^2 : 13^2 = 25 : 169$ である。

よって，求める体積は，$150 \times \frac{169-25}{169} = \frac{21600}{169}$

(5) 四角形 PBCS は台形なので，面積は

(PS + BC) × (高さ) × $\frac{1}{2}$ で与えられる。

PS + BC = 5 + 13 = 18 である。

右の図のように BP // XY となるように点 Y をとると，

PY + BX $= \frac{18}{2} = 9$

となればよい。

PY = BX なので，BX $= \frac{9}{2}$

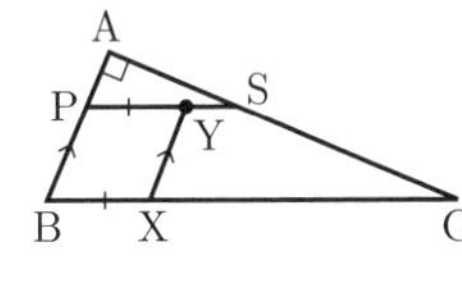

〈A. S.〉

日本大学第二高等学校

問題 P.169

解答 **1** 式の計算，2 次方程式，平方根，1 次方程式の応用，確率，円周角と中心角，立体の表面積と体積，相似 (1) $\frac{26}{9}ab^5$ (2) $x = \frac{2 \pm \sqrt{10}}{4}$

(3) $n = 117$ (4) $x = 15$ (5) $18 - 9\sqrt{2}$ (6) $\frac{3}{10}$

(7) $\angle x = 48$ 度 (8) 228π cm^3

2 2 次方程式，関数 $y = ax^2$，相似，平行線と線分の比 (1) $a = 3$ (2) D $\left(-\frac{4}{3}, \frac{16}{3}\right)$ (3) $\frac{112}{3}$

3 相似，円周角と中心角 (1) ∠AEF = 120 度

(2) AF = 2 (3) 3 : 1 (4) 9 : 1

解き方 **1** (1) (与式) $= \left(-\frac{3}{5}\right)a^7b^8 \times \left(-\frac{5}{3}\right)^3 \times \frac{1}{a^6b^3} - \left(\frac{1}{3}\right)^2 a^2b^4 \times \left(-\frac{b}{a}\right)$

$= \frac{25}{9}ab^5 + \frac{1}{9}ab^5 = \frac{26}{9}ab^5$

(2) 展開して，$4x^2 - 4x + 1 = -12x^2 + 20x + 8 - 8x - 1$

整理して，$8x^2 - 8x - 3 = 0$…①

$x = \frac{-(-8) \pm \sqrt{(-8)^2 - 4 \times 8 \times (-3)}}{2 \times 8}$

$= \frac{8 \pm \sqrt{16 \times (4+6)}}{2 \times 8} = \frac{8 \pm \sqrt{16 \times 10}}{2 \times 8}$

$= \frac{8 \pm 4\sqrt{10}}{2 \times 8} = \frac{2 \pm \sqrt{10}}{4}$

別解 ①より，$(4x)^2 - 4 \times (4x) - 6 = 0$

$(4x-2)^2 = 4 + 6$　　$(4x-2)^2 = 10$

$4x - 2 = \pm\sqrt{10}$　　$x = \frac{2 \pm \sqrt{10}}{4}$

(3) k を自然数として，$n = 13k^2$ とおける。

$k = 2$ のとき，$n = 13 \times 2^2 = 52 < 100$

$k = 3$ のとき，$n = 13 \times 3^2 = 117 > 100$

よって，求める n は，$n = 117$

(4) $\left(1 + \frac{x}{100}\right) \times \left(1 - \frac{1}{10}\right) = 1 + \frac{3.5}{100}$

$\frac{100+x}{100} \times \frac{9}{10} = \frac{(100+3.5) \times 10}{100 \times 10}$

$9(100+x) = 1035$　　$100 + x = 115$　　$x = 15$

(5) $a + b = \frac{3}{\sqrt{2}} = \frac{3\sqrt{2}}{2} = 2.1\cdots$ より，

$a = 2,\ b = \frac{3\sqrt{2}}{2} - 2$

$a^2 + 5ab + 4b^2 = (a+b)(a+4b) = (a+b)\{4(a+b) - 3a\}$

$= \frac{3\sqrt{2}}{2} \times \left(4 \times \frac{3\sqrt{2}}{2} - 3 \times 2\right) = \frac{3\sqrt{2}}{2} \times (6\sqrt{2} - 6)$

$= 3\sqrt{2} \times (3\sqrt{2} - 3) = 18 - 9\sqrt{2}$

(6) 同時に 2 枚のカードを取り出すときの取り出し方は (小, 大) の順に (1, 2), (1, 3), (1, 4), (1, 5), (2, 3), (2, 4), (2, 5), (3, 4), (3, 5), (4, 5) の 10 通り。

このうち，条件をみたす取り出し方は，(2, 3), (2, 4), (3, 4) の 3 通り。

よって，求める確率は，$\frac{3}{10}$

(7) $\angle OAB = \angle OBA = x$ より，

$\angle AOB = 180° - 2x$

$\angle AOC = 2\angle ADC$

$\angle AOC = \angle AOB + \angle BOC$

$= 180° - 2x + 68°$

$2\angle ADC = 2 \times 76° = 152°$

よって，

$180° - 2x + 68° = 152°$

$x = 48°$

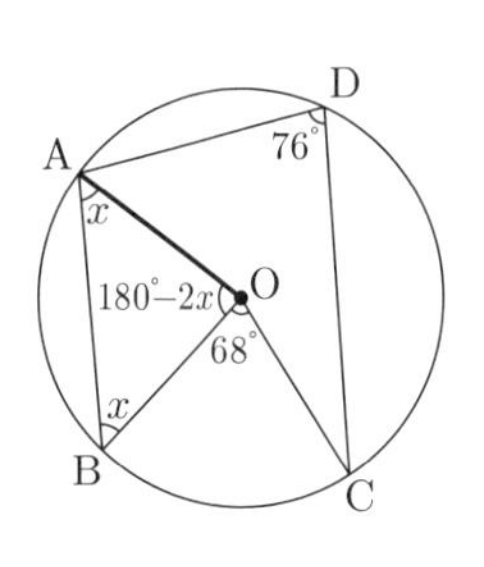

(8) 直線 AB と CD の交点を O とする。

求める立体は，直角三角形 OBC を OB を軸として 1 回転させてできる円すいから，直角三角形 OAD を OA を軸として 1 回転させてできる円すいを除いた立体である。

OA : (OA + 4) = 6 : 9 より，

OA = 8

求める体積は，

OB = OA + 4 = 12 より，

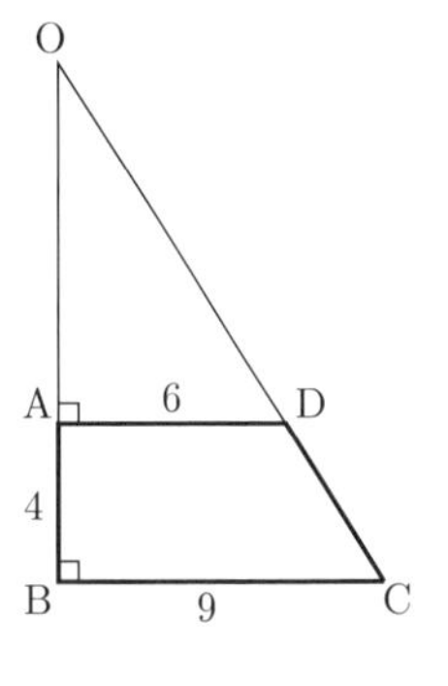

$\frac{1}{3} \times \pi \times BC^2 \times OB - \frac{1}{3} \times \pi \times AD^2 \times OA$

$= \frac{\pi}{3} \times (9^2 \times 12 - 6^2 \times 8)$

$= \frac{\pi}{3} \times \{3^2 \times 4 \times (3^2 \times 3 - 2^2 \times 2)\}$

$= \frac{\pi \times 3^2 \times 4}{3} \times (27 - 8) = 12\pi \times 19$

$= 228\pi$ (cm^3)

2 (1) OC : OA = 1 : 3, A (3, 9) より，C (1, 3)

点 C は②上の点だから，$3 = a \times 1^2$　　$a = 3$

(2) 直線 OB：$y = -4x$，放物線②：$y = 3x^2$

連立させて y を消去。

$3x^2 = -4x$　　$x(3x+4) = 0$　　$x = 0,\ -\frac{4}{3}$

$x = 0$ は点 O，点 D の x 座標は $-\frac{4}{3}$，

y 座標は $(-4) \times \left(-\frac{4}{3}\right) = \frac{16}{3}$

よって，D $\left(-\frac{4}{3}, \frac{16}{3}\right)$

(3) OD : OB $= \frac{16}{3} : 16 = 1 : 3$　　また，OC : OA = 1 : 3

△OCD : △OAB = (OC × OD) : (OA × OB)

= (1 × 1) : (3 × 3) = 1 : 9

四角形 ABDC : △OAB = (△OAB − △OCD) : △OAB

= (9 − 1) : 9 = 8 : 9

右の図で，
$\triangle OAB =$ 台形 ABIH
$-(\triangle OHA + \triangle OIB)$
$= \dfrac{1}{2} \times (9+16) \times (3+4)$
$-\left(\dfrac{1}{2} \times 3 \times 9 + \dfrac{1}{2} \times 4 \times 16\right)$
$= 42$
四角形 ABDC
$= \dfrac{8}{9} \times \triangle OAB = \dfrac{8}{9} \times 42$
$= \dfrac{112}{3}$

3 (1) $\angle AEF = 180^\circ - \angle AEC = 180^\circ - \angle ABC$
$= 180^\circ - 60^\circ = 120^\circ$
(2) $\triangle DAF$ と $\triangle DBC$ において，
$\angle ADF = \angle BDC$ …①
$\angle DAF = \angle BAF = \angle BCA = \angle ABC = \angle DBC$ …②
①，②より，$\triangle DAF \backsim \triangle DBC$
$AF : BC = DA : DB = 1 : 3$，$BC = 6$ より，$AF = 2$
(3) $\triangle AEF$ と $\triangle CAF$ において，
$\angle AFE = \angle CFA$…③　　$\angle AEF = 120^\circ$
$\angle CAF = \angle CAB + \angle BAF = 60^\circ + \angle BCA = 60^\circ + 60^\circ$
$= 120^\circ$
よって，$\angle AEF = \angle CAF$…④
③，④より，$\triangle AEF \backsim \triangle CAF$
$AE : EF = CA : AF = 6 : 2 = 3 : 1$
(4) $\triangle BEA$ と $\triangle CAF$ において，
$\angle ABE = \angle ACE = \angle FCA$…⑤
$\angle BEA = \angle BEC + \angle CEA = \angle BAC + \angle CBA$
$= 60^\circ + 60^\circ = 120^\circ$　　④より，
$\angle CAF = \angle AEF = 120^\circ$
$\angle BEA = \angle CAF$…⑥
⑤，⑥より，$\triangle BEA \backsim \triangle CAF$
$BE : AE = CA : FA$
$= 6 : 2 = 3 : 1 = 9 : 3$
(3)より，$EF : AE = 1 : 3$
よって，$BE : EF = 9 : 1$
$(\triangle AEF \backsim \triangle CAF \backsim \triangle BEA)$

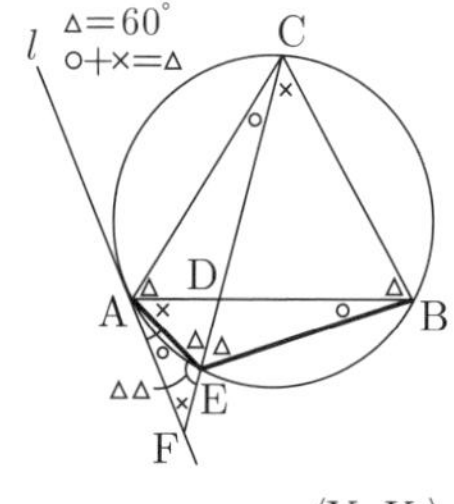

〈Y. K.〉

日本大学第三高等学校

問題 P.170

解答

1 正負の数の計算，式の計算，平方根，因数分解，多項式の乗法・除法，関数 $y = ax^2$，三角形，2 次方程式，データの散らばりと代表値 (1) -48
(2) $\dfrac{x+8y}{36}$　(3) $-2\sqrt{10}$　(4) $(x-3)(y-3)$　(5) $8\sqrt{6}$
(6) $b = \dfrac{9}{3a-5}$　(7) $a = -\dfrac{3}{2}$，$b = 0$
(8) $\angle x = 75$ 度，$\angle y = 15$ 度　(9) $a = 6$　(10) エ

2 平行と合同，相似 (1) 2 : 1　(2) 5 : 4 : 6

3 2 次方程式，関数 $y = ax^2$ (1) (5, 25)
(2) $\dfrac{3}{2}a^2$ cm　(3) $a = 4$

4 立体の表面積と体積，相似 (1) 54π cm^3　(2) 6 cm
(3) 13 cm

5 連立方程式の応用 (1) $a = 3$，$b = 4$
(2) $x = 40$，$y = 32$

6 確率 (1) $\dfrac{1}{4}$　(2) $\dfrac{5}{32}$

解き方

1 (1) $(-64) \times \dfrac{9}{4} - 6 \times (-16) = -48$
(2) $\dfrac{4(4x-y) - 3(5x-4y)}{36} = \dfrac{x+8y}{36}$
(3) $(5 - 2\sqrt{10} + 2) - (10 - 3) = -2\sqrt{10}$
(4) $y(x-3) - 3(x-3)$
$x - 3 = A$ とおくと，
$yA - 3A = A(y-3) = (x-3)(y-3)$
(5) $(a+b)(a-b)$
$= \{(2+\sqrt{6}) + (2-\sqrt{6})\}\{(2+\sqrt{6}) - (2-\sqrt{6})\}$
$= 4 \times 2\sqrt{6} = 8\sqrt{6}$
(6) $b(3a-5) = 9$
$3a - 5 \neq 0$ より，両辺を $3a-5$ で割ると，$b = \dfrac{9}{3a-5}$
(7) x の変域が負の値から正の値までだから，y の最大値は 0　よって，$b = 0$
また，$x = 4$ のとき $y = -24$ だから，$y = ax^2$ に代入して，
$-24 = a \times 4^2$　　$a = -\dfrac{3}{2}$
(8) $\triangle EAB$ は正三角形だから，$\angle ABE = 60^\circ$
$\angle EBC = 90^\circ - \angle ABE = 90^\circ - 60^\circ = 30^\circ$
$\triangle BCE$ は，$BC = BE$ の二等辺三角形だから，
$\angle x = (180^\circ - \angle EBC) \div 2 = (180^\circ - 30^\circ) \div 2 = 75^\circ$
また，直線 BE と辺 CD の交点を F とすると，
$\triangle FBC$ で，$\angle BFC = 180^\circ - 30^\circ - 90^\circ = 60^\circ$
$\triangle FEC$ で，外角の性質より，$\angle y + \angle BFC = \angle x$
$\angle y = 75^\circ - 60^\circ = 15^\circ$
(9) $x = 3$ を方程式に代入して解くと，
$a^2 - 9a + 18 = 0$
$(a-3)(a-6) = 0$
$a = 3,\ 6$…①
$x = 6$ を方程式に代入して解くと，
$a^2 - 18a + 72 = 0$
$(a-6)(a-12) = 0$
$a = 6,\ 12$…②
①，②より，$x = 3$ と $x = 6$ が方程式の解となるためには，
$a = 6$
(10) 度数分布表が，下から上に学習時間が大きくなることに注意する。
< 1 年生の中央値 > 40 番目と 41 番目の値の平均値となる。
学習時間の小さい値から順に人数を累積していくと，
$6 + 10 = 16$，$16 + 22 = 38$，$38 + 20 = 58$ より，
中央値は 9 時間以上 12 時間未満となる。
< 2 年生の中央値 > 43 番目の値となる。
学習時間の小さい値から順に人数を累積していくと，
$4 + 12 = 16$，$16 + 18 = 34$，$34 + 20 = 54$ より，
中央値は 9 時間以上 12 時間未満となる。
< 1 年生の最頻値 > 度数の最も多い階級の階級値だから，7.5 時間
< 2 年生の最頻値 > 同様にして，13.5 時間

2 (1) $\triangle ADH$ と $\triangle GEH$ で，
$AD \parallel EG$ より錯角は等しいから，
$\angle ADH = \angle GEH$…①，$\angle DAH = \angle EGH$…②
①，②より，2 組の角がそれぞれ等しいので，
$\triangle ADH \backsim \triangle GEH$
したがって，$DH : HE = AD : GE = 2 : 1$
(2) $\triangle AIJ \backsim \triangle DEJ$ より，
$IJ : EJ = AJ : DJ = AI : DE = 1 : 2$…③

よって，$AJ = \frac{1}{3}AD = \frac{1}{3} \times 2GE = \frac{2}{3}GE$…④
また，$\triangle AJK \backsim \triangle GEK$ と④より，
$JK : EK = AJ : GE = \frac{2}{3}GE : GE = 2 : 3$…⑤
③，⑤より，$JK = \frac{2}{5}JE = \frac{4}{5}IJ$…⑥
$KE = \frac{3}{5}JE = \frac{6}{5}IJ$…⑦
⑥，⑦より，$IJ : JK : KE = IJ : \frac{4}{5}IJ : \frac{6}{5}IJ$
$= 5 : 4 : 6$

3 $P(a,\ a^2)$，$Q\left(a,\ -\frac{1}{2}a^2\right)$，$R(-a,\ a^2)$，
$S\left(-a,\ -\frac{1}{2}a^2\right)$
(1) $PR = a - (-a) = 2a$
$2a = 10$ より，$a = 5$　よって，$P(5,\ 25)$
(2) $PQ = a^2 - \left(-\frac{1}{2}a^2\right) = \frac{3}{2}a^2$
(3) (1)(2)より，$2a \times 2 + \frac{3}{2}a^2 \times 2 = 64$
$3a^2 + 4a - 64 = 0$
$$a = \frac{-4 \pm \sqrt{4^2 - 4 \times 3 \times (-64)}}{2 \times 3} = 4,\ -\frac{16}{3}$$
$a > 0$ より，$a = 4$

4 (1) $\pi \times 3^2 \times 6 = 54\pi\ (cm^3)$
(2) 水面の半径は，$8 \times \frac{3}{4} = 6\ (cm)$
容器 B の高さを x cm とすると，水の部分の高さは，
$\frac{3}{4}x$ cm となるから，
$\frac{1}{3} \times \pi \times 6^2 \times \frac{3}{4}x = 54\pi$
これを解いて，$x = 6\ (cm)$
(3) 容器 B に残った水面の半径は，$8 \times \frac{1}{4} = 2\ (cm)$
容器 B に残った水の部分の高さは，$6 \times \frac{1}{4} = \frac{3}{2}\ (cm)$
容器 C の高さを y cm とすると，
$\pi \times 2^2 \times y = 54\pi - \frac{1}{3} \times \pi \times 2^2 \times \frac{3}{2}$
これを解いて，$y = 13\ (cm)$

5 (1) $150x + 200y = 12400$
両辺を 50 で割ると，
$3x + 4y = 248$…①
(2) 翌日の売り上げ金額について方程式をつくると，
$150 \times (1 - 0.2) \times (x + 20) + 200 \times (1 - 0.1) \times (y + 0.5y)$
$= 12400 + 3440$
整理すると，$4x + 9y = 448$…②
①と②を連立させて解くと，$x = 40$，$y = 32$

6 (1) すべての場合の数は，$4 \times 4 = 16$（通り）
サイコロを 2 回投げたとき，4 枚とも裏になる場合について，樹形図をかくと，

1回目　2回目
1 —— 1
2 —— 2
3 —— 3
4 —— 4　の4通り

したがって，$\frac{4}{16} = \frac{1}{4}$
(2) すべての場合の数は，$4 \times 4 \times 4 = 64$（通り）
サイコロを 3 回投げたとき，4 枚とも表になる場合について，樹形図をかくと，

1回目　2回目　3回目
1 < 1 — 1, 2 — 2, 3 — 3, 4 — 4
2 < 1 — 2, 2 — 1
3 < 1 — 3, 3 — 1
4 < 1 — 4, 4 — 1　の10通り

したがって，$\frac{10}{64} = \frac{5}{32}$

〈M. S.〉

日本大学習志野高等学校

問題 P.171

解答

1 因数分解，平方根，連立方程式，数の性質，連立方程式の応用，相似，三平方の定理，確率
(1) $ア\sqrt{イ}$…$2\sqrt{5}$，$\sqrt{ウ}$…$\sqrt{5}$　(2) エオ…-2，カ…4
(3) キ…4，クケ…10　(4) コサシ…428　(5) スセ…45
(6) $\frac{ソ}{タ}$…$\frac{1}{4}$

2 比例・反比例，1 次関数，関数 $y = ax^2$
(1) アイ…-1，ウ…3，$\frac{エ}{オ}$…$\frac{2}{3}$，$\frac{カ}{キ}$…$\frac{4}{3}$　(2) クケ…-3
(3) $\frac{コサシ}{ス}$…$\frac{-14}{5}$

3 1 次方程式の応用，平行線と線分の比，三平方の定理
(1) アイ…12　(2) $ウ\sqrt{エ}$…$6\sqrt{5}$　(3) $\frac{オカキ}{クケ}$…$\frac{198}{19}$

4 空間図形の基本，立体の表面積と体積，相似，三平方の定理　(1) アイウ…108　(2) $エ\sqrt{オ}$…$3\sqrt{2}$
(3) $\frac{カ\sqrt{キ}}{ク}$…$\frac{3\sqrt{2}}{2}$　(4) $\frac{ケ}{コ}$…$\frac{8}{9}$

解き方

1 (1) $x^2 - y^2 = (x + y)(x - y)$
$= \sqrt{10} \times \sqrt{2} = 2\sqrt{5}$
また，$x = \frac{\sqrt{10} + \sqrt{2}}{2}$，$y = \frac{\sqrt{10} - \sqrt{2}}{2}$ より，
$xy = \frac{10 - 2}{4} = 2$ なので，
$\frac{x}{y} - \frac{y}{x} = \frac{x^2 - y^2}{xy} = \frac{2\sqrt{5}}{2} = \sqrt{5}$
(2) $\begin{cases} 2x - y = 1 & \cdots① \\ 2ax + by = 16 & \cdots② \end{cases}$　$\begin{cases} ax + 2y = 8 & \cdots③ \\ -3x + 2y = 3 & \cdots④ \end{cases}$
とする。
これらが同じ解をもつので，①と④を連立して解くと，
$x = 5$，$y = 9$　これらを②，③に代入すると，
$\begin{cases} 10a + 9b = 16 \\ 5a + 18 = 8 \end{cases}$ という連立方程式ができるので，これを解いて，$a = -2$，$b = 4$
(3) $2^{10} = 1024$ より，$\langle\langle 2^{10} \rangle\rangle = 4$
また，$\langle\langle 2 \rangle\rangle = 2$，$\langle\langle 2^2 \rangle\rangle = 4$，$\langle\langle 2^3 \rangle\rangle = 8$，$\langle\langle 2^4 \rangle\rangle = 6$，$\langle\langle 2^5 \rangle\rangle = 2$，…より，$n$ を自然数として，$\langle\langle 2^n \rangle\rangle$ は，順に，2，4，8，6 を繰り返していくことがわかる。したがって，
$2021 \div 4 = 505 \cdots 1$，$117 \div 4 = 29 \cdots 1$，$56 \div 4 = 14$
より，$\langle\langle 2^{2021} \rangle\rangle + \langle\langle 2^{117} \rangle\rangle + \langle\langle 2^{56} \rangle\rangle = 2 + 2 + 6 = 10$
(4) もとの 3 けたの自然数の百の位を a，十の位を b とすると，各位の数の和が 14 なので，$a + b + 8 = 14$

すなわち，$a+b=6$…①
また，十の位と百の位の数を入れかえた数は，もとの数より 180 小さくなるので，
$100b+10a+8=(100a+10b+8)-180$
簡単にして，$a-b=2$…②
①，②を連立して，$a=4$，$b=2$
よって，もとの自然数は 428
(5) 右図のように点 A，B，C，A′，B′，C′ をとると，
$AB:A'B'=1:\sqrt{2}$，
$AC:A'C'=\sqrt{2}:2$
$=1:\sqrt{2}$
また，
$\angle BAC=\angle B'A'C'=135°$

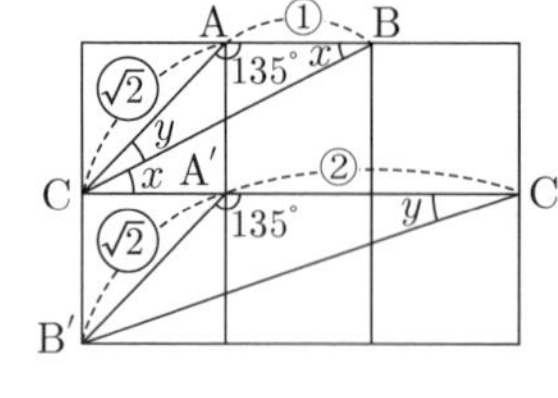

なので，2 組の辺の比とその間の角がそれぞれ等しいことから，$\triangle ABC \backsim \triangle A'B'C'$
したがって，対応する角がそれぞれ等しく，また，平行線の性質も用いると，$\angle ABC=x$，$\angle ACB=y$ とわかる。
したがって，$\angle x+\angle y=180°-135°=45°$
(6) $2a$ は必ず偶数なので，$3b$ が奇数になると，$2a+3b$ も奇数となり，4 の倍数にならない。したがって，b は偶数となり，$b=2$，4，6 のいずれか。
題意を満たすためには，
$b=2$，6 なら，$3b$ は 4 の倍数でない偶数なので，$2a$ も 4 の倍数でない偶数になる。したがって，$a=1$，3，5 のいずれか。
$b=4$ なら，$3b$ は 4 の倍数なので，$2a$ も 4 の倍数になる。したがって，$a=2$，4，6 のいずれか。
以上より，さいころの出た目の数 $(a,\ b)$ の組み合わせは，
$2\times3+1\times3=9$（通り）
よって，求める確率は，$\dfrac{9}{36}=\dfrac{1}{4}$

2 (1) $\begin{cases} y=3x^2 \\ y=-x+2 \end{cases}$ より，y を消去して，x についての 2 次方程式を解くと，$x=-1$，$\dfrac{2}{3}$
したがって，A $(-1,\ 3)$，B $\left(\dfrac{2}{3},\ \dfrac{4}{3}\right)$
(2) 双曲線 $y=\dfrac{a}{x}$ 上に点 A $(-1,\ 3)$ はあるので，これより，$a=(-1)\times3=-3$
(3) 右図のように，直線②と x 軸との交点を C とすると，
$\triangle APB=\triangle ACP-\triangle BCP$
で面積を考えることができるので，
$\triangle ACP-\triangle BCP$
$=(2-t)\times3\times\dfrac{1}{2}-(2-t)$
$\times\dfrac{4}{3}\times\dfrac{1}{2}=\dfrac{5}{6}(2-t)$

これが 4 となればよいので，
$\dfrac{5}{6}(2-t)=4$　　これを解いて，$t=-\dfrac{14}{5}$

3 (1) 点 A から辺 BC に垂線 AE を下ろしたとする。
$\triangle ABE$ は $AB=13$ cm，$BE=5$ cm とわかるので，三平方の定理より，$AE=12$ cm
したがって，四角形 AECD は長方形なので，その対辺の長さは等しく，$CD=AE=12$ cm
(2) 点 Q が辺 BC 上にあるのは，2 点 P，Q が出発してから 6 秒以内である。四角形 ABQP と四角形 CDPQ の周の長さが等しくなったのが，2 点 P，Q が出発してから t 秒後とすると，$0\leqq t\leqq6$ にて右図のように考え，

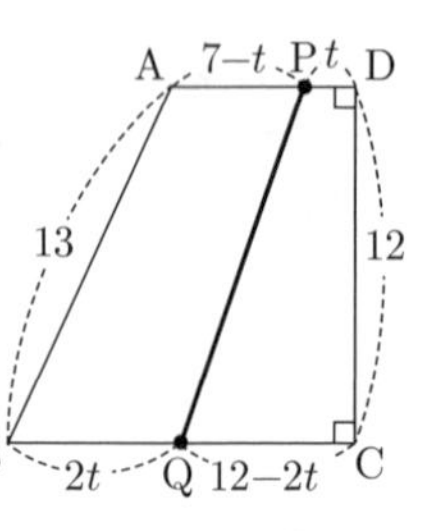

$DP=t$ cm，$BQ=2t$ cm より，
$AP=7-t$ (cm)，
$CQ=12-2t$ (cm) なので，
$AB+BQ+QP+PA$
$=CD+DP+PQ+QC$ より，
$13+2t+PQ+(7-t)$
$=12+t+PQ+(12-2t)$
これを解くと，$t=2$
したがって，2 秒後を考えると，右図のようになり，三平方の定理より，

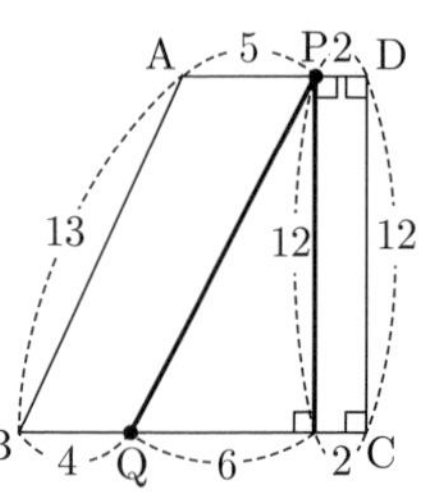

$PQ^2=6^2+12^2=180$
よって，$PQ=6\sqrt{5}$ cm
(3) 題意を満たすのが，x 秒後を考えると，$7\leqq x\leqq12$ にて右図のようになり，
$PQ\ /\!/\ AD\ /\!/\ BC$ なので，
$AP:PB=DQ:QC$
となる。したがって，
$(x-7):(20-x)$
$=(24-2x):(2x-12)$

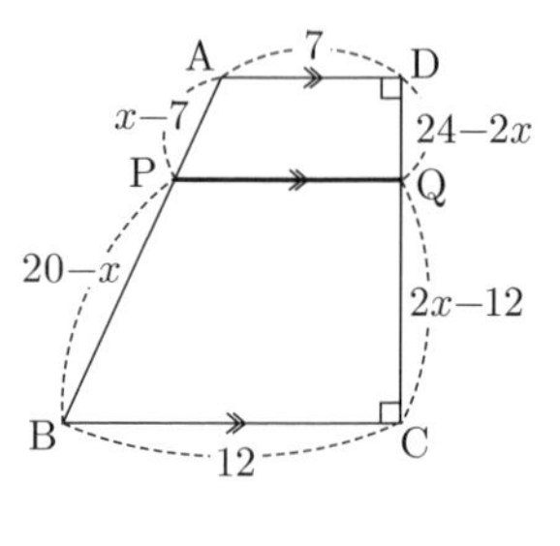

これを解いていくと，
$(20-x)(24-2x)=(x-7)(2x-12)$
$x=\dfrac{198}{19}$（秒後）（$7\leqq x\leqq12$ を満たす。）

4 (1) 円錐 P の展開図におけるおうぎ形の中心角は，
$360°\times\dfrac{6\times2\times\pi}{18\times2\times\pi}=120°$
したがって，円錐 P の側面積は，このおうぎ形の面積と等しいので，
$18^2\times\pi\times\dfrac{120}{360}=108\pi\ (\mathrm{cm}^2)$
(2) 右図のように，底面の円周上の 1 点を C とし，頂点を D，球 O_1 と母線 CD との接点を H とし，球 O_1 の半径を r_1 cm とする。
$\triangle DCA \backsim \triangle DO_1H$ となり，対応する辺の比は等しいので，
$AC:HO_1=DC:DO_1$
$6:r_1=18:(12\sqrt{2}-r_1)$
これを解いて，$r_1=3\sqrt{2}$ (cm)

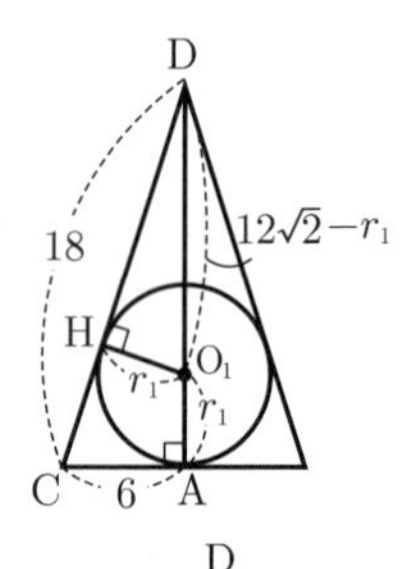

(3) (2)と同様に右図のように切断面を考えて，球 O_2 の半径を r_2 cm とすると，$\triangle DCA \backsim DO_2I$ となり，対応する辺の比は等しいので，
$AC:IO_2=DC:DO_2$
$6:r_2=18:(6\sqrt{2}-r_2)$
これを解いて，$r_2=\dfrac{3\sqrt{2}}{2}$ (cm)

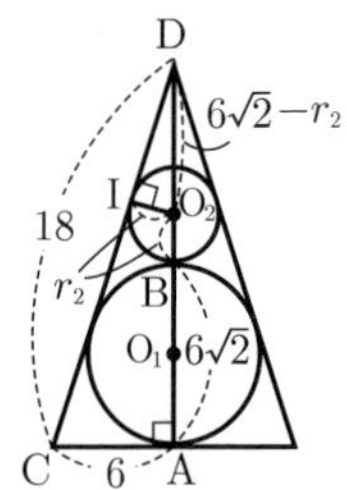

(4)(2)より，点Bは線分ADの中点なので，点Bを通る底面に平行な円で円錐を切り分けたとき，頂点を含まない方の立体の側面積は右図の斜線部分と考えられる（点Cと点C′は円錐上では同一の点C)。

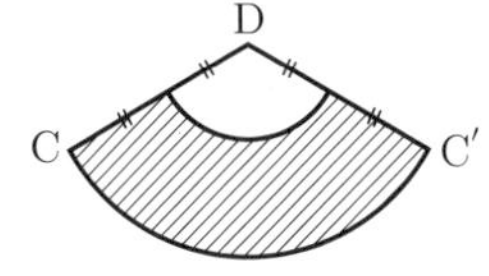

したがって，右上図の斜線部分の面積がSとなり，

$S=108\pi\times\frac{3}{4}=81\pi\ (\mathrm{cm}^2)$

また，球O_1の表面積S'は，

$S'=4\pi\times{r_1}^2=4\pi\times(3\sqrt{2})^2=72\pi\ (\mathrm{cm}^2)$

ゆえに，$\frac{S'}{S}=\frac{72\pi}{81\pi}=\frac{8}{9}$

〈Y. D.〉

函館ラ・サール高等学校

問題 P.172

解答

1 **正負の数の計算，式の計算，関数 $y=ax^2$，連立方程式，数の性質，因数分解，平方根，平面図形の基本・作図** (1) $-\frac{1}{6}$ (2) $-\frac{6a^2}{b}$ (3) $-\frac{1}{4}\leqq y\leqq 0$
(4) ア．3 イ．2 (5) 17個 (6) $(2x-1)(y-1)$ (7) 91個
(8) $(16\pi-32)\ \mathrm{cm}^2$

2 **1次方程式の応用，1次関数，確率** (1) $x=15$
(2) ① ア．$\frac{2}{3}x+\frac{1}{3}$ ② イ．(1, 1) ウ．(−2, −1)
③ (イ) $\frac{1}{6}$ (ロ) $\frac{1}{9}$

3 **空間図形の基本**
(1) $126\ \mathrm{cm}^3$
(2) 右図

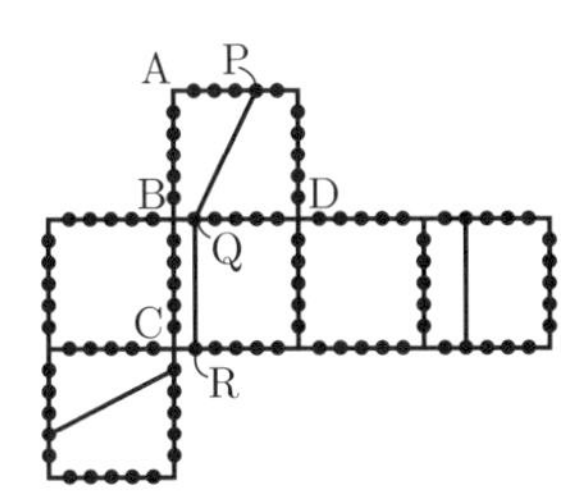

4 **平方根，1次関数，平面図形の基本・作図，立体の表面積と体積，関数 $y=ax^2$** ア．$\frac{1}{2}$ イ．6 ウ．21
エ．90 オ．正方形 カ．80 キ．$4\sqrt{5}$ ク．$\frac{21\sqrt{5}}{10}$
ケ．$\frac{147\sqrt{5}}{5}\pi$

解き方

1 (1) $\frac{12-7}{3}\times\frac{-6+5}{10}=\frac{5}{3}\times\left(-\frac{1}{10}\right)$
$=-\frac{1}{6}$

(2) $\frac{ab}{4}\times\frac{b^4}{9a^2}\div\left(-\frac{b^6}{216a^3}\right)=-\frac{ab\times b^4\times 216a^3}{4\times 9a^2\times b^6}$
$=-\frac{6a^2}{b}$

(3) xの変域に0が含まれているのでyの最大値は0
yの最小値は原点から離れている$x=-1$でとる。
$y=-\frac{1}{4}\times(-1)^2=-\frac{1}{4}$ よって，$-\frac{1}{4}\leqq y\leqq 0$

(4) $\begin{cases}2x-4y=-2 & \cdots① \\ 2y+\frac{1}{3}x=5 & \cdots②\end{cases}$

①＋②×2より

$$\begin{array}{rrl} & 2x-4y & =-2 \\ +) & \frac{2}{3}x+4y & =10 \\ \hline & \frac{8}{3}x & =8 \end{array}$$

よって，$x=3$

このとき①より$y=2$

(5) 1〜50までに2の倍数は$50\div2=25$（個）
3の倍数は$50\div3=16.66\cdots$より16個
6の倍数は$50\div6=8.33\cdots$より8個
よって，2か3で割り切れるものは
$(25+16)-8=33$（個）
ゆえに，2でも3でも割り切れないものは
$50-33=17$（個）

(6) $2x(y-1)-(y-1)=(2x-1)(y-1)$

(7) $45^2=2025$，$46^2=2116$だから
$2025\leqq2021+x\leqq2115$
となれば良い。よって，$4\leqq x\leqq94$である。
xは，$94-4+1=91$（個）

(8) 右の図のように考えると，求める面積は半径8cm，中心角90°のおうぎ形OABから△OABをひいたものである。

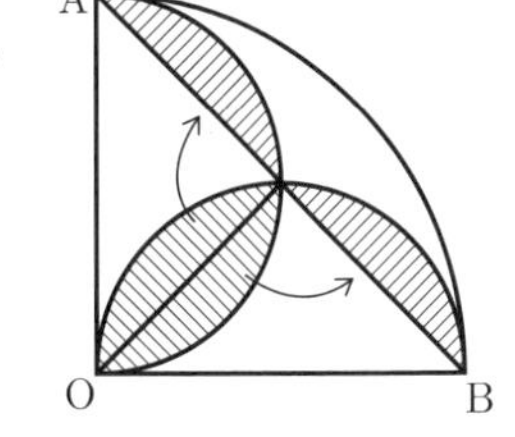

$\pi\times8^2\times\frac{1}{4}-8\times8\times\frac{1}{2}$
$=16\pi-32\ (\mathrm{cm}^2)$

2 (1) 定価をa円とおくと，

$\frac{1}{12}a+\frac{1}{2}a\left(1-\frac{x}{100}\right)$
$+\left\{1-\left(\frac{1}{12}+\frac{1}{2}\right)\right\}\times a\left(1-\frac{2x}{100}\right)=\frac{4}{5}a$

$\frac{1}{12}a+\frac{1}{2}a\left(1-\frac{x}{100}\right)+\frac{5}{12}a\left(1-\frac{2x}{100}\right)=\frac{4}{5}a$

両辺に$\frac{1200}{a}$をかけて

$100+600-6x+500-10x=960$

$16x=240$より$x=15$

(2) ① 傾きは$\dfrac{\frac{1}{3}-0}{0-\left(-\frac{1}{2}\right)}=\frac{2}{3}$で$y$切片が$\frac{1}{3}$なので

直線の式は$y=\frac{2}{3}x+\frac{1}{3}$（ア）

② まずx座標が1のときに$y=1$となることが分かる。あとはxが3ずつ変化するとy座標も整数となるので，x座標が
…，−8，−5，−2，1，4，7，…
のときにy座標も整数となる。
よって，x座標の絶対値が最も小さいものが$x=1$，
2番目に小さいものが$x=-2$である。
ゆえに，イ．(1, 1)，ウ．(−2, −1)

③ $-6\leqq x\leqq6$，$-6\leqq y\leqq6$を満たす点は(−5, −3)，(−2, −1)，(1, 1)，(4, 3)の4つである。

(イ) X＝1のときは(1, 1)のみが含まれるようにすれば良い。よって，$-1\leqq x\leqq1$だけを満たせば良い。
ゆえに，$a=1$でbは何でも良いので$\frac{1}{6}$

(ロ) X＝3のときは(−2, −1)，(1, 1)，(4, 3)が含まれるようにすれば良い。$-4\leqq x\leqq4$で$b=3$，4，5，6のときに条件を満たす。ゆえに，$a=4$で$b=3$，4，5，6だから$\frac{1}{6}\times\frac{4}{6}=\frac{1}{9}$

3 (1) 頂点Dを含む方の立体は上面と下面が台形の四角柱である。
よって，求める体積は
$(2+5)\times 6\times \frac{1}{2}\times 6=126\,(\text{cm}^3)$
(2) PQ // SR，PS // QR となるように展開図上に切り口の線をかけば良い。

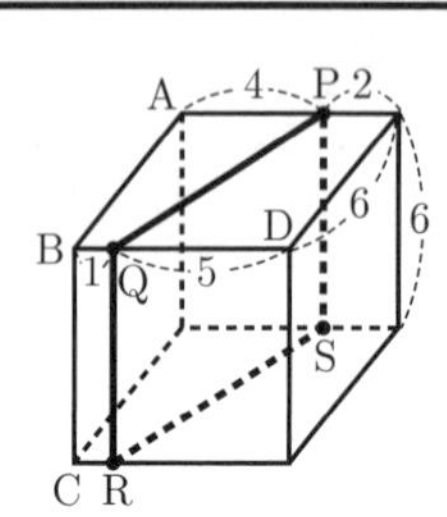

4 (1) $y=ax^2$ に (4, 8) を代入して，
$8=16a$ より $a=\frac{1}{2}$（ア）
$y=\frac{1}{2}x+b$ に (4, 8) を代入して，
$8=2+b$ より $b=6$（イ）
(2) $y=\frac{1}{2}x^2$ と $y=\frac{1}{2}x+6$ の交点を求める。
$\frac{1}{2}x^2=\frac{1}{2}x+6$ より $x^2-x-12=0$
$(x-4)(x+3)=0$ より $x=4,\ -3$
よって，A $\left(-3,\ \frac{9}{2}\right)$，B (4, 8) となる。
AB と y 軸との交点を D とすると，
$\triangle\text{OAB}=\triangle\text{OAD}+\triangle\text{OBD}$
$=6\times 3\times \frac{1}{2}+6\times 4\times \frac{1}{2}$
$=6\times(3+4)\times\frac{1}{2}=21\,(\text{cm}^2)$（ウ）
(3) 直角三角形の直角でない残りの2角の和は，
$180^\circ-90^\circ=90^\circ$（エ）
PQ = QR = RS = SP で，4つの角はすべて 90° だから正方形（オ）
真ん中の正方形は1辺が $8-4=4\,(\text{cm})$ だから
$4\times 8\times\frac{1}{2}\times 4+4^2=80\,(\text{cm}^2)$（カ）
よって，$\sqrt{80}=4\sqrt{5}\,(\text{cm})$（キ）
(4) △OAB の面積から
$\text{OB}\times\text{AC}\times\frac{1}{2}=21$
$4\sqrt{5}\times\text{AC}\times\frac{1}{2}=21$ より
$\text{AC}=\frac{21\times 2}{4\sqrt{5}}=\frac{21\sqrt{5}}{10}\,(\text{cm})$（ク）
$\pi\times\text{AC}^2\times\text{BC}\times\frac{1}{3}+\pi\times\text{AC}^2\times\text{OC}\times\frac{1}{3}$
$=\pi\times\text{AC}^2\times(\text{BC}+\text{OC})\times\frac{1}{3}$
$=\pi\times\text{AC}^2\times\text{OB}\times\frac{1}{3}$
$=\pi\times\left(\frac{21\sqrt{5}}{10}\right)^2\times 4\sqrt{5}\times\frac{1}{3}=\frac{147\sqrt{5}}{5}\pi\,(\text{cm}^3)$（ケ）

〈A. S.〉

福岡大学附属大濠高等学校

問題 P.174

解答

1 式の計算，平方根，連立方程式，因数分解，2次方程式の応用　(1) ① $-2x^2$　(2) ② -6
(3) ③ $x=\frac{14}{13}$，$y=\frac{5}{13}$　(4) ④ $(x+y-3)(x+y-4)$
(5) ⑤ $x=5$

2 比例・反比例，数の性質，平面図形の基本・作図，三角形，1次関数　(1) ⑥ $a=\frac{24}{5}$，$t=\frac{7}{5}$　(2) ⑦ 12個
(3) ⑧ 10度　(4)(ア) ⑨ 27分　(イ) ⑩ 50 cm

3 関数を中心とした総合問題　(1) ⑪ $a=1$
(2) ⑫ $y=x+2$　(3) ⑬ 3 cm²
(4) ⑭ $\frac{10}{3}$　(5) ⑮ $\left(-\frac{5}{3},\ \frac{5}{3}\right)$

4 図形を中心とした総合問題　(1) ⑯ $(90-a)$ 度
(2) ⑰ 12 cm　(3) ⑱ $32\sqrt{2}$ cm²　(4) ⑲ $\frac{28}{3}$ cm
(5) ⑳ $\frac{32}{9}\sqrt{2}$ cm²

5 空間図形の基本，相似，三平方の定理　(1) ㉑ $9\sqrt{2}$ cm
㉒ 216 cm³　(2) ㉓ 1 : 3
(3)(ア) ㉔ $4\sqrt{2}$ cm　(イ) ㉕ $(2\sqrt{2}-2)$ cm

解き方

1 (1) (与式) $=-\frac{9xy^2\times 8\times 3x^4y}{27x^3y^3\times 4}$
(2) (与式) $=(2\sqrt{3}-3\sqrt{2})(2\sqrt{3}+3\sqrt{2})$
$=12-18=-6$
(3) $3x+2y=4\cdots$①，$2x-3y=1\cdots$②
① × 3 + ② × 2 より，$13x=14$
① × 2 − ② × 3 より，$13y=5$
(5) $-9-a-\frac{-3+a}{2}=0$ より，$a=-5$
$x^2+(-5-5)x+(-5)^2=0$　　$(x-5)^2=0$

2 (1) $a=2(t+1)=-3(t-3)$ より求める。
(2) $10=2\times 5$ より，できた数の素因数5の個数を数えればよい。1から50までの5の倍数は10個あるが，そのうち25と50には素因数5が2個ずつ含まれるので，できた数の素因数5の個数は12個とわかる。
(3) 2直線 BC，EF のつくる角も 70° より，辺 CD と EF との交点を H とすると，二等辺三角形 HCF において ∠FHC = 160° とわかる。
(4)(ア) 直方体の台が沈んだ後，18分で 60 cm の水がたまった。つまり，直方体の台がない状態だと3分で 10 cm の水がたまるので，90 cm ためるには27分かかる。
(イ) t 分で直方体の台が沈んだとする。直方体の台は高さだけが違うので，沈むまでは1分あたり 10 cm たまることは変わらない。$10t+\frac{10}{3}(17-t)=90$　　$t=5$
よって，直方体の台の高さは 50 cm である。

3 (1) $a(-1+2)=1$ より，$a=1$
(2) 傾き1で A (−1, 1)，B (2, 4) を通る。
(3) $\triangle\text{OAB}=\{2-(-1)\}\times 2\div 2=3$
(4) 直線 l と y 軸との交点を D (0, 2) とする。
△OAB : △ABC = 3 : 2 より，OD : DC = 3 : 2
よって，$\text{DC}=\frac{4}{3}$　　(Cの y 座標) $=2+\frac{4}{3}=\frac{10}{3}$
(5) 点 C を通り，直線 l に平行な直線：$y=x+\frac{10}{3}$ と直線 OA：$y=-x$ の交点が P である。

4 (1) 直角三角形 AQR において，∠QAR = ∠QAB = a°

より，$\angle ARB = 90° - a°$
(2) $\triangle ARQ \equiv \triangle ABQ$ より，$AR = AB = 12$ (cm)
(3) 直角三角形 ABQ において，三平方の定理より，
$BQ = \sqrt{12^2 - (8\sqrt{2})^2} = 4$ (cm)
よって，$BR = 2BQ = 8$ (cm)
$\triangle ABR = BR \times AQ \div 2 = 32\sqrt{2}$ (cm^2)
(4) $\triangle ARQ \backsim \triangle BRP$ より，
$RQ : RP = AR : BR$　　$4 : RP = 12 : 8$
$RP = \dfrac{8}{3}$ cm より，$AP = AR - PR = \dfrac{28}{3}$ (cm)
(5) 点 P から線分 BR に垂線 PH をひく。
$\triangle ARQ \backsim \triangle PRH$ より，$AQ : PH = AR : PR$
$\triangle BPQ = BQ \times PH \div 2$
$= 4 \times \dfrac{16}{9}\sqrt{2} \div 2 = \dfrac{32}{9}\sqrt{2}$ (cm^2)
別 解 $\triangle BPQ : \triangle BRP = 1 : 2 = 2 : 4$
$\triangle BRP : \triangle ARQ = 8^2 : 12^2 = 4 : 9$
$\triangle BPQ = \dfrac{2}{9}\triangle ARQ = \dfrac{32}{9}\sqrt{2}$ (cm^2)
5 (1) ㉑ $BD = \sqrt{2}BC = 9\sqrt{2}$ (cm)
㉒ $BC^2 \times AF \div 3 = 216$ (cm^3)
(2) 頂点 B を含む立体は三角錐 M − BCE で，底面積と高さはともに正四角錐 A − BCDE の底面積と高さの $\dfrac{1}{2}$ に等しい。
よって，正四角錐 A − BCDE の体積を V cm^3 とすると，
$V_1 : V = \left(\dfrac{1}{2} \times \dfrac{1}{2}\right) : 1 = 1 : 4$
ゆえに，$V_1 : V_2 = 1 : (4-1) = 1 : 3$
(3)(ア) 辺 BE の中点を N，面 ABE と球の接点を G とする。
直角三角形 APG において，三平方の定理より，
$AG = \sqrt{AP^2 - PG^2} = \sqrt{6^2 - 2^2} = 4\sqrt{2}$ (cm)
$\triangle ANF \backsim \triangle APG$ より，$NF : PG = AF : AG$
$NF : 2 = 8 : 4\sqrt{2}$ より，$NF = 2\sqrt{2}$ cm
よって，$BC = 2NF = 4\sqrt{2}$ cm
(イ) $BD = \sqrt{2}BC = 8$ cm より，$BF = 4$ cm
直角三角形 ABF において，三平方の定理より，
$AB = \sqrt{AF^2 + BF^2} = \sqrt{8^2 + 4^2} = 4\sqrt{5}$ (cm)
点 P から辺 AB に垂線 PH をひくと，$\triangle APH \backsim \triangle ABF$
$AH : AF = PH : BF = AP : AB = 3 : 2\sqrt{5}$
よって，$AH = \dfrac{12}{5}\sqrt{5}$ cm，$PH = \dfrac{6}{5}\sqrt{5}$ cm
$AM = 2\sqrt{5}$ cm より，$MH = \dfrac{2}{5}\sqrt{5}$ cm
直角三角形 PMH において，三平方の定理より，
$PM = \sqrt{PH^2 + MH^2} = 2\sqrt{2}$ (cm)
よって，$MQ = PM - PQ = 2\sqrt{2} - 2$ (cm)
(コメント) 中線定理を知っていれば，次のように PM を直接求めることができる。
$PA^2 + PB^2 = 2(PM^2 + AM^2)$ より，
$6^2 + (2\sqrt{5})^2 = 2\{PM^2 + (2\sqrt{5})^2\}$　　$2PM^2 = 16$
〈O. H.〉

法政大学高等学校

問題 P.175

解 答

1 正負の数の計算，式の計算，因数分解，平方根，数・式の利用，1 次方程式，2 次方程式，場合の数，確率，1 次関数，関数 $y = ax^2$，相似 (1) −28
(2) $-\dfrac{3}{2}a^6b^6$　(3) $\dfrac{10x+7}{12}$　(4) $(a+b-2c)(a-b+2c)$
(5) −4　(6) $(4n+2)$ 本　(7) $x = -5$　(8) $x = \dfrac{2 \pm \sqrt{14}}{2}$
(9) 48 通り　(10) $\dfrac{5}{36}$　(11) $a = -5$　(12) $a = \dfrac{2}{3}$，$b = 0$
(13) $\dfrac{14}{3}$　(14) 4 : 1

2 連立方程式の応用 (1) $960 + x = 48y$　(2) $x = 240$

3 1 次関数，関数 $y = ax^2$ (1) $a = -3$
(2) $(-3,\ 27)$，$(2,\ 12)$

4 平面図形の基本・作図，三角形，円周角と中心角
(1) 35 度　(2) $\dfrac{7}{6}\pi$

解き方

1 (1) (与式)
$= -25 - 6 \times \left(-\dfrac{1}{8}\right) + \dfrac{1}{2} \times \left(-\dfrac{5}{2}\right) - \dfrac{5}{2}$
$= -25 + \dfrac{3}{4} - \dfrac{5}{4} - \dfrac{5}{2} = -28$
(2) (与式) $= 9a^4b^6 \times \dfrac{1}{2ab^2} \times \left(-\dfrac{a^3b^2}{3}\right) = -\dfrac{3}{2}a^6b^6$
(3) (与式) $= \dfrac{6(3x+1) - 4(2x-1) - 3}{12} = \dfrac{10x+7}{12}$
(4) (与式) $= a^2 - (b^2 - 4bc + 4c^2)$
$= a^2 - (b-2c)^2 = (a+b-2c)(a-b+2c)$
(5) $x + 2 = \sqrt{5}$　　$x^2 + 4x + 4 = 5$　　$x^2 + 4x = 1$
$x^2 + 4x - 5 = 1 - 5 = -4$
(6) 1 番目…6 (本)，2 番目…$6 + 4 \times 1$ (本)，
3 番目…$6 + 4 \times 2$ (本)，……，
n 番目…$6 + 4 \times (n-1) = 4n + 2$ (本)
(7) 両辺を 50 倍すると，$10(0.1x - 0.8) = 4x + 7$
$x - 8 = 4x + 7$　　$x = -5$
(8) $x = \dfrac{2 \pm \sqrt{2^2 - 2 \times (-5)}}{2} = \dfrac{2 \pm \sqrt{14}}{2}$
(9) $6 \times 4 \times 2 = 48$ (通り)
(10) $x^2 + ax + b = 0$…①　　①に $x = -1$ を代入すると，
$a - b = 1$…②　　②を満たす a，b の値は，
$(a,\ b) = \{(2,\ 1),\ (3,\ 2),\ (4,\ 3),\ (5,\ 4),\ (6,\ 5)\}$ の 5 通り。
よって，求める確率は $\dfrac{5}{6 \times 6} = \dfrac{5}{36}$
(11) 2 点 A $(-4,\ 13)$，B $(1,\ 3)$ を通る直線の式は，
$y = -2x + 5$…①　　C $(5,\ a)$ は①の直線上にあるから，
$a = -2 \times 5 + 5 = -5$
(12) $a > 0$ のとき，$-6 \leqq x \leqq 3$ の範囲では，$x = -6$ のとき最大値 $a \times (-6)^2 = 36a$，$x = 0$ のとき最小値 0 をとるから，$b = 0$，$36a = 24$　　$a = \dfrac{2}{3}$　　$a < 0$ はない。
(13) $\angle ABD = \angle CBD = \angle BCD$
$= a°$ とおくと，$\angle ADB = 2a°$
よって，$\triangle ABD \backsim \triangle ACB$
$BD = CD = x$ とおくと，
$AD = 8 - x$
$6 : 8 = (8 - x) : 6$　　$x = \dfrac{7}{2}$
よって，$6 : 8 = \dfrac{7}{2} : BC$

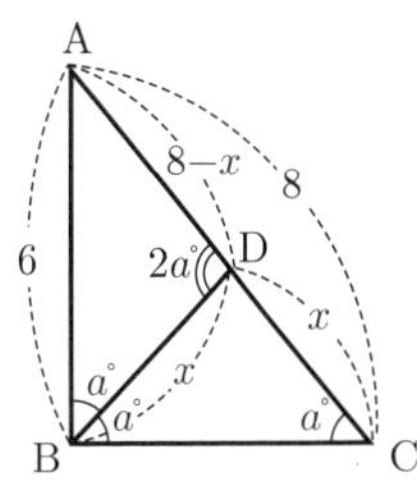

$BC = \frac{28}{6} = \frac{14}{3}$

⒁ △OAD∽△OCE，面積比が 4 : 9 であるから，対応するそれぞれの辺の比は 2 : 3

(四角形 OABEの面積)

= (△ABCの面積) − (△OCEの面積)

$= \frac{1}{2} \times 5 \times 5 - \frac{1}{2} \times 3 \times 3 = 8$

(△OADの面積) $= \frac{1}{2} \times 2 \times 2 = 2$

よって，

(四角形 OABEの面積) : (△OADの面積) = 8 : 2 = 4 : 1

2 (1) トンネルの長さと列車の長さを加えた距離は，毎秒 y m の速さで 48 秒間に進んだ距離と等しいから，

$960 + x = 48y$…①

(2) 列車 A と列車 B の長さを加えた距離を A，B の速さの和 $(y + 1.4y)$ m/秒 で進むと 8 秒かかるから，

$2x = 2.4y \times 8 \qquad 2x = 19.2y$…②

① ×2　　$2x + 1920 = 96y$…①′

② ×5　　$10x = 96y$…②′

①′ = ②′ より，$2x + 1920 = 10x \qquad x = 240$

3 (1) A $(-2,\ 12)$ の x，y の値を $y = ax + 6$ に代入すると，$12 = a \times (-2) + 6 \qquad a = -3$

(2) 直線 AB と y 軸の交点を C $(0,\ 6)$ とすると，△PAB の面積が △OAB の面積の 2 倍になるには，点 P を通る直線が，AB に平行で，$2 \times OC = CD$ となる D $(0,\ 18)$ を通る。したがって，直線 PD : $y = -3x + 18$ と $y = 3x^2$ の交点を求めればよいことになる。

$3x^2 = -3x + 18 \qquad x^2 + x - 6 = 0$

$(x + 3)(x - 2) = 0 \qquad x = -3,\ 2$

よって，P $(-3,\ 27)$，$(2,\ 12)$

4 (1) $\angle CBD = \angle CAP = x°$ とおくと，

$\angle AQB = \angle CBD + \angle ACB = \angle CBD + \angle APB + \angle CAP$

$= x° + 30° + x°$

よって，$100° = 2x° + 30° \qquad x° = 35° \qquad \angle CBD = 35°$

(2) $\angle COD = 2\angle CBD = 70°$

(弧 CD の長さ) $= \frac{70°}{360°} \times 2\pi \times 3 = \frac{7}{6}\pi$

〈K. M.〉

法政大学国際高等学校

問題 P.176

解答

1 ▍式の計算，平方根，因数分解，空間図形の基本，三平方の定理，2 次方程式の応用 ▍

(1) $\frac{-14x + 22y}{15}$　(2) $\frac{\sqrt{6} + 4}{5}$

(3) $(a + b)(a - b)(3b - 2c)$　(4) $96 - 80\sqrt{6}$　(5) 128π cm³

(6) $\frac{10}{3}$ cm

2 ▍関数を中心とした総合問題 ▍ (1) $a = 2$　(2) E $(2,\ 8)$

(3) 8　(4) $\frac{1 - \sqrt{33}}{2}$

3 ▍平行線と線分の比 ▍ (1) 11　(2) 25 : 11　(3) 100 : 99

4 ▍場合の数，確率 ▍ (1) $\frac{1}{4}$　(2) $\frac{5}{16}$　(3) 5 個

解き方

1 (1) (与式)

$= \frac{5(2x - 4y) - 3(3x - 4y) - 15x + 30y}{15}$

$= \frac{10x - 20y - 9x + 12y - 15x + 30y}{15} = \frac{-14x + 22y}{15}$

(2) (与式) $= \frac{\sqrt{6}}{2} - \frac{3\sqrt{6} - 8}{10} = \frac{2\sqrt{6} + 8}{10} = \frac{\sqrt{6} + 4}{5}$

(3) (与式) $= 3b(a^2 - b^2) - 2c(a^2 - b^2)$

$= (a^2 - b^2)(3b - 2c) = (a + b)(a - b)(3b - 2c)$

(4) $\sqrt{6} = x + 2$ とおくと，$x = \sqrt{6} - 2$…①

$x^4 - 100 = (x^2 + 10)(x^2 - 10)$…②　①を②に代入すると，

(与式) $= \{(\sqrt{6} - 2)^2 + 10\}\{(\sqrt{6} - 2)^2 - 10\}$

$= (20 - 4\sqrt{6}) \times (-4\sqrt{6}) = -80\sqrt{6} + 96$

(5) おうぎ形の半径を l cm とおくと，

$\frac{288°}{360°} \times 2\pi \times l = 2\pi \times 8 \qquad l = 10$ (cm)

(円錐の高さ) $= \sqrt{10^2 - 8^2} = 6$ (cm)

よって，(円錐の体積) $= \frac{1}{3} \times \pi \times 8^2 \times 6 = 128\pi$ (cm³)

(6) 切り取る正方形の 1 辺の長さを x cm とすると，

$(20 - 2x)^2 = 4x(20 - 2x) \qquad 4(10 - x)(10 - 3x) = 0$

$x = 10,\ \frac{10}{3}$　　$0 < x < 10$ だから，$x = \frac{10}{3}$ (cm)

2 (1) $y = ax^2$ は C $(1,\ 2)$ を通るから，

$2 = a \times 1^2 \qquad a = 2$

(2) OC に平行で，点 D $(-1,\ 2)$ を通る直線の式は，

$y = 2x + 4$…②　　①と②の交点の x 座標は，

$2x^2 = 2x + 4 \qquad x^2 - x - 2 = 0 \qquad (x - 2)(x + 1) = 0$

$x = 2,\ -1$　　よって，E $(2,\ 8)$

(3) 四角形 OCED = △OCD + △CED

$= \frac{1}{2} \times 2 \times 2 + \frac{1}{2} \times 2 \times 6 = 8$

(4) F $(a,\ 2a^2)$ とおくと，2 点 F，C $(1,\ 2)$ を通る直線の傾きは，$\frac{2 - 2a^2}{1 - a} = 2(1 + a)$

よって，F，C を通る直線の式は，

$y = 2(a + 1)(x - 1) + 2 = 2(a + 1)x - 2a$

△OCF の面積は，

$\frac{1}{2} \times (-2a) \times (1 - a) = 8 \qquad a^2 - a - 8 = 0$

$a = \frac{1 \pm \sqrt{33}}{2}$　　$a < 0$ だから，$a = \frac{1 - \sqrt{33}}{2}$

したがって，点 F の x 座標は，$x = \frac{1 - \sqrt{33}}{2}$

3 (1) $FG = x$ とおくと，$BE = 6$ だから，

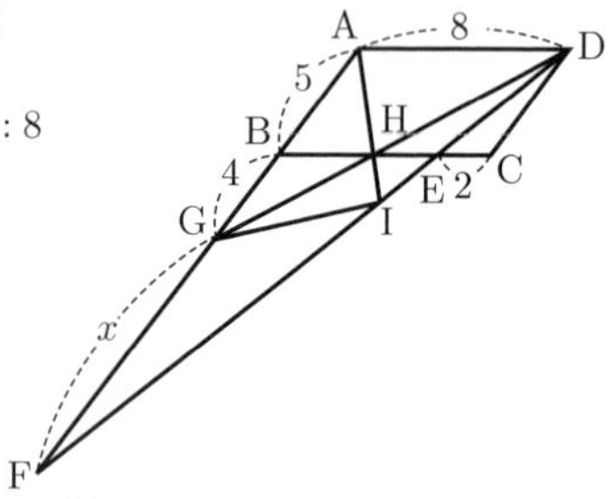

$(x + 4) : (x + 9) = 6 : 8$

$x = 11$

(2) △AGD で

BH // AD だから，

$4 : 9 = BH : 8$

$BH = \frac{32}{9}$

よって，

$HE = 8 - \left(\frac{32}{9} + 2\right) = \frac{22}{9}$

$DI : EI = AD : HE = 8 : \frac{22}{9} = 36 : 11$

よって，$DE : EI = 25 : 11$

(3) △AGI の面積を 1 とすると，

$\triangle BGH = \frac{25}{36} \times \frac{4}{9}$，$\triangle GHI = \frac{11}{36}$

$\triangle BGH : \triangle GHI = \left(\frac{25}{36} \times \frac{4}{9}\right) : \frac{11}{36} = 100 : 99$

4 (1) 表が 3 回裏が 3 回出た場合の 2 通りだから，

求める確率は，$\frac{2}{2^3} = \frac{1}{4}$

(2) 表が 4 回裏が 1 回出た場合の 5 通りと，表が 1 回裏が 4

回出た場合の5通り。

よって，求める確率は，$\dfrac{10}{2^5}=\dfrac{5}{16}$

(3) 表が0回裏が10回，表が1回裏が9回，表が2回裏が8回，表が3回裏が7回，表が10回裏が0回の5通り。

〈K. M.〉

法政大学第二高等学校

問題 P.177

解答 **1** 因数分解，連立方程式，2次方程式，平方根 問1．$(x+2y+5)(x+2y-2)$

問2．$x=-2$，$y=3$　問3．$x=1$，11

問4．（例）$b\times\sqrt{\dfrac{2}{3}a^3}\div\sqrt{3ab}\times\sqrt{b^3}$

$=\dfrac{b\times\sqrt{2a^3}\times\sqrt{b^3}}{\sqrt{3}\times\sqrt{3ab}}=\dfrac{\sqrt{2}}{3}ab^2$

$a=\sqrt{2}$，$b=\sqrt{3}$ を代入して，$\dfrac{\sqrt{2}}{3}\times\sqrt{2}\times(\sqrt{3})^2=2$

2 1次関数，数の性質，平方根，場合の数，平面図形の基本・作図，平行と合同 問1．$b=15$　問2．$n=47$

問3．16通り　問4．10人以上50人以下　問5．15 cm

3 場合の数 問1．12通り　問2．30通り

4 1次関数，関数 $y=ax^2$，三平方の定理

問1．C (4, 16)　問2．$\mathrm{DH}=\dfrac{2\sqrt{10}}{5}$

5 2次方程式，相似，三平方の定理 問1．PC = 5 cm

問2．$\mathrm{AG}=\dfrac{9}{2}$ cm　問3．四角形FEPQ $=\dfrac{63}{2}$ cm^2

（考え方）（例）△BPE∽△AEGより

BP : PE = AE : EG

4 : 5 = 6 : EG

$\mathrm{EG}=\dfrac{15}{2}$ (cm)

$\mathrm{FG}=\mathrm{EF}-\mathrm{EG}=9-\dfrac{15}{2}=\dfrac{3}{2}$ (cm)

△BPE∽△FQGより，

BE : BP = FG : FQ

$3:4=\dfrac{3}{2}:\mathrm{FQ}$

FQ = 2 (cm)

したがって，四角形FEPQは台形なので，面積は，

$\dfrac{1}{2}\times(\mathrm{FQ}+\mathrm{EP})\times\mathrm{FE}=\dfrac{1}{2}\times(2+5)\times9=\dfrac{63}{2}$ (cm^2)

6 立体の表面積と体積，相似，三平方の定理

問1．72 cm^2　問2．$18\sqrt{3}$ cm^2　問3．$\sqrt{3}$ cm

解き方 **1** 問1．$x+2y=\mathrm{A}$ とおくと，

$(\mathrm{A}+1)^2+\mathrm{A}-11$

$=\mathrm{A}^2+3\mathrm{A}-10=(\mathrm{A}+5)(\mathrm{A}-2)$

$=(x+2y+5)(x+2y-2)$

問2．上の式を①，下の式を②とする。

①×10　　$4x+\ \ y=-5$

②×2　$-)\ 4x+6y=10$

$-5y=-15$　　$y=3$

②に $y=3$ を代入すると，$2x+9=5$　　$x=-2$

問3．$(2x+3)^2-(3x-8)^2=0$

$\{(2x+3)+(3x-8)\}\{(2x+3)-(3x-8)\}=0$

$(5x-5)(-x+11)=0$

$5x-5=0$，$-x+11=0$　　よって，$x=1$，11

2 問1．傾きが負なので，$x=4$ のとき $y=-1$ となり，$y=-4x+b$ に代入すると，$-1=-4\times4+b$　　$b=15$

問2．分母を比較して，$\sqrt{n+1}<7$

よって，左辺の根号の中は 7^2 未満だから，$n+1<49$

この不等式を満たす正の整数 n のうち，最も大きいものは，$n=47$

問3．条件を満たす場合を千の位，百の位，十の位，一の位の順に樹形図にかくと，以下の通りとなる。

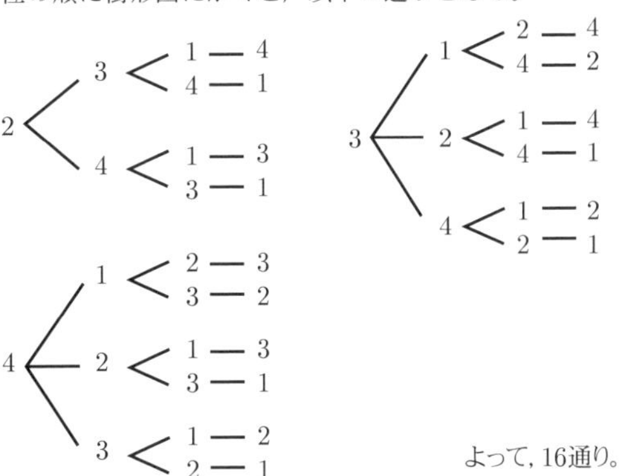

問4．最小の人数 $=(60+50)-100=10$（人）

最大の人数は，サッカーが好きな生徒が全員野球も好きな場合の50人。

問5．右の図のように，直角三角形ABCの接点をP，Q，R，円の中心をOとし，AP $=a$，BP $=b$ とおく。

AP = AR $=a$，

BP = BQ $=b$…①

また，四角形OQCRは，正方形だから，

CQ = CR = 3…②

①，②より，

$2a+2b+3\times2=36$

$a+b=15$　　よって，直角三角形の斜辺の長さは15 cm

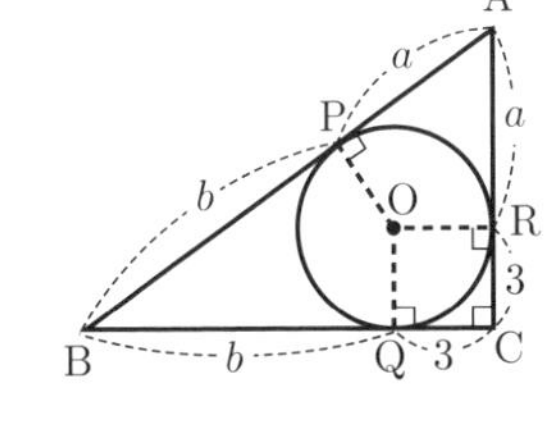

3 問1．頂点Aから頂点Bまでは，$3\times2=6$（通り）

頂点Bから頂点Cまでは，2通り。

したがって，$6\times2=12$（通り）

問2．右の図のように，頂点D～Gを定める。

頂点A→頂点D→頂点Cと行く経路は

$3\times1=3$（通り）

頂点A→頂点E→頂点Cも同じだから，A→D→Cと行く場合と合わせて

$3\times2=6$（通り）…①

また，頂点A→頂点G→頂点Cと行く経路は，

$3\times2=6$（通り）

頂点A→頂点F→頂点Cも同じだから，A→G→Cと行く場合と合わせて $6\times2=12$（通り）…②

問1と①，②より，$12+6+12=30$（通り）

4 問1．直線BCの傾きは，直線OAと同じだから，

$\dfrac{9}{3}=3$

求める直線の式を $y=3x+b$ とおき，$x=-1$，$y=1$ を代入すると，$1=3\times(-1)+b$　　$b=4$

$\begin{cases} y=x^2 \\ y=3x+4 \end{cases}$ を連立させて解くと，

$x^2=3x+4$　　$x^2-3x-4=0$

$(x+1)(x-4)=0$　　点Cの x 座標は正だから，$x=4$
$x=4$ を $y=x^2$ に代入して，$y=4^2=16$
したがって，C (4, 16)
問2．点Hの x 座標を a とすると，H $(a,\ 3a)$
D (0, 4) より，
$DH^2=a^2+(3a-4)^2=10a^2-24a+16$…①
△DHO は直角三角形だから，三平方の定理より，
$OD^2=DH^2+OH^2$
$16=(10a^2-24a+16)+(a^2+9a^2)$
$20a^2-24a=0$
$4a(5a-6)=0$　　$a=0,\ \dfrac{6}{5}$
$a>0$ より，$a=\dfrac{6}{5}$ を①に代入して，
$DH^2=10\times\left(\dfrac{6}{5}\right)^2-24\times\dfrac{6}{5}+16=\dfrac{8}{5}$
$DH>0$ より，$DH=\dfrac{2\sqrt{10}}{5}$

5 問1．$PC=x$ cm とおくと，
$EP=PC=x$，$BP=9-x$
△BPE で，三平方の定理より，
$x^2=3^2+(9-x)^2$
これを解いて，$x=5$ (cm)
問2．△BPE∽△AEG より，
$BE:BP=AG:AE$
$3:4=AG:6$
$AG=\dfrac{9}{2}$ (cm)

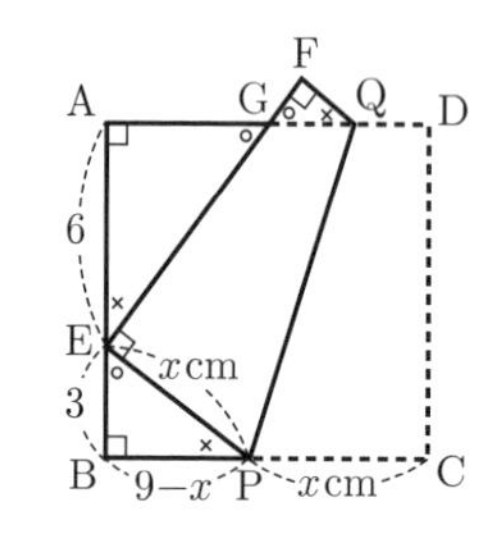

6 問1．(立方体の体積) $=6^3=216$ (cm³)…①
(三角錐 AEBD の体積) $=\dfrac{1}{3}\times\left(\dfrac{1}{2}\times6\times6\right)\times6$
$=36$ (cm³)…②
①，②より，
(四面体 BDEG の体積) $=216-36\times4$
$=72$ (cm³)
問2．△BDE の頂点Eから辺 BD に垂線 EM をひくと，
△BDE は正三角形だから，$BM=\dfrac{1}{2}BD=3\sqrt{2}$ (cm)
$EM=\sqrt{3}BM=3\sqrt{6}$ (cm)
したがって，$\triangle BDE=\dfrac{1}{2}\times6\sqrt{2}\times3\sqrt{6}=18\sqrt{3}$ (cm²)
問3．長方形 AEGC で，
2つの対角線 AG と CE の交点を O とする。また，線分 EM と対角線 AG の交点を N とする。
点 O が球の中心となり，
AG ⊥ EM (注) より，
球の半径は，
AO − AN = NO となる。

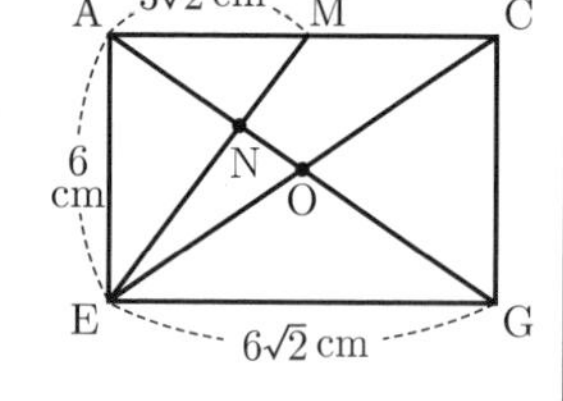

ここで，三角錐 AEBD の体積について，△BDE を底面として考えると，問1，問2より，
(三角錐 AEBD の体積) $=\dfrac{1}{3}\times\triangle BDE\times AN$
$36=\dfrac{1}{3}\times18\sqrt{3}\times AN$
$AN=2\sqrt{3}$ (cm)
また，$AO=\dfrac{1}{2}AG=\dfrac{1}{2}\times6\sqrt{3}=3\sqrt{3}$ (cm)
したがって，$NO=3\sqrt{3}-2\sqrt{3}=\sqrt{3}$ (cm)
(注) AG ⊥ EM であることの説明
△NAM∽△NGE で，
相似比は $AM:GE=3\sqrt{2}:6\sqrt{2}=1:2$
$AG=6\sqrt{3}$，$EM=\sqrt{6^2+(3\sqrt{2})^2}=3\sqrt{6}$ より，
$AN=\dfrac{1}{3}AG=2\sqrt{3}$，$NM=\dfrac{1}{3}EM=\sqrt{6}$ となる。
△NAM において，
$AM^2=(3\sqrt{2})^2=18$
$AN^2+NM^2=(2\sqrt{3})^2+(\sqrt{6})^2=18$ より，
$AM^2=AN^2+NM^2$
したがって，△NAM は，三平方の定理の逆より，
∠ANM = 90° となる直角三角形である。
よって，AG ⊥ EM

〈M. S.〉

明治学院高等学校

問題 P.178

解答

1 | 正負の数の計算，平方根，連立方程式，2次方程式，関数 $y=ax^2$，連立方程式の応用，三角形，立体の表面積と体積 | (1) $-\dfrac{3}{2}$　(2) -3
(3) $x=\sqrt{2}$，$y=-3$　(4) 10　(5) $x=\dfrac{1\pm\sqrt{13}}{2}$
(6) $a=\dfrac{1}{3}$　(7) 5個　(8) 2750人　(9) 44度　(10) $x=13$

2 | 確率 | (1) $\dfrac{1}{12}$　(2) $\dfrac{1}{6}$

3 | 関数 $y=ax^2$，三平方の定理 | (1) $a=\dfrac{1}{2}$
(2) B $(2\sqrt{3},\ 2)$　(3) 16π

4 | 連立方程式の応用 | (1) $z=4$　(2) 35人

5 | 平行線と線分の比，相似 | (1) 4 : 3　(2) 15 : 28
(3) 25 : 18

解き方

1 (1) (与式) $=-\dfrac{9}{4}+\dfrac{3}{4}=-\dfrac{3}{2}$
(2) (与式)
$=\left(\dfrac{\sqrt{72}}{10}+\dfrac{\sqrt{108}}{10}\right)\left(\dfrac{10\sqrt{2}}{2}-5\sqrt{3}\right)$
$=\dfrac{3(\sqrt{2}+\sqrt{3})}{5}\times5(\sqrt{2}-\sqrt{3})=-3$
(3) $y=-\sqrt{2}x-1$ を第2式に代入して，
$x-\sqrt{2}(-\sqrt{2}x-1)=4\sqrt{2}$　　$3x=3\sqrt{2}$
$x=\sqrt{2}$，$y=-3$
(4) $3<\sqrt{10}<4$ より，$p+3=\sqrt{10}$　　この両辺を2乗すると　　$p^2+6p+9=10$
(5) $3x^2-8x-3=2x^2-7x$
$x^2-x-3=0$　　$x=\dfrac{1\pm\sqrt{13}}{2}$
(6) $x=-3$ のとき $y=3$ となる。
(7) $2\leqq\sqrt{n}<3$ より，$4\leqq n<9$
これをみたす整数 n は5個。
(8) 1日目の男子を x 人，女子を y 人とすると，
2日目の男子は $\dfrac{9}{10}x$ 人，女子は $\dfrac{11}{10}y$ 人となる。
1日目の合計人数の1%の減少分が50人なので，
$(x+y)\times\dfrac{1}{100}=50$　　よって，$x+y=5000$…①
男女別の増減に関して，$\dfrac{1}{10}x-\dfrac{1}{10}y=50$
すなわち，$x-y=500$…②　　①，②より $x=2750$
(9) △BAE で，BA = BE だから

$\angle BAE = \angle BEA = \dfrac{180° - 32°}{2} = 74°$
よって，$\angle BAD = 74° - 38° = 36°$
$\angle ADC = 32° + 36° = 68°$
$\triangle CAD$ で，$CA = CD$ だから，
$\angle C = 180° - 2 \times 68° = 44°$
(10) $6^2\pi \times x + \dfrac{4}{3}\pi \times 3^3 = 6^2\pi \times 14$ を解いて，$x = 13$

2 (1) (2, 3)，(4, 2)，(6, 1) の 3 点　$\dfrac{3}{36} = \dfrac{1}{12}$
(2) (2, 1)，(2, 3)，(3, 4)，(5, 4)，(6, 3)，(6, 1) の 6 点
$\dfrac{6}{36} = \dfrac{1}{6}$

3 (1) $P(p,\ 0)$ とおくと，$B\left(p,\ \dfrac{1}{6}p^2\right)$，$A(p,\ ap^2)$
$AB : BP = 2 : 1$ より，$\left(ap^2 - \dfrac{1}{6}p^2\right) : \dfrac{1}{6}p^2 = 2 : 1$
$p > 0$ より，$\left(a - \dfrac{1}{6}\right) : \dfrac{1}{6} = 2 : 1$　　$a = \dfrac{1}{2}$
(2) $BO = BA$ のとき，$BA : BP = 2 : 1$ なので，
$BO : BP = 2 : 1$ となる。したがって，$\triangle OBP$ は，
$\angle BOP = 30°$ の直角三角形で，$OP : PB = \sqrt{3} : 1$ となる。
$p : \dfrac{1}{6}p^2 = \sqrt{3} : 1$　　$\dfrac{\sqrt{3}}{6}p = 1$　　$p = 2\sqrt{3}$
よって，$B(2\sqrt{3},\ 2)$
(3) 3 点 A，O，B を通る円の中心を C とする。
$OB = AB = 4$ で，$A(2\sqrt{3},\ 6)$
$OP : PA = 2\sqrt{3} : 6 = 1 : \sqrt{3}$ だから $\angle AOP = 60°$
よって，$\angle AOB = 30°$
円周角の定理より，$\angle ACB = 2\angle AOB = 60°$
$CA = CB$ なので，$\triangle CAB$ は一辺の長さ 4 の正三角形となる。この辺の長さが円の半径なので，求める円の面積は
$4^2\pi = 16\pi$

4 (1) A の評価の合計点は 86，平均点は 8.6
C の評価の合計点は $3z + 12$，平均点は $8.6 - 7 = 1.6$
よって，$3z + 12 = 1.6(z + 11)$　　$z = 4$
(2) 合格者の合計点は $86 + 7x + 4y + 22 = 108 + 7x + 4y$
合格者の平均点が 6.6 なので，
$108 + 7x + 4y = 6.6(14 + x + y)$
よって，$2x + 78 = 13y$…①
得点が 3 点の生徒も合格者に含めた合計点について
$108 + 7x + 4y + 12 = 6(14 + x + y + 4)$
よって，$12 + x = 2y$…②
連立方程式①，②を解いて，$x = 0$，$y = 6$
したがって，生徒の総数は 35 人

5 (2) $\triangle GBC \backsim \triangle GHD$ で
$BC : HD = CG : DG = 3 : 2$
となるので，
$HD = \dfrac{2}{3}BC$
BG と EF の交点を I とすると，$\triangle IBF \backsim \triangle IHE$ で
$BF : HE$
$= \dfrac{5}{8}BC : \left(\dfrac{1}{2}BC + \dfrac{2}{3}BC\right) = \dfrac{5}{8} : \dfrac{7}{6} = 15 : 28$
(3) G を通って，BC に平行な直線を引き，EF との交点を J とする。また，辺 DC，EF の延長が交わる点を K とする。
$\triangle KCF \backsim \triangle KDE$ で，$KC : KD = FC : ED = 3 : 4$ なので，
$KC : CD = 3 : 1 = 15 : 5$ となる。
$\triangle KCF \backsim \triangle KGJ$ で，$KC : KG = 15 : (15 + 3) = 5 : 6$
なので，$FC : JG = 5 : 6$
$JG = \dfrac{6}{5}FC = \dfrac{6}{5} \times \dfrac{3}{8}BC = \dfrac{9}{20}BC$
$\triangle IBF \backsim \triangle IGJ$ より，$BI : IG = BF : GJ$
$= \dfrac{5}{8}BC : \dfrac{9}{20}BC = 25 : 18$

〈IK. Y.〉

明治大学付属中野高等学校

問題 P.179

解答

1 **因数分解，平方根，データの散らばりと代表値** (1) $(x+1)(x-3)(x^2-2x-2)$
(2) $-\dfrac{2\sqrt{6}}{3}$　(3) $n = 12,\ 24$　(4) 64 分

2 **数の性質，因数分解，円周角と中心角，確率，多項式の乗法・除法** (1) $n = 5,\ 13$　(2) 82 度　(3) $\dfrac{103}{108}$　(4) $\pm 3\sqrt{5}$

3 **数・式の利用**
(2) (例) $10x + y - z = 11m$（m は整数）とおく。
もとの 3 けたの正の整数を N とすると，
$N = 100x + 10y + z$
$= 10(10x + y) + z$
$= 10(11m + z) + z$
$= 110m + 11z = 11(10m + z)$
$10m + z$ は整数であるから，N は 11 の倍数である。

4 **三平方の定理** (1) $\dfrac{16}{3}$　(2) 1　(3) $\dfrac{13\sqrt{3}}{9}$

5 **連立方程式の応用** (1) ア $\dfrac{19}{8}$　イ 19
(2) $x = 2$，$y = 1$

6 **関数 $y = ax^2$** (1) $-\dfrac{3}{4}$，$\dfrac{7}{4}$　(2) $\dfrac{1 \pm 5\sqrt{2}}{2}$，$\dfrac{1}{2}$

解き方

1 (1) $x^2 - 2x = M$ とおく。
(与式) $= M^2 - 5M + 6 = (M - 3)(M - 2)$
$= (x^2 - 2x - 3)(x^2 - 2x - 2)$
$= (x + 1)(x - 3)(x^2 - 2x - 2)$
(2) (与式)
$= \dfrac{(\sqrt{2} - 1) \times \sqrt{2}(\sqrt{2} + 1)}{\sqrt{3}} - \dfrac{\sqrt{3}(\sqrt{3} + 1)(\sqrt{3} - 1)}{\sqrt{2}}$
$= \dfrac{\sqrt{2}}{\sqrt{3}} - \sqrt{6} = \dfrac{\sqrt{6}}{3} - \sqrt{6} = -\dfrac{2\sqrt{6}}{3}$
(3) $\sqrt{12(51 - 2n)} = 2\sqrt{3(51 - 2n)}$
$51 - 2n = 3m^2$（m は自然数），$51 - 2n$ が奇数になるので，
$m = 1$ のとき…$n = 24$　　$m = 3$ のとき…$n = 12$
(4) $\dfrac{10 \times 2 + 30 \times 4 + 50 \times 11 + 70 \times 13 + 90 \times 7 + 110 \times 3}{40}$
$= 64$

2 (1) $n^2 - 18n + 72 = (n - 12)(n - 6)$
$n - 12 < n - 6$ より，
$(n - 12,\ n - 6) = (1,\ 素数)，(-素数,\ -1)$
$n - 12 = 1$ のとき，$n = 13$，$n - 6 = 13 - 6 = 7$
$n - 6 = -1$ のとき，$n = 5$，$n - 12 = 5 - 12 = -7$
ともに，条件を満たす。
(2) $\triangle ABC$ の内角の和は 180° であるから，
$\angle CAB = 180° - (21° + 42° + 35°) = 82°$
$\angle DAC = 124° - 82° = 42°$ より，$\angle DAC = \angle DBC$
円周角の定理の逆より，4 点 A，B，C，D は同一円周上にある。
円周角の定理より，$\angle x = \angle CDB = \angle CAB = 82°$
(3) $ax - by + c = 0$ を式変形すると，$b \neq 0$ より，
$y = \dfrac{a}{b}x + \dfrac{c}{b}$…①

直線①と $y=3x+1$（…②）が交わらないのは，これら2直線が平行のときである。傾きが等しくなるので

$\dfrac{a}{b}=3$ より，$(a,\ b)=(3,\ 1),\ (6,\ 2)$

①と②が平行にならないとき，$(a,\ b)$ の組は，

$6^2-2=34$（通り）

C の値は6通り考えられるので，$34\times 6=204$（通り）

①と②が重なるのは，$(a,\ b,\ c)=(3,\ 1,\ 1),\ (6,\ 2,\ 2)$ の2通りが考えられる。

求める確率は，$\dfrac{204+2}{6^3}=\dfrac{103}{108}$

(4) $x^2-\dfrac{1}{x^2}=\left(x+\dfrac{1}{x}\right)\left(x-\dfrac{1}{x}\right)\cdots$（＊）

$\left(x-\dfrac{1}{x}\right)^2=x^2-2+\dfrac{1}{x^2}=x^2+2+\dfrac{1}{x^2}-4$

$=\left(x+\dfrac{1}{x}\right)^2-4=3^2-4=5$

$x-\dfrac{1}{x}=\pm\sqrt{5}$ より，（＊）に代入して，

$x^2-\dfrac{1}{x^2}=\pm 3\sqrt{5}$

〔参考〕$x+\dfrac{1}{x}=3$　　$x^2-3x+1=0$　　$x=\dfrac{3\pm\sqrt{5}}{2}$

$x=\dfrac{3+\sqrt{5}}{2}$ のとき，$x-\dfrac{1}{x}=\sqrt{5}$

$x=\dfrac{3-\sqrt{5}}{2}$ のとき，$x-\dfrac{1}{x}=-\sqrt{5}$

4 (1) 展開図にして考える。平面 OAC と平面 OAB を隣り合わせにして抜き出すと，G は二等辺三角形 OCB の重心と一致する。

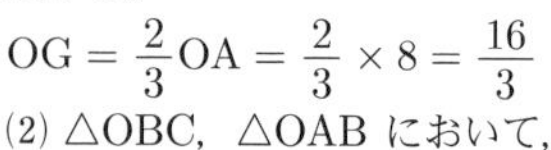

$OG=\dfrac{2}{3}OA=\dfrac{2}{3}\times 8=\dfrac{16}{3}$

(2) △OBC，△OAB において，中点連結定理より，

$EF=\dfrac{1}{2}BC=\dfrac{1}{2}\times 6\sqrt{2}=3\sqrt{2}$

$DE=\dfrac{1}{2}AB=\dfrac{1}{2}\times 6=3$

$HE=EF=3\sqrt{2}$ より，△HDE は $\angle D=90^\circ$ の直角二等辺三角形だから，

$DH=3$

$OH=OD-DH=8\times\dfrac{1}{2}-3=1$

(3) 三角錐 H − GEF の体積 V は

$V=\triangle DEF\times GH\times\dfrac{1}{3}$

$=3\times 3\times\dfrac{1}{2}\times\left(\dfrac{16}{3}-1\right)\times\dfrac{1}{3}=\dfrac{13}{2}$

また，$V=\triangle HEF\times GI\times\dfrac{1}{3}$ により求められるので，

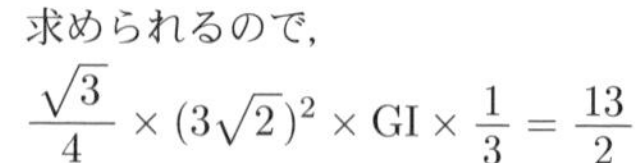

$\dfrac{\sqrt{3}}{4}\times(3\sqrt{2})^2\times GI\times\dfrac{1}{3}=\dfrac{13}{2}$

$GI=\dfrac{13\sqrt{3}}{9}$

5 (1) ①の方程式を $4x+5y=17$ としたときの解が $(x,\ y)=\left(\boxed{ア},\ \dfrac{3}{2}\right)$ であるから，$4x+5\times\dfrac{3}{2}=17$ を解いて，$x=\dfrac{19}{8}\cdots\boxed{ア}$

②の方程式に $x=\dfrac{19}{8}$，$y=\dfrac{3}{2}$ を代入して，

$4\times\dfrac{19}{8}-\dfrac{3}{2}b=5$　　$b=3$ と決まる。

②の方程式を $4x+by=5$ としたときの解が $(x,\ y)=(-13,\ \boxed{イ})$ であるから，$b=3$ も代入して，

$4\times(-13)+3y=5$　　$y=19\cdots\boxed{イ}$

①の方程式に $x=-13$，$y=19$ を代入して，

$-13a+5\times 19=17$　　$a=6$ と決まる

(2) $\begin{cases}6x+5y=17 & \cdots① \\ 4x-3y=5 & \cdots②\end{cases}$ を解くと，$(x,\ y)=(2,\ 1)$

6 (1) 2点 A，B の座標はそれぞれ $A(-2,\ 2)$，$B\left(3,\ \dfrac{9}{2}\right)$

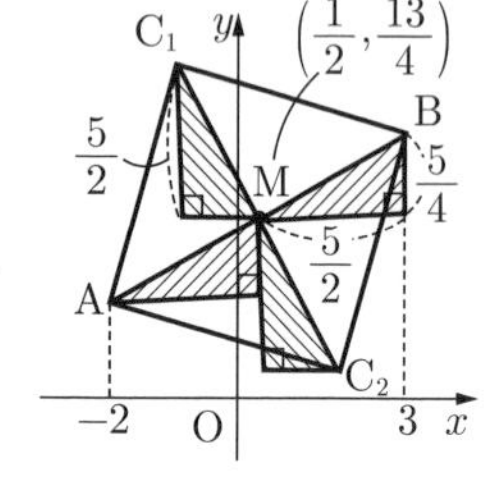

点 C として考えられるのは右図の2点 C_1，C_2 であり，四角形 C_1AC_2B は正方形になる。

AB の中点 $M\left(\dfrac{1}{2},\ \dfrac{13}{4}\right)$ は対角線 AB，C_1C_2 の交点と一致する。

図の斜線で示した4つの直角三角形は合同になるので，

$(C_1$ の x 座標$)=($M の x 座標$)-\dfrac{5}{4}=-\dfrac{3}{4}$

$(C_2$ の x 座標$)=($M の x 座標$)+\dfrac{5}{4}=\dfrac{7}{4}$

(2) 2点 C_1，C_2 の座標は，

$C_1\left(-\dfrac{3}{4},\ \dfrac{23}{4}\right)$，$C_2\left(\dfrac{7}{4},\ \dfrac{3}{4}\right)$

2点 C_1 および C_2 を通り，直線 AB に平行な直線を L_1，L_2 とする。

直線 AB の式…$y=\dfrac{1}{2}x+3$

直線 L_1 の式…$y=\dfrac{1}{2}x+b_1$ とおく。

$C_1\left(-\dfrac{3}{4},\ \dfrac{23}{4}\right)$ を通るので，$\dfrac{23}{4}=\dfrac{1}{2}\times\left(-\dfrac{3}{4}\right)+b_1$

$b_1=\dfrac{49}{8}$

直線 L_2 の式…$y=\dfrac{1}{2}x+b_2$ とおく。

$C_2\left(\dfrac{7}{4},\ \dfrac{3}{4}\right)$ を通るので，$\dfrac{3}{4}=\dfrac{1}{2}\times\dfrac{7}{4}+b_2$

$b_2=-\dfrac{1}{8}$

点 D として考えられるのは，2直線 $y=\dfrac{1}{2}x+\dfrac{49}{8}$，$y=\dfrac{1}{2}x-\dfrac{1}{8}$ と放物線 $y=\dfrac{1}{2}x^2$ との交点である。

それらの点の x 座標は，$y=\dfrac{1}{2}x^2$ と $y=\dfrac{1}{2}x+\dfrac{49}{8}$ を連立して解くと，$\dfrac{1}{2}x^2=\dfrac{1}{2}x+\dfrac{49}{8}$

$4x^2-4x=49$　　$4x^2-4x+1=50$

$(2x-1)^2=50$　　$2x-1=\pm 5\sqrt{2}$

$x=\dfrac{1\pm 5\sqrt{2}}{2}$（→ D_1，D_2）

$y=\dfrac{1}{2}x^2$ と $y=\dfrac{1}{2}x-\dfrac{1}{8}$ を連立して解くと，

$\dfrac{1}{2}x^2=\dfrac{1}{2}x-\dfrac{1}{8}$　　$4x^2-4x+1=0$　　$(2x-1)^2=0$

$2x-1=0$　　$x=\dfrac{1}{2}$（→ D_3）

〈A. T.〉

明治大学付属明治高等学校

問題 P.180

解答

1 **因数分解，連立方程式，平方根，場合の数，1 次方程式の応用，平面図形の基本・作図，1 次関数，平行線と線分の比** (1) $(2a+b-4c)(2a-b-4c)$ (2) $\frac{3}{2}$ (3) 50 (4) $5\pi-10$ (5) $\frac{6}{5}x-\frac{6}{5}$

2 **平方根，2 次方程式** (1) $-5-6\sqrt{2}+2\sqrt{3}+\sqrt{6}$ (2) $x=\sqrt{2}+\sqrt{3}+\sqrt{6}$，$-2\sqrt{2}+\sqrt{3}+\sqrt{6}$

3 **平行線と線分の比，相似** (1) 6 : 19 (2) 10 : 13 (3) 4 : 19

4 **1 次関数，関数 $y=ax^2$** (1) $-\frac{3}{4}$ (2) $\frac{9}{32}$

5 **相似，立体の表面積と体積** (1) 4 (2) 1 (3) $\frac{251}{2}$

解き方

1 (1) (与式) $=(4a^2-16ac+16c^2)-b^2$
$=(2a-4c)^2-b^2=(2a-4c+b)(2a-4c-b)$

(2) 2 式を辺々加えて，$(\sqrt{2021}+\sqrt{2019})(x+y)=3$…①
2 式を辺々引いて，$(\sqrt{2021}-\sqrt{2019})(x-y)=1$…②
①，②を辺々かけて
$\{(\sqrt{2021})^2-(\sqrt{2019})^2\}(x^2-y^2)=3$
よって，$x^2-y^2=\frac{3}{2}$

(3) 条件をみたすのは，出た目の数がすべて 1，2，5 のいずれかであり，2 と 5 がそれぞれ少なくとも 1 個出る場合である。
4 つの目が 1，2，5 のどれかである場合は 3^4 通り
このうち，4 つとも同じ数である場合は 3 通り
また 4 つの目が 1 と 2 のどれかである場合は 2^4 通り
このうち，4 つとも同じ数である場合は 2 通り
4 つの目が 1 と 5 の場合も同様であるから，求める場合の数は，$3^4-3-(2^4-2)\times2=50$（通り）

(4) 図形 APQ を㋒，おうぎ形 BPC を㋓とすると，㋐=㋑より，
(正方形 ABCD) = ㋐ + ㋑ + ㋒ + ㋓
= ㋐ + ㋒ + ㋐ + ㋓
= △ABQ + (おうぎ形 BAC)
QD $=x$ とすると，AQ $=10-x$ であるから，上の式より，
$10^2=\frac{1}{2}\times10\times(10-x)+100\pi\times\frac{1}{4}$
$20=10-x+5\pi$　　よって，$x=5\pi-10$

(5) 条件より，
(台形 OQPC) : (台形 OABC) = 1 : (1 + 8) = 1 : 9
よって，(CP + OQ) : (CB + OA) = 1 : 9
CB + OA = 3 + 9 = 12 であるから，
$\text{CP}+\text{OQ}=\frac{12}{9}=\frac{4}{3}$…①
また，△DCP∽△DOQ，DC : DO = (6 − 4) : 6 = 1 : 3
より，CP : OQ = 1 : 3　　$\text{CP}=\frac{1}{3}\text{OQ}$
よって，①より，$\frac{1}{3}\text{OQ}+\text{OQ}=\frac{4}{3}$
よって，OQ = 1　　Q (1，0)
したがって l の式は，$y=\frac{6}{5}x-\frac{6}{5}$

2 (1) (与式)
$\{\sqrt{2}+(\sqrt{3}+\sqrt{6})\}\{2\sqrt{2}-(\sqrt{3}+\sqrt{6})\}$
$=2(\sqrt{2})^2+\sqrt{2}(\sqrt{3}+\sqrt{6})-(\sqrt{3}+\sqrt{6})^2$
$=4+\sqrt{6}+2\sqrt{3}-9-6\sqrt{2}$
$=-5-6\sqrt{2}+2\sqrt{3}+\sqrt{6}$

(2) (1)を利用して，
$x^2+(\sqrt{2}-2\sqrt{3}-2\sqrt{6})x$
$-(\sqrt{2}+\sqrt{3}+\sqrt{6})(2\sqrt{2}-\sqrt{3}-\sqrt{6})=0$
$\{x-(\sqrt{2}+\sqrt{3}+\sqrt{6})\}\{x+(2\sqrt{2}-\sqrt{3}-\sqrt{6})\}=0$
よって，$x=\sqrt{2}+\sqrt{3}+\sqrt{6}$，$-2\sqrt{2}+\sqrt{3}+\sqrt{6}$

3 (1) △APR

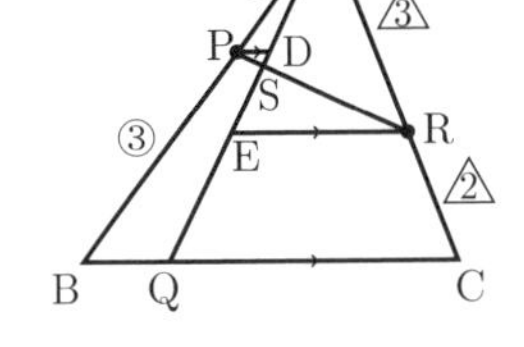

$=\triangle\text{ABC}\times\frac{2}{5}\times\frac{3}{5}$
$=\frac{6}{25}\triangle\text{ABC}$
△APR = △ABQ であるから，
$\triangle\text{ABQ}=\frac{6}{25}\triangle\text{ABC}$
よって，$\frac{\text{BQ}}{\text{BC}}=\frac{6}{25}$
したがって，BQ : QC = 6 : (25 − 6) = 6 : 19

(2) AQ 上に PD // RE // BC となる点 D，E をとると，
AD : AQ = PD : BQ = 2 : 5
AE : AQ = ER : QC = 3 : 5
よって，AD : DE : EQ = 2 : 1 : 2
また，$\text{DS}:\text{ES}=\text{PD}:\text{ER}=\frac{2}{5}\text{BQ}:\frac{3}{5}\text{QC}$
$=\left(\frac{2}{5}\times6\right):\left(\frac{3}{5}\times19\right)=4:19$
したがって，
AS : SQ = (23 × 2 + 4) : (19 + 23 × 2) = 10 : 13

(3) △APS : △ABQ = (AP × AS) : (AB × AQ)
= (2 × 10) : (5 × 23) = 4 : 23
したがって，△APS : (四角形 PBQS) = 4 : (23 − 4)
= 4 : 19

4 (1) D $\left(d,\ \frac{1}{3}d^2\right)$，E $\left(e,\ \frac{1}{3}e^2\right)$ とすると，
M の x 座標は $\frac{d+e}{2}$
DE の傾きより，$\frac{\frac{1}{3}(d^2-e^2)}{d-e}=\frac{1}{3}(d+e)=-\frac{1}{2}$
したがって，$\frac{d+e}{2}=-\frac{3}{4}$

(2) A $(a,\ b)$ を通ることから m は，$y=-\frac{1}{2}x+\frac{1}{2}a+b$
よって，M $\left(-\frac{3}{4},\ \frac{3}{8}+\frac{1}{2}a+b\right)$
(1)と同様に，F $\left(f,\ \frac{1}{3}f^2\right)$，G $\left(g,\ \frac{1}{3}g^2\right)$ とすると，
FG の傾きより，$\frac{1}{3}(f+g)=-1$　　$\frac{f+g}{2}=-\frac{3}{2}$
また A $(a,\ b)$ を通ることから n は，$y=-x+a+b$
よって，N $\left(-\frac{3}{2},\ \frac{3}{2}+a+b\right)$
L $(0,\ b)$ であるから，L，M，N を y 軸方向へ $-b$ 平行移動した点を L′，M′，N′ とすると
L′ (0, 0)，M′ $\left(-\frac{3}{4},\ \frac{3}{8}+\frac{1}{2}a\right)$，N′ $\left(-\frac{3}{2},\ \frac{3}{2}+a\right)$
線分 L′N′ の中点を P とすると，P $\left(-\frac{3}{4},\ \frac{3}{4}+\frac{1}{2}a\right)$
よって，
$\triangle\text{LMN}=\triangle\text{L}'\text{M}'\text{N}'=\frac{1}{2}\times\left(\frac{3}{4}-\frac{3}{8}\right)\times\frac{3}{2}=\frac{9}{32}$

5 (1) $\text{BP}=6\times\frac{2}{3}=4$，$\text{QH}=6\times\frac{3}{4}=\frac{9}{2}$
△ABP∽△QHS より，$\text{SH}=4\times\frac{\frac{9}{2}}{6}=3$
よって，DS = 3

$\triangle ADS \backsim \triangle RFP$ より，$FR = 6 \times \frac{2}{3} = 4$

(2) $\triangle PFR \backsim \triangle KGR$ より，

$GK = FP \times \frac{GR}{FR} = 2 \times \frac{2}{4} = 1$

(3) AE，BF，DH の延長上に $AE' = BF' = DH' = 7$ となる点 E′，F′，H′ をとり，直方体 ABCD − E′F′KH′ を考える。

$BP : PF' = H'S : SD = 4 : 3$ であるから，直方体は切断面で2等分される。

三角錐 $K-GQR = \frac{1}{3} \times \left(2 \times \frac{3}{2} \times \frac{1}{2}\right) \times 1 = \frac{1}{2}$

であるから，求める体積は，

$(6 \times 6 \times 7) \times \frac{1}{2} - \frac{1}{2} = \frac{251}{2}$

〈SU. K.〉

洛南高等学校

問題 P.181

解　答

1 **正負の数の計算，因数分解，平方根，2次方程式** (1) $\frac{13}{2}$　(2) $(a+1)(2a-3b)$　(3) 8　(4) $x = 2$，$x = 3$

2 **1次関数，関数 $y = ax^2$** (1) A (2, 4)，B (−1, 1)　(2) $-\frac{1}{2}$　(3) $-t-1$　(4) $y = -x+3$

3 **1次関数，関数 $y = ax^2$，確率** (1) $a = 1$，$b = 6$　(2) (1, 1)，(2, 4)　(3) $\frac{1}{6}$　(4) $\frac{5}{12}$

4 **図形と証明，三角形，相似，三平方の定理** (1) 90度　(2) 30度　(3) $\frac{2\sqrt{3}}{3}$　(4) EG : GF = 5 : 4

5 **立体の表面積と体積，平行と合同，相似，三平方の定理** (1) $5\sqrt{2}$　(2) $\frac{250}{3}$　(3)(ア) $8\sqrt{3}$　(イ) 66

解き方

1 (1) $4 \times \left(-\frac{1}{2}\right)^3 - \frac{1}{3} \times 6 + (-3)^2$

$= -\frac{1}{2} - 2 + 9 = \frac{13}{2}$

(2) $2a(a+1) - 3b(a+1) = (a+1)(2a-3b)$

(3) $\{(3a-b)+(a-3b)\}\{(3a-b)-(a-3b)\}$

$= (4a-4b)(2a+2b) = 8(a-b)(a+b)$

$= 8(a^2-b^2) = 8 \times (2-1) = 8$

(4) $\{(x-1)-2\}\{(x-1)-1\} = 0$

$(x-3)(x-2) = 0$　　$x = 3$，$x = 2$

2 (1) $x^2 = x+2$　　$x^2 - x - 2 = 0$

$(x-2)(x+1) = 0$

$x = 2$，$x = -1$

$x = 2$ のとき，$y = 2^2 = 4$ より，A (2, 4)

$x = -1$ のとき，$y = (-1)^2 = 1$ より，B (−1, 1)

(2) M の座標は $\left(\frac{2+(-1)}{2}, \frac{4+1}{2}\right)$，M $\left(\frac{1}{2}, \frac{5}{2}\right)$

点 L の x 座標は0で，点 L が2点 M，N の中点であるためには，N の x 座標は $-\frac{1}{2}$

(3) C (t, t^2) とする。D の x 座標を s とすると，

点 N は2点 C，D の中点なので，$\frac{s+t}{2} = -\frac{1}{2}$

$t+s = -1$　　$s = -t-1$

(4)(3)より D $(-t-1, t^2+2t+1)$ と表せる。

直線 l の式を $y = ax+b$ とおく。

$a = \frac{(t^2+2t+1)-t^2}{(-t-1)-t} = \frac{2t+1}{-2t-1} = \frac{2t+1}{-(2t+1)} = -1$

l は M $\left(\frac{1}{2}, \frac{5}{2}\right)$ を通るので，$\frac{5}{2} = -1 \times \frac{1}{2} + b$

$\frac{6}{2} = b$　　$b = 3$

よって，$y = -x+3$

3 (1) $y = -ax+b$ が (2, 4) を通るので，

$4 = -2a+b$　　$b = 2a+4$　　a，b ともに自然数で，

$1 \leqq a \leqq 6$，$1 \leqq b \leqq 6$ になるのは，$a = 1$，$b = 6$ のみ。

(2) $y = -ax+b$ と $y = x^2$ の交点は，$x^2 = -ax+b$

$x^2+ax-b = 0$ の解である。この2次方程式の解が整数になる a，b の組み合わせとその解は

$a = 1$，$b = 2$ のとき　$x^2+x-2 = 0$

$(x-1)(x+2) = 0$　　$x = 1$，$x = -2$

$a = 2$，$b = 3$ のとき　$x = 1$，$x = -3$

$a = 3$，$b = 4$ のとき　$x = 1$，$x = -4$

$a = 4$，$b = 5$ のとき　$x = 1$，$x = -5$

$a = 5$，$b = 6$ のとき　$x = 1$，$x = -6$

$a = 1$，$b = 6$ のとき　$x^2+x-6 = 0$

$(x-2)(x+3) = 0$　　$x = 2$，$x = -3$

以上より，x 座標と y 座標がともに正の整数である交点の座標は (1, 1) と (2, 4)

(3)(2)より (1, 1) の交点ができるのは，(a, b) とすると，(1, 2)，(2, 3)，(3, 4)，(4, 5)，(5, 6) の5通り。

(2, 4) の交点ができるのは，(a, b) とすると，(1, 6) の1通り。全部の場合の数は $6 \times 6 = 36$（通り）なので，

$\frac{5+1}{36} = \frac{6}{36} = \frac{1}{6}$

(4) A (2, 4)，B (1, 1) である。

$a = 1$ のとき，$a = 1$，$b = 2$ で B (1, 1) を通り，

$a = 1$，$b = 6$ で A (2, 4) を通るので，(a, b) とすると，

(1, 2)，(1, 3)，(1, 4)，(1, 5)，(1, 6) の5通り。

$a = 2$ のとき，$a = 2$，$b = 3$ で B (1, 1) を通り，

$a = 2$，$b = 8$ で A (2, 4) を通るが，$1 \leqq b \leqq 6$ なので

(2, 3)，(2, 4)，(2, 5)，(2, 6) の4通り。

同様にして，$a = 3$ のとき (3, 4)，(3, 5)，(3, 6) の3通り，

$a = 4$ のとき (4, 5)，(4, 6) の2通り，

$a = 5$ のとき (5, 6) の1通り。

以上より，線分 AB と交点を持つ (a, b) の場合の数は，

$5+4+3+2+1 = 15$（通り）

よって，$\frac{15}{36} = \frac{5}{12}$

4 (1) 右図のように5点 H，I，J，K，L を定める。AB = 1，BC = 2，∠B = 60° なので，△ABC は 30°，60°，90° の直角三角形。

よって，∠BAC = 90°

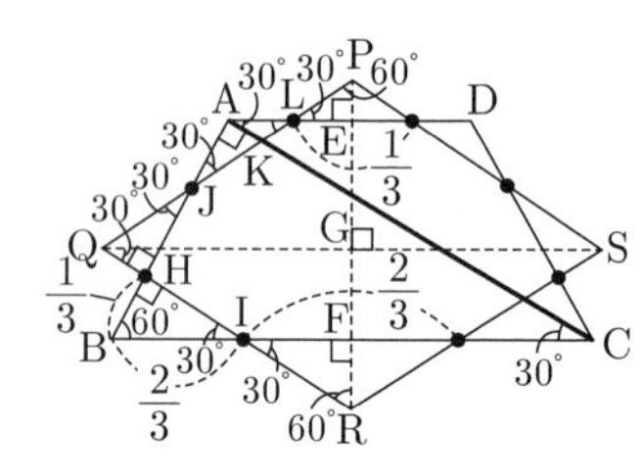

(2) 右図より，$\triangle ABC \backsim \triangle HBI \backsim \triangle HQJ \backsim \triangle AKJ \backsim \triangle EPL \backsim \triangle GPQ \backsim \triangle FRI \backsim \triangle GRQ$ である。

$\triangle ABC \backsim \triangle GRQ$ なので，

$\angle RQS = \angle RQG = \angle BCA = 30°$

(3) △HQJ において，$HJ = \frac{1}{3}$ なので，

$QJ = \frac{2}{\sqrt{3}} HJ = \frac{2}{\sqrt{3}} \times \frac{1}{3} = \frac{2\sqrt{3}}{9}$ …①

△AKJ において，$AJ=\frac{1}{3}$ なので，

$JK=\frac{2}{\sqrt{3}}AJ=\frac{2}{\sqrt{3}}\times\frac{1}{3}=\frac{2\sqrt{3}}{9}$…②

△KAL において，KA＝KL の二等辺三角形である。

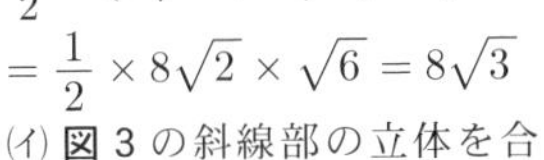

△AKJ において，$AK=\frac{1}{2}JK=\frac{1}{2}\times\frac{2\sqrt{3}}{9}=\frac{\sqrt{3}}{9}$

よって，$KL=AK=\frac{\sqrt{3}}{9}$…③

△EPL において，$LE=\frac{1}{2}\times\frac{1}{3}=\frac{1}{6}$ なので，

$PL=\frac{2}{\sqrt{3}}LE=\frac{2}{\sqrt{3}}\times\frac{1}{6}=\frac{2\sqrt{3}}{18}=\frac{\sqrt{3}}{9}$…④

①～④より，

$PQ=\frac{2\sqrt{3}}{9}+\frac{2\sqrt{3}}{9}+\frac{\sqrt{3}}{9}+\frac{\sqrt{3}}{9}=\frac{6\sqrt{3}}{9}=\frac{2\sqrt{3}}{3}$

△GPQ において，$PQ=\frac{2\sqrt{3}}{3}$ なので，

$QG=\frac{\sqrt{3}}{2}PQ=\frac{\sqrt{3}}{2}\times\frac{2\sqrt{3}}{3}=1$

$PG=\frac{1}{2}PQ=\frac{1}{2}\times\frac{2\sqrt{3}}{3}=\frac{\sqrt{3}}{3}$

ここで，△GPQ≡△GRQ≡△GPS≡△GRS なので，

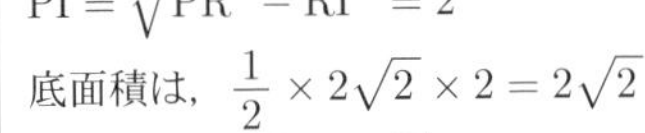

四角形 $PQRS=4\times\triangle GPQ=4\times\frac{1}{2}\times1\times\frac{\sqrt{3}}{3}=\frac{2\sqrt{3}}{3}$

(4) △EPL において，$PL=\frac{\sqrt{3}}{9}$ なので，

$PE=\frac{1}{2}PL=\frac{1}{2}\times\frac{\sqrt{3}}{9}=\frac{\sqrt{3}}{18}$

ここで $PG=\frac{\sqrt{3}}{3}$ より，

$EG=PG-PE=\frac{\sqrt{3}}{3}-\frac{\sqrt{3}}{18}=\frac{5\sqrt{3}}{18}$…①

△FRI において，$FI=\frac{1}{2}\times\frac{2}{3}=\frac{1}{3}$ なので，

$FR=\frac{1}{\sqrt{3}}FI=\frac{1}{\sqrt{3}}\times\frac{1}{3}=\frac{\sqrt{3}}{9}$

ここで $GR=\frac{\sqrt{3}}{3}$ より，

$GF=GR-FR=\frac{\sqrt{3}}{3}-\frac{\sqrt{3}}{9}=\frac{2\sqrt{3}}{9}$…②

①，②より，$EG:GF=\frac{5\sqrt{3}}{18}:\frac{2\sqrt{3}}{9}=5:4$

5 (1) △CBD は 90°，45°，45° の直角三角形なので，

$BC=\frac{1}{\sqrt{2}}BD=\frac{1}{\sqrt{2}}\times10=5\sqrt{2}$

(2) △ABD において，AH⊥BD となる点 H を定める。

$AH=\sqrt{AB^2-BH^2}=5$

底面積は $5\sqrt{2}\times5\sqrt{2}=50$

なので，体積は

$\frac{1}{3}\times$底面積$\times AH=\frac{1}{3}\times50\times5=\frac{250}{3}$

(3)(ア) **図 1** より，切断面は **図 2** のようになる。

図のように 5 点 Q，R，S，T，U を定める。

△PQR において，

$PR=\sqrt{PQ^2-QR^2}=\sqrt{6}$

図 1

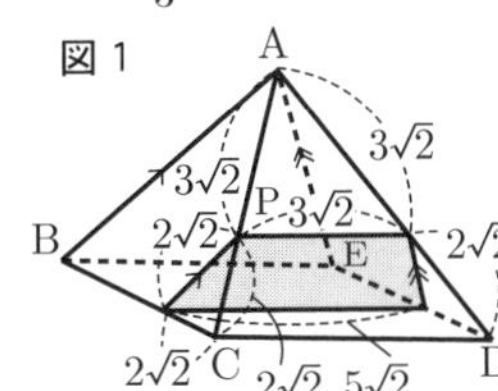

四角形 PQTU は台形なのでその面積は，

$\frac{1}{2}\times(3\sqrt{2}+5\sqrt{2})\times\sqrt{6}$

$=\frac{1}{2}\times8\sqrt{2}\times\sqrt{6}=8\sqrt{3}$

(イ) **図 3** の斜線部の立体を合わせると，**図 4** のように，一辺が $2\sqrt{2}$ の正四角すいとなる。

その体積を V とする。

この正四角すいは，

正四角すい A − BCDE と相似で，

その相似比は $2\sqrt{2}:5\sqrt{2}=2:5$

よって，体積比は 8 : 125

つまり，$V:\frac{250}{3}=8:125$

$125V=\frac{250}{3}\times8$　　$V=\frac{16}{3}$…①

V をとり除いた部分は，**図 5** のような，底面が二等辺三角形の三角柱になる。図のように点 I を定める。

△PRI において，

$PI=\sqrt{PR^2-RI^2}=2$

底面積は，$\frac{1}{2}\times2\sqrt{2}\times2=2\sqrt{2}$

体積は，$2\sqrt{2}\times3\sqrt{2}=12$…②

①，②より，(ア)で 2 つに分けられた立体のうち，頂点 B を含まない方の立体の体積は，

$\frac{16}{3}+12=\frac{52}{3}$　したがって，求める体積は，

$\frac{250}{3}-\frac{52}{3}=66$

〈YM. K.〉

ラ・サール高等学校

問題 P.182

解答

1 式の計算，平方根，因数分解，連立方程式

(1) $-\frac{1}{2}xy^2$　(2) $\frac{15}{2}$　(3) $(x-13y)(x-15y)$

(4) $x=4,\ y=1$

2 関数 $y=ax^2$，三平方の定理

(1) 最大値 12，最小値 −4　(2)(ア) $\frac{8}{3}$　(イ) $\frac{125}{9}$

(3)(ア) $a=2,\ b=4$　(イ) $1\pm\sqrt{2}$

3 連立方程式の応用，2 次方程式の応用

(1) $t_1:t_2=4:3$

(2) (例) 音の速さを秒速 v m とおくと，

$$\begin{cases} t_1+\dfrac{x}{v}=\dfrac{17}{4} & \cdots① \\ t_2+\dfrac{\frac{9}{16}x}{v}=\dfrac{201}{64} & \cdots② \end{cases}$$

②に $t_2=\frac{3}{4}t_1$ を代入すると，

$\frac{3}{4}t_1+\frac{9}{16}\frac{x}{v}=\frac{201}{64}$

整理すると，

$t_1+\frac{3}{4}\frac{x}{v}=\frac{67}{16}$…③

①，③より，$t_1=4,\ \frac{x}{v}=\frac{1}{4}$

また，$x=5{t_1}^2$ だから，

$x=5\times4^2=80$

（答）$x=80$

4 **確率** (1) $\frac{7}{216}$　(2) $\frac{13}{108}$　(3) $\frac{5}{24}$

5 **空間図形の基本，三平方の定理** (1) $r=2-\frac{2}{3}\sqrt{3}$

(2) $2-\frac{2}{3}\sqrt{3}$

6 **平面図形の基本・作図，三平方の定理**

(1) 右図

(2) $4\sqrt{3}-\frac{4}{3}\pi$

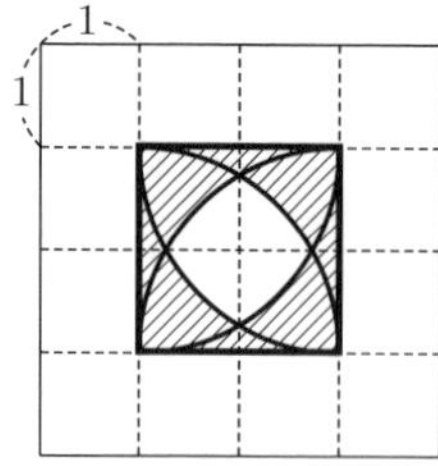

解き方

1 (4) 第 1 式より，$-x+19y=15$

第 2 式より，$4x+y=17$

2 (1) $x^2y-y=(x^2-1)y$

(ア) $1<x\leqq 2$ のとき，$0<x^2-1\leqq 3$ であるから，

$0<(x^2-1)y\leqq 3\times 4=12$

(イ) $x=\pm 1$ のとき，$x^2-1=0$ であるから，

$(x^2-1)y=0$

(ウ) $-1<x<1$ のとき，$-1\leqq x^2-1<0$ であるから，

$-4=(-1)\times 4\leqq(x^2-1)y<0$

したがって，最大値 12（$x=2$，$y=4$ のとき）

最小値-4（$x=0$，$y=4$ のとき）

(2)(ア) 条件より，EP : HP : EH $=4:3:5$

△EFP∽△HPE であるから，$\text{FP}=2\times\frac{4}{3}=\frac{8}{3}$

(イ) $\text{EP}=\text{FP}\times\frac{5}{4}=\frac{8}{3}\times\frac{5}{4}=\frac{10}{3}$

$\text{EH}=\text{EP}\times\frac{5}{4}=\frac{10}{3}\times\frac{5}{4}=\frac{25}{6}$，

$\text{AE}=\text{EP}\times\frac{1}{2}=\frac{10}{3}\times\frac{1}{2}=\frac{5}{3}$

$V=\text{AB}\times\text{EH}\times\text{AE}=2\times\frac{25}{6}\times\frac{5}{3}=\frac{125}{9}$

(3)(ア) $a=-b+6$，$9a=3b+6$ より，$a=2$，$b=4$

(イ) 放物線の式は $y=2x^2$，直線の式は $y=4x+6$

点 P を通り y 軸に平行な直線と直線 $y=4x+6$ との交点を Q とする。P の x 座標を x とすると，

$\text{PQ}=4x+6-2x^2$

$\triangle\text{ABP}=\frac{1}{2}\times\{3-(-1)\}\times(4x+6-2x^2)$

$=-4(x^2-2x-3)$

これが 8 に等しいことから，$-4(x^2-2x-3)=8$

$x^2-2x-3=-2$　　$x^2-2x-1=0$　　$x=1\pm\sqrt{2}$

これらはともに，$-1\leqq x\leqq 3$ を満たす。

3 (1) 条件より，$x=5{t_1}^2$，$\frac{9}{16}x=5{t_2}^2$

x を消去して，$5{t_1}^2=\frac{80}{9}{t_2}^2$　　$\frac{1}{16}{t_1}^2=\frac{1}{9}{t_2}^2$

$t_1>0$，$t_2>0$ より，$\frac{t_1}{4}=\frac{t_2}{3}$　　よって，$t_1:t_2=4:3$

4 (1)(ア) $a+b=5$，$c=5$ のとき，

$(a,\ b)=(1,\ 4)$，$(2,\ 3)$，$(3,\ 2)$，$(4,\ 1)$ の 4 通り。

(イ) $a+b=10$，$c=5$ のとき，

$(a,\ b)=(4,\ 6)$，$(5,\ 5)$，$(6,\ 4)$ の 3 通り。

ゆえに，$\frac{4+3}{6^3}=\frac{7}{216}$

(2)(カ) $a+b=5$，10，$c=3$，6 のとき，

$(4+3)\times 2=14$（通り）

(キ) $a+b=3$，6，9，12，$c=5$ のとき，

$(a,\ b)=(1,\ 2)$，$(2,\ 1)$，$(1,\ 5)$，$(2,\ 4)$，$(3,\ 3)$，$(4,\ 2)$，$(5,\ 1)$，$(3,\ 6)$，$(4,\ 5)$，$(5,\ 4)$，$(6,\ 3)$，$(6,\ 6)$ の 12 通り。

ゆえに，$\frac{14+12}{6^3}=\frac{26}{216}=\frac{13}{108}$

(3)(サ) $a+b=5$，$c=2$，4，6 のとき，

$4\times 3=12$（通り）

(シ) $a+b=10$ のとき，$3\times 6=18$（通り）

(ス) $a+b$ が 2 の倍数で 10 の倍数ではないとき，$c=5$ で

$(a,\ b)=(1,\ 1)$，$(1,\ 3)$，$(2,\ 2)$，$(3,\ 1)$，$(1,\ 5)$，$(2,\ 4)$，$(3,\ 3)$，$(4,\ 2)$，$(5,\ 1)$，$(2,\ 6)$，$(3,\ 5)$，$(4,\ 4)$，$(5,\ 3)$，$(6,\ 2)$，$(6,\ 6)$ の 15 通り。

ゆえに，$\frac{12+18+15}{6^3}=\frac{45}{216}=\frac{5}{24}$

5 (1) AS + SU + UT + TG = AG より，

$\sqrt{3}r+r+2r+2\sqrt{3}r$

$=4\sqrt{3}$

$(3+3\sqrt{3})r=4\sqrt{3}$

$(3+\sqrt{3})r=4$

$(3+\sqrt{3})(3-\sqrt{3})r$

$=4(3-\sqrt{3})$

$6r=4(3-\sqrt{3})$

$r=\frac{2}{3}(3-\sqrt{3})=2-\frac{2}{3}\sqrt{3}$

(2) 平面 BDE，平面 CFH はともに対角線 AG に垂直でこの対角線を 3 等分する。よって，求める距離は，

$\text{AG}\times\frac{1}{3}-\text{AS}=4\sqrt{3}\times\frac{1}{3}-\sqrt{3}r$

$=\frac{4}{3}\sqrt{3}-\sqrt{3}\left(2-\frac{2}{3}\sqrt{3}\right)=2-\frac{2}{3}\sqrt{3}$

6 (2) D の面積の $\frac{1}{4}$ を考えると，

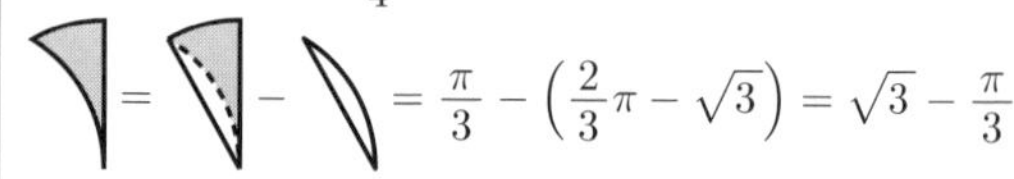

$=\frac{\pi}{3}-\left(\frac{2}{3}\pi-\sqrt{3}\right)=\sqrt{3}-\frac{\pi}{3}$

ゆえに，D の面積は，$4\left(\sqrt{3}-\frac{\pi}{3}\right)=4\sqrt{3}-\frac{4}{3}\pi$

〈K. Y.〉

立教新座高等学校

問題 P.183

解　答

1 **2 次方程式の応用，データの散らばりと代表値，三平方の定理，1 次関数，平行四辺形**

(1) ① $x=-5$　② $(x+5)(x-2a)$　③ $a=-6$，$-\frac{1}{2}$，1

(2) ① 35 kg 以上 40 kg 未満　② エ

(3) 正三角形 $2\sqrt{6}$ cm，正方形 $(3+\sqrt{3})$ cm

(4) ① B (1, 0)　② $p=\frac{3}{2}$

2 **確率** (1) $\frac{7}{18}$　(2) $\frac{1}{4}$　(3) $\frac{5}{108}$　(4) $\frac{1}{3}$

3 **相似，三平方の定理** (1) $2\sqrt{6}$ cm　(2) $\frac{9\sqrt{3}}{2}$ cm

(3) 9 : 7　(4) $\frac{14\sqrt{6}}{27}$ cm

4 **2 次方程式の応用，立体の表面積と体積，相似，三平方の定理** (1) 1 cm　(2) 9 倍　(3) $\frac{16}{25}\pi\ \text{cm}^2$

(4) $\frac{27-9\sqrt{5}}{8}$ cm

5 **1 次関数，関数 $y=ax^2$，相似** (1) $y=-x+3$

(2) $\frac{165}{4}$　(3) ① $t=\frac{11}{2}$　② 1 : 21　③ 135

解き方　**1** (1) ① $x^2+17x+60=0$ と
$x^2+6x+5=0$ の解

② $x^2+5x-2ax+5\times(-2a)=(x+5)(x-2a)$

③ ②より $(x+5)(x-2a)=0$　　$x=-5,\ x=2a$…①

$x^2-ax-a-1=x^2-1-ax-a$

$=(x+1)(x-1)-a(x+1)$

$=(x+1)(x-1-a)=0$　　$x=-1,\ x=a+1$…②

①，②より共通の解をもつには次の 3 通りが考えられる。

ⅰ) $a+1=-5$　　$a=-6$

ⅱ) $2a=-1$　　$a=-\dfrac{1}{2}$

ⅲ) $2a=a+1$　　$a=1$

(2) ① 40 人の中央値は 20 番目と 21 番目の平均値

② (ア) 元のヒストグラム（以下元）では 35 kg 未満の人数が 19 人であるが，(ア)のヒストグラム（以下ア）では 35 kg 未満の人数が 20 人。よって不適。

(イ) 元では 35 kg 以上 40 kg 未満の人数が 6 人であるが，イでは 35 kg 以上 39 kg 未満の人数が 8 人。よって不適。

(ウ) 元では 30 kg 以上 35 kg 未満の人数が 6 人であるが，ウでは 31 kg 以上 35 kg 未満の人数が 8 人。よって不適。

以上より(エ)が正解。

(3) 辺 PQ の中点を R とする。△APR は 30°，60°，90° の直角三角形なので，

$AR=\dfrac{\sqrt{3}}{2}PQ$

$\triangle APQ=\dfrac{1}{2}\times PQ\times\dfrac{\sqrt{3}}{2}PQ=6\sqrt{3}$

$PQ^2=24$　　$PQ=2\sqrt{6}$

△PQC は 45°，45°，90° の直角三角形なので，

$PC=\dfrac{1}{\sqrt{2}}PQ=2\sqrt{3}$　　△ABP は直角三角形なので，

$AB^2+BP^2=AP^2,\ BP=BC-2\sqrt{3}=AB-2\sqrt{3}$ より，

$AB^2+(AB-2\sqrt{3})^2=(2\sqrt{6})^2$

$AB^2-2\sqrt{3}AB-6=0$

$AB=\dfrac{2\sqrt{3}\pm6}{2}=\sqrt{3}\pm3$

$AB>0$ より，$AB=\sqrt{3}+3$

(4) ② 右図のように，$\triangle BCE=\dfrac{27}{4}$ になる点 E を定める。ここで，$y=x-1$ は点 B を通り直線 CE と平行なので，$y=x-1$ 上にあり点 C と x 座標が等しい点 D を定めると △BCE＝△DCE となる。

点 C は $y=x+2,\ y=3x-3$ を連立させて解くと $C\left(\dfrac{5}{2},\ \dfrac{9}{2}\right)$ である。

点 D は $y=x-1$ 上にあり $x=\dfrac{5}{2}$ なので $D\left(\dfrac{5}{2},\ \dfrac{3}{2}\right)$

△DCE において CD を底辺として高さを h とすると，

$\dfrac{1}{2}\times CD\times h=\dfrac{1}{2}\times\left(\dfrac{9}{2}-\dfrac{3}{2}\right)\times h=\dfrac{27}{4}$　　$h=\dfrac{9}{2}$

つまり，点 E の x 座標は $\dfrac{5}{2}+\dfrac{9}{2}=7$

点 E の y 座標は $y=7+2=9$　　E (7, 9)

$y=px-p$ は点 E を通るので，$9=7p-p$　　$p=\dfrac{3}{2}$

2 (1) 一の位を考える必要がないので，全ての場合の数は $6^2=36$（通り）　　450 以上になるのは (4, 5)，(4, 6)，(5, 1)～(5, 6)，(6, 1)～(6, 6) の 14 通り。

よって，$\dfrac{14}{36}=\dfrac{7}{18}$

(2) 百の位を考える必要がないので，全ての場合の数は $6^2=36$（通り）　　4 の倍数になるのは (1, 2)，(1, 6)，(2, 4)，(3, 2)，(3, 6)，(4, 4)，(5, 2)，(5, 6)，(6, 4) の 9 通り。よって，$\dfrac{9}{36}=\dfrac{1}{4}$

(3) 全ての場合の数は $6^3=216$（通り）　各位の数の和が 15 になるのは (3, 6, 6)，(4, 5, 6)，(4, 6, 5)，(5, 4, 6)，(5, 5, 5)，(5, 6, 4)，(6, 3, 6)，(6, 4, 5)，(6, 5, 4)，(6, 6, 3) の 10 通り。

よって，$\dfrac{10}{216}=\dfrac{5}{108}$

(4) 3 の倍数になるのは以下の 3 通り。

ⅰ) (○, ○, ○) 同じ数字が 3 つの場合　○には 1～6 の 6 通りの数字が入るので，この場合は 6 通り。

ⅱ) (○, ○, △) の 2 種類の数字の場合　(○, ○, △)，(○, △, ○)，(△, ○, ○) の 3 通りあり，(○, △) に入る数字の組み合わせは

(1, 4)，(2, 5)，(3, 6)，(4, 1)，(5, 2)，(6, 3) の 6 通り。

よって，$3\times6=18$（通り）

ⅲ) (○, △, □) 異なる 3 種類の数字の場合　(○, △, □)，(○, □, △)，(△, ○, □)，(△, □, ○)，(□, ○, △)，(□, △, ○) の 6 通りあり，(○, △, □) に入る数字の組み合わせは (1, 2, 3)，(1, 2, 6)，(1, 3, 5)，(1, 5, 6)，(2, 3, 4)，(2, 4, 6)，(3, 4, 5)，(4, 5, 6) の 8 通り。

よって，$6\times8=48$（通り）

求める確率は $\dfrac{6+18+48}{216}=\dfrac{72}{216}=\dfrac{1}{3}$

3 (1) $AC:BC=\sqrt{2}:1$ より $AC=\sqrt{2}BC$

$AB=6$ より $AC^2+BC^2=36$　　$2BC^2+BC^2=36$

$BC=2\sqrt{3}$

$AC=\sqrt{2}\times2\sqrt{3}=2\sqrt{6}$

(2) $CD:CB=7:4$　　$CD=\dfrac{7}{4}\times2\sqrt{3}=\dfrac{7\sqrt{3}}{2}$

$AD=\sqrt{AC^2+CD^2}=\sqrt{24+\dfrac{147}{4}}=\dfrac{9\sqrt{3}}{2}$

(3) △ACD∽△BED より，DB : DE = AD : CD

$DB:DE=\dfrac{9\sqrt{3}}{2}:\dfrac{7\sqrt{3}}{2}=9:7$

(4) $CB:BD=4:3$ より，$BD=\dfrac{3}{4}CB=\dfrac{3\sqrt{3}}{2}$

$DB:DE=9:7$ より，$DE=\dfrac{7}{9}BD=\dfrac{7\sqrt{3}}{6}$

△ACD∽△EHD より，AD : DE = AC : EH

$EH=AC\times DE\times\dfrac{1}{AD}=2\sqrt{6}\times\dfrac{7\sqrt{3}}{6}\times\dfrac{2}{9\sqrt{3}}$

$=\dfrac{14\sqrt{6}}{27}$

4 (1) 右図のように 3 点 B，C，D を定める。球 P の半径を r とする。

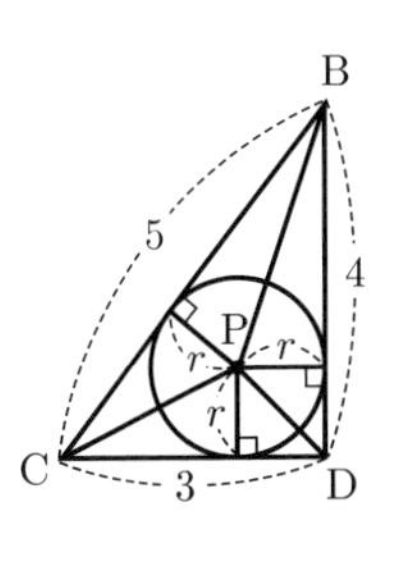

$BD=\sqrt{25-9}=4$

△BCD＝6 より，

△BCP＋△CDP＋△DBP＝6

$\dfrac{5}{2}r+\dfrac{3}{2}r+\dfrac{4}{2}r=6$

$6r=6$　　$r=1$

(2) 球 P の体積は $\dfrac{4}{3}\pi$，

円錐の体積は $\dfrac{1}{3}\times9\pi\times4=12\pi$

$12\pi \div \frac{4}{3}\pi = 9$　　円錐の体積は球 P の体積の 9 倍

(3) 右図のように 4 点 A，E，F，H を定める。

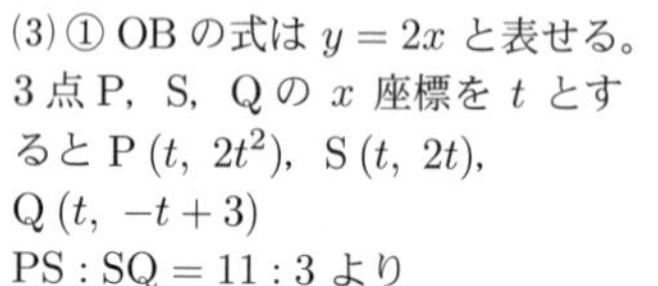

AE // CD より BD : ED = 5 : 2

$ED = \frac{2}{5}BD = \frac{8}{5}$，

$EF = \frac{8}{5} - 1 = \frac{3}{5}$

$PH = EF = \frac{3}{5}$，PA = 1 より，

$AH = \sqrt{PA^2 - PH^2} = \sqrt{1 - \frac{9}{25}} = \frac{4}{5}$

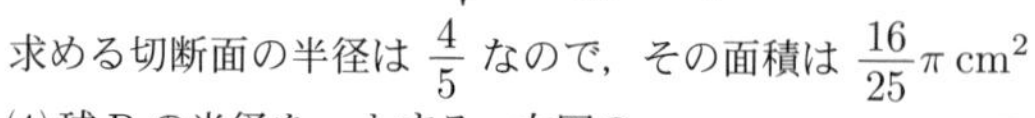

求める切断面の半径は $\frac{4}{5}$ なので，その面積は $\frac{16}{25}\pi\ \mathrm{cm}^2$

(4) 球 R の半径を s とする。右図のように 2 点 G，I を定める。

△BGR∽△BDC より

GR : DC = BR : BC

$s : 3 = BR : 5$　　$BR = \frac{5}{3}s$

△RPF は直角三角形なので，

$RF = \sqrt{(s+1)^2 - 1^2} = \sqrt{s^2 + 2s}$

(1)より FD = 1 より BF = 3

よって，$\frac{5}{3}s + \sqrt{s^2+2s} = 3$　　$\sqrt{s^2+2s} = 3 - \frac{5}{3}s$

両辺を 2 乗して整理すると $16s^2 - 108s + 81 = 0$

$s = \frac{27 \pm 9\sqrt{5}}{8}$

ここで $BI = BR + RI = \frac{5}{3}s + s = \frac{8}{3}s$

BI < 3 なので，$\frac{8}{3}s < 3$　　$s < \frac{9}{8}$　　また，$0 < s$

ここで，$2 < \sqrt{5} < 3$ より，$-27 < -9\sqrt{5} < -18$

$0 < 27 - 9\sqrt{5} < 9$　　$0 < \frac{27 - 9\sqrt{5}}{8} < \frac{9}{8}$

よって，$s = \frac{27 - 9\sqrt{5}}{8}$ は問題に適していて

$s = \frac{27 + 9\sqrt{5}}{8}$ は不適。

5 (1) $A\left(-\frac{3}{2},\ \frac{9}{2}\right)$，B (1, 2)　　l の式を $y = ax + b$ とおき

$\frac{9}{2} = -\frac{3}{2}a + b$，$2 = a + b$ を連立させて解くと

$y = -x + 3$

(2) 直線 PQ 上に PQ ⊥ AH，PQ ⊥ BI となる 2 点 H，I を定める。

$t = 4$ のとき，P (4, 32)，Q (4, −1)

$\triangle PQA = \frac{1}{2}AH \times PQ = \frac{1}{2}\left\{4 - \left(-\frac{3}{2}\right)\right\}\{32 - (-1)\}$

$= \frac{363}{4}$

$\triangle PQB = \frac{1}{2}BI \times PQ = \frac{1}{2}(4-1) \times 33 = \frac{99}{2}$

$\triangle PAB = \triangle PQA - \triangle PQB = \frac{363}{4} - \frac{99}{2} = \frac{165}{4}$

(3) ① OB の式は $y = 2x$ と表せる。

3 点 P，S，Q の x 座標を t とすると $P(t,\ 2t^2)$，$S(t,\ 2t)$，

$Q(t,\ -t+3)$

PS : SQ = 11 : 3 より

$(2t^2 - 2t) : \{2t - (-t+3)\} = 11 : 3$

$2t(t-1) : 3(t-1) = 11 : 3$

$2t : 3 = 11 : 3$　　$t = \frac{11}{2}$

② ①より $P\left(\frac{11}{2},\ \frac{121}{2}\right)$，

$S\left(\frac{11}{2},\ 11\right)$，$Q\left(\frac{11}{2},\ -\frac{5}{2}\right)$

y 軸 // PQ より

$OT : TP = 3 : \left\{\frac{121}{2} - \left(-\frac{5}{2}\right)\right\}$

$= 1 : 21$

③ T の座標を求める。

OP の式を $y = ax$ とすると

$\frac{121}{2} = \frac{11}{2}a$　　$a = 11$

$y = 11x$ と $y = -x + 3$ を連立させて解くと，

$T\left(\frac{1}{4},\ \frac{11}{4}\right)$

直線 PQ 上に TJ ⊥ PQ，BK ⊥ PQ となる 2 点 J，K を定める。

$TJ = \frac{11}{2} - \frac{1}{4} = \frac{21}{4}$，$PQ = \frac{121}{2} - \left(-\frac{5}{2}\right) = 63$

$BK = \frac{11}{2} - 1 = \frac{9}{2}$，$SQ = 11 - \left(-\frac{5}{2}\right) = \frac{27}{2}$

四角形 PTBS = △PQT − △SQB

$= \frac{1}{2}TJ \times PQ - \frac{1}{2}BK \times SQ$

$= \frac{1}{2} \times \frac{21}{4} \times 63 - \frac{1}{2} \times \frac{9}{2} \times \frac{27}{2} = 135$

〈YM. K.〉

立命館高等学校

問題 P.185

解答

1 正負の数の計算，因数分解，2 次方程式，多項式の乗法・除法 〔1〕$\frac{25}{4}$

〔2〕$(a-4b)(a+2b)$　〔3〕$x = 1,\ 1 + 2\sqrt{7}$　〔4〕−4

2 数の性質，数・式の利用，確率，円周角と中心角，データの散らばりと代表値 〔1〕7 個　〔2〕2 : 3　〔3〕$\frac{3}{5}$

〔4〕7 通り

3 平行と合同，三角形，円周角と中心角 〔1〕120 度

〔2〕20 度　〔3〕31

4 平行四辺形，関数 $y = ax^2$ 〔1〕F (1, 10)

〔2〕$a = -8$　〔3〕7 : 8

5 数・式の利用，平方根，2 次方程式

〔1〕≪ y ≫ − ≪ x ≫　〔2〕3　〔3〕3 ≪ 2 ≫ + 2 ≪ 3 ≫

〔4〕$x = 1,\ 10$

解き方

1 〔1〕$(与式) = -\frac{15}{4} \times \left(\frac{21}{4} \div \frac{9}{4} - 4\right)$

$= -\frac{15}{4} \times \left(\frac{21}{4} \times \frac{4}{9} - 4\right) = -\frac{15}{4} \times \left(-\frac{5}{3}\right)$

$= \frac{25}{4}$

〔3〕$x - \sqrt{7} = M$ とおく。

$M^2 - 2M - 6 = (M-1)^2 - 7 = 0$

$M - 1 = \pm\sqrt{7}$　　$x - \sqrt{7} - 1 = \pm\sqrt{7}$

〔4〕2020 = M とおく。

$(\text{与式}) = (\mathrm{M}+1)(\mathrm{M}-1) - (\mathrm{M}-2)^2 - \mathrm{M}\,(\mathrm{M}+3)$
$\qquad + (\mathrm{M}-1)^2 + \mathrm{M}$

$= \cancel{\mathrm{M}^2} - 1 - (\cancel{\mathrm{M}^2} - 4\mathrm{M} + 4) - (\cancel{\mathrm{M}^2} + 3\mathrm{M}) + \cancel{\mathrm{M}^2} - 2\mathrm{M} + 1$
$\quad + \mathrm{M}$

$= -1 + \cancel{4\mathrm{M}} - 4 - \cancel{3\mathrm{M}} - \cancel{2\mathrm{M}} + 1 + \cancel{\mathrm{M}}$

$= -4$

2〔1〕$1 \times 2 \times 3 \times \cdots \times 30 = 2^{ア} \times 3^{イ} \times 5^{ウ} \times \cdots$

1 から 30 の中には 25 の倍数が 1 つだけ含まれており，

ウ $= 30 \div 5 + 1 = 7$

アは 7 より大きいので，

$1 \times 2 \times 3 \times \cdots \times 30 = (2 \times 5)^7 \times \cdots = 10^7 \times \cdots$

したがって，一の位から 7 個連続で 0 が並ぶ。

〔2〕$4\pi r^2 : (\pi r^2 \times 2 + 2\pi r \times 2r) = 4\pi r^2 : 6\pi r^2$

〔3〕円周上の 3 点を結んでできる直角三角形の斜辺は，円の直径になるので，

(斜辺が AD) …△AFD，△AED，△ADC，△ADB

(斜辺が EB) …△AEB

(斜辺が FC) …△AFC　　計 6 通り。

点 A 以外の 2 点の選び方は，$\dfrac{5 \times 4}{2 \times 1} = 10$（通り）あるので，

求める確率は，$\dfrac{6}{10} = \dfrac{3}{5}$

〔4〕a 以外の点数を小さい順に並べると

38	41	45	59	61	65	66	73	83

中央値 m は，

$a \leqq 59 \cdots m = 60,\ a = 60 \cdots m = 60.5$

$a = 61 \cdots m = 61,\ a = 62 \cdots m = 61.5$

$a = 63 \cdots m = 62,\ a = 64 \cdots m = 62.5$

$a \geqq 65 \cdots m = 63$　　以上 7 通り。

3〔1〕四角形 ADBC は円に内接しているので，

$\angle\mathrm{ADB} + \angle\mathrm{ACB} = 180^\circ$

$\angle\mathrm{ADB} = 180^\circ - 60^\circ = 120^\circ$

〔2〕円周角の定理より，

$\angle\mathrm{BDE} = \angle\mathrm{BDC} = \angle\mathrm{BAC}$

$= 60^\circ$

BD = BE より，

$\angle\mathrm{BDE} = \angle\mathrm{BED} = 60^\circ$

△BED は正三角形…（＊）

円周角の定理より，$\angle\mathrm{DAB} = \angle\mathrm{DCB} = \angle\mathrm{BCE}$

△CEB について，外角の定理より，

$\angle\mathrm{BCE} = \angle\mathrm{BED} - \angle\mathrm{EBC} = 60^\circ - 40^\circ = 20^\circ$

〔3〕△ADB と △CEB において，

AB = CB（△ABC は正三角形）…①

BD = BE（△BED は正三角形）…②

$\angle\mathrm{ABD} = \angle\mathrm{EBD} - \angle\mathrm{EBA} = 60^\circ - \angle\mathrm{EBA}$

$\angle\mathrm{CBE} = \angle\mathrm{CBA} - \angle\mathrm{EBA} = 60^\circ - \angle\mathrm{EBA}$

$\angle\mathrm{ABD} = \angle\mathrm{CBE}$…③

①，②，③より，△ADB ≡ △CEB（2 組の辺とその間の角がそれぞれ等しい）…（＊＊）

（＊），（＊＊）より，AD + DB = CE + ED = 11

四角形 ADBC の周の長さは，

AD + DB + BC + CA = 11 + 10 + 10 = 31

4〔1〕点 C (−2, 4)，E (4, 16) より，F の座標は，

$\left(\dfrac{-2+4}{2},\ \dfrac{4+16}{2}\right) = (1,\ 10)$

〔2〕直線 AD 上に点 F (1, 10) があるので，D (2, 4) と F の座標から，直線 AD の式は，$y = -6x + 16$

$y = x^2$ と $y = -6x + 16$ を連立して解くと，$x = -8,\ 2$

したがって，$a = -8$（A の x 座標）

〔3〕点 B および E を通り，直線 AD と平行な直線を l_1，l_2 とする。3 直線 AD，l_1，l_2 が y 軸と交わる点をそれぞれ P，Q，R とする。

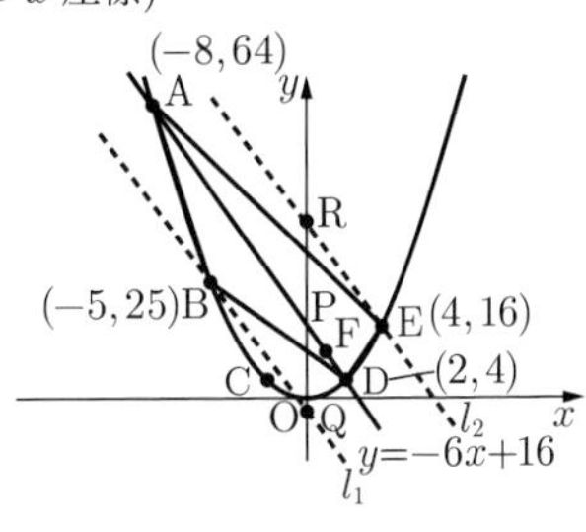

△ABD : △AED

= △AQD : △ARD

= PQ : PR…（＊）

直線 l_1 および l_2 は，

傾き −6，それぞれ B (−5, 25)，E (4, 16) を通るので，

$y = -6x - 5,\ y = -6x + 40$

（＊）=（P と Q の y 座標の差）:（R と P の y 座標の差）

$= \{16 - (-5)\} : (40 - 16)$

$= 21 : 24 = 7 : 8$

5〔1〕$\ll \dfrac{y}{x} \gg = \ll y \times \dfrac{1}{x} \gg = \ll y \gg + \ll \dfrac{1}{x} \gg$

$= \ll y \gg - \ll x \gg$

〔2〕$\ll 1000 \gg = \ll 100 \times 10 \gg = \ll 100 \gg + \ll 10 \gg$

$= \ll 10 \times 10 \gg + \ll 10 \gg$

$= \ll 10 \gg + \ll 10 \gg + \ll 10 \gg$

$= 1 + 1 + 1 = 3$

〔3〕$\ll 72 \gg = \ll 2^3 \times 3^2 \gg = \ll 2^3 \gg + \ll 3^2 \gg$

$= \ll 2 \gg + \ll 2 \gg + \ll 2 \gg + \ll 3 \gg + \ll 3 \gg$

$= 3 \ll 2 \gg + 2 \ll 3 \gg$

〔4〕$\ll \dfrac{x}{7 - 2\sqrt{10}} \gg - 2 \ll \dfrac{1}{\sqrt{5} - \sqrt{2}} \gg$

$= \ll x \gg - \ll 7 - 2\sqrt{10} \gg + 2 \ll \sqrt{5} - \sqrt{2} \gg$

$= \ll x \gg - \ll 7 - 2\sqrt{10} \gg + \ll (\sqrt{5} - \sqrt{2})^2 \gg$

$= \ll x \gg - \ll 7 - 2\sqrt{10} \gg + \ll 7 - 2\sqrt{10} \gg$

$= \ll x \gg$

与えられた方程式は，$\ll x \gg \ll \dfrac{x}{10} \gg = 0$ より，

$\ll x \gg = 0$ または $\ll \dfrac{x}{10} \gg = 0$

$x = 1,\ 10$

〈A. T.〉

早稲田大学系属早稲田実業学校高等部　問題 P.186

解答 **1** 式の計算，平方根，関数 $y=ax^2$，データの分析 (1) -72 (2) $n=75$ (3) $a=24$ (4) 3.5 点

2 円周角と中心角，相似，三平方の定理，2 次方程式

(1) ①（証明）（例）
$\triangle$CEF と $\triangle$CDE で，$\angle CFE=\angle CED=90°$ だから，
$\angle CEF=90°-\angle ECF=\angle CDE\ (=\angle CDB)$…①
円周角の定理により，$\angle GAE=\angle BAC=\angle CDB$…②
対頂角は等しいので，$\angle GEA=\angle CEF$…③
①，②，③より，$\angle GAE=\angle GEA$
よって，2 つの内角が等しいので，$\triangle$AGE は GA = GE の二等辺三角形である。　（証明終）

② $\dfrac{7\sqrt{2}}{6}$ cm

(2) 与式を変形して，

$\left(x+\dfrac{1}{2}a\right)^2=1+\left(\dfrac{1}{2}a\right)^2$　　$\left(x+\dfrac{1}{2}a\right)^2=\dfrac{a^2+4}{4}$

となるから，$x+\dfrac{1}{2}a=\pm\dfrac{\sqrt{a^2+4}}{2}$

よって，$x=\dfrac{-a\pm\sqrt{a^2+4}}{2}$

3 確率 (1) $\dfrac{2}{27}$ (2) $\dfrac{4}{27}$ (3) $\dfrac{2}{729}$

4 空間図形の基本，三平方の定理 (1) 12 cm (2) $54\sqrt{2}$ cm^2 (3) $4\sqrt{6}$ cm

5 関数を中心とした総合問題 (1) $\left(0,\ \dfrac{25}{6}\right)$ (2) $\left(10,\ \dfrac{15}{2}\right)$ (3) $\left(\dfrac{10}{9},\ \dfrac{5}{6}\right)$

解き方 **2** (1) ② ①より GA = GE なので，G は線分 AE の垂直二等分線上の点である。
よって，GB = GA = GE = 2
このことと，AD = BD から $\triangle GBE \backsim \triangle DBA$ となるので，BE : BG = BA : BD

よって，$BE=\dfrac{4}{3}$　　$ED=6-\dfrac{4}{3}=\dfrac{14}{3}$

三平方の定理より，$EA=\dfrac{8\sqrt{2}}{3}$

$\triangle DCE \backsim \triangle ABE$ となるから，CE : ED = BE : EA

よって，$CE=\dfrac{7\sqrt{2}}{6}$

3 (1) 経路は，A → B → O → A，A → O → B → A，A → O → F → A，A → F → O → A の 4 通りあり，それぞれの確率は，$\dfrac{1}{3}\times\dfrac{1}{3}\times\dfrac{1}{6}=\dfrac{1}{54}$ なので，求める確率は，$\dfrac{1}{54}\times4=\dfrac{2}{27}$

(2) O を通らない経路は，A → B → C → D，A → F → E → D の 2 通りあり，それぞれの確率は，$\left(\dfrac{1}{3}\right)^3=\dfrac{1}{27}$ である。

O を通る経路は，A → B → O → D，A → O → C → D，A → O → E → D，A → F → O → D の 4 通りあり，
それぞれの確率は，$\dfrac{1}{3}\times\dfrac{1}{3}\times\dfrac{1}{6}=\dfrac{1}{54}$ である。

よって，求める確率は，$\dfrac{1}{27}\times2+\dfrac{1}{54}\times4=\dfrac{4}{27}$

(3) A → O → B →…→ F → A，A → O → F →…→ B → A が各 1 通りある。
A → B → O → C →…→ F → A
A → B → C → O → D →…→ F → A
A → B →…→ D → O → E → F → A
A → B →…→ E → O → F → A
A → B →…→ F → O → A
と反時計回りに移動する経路が 5 通りあり，それぞれの確率は，$\left(\dfrac{1}{3}\right)^6\times\dfrac{1}{6}$ である。
時計回りに移動する経路も合わせて，求める確率は，

$\left(\dfrac{1}{3}\right)^6\times\dfrac{1}{6}\times(2+5\times2)=\dfrac{2}{729}$

4 (1) 正六角形 DEFGHI の対角線 DG の中点を O とする。$\triangle$BDG は，$BD=BG=6\sqrt{2}$，DG = 12 の直角二等辺三角形となるので，BO = 6
よって，BL = 2BO = 12

(2) 辺 EF，JK，AC，IH の中点を順に M，N，P，Q とおくと，切り口は右図のようになる。P から直線 BL へ引いた垂線を PR とすると，四角形 QLBP は等脚台形なので，

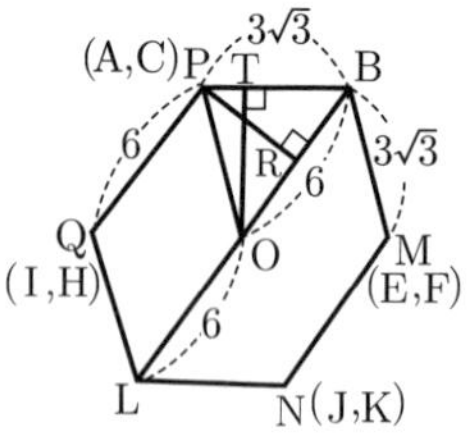

$BR=\dfrac{1}{2}(BL-PQ)=3$

$\triangle$PRB で三平方の定理により，$PR=3\sqrt{2}$
よって，求める面積は等脚台形 QLBP の面積の 2 倍で，
$(6+12)\times3\sqrt{2}=54\sqrt{2}$

(3) O から直線 BP に垂線 OT を引く。$\triangle$OBP の面積に関して，PB × OT = OB × PR
よって，$OT=2\sqrt{6}$
したがって，求める 2 平面の距離はこの 2 倍で，$4\sqrt{6}$
（参考）問題の立体は，立方体の各辺の中点を結んでできる立体であるし，正八面体の各辺の中点を結んでできる立体とも考えられる。後者で言えば，(3)は正八面体の対面の距離を問う問題，すなわち正四面体の高さを求める問題に帰着することになる。

5 (1) B $\left(4,\ -\dfrac{7}{6}\right)$ より，$OB=\sqrt{4^2+\left(-\dfrac{7}{6}\right)^2}=\dfrac{25}{6}$

OA = OB だから，A $\left(0,\ \dfrac{25}{6}\right)$

(2) C $\left(c,\ \dfrac{3}{40}c^2\right)$ とおくと，$AC^2=BC^2$ なので，

$c^2+\left(\dfrac{3}{40}c^2-\dfrac{25}{6}\right)^2=(c-4)^2+\left(\dfrac{3}{40}c^2+\dfrac{7}{6}\right)^2$

これを解いて，$c=0,\ 10$

よって，C $\left(10,\ \dfrac{15}{2}\right)$

(3) 直線 OC の式は，$y=\dfrac{3}{4}x$ となる。円の中心を E とすると，A が円と y 軸の接点なので，E の y 座標は A の y 座標と等しくなる。

よって，E $\left(\dfrac{50}{9},\ \dfrac{25}{6}\right)$

線分 CD の中点が E となるので，

D の x 座標は，$2\times\dfrac{50}{9}-10=\dfrac{10}{9}$

D の y 座標は，$2\times\dfrac{25}{6}-\dfrac{15}{2}=\dfrac{5}{6}$

〈IK. Y.〉

和洋国府台女子高等学校

問題 P.187
問題 P.187

解答

1 正負の数の計算，平方根，式の計算

(1) -53　(2) $\frac{5}{9}$　(3) $8-2\sqrt{10}$　(4) $-4a^2b^5$

(5) $\frac{2x+17}{15}$

2 因数分解　(1) $a(b-1)(b-5)$　(2) $(x-1)(2y-1)$

3 連立方程式　$x=-2,\ y=-6$

4 1 次関数，関数 $y=ax^2$　$a=\frac{1}{2}$

5 平方根，2 次方程式　(1) $x=2\pm\sqrt{7}$　(2) 3

6 平方根　$a=8,\ 14$

7 確率　(1) $\frac{1}{6}$　(2) $\frac{2}{9}$

8 1 次関数，立体の表面積と体積，関数 $y=ax^2$

(1) $(-4,\ 16)$　(2) $y=-10x$　(3) $\frac{400}{3}\pi$

9 円周角と中心角　120 度

10 平行線と線分の比　12 cm^2

11 図形と証明，円周角と中心角，相似，三平方の定理，立体の表面積と体積　(1) ア…90　イ…AC　ウ…二等辺三角形　エ…2 組の角　オ…BQ × BP

(2) ① $3\sqrt{5}$ cm　② 72 cm^2

解き方

1 (1) (与式) $=-27\times2-(-4)\div4$
$=-54+1=-53$

(2) (与式) $=-\frac{1}{6}\div\left(-\frac{3}{10}\right)=-\frac{1}{6}\times\left(-\frac{10}{3}\right)=\frac{5}{9}$

(3) (与式) $=5+2\sqrt{15}+3-2\sqrt{15}-2\sqrt{10}$
$=8-2\sqrt{10}$

(4) (与式) $=\frac{36a^4b^2\times(-b^3)}{9a^2}=-4a^2b^5$

(5) (与式) $=\frac{5(x+1)-3(x-4)}{15}=\frac{2x+17}{15}$

2 (1) (与式) $=a(b^2-6b+5)=a(b-1)(b-5)$

(2) (与式) $=x(2y-1)-(2y-1)=(x-1)(2y-1)$

3 $0.5x+0.2y=-2.2$ の両辺を 10 倍して，
$5x+2y=-22$…①
$\frac{2}{3}x-\frac{1}{4}y=\frac{1}{6}$ の両辺を 12 倍して，
$8x-3y=2$…②　① × 3 + ② × 2 より，
$31x=-62$　$x=-2$
①に代入して，$2y=-12$　$y=-6$

4 $y=-2x+6$ において，$x=-6$ のとき，$y=18$
$x=3$ のとき，$y=0$
また，$y=ax^2$ において，$x=-6$ の方が，$x=0$ からの距離が長いので，$x=-6$ のとき，$y=18$ となる。
よって，$18=a\times(-6)^2$　$a=\frac{1}{2}$

5 (1) 解の公式より，
$x=\frac{-(-4)\pm\sqrt{(-4)^2-4\times1\times(-3)}}{2\times1}$
$=\frac{4\pm\sqrt{28}}{2}=\frac{4\pm2\sqrt{7}}{2}=2\pm\sqrt{7}$

(2) 大きい方の解は，$2+\sqrt{7}$ である。
$2<\sqrt{7}<3$ より，$4<2+\sqrt{7}<5$ となるので，
$a=4,\ b=2+\sqrt{7}-4=\sqrt{7}-2$ となる。
よって，$ab+b^2=b(a+b)$
$=(\sqrt{7}-2)(4+\sqrt{7}-2)=(\sqrt{7}-2)(\sqrt{7}+2)$
$=7-4=3$

6 $\sqrt{128-8a}$ が自然数となるためには，
$128-8a=8(16-a)=2^2\times2(16-a)$ より，
$16-a=2k^2$（k は自然数）となればよい。
$k=1$ のとき，$16-a=2$　$a=14$
$k=2$ のとき，$16-a=8$　$a=8$
$k=3$ のとき，$16-a=18$　$a=-2$ となり，自然数ではなくなる。よって，$a=8,\ 14$

7 (1) サイコロの目の出方は，全部で $6\times6=36$（通り）
点 P，Q が同じ頂点の位置で止まるのは，(大，小) の順に，
(2, 2)，(2, 5) のとき…点 C，(4, 1)，(4, 4) のとき…点 E，
(6, 3)，(6, 6) のとき…点 A
よって，求める確率は，$\frac{6}{36}=\frac{1}{6}$

(2) 点 Q は，1 と 4 のとき点 E，2 と 5 のとき点 C，3 と 6 のとき点 A に止まる。
また，正六角形の内角の和は，
$180^\circ\times(6-2)=720^\circ$ より，
$\angle BAF=720^\circ\times\frac{1}{6}=120^\circ$ となる。
$AB=AF$ より，
$\angle ABF=(180^\circ-120^\circ)\times\frac{1}{2}=30^\circ$
同様にして，$\angle FAE=30^\circ$ となるので，$\angle BAE=90^\circ$ となる。よって，$\triangle APQ$ が直角三角形となるのは，$\triangle AEB$，$\triangle AED$，$\triangle ACD$，$\triangle ACF$ の 4 通り。
点 Q の止まり方は，それぞれ 2 通りあるので，
$4\times2=8$（通り）。したがって，求める確率は，$\frac{8}{36}=\frac{2}{9}$

8 (1) 点 A の x 座標は，$x^2=-2x+8$
$x^2+2x-8=0$
$(x-2)(x+4)=0$　$x=2,\ -4$
図より，$x=-4$ なので，y 座標は，$y=(-4)^2=16$

(2) 点 B の x 座標は(1)より 2 なので，y 座標は，
$y=2^2=4$　よって，点 M の座標は，
$\left(\frac{-4+2}{2},\ \frac{16+4}{2}\right)=(-1,\ 10)$ となるので，
直線 OM の傾きは -10
したがって，直線 OM の式は，$y=-10x$

(3) 点 C の x 座標は，$0=-2x+8$　$2x=8$　$x=4$
よって，求める立体の体積は，高さが $4-(-1)=5$ の円錐から高さが $0-(-1)=1$ の円錐の体積を引けばよい。
したがって，
$\frac{1}{3}\times\pi\times10^2\times5-\frac{1}{3}\times\pi\times10^2\times1=\frac{1}{3}\times\pi\times10^2\times4$
$=\frac{400}{3}\pi$

9 $\angle x=\angle BCA+\angle ACE+\angle ECD$ となる。
$\overset{\frown}{AB}:\overset{\frown}{AE}=3:2$，$\overset{\frown}{AB}=\overset{\frown}{ED}$，円周角の定理より，
$\angle x=45^\circ\times\frac{3+2+3}{3}=120^\circ$

10 線分 AE を引くと，$BD=DE=EC$ より，
$\triangle ADE=\triangle AEC=24\times\frac{1}{3}=8\ (\text{cm}^2)$
また，$AF=FC$ より，$\triangle AEF=8\times\frac{1}{2}=4\ (\text{cm}^2)$
よって，四角形 ADEF の面積は，$8+4=12\ (\text{cm}^2)$

11 (2) ① $\triangle BDC$ は，$BC=CD$ の直角三角形なので，
三平方の定理より，$BD:BC=\sqrt{2}:1$ となるので，
$BD=3\sqrt{2}\times\sqrt{2}=6\ (\text{cm})$
よって，$\triangle ABH$ において，三平方の定理より，
$AB^2=BH^2+AH^2=3^2+6^2=45$

AB >0 より，AB $=3\sqrt{5}$ (cm)
② BC の中点を F とすると，△ABF において，三平方の定理より，$\mathrm{AF}^2+\mathrm{BF}^2=\mathrm{AB}^2$

$\mathrm{AF}^2+\left(\dfrac{3\sqrt{2}}{2}\right)^2=(3\sqrt{5})^2$　　$\mathrm{AF}^2=\dfrac{81}{2}$

AF >0 より，AF $=\dfrac{9}{\sqrt{2}}=\dfrac{9\sqrt{2}}{2}$ (cm)

よって，表面積は，$\dfrac{1}{2}\times3\sqrt{2}\times\dfrac{9\sqrt{2}}{2}\times4+3\sqrt{2}\times3\sqrt{2}$
$=54+18=72$ (cm^2)

〈A. H.〉

══〔数学　解答〕　終わり══

MEMO

MEMO

MEMO

MEMO

MEMO

MEMO

MEMO

MEMO

MEMO

MEMO